数字语音处理
理论与应用

Theory and Applications of Digital
Speech Processing

［美］ Lawrence R. Rabiner
Ronald W. Schafer 著

刘 加 张卫强 何 亮 路 程 等译

電子工業出版社.

Publishing House of Electronics Industry

北京·BEIJING

内 容 简 介

本书是作者继1978年出版的经典教材《语音信号的数字处理》之后的又一著作,全书除有简练精辟的基础知识介绍外,系统讲解了近30年来语音信号处理的新理论、新方法和在应用上的新进展。全书共14章,分四部分:第一部分介绍语音信号处理基础知识,主要包括数字信号处理基础、语音产生机理、(人的)听觉和听感知机理,以及声道中的声传播原理;第二部分介绍语音信号的时、频域表示和分析;第三部分介绍语音参数估计方法;第四部分介绍语音信号处理的应用,主要包括语音编码、语音和音频信号的频域编辑、语音合成、语音识别及自然语言理解。

本书可供高等院校通信、电子、计算机等专业作为研究生和本科生的教材,也可供相关科研和工程技术人员参考,是一本既有系统的基础理论讲解,又有最新研究前沿介绍并密切结合应用发展的教材。

图书在版编目(CIP)数据

数字语音处理理论与应用/(美)拉比纳(Rabiner, L. R.),(美)谢弗(Schafer, R. W.)著;刘加等译.
北京:电子工业出版社,2016.1
书名原文:Theory and Applications of Digital Speech Processing
ISBN 978-7-121-27590-6

I. ①数… II. ①拉… ②谢… ③刘… III. ①语音数据处理—高等学校—教材 IV. ①TN912.3

中国版本图书馆 CIP 数据核字(2015)第 273596 号

策划编辑:马　岚
责任编辑:谭海平
印　　刷:北京虎彩文化传播有限公司
装　　订:北京虎彩文化传播有限公司
出版发行:电子工业出版社
　　　　　北京市海淀区万寿路 173 信箱　邮编　100036
开　　本:787×1 092　1/16　印张:42.5　字数:1196 千字　彩插:2
版　　次:2016 年 1 月第 1 版
印　　次:2022 年 8 月第 2 次印刷
定　　价:149.00 元

凡所购买电子工业出版社图书有缺损问题,请向购买书店调换。若书店售缺,请与本社发行部联系,联系及邮购电话:(010)88254888,88258888。

质量投诉请发邮件至 zlts@phei.com.cn,盗版侵权举报请发邮件至 dbqq@phei.com.cn。

本书咨询联系方式:classic-series-info@phei.com.cn。

译 者 序

语音信号处理是一门古老而新颖的学科,说它"古老"是因为它与数字信号处理同时代产生,说它"新颖"是因为它一直经历着令人激动的变革和挑战。Lawrence R. Rabiner 教授作为这些变革的亲历者和大师级人物,有着深刻的切身体验,他的著作,如 1978 年他与 Ronald W. Schafer 教授合著的《语音信号数字处理》和 1993 年他与 Biing-Hwang Juang 教授合著的《语音识别基本原理》,也成为了语音信号处理领域的经典和必备读物。2010 年,在清华大学电子工程系朱雪龙教授的推荐下,电子工业出版社希望我们完成 Rabiner 教授和 Schafer 教授的新作《数字语音处理理论与应用》一书的翻译工作,我们欣然接受了翻译任务。然而,翻译的过程是艰辛的,为了能够对原文有比较准确的翻译表述,我们经历了无数个不眠之夜,历时五载,终于完成了初稿。在此期间,由于机器学习(尤其是深度学习)、听觉感知、听觉场景分析等理论和技术的发展,语音信号和信息处理技术经过一段平缓发展期后,又开始生机盎然,语音识别、说话人识别、语种识别、语音增强、语音和音频编解码、自然语言处理等技术都有新的创新,其系统性能也有显著提升。语音相关的产品也如雨后春笋般地涌现。在此时机下,我们期待此书的翻译出版能对国内语音界的科研人员,以及本科生和研究生的专业教学有所帮助。

本书原著结合自己的科研实践对数字语音信号处理的基本原理和应用进行了深入分析,既有理论深度,又通俗易读。内容分为四个层次逐级展开:第一个层次介绍语音信号处理基础知识,主要包括数字信号处理基础、语音产生机理、人的听觉和听感知与声道中的声传播;第二个层次介绍语音信号的时频表示,主要包括时域表示、频域表示、倒谱及同态处理和线性预测分析;第三个层次介绍语音参数估计算法,主要包括静音检测、清浊判断、基音和共振峰估计等;第四个层次介绍语音信号处理的应用,主要包括语音编码、语音和音频频域编码、语音合成、语音识别和自然语言理解。除了深入浅出的讲解外,书中还附有大量生动的插图,各章之后还附有精心设计的习题和 MATLAB 练习,以便读者对基础知识和基本方法深入理解和灵活应用。

本书能够得以完成,要特别感谢清华大学的朱雪龙教授,他不但为我们和出版社牵线搭桥,而且一直关心着我们的翻译工作;另外他于 1983 年牵头翻译的《语音信号数字处理》也为本书提供了诸多宝贵的参考和基础。感谢电子工业出版社的相关编辑,他们为本书的引进做出了贡献,同时对我们的翻译工作给予了大力支持。

在本书的翻译工作中,清华大学电子工程系语音与音频技术实验室的博士研究生和博士后也参与了部分内容的翻译工作,他们是(按姓氏拼音排序):蔡猛、钱彦旻、单煜翔、史永哲、杨毅等,在此一并表示感谢。

本书虽然经过两次翻译校对,但是难免仍然会存在错误和不妥之处,欢迎读者批评指正。

刘加　张卫强　何亮　路程
2015 年 11 月于清华园

前 言

70 多年来，语音信号处理一直是一个活跃且不断发展的领域。最早的语音处理系统是模拟系统，如 20 世纪 30 年代由 Homer Dudley 及其同事们在贝尔实验室开发并于 1939 年在纽约世博会上展出的 Voder 系统，该系统可通过手工操作合成出语音；同期，Homer Dudley 在贝尔实验室还开发出了通道声码器或声音编码器；20 世纪 40 年代，Koenig 及其同事们在贝尔实验室开发出了声音语谱图系统，该系统可以在时域和频域展示语音的时变特征；另外，20 世纪 50 年代，全世界的很多研究实验室都开发出了早期的语音单词识别系统。

数字信号处理（DSP）起源于 20 世纪 60 年代，在 DSP 应用的广泛领域中，语音处理是其早期发展的驱动力。在此期间，先驱研究者们如麻省理工学院林肯实验室的 Ben Gold 和 Charlie Rader，贝尔实验室的 Jim Flanagan、Roger Golden 和 Jim Kaiser，他们开始研究数字滤波器的设计和应用方法，并用于语音处理系统的模拟仿真。随着 1965 年 Jim Cooley 和 John Tukey 发明快速傅里叶变换（FFT）技术以及 FFT 在快速卷积和谱分析方面的广泛应用，模拟技术的束缚和局限逐渐被打破，数字语音处理随之产生并展现出了清晰的面貌。

1968 年至 1974 年期间，本书作者（Lawrence R. Rabiner 和 Ronald W. Schafer）在贝尔实验室一起密切地工作，期间 DSP 领域取得了很多的基础性进展。当 Ronald W. Schafer 于 1975 年离开贝尔实验室并在佐治亚理工学院任学术职位时，数字语音处理领域已蓬勃发展，于是我们觉得是时候写一本关于语音信号数字处理方法和系统的教材了。到 1976 年，我们相信数字语音处理的理论发展得已经足够完备，精心撰写一本教材不但可以作为讲授数字语音处理基础知识的教材，还可以作为未来语音处理实际应用系统设计的参考书。1978 年，Prentice Hall 公司出版了这本教材《数字语音信号处理》。采用这本教材，Ronald W. Schafer 开设了第一门数字语音处理的研究生课程，期间 Lawrence R. Rabiner 仍在贝尔实验室从事数字语音处理基础的研究工作（Lawrence R. Rabiner 在贝尔实验室和 AT&T 实验室工作了 40 年，2002 年也进入学术界，在罗格斯大学和加州大学圣巴巴拉分校任教。Ronald W. Schafer 在佐治亚理工学院工作 30 年后，于 2004 年加入了惠普实验室）。

1978 年出版的教材的目标是，介绍语音基础知识和数字语音处理方法，以便构建强大的语音信号处理系统。从宏观层面来说，我们达到了最初的目标。本书按我们的预想服务了 30 多年，令我们高兴的是，直到今天它仍然广泛应用于本科生和研究生的语音信号处理课程教学。然而，根据我们过去 20 年来教授语音处理课程的经验，原书的基础尚可，但很多内容已与当代语音信号处理系统脱节，且未涉及当前的很多研究热点。这本新书正是我们改进这些问题的尝试。

在着手统一数字语音处理的现有理论和实践的艰巨任务时，我们发现原书中的很多内容还是正确且相关的，因此新书的起点很好。此外，我们从语音处理的科研和教学经验中了解到，1978 年出版的教材中，虽然内容组织基本上没有问题，但它已经不适合用来理解当代的语音处理系统。针对这些问题，我们在组织新书的内容时采用了新的框架，它与原书相比有两大改变。首先，我们包含了已有的数字语音处理知识体系结构。这种体系的第一层是语音基础科学和工程方面的基础知识；第二层是语音信号的各种表示。原书主要侧重了这两层，但一些关键主题则有所缺失。第三层是操作、处理和抽取语音信号中信息的各种算法，这些算法基于前两层的科学和技术知识。

顶层（即第四层）是语音处理算法的各种应用，以及处理语音通信系统中问题的技术。

我们努力按照这种体系结构（即语音金字塔）来展现新书的内容。为达到这一目的，第 2 章至第 5 章主要介绍金字塔的底层，内容包括语音产生和感知基础知识、DSP 基础知识回顾，以及声学、语音学、语言学、语音感知、声道中的声音传播等。第 6 章至第 9 章介绍如何通过基本的信号处理原理来表示数字语音信号（语音金字塔的第二层）。第 10 章介绍如何设计可靠和稳健的语音算法来估计感兴趣的语音参数（语音金字塔的第三层）。最后，第 11 章至第 14 章介绍如何利用语音金字塔前几层的知识来设计和实现各种语音应用（语音金字塔的第四层）。

新书在结构和行文上的一个重要变化是，为了尽可能地方便教学，我们在呈现内容时侧重于学习新思想的三个方面，即理论、概念和实现。对每个基本概念，我们都用很容易理解的 DSP 概念进行理论阐释；类似地，为了加深理解，每个新概念都提供了简单的数学解释和精心准备的例子与插图；最后，基于教学中对基础知识的理解，针对每个新概念的实现，提供了可实现特定语音处理操作的 MATLAB 代码（通常包含在每章中），每章的习题中配备了文档详尽的 MATLAB 练习。我们还提供了求解所有 MATLAB 练习所需要的内容，如 MATLAB 代码、数据库、语音文件等。最后，我们提供了几种语音处理系统结果的音频演示。通过这种方式，读者可以直观地了解各种语音信号处理后的语音质量。

更具体地讲，这本新书的组织如下。第 1 章简要介绍语音处理的领域，简要讨论贯穿于全书的主题的应用领域。第 2 章简要回顾 DSP 的概念，重点在于与语音处理系统密切相关的几个关键概念：

1. 从时域到频域的转换（通过离散时间傅里叶变换方法）。
2. 了解频域采样的影响（即时域混叠）。
3. 了解时域采样（包括下采样和上采样）的影响，以及频域的混叠和镜像。

在回顾 DSP 技术的基础知识后，第 3 章和第 4 章讨论语音的产生和感知。这两章与第 2 章和第 5 章一起，构成了语音金字塔的底层。从这里，我们开始讨论语音产生的声学理论，对不同的语音发音，我们导出了一系列声学语音模型，并展示了语言学和语音学如何与语音发声声学一起相互作用，生成语音信号及其在语言上的解释。讨论从语音在人耳中如何处理开始，到声音转换为通往大脑的听感知神经通路中的神经信号结束，我们通过分析语音感知过程，讨论了语音通信的基本过程，还简要讨论了几种在一些语音处理应用中可能嵌入语音感知知识到听感知模型的方法。第 5 章介绍关于人类声音在声道中传播问题的基础知识，表明与声道相似的均匀无损声管具有共振结构，以此阐明语音中的共振（共振峰）频率。还展示了如何通过适当的"终端模拟"数字系统来表示一系列级联声管的传播特性。该"终端模拟"数字系统具有特定的激励函数、对应不同长度和面积声管的特定系统响应，以及对应声音在唇端传输的特定辐射特征。

接下来的四章主要介绍 4 种数字语音信号的表示（语音金字塔的第二层）。第 6 章从语音产生的时域模型开始，逐步展示了如何通过简单的时域测量方法来估计模型中的基本时变属性。第 7 章介绍对语音信号应用短时傅里叶分析，以便实现无失真的分析/合成系统。取决于待处理信息的性质，我们解释了两种短时傅里叶分析/合成系统，两者都有着广泛的应用。第 8 章描述语音的同态（倒谱）表示，其中用到了卷积信号（如语音）可以转换为一系列加性分量这一性质。由于语音信号可以表示为激励信号和声道系统的卷积，因此语音信号非常适合于这种分析。第 9 章介绍线性预测分析的理论和实践，线性预测是语音信号的一种模型表示，当前的语音样本可以通过先前 p 个语音样本的线性组合建模表示，通过寻找最优线性预测器（最小均方误差）的系数，实现在给定时间段内最优的匹配语音信号。

第 10 章（语音金字塔的第三层）使用前面章节中介绍的信号处理表示和语音信号基础知识，

介绍了如何使用短时（对数）能量、短时过零率、短时自相关函数等测量值来估计基本的语音属性，例如分析的信号段是语音还是静音（背景信号）、语音段是浊音还是清音、浊音语音段的基音周期（基音频率）、语音段的共振峰（声道共振）等。对于许多语音属性，4 种语音表示中的每一种，都可以作为估计语音属性的高效算法使用。同时还介绍了如何基于 4 种语音表示中的两种测量法来估计共振峰。

第 11 章至第 14 章（语音金字塔的顶层）介绍语音和音频信号处理技术的几种主要应用。这些应用是深入理解语音和音频技术的成果。讨论语音应用的目的是，让读者基本了解如何构建这些应用，了解它们在不同比特率和不同应用场景下的性能。具体来讲，第 11 章介绍语音编码系统（包括开环和闭环系统）；第 12 章介绍如何使用感知掩蔽准则来构建具有最小编码感知误差的音频编码系统；第 13 章介绍如何构建口语对话系统中使用的文语转换合成系统；第 14 章介绍语音识别和自然语言处理系统，以及它们在一系列面向任务的场景中的应用。

本书可作为已先修 DSP 课程的学生的一个学期的语音处理教材。在我们自己的教学实践中，重点讲解第 3 章至第 11 章，同时选讲其他章节的部分内容，以便使学生对音频编码、语音合成和语音识别系统也有一定的认识。为了帮助教学，每章都提供了一些有代表性的课后习题，以强化每章讨论的概念。成功完成合理数量的课后习题，对理解语音处理的数学和理论概念非常重要。但如读者了解的那样，很多语音处理都是经验性的，因此我们提供了许多 MATLAB 练习来强化学生对语音处理基本概念的理解。我们为读者免费提供了 MATLAB 文件（求解 MATLAB 练习的 MATLAB 代码）、语音和音频文件[①]，为授课教师提供英文原版教辅（习题解答、PPT），具体申请方式参见书后的"教学支持说明"。

致谢

在语音处理的职业生涯中，我们非常幸运拥有过在杰出研究和学术机构的工作经历，这些单位为我们提供了充满激情的研究环境，并且鼓励我们分享知识。对于 Lawrence R. Rabiner 而言，这些单位包括贝尔实验室、AT&T 实验室、罗格斯大学和加州大学圣巴巴拉分校；对于 Ronald W. Schafer 而言，这些单位包括贝尔实验室、佐治亚理工大学 ECE 和惠普实验室。没有这些单位的同事和领导的支持与鼓励，这本书不会存在。

很多人对本书的内容有直接或间接的重大影响，但我们最应感谢的是 James L. Flanagan 博士，他是我们两人职业生涯中很多关键时期的导师和益友。Jim 为我们如何从事科研、如何清晰合理地呈现研究结果提供了指导。无论是对这本书还是对我们各自的职业，他的影响都是非常深远的。

感谢有幸合作并互相学习的其他人，包括我们的导师麻省理工学院的 Alan Oppenheim 教授和 Kenneth Stevens 教授，以及我们的同事佐治亚理工学院的 Tom Barnwell 教授、Mark Clements 教授、Chin Lee 教授、Fred Juang 教授、Jim McClellan 教授和 Russ Mersereau 教授。这些人既是我们的同事，又是我们的老师，我们感激他们的睿智和多年来的指导。

直接参与本书准备工作的同事包括 Bishnu Atal 博士、Victor Zue 教授、Jim Glass 教授和 Peter Noll 教授，他们都提供了见解深刻的成果，这些成果对本书中的很多内容产生了很大的影响。感谢其他人允许我们使用其发表物中的图表，包括 Alex Acero、Joe Campbell、Raymond Chen、Eric Cosatto、Rich Cox、Ron Crochiere、Thierry Dutoit、Oded Ghitza、Al Gorin、Hynek Hermansky、Nelson Kiang、Rich Lippman、Dick Lyon、Marion Macchi、John Makhoul、Mehryar Mohri、Joern Ostermann、David Pallett、Roberto Pieraccini、Tom Quatieri、Juergen Schroeter、Stephanie Seneff、Malcolm Slaney、Peter Vary 和 Vishu Viswanathan。

---

① 登录华信教育资源网（www.hxedu.com.cn）注册并下载。

感谢朗讯-阿尔卡特公司、IEEE、美国声学学会和 House-Ear Institute 允许我们使用已发表或备档的图表。

同时要感谢 Prentice Hall 公司的那些帮助出版本书的人员，包括策划编辑 Andrew Gilfillan、责任编辑 Clare Romeo 和助理编辑 William Opaluch。还要感谢 TexTech International 公司负责文字编校工作的 Maheswari PonSaravanan。

最后，感谢赞助商 Suzanne Dorothy 对我们给予的关爱、耐心和支持。

Lawrence R. Rabiner 和 Ronald W. Schafer

目 录

第1章　数字语音处理介绍

本书内容包括从古老人类语言的研究到最新的计算机芯片。自贝尔创造性地发明电话以来，工程师和科学家就一直在研究语音通信，目的是发明更加高效的人与人之间及人与机器之间的通信系统。19 世纪 60 年代，数字信号处理（DSP）技术开始在语音通信研究中处于核心地位，今天 DSP 技术已让过去几十年的许多研究成果得到应用。期间，集成电路技术、DSP 算法和计算机体系结构方面的进展创造了很好的技术环境，为语音处理、图像和视频处理、雷达和声呐、医疗诊断系统及消费电子等领域提供了近乎无限的创新机会。重要的是，要注意到过去 50 多年里 DSP 技术和语音处理技术是共同发展进步的，语音处理技术的应用促进了 DSP 技术理论和算法研究的发展，而这些发展又在语音通信研究和技术领域得到了实际应用。我们有理由预计将来这种共生关系会一直持续下去。

为充分理解一门技术，譬如数字语音处理，我们必须进行三个层次的理解，即理论层次、概念层次和实践层次。图 1.1 描绘了这一技术金字塔[①]。就语音技术来说，理论层次包含以下方面：语音产生的声学理论，语音信号表示的基本数学知识，每种表示所关联语音的各种属性的推导，以及通过采样、混频、滤波等将语音信号和现实世界关联的信号处理的基本数学运算。概念层次涉及如何应用语音处理理论进行各种语音测量，以及估计和量化语音信号的

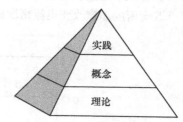

图 1.1　技术金字塔：理论、概念和实践

各种属性。最后，为使一门技术充分发挥潜力，将理论层次和概念层次转换到实践层次必不可少，即能够实现语音处理系统来求解特殊的应用问题。这个过程涉及对某个应用的约束条件和目标的认识、工程上的取舍和判断、编写可工作的计算机代码（通常是用 MATLAB、C 或 C++编写的程序），或是运行在实时信号处理芯片（如 ASIC、FPGA、DSP 芯片）上的特定代码的能力。

数字实现技术能力的持续改进反过来又开辟了新的应用领域，这些领域过去被认为是不可能或不现实的，这一道理同样适用于数字语音处理领域。因此，本书将重点放在对前面两个层次的理解上，但应时刻牢记最终的技术回报是在技术金字塔的第三层（实践层）。数字语音处理领域的基本原理和概念必然会继续发展和扩大，但过去 50 多年里学到的知识仍会为我们在未来几十年里看到的应用奠定基础。因此，对于本书涵盖的语音处理方面的各个主题，我们将努力使大家对理论层和概念层有尽可能多的理解；我们会提供一组练习题让读者在实践层次获得专业知识，这通常是通过每章后面习题中的 MATLAB 练习题来达到的。

在绪论的剩余部分，我们首先介绍语音通信过程和语音信号，最后介绍数字语音处理技术的重要应用领域。本书其他部分的设计是为了给读者对基本原理的学习打下扎实的基础，并强调 DSP 技术在现代语音通信研究和应用中扮演的核心角色。我们的目标是全面概述数字语音处理，内容涵盖了从语音信号的基本特性、以数字形式表示语音的各种方法，到话音通信及语音自动合成和识别应用的各个方面。在这个过程中，我们希望回答如下问题：

- 语音信号的本质是什么？
- 学习语音信号过程中 DSP 技术扮演怎样的角色？

---

① 使用术语"技术金字塔"而非"技术三角形"，是为了强调每层都有宽度和厚度并且支持更高的层。

- 语音信号有哪些基本的数字表示？它们在语音处理算法中怎样使用？
- 数字语音处理方法有哪些重要应用？

首先介绍语音信号以了解语音信号的性质。

1.1 语音信号

语音的基本目的是为了人类沟通，即说话者和倾听者之间消息的传输。据香农信息论[364]，以离散符号序列表示的消息可对其信息量以比特进行量化，信息传输速率可用比特/秒（bps）进行度量。在语音产生及许多人类设计的电子通信系统中，待传输信息以连续变化的波形（模拟波形）进行编码，这种波形可以传输、记录（存储）、操纵，最后被倾听者解码。消息的基本模拟形式是一种称为语音信号的声学波。如图 1.2 所示，语音信号可通过麦克风转换成电信号，进一步通过模拟和数字信号处理方法进行操纵，然后可根据需要通过扬声器、电话听筒或头戴式耳机转换回声学波。这种语音处理方式为贝尔发明电话奠定了基础，同时也是今天大多数记录、传输、操纵语音和音频信号的设备的基础。用贝尔自己的话说[47]："华生，如果我能得到一种像声音传播时空气改变密度那样改变电流密度的机制，就能通过电来传递任何声音，甚至是语音。"

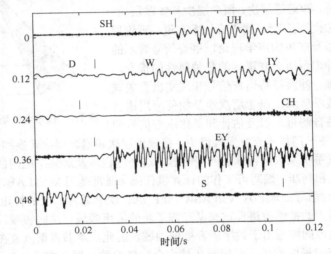

图 1.2 消息 "should we chase" 的语音波形，其中带有音素标记

虽然贝尔在不知道信息论的情况下有了伟大的发明，但信息论的原理在设计复杂的现代数字通信系统时发挥着巨大的作用。因此，尽管我们的重点在于语音波形和其参数化模型的表示，但讨论一下在语音波形编码中使用的信息论还是有用的。

图 1.3 形象化地展示了语音信号产生和感知的完整过程——从说话者大脑中消息的形成，到语音信号的产生，最后到倾听者对消息的理解。Denes and Pinson[88]在其语言学的经典介绍中，将这一过程称为语音链。图 1.4 给出了语音链的详细框图。这个过程从左上方开始，此时消息以某种方式出现在说话者的大脑中。在语音产生过程中，消息携带的信息可认为有着不同的表示形式（如图 1.4 上面的路径所示）。例如，消息最初可能以英语文本的形式表示。为"说出"这条消息，说话者隐式地将文本转换成对应口语形式声音序列的符号表示。该步骤在图 1.4 中被称为语言码生成过程，它将文本符号转换成音素符号（伴随着重音和段长信息），音素符号用来描述口语形式消息的基本声音及声音产生的方式（即语速和语调）。例如，若将图 1.2 中的波形片段用一种便

于计算机键盘输入的 ARPAbet[①]代码标记，则文本"should we chase"按照发音可表示成[SH UH D - W IY - CH EY S]（关于音素标注的详细讨论，见第 3 章）。语音产生过程的第三步是转变成"神经肌肉控制"，这组控制信号指引神经肌肉系统以一种与产生口语形式消息及其语调相一致的方式，移动舌头、唇、牙齿、颌、软腭这些发音器官，神经肌肉控制这一步的最终结果是产生一组关节运动（连续控制），使声道发音器官按照规定的方式移动，进而发出期望的声音。语音产生过程的最后一步是"声道系统"，声道系统产生物理声源和恰当的时变声道形状，产生图 1.2 所示的声学波形。通过这种方式，期望表达消息中的信息就被编码为语音信号。

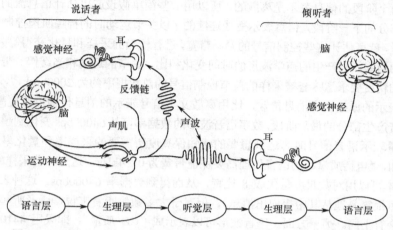

图 1.3　语音链：从消息到语音信号再到理解（据 Denis and Pinson[88]）

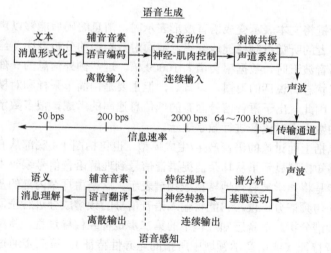

图 1.4　语音链的框图表示

　　为了确定语音产生过程中信息流的速率，我们假设在书面语中约有 32 个符号（字母，英语中有 26 个字母，若包括标点符号和空格，则接近 $32 = 2^5$ 个符号）。正常的平均说话速率约为 15 个符号每秒，因此，假设字母相互独立后做简单的一阶近似，文本消息编码成语音后的基本信息速率约为 75bps（5 比特每符号乘以 15 个符号每秒）。但是，实际的速率会随着说话的速率变化而变化。

---

① 国际语音协会（IPA）为音素标注提供了一套规则，它用等价的一组特殊符号来表示音标。ARPAbet 编码不需要特殊字体，因此更加便于计算机应用。

对于图 1.2 中的例子，文本包含 15 个字母（包括空格），对应的语音词条持续了 0.6 秒，因此有更高的速率 15×5/0.6 = 125bps。在语音产生过程的第二个阶段，文本表示转变成基本声音的单元，它们称为带有韵律（即音高和重音）标记的音素，此时信息速率很容易达到 200bps 以上。图 1.2 中用来标注语声片段的 ARBAbet 音素集包含近 64 = 2^6 个符号，即 6 比特每音素（假设音素相互独立得到的粗略近似）。在图 1.2 中，大约 0.6 秒的时间里有 8 个音素，计算得到信息速率为 8×6/0.6 = 80bps，考虑描述信号韵律特征的额外信息（如段长、音高、响度），文本信息编码成语音信号后，总信息速率需要再加上 100bps。

语音链前两个阶段的信息表示是离散的，所以用一些简单假设就可估计信息流的速率。在语音链中语音产生部分的下一阶段，信息表示变成连续的（以关节运动时的神经肌肉控制信号的形式）。若它们能被度量，就可估计这些控制信号的频谱带宽，进行恰当的采样和量化获得等效的数字信号，进而估计数据的速率。与产生的声学波形的时间变化相比，关节的运动相当缓慢。带宽估计和信号表示需要达到的精度要求意味着被采样的关节控制信号的总数据率约为 2000bps[105]。因此，用一组连续变化信号表示的原始文本消息传输，比用离散文本信号表示的消息传输需要更高的数据率[1]。在语音链中语音产生部分的最后阶段，数字语音波形的数据率可从 64000bps 变化到超过 700000bps。我们是通过测量表示语音信号时为达到想要的感知保真度所需要的采样率和量化率计算得到上面的结果的。例如，"电话质量"的语音处理需要保证带宽为 0~4kHz，这意味着采样率为 8000 个样本/秒。每个样本可以用对数尺度量化成 8 比特，从而得到数据率 64000bps。这种表示方式很容易听懂（即人们可很容易地从其中提取出消息），但对于大多数倾听者来说，语音听起来与说话者发出的原始语音会有不同。另一方面，语音波形可以表示成"CD 质量"，即采用 44100 个样本/秒的采样率，每个样本 16 比特，总数据率为 705600bps，此时复原的声学波听起来和原始语音信号几乎没有区别。

当我们通过语音链将文本表示变成语音波形表示时，消息编码后能够以声学波形的形式进行传播，并且可被倾听者的听觉机制稳健地解码。前面对数据率的分析表明，当我们将消息从文本表示转换成采样的语音波形时，数据率会增大 10000 倍。这些额外信息的一部分能够代表说话者的一些特征，如情绪状态、说话的习惯、口音等，但主要是由简单采样和对模拟信号进行精细量化的低效性导致的。因此，出于语音信号固有的低信息速率的考虑，很多数字语音处理的重点是用比采样波形更低的数据率对语音进行数字表示。

完整的语音链包括上面讨论的语音产生/生成模型，也包括图 1.4 底部从右向左显示的语音感知/识别模型。语音感知模型显示了从耳朵捕捉语音信号到理解语音信号编码中携带的消息的一系列处理步骤。第一步是将声学波有效地转换成频谱表示，这是由耳朵内部的基底膜实现的，基底膜的作用类似于非均匀频谱分析仪，它能将输入语音信号的频谱成分进行空间分离，以非均匀滤波器组的方式进行频谱分析。语音感知过程中的第二步是神经传导过程，将频谱特征变成可被大脑解码和处理的声音特征（或语音学领域中所指的差异性特征）。第三步通过人脑的语言翻译过程将声音特征变成与输入消息对应的一组音素、词和句子。语音感知模型中的最后一步是将消息对应的音素、词和句子变成对基本信息意义的理解，进而做出响应或采取适当的处理。我们对图 1.4 中大部分语音感知模块过程的基本理解还是非常初步的，但人们普遍认为语音感知模型中各个步骤物理间的相互关联发生在人脑中，因此整个模型对于思考语音感知模型中各个过程的发生非常有帮助。第 4 章中将讨论听觉和感知机理。

图 1.4 所示的整个语音链框图中还有一个过程我们没有讨论，即模型中语音产生部分和语音感

---

① 为数字表示引入术语"数据率"，是为了区别于语音信号表示的消息中所含的内在信息内容。

知部分之间的传输通道。在图 1.3 中描绘的最简单的具体实现中，传输通道仅包含同一空间中说话者和倾听者间的声学波连接。将传输通道包含在语音链模型中非常有必要，因为在真实的通信环境中，噪声和信道失真会使得理解语音和消息变得更加困难。有趣的是，正是在传输通道中我们利用通信系统将声学波形转变成数字形式，并对其进行操纵、存储或传播；也正是在这一领域里，我们找到了数字语音处理的应用。

1.2 语音堆

在前面对语音信号及更高级的人类语音通信模型进行简单介绍后，我们有必要对数字语音处理技术金字塔做更详细的讨论。图 1.5 显示的是语音信号数字处理中的基本概念的分层视图，术语称之为"语音堆"。堆的最底层是数字语音处理中的基本技术，如 DSP 理论、声学（语音产生）、语音学（语音的声学编码）和语音感知（声音、音节、词、句子及最终的语义）。这些基本知识构成了语音信号处理的技术基础，对语音信号进行处理是为了将语音信号转换为更利于获取其中包含信息的形式。第 2～5 章将涵盖 DSP 和语音科学的基本原理。

图 1.5 语音堆：从基础到应用

语音堆中的第二、三层构成了图 1.1 所示技术金字塔的概念层。语音堆的第二层包含一组语音信号的基本表示方式，包括：

- 时域表示（包括语音波形本身）
- 频谱表示（傅里叶幅度和相位）
- 同态表示（倒频域）
- 模型表示，如线性预测编码（LPC）

本书会贯穿讲述每种表示的优缺点，以及它们在现代语音处理系统中的广泛应用。第 6～9 章将分别涉及语音信号的这四种基本数字表示。

语音堆中的第三层将各种语音信号的表示方式综合成算法来估计语音信号的基本属性。第二层和第三层之间用虚线隔开，意味着计算语音表示的算法和提取语音特征的算法间的界线并不严格。语音处理算法中的一个例子是对语音波形中的某段进行分类，分类结果如下：

- 是语音还是静音（背景信号）
- 是浊音、清音还是背景信号

若被分析语音信号段被划分为浊音，则各种语音算法（统称为基音检测法）可以帮助确定基音周期（或基音频率），另外一组算法（统称为共振峰估计法）可以估计感兴趣语音段的声道谐振或共振峰。在第 10 章中，我们将看到提取或估计特定语音特征的算法特性和效率在很大程度上取决于算法基于哪种语音表示。第 10 章会对语音分析算法中各个基本语音表示是如何使用的给出大量实例。

语音堆的第四层即最顶层是一组语音处理的终端用户应用。这一层代表着技术的应用成果，由很多应用组成，如语音编码、语音合成、语音识别和理解、说话者确认和识别、语言翻译、语音增强系统、语音加速和减速系统等。1.3 节将概述几个这样的应用领域，第 11～14 章将详细介绍三个主要的应用领域，即语音和音频编码（第11～12章）、语音合成（第13章），以及语音识别和自然语言理解（第14章）。

1.3 数字语音处理的应用

绝大部分数字语音处理应用的第一步都是将声学波形转变成数字序列，因为离散时间表示是多数应用的起点。在这之后，通过数字处理可以获得很多强大的表示。对于大部分表示而言，这些可选择的表示方法都基于 DSP 操纵和对图 1.4 中描绘的语音链工作过程的了解。我们会看到，将语音产生和语音感知的某些方面合并成数字表示和数字处理是有可能的。随着讨论的展开，主张将数字语音处理建立在这样一组技术上并不是过分简化，这组技术沿着图 1.4 中上面或下面的路径将语音表示的数据率向左推动（降低数据率），这一点将会变得更加清晰。

本章的剩余部分将简单总结数字语音处理的应用，如人们日常沟通使用的系统。我们的讨论将强调在所有应用领域中数字表示的重要性。

1.3.1 语音编码

数字语音处理技术最广泛的应用可能出现在语音信号的数字传输和存储领域。在这些领域，数字表示的目的很明显，即把语音的数字波形表示压缩成较低比特率的表示形式，一般将这一过程称为语音编码或语音压缩。1.1 节中对语音的信息内容的讨论表明，语音有很大的压缩空间，通常通过 DSP 技术和对语音产生和感知过程的基本理解来达到压缩目的。

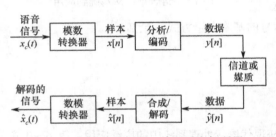

图 1.6 语音编码框图：编码器和解码器

图 1.6 显示了通用语音编码/解码（或压缩）系统的框图。在图的上半部分，模数转换器将模拟语音信号 $x_c(t)$ 转换成采样后的波形表示 $x[n]$。通过数字计算算法对数字信号 $x[n]$ 分析和编码获得新的数字信号 $y[n]$，$y[n]$ 可通过数字通信信道进行传输，也可在数字存储介质中存储为 $\hat{y}[n]$。我们会看到，尤其是对于第 11 章中的语音信号和第 12 章中的音频信号，有无数编码方式可以降低采样和量化后的波形 $x[n]$ 的数据率。因为此时的数字表示通常不直接和采样的语音波形相联系，将 $y[n]$ 和 $\hat{y}[n]$ 称为代表语音信号的数据信号非常恰当。图 1.6 下半部分显示了和语音编码相对应的解码部分。采用与分析相反的过程对接收到的数据信号 $\hat{y}[n]$ 进行解码，可以获得采样序列 $\hat{x}[n]$，然后用数模转换器将其转换回适合人类听觉的模拟信号 $\hat{x}_c(t)$。解码器常称为合成器，因为解码器须从与原始语音信号没有直接关系的数据中恢复重建语音波形。

对语音信号数字表示采用精心设计的差错保护编码，发送数据（即 $y[n]$）和接收数据（即 $\hat{y}[n]$）可以完全一致，这是数字编码的典型特征。理论上讲，即使是在噪声信道条件下，也可实现编码后的数字信号的完美传输；对于数字存储而言，随着存储技术的进步，小心谨慎地更新存储介质就有可能永久地存储数字信号的完美副本。这意味着只要保留语音信号的数字表示，就可在原始编码的精度下实现语音信号的重建。在这两种情形下，语音编码的目标都是首先对语音信号采样，然后在保持期望的感知保真度的同时，降低表示语音信号的数据率。数字语音在压缩后可被更加高效地传输或存储，节省下来的比特也有利于差错保护。

语音编码使大量应用成为可能，包括窄带和宽带有线电话、移动通信、网络电话（VoIP）（将互联网作为实时通信媒介）、用于保护隐私和（国家安全应用）加密的安全通话、极窄带通信信道［如使用高频（HF）无线电的战场应用］、存储语音的电话应答机、互动式语音应答（IVR）

系统及预录语音消息。语音编码器经常使用语音产生过程和语音感知过程中的许多方面的应用，因此对于像音乐这样的普通音频信号可能不是很有用。基于语音感知的编码器通常不如基于语音产生的编码器那样获得更高压缩率，但这种编码器更加通用，可应用于所有类型的音频信号。这些编码器被广泛应用在 MP3 播放器、AAC 播放器及数字电视系统的音频处理中[374]。

1.3.2　文语转换合成

多年来，科学家和工程师一直在研究语音产生的过程，目的是构建一个能够自动根据文本产生对应语音的系统。在某种意义上，如图 1.7 中描绘的语音合成器，是对语音链框图整个上半部分的数字模拟。输入系统的是普通文本，如电子邮件或报纸和杂志上的文章。文语转换合成系统中标注为语言学规则的第一个模块，负责输入印刷文本并将其转换成机器可以合成的一组声音。文语转换过程运用了一组语言学规则来产生一组合适的声音（可能包含语调、停顿、语速等），以便合成语音可以表达文本消息的词和意图，能被人的听觉感知精确地解码理解且感觉自然。这比在发音字典中进行简单的查询要困难得多，因为语言学规则必须确定怎样对首字母缩写词进行发音，怎样对多发音词如 read、bass、object 进行发音，怎样对简写词如 St.（street 或 saint）、Dr.（doctor 或 drive）进行发音，以及怎样对人名、特殊术语等进行发音。一旦确定了文本的合适发音，合成算法的作用就是产生合适的声音序列，以语音的形式来表示文本消息。本质上讲，合成算法必须模拟声道系统的动作来发出语声。许多方法可将语声组合编译成合适的句子，但今天最有前景的一种方法是单元选择和拼接。在这种方法中，计算机存储了语音的每个基本语言学单元（音素、半音素、音节等）的很多版本，然后决定对于产生的特定文本消息哪一个语音单元序列听起来效果最好。语音的基本数字表示并不总是采样语音波形，有时也会采用一些压缩表示，因为它们可节省存储空间，更重要的是，它们可方便地操作段长以及和相邻声音间的混合。因此，语音合成算法会包含 1.3.1 节中讨论的解码器，解码器通过数模转换器将结果输出为模拟表示形式。

图 1.7　文语转换合成系统框图

文语转换合成系统是现代人机通信系统的一个重要组成部分，它可以用来做一些事情，如通过电话读电子邮件，为汽车的 GPS（全球定位系统）提供语音输出，为互联网上的会话代理提供声音来完成交易，处理呼叫中心柜台和客户服务应用，为手持设备提供声音如外语短语集、字典，为公告机器提供声音信息如股票报价、航班时刻表、航班起飞到达更新等。另一个重要应用是盲人阅读机，其中光学文字识别系统为语音合成系统提供文字输入。

1.3.3　语音识别和其他模式匹配问题

数字语音处理应用的另一大类涉及从语音信号中自动提取信息。大部分此类系统都涉及某种模式匹配。图 1.8 显示了语音处理中模式匹配问题的通用方法的框图。模式匹配中的问题包含以下几种：语音识别，目的是从语音信号中提取消息；说话者识别，目的是辨识谁在说话；说话者确认，目的是通过分析说话者的语音来确认说话者所声明的身份；关键词检测，它涉及监控出现特定词或短语的语音信号；基于识别或检测口语关键字的语音记录自动索引。

图 1.8　语音信号的通用模式匹配系统框图

模式匹配系统中的第一个模块通过模数转换器将模拟语音波形变成数字形式。特征分析模块将采样语音信号变成一组特征向量。语音编码中使用的分析技术也同样常用于导出特征向量。系统中的最后一个模块，即模式匹配模块，动态地将表示语音信号的一组特征向量和多组存储的模式在时间上分别对齐，从中选出最匹配的一组模式标签。模式匹配系统的符号输出结果如下：在语音识别中是一组识别的字，在说话者识别中是最佳匹配的说话者身份，在说话者确认中是接受或拒绝说话者身份声明的判决。

虽然图 1.8 中的框图表示了许多语音模式匹配问题，但模式匹配最大的应用是在支持通过语音进行人机通信的语音识别和语音理解领域。这些系统中有许多应用领域，如指挥和控制计算机软件，通过语音听写来书写信件、备忘录和其他文件，通过人机自然语言对话技术使服务台和呼叫中心提供一些代理服务，如日历输入和更新、地址列表的修改和登记。

模式识别通常和其他数字处理技术结合使用。例如，语音技术的一个杰出应用是在移动通信设备中，比特率为 8kbps 的语音编码使手机可以实现一般的语音对话。对说出的人名进行语音识别的技术使手机可以实现语音拨号，能够自动呼叫被识别人名的电话号码。使用简单的语音识别技术可以轻易完成从高达数百人名的目录中识别出某个人名。

另一个重要的语音应用领域是*自动语言翻译*，这是语音研究者长久以来的梦想。语言翻译系统的目的是将以某一种语言说出的话翻译成另一种语言，从而帮助讲不同语言的人们进行自然语言对话。语言翻译系统需要能够在两种语言环境中同时工作的语音合成系统，以及能够在两种语言中正常使用的语音识别技术（通常是自然语言理解）。如果这样的语言翻译系统存在，讲不同语言的人就能以印刷文本阅读量级的数据率进行交流。

1.3.4　其他语音应用

语音通信应用的领域如图 1.9 所示。从图中可以看出，数字语音处理技术是所有这些应用的重要组成部分，这些应用包括传输/存储、语音合成和语音识别，也包括许多其他应用如说话者身份认证、语音信号质量增强和帮助听力或视力受损人群的辅助设备。

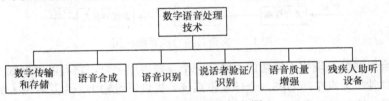

图 1.9　语音通信应用范围

图 1.10 中的框图表示利用 DSP 技术处理时间信号如语音信号的系统。这幅图仅描述了这样一个观点：一旦语音信号被采样，就可通过 DSP 技术采用几乎无数种方法对其进行操作。再次声明，对语音信号的处理和改变通常都是将其转变成另一种表示形式来实现的（对语音产生和语音感知有一定的了解后就会知道这样做的原因），对这种新的表示形式进行进一步的数字计算，然后通过数模转换器将其重新变换回波形域。

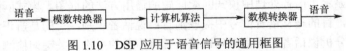

图 1.10　DSP 应用于语音信号的通用框图

语音增强是一个重要的应用领域，其目的是消除或抑制通过麦克风采集的语音信号中的噪声、回声或混响。在人与人的通信中，语音增强系统的目的是使对话更易懂、更自然，但事实上目前所能达到的最好效果是使本来存在的讨厌语音易被感知，但并不能提高退化语音的可懂度。不过，使失真的语音信号在语音编码、语音合成和语音识别[212]中能够更有效地做进一步处理，在这方面倒是取得了成功。

对语音信号操作的其他例子包括在时域使语音和视频片段对齐、改进语音质量、对预录的语音加速或减速播放（用于有声读物、快速预览语音邮件信息、详细检查口语材料等）。与采样后的波形相比，在语音的某些基本数字表示上对语音信号进行这些处理通常更加容易。

1.4　参考文献评论

本书最后包含了所有章节中引用的参考文献，其中一些参考文献是在数字语音处理领域奠定重要成果的研究论文。参考文献中也包括一些经常被引用的重要参考书，其中一些是在相关领域中有着重要地位的经典书籍，另外一些是最近出版的，因此它们为我们提供了相关领域的最新进展。按照出版时间先后顺序和本章中的分类列出的以下书籍，会在教学和研究中经常查阅使用。对未做详细介绍的应用领域的主题感兴趣的读者，可以参考这些书目。

普通语音处理参考书

- G. Fant, *Acoustic Theory of Speech Production*, Mouton, The Hague, 1970.
- J. L. Flanagan, *Speech Analysis, Synthesis and Perception*, 2nd ed., Springer-Verlag, 1972.
- J. D. Markel and A. H. Gray, Jr., *Linear Prediction of Speech*, Springer-Verlag, 1976.
- L. R. Rabiner and R. W. Schafer, *Digital Processing of Speech Signals*, Prentice-Hall Inc., 1978.
- R. W. Schafer and J. D. Markel (eds.), *Speech Analysis*, IEEE Press Selected Reprint Series, 1979.
- D. O'Shaughnessy, *Speech Communication, Human and Machine*, Addison-Wesley, 1987.
- S. Furui and M. M. Sondhi (eds.), *Advances in Speech Signal Processing*, Marcel Dekker Inc., 1991.
- P. B. Denes and E. N. Pinson, *The Speech Chain*, 2nd ed., W. H. Freeman and Co., 1993.
- J. Deller, Jr., J. G. Proakis, and J. Hansen, *Discrete-Time Processing of Speech Signals*, Macmillan Publishing, 1993, Wiley-IEEE Press, Classic Reissue, 1999.
- K. N. Stevens, *Acoustic Phonetics*, MIT Press, 1998.
- B. Gold and N. Morgan, *Speech and Audio Signal Processing*, John Wiley and Sons, 2000.
- S. Furui (ed.), *Digital Speech Processing, Synthesis and Recognition*, 2nd ed., Marcel Dekker Inc., New York, 2001.
- T. F. Quatieri, *Principles of Discrete-Time Speech Processing*, Prentice-Hall Inc., 2002.
- L. Deng and D. O'Shaughnessy, *Speech Processing, A Dynamic and Optimization-Oriented Approach*, Marcel Dekker Inc., 2003.
- J. Benesty, M. M. Sondhi, and Y. Huang (eds.), *Springer Handbook of Speech Processing and Speech Communication*, Springer, 2008.

语音编码参考书

- N. S. Jayant and P. Noll, *Digital Coding of Waveforms*, Prentice-Hall Inc., 1984.
- P. E. Papamichalis, *Practical Approaches to Speech Coding*, Prentice-Hall Inc., 1984.
- A. Gersho and R. M. Gray, *Vector Quantization and Signal Compression*, Kluwer Academic Publishers, 1992.
- W. B. Kleijn and K. K. Paliwal, *Speech Coding and Synthesis*, Elsevier, 1995.
- T. P. Barnwell and K. Nayebi, *Speech Coding, A Computer Laboratory Textbook*, John Wiley and Sons, 1996.
- R. Goldberg and L. Riek, *A Practical Handbook of Speech Coders*, CRC Press, 2000.
- W. C. Chu, *Speech Coding Algorithms*, John Wiley and Sons, 2003.
- A. M. Kondoz, *Digital Speech: Coding for Low Bit Rate Communication Systems*, 2nd ed., John Wiley and Sons, 2004.

语音合成参考书

- J. Allen, S. Hunnicutt, and D. Klatt, *From Text to Speech*, Cambridge University Press, 1987.
- J. Olive, A. Greenwood, and J. Coleman, *Acoustics of American English*, Springer-Verlag, 1993.
- Y. Sagisaka, N. Campbell, and N. Higuchi, *Computing Prosody*, Springer-Verlag, 1996.

- J. VanSanten, R. W. Sproat, J. P. Olive, and J. Hirschberg (eds.), *Progress in Speech Synthesis*, Springer-Verlag, 1996.
- T. Dutoit, *An Introduction to Text-to-Speech Synthesis*, Kluwer Academic Publishers, 1997.
- D. G. Childers, *Speech Processing and Synthesis Toolboxes*, John Wiley and Sons, 1999.
- S. Narayanan and A. Alwan (eds.), *Text to Speech Synthesis: New Paradigms and Advances*, Prentice-Hall Inc., 2004.
- P. Taylor, *Text-to-Speech Synthesis*, Cambridge University Press, 2008.

语音识别和自然语言参考书

- L. R. Rabiner and B. H. Juang, *Fundamentals of Speech Recognition*, Prentice-Hall Inc., 1993.
- H. A. Bourlard and N. Morgan, *Connectionist Speech Recognition—A Hybrid Approach*, Kluwer Academic Publishers, 1994.
- C. H. Lee, F. K. Soong, and K. K. Paliwal (eds.), *Automatic Speech and Speaker Recognition*, Kluwer Academic Publishers, 1996.
- F. Jelinek, *Statistical Methods for Speech Recognition*, MIT Press, 1998.
- C. D. Manning and H. Schutze, *Foundations of Statistical Natural Language Processing*, MIT Press, 1999.
- X. D. Huang, A. Acero, and H.-W. Hon, *Spoken Language Processing*, Prentice-Hall Inc., 2000.
- S. E. Levinson, *Mathematical Models for Speech Technology*, John Wiley and Sons, 2005.
- D. Jurafsky and J. H. Martin, *Speech and Language Processing*, 2nd ed., Prentice-Hall Inc., 2008.

语音增强参考书

- P. Vary and R. Martin, *Digital Speech Transmission, Enhancement, Coding and Error Concealment*, John Wiley and Sons, 2006.
- P. Loizou, *Speech Enhancement Theory and Practice*, CRC Press, 2007.

音频编码参考书

- H. Kars and K. Brandenburg (eds.), *Applications of Digital Signal Processing to Audio and Acoustics*, Kluwer Academic Publishers, 1998.
- M. Bosi and R. E. Goldberg, *Introduction to Digital Audio Coding and Standards*, Kluwer Academic Publishers, 2003.
- A. Spanias, T. Painter, and V. Atti, *Audio Signal Processing and Coding*, John Wiley and Sons, 2006.

MATLAB 练习

- T. Dutoit and F. Marques, *Applied Signal Processing, A MATLAB-Based Proof of Concept*, Springer, 2009.

1.5 小结

本章讨论了语音信号以及在人类通信中如何对消息进行编码,简单概述了数字语音处理在今天是如何应用的,并暗示了未来的一些可能应用。这些内容和其他例子都依赖于本书其他部分介绍的数字语音处理的基本原理。由于这一主题太广太深,因此本书不可能覆盖全部内容。本书的目标是综合介绍数字语音处理的基本概念,有些领域会深入探讨,而有些领域则只进行粗略介绍。此外,本书的介绍始终围绕主题,因此无法涵盖数字语音处理技术的各种应用。讨论重点是数字语音处理的基本原理及其在编码、合成、识别方面的应用,不会讨论一些最新的算法创新和应用——并不是因为它们乏味或不重要,而是因为数字语音处理的核心有太多的已经经过证明的基本技术。相信读者彻底掌握本书内容后,会在数字语音处理领域做出创新打下坚实的基础。

第2章 数字信号处理基础回顾

2.1 引言

本书中讨论的语音处理方案和技术,本质上讲都是离散语音信号处理系统,所以有必要了解数字语音处理技术的基本内容。本章将简要回顾在语音信号处理领域起重要作用的数字信号处理概念,以方便在学习后续章节时参考,并建立起全书将会用到的符号体系。对于完全不熟悉离散时间信号与系统表示和分析方法的那些读者,在本章未提供足够的细节时,建议花时间查阅数字信号处理方面的教材[245, 270, 305]。

2.2 离散时间信号与系统

由于任何情形下都会涉及信息的处理和通信,因此我们很自然地将信号表示为一个连续变化的模式或波形。人类语音所产生的声学波形肯定符合这种性质。数学上,可方便地将这种连续变化的模式表示为连续时间变量 t 的函数,并用符号 $x_a(t)$ 来表示连续变化(或模拟)的时间波形。正如我们将要看到的那样,也可将语音信号表示为(量化的)数字序列;事实上,这也是本书的中心议题之一。通常我们用符号 $x[n]$ 来表示在时间和幅度上均已量化的序列。如已采样的语音信号那样,若一个序列是对模拟信号按周期 T 采样得来的,则使用 $x[n] = x_a(nT)$ 来显式表示这一点是有用的。对于任何由模拟波形经过采样和量化所得来的数字序列,都有决定该数字序列的离散表示性质的两个变量,即采样率 $F_s = 1/T$ 和量化级数 2^B,其中 B 是这种表示的比特数/样本。尽管采样率可设置为任意满足 $F_s = 1/T \geq 2F_N$ (F_N 是连续时间信号中的最高频率)的值,但随时间演化出了语音的各种"自然"采样率,包括[①]:

- $F_s = 6.4\text{kHz}$,电话带宽语音($F_N = 3.2\text{kHz}$)
- $F_s = 8\text{kHz}$,扩展的电话带宽语音($F_N = 4\text{kHz}$)
- $F_s = 10\text{kHz}$,过采样电话带宽语音($F_N = 5\text{kHz}$)
- $F_s = 16\text{kHz}$,宽带(高保真)带宽语音($F_N = 8\text{kHz}$)

语音信号的数字表示中,第二个变量是量化后信号的比特数/样本。第 11 章将研究量化对数字语音波形的具体影响,但本章假定样本值未被量化。

图 2.1 给出了一个语音信号表示为模拟信号和表示为样本序列(采样率为 $F_s = 16\text{kHz}$)的例子。在后面的图形中,为方便起见,通常使用模拟表示(即连续函数),即使是在考虑离散表示时。这种情形下,连续曲线是样本序列的包络,画图时使用直线将这些样本连接在一起(线性插值)[②]。图 2.1 举例说明了 MATLAB 函数 plot(上图的模拟滤形)和 stem 函数(下图的离散样本集)的用法,同时说明了采样信号的重要一点:当一个样本序列作为样本序号的函数画出时,丢失了时间刻度。为通过采样周期 $T = 62.5\mu s$ 将数字波形的持续时间(此时为 320 个样本)转换为模拟时间间隔 20ms,我们必须知道采样率 $F_s = 1/T = 16\text{kHz}$。

在研究数字语音处理系统时,经常会重复出现许多特殊的序列。图 2.2 中给出了几个这样的序列。图 2.2(a)中所示的单位样本或单位冲激序列定义为

---

① 如 2.3 节所讨论的那样,我们像[270]中那样使用大写字母来表示模拟频率。

② 由这些样本来重建带限连续时间信号时,需要使多个滤波器近似这个理想的低通滤波器来插值。

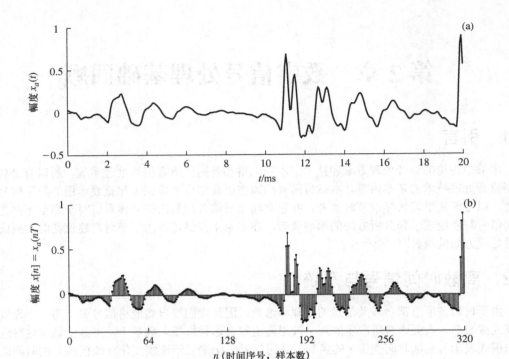

图 2.1　语音波形图：(a)连续时间信号图［使用 MATLAB 的 plot() 函数绘制］；(b)采样信号图［使用 MATLAB 的 stem() 函数绘制］

$$\delta[n] = \begin{cases} 1 & n = 0 \\ 0 & \text{其他} \end{cases} \tag{2.1}$$

图 2.2(b)所示的单位阶跃序列定义为

$$u[n] = \begin{cases} 1 & n \geq 0 \\ 0 & n < 0. \end{cases} \tag{2.2}$$

指数序列定义为

$$x[n] = a^n, \tag{2.3}$$

式中 a 是实数或复数。图 2.2(c)给出了 a 是实数且 $|a| < 1$ 时的指数序列。若 a 是复数，即 $a = re^{j\omega_0}$，则

$$x[n] = r^n e^{j\omega_0 n} = r^n \cos(\omega_0 n) + jr^n \sin(\omega_0 n). \tag{2.4}$$

图 2.2(d)给出了 $0 < r < 1$ 且 $\omega_0 = 2\pi/8$ 时，该复指数序列的实部。$r = 1$ 且 $\omega_0 \neq 0$ 时 $x[n]$ 是一个复正弦序列，$\omega_0 = 0$ 时 $x[n]$ 是实正弦序列；$r < 1$ 且 $\omega_0 \neq 0$ 时 $x[n]$ 是一个指数衰减振荡序列。我们常用形如

$$x[n] = a^n u[n], \tag{2.5}$$

的单位阶跃序列来表示 $n < 0$ 时其值为 0 的一个指数序列。在因果线性系统的表示中，以及语音波形的建模中，经常会出现这种类型的序列。

　　信号处理会涉及信号至某种我们更期望的形式的变换。因此，我们关心的是离散系统，或输入序列至输出序列的变换。使用图 2.3(a)所示框图来描述这种变换很有用。人们设计了许多语音分析系统来从语音波形计算几个时变参数。因此，这种系统有多个输出，即表示语音信号的单个输入序列 $x[n]$ 被变换为一个输出序列矢量，图 2.3(b)中的宽箭头表示的就是这样一个输出序列矢量。

　　在语音处理中，一些特殊的线性移不变系统特别有用。这类系统完全由它们对单位样本输入的响应来表征。对于此类系统，输出可由输入 $x[n]$ 和单位样本响应 $h[n]$ 的卷积和来计算，即

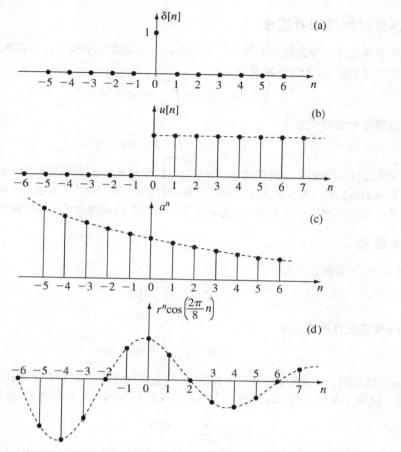

图 2.2　(a)单位样本序列；(b)单位阶跃序列；(c)实指数序列；(d)衰减余弦序列

$$y[n] = \sum_{k=-\infty}^{\infty} x[k]h[n-k] = x[n] * h[n], \tag{2.6a}$$

式中，符号 * 表示离散卷积运算。表示卷积交换性的一个等效公式为

$$y[n] = \sum_{k=-\infty}^{\infty} h[k]x[n-k] = h[n] * x[n]. \tag{2.6b}$$

线性移不变系统可对语音信号执行滤波操作，还可作为语音产生的模型。

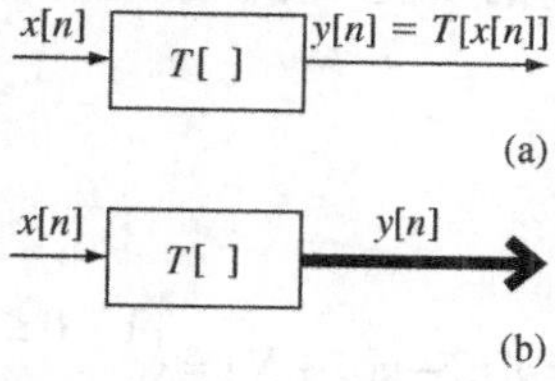

图 2.3　(a)单输入/单输出系统和(b)单输入/多输出系统的框图表示

2.3　信号与系统的变换表示

借助于信号与系统的频域描述方法，可大大简化线性系统的分析和设计。因此，回顾离散时间信号与系统的傅里叶变换和 z 变换是有益的。

2.3.1 连续时间傅里叶变换

傅里叶变换是连续和离散时间信号与系统理论中的基本数学概念。在连续时间信号情形下，连续时间傅里叶变换（CTFT）定义为

$$X_a(j\Omega) = \int_{-\infty}^{\infty} x_a(t)e^{-j\Omega t}dt, \tag{2.7a}$$

其逆变换或傅里叶合成变换为

$$x_a(t) = \frac{1}{2\pi}\int_{-\infty}^{\infty} X_a(j\Omega)e^{j\Omega t}d\Omega. \tag{2.7b}$$

注意，如同文献[270]中那样，我们用 Ω 和单位弧度/秒来表示连续时间弧度频率。此外，我们通常使用等效关系 $\Omega = 2\pi F$，其中 F 表示"循环"连续时间频率，单位为赫兹。这里假设读者已了解连续时间傅里叶表示的性质。关于信号与系统分析中 CTFT 的详细介绍，请参阅相关文献[239,272]。

2.3.2 z 变换

序列 $x[n]$ 的 z 变换定义为

$$X(z) = \sum_{n=-\infty}^{\infty} x[n]z^{-n}, \tag{2.8a}$$

相应的逆 z 变换是复围线积分

$$x[n] = \frac{1}{2\pi j}\oint_C X(z)z^{n-1}dz. \tag{2.8b}$$

从式(2.8a)可以看出，z 变换 $X(z)$ 是关于变量 z^{-1} 的无穷幂级数，其中序列 $x[n]$ 是该幂级数的系数。一般来说，仅对于某些 z 值，这样的一个幂级数才收敛（到某个有限值）。收敛的充分条件是

$$\sum_{n=-\infty}^{\infty} |x[n]|\,|z^{-n}| < \infty. \tag{2.9}$$

使得级数收敛的 z 值集合在复 z 平面上定义了一个区域，称为收敛域。通常，该区域的形式为

$$R_1 < |z| < R_2. \tag{2.10}$$

为了说明收敛域与序列性质的关系，我们先看几个例子。

例 2.1 延迟单位脉冲序列
令 $x[n] = \delta[n-n_0]$。将它代入式(2.8a)得

$$X(z) = z^{-n_0}. \tag{2.11}$$

延迟单位脉冲的收敛域取决于 n_0 的取值，对于 $n_0 > 0$ 是 $|z| > 0$，对于 $n_0 < 0$ 是 $|z| < \infty$，或对于 $n_0 = 0$，z 可取所有值。

例 2.2 矩形脉冲序列
令

$$x[n] = u[n] - u[n-N] = \begin{cases} 1 & 0 \le n \le N-1 \\ 0 & \text{其他} \end{cases}$$

则有

$$X(z) = \sum_{n=0}^{N-1}(1)z^{-n} = \frac{1-z^{-N}}{1-z^{-1}}. \tag{2.12}$$

在这种情况下，$x[n]$ 是有限持续的。因此，$X(z)$ 只是变量 z^{-1} 的一个 N 阶多项式，其收敛域是除了

$z = 0$ 外的所有区域。所有有限长序列的收敛域都至少包含区域 $0 < |z| < \infty$。①

例 2.3 正时间单边指数序列

令 $x[n] = a^n u[n]$，有

$$X(z) = \sum_{n=0}^{\infty} a^n z^{-n} = \frac{1}{1 - az^{-1}}, \quad |a| < |z|. \tag{2.13}$$

此时，该幂级数是一个无限几何级数，其和存在闭合形式的表达式。结果通常是无限持续时间序列，对于 $n > 0$ 这些序列是非零的。通常情形下，收敛域是 $|z| > R_1$。

例 2.4 负时间单边指数序列

令 $x[n] = -b^n u[-n-1]$，有

$$X(z) = \sum_{n=-\infty}^{-1} -b^n z^{-n} = \frac{1}{1 - bz^{-1}}, \quad |z| < |b|. \tag{2.14}$$

这通常是无限持续时间序列，对于 $n < 0$ 序列非零，收敛域通常是 $|z| < R_2$。注意式(2.13)和式(2.14)中的 z 变换有相同的函数形式，但这两个 z 变换并不相同，因为它们的收敛域不同。$-\infty < n < \infty$ 时 $x[n]$ 非零这种最普遍的情形，可视为例 2.3 和例 2.4 的一种组合。此时，收敛域是 $R_1 < |z| < R_2$。

逆 z 变换由式(2.8b)中的围线积分给出，其中 C 是一条环绕 z 平面原点并位于 $X(z)$ 的收敛域内的闭合曲线。此类复围线积分可由文献[46]中复变量理论的强大定理计算得到。对于适用于离散时间线性系统的特殊情形的有理变换，这些积分定理会利用部分分式展开，这为求解逆变换[270]提供了方便的方法。

在学习离散时间系统时，会用到 z 变换表示的许多定理和性质。熟悉这些定理和性质，有助于我们理解后续章节的内容。表 2.1 中列出了一些重要的定理，这些定理形式上类似于连续时间函数的拉普拉斯变换的相关定理。但这种相似性并不意味着 z 变换是拉普拉斯变换的近似。拉普拉斯变换是连续时间函数的精确表示，而 z 变换是一个数字序列的精确表示。将信号的连续表示和离散表示关联起来的合适方法是傅里叶变换和采样定理，详见 2.5 节。

序列的运算可能会改变 z 变换的收敛域。例如，在性质 1 和 6 中，结果收敛域至少是两个 z 变换的收敛域的重叠部分。因此，很容易就可得到对表 2.1 中其他情形的修正[270]。

表 2.1 实序列及其 z 变换

性质	序列	z 变换
1. 线性	$ax_1[n] + bx_2[n]$	$aX_1(z) + bX_2(z)$
2. 移位	$x[n + n_0]$	$z^{n_0} X(z)$
3. 指数加权	$a^n x[n]$	$X(a^{-1}z)$
4. 线性加权	$nx[n]$	$-z\dfrac{dX(z)}{dz}$
5. 时间反转	$x[-n]$	$X(z^{-1})$
6. 卷积	$x[n] * h[n]$	$X(z)H(z)$
7. 序列相乘	$x[n]w[n]$	$\dfrac{1}{2\pi j}\oint_C X(v)W(z/v)v^{-1}dv$

---

① 此时，使用几何级数前 N 项的通用求和公式，可将 $N-1$ 阶多项式表示为 N 阶多项式与一阶多项式之比：$\sum\limits_{n=0}^{N-1}\alpha^n = \dfrac{1-\alpha^N}{1-\alpha}$。

2.3.3 离散时间傅里叶变换

离散时间信号的离散时间傅里叶变换（DTFT）为

$$X(e^{j\omega}) = \sum_{n=-\infty}^{\infty} x[n]e^{-j\omega n}, \tag{2.15a}$$

逆 DTFT（合成积分）为

$$x[n] = \frac{1}{2\pi} \int_{-\pi}^{\pi} X(e^{j\omega})e^{j\omega n}d\omega. \tag{2.15b}$$

这两个公式是式(2.8a)和式(2.8b)的特殊情形。特别地，傅里叶表示是通过将 z 变换限制到 z 平面的单位圆上得到的，即令 $z = e^{j\omega}$。如图 2.4 所示，离散时间频率变量 ω 也可解释为 z 平面中的角度。傅里叶变换表示存在的一个充分条件，可通过令式(2.9)中的 $|z| = 1$ 得到，即

$$\sum_{n=-\infty}^{\infty} |x[n]| < \infty. \tag{2.16}$$

也就是说，$X(z)$ 的收敛域必须包含 z 平面的单位圆。我们仍用 2.3.2 节的例子来说明傅里叶变换。对给出的表达式，令 $z = e^{j\omega}$，可得到傅里叶变换。在前两个例子即延迟单位脉冲序列和矩形脉冲序列中，傅里叶变换存在，因为 $X(z)$ 的收敛域包含单位圆。但在例 2.3 和例 2.4 中，只有当 $|a| < 1$ 和 $|b| > 1$ 时，傅里叶变换才存在。当然，这些条件对应于衰减序列的情况，即对应于式(2.16)成立的衰减序列。

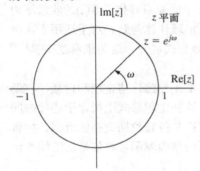

图 2.4 z 平面的单位圆

序列的傅里叶变换的一个重要特征是，$X(e^{j\omega})$ 是关于 ω 的周期函数且周期为 2π。把 $\omega + 2\pi$ 代入式(2.15a)中很容易就可验证这一点。此外，由于 $X(e^{j\omega})$ 是 $X(z)$ 在图 2.4 所示单位圆上计算得到的，可以证明 $X(e^{j\omega})$ 必然会在我们每次完全遍历该单位圆即 ω 经历了 2π 弧度时重复。

一些对实信号模型非常有用的序列并不满足式(2.16)的 DTFT 存在条件。一个特例是下例中介绍的离散时间正弦信号。

例 2.5　余弦信号的 DTFT
离散时间余弦信号

$$x[n] = \cos(\omega_0 n), \quad -\infty < n < \infty, \tag{2.17}$$

并不满足式(2.16)，因此其 DTFT 表达式并不能在常规意义下求得。但若能在 DTFT 中包含连续可变脉冲函数（也称 Dirac delta 函数），就可给出离散时间余弦信号（和任意周期信号）的 DTFT。特别地，式(2.17)所示信号的 DTFT 是一个周期连续可变脉冲传输函数

$$X(e^{j\omega}) = \sum_{k=-\infty}^{\infty} [\pi\delta(\omega - \omega_0 + 2\pi k) + \pi\delta(\omega + \omega_0 + 2\pi k)]. \tag{2.18}$$

也就是说，在频率范围 $-\pi < \omega < \pi$ 内，$X(e^{j\omega})$ 是由一对在 $\pm\omega_0$ 处连续可变的脉冲组成的，且这种模式以周期 2π 重复。若在式(2.15b)所示的逆 DTFT 表达式中使用式(2.18)，则可得

$$\frac{1}{2\pi} \int_{-\pi}^{\pi} X(e^{j\omega})e^{j\omega n}d\omega = \frac{1}{2\pi} \int_{-\pi}^{\pi} [\pi\delta(\omega - \omega_0) + \pi\delta(\omega + \omega_0)]e^{j\omega n}d\omega$$

$$= \frac{1}{2}e^{j\omega_0 n} + \frac{1}{2}e^{-j\omega_0 n} \tag{2.19}$$

$$= \cos(\omega_0 n),$$

使用脉冲函数的"筛选"性质即 $e^{j\omega n}\delta(\omega - \omega_0) = e^{j\omega_0 n}\delta(\omega - \omega_0)$ 和每个脉冲的面积为 1 这一性质，可简化右侧的表达式。如式(2.19)所示，信号最终化简为 $x[n] = \cos(\omega_0 n)$。

记住，使用或绘制 $X(e^{j\omega})$ 时，归一化频率 ω 的单位是弧度（无量纲），即围绕图 2.4 中的单位圆

一圈对应于ω从 0 到2π。若选择使用归一化圆周期频率单位f（而不是归一化弧度频率），有$\omega = 2\pi f$，则围绕单位圆一圈对应于f从 0 到 1。但归一化弧度频率单位和归一化频率单位都不反映与信号采样率相关的模拟（物理）频率。当然，也可使用非归一化（或模拟）频率单位F，其中$f = F/T = F \cdot F_s$，围绕单位圆一圈时，F从 0 变到$F_s = 1/T$，即f从 0 变到 1。类似地，可以考虑使用非归一化（或模拟）弧度频率单位Ω，其中$\Omega = 2\pi F = 2\pi f \cdot F_s = \Omega \cdot F_s$，围绕单位圆一圈，其值从 0 变到$2\pi F_s$。

令$z = e^{j\omega}$并代入表 2.1 的各个z变换中，就得到了 DTFT 的一组对应结果，如表 2.2 所示。当然，这些结果仅在这些 DTFT 确实存在时才有效。另一个有用的结论是帕塞瓦尔定理，它将序列的"能量"与相应 DTFT 的幅度的平方关联起来了。

表 2.2　实序列和及其 DTFT

性质	序列	DTFT
1. 线性	$ax_1[n] + bx_2[n]$	$aX_1(e^{j\omega}) + bX_2(e^{j\omega})$
2. 移位	$x[n + n_0]$	$e^{j\omega n_0} X(e^{j\omega})$
3. 调制	$x[n]e^{j\omega_0 n}$	$X(e^{j(\omega - \omega_0)})$
4. 线性加权	$nx[n]$	$j\dfrac{dX(e^{j\omega})}{d\omega}$
5. 时间反转	$x[-n]$	$X(e^{-j\omega}) = X^*(e^{j\omega})$
6. 卷积	$x[n] * h[n]$	$X(e^{j\omega})H(e^{j\omega})$
7. 序列相乘	$x[n]w[n]$	$\dfrac{1}{2\pi}\displaystyle\int_{-\pi}^{\pi} X(e^{j\theta})W(e^{j(\omega - \theta)})d\theta$
8. 帕塞瓦尔定理	$\displaystyle\sum_{n=-\infty}^{\infty} |x[n]|^2 = \dfrac{1}{2\pi}\int_{-\pi}^{\pi} |X(e^{j\omega})|^2 d\omega$	

2.3.4　离散傅里叶变换

一个序列是以N为周期的，如果

$$\tilde{x}[n] = \tilde{x}[n + N], \quad -\infty < n < \infty. \tag{2.20}$$

如周期模拟信号那样，周期序列$\tilde{x}[n]$可表示为正弦序列的离散和形式，而不是式(2.15b)所示的积分形式。特别地，$\tilde{x}[n]$可表示为具有弧度频率$2\pi k/N$的复指数序列的和，$k = 0, 1, ..., N-1$ [1]。周期为N的序列的傅里叶级数表示由"离散时间傅里叶级数系数"

$$\tilde{X}[k] = \sum_{n=0}^{N-1} \tilde{x}[n]e^{-j\frac{2\pi}{N}kn}, \tag{2.21a}$$

组成，它是在一个周期$0 \le n \le N-1$内求和得到的。这些系数用在对应的离散时间傅里叶级数合成表达式

$$\tilde{x}[n] = \frac{1}{N}\sum_{k=0}^{N-1} \tilde{X}[k]e^{j\frac{2\pi}{N}kn}, \tag{2.21b}$$

中，该表达式允许由N个离散时间傅里叶级数系数来重建周期序列[270]。

这是一个周期为N的周期序列的精确表示。但这种表示的用途却取决于式(2.21a)和式(2.21b)的不同解释。考虑一个有限长度序列$x[n]$，它在区间$0 \le n \le N-1$之外为零。由这个有限长序列，我们可以定义一个"隐式周期序列"$\tilde{x}[n]$，它是序列$x[n]$移位周期N后的无限序列，即

$$\tilde{x}[n] = \sum_{r=-\infty}^{\infty} x[n + rN]. \tag{2.22}$$

---

[1]　由无限或有限个带有不同频率的复指数序列组成的线性组合信号，具有线频谱表示。

为计算式(2.21a)中的傅里叶级数的系数，我们要求 $\tilde{x}[n]$ 仅针对 $0 \le n \le N-1$（即只在一个周期内），因此该隐式周期序列可表示为式(2.21b)所示的离散时间傅里叶级数，该级数同样要求 $\tilde{X}[k]$ 仅针对 $k = 0, 1, ..., N-1$。因此，如果只在有限区域 $0 \le n \le N-1$ 内来仔细计算式(2.21b)，则长度为 N 的有限持续序列就可由式(2.21a)和式(2.21b)的有限计算来表示。考虑有限长序列的这种方法导致了离散傅里叶变换（DFT）表示：

$$X[k] = \sum_{n=0}^{N-1} x[n]e^{-j\frac{2\pi}{N}kn}, \quad k = 0, 1, \ldots, N-1, \tag{2.23a}$$

$$x[n] = \frac{1}{N}\sum_{k=0}^{N-1} X[k]e^{j\frac{2\pi}{N}kn}, \quad n = 0, 1, \ldots, N-1. \tag{2.23b}$$

很明显，式(2.23a)和式(2.23b)及式(2.21a)和式(2.21b)之间的唯一差别是，符号的稍微修改（去掉了表示周期性的符号~），以及有限区间 $0 \le k \le N-1$ 和 $0 \le n \le N-1$ 的显式限制。如前所述，一定要记住在使用 DFT 表示时，所有序列都应是周期序列。也就是说，DFT 确实是式(2.22)给出的隐式周期序列的一种表示。另一个观点是，使用 DFT 表示时，序列序号必须解释为模 N。因为当且（仅当）$x[n]$ 的长度为 N 时，DFT 表示的隐式周期序列才是

$$\tilde{x}[n] = \sum_{r=-\infty}^{\infty} x[n+rN] = x[n \bmod N] \tag{2.24a}$$
$$= x[((n))_N].$$

所以

$$x[n] = \begin{cases} \tilde{x}[n] & 0 \le n \le N-1 \\ 0 & \text{其他} \end{cases} \tag{2.24b}$$

双括号表示 $n \bmod N$，它提供了一种方便的方法来表示 DFT 的固有周期性。

2.3.5　DTFT 的采样

DFT 的另外一种解释有助于强调隐式周期的重要性。考虑序列 $x[n]$，其 DTFT 是

$$X(e^{j\omega}) = \sum_{n=0}^{L-1} x[n]e^{-j\omega n}, \tag{2.25}$$

式中，L 是序列的长度，L 不必等于 N。通常我们会假设 $L < \infty$，但下面的讨论并不要求该假设。首先假设对 $0 \le \omega < 2\pi$ 中的所有 ω，$X(e^{j\omega})$ 是已知的。若以 N 个等间距的归一化频率 $\omega_k = (2\pi k/N)$ 来计算（采样）$X(e^{j\omega})$，其中 $k = 0, 1, ..., N-1$，则得到样本

$$X_N[k] = X(e^{j\frac{2\pi}{N}k}) = \sum_{n=0}^{L-1} x[n]e^{-j\frac{2\pi}{N}kn}, \quad k = 0, 1, \ldots, N-1. \tag{2.26}$$

首先注意到，若 $L = N$，则式(2.26)等同于式(2.23a)。也就是说，在 N 个样本的有限长序列情形下，在频率 $2\pi k/N$ 处的 DTFT 的样本，等于使用式(2.23a)计算得到的 DFT 值。这也是 $L < N$ 时的情形，即当序列 $x[n]$ 通过补零来获得长为 N 的序列时。此时，零值样本是合理的，因为 $x[n]$ 在区间 $0 \le n \le N-1$ 之外被假定为零。因此，若在逆 DFT 关系式(2.23a)中使用样本 $X_N[k]$ 来计算

$$x_N[n] = \frac{1}{N}\sum_{k=0}^{N-1} X_N[k]e^{j\frac{2\pi}{N}kn}, \quad n = 0, 1, \ldots, N-1, \tag{2.27}$$

那么在 $L \le N$ 时，有 $x_N[n] = x[n]$，$n = 0, 1, ..., N-1$。

$L > N$ 时，结果并不明显。然而，若如式(2.26)中那样，对（有限或无限）序列 $x[n]$ 的 DTFT 进行采样来定义 $X_N[k]$，则可以证明[270]

$$x_N[n] = \sum_{r=-\infty}^{\infty} x[n+rN], \quad n = 0, 1, \ldots, N-1. \tag{2.28}$$

换句话说，$x_N[n]$ 等于对应于采样后的 DTFT 的隐式周期序列。该结果称为 DFT 的时间混叠解释。很明显，若 $x[n]$ 仅在区间 $0 \le n \le N-1$（即 $L \le N$）内非零，则 $x[n]$ 平移后的副本将不会重叠，因此在该区间内有 $x_N[n] = x[n]$。然而，若 $L > N$，则有些移位后的副本 $x[n + rN]$ 会在区间 $0 \le n \le N-1$ 内重叠，这时就会发生时间混叠失真。使用 DFT 计算相关函数、实现滤波运算及进行倒谱分析（详见第 8 章）时，这种解释非常有用。

图 2.5 显示了一个周期信号的时域波形及其线谱（上方的一对图形），以及一个有限长信号的时域波形及其线谱（下方的一对图形），它们精确地匹配了一个周期的周期信号。可以看出，周期波形有一个线谱 $\tilde{X}[k]$，而有限长信号有一个连续谱 $X(e^{j\omega})$。但在我们将周期信号的线谱叠加到有限长信号的连续谱上方时，会发现在线谱有定义的频率处，即 $\omega_k = 2\pi k/N$，$k = 0,1,\ldots,N-1$ 处，线谱与连续谱完全匹配。这种频率匹配性质允许我们将有限长信号当作时域周期序列来处理，只是在处理该信号时，要仔细修改其 DFT 来避免时间混叠。

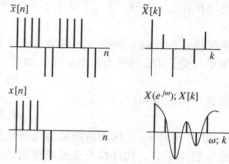

图 2.5　周期信号（上方）和有限长信号（下方）的时域波形及其 DFT 表示。注意，周期信号的线谱和有限长信号的 DTFT 样本是相同的

2.3.6　DFT 的性质

DFT 的内在周期性对 DFT 表示的性质有重要影响。表 2.3 中列出了一些非常重要的性质。最明显的特征是，移位后的序列是移位后的模 N，这使得它与离散卷积有着明显的不同。

DFT 表示及其所有变体非常重要的原因如下：

- DFT 即 $X[k]$ 可视为有限长序列的 DTFT 经采样后的版本
- DFT 的性质与 z 变换和 DTFT 的许多有用性质非常相似（根据固有周期性进行修正后）
- $X[k]$ 的各个 N 值可通过称为快速傅里叶变换（FFT）的一组算法[64,245,270,305]来有效地计算（时间复杂度为 $N \log N$）

DFT 广泛用于计算频谱估计、相关函数和数字滤波器实现[142,270,380]。语音处理中也会频繁地用到 DFT 表示。

表 2.3　实有限长序列及其 DFT

性质	序列	N 点 DFT
1. 线性	$ax_1[n] + bx_2[n]$	$aX_1[k] + bX_2[k]$
2. 移位	$x[((n - n_0))_N]$	$e^{-j(2\pi k/N)n_0} X[k]$
3. 调制	$x[n]e^{j(2\pi k_0/N)n}$	$X[((k - k_0))_N]$
4. 时间反转	$x[((-n))_N]$	$X[((-k))_N] = X^*[k]$
5. 卷积	$\displaystyle\sum_{m=0}^{N-1} x[m]h[((n - m))_N]$	$X[k]H[k]$
6. 序列相乘	$x[n]w[n]$	$\displaystyle\frac{1}{N}\sum_{r=0}^{N-1} X[r]W[((k - r))_N]$
7. 帕塞瓦尔定理	$\displaystyle\sum_{n=0}^{N-1} |x[n]|^2 = \frac{1}{N}\sum_{k=0}^{N-1} |X[k]|^2$	

2.4　数字滤波器基础

数字滤波器是离散时间线性移不变系统。回忆可知,这种系统的输入和输出由式(2.6a)或式(2.6b)的卷积和公式关联。表 2.1 给出了所涉序列的 z 变换之间的对应关系,即

$$Y(z) = H(z)X(z). \tag{2.29}$$

单位样本响应的 z 变换 $H(z)$ 称为系统函数。系统函数有时也称为传输函数。单位脉冲响应 $h[n]$ 的傅里叶变换 $H(e^{j\omega})$ 称为频率响应。通常,$H(e^{j\omega})$ 是 ω 的复函数,它可表示为实部和虚部,即

$$H(e^{j\omega}) = H_r(e^{j\omega}) + jH_i(e^{j\omega}), \tag{2.30}$$

或表示为幅度和相角,即

$$H(e^{j\omega}) = |H(e^{j\omega})|e^{j\arg[H(e^{j\omega})]}. \tag{2.31}$$

$n < 0$ 时 $h[n] = 0$,这种系统称为因果线性移不变系统。若每个有界输入产生一个有界输出,则系统为稳定系统。线性移不变系统稳定的充分必要条件是

$$\sum_{n=-\infty}^{\infty} |h[n]| < \infty. \tag{2.32}$$

该条件等同于式(2.16),因而 $H(e^{j\omega})$ 存在的稳定性是充分的。

除了式(2.6a)和式(2.6b)给出的卷积和之外,实际作为滤波器的所有线性移不变系统,其输入和输出都满足如下的线性差分方程:

$$y[n] - \sum_{k=1}^{N} a_k y[n-k] = \sum_{r=0}^{M} b_r x[n-r]. \tag{2.33}$$

上式两边进行 z 变换得

$$H(z) = \frac{Y(z)}{X(z)} = \frac{\displaystyle\sum_{r=0}^{M} b_r z^{-r}}{1 - \displaystyle\sum_{k=1}^{N} a_k z^{-k}}. \tag{2.34}$$

比较式(2.33)和式(2.34)可以看出,若给定具有式(2.33)所示形式的差分方程,则可直接得到 $H(z)$,方法是在分子中使用 z^{-1} 的相应幂标识式(2.33)中延迟输入的系数,而在分母中使用 z^{-1} 的幂标识延迟输出的系数。类似地,由式(2.34)可直接写出式(2.33)。

通常,系统函数 $H(z)$ 是 z^{-1} 的有理函数。这样,它就可由其在 z 平面上的零点和极点的位置来表征。具体地说,$H(z)$ 可表示成

$$H(z) = \frac{A\displaystyle\prod_{r=1}^{M}(1 - c_r z^{-1})}{\displaystyle\prod_{k=1}^{N}(1 - d_k z^{-1})}. \tag{2.35}$$

从 z 变换的讨论可知,$n < 0$ 时 $h[n] = 0$ 的因果性系统,其收敛域是 $|z| > R_1$。若该系统同时是稳定的,则 R_1 必须小于 1 才能使收敛域包含单位圆。因此,对于稳定的因果系统,$H(z)$ 的极点必须位于单位圆内。若 $H(z)$ 所有的极点和零点都在单位圆内,则称该系统为最小相位系统[270]。

线性移不变系统分为两类。一类是有限冲激响应(FIR)系统,另一类是无限冲激响应(IIR)系统。这两类系统具有不同的性质,如下所示。

2.4.1　FIR 系统

若式(2.33)中的所有系数 a_k 都为 0,则差分方程变成

$$y[n] = \sum_{r=0}^{M} b_r x[n-r]. \tag{2.36}$$

比较式(2.36)和式(2.6b)可以看出

$$h[n] = \begin{cases} b_n & 0 \le n \le M \\ 0 & \text{其他} \end{cases} \tag{2.37}$$

FIR 系统有许多重要的性质。首先，$H(z)$ 是 z^{-1} 的多项式，所以 $H(z)$ 只有零点而没有非零的极点。此外，FIR 系统具有精确的线性相位。若 $h[n]$ 满足

$$h[n] = \pm h[M-n], \tag{2.38}$$

则 $H(e^{j\omega})$ 为

$$H(e^{j\omega}) = A(e^{j\omega})e^{-j\omega(M/2)}, \tag{2.39}$$

式中，$A(e^{j\omega})$ 要么是纯实数，要么是虚数，具体取决于式(2.38)中是取"+"号还是取"−"号。

在语音处理应用中，实现具有精确线性相位的数字滤波器非常有用，尤其是在需要精确对齐时间时。FIR 滤波器的这种性质也可大大简化理想频率选择数字滤波器的设计近似问题，因为它只须关心期望幅度响应的近似。具有精确线性相位响应的滤波器的缺点是，为充分近似锐截止滤波器，需要较大的冲激响应持续时间。

2.4.2 FIR 滤波器设计方法

基于线性相位 FIR 滤波器的性质，人们开发出了三种知名的设计方法来近似任意规格的 FIR 滤波器。这三种方法是：

- 窗函数近似法[142, 184, 245, 270, 305]
- 频率采样近似法[245, 270, 305, 306]
- 最优（极小极大误差）近似法[238, 245, 270, 282, 305, 310]

这三种方法中只有第一种方法是分析设计方法，即基于一种可直接求解得到滤波器系数的闭合形式方程组的方法。第二种和第三种设计方法是最优方法，它们使用迭代法来得到期望的滤波器。尽管窗函数方法应用起来最简单，但最优设计方法是最广泛使用的设计算法，部分原因在于人们对最优 FIR 滤波器性质的研究，还有部分原因在于文档化设计程序的通用性可使得设计人员能够近似任何期望的滤波器参数[238, 270, 305]。

最优 FIR 低通滤波器的 MATLAB 设计

应用 MATLAB 设计最优 FIR 频率选择滤波器（如低通滤波器、高通滤波器、带通滤波器、带阻滤波器以及微分器和希尔伯特变换器等）非常简单。在 MATLAB 中设计这些滤波器的方法有两种，一是使用 fdatool（一种指定 FIR 滤波器参数的交互式设计程序），二是使用函数 firpm。

下例给出了使用 firpm 设计一个最优低通滤波器、计算结果频率响应和绘制对数幅度响应的方法。具体过程如下：

- 使用 MATLAB 函数 firpm 设计 FIR 滤波器，调用形式为 B=firpm(N,F,A)，其中结果滤波器是一个线性相位近似，该近似有长为 N+1 个样本的冲激响应，B 是一个包含结果冲激响应（系统函数的分子多项式的系数）的向量。向量 F 包含理想频率响应频带边缘的参数（成对出现，并在采样率的一半 ω/π 而非常用的 $\omega/(2\pi)$ 处归一化为 1.0），A 包含近似区间中理想幅度响应值的参数（也以开始/结束对的形式出现）。
- 使用 MATLAB 命令 freqz 计算滤波器频率响应，调用形式为 [H,M]=freqz(B,1,NF)。其中，H 是结果 FIR 滤波器的复频率响应；W 是在其上计算频率响应的一组弧度频率（范围为 $0 \le \omega \le \pi$）；B 是滤波器分子多项式，即使用上面的 firpm 计算得到的冲激响应；1 是 FIR 滤波器的分母多项式；NF 是在其上计算滤波器的频率响应的频率数。
- 使用 MATLAB 命令 plot 绘制滤波器的对数幅度响应，调用形式是 plot(W/pi,

20log10 (abs(H)))。注意，绘图时我们使用 20log$_{10}$(|H|)作为频率响应对数幅度，其中的每个 20dB 因子对应于滤波器频率响应幅度的因子 10。这样的图形可使设计人员快速评估近似结果的滤波性能。

要使用 firpm 设计一个 31 点最优 FIR 低通滤波器，则需要设置如下参数：

- N = 30（创建一个 31 点 FIR 滤波器）。
- F = [0 0.4 0.5 1] [将理想通带设置为 $0 \leq \omega \leq 0.4\pi$（用模拟频率术语来说，即将通带的边缘设置为 $0.2F_s$），将理想阻带设置为 $0.5\pi \leq \omega \leq \pi$（用模拟频率术语来说，即将阻带的边缘设置为 $0.25F_s$）]。
- A = [1 1 0 0]（在通带中将理想幅度设为 1，在阻带中将理想幅设为 0）。
- NF = 512（将在其上计算频率响应的频率数量设置为 512）。

设置以上参数后，可采用如下 MATLAB 程序设计并且画出系统响应曲线：

```
>> N=30;                        %滤波器阶数
>>F=[0 0.4 0.5 1];              %频带边缘
>>A=[1 1 0 0];                  %增益
>>B=firpm(N,F,A);              %计算冲激响应
>>NF=512;                       %要计算的频率数量
>>[H,W]=freqz(B,1,NF);         %计算频率响应
>>plot(W/pi,20*log10(abs(H))); %画出频率响应
```

31 点最优 FIR 低通滤波器的冲激和对数幅度（单位为 dB）频率响应如图 2.6 所示。可以看出最优滤波器在通带和阻带中都是一个等纹波近似。

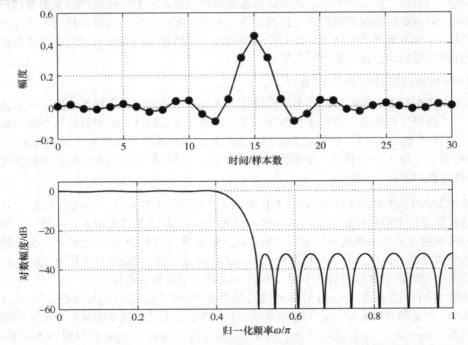

图 2.6　在 MATLAB 中使用 firpm 设计的 31 点最优 FIR 低通滤波器的冲激响应图（上）和对数幅度（单位为 dB）频率响应（下）

2.4.3　FIR 滤波器实现

在考虑数字滤波器的实现时，使用框图形式来表示滤波器通常很有用。图 2.7 描述了式(2.36)所示的差分方程。通常称为数字滤波器结构的这种图形，可以图形方式描述从输入序列值来计算每个输出序列值所要求的操作。图中的基本元素包括加法、序列值乘以常量（分支处指出的常数表示相乘）以及输入序列过去值的存储。因此，框图清晰地描述了系统的复杂性。当系统具有线性相位时，实现中可集成更多重要的参数（见习题 2.11）。

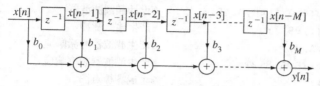

图 2.7　FIR 系统的数字网络

2.4.4　IIR 系统

若式(2.35)所示的系统函数有极点和零点，则式(2.33)给出的差分方程可写为

$$y[n] = \sum_{k=1}^{N} a_k y[n-k] + \sum_{r=0}^{M} b_r x[n-r]. \tag{2.40}$$

该式是一个递归公式，可顺序用于从输出的过去值、输入序列的当前值和过去值，计算输出序列的值。若在式(2.35)中 $M \le N$，则 $H(z)$ 可以部分分式展开为

$$H(z) = A_0 + \sum_{k=1}^{N} \frac{A_k}{1 - d_k z^{-1}}, \tag{2.41}$$

式中，当 $M < N$ 时，$A_0 = 0$。对于因果系统，容易证明（见习题 2.16）

$$h[n] = A_0 \delta[n] + \sum_{k=1}^{N} A_k (d_k)^n u[n]. \tag{2.42}$$

这样，$h[n]$ 就是无限序列。然而，因为递归公式(2.40)，与使用 FIR 系统相比，实现可近似一组给定参数的 IIR 滤波器更为有效（即使用更少的计算量）。

2.4.5　IIR 滤波器设计方法

设计 IIR 滤波器的方法有多种。频率选择滤波器（低通、带通等）的设计方法通常基于实现起来非常简单的经典模拟设计过程的变换，具体包括：

- 巴特沃斯近似（最大平坦幅度）
- 贝塞尔近似（最大平坦组延迟）
- 切比雪夫近似（通带或阻带中等纹波）
- 椭圆近似（通带和阻带中等纹波）

上述所有方法本质上都是解析的，并被广泛用于设计 IIR 数字滤波器[245, 270, 305]。此外，人们开发了许多 IIR 最优方法来近似设计参数，而使用上述近似方法时很难做到这一点[83]。

在 MATLAB 中设计椭圆滤波器

MATLAB 提供了许多函数来设计上述类型的 IIR 滤波器。本节介绍如何使用合适的 MATLAB 函数调用来设计椭圆低通滤波器。第一步是低通滤波器特性的参数，后跟一个对 MATLAB 设计模块 ellip 的调用。对于这个简单的低通滤波器例子，我们使用如下的设计参数：

- 在该例中将滤波器阶数 N 设为 6；因此分子多项式 B 和分母多项式 A 都有 N + 1 个系数。
- 在该例中将最大带内（通带）近似误差 Rp 设为 0.1dB。
- 在该例中将带外（阻带）纹波 Rs 设为 40dB。
- 在该例中将通带的一端 Wp 设为 $\omega_p / \pi = 0.45$。

调用 MATLAB 函数，设计椭圆低通滤波器，求出其冲激响应、对数幅度响应，确定 z 平面零极点位置：

```
>>[B,A]=ellip(6,0.1,40,0.45);        %设计椭圆滤波器
>>x=[1,zeros(1,99)];                 %产生输入脉冲
>>h=filter(B,A,x);                   %产生滤波器冲激响应
>>[H, W]=freqz(B,A,512);             %产生滤波器频率响应
>>zplane(B,A);                       %生成零极点图
```

图 2.8 画出了冲激响应（左上图，已截取至 100 个样本）、对数幅度频率响应（左下图）和 z 平面上的零极点图（右图）。阻带中椭圆滤波器近似的等纹波性质可在对数幅度频率响应图中见到。尽管在该图中看不到很小的通带纹波，但在 MATLAB 显示的图形中放大该通带，可同样确认等纹波存在。注意，阻带约在 $\omega_s / \pi = 0.51$ 处开始。该值通过指定 N、Rp、Rs 和 Wp 隐式确定。MATLAB 函数 ellipord 确定用于实现前述近似误差和频带边缘所需的系统阶数。

2.4.6 IIR 系统的实现

IIR 系统的实现有很大的灵活性。式(2.40)给出的网络如图 2.9(a)所示，此时 M = N = 4。这通常称为直接 I 型实现。很明显，它可推广到任意 M 和 N。差分方程(2.40)可变换为许多等效形式，其中特别有用的一种形式为

$$w[n] = \sum_{k=1}^{N} a_k w[n - k] + x[n], \qquad (2.43a)$$

$$y[n] = \sum_{r=0}^{M} b_r w[n - r]. \qquad (2.43b)$$

（见习题 2.17）。这组方程的实现如图 2.9b 所示，它可节省大量存储延时序列值的内存。这种实现称为直接 II 型实现。

式(2.35)显示了 H(z)可表示为零点和极点的乘积形式。当系数 a_k 和 b_r 是实数时，极点和零点以共轭复数对的形式出现。通过将复共轭极点和零点组合为复共轭对，很容易就可将 H(z)表示为基本二阶函数的积，即

$$H(z) = A \prod_{k=1}^{K} \left(\frac{1 + b_{1k}z^{-1} + b_{2k}z^{-2}}{1 - a_{1k}z^{-1} - a_{2k}z^{-2}} \right), \qquad (2.44)$$

式中，K 是(N + 1)/2 的整数部分。每个二阶系统都可以像图 2.9 那样实现，且这些系统通过级联可实现 H(z)。图 2.10(a)显示了 N = M = 4 的这种情形。同样，它也可以推广到高阶情形。式(2.41)的部分分式展开表明存在另一种实现方法。通过组合涉及复共轭极点的那些项，H(z)可写为

$$H(z) = A_0 + \sum_{k=1}^{K} \frac{c_{0k} + c_{1k}z^{-1}}{1 - a_{1k}z^{-1} - a_{2k}z^{-2}}, \qquad (2.45)$$

式中，若 M < N，则 $A_0 = 0$。这是 N = 4，M < N 时，图 2.10(b)描述的并联型式（若 M = N，图中将会增加一条增益为 A_0 的并联路径）

语音处理中用到了所有这些实现。对于线性滤波应用，这种级联型式通常会在舍入噪声、系数误差和稳定性方面展示出优越的性能[245, 270, 305]。语音合成中一直使用上面的所有型式，在由线性预测参数进行合成时，直接型式相当重要（见第 9 章）。

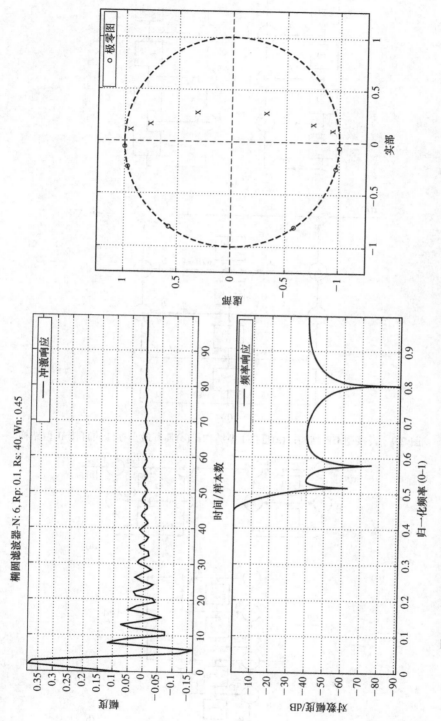

图 2.8　椭圆低通滤波器的性质：冲激响应（左上图）、对数幅度频率响应（dB）（左下图）和零极点图（右图）

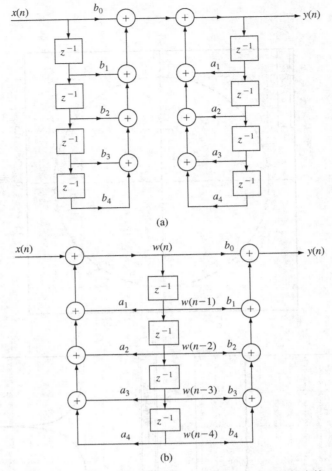

图 2.9 直接型 IIR 结构: (a)直接 I 型结构; (b)具有最小存储的直接 II 型结构

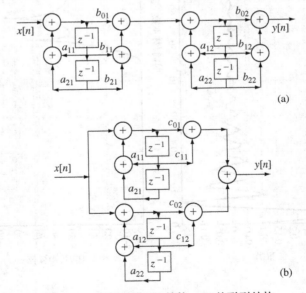

图 2.10 (a)级联型 IIR 结构; (b)并联型结构

2.4.7　关于 FIR 和 IIR 滤波器设计方法的说明

FIR 和 IIR 滤波器的主要差别是，IIR 滤波器没有精确的线性相位，而 FIR 滤波器则有这一性质。不过，与 FIR 滤波器相比，在实现锐截止滤波器时 IIR 滤波器通常更有效[309]。在需要仔细均衡时延时，线性相位性质通常很有用。线性相位滤波器在下节讨论的采样率变化应用中，也非常有吸引力。

2.5　采样

要对如语音这样的模拟信号使用数字信号处理方法，就须将信号表示为数字序列。通常，对模拟信号 $x_a(t)$ 进行周期性采样，可得到数字序列

$$x[n] = x_a(nT), \quad -\infty < n < \infty \tag{2.46}$$

式中，n 只取整数值。

2.5.1　采样原理

若要式(2.46)中的样本序列是原始模拟信号的唯一表示，则要求如下条件是已知的：

采样原理： 若信号 $x_a(t)$ 有一个带限的傅里叶变换 $X_a(j\Omega)$，在 $\Omega \geq 2\pi F_N$ 时满足 $X_a(j\Omega) = 0$，则 $x_a(t)$ 可以由等间距样本 $x_a(nT), -\infty < n < \infty$ 唯一重建，只要采样率 $F_s = 1/T$ 满足条件 $F_s \geq 2F_N$。

上面的定理由 $x_a(t)$ 的 CTFT 和样本序列 $x[n] = x_a(nT)$ 的 DTFT 之间的关系推导得到。特别地，若 $x_a(t)$ 的 CTFT 即 $X_a(j\Omega)$ 按式(2.7b)定义，序列 $x[n]$ 的 DTFT 按式(2.7a)定义，则 $X(e^{j\Omega T})$ 和 $X_a(j\Omega)$ 的关系为[245, 270, 305]

$$X(e^{j\Omega T}) = \frac{1}{T} \sum_{k=-\infty}^{\infty} X_a\left(j\Omega + j\frac{2\pi}{T}k\right). \tag{2.47}$$

注意，DTFT 归一化频率变量 ω 和 Ω 间的关系如下：

$$\omega = \Omega T. \tag{2.48}$$

该式是连续时间频率域和离散时间频率域之间的关键纽带。注意到 Ω 的单位是 rad/s，而 T 的单位是 s，因此 ΩT 的单位是 rad，与归一化频率 ω 的单位一致。为了解式(2.47)的含义，假设 $X_a(j\Omega)$ 是带限的，如图 2.11(a)所示，即假设当 $|\Omega| \geq \Omega_N = 2\pi F_N$ 时 $X_a(j\Omega) = 0$。频率 F_N 称为奈奎斯特率，等于或超过该频率时，连续时间傅里叶谱为零。根据式(2.47)，$X(e^{j\Omega T})$ 是无数个 $X_a(j\Omega)$ 的和，每个 $X_a(j\Omega)$ 的中心位于 $\Omega_s = 2\pi F_s = 2\pi/T$ 的整数倍处。图 2.11(b)显示了 $F_s = 1/T > 2F_N$ 的情况，此时傅里叶变换的图像不会重叠到基带 $|\Omega| < (\Omega_N = 2\pi F_N)$。很明显，若 $X_a(j\Omega)$ 是带限的，且 $F_s = 1/T \geq 2F_N$，则不会出现重叠。当 $F_s = 2F_N$ 时，我们说此时的采样率为奈奎斯特率。当 $F_s > 2F_N$ 时，如图 2.11(b)所示，此时信号过采样。另一方面，图 2.11(c)显示了 $F_s < 2F_N$ 的情形，此时中心在 $2\pi/T$ 的图像重叠到了基带中。这种看起来高频取代了低频的欠采样条件，会导致混叠失真或混叠。很明显，只有当 CTFT 是带限的且采样频率（$1/T$）至少是奈奎斯特率（$F_s = 1/T \geq 2F_N$）的两倍时，才能避免混叠。

在 $F_s \geq 2F_N$ 时，很明显样本序列的傅里叶变换和基带中模拟信号的傅里叶变换成正比，即

$$X(e^{j\Omega T}) = \frac{1}{T} X_a(j\Omega), \quad |\Omega| < \frac{\pi}{T}. \tag{2.49}$$

因此，从式(2.49)可以看出，原始信号的 CTFT 可以由信号样本的 DTFT 恢复，方法是让 $X(e^{j\Omega T})$ 乘以一个理想低通滤波器的频率响应，该滤波器的增益为 T（补偿缩放因子 $1/T$），截止频率为 π/T。理想重建滤波器如图 2.11(b)中的虚线所示。对应的时间域关系是带限的插值公式[245, 270, 305]

$$x_a(t) = \sum_{k=-\infty}^{\infty} x_a(kT) \left[\frac{\sin\left[\pi(t-kT)/T\right]}{\pi(t-kT)/T} \right]. \tag{2.50}$$

因此，若对带限模拟信号以至少两倍奈奎斯特率进行采样，则可用式(2.50)由样本 $x[n] = x_a(nT)$ 重建原始模拟信号。使用过采样和噪声成形技术，实际数模转化器可以非常精确地近似式(2.50)[270]。

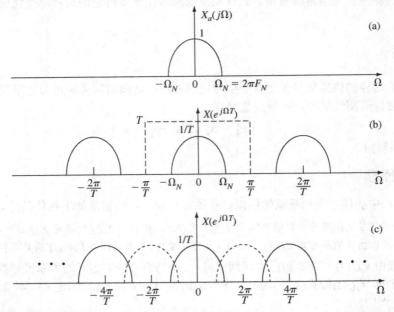

图 2.11　采样的频率域示意图：(a) $x_a(t)$ 的带限傅里叶变换；(b) $F_s = 1/T > 2F_N$（过采样情形）时样本 $x[n] = x_a(nT)$ 的 DTFT；(c) $F_s = 1/T < 2F_N$（欠采样情形）时样本 $x[n] = x_a(nT)$ 的 DTFT

2.5.2　语音和音频波形的采样率

由前一节可知，为了保持模拟（连续时间）波形的性质，必须以至少两倍的信号谱最高频率来对信号采样，才能避免混叠失真。对于语音和音频信号，最高频率通常由特定的应用来定义。在采样前通过对语音或音频信号进行滤波，可以强加各种奈奎斯特率。小结如下：

宽带语音　由于语音中的大部分声音的主要能量集中在带宽为 50~7500Hz 的频率处，因此语音的本征奈奎斯特率的量级为 7500~10000Hz。这样，15000~20000Hz（或更高）的采样率足以保留这种语音信号的多数时间或频谱细节。

电话带宽语音　对于电话通信，语音频谱通常被通信系统中的传输线和其他低通滤波器限制到 300~3200Hz 的频带。这表明奈奎斯特率为 3200Hz，从而允许以低至 $F_s = 6400$Hz 的采样率来采样，但电话通信应用中通常使用 $F_s = 8000$Hz（或其整数倍）的采样率。

宽带音频　对于主要能量集中在 50~21000Hz 频带内的音频信号，奈奎斯特率的量级为 21000Hz，因此应以采样率 42000Hz（或更高）进行采样。

记住，奈奎斯特率通常主要取决于采样信号的用途。因此，对于窄带数字电话应用，即使语音固有的带宽为 7500Hz 量级，我们通常也使用低通滤波器将带宽限制在 3200Hz，以便可以使用比宽带语音低得多的采样率进行采样。类似地，对于音频信号，我们想要保留各种音频输入的频率范围，因此以高采样率（44.1kHz、48kHz 甚至 96kHz）进行采样，以便将声音的完整性向上保持为听觉的最高频率，即 21kHz。

在许多试图估计基本语音产生参数（如基音周期和共振频率）的语音处理算法中，采样也是隐式的。此时，模拟函数不能直接采样，因为此时是对语音波形本身采样。但是，这些参数随着时间变化非常缓慢，因此可以用等同于它们的固有通信带宽的速率来对它们进行估计（采样），对许多由语音衍生的参数而言，该速率通常为 100 个样本/秒。给定一个语音参数的样本，那么该参数的带限模拟函数理论上可以使用式(2.50)重建，但我们更倾向于使用下面讨论的技术来改变采样率。

2.5.3 改变采样信号的采样率

本书讨论的许多例子中，都需要改变离散时间信号的采样率。一个例子是，音频以 44.1kHz 的速率采样（刻录 CD 就要求这样的采样率），且我们想要将该采样率转换为数字音频磁带（DAT）播放器的合适采样率，即 48kHz。另一个例子是，我们需要将以 16kHz 采样率采样的宽带语音转换成窄带语音（采样率为 8kHz 或 6.67kHz），以便进行电话传输或低速率存储应用。采样率降低和升高的过程很好理解，通常被称为抽取和插值。

图 2.12(a)给出了使用采样周期 T 得到的采样信号 $x[n]$ 及其离散傅里叶变换 $X(e^{j\Omega T})$ 的图示。从图中可以看出，信号的最高频率是 $\Omega = \pi/T$，即原始连续信号以奈奎斯特率进行采样。图 2.12(b) 显示了以因子 $M = 2$ 抽取信号，进而以采样周期 $T' = 2T$ 创建一个新采样信号的过程。抽取的信号 $x_d[n]$ 定义在对应于时间 $nT' = \{0, T' = 2T, 2T' = 4T, ...\}$ 的样本 $n = 0, 1, 2, ...$ 处，其 DFT 即 $X_d(e^{j\Omega T'})$ 有最高频率 $\Omega = \pi/T'$，它是原始（未抽取）信号的最高频率的一半。每隔原始信号的一个样本就抛弃一个样本的简单处理（下采样），导致了原始信号的混叠，除非在对信号下采样前采用合适的低通滤波器［如图 2.12(b)中所示的那样］，或者 $x[n] = x_a(nT)$ 的原始采样率是奈奎斯特率的两倍。本节后面将介绍在抽取未充分过采样的信号时，如何保证不会出现混叠。

图 2.12(c)显示了以因子 $L = 2$ 对信号进行插值，进而使用采样周期 $T'' = T/2$ 创建一个信号的过程。插值信号 $x_i[n]$ 定义在对应时间 $nT'' = \{0, T'' = T/2, 2T'' = T, 3T'' = 3T/2, ...\}$ 的样本 $n = 0, 1, 2, ...$ 处。相应的 DTFT 即 $X_i(e^{j\Omega T''})$ 在频带 $|\Omega| \le \pi/T''$ 中有最高频率 $\Omega = \pi/T = \pi/(2T'')$，因为插值创建一个相对于原始信号采样率的过采样条件。也就是说，在 $\Omega = \pi/T$ 和 $\Omega = \pi/T''$ 之间的频率区域，插值信号的 DTFT 必须精确为零，因为这是无可用频谱信息的频率区域。这与在两个原始样之间简单地插入零样本不同。后面会介绍使用合适滤波方法来保证上频带［$\Omega = \pi/(2T'')$ 和 $\Omega = \pi/T''$ 之间］中不会出现信号能量。

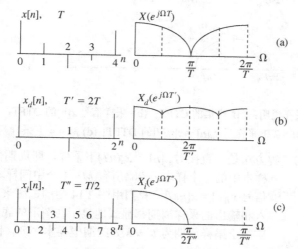

图 2.12　抽取和插值过程示意图：(a)原始采样信号；(b)抽取信号（$M = 2$）；(c)插值信号（$L = 2$）

2.5.4 抽取

在讨论插值和抽取时，假定样本序列 $x[n] = x_a(nT)$ 对应的模拟信号 $x_a(t)$ 是带限的，且在 $|\Omega| \ge$

$2\pi F_N$ 时 $X_a(j\Omega) = 0$。这样的带限傅里叶变换如图 2.13(a)所示。此外，假设信号以采样率 $F_s = 1/T \geq 2F_N$ 采样时没有混叠失真，因此 $x[n]$ 的 DTFT 满足关系

$$X(e^{j\Omega T}) = \frac{1}{T}X_a(j\Omega), \quad |\Omega| < \frac{\pi}{T}. \tag{2.51}$$

如图 2.13(b)所示，这意味着

$$X(e^{j\Omega T}) = 0, \quad 2\pi F_N \leq |\Omega| \leq 2\pi(F_s - F_N). \tag{2.52}$$

由于 $F_s \geq 2F_N$，因此模拟频率响应的周期图中没有重叠（混叠），且原始模拟信号可以按照前一节中讨论的方法完全复原。

现在假定我们想以因子 $M \geq 2$ 降低图 2.13(b)中的采样信号的采样率，即想得到一个新序列 $x_d[n]$，采样率为

$$F_s' = \frac{1}{T'} = \frac{1}{MT} = \frac{F_s}{M}, \tag{2.53}$$

我们希望通过对原始离散时间信号 $x[n]$ 进行操作得到 $x_d[n] = x_a(nT')$，但要求降低采样率的操作不会引入混叠。

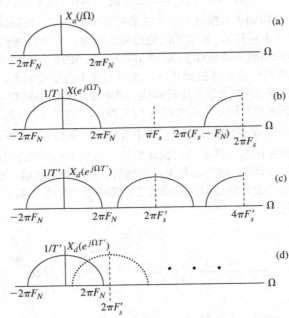

图 2.13　下采样说明：(a) 带限的 CTFT；(b) 采样信号 $x[n]$ 的 DTFT，$F_s > 2F_N$；
(c) $M = 2$ 下采样后 $x_d[n] = x[nM]$ 的 DTFT；(d) $M = 4$ 下采样后的 DTFT

由 $x[n]$ 得到 $x_d[n]$ 的一种方法是，直接对 $x[n] = x_a(nT)$ 下采样，即周期性地保留 $x[n]$ 中每 M 个样本中的一个样本（忽略所有 $M-1$ 个中间样本），进而经建离散时间信号 $x_d[n] = x[nM]$。我们用图 2.14 中的框图来描述这种操作，其中输入和输出的采样周期都显式地显示在图形的底部。下采样后的序列确实等于采样周期为 $T' = MT$ 的期望样本序列，因为

图 2.14　下采样的框图表示

$$x_d[n] = x[nM] = x_a(nMT) = x_a(nT'). \tag{2.54}$$

然而，从前面关于采样定理的讨论可知，仅在新采样率 $F_s' = 1/T'$ 满足条件 $F_s' \geq 2F_N$ 时，$x_d[n]$ 才是原始离散信号的一种无混叠表示，即原始采样率 $F_s = 1/T$（对于信号 $x[n]$）必须要比模拟信号 $x_a(t)$ 的最小（奈奎斯特）采样率大 M 倍（或者更大）。

图 2.13(c)说明了对 $x[n]$ 进行 $M = 2$ 下采样的情形，此时 $x[n]$ 的原始采样率是 F_N 的 4.8 倍，即 $F_s = 1/T = 4.8F_N$，如图 2.13(b)所示。此时可进行 $M = 2$ 下采样，并能精确地恢复原始信号而不会出现混叠，因为在模拟信号频谱周期图中没有重叠部分。

可以证明，$x[n]$ 和 $x_d[n]$ 的 DTFT 由下式关联[270, 347]：

$$X_d(e^{j\omega}) = \frac{1}{M}\sum_{k=0}^{M-1} X(e^{j(\omega-2\pi k)/M}), \tag{2.55}$$

令 $\omega = \Omega T'$，将归一化频率变量表示为连续时间频率，可得

$$X_d(e^{j\Omega T'}) = \frac{1}{M}\sum_{k=0}^{M-1} X(e^{j(\Omega T'-2\pi k)/M}). \tag{2.56}$$

因为已假设新采样率满足 $F'_s = 1/(MT) \geq 2F_N$，则在新基带 $|\Omega| < \pi/T'$ 由式(2.56)可得

$$X_d(e^{j\Omega T'}) = \frac{1}{M}X(e^{j\Omega T'/M}) = \frac{1}{M}X(e^{j\Omega T}) = \frac{1}{M}\frac{1}{T}X_a(j\Omega)$$
$$= \frac{1}{T'}X_a(j\Omega), \quad -\frac{\pi}{T'} < \Omega < \frac{\pi}{T'}, \tag{2.57}$$

这就是原始模拟信号被采样周期 T' 采样后的情形。

图 2.13(d)给出了 $M = 4$ 下采样的情形，此时原始采样率是 F_N 的 4.8 倍，如图 2.13(b)所示。在这种情形下进行 $M = 4$ 下采样时，DTFT 出现了混叠（模拟频率响应的周期图像重叠在了一起），因此不能由混叠的离散时间信号精确地恢复原始模拟信号。

为正确地将离散时间信号的采样率降低 M 倍（即没有混叠），必须首先保证离散时间信号中的最高频率不大于 $F_s/(2M)$。而要保证这一点，可先使用一个具有如下频率响应的理想低通离散时间滤波器对 $x[n]$ 滤波：

$$H_d(e^{j\omega}) = \begin{cases} 1 & |\omega| < \pi/M \\ 0 & \pi/M < |\omega| \leq \pi. \end{cases} \tag{2.58}$$

该滤波器的截止频率是 $\omega_c = \pi/M$，它对应于连续时间频率 $F_s/(2M)$，即 $2\pi F_s T/(2M) = \pi/M$。我们可对所得低通滤波离散时间信号进行 M 下采样而不会引发混叠失真。这些操作如图 2.15 所示。因为 $W(e^{j\omega}) = H_d(e^{j\omega})X(e^{j\omega})$，对式(2.57)进行同样的分析可得

$$W_d(e^{j\Omega T'}) = \frac{1}{T'}H_d(e^{j\Omega T})X_a(j\Omega), \quad -\frac{\pi}{T'} < \Omega < \frac{\pi}{T'}. \tag{2.59}$$

注意，$H_d(e^{j\Omega T})$ 的有效截止频率是连续时间频率 $\Omega_c = \omega_c/T = \pi/(MT)$。因此，在要求这样一个低通滤波器（来消除混叠）时，下采样的信号样本 $w_d[n]$ 不再表示原始模拟信号 $x_a(t)$，而表示一个新的模拟信号 $w_a(t)$，它是 $x_a(t)$ 低通滤波后的版本。

图 2.15 所示虚线框内的组合运算通常称为抽取。该术语并不标准，因为抽取操作包含了避免混叠的预滤波操作，以及简单地保留信号样本序列中每 M 个样本的下采样操作。[①]

总之，图 2.15 中给出了与 M 因子抽取相关的信号处理操作。采样周期为 T 的原始信号 $x[n]$ 被冲激响应为 $h_d[n]$、频率响应为 $H_d(e^{j\omega})$ 的一个系统低通滤波，得到输出 $w[n]$，其采样周期仍是 T。由下箭头和符号 M 表示的抽取模块，仅保留 $w[n]$ 的每 M 个样本中的一个样本，给出下采样后的序列 $w_d[n]$，其相应的采样周期为 $T' = MT$。

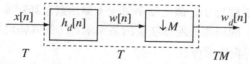

图 2.15　输入信号 $x[n]$ 未被充分过采样时，抽取的信号处理操作

---

① 抽取一词逻辑上应意味着按因子 10 下采样，但通常按我们已说明的方式使用。

2.5.5 插值

现在假设我们以奈奎斯特率或更高的采样率得到了模拟波形 $x[n] = x_a(nT)$ 的一些样本。如果希望将采样率增大整数 L 倍，则须以周期 $T'' = T/L$ 计算一个对应于样本 $x_a(t)$ 的新序列，即

$$x_i[n] = x_a(nT'') = x_a(nT/L). \qquad (2.60)$$

显然，$x_i[n] = x[n/L]$，$n = 0, \pm L, \pm 2L, \ldots$，但须使用插值方法为所有其他 n 值填充未知的样本 [270, 347]。

研究该问题的一种方法是，我们可以使用式(2.50)来为所有 t 重建信号 $x_a(t)$。原理上，重建原始模拟信号，然后使用新的采样周期 T' 对其采样，就可解决该问题。尽管这并非我们实际想要的，但我们可从式(2.50)开始，推出一个仅涉及离散时间操作的关系。具体地，我们可以写出

$$x_i[n] = x_a(nT'') = \sum_{k=-\infty}^{\infty} x_a(kT) \left[\frac{\sin\left[\pi(nT'' - kT)/T\right]}{\pi(nT'' - kT)/T} \right], \qquad (2.61)$$

或者将 $T'' = T/L$ 和 $x[n] = x_a(nT)$ 代入，可将式(2.61)写为

$$x_i[n] = x_a(nT'') = \sum_{k=-\infty}^{\infty} x[k] \left[\frac{\sin\left[\pi(n-k)/L\right]}{[\pi(n-k)/L]} \right], \qquad (2.62)$$

该式给出了原始输入样本 $x[n] = x_a(nT)$ 和期望输出样本 $x_i[n] = x_a(nT'')$，$T'' = T/L$ 之间的直接关系。

为了解如何使用离散时间滤波来实现式(2.62)，考虑上采样序列

$$x_u[n] = \begin{cases} x[n/L] & n = 0, \pm L, \pm 2L, \ldots \\ 0 & \text{其他} \end{cases} \qquad (2.63)$$

对新采样率，在正确的位置该序列有原始的样本，但在其他位置的样本为零。我们通过图 2.16 所示的框图来说明上采样操作，图中，输入和输出处的采样周期标注在图形的底部。

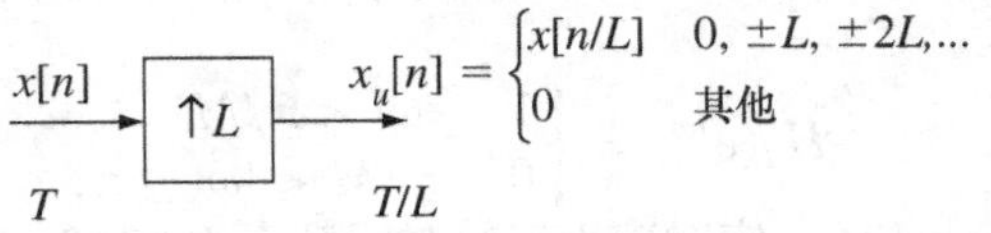

$$x[n] \xrightarrow{} \boxed{\uparrow L} \xrightarrow{} x_u[n] = \begin{cases} x[n/L] & 0, \pm L, \pm 2L, \ldots \\ 0 & \text{其他} \end{cases}$$

图 2.16　上采样操作的框图表示

可以证明，$x_u[n]$ 的傅里叶变换为[270, 347]

$$X_u(e^{j\omega}) = X(e^{j\omega L}), \qquad (2.64)$$

或等效地，使用对新采样周期 T'' 适当归一化的 Ω 表示，有

$$X_u(e^{j\Omega T''}) = X(e^{j\Omega T'' L}) = X(e^{j\Omega T}). \qquad (2.65)$$

这样，$X_u(e^{j\Omega T'})$ 就是周期的，周期为 $2\pi/T$（由于上采样操作）和 $2\pi/T''$（由于它是一个 ω 被 $\Omega T''$ 代替的 DTFT）。同样，$X_u(e^{j\omega})$ 也是周期的，它有两个不同的周期，即 $2\pi/L$ 和 DTFT 的常规周期 2π。

图 2.17(a)画出了 $X(e^{j\Omega T})$ 的图形（它是 Ω 的函数），图 2.17(b)画出了 $X_u(e^{j\Omega T'})$ 的图形（它是 Ω 的函数），显示了 $L = 2$ 即 $T'' = T/2$ 时的双周期。图 2.17(c)画出了期望信号的 DTFT，表明如果原始采样的周期为 $T'' = T/L$，则对任意 L 有

$$X_i(e^{j\Omega T''}) = \begin{cases} \dfrac{2}{T} X_a(j\Omega) & |\Omega| \leq 2\pi F_N \\ 0 & 2\pi F_N < |\Omega| \leq \pi/T''. \end{cases} \qquad (2.66)$$

将 $X_u(e^{j\Omega T'})$ 乘以一个增益为 L、截止频率对应于原始奈奎斯特率 $2\pi F_N = \pi/T$（对应于归一化离散时间频率 $\omega_c = \pi/L$）的理想低通滤波器的频率响应（使其幅度恒为 $1/T'$，可由图 2.17(b) 得到图 2.17(c)。也就是说，我们须保证

$$X_i(e^{j\omega}) = \begin{cases} \dfrac{1}{T''} X(e^{j\omega L}) & 0 \leq |\omega| < \pi/L \\ 0 & \pi/L \leq |\omega| \leq \pi. \end{cases} \qquad (2.67)$$

这可通过一个频率响应如下的插值滤波器实现：

$$H_i(e^{j\omega}) = \begin{cases} L & |\omega| < \pi/L \\ 0 & \pi/L \le |\omega| \le \pi. \end{cases}$$ (2.68)

图 2.18 给出了这个通用插值系统。采样周期为 T 的原始信号 $x[n]$ 先被上采样，得到采样周期为 $T'' = T/L$ 的新信号 $x_u[n]$。低通滤波器会去掉我们上面讨论的原始频谱的图像，得到输出信号

$$x_i[n] = x_a(nT'') = x_a(nT/L).$$ (2.69)

可以证明，该输出确实满足式(2.69)，因为上采样后的信号可表示为

$$x_u[n] = \sum_{k=-\infty}^{\infty} x[n]\delta[n-kL];$$ (2.70)

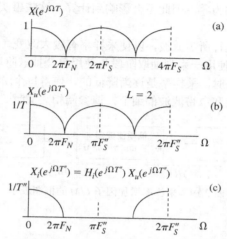

图 2.17　插值示意图：(a) $F_s = 2F_N$ 时采样信号 $x[n]$ 的 DTFT；(b) 因子 2
上采样信号 $x_u[n]$ 的 DTFT；(c) 滤波后的输出信号 $x_i[n]$ 的 DTFT

也就是说，我们使用移位后的脉冲序列来定位间距为 L 的原始样本。现在，滤波器的输出仅是 $x_u[n]$ 与插值滤波器的冲激响应的卷积，插值滤波器的理想频率响应由式(2.68)给出。特别地，相应的冲激响应为

$$h_i[n] = \frac{\sin(\pi n/L)}{(\pi n/L)}.$$ (2.71)

于是图 2.18 所示系统的输出为

$$x_i[n] = x_u[n] * h_i[n] = \sum_{k=-\infty}^{\infty} x[k]\left[\frac{\sin[(n-kL)/L]}{[(n-kL)/L]}\right],$$ (2.72)

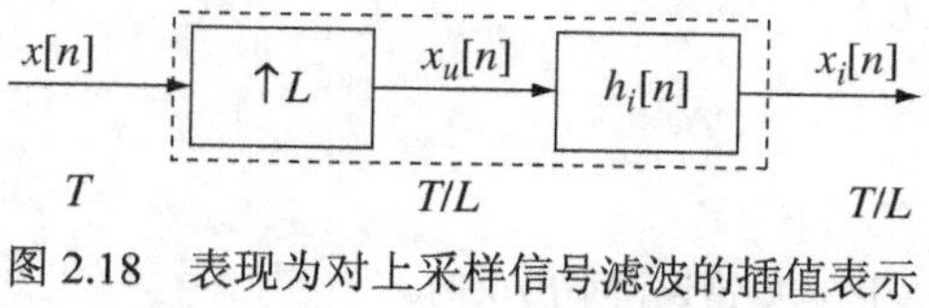

图 2.18　表现为对上采样信号滤波的插值表示

2.5.6　非整数采样率变化

容易看出，对应于采样周期 $T' = MT/L$ 的样本，可通过因子为 L 的插值后跟因子为 M 的抽取得到。一般而言，我们不能颠倒插值器和抽取器的顺序，因为抽取器的低通滤波可能会使信号的带宽降低到整个系统通常所要求的程度。采样周期改变因子 M/L 的系统，由图 2.18 所示系统与图 2.15 所示系统级联组成。这会导致插值滤波器和抽取滤波器的级联组合。这种组合可被单个理想滤波

器代替，这个理想滤波器的增益为 L（来自插值），截止频率为 π/L 和 π/M 中的最小值，如图 2.19 所示。合理选择整数 M 和 L，就可任意近似期望的采样率比。

2.5.7 FIR 滤波器的优点

在上述讨论已经证明，若有理想的低通滤波器，则可精确地改变采样率。在实际设置时，我们须用实际的近似来取代图 2.15、图 2.18 和图 2.19 中的理想滤波器。因此，实现抽取器和插值器的一个非常重要的因素，就是选择低通滤波器近似的类型。对于这些系统，在标准直接型实现中使用 FIR 滤波器，可得到能明显降低计算量的其他滤波器类型。使用 FIR 滤波器能降低计算量的原因是，对抽取器而言，每 M 个输出样本中只有一个样本需要计算，而对插值器而言，每 L 个输入样本中有 $L-1$ 个样本都为零，因此不会影响到计算。这些事实使用 IIR 滤波器并不能完全解释[270, 347]。

假设正使用 FIR 滤波器执行所需滤波，以使采样率有较大改变（即抽取器有较大的 M，或插值器有较大的 L），也已证明，使用一系列抽取阶段与使用单个抽取阶段相比，可更有效地降低（或增大）采样率。采用这种方法时，采样率是逐渐降低的，使得每个阶段对低通滤波器的滤波需求更少。多阶段实现抽取、插值和窄带滤波的细节，请参阅相关文献[69, 70, 134, 304]。

图 2.19　采样率增加因子 L/M 的框图表示

2.6　小结

本章简要回顾了离散时间信号处理的基础。本书中会广泛使用信号与系统的离散卷积、差分方程和频域表示。此外，2.5 节中讨论的模拟信号采样的概念和采样率变化，在所有类型的数字语音处理系统中都很重要。

习题

2.1　下面的每个系统中，$y[n]$ 代表输出，$x[n]$ 代表输入。对每个系统，判断给出的输入-输出关系是线性的还是移不变的。

(a) $y[n] = 2x[n] + 3$

(b) $y[n] = x[n]\sin\left(\dfrac{2\pi}{7}n + \dfrac{\pi}{6}\right)$

(c) $y[n] = (x[n])^3$

(d) $y[n] = \displaystyle\sum_{m=n-N}^{n} x[m]$

2.2　判断对错。如正确请说明原因，如错误请举出反例。

(a) 系统 $y[n] = x[n] + 2x[n+1] + 3$ 是线性的吗？

(b) 系统 $y[n] = x[n] + 2x[n+1] + 3$ 是时不变的吗？

(c) 系统 $y[n] = x[n] + 2x[n+1] + 3$ 是因果的吗？

2.3　假设某数字系统的输入为

$$x[n] = a^n, \quad \text{对所有 } n, \qquad |a| < 1$$

输出为

$$x[n] = a^n, \quad \text{对所有 } n(b \neq a), \qquad |a| < 1$$

(a) 系统是线性时不变的吗？

(b) 若系统是线性时不变的，是否存在一个以上的线性时不变系统具有给定的输入-输出对？

(c) 对于下列输入-输出对，重新对(a)和(b)作答：

$$x[n] = a^n u[n], \qquad |a| < 1$$

$$y[n] = b^n u[n], (b \neq a), \qquad |b| < 1$$

2.4 考虑序列

$$x[n] = \begin{cases} a^n & n \geq n_0 \\ 0 & n < n_0. \end{cases}$$

(a) 求 $x[n]$ 的 z 变换

(b) 求 $x[n]$ 的傅里叶变换。在什么条件下，该傅里叶变换存在？

2.5 某线性时不变系统的输入为

$$x[n] = \begin{cases} 1 & 0 \leq n \leq N-1 \\ 0 & \text{其他} \end{cases}$$

该系统的冲激响应为

$$h[n] = \begin{cases} a^n & n \geq 0, \quad |a| < 1 \\ 0 & n < 0. \end{cases}$$

(a) 用离散卷积，对所有 n 求系统的输出 $y[n]$。

(b) 用 z 变换求系统的输出。

2.6 求下列序列的 z 变换和傅里叶变换（在语音处理系统中，这些序列常用做"窗"函数）。

(1) 指数窗

$$w_E[n] = \begin{cases} a^n & 0 \leq n \leq N-1, \quad |a| < 1 \\ 0 & \text{其他} \end{cases}$$

(2) 矩形窗

$$w_R[n] = \begin{cases} 1 & 0 \leq n \leq N-1 \\ 0 & \text{其他} \end{cases}$$

(3) 汉明窗

$$w_H[n] = \begin{cases} 0.54 - 0.46\cos[2\pi n/(N-1)] & 0 \leq n \leq N-1 \\ 0 & \text{其他} \end{cases}$$

画出每种情形下傅里叶变换的幅度。提示：求得 $W_H(e^{j\omega})$ 和 $W_R(e^{j\omega})$ 之间的关系。

2.7 在上题中，我们介绍了矩形窗

$$w_R[n] = \begin{cases} 1 & 0 \leq n \leq N-1 \\ 0 & \text{其他} \end{cases}$$

和汉明窗

$$w_H[n] = \begin{cases} 0.54 - 0.46\cos[2\pi n/(N-1)] & 0 \leq n \leq N-1 \\ 0 & \text{其他} \end{cases}$$

下面考虑三角窗

$$w_T[n] = \begin{cases} n+1 & 0 \leq n \leq (N-1)/2 \\ N-n & (N+1)/2 \leq n \leq N-1 \\ 0 & \text{其他} \end{cases}$$

(a) 画出 $N = 9$ 时的三角窗。

(b) 求三角窗的频率响应[提示：考虑如何从矩形窗得到三角窗如，并利用 DTFT 的性质推导出 $W_T(e^{j\omega})$ 的简单形式]。

(c) 画出对数频率响应，即 $\log\left|W_T(e^{j\omega})\right|$ 与 ω 的关系曲线。

(d) 对相同的 N 值，分别比较 $W_T(e^{j\omega})$ 与 $W_R(e^{j\omega})$ 和 $W_H(e^{j\omega})$，即比较它们的频率带宽和峰值旁瓣电平。

2.8 某理想低通滤波器的频率响应是

$$H(e^{j\omega}) = \begin{cases} 1 & |\omega| < \omega_c \\ 0 & \omega_c < |\omega| \le \pi. \end{cases}$$

$H(e^{j\omega})$ 以 2π 为周期。

(a) 求该低通滤波器的冲激响应。

(b) 画出其冲激响应，假定 $\omega_c = \pi/4$。

理想带通滤波器的频率响应是

$$H(e^{j\omega}) = \begin{cases} 1 & \omega_a < |\omega| < \omega_b \\ 0 & |\omega| < \omega_a \quad \text{和} \quad \omega_b < |\omega| \le \pi. \end{cases}$$

(c) 求该理想带通滤波器的冲激响应。

(d) 画出其冲激响应，假定 $\omega_a = \pi/4$ 和 $\omega_b = 3\pi/4$。

2.9 某理想离散时间微分器的频率响应是

$$H(e^{j\omega}) = j\omega e^{-j\omega\tau} \quad -\pi < \omega \le \pi.$$

此响应以 2π 为周期。其中 τ 是系统的样本延迟。

(a) 画出此系统的幅度响应和相位响应。

(b) 求该系统的冲激响应 $h[n]$。

(c) 此理想系统的冲激响应可被习题 2.6 中的一个窗函数截断至 N 个样本。在此过程中，延迟 $\tau = (N-1)/2$，以保证对称地截断该理想冲激响应。若 $\tau = (N-1)/2$ 且 N 为奇整数，证明该理想冲激响应降低 $1/n$。画出 $N = 11$ 时的理想冲激响应。

(d) 在 N 为偶数时，证明 $h[n]$ 降低 $1/n^2$。画出 $N = 10$ 时的理想冲激响应。

2.10 一个延迟为 τ 的理想希尔伯特变换器（90° 相移器）的频率响应为

$$H(e^{j\omega}) = \begin{cases} -je^{-j\omega\tau} & 0 < \omega \le \pi \\ je^{-j\omega\tau} & -\pi < \omega \le 0. \end{cases}$$

求该系统的冲激响应并作图。

2.11 考虑一个线性相位 FIR 数字滤波器。该滤波器的冲激响应有如下性质：

$$h[n] = \begin{cases} h[N-1-n] & 0 \le n \le N-1 \\ 0 & \text{其他} \end{cases}$$

(a) 证明若 N 为偶整数，则该系统输出的卷积和表达式为

$$y[n] = \sum_{k=0}^{(N-2)/2} h[k](x[n-k] + x[n-N+1+k])$$

若 N 为奇数，则卷积和表达式为

$$y[n] = \sum_{k=0}^{(N-3)/2} h[k](x[n-k] + x[n-N+1+k])$$
$$+ h[(N-1)/2]x[n-(N-1)/2].$$

因此，计算每个输入样本的乘法次数减半。

(b) 画出上面每个公式的数字滤波器结构。

2.12 一个稳定的线性移不变系统满足线性常系数差分方程

$$y[n] = x[n] - \frac{1}{4}x[n-1] + \frac{1}{3}y[n-1].$$

(a) 求系统函数 $H(z)$ 及其收敛域（ROC）。

(b) 在 z 平面中画出 $H(z)$ 的零极点。

(c) 若系统输入为 $x[n] = u[n]$，求输出信号 $y[n]$。

(d) 求稳定的逆滤波冲激响应 $h_i[n]$，使得

$$x[n] = x[n] * h[n] * h_i[n].$$

$H_i(z)$ 的收敛域是什么？提示：可以在 z 平面中研究该逆滤波器，然后由 $H_i(z)$ 求 $h_i[n]$。

2.13 考虑一阶系统

$$y[n] = \alpha y[n-1] + x[n].$$

(a) 求该系统的系统函数 $H(z)$。

(b) 求该系统的冲激响应。

(c) α 取何值时，该系统稳定？

(d) 假设输入是以 T 为周期采样得到的。求 α 的值使得

$$h[n] < e^{-1} \quad \text{for} \quad nT < 2 \text{ ms};$$

即求给出 2ms 时间常数的 α 值。

2.14 一个陷波滤波器的系统函数为

$$H(z) = \frac{1 - 2\cos(\theta)z^{-1} + z^{-2}}{1 - 2r\cos(\theta)z^{-1} + r^2 z^{-2}}.$$

(a) 画出 $\theta = 60°$ 和 $r = 0.95$ 时的零极点图。

(b) 粗略（或用 MATLAB 精确地）画出对数幅度响应 $20\log_{10}\left|H(e^{j\omega})\right|, 0 \leq \omega \leq \pi$（或 $0 \leq f \leq 0.5$）。

(c) 频率 ω_0 为多少时，出现最大增益 $|H(e^{j\omega})|$？这个最大增益与 1 相比差别大吗？

(d) 若滤波器的输入序列是以采样率 $F_s = 8000\text{Hz}$ 对一个语音信号采样得到的，问 θ 如何取值才能使陷波出现在对应模拟频率 60Hz 的归一化频率处？

2.15 考虑具有如下冲激响应的离散系统：

$$h[n] = \left(\frac{1}{2}\right)^n \cos\left(\frac{\pi n}{2}\right) u[n].$$

(a) 求该系统的频率响应 $H(e^{j\omega})$。

(b) 假设 $x[n] = \cos(\pi n/2)$。使用(a)中的 $H(e^{j\omega})$，求系统对于 $x[n]$ 的响应 $y[n]$。

2.16 考虑式(2.35)所示的系统函数。

(a) 证明如果 $M < N$，则 $H(z)$ 可表示为式(2.41)中的部分分式展开形式，其中系数 A_k 为

$$A_k = H(z)(1 - d_k z^{-1})\Big|_{z=d_k}, \quad k = 1, 2, \ldots, N.$$

(b) 证明序列 $A_k(d_k)^n u[n]$ 的 z 变换为

$$\frac{A_k}{1 - d_k z^{-1}}, \quad |z| > |d_k|,$$

并且因此 $h[n]$ 由式(2.42)给出。

2.17 考虑如图 P2.17 所示的两个级联的线性位不变系统，即第一个系统的输出是第二个系统的输入。

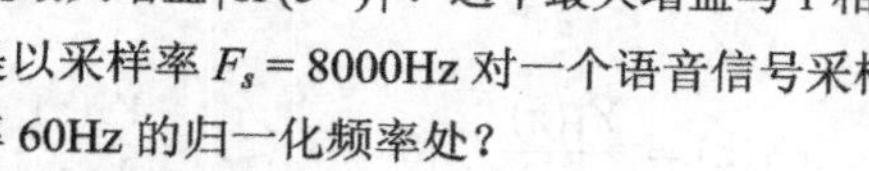

图 P2.17 级联的两个线性移不变系统

(a) 证明整个系统的冲激响应为

$$h[n] = h_1[n] * h_2[n]$$

(b) 证明

$$h_1[n] * h_2[n] = h_2[n] * h_1[n],$$

即整个系统的响应并不取决于两个系统级联的顺序。

(c) 考虑如式(2.34)所示的系统函数

$$H(z) = \left[\sum_{r=0}^{M} b_r z^{-r}\right]\left[\frac{1}{1 - \sum_{k=1}^{N} a_k z^{-k}}\right]$$

$$= H_1(z) \cdot H_2(z);$$

它是两个系统的级联。写出整个系统的差分方程。

(d) 现在考虑以相反顺序级联的(c)中的两个系统，即

$$H(z) = H_2(z) \cdot H_1(z).$$

证明式(2.43a)和式(2.43b)给出的两个差分方程。

2.18 对于差分方程

$$y[n] = 2\cos(bT)y[n-1] - y[n-2],$$

在以下两种情况下求初始条件 $y[-1]$ 和 $y[-2]$：

(a) $y[n] = \cos(bTn)$, $n \geq 0$

(b) $y[n] = \sin(bTn)$, $n \geq 0$

2.19 考虑差分方程组

$$y_1[n] = Ay_1[n-1] + By_2[n-1] + x[n],$$

$$y_2[n] = Cy_1[n-1] + Dy_2[n-1].$$

(a) 画出该系统的网络图。

(b) 求传输函数

$$H_1(z) = \frac{Y_1(z)}{X(z)} \quad \text{和} \quad H_2(z) = \frac{Y_2(z)}{X(z)}.$$

(c) 在 $A = D = r\cos\theta$ 和 $C = -B = r\sin\theta$ 时，求激励为 $x[n] = \delta[n]$ 时的冲激响应 $h_1[n]$ 和 $h_2[n]$。

2.20 一个因果线性位移不变系统的系统函数为

$$H(z) = \frac{(1 + 2z^{-1} + z^{-2})(1 + 2z^{-1} + z^{-2})}{(1 + \frac{7}{8}z^{-1} + \frac{5}{16}z^{-2})(1 + \frac{3}{4}z^{-1} + \frac{7}{8}z^{-2})}.$$

(a) 以如下形式画出实现该系统的数字网络图：

- 级联型（使用二阶部分）
- 直接型（I型和II型）

(b) 该系统是否稳定？请解释。

2.21 考虑如图 P2.21 所示的系统。

(a) 写出由该网络表示的差分方程。

(b) 求该网络的系统函数。

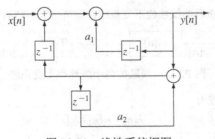

图 P2.21　线性系统框图

2.22 用 b_1 和 b_2 表达 a_1、a_2 和 a_3，使得图 P2.22 中的两个网络有相同的传输函数。

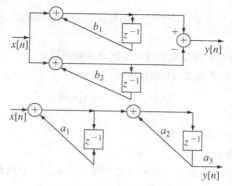

图 P2.22　等效的两个网络

2.23 一个简单谐振器的系统函数为

$$H(z) = \frac{1 - 2e^{-aT}\cos(bT) + e^{-2aT}}{1 - 2e^{-aT}\cos(bT)z^{-1} + e^{-2aT}z^{-2}}.$$

(a) 求 $H(z)$ 的零极点并在 z 平面中画出。

(b) 求该系统的冲激响应并根据如下参数画出其图形：$T = 10^{-4}$，$b = 1000\pi$，$a = 200\pi$。

(c) 画出该系统的对数幅度频率响应与模拟频率 Ω 的关系图。

2.24 考虑有限长度序列

$$x[n] = \delta[n] + 0.5\delta[n - 5].$$

(a) 求 $x[n]$ 的 z 变换和傅里叶变换。

(b) 求 $x[n]$ 的 N 点 DFT，$N = 5010$ 和 5。

(c) $N = 5$ 时的 DFT 值与 $N = 50$ 时的 DFT 值是如何相关的？

(d) $x[n]$ 的 N 点 DFT 与 $x[n]$ 的 DTFT 有何关系？

2.25 一个语音信号以 20kHz 采样率采样。长为 1024 个样本的语音段被选取并计算了 1024 点 DFT。

(a) 这段语音的持续时间有多长？

(b) DFT 值间的频率分辨率（以 Hz 为单位）是多少？

(c) 若对语音的 512 个样本计算 1024 点 DFT，(a)和(b)的结论如何改变？（在计算变换前，其中的 512 个样本用零填充）。

2.26 一个最小相位信号是一个因果（$n < 0$ 时 $x_{\min}[n] = 0$）信号，其 z 变换 $X_{\min}(z)$ 的所有极点都在单位圆内。一个最大相位信号的 z 变换的极点和零点全部在单位圆外。证明，若 $x[n]$ 是最小相位信号，则 $x[-n]$ 是最大相位信号。

2.27 一个离散时间系统的系统函数为 $H(z) = 1 - az^{-1}$，$|a| < 1$，即 $H(z)$ 在 $z = a$ 处有实零点。

(a) 证明 $H(z)$ 能精确地表示为另一个系统函数具有有限个零极点的离散时间系统。

(b) 若仅使用了有限数量的极点（即无限级数被截断），那么(a)中的表达式会怎样？

(c) 在 $z = a$ 处一个实极点的一阶（即单极点）近似是什么？二阶近似呢？一阶近似和二阶近似的极点分布怎样？

(d) 证明在 $z = b$ 处有单个实极点的数字系统 $H(z) = 1/(1 - bz^{-1})$，$|b| < 1$，能被具有无限零点的数字系统表示。

(e) 在 $a = 0.9$ 时，用 MATLAB 画出系统 $H(z) = 1 - az^{-1}$ 的频率响应，以及单极点、双极点和 100 个极点近似的频率响应。使用 a 的其他值，重画前面的频率响应。

2.28 考虑设计能实现如下系统函数的一个系统的方法：

$$y[n] = x[n - D],$$

式中，D 是小于 1 的非整数；即设计一个将输入信号延迟 D 个样本的离散时间系统，其中 D 是小于 1 的分数。

(a) 假设 $D = 0.5$。如何使用插值和抽取精确地实现该传输函数？

(b) 假设我们想用如下形式的系统来近似(a)的解：

$$y[n] = \alpha x[n] + \beta x[n-1].$$

那么 α 和 β 如何取值？

(c) 若 $D = 1/3$，(a)中的答案如何变化？

(d) 若 $D = 1/3$，(b)中的答案如何变化？

(e) 若 $D = 0.3$，(a)和(b)中的答案如何变化？（给出两个答案，一个只有一个单位延迟，另一个有三个单位的延迟）。

2.29 定义在区间 $-\infty < n < \infty$ 上的一个输入信号 $x[n]$ 通过一个立方非线性系统，产生输出

$$y[n] = (x[n])^3.$$

(a) 若系统的输入信号为

$$x_1[n] = \cos(\omega_0 n), \quad -\infty < n < \infty,$$

求输出信号的 DTFT $Y_1(e^{j\omega})$，并画出 $Y_1(e^{j\omega})$ 的幅度，假设 $3\omega_0 < \pi$。

提示：回顾三角函数关系

$$\cos^2(x) = \frac{1}{2} + \frac{\cos(2x)}{2},$$

$$\cos^3(x) = \frac{\cos(3x)}{4} + \frac{3\cos(x)}{4}.$$

(b) 若系统的输入信号为

$$x_2[n] = r^n \cos(\omega_0 n) u[n], \quad |r| < 1,$$

画出 $Y_2(e^{j\omega})$ 的幅度。同样假设 $3\omega_0 < \pi$，并假设 $\omega_0 = \Omega_0 T = 2\pi \cdot 500$，$r = 0.9$ 和 $F_s = 10000\text{Hz}$。

2.30 模拟信号 $x_a(t)$ 的频谱为 $X_a(j\Omega)$，如图 P2.30 所示。该模拟信号以采样率 $F_s = 10000\text{Hz}$、5000Hz 和 2000Hz 采样。画出用这三个采样率采样后得到的离散信号的 DTFT。

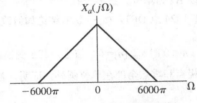

图 P2.30　模拟信号的频谱

2.31 模拟信号 $x_a(t) = A\cos(2\pi 200 t)$ 以采样率 $F_s = 10000\text{Hz}$ 采样，得到离散时间信号 $x_1[n]$。

(a) 画出离散信号的 DTFT $X_1(e^{j\omega})$。

(b) 另一个模拟信号 $x_b(t) = B\cos(2\pi 201 t)$ 也以采样率 $F_s = 10000\text{Hz}$ 采样，得到离散时间信号 $x_2[n]$。画出该离散信号的 DTFT $X_2(e^{j\omega})$。

(c) $x_1[n]$ 和 $x_2[n]$ 是周期信号吗？如果是，它们的周期是多少？

2.32 （MATLAB 练习）写一个 MATLAB 程序，完成如下任务：

● 接受 wav 格式的任意一个语音文件名，如 filename.wav，并用 MATLAB 命令 wavread 载入该文件。

● 用 MATLAB 命令 sound 听该语音文件（要对该语音文件进行标定）。写下你听到的句子。

● 画出该语音信号的 N 个样本值（使用合适的 MATLAB 绘图命令），在样本 fstart 开始，在样本

fstart + N-1 结束。在每行画出语音的 M 个样本，每页最多 4 行。程序运行时，指定绘图参数 fstart、M 和 N（即这些参数应读入程序）。

使用本书提供的语音文件 s5.wav 作为语音测试文件，fstart = 2000，M 和 N 的值相当于对语音信号每行画出 100ms，语音总共画出 N = 22000 个样本（注意，M 和 N 的值取决于该语音文件的采样率 F_s）。

2.33 （MATLAB 练习）写一个 MATLAB 程序，画出习题 2.32 中使用的语音文件。要求如下：参数 fstart、M 和 N 不变，但每页画 4 行。使用 MATLAB 函数 strips_modified.m 在一页上连续画出所有的语音样本。

第 3 章　人类语音产生基础

3.1　引言

要将数字信号处理技术应用到语音通信问题中，就须弄清人类语音的产生过程。因此，本章首先回顾人类语音产生的发声机理；然后描述声音的基本集合，即定义了给定语言的发音范围和类型的音素集；再后讨论美国英语音素的声学性质和语音学性质，并给出波形和谱表示的实例；接着介绍口语在口语材料的文本表示及语音信号的波形和谱表示中的表现方式，并简略说明如何在声学波形和信号的谱表示中定位发音（如音素、音节）；最后讨论语音的发音特性，即发音的位置和方式，从而理解语音的语言学特性与物理学特性相关联的方式。

本章的目的与第 2 章类似，都是回顾已建立的知识领域。与第 2 章中的数字信号处理理论相比，对于工程师和计算机科学家读者而言，本章的内容可能不那么熟悉。本章及后续章节中很多问题的细节可在参考文献中找到，此处特别提及的是 Fant[101]、Flanagan[105] 和 Stevens[376]。Fant 主要讨论声音产生的声学原理，同时还提供大量早期发音系统测量和模型的有用数据。Flanagan 的涉及面更广，对于语音生成过程的物理模型及这种模型在表示和处理语音信号中的用法有深刻的见解。Steven 深入分析了英语各种发音的声学和发音结构的相互作用。这些著作对于语音通信的学习都是必不可少的。

在讨论语言产生的声学理论及其所得到的数学模型（第 5 章的内容）之前，理解人类声音产生过程和语音感知过程很有必要。

3.2　语音产生过程

语音由发音序列组成，为分析和研究起见，语音信号被假定为一个离散符号集的物理实现。这些发音及发音间的过渡就是代表信息的符号表示。这些发音的排列由这种语言的规则控制。对这些规则及其在人类通信中的含义的研究属于语言学范畴，而语音中发音的分类和研究则属于语音学。对语音学和语言学的详尽讨论对我们来讲偏离了主题，但在对语音信号加以处理以增强或提取信息时，如果我们具备关于语音信号结构的丰富知识，则是很有帮助的。所谓信号结构，是指信号中信息编码的方式。所以在进入第 5 章详细讨论语音信号产生的数学模型之前，有必要讨论一下语音中发音的主要类别。尽管本章涵盖了语言学和语音学方面我们所要讨论的全部内容，但这并不意味着我们想要忽视它的重要性——特别是在语音识别和语音合成领域内。我们将有很多机会参考本章的内容。

3.2.1　语音产生机理

图 3.1 是一张中矢面 X 射线照片，它清晰地给出了人类发音系统的主要特征[108]。如图 3.1 中的虚线所示，声道起始于声带的开口即声门处而终止于嘴唇，它包括咽喉（连接食道到口）和口（或称为口腔）。对普通男性而言，声道的总长为 17～17.5cm。声道的截面积取决于舌、唇、颌以及软腭的位置，它可以从零（完全闭合）变化到约 20cm²。鼻道则从软腭开始到鼻孔结束。当软腭下垂时，鼻道与声道发生声耦合而产生鼻音。

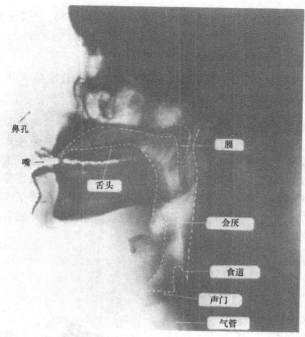

图 3.1　人类发音器官的 X 射线弧矢平面图（引自 Flanagan et al. [108]。© [1970] IEEE）

图 3.2 显示了通过更为现代的 MR（磁共振）成像方法得到的声道尺寸和形状[45]。如图 3.2(a)所示，通过 MR 成像，可得到从声门到唇的声道的中矢面图。使用标准信号分析方法，可以画出声道的空气-组织边界，如图 3.2(a)所示；描述声道大小和形状的参数都可以估计出来，譬如唇孔径（LA）、舌尖收缩程度（TTCD）和软腭孔径（VEL），如图 3.2(b)所示。

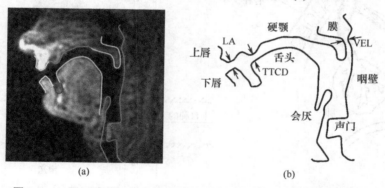

图 3.2　(a)展示感兴趣轮廓的典型声道磁共振图像示例；(b)展示尺寸形状参数的声道简图（引自 Bresch et al. [45]。© [2008] IEEE）

图 3.3 显示了人类发音系统的剖视图。人体用于发音的部分包括肺和胸腔（作为激励声道的空气源和将空气从肺中排出的压力源）、气管（空气通过肺到达声带和声道的通道）、声带（被空气流拉紧和激励时会振动）和声道，声道由咽喉（喉道）、口腔（包括舌、唇、颌和口）组成，可能还包括鼻道（取决于软腭的位置）。

浊音比如元音的语音产生机理如下：

- 空气通过正常呼吸进入肺，进入时（一般）无语音产生；

- 空气通过气管排出肺时，依据贝努利定律，被声门开口处空气压力拉紧的喉头处的声带会振动；
- 空气流被声门孔的打开和关闭形成了准周期的脉冲；
- 通过咽、口和鼻道时，这些脉冲被频率整形。不同发音器官（颌、舌、软腭、唇和口）的位置决定了产生的声音。

图 3.4 给出了两幅声带图，一幅是声道的俯视图，另一幅是纵向截面图，展示了空气从肺部到声带和声道的路径。俯视图展示了两组声带（文献中称为薄膜）通过软骨的适当肌肉组织控制拉紧，AC 代表杓状软骨，TC 代表甲状软骨，VC 代表声带周围。当声带拉紧时，它们形成了一个迟缓振荡器。在关闭的声带后面逐渐形成空气压力，直到它们被最终分开。然后空气从形成的孔中跑出，根据贝努利定律，空气压力下降，导致声带再次闭合。当空气持续从肺部排出时，这种压力形成，声带分开，然后回到闭合的循环准周期地重复。打开和闭合的速率主要由声带的张力控制。

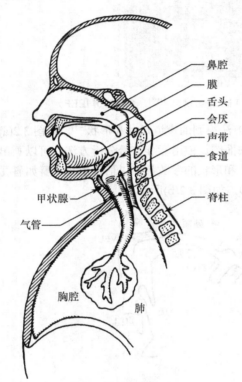

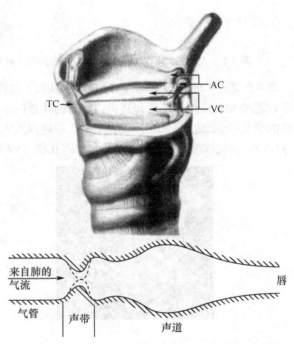

图 3.3 人的声道剖视图。经阿尔卡特–朗讯美国公司同意重印

图 3.4 声带：（上图）俯视图（引自 Farnsworth[102]）；（下图）横截面简图。经阿尔卡特–朗讯美国公司同意重印

图 3.5 给出了声门气流体积速度的仿真结果（上图）和浊音（如元音）最初 30ms 口腔内的声压。声带的开闭循环可以清晰地在声门气流体积速度中看到。前 15ms（大约）代表了声道气流的建立，由此导致的压力波（在口腔内）也展现出了建立过程，直到它看起来像一个准周期信号。这种发音开始时（和结束时）的短暂行为，是判断语音起止算法和估计语音信号建立过程中参数的困难根源。

喉部病变有时会导致喉部的完全切除，因此会夺去一个人产生自然语音的能力。关于声带在产生语音时的更为详细的知识，是人造喉的设计基础，如图 3.6 所示[319]。人造喉由 AT&T 为那些切除了喉的病人设计制造。它是一个可以产生准周期激励声音的振动隔膜，如图 3.6 所示，使用者握住人造喉紧靠脖子，激励声音可被直接耦合到声道。人造喉并不能使声带开闭（即使它们未受损伤），但是它的振动通过脖子的软组织传到咽部，咽部的气流是幅度调制的。采用开关控制和"振荡率"控制，成功的使用者可以造出本质上和声带振动类似的适当激励信号，因此用户可以产生语音（尽管听起来有鸣音）来与其他人交流。

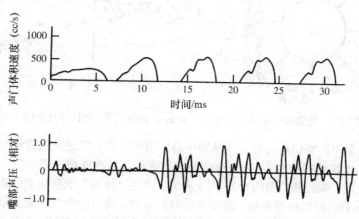

图 3.5　发音开始时声门气流体积速度仿真和唇部压力图

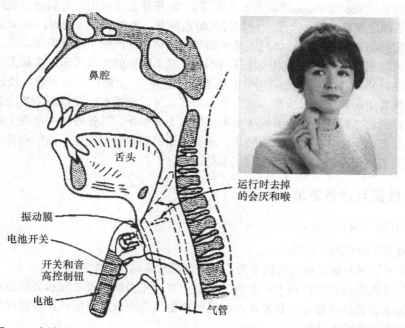

图 3.6　人造喉，人工方法为语音生成提供声带激励的示例（引自 Riesz[319]。经
阿尔卡特–朗讯美国公司同意重印。©[1930] Acoustical Society of America）

在研究语音的产生过程中，对物理系统的重要特点进行抽象，导出一个既符合实际又便于处理的数学模型是有益的。图 3.7 展示了发音系统的这种示意图[108]，它可以作为考虑和模拟声带系统的基础。为完整起见，这幅图中还包含了由肺、支气管和气管组成的次声门系统，用来模拟声带张力和质量的机械组件的声带力学模型，以及用来模拟声道/鼻道结构的一对不均匀截面的管

子。次声门系统是产生语音的能量来源。声带的力学模型为声道提供了激励信号。当空气从肺里呼出时，产生的气流被声道适当地改变形状（时变），语音信号便从这个系统中简单地以声波形式辐射出来。

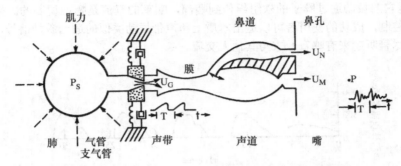

图 3.7　发音器官示意图（引自 Flanagan et al.[108]。© [1970] IEEE）

在图 3.7 的抽象中，胸肌用力将空气从肺中挤压出来，然后通过支气管和气管到达声带。如果声带拉紧（通过上述肌肉控制），空气流会使它们振动，以准周期速率产生一股一股的空气，从而激励声道（喉管、咽腔和口的组合）和/或鼻道，产生"浊音"或准周期的语音，譬如从口和/或鼻发出的稳态元音。如果声带放松，两条声带薄膜分开，肺中的空气畅通无阻地通过声道直到声道收缩，此时有两种情况发生。如果只是部分收缩，空气流会变成湍流，因此会产生所谓的"清音"语音（比如单词/see/或/shout/的最初发音部分）。如果是全部收缩，之后会形成压力。当收缩释放时，压力也随之突然释放，产生一种短暂的瞬态声音，比如/put/、/take/、/kick/这些单词开始发音的部分。根据语音产生机理，口腔或鼻中的气压变化再次产生了语音信号。

声道和鼻道如图 3.7 中沿一条直线排开的不均匀截面区域的管道所示。实际上，从图 3.1 中可以清楚地看出，声道在喉和咽之间几乎形成了一个直角①。上述产生的声音，经过这些管道传播，频谱由这些管道的频率选择成形。这个效应与管风琴或管乐器中观察到的效应类似。在语音产生环境下，声道的共振频率称为共振峰频率或简称为共振峰。共振峰频率取决于声道的形状和大小；每种形状都以一组共振峰频率为特点。改变声道的形状可以产生不同的声音。因此，语音信号的谱性质随着声道形状的改变而随时间变化。

3.2.2　语音特征与语音波形

语音信号有如下固有特征：

- 语音是不断变化的声音序列；
- 语音信号波形的特征高度依赖于为了将隐含消息编码而产生的声音；
- 语音信号的特征高度依赖于产生语音的上下文，即当前声音之前和之后的声音。这种现象称为语音的协同发音，是发声控制机制产生当前声音时对后续声音进行预测，从而调整当前声音特征的结果；
- 声带的状态及其他各种各样的发音器官（唇、牙齿、舌、颌、软腭）的位置、形状和大小都随时间缓慢变化，从而产生所期望的语音。

根据以上特征，我们可以通过观测语音波形或波形的其他表示形式如信号频谱，从而确定语音的一些物理特征（声带是否振动或处于松弛位置，声音是准周期的还是类似噪声的，等等）。

---

① 如第 5 章中所示，连续非均匀管道的假设使得声音在声道中传输得以准确地实现数学建模。

图 3.8 是我们利用语音产生及所得语音波形的相关知识来了解所生成声音性质的一个简单例子。此图展示了长为 500ms 的语音信号的波形（每行代表 100ms）。我们可以完成的一个最简单的任务是，将这段语音波形分成不同区域。图中标有 V 的是浊音区域，标有 U 的是清音区域，标有 S 的是静音区域（更合适的说法是背景信号区域）。浊音是通过强制气流通过声门，声带调整至合适的紧张状态而产生的。此时声带弛豫振荡，产生准周期性的空气脉冲刺激声道，最终导致准周期性的波形。清音或摩擦音，是通过在声道某些位置（通常是接近口的那端）形成部分收缩，强制空气以足够高的速度通过收缩点产生扰动而产生的。这产生了一个宽带噪声源激励声道。最后，静音或背景声音是通过缺乏浊音或清音特征来判定的。尽管在语音中也存在静音段，但主要出现在语音开始或结束。图 3.8 中，浊音段可以很容易地通过波形的准周期特性识别。这些区域标以 V。清音段识别有些困难（因为它们容易同背景信号混淆），但是图 3.8 中仍对清音段进行了很好的估计，并标以 U。最后，剩余区域，几乎是默认地视为静音段（或背景信号段），标以 S。第 10 章将给出更正式的对语音信号按照浊音、清音或静音信号分类的算法。

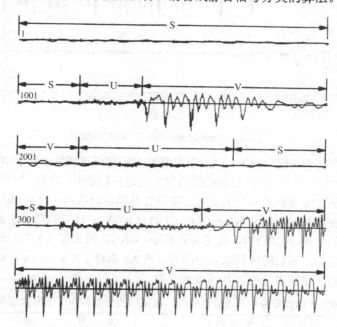

图 3.8　语音波形及把它分段为浊音（V）、清音（U）和静音或背景信号（S）的例子

如果给出一段语音波形，并且告知它包含怎样的声音，那么似乎有理由认为可按照它们所包含的声音来将波形划分为不同的时间区间。为了以更加有条理的方式讨论这一点，我们首先定义一些术语。我们将某种语言中一串单词的文本形式的表示称为文字表述。例如，"should we chase"是英文中可能出现的三个单词组成的序列。单词的语音学表示给出了该种语言中单词的正确发音。单词的发音则在字典中通过某种音标系统的一组符号给出。在 3.4 节中我们将引入一种音标系统（称为 ARPAbet）来表示美国英语语音。在此系统中，例子"should we chase"表示为/SH UH D - W IY - CH EY S/（音标中的"-"表示单词之间的分界）。当人们说出这些单词时，我们称它为文本的"发音"。在说出单词时，人们会尝试去形成由音标所代表的这些声音，结果就产生了可被录制、传输和存储的声音信号。图 3.9 展示了由男性说话者发出的"should we chase"的波形，以 10kHz 采样，图中一行代表 120ms。因此，如果图 3.9 的时标乘以 10000，我们就得到了以样本为单元的归一化时标，每条线包含 1200 个样本。

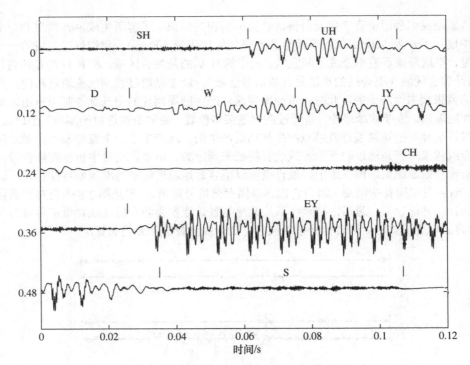

图 3.9 "should we chase" 词条的波形

知道了词条的语言学（语音学）标注，就可将波形分割成组成的声音和音节，如图 3.9 所示。通常来说，分段过程并不简单，尤其是我们想得到完整语音标签时。但是，如果我们慢慢说"should we chase"，将手指放在喉部靠近声门的地方，就很容易确定词条以一个与/sh/（/SH/）对应的清音区间开始。后面紧接着是一个与文本/ould we/（/UH D W IY/）对应的更长浊音区间。然后是清音/ch/（/CH/），接着是浊音/a/（/EY/），最后是清音/se/（/S/）。因为图 3.9 中未展示背景信号，从中选出浊音区间相对容易，剩余的区间默认为清音。表 3.1 总结了"should we chase"发音单元的一种合理分割，以及对于这些单元浊音和清音的分类。

表 3.1　将已知文本的词条分割为语音学表示，以及清浊分类和声音波形大致音素分割的示例

文　本	音　素	发　声	样　　本
/sh/	/SH/	清音	0～600
/ould we/	/UH D W IY/	浊音	600～2600
/ch/	/CH/	清音	2600～3800
/a/	/EY/	浊音	3800～5200
/se/	/S/	清音	5200～6000

图 3.9 显示了整个波形的一种建议的语音学标注。正如我们已经注意到的，浊音和清音的边界相对容易检测。发音/CH/的边界模糊是因为，/CH/由一个停顿间隙（因为声压建立）和一个紧随的爆破音组合而成。元音/EY/很容易确认，/S/的摩擦音开头也是如此。但是，和/UH D W IY/相关的发音区间的边界识别很困难。我们用来创建样点边界的标准是粗糙的，本章稍后描述不同语音信号的基本性质时，将会解释这一点。然而，即便从图 3.9 给出的简单例子来看，也有一点是完全清楚的，即识别和标注语音、音节甚至部分音节的边界是非常困难的。因此，将语音波形分割成其组成声音是困难的，也是应该尽可能避免的。在整本书中，我们会多次遇到测量和估计的问题，于是在我们试图设计估计方法完成任务之前，观察一些我们将会面对的困难例子是有益的。

另一个容易从语音波形中测量出的语音信号的性质是信号浊音段的周期时间（以样本或 ms 为单位）。图 3.10 展示了短语 "thieves who rob friends deserve jail" 的部分语音波形。与/TH IY V Z - HH UW - R/对应的波形段的近似语音学标注已在图上标出。周期时间定义为重复波形的局部时间，波形浊音区域的周期数值在图 3.10 中给出①（第 10 章会讨论基音检测任务的正式算法，但目前假设用简单的波形测量手段测量出周期时间）。这一周期（也称为基音周期），如语音浊音段波形上的连续曲线所示，看起来随时间的变化相当慢。基音周期随时间的变化常称为语音韵律，因为它使得人类发出疑问（通过在句子末尾的周期下降实现）或陈述等。

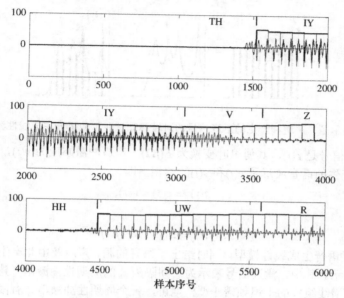

图 3.10　语音波形中估计出的基音周期

表 3.2 展示了男性、女性及儿童说话者的平均基音周期的典型范围[427]（从最小值到最大值）。典型男性说话者的基音周期变化范围为 5～12.5ms，相当于 200～80Hz 基音的频率范围。女性说话者的基音周期范围为 2.9～6.7ms，相当于 350～150Hz 基音的频率范围。儿童的基音周期变化范围更小，2ms 这种数量级的并不少见，相应的基音频率高达 500Hz。

表 3.2　男性、女性、儿童基音周期的范围，包括平均值、最大值
和最小值（引自 Zue and Glass，MIT OCW Notes [427]）

	平均值/ms	最大值/ms	最小值/ms
男性	8	12.5	5
女性	4.4	6.7	2.9
儿童	3.3	5	2

3.2.3　语音生成的声学理论

我们对人类语音产生机理的定性讨论导致了图 3.7 中的原理图。接下来对声波特点的探索将提供语音信号属性的进一步理解。正如我们将在第 5 章详细讨论的，图 3.7 所示模型可用来分析数学、流体力学和声学。然而，对于我们的大部分工作而言，一个直观满意且有用的近似常用来代替一个详细的物理分析的源/系统模型。例如由图 3.10 所示的波形，我们一眼就能看出，这样

---

① 为使画图简单，波形的数值范围做了调整，以便可以在同一幅图上显示以 8000 个样本/秒采样的样本的基音周期。

的波形可以通过激发一个随时间线性变化的系统产生，该系统浊音段由局部周期性激励，清音段由随机噪音激励。这样的简化模型如图 3.11 所示。

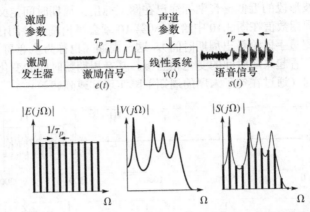

图 3.11　展示源、声道和产生的语音信号的时域和频域表示的语音生成线性源/系统模型

如果假设激励信号是 $e(t)$，其傅里叶变换为 $E(j\Omega)$，声道冲激响应为 $v(t)$，相应的频率响应为 $V(j\Omega)$，那么由此产生的语音波形是 $e(t)$ 和 $v(t)$ 的卷积，即

$$s(t) = e(t) * v(t), \tag{3.1}$$

或者，在频域有

$$S(j\Omega) = E(j\Omega) \cdot V(j\Omega). \tag{3.2}$$

图 3.11 给出了语音生成线性模型，同时给出了语音的源、声道及由此产生的浊音段的语音信号的时域和频域表示。其中，激励信号表示为一间隔为 τ_p 的周期性冲激串（建模声门激励）和一间隔为 $1/\tau_p$ 的孤立谱线组成的平坦频谱 [严格地讲，一个周期性冲激串（有限宽）的频谱并不平坦，而是有一个与冲激宽度成反比的频率滚降，不过此时我们不关注这个效应]。声道的冲激响应是一个连续的傅里叶变换，波峰出现在有特殊声道结构的共振峰，如图 3.11 的中间部分所示。产生的语音波形也以 τ_p 为周期，并且它的傅里叶变换是激励信号和声道冲激响应的傅里叶变换的乘积；也就是说，一个 $1/\tau_p$ 的频率范围的线谱和由声道频率响应决定的包络，这个包络由声道形状决定，如图 3.11 的右侧底部所示。清音的情况也是一样，不同之处为随机噪声激励有连续平坦频谱。

在第 5 章我们会回到语音信号建模的问题。现在已足以达到目的，我们可简单地注意到图 3.11 的线性源/系统可以用来表示语音波形的片段。因此，不同的片段有着同样结构的模型，但是参数不同。用这种方法，激励模式可以随时间变化，基音周期可以随时间变化，并且声道的共振结构也可随时间变化。下一节将介绍由这一观点如何导出语音短时分析的概念。

3.3　语音的短时傅里叶表示

语音信号的时变谱特性可由语音信号导出的图形化表示来展示。连续时间信号 $x_c(t)$ 的短时傅里叶变换定义为

$$X_c(\hat{t}, \Omega) = \int_{-\infty}^{\infty} w_c(\hat{t} - t) x_c(t) e^{-j\Omega t} dt. \tag{3.3}$$

这个表示明显是信号 $w_c(\hat{t} - t)x_c(t)$ 的连续时间傅里叶变换形式。通过引入时间定位的"分析窗" $w_c(\hat{t} - t)$，$X_c(\hat{t}, \Omega)$ 变成了连续时间信号角频率变量 Ω 和分析时间 $\hat{t}$ 的函数。要使该二维函数适合用灰度图展示，可限制 $x_c(t)$ 的持续时间，在 $(\hat{t}, \Omega)$ 的需要范围内计算 $X_c(\hat{t}, \Omega)$，并对 $X_c(\hat{t}, \Omega)$

的幅度取对数，这样的图像称为语谱图[105, 196, 288]。

从 20 世纪 30 年代开始，语音研究者一直依赖短时谱分析技术和语谱图。在前数字信号处理时代，设计一个计算和展示 $|X_c(\hat{t}, \Omega)|$ 的机器需要很强的创造性。计算和展示语音的时间相关傅里叶表示的最早系统之一称为声谱仪[196, 288]。该仪器的早期版本如图 3.12 所示。图 3.13 展示了系统的框图表示。麦克风将 2s 的语音记录在一卷磁带上，然后反复播放以便在频率范围 0~5000Hz 测量频谱。一个机械控制和调节的带通滤波器在播放的每个循环分析这个信号。在给定的时间和频率，带通滤波器输出平均能量作为 $|X_c(\hat{t}, \Omega)|$ 的测量值。平均输出能量是时间的函数，在某个设定的带通中心频率被记录到电记录纸上，电记录纸粘在与磁带语音信号同步旋转的鼓上①。每次鼓旋转对应于一个带通滤波器分析频率的新设定。这台精致的机器通过适当维护和调试，可以产生不错的灰度语谱图图像，即短时频谱的二维表示，纵坐标代表频率，横坐标代表时间，谱幅度用纸上标记的明暗度表示。用这台机器得到的语谱图的例子如图 3.14 所示。

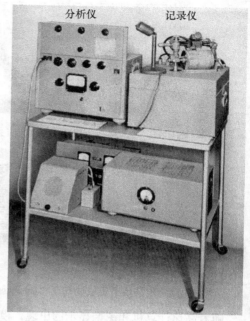

图 3.12　早期的声谱仪（引自 Potter et al. [288]，经阿尔卡特–朗讯美国公司同意重印）

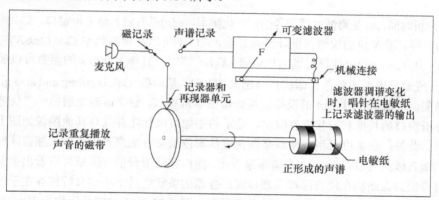

图 3.13　声谱仪框图[288]。经阿尔卡特–朗讯美国公司同意重印

如果声谱仪的带通滤波器是宽带的（300~900Hz 数量级），那么得到的语谱图有较好的时间分辨率和较差的频率分辨率。这可以从图 3.14 的上图看到，其中就是典型的宽带语谱图。声带的共振频率在声谱中显示为暗色带。由于时间波形的周期性及它和短时分析窗口的相互作用，浊音区域以垂直条纹为特征，而清音区间的随机性使清音区充实地填充。另一方面，如果带通滤波器是窄带的（30~90Hz 数量级），那么语谱图有较好的频率分辨率和较差的时间分辨率。图 3.14 的下图就是典型的窄带语谱图。此时，垂直维度上基频的谐波十分明显，导致了水平方向的条纹。这是因为此时窗口足以包含几个基音周期（当然，声谱的带宽是宽还是窄主要是由说话者的基音频率决定的；因此对于一个平均基音频率 100Hz 的男性说话者，合适的宽带带宽在 300Hz，但对于平均基音频率 200Hz 的女性说话者，可能需要 600Hz 的带宽才能得到同样明显的频率分辨率）。

---

① 纸的燃烧伴随着臭氧的独特气味。

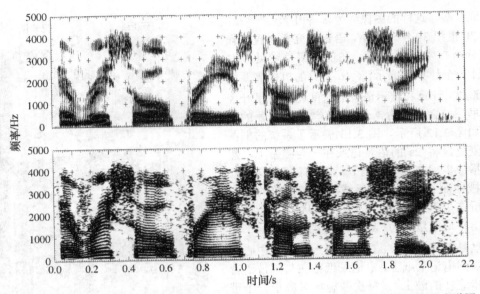

图 3.14　声谱仪上生成的句子"Every salt breeze comes from the sea"的宽带和窄带声谱图

随着高速计算机和图像显示的出现，模拟声谱仪被一些基于短时谱离散时间方程的灵活软件实现所替代。给定一个采样的语音信号 $x[n]$，其离散时间短时傅里叶变换形式为

$$X_{\hat{n}}(e^{j\omega}) = \sum_{m=-\infty}^{\infty} w[\hat{n} - m]x[m]e^{-j\omega m}, \tag{3.4}$$

式中，$\hat{n}$ 是分析时间，ω 是离散时间信号的归一化频率，$w[n]$ 是有限长谱分析窗口。如我们在第 7 章详细讨论的一样，用 N 点的快速傅里叶变换算法，式(3.4)可以在模拟频率 $\Omega_k = (2\pi k/N)F_s$ 处高效计算，其中 $k = 0, 1, \cdots, N/2$。计算得到的短时谱 $|X_{\hat{n}}(e^{j(2\pi k/N)F_s})|$ 作为 $\hat{n}$ 和 k 的函数可以显示在计算机显示器上，或通过黑白或彩色打印机打印出来。图 3.15 是词条"Oak is strong and also gives shade"的宽带语谱图。这幅图和图 3.14 的模拟宽带语谱图非常相似。数字语谱图的另一个优势是其灵活性。对于分析窗口的长度和形状没有限制，显示的图像可以标注并且与其他图像如图下面的波形图一起显示。此外，谱幅度可用灰度或某种幅度伪彩色渲染方法来表示。由于浊音区域的基音周期性造成的垂直线条可以在图 3.15 中清晰地看出，同样在强清音信号区域可以看出类似噪声的性质。注意语音的共振结构在浊音区域强烈体现，强烈的条状能量集中部分持续存在于时域上的浊音区域，这就是声谱中显示的声道结构的共振频率。图 3.15 的声谱图是用称为 WaveSurfer[413]的免费软件在标准个人电脑上完成的，只花了数秒时间。

图 3.15　词条"Oak is strong and also gives shade"的宽带语谱图

另外一个语音词条语谱图的例子如图 3.16 所示。这是一个用 MATLAB 内置语谱图函数生成的词条"Oak is strong and also gives shade"的窄带数字语谱图。将它和图 3.14 的下图相比，我们再次看到了由于浊音区域基音谐波导致的水平条纹。在清音信号区，没有这样的谐波，语谱图再次变为噪声。而且，可以看出在浊音区，由于语音共振和基音谐波的相互作用，语音的共振峰未明显地体现出来。

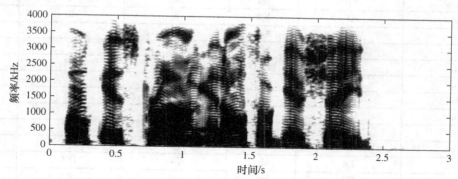

图 3.16　词条"Oak is strong and also gives shade"的窄带语谱图

在语音研究中，语音语谱图一直是主要工具，且其基本原理在数字语谱图中仍广泛应用。Potter, Kopp, and Green[288]的书 *Visible Speech* 是认识到用语谱图来识别语音的独到之处的早期著作之一，20 世纪 50 年代初期，这本书普及了语谱图在语音研究方面的应用。这本书尽管是以教人们详细地"读"语谱图为目的，但它还很好地介绍了声音语音学领域。尽管实际上没有人能够完全读懂语谱图（即将语谱转换为连贯和可理解的语音标注），但如果给定音标及波形和它的声谱，那么准确地为语音信号分段并且为其加上符号标签就很容易。通过突出共振频率和它们随时间的运动，短时谱能有效加深对信号及其产生机理关系的理解[264]。语音波形和语谱图都是分析语音信号的有用工具，我们将会花很多时间说明如何设计有效可靠的算法来估计语音信号的性质，第 6 章和第 7 章会有这样的展示。实际上，可以说短时谱概念是本书中讨论的大多数信号处理技术的基础。

3.4　声音语音学

包括英语在内的大多数语言，都可用一套不同的音或音素来加以描述。美式英语约有 39～48 个音素，包括元音、双元音、半元音和辅音。表 3.3 给出了美式英语的 48 个音素的标准列表，以及它们的国际音标表示和 ARPAbet 表示 [由美国国防部高级研究计划署（ARPA）设计的表示方式，其中没有特殊符号，可用计算机键盘输出]，还有出现这些音素的词的例子。在本书的剩下部分，为方便起见，我们将使用 IPA 和 ARPAbet 符号。尽管起初这似乎让人混乱，但这对于我们熟悉两种表示法很有帮助。ARPAbet 符号通常在工程和计算机科学中使用，而 IPA 符号通常在语言学和语音学出版物中使用。

表 3.3 的 48 个音素被分为 5 大类：

- 14 个元音（从/IY/到/ER/）和 4 个双元音（元音组合，从/EY/到/OY/）
- 4 个类元音（流音和滑音）的辅音（从/Y/到/L/）
- 21 个标准辅音（从/M/到/WH/）
- 4 个音节发音（从/EL/到/DX/）
- 1 个声门塞音（/Q/）

表 3.3 美式英语音素符号简表

IPA 音素	ARPAbet	例 子	IPA 音素	ARPAbet	例 子
/i/	IY	b<u>ee</u>t	/ŋ/	NX	si<u>ng</u>
/ɪ/	IH	b<u>i</u>t	/p/	P	<u>p</u>at
/ɚ/	AXR	butt<u>er</u>	/t/	T	<u>t</u>en
/ɛ/, /e/	EH	b<u>e</u>t	/k/	K	<u>k</u>it
/æ/	AE	b<u>a</u>t	/b/	B	<u>b</u>et
/a/	AA	B<u>o</u>b	/d/	D	<u>d</u>ebt
/ʌ/	AH	b<u>u</u>t	/g/	G	<u>g</u>et
/ɔ/	AO	b<u>ough</u>t	/h/	HH	<u>h</u>at
/o/	OW	b<u>oa</u>t	/f/	F	<u>f</u>at
/ʊ/	UH	b<u>oo</u>k	/θ/	TH	<u>th</u>ing
/u/	UW	b<u>oo</u>t	/s/	S	<u>s</u>at
/ə/	AX	<u>a</u>bout	/ʃ/, /sh/, /š/	SH	<u>sh</u>ut
/ɨ/	IX	ros<u>e</u>s	/v/	V	<u>v</u>at
/ɝ/	ER	b<u>ir</u>d	/ð/	DH	<u>th</u>at
/eʸ/	EY	b<u>ai</u>t	/z/	Z	<u>z</u>oo
/aʷ/	AW	d<u>ow</u>n	/ʒ/, /zh/, /ž/	ZH	a<u>z</u>ure
/aʸ/	AY	b<u>uy</u>	/tʃ/, /č/	CH	<u>ch</u>urch
/ɔʸ/	OY	b<u>oy</u>	/dʒ/, /j/	JH	<u>j</u>udge
/y/	Y	<u>y</u>ou	/ʌ/	WH	<u>wh</u>ich
/w/	W	<u>w</u>it	/l/	EL	batt<u>le</u>
/r/	R	<u>r</u>ent	/m/	EM	botto<u>m</u>
/l/	L	<u>l</u>et	/n/	EN	butto<u>n</u>
/m/	M	<u>m</u>et	/ſ/	DX	bat<u>t</u>er
/n/	N	<u>n</u>et	/ʔ/	Q	(声门停止)

音素是语言文字拼写和相应文字变成语音信号之间的连接纽带。例如，名字"Larry"的标音如下：

Larry →/l æ r i/（IPA 记号法）

或 /L AE R IY/（ARPAbet 记号法）

当说出词"Larry"时，我们可以从语音的波形图和语谱图上看到上述音素串的明显证据。我们用语音码作为语言表示的媒介，因此为了为某个给定的应用（尤其是为语音合成和语音识别应用）设计出最好的语音处理系统，理解所有音素的声学和发音学性质非常重要。

从语言拼字表示到语音学标注是实际中语音产生的最理想化实现，这一点非常重要。拼写"Did you eat yet"的理想化音素实现如下所示：

Did you eat yet → /d I d-y u-i t-y ɛ t/

或 /D IH D - Y UW - IY T - Y EH T/

但实际上比较敷衍地说这句话时可能是下面的形式：

Dija eat jet → /d I j ə - it - jɛ t/

/D IH JH UH - IY T - JH EH T/

这是一个自然语音的不同音素间高度协同发音的版本，跨词边界（词内也是如此）的音合并到了一起。

学习语音学及了解某种语言的音素性质的方法有多种。例如，语言学家经常从理解人类如何发音的角度来研究音素的辨音特质或发音特点[60, 166]。我们当然会注意与语言的各个音素相关的发音模式，但会更加关注对不同音素声学和谱特性的理解，这样我们就可从波形和语谱图上识别其性质。

我们会研究一套精简的 39 个发音，而不是用表 3.3 给出的全套 48 个发音，如图 3.17 所示，包括：

- 11 个元音
- 4 个双元音
- 4 个半元音
- 3 个鼻辅音
- 6 个浊音和清的塞辅音
- 8 个浊音和清音的摩擦音
- 2 个破擦辅音
- 1 个耳语音

这里，我们忽视了音节主音和喉音以及一些严重退化的元音。声音的 4 个大类是元音、双元音、半元音和辅音。这几个类别进一步分为几个子类，依据的是声道的发音部位和方式。本章中我们将稍后讨论这个问题。

图 3.17 所示的每个音素可以分类为暂音和久音。久音是在声道形状固定的（非时变）的情况下受到适当的源激励产生的。久音包括元音、摩擦音（清音和浊音）和鼻音。其余的声音（双元音、半元音、塞音和破擦音）是在声道形状不断变化（时变）的过程中产生的，因此这些音统称为暂音。

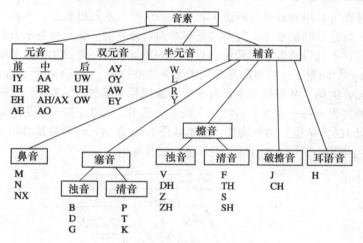

图 3.17　美式英语的音素

3.4.1　元音

自然语音中，通常元音有最长的持续时间，而且它们大多数都是语言中定义良好的声音。元音可能模糊地使用，比如唱歌时。尽管元音在口语里扮演了重要角色，但它们携带的关于所说句子拼写的信息极少（有些语言的拼写中不包括任何元音，比如阿拉伯语和希伯来语）。举个例子，看下面的两个句子，第一句移除了元音拼字，第二局移除了辅音拼字。

- （去掉了所有元音）Th_y n_t_d s_gn_f_c_nt _mpr_v_m_nts _n th_ c_mp_ny's _m_g_, s_p_rv_s__n _nd m_n_g_m_nt.
- （去掉了所有辅音）A_ _iu_e_ _oa_ _a__ _ae e__e_ia___ _e a_e, i_ __e_ _o_e_o_o__u_a_io_a_e___o ee__ _i___ ____e_ ea_i__

大多数以美式英语为母语的人在填写第一句的元音时没有任何问题，得到文本 "They noted significant improvements in the company's image, supervision and management." 类似地，是否有人能填出第二句的所有辅音值得怀疑。这句话是 "Attitudes toward pay stayed essentially the same, with the scores of occupational employees slightly decreasing."

声带振动产生一个准周期的空气脉冲，这一空气脉冲激励形状固定的声道就能得到元音。在第 5 章中我们会看到，声道截面面积变化的情况决定了声道的谐振频率（共振峰），以及由此产生的声音。声道截面面积和声道长度方向之间的依赖关系称为声道的面积函数。对于一个特定的元音来说，其面积函数主要取决于舌的位置，但颌和唇以及在较小程度上还有软腭都会影响所得的声音。图 3.18 展示了元音/i/、/æ/、/a/和/u/（用 ARPAbet 表示是/IY/、/AE/、/AA/和/UW/）的声道结构简图。在发 "father" 中的元音/a/时，声道的前部是张开的，而在后部声道由于舌身而稍微收缩。相反，在发 "eve" 中的元音/i/时，舌向上颚抬起，因而声道前部紧缩而后部张大。

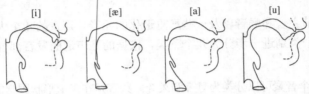

图 3.18　/i/、/æ/、/a/和/u/（用 ARPAbet 表示是/IY/、/AE/、/AA/和/UW/）的声道形状简图（引自 Zue and Glass，MIT OCW Notes [427]）

所以每个元音都可以用发音时的声道形状（面积函数）来加以表征。当然，这是一种很不精确的表征方法，因为在不同说话者之间声道是存在固有差异的。另一种表示方法是用声道的谐振频率，可以估计到在不同说话者之间同样会有很大的差异。使用之前如 3.3 节中提到的声谱仪，Peterson and Barney[287]测量了一些听起来相同的元音的共振峰（谐振）频率，结果如图 3.19 所示。图中给出了某些元音的第二共振峰频率作为第一共振峰频率函数时的图形。这些都是男性和儿童的发音。图中的椭圆表示每个元音共振峰的大致变化范围。表 3.4 列出了男性说话者所发出的前三个共振频率（以 Hz 为单位）的平均值。虽然从图 3.19 看出元音的共振峰频率明显存在很大的变化，但表 3.4 中的数据作为元音的特征表示仍然极其有用。

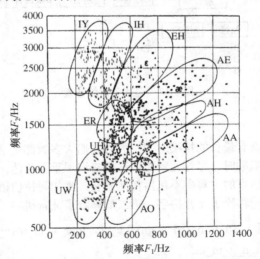

图 3.19　大量说话者所发出的第二共振频率作为第一共振频率的函数分布图形（引自 Peterson and Barney[287]。© [1952] Acoustical Society of America）

ARPAbet 符号	IPA 符号	典型词	平均共振频率		
			F_1	F_2	F_3
IY	i	(beet)	270	2290	3010
IH	I	(bit)	390	1990	2550
EH	ɛ	(bet)	530	1840	2480
AE	æ	(bat)	660	1720	2410
AH	ʌ	(but)	520	1190	2390
AA	a	(hot)	730	1090	2440
AO	ɔ	(bought)	570	840	2410
ER	ɝ	(bird)	490	1350	1690
UH	U	(food)	440	1020	2240
UW	u	(boot)	300	870	2240

　　图 3.20 画出了表 3.4 中那些元音的平均第二共振峰频率相对第一共振峰频率的图形。在这张图上可以明显地看出所谓的元音三角形。三角形的左上角是元音/i/，它具有较低的第一共振峰频率和较高的第二共振峰频率。这个元音是前元音的代表，发出前元音时声道通过舌向前隆起产生收缩。三角形的左下角是元音/u/，它有着较低的第一和第二共振峰频率。这个元音是后元音的代表，发声时声道在口腔后部紧缩。三角形的第三个顶点是元音/a/，它具有较高的第一共振峰频率和较低的第二共振峰频率。这个顶点代表中元音。注意其他元音都落在/i/、/u/、/a/三角形的中间位置附近。第 5 章会从物理角度说明语音产生过程中声道形状如何影响元音的共振峰频率。

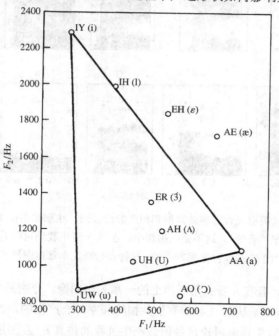

图 3.20　元音三角形

　　英语中每个元音的声波波形图和语谱图的代表性例子如图 3.21 所示。在语谱图上可以清楚地看出各个元音的不同谐振图样。而声波波形图除了表示出浊音的周期特性外，如果我们考虑其中的一个周期，那么它还能显示出大致的频谱特性。例如元音/i/中有一个低频的衰减振荡，上面还叠加有一个较强的高频振荡。这和第一共振峰频率较低，第二、第三共振峰频率较高（见表 3.4）完全一致（邻接的两个谐振频率使语谱图中的谱分量分布提高）。与此相反，由于/u/的第一、第二共振峰频率都很低，所以它的高频能量很低。对于图 3.21 的所有元音，我们都可以看到这样的一致性。

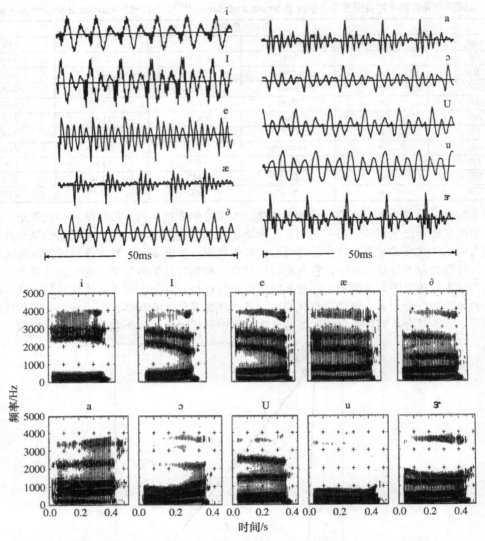

图 3.21　若干美式英语元音的声波波形和相应的语谱图。注意频率在 100～200Hz 处的暗色水平"音带"，这不是共振频率。在第 5 章中我们可以看出这个明显的谱峰值是由于声门脉冲激励产生的。这种音带会在本章后面展示的语谱图中出现

　　图 3.22 记录了三个元音在元音三角形角上的一系列谱图像，分别是/IY/（/i/）、/AA/（/a/）和/UW/（/u/）。这三个元音都是从表 3.4 得到的共振峰频率综合产生的，每个元音设置一套数字滤波器的极点分布（第 5 章将详细讨论这种语音产生过程的仿真）。左图展示了三个元音中每个元音的声道频率响应谱幅度的对数图。这些元音的共振频率位置很清楚。中间的图展示了使用 100Hz 基音频率激励产生的谱幅度图。可以清晰地从元音谱图上看出以 100Hz 为间隔的各个基音谐波。三个元音的元音谱的共振结构完整地得以保存。最后，右图是用 300Hz 基音频率激励产生的谱幅度对数图。从图上可以清晰地看出 300Hz 倍数的谐波。但我们发现，由于 300Hz 的频率，用低采样率来得到元音的共振结构是很困难的。这些谱图为一些将会面对的问题带来了思路，这些问题在我们尝试从语音的谱表示或时间表示来估计语音信号的共振结构时会遇到。

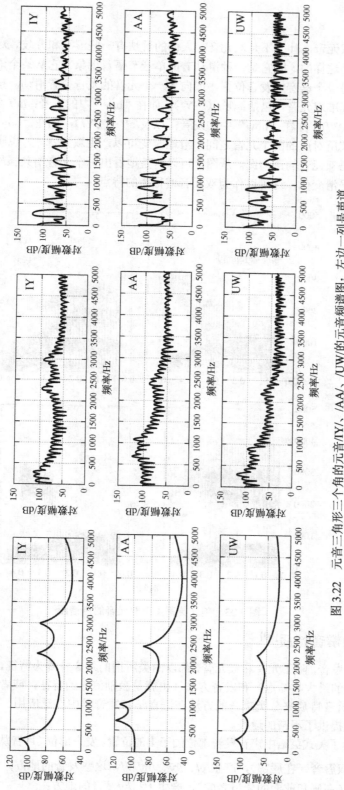

图 3.22 元音三角形三个角的元音 /IY/、/AA/、/UW/ 的元音频谱图; 左边一列是声道频率响应; 中间的是用 100Hz 激励的频谱; 右图是使用 300Hz 激励的频谱

3.4.2 双元音

对于什么是双元音，什么不是双元音，人们的看法有一些混乱和分歧。尽管如此，对双元音的合理定义可以是这样的，即它是一种滑动着的单音节语音现象，它从某个语音的发音位置或其附近位置滑动到另一个语音的发音位置，或向另一个元音的发音位置滑动。按照这一定义，在美式英语中有 4 个标准双元音，包括：/eʸ/（/EY/），如在"bay"中的发音；/aʸ/（/AY/），如在"buy"中的发音；/aʷ/（/AW/），如在"how"中的发音；以及/ɔʸ/（/OY/），如在"boy"中的发音。

声道形状从其所对应的两个元音之间平滑地改变可以产生双元音。为说明这一点，图 3.23 给出了 4 个美式英语双元音的语谱图。从图上可以清楚地看出每个元音谱共振峰频率在起始元音和结束元音的值间平滑变化，这可以作为双元音谱行为的特点。

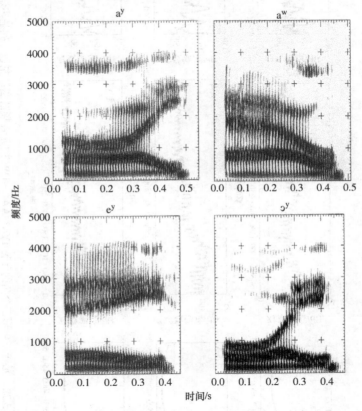

图 3.23　美式英语 4 个双元音的声谱图

3.4.3 声音的辨音特质[60]

所有的美式发音，除了元音和双元音，都以两类所谓的辨音特质为特征，分别是发音部位（即气流在声道机理的最大收缩点）和发音方法（也就是激励信号的特征，或者说用来发音的发生动作）。这种利用辨音特质来分类声音的方法在语言学和发音学中广泛应用。辨音特质为我们理解声音的产生过程提供了不错的途径。

图 3.24 展示了美式英语中声音发音部位的子集的位置。发音部位（声音从发音部位产生）包括：

- 唇音或双唇音（在唇部），产生/p/、/b/、/m/和/w/这些发音的地方；
- 唇齿音（在唇和前面的牙齿之间），产生/f/和/v/发音的地方；

- 齿音（在牙齿），产生/θ/和/ð/发音的地方；
- 齿槽音（在上腭前部），产生/t/、/d/、/s/、/z/、/n/和/l/ 这些发音的地方；
- 上腭音（上腭中部），产生/š/、/ž/和/r/发音的地方；
- 软腭音（在软腭），产生/k/、/g/和/ŋ/发音的地方；
- 喉音（在咽的后部），产生耳语音/h/的地方。

发音方式描述了语音的静态和动态性质产生过程中，声音激励源和语音产生器官的动作方式。发音方式（及产生的声音）包括：

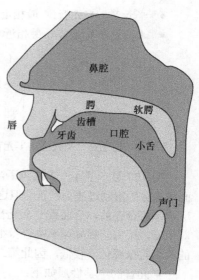

图 3.24　美式英语的发音部位

- 滑音（发音器官的平滑动作），如发音/w/、/l/、/r/和/y/；
- 鼻音（降低的软腭），如发音/m/、/n/和/ŋ/；
- 塞音（将声道空气完全压缩出），如发音/p/、/t/、/k/、/b/、/d/和/g/；
- 摩擦音（声带不振动，伴随声道深度收缩产生的湍流声音源），如发音/f/、/θ/、/s/、/š/、/v/、/θ/、/z/、/ž/和/h/；
- 浊音（在整个发音过程声带振动），如发音/b/、/d/、/g/、/v/、/θ/、/z/、/ž/、/m/、/n/、/ŋ/、/w/、/l/、/r/和/y/；
- 混合源（声带振动，但是声道收缩时产生湍流），如发音/j/和/č/；
- 耳语音（声门处的湍流声音源），比如声音/h/。

图 3.25 总结了美式英语中辅音的发音部位和发音方式，用到了 5 个发音部位和 3 种发音方式。该图方便地描述了美式英语的辅音如何拆分为部位和方式的简单矩阵。

	发音位置				
	唇音	齿音	齿槽音	上腭音	软腭音
塞音	p b		t d		k g
擦音	f v	θ ð	s z	š ž	
		弱（不刺耳）	强（刺耳）		
鼻音	m		n		ŋ

（发音方式）

图 3.25　美式英语辅音的发音部位和方式小结

3.4.4　半元音

由发音/w/、/l/、/r/和/y/（/W/、/L/、/R/和/Y/）组成的集合称为半元音，因为它们本质上像元音。半元音/w/和/y/常称为滑音，而/r/和/l/称为流音。半元音以声道中的收缩为特征，但是没有湍流产生。这是由于半元音通常由舌尖产生，因此收缩不完全阻塞从声道来的气流。收缩的点如图3.26所示。取而代之的是收缩面周围有气流。半元音和相关的元音有类似性质，但是有更多的音节。与4个双元音最相近的元音如下：

- 半元音/w/与元音/u/最相近（如在 boot 中）；
- 半元音/y/与元音/i/最相近（如在 beet 中）；

- 半元音/r/与元音/ɝ/最相近（如在 bird 中）；
- 半元音/l/与元音/o/最相近（如在 boat 中）。

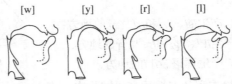

图 3.26　美式英语半元音的发生配置（引自 Zue and Glass, MIT OCW Notes [427]）

图 3.27 显示了 4 个美式英语半元音语谱图，后面跟了元音/i/。半元音通常以相邻音素间的声道面积函数的滑动过渡为特征。但这些声音的声学性质很大程度上受其所处上下文的影响，如图 3.27 所示，流音在前，后面跟一个元音/i/。元音/i/有较低的第一共振峰频率和较高的第二共振峰频率。对于/y/，第二共振峰频率吻合得很好，因此第二共振峰频率几乎没有滑动行为。另外，/w/、/l/和/r/的第二共振峰频率较低，因此第二共振峰频率有明显的从低到高的动作。

半元音的声学性质如下：

- /w/和/l/是最容易混淆的一对；
- /w/的特点是有很低的第一（F_1）和第二共振峰频率（F_2），且在第二共振频率之上有快速的谱水平降低；
- /l/的特点是有较低的第一（F_1）和第二共振峰频率（F_2），有很多的高频能量；
- /y/的第一共振峰频率（F_1）较低，第二共振峰频率（F_2）较高，/y/仅在元音的起始音节处出现；
- /r/的第三共振峰频率（F_3）很低［相对于比较低的第一（F_1）、第二共振峰频率（F_2）来说］。

对我们来说，最好把它视为一种过渡的类似元音的音。在性质上它类似于元音和双元音。

3.4.5　鼻音[117]

在声门激励下（所以它们是浊音），如果声道在口腔通路的某一地方完全阻塞，就会产生鼻辅音/m/、/n/、/ŋ/（/M/、/N/、/NX/）。这时软腭下垂，气流通过鼻道而在鼻孔处辐射声音，口腔的前部虽已阻塞，但仍然和咽有声耦合。所以口腔的作用就像是在一定的自然频率上吸收声学能量的谐振腔。而对所辐射的声音来讲，口腔的谐振频率就成为反谐振点，或声传输的零点[105, 117]。此外，鼻辅音和鼻化元音（即一些在鼻辅音后发出的元音）的共振频率比元音频谱更宽，衰减更快，而这是由鼻道的内壁盘旋弯曲造成的。在这种情况下，鼻腔具有较大的表面积与截面积之比，所以热传导和粘滞损失都较正常为大。

三个鼻辅音的区别在于声道发生完全阻塞的部位不同（如图 3.28 所示）。对/m/来讲在嘴唇处，对/n/来讲刚好位于牙齿内侧处，而对/ŋ/来讲在软腭前部。图 3.29 展示了两个鼻辅音/m/和/n/在元音-鼻音-元音的上下文环境下（/AH M AA/和/AH N AA/）的典型声波波形和语谱图。可以清楚地看出两者的波形十分相似（展示的低频波形区域），对于区分两个鼻音几乎没提供线索。另一方面，语谱图展示了鼻声谱的两个重要特点，分别是较低的第一共振峰频率和界限清楚的没有信号能量的谱区域。低共振频率是声门（有声声音发源处）和鼻道（声音最后发出的地方）间的长通道的特点，本质上与其产生的鼻音是相互独立的。没有实际能量的谱区域与口腔在鼻音的阻塞点被完全阻塞有关。根据口腔的长度，谱零点被引入声谱，这些在低能量区[117]十分明显。从图 3.29 看出，/m/发音的频率上零点位置比/n/要低；因此频谱上发音/m/的"空洞"比/n/稍微小一些，如图 3.29 所示。

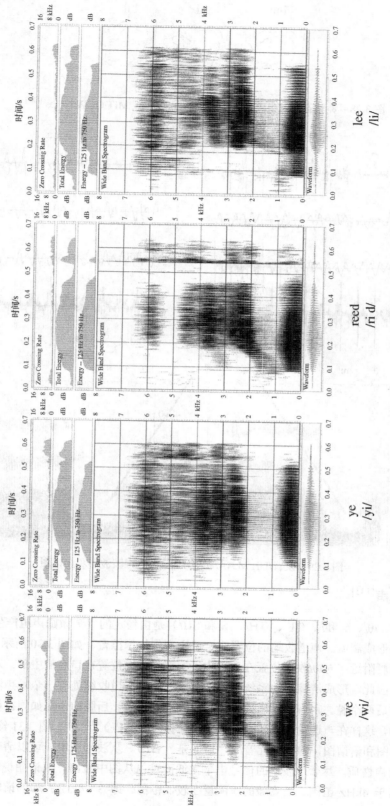

图 3.27　4 个美式英语半元音语谱图，后面跟了元音 /i/（引自 Zue and Glass, MIT OCW Notes [427]）

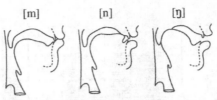

图 3.28　鼻辅音的发生配置（引自 Zue and Glass, MIT OCW Notes [427]）

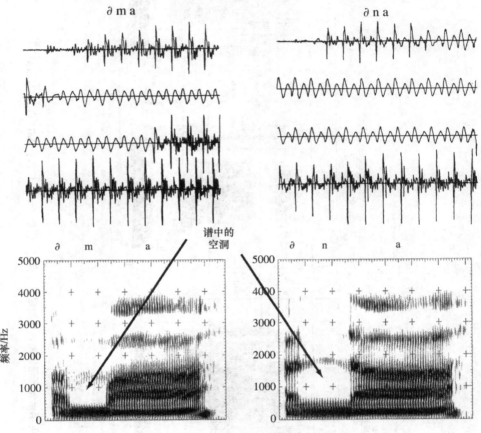

图 3.29　发音/UH M AA/和/UH N AA/的声波波形和声谱图

3.4.6　清擦声[141]

　　清擦音/f/、/θ/、/s/和/š/（/F/、/TH/、/S/和/SH/）是由稳定的气流激励声道产生的。这一气流在声道收缩处形成湍流，声道收缩的位置决定了所产生的摩擦音。如图 3.30 所示，对摩擦音/f/，收缩位置在嘴唇附近；对/θ/收缩位置在牙齿附近；对/s/收缩位置在口腔的中部；对/š/收缩位置在口腔的后部。因此，形成清擦音的系统是这样组成的：在声道收缩处有一个噪声源，这一收缩将声道分为了前后两个腔。声音从嘴唇处，也即前腔向外辐射。后腔的作用如同在鼻音中一样是用来吸收能量的，这样在声道输出处就引入一个反谐振点（零点）[105,141]。图 3.31 给出了摩擦音/f/、/s/和/š/的波形图和语谱图，前面是元音/ə/，后面是元音/a/。从波形图中，可以清楚地看出摩擦音激励的类似噪声性质，尽管/f/波形的信号电平太低而难以从图中看出。语谱图说明/f/的噪声谱基本位于或略高于 4kHz 范围。发音/s/的谱能量在较低范围，即 3～4kHz；/š/的谱能量在 2～4kHz

范围很突出。图 3.32 是另外一组后接发音/i/的清擦音的语谱图（此时坐标范围达到了 8kHz）。这里可以清楚地看出 4 个发音谱能量集中区域的不同之处，/f/和/θ/在高于 4kHz 的地方有弱能量集中区，/s/在 4～7kHz 范围有较强的一个能量集中区，/š/在 2～7kHz 范围有较强的能量集中。

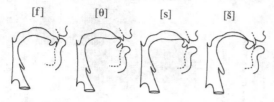

[f]　　　　[θ]　　　　[s]　　　　[š]

图 3.30　清擦音的发声配置（引自 Zue and Glass, MIT OCW Notes[427]）

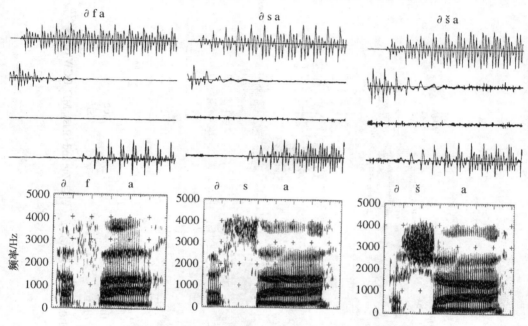

图 3.31　发音/UH F AA/、/UH S AA/和/UH SH AA/的声波波形和声谱图

3.4.7　浊擦音

浊擦音/v/、/ð/、/z/和/ž/（/V/、/DH/、/Z/和/ZH/）分别和清擦音/f/、/θ/、/s/和/š/（/F/、/TH/、/S/和/SH/）对应，每对相应的音素，声道收缩的位置基本相同。但在激励源上，浊擦音与其相应的清擦音有明显的差别。浊擦音产生时，声带是振动的，所以在声门处还有一个激励源。然而，由于声道在声门前面某一地方收缩，所以空气流就在收缩处附近产生湍流。这样，我们可以预料到浊音的谱将有两个分量。这样一些激励特点可从图 3.33 中容易观察到，图 3.33 展示了摩擦音/v/和/ž/的波形和语谱图。清音/f/和浊音/v/的相似之处可通过比较图 3.31 和图 3.33 的对应图方便地得到。同样，比较/s/和/ž/的声谱图也是很有意义的。

清音/s/和其对应的浊音/z/的语谱图的对比例子如图 3.34 所示，该图在初始位置（后面是发音/u/）和结束位置（前面是发音/ey/）展示了两种发音。可以看出/s/和/z/有相似的能量集中区域，但是/z/有通常的基音周期条纹而清音/s/没有，/s/完全由类似噪声激励产生。

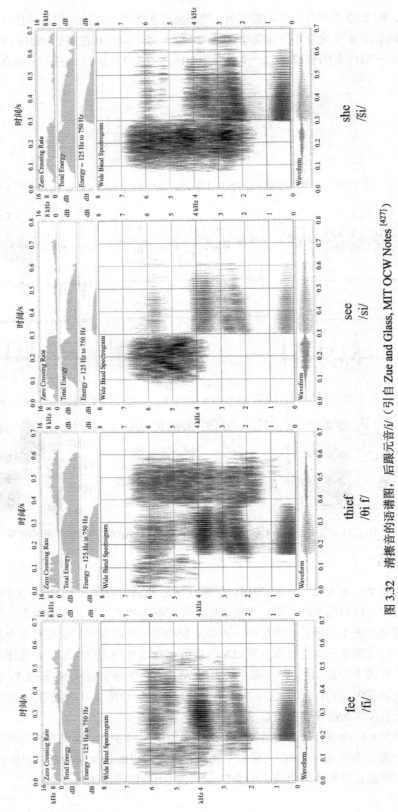

图 3.32　清擦音的语谱图，后跟元音/i/（引自 Zue and Glass, MIT OCW Notes[427]）

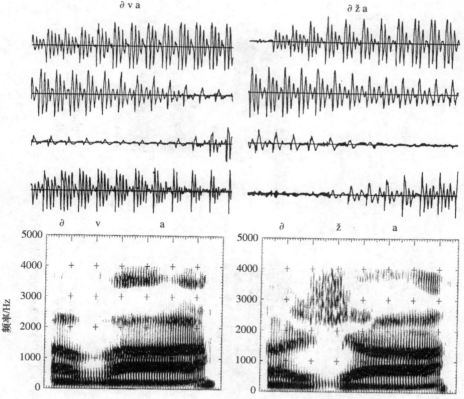

图 3.33　发音/UH V AA/和/UH ZH AA/的声波波形和声谱图

3.4.8　浊塞音

浊塞音辅音/b/、/d/和/g/（/B/、/D/和/G/）是一种短暂的、非持续的发音。声道在某处完全收缩，从而建立一定的气压，然后突然释放就形成浊塞音。如图 3.35 所示，对于/b/，收缩发生在嘴唇处；对于/d/，收缩发生在齿背；而对于/g/，收缩发生在软腭附近。在声道完全阻塞期间，没有什么声音从嘴唇辐射出来。然而，经常有一小部分低频能量通过喉壁（有时被称为声排）向外辐射。发生这种情况是由于声道处于完全闭合时，声带依然可以振动的缘故。

由于塞音具有动态的特性，所以其性质受其后面元音的影响很大[85]。这种情况使得塞音的波形很少能告诉我们某一特定的塞音是怎样的。图 3.36 给出了音节/UH B AA/的波形和语谱图。其中/b/的波形除了表明浊音激励和高频能量缺失这两个特征外，其他什么也说明不了。

3.4.9　清塞音

清塞音/p/、/t/和/k/（/P/、/T/、/K/）与其对应的浊塞音/b/、/d/和/g/完全相似，只有一个重要的差别。对于清塞音，在声道完全阻塞的时期声压已经建立而声带并不振动。所以，在完全阻塞的时期之后，一旦空气压力得到释放，就会出现一个短暂的摩擦时期（由于空气突然外溢引起的湍流）。在这以后和在浊音激励开始之前还跟随着一段吸气的时期（从声门来的稳定气流激励声道谐振）。

图 3.37 给出了清塞音/p/和/t/的波形和语谱图。可以明显地看出"阻塞间隙"或气压建立的那段时间。同样，也可以看出摩擦噪声及吸气的时间间隔和频率成分随着不同的塞辅音而改变很大。

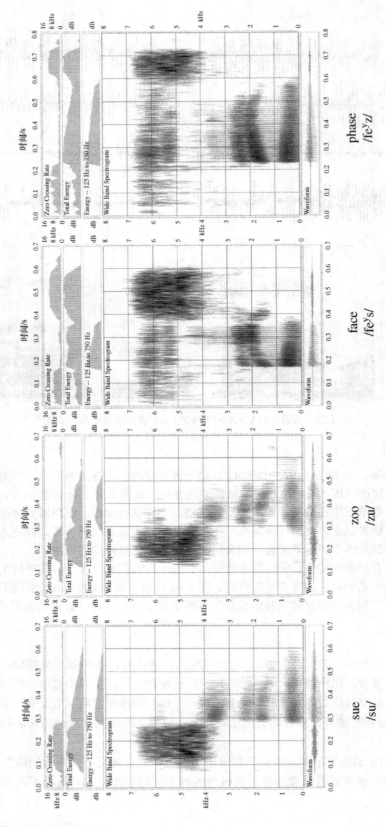

图 3.34　在起始和结束位置的清擦音/s/及其对应的浊擦音/z/的语谱图对比

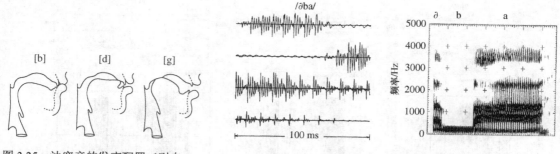

图 3.35 浊塞音的发声配置（引自 Zue and Glass, MIT OCW Notes[427]）

图 3.36 发音/UH B AA/的声波波形和语谱图

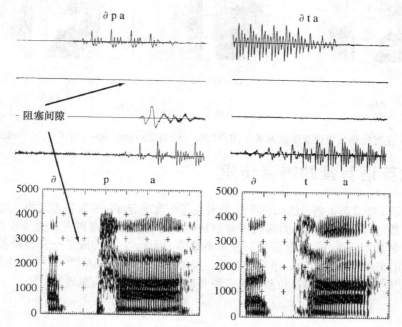

阻塞间隙

图 3.37 发音/UH P AA/和/UH T AA/的声波波形和语谱图

关于清塞辅音性质的进一步例子如图 3.38 所示，图中展示了单词"poop"（起始和结束都是/p/）、"toot"（起始和结束都是/t/）和"kook"（起始和结束都是/k/）。语谱图说明清塞辅音是典型的送气音，因为在塞辅音能量释放时有类似噪声信号的区域。最初的塞辅音没有展示声道闭合间隔，但从图 3.38 的每个词的最后一个塞辅音可以清楚地看到。

3.4.10 破擦声和耳语音

美式英语的其他辅音是破擦音/ʧ/和/j/（/CH/和/JH/），以及送气音素/h/（/HH/）。清破擦音/ʧ/是一个动态声音，可以由塞音/t/和擦音/ʃ/连接而成。这种波形的一个例子如图 3.9 所示。浊破擦音/j/可视为由塞音/d/和擦音/ʒ/连接而成。最后，音素/h/是用稳定的气流激励声道而产生的，也就是说，声带不振动而只是在声门处产生湍流①。/h/的特征总是后随/h/的元音的那些特征，因为在发/h/音时声道就已经取它后随的元音的发音位置。

---

① 这也就是耳语声激励的模型。

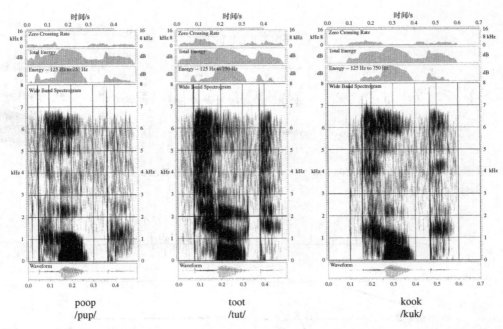

图 3.38　在起始和结束位置的清塞音/s/的声谱图（引自 Zue and Glass, MIT OCW Notes [427]）

poop /pup/　　toot /tut/　　kook /kuk/

3.5　美式英语音素的辨音特质

图 3.39 展示了美式英语辅音的辨音特质，它使用了一套发音部位和发音方式的二元判定编码[166]。人们认为人脑通过分析进入大脑的编码语音信息的辨音特质来识别声音。进一步说，人们发现图 3.39 的辨音特质对于噪声、背景信号和混响不敏感。因此，它们构成了一套鲁棒和可靠的特征，这套特征可以用来进行语音识别、语音综合等。类似于图 3.39 的表格[60, 166, 376]给出了元音的辨音特质。Stevens[60, 376]在将发音辨音特质与语音声音波形关联方面很有见地[60,376]。

位置	p	k	t	b	d	g	f	thin	s	sh	v	the	z	azure	m	n	ng	l	r	w	h
双唇音	+	−	−	+	−	−	−	−	−	−	−	−	−	−	+	−	−	−	−	+	−
唇齿音	−	−	−	−	−	−	+	−	−	−	+	−	−	−	−	−	−	−	−	−	−
齿音	−	−	−	−	−	−	−	+	−	−	−	+	−	−	−	−	−	−	−	−	−
齿槽音	−	−	+	−	+	−	−	−	+	−	−	−	+	−	−	+	−	+	−	−	−
上腭音	−	−	−	−	−	−	−	−	−	+	−	−	−	+	−	−	−	−	+	−	−
软腭音	−	+	−	−	−	+	−	−	−	−	−	−	−	−	−	−	+	−	−	−	−
咽音	−	−	−	−	−	−	−	−	−	−	−	−	−	−	−	−	−	−	−	−	+
方式																					
滑音	−	−	−	−	−	−	−	−	−	−	−	−	−	−	−	−	−	+	+	+	−
鼻音	−	−	−	−	−	−	−	−	−	−	−	−	−	−	+	+	+	−	−	−	−
塞音	+	+	+	+	+	+	−	−	−	−	−	−	−	−	−	−	−	−	−	−	−
擦音	−	−	−	−	−	−	+	+	+	+	+	+	+	+	−	−	−	−	−	−	+
浊音	−	−	−	+	+	+	−	−	−	−	+	+	+	+	+	+	+	+	+	+	+

图 3.39　美式英语的非元音发音的辨音特质

3.6　小结

本章讨论了美式英语的发音，说明了使用这些基本的发音（音素）构成更大语言单元如音节、词和句子的方式；介绍了一些理想的过程，从构造语言描述的正确文法，到句子中代表声音的某个音素（所谓的语音学标注过程），以及协同发音的问题，包括词内和跨词的问题，因此产生的语音流会与字典中定义的句子中的单个词如何发音有很大不同。

接着介绍了产生语音的语言学内容，讨论了美式英语的单个语音类别（元音、双元音、半元音和辅音），并讨论了它们在产生语音过程中的角色，与之关联的发音器官形状，产生的语音波形和语谱图，声音的共振结构。最后介绍了如何根据正常语音中的发音部位和方式利用语音的辨音特质的语言学概念来对语音进行分类。

习题

3.1 图 P3.1 是一个 500ms（100ms/行）的语音波形片段。

(a) 确定浊音、清音、静音（背景信号）的边界。

(b) 手工测量波形图，逐个周期地估计基音周期，并画出这段语音的基音周期与时间的关系曲线（在清音和静音区，周期被认为是零）。

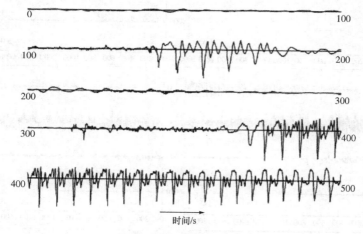

图 P3.1　语音的时间波形

3.2 图 P3.2 是单词 "cattle" 的波形图，其中每一行表示语音信号的 100ms。

(a) 标出每个音素的边界，即给出/K/ /AE/ /T/ /AX/ /L/边界的时间。

(b) 标出基音频率的语音(i)最高点和(ii)最低点。在这些点，基音频率大约是多少？

(c) 说话者最可能是男人、女人还是小孩？你是怎么判断的？

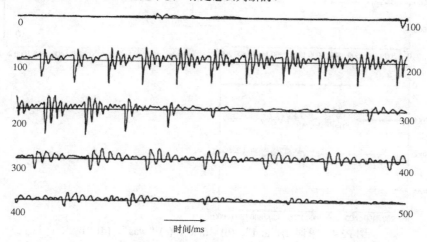

图 P3.2　语音 "cattle" 的时间波形

3.3 将下列内容转写成 ARPAbet 符号（若一个单词中有多个音节，给出多个音节的 ARPAbet 音节）。

(a) 单音节单词：the, of, and, to, a, in, that, is, was, he

(b) 双音节单词：data, lives, record

(c) 三音节单词：company, happiness, willingness

(d) 句子：I enjoy the simple life. Good friends are hard to find.

3.4 对于图 P3.4a 至图 P3.4g 给出的 7 个波形图，根据各波形图，（在波形图上）标明每个单词的各个音素的区域，单词如下：

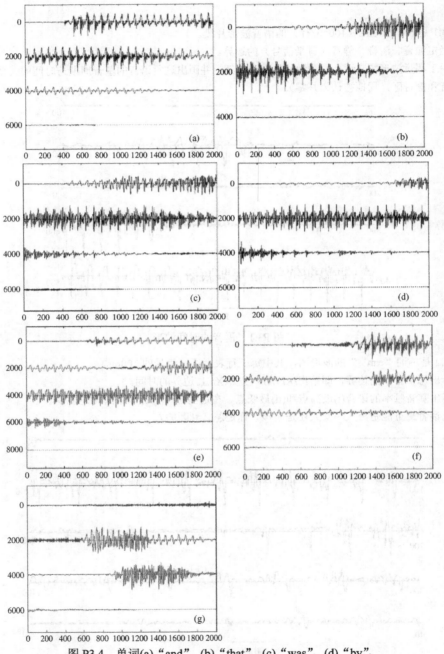

图 P3.4 单词(a)"and"、(b)"that"、(c)"was"、(d)"by"、
(e)"enjoy"、(f)"company"、(g)"simple"的波形

(a) "and"［图中(a)部分］

(b) "that"［图中(b)部分］

(c) "was"［图中(c)部分］

(d) "by"［图中(d)部分］

(e) "enjoy"［图中(e)部分］

(f) "company" ［图中(f)部分］

(g) "simple"［图中(g)部分］

3.5 一段波形图如图 P3.5 所示，分别是语音"I enjoy the simple life"的宽带和窄带语谱图。确定单词"enjoy"、"simple"和"life"的元音区域的中心，并测量各个中心点的基音周期（提示：可能要用语谱图来确定区域并测量基频，然后转换为基音周期）。

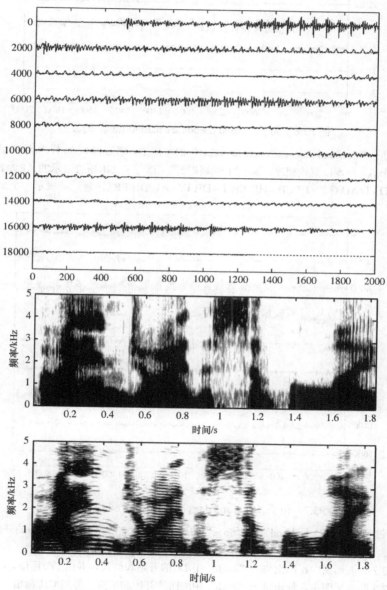

图 P3.5　句子"I enjoy the simple life"的波形和语谱图

3.6 将图 P3.6 中的语音信号划分为语音浊音区（V）、清音区（U）和静音（或背景信号）区（S）。波形图对应于句子"Good friends are hard to find"。

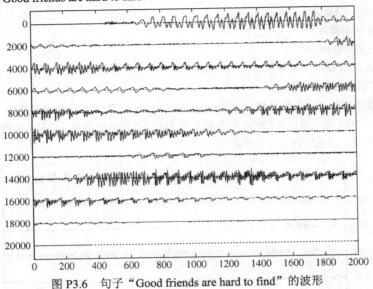

图 P3.6　句子"Good friends are hard to find"的波形

3.7 图 P3.7 为句子"Cats and dogs each hate the other"的波形图。语音以 8000 样本/秒的采样率采样，每行画出 2000 个点，样本以直线相连，显示为连续波形图。该句子文本语音表示的 ARPAbet 符号为：K AE T S - AE N D - D AO G Z - IY CH - HH EH T - DH IY - AH DH ER（注意："-"表示一个文本单词的结束）。

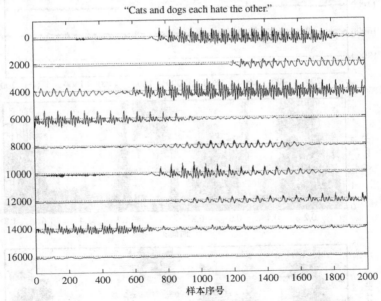

图 P3.7　句子"Cats and dogs each hate the other"的波形图

(a) 在信号波形图中，/D/是"and"和"dogs"的连接。在图 P3.7 中标出连接/D/的开始和结束，并用/D /标出它。

(b) 在图 P3.7 的波形图中，标出每个"each"中/IY/的开始和结束，并用/IY /标出。

(c) 在图 P3.7 的波形图中，标出每个"each"中/CH/的开始和结束，并用/CH/标出。

(d) 估算第一行语音信号的平均频率（Hz）。

(e) 用 1.1 节中的方法估算这段发音的信息率（bps）。说明是怎样得到答案的，并列出所做的所有假设。

3.8 图 P3.8 中哪个语谱图是宽带语谱图？哪个是窄带语谱图？这两种语谱图的区别是什么？

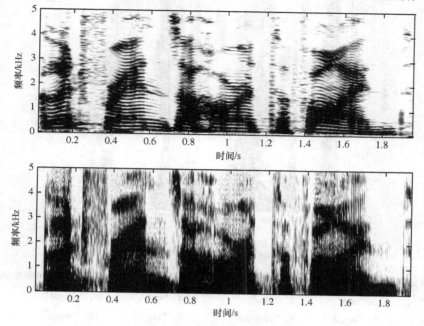

图 P3.8 习题 3.8 的语谱图

3.9 图 P3.9 显示了语音 "Cats and dogs each hate the other" 的两段频谱。语音采样率为 F_s 8000 样本/秒。该句子的语音表示为：/ K AE T S - AE N D - D AO G Z - IY CH - HH EH T - DH IY - AH DH ER/。

(a) 哪个语谱图是宽带语谱图？

(b) 用恰当的语谱图，估算 $t = 0.18s$ 处的基频。

(c) 在 $1.6 \sim 1.8s$ 时间段，基频是在上升、下降还是保持不变？

(d) 估计 $t = 0.18s$ 处前三个谐波的频率。

(e) 在这段语音中，/D/ 是 "and" 和 "dogs" 的连接。在图 P3.9 的两个频谱中标出连接的 /D/ 的位置。

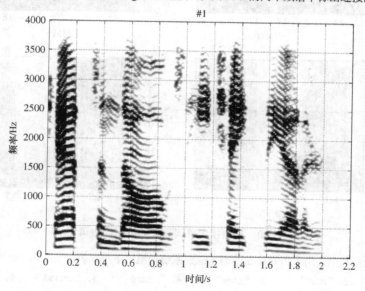

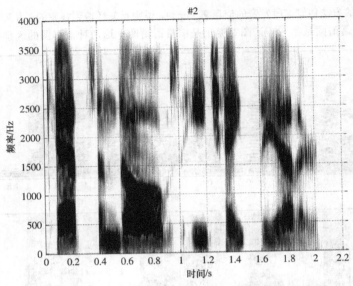

图 P3.9　语音 "Cats and dogs each hate the other" 的语谱图

3.10 图 P3.10 是 4 个独立单词的语谱图。请问下列哪些单词被说出，哪些语谱图对应这些单词？

1. "that"　　　2. "and"　　　3. "was"　　　4. "by"　　　5. "people"

6. "little"　　7. "simple"　　8. "between"　　9. "very"　　10. "enjoy"

11. "only"　　12. "other"　　13. "company"　　14. "those"

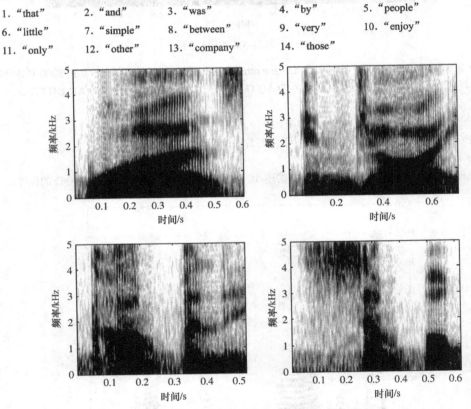

图 P3.10　来自指定单词列表的单词的语谱图

3.11 一个音频存储系统中，用于语音控制的语音识别系统使用以下单词表：

1. "stop"　　　2. "start"　　　3. "play"　　　4. "record"　　　5. "rewind"　　　6. "pause"

图 P3.11 是每个单词的一种宽带语谱图。根据声学的知识，确定每个宽带语谱图与哪个单词相对应。

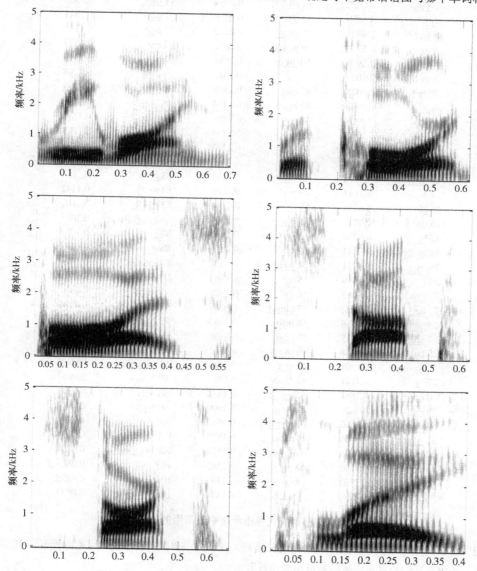

图 P3.11　一个音频存储系统的每个控制单词的语谱图

3.12 识别下列两个句子中的所有单词的声音（用 ARPAbet 字母）：

1. She eats some Mexican nuts.

2. Where roads stop providing good driving .

讨论这两个句子的单词边界的声音。

3.13 考虑下列两个句子的拼写，其中一个没有元音，另一个没有辅音。试着尽量解码这些句子。

1. T_g_v_y__s_m__d___fth__m__nt_fw_rkr_q__r_d_nth_sc__rs_.

2. _ea_i__i____a_i_a__ou____o_a____e__a_ei___i__ou__e.

3.14 图 P3.14 给出了布朗美式英语全集的 100 多万个单词中，最常用的 105 个单词。对于表中这些最常出现的单词，你能给出什么普遍的结论？这 105 个单词中，多于一个音节的单词占多少百分比？

单词	% 频率	单词	% 频率	单词	% 频率
1 The	6.8872	36 all	0.2954	71 then	0.1355
2 of	3.5839	37 She	0.2814	72 do	0.1341
3 and	2.8401	38 there	0.2682	73 first	0.134
4 to	2.5744	39 would	0.2672	74 any	0.1324
5 a	2.2996	40 their	0.2628	75 my	0.1298
6 in	2.101	41 we	0.2611	76 now	0.1293
7 that	1.0428	42 him	0.2578	77 such	0.1283
8 is	0.9943	43 been	0.2434	78 like	0.127
9 was	0.9661	44 has	0.2401	79 our	0.1232
10 He	0.9392	45 when	0.2294	80 over	0.1218
11 for	0.934	46 who	0.2217	81 man	0.1191
12 it	0.8623	47 will	0.2209	82 me	0.1164
13 with	0.7176	48 more	0.2181	83 even	0.1153
14 as	0.7137	49 no	0.2168	84 most	0.1142
15 his	0.6886	50 If	0.2164	85 made	0.1107
16 on	0.6636	51 out	0.2063	86 after	0.1053
17 be	0.6276	52 so	0.1954	87 also	0.1052
18 at	0.5293	53 said	0.193	88 did	0.1028
19 by	0.5224	54 what	0.1878	89 many	0.1014
20 I	0.5099	55 up	0.1865	90 before	0.1
21 this	0.5065	56 its	0.1829	91 must	0.0997
22 had	0.505	57 about	0.1787	92 through	0.0954
23 not	0.4538	58 into	0.1763	93 back	0.0952
24 are	0.4325	59 than	0.1762	94 years	0.0943
25 but	0.4312	60 them	0.1761	95 where	0.0923
26 from	0.4301	61 can	0.1744	96 much	0.0922
27 or	0.4141	62 Only	0.172	97 your	0.0909
28 have	0.388	63 other	0.1675	98 way	0.0895
29 an	0.3689	64 new	0.1609	99 well	0.0883
30 they	0.3562	65 some	0.1592	100 down	0.0881
31 which	0.3505	66 time	0.1576	101 should	0.0874
32 one	0.3245	67 could	0.1574	102 because	0.0869
33 you	0.3234	68 these	0.1548	103 each	0.0863
34 were	0.3232	69 two	0.139	104 just	0.0858
35 her	0.2989	70 may	0.1378	105 those	0.0837

图 P3.14 布朗美式英语全集中最常用的 105 个单词

3.15 确定图 P3.15 中的 6 个 CVC（辅音-元音-辅音）音节的语谱图所表示的最可能的元音。前三次谐波频率是多少？它们与课堂讲解的数值相比如何？

3.16 确定句子 "I enjoy the simple life" 的每个音的发音位置和发音方式。用一个发音位置和发音方式的序列表格来表示你的结果。

3.17 在一个单词中，能出现多少辅音对？说出它们。在发音位置和发音方式方面它们遵循什么规则？在一个单词中，能出现多少三辅音对？说出它们。在发音位置和发音方式方面它们遵循什么规则？

3.18 （MATLAB 练习）下面的 MATLAB 练习给出了一些关于语音"分割并标记"过程的练习。用语音文件 s5.wav 和它的波形显示来处理下列内容：
1. 用 ARPAbet 符号写出句子 "Oak is strong and also gives shade" 的语音学标注形式。
2. 用 MATLAB 函数画出并听这段声音，根据句子中的每个声音的区域来分割并标记波形 s5.wav（包括在语音的开端、结尾甚至语音中潜在的静音区域）。
3. 将句子中的元音区域清零（在元音区域用零值采样替换原来的语音波形）并听这个句子。
4. 将句子中的辅音区域清零（在辅音区域用零值采样替换原来的语音波形）并听这个句子。

5. 判断这两个修改的句子（例如丢弃元音或者丢弃辅音的句子）哪个更"可理解"。没有听过任何句子的人，能否正确确定出两个版本的修改波形中的所有单词？

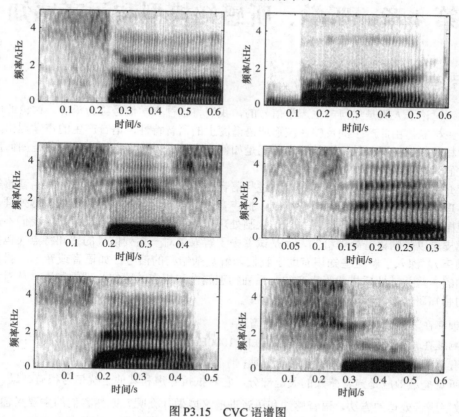

图 P3.15　CVC 语谱图

3.19 （MATLAB 练习）写一段 MATLAB 程序，以 16kHz 的采样率读取语音文件，并通过滤波器将其带宽调整为 5.5kHz、4kHz 和 3.2kHz。听每个结果文件，描述低通滤波器对语音可懂度和质量的影响。

3.20 （MATLAB 练习）写一段 MATLAB 程序，用来将语音文件的采样率从 $F_s = 16\text{kHz}$ 转到到 10kHz 和 8kHz。听三个不同采样率的语音。你能听出任何明显区别吗？如果有区别，是什么区别？（用文件 test_16k.wav 来检测你的程序。）

3.21 （MATLAB 练习）写一段 MATLAB 程序，高通滤波一个语音文件，去除存入语音文件的任何可能的 DC 补偿和/或 60Hz 的杂音。在这个练习中，你首先要做的事就是设计一个有恰当截止频率（通带和阻带的边界）的数字高通滤波器，这样 60Hz 的成分能衰减至少 40dB（提示：你可能发现线性相位 FIR 滤波器可能最适合这个练习）。滤波器被设计好后，过滤语音信号并用通过高通滤波器的信号覆盖原始信号。

3.22 （MATLAB 练习）编写一个 MATLAB 程序，要求能够将一系列语音文件（可能采样率不同）顺序播放。程序应能接收的输入参数包括：将要播放的文件，当前文件与下一个要播放的文件的延迟。程序还应能接收的输入参数是，是否在每个语音文件播放的任意位置播放蜂鸣声作为文件分割符。播放下列文件序列来测试你的代码：s1.wav、s2.wav、s3.wav、s4.wav、s5.wav 和 s6.wav（它们是来自 TIMIT 库的文件，可以从本书提供的语音文件中获得）。

第 4 章　听觉、听感知模型和语音感知

4.1　引言

第 3 章讨论了人类是如何产生声学信号的，我们将这种声学信号称为语音。讨论的内容包括语音的产生机制，由此产生的反映在波形或语谱图上的语音特性，语音产生的声学理论，以及声学语音学相关知识（即各种不同的语言单元是如何产生的，以及它们的声学现象是如何反映在语音信号上的）。

本章介绍语音通信的接收端，即人类进行语音感知和理解的过程。首先介绍语音感知的基本声学和生理学机制，即人耳及其听觉机制，把声音转换成神经刺激，然后送入大脑处理。早先，我们发现撇开耳蜗的神经传导作用去理解大脑处理语音的过程非常困难。因此，我们不是去推测大脑听觉皮层以外的语音处理机制，而是试着去了解人类对一系列信号的感知特点（包括简单的单音和噪声），深入了解这些知识有助于我们理解复杂结构的信号，如语音或音乐。我们把人类声音感知的一些关键性质描述为声音的一系列物理属性和相应的感知心理学测度。从对人类声音和语音的感知研究中，我们有以下关键发现：

- 频率在非线性频率尺度下被感知为音高；
- 响度在一个压缩的振幅尺度下被感知，1000Hz 以上的很快变为对数非线性；
- 音节的感知基于长时间的谱融合处理；
- 听觉掩蔽效应是声音感知的关键部分，它对抵抗噪声和其他干扰信号很有帮助。

对数字语音处理的方法，语音感知和语音理解又能做什么呢？既然我们的主要兴趣在于处理语音，即语音编码、语音合成、让机器理解语音，或增加可懂度和自然度上，为什么又需要研究语音感知呢？答案是这些问题是相互关联的，通过很好地理解人类如何听到声音和如何感知语音，我们能更好地设计和实现稳健与有效的语音信号处理系统。纵观本书，我们可以看到许多语音信号处理系统的例子，这些系统都运用了听觉和语音感知的知识来优化系统设计或提高系统在各种环境条件下的性能。

本章首先讨论一个基本的语音感知生理学模型，该模型同时也展示了人类的听觉机制；接着讨论与感知相关的物理量，如能量和频率；然后讨论听觉处理模型；最后讨论人类对在噪声环境下的声音和语音感知，展示它们是如何与语音理解和语音感知相关联的。

4.2　语言链

图 4.1 显示了说话者和倾听者之间的语音通信全过程。这一过程被 Denes and Pinson[88]巧妙地称为语言链，它由语音的产生过程、说话者的听觉反馈过程、语音传输到倾听者的过程（通过空气或电子通信系统）以及语音的感知和理解过程组成。一个有用的观点是，消息通过语音在说话者和倾听者之间所描述的三个不同的层面进行往返而得以传输。它们是语言层（用于交流的声音在这一层被选择去表达某种想法）、生理学层（在这一层声道组件产生声音并与语言单元相结合）、声学层（在这一层声音从嘴唇和鼻孔释放，同时传输到倾听者并反馈到说话者）、生理学层（在这一层耳朵和听觉神经对传入的语音进行分析），最后回到语言层（在这一层语音被察觉为一系列语言单元并理解为想要交流的想法）。

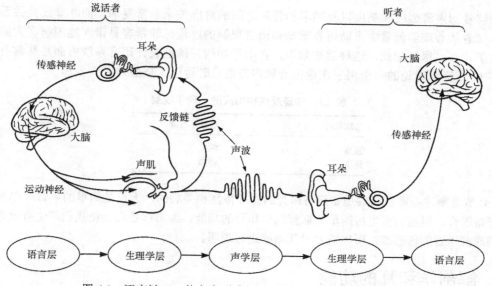

图 4.1　语言链——从产生到感知（引自 Pinson and Denes [88]）

　　本章主要介绍语言链的倾听者方面。图 4.2 是一个与人类听觉和语音（或声音）感知有关的生理学过程的框图。说话者的声音信号通过耳朵的处理首先转化为神经表示，声音到神经表示的转换阶段发生在外耳、中耳和内耳。这些过程能够被测量，因此能够被数学模拟和表征。这些过程的细节将在本章后面几节详细描述。下一步，发生在内耳的输出和到大脑的神经通道之间的神经传导，包含了在内耳毛细胞中的神经发放的统计过程，这些神经发放沿着听觉神经传输到大脑。尽管神经纤维的测量已使声音如何编码为听觉神经信号的过程变得很清楚，听觉系统的这个阶段还是有许多待了解的问题。最后，沿着听觉神经的神经发放信号被大脑处理，产生出和说话者语句一致的可被感知的声音。这个神经处理阶段不太容易理解，我们只能尽量准确地猜想神经信息是如何被转换为声音、音素、音节、单词和句子的，大脑是如何把声音序列解码为嵌入在话语中的能够被理解的信息的。

图 4.2　从声波到可被感知的声音的转变过程框图

　　由于我们观察和测量大脑的语音（或声音）感知机制的能力有限，研究者已经转而求助于听觉和感知的"黑盒"行为模式，如图 4.3 所示。这个模型假设一个听觉信号进入听觉系统引起一种行为，我们称之为心理学观察。心理学方法和声音感知实验被用来判断大脑是如何处理不同响度级别、不同谱特性和不同时域特性的信号的。在输入端，自然声音的特征系统性地发生变化；在输出端，与输入声音的物理

图 4.3　听感知的黑盒模型

属性相对应的接收者的心理物理观察被记录。从这些数据，我们试着去判断声音的不同属性是如何被听觉系统处理的。例如，表 4.1 列出了声音的两个最重要的物理属性，即强度和频率，以及与其直接对应的心理学属性，即响度的感知和音高的感知。我们从这种心理学实验的讨论

中，能够看到声音强度和响度以及频率和音高之间的对应关系非常复杂，而并非线性关系那么简单。试着从心理学测量中推断语音感知和语言理解的过程，非常容易错误地理解在大脑中究竟发生了什么。尽管如此，这种感知知识，在引导如何正确地设计语音系统方面是非常有价值的。第 12 章详细讨论的一个例子在量化音频声音信号时运用了掩蔽效应。

表 4.1 物理属性和相应的心理学观察

物理属性	心理学观察
强度	响度
频率	音高

4.4 节将阐述心理学观察是如何与声音的物理特性相关联的，无论是简单的声音（单音、噪声）还是语音。但我们首先将简单概括解剖学和耳的功能，因为耳是直接使我们产生听觉并最终使我们理解语音的传感器，所以需要对其功能进行说明。

4.3 解剖学和耳的功能

图 4.4 显示了人类听觉机理框图。该图是图 4.2 的详细版本。包含了通过空气传播的压力变化的声学信号，首先被外耳和中耳处理，在这里声波转换为内耳和耳蜗的机械振动。耳蜗对声音进行一次空间分布非均匀的谱分析，在时域和频域产生一个声学神经表征（非常像第 3 章所讨论的语谱图）。声音穿过耳蜗的第一个阶段是相对比较容易理解的，而且能够被精确地建模，但是大脑高层次上的处理过程是不容易被理解的，我们这里将这一过程表示为一系列带有多种表征的中央处理器，它的后面是某种类型的模式识别器。在人类大脑如何感知声音和语音方面，我们还有很多需要进一步了解的问题。

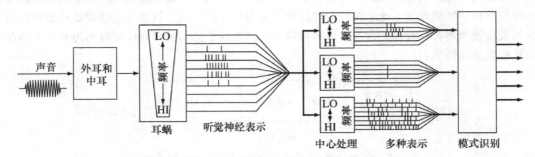

图 4.4 听觉系统的声音表征框图（引自 Sachs et al. [336]）

图 4.5 给出了耳朵主要构成的艺术效果图。人耳由以下几个声音处理部分组成：

1. 由耳翼、外耳道组成的外耳，它将声音传入中耳开始的鼓膜内。
2. 中耳，从鼓膜开始，包含三个听小骨，即锤骨、砧骨和镫骨，它们一起将声波转换为机械压力波。
3. 内耳，由耳蜗、基底膜和一组连接到大脑的神经组成。

外耳的功能是把尽可能多的语音能量送到 2cm 长的耳道。由于声音能量以与距离平方成反比的速度衰减，声音接收者非常有必要去尽力捕捉到尽可能多的声音能量。耳翼非常大（与外耳道的开口大小相比），因此它能使人的听觉敏感度增大 2～3 倍，如图 4.6 所示。

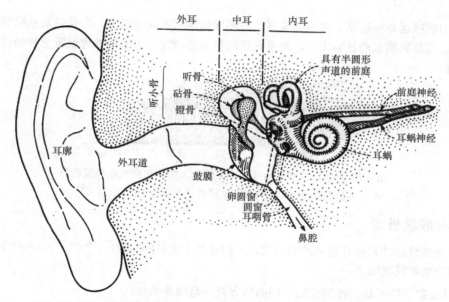

图 4.5 展示外耳、中耳、内耳听觉机理的人耳剖视图

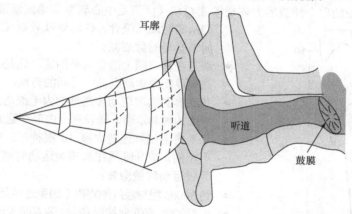

图 4.6 与外耳道开口相比,外耳较大的耳翼产生声音放大效应的视图[146]

中耳是一个机械传感器,它将传到鼓膜的声波转换为传入内耳的机械振动。这个传导机制是由三块听小骨即锤骨、砧骨和镫骨实现的,鼓膜的振动引起这三块听小骨在腔内运动。它们共同充当合成杠杆去放大声音振动,使得从鼓膜到镫骨这一段的任何地方的声音能量都能放大 3～15 倍,因此能使人听到很微弱的声音。这三块听小骨周围的肌肉也能通过硬化的方式衰减特别强的声音,从而避免耳朵遭受永久性伤害。

内耳可视为两个器官:半规管,作为身体的平衡器官;耳蜗,作为听觉系统的麦克风,它将声压信号从外耳转换成为内耳的电脉冲,电脉冲随后通过听觉神经传入大脑。耳蜗长约 3cm,是一个 $2\frac{1}{2}$ 圈蜗牛壳状的器官,也是一个被基底膜纵向分割的充液腔。机械振动在耳蜗的入口(镫骨的尾端)产生驻波(耳蜗内液体的驻波),引起基底膜以与输入声波频率相称的频率和基底膜能够调谐在此频率上的最大幅度进行振动。

图 4.7 图解说明了一个放大的基底膜,即从镫骨末端到(耳蜗入口)顶端(图 4.5 中蜗牛状结构的尖端)之间的部分。声音透过圆形窗传输到耳蜗内,实际上被基底膜进行了谱分析,高频振动发生在镫骨的末端,低频振动发生在顶端。基底膜排有 30000 多个内毛细胞(IHC),它们随

着基底膜的机械运动而运动。内毛细胞振动在不同速率和不同等级上，并且随着基底膜调谐在不同频率上。当基底膜振动足够大时，内毛细胞的振动会激发一个电脉冲通过听觉神经传入大脑进行后续分析。

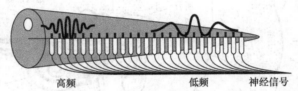

图 4.7　基底膜的振动模式说明，镫骨末端的高频振动和顶端的
低频振动以及伴随基底膜振动所发出的神经信号[154]

4.3.1　基底膜机理

针对基底膜运动和传导电脉冲的机制，人们进行了大量的研究[31, 190, 318, 337]。一些关于基底膜运动机制的重要发现如下：

- 基底膜的特点是，在细胞膜不同的地方有一组频率响应；
- 基底膜可被视为非均匀滤波器组（更合适地称为耳蜗滤波器）的物理实现；
- 滤波器组中的单个滤波器大体是常数 Q 值（Q 值是中心频率和滤波器带宽的比值），当我们从高频端（镫骨）移动到低频端（顶端）时，滤波器的带宽呈对数衰减；
- 遍布在基底膜上的是内毛细胞，这是一组传感器，功能是实现物理运动到神经运动的转换；
- 基底膜的物理运动被当地的内毛细胞感应到，引起神经纤维的发放活动，激发每个内毛细胞的底部；
- 每个内毛细胞连着大概 10 根神经纤维，每根的直径均不相同；细纤维质在高等级运动时被激发，粗纤维在低等级运动时被激发；
- 约 30000 根神经纤维将内毛细胞连接到听觉神经；
- 电脉冲沿着听觉神经传导，直到它们最终到达大脑听觉处理的高层，并最终被感知为声音。

以上对基底膜如何工作的观察支持了基底膜对输入声波信号进行时空谱分析的观点。这种时空谱分析的特点如下：

- 基底膜的不同区域对输入信号的不同频率组成部分做出最大响应，这样一种频率调谐形式在基底膜上就发生了；我们将基底膜响应为最大值的那些频率称为特征频率；
- 基底膜像非均匀耳蜗滤波器组；
- 滤波器的中心频率高于 800Hz 时，每个滤波器的带宽会对数增长，低于 800Hz 时，带宽基本保持为常数；因此，在低于 800Hz 时就像一组常数带宽的滤波器组，而在 800Hz 以上频率时就像一组有常数 Q 值的滤波器组。

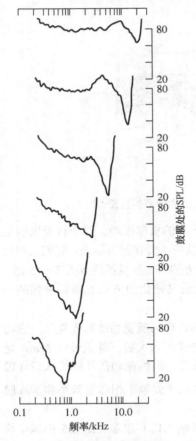

图 4.8　6 个听觉神经的谐振曲线（引自 Kiang and Moxon[190]）

图 4.8 通过列出 6 根听感知神经纤维的谐振曲线[190]，显示了基底膜滤波器组的特性。一条谐振曲线表明了引发给定神经

激发活动的输出等级所需要的输入声音等级，神经激发活动的输出等级是频率的函数。在图 4.8 中，一条调谐曲线对应于一根神经纤维，这些神经纤维分别在不同的位置上，从镫骨末端到顶端分别对应于图中从上到下。坐标覆盖了 1~20kHz 的中心频率范围。6 条调谐曲线的常量 Q 值在图中表现得显而易见。

4.3.2 临界频带

图 4.9 给出了基底膜滤波器组的一个理想的等效版本。实际上，带通滤波器不是如图 4.9 所示的理想滤波器，每个滤波器的频率响应重叠比较明显，尽管基底膜上的点不可能完全独立地进行振动。尽管如此，在耳蜗内运用带通滤波器分析的观点还是比较可行的，基底膜的临界频带宽度也已用各种方法定义和测量，中心频率在 500Hz 以下的有效频带宽度约为 100Hz，在 500Hz 以上的相对频带宽度约为每个滤波器中心频率的 20%。符合对听觉范围经验性测量的频带宽度公式如下所示，式中的带宽是中心频率的函数：

$$\Delta F_c = 25 + 75[1 + 1.4(F_c/1000)^2]^{0.69}, \tag{4.1}$$

式中 ΔF_c 是和中心频率 F_c 相对应的临界频带宽度[428]，约 25 个理想临界频带滤波器跨越了 0~20kHz 的频率范围。临界频带的观点在理解响度感知、音高感知、掩蔽效应等现象时非常重要，因此为基于频率分解的语音信号的数字表示提供了动机。

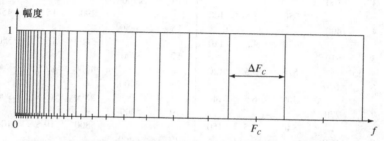

图 4.9 根据听觉理论的临界频带划分的带通滤波器的图解表示

临界频带的观点应用在许多听觉感知模型上，因此为便于其一致性使用，创建了一个新的频率单元 Bark。Bark 尺度简单地说就是临界频带的索引，起始值 $z = 1$ 表示范围为 0~100Hz 的第一临界频带，尺度通过添加一个临界频带到下一个的方式创建。从表 4.2 可以看到前四个临界频带的带宽都是 100Hz。随着临界频带等级的增加，带宽逐渐变宽；然而在 Bark 尺度上带宽是等距的。

对耳的数学建模已取得很大成功，完全可对声音进行编码来作为耳蜗的神经输出[124, 143, 214, 360]。这种模型中通常会采用 Bark 尺度，以便使用快速傅里叶变换（FFT）将均匀频率分析转换为 Bark 尺度谱。这些模型非常有用，因为它们允许我们把已知或已被很好理解的语音/声音感知特性应用到语音处理中。更精确的模型例子将在 4.5 节中讨论。

4.4 声音的感知

回想可知，声音是气压的变化以波的形式在空气或其他媒介中传播。听觉，简言之，就是人和动物感应声音的能力。人耳是传感器，使人能够听到声音。声音的感知暗含了对感应到的自然声音信号做出翻译。从神经处理过程得到的感知结果，大部分发生在感应到声音并且人耳对声音进行谱分析之后。声波的特性可由它们的幅度和频率的变化表示。这些特征能够用物理装置进行数学化的表示和测量。然而，人类感知声音的这些特性并把它们察觉为响度和音高，这些知觉特性与幅度和频率的对应关系并不简单。所以，在本章前面提到的"声音感知的黑盒模型"被用在通过经验的方法理解感知现象上。我们所知道的声音及人类对它的感知是无数精细的心理学实验得出的结论，这些实验都是围绕回答下列关键问题而展开的：

- 一般地说，在听觉机制上，什么是"分辨力"？
- 人类对有各种基频的声音感知的敏感度是怎样的？
- 像语音这种声音，人类对有各种共振峰频率和带宽的声音感知的敏感度是怎样的？
- 人类对有不同强度的声音感知的敏感度是怎样的？

表 4.2　临界频带等级 z 和以 F_c 为中心的、以 ΔF_G 为临界频带宽度
的频率下限值 F_l 和上限值 F_u（引自 Zwicker and Fastl[428]）

| z | F_l,F_u | F_c | z | ΔF_G | z | F_l,F_u | F_c | z | ΔF_G |
Bark	Hz	Hz	Bark	Hz	Bark	Hz	Hz	Bark	Hz
0	0				12	1720			
		50	0.5	100			1850	12.5	280
1	100				13	2000			
		150	1.5	100			2150	13.5	320
2	200				14	2320			
		250	2.5	100			2500	14.5	380
3	300				15	2700			
		350	3.5	100			2900	15.5	450
4	400				16	3150			
		450	4.5	110			3400	16.5	550
5	510				17	3700			
		570	5.5	120			4000	17.5	700
6	630				18	4400			
		700	6.5	140			4800	18.5	900
7	770				19	5300			
		840	7.5	150			5800	19.5	1100
8	920				20	6400			
		1000	8.5	160			7000	20.5	1300
9	1080				21	7700			
		1170	9.5	190			8500	21.5	1800
10	1270				22	9500			
		1370	10.5	210			10,500	22.5	2500
11	1480				23	12,000			
		1600	11.5	240			13,500	23.5	3500
12	1720				24	15,500			
		1850	12.5	280					

　　尽管我们的主要兴趣是用声音信号来回答每个问题，但这是不现实的，因为语音信号本质上是和语言学相关联的多维信号。由于声音的语言学解释使这一过程非常复杂，因此在所需精度下由某一具体参数或一组参数来测量语音变得非常困难。这就导致了研究者把焦点集中在用一些非语音刺激（主要是音调和噪声）来研究人类的听觉分辨能力上，以此来消除所有的语言学或声音的上下文解释。最后，我们需要注意绝对确认出语音的某种特性（如音高、响度、共振谱等）和对语音特性的辨别能力之间的差别。例如，实验表明，人类对于两个音调能够觉察出 0.1% 的频率差异，但只能绝对地对 5～7 个不同频率的语调进行分类。因此人类听觉系统对不同频率之间的差异是非常敏感的，但不能对它们进行完全可靠的分类或感知。

　　本节剩下的内容将对一些心理学实验的结果进行说明，以便全面了解人类如何感知语音。

4.4.1 声音的强度

声波总的来说是声压变化的复杂形式，这些压力变化与周围大气压力相比非常小。像其他信号一样，我们能用正弦信号的叠加来表示声波。因此，将注意力集中在空间传播的正弦压力波上是很自然的。特别地，当我们在听觉上考虑声音所产生的效果时，考虑一个 1000Hz 的纯音是非常便利的。这个频率在人类听觉最敏感的频率范围之内。

声音的强度是一个能够被测量和量化的物理量。能用来描述声音强度的术语包括声学强度、发声强度、强度级和声压级。声音的声学强度（I）定义为通过单位面积的平均能量流，单位为 W/m^2，发声强度的范围是 $10^{-12} \sim 10 W/m^2$，对应于从听阈到痛阈的范围。每个人的听阈都有所不同，但为了作为参照，它被规定为 $I_0 = 10^{-12} W/m^2$。强度级（IL）定义为

$$IL = 10\log_{10}(I/I_0) \text{ dB} \tag{4.2}$$

因此，IL 是声源的能量（dB）与声源听觉阈值的比值。

对于一个空间传播的幅度为 P 的纯正弦声波，强度（能量）与 P^2 成正比。声波的声压级（SPL）定义为

$$SPL = 10\log_{10}(P^2/P_0^2) = 20\log_{10}(P/P_0) \text{ dB} \tag{4.3}$$

式中，$P_0 = 2 \times 10^{-5} N/m^2$ 是室温和大气压力下声学强度为 $I_0 = 10^{-12} W/m^2$ 时的压力幅度[①]。只有在这些外界条件下，SPL 和 IL 才是一样的；然而，它们大体上是相等的，我们用声级这个更简单的名字来统称两者。SPL 能被带有麦克风、放大器和用来计算平均能量的简单电路元件的设备测量[332]。

4.4.2 人的听觉范围

人的听觉有一个非常大的范围，包含了从能够被听到的最低级别的声音到能够对人的听觉结构引起痛苦和伤害的最响声音。能够被听到的最低级别的声音定义为听阈，即空气分子在内耳的布朗运动的热极限。图 4.10 是一幅声学暗室的图片，用来测量人的听阈。这个回声非常低的实验设施由贝尔电话实验室于 20 世纪 20 年代建立，它使得早期关于声音产生、声音感知和声音选择的实验，能够在一个回声和噪声被基本消除的环境中进行。它能把所有声音吸收到墙壁、天花板和台阶上，这种结构应用了纵横交错在墙壁、天花板和台阶上的吸音楔子材料，因此能使任何方向上的声音几乎完全被无反射、无回声地吸收。该房间有一个很高的天花板（能通过比较角落的研究者的高度和天花板的高度看出）和很低的台阶（10～20 英尺，上面分布有网格，是放置设备和人站立的地方）。为准确阐述声学暗室实际上有多安静，本书作者之一（L. Rabiner）有以下体验："进入无回声室后，巨大的门被关闭。过了大约 1 分钟，我开始听到怦怦直跳的声音，它当然出自我心脏的跳动。"图 4.11 显示了使用声学暗室来做声音实验的情景。图中贝尔实验室的两位研究人员正在声学暗室用一个声音反射屏幕和一个校准麦克风进行可控声音传播测试。

根据在声学暗室的实验，研究人员能够测量音调听阈处的 SPL 值，按照惯例，该值被定义为 0dB（分贝）。接下来的实验表明痛阈的强度是听阈的 $10^{12} \sim 10^{16}$ 倍，或对数尺度下的 120～160dB 声压级。听阈到痛阈之间是人类能感知的一个很大的范围。图 4.12 以素描形式显示了日常声音的响度范围（由 House Ear Institute[150]绘制），从微弱的耳语（30～40dB 或比人的听阈大 $10^3 \sim 10^4$ 倍的声音强度），到中等声音的交谈（50～70dB），到非常大的声音如 3 米外的鞭炮声（80～100dB），到极大的声音如摇滚音乐会（110～130dB），再到令人痛苦的声音如靠近喷气式飞机（140～170dB）。表 4.3 详细列出了一系列声源和惯常的声压级（dB），并列出了从听阈到痛阈的声压级范围内的声源，声源间以 10dB 的声压级递增。

---

① N/m^2 又称为帕（Pa），$P_0 = 20 \mu Pa$。

图 4.10　朗讯贝尔实验室的声学暗室，Murray Hill，NJ。经阿尔卡特–朗讯美国公司同意重印

图 4.11　在声学暗室进行的声音校准实验（照片中的实验人员是 Manfred Schroeder 教授和 James West）。阿尔卡特–朗讯美国公司同意重印

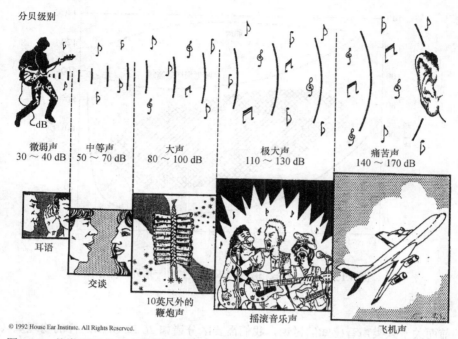

分贝级别

微弱声	中等声	大声	极大声	痛苦声
30～40 dB	50～70 dB	80～100 dB	110～130 dB	140～170 dB

耳语

交谈

10英尺外的
鞭炮声

摇滚音乐声

飞机声

图 4.12　从微弱到令人痛苦的一系列声音的声级（分贝）。引自 House Ear Institute[150]

表 4.3　一系列声源的声压级

SPL (dB)	声源	SPL(dB)	声源
170	痛苦	80	电吹风
160	喷气发动机	70	喧闹的餐馆
150	炮火	60	一尺外的交谈
140	摇滚音乐会	50	办公背景声
130	22口径步枪	40	平静交谈
120	雷声	30	耳语
110	地铁	20	落叶
100	电动工具	10	呼吸
90	割草机	0	听阈

　　图 4.13 显示了人对纯音、语音和乐音产生的听觉范围。图中水平坐标是频率范围（20～20kHz），左侧的垂直坐标是声压级（dB），右侧的垂直坐标是强度级（dB）。最下面的曲线是听阈曲线，即安静环境下人耳勉强能听到的特殊频率纯音的声压级或响度级。对于频率在 1000Hz 的标准音，听阈被定义为 0dB 声压级和 0dB 强度级。它表明了人的听阈随着频率变化而变化（人与人之间也各有不同），最大敏感度约为 3000～3500Hz（此处听阈约为-3dB），最小敏感度低频端在 20Hz（此处听阈约为90dB），高频端在 20000Hz（此处听阈约为 70dB）。最高敏感度区域（最低听阈）分布在从 500Hz（在低频端）到大约 7kHz（在高频端）的范围，这一范围的听阈在几 dB 以内。

　　由图 4.13 中的乐音和语音可以看出，声级的正常范围远远超出了它们所覆盖的音调频带的听阈，语音大概超出了 30～70dB，乐音超出了 20～90dB，乐音信号比语音信号的频带更宽，覆盖的频带宽度从 50Hz～10kHz。

　　图 4.13 画出了与人的听觉相关的其他两条曲线：听觉损坏等高线，定义为如果持续时间较长听觉就会有受损风险的声级范围；痛阈曲线，定义为使人产生疼痛的声级。听觉损坏阈值在 1000Hz 频率下的 *SPL* 值是 90～100dB，比在 1000Hz 处的乐音的 *SPL* 峰值稍大，而且在 500～5000Hz 的范围内变化很小。痛阈曲线几乎是平坦的，在 1000Hz 处的 *SPL* 值约为 135dB。如果长期暴露在这种级别的声级下，听力会很快就会受损，所以应该避免这种情况发生。

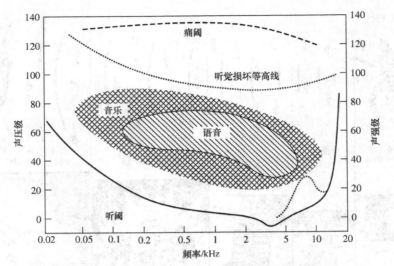

图 4.13　人对纯音、语音和乐音产生的一系列听觉范围

4.4.3　响度级

回顾前面关于人类声音感知的讨论，我们需要区分诸如 *IL* 或 *SPL* 这样的物理量（它们是客观的和可测的）和诸如响度的感知量（它们是主观的，只能通过心理学实验测得）。本节讨论一个这样的感知量，即响度级。

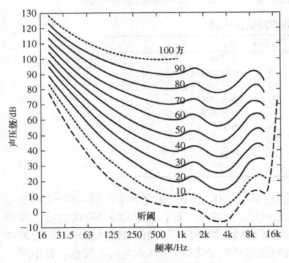

图 4.14　纯音的等响度曲线

音调的响度级（*LL*）定义为等响 1000Hz 纯音的 *IL* 或 *SPL*。*LL* 是音调频率和 *IL* 的复杂函数，主要是因为人的听觉与这两个因素的敏感度比较复杂。*LL* 的单位是方（phon），按照定义，1000Hz 纯音在 *IL* 值为 *x*dB 时的 *LL* 为 *x* 方。

图 4.14 画出了一组等响度曲线[386]①。每条曲线均表明，给定 *LL*（方），*SPL* 是频率的函数。最下面的曲线是听阈的 *LL*。在 1000Hz 纯音的听阈处，*LL* 约为 0 方，对应的 *SPL* 值为 0dB。125Hz 纯音的听阈，要求的 *SPL* 值约为 20dB；但无论是 125Hz 纯音还是 1000Hz 纯音，听阈处的 *LL* 都为 0 方；即它们听起来是一样响的。同样的情况发生在 8kHz 纯音的听阈处，所需 *SPL* 约为

12dB。听阈的等响度曲线跨越了约 20dB 的 *SPL* 值。图 4.14 最上面的曲线的 *LL* 值为 100 方，这条曲线在 250Hz 和 1000Hz 之间相对比较平坦，对应的 *SPL* 值为 100dB；小于 250Hz 频率时，这条等响度曲线上升到 16Hz 处的 130dB 的 *SPL* 值，它听起来和 1000Hz 处 *SPL* 为 100dB 时的响度是一样的。

等响度曲线在 1000Hz 以上所表现出的特性比较有趣，在 1kHz 到 1.5kHz 之间稍有上升，然后在 3kHz 附近下降到一个最小值，接着又开始上升，直到 8kHz。有最大敏感度的频率是 3000～3500Hz，在这个频率上，当某一音调被判定为和 1000Hz 的音调响度相同时，这个音调的 *SPL* 值往

---

① 早期的一组等响度曲线由 Fletcher and Munson[114] 和 Robinson and Dadson[321] 发布，图 4.14 所示曲线是确定响度曲线的国际标准（ISO226）的基础。

往要比频率为 1000Hz 的音调低 8dB 左右。这一频率敏感度的增加是由外耳道的共振引起的。外耳道是一个近似均匀的截面管，一端由从耳翼传入的声音激发，另一端是鼓膜，这里的共振和 5.1.2 节将要介绍的非常相似。特别地，第一次共振通常发生在 3500Hz 附近，额外地强调了这一带宽的声音信号。等响度曲线的另外一个下降发生在 13kHz 附近，这是由外耳道的更高频率的共振引起的。

4.4.4 响度

声音的第二个主观测度是两个声音的相对响度。前一节讨论的测度是等响度 LL，它是感知为相等响度 LL（方）的两个相同声音，即使这两个声音有不同的物理 SPL 值。但声音的相对响度并不与 LL 直接成比例；例如，LL 为 60 方的声音并不被人们察觉为 LL 值为 30 方的声音的两倍。实际上，实验表明，给定一个频率，LL 值在 40 方以上，约 10 方的 LL 增量被察觉为响度变为两倍。在图 4.14 中，它对应于从一条等响度曲线移动到它上面的一条。

特别地，图 4.15 说明了响度这一测度，它由 L 表示，单位为宋（sone），是 LL 的函数，响度在 LL 为 40 方时的值被定义为 1 宋。40 方以上时，曲线接近于下式[332]：

$$L = 2^{(LL-40)/10}, \qquad (4.4)$$

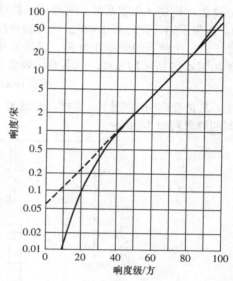

图 4.15 1000Hz 纯音的响度（宋）与 LL（方）对比（引自©[1937]Fletcher and Munson[115]）

上式说明响度每增加 1 倍，L 相应地增加 10 方（dB）。对式(4.4)中的 L 求对数得

$$\log_{10} L \approx 0.03(LL-40) = 0.03LL - 1.2, \qquad (4.5)$$

这就是图 4.15 所画出的近似直线。对 1000Hz 纯音来说，根据定义，LL（方）在数值上与 IL（dB）相等，所以能将式(4.2)替换为

$$LL = 10\log_{10}(I/10^{-12})L = 10\log_{10} I + 120. \qquad (4.6)$$

联立式(4.4)和式(4.6)得

$$\log_{10} L = 0.03(10\log_{10} I + 120) - 1.2 = 0.3\log_{10} I + 2.4, \qquad (4.7)$$

或等价于

$$L = 251 I^{0.3}. \qquad (4.8)$$

由式(4.8)可看出，1000Hz 纯音的主观响度 L（宋）和强度 I（W/m²）立方根的变化一致①。因此，若使 1000Hz 纯音的主观响度翻倍，需要使得能量有大概 8 倍的增加。

严格地说，以上讨论仅适用于纯音；但可以先将复杂信号的频谱用倍频程滤波器划分为多个频带，然后再用式(4.8)来做相应的预测。这种分析的结果是，当声音的能量扩散到一个比较宽的频率范围而不集中在单个频率上时，该声音听起来会更响[192]。

4.4.5 音高

在许多方面，我们感知声音频率的能力和感知声音响度范围的能力一样强大。例如，一个人往往可以察觉到一个很弱的高频分量（这种能力往往使语音编码变得非常困难，尤其是以采样率

① 假定指数是 1/3 而不是 0.3，可能会导致式(4.8)[192]的常数稍有不同，但总的结论相同。

一半的频率来产生弱信号的音谱时，这就是所谓波形编码器的极限环）。类似地，一个人若存在一个非常强的音调，那么往往不能察觉到噪声或其他音调。这种声音及听觉的相互影响的性质称为掩蔽，这一现象将在 4.4.6 节中讨论。

我们将与声音频率相关的感知物理量称为音高（由于频率是纯音的性质，所以大部分音高实验都使用了纯音）。正如一个音调的（主观）响度同时受声音强度和声音频率的影响那样，被感受到的音高也同样受声音强度和声音频率的影响。

总之，音高（主观属性）与频率（物理属性）关系密切。频率的单位是 Hz，音高的单位是 mel。为便于归一化，将 1000Hz 纯音的音高定义为 1000mel。研究音高和频率关系的典型实验步骤如下：一个纯音的频率计为 F_1，调整另外一个纯音的频率为前者的一半。用这种实验，我们得到了如图 4.16 所示的曲线。这条曲线表明音高和频率的关系并不是线性的。曲线由下式表示：

$$音高(mel) = 1127\log_e(1 + F/700), \tag{4.9}$$

式中，F 是音调的频率[378]。这样，音高为 500mel 的音调的频率是 390Hz，但音高为 2000mel 的音调的频率约为 3429Hz。

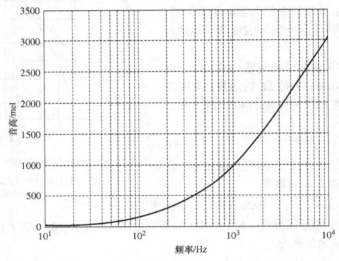

图 4.16 纯音的主观音高（mel）和客观频率（Hz）间的关系

由于音高是由 mel 尺度量化的，因此音高的心理学现象能够与临界频带这一概念关联起来[428]。业已证明，频带的中心频率大致相对独立，一个临界频带带宽对应于大约 100mel 的音高。这样，一个带宽 ΔF_c = 160Hz、中心频率 F_c = 1000Hz 的临界频带就对应于 106mel 的带宽，临界带宽为 100Hz、中心频率为 350Hz 的临界频带对应于 107mel 的带宽。这样，我们所理解的音高感知就加强了这样的概念，即听觉系统对信号频率进行的分析，可以用一组随中心频率的增加而带宽增加的带通滤波器组进行模拟。

音高的特性之一就是人类倾听者对频率变化非常敏感，能可靠地区分相隔 3Hz（或更多）的两个音调，只要这两个音调的频率都在 500Hz 以下。若音调的频率在 500Hz 以上，倾听者能可靠地判定间隔为 $0.003F_0$ 的两个音调是不同的，这里的 F_0 是两者频率中的较低者。第 11 章中讨论语音参数编码时，会参照这种人类的不同敏感度。

本节讨论的音高是纯音的音高，我们更感兴趣和更复杂的现象是含有音调和噪声的复杂声音的音高。对这种复杂音高的主观估计超出了本书的讨论范围，详细说明见相关文献[428]。

4.4.6 掩蔽效应——音调

掩蔽是一些声音在另一些声音存在的情况下，变得不被人们区分甚至不能被人们听见的现象。

我们在各种不同的环境下都会经历掩蔽效应，比如工厂车间、机场候机室等这些我们需要仔细去听公告或与其他人交谈的地方。在这些情况下，我们说有用的声音被掩蔽在了背景声音下，并把掩蔽声音（背景噪声）将有用声音（通常是几 dB）的听阈提高的程度定义为掩蔽程度。

掩蔽是非常复杂的现象，研究时需要将背景声音（称为掩蔽者）和被掩蔽声音限制到音调（或噪声）。根据这种情况，掩蔽者音调被设置在固定频率上，被掩蔽声音从听不见增加到刚好能从掩蔽者中区分出来。保持掩蔽者音调不变，我们在一系列被掩蔽声音的频率和强度范围内进行重复实验，绘制出被掩蔽音调（单位为 dB）的阈值位移曲线和掩蔽者音调频率的关系。图 4.17 显示了掩蔽者频率在 400Hz［图 4.17(a)］和 2000Hz［图 4.17(b)］时的两组曲线。

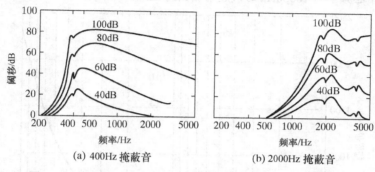

(a) 400Hz 掩蔽音　　　　　　(b) 2000Hz 掩蔽音

图 4.17　掩蔽效应：(a)400Hz 掩蔽音调；(b)2000Hz 掩蔽音调

对每组曲线坐标图来说，横坐标是被掩蔽音调的频率，纵坐标是不同强度掩蔽音调下的被掩蔽音的阈值位移。图(a)所示的一组曲线描绘的是掩蔽音调为 400Hz 时，被掩蔽音调的 *IL* 值分别为 40dB、60dB、80dB 和 100dB 时的情况，图(b)所示的是掩蔽音为 2000Hz 时，被掩蔽音的 *IL* 值分别为 40dB、60dB、80dB 和 100dB 时的情况。从这些曲线我们很容易观察出如下结论：

- 频率高于掩蔽音调频率时比频率低于掩蔽音调频率时，掩蔽效果更明显；
- *IL* 越高，掩蔽效应越明显，在 *IL* 为 80dB 和 100dB 时，掩蔽曲线基本上是平坦的；
- 掩蔽曲线在靠近掩蔽音调的频率处有一些较小的 V 形切口，这主要是由于当掩蔽者和被掩蔽音调的频率非常接近时发生了共振。

例如，在图 4.17 中我们能看出频率为 1000Hz、*IL* 为 40dB 的音调，被频率为 400Hz、*IL* 为 80dB 的音调完全掩蔽，但同样情况的音调在掩蔽音调频率为 2000Hz、*IL* 为 80dB 时，则远在听觉阈值以上。

把纯音隐蔽者的掩蔽曲线形状（给定 *IL* 值）和图 4.13 所示的人类听觉曲线结合起来，可得到图 4.18 所示的曲线，它显示了正常情况下听阈曲线和存在给定频率和 *IL* 值的掩蔽音的情况下，听阈曲线的变动。掩蔽者把所有 *IL* 值低于移动后听阈曲线（图中示出了两个被掩蔽的信号）的音调全部掩蔽掉，只有 *IL*

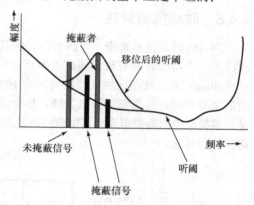

图 4.18　使用一个纯音掩蔽者的听觉掩蔽和移动后的听阈

值在移动后听阈曲线上方的低频音调可被听到。音调掩蔽原理和移动后的听阈，是第 12 章讨论的语音压缩算法的重要组成部分。

4.4.7　掩蔽效应——噪声

自然情况下掩蔽声音最普通的形式是噪声。噪声由各种声源产生，包括电动机、发电机、电扇等，量化声波时也会产生噪声。上述噪声的带宽通常都很宽，即在较宽的频带上有明显的声谱。要分析噪声的掩蔽特性，我们必须把噪声信号分解为一组具有不同带宽的频带。因此，一个关键问题是，对应每个频带应该用多大的带宽。实验表明，对具有平坦谱的噪声信号，一个音调（在噪声频带的中心频率上）被一个宽带噪声源掩蔽的程度，随掩蔽噪声带宽的增加而增加，直到到达一个极限，临界频带带宽超过该极限后，任何掩蔽噪声带宽的增加对纯音的掩蔽效果都没有影响或影响很小。这实际上是测量临界频带带宽的一种方法。图 4.19 画出了一条临界频带带宽曲线，它是频带中心频率的函数。由 4.3.2 节的讨论，我们得知临界频带带宽在中心频率低于 500Hz 时约为 100Hz，在中心频率为 10000Hz 时快速增加到约 2200Hz。

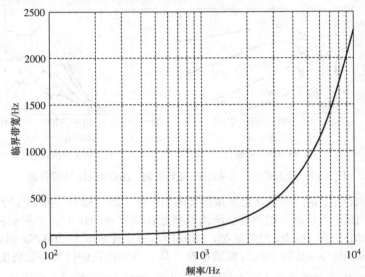

图 4.19　临界频带带宽与频带中心频率的关系

4.4.8　时域掩蔽效应

声音的时域掩蔽是指一个瞬时声音使其前面或后面的声音变得不能被人听见的现象。图 4.20 画出了一个持续时间有限的掩蔽者和相应的前掩蔽区域（在瞬时信号之前的 20ms，持续时间为 10～30ms）和后掩蔽区域（持续时间为 100～200ms）[428]。这种掩蔽造成的效应是，在掩蔽声音的前面和后面声压级都以指数下降。尽管前掩蔽效应非常短暂，但由于它能够隐藏前回声，因此是音频编码中的重要组成，其中前回声是音频信号中瞬时信号块处理的量化噪声造成的。第 12 章将详细讨论它。

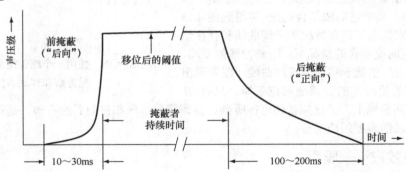

图 4.20　时域掩蔽的前掩蔽和后掩蔽效应（引自 Zwicker and Fastl[428]）

4.4.9 语音编码中的掩蔽效应

图 4.21 画出了一个音频信号有限长语音段（一帧）的能量谱（DTFT 幅度的平方），以及预测掩蔽阈值和对该段语言进行编码时所选择的比特分配。能量谱曲线画出了一种乐器（或一组乐器）的典型模式，即一组强的、谐波相关的共振和很宽的带宽。由前几节中提出的概念，预测掩蔽阈值曲线主要是把音频信号的每个能量谱峰值的掩蔽阈值相加得到的，它画在音频能量谱曲线的上方。在音频能量谱超过预测掩蔽阈值的谱区域，掩蔽阈值应该足够精确地编码，以便如实地保留音频谱并保证编码误差在掩蔽值以下。然而，当能量谱在预测掩蔽阈值以下时，由于在些频带上的信号全部被临界频带的强信号所掩蔽，因此这些地方不需要比特分配。因此，掩蔽阈值提供了一种有效的机制来决定对一个音频信号是否要进行比特分配，以便以最少的位数得到最高质量的声音。这个音频信号的主观编码过程是 MP3 和 AAC 等用于压缩音乐的音频编码方法的基础，详细讨论见第 12 章。

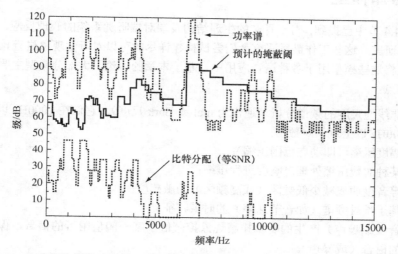

图 4.21　音频信号的功率谱、预测掩蔽阈值和比特分配（显示为相等的信噪比）

4.4.10　参数鉴别——*JND*[105, 112, 377]

语音处理（尤其是模式识别系统）中，一个重要的问题是如何在一个客观测量的语音属性如基音频率或强度中，定义有效的听觉差异。为量化这些问题，心理学家引入了最小可觉差或 *JND* 这个概念，*JND* 定义为在标准听觉实验中，物理参数的变化使得倾听者所能稳定感觉到的最小变化[另一个常用来描述这种刚好可区分变化的专业术语为差分门限（*DL*）或差分阈值]。

通过语音合成器产生的元音，对于第一个和第二个声音产生共振的频率，即前两个共振峰，*DL* 约为该共振峰频率值的 3%～5%。因此当第一个共振峰为 500Hz 时，中心频率附近的 *JND* 为 15～25Hz。这个结果假定一次只有一个共振峰发生变化，并找到何种级别的变化能让倾听者稳定地感觉到。如果所有共振峰同时变化，那么测量得到的 *JND* 会是所有共振峰频率的复杂函数，同时 *JND* 对共振峰彼此间的距离非常敏感。

在一个合成元音的总体强度中，*JND* 约为 1.5dB[105]。由于第一个共振峰通常为元音强度最强的共振峰，1.5dB 也可认为是对第一个共振峰强度的 *DL* 的粗略估计。元音的第二个共振峰的强度的 *DL* 约为 3dB。

共振峰带宽的 *DL* 值不是直接测量得到的，而是间接测量得到的，间接测量表明共振峰带宽变化在 20%～40%时刚好可以区分[377]。

使用合成元音语音，基音频率的 DL 约为基音频率的 0.3%～0.5%[112]。一个有趣的发现是，共振峰频率的 DL 比共振峰带宽的 DL 小一个数量级，基音频率的 DL 比共振峰频率的 DL 小一个数量级。因此人对音高的变化最敏感，而对共振峰带宽的变化最不敏感。表 4.4 总结了上述合成元音的 DL/JND。

表 4.4　对合成元音测量的 DL/JND[105]

参数	DL/JND
基音频率	0.3%～0.5%
共振峰频率	3%～5%
共振峰带宽	20%～40%
总体强度	1.5dB

4.5　听感知模型

4.3 节和 4.4 节中已提到，对于耳朵的生理结构及端对端听觉系统的心理反应，人们已经有了较多的知识和研究。这些工作鼓励研究者们尝试构建详尽的可以对听觉现象进行预测的听感知模型，并希望能将这些模型用于各种语音应用中。基于本章的讨论，大部分模型主要考虑的感知功能包括以下几点：

- 基于非线性尺度的频谱分析（通常为 mel 或 Bark 尺度），它们在 1000Hz 以下近于线性，在 1000Hz 以上近于对数；
- 频谱幅度压缩（即动态范围压缩）；
- 通过某种对数压缩处理对响度进行压缩；
- 通过等音度曲线减少低频区（或高频区）的敏感度；
- 利用基于长时频谱（如音节速率）的时域特征；
- 强单音（或噪声）产生的听觉掩蔽现象掩蔽低于某一阈值附近的信号，保留阈值频率带宽中的语音（或噪声）。

以上部分或全部效果可被集成到所有的听感知模型中，这些听感知模型的最终目的是为了获得人类大脑对语音信号处理方面的知识，或为了改进语音应用的性能（将在第 11～14 章讨论）。本节接下来的部分将总结 4 个基于语音处理应用而提出的听感知模型。随着讨论的深入，我们会清晰地看到所有模型都与 3.3 节介绍的语音语谱图有很大的相似之处。短时傅里叶的频谱点为等间隔的频率分析，因为这最为有效和方便。事实也确实如此，我们将看到大部分听感知模型本质上都以标准的语谱图为出发点，将频谱按照临界区分组，以模拟耳蜗对语音的频率分析特性。模型的后续阶段进一步简化了这一表示，以创建模式向量。对这些模型的详细讨论须基于第 7～9 章介绍的语音频谱分析，这里仅展示这些模型的功能，因此并不要求读者深刻理解信号处理操作。

4.5.1　感知线性预测

目前最为普遍（且成功）的听感知模型之一是 Hermansky[143]①提出的感知线性预测（PLP）方法。PLP 处理的流程框图如图 4.22 的左侧所示。PLP 处理过程中涉及的听觉特性主要包括如下几点：

---

① 对该模型的更好理解可在讨论完语音的倒谱分析（见第 8 章）和线性预测编码（见第 9 章）后得到，本节重在所讨论的每个听感知模型的感知特性。

- 基于（非线性）Bark 频率尺度，使用可变宽度的梯形滤波器，对临界频带频谱进行分析；
- 高频截止处斜度为 25dB/Bark、低频截止处斜度为 10dB/Bark 的非对称听觉滤波器；
- 使用等响度曲线逼近人耳对信号不同频率分量的不同敏感性这一特性；
- 基于频谱级的立方根压缩，利用声音强度和感知响度间的非线性关系；
- 基于自回归、5 阶全极点模型，对频谱带宽进行比临界频带宽更宽的积分。

如图 4.22 所示，PLP 处理流程的第一步是使用标准 FFT（在第 7 章中讨论）计算语音信号的功率谱。计算得到的功率谱如图 4.22 中的(1)所示。下一步是使用三角窗（对 mel 频谱而言）或梯形窗（对 Bark 频谱而言）对功率谱在重叠的临界频带宽内进行积分，如图 4.22 中的(2)所示。注意计算的 Bark 频标为音调尺度而非线性频率尺度。接下来对频谱进行预加重，以近似人类对信号不同频率分量的不同敏感度（这一步骤类似于等响度曲线），如图 4.22 中的(3)和(4)所示。第四步是对频谱幅度使用对数映射进行压缩，以近似强度和响度间的功率关系，如图 4.22 中的(5)所示。最后一步是求逆 FFF（对于倒谱系数的讨论见第 8 章），使用倒谱滤波器对频谱进行平滑，然后使用正交分解求出一组频谱参数对应于平滑（频谱弯折）后的频谱，如图 4.22 中的(6)所示。

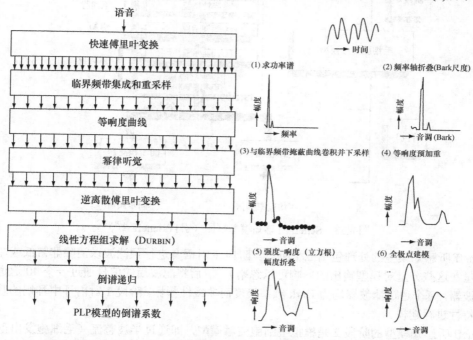

图 4.22 （左图）PLP 分析系统框图；（右图）PLP 处理流程各部分的波形

PLP 的出发点是使用语音频谱分析来对人类听觉系统进行建模。最后的步骤(6)使用了时变线性预测和倒谱分析，以推导出有效的短时语音频谱的表征。这种表征可在自动语音识别系统中作为输入特征向量。通过此处介绍的关于 PLP 的内容，要详细理解 PLP 听觉分析系统的处理也许比较困难。所有相关的信号处理步骤将在后续章节中详细讨论。但有一点是清晰的，即 PLP 处理使用了人类对声音感知的很多概念。

4.5.2　Seneff 听感知模型

Seneff[360]提出了一个完全不同的听感知模型，该模型试图描述耳蜗及附在其上的毛细胞对声波产生的声压的响应。Seneff 模型的框图如图 4.23 所示。

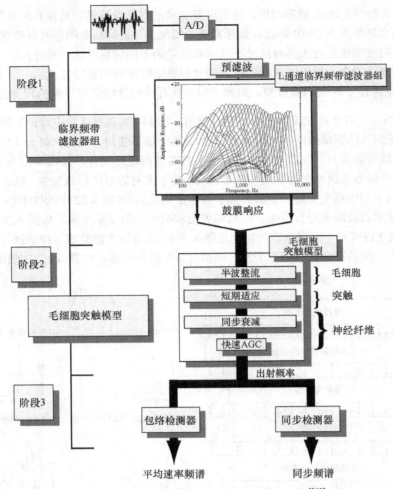

图 4.23　Seneff 听感知模型框图（引自 Seneff[360]）

　　Seneff 听感知模型的处理包括三个阶段。阶段 1 对语音进行预滤波以消除非常低或非常高的频率分量（这些分量对模型输出的影响可以忽略）。然后将滤波后的信号通过一个 40 通道的临界频带滤波器，每个通道滤波器均为 Bark 频率尺度而非线性频标。阶段 1 对内耳中耳蜗的基本非均匀滤波特性进行建模。

　　Seneff 听感知模型的阶段 2 是模拟毛细胞突触模型，即通过半波整流（毛细胞发出正输入）、短时调整（在突触处）和同步衰减以及神经纤维的快速自动增益控制（AGC），对 IHC（内耳毛细胞）、突触和神经纤维进行处理的概率模型。毛细胞突触模型的输出是对一组类似神经纤维随时间发出信号的概率。

　　Seneff 听感知模型的阶段 3 使用阶段 2 发出的概率信号作为提取与感知相关信息的基础，如共振峰频率和更加精确语音段的起始和结束时刻。包络检测器计算发出概率信号的包络，从而捕捉语音信号快速变化的动态特性，这些特性主要表征瞬时信号。包络检测器以这种方式提供了对平均速率频谱的估计，即从一个音素到下一音素的转移，通过输出特征的开始和结束标志进行表征。同步检测器模拟了神经纤维的锁相特性，因此加强了频谱共振峰处的峰值，并可跟踪信号频谱的动态变化。

　　图 4.24 显示了词/pa'tata/的平均速率频谱和同步频谱。在平均速率频谱中，语音段之间有很

好判断的起始和结束（每个发音中的阻塞辅音）标志，而语音信号的共振峰则可从同步频谱中清晰地观察到。

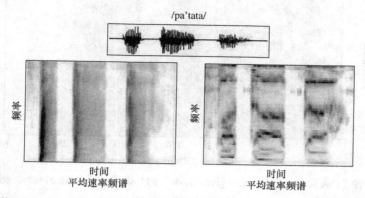

图 4.24   词/pa'tata/的平均速率频谱和同步频谱示例（引自 Seneff[360]）

4.5.3　Lyon 听感知模型

Lyon[214]提出了一个与其他模型稍有不同的听感知模型，如图 4.25 所示。该模型有一个预处理阶段（模拟外耳和中耳作为简单预处理网络的功能）和将耳蜗建模为非线性滤波器组的三个处理阶段。处理阶段 1 是以 16kHz 采样率实现的一组 86 个耳蜗滤波器。这些滤波器是根据 mel 或 Bark 频标非均匀排列的，且在频率上高度重叠。阶段 2 使用一个半波整流器（HWR）将（来自滤波器组的）耳膜信号非线性地转换为 IHC 接收器或听觉神经放电率的表示。

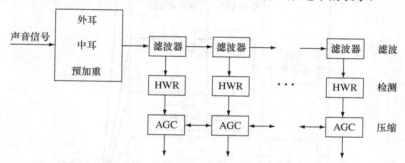

图 4.25   Lyon 听感知模型框图（引自 M. Slaney，据 Lyon[214]）

处理阶段 3 包括一组内部连接的 AGC 电路，这些电路持续调整，响应阶段 2 的 HWR 输出的活动级别，进而将较宽频率范围的语音压缩为有限动态范围的基底膜运动、IHC 接收器电位和听觉神经放电率。

通过这些处理，Lyon 听感知模型将语音转换为神经放电率与时间和沿着基底膜的位置的二维图形。

为了更好地了解在处理阶段 3 的输出位置该模型信号的特性，Lyon 提出使用两个显示，即静态显示和动态显示。为与语谱图类比，Lyon 称静态显示为耳蜗图。耳蜗图是模型强度图，它是位置（折叠频率）和时间的函数。例如，Malcolm Slaney 提供了发音"Oak is strong and often gives shade"的耳蜗图，如图 4.26 所示。动态显示的基本思想是，计算模型输出信号的短时自相关（通过第 6 章讨论的方法），并将自相关时变序列以电影的形式显示为时间的函数。Lyon 将这种显示输出称为相关图。

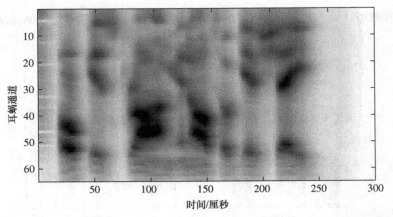

图 4.26　发音 "Oak is strong and often gives shade" 的耳蜗图（引自 M. Slaney，据 Lyon[214]）

4.5.4　整体区间直方图方法

耳蜗处理和毛细胞传递的另一个模型由 Ghitza 提出并研究[124]。该模型由一组滤波器组成，滤波器组模拟基底膜的不同位置的频率选择特性，接着通过非线性处理将滤波器组输出转换为沿着仿生听觉神经的神经放电模式。该模型如图 4.27 所示，称之为整体区间直方图或 EIH 模型[124]。

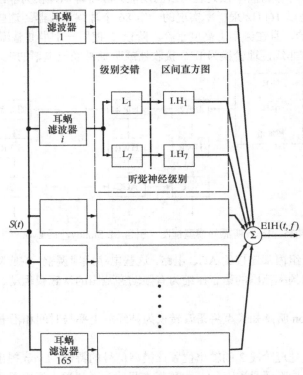

图 4.27　EIH 模型的框图（引自 Ghitza[124]）

在 EIH 模型中，基底膜的机械运动使用 165 个通道进行采样，这些通道间隔地位于 150～7000Hz 的对数频率尺度上。对应的耳蜗滤波器基于猫的实际神经调谐曲线。滤波器组中 28 个滤波器（从 EIH 模型中大约每 8 个中滤波器中取一个滤波器）的幅度响应如图 4.28 所示。这些滤波器的相位特性为最小相位，且滤波器中心频率处的增益反映了猫的中耳传输函数的对应值。

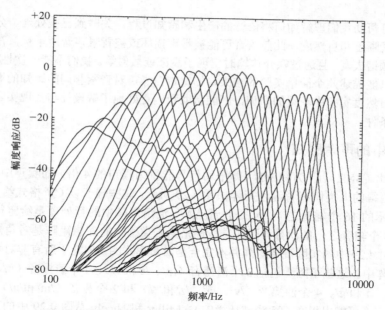

图 4.28　猫的基底膜的频率响应曲线（引自 Ghitza[124]）

耳蜗滤波器组后面的处理是一个级别交错的检测器阵列，它模拟毛细胞的神经运动传递机制。每个检测器的检测级别是伪随机分布的（基于测量的放电分布），因此模拟了纤维直径的可变性和它们的突触连接。

层次交错检测器的集体输出代表了听觉神经纤维的放电活动。层次交错模式代表了听觉神经活动，而听觉神经活动又是神经处理阶段 2 的输入，它给出了 EIH 的整体处理框架。从概念上说，EIH 是相干神经活动沿仿生听觉神经的空间延伸，而从数学上说，它是连续放电间隔的倒数的短时概率密度函数的估计，它在特性频率依赖时频区域中的整个仿生听觉神经上测得。

如本节描述的其他听感知模型那样，EIH 模型可提供关于神经传导语音信号的时频特性的许多知识。

4.5.5　听感知模型小结

本节讨论的每个听感知模型，都有一个关于如何将语音的感知特性综合到听觉流以便被神经传导模型处理的独特视角。但在许多方面，模型特征间的相似性远超它们间的差异性，且语音感知是高性能语音应用的关键，具体包括：

- 对语音频谱建模的非均匀频率尺度（基于 mel 或 Bark 尺度）；
- 为了与等响度曲线匹配，对频谱幅度进行对数压缩；
- 为了与在临界频带内的语音和噪声的掩蔽效应相一致，采取某些 AGC 控制；
- 为表示某个范围的语音单元属性，从音素长度到音节长度，使用短时频域和长时频域分析特征。

在本书中会有很多关于知识如何被集成到各种语音表示（详见第 6～9 章）、估计语音参数的算法（详见第 10 章）和语音应用（详见第 11～14 章）的例子。

4.6　人类语音感知实验

本章前几节讨论了声音的基本物理性质，以及它们可在声音感知实验中测量的相应心理属性。这些讨论可帮助我们理解如何将语音的产生和感知过程，关联到已被处理、分析、合成的语音的可懂度、清晰度和自然度，此前语音可能被噪声损坏或被背景声音所干扰，在通过不同传输系统时出现了频谱失真，且通过媒介传输时出现了衰减或散射等。我们不能一次性解决所有问题。实际上，我们只能描述几个简单实验的结果，如宽带白噪声对音素和词的感知的影响。从语音感知、可懂度和自然度实验中获得的知识，应能帮助我们更好地了解设计与实现实际语音分析和合成系统的约束条件。

4.6.1　噪声中的声音感知

对于信噪比（SNR）[243]为+12dB（即平均信号能量为噪声的 4 倍）的噪声中的一组 16 个美式英语辅音，测得的人类倾听者混淆矩阵如图 4.29 所示。这些辅音以 CV 格式给出，C 是图 4.29 中沿行和列显示的 16 个辅音之一，V 是元音/AA/。混淆矩阵中的行列项是给定行中辅音被识别为各列中的 16 个辅音之一的次数。因此，具有完美人类感知的理想矩阵是对角矩阵，其非对角元素均为 0。图 4.29 中的实际混淆矩阵并不完全是对角形式的，但几乎所有非对角非 0 元素都包含在一组子矩阵中。这些子矩阵包括 3 个清塞音（/p/、/t/和/k/）、4 个清擦音（/f/、/θ/、/s/和/ʃ/）、3 个浊塞音/b/、/d/和/g/、4 个浊擦音（/v/、/ð/、/z/和/ʒ/）和 2 个鼻音（/m/和/n/）（未包含第三个鼻音/ŋ/，因为它不可能出现在 CV 测试环境中）。Miller 和 Nicely 从图 4.29 中的数据得到结论：在高 SNR 环境中（图中所示的+12dB），几乎所有辅音混淆都是发音部位而非发音方式导致的。因此，清塞音有时会与其他清塞音所混淆（正确感知辅音时，64 次对 711 次）；它们很少与以不同方式产生的辅音混淆（5 次）。对于其他 5 组辅音，可得到同样的结论。因此，我们可以得出结论：较小的噪声足以导致因发音位置引起的低级混淆，但基本不会导致因辅音发音方式的混淆。这类实验支持了这样一种说法，即区别性特征在高级语音解码处理中起主要作用。

	p	t	k	f	θ	s	ʃ	b	d	g	ν	δ	z	ʒ	m	n
p	240		41	2	1											
t	1	252	1							1						
k	18	3	219													
f				225	24			5			2					
θ	9		1	69	185			3				1				
s						232										
ʃ							236									
b				1				242			24	12	1			
d								213	22			1				
g				1				33	203			3				
ν								6			171	30			1	
δ				1				1	3		22	208	4			1
z								2	4	1	7		238			
ʒ														244		
m											1				274	1
n																252

图 4.29　SNR = +12dB 时，16 个美式英语辅音的混淆矩阵（引自 Miller and Nicely[243]。©[1955] Acoustical Society of America）

下一个重要的问题是，当噪声增加即 SNR 减小时，辅音的混淆矩阵怎么变化。SNR 为-6dB 时，与图 4.29 所示相同感知实验的结果如图 4.30 所示。这时，我们发现辅音的混淆模式比之前更为复杂。在这种 SNR 非常低的环境中，辅音混淆同时发生在发音部位（如上述情形）和发音方式（这种情况在高 SNR 环境中通常很少发生）上。因此，对于这组清塞音中，在清塞音类别范围内有 375 个混淆（相对于 271 个正确的分类），而前述实验中仅有 64 个混淆，在其他几个类别的辅音范围内，有 105 个混淆（前述实验中仅有 5 个）。辅音类内和类间这种模式的混淆表明，在低 SNR 情况下会在多个类中感知到辅音，其发音位置和方式均不同于原始辅音。

	p	t	k	f	θ	s	ʃ	b	d	g	τ	δ	z	3	m	n
p	80	43	64	17	14	6	2	1	1			1				
t	71	84	55	5	9	3	8	1				1	2			
k	66	76	107	12	8	9	4					1				
f	18	12	9	175	48	11		7	2	1	2	2				
θ	19	17	16	104	65	32	7	5	4	5	6	4	5			
s	8	5	4	23	39	107	45	4	2	3	1	1	3	2		
ʃ	1	6	3			29	195			3						
b	1			5	4	4		136	10	9	47	16	6			1
d							8	5	80	45	11	20	20	26		
g							2	3	63	66	3	19	37	56		
τ				2		2		48	5	5	145	45	12			
δ					6			31	6	17	86	56	21			
z				1	1	1		7	20	27	16	28	94	44		
3								1	26	18	3	8	45	129		
m	1							4			4	1			17	
n								4			1	5	2	7	1	4

图 4.30　SNR = −6dB 时 16 个美式英语辅音的混淆矩阵（引自 Miller and Nicely[243]。©[1955] Acoustical Society of America）

4.6.2　噪声中的语音感知

与在其他许多领域中一样，我们关于噪声环境中语音感知的知识非常有限。语音感知的问题依赖于许多因素，包括语音中的各个发音（我们认为这是基于语音中的发音特征感知的）和消息的可预测性（语音的句法特征）。为理解语音感知中语法信息的主导作用，考虑以句子 "To be or not to be, …" 开始的发音。假设它来自哈姆雷特的独白（许多人都会这么认为），那么需要很大的噪声才能阻止倾听者准确地感知独白后接下来的句子，如 "that is the question"。类似地，如果能正确感知前面的部分句子是 "Four score and seven …"，那么大部分人会意识到它出自林肯的葛底斯堡演说，且会很容易地将接下来的句子填为 "years ago, our forefathers brought forth …"。

语义信息在语音感知中甚至也起主要作用。这一观点可用"所罗门"游戏来描述，在该游戏中，倾听者听到前面的句子后，试图去预测后面的句子。因此，对于内容为 "he went to the refrigerator and took out a" 的前文，单词如/plum/和/potato/远比单词/book/和/painting/更有可能，尽管在语法意义上下一个单词/book/也是正确的（但在语义上不可能）。

Miller, Heise and Lichten[242]进行了许多实验，在这些实验中，他们针对不同的 SNR（16dB 到 −16dB），在句子中添加了许多无意义的单音节词和数字。对于每个这样的测试，倾听者对每个单词的分类和每个 SNR 的准确度进行分类和打分，结果如图 4.31 所示。在每种 SNR 下，10 个数字组都被最好地感知，接下来是句子中的单词，最后是无意义的单音节词，这清楚地表明在噪声环境中上下文对语音感知起支配作用。Miller 等人[242]发现感知输入的正确率为 50%时，对于数字 SNR 为−14dB（10 选 1），对于句子 SNR 为−4dB，对于无意义的单音节词 SNR 为+3dB。

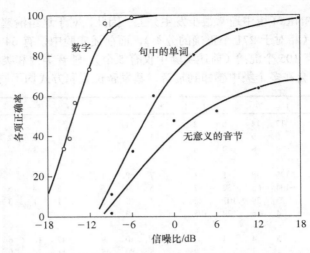

图 4.31　不同类型语音材料可懂度与 SNR 的关系（引自 Miller, Heise and Lichten[242]）

　　最后，图 4.32 显示了噪声和词汇大小对单音节词的可懂度的影响曲线。结果表明可变单音节词汇大小包括 2、4、8、16、32、256 和 1024 个单音节。可以看出，小词汇测试的上下文可大大提高单音节词的可懂度，SNR 低达−18dB 时，2 个单音节词识别的正确率为 50%；SNR 为−13dB 时，8 个单节词识别的正确率为 50%；SNR 为−9dB 时，32 个单音节词识别的正确率为 50%；SNR 为−3dB 时，256 个单音节词识别的正确率为 50%；SNR 为 5dB 时，1024 个单音节词识别的正确率也为 50%。

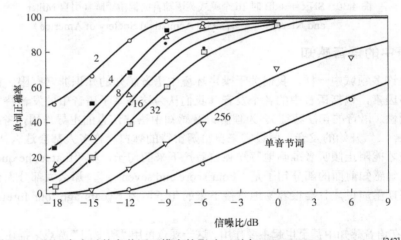

图 4.32　词汇大小对单音节词可懂度的影响（引自 Miller, Heise and Lichten[242]）

4.7　语音质量和可懂度测量

　　为了解听觉处理对基本语音属性如频率、强度和带宽的影响，前几节集中讨论了噪声中的声音质量、音素和词的可懂度。数字语音通信系统的目标是以数字形式重现语音，以便将它存储或传送到较远的位置。一种方法是简单地对语音信号进行有限精度的二进制采样并表示各个样本。而由第 11 章讨论的样本的其他数字处理方法，可得到更有效的表示。推导这样的编码表示时会有几个相互矛盾的目标：我们通常希望达到最低的比特率，同时使计算量和计算延时最小，还希望由数字表示重建的模拟信号尽可能地与原始声音信号接近。当后一个条件满足时，我们就说表示（和传输系统）的质量高。有时，在重建信号听起来像原声而无不自然失真的意义上，语音质量等价于自然度。换言之，语音质量实际上是语音信号编码、传输或处理机制的本质属性。

通信系统质量的一个标准评价指标是 SNR，它定义为输入信号的平均能量除以原始信号与重建信号之差的平均能量。SNR 只是一个数值，它通常与通信系统的质量成比例，也是语音质量的一个度量指标，即数字编码器所重建的语音与原始语音接近或相同的能力。当系统引入的失真可由加性噪声建模且与原始信号不相关时，SNR 是一个很好的质量测量指标，它已被广泛地设计并应用于高质量语音编码方法中（见第 11 章中的讨论）。但后来人们发现 SNR 并不能完全作为大部分语音编码方法的客观评价指标。这种情况在基于模型的语音编码器中尤为普遍（详见第 11 章），此时不再刻意地存储语音波形，相反，语音信号被设计为与语音产生模型相匹配。这种情况下导致的噪声（即编码语音和原始语音之差）不是一个不相关的噪声源，因此 SNR 计算背后的假设不再正确，也不再与语音质量的测量相关。此外，编码语音与原始语音信号间的误差信号会带来如下影响：

- 信号中偶尔会出现咔哒声或瞬变现象；
- 误差谱与输入信号谱是频率依赖且相关的；
- 回响和回声所产生的误差信号分量，通常源于用来分析与合成编码信号的模型；
- 信号量化和语音录音过程中的固有背景噪声会产生白噪声分量；
- 由于块编码、语音信号处理和传输产生的累积延时，导致原始语音信号和编码信号间出现延时，因此误差信号和与原始信号通常存在明显的不匹配，使得 SNR 这一概念在此处不再适用，而 SNR 适用时默认为精确匹配；
- 传输比特错误导致在编码误差信号中有突发噪声；
- 串联编码会引入各种程度的延迟、噪声和其他形式的失真。

4.7.1 主观测试

SNR 是语音质量客观评价的一个例子，即可以通过给定原始信号和编码后重建信号计算出来的一个测量指标。当简单的测量指标如 SNR 不能充分反映重建后的语音质量时，可替代使用主观评价。人们为这种目的开发了许多主观测试程序。这样的程序包括几组经过训练的倾听者，这些倾听者对具有不同失真度的语音信号的主观属性进行判断。这样的例子有对话可接受性测量（DAM）[409] 和对话押韵测量（DRT）[408]，它们都曾广泛应用于评估军事通信系统和低速率语音编码器。近年来，主观评估主要集中于平均意见打分（MOS）[165]。在典型的 MOS 测试中，倾听者会听到各种条件下处理后语音的例子，包括未经编码的语音。对于每个例子，要求倾听者给出如下等级：

- 非常高的质量：MOS = 5（编码后的语音完全与原始的未经编码的语音质量一样，语音在高 SNR 环境中录音）；
- 高质量：MOS = 4（编码后的语音质量很高，但在质量和自然度上明显低于未编码的语音）；
- 中等质量：MOS = 3（编码后的语音对于通信来说可以接受，但质量明显要比未经编码的语音差）；
- 低质量：MOS = 2（编码后的语音质量下降明显，对于通信系统而言勉强可以接受）；
- 非常低的质量：MOS = 1（编码后语音质量对于通信而言不可接受）。

给定条件或系统的平均分数就是每种不同编码条件的 MOS 分数。

真实（未合成）语音主观评估的最高分，对自然宽带语音（带宽为 50~7000Hz）而言约为 4.5，对高质量电话语音（未退化的电话语音）而言为 4.05，对通信系统中的电话语音（蜂窝通信系统中使用的语音）而言为 3.5~4.0，对（恶劣环境下用于军事通信系统中的）合成器和低速率编码器产生的低质量语音而言为 2.0～3.5。

为演示对标准电话宽带语音编码器得到的 MOS 分数，图 4.33 显示了三组语音编码器 MOS 分数的曲线，这些语音编码器的比特率最高为 64kbps（G.711 ITU 标准或 PCM 编码器），最低为 2.4kbps（NSA 的 MELP 编码器）[67]。三条渐近曲线如图所示，一条从 1980 年开始，一条从 1990 年开始，另一条从 2000 年开始（带有每个编码器的 MOS 分数）。可以看到最高的 MOS 分数仅约为 4.1（64kbps 的 G.711 编码器），最低的 MOS 分数为 3.1（2.4kbps 的 MLFP 编码器）。MOS 分数与比特率关系曲线在 7～64kbps 的范围内比较平缓，但在低于 7kbps 之后开始下降。第 11 章将详细讨论语音编码的各种算法和可实现的质量级别。

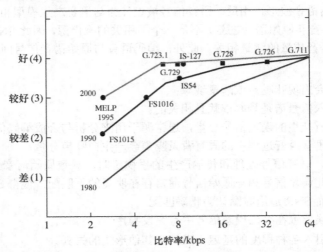

图 4.33　一些语音编码器的 MOS 分数。各点上的标记表示特定的数字语音编码标准（引自 Cox[67]）

4.7.2　语音质量的客观测量

主观测量的主要问题是昂贵且耗时，需要多组经过训练的倾听者来对语音质量进行准确和一致的判断。因此，人们设计出了可准确表示语音质量的客观测量方法，因为这些方法可以即时计算，可用于系统的设计和开发之中，也因为这些方法成本低廉。由于与 SNR 相比更为有效，且与主观判断高度相关，因此人们对客观测量进行了大量的研究。这样的一个典型例子是 Barnwell[23] 和其同事[296]开发的技术，该技术可通过分析编码后的语音信号，直接预测 DAM 分数。近年来，随着 MOS 方式被人们广泛接受，研究人员转向到客观测量的设计，这种设计通过客观比较编码后的语音和未经编码的语音，可提取类似于 MOS 的分数。这一工作最终导致了客观测量系统标准 PESQ（语音质量感知评价）[320]的出现，它在 ITU-T P.862 标准建议中定义。图 4.34 显示了该 PESQ 测量系统的框图。此处我们不详细介绍该方法，但该框图显示了所有此类主观测量的一些重要的共有特性。首先，该系统需要原始语音作为参考。前几个阶段是将测试信号与参考信号在时间和幅度上对齐，并估计和补偿任何谱形状或滤波效果，尽管它们在主观评测中不是很重要，但对客观测量却有重要影响。然后使两个信号（处理后的参考信号和测试信号）通过 4.5 节中讨论的某个听感知模型。该模型主要包含一个短时傅里叶变换，这将在第 7 章中讨论。将频率折叠到一个临界频带尺度，将强度折叠到宋尺度。通过计算时频表示间的一个"干扰"，来比较听感知模型分析的输出。忽略那些绝对值低于掩蔽阈值的差值。通过对时间和频率进行平均，来汇总这些干扰。"认知建模"阶段的最终结果是一个 MOS 尺度的数值。为在主观和客观测量值间得到较好的一致性，必须将 PESQ 的输出与主观测量的结果进行比较，以便训练认知模型的几个参数。主观测试评价（MOS 分数）和相应的 PESQ 输出之间的相关系数的范围是 0.785～0.979。

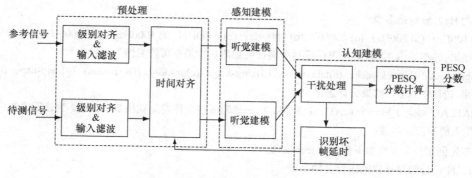

图 4.34　语音质量的感知评估（PESQ）

PESQ 测量设计用于评估移动通信和 VoIP 网络中所用的低比特率窄带编码器。对于宽带音频编码器，ITU-R BS.1387 建议使用一种称为音频质量感知评估（PEAQ）的类似测量。

4.8　小结

本章简要介绍了语音和声音的听觉与感知的基本知识。作为听觉方面的主要生理机制，耳朵既是声道、传感器，又是谱分析器。内耳中的耳蜗，其作用就像一个对数排列的多通道常值 Q 滤波器组，它沿基底膜对输入信号进行频率和位置分析，并通过 IHC 传导处理将结果传递给大脑，进而由大脑进行处理。此外，本章还介绍了耳中的听感知处理及处理结果传递至大脑的途径，以使得语音与噪声和回声相比更为突出。

由于人们对大脑中高级处理的了解还非常有限，因此本章的大部分内容集中于人类对声音和语音的感知。首先介绍了声音的物理特性（频率、强度、带宽）在生理属性方面的感知，生理属性完全不同于物理属性，即音高与频率、响度与强度是完全不同的。接下来介绍了语音如音调或噪声能掩蔽其他声音（其他音调或噪声），因此不必精确地保存语音或声音的每个特征。这是现代音频编码系统如 MPS 或 AAC 编码器的基础。最后我们介绍了几种噪声中语音感知和可懂度的实验，给出了实验结果所揭示的语音的关键特性，即决定相似（但不同）音素或单词之间混淆程度的关键特性。最后简要讨论了语音质量或自然度的主观测量——平均意见分数（MOS），并给出了听感知处理知识集成到语音质量客观测量如 PESQ 方法的方式，其中 PESQ 可与语音质量的主观测量如 MOS 分数高度相关。

习题

4.1　描述外耳、中耳和内耳的主要功能。它们如何实现这些功能？

4.2　若耳朵的输入是图 P4.1 所示周期性方波 $s(t)$，方波的周期 $T = 10\text{ms}$，那么输入到基底膜前频率为多少（假设外耳和中耳的处理均为线性的）？画出基底膜对周期方波在镫骨末端和顶端的响应。

4.3　下面哪个音调能被较强地感知？比另一个超出多少方？

(a) 20dB *IL* 在 1000Hz 或 20dB *IL* 在 500Hz

(b) 40dB *IL* 在 200Hz 或 30dB *IL* 在 2000Hz

(c) 50dB *IL* 在 100Hz 或 50dB *IL* 在 1000Hz

4.4　下面的音调中，感知音高（单位为 mel）和临界带宽（单

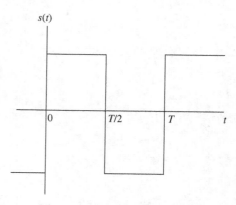

图 P4.1　输入耳朵的周期方波

位为 Hz）分别是多少？

(a) 100Hz； (b) 200Hz； (c) 400Hz； (d) 1000Hz； (e) 2000Hz； (f) 4000Hz； (g) 10000Hz

4.5 信噪比（S/N）为 12dB 时，下面哪对单词在听觉测试中最有可能混淆？为什么？

(a)pick-tick； (b)peek-seek； (c)take-bake； (d)king-sing； (e)go-doe； (f)van-than； (g)map-nap； (h)go-no

如果 S/N 为−6dB，结果又会怎样？

4.6 （MATLAB 练习）写一个 MATLAB 程序，将一系列语音文件发送到模数转换器。为让程序能广泛适用，采用下面列出的步骤：

- 首先创建一个包含如下信息的 mat 文件：

  1. N = 待顺序播放的语音文件个数

  2. files = 待播放的二进制语音文件名列表

  3. lmax = 待播放文件的最大样本数

- 创建一个蜂鸣信号（指定幅度和周期的 1kHz 音调）

- 载入这个 mat 文件，并播放这些语音文件，每两个语音文件间使用一次蜂鸣。

4.7 本习题的目的是测试听力。搜索互联网，找到几个能在线测量听力阈值的网站。例如，新南威尔士大学维护的网站。

(a) 在听任何音调前首先要仔细阅读指南。尤其不要首先听响度最大的音调，因为这可能会导致听力受损。你的任务是确定给定频率下你能听到的最低级别的声音。你需要一个安静的位置和一个好的耳机，耳机最好可以完全盖住外耳。

(b) 根据指南，测量你的听力阈值与频率的函数关系。结果虽然不如训练有素的听力专家使用专用仪器测量的那么准确，但仍有助于我们深入了解这些测量是如何进行的。在你的测量中，误差来源有哪些？

(c) 在图 4.14 中画出你的听力阈值。你的听力阈值与图 4.14 中所示的基准听力阈值相比如何？

第5章 声道中的声音传输

5.1 语音产生的声学原理

第3章定性介绍了语音及语音在声道中产生的方法。本章将对语音产生过程在数学上进行描述[101, 105]。这些数学描述作为语音分析和合成的基础，将在本书的后续部分使用。

5.1.1 声音传播

声音就是振动，振动产生声音。声音由振动产生，并在空气或其他介质中借助介质质点的振动传播。因此物理学的定律将是我们描述声道中声音产生和传播的基础。特别是质量守恒定律、动量守恒定律和能量守恒定律这几条基本定律，以及热力学和流体力学定律，全都要用于可压缩的低黏滞流体（空气），这一流体就是语音中声音赖以传播的介质。应用这些物理原理，我们可以得到一组偏微分方程，它描述了发音系统中空气的运动[34, 248, 289, 291, 371]。一个具体的声学理论必须考虑以下各种影响：

- 声道形状随时空变化（本章将考虑空间不变和空间改变两种情况下的声道形状，但不处理随时间变化的形状）；
- 由热传导和声道壁黏性摩擦造成的损失（我们将考虑声音在声道的有损和无损传输）；
- 声道壁的柔软度（声音被吸收是能量损失的另一原因）；
- 声音的唇边辐射（声音在唇边或鼻孔的辐射是能量损失和频率整形的一个重要原因）；
- 鼻腔的耦合（对声道的鼻耦合建模会使我们开发的简单管道模型变得复杂，因为它导致了多分支解决办法）；
- 声道中的声激励（为合理地处理声音激励源，我们需要全面地描述语音源和声道耦合的方式，以及由耦合产生的源-系统的相互作用）。

在发音系统中，除非我们对声道形状和能量损失做很简单的假设，否则，用来描述声音产生和传播的公式的形式和解将会极其复杂。本章并不讨论一种包含所有上述效应的声学理论，且这种理论一般无法获得。本章的主要目的是引出语音信号的离散时间系统。为此，我们将尽可能简化物理学，看看我们能学到多少关于声音在人类声道中传播的机理。我们会发现，一些类型的数字滤波器能够非常成功地模拟声音在发音系统中的传输。

能够有用地描述语音产生过程的一个最简物理模型如图 5.1a 所示。语音与该系统中空气流动的变化对应。声道被建模为一个由非均匀时变横截面面构成的管道。和声道尺寸相比，声音波长较长，而频率与波长相关（大约不到 4000Hz），所以假设平面波沿管道中的轴线传播是合理的。一种进一步的假设是，声音在传播过程中，没有由于流体黏度和在声道壁上由热传导造成的能量损失。基于这些假设，以及质量守恒、动量守恒和能量守恒定律，Portnoff[289]给出了声波在声道中传播所满足的方程组：

$$-\frac{\partial p}{\partial x} = \rho \frac{\partial (u/A)}{\partial t}, \tag{5.1a}$$

$$-\frac{\partial u}{\partial x} = \frac{1}{\rho c^2} \frac{\partial (pA)}{\partial t} + \frac{\partial A}{\partial t}, \tag{5.1b}$$

式中，$p = p(x, t)$ 表示 t 时刻声道 x 处的声压；$u = u(x, t)$ 表示 t 时刻声道 x 处的流体体积速度；ρ 表示管道中的空气密度；c 为音速（约为 35000cm/s）；$A = A(x, t)$ 为声道的"面积函数"，即与声道中轴线垂直的横截面面积，它是一个随距离和时间变化的函数。Sondhi[371] 给出了一个相似的等式。

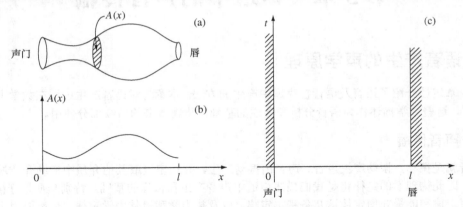

图 5.1　(a)声道简图；(b)相应的面积函数；(c)波动方程解的 x–t 平面

除非是在最简前提下，否则式(5.1a)和式(5.1b)的闭合解不可求。然而，数值解是可以求得的。要想求得微分方程的全解，就必须得到以声门和嘴唇为界的区域内的、t 时刻位于 x 处的声压和体积速度。为了获得解，必须给出每个管道末端的边界条件。在嘴唇末端，边界条件必须能够解释声音辐射的效果。在声门（或内部某些点），边界条件由激励性质所施加。

除了边界条件，在任意时刻，对于所有 x，$0 \leq x \leq 1$，必须知道声道的面积函数 $A(x, t)$。图 5.1b 表示的是，在某一时刻图 5.1a 中的管道的面积函数。图 5.1c 表示式(5.1a)和式(5.1b)在指定边界内求解 (x, t) 所在的平面。对于持久的语音，假设 $A(x, t)$ 不随时间变化是合理的。然而，这种假设对于非持续语音是不合理的。即便对于持续语音，想得到 $A(x, t)$ 的测量值也是极其困难的。一种获得测量值的方法是利用 X 射线成像。Fant[101] 和 Perkell[286] 提供了一些这种形式的数据；然而，这种测量值只能在有限规模内获得。图 3.1 显示了可以获得的 X 射线成像类型。近年来，Narayanan 和其合作者[45, 251]利用 MRI 成像方法测量了随时间变化的声道形状。图 3.2 显示的是一系列 MRI 图像中的一帧。正如图中显示的那样，声道的边界可以通过图像处理技术追踪，也可定位不同发音器官（如舌头、嘴唇、腭、软腭）的位置。另一种方法是通过声学测量来推断声道形状。Sondhi and Gopinath[372]描述了一种通过外部源激励声道的方法。Atal[8] 和 Wakita[410, 411]描述了一种从正常说话条件下产生的语音中直接估计 $A(x, t)$ 的方法。这些方法都基于线性预测语音分析技术，详见第 9 章中的讨论。

即使精确求出了 $A(x, t)$，式(5.1a)和式(5.1b)的全解仍然非常复杂。幸好，在最通常的情况下，我们没有必要通过计算这个方程组来获得语音信号的本质。很多合理的近似和简化可以使得问题的解决方案变得可行。

5.1.2　例子：均匀无损声管

我们可以考虑一个很简单的模型来获取有关语音产生的本质，在该模型中，我们假定声道面积函数 $A(x, t)$ 不随 x 和 t 变化（各处横截面积相同且不随时间变化）。对于中性元音/UH/，这种结构大致正确。我们将首先验证这种模型，然后回过头来验证更加实际的模型。图 5.2a 描述了一个被具有流体速度的理想源所激励的具有均匀横截面的模型。这个理想源可由一个活塞描述，该活塞可以移动到任意想要的位置。进一步的假设是，在管道的开口末端，气压没有变化——只有体积速度发生变化。这些粗略的简化在实际中是不可能达到的；然而，这仍然是个有用的例子，因为这里用到的基本分析方法和最终解的本质特征与实际模型有很多共同之处。更进一步，我们将在本章后续部分介绍更加实际的模型，而这些模型就是又一系列这种均匀声管级联而成的。

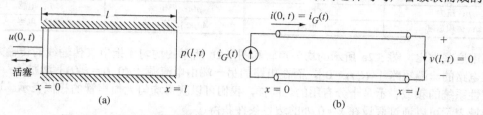

图 5.2　(a)具有理想终端的均匀无损声管；(b)相应的电气传输线类比

如果 $A(x,t) = A$ 是一个与 x 和 t 无关的常数，那么偏微分方程(5.1a)和方程(5.1b)可以化简为

$$-\frac{\partial p}{\partial x} = \frac{\rho}{A}\frac{\partial u}{\partial t},\tag{5.2a}$$

$$-\frac{\partial u}{\partial x} = \frac{A}{\rho c^2}\frac{\partial p}{\partial t}.\tag{5.2b}$$

式(5.2a)对 t 求微分和式(5.2b)对 x 求微分，并消去 $\partial^2 p / \partial x \partial t$，得

$$\frac{\partial^2 u}{\partial x^2} = \frac{1}{c^2}\frac{\partial^2 u}{c^2 \partial t^2}\tag{5.3a}$$

这是经典波动方程的形式。采用相似的方法可以得到

$$\frac{\partial^2 p}{\partial x^2} = \frac{1}{c^2}\frac{\partial^2 p}{\partial t^2}.\tag{5.3b}$$

可以看出（见习题5.2）式(5.2a)和式(5.2b)的解或式(5.3a)和式(5.3b)的解有如下形式：

$$u(x,t) = [u^+(t-x/c) - u^-(t+x/c)],\tag{5.4a}$$

$$p(x,t) = \frac{\rho c}{A}[u^+(t-x/c) + u^-(t+x/c)].\tag{5.4b}$$

在式(5.4a)和式(5.4b)中，函数 $u^+(t-x/c)$ 和函数 $u^-(t+x/c)$ 可被分别解释为行波在正、负方向上的传播，参见图5.3，图中描述的是在 t_1 和 t_0 时刻沿正向传播的同一个波，其中 $t_1 > t_0$。从图中可以看出，该波在 $t_1 - t_0$ 的时间间隔内向前移动的距离为 $d = c(t_1 - t_0)$。向前传播和向后传播的行波之间的关系由边界条件决定。

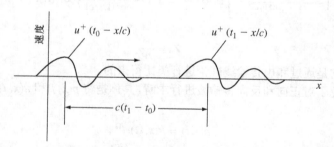

图 5.3　$t = t_0$ 和 $t = t_1$ 时刻正向波的图示，该波在 $t_1 - t_0$ 的时间间隔内传输的距离为 $d = c(t_1-t_0)$

在电气传输线理论中，均匀无损线路中的电压 $v(x,t)$ 和电流 $i(x,t)$ 满足如下等式：

$$-\frac{\partial v}{\partial x} = L\frac{\partial i}{\partial t},\tag{5.5a}$$

$$-\frac{\partial i}{\partial x} = C\frac{\partial v}{\partial t},\tag{5.5b}$$

式中，L 和 C 分别是单位长度的电感和电容。这样，如果将声音和电气参数进行表5.1中的类比，就可将均匀无损电气传输线[2,283,397]理论直接应用到均匀声管之中。

表 5.1　声学和电学物理量类比

声量	电量	声量	电量
p: 压力	v: 电压	ρ/A: 声电感	L: 电感
u: 体积速度	i: 电流	$A/(\rho c^2)$: 声电容	C: 电容

利用这些类比，图 5.2a 所示的均匀声管和图 5.2b 所示的均匀无损电气传输线的传输方式相似，在电路的一端短路 $[v(l, t) = 0]$，而在电路的另一端由电流源 $[i(0, t) = i_G(t)]$ 激励。

线性系统的频域表示是十分有用的。同样，我们可以获得均匀无损声管的相似表示。这个模型的频域表示可以通过假设在 $x = 0$ 处的边界条件获得：

$$u(0, t) = u_G(t) = U_G(\Omega)e^{j\Omega t}. \tag{5.6}$$

式中描述的是管道被一个振幅为 $U_G(\Omega)$、角频率为 Ω 的复指数信号所激励。因为式(5.2a)和式(5.2b)是线性时不变的，所以相应的 $u^+(t - x/c)$ 和 $u^-(t + x/c)$ 的解有如下形式：

$$u^+(t - x/c) = K^+ e^{j\Omega(t - x/c)}, \tag{5.7a}$$

$$u^-(t + x/c) = K^- e^{j\Omega(t + x/c)}. \tag{5.7b}$$

将这些等式代入式(5.4a)和式(5.4b)并在嘴唇末端利用声学短路边界条件

$$p(l, t) = 0, \tag{5.8}$$

在声门末端利用式(5.6)，从如下等式中可以解得未知常数 K^+ 和 K^-：

$$u(0, t) = U_G(\Omega)e^{j\Omega t} = K^+ e^{j\Omega t} - K^- e^{j\Omega t}, \tag{5.9a}$$

$$p(l, t) = 0 = \frac{\rho c}{A}\left[K^+ e^{j\Omega(t - l/c)} + K^- e^{j\Omega(t + l/c)}\right]. \tag{5.9b}$$

结果是

$$K^+ = U_G(\Omega)\frac{e^{2j\Omega l/c}}{1 + e^{j\Omega 2l/c}}, \tag{5.10a}$$

$$K^- = -\frac{U_G(\Omega)}{1 + e^{j\Omega 2l/c}}. \tag{5.10b}$$

因此，$u(x, t)$ 和 $p(x, t)$ 的正弦稳态解是

$$u(x, t) = \left[\frac{e^{j\Omega(2l - x)/c} + e^{j\Omega x/c}}{1 + e^{j\Omega 2l/c}}\right]U_G(\Omega)e^{j\Omega t} = \frac{\cos\left[\Omega(l - x)/c\right]}{\cos\left[\Omega l/c\right]}U_G(\Omega)e^{j\Omega t}, \tag{5.11a}$$

$$p(x, t) = \frac{\rho c}{A}\left[\frac{e^{j\Omega(2l - x)/c} - e^{j\Omega x/c}}{1 + e^{j\Omega 2l/c}}\right]U_G(\Omega)e^{j\Omega t} = jZ_0\frac{\sin\left[\Omega(l - x)/c\right]}{\cos\left[\Omega l/c\right]}U_G(\Omega)e^{j\Omega t}, \tag{5.11b}$$

式中，

$$Z_0 = \frac{\rho c}{A} \tag{5.12}$$

称为声阻抗特征，它是通过和电传输线理论进行类比得来的。

另一种方法避免了对正向和反向传输波进行求解，具体是将 $p(x, t)$ 和 $u(x, t)$ 直接表示为复指数激励的形式[1]：

$$p(x, t) = P(x, \Omega)e^{j\Omega t}, \tag{5.13a}$$

$$u(x, t) = U(x, \Omega)e^{j\Omega t}. \tag{5.13b}$$

将这些等式代入式(5.2a)和式(5.2b)，可以给出如下常微分方程：

$$-\frac{dP}{dx} = ZU, \tag{5.14a}$$

$$-\frac{dU}{dx} = YP, \tag{5.14b}$$

式中，

---

[1] 此后，我们约定时域变量用小写字母表示，如 $u(x, t)$，而相应的频域变量用大写字母表示，如 $U(x, \Omega)$。

$$Z = j\Omega \frac{\rho}{A} \tag{5.15}$$

称为单位长度声学阻抗，而

$$Y = j\Omega \frac{A}{\rho c^2} \tag{5.16}$$

是单位长度声学导纳。微分方程(5.14a)和方程(5.14b)有如下形式的通解：

$$P(x, \Omega) = Ae^{\gamma x} + Be^{-\gamma x}, \tag{5.17a}$$

$$U(x, \Omega) = Ce^{\gamma x} + De^{-\gamma x}, \tag{5.17b}$$

$$\gamma = \sqrt{ZY} = j\Omega/c. \tag{5.17c}$$

通过利用如下边界条件，可以得到未知参数：

$$P(l, \Omega) = 0, \tag{5.18a}$$

$$U(0, \Omega) = U_G(\Omega). \tag{5.18b}$$

$u(x, t)$和$p(x, t)$的解应该和式(5.11a)和式(5.11b)的解相同。式(5.11a)和式(5.11b)描述的是在声管内任意x处，正弦源和压力以及体积速度之间的关系。特别地，如果考虑体积速度源（$x = 0$处）和嘴唇处（$x = l$处）体积速度之间的关系，那么可由式(5.11a)得到

$$u(l, t) = \frac{1}{\cos(\Omega l/c)} U_G(\Omega)e^{j\Omega t} = U(l, \Omega)e^{j\Omega t} \tag{5.19}$$

式中，$U(l, \Omega)$定义为嘴唇末端的体积速度的复振幅。比率

$$V_a(j\Omega) = \frac{U(l, \Omega)}{U_G(\Omega)} = \frac{1}{\cos(\Omega l/c)} \tag{5.20}$$

是和输入/输出相关的频率响应。图 5.4a 中画出了该函数，其中 $l = 17.5$cm，$c = 35000$cm/s。把 $j\Omega$ 用 s 替换，得到拉普拉斯变换系统函数

$$V_a(s) = \frac{1}{\cosh(sl/c)} = \frac{2e^{-sl/c}}{1 + e^{-s2l/c}}. \tag{5.21}$$

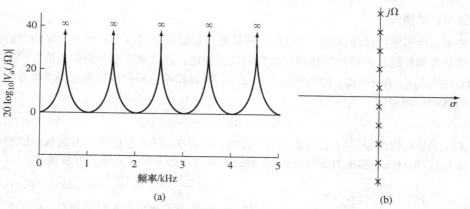

图 5.4　(a)对数幅度频率响应；(b)均匀无损声管的极点位置

将 $V_a(s)$ 写成式(5.21)中的第二种形式是对图 5.5 所示反馈系统的描述。在图中，我们看到一条前向传输路径，这条路径是一个延迟（由因子 $e^{-sl/c}$ 描述），延迟时间 $\tau = l/c$ 秒，它等于以速度 c 传输距离 l 的时间。我们还看到一条增益为-1 的反馈路径，用来满足短路的边界条件，以及一条反向传输路径，这条

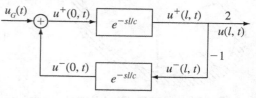

图 5.5　无损均匀声道传输函数的系统解释

路径又是一个延迟（延迟因子是 $e^{-sl/c}$），最后前向路径增益为 2。对图 5.5 所示传输系统的一个简单解释是：一个向前传播（从声门到嘴唇）的体积速度源，每通过一个声道延迟 l/c；在嘴唇处，信号发生反射并反向传输，并且每反向通过一个声道就延迟 l/c；这个在嘴唇和声门处的循环反射循环往复，最后产生了式(5.21)所示的传输函数。

系统函数 $V_a(s)$ 在 $j\Omega$ 轴上有无穷多的极点。这些极点是使分母 $(1 + e^{-s2l/c}) = 0$ 的点。这些值可以简单地表示为

$$s_n = \pm j\left[\frac{(2n+1)\pi c}{2l}\right], \quad n = 0, \pm 1, \pm 2, \ldots. \tag{5.22}$$

这样，对于终端是声短路的无损声管，极点都分布在图 5.4b 所示的 $j\Omega$ 轴上。若把损失考虑进来，极点就不在 $j\Omega$ 轴上，而是向左侧偏移。线性时不变系统函数的极点是系统自然频率（或本征频率），它们发生在 $F_n = 500(2n + 1)$ 的频率集上，其中 $n = 0, 1, \ldots$ 或 $F = 500\text{Hz}, 1500\text{Hz}, 2500\text{Hz}, \ldots$。这些极点对应于系统频率响应的共振频率。这些共振频率是语音的共振峰频率。我们将会看到，无论声道是什么形状，即便更实际的能量损失机制被引入模型，都将会观察到相似的共振效应。

不仅是正弦信号，即便是任意信号作为系统的输入，通过傅里叶分析，频率响应函数都可以决定系统的响应，回顾这些对我们是非常有用的。式(5.20)的更一般的解释是，$V_a(j\Omega)$ 是体积速度在嘴唇处（输出）和声门处（输入或源）的傅里叶变换的比值。这样，频率响应就是对声学系统的方便表征。通过考虑最简单的可能模型，我们展示了一种决定声学模型频率响应的方法，现在可以开始考虑更为实际的模型。

5.1.3　声道中损耗的影响

5.1.2 节给出的声音在声道中传播的运动方程，是在假定声道中无能量损失的前提下得出的。实际上，由于空气和声道壁的黏性摩擦、声道壁的热传导效应及声道壁的振动，能量是有损失的。为引入这些影响，我们回过头来考虑物理学基本定律，然后得出一组新的运动方程。这将会极其困难。一种不太严谨的方法是修改运动方程的频域描述[105, 289]，本节将采用这种方法。

软壁引起的损失

首先考虑声道壁的振动影响。声道中气压的变化将会使声道壁受到一个变化的力的作用。如果声道壁是有弹性的，声道的横截面积将会随气压变化。假设声道壁"局部反应"[248, 289]，面积函数 $A(x, t)$ 将是 $p(x, t)$ 的函数。因为气压变化很小，所以横截面积的变化可视为"标称"面积的一个很小的扰动；即假定

$$A(x, t) = A_0(x, t) + \delta A(x, t), \tag{5.23}$$

式中，$A_0(x, t)$ 是标称面积，$\delta A(x, t)$ 是一个小扰动。这可在图 5.6 中描述。考虑到声道壁的质量和弹性，面积扰动 $\delta A(x, t)$ 和压力变化 $p(x,t)$ 之间的关系可用如下形式的微分方程描述：

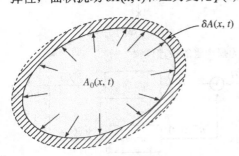

图 5.6　壁振动影响的图示

$$m_w \frac{d^2(\delta A)}{dt^2} + b_w \frac{d(\delta A)}{dt} + k_w(\delta A) = p(x, t), \tag{5.24}$$

式中，$m_w(x)$ 是声道壁单位长度的质量；$b_w(x)$ 是声道壁单位长度的阻尼；$k_w(x)$ 是声道壁单位长度的刚度。

将式(5.23)代入式(5.1a)和式(5.1b)，并忽略 u/A 和 pA 中的二阶项，得到

$$-\frac{\partial p}{\partial x} = \rho \frac{\partial(u/A_0)}{\partial t}, \tag{5.25a}$$

$$-\frac{\partial u}{\partial x} = \frac{1}{\rho c^2} \frac{\partial(pA_0)}{\partial t} + \frac{\partial A_0}{\partial t} + \frac{\partial(\delta A)}{\partial t}. \tag{5.25b}$$

这样，声音在一个局部反应的软壁管道如声道中的

传播，就由式(5.23)、式(5.24)、式(5.25a)和式(5.25b)描述。给定 $A_0(x, t)$ 和合适的边界条件，这些等式必须同时解得 $p(x, t)$ 和 $u(x, t)$。

为了解软壁引起的损失的影响，我们可以像以前一样在频域求解。为此，对于连续语音，例如元音，我们将一个时不变标称面积函数 $A_0(x)$ 的软壁管道视为它的一个合适模型。激励假定为一个理想的复体积速度源；即声门的边界条件是

$$u(0, t) = U_G(\Omega)e^{j\Omega t}. \tag{5.26}$$

因为微分方程(5.24)、方程(5.25a)和方程(5.25b)是线性时不变的，所以体积速度和气压也有如下形式：

$$p(x, t) = P(x, \Omega)e^{j\Omega t}, \tag{5.27a}$$

$$u(x, t) = U(x, \Omega)e^{j\Omega t}, \tag{5.27b}$$

$$\delta A(x, t) = \delta A(x, \Omega)e^{j\Omega t}. \tag{5.27c}$$

将式(5.27a)、式(5.27b)和式(5.27c)代入式(5.24)、式(5.25a)和式(5.25b)，得到常微分方程

$$-\frac{dP}{dx} = ZU, \tag{5.28a}$$

$$-\frac{dU}{dx} = YP + Y_w P, \tag{5.28b}$$

式中 $P = P(x, \Omega)$，$U = U(x, \Omega)$ 并且

$$Z(x, \Omega) = j\Omega \frac{\rho}{A_0(x)}, \tag{5.29a}$$

$$Y(x, \Omega) = j\Omega \frac{A_0(x)}{\rho c^2}, \tag{5.29b}$$

$$Y_w(x, \Omega) = \frac{1}{j\Omega m_w(x) + b_w(x) + \frac{k_w(x)}{j\Omega}}. \tag{5.29c}$$

注意到式(5.28a)和式(5.28b)与式(5.14a)和式(5.14b)除了多了一项导纳 Y_w，其他项都一样。此时，声阻抗和导纳是 x 和 Ω 的函数。若考虑一个均匀软壁管道，则 $A_0(x)$ 是关于 x 的一个常数，并且式(5.15)、式(5.16)和式(5.29a)、式(5.29b)是相同的。

为利用式(5.28a)、式(5.28b)和式(5.29a)~式(5.29c)来获得语音产生的本质，采用理想化或实测声道面积函数来在数值上求解它们就十分必要。附录 B 描述了由 Portnoff[289, 291]发明的一种求解该问题的技术。

测量人体组织获得对式(5.29c)中参数的估计[105]（$m_w = 0.4\text{gm/cm}^2$，$b_w = 6500\text{dyne·s/cm}^3$，$k_w \approx 0$），并利用嘴唇末端的边界条件 $p(l, t) = 0$[289, 291]，微分方程(5.28a)和方程(5.28b)可以在数值上求解。比率

$$V_a(j\Omega) = \frac{U(l, \Omega)}{U_G(\Omega)} \tag{5.30}$$

作为 Ω 的函数，已在图 5.7 中以分贝尺度画出，它描述的是一个均匀横截面为 5cm^2、长为 17.5cm 的管道[289]。结果和图 5.4 相似，但却有很重要的不同之处。可以清楚地看到共振频率不再精确地处在 s 平面的 $j\Omega$ 轴线上。这很明显，因为频率响应在 500Hz、1500Hz、2500Hz 等处不再是无限的，尽管频率响应的峰值出现在这些频率附近。图 5.7 中共振的中心频率 $F(k)$ 和带宽①$B(k)$ 在相关的表中给出。在这个例子中，几个重要的影响是显而易见的。第一，中心频率比无损情况下略高。第二，共振的带宽不再是无损情况下的零，因为峰值不再无限。可以看出软壁的影响在低频部分效果最明显。这是可以预料到的，因为在高频区声道壁的动作很小。这个例子的结果就是典型的声道壁振动的总体效果；即与刚性声道壁相比，中心频率轻微增大，低频共振扩大。

---

① 共振带宽定义为大于中心频率峰值$1/\sqrt{2}$ (3dB)的频率间隔[41]。

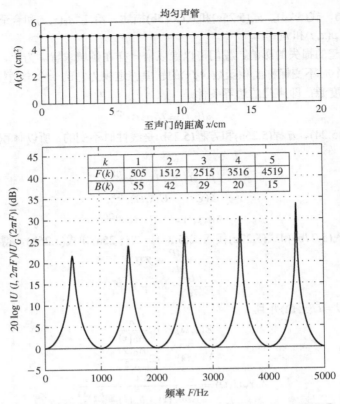

k	1	2	3	4	5
F(k)	505	1512	2515	3516	4519
B(k)	55	42	29	20	15

图 5.7　均匀软壁声道的对数幅度频率响应，声道无其他损失，并以短路终接 $[p(l, t) = 0]$。插入的表给出了前五个共振频率（$F(k)$）和带宽（$B(k)$）的值（单位为 Hz）（引自 Portnoff[289]）

摩擦和热传导的影响

和声道壁的振动影响相比，黏性摩擦和热传导的作用效果远没有那么明显。Flanagan[105]仔细考虑过这些损失，说明黏性摩擦的影响可通过在声学阻抗 Z 的表达式引入一个实频变项，在频域表示中［式(5.28a)和式(5.28b)］解释；即

$$Z(x, \Omega) = \frac{S(x)}{[A_0(x)]^2}\sqrt{\Omega \rho \mu/2} + j\Omega\frac{\rho}{A_0(x)}, \tag{5.31a}$$

式中，$S(x)$ 是管道的周长（cm），$\mu = 0.000186$ 是摩擦系数，$\rho = 0.00114 \text{gm/cm}^3$ 是管道中空气的密度。同样，声道壁的热传导影响可通过给声学导纳 $Y(x, \Omega)$ 增加一个实频变项来解释；即

$$Y(x, \Omega) = \frac{S(x)(\eta - 1)}{\rho c^2}\sqrt{\frac{\lambda \Omega}{2c_p \rho}} + j\Omega\frac{A_0(x)}{\rho c^2}, \tag{5.31b}$$

式中，$c_p = 0.24$ 是恒压下的比热，$\eta = 1.4$ 是恒压下和恒定体积下比热的比值，$\lambda = 0.000055$ 是热传导系数[105]。注意到摩擦引起的损失和 $Z(x, \Omega)$ 的实部成正比，因此和 $\Omega^{1/2}$ 成正比。同样，热损失和 $Y(x, \Omega)$ 的实部成正比，因此也和 $\Omega^{1/2}$ 成正比。利用式(5.31a)、式(5.31b)我们再次在数值上求解了式(5.29c)，方程组(5.28a)、(5.28b)[289]。$p(l, t) = 0$ 的声短路边界条件的对数频率响应如图 5.8 所示。中心频率和带宽再次被确定并写在相关表格中。对比图 5.8 和图 5.7，我们发现主要的影响是共振峰的带宽增大了。因为摩擦损失和热损失随 $\Omega^{1/2}$ 增大，相对于低频共振，高频共振被明显加宽。

图 5.7 和图 5.8 所示的例子是声道中损失总体影响的典型例子。总结一下，黏性损失和热损失随频率增大而增大，主要体现在高频共振上，而管壁损失在低频部分最明显。软壁趋向于增大

共振频率，而黏性和热损失趋向于减小共振频率。和无损、刚性管壁模型相比，对低频共振的净影响是略微上移。对于 3～4kHz 的频率部分，摩擦损失和热损失的影响相对于管壁振动的影响是很小的。因此，即便我们忽略了这些损失，式(5.24)、式(5.25a)和式(5.25b)仍然很好地描述了声音在声道中的传播。在下一节我们将看到，嘴唇端的辐射是高频损失的更大来源。这提供了在模型中或仿真语音产生的过程中忽略摩擦和热损失的进一步理由。

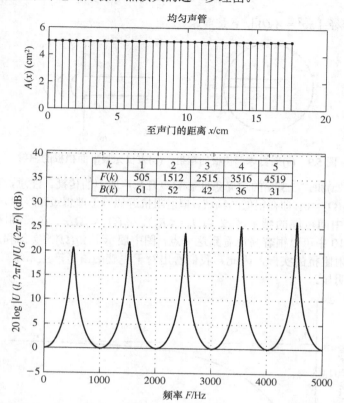

图 5.8　均匀软壁声管的对数幅度频率响应，它具有摩擦和热损失，并以短路终接 $[p(l, t) = 0]$。插入的表给出了前五个共振频率 （$F(k)$）和带宽 （$B(k)$）的值 （单位为 Hz） （引自 Portnoff[289]）

5.1.4　嘴唇的辐射影响

到目前为止，我们已讨论了内部损失对声音传播属性的影响。在我们的例子中，假设在嘴唇处的边界条件是 $p(l, t) = 0$。在电气传输线理论中，这相当于短路。声学短路像电短路一样难以实现，因为它需要这样一种结构：体积速度可在声道末端发生而没有相应的气压变化。事实上，声道末端是两唇之间的开口 （或发鼻音时的鼻孔）。图 5.9a 描述了一个更为实际的模型，图中将唇间开口描述为一个球的开口。在该模型中的低频部分，开口可视为一个辐射面，辐射声波被球形障碍物所衍射。

衍射影响很复杂也很难表示；但为了确定嘴唇处的边界条件，我们所需的一切就是在辐射面处气压和体积速度之间的关系。即便这样，对于图 5.9 所示的结构，还是很复杂。然而，如果辐射面 （唇间开口）和球相比很小的话，一个合理的假设是辐射面处在一个无限延伸的平面障碍中，如图 5.9b 所示。此时，可看出[105, 248, 289]正弦稳态和气压复振幅以及体积速度之间的关系是

$$P(l, \Omega) = Z_L(\Omega) \cdot U(l, \Omega), \tag{5.32a}$$

式中，嘴唇处的"辐射阻抗"或"辐射载荷"大致有如下形式：

$$Z_L(\Omega) = \frac{j\Omega L_r R_r}{R_r + j\Omega L_r}. \tag{5.32b}$$

将这个辐射载荷类比到电学中，相当于一个辐射电阻 R_r 和辐射电感 L_r 的并联。R_r 和 L_r 的值是[105]

$$R_r = \frac{128}{9\pi^2}, \tag{5.33a}$$

$$L_r = \frac{8a}{3\pi c}, \tag{5.33b}$$

式中，a 是开口的半径 $[\pi a^2 = A_0(l)]$，c 是声速。

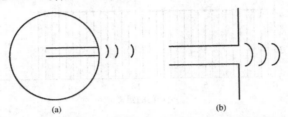

图 5.9　(a)来自球形挡板的辐射；(b)来自无限平面挡板的辐射

　　辐射通过式(5.32a)和式(5.32b)的边界条件影响声音在声道中的传播。注意，我们可很容易地看出在频率很低时，$Z_L(\Omega) \approx 0$；即在很低的频域，辐射阻抗近似等于理想短路终端。同样，从式(5.32b)可以清楚地知道在中间范围的频率区域（$\Omega L_r \ll R_r$），$Z_L(\Omega) \approx j\Omega L_r$。在高频区域（$\Omega L_r \gg R_r$），$Z_L(\Omega) \approx R_r$。从图 5.10 中可以很容易地看到这一点，图中展示了 $Z_L(\Omega)$ 的实部和虚部。由于辐射耗散的能量正比于辐射阻抗的实部，因此，我们看出对于完整的语音产生系统（声道和辐射），辐射损失在高频区最明显。

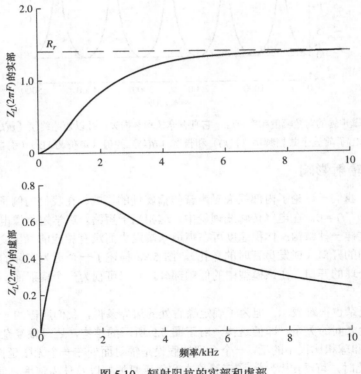

图 5.10　辐射阻抗的实部和虚部

　　为了估计这种影响的强度，式(5.28a)、式(5.28b)、式(5.29c)、式(5.32a)和式(5.32b)利用附录 B

所示的技术进行了求解，求解针对的是一个时不变的均匀管道，且考虑了软壁、摩擦和热损失以及对应于一个无限平面障碍物的辐射损失。对于输入 $U(0, t) = U_G(\Omega)e^{j\Omega t}$，图 5.11 给出了对数幅度频率响应，即

$$V_a(j\Omega) = \frac{U(l, \Omega)}{U_G(\Omega)}, \tag{5.34}$$

将图 5.11 与图 5.7、图 5.8 进行对比，可看出主要影响是展宽了共振频率（共振峰频率）。正如所期望的，对于共振带宽的影响主要发生在高频区。第一共振峰带宽主要由管壁损失决定，高频共振峰带宽主要由辐射损失决定。第二和第三共振峰带宽可以说是由这两种损失共同决定的。

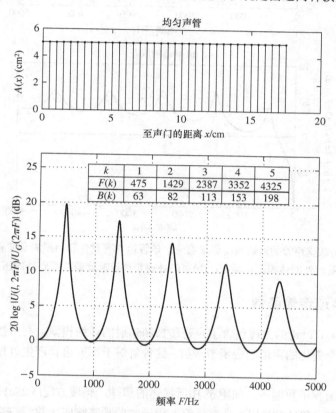

k	1	2	3	4	5
$F(k)$	475	1429	2387	3352	4325
$B(k)$	63	82	113	153	198

图 5.11 均匀软壁声管的对数幅度频率响应，声管有摩擦和热损失，以及对应于无限平面挡板的辐射损失。插入的表给出了前五个共振频率$[F(k)]$和带宽$[B(k)]$的值（单位为 Hz）（引自 Portnoff[289]）

图 5.11 所示的频率响应将嘴唇处的体积速度和声门处的输入体积速度联系起来。嘴唇处的压力和声门处的体积速度之间的关系很有趣，尤其是在采用对压力很敏感的显微镜将声波转换为电波时。既然 $P(l, \Omega)$ 和 $U(l, \Omega)$ 被式(5.32a)联系起来，气压传输函数就是

$$H_a(\Omega) = \frac{P(l, \Omega)}{U_G(\Omega)} = \frac{P(l, \Omega)}{U(l, \Omega)} \cdot \frac{U(l.\Omega)}{U_G(\Omega)} \tag{5.35a}$$

$$= Z_L(\Omega) \cdot V_a(\Omega). \tag{5.35b}$$

从图 5.11 可以看出主要影响是对高频区的加强以及在 $\Omega = 0$ 处引入了一个零。图 5.12 展示了对数幅度频率响应 $20\log_{10}|V_a(\Omega)|$ 和 $20\log_{10}|H_a(\Omega)|$，其中包含了管壁损失和无限平面障碍物的辐射损失。图 5.12a 和图 5.12b 的对比表明了 $\Omega = 0$ 处零的影响及压力频率响应高频增强的效果。

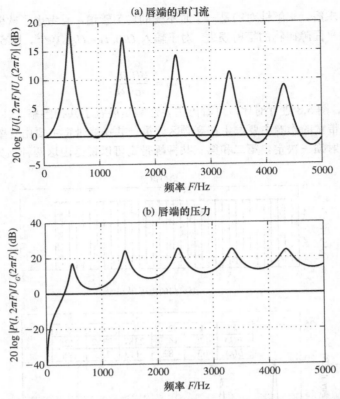

(a) 唇端的声门流

(b) 唇端的压力

图 5.12　均匀软壁声管的对数幅度频率响应，该管道具有黏性和热损失及嘴唇处的辐射：
(a)嘴唇处的体积流量响应；(b)声门处理想体积速度源在嘴唇处的压力响应

5.1.5　元音的声道传输函数

5.1.3 节和 5.1.4 节讨论的方程包含了声音传播和辐射的详细模型。利用数值积分方法，在时域或频域可以对一个变化的声道响应函数求解。这种解对于探究语音产生过程及语音信号的本质很有价值。

作为更实际的面积函数例子，如附录 B 所描述的那样，频域方程(5.28a)、(5.28b)、(5.29c)、(5.31a)、(5.31b)、(5.32a)和(5.32b)用来计算一组面积函数的频率响应函数，这些面积函数由 Fant[101] 测得。图 5.13～图 5.16 展示了俄语中对应于元音/AA/、/EH/、/IY/和/UW/的声道面积函数以及相应的对数幅度频率响应 $[U(l, \Omega)/U_G(\Omega)]$，这些图形说明了在 5.1.3 节和 5.1.4 节讨论的所有损失的影响。共振峰频率和带宽可以和自然元音的测量值相媲美，表 3.4 中给出的这些自然元音的共振峰频率由 Peterson and Barney[287] 获得，共振峰带宽由 Dunn[94] 给出。

总结一下，我们可从这些例子（及前几节中的例子）得出如下结论：

- 和无损情况相比，虽然有一些由于损失引起的搬移，但发音系统由一组共振（共振峰）表征，共振主要取决于声道长度及面积函数的空间变化；
- 最低共振峰的带宽（第一和第二共振峰）主要取决于声道壁损失[①]；
- 高频共振峰带宽主要取决于声道中的黏性摩擦和热损失以及辐射损失。

---

① 我们将在 5.1.7 节看到，和激励源相关的损失也会影响低共振峰。

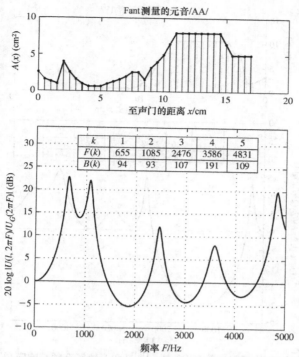

图5.13 俄语元音/AA/的面积函数（引自Fant[101]）和对数幅度频率响应（引自Portnoff[289]）。
插入的表给出了前五个共振频率［$F(k)$］和带宽［$B(k)$］的值（单位为 Hz）

k	1	2	3	4	5
$F(k)$	655	1085	2476	3586	4831
$B(k)$	94	93	107	191	109

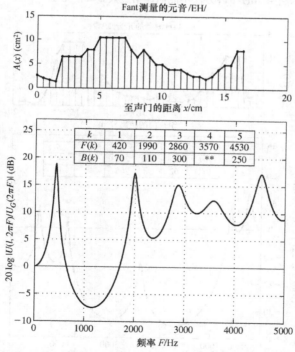

图5.14 俄语元音/EH/的面积函数（引自Fant[101]）和对数幅度频率响应（引自Portnoff[289]）。
插入的表给出了前五个共振频率［$F(k)$］和带宽［$B(k)$］的值（单位为 Hz），表中
的**表示利用3dB下降方法不能估计第四共振峰的带宽

k	1	2	3	4	5
$F(k)$	420	1990	2860	3570	4530
$B(k)$	70	110	300	**	250

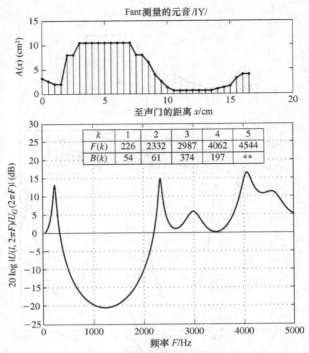

图 5.15　俄语元音/IY/的面积函数（引自 Fant[101]）和对数幅度频率响应（引自 Portnoff[289]）。
　　　　插入的表给出了前五个共振频率［$F(k)$］和带宽［$B(k)$］的值（单位为 Hz），表中
　　　　的**表示利用 3dB 下降方法不能估计第五共振峰的带宽

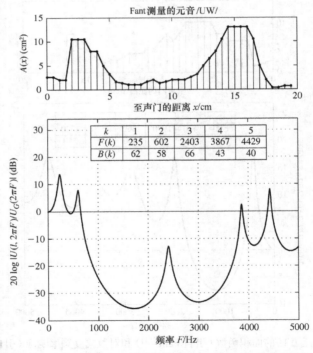

图 5.16　俄语元音/UW/的面积函数（引自 Fant[101]）和对数幅度频率响应（引自 Portnoff[289]）。
　　　　插入的表给出了前五个共振频率［$F(k)$］和带宽［$B(k)$］的值（单位为 Hz）

5.1.6　鼻腔耦合的影响

在发鼻辅音/M/、/N/、/NX/时，软腭会被降低来使鼻道和咽头连接。同时，口道完全闭合（如发/M/时的嘴唇）。这种结构如图 5.17a 所示，它有两个分支，其中一个在末端完全闭合。在分支点上，每个管道输入处的声压都相同，而体积速度必须在分支点连续；即喉道输出的体积速度必须是鼻腔和口腔输入体积速度的总和。相应的电气传输线类比如图 5.17b 所示。注意，这三条管道连接处的体积速度的连续性和电气传输线连接处的基尔霍夫电流定律类似。

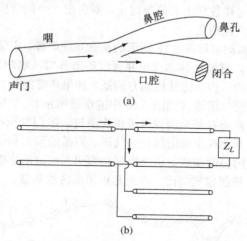

图 5.17　(a)产生鼻音的声管模型；(b)相应的电气类比

对于鼻辅音，声音的辐射主要发生在鼻孔。因此，鼻道以一个和鼻孔大小相适应的辐射阻抗作为末端。完全关闭的声道，以一个等效开路终接，即没有流动发生。鼻元音由相同的系统产生，并由和元音系统一样的声道终接。语音信号是鼻腔和口腔输出的叠加。

这一结构的数学模型包括三组偏微分方程，方程的边界条件是由声门激励、鼻道和口道末端以及连接处的连续性关系决定的。这就引出了一个很复杂的方程组。理论上，当给定所有三个管道的面积函数的测量值时，这个方程组可以求解。然而，整个系统的传输函数和之前的例子会有很多共同的特征。那就是，系统会被一组共振或共振峰所表征，这些共振峰取决于三个管道的形状和长度。一个重要的不同是关闭的口腔可以捕获某些频率的能量，使得这些频率不会在鼻输出部分出现。和电气传输线类比，开路传输线在这些频率部分的输入阻抗等于零。在这些频率部分，连接处被与口腔相对应的传输线所短路。结果就是对于鼻音，系统传输函数将会被反共振（零点）和共振表征[376]。Flanagan[105]在一个简单的近似分析中表明，图 5.17 所示的鼻音模型在约 $F_z = c/(4l_m)$ 处有一个零点，其中 l_m 是从软腭到闭合点的口腔长度。对于长 7cm 的口腔，零点会在 1250Hz 处。这与图 3.29 中所示鼻音/M/和/N/谱图中"洞"的位置是一致的。

人们还观察到[117]鼻音共振峰比非鼻音共振峰带宽要宽。这归因于鼻腔的大表面积[376]引起的黏性摩擦和热损失。

5.1.7　声道中声音的激励

前几节描述了物理学定律描述声音产生中传播和辐射的方式。为保持所讨论声学定律的完整性，我们必须考虑声波产生的机理。回顾 3.2.1 节对语音产生的小结，我们定义了如下三种主要的激励机制：

1. 从肺部出来的空气被声带振动调制，产生准周期脉冲激励。

2．空气通过声道中的一个收缩管道，所以从肺部来的空气变成湍流，产生像噪音似的激励。

3．气流在声道总闭合处的一点形成气压；通过消除收缩而快速释放气压，产生一个瞬间激励。

一个具体的激励模型包含次声门子系统（肺、支气管、气管）、喉门和声道。确实，一个考虑了所有必要细节的完备模型可以对呼吸和语音产生进行仿真[105]！第一个关于语音产生物理模型的综合性研究来自 Flanagan[105, 111]。后续研究提出了一个更加精细的模型，该模型详细描述了浊音和清音的产生过程[107, 110, 111, 155]。这个基于经典机制和流体机制的模型不在我们的讨论范围内。然而，对声音产生基本定律性质上的简单讨论，对引出一个简单模型十分有帮助，这个模型在语音分析和合成中得到了广泛应用。

在语音产生中，声带的振动可被图 5.18 所示的发音系统解释。声带收缩阻塞了从肺部到声道的通道。当肺部压力增大时，气流从肺部流出并通过声带开口（喉门）。贝努利定律指出，当流体流过一个小口时，收缩处的压力会比其他地方的低。如果声带的张力调整合适，减小的压力会使声带合在一起，完全阻碍空气流过（如图 5.18 中的虚线所示），结果是声带后的气压增大。最后气压达到一定程度，迫使声带打开从而使气流再次流过。喉门气压再次降低，重复上述过程。这样，声带持续振荡。喉门开闭的比率由肺部的气压、声带的张力和硬度、声门打开的面积所控制。这些就是声带运动模型的控制参数。这个模型必须引入声道的影响，因为声道中压力的变化会影响喉门处的压力变化。按照电气类比，声道是声带振荡的负载。

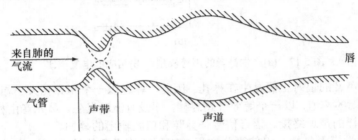

图 5.18　发音系统示意图

图 5.19a 显示了一个声带模型（摘自文献[155]）。这个声带模型包含了一组非线性微分方程，声带被机械耦合的器件表示。这些微分方程和描述声道传输的偏微分方程的相互作用，可被一个时变声学阻抗和导纳表示，见文献[155]。这些阻抗元件是 $1/A_G(t)$ 的函数，其中 $A_G(t)$ 是声门打开的面积。例如，当 $A_G(t) = 0$（声门闭合）时，阻抗无穷大，体积速度为零。这个模型的声门气流如图 5.20 所示[155]。上面的波形是体积速度，下面的波形是发元音/a/时嘴唇处的气压。声门气流的脉冲形状与我们之前讨论的一致，也与通过高速运动图像[105]观测的一致。输出的阻尼振荡自然也与我们之前讨论的声音在声道中的传播一致。

因为声门的面积是声道中气流的函数，所以图 5.19a 所示总系统是非线性的，即便声道传输和辐射系统是线性的。然而，声道和声门的耦合作用很弱，通常忽略该作用。这就引出了激励和传输系统的分离与线性化，如图 5.19b 所示。

这种情况下 $u_G(t)$ 是体积速度，其波形如图 5.20 上部所示。声门阻抗 Z_G 通过将声门处的体积速度和压力之间的关系线性化获得[105]。阻抗的形式为

$$Z_G(\Omega) = R_G + j\Omega L_G, \tag{5.36}$$

式中 R_G 和 L_G 是常数。通过这种配置，理想频域边界条件 $U(0, \Omega) = U_G(\Omega)$ 被替换成

$$U(0, \Omega) = U_G(\Omega) - Y_G(\Omega)P(0, \Omega), \tag{5.37}$$

式中，$Y_G(\Omega) = 1/Z_G(\Omega)$。

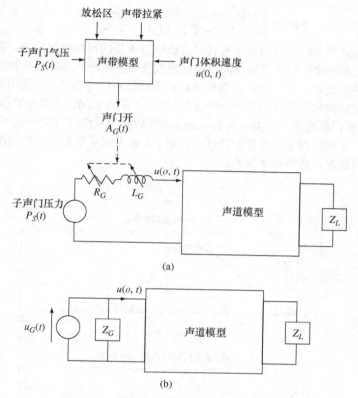

(a)

(b)

图 5.19　(a)声带模型图；(b)声带的近似模型

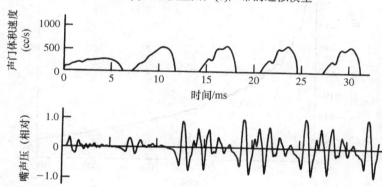

图 5.20　元音/a/的声门体积速度和声压（引自 Ishizaka and Flanagan[155]。阿尔卡特-朗讯美国公司允许重印）

　　声门源阻抗对共振带宽有很大的影响。主要影响是拓宽了最低共振。这是因为 $Z_G(\Omega)$ 随频率而增大，所以在高频部分，Z_G 就像一个开关，所有的声门源都流进了声道系统。这样，软壁和声门损失控制低共振的带宽，而辐射、摩擦和热损失控制高共振的带宽。

Rosenberg 声门脉冲近似

　　为了说明声门激励的作用，我们可以利用频域的灵活性优势。注意，我们的方法已利用一些损失边界条件在每个频率 Ω 处求解了式(5.28a)和式(5.28b)。在到目前为止的例子中，输入的复振幅 $U_G(\Omega)$ 对所有频率都一样。在这种情况下，复输出 $U(l, \Omega)$ 和 $P(l, \Omega)$ 等同于发音系统的气流和压力频率响应。声道频率响应曲线也描述了脉冲激励发音系统的响应。通过选择不同的 $U_G(\Omega)$，我们的解可以反映声门脉冲激励的作用。特别地，图 5.21a 显示了如下方程的曲线：

$$g_c(t) = \begin{cases} 0.5[1 - \cos(2\pi t/(2T_1))] & 0 \le t \le T_1 \\ \cos(2\pi(t - T_1)/(4T_2)) & T_1 < t \le T_1 + T_2, \end{cases} \tag{5.38}$$

该方程是 Rosenberg[326]在研究声门脉冲形状对合成语音质量的影响时提出的。图 5.21a 描述的这些脉冲，与在声带系统建模时获得的脉冲及反向滤波获得的脉冲的形状十分相近。通过改变参数 T_1 和 T_2，可使脉冲长度适应不同的基音周期并建模不同的声门开合比率。利用这个模型，我们可以观察声门激励对整体频谱形状的作用。习题 5.1 概述了信号 $g_c(t)$ 的傅里叶变换的起源，图 5.21b 以 dB 尺度显示了声门源谱在 $T_1 = 4$ms 和 $T_2 = 2$ms 时（以 dB 为单位）$U_G(\Omega) = G_c(\Omega)$[即 $u_G(t) = g_c(t)$] 的曲线。很明显，声门脉冲本身有低通特性。习题 5.1 还考虑了更加实际的情况，即输入是一串周期性重复的声门脉冲，它有如下形式：

$$u_G(t) = \sum_{k=-\infty}^{\infty} g_c(t - kT_0), \tag{5.39}$$

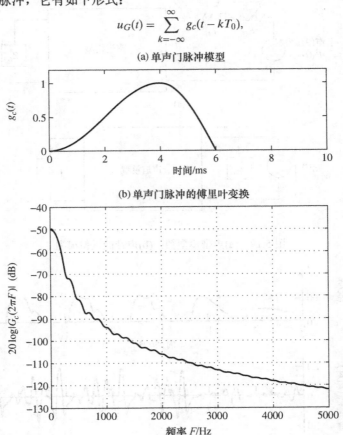

图 5.21 Rosenberg 声门脉冲模型[326]：(a)式(5.38)的曲线，其中 $T_1 = 4$ms，$T_2 = 2$ms；
(b)当 $u_G(t) = g_c(t)$ 时，相应的对数幅度激励谱 $U_G(\Omega)$。©[1971] 美国声学学会

其中，T_0 是（基音）周期。

声门将其低通特性作用于声道的频率响应。例如，图 5.12 所示均匀有损管道是利用附录 B 的技术重新计算得到的，其中利用了图 5.21b 中的声门谱作为输入谱 $U_G(\Omega)$。总体体积速度响应的结果如图 5.22a 所示，总体气压响应如图 5.22b 所示。比较图 5.12 和图 5.22 中的对应曲线表明，声门谱的下降（dB）显著地降低了谱的高频部分。同样，图 5.22a 和图 5.22b 的比较表明，高频辐射负载的加强被声门谱所克服，所以气压谱也明显削弱了高频部分。同样，图 5.22b 中的合成谱有一个很低频率的峰值及一组共振峰。这归因于辐射负载的低频微分器作用及声门谱的峰在 $F = 0$Hz 处这一事实。这样低的峰通常能在光谱图中观察到。

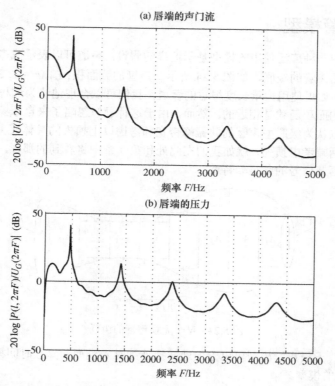

图 5.22　均匀声管声门脉冲形状的影响：(a)$T_1 = 4$ ms 和 $T_2 = 2$ ms 时嘴唇处的对数
幅度体积速度谱；(b)$u_G(t) = g_c(t)$时，嘴唇处对应的对数幅度压力谱

清音激励

清音的产生机理涉及空气的湍流。它可以发生在当体积速度超过某个关键值时[105, 107]的收缩部分。这样的激励可以在收缩点插入一个随机时变源来建模。源的长度依赖于管道中的体积速度。用这种方法，如果需要的话，摩擦会自动插入[105, 107, 110]。对于摩擦音，调整声带参数以使声带不振动。对于浊擦音，声带振动且湍流发生在当体积速度脉冲超出某值时的收缩处。对于爆破音，声道关闭一段时间，气压在关闭后建立，声带不振动。收缩释放时，气流以高速冲出，产生湍流。

5.1.8　基于声学理论的模型

5.1 节详细讨论了语音产生过程中声学理论的重要特征。理论上，语音产生、传播和辐射的详细模型，利用激励和声道参数的合理值求解，并以此来计算输出波形。确实，这可能是自然发音的最好合成方法[155]。然而，对于很多目的，这种细节并不实用也无必要。这种情况下，我们已经详细讨论的声学理论最为有用，因为它指出了一种简化建模语音信号的方法。图 5.23 显示了一个整体框图，该图代表了很多

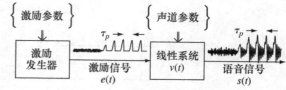

图 5.23　语音产生的源/系统模型

作为语音处理基础的模型。这些模型的共同点是激励特征与声道和辐射特征分离。声道和辐射影响被时变线性系统所解释。它的目的是建模我们已经观察和讨论的共振影响。激励发生器产生一串脉冲或一个随机变化信号。通过选择源和系统的参数来使输出拥有想要的语音属性。仔细做到这一点后，模型可作为语音处理的有用基础。本章剩余部分讨论这种类型的一些模型。

5.2 无损声管模型

语音产生过程中一种广泛使用的模型基于这样的假设：声道可以表示成多个不同长度、固定截面、对声音无损的声管的级联，如图 5.24 所示。声管的截面积$\{A_k\}$，$k = 1, 2, \cdots, N$用于近似声道的面积函数$A(x)$。如果使用大量长度很短的管道，我们可以合理地认为这种级联型管道的共振峰频率和连续变化的面积函数是相近的。然而，由于这种近似忽略了来自摩擦、热传导和管壁反射的损失，我们可以认为级联型声管的共振峰带宽和考虑以上损失的具体模型是不同的。然而，可以在声门和嘴唇两端考虑损失，就如我们在此处和第 9 章中将看到的那样，这样做的目的是为了能够准确地描述语音信号的共振峰特性。

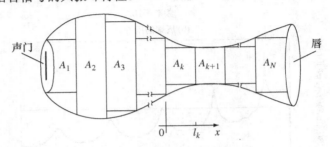

图 5.24　N个无损声管的级联

更为重要的是，无损声管模型可以方便地转换连续时间模型和离散时间模型，因此我们将具体考虑图 5.24 所示的模型。

5.2.1　级联无损声管中的波形传播

图 5.25 显示了一个更加具体的级联无损声管模型，各管道具有不同的长度。因为每个子管道都是无损的，因此声音在每个具有合适截面积值的声管中的传播，可用式(5.2a)和式(5.2b)表示。因此，如果假设第 k 个声管的截面积是A_k，那么这个声管的声压和体积速度可以表示为

$$u_k(x,t) = u_k^+(t - x/c) - u_k^-(t + x/c), \tag{5.40a}$$

$$p_k(x,t) = \frac{\rho c}{A_k}\left[u_k^+(t - x/c) + u_k^-(t + x/c)\right], \tag{5.40b}$$

式中，x（$0 \le x \le l_k$）是第 k 个声管从该声管最左端开始测量的距离，$u_k^+(\ )$和$u_k^-(\ )$分别是第 k 个声管中正向传播和反向传播的声波。两个相连声管之间传播的声波的关系，可通过声压和体积速度在系统中时间连续和空间连续的物理性质得到，这给系统两端和各个声管提供了边界条件。

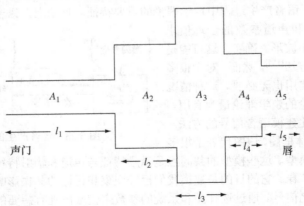

图 5.25　五个无损声管的级联

特别地，考虑第 k 个和第 $k+1$ 个声管的连接处，见图5.26。在两声管连接处应用连续条件有

$$u_k(l_k,t) = u_{k+1}(0,t), \tag{5.41a}$$

$$p_k(l_k,t) = p_{k+1}(0,t). \tag{5.41b}$$

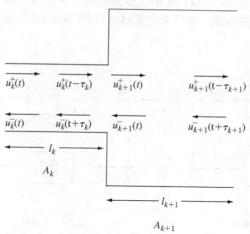

图 5.26　两无损声管连接处的图示

将式(5.40a)和式(5.40b)代入式(5.41a)和式(5.41b)中得到

$$u_k^+(t-\tau_k) - u_k^-(t+\tau_k) = u_{k+1}^+(t) - u_{k+1}^-(t), \tag{5.42a}$$

$$\frac{A_{k+1}}{A_k}\left[u_k^+(t-\tau_k) + u_k^-(t+\tau_k)\right] = u_{k+1}^+(t) + u_{k+1}^-(t), \tag{5.42b}$$

式中，$\tau_k = l_k/c$ 表示声波在第 k 个声管中传播经历的时间。从图5.26可以看到部分正向传播的声波到达连接处后，继续向右传播，而部分声波会向左返回。同样，部分反向传播的声波会继续向左传播，部分则向右返回。因此，如果能够根据 $u_{k+1}^-(t)$ 和 $u_k^+(t-\tau_k)$ 解出 $u_{k+1}^+(t)$ 和 $u_k^-(t+\tau_k)$，我们就能了解在第 k 个声管里正向和反向传播的声波是如何传播的。从式(5.42a)中解出 $u_k^-(t+\tau_k)$，把它代入式(5.42b)中得到

$$u_{k+1}^+(t) = \left[\frac{2A_{k+1}}{A_{k+1}+A_k}\right]u_k^+(t-\tau_k) + \left[\frac{A_{k+1}-A_k}{A_{k+1}+A_k}\right]u_{k+1}^-(t). \tag{5.43a}$$

式(5.42b)减去式(5.42a)得到

$$u_k^-(t+\tau_k) = -\left[\frac{A_{k+1}-A_k}{A_{k+1}+A_k}\right]u_k^+(t-\tau_k) + \left[\frac{2A_k}{A_{k+1}+A_k}\right]u_{k+1}^-(t). \tag{5.43b}$$

由式(5.43a)中可看出

$$r_k = \frac{A_{k+1}-A_k}{A_{k+1}+A_k} \tag{5.44}$$

是在连接处返回的 $u_{k+1}^-(t)$ 的量，因此称 r_k 为第 k 个声管的反射系数。由于 $\{A_k\}$，$k=1,2,\dots,N$ 都是正数（见习题5.3），因此很容易证明

$$-1 \leq r_k \leq 1. \tag{5.45}$$

利用 r_k 的定义，式(5.43a)和式(5.43b)可以表达成

$$u_{k+1}^+(t) = (1+r_k)u_k^+(t-\tau_k) + r_k u_{k+1}^-(t), \tag{5.46a}$$

$$u_k^-(t+\tau_k) = -r_k u_k^+(t-\tau_k) + (1-r_k)u_{k+1}^-(t). \tag{5.46b}$$

在语音分析中，第一个使用这种公式是 Kelly and Lochbaum[188]。用图5.27这样的图形来描述

式(5.46a)和式(5.46b)非常有用。图中，信号流图法[①]用于表示式(5.46a)和式(5.46b)的乘法和加法。显然，只要我们关注的是声管输入/输出的声压值和体积速度，就可将图 5.25 中的每个声管的连接处表述成一个类似于图 5.27 的系统。我们主要关注最后一个声管的输出和第一个声管的输入之间的关系，因此这样做是没有限制的。所以，如图 5.25 所示的 5 声管模型由 5 组正向和反向延时器及 4 个具有各自反射系数的连接处组成。必须考虑嘴唇处和声门处的边界条件，才能完成对图 5.25 所示声波传播系统的描述。

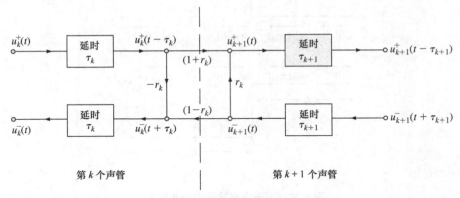

图 5.27　两无损声管连接处的信号流图表示

5.2.2　边界条件

假设从声门开始，系统有下标为 1 到 N 的 N 个声管。因此，我们有 N 组正向和反向传播的声波，$N-1$ 个具有不同反射系数的连接处，以及嘴唇和声门处的一组边界条件。

嘴唇处的边界条件

嘴唇处的边界条件将第 N 个声管输出端的声压 $p_N(l_N, t)$、体积速度 $u_N(l_N, t)$ 和辐射声压、辐射体积速度关联起来。如果使用 5.1.4 节的频域关系，那么有

$$P_N(l_N, \Omega) = Z_L \cdot U_N(l_N, \Omega). \tag{5.47}$$

此时假设 Z_L 是实数，则得到时域关系

$$\frac{\rho c}{A_N}\left[u_N^+(t - \tau_N) + u_N^-(t + \tau_N)\right] = Z_L\left[u_N^+(t - \tau_N) - u_N^-(t + \tau_N)\right]. \tag{5.48}$$

[如果 Z_L 是复数，式(5.48)可以用 $p_N(l_N, t)$ 与 $u_N(l_N, t)$ 的差分方程替换。] 求解 $u_N^-(t + \tau_N)$ 得

$$u_N^-(t + \tau_N) = -r_L u_N^+(t - \tau_N), \tag{5.49}$$

其中嘴唇处的反射系数是

$$r_L = \left[\frac{\rho c/A_N - Z_L}{\rho c/A_N + Z_L}\right]. \tag{5.50}$$

嘴唇处输出的体积速度为

$$u_N(l_N, t) = u_N^+(t - \tau_N) - u_N^-(t + \tau_N) \tag{5.51a}$$

$$= (1 + r_L)u_N^+(t - \tau_N). \tag{5.51b}$$

式(5.49)、式(5.51a)、式(5.51b)所表现的这种末端效果如图 5.28 所示。注意，如果 Z_L 是复数，式(5.50)仍然有效，同时 r_L 也相应地为复数，需要将式(5.49)替换成频域的等价形式。$u_N^-(t + \tau_N)$ 和 $u_N^+(t - \tau_N)$ 也可等价地用差分方程关联起来（见习题 5.5）。

[①]关于如何在信号处理中使用信号流图的介绍，见文献[270]。

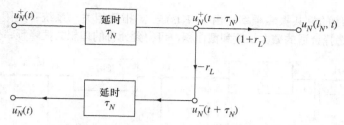

图 5.28 级联无损声管模型嘴唇处的终端结构

声门处的边界条件

声门处频域的边界条件在 5.1.7 节中给出，前提是激励源和声道是线性可分的。把这个关系应用于输入端到第一个声管的声压和体积速度上，得到

$$U_1(0, \Omega) = U_G(\Omega) - Y_G(\Omega)P_1(0, \Omega). \tag{5.52}$$

再次假设 $Y_G = 1/Z_G$ 是实常数，有

$$u_1^+(t) - u_1^-(t) = u_G(t) - \frac{\rho c}{A_1}\left[\frac{u_1^+(t) + u_1^-(t)}{Z_G}\right]. \tag{5.53}$$

求解 $u_1^+(t)$ 得

$$u_1^+(t) = \frac{(1 + r_G)}{2}u_G(t) + r_G u_1^-(t), \tag{5.54}$$

其中声门处的反射系数是

$$r_G = \left[\frac{Z_G - \dfrac{\rho c}{A_1}}{Z_G + \dfrac{\rho c}{A_1}}\right]. \tag{5.55}$$

式(5.54)可以用图 5.29 来表示。如同在辐射终端的情况下那样，如果 Z_G 是复数，式(5.55)仍然成立。然而，r_G 是复数，式(5.54)要么用其频域的等价形式替代，要么将 $u_1^+(t)$ 用 $u_G(t)$ 与 $u_1^-(t)$ 的差分方程表示。一般来说，阻抗 Z_G、Z_L 的作用就是为引入系统损耗，所以认为它们是实数也不会对模型的准确性带来太大的影响。

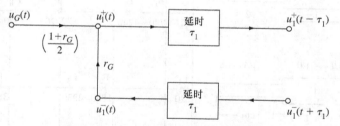

图 5.29 无损声管模型声门处的终端结构

例如，图 5.30 显示了一个 2 声管模型中声波传播的完整示意图。定义嘴唇处的体积速度为 $u_L(t) = u_2(l_2, t)$。在频域写出系统的关系式，系统的频率响应（见习题5.7）为

$$V_a(\Omega) = \frac{U_L(\Omega)}{U_G(\Omega)} \tag{5.56a}$$

$$= \frac{0.5(1 + r_G)(1 + r_L)(1 + r_1)e^{-j\Omega(\tau_1 + \tau_2)}}{1 + r_1 r_G e^{-j\Omega 2\tau_1} + r_1 r_L e^{-j\Omega 2\tau_2} + r_L r_G e^{-j\Omega 2(\tau_1 + \tau_2)}}. \tag{5.56b}$$

我们应当指出 $V_a(\Omega)$ 的一些特点。首先，看分母中的 $e^{-j\Omega(\tau_1 + \tau_2)}$ 项，它简单地表示系统从声门到嘴唇的全部传播延时。用 s 替换式(5.56b)中的 $j\Omega$，可得系统函数的拉普拉斯变换

$$V_a(s) = \frac{0.5(1 + r_G)(1 + r_L)(1 + r_1)e^{-s(\tau_1 + \tau_2)}}{1 + r_1 r_G e^{-s2\tau_1} + r_1 r_L e^{-s2\tau_2} + r_L r_G e^{-s2(\tau_1 + \tau_2)}}. \tag{5.57}$$

$V_a(s)$的极点就是系统的复共振峰频率。由于 $V_a(s)$ 与 s 指数相关，系统有无限个极点。Fant[101]和 Flanagan[105]指出，选择合适的截面长度和截面积，可得到元音的理想共振峰频率分布（见习题 5.8）。

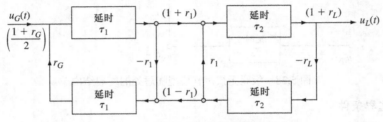

图 5.30 完整的 2 声管模型流图

作为一个例子，图 5.31 显示了一组 2 声管模型，它们具有不同的 l_1、l_2、A_1、A_2 值，以及不同的前四个共振峰（计算中声速 $c = 35200\text{m/s}$）。长度 $l = 17.6\text{cm}$（图中顶部所示）的均匀单声管模型具有共振峰的典型值，即 500Hz、1500Hz、2500Hz 和 3500Hz。图 5.31 中的其他图形给出了不同声管长度、不同截面积比的声管模型的共振峰位置分布情况，从图中可以看到每种模型和均匀单声管模型相比共振峰的相对移动。

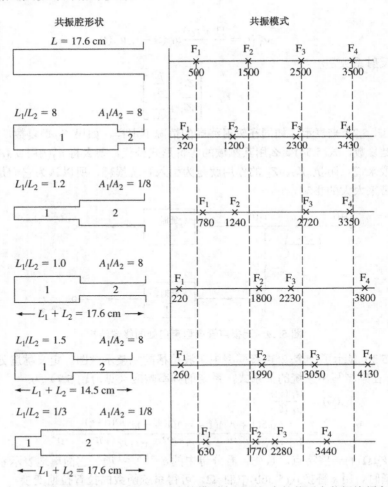

图 5.31 不同结构参数配置的 2 声管模型实例及相应的前四个共振峰频率

图 5.32 至图 5.34 显示了以 2 声管模型近似模拟元音/AA/（见图 5.32）和元音/IY/（见图 5.33 和图 5.34）的对数幅度频率响应。元音/AA/的 2 声管模型参数为 $l_1 = 9$、$A_1 = 1$、$l_2 = 8$ 和 $A_2 = 7$，长度的单位为厘米，截面积的单位为平方厘米。图 5.32 给出了两条对数幅度频率响应曲线，其中峰值更尖锐的曲线（虚线）所对应的边界条件是 $r_L = 1$、$r_G = 1$，峰值平缓的典线所对应的边界条件是 $r_L = 1$、$r_G = 0.7$。很明显，声门处损耗的主要影响就是展宽共振峰带宽、削弱频率响应曲线的尖锐程度。

图 5.33 和图 5.34 给出了适合于元音/IY/的 2 声管模型参数（即 $l_1 = 9$、$A_1 = 8$、$l_2 = 6$、$A_2 = 1$）的对数幅度频率响应曲线。图 5.33 和图 5.34 中的虚线对应边界条件 $r_L = 1$、$r_G = 1$，图 5.33 中的实线对应边界条件 $r_L = 0.7$、$r_G = 1$，图 5.34 中的实线对应边界条件 $r_L = 1$、$r_G = 0.7$。从图中可看出，对数幅度频率响应具有相同的共振峰位置分布，但由于式(5.57)中 $\tau_1 \neq \tau_2$，故共振峰带宽不同。

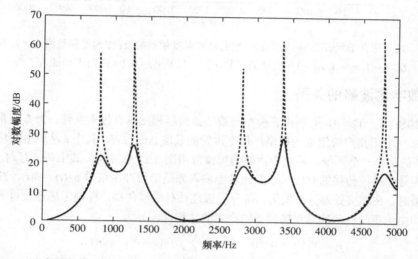

图 5.32　尺寸适合于元音/AA/的 2 声管模型的对数幅度频率响应；虚线的参数为 $l_1 = 9$，$A_1 = 1$, $l_2 = 8$, $A_2 = 7$, $r_L = 1$, $r_G = 1$，实线的参数为与虚线的相同，只是 $r_G = 0.7$

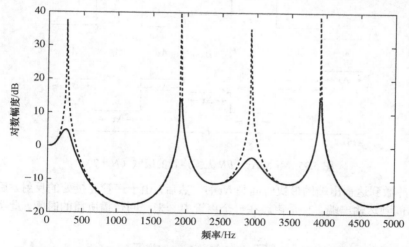

图 5.33　尺寸适合于元音/IY/的 2 声管模型的对数幅度频率响应；虚线的参数为 $l_1 = 9$, $A_1 = 8$, $l_2 = 6$, $A_2 = 1$, $r_L = 1$, $r_G = 1$；实线的参数相同，只是 $r_L = 0.7$（声门末端插入了损失）

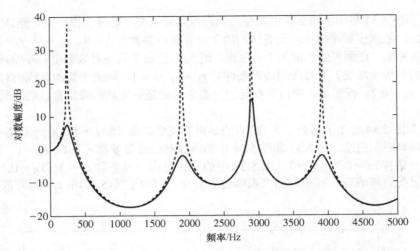

图 5.34　尺寸适合于元音/IY/的 2 声管模型的对数幅度频率响应；虚线的参数为 $l_1 = 9$, $A_1 = 8$, $l_2 = 6$, $A_2 = 1$, $r_L = 1$, $r_G = 1$；实线的参数相同，只是 $r_G = 0.7$（声门末端插入了损失）

5.2.3　与数字滤波器的关系

2 声管模型的 $V_a(s)$ 表明，无损声管模型与数字滤波器相比具有很多共性。为弄清楚这一点，首先考虑一个由 N 个无损声管组成的模型，每个声管的长度 $\Delta x = l/N$，其中 l 是声道的总长。图 5.35 给出了 $N = 7$ 的这样一个系统。系统中声波的传播可用图 5.27 来描绘，其中每个延时 $\tau = \Delta x/c$，这就是在每个声管中声波传播的时间。一开始考虑输入源是单位冲激信号 $u_G(t) = \delta(t)$，冲激信号在各个声管中传播时，在连接处部分被发射，部分通过连接处继续传播。详细考虑该过程表明，声道的冲激响应（即由于声门处的冲激在嘴唇处的产生的体积速度）为

$$v_a(t) = \alpha_0 \delta(t - N\tau) + \sum_{k=1}^{\infty} \alpha_k \delta(t - N\tau - 2k\tau), \qquad (5.58)$$

式中，一般来说，每个冲激响应系数 α_k 取决于所有声管连接处的反射系数。

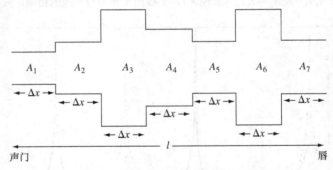

图 5.35　等长 $\Delta x = l/N$ 无损声管的级联（$N = 7$）

很明显，冲激到达输出端的最快时间是 $N\tau$ 秒。然后，由于声管连接处的反射，后续冲激以 2τ 秒整数倍的时间到达输出端。2τ 是声波在一个声管中一来一回传播所需的时间。此类系统的系统函数为

$$V_a(s) = \sum_{k=0}^{\infty} \alpha_k e^{-s(N+2k)\tau} = e^{-sN\tau} \sum_{k=0}^{\infty} \alpha_k e^{-s2\tau k}. \qquad (5.59)$$

式中，$e^{-sN\tau}$ 对应于通过所有 N 个声管所需的最短时间。另一部分

$$\hat{V}_a(s) = \sum_{k=0}^{\infty} \alpha_k e^{-sk2\tau} \tag{5.60}$$

是冲激响应为 $\hat{v}_a(t) = v_a(t + N_\tau)$ 的线性系统的系统函数。这部分描述了系统的共振峰频率。图 5.36a
是无损声管模型的框图表示，它将系统分割成 $\hat{v}_a(t)$ 系统和延时部分。频率响应 $\hat{V}_a(\Omega)$ 为

$$\hat{V}_a(\Omega) = \sum_{k=0}^{\infty} \alpha_k e^{-j\Omega k2\tau}. \tag{5.61}$$

容易证明

$$\hat{V}_a\left(\Omega + \frac{2\pi}{2\tau}\right) = \hat{V}_a(\Omega). \tag{5.62}$$

当然，这会让人想起离散时间系统的频率响应。实际上，如果系统的输入（激励）的频率带
宽限定在 $\pi/(2t)$ 以内，那么能以周期 $T = 2\tau$ 进行采样，并用一个冲激响应如下所示的数字滤波器
滤波：

$$\hat{v}[n] = \begin{cases} \alpha_n & n \geq 0 \\ 0 & n < 0. \end{cases} \tag{5.63}$$

通过这样选择 $\hat{v}[n]$ 并将输入带限到低于 $\pi/(2t)$ 的频率，图 5.36b 中采样输入信号 $u_G[n] = u_G(nT)$
引起的数字滤波器的输出，与对图 5.36a 中模拟系统的输出进行采样得到的结果是相同的。

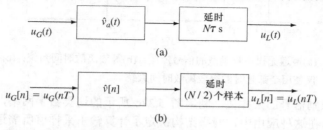

图 5.36　(a)无损声管模型的框图表示；(b)等效离散时间系统

采样周期取 $T = 2\tau$，延时 $N\tau$ 秒对应于移动了 $N/2$ 个样本。图 5.36b 显示了带限输入的等效离
散时间系统。如果 N 是偶数，那么 $N/2$ 是一个整数，延时可通过对第一个系统的输出序列做简单
的移位来实现。如果 N 是奇数，则需要通过插值来得到图 5.36a 的输出样本。在绝大部分语音模
型的应用中，我们往往会忽略或避免这种延时，因为它不会产生太大的影响。

将 $\hat{v}[n]$ 中的 e^{sT} 替换为 z，就可得到 $\hat{V}_a(s)$ 的 z 变换，即

$$\hat{V}(z) = \sum_{k=0}^{\infty} \alpha_k z^{-k}. \tag{5.64}$$

等效离散时间系统的信号流图可根据模拟系统的流图通过类比的方式得到。具体来说，模拟
系统中的每个节点变量将被相应的采样序列取代。同样，每个延时 τ 将被 1/2 采样延时取代，因
为 $\tau = T/2$。图 5.37b 给出了一个例子，请注意每个单元的传播延时都是用 $z^{-1/2}$ 来表示的。

图 5.37b 中的 1/2 采样延时表明需要在两个样本的中间插值。在一个固定采样速率的数字系
统中，精确实现这样的插值是不可能的。观察到图 5.37b 的结构是梯状的，且延时部分只出现在
上路径和下路径，信号经过上路径传输到右边，经过下路径传输到左边。图 5.37b 中任何一条封
闭路径上的延时将做如下处理：下路径上的延时移到对应的上路径上，下路径上的延时不再保留。
虽然从输入到输出的全部延时已不正确，但在实际中它的影响不大，理论上可以通过插入准确的
增量（通常是 $z^{N/2}$）来补偿[1]。图 5.37c 以一个 3 声管的例子说明了如何实现这个过程。这种结构
的优点在于可为系统建立差分方程，同时可以利用差分方程迭代计算出输入采样值经过系统传输
得到的输出采样值。

---

[1] 注意，也可把延时全部移到下路径上，这时整个系统的延时可以通过插入 $N/2$ 样本的延时来纠正。

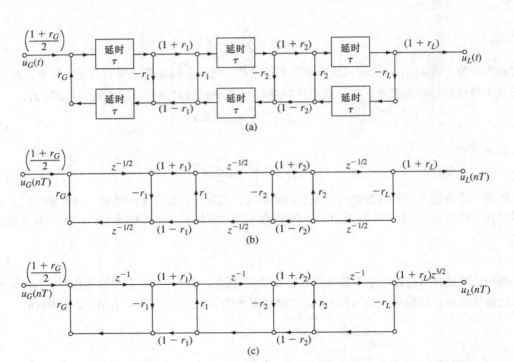

图 5.37 (a)声道无损声管模型的信号流图；(b)等效离散时间系统；(c)在梯形部分
仅使用全部延时的等效离散时间系统

我们可以根据激励信号的采样值，利用图 5.37c 所示的这类数字网络，来计算合成语音信号的采样值[188, 270]。在这种应用中，网络结构决定了计算输出采样值所需运算的复杂度。路径上每个分支的传输系数如果不为 1，就需要做一次乘法运算。声管区域每个连接处都需要 4 次乘法运算和 2 次加法运算。从图 5.37c 可以得到一个更一般的结论：实现一个 N 声管模型需要进行 $4N$ 次乘法运算和 $2N$ 次加法运算。由于乘法是最耗时的运算，因此有必要考虑其他乘法运算量小的结构（利于计算的结构），而图 5.38a 所示的典型连接提供了这样的结构。该流图的差分方程是

$$u^+[n] = (1+r)w^+[n] + ru^-[n], \tag{5.65a}$$

$$w^-[n] = -rw^+[n] + (1-r)u^-[n]. \tag{5.65b}$$

可以将它们改写为

$$u^+[n] = w^+[n] + rw^+[n] + ru^-[n], \tag{5.66a}$$

$$w^-[n] = -rw^+[n] - ru^-[n] + u^-[n]. \tag{5.66b}$$

由于 $rw^+[n]$ 和 $ru^-[n]$ 在两个方程中都出现了，借助于图 5.38b 所示的结构可消去式(5.65a)和式(5.65b)中四个乘法中的两个。这种结构需要两次乘法运算和四次加法运算。将含有 r 的项合并到一起，得到

$$u^+[n] = w^+[n] + r\left(w^+[n] + u^-[n]\right), \tag{5.67a}$$

$$w^-[n] = u^-[n] - r\left(w^+[n] + u^-[n]\right). \tag{5.67b}$$

这时的结构流图如图 5.38c 所示，由于 $r(w^+[n] + u^-[n])$ 在两个方程中都有，这种结构只需要一次乘法运算和三次加法运算。这种结构的无损声管模型是 Itakura and Saito[163]最先得到的。在语音合成中使用无损声管模型时，计算结构的选择取决于计算加法运算和乘法运算的速度，也取决于控制计算的容易程度。

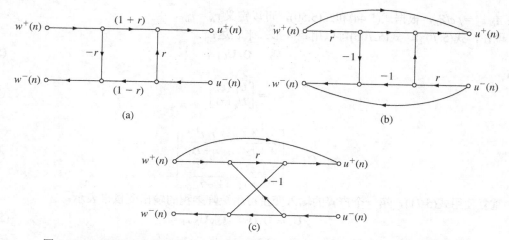

图 5.38　(a)无损声管连接处的 4 乘法器结构；(b)2 乘法器结构；(c)单乘法器结构

5.2.4　无损声管模型的传输函数

我们的主要目的是，得到只含有反射系数项的离散时间无损声管模型的传输函数来生成语音。Atal and Hanauer[12]、Markel and Gray[232]、Wakita[410]在语音线性预测分析中得到了这样的方程。第 9 章中将介绍无损声管模型与线性预测分析的关系，这里主要介绍无损声管模型的传输函数的一般形式及其变体。

首先，我们定义传输函数为

$$V(z) = \frac{U_L(z)}{U_G(z)}. \tag{5.68}$$

用 $U_L(z)$ 来表达 $U_G(z)$，再计算比值得到 $V(z)$ 是非常方便的。图 5.39 显示了一个无损声管模型的连接处，该连接处的 z 变换为

$$U_{k+1}^+(z) = (1 + r_k)z^{-1/2}U_k^+(z) + r_kU_{k+1}^-(z), \tag{5.69a}$$

$$U_k^-(z) = -r_kz^{-1}U_k^+(z) + (1 - r_k)z^{-1/2}U_{k+1}^-(z). \tag{5.69b}$$

用 $U_{k+1}^+(z)$、$U_{k+1}^-(z)$ 来表示 $U_k^+(z)$、$U_k^-(z)$，得到

$$U_k^+(z) = \frac{z^{1/2}}{1 + r_k}U_{k+1}^+(z) - \frac{r_kz^{1/2}}{1 + r_k}U_{k+1}^-(z), \tag{5.70a}$$

$$U_k^-(z) = \frac{-r_kz^{1/2}}{1 + r_k}U_{k+1}^+(z) + \frac{z^{-1/2}}{1 + r_k}U_{k+1}^-(z). \tag{5.70b}$$

利用式(5.70a)和式(5.70b)，可通过无损声管模型的输出反过来得到用 $U_L(z)$ 来表示的 $U_G(z)$。

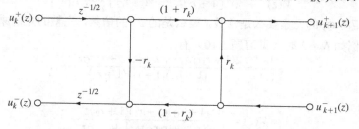

图 5.39　表示声管连接处 z 变换间关系的流图

为使结果更紧凑，可用同样的方式来表达系统中嘴唇处和其他连接处的边界条件。为达到这一目的，我们定义 $U_{N+1}(z)$ 为虚拟的第 $N + 1$ 个声管的输入信号的 z 变换，也可等价地认为第 $N + 1$ 个声管中的信号由于特征阻抗过大而终止传播。既然如此，就有 $U_{N+1}^+(z) = U_L(z)$，$U_{N+1}^-(z) = 0$。

如果 $A_{N+1} = \rho c / Z_L$，根据式(5.44)和式(5.50)，可以定义 $r_N = r_L$。

现在，式(5.70a)、式(5.70b)可以用矩阵形式来表达：

$$\mathbf{U}_k = \mathbf{Q}_k \mathbf{U}_{k+1}, \tag{5.71}$$

式中，

$$\mathbf{U}_k = \begin{bmatrix} U_k^+(z) \\ U_k^-(z) \end{bmatrix}, \tag{5.72}$$

和

$$\mathbf{Q}_k = \begin{bmatrix} \dfrac{z^{1/2}}{1+r_k} & \dfrac{-r_k z^{1/2}}{1+r_k} \\[2mm] \dfrac{-r_k z^{-1/2}}{1+r_k} & \dfrac{z^{-1/2}}{1+r_k} \end{bmatrix}. \tag{5.73}$$

重复使用式(5.71)，第一个声管的输入变量可用矩阵乘积的输出变量来表示：

$$\mathbf{U}_1 = \mathbf{Q}_1 \mathbf{Q}_2 \cdots \mathbf{Q}_N \mathbf{U}_{N+1} \tag{5.74a}$$

$$= \prod_{k=1}^N \mathbf{Q}_k \cdot \mathbf{U}_{N+1}. \tag{5.74b}$$

从图 5.29 可以看到，声门处的边界条件可以表示为

$$U_G(z) = \frac{2}{(1+r_G)} U_1^+(z) - \frac{2r_G}{1+r_G} U_1^-(z), \tag{5.75}$$

也可表示为

$$U_G(z) = \begin{bmatrix} \dfrac{2}{1+r_G}, & -\dfrac{2r_G}{1+r_G} \end{bmatrix} \cdot \mathbf{U}_1. \tag{5.76}$$

因为

$$\mathbf{U}_{N+1} = \begin{bmatrix} U_L(z) \\ 0 \end{bmatrix} = \begin{bmatrix} 1 \\ 0 \end{bmatrix} U_L(z), \tag{5.77}$$

最终有

$$\frac{U_G(z)}{U_L(z)} = \begin{bmatrix} \dfrac{2}{1+r_G}, & -\dfrac{2r_G}{1+r_G} \end{bmatrix} \prod_{k=1}^N \mathbf{Q}_k \begin{bmatrix} 1 \\ 0 \end{bmatrix}, \tag{5.78}$$

它等于 $1/V(z)$。

为了考察 $V(z)$ 的性质，将 $\mathbf{Q}_k$ 表示成

$$\mathbf{Q}_k = z^{1/2} \begin{bmatrix} \dfrac{1}{1+r_k} & \dfrac{-r_k}{1+r_k} \\[2mm] \dfrac{-r_k z^{-1}}{1+r_k} & \dfrac{z^{-1}}{1+r_k} \end{bmatrix} = z^{1/2} \hat{\mathbf{Q}}_k. \tag{5.79}$$

因此，式(5.78)改写为

$$\frac{1}{V(z)} = z^{N/2} \begin{bmatrix} \dfrac{2}{1+r_G}, & -\dfrac{2r_G}{1+r_G} \end{bmatrix} \prod_{k=1}^N \hat{\mathbf{Q}}_k \begin{bmatrix} 1 \\ 0 \end{bmatrix}. \tag{5.80}$$

首先，因为矩阵 $\hat{\mathbf{Q}}_k$ 的元素要么是常数，要么是的 z^{-1} 的倍数，完整的矩阵乘积将变成变量 z^{-1} 的 N 次多项式。例如 $N=2$ 时（见习题 5.10）有

$$\frac{1}{V(z)} = \frac{2(1 + r_1 r_2 z^{-1} + r_1 r_G z^{-1} + r_2 r_G z^{-2}) z}{(1+r_G)(1+r_1)(1+r_2)}, \tag{5.81}$$

或

$$V(z) = \frac{0.5(1+r_G)(1+r_1)(1+r_2) z^{-1}}{1 + (r_1 r_2 + r_1 r_G) z^{-1} + r_2 r_G z^{-2}}. \tag{5.82}$$

一般地，从式(5.79)、式(5.80)可以看到，无损声管模型的传输函数总可表示成

$$V(z) = \frac{0.5(1+r_G) \displaystyle\prod_{k=1}^N (1+r_k) z^{-N/2}}{D(z)}, \tag{5.83a}$$

其中 $D(z)$ 是 z^{-1} 的多项式，用矩阵表示可以写成

$$D(z) = [1, -r_G] \begin{bmatrix} 1 & -r_1 \\ -r_1 z^{-1} & z^{-1} \end{bmatrix} \cdots \begin{bmatrix} 1 & -r_N \\ -r_N z^{-1} & z^{-1} \end{bmatrix} \begin{bmatrix} 1 \\ 0 \end{bmatrix}. \tag{5.83b}$$

式(5.83b)表明，$D(z)$ 具有形式

$$D(z) = 1 - \sum_{k=1}^{N} \alpha_k z^{-k}; \tag{5.84}$$

即无损声管模型的传输函数具有一个和声管数相关的延时，它没有零点，只有极点。当然，这些极点就是无损声管模型的共振峰。

特别地，当 $r_G = 1(Z_G = \infty)$ 时，多项式 $D(z)$ 可使用递归公式从式(5.83b)得到。如果从左边开始做矩阵乘法，那么每次都需要将一个 1 行 2 列的行向量和一个 2 行 2 列的矩阵相乘，直到最后一次将一个 1 行 2 列的行向量和一个 2 行 1 列的列向量相乘［如图 5.38b 所示］。通过计算前面几次的矩阵乘法可以很明显地得到想要的递归公式。我们定义

$$\mathbf{P}_1 = [1, -1] \begin{bmatrix} 1 & -r_1 \\ -r_1 z^{-1} & z^{-1} \end{bmatrix} = \left[(1 + r_1 z^{-1}), -(r_1 + z^{-1}) \right]. \tag{5.85}$$

如果定义

$$D_1(z) = 1 + r_1 z^{-1}, \tag{5.86}$$

那么很容易证明

$$\mathbf{P}_1 = [D_1(z), -z^{-1} D_1(z^{-1})]. \tag{5.87}$$

同样，定义行向量 $\mathbf{P}_2$ 为

$$\mathbf{P}_2 = \mathbf{P}_1 \begin{bmatrix} 1 & -r_2 \\ -r_2 z^{-1} & z^{-1} \end{bmatrix}. \tag{5.88}$$

做完矩阵乘法，可以得到

$$\mathbf{P}_2 = [D_2(z), -z^{-2} D_2(z^{-1})], \tag{5.89}$$

式中，

$$D_2(z) = D_1(z) + r_2 z^{-2} D_1(z^{-1}). \tag{5.90}$$

通过归纳得到

$$\mathbf{P}_k = \mathbf{P}_{k-1} \begin{bmatrix} 1 & -r_k \\ -r_k z^{-1} & z^{-1} \end{bmatrix} \tag{5.91a}$$

$$= [D_k(z), -z^{-k} D_k(z^{-1})], \tag{5.91b}$$

式中，

$$D_k(z) = D_{k-1}(z) + r_k z^{-k} D_{k-1}(z^{-1}). \tag{5.92}$$

最终，所求的多项式 $D(z)$ 为

$$D(z) = \mathbf{P}_N \begin{bmatrix} 1 \\ 0 \end{bmatrix} = D_N(z). \tag{5.93}$$

因此，没有必要计算所有的矩阵乘法，只要简单地计算如下递归：

$$D_0(z) = 1, \tag{5.94a}$$

$$D_k(z) = D_{k-1}(z) + r_k z^{-k} D_{k-1}(z^{-1}), \quad k = 1, 2, \ldots, N, \tag{5.94b}$$

$$D(z) = D_N(z). \tag{5.94c}$$

由图 5.13 至图 5.16 中面积函数的数据计算出传输函数，可以说明无损声管模型的有效性。要完成推导，我们认为传播在嘴唇处终止，还需要确定使用的声管数。在推导中，我们将嘴唇辐射部分用一个截面积为 A_{N+1} 的没有反射波的管道来表示，数值 A_{N+1} 作为输出端的反射系数。整个系统中，只有这个部分是有损的（ $r_G = 1$ ），因此 A_{N+1} 可以控制 $V(z)$ 的共振峰带宽。例如，在完全无损的情形下，由 $A_{N+1} = \infty$ 可给出声学短回路的反射系数 $r_N = r_L = 1$。通常情况下，要根据嘴

唇处的反射系数来选择 A_{N+1}，因为反射系数能产生合适的共振峰带宽。下面给出一个例子。

声管数量取决于语音信号的采样率。各段等长无损声管模型的频率响应是周期性的，因此模型只能近似刻画频率落在范围 $|F| < 1/(2T)$ 内的声道行为，其中 T 是采样周期。前面提到 $T = 2\tau$，其中 τ 是一个管道中单路传输的时间。如果有 N 个管道，声管总长为 l，那么 $\tau = l/(cN)$。因为分母多项式的次数为 N，所以在频率范围 $|F| < 1/(2T)$ 内最多有 $N/2$ 个复共轭极点对。取 $l = 17.5\text{cm}$，$c = 350\text{m/s}$，可以得到

$$\frac{1}{2T} = \frac{1}{4\tau} = \frac{Nc}{4l} = \frac{N}{2}(1000)\text{Hz}. \tag{5.95}$$

它表明一个总长度为 17.5cm 的声道每 1000Hz 有一个共振峰。若 $1/T = 10\text{kHz}$，则基带为 5kHz，表明 N 应当取 10。图 5.11～图 5.16 证实声道共振峰密度是平均每 1000Hz 一个共振峰。声道总长度越短，每 1000Hz 的共振峰越少，反之亦然。

图 5.40 是一个 $N = 10$、$1/T = 10\text{kHz}$ 的例子。图 5.40a 显示了图 5.13（用 10 声管近似元音/AA/）的面积函数的数据。图 5.40b 给出反射系数 $A_{11} = 30\text{cm}^2$，嘴唇处的反射系数为 $r_N = 0.714$。可以看到，截面积相对改变量最大的地方出现了反射系数的最大值。图 5.40c 描绘的是 $r_N = 1$（实线）、$r_N = 0.714$（虚线）对应的对数幅度频率响应曲线。比较图 5.40c 中的虚线和图 5.13，我们发现，仅在嘴唇边界处存在合理的损失，无损声管模型的频率响应和 5.1.5 节讨论的更加具体的模型的频率响应相比，两者非常相似。

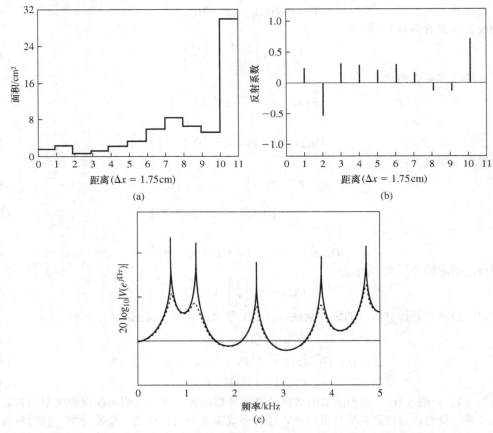

图 5.40 (a)无损 10 声管的面积函数，声管端接处无反射，面积为 30cm^2；(b)10 声管的反射系数；(c)10 声管的对数幅度频率响应曲线，虚线对应于(b)中的条件，实线对应于短路端接 [注意，面积数据是使用 Fant[101] 为俄语元音/AA/提供的数据计算得到的]

5.3 采样语音信号的数字模型

由 5.1 节和 5.2 节我们看到，详细推导声学语音产生的数学表示是可能的。我们研究这个理论的目的是，让大家关注语音信号的基本特征，以及这些特征和语音产生的物理部件的关系。声音有三种产生方式，每种方式的输出都是不同的，声道将共振峰作用到激励上从而产生不同的语音，这些就是到目前为止我们研究的主要内容。

我们已对物理模型做了很长的讨论，现在要提出一个重要的观点。描述语音信号的一种有效方法就是图 3.11、图 5.23 所示的源/系统模型，即一个参数可调的线性系统在适当的输入激励下和各个参数的控制下，输出和语音特性相似的信号，这里的参数和语音产生过程中的参数是相关的。这种模型在输入端和输出端上与物理模型是等效的，但内部结构并不是模仿实际语音产生的物理系统。我们更关注的是表示采样语音信号的离散时间源/系统模型。①

要产生类似语音的信号，激励的状态和线性系统的共振特性都要随时间发生变化。3.2 节讨论了这种时变性。像图 3.8 中的波形那样，波形图表明语音信号随时间的改变是很缓慢的。对许多语音来说，可以认为在一段时间（10~40ms）里激励和声道是固定的。因此，源/系统模型转化为：用准周期脉冲作为激励作用在慢时变线性系统上产生浊音，用随机噪声作为激励产生清音。

现在我们用上节讨论的离散时间无损声管模型作为例子。图 5.41a 描述了该模型的本质特征。回忆可知，声道系统由面积函数或反射系数表征，图 5.37c 所示的系统可用于计算由激励产生的语音输出。我们已证明输入和输出的关系可用传输函数 $V(z)$ 来表示，即

$$V(z) = \frac{G}{1 - \sum_{k=1}^{N} \alpha_k z^{-k}},$$

$$(5.96)$$

式中，G 和 $\{\alpha_k\}$ 取决于反射系数，详见 5.2.4 节中的讨论［考虑到实用方便，去掉了式(5.83a)中的固定时间延迟］。在考虑输出的情况下，对于一个固定的输入作用于任何具有这个传输函数的系统来说，都将产生相同的输出（对时变系统而言这个结论并不严格正确，但通过精心的实现可以减小差异）。因此，离散时间源/系统模型的一般形式如图 5.41b 所示，模型中声道滤波器的设计将有多种实现。

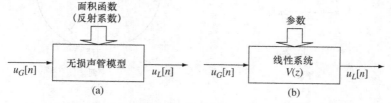

图 5.41　(a)无损声管模型的框图表示；(b)源/系统模型

除声道响应外，完整的源/信号模型还包括时变激励函数的表示、嘴唇处的声音辐射效应。本节余下的内容将分别讨论模型的每部分，最后将它们合并为一个完整的模型。

5.3.1 声道建模

语音的共振频率和传输函数 $V(z)$ 的极点是对应的。大多数语音的声道效应可用全极点模型来描述。而声学理论告诉我们，鼻音、摩擦音需要共振和反共振（极点和零点）来描述，这些情况下，我们可以将零点包含到传输函数中，也可用多个极点来（近似地）实现一个零点的作用[12]（参见习题 5.11），大多数情况下选用后者。

---

① Flanagan[104, 105]称这种模型为终端模拟，使用术语模拟是因为行为类似。在数字信号处理中，模拟和连续时间的含义相同。使用离散时间终端模拟来表述既不方便又易产生误解，因此我们使用源/系统模型。

因为式(5.96)中 $V(z)$ 的分母的系数是实数，分母多项式的根是实数或复共轭对。物理声道的复共振用复频率来表征：

$$s_k, s_k^* = -\sigma_k \pm j2\pi F_k. \tag{5.97}$$

在离散时间域上相应的复共轭极点表示成

$$z_k, z_k^* = e^{-\sigma_k T} e^{\pm j2\pi F_k T} \tag{5.98a}$$

$$= e^{-\sigma_k T} \cos(2\pi F_k T) \pm j e^{-\sigma_k T} \sin(2\pi F_k T). \tag{5.98b}$$

声道共振的连续时间（模拟）带宽近似为 $2\sigma_k$，中心频率为 $2\pi F_k$ [41]。在 z 平面上，从原点到极点的半径决定了带宽，即

$$|z_k| = e^{-\sigma_k T}, \tag{5.99}$$

因此相应的模拟带宽为

$$2\sigma_k = -\frac{2}{T} \log_e |z_k|, \tag{5.100a}$$

式中 T 是采样周期。z 平面幅角 $\theta_k = \angle z_k$ 和中心频率相关，

$$\theta_k = 2\pi F_k T. \tag{5.100b}$$

因此，若 $V(z)$ 的分母分解好了，则相应的连续时间共振峰频率和带宽就可通过式(5.100b)和式(5.99)来计算。如图 5.42 所示，人的声道系统的复本征频率都在 s 平面的左半部分，因为这是一个稳定系统。因此，$\sigma k > 0$，$|zk| < 1$；即离散时间模型的相应极点都须落在单位圆内。图 5.42 描绘了 s 平面和 z 平面上复共振频率的分布。

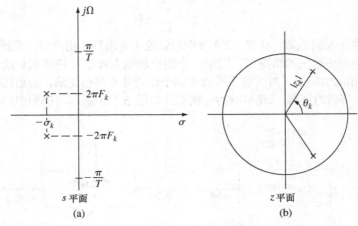

图 5.42 (a)声道共振峰的 s 平面表示；(b)声道共振峰的 z 平面表示

5.2 节给出了无损声管模型的传输函数具有式(5.96)的形式。可以证明[12, 232]，如果管道的截面积满足 $0 < A_k < \infty$，那么相应系统函数 $V(z)$ 的所有极点将落在单位圆内。相反，可以证明任何一个给定的如式(5.96)所示的传输函数 $V(z)$，都可找到相应的无损声管模型与其对应[12, 232]。我们可以用图 5.37c 所示的梯形结构（可能结合图 5.38 中的单连接点结构）来实现一个给定的传输函数。也可用第 2 章给出的标准数字滤波器结构来实现。例如，可以用图 5.43a 所示的直接型结构实现 $V(z)$。同样，也可用二阶系统（数字谐振器）的级联方式来实现 $V(z)$，即

$$V(z) = \prod_{k=1}^{M} V_k(z), \tag{5.101}$$

式中，M 是小于等于 $(N+1)/2$ 的最大整数，

$$V_k(z) = \frac{1 - 2|z_k| \cos(2\pi F_k T) + |z_k|^2}{1 - 2|z_k| \cos(2\pi F_k T) z^{-1} + |z_k|^2 z^{-2}}. \tag{5.102}$$

在这种级联结构中，$V_k(z)$ 的分子要满足 $V_k(1) = 1$，即要求每个子系统在 $\omega = 0$ 处增益为 1。可以增加其他增益使得直接型和级联型完全等价。图 5.43b 给出了一个级联模型。习题 5.12 提出了一种减少级联模型中乘法运算次数的新方法。此外，还有一种实现 $V(z)$ 的部分分式展开法，它得到并联结构模型。这种方法将在习题 5.13 中讨论。

有趣的是，级联模型和并联模型一开始被认为是连续时间（模拟）模型。在这种情况下，因为连续时间二阶系统（谐振器）的频率响应随着频率增加逐渐减小，因而有许多严格的限制。Fant[101]引出"高阶极点修正"来平衡频谱中的高频部分，通常将它放在模拟共振谐振器的前端。后来使用数字仿真，Gold and Rabiner[128]发现数字谐振器由于其固有的周期性，它的高频特性是正确的。当然，我们在无损声管模型中已经看到这一点，所以在数字仿真中不需要加入高阶极点修正网络。

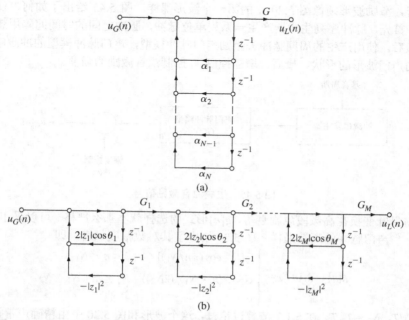

图 5.43　全极点传输函数 $G_k = 1 - 2|z_k|\cos\theta_k + |z_k|^2$ 的(a)直接型结构和(b)级联结构

5.3.2　辐射模型

传输函数 $V(z)$ 将声源处的体积速度和嘴唇处的体积速度关联到一起。如果希望得到嘴唇处的压力模型（通常如此），就须考虑辐射效应。我们在 5.1.4 节中看到，在模拟模型中，压力和体积速度的关系可以用式(5.32a)和式(5.32b)来表示。我们想得到一个相似的 z 变换形式

$$P_L(z) = R(z)U_L(z). \tag{5.103}$$

从 5.1.4 节的讨论和图 5.10 中看到，压力和体积速度之间就是一个高通滤波的关系。实际上，在低频段，压力可近似为体积速度的导数。因此，欲得到它们之间关系的离散时间表示，就必须使用数字化技术来避免混叠发生。例如，使用双线性变换方法设计数字滤波器[270]，辐射效应可近似为一阶后向差分（见习题 5.14）

$$R(z) = R_0(1 - z^{-1}); \tag{5.104}$$

（习题 5.14 中也有一个更准确的近似。）通常假设一阶差分和低频段的近似微分是一致的。

辐射模型可视为负载，级联到声道模型的后面，就像图 5.44 所绘的那样，$V(z)$ 可用任何方便的方法实现，只要参数符合要求即可，可以选择面积函数（或反射系数）构建无损声管

模型，可以选择多项式系数构建直接型模型，也可以选择共振峰频率和带宽构建级联模型。

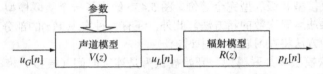

图 5.44　带有辐射效应的源/系统模型

5.3.3　激励模型

源/系统模型还需要提供产生适当激励的方法。回忆可知，大部分语音可分为浊音和清音，因此通常而言，我们需要的是一个能产生准周期脉冲波形或随机噪声波形的激励源。

对于浊音，激励波形须像图 5.20 中的第一个波形那样。图 5.45 给出了如何方便地产生声门波形的流程。首先，脉冲序列生成器产生一系列单位脉冲，脉冲之间的时间间隔用想要的基音周期来控制。然后，使用产生的周期脉冲去激励声门脉冲模型，声门脉冲模型的冲激响应 $g[n]$ 具有事先设定好的声门波形的形状。最后，增益控制 A_v 控制浊音激励的强度。

图 5.45　生成浊音激励信号

只要其傅里叶变换在高频段急剧衰落，$g[n]$ 形式的选择就不那么严格。可以采用 5.1.7 节讨论的 Rosenberg[326] 声门脉冲的离散采样，图 5.21 绘出了其对数幅度频谱，即

$$g[n] = g_c(nT) = \begin{cases} \dfrac{1}{2}[1 - \cos(\pi n/N_1)] & 0 \le n \le N_1 \\ \cos(\pi(n - N_1)/(2N_2)) & N_1 \le n \le N_1 + N_2 \\ 0 & 其他 \end{cases} \tag{5.105}$$

式中，$N_1 = T_1/T$，$N_2 = T_2/T$。在 5.1.7 节曾讨论过，这个波形和图 5.20 中由精确声带振动模型得到的声门脉冲的外形是很相似的。

式(5.105)中的 $g[n]$ 长度有限，因此其 z 变换 $G(z)$ 只有零点。我们更想要一个全极点模型。所幸的是，让 $G(z)$ 拥有两个极点的模型已经实现[232]。

对于清音，激励模型很简单，仅需要白噪声源和能控制清音激励强度的增益参数。对于离散时间模型，随机数生成器可以充当频谱噪声源。噪声采样的概率分布也不是严格要求的。

5.3.4　完整模型

将所有的组成部分合并到一起，就得到了如图 5.46 所示的完整模型。通过开关控制浊音和清音激励发生器，我们可对变化的激励模式建模。声道模型也可用我们讨论过的很多方法去实现。在某些情况下，可方便地将声门脉冲模型和辐射模型合并到一个系统中。事实上，第 9 章在进行线性预测分析时，可方便地将声门脉冲模型、辐射模型、声道模型合并起来，并用一个全极点类型的传输函数

$$H(z) = G(z)V(z)R(z), \tag{5.106}$$

来表示它们。换言之，图 5.46 所示模型中的每部分都有很高的自由度，可以灵活改变。

现在，我们自然会关注模型的应用限制。当然，这个模型和本章最开始时讨论的偏微分方程有很大的不同。所幸的是，这个模型的不足并不会对应用有严重的限制。

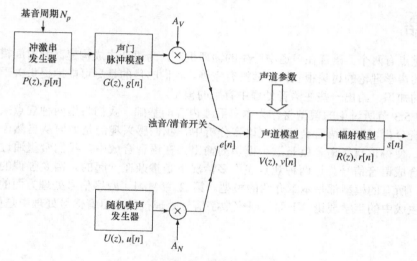

图 5.46 语音产生的通用离散时间模型

　　首先，模型存在参数时变的问题。对于连续语音如元音，参数的改变是非常缓慢的，模型工作得非常好；对于瞬时音如停顿，模型工作得并不是很好，但仍可胜任。需要强调的一点是，我们在使用传输函数和频率响应函数时，就已间接地假定可以在"短时"的基础上去表达语音信号，即假设模型的参数在固定时间间隔（通常为 10～40ms）内是不变的，这时传输函数 $V(z)$ 就真的可以用来描述参数缓慢变化的线性系统的结构。下一章我们将不断提到准稳定性这一概念。

　　其次，模型缺少零点。鼻音和摩擦音在理论上来说是需要有零点的，对鼻音来说这个模型是有不足的，但对摩擦音影响并不大。而且如果真的想要零点，这个模型也是可以包含零点的。第三，因为摩擦音和声门流的峰值有关，所以模型简单地将浊音和清音一分为二对于浊擦音来说是不恰当的。文献[298]为浊擦音构造了一个更加复杂的模型，需要时可以采用。最后，图 5.46 中的模型要求声门脉冲以采样周期 T 的整数倍隔开。Winham and Steiglitz[421]提出了数种在需要精确基音控制的场合下消除这一限制的方法。

　　图 5.47 给出了模型各部分和整个模型对浊音的对数幅度频率响应曲线。上图显示了分别对应于声门（图中用 G 标示）、声道（用 V 标示）、辐射（用 R 标示）、全模型（用 H 标示）的对数幅度频率响应，下图是用对应语音模型产生的周期时间信号的时域图。

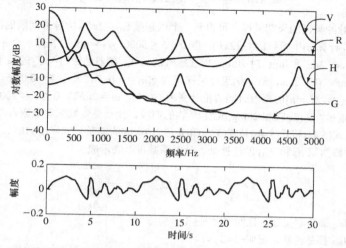

图 5.47 语音模型中不同部分的对数幅度频率响应曲线，包括声门（G）、声道（V），
辐射（R）和完整系统（H）。声音的最终时域波形显示在图的底部

5.4 小结

本章的重点有两个：语音在声道中产生的物理机制，为语音生成构建离散时间模型。我们对于语音生成的声学理论的讨论很长，但远没有完善。我们的目的是尽可能地提供关于语音信号基本性质方面的知识，给出一些在语音处理中有用的模型。

5.2 节和 5.3 节所讨论的模型将作为本书后续内容的基础。我们将用两种观点来看待这些模型，一是语音分析，二是语音合成。在语音分析中，我们感兴趣的是如何从自然语音信号中估计模型参数，使得该自然语音就是这个模型的输出。在语音合成中，我们希望通过调节模型的参数来产生合成语音信号。这两种观点在许多情况下是掺杂在一起的。需要强调的是，本书后面的讨论中，所有的模型都是本章介绍的模型。第 2 章复习了数字信号处理方面的知识，本章讨论了语音生成中的声学理论，下面将研究数字信号处理技术在语音信号处理中是如何应用的。

习题

5.1 5.1.7 节中 Rosenberg[326]连续时间声门脉冲近似定义为

$$g_c(t) = \begin{cases} 0.5[1 - \cos\left(2\pi t/(2T_1)\right)] & 0 \le t \le T_1 \\ \cos\left(2\pi(t - T_1)/(4T_2)\right) & T_1 < t \le T_1 + T_2, \end{cases}$$

其中，T_1 是起始时间，T_2 是结束时间。

(a) 证明 $g_c(t)$ 的连续时间傅里叶变换是

$$G_c(\Omega) = 0.5G_1(\Omega) - 0.25G_1(\Omega - \Omega_1) - 0.25G_1(\Omega + \Omega_1)$$
$$+ 0.5[G_2(\Omega - \Omega_2) + G_2(\Omega + \Omega_2)]e^{-j\Omega T_1},$$

式中，$\Omega_1 = 2\pi/(2T_1)$，$\Omega_2 = 2\pi/(4T_2)$，

$$G_1(\Omega) = \frac{1 - e^{-j\Omega T_1}}{j\Omega},$$

$$G_2(\Omega) = \frac{1 - e^{-j\Omega T_2}}{j\Omega}.$$

(b) 证明周期声门激励信号

$$u_G(t) = \sum_{k=-\infty}^{\infty} g_c(t - kT_0), \tag{5.107}$$

的连续时间傅里叶变换是

$$U_G(\Omega) = \frac{2\pi}{T_0} \sum_{k=-\infty}^{\infty} G_c(2\pi k/T_0)\delta(\Omega - 2\pi k/T_0); \tag{5.108}$$

即对单声门脉冲频谱的周期采样，可得到一个以基频 $\Omega_0 = 2\pi/T_0$ 为脉冲间隔的冲激谱。

(c) 用 MATLAB 计算(a)中得到的 $G_c(2\pi F)$，取 $0 \le F \le 5000$，$T_1 = 4\text{ms}$，在同一个坐标轴上画出 T_2 分别取 0.5ms、1ms、2ms 和 4ms 时 $20\log_{10}|G_c(2\pi F)|$ 的曲线。随着结束时间 T_2 的减小会发生什么现象？

(d) 如果 $T_1 = 4\text{ms}$，$T_2 = 2\text{ms}$，对 $g_c(t)$ 进行采样得到 $g[n] = g_c(nT)$，其中 $T = 0.01\text{ms}$。使用 MATLAB 中的函数 freqz( )计算 $g[n]$ 的离散时间傅里叶变换 $G(e^{j\omega})$，$\omega = 2\pi FT$，$0 \le F \le 5000$。请在同一个坐标轴上画出 $20\log_{10}|G_c(2\pi F)|$ 和 $20\log_{10}|G(e^{j2\pi FT})|$ 的曲线。什么是频域混叠效应？

5.2 通过替换，证明式(5.4a)和式(5.4b)是式(5.2a)和式(5.2b)构成的偏微分方程组的解。

5.3 在两个无损声管截面积 A_k 和 A_{k+1} 的连接处，反射系数可以表示成

$$r_k = \frac{\frac{A_{k+1}}{A_k} - 1}{\frac{A_{k+1}}{A_k} + 1}, \quad \text{或} \quad r_k = \frac{1 - \frac{A_k}{A_{k+1}}}{1 + \frac{A_k}{A_{k+1}}}.$$

(a) 如果 A_k 和 A_{k+1} 都是非负数，证明 $-1 \le r_k \le 1$。

(b) 如果 A_k 和 A_{k+1} 都是正数，证明 $-1 < r_k < 1$。

5.4 对人的声道的声管模型分析时，为了简化计算做了很多假设，包括以下几点：

(a) 管道是无损的；

(b) 管道的截面积不随时间发生变化；

(c) 声管是由一系列不同长度和不同截面积的均匀管道连接而成的；

(d) 管道的总长度是固定的。

给出每个假设对声道传输函数的作用。如果去掉某个假设，声道传输函数将会发生怎样的变化？

5.5 在确定无损声管模型中作为负载的辐射终端的效应时，我们假设 Z_L 是常实数。式(5.32b)给出了一个更理想的模型。

(a) 由边界条件 $P_N(l_N, \Omega) = Z_L \cdot U_N(l_N, \Omega)$ 求 $u_N^-(t + \tau_N)$ 和 $u_N^+(t - \tau_N)$ 的傅里叶变换之间的关系。

(b) 根据(a)中的频域关系和式(5.32b)，证明 $u_N^-(t + \tau_N)$ 和 $u_N^+(t - \tau_N)$ 满足常微分方程

$$L_r \left[R_r + \frac{\rho c}{A_N} \right] \frac{du_N^-(t + \tau_N)}{dt} + \frac{\rho c}{A_N} R_r u_N^-(t + \tau_N) = L_r \left[R_r - \frac{\rho c}{A_N} \right] \frac{du_N^+(t - \tau_N)}{dt} - \frac{\rho c}{A_N} R_r u_N^+(t - \tau_N).$$

5.6 将式(5.55)代入式(5.54)，证明式(5.53)和式(5.34)是等价的。

5.7 考虑图 5.30 所示的 2 声管模型，写出这个模型的频域方程，并证明式(5.56b)是输入和输出之间体积速度的传输函数。

5.8 考虑图 P5.8 所示的产生元音的理想无损声管模型，它由 2 个管道构成。假设声门和嘴唇也是完全无损的。对上述条件，将 $r_G = r_L = 1$ 和 $r_1 = \dfrac{A_2 - A_1}{A_2 + A_1}$ 代入式(5.57)可得该模型的系统函数。

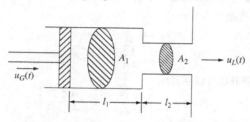

图 P5.8　理想的 2 声管模型

(a) 证明系统的极点在虚轴 $j\Omega$ 上，且在 Ω 处满足

$$\cos\left[\Omega(\tau_1 + \tau_2)\right] + r_1 \cos\left[\Omega(\tau_2 - \tau_1)\right] = 0,$$

或

$$\frac{A_1}{A_2} \tan(\Omega \tau_2) = \cot(\Omega \tau_1),$$

式中 $\tau_1 = l_1/c$，$\tau_2 = l_2/c$，c 是声速。

(b) 满足(a)中公式的 Ω 值是无损声管模型的共振频率。适当选择参数 l_1、l_2、A_1、A_2，可以近似元音的声道构造，且解出(a)中的方程就可得到模型的共振峰频率。表 P5.1 给出了几个近似元音结构的参数[105]。求每个元音的共振峰频率（注意，非线性方程可用图解法或迭代法求解），声速取 $c = 350\text{m/s}$。

表 P5.1　各元音近似的 2 声管模型的参数

元音	l_1/cm	A_1/cm	l_2/cm²	A_1/cm²
/i/	9	8	6	1
/ae/	4	1	13	8
/a/	9	1	8	7
/ʌ/	17	6	0	6

5.9 一个总长为 $l = 17.5\text{cm}$ 的 2 声管模型，假设声门和嘴唇处的边界条件是 $r_L = r_G = 1$，即声门和嘴唇处的反射系数为 1。图 P5.9 给出了系统传输函数在某些共振模式下的频率图。

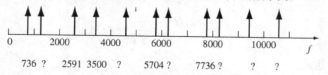

736 ?　　2591 3500　?　　5704 ?　　7736 ?　　?　　?

图 P5.9　声道 2 声管模型的共振峰分布

(a) 计算图中问号处的共振频率。

(b) 计算两个管道长度差值的最小值。

(c) 计算两个管道连接处的反射系数。

5.10 将近似矩阵 $\hat{\mathbf{Q}}_1$ 和 $\hat{\mathbf{Q}}_2$ 代入式(5.80)，证明式(5.82)是 2 声管离散时间声道模型的传输函数。

5.11 如果 $|a| < 1$，证明下式成立，该式表明一个零点可用多个极点来近似，两者可以无限接近。

$$1 - az^{-1} = \frac{1}{\sum_{n=0}^{\infty} a^n z^{-n}}$$

5.12 某数字谐振器具有传输函数

$$V_k(z) = \frac{1 - 2|z_k|\cos\theta_k + |z_k|^2}{1 - 2|z_k|\cos\theta_k z^{-1} + |z_k|^2 z^{-2}},$$

式中，$|z_k| = e^{-\sigma_k T}$，$\theta_k = 2\pi F_k T$。

(a) 在 z 平面上画出 $V_k(z)$ 的极点分布，在 s 平面上画出对应的模拟极点。

(b) 写出 $x_k[n]$ 与 $y_k[n]$ 之间的差分方程 $V_k(z)$。

(c) 用 3 个乘法器构造一个数字共振网络的具体实现，画出框图。

(d) 通过改变结构，仅用 2 个乘法器构造一个数字共振网络，画出框图。

5.13 某离散时间声道模型的系统函数为

$$V(z) = \frac{G}{\prod_{k=1}^{N}(1 - z_k z^{-1})}.$$

(a) 证明 $V(z)$ 用部分分式展开法可以展开成

$$V(z) = \sum_{k=1}^{M}\left[\frac{G}{1 - z_k z^{-1}} + \frac{G_k^*}{1 - z_k^* z^{-1}}\right],$$

式中，M 是小于等于 $(N+1)/2$ 的最大整数，并假设 $V(z)$ 的极点都是复数。写出 G_k 的表达式。

(b) 证明 $V(z)$ 部分分式展开后可以合并成

$$V(z) = \sum_{k=1}^{M}\frac{B_k - C_k z^{-1}}{1 - 2|z_k|\cos\theta_k z^{-1} + |z_k|^2 z^{-2}},$$

式中，$z_k = |z_k|e^{j\theta_k}$。写出 B_k 和 C_k 的表达式，用 G_k 和 z_k 表示。这就是 $V(z)$ 的并联结构。

(c) 画出 $M = 3$ 时用并联结构实现的数字网络的框图。

(d) 对于一个给定的全极点系统函数 $V(z)$，并联结构和级联结构哪个需要更多的乘法器？

5.14 嘴唇处的压力和体积速度的关系为

$$P(l, s) = Z_L(s)U(l, s),$$

式中，$P(l, s) = Z_L(s)U(l, s)$，$P(l, s)$、$U(l, s)$ 分别是 $p(l, t)$、$u(l, t)$ 的拉普拉斯变换，且

$$Z_L(s) = \frac{sR_rL_r}{R_r + sL_r},$$

其中，

$$R_r = \frac{128}{9\pi^2}, \qquad L_r = \frac{8a}{3\pi c};$$

c 是声速，a 是嘴唇张开的半径。在离散时间模型中，我们想得到对应的关系 $P_L(z) = R(z)U_L(z)$，其中 $P_L(z)$ 和 $U_L(z)$ 分别是压力采样值 $p_L[n]$ 和体积速度采样值 $u_L[n]$ 的 z 变换。由双线性变换[270]可以得到 $R(z)$，

$$R(z) = Z_L(s)\Bigg|_{s = \frac{2}{T}\left[\frac{1 - z^{-1}}{1 + z^{-1}}\right]}.$$

(a) 写出 $R(z)$ 的表达式。

(b) 写出 $p_L[n]$ 和 $u_L[n]$ 之间的差分方程。

(c) 求 $R(z)$ 的极点。

(d) 如果 $c = 350\text{m/s}$，$T = 0.1\text{ms}$，$0.5\text{cm} < a < 1.3\text{cm}$，求极点的变化范围。

(e) 忽略 $R(z)$ 的极点可得到它的简单近似，即

$$\hat{R}(z) = R_0(1 - z^{-1}).$$

如果 $a = 1\text{cm}$，$T = 0.1\text{ms}$，求 R_0 使得 $\hat{R}(-1) = Z_L(\infty) = R(-1)$ 成立。

(f) 概要画出 $a = 1\text{cm}$，$T = 10^{-4}$，$0 \le \Omega \le \pi/T$ 时，$Z_L(\Omega)$、$R(e^{j\Omega T})$ 和 $\hat{R}(e^{j\Omega T})$ 的曲线。

5.15 图 P5.15 中给出了两个简单声门脉冲的近似模型。

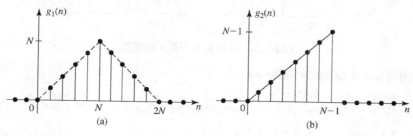

图 P5.15 声门脉冲的近似模型

(a) 求序列 $g_1[n]$ 的 z 变换 $G_1(z)$。提示：$g_1[n]$ 可以表示成 $p[n]$ 与其自身的卷积，

$$p[n] = \begin{cases} 1 & 0 \le n \le N-1 \\ 0 & \text{其他} \end{cases}$$

(b) 在 z 平面上画出 $N = 10$ 时 $G_1(z)$ 的极点和零点。

(c) 概要画出 $g_1[n]$ 的傅里叶变换的幅度与 ω 的关系曲线。

(d) 证明 $g_2[n]$ 的 z 变换为

$$G_2(z) = z^{-1} \sum_{n=0}^{N-2} (n+1)z^{-n}$$

$$= z^{-1} \left\{ \frac{1 - Nz^{-(N-1)} + (N-1)z^{-N}}{(1 - z^{-1})^2} \right\}.$$

（提示：利用 $nx[n]$ 的 z 变换是 $-z\dfrac{dX(z)}{dz}$ 。）

(e) 证明通常情况下，在单位圆外 $G_2(z)$ 至少有一个零点。求 $N = 4$ 时 $G_2(z)$ 的零点。

5.16 声门脉冲的一个常用近似为

$$g[n] = \begin{cases} na^n & n \ge 0 \\ 0 & n < 0 \end{cases}.$$

(a) 求 $g[n]$ 的 z 变换 $G(z)$。

(b) 概要画出傅里叶变换 $G(e^{j\omega})$ 与 ω 的关系曲线。

(c) 说明如何选取 a，才能使下式成立：

$$20\log_{10}|G(e^{j0})| - 20\log_{10}|G(e^{j\pi})| = 60\text{dB}.$$

5.17 来自声带的声门脉冲形状可用一个二阶滤波器的冲激响应来近似，滤波器的系统函数为

$$G(z) = \frac{az^{-1}}{(1 - az^{-1})^2}, \quad 0 < a < 1.$$

(a) 分别画出 $a = 0.95$、$a = 0.8$ 时模型的冲激响应 $g[n]$ 的曲线。

(b) 分别画出 $a = 0.95$、$a = 0.8$ 时对数幅度响应 $20\log_{10}(|G(e^{j\omega})|)$（单位为 dB）与 ω（或 f）的关系曲线。

(c) 嘴唇处的辐射效应可简单表示成 $z = 1$ 处的一个零点。在附加这个零点的情况下重复(b)。

(d) 画出结合声门脉冲和嘴唇辐射效应的完整系统的流图表示。

5.18 假设已知某声道的离散时间模型的系统函数 $V(z)$ 为

$$V(z) = \frac{G}{D(z)} - \frac{G}{1 - \sum_{k=1}^{N} \alpha_{\cdot k} z^{-k}}.$$

我们想知道对应的无损声管模型的面积函数和反射系数，图 P5.18 画出了 $N=3$，$r_G=1$，$r_N=r_L$ 的声管模型。

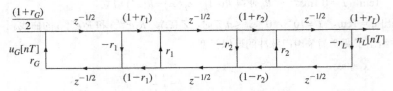

图 P5.18　声道的 3 声管无损模型

我们看到分母多项式 $D(z)$ 满足下面的递归式：

$$D_0(z) = 1,$$
$$D_k(z) = D_{k-1}(z) + r_k z^{-k} D_{k-1}(z^{-1}), \quad k = 1, 2, \ldots, N,$$
$$D(z) = D_N(z).$$

本题的目的是研究一种算法由给定的无损声管模型的系统函数求出反射系数和面积函数。

(a) 证明 r_N 和 z^{-N} 的系数 $-\alpha_N$ 满足 $r_N = -\alpha_N$。

(b) 利用反向递归证明

$$D_{k-1}(z) = \frac{D_k(z) - r_k D_k(z^{-1})}{1 - r_k^2}, \quad k = N, N-1, \ldots, 2.$$

(c) 如何从 $D_{k-1}(z)$ 得到 r_{k-1}？

(d) 利用(b)和(c)的结论，给出计算反射系数 r_k, $k=1,2,\cdots N$ 和面积函数 A_k, $k=1,2,\cdots,N$ 的实现算法。得到的截面积值唯一吗？

5.19　（MATLAB 练习）图 5.30 所示 2 声管模型的系统函数见式(5.56b)，用 MATLAB 计算并画出该系统函数的对数幅度谱，并画出共振峰的分布。所编写的 MATLAB 代码需要接受 6 个输入参数，分别是长度（l_1 和 l_2）、面积（A_1 和 A_2）、声门反射系数（r_G）、嘴唇反射系数（r_L）。用下面的四个例子来测试你的代码：

1．$l_1 = 10$, $A_1 = 1$, $l_2 = 7.5$, $A_2 = 1$, $r_G = 0.7$, $r_L = 0.7$
2．$l_1 = 15.5$, $A_1 = 8$, $l_2 = 2$, $A_2 = 1$, $r_G = 0.7$, $r_L = 0.7$
3．$l_1 = 9.5$, $A_1 = 8$, $l_2 = 8$, $A_2 = 1$, $r_G = 0.7$, $r_L = 0.7$
4．$l_1 = 8.8$, $A_1 = 8$, $l_2 = 8.8$, $A_2 = 1$, $r_G = 0.7$, $r_L = 0.7$

第一个例子用于测试代码的正确性，如果选择声速 $c = 350\text{m/s}$，得到的共振峰应当是 500Hz, 1500Hz, 2500Hz, 3500Hz, 4500Hz, …。剩下的三个例子是对图 5.31 中模型的近似。当 r_G 和 r_L 同时由 0.7 变成 1 时，对数幅度谱的曲线将会发生什么变化？

5.20　（MATLAB 练习）图 P5.20 给出了 3 声管模型的完整流图，使用 MATLAB 计算并画出模型的系统函数的对数幅度谱，并画出共振峰的分布。假设声门反射系数为 r_G，嘴唇反射系数为 r_L，管道长度为 $\{l_1, l_2, l_3\}$，截面积为 $\{A_1, A_2, A_3\}$，连接处反射系数为 $\{r_1, r_2\}$，其中

$$r_1 = \frac{A_2 - A_1}{A_2 + A_1}, r_2 = \frac{A_3 - A_2}{A_3 + A_2}.$$

写出每个节点的输入输出关系，从嘴唇倒推至声门，得到模型的传输函数为

$$V_a(\Omega) = \frac{U_L(\Omega)}{U_G(\Omega)}$$
$$= \frac{0.5(1 + r_L)(1 + r_1)(1 + r_2)(1 + r_G) e^{-j\Omega(\tau_1 + \tau_2 + \tau_3)}}{D(\Omega)},$$

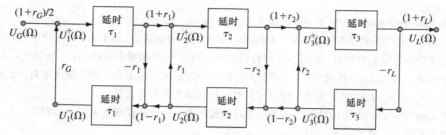

图 P5.20　声道 3 声管模型的完整流图

其中，

$$D(\Omega) = 1 + r_2 r_L e^{-2j\Omega\tau_3} + r_1 r_L e^{-2j\Omega(\tau_2+\tau_3)} + r_1 r_2 e^{-2j\Omega\tau_2}$$
$$+ r_L r_G e^{-2j\Omega(\tau_1+\tau_2+\tau_3)} + r_2 r_G e^{-2j\Omega(\tau_1+\tau_2)}$$
$$+ r_1 r_G e^{-2j\Omega\tau_1} + r_1 r_2 r_L r_G e^{-2j\Omega(\tau_1+\tau_3)}.$$

所编写的 MATLAB 代码需要接受 8 个输入参数，分别是长度（l_1、l_2 和 l_3）、面积（A_1、A_2 和 A_3）、声门反射系数（r_G）、嘴唇反射系数（r_L）。用下面的四个例子来测试你的代码：

1. $l_1 = 5$，$A_1 = 1$，$l_2 = 5$，$A_2 = 1$，$l_3 = 7.5$，$A_3 = 1$，$r_G = 0.7$，$r_L = 0.7$
2. $l_1 = 7.5$，$A_1 = 8$，$l_2 = 8$，$A_2 = 8$，$l_3 = 2$，$A_3 = 1$，$r_G = 0.7$，$r_L = 0.7$
3. $l_1 = 15.5$，$A_1 = 8$，$l_2 = 1$，$A_2 = 1$，$l_3 = 1$，$A_3 = 1$，$r_G = 0.7$，$r_L = 0.7$
4. $l_1 = 5$，$A_1 = 1$，$l_2 = 5$，$A_2 = 8$，$l_3 = 7.5$，$A_3 = 4$，$r_G = 0.7$，$r_L = 0.7$

第一个例子用于测试代码的正确性，若选择声速 $c = 350\text{m/s}$，得到的共振峰应是 500Hz, 1500Hz, 2500Hz, 3500Hz, 4500Hz, …。第二个和第三个例子分别对应于将 2 声管的第一个、第二个管道分割成两个管道最终形成 3 声管，计算结果应和习题 5.19 中计算出来的一样。第四个例子的参数是任意取值的。

5.21　（MATLAB 练习）使用 MATLAB 计算并画出等长 p 声管模型的系统函数的对数幅度谱，并确定共振峰的位置。根据每个节点的前向和后向信号建立方程组求得系统函数，原理很简单。对图 5.37c 所示数字声道模型施加体积速度冲激，即 $u_G[n] = \delta[n]$，冲激沿着这 p 个等长管道向前传播，直到冲激到达嘴唇，得到 $u_L[n]$。通过重复迭代最终得到声道模型的冲激响应，对它做变换域处理可得到对数幅度谱。从对数幅度谱中求峰值点就可得到共振峰频率，并可计算共振峰带宽。

三个 mat 文件 area_1.mat、area_2.mat 和 area_3.mat 提供了一些输入参数，用于测试和调试你的代码。每个文件都包含以下参数：

- p 为声道中管道的个数
- nfft 为用于计算 FFT 的点数
- c 为声速，一般为 35000cm/s
- ls 为单管道长度 p，单位为 cm
- fs 为采样频率
- area(1:p)为从声门到嘴唇的 p 个管道的截面积
- source 为面积 area(1:p)的参考源

顺便给一个例子，mat 文件 area_1.mat 中包含以下数据：

- p = 10
- nfft = 1024
- c = 35000
- ls = 1.75
- fs = 10000
- area(1:10) = [1.5360 2.4000 0.7680 1.3440 2.3000 3.3120 5.9500 8.3500 6.4320 4.9900]

- source = 5.40（对应于书中的图 5.40）

这三个 mat 文件中的数据分别来自图 5.40（area_1.mat）、图 5.16（area_2.mat）和一个等长声管（area_3.mat）。除 mat 文件中给出的参数外，还需要选择合适的声门阻抗（r_G）和嘴唇阻抗（r_L）。建议使用 $r_G = r_L = 0.7$ 来测试代码，然后从 0.7 改变至 1.0，观测声门和嘴唇处的损失减小对于对数幅度谱有什么改变。最后测试 $r_G = r_L = 1.0$，此时是无损的，可以计算共振峰频率和共振峰带宽。

对每个 mat 文件确定声道的冲激响应并画出对数幅度谱，计算共振峰带宽和中心频率，在对数幅度谱的曲线上标出共振峰的位置。

第 6 章 语音信号处理的时域方法

6.1 引言

第 5 章通过分析声音在声道中的传播，提出了如图 6.1 所示的语音产生的源/系统模型。现在考虑如何将数字信号处理方法应用到语音信号，并利用这些方法估计前述模型的性能和参数。本章主要介绍数字信号处理方法对时域波形的直接处理。第 7 章和第 8 章主要介绍基于傅里叶变换的语音分析，第 9 章在介绍线性预测分析时，将把本章中的概念与频域统一起来。

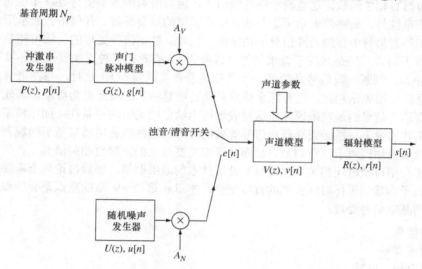

图 6.1　语音产生和合成模型

在大多数语音处理应用场合，第一步通常是获得语音信号所携信息的一种方便且有用的参数表示（即非语音波形样本）。通过假设语音信号 $s[n]$ 是如图 6.1 所示参数合成模型的输出，可实现这一点。正如第 5 章讨论和图 6.1 表示的那样，语音信号携带的信息包括但不限于如下内容：

- 话音区域的（时变）基音周期 N_p（或
  基音频率 $F_p = F_s / N_p$，其中 F_s 是语音信
  号的采样率），可能包括定义相邻基音
  脉冲间周期的基音激励脉冲的位置；
- 声道脉冲模型 $g[n]$；
- 浊音激励的时变振幅 A_V；
- 清音激励的时变振幅 A_N；
- 语音信号的时变激励类型，即浊音的准周期基音脉冲或清音的伪随机噪声；
- 时变声道模型冲激响应 $v[n]$，或一组控制控制声道模型的声道参数；
- 辐射模型冲激响应 $r[n]$（假设是时不变的）[①]。

图 6.2　数字信号处理用于语音波形到表达式的转变，
　　　　表达式更适用于语音分析，即模型参数估计

---

① 通常，声门脉冲、声道和辐射的影响（对浊音来说）已合并到了一个时变冲激响应中。

通常，语音分析的目的是估计图 6.1 所示语音表示的参数（作为时间的函数），并将这些参数应用到某种应用中，如语音编码器、语音合成器、语音识别器等。参考如图 6.2 所示语音信号的不同表示会有利于我们的讨论。波形表示或时域表示简单来说就是样本序列 $s[n]$。我们将源自数字信号处理操作的任何表示称为备选表示。如果备选表示是图 6.1 所示语音模型的一个参数或一组参数，则备选表示是一种参数表示。如图 6.2 所示，可将参数表示方便地视为一个两阶段处理过程，其中第一阶段是从估计的期望参数集来计算备选表示或中间表示。

我们将语音信号的时域处理定义为对语音波形（或滤波后的语音波形）执行直接的操作，而将频域信号处理定义为对语音信号的傅里叶表示执行操作。本章讨论一组时域处理技术。也就是说，这些备选表示方法涉及对语音信号波形的直接处理。这种技术与第 7~9 章中介绍的频域处理技术形成对比，因为后者（显式或隐式地）涉及某种形式的频谱表示[①]。

本章将讨论语音信号的时域参数表示的例子，包括短时（对数）能量、短时过零（或过某个阈值）率和短时自相关函数。这些表示很有吸引力，因为所需的数字信号处理实现起来很简单，且除了这种简单性外，最终的表示可用于估计语音模型的重要参数。任何语音表示所需的精度是由期望应用和语音信号中待测特殊信息所决定的。例如，数字信号处理的目的可能是方便确定某段波形是对应于语音，还是对应于背景信号（或噪声）。或者在某种更加复杂的环境下，我们希望进行三元分类，判断一段信号是清音、浊音还是静音（或噪声）。此时，与在语音信号中保留所有固有信息的详细表示相比，丢弃冗余信息且具有明显特征的表示更为可取。其他情形如数字传输可能需要语音信号的最精确表示，这种表示可由给定的某组约束条件（如比特率约束条件）获得，以便重建感觉上与原始采样语音信号等效的波形。这样的应用通常基于频域表示，如短时傅里叶变换或线性预测表示，它们源自后面几章中将要讨论的短时自相关函数。

本章首先介绍讨论时间相关（或短时）处理技术的通用框架。然后讨论几个重要的短时处理例子，这些例子均基于采样时间波形的直接变换。本章和第 7~9 章的重点是会导致如下语音信号备选表示的基本信号处理：

- 短时能量
- 短时过零率
- 短时自相关函数
- 短时傅里叶变换

这些备选表示是后续几章中将要讨论的每种语音处理算法的基础。除短时傅里叶变换（见第 7 章）外，这些备选表示既不能重建原来的时域波形，也不能直接计算图 6.1 所示语音模型的任何参数。然而，大多数语音处理算法都基于一个或多个这些备选表示的进一步处理。第 10 章将讨论计算语音模型的这些特征的许多方法，如清音/浊音分类、基音检测和本章及第 7~9 章中讨论的各种参数表示的共振峰频率。在第 11~14 章中，我们将会看到这些相同的表示为语音（和音频）编码、合成及识别的各种算法奠定了基础。

6.2　语音的短时分析

图 6.3 中显示了表示男性说话者产生的语音信号的波形（采样率 F_s = 10000 个样本/秒），并标注了音素区域。该图显示了语音信号的性质是如何随时间缓慢变化的，即从相对稳定的状态（如音素）移动到另一种状态。在该例中，激励模式开始时是清音，然后是浊音，再后转回清音，最后转回浊音。此外，信号的峰值幅度有明显变化，且在浊音区域基频（基音）信号变化稳定。在

[①] 在所有情形下，我们通常假设语音信号是带限的，并已至少按两倍奈奎斯特率采样。此外，我们假设样本量化良好，以便可忽略量化误差。量化的影响将在第 11 章讨论。

某些应用场合，能自动定义和标注清音和浊音间的边界，并自动求出浊音区域间的基音周期，是有用的。这些变化在如图 6.3 所示的波形图上非常明显，表明简单的时域处理技术应能对信号特征如信号能量、激励模式和状态（浊音或清音）、基音等提供有用的估计，甚至能估计声道参数，如共振频率和带宽。

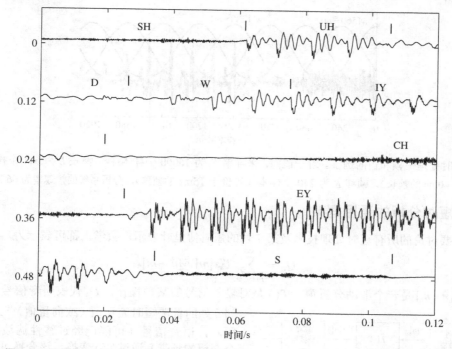

图 6.3　发音/SH UH D-W IY-CH EY S/（"should we chase"）的波形。采样率为 10kHz，
样本由直线连接。图中的每条直线都对应于 1200 个样本信号或 0.12s 信号

在所有语音处理系统中，通常假设语音信号的性质随时间缓慢变化（与波形的详细样本对样本变化相比），变化率为 10～30 次每秒。这种缓慢变化对应于 5～15 声/秒的语音产生率[1]。这种假设导致了许多短时处理方法，在这些方法中，语音信号的各个短时片段是孤立的，并作为具有固定（时不变）性质的稳定声音的短时片段处理。图 6.4 演示了这个片段或帧处理，显示了一段语音信号的 2000 个样本（$F_s = 16000\text{Hz}$）以及 240 个样本间隔定位的 641 点汉明窗[2]。每个移位窗口为分析选择一个时间区间。重复这种类型的分段，直到到达待处理句子或短语的尾部，或在实时环境下可无限持续。导致的语音片段通常称为分析帧，每帧处理的结果要么是一个数字，要么是一组数字。因此，这种处理产生了一个新的时间相关序列，该序列可作为语音信号的某些相关性质的表示。

在短时处理系统中，一个关键问题是片段持续时间或帧长的选择。片段越短，片段的语音性质在该片段的持续时间内可能变化越明显。因此，快速跟踪波形变化的能力（如图 6.4 中出现在样本 840 附近的清音到浊音的变化）对短语音片段而言是非常有用的。然而，由短语音片段（5～20ms）估计的语音参数具有很大的"不确定性"，由于仅有少量的语音数据用于处理，导致语音参数估计存在很大的变化。类似地，由中等长度语音片段（20～100ms）估计的语音参数通常也会具有很大的不确定性，因为它们包含多个不同的声音（如图 6.4 中的窗 $w[1280-m]$ 所示），因此基本的语音参数估计也存在很大的变化。最后，使用长语音片断（100～500ms）也会导致不准确，

---

[1]　对于图 6.3 所示的例子，0.6s 内有 8 个不同的音素，或比率为 13 声/秒。

[2]　汉明窗在式(6.4)中定义。

因为在这样长的持续时间内，会存在大量的声音变化。此外，我们很难精确定位长语音片段的剧烈变化（如浊音/清音过渡）。这样，由于语音信号的短时测量中总存在某种程度的不确定性，所以不有基于有限时长的语音片段来完全消除语音参数估计的变化性。因此，语音信号处理系统通常选择使用10~40ms的合适帧长进行分析。

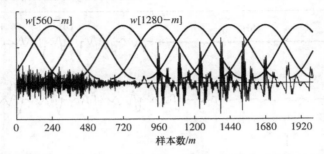

图6.4　短时处理中帧和窗的例子。对于该例，采样率 F_s 为16000个样本/秒，帧长 L 为641个样本（等价于40ms的帧长），帧移 R 为240个样本（等价于15ms的帧移），分析系统的帧速率为66.7帧/秒

6.2.1　短时分析的通用框架

本章要讨论的所有短时处理技术及第7章的短时傅里叶表示，数学上都可表示为

$$Q_{\hat{n}} = \sum_{m=-\infty}^{\infty} T(x[m])\tilde{w}[\hat{n}-m], \tag{6.1}$$

式中，$\tilde{w}[\hat{n}-m]$ 是一个滑动分析窗，$T(\cdot)$ 是对输入信号的某种操作。$Q_{\hat{n}}$ 代表语音信号 $x[n]$ 在时

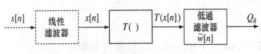

图6.5　短时分析原则的一般表达

间 $\hat{n}$ 处的备选短时表示值（或向量值）[1]。如图6.5所示，语音信号（可能已经过线性滤波以隔离一个期望的频带）通过 $T(\cdot)$ 变换，该变换可能是线性的，也可能是非线性的，具体取决于某个可调的参数或一组参数。这一变换的目的是，使语音信号的某种特性更为突出。结果序列然后乘以一个定位在某个特殊分析时间 $\hat{n}$ 的低通窗口序列 $\tilde{w}[\hat{n}-m]$。乘以这个低通窗口表示的是帧操作，即在分析时间 $\hat{n}$ 附近的时间间隔内集中分析。然后在移动窗口内的所有非零值上对积求和，它对应于在窗口选取的时间间隔内对变换的信号求平均。乘以移动窗并对积求和的结果，等同于被一个滤波器低通滤波，该滤波器的冲激响应就是这个窗口序列。通常，式(6.1)要通过除以有效窗口长度

$$L_{\text{eff}} = \sum_{m=-\infty}^{\infty} \tilde{w}[m], \tag{6.2}$$

来归一化，以便 $Q_{\hat{n}}$ 是一个加权平均。这会影响有效低通滤波器的归一化频率响应，以便 $\tilde{w}(e^{j0})=1$。

通常，这个窗口序列（冲激响应）是有限长的，但它并不是一种严格的需求。$\tilde{w}[m]$ 须是平滑的，且时间上是集中的，以便具有低通滤波器的特性。因此，值 $Q_{\hat{n}}$ 是序列 $T(x[m])$ 的一系列局部加权平均。语音分析算子的例子有 $T(x[m]) = x[m]e^{-j\omega n}$（得到短时傅里叶变换，详见第7章）和 $T(x[m]) = (x[m])^2$（得到短时能量，详见6.3节）。

6.2.2　短时分析中的滤波和采样

观察式(6.1)可知，$Q_{\hat{n}}$ 是修改后的语音信号 $T(x[n])$ 与窗口序列 $\tilde{w}[n]$ 的离散时间卷积。因此，

---

[1] 通常我们使用 n 和 m 来表示序列的离散序号，但在指某个专门的分析时间时会使用符号 $\hat{n}$。

$\tilde{w}[n]$ 是一个线性滤波器的冲激响应。尽管以一个样本为步长移动这个分析窗口，我们可以输入语音采样率计算出该滤波器的输出，但如图 6.4 所示，该窗口通常以 $R > 1$ 个样本为步长移动。这对应于滤波器输出的因子 R 下采样，即短时表示在时间 $\hat{n} = rR$ 处计算，其中 r 是整数。R 的选择与窗长是有关的。显然，如果窗长为 L 个样本，则应选择 $R < L$，以便每个语音样本至少包含在一个分析片段中，如图 6.4 所示，其中各窗口重叠 $L - R = 641 - 240 = 401$ 个样本。通常，各分析窗的重叠会大于窗长的 50%。

为详细说明采样间隔（或窗移），应先选择 R，它在考虑两种常用窗口序列时很有用：矩形窗

$$w_R[n] = \begin{cases} 1 & 0 \le n \le L - 1 \\ 0 & \text{其他} \end{cases} \tag{6.3}$$

和汉明窗

$$w_H[n] = \begin{cases} 0.54 - 0.46 \cos\left(2\pi n / (L - 1)\right) & 0 \le n \le L - 1 \\ 0 & \text{其他} \end{cases} \tag{6.4}$$

图 6.6 中显示了窗长 $L = 21$ 的矩形窗和汉明窗的时域波形。把式(6.3)代入式(6.1)中的 $w[n]$ 有

$$Q_{\hat{n}} = \sum_{m = \hat{n} - L + 1}^{\hat{n}} T(x[m]); \tag{6.5}$$

也就是说，矩形窗会向区间 $(\hat{n} - L + 1) \sim \hat{n}$ 内的所有样本应用相等的权重。使用汉明窗时，式(6.5)会将式(6.4)的窗序列 $w_H[\hat{n} - m]$ 作为加权系数，并对和值加以相同的限制。L 点矩形窗的频率响应为（见习题 6.1）

$$W_R(e^{j\omega}) = \sum_{n=0}^{L-1} e^{-j\omega n} = \frac{\sin\left(\omega L / 2\right)}{\sin\left(\omega / 2\right)} e^{-j\omega(L-1)/2}. \tag{6.6}$$

对于一个 51 点的窗函数（$L = 51$），$W_R(e^{j\omega})$ 的对数幅度（单位为 dB）如图 6.7a 所示。注意，式(6.6)中的第一个零值出现在 $\omega = 2\pi / L$ 处，它对应于模拟频率

$$F = \frac{F_s}{L}, \tag{6.7}$$

式中 $F_s = 1/T$ 为采样率。尽管图 6.7a 表明对数幅度频率响应在此频率上衰减并不严重，但它通常被认为是对应于该矩形窗的低通滤波器的截止频率。因此，对于 $F_s = 10\text{kHz}$（$T = 0.00001$）的输入采样率，$L = 51$ 点的矩形窗的截止频率约为 $F_s / L = 10000/51 = 196\text{Hz}$。图 6.7b 显示了一个 51 点汉明窗的对数幅度频率响应。可见，汉明窗的归一化截止频率约为 $4\pi / L$（弧度）[270]，它对应于带宽 $2F_s / L$（模拟频率单位）。因此，对于采样率 $F_s = 10000\text{Hz}$，51 点汉明窗的带宽为 392Hz。图 6.7b 表明汉明窗的带宽约为相同长度矩形窗带宽的两倍。此外，在通带外部，与矩形窗的衰减（$> 14\,\text{dB}$）相比，汉明窗可提供更大的衰减（$> 40\,\text{dB}$）。显然，两种窗的衰减基本上与窗长无关。因此，增加窗长 L 只会降低带宽①。

上述讨论表明，对于典型的有限长窗，短时表示 $Q_{\hat{n}}$ 有一个严格的低通带宽，该带宽与窗长 L 成反比。因此，有可能以低于输入采样率的频率对 $Q_{\hat{n}}$ 采样。特别地，如果使用汉明窗的归一化截止频率，那么根据采样定理可知，$Q_{\hat{n}}$ 的采样率应大于等于 $4F_s / L$ 或 $R \le L / 4$。由于矩形窗的归一化截止频率是 F_s / L，它看起来仅需一半的采样率；但在此采样率下，其相当差的频率选择性通常会导致严重的混叠现象。

我们已了解短时表示的采样率与窗长相关。回顾前面的讨论可知，如果 L 太小，即在一个基音周期或更小的数量级上，$Q_{\hat{n}}$ 的波动会很大，具体取决于波形的精确细节。如果 L 太大，即在 10 倍基音周期的数量级上，$Q_{\hat{n}}$ 会因变化缓慢而不足以反映语音信号的变化性能。遗憾的是，这意味着没有能完全满足要求的 L 值，因为基音周期的持续时间会从女性或儿童的 20 个样本（10kHz

---

① 本章不对短时表示详细讨论窗口的性质，详见第 7 章。

采样率下的 500Hz 基音频率），变化到男性的 125 个样本（10kHz 采样率下的 80Hz 基音频率）。了解这些缺点之后，L 值的合适量级应是 10kHz 采样率下的 100～400 个样本（即 10～40ms 的持续时间），而短时表示通常以 50%～75%（$R = L/2$ 到 $R = L/4$）的窗口叠加来计算。

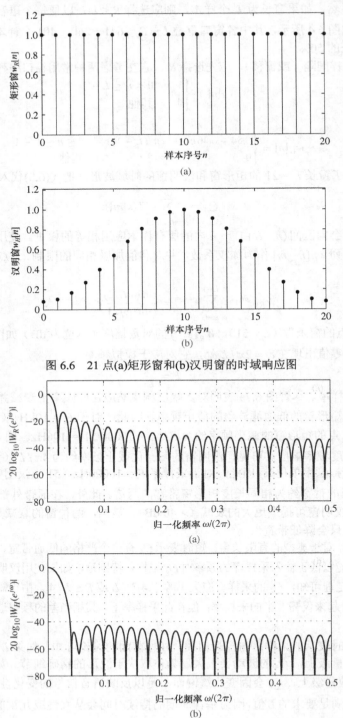

图 6.6 21 点(a)矩形窗和(b)汉明窗的时域响应图

图 6.7 51 点(a)矩形窗和(b)汉明窗的傅里叶变换

6.3　短时能量和短时幅度

一个离散时间信号的能量定义为

$$E = \sum_{m=-\infty}^{\infty} (x[m])^2. \tag{6.8}$$

一个序列的能量仅是一个数字，它作为语音的表示时没有意义或用途，因为它无法提供语音信号时间相关属性的信息。我们所需的是信号幅度与时间的时变敏感性。因此，短时能量非常有用。短时能量定义为

$$E_{\hat{n}} = \sum_{m=-\infty}^{\infty} (x[m]w[\hat{n}-m])^2 = \sum_{m=-\infty}^{\infty} (x[m])^2 \tilde{w}[\hat{n}-m], \tag{6.9}$$

式中，$w[\hat{n}-m]$ 是在平方前直接应用到语音样本的一个窗口，$\tilde{w}[\hat{n}-m]$ 是在平方后可等效应用的一个对应窗口。让 $T(x[m]) = (x[m])^2$ 和 $\tilde{w}[m] = w^2[m]$，式(6.9)看起来就与式(6.1)相同①。图 6.8 中描述了短时能量表示的计算。可以看出，信号采样率会从输入和输出平方框中的 F_s，变为低通滤波器 $\tilde{w}[n]$ 输出位置的 F_s / R。

图 6.8　计算短时能量的框图

对于 L 点矩形窗，有效窗是 $\tilde{w}[m] = w[m]$，因此 $E_{\hat{n}}$ 为

$$E_{\hat{n}} = \sum_{m=\hat{n}-L+1}^{\hat{n}} (x[m])^2. \tag{6.10}$$

图 6.9 描述了使用矩形窗对短时能量序列的计算。注意，当 $\hat{n}$ 变化时，窗口会沿序列的平方值［通常为 $T(x[m])$］滑动选取计算中涉及的区间。

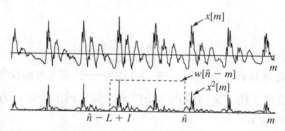

图 6.9　短时能量计算示意

图 6.10 和图 6.11 分别显示了改变（矩形窗和汉明窗）窗长 L 时，对男性语音"What she said"的短时能量表示的影响。L 增加时，两个窗的能量曲线都变得更加平滑，因为有效低通滤波器的带宽与 L 成反比。这些图形表明，对于一个给定的窗长，汉明窗与矩形窗相比，所产生的曲线更为平滑，因为尽管矩形窗的归一化截止频率较低，但汉明窗的高频衰减速度更快。

$E_{\hat{n}}$ 的主要作用是能区分清音段和浊音段。从图 6.10 和图 6.11 可以看出，清音段的 $E_{\hat{n}}$ 值明显要小于浊音段的 $E_{\hat{n}}$ 值。幅度上的这种差别会因平方运算而增强。能量函数也可用于近似找到浊音变为清音的位置（反之亦然），且对于高质量语音（高信噪比），该能量可用于区分语音和静音（或背景信号）。6.4 节和第 10 章将详细讨论几种语音检测和浊音-清音分类方法。

---

① 就短时能量而言，若令 $w[m] = (w_H[m])^{1/2}$，则短时分析的有效冲激响应应为 $\tilde{w}[m] = w_H[m]$。也可令 $w[m] = w_H[m]$，此时有效的分析冲激响应为 $\tilde{w}[m] = w_H^2[m]$。

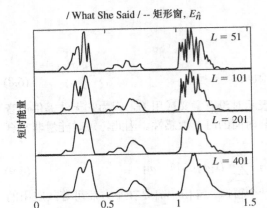
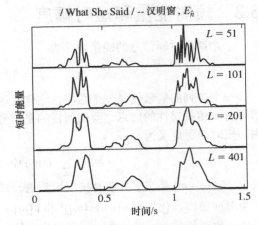

图 6.10　窗长 L 分别 51、101、201 和 401
时的矩形窗的短时能量函数

图 6.11　窗长 L 分别为 51、101、201 和 401
时的汉明窗的短时能量函数

6.3.1　基于短时能量的自动增益控制

短时能量表示的应用之一是，作为语音波形编码的简单自动增益控制机制（AGC，详见第 11 章）。AGC 的目的是保持信号幅度尽可能大，且不会出现饱和或溢出语音样本数字表示的动态范围。

在这种应用中，在输入的每个样本处，有必要计算短时能量，因为我们希望对每个样本应用 AGC。尽管有限长窗口可用于此目的，但使用无限长窗口（冲激响应）更为有效，因为这种计算是递归的。作为一个简单的例子，考虑指数窗序列

$$\tilde{w}[n] = (1-\alpha)\alpha^{n-1} u[n-1] = \begin{cases} (1-\alpha)\alpha^{n-1} & n \geq 1 \\ 0 & n < 1, \end{cases} \tag{6.11}$$

这样，式(6.9)变为

$$E_{\hat{n}} = (1-\alpha) \sum_{m=-\infty}^{\hat{n}-1} (x[m])^2. \tag{6.12}$$

注意，$\tilde{w}[n]$ 在卷积中是这样定义的：$w[\hat{n}-m]$ 作为一个递减的加权值，应用于 $\hat{n}$ 之前的所有样本 $(x[m])^2$，但不包括 $\hat{n}$ 点。接下来将给出一个样本时间延迟的原因。为获得短时能量的递归实现，注意到式(6.11)的 z 变换为

$$\tilde{W}(z) = \frac{(1-\alpha)z^{-1}}{1-\alpha z^{-1}}. \tag{6.13}$$

离散傅里叶变换（DTFT）（分析滤波器的频率响应）为

$$\tilde{W}(e^{j\omega}) = \frac{(1-\alpha)e^{-j\omega}}{1-\alpha e^{-j\omega}}. \tag{6.14}$$

图 6.12a 显示了 51 个样本的指数窗（$\alpha = 0.9$），图 6.12b 显示了对应的 DTFT（对数幅度响应）。它们分别是递归短时能量分析滤波器的冲激响应和频率响应。注意，在分子中包含比例因子$(1-\alpha)$的目的是保证 $\tilde{W}(e^{j0}) = 1$，即 1 左右（0dB）的低频增益与 α 的值无关。增大或减小参数 α，可分别使有效窗口更长或更短。当然，对相应频率响应的影响是相反的。增大 α 值会使滤波器更加低通，反之亦然。

为使用方便，我们将短时能量表示为 $E_n = \sigma^2[n]$，其中使用序号 $[n]$ 代替脚标 $\hat{n}$，以强调短时能量和输入 $x[n]$ 的时间尺度相同，即我们在每个输入样本处计算短时能量。此外，我们使用符号

σ^2 表示短时能量是 $x[m]$ 的方差的估计[①]。既然 $\sigma^2[n]$ 是滤波器 [其冲激响应是式(6.11)中的 $\tilde{w}[n]$] 的输出，因此它满足递归差分方程

$$\sigma^2[n] = \alpha\sigma^2[n-1] + (1-\alpha)x^2[n-1].\tag{6.15}$$

图 6.13 描述了短时能量的计算过程。

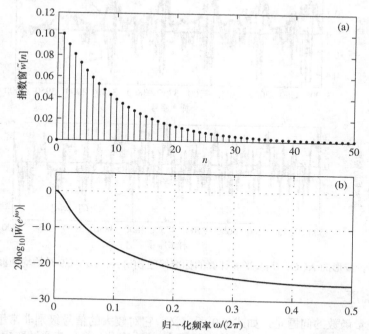

图 6.12　$\alpha = 0.9$ 的短时能量计算指数窗：(a) $\tilde{w}[n]$（分析滤波器的冲激响应）；(b)$20\log_{10}|\tilde{W}(e^{j\omega})|$（分析窗的对数幅度频率响应）

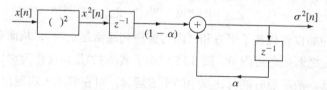

图 6.13　指数窗短时能量递归计算框图

现在，我们定义 AGC 为

$$G[n] = \frac{G_0}{\sigma[n]},\tag{6.16}$$

式中，G_0 是为了均衡所有帧的级别而设置的一个常量增益级别值，其中使用短时能量 $\sigma^2[n]$ 的平方根来匹配样本 $x[n]$ 的变化。通过在 $\tilde{w}[n]$ 的定义中包含一个样本的时延，$G[n]$ 时间 n 的值仅取决于 $x[n]$ 的前几个样本。式(6.16)定义的 AGC 控制的作用，是均衡图 6.14 所示语音波形的方差（或标准差），图 6.14 的顶部显示了一段语音波形（显示计算出的标准差 $\sigma[n]$ 叠加在波形图上），底部显示了标准偏差的均衡波形 $x[n]\cdot G[n]$。α 为 0.9 时，依据语音信号的浊音特性，窗口短到足以跟踪局部幅度变化，但不能跟踪每个周期内的详细变化，这主要是由于共振峰频率。α 的值越大曲线会越平滑，这样 AGC 就会在更长（如音节）的时间尺度上起作用。

[①] 容易证明，若 $x[m]$ 是零均值随机信号，则式(6.12)的值是 $x[m]$ 的方差。

同时可以使用有限长窗口为 AGC 计算短时能量。此时，短时能量通常以一个较低的采样率计算（每 R 个样本），且使用式(6.16)计算的增益会在相应的 R 个样本间隔内保持不变。这种方法会引入至少 R 个样本的延迟，而对于其他处理任务如块处理应用，它是很有用的。

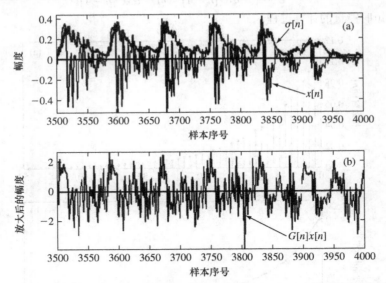

图 6.14　语音波形的 AGC：(a)波形和计算的标准偏差 $\sigma[n]$；(b) $\alpha = 0.9$ 时的均衡波形 $x[n] \cdot G[n]$

6.3.2　短时幅度

使用短时能量函数的问题是，如式(6.9)所定义，它对较大的信号级别非常敏感（因为它们作为平方输入计算），因此会在 $x[n]$ 中加重较大的样本-样本变化。前几节通过取短时能量的平方根，解决了这一问题。另一种缓解这一问题的方法是，定义一个短时幅度函数

$$M_{\hat{n}} = \sum_{m=-\infty}^{\infty} |x[m]w[\hat{n}-m]| = \sum_{m=-\infty}^{\infty} |x[m]|\tilde{w}[\hat{n}-m], \tag{6.17}$$

式中，信号绝对值的加权和代替了平方和（因为窗序列通常是正的），从而有 $|w[n]| = w[n]$，它可在取语音样本的幅度之前或之后应用。图 6.15 显示了式(6.17)是如何作为对 $|x[n]|$ 的一个线性滤波操作来实现的。注意，消除短时能量计算中的平方运算，可在算术上实现简化。

图 6.15　短时幅度函数计算的框图表示

图 6.16 和图 6.17 显示了短时幅度图，它们可与图 6.10 和图 6.11 中的短时能量图类比。清音区域中的差别非常明显。对于式(6.17)的短时能量计算，动态范围（最大与最小之比）近似为标准能量计算的动态范围的平方根。因此，浊音区域和清音区域间的级别差异不如短时能量时的明显。

由于短时能量和短时幅度函数的带宽正好是低通滤波器的带宽，因此这些函数不需要像语音信号那样进行频率采样。例如，对于一个持续时间为 20ms 的窗，100 个样本/秒的采样率就已足够。显然，这意味着在获取这些短时表示时，已抛弃了大量信息，但语音幅度信息仍以非常方便的形式得以保留。

为结束我们对短时能量和短时幅度特性的讨论，有必要指出窗口不必限制为矩形或汉明形

式，也不必限制为频谱分析或数字滤波器设计中常用的函数窗口。只要有效的低通滤波器足够平滑，就可以通过任何标准滤波器设计方法[270,305]设计低通滤波器。此外，该滤波器可以是有限长冲激响应（FIR）滤波器，也可是指数窗情形下的无限长冲激响应（IIR）滤波器。

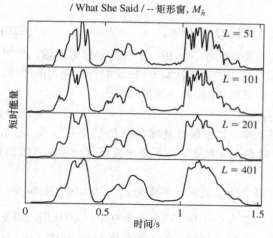

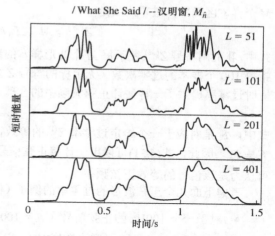

图 6.16　长度 L 为 51、101、201 和 401 的矩形窗的短时幅度函数

图 6.17　长度 L 为 51、101、201 和 401 的汉明窗的短时幅度函数

冲激响应（窗）总为正是有好处的，因为这样可以保证短时能量或短时幅度总为正。FIR 滤波器（如矩形或汉明冲激响应）具有这样一种优势，即与输入相比，输出可以较低的采样率计算得到，方法是在两次计算之间将窗口移动一个以上的样本。例如，如果语音信号的采样率为 $F_s = 10000$ 个样本/秒，窗长为 20ms（200 个样本），那么短时能量可以 100 样本/秒的采样率计算得到。

如前面关于 AGC 的例子所示，无须使用一个有限长窗口。如果使用式(6.11)所示的指数窗，则短时能量幅度为

$$M_n = \alpha M_{n-1} + (1-\alpha)|x[n-1]|, \tag{6.18}$$

这里再次使用了合适的滤波器归一化因子 $(1-\alpha)$，并包含了一个样本的延迟。

为使用式(6.15)和式(6.18)，在输入语音信号的每个样本处都要计算 E_n 和 M_n，即便是较低的采样率，也能满足要求。有时这是必需的，就如第 11 章中讨论的某些波形编码方案，且这种递归方法非常有吸引力。然而，当较低的采样率满足要求时，非递归方法可能需要的运算量更小（见习题 6.4）。另一种感兴趣的因子是低通滤波器操作中的延时继承性。式(6.3)和式(6.4)给出的窗口已被定义，它们对应于 $(L-1)/2$ 个样本的延时。由于它们具有线性相位，能量函数的原点可通过考虑这个延时重新定义。对于递归实现，由于相位是非线性的，因此不能精确地补偿延时。

6.4　短时过零率

在离散时间信号的范畴内，过零是指连续波形样本具有不同的代数符号，如图 6.18 所示。过零率（单位时间内过零的次数）是衡量信号频率内容的一种简单和可靠的度量。窄带信号尤其会出现这种现象。例如，一个频率为 F_0 的正弦信号，以采样率 F_s 采样后，正弦波形的每个周期有 F_s / F_0 个样本。每个周期有两次过零，因此每个样本的平均过零率是

图 6.18　信号过零位置波形图

$$Z^{(1)} = (2)\text{过零数}/\text{周期} \cdot (F_0/F_s)\text{周期}/\text{样本}$$

$$= 2\frac{F_0}{F_s}\text{过零数}/\text{个样本} \tag{6.19}$$

M 个样本区间中，过零次数是

$$Z^{(M)} = M \cdot (2F_0/F_s)\text{过零数}/(M\text{个样本}) \tag{6.20}$$

式中，我们用符号 $Z^{(M)}$ 表示每 M 个波形样本的过零次数。因此，$Z^{(1)}$ 指一个样本的过零次数，$Z^{(100)}$ 指每 100 个样本的过零次数（无上标的符号 Z 指每个样本的过零次数）。如我们将要说明的那样，短时过零率提供了一种估计正弦波频率的合理方法。式(6.20)的另一种形式是

$$F_e = 0.5F_sZ^{(1)}, \tag{6.21}$$

式中，F_e 是对应于一个给定过零率 $Z^{(1)}$ 的等效正弦频率。如果信号是频率为 F_0 的正弦信号，那么 $F_e = F_0$。因此，式(6.21)可以用于计算正弦信号的频率，且如果信号不是正弦信号，那么式(6.21)可认为是该信号的等效正弦频率。

考虑下面几个正弦波形的过零率的例子（假设每个例子的采样率都是 $F_s = 10000$ 个样本/秒）。

- 对于一个 100Hz 的正弦信号（$F_0 = 100\text{Hz}$），$F_s/F_0 = 10000/100 = 100$ 个样本/周期，得到 $Z^{(1)} = 2/100 = 0.02$ 过零次数/样本，或 $Z^{(100)} = (2/100)\times100 = 2$ 过零次数/10ms 间隔（或 100 个样本）；
- 对于一个 1000Hz 的正弦信号（$F_0 = 1000\text{Hz}$），$F_s/F_0 = 10000/1000 = 10$ 个样本/周期，$Z^{(1)} = 2/10 = 0.2$ 过零次数/样本，或 $Z^{(100)} = (2/10)\times100 = 20$ 过零次数/10ms 间隔（或 100 个样本）；
- 对于一个 5000Hz 的正弦信号（$F_0 = 5000\text{Hz}$），$F_s/F_0 = 10000/5000 = 2$ 个样本/周期，$Z^{(1)} = 2/2 = 1$ 过零次数/样本，或 $Z^{(100)} = (2/2)\times100 = 100$ 过零次数/10ms 间隔（或 100 个样本）。

由上面的例子可以看出，对于纯正弦信号（或对于任何其他信号），过零率（$Z^{(1)}$）的范围是从 2 过零次数/样本（正弦信号的频率是系统采样率的一半）降到 0.02 过零次数/样本（对于 100Hz 正弦信号）。类似地，对于 100Hz 的正弦信号，在 10ms 间隔（对于 $F_s = 10000$ 的 $Z^{(100)}$）的过零率范围是从 100（正弦信号的频率是系统采样率的一半）到 2。

基于短时过零率实现表示时，还有许多实际的考虑因素。尽管检测过零率的基本算法仅需要比较一对相邻样本的符号，但在采样过程中要特别注意。显然，过零率很容易受模数转换器中的直流偏置、信号中的 60Hz 交流声和数字化系统中的噪声的影响。一个极端的例子是，如果直流偏置超过信号的峰值，那么将检测不到过零率（事实上，峰值幅度较小的清音段很容易出现这种状态）。因此，在采样前进行模拟处理可减小这种影响。例如，通常使用带通滤波器而非低通滤波器来作为抗混叠滤波器，以便消除信号中的直流部分和 60Hz 干扰。在短时过零率计算过程中，还需要考虑的是采样周期 T 和平均间隔 L。采样周期决定了过零率表示的时间（和频率）分辨率，即较高的分辨率要求较高的采样率。但为保留过零信息，仅需要 1 比特量化（即保留信号的符号）。

使用和计算过零率的一个关键问题是直流偏置对计算的影响。图 6.19 和图 6.20 显示了偏置对波形、位置和过零次数的严重影响（比实际系统预测的更加严重）。图 6.19 显示了无直流偏置时 100Hz 正弦信号的波形（上部）和直流偏置为 0.75 倍峰值幅度时同一信号的波形（底部）。可以看出，对于这种情况，过零率位置的改变很明显。然而，过零次数等于该正弦信号的 2.5 个周期。图 6.20 显示了无直流偏置（顶部）和偏置为 0.75 时的一个高斯白噪声序列（零均值、单位方差和平坦频谱）的波形。过零位置再次因直流偏置改变了。但此时 251 个样本间隔上的过零次数已从（无直流偏置时的）124，变为直流偏置为 0.75 时的 82。这表明过零次数是频率内容的有用测度，在计算过零率之前，必须对波形进行高通滤波，以保证波形中无直流分量存在。

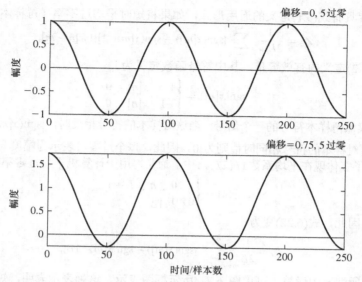

图 6.19　无直流偏置的正弦波形（上图）和直流偏置为 0.75 倍峰值幅度的正弦波形图（下图）

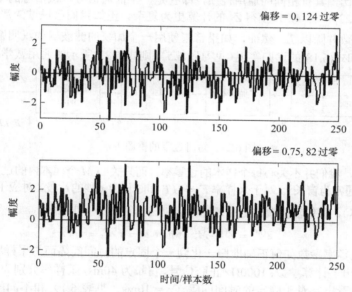

图 6.20　无偏置的零均值、单位方差、高斯白噪声信号波形图（上图）；0.75 倍
直流偏置的同一信号的波形图（下图）

　　由于存在这样的实际限制，因此人们提出了计算短时过零率的许多类似表示。这些表示都降低了对噪声的敏感度，但每种表示又都有其自身的限制。其中引人注目的一种表示是由 Baker[21] 研究的上交叉表示。这种表示基于过零间具有正斜率的时间间隔。Baker 将这种表示应用到了语音的音素分类上[21]。

　　语音信号是宽带信号，因此短时过零率的解释很不精确。然而，使用基于短时平均过零率的表示（即 L 个样本块中的平均过零次数），可精略估计语音信号的频谱性质。如图 6.20 所示，如果选择一个包含 L 个样本的块，那么要做的就是成对检查样本，以统计样本在块内改变符号的次数，然后除以 L 来计算平均数。这将给出过零/样本的平均数。对于短时能量情形，窗口可移动 R 个样本，且重复这一处理，就给出了语音信号的短时过零表示。

短时过零测度具有式(6.1)定义的通用形式，如果将短时平均过零率（每样本）定义为

$$Z_{\hat{n}} = \frac{1}{2L_{\text{eff}}} \sum_{m=-\infty}^{\infty} |\text{sgn}(x[m]) - \text{sgn}(x[m-1])|\, \tilde{w}[\hat{n}-m], \tag{6.22}$$

式中，L_{eff} 是式(6.2)定义的有效窗长，其中符号函数定义为

$$\text{sgn}(x[n]) = \begin{cases} 1 & x[n] \geq 0 \\ -1 & x[n] < 0, \end{cases} \tag{6.23}$$

它将 $x[n]$ 变换为仅保留样本符号的一个信号。当这对样本的符号相反时，$|\text{sgn}(x[m]) - \text{sgn}(x[m-1])|$ 的值为 2，而当这对样本的符号相同时值则为 0。因此，每个过零可表示为幅度为 2 的一个样本。在式(6.22)中，因子 2 体现在平均系数 $1/(2L_{\text{eff}})$ 中。通常，用于计算机平均过零率的窗口是矩形窗[①]

$$\tilde{w}[n] = \begin{cases} 1 & 0 \leq n \leq L-1 \\ 0 & \text{其他} \end{cases} \tag{6.24}$$

式中，$L_{\text{eff}} = L$。因此，式(6.22)变为

$$Z_{\hat{n}} = \frac{1}{2L} \sum_{m=\hat{n}-L+1}^{\hat{n}} |\text{sgn}(x[m]) - \text{sgn}(x[m-1])|. \tag{6.25}$$

计算式(6.22)所涉及的运算，可用图 6.21 所示框图表示。这种表示表明，短时过零率与短时能量及短时幅度相比，具有相同的通用性质，即它是一个低通信号，该信号的带宽取决于窗口的形状和长度。式(6.22)和图 6.21 使得 $Z_{\hat{n}}$ 的计算更为复杂。正如我们已说过的那样，实现式(6.25)仅需要统计过零次数并除以 L。然而，如果希望使用一个加权的滤波器如汉明窗，或者希望有一个类似于式(6.15)和式(6.18)的递归实现（见习题 6.5），则式(6.22)所示的通用数学表示是很有用的。

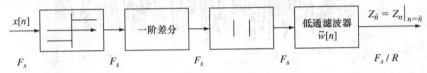

图 6.21　短时过零的框图表示

对于多数应用，我们并不关心每个样本的过零率，而只关心 M 个样本内的过零率（对应于选定的 τ 秒时间间隔，通常为窗长）。对于采样率 $F_s = 1/T$ 和时长为 τ 秒的片段（对应于间隔为 $M = F_s \cdot \tau$ 或 $M = \tau/T$ 个样本），我们需要做的是用 $Z^{(1)}$ 乘以 M 去修正 $Z^{(M)}$，即

$$Z^{(M)} = Z^{(1)} \cdot M; \quad \text{where } M = \tau \cdot F_s = \tau/T.$$

为说明短时过零率参数如何正确地归一化到一个固定的时间间隔而与采样率无关，考虑表 6.1 中的例子，表中给出了计算参数：1000Hz 正弦信号，窗长为 40ms，采样率分别为 8000Hz、10000Hz 和 16000Hz。可以看出，对于固定的时间间隔（$\tau = 10$ms，见表 6.1）和不同的采样率，通过选择合适的 L 和 M，过零率的结果都相同，这说明它与采样率无关。归一化过零率的一种等效方法是使用式(6.21)计算等效正弦频率。

表 6.1　不同采样率下 1000Hz 正弦信号每 10ms 的过零率

F_s	L	$Z_{\hat{n}} = Z^{(1)}$	M	$Z^{(M)}$
8000	320	1/4	80	20
10000	400	1/5	100	20
16000	640	1/8	160	20

现在我们了解如何将短时过零率应用到语音信号。语音产生模型表明，话音能量集中于 3kHz 以

[①] 若用式(6.22)计算短时过零率并用式(6.4)定义的汉明窗，则可把因子 $1/(2L_{\text{eff}})$ 合并到窗函数 $\tilde{w}[m]$ 中。

下，因为声门波引入的频谱衰减，而清音的大部分能量位于高频处。由于高频谱内容意味着高过零率，而低频谱内容意味着低过零率，因此在过零率和能量随频率分布之间有很强的相关性。此外，浊音的总能量明显大于清音的总能量。因此，话音应由相对高的能量和相对低的过零率表征。图 6.22 给出了这一关系，图中显示了一个语音信号的 2001 个样本（F_s = 16000 个样本/秒）、短时过零率（虚线）和短时能量（点画线），窗长分别为 L = 201 和 L = 401 的汉明分析窗分别在图 6.22a 和图 6.22b 中给出[1]。对于这个例子，以相同的采样率作为输入计算了短时能量和过零率（即 $R=1$）。该图表明，对于清音段，窗长和短时过零率相对较高，短时能量相对较低，而对于浊音段情况正好相反。详细查看清音到浊音的过渡区域，即样本 900 附近，发现约有$(L-1)/2$ 个样本的延迟，这是使用对称的汉明窗作为因果分析滤波器的结果，即过零和能量表示分别在图 6.22a 和图 6.22b 中右移了 100 个和 200 个样本。同样，通过将窗口归一化到式(6.2)定义的有效长度 L_{eff}，会发现两个窗的 $Z_{\hat{n}}$ 约有相同的尺度和时间曲线。对 $E_{\hat{n}}$ 而言同样如此。

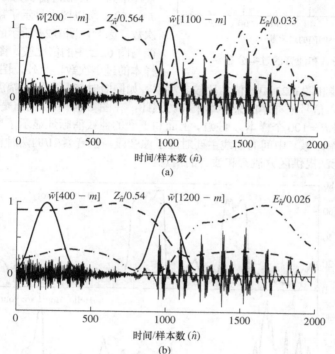

图 6.22　使用不同长度汉明窗时，2001 个样本语音信号（F_s = 16kHz）的短时过零（虚线）和短时能量（实线）：(a)长度 L 为 201（12.5ms）的汉明窗；(b)长度 L 为 401（25ms）的汉明窗

　　至此，我们的结论仍不是非常精确。我们并未声称短时过零率的值有多高或多低，事实上它也不可能精确。但我们可在统计意义上给出过零率高低的含义。图 6.23 显示了短时过零率的直方图，它是对浊音和清音段使用长度 L = 100 个样本（F_s = 10000Hz 的 10ms 间隔）的矩形窗得到的，并给出了直方图的高斯密度拟合。可以看出，对于清音区域和浊音区域，高斯曲线很好地拟合了过零率分布。这意味着清音段的短时平均过零率为每 10ms 间隔 49（0.49/样本），浊音段的短时平均过零率为每 10ms 间隔 14（0.14 /样本）。作为参考，图 6.23 中的竖线显示了频率 1kHz、2kHz、3kHz 和 4kHz 正弦信号的过零率。利用式(6.21)，浊音分布和清音分布均值的等效正弦频率分别为 $F_v = 0.12 \times 5000 = 600\text{Hz}$ 和 $F_v = 0.49 \times 5000 = 2450\text{Hz}$。由于这两个分布交叠在一起，因此明确的清

---

[1] 样本取自含有语音表示/G R IY S IY W AA SH/的语音 "... greasy wash ..."。样本 0～900 是摩擦音/S/的结尾，样本 900～1800 是元音/IY/，样本 1800～2000 是滑音/W/的开始。

音或浊音判决不可能单独基于短时过零率，但选择 10 到 49 之间的一个阈值（如 25），可得到相对准确的分类[①]。

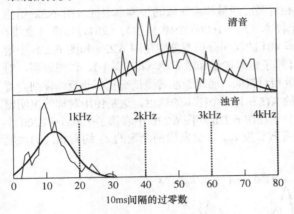

图 6.23　清音和浊音的过零分布

注意，图 6.22 所示的短时过零率曲线与图 6.23 所示的分布是一致的，即清音区域每个样本的过零率为 $Z_{\hat{n}} \approx 0.54$，浊音区域每个样本的过零率为 $Z_{\hat{n}} \approx 0.16$。这些过零率与式(6.21)（采样率为 $F_s = 16000Hz$）中的正弦信号频率分别为 4320Hz 和 1280Hz 是一致的。

图 6.24 中给出了短时过零率测度的一些例子。在这些例子中，矩形窗的时长是 15ms，即采样率为 10kHz，窗长为 $L = 150$。输出未除以 $L = 150$，所以图中显示了每 150 个样本的过零次数。因此，图 6.24 所示的值应除以 150 后才能与图 6.22 中的值比较，图 6.22 给出的是每个样本的过零次数。此外，图 6.24 中的值必须乘以因子 100/150 才能和图 6.23 中的值相比较。注意，如同短时能量和短时幅度的情形那样，短时过零率可以低于输入信号采样率的采样率采样。因此，在图 6.24 中，输出是以 100 次/秒计算的（移动窗口的步长是 $R = 100$ 个样本）。注意，上面和下面的曲线清晰地显示了摩擦音/S/和/SH/发生的区域，即高过零率区域。中间的曲线主要对应于浊音段，但音素/H/的两种情形除外（它们通常是部分浊化的），无法提供区分清音和浊音的信息。

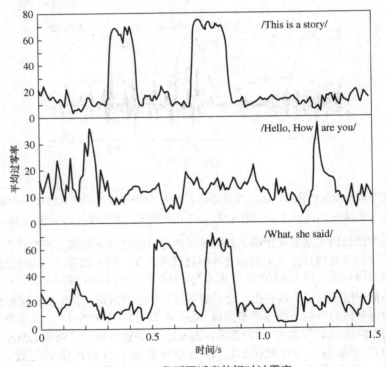

图 6.24　三段不同话音的短时过零率

[①] 第 10 章将给出一种更为正式的分类方法，这种方法使用估计的概率分布来设置阈值，以使错误分类的概率最小。

过零率表示的另一个应用是在获取语音频域表示时作为一个简单的中间步骤。这种方法在几个连续的频带中包含语音信号的通带滤波。然后获取该滤波输出的短时能量和过零率表示。这些表示一起给出了可大致反映信号频谱性质的表示。这种方法最初由 Reddy 提出，并由 Vicens[403] 和 Erman[99]继续研究，它是大规模语音识别系统的基础。

6.5 短时自相关函数

离散时间信号的确定性（或非周期性）自相关函数定义为[270]

$$\phi[k] = \sum_{m=-\infty}^{\infty} x[m]x[m+k].$$ (6.26)

如果该信号是统计随机或是周期的，那么合适的定义为[270]

$$\phi[k] = \lim_{N\to\infty} \frac{1}{(2N+1)} \sum_{m=-N}^{N} x[m]x[m+k].$$ (6.27)

无论哪种定义，信号的自相关函数表示都是显示信号某些性质的有效方法。例如，如果信号是周期性的（如浊音），设语音周期为 N_p 个样本，那么容易证明

$$\phi[k] = \phi[k+N_p];$$ (6.28)

也就是说，周期信号的自相关函数也具有周期性，并且周期与原信号的周期相同。自相关函数的其他重要性质如下 [270]：

1. 它是 k 的偶函数，即 $\phi[k] = \phi[-k]$；
2. 在 $k = 0$ 时，自相关函数有最大值，即对于所有 k 满足 $|\phi[k]| \le \phi[0]$；
3. $\phi[0]$ 的值，等于确定性信号的总能量［式(6.8)］或随机或周期信号的平均功率。

因此，自相关函数是包含能量的一种特殊情况，但更为重要的是，它突出了信号的周期性。结合式(6.28)和上面的性质 1 和性质 2 可以看出，对于周期性信号，自相关函数在 $0, \pm N_p, \pm 2N_p, \dots$ 处取最大值。也就是说，不考虑周期信号的时间原点，信号的周期也能通过找到自相关函数的第一个最大值的位置来估计（在合适的范围）。这一性质使得自相关函数成为估计各类信号（包括语音）周期的基础（如果正确地表达一个短时自相关函数）。此外，自相关函数包含有关于信号细节的大量信息，详见第 9 章。因此，采用自相关函数的定义得到语音的短时自相关函数表示是有用的。

采用本章中定义其他短时表示的相同方法，可在分析时间 $\hat{n}$ 处定义短时自相关函数，如语音段有限长窗 $(x[m]w[\hat{n}-m])$ 的确定性自相关函数，即

$$R_{\hat{n}}[k] = \sum_{m=-\infty}^{\infty} (x[m]w[\hat{n}-m])(x[m+k]w[\hat{n}-k-m]).$$ (6.29)

该式的解释如下：（1）窗口随分析时间 $\hat{n}$ 移动，以便为移动区域 $w[\hat{n}-m]$ 中的 m 值选择语音片段 $(x[m]w[\hat{n}-m])$；（2）选取的加权窗语音段乘以左移 k（k 是正数）个样本后的加权窗语音段；（3）积序列对所有非零样本求和，并由此通过式(6.26)计算加权窗口语音段的确定性自相关。注意，式(6.29)中求和的原点是序列 $x[m]$ 的时间原点。量 $\hat{n}$ 决定了窗移，因此是分析时间。序号 k 即序列 $(x[m]w[\hat{n}-m])$ 和 $(x[m+k]w[\hat{n}-k-m])$ 之间的相对位移量，称为自相关延迟序号。一般来说，式(6.26)在范围 $0 \le k \le K$ 内计算，其中 K 是最大延迟。

因为 $R_{\hat{n}}[k]$ 是窗序列 $(x[m]w[\hat{n}-m])$ 的确定性自相关函数，所以 $R_{\hat{n}}[k]$ 继承了前述自相关函数的所有性质。对于式(6.29)建立的表示，再次将这些性质列出如下：

1. 短时自相关函数是延迟序号 k 的偶函数，即

$$R_{\hat{n}}[-k] = R_{\hat{n}}[k]. \tag{6.30a}$$

2. 短时自相关函数的最大值出现在零延迟处，即

$$|R_{\hat{n}}[k]| \leq R_{\hat{n}}[0]. \tag{6.30b}$$

3. 短时能量等于零延迟处的自相关函数，即 $E_{\hat{n}} = R_{\hat{n}}[0]$。要特别注意

$$R_{\hat{n}}[0] = \sum_{m=-\infty}^{\infty} x^2[m]w^2[\hat{n}-m] = \sum_{m=-\infty}^{\infty} x^2[m]\tilde{w}[\hat{n}-m] = E_{\hat{n}}, \tag{6.30c}$$

式中，短时能量的有效分析窗是 $\tilde{w}[\hat{n}-m] = w^2[\hat{n}-m]$。

正如短时能量和短时过零率的情况，式(6.29)可化为式(6.1)那样的通式。利用式(6.30a)的偶函数性质，可将 $R_{\hat{n}}[k]$ 表示为

$$\begin{aligned} R_{\hat{n}}[k] &= R_{\hat{n}}[-k] \\ &= \sum_{m=-\infty}^{\infty} (x[m]x[m-k])(w[\hat{n}-m]w[\hat{n}+k-m]). \end{aligned} \tag{6.31}$$

若将延迟 k 的有效窗定义为

$$\tilde{w}_k[\hat{n}] = w[\hat{n}]w[\hat{n}+k], \tag{6.32}$$

则式(6.31)可写为

$$R_{\hat{n}}[k] = \sum_{m=-\infty}^{\infty} (x[m]x[m-k])\tilde{w}_k[\hat{n}-m], \tag{6.33}$$

形式上这正好与式(6.1)相同，其中偏移 k 是非线性变换 $T(x[m]) = x[m]x[m-k]$ 中的变化参数。因此，如图 6.25 所示，第 k 个自相关延迟值在时间 $\hat{n}$ 处的该值可表示为这样一个线性时不变（LTI）系统的输出：当输入序列为 $x[n]x[n-k]$ 时，该系统的冲激响应为 $\tilde{w}_k[n] = w[n]w[n+k]$。这一表示提醒我们，当把 $R_n[k]$ 视为 k 固定的分析时间 n 的函数时，$R_n[k]$ 是一个低通信号，该信号可以比

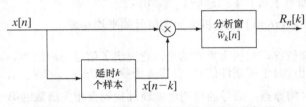

图 6.25　延迟序号为 k 的短时自相关函数框图

输入信号采样率低的采样率采样。在短时能量情形下，对于无限长指数窗函数 $w[n]$，式(6.33)也可以用于得到递归实现，即以输入的采样率迭代[24]（见习题 6.6）。由于每个自相关延迟序号要求不同的冲激响应 $\tilde{w}_k[n]$，当需要的延迟如线性预测分析（见第 9 章）中那样时，通常会使用这种计算方法。

短时自相关函数的计算通常是用有限长窗口逐帧进行的，即在式(6.29)中将 $-m$ 替换为 $n-m$，

$$R_{\hat{n}}[k] = \sum_{m=-\infty}^{\infty} (x[\hat{n}+m]w'[m])(x[\hat{n}+m+k]w'[k+m]), \tag{6.34}$$

式中，$w'[m] = w[-m]$①。这种对求和序列的变换，等价于将和的时间原点重新定义为移位后分析窗口的时间原点，即输入序列提前了 $\hat{n}$，此时 $x[\hat{n}+m]$ 要乘以窗 $w'[m]$，以便为自相关分析选取一段语音。图 6.26 显示了对于某个特殊值 k，利用矩形窗计算 $R_{\hat{n}}[k]$ 时的序列。图 6.26a 显示了对于固定的 $\hat{n}$，横轴都为 m 时 $x[m]$ 和 $w[\hat{n}-m]$ 的图形。图 6.26b 显示了将时间原点重定义为窗口开始处的加窗段。该图表明，乘积 $(x[\hat{n}+m]w'[m])(x[\hat{n}+m+k]w'[k+m])$ 仅在 $0 \leq m \leq L-1-k$ 范围内才是非零的。通常，如果窗 $w'[m]$ 是有限长度的 [如式(6.3)和式(6.4)所示]，那么序列 $x[\hat{n}+m]w'[\hat{n}]$

① 注意我们用 m 表示式(6.29)和式(6.34)中求和的哑序号。

也是有限长度的，且式(6.34)可以写为

$$R_{\hat{n}}[k] = \sum_{m=0}^{L-1-k} (x[\hat{n}+m]w'[m])(x[\hat{n}+m+k]w'[k+m]). \qquad (6.35)$$

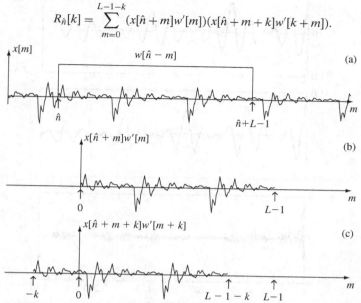

图6.26　对于延迟序号 k，短时自相关计算涉及的序列示意图：(a)序列 $x[m]$ 与移窗序列 $w[\hat{n}-m]$；
(b)时间原点重定义为窗 $w'[m]=w[-m]$ 的原点的加窗序列；(c)窗移 $k>0$ 的加窗序列

　　注意，式(6.35)中的窗函数 $w'[m]$ 可以使用式(6.3)和式(6.4)所示的矩形窗口或汉明窗口，它们对应于式(6.33)中的非因果分析滤波器。对图 6.26a，这同样成立，在该图中，我们发现如果 $w'[m]$ 在区间 $0 \le m \le L-1$ 是非零的，那么 $\hat{n}$ 之后的 $w[\hat{n}-m]=w'[m-\hat{n}]$ 也是非零的。对于有限长窗口，这种说法没有问题，因为可将合适的延迟引入到处理中，即使是在实时应用中。

　　使用式(6.35)计算第 k 个自相关延迟，计算 $x[\hat{n}+m]\,w'[m]$ 要求 L 次乘法（使用矩形窗时除外），计算延迟的积之和需要 $(L-k)$ 次乘法和加法。许多延迟的计算，如估计周期性时所要求的计算，需要大量的算术操作。利用式(6.35)的一些特殊性质或使用快速傅里叶变换（FFT）[270]，可大大降低这种运算量[37, 189]。

　　图 6.27 给出了使用长为 $L=401$ 的矩形窗对以 10kHz 采样率采样的语音信号计算短时自相关函数的三个例子。在时延 $0 \le k \le 250$[①]范围内计算了短时自相关。前两种情形对应于浊音段，第三种情形对应于清音段。对于第一段，峰值出现在 72 的倍数处，这表明基音周期是 7.2ms，或基频约为 140Hz。注意，即使是非常短的一段语音也不同于一段真正的周期信号。信号的"周期"会在 401 个样本间隔内变化，且波形会随周期的不同而变化。这是时延越大峰值越小的部分原因。对于第二段浊音（取自发音的另一个完全不同的位置），可看到类似的周期性效应，仅在这种情形下自相关中的局部峰值位于 58 的倍数处，这表明平均基音周期约为 5.8ms。最后，对于清音段，没有较强的自相关周期性峰值，因此表明波形缺少周期性。清音自相关函数看起来是一个高频类噪声波形，有点像语音本身。

　　图 6.28 显示了使用汉明窗的同样例子。通过与图 6.27 对比，可看出矩形窗能带来一个比汉明窗更为明显的周期性。引入汉明窗消减更多的语音信号，这并不令人吃惊，即使对于理想的周期信号也会消减其周期性。

[①] 在该图和接下来的图形中，自相关函数是通过 $E_{\hat{n}}=R_{\hat{n}}[0]$ 归一化的。另外，仅当 k 为正时，才会画出 $R_{\hat{n}}[k]/R_{\hat{n}}[0]$。由于 $R_{\hat{n}}[-k]=R_{\hat{n}}[k]$，因此对于负延迟值，没有必要画出 $R_{\hat{n}}[k]/R_{\hat{n}}[0]$。

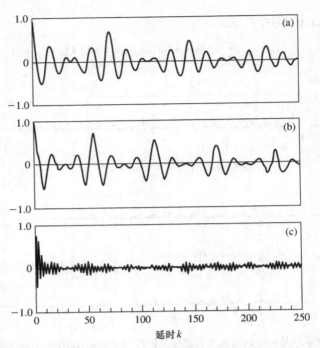

图 6.27　(a)～(b)浊音的自相关函数；(c)清音的自相关函数，使用长为 $L = 401$ 的矩形窗

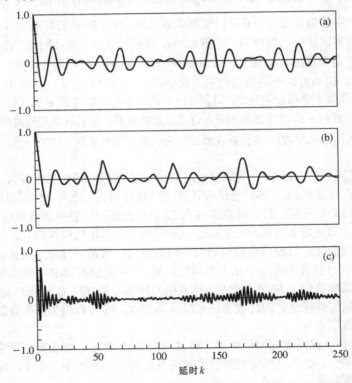

图 6.28　(a)～(b)浊音的自相关函数；(c)清音的自相关函数，使用长为 $L = 401$ 的汉明窗

　　图 6.27 和图 6.28 所示例子中，窗长都为 $L = 401$。一个重要问题是，如何选择 L 来才能给出较好的周期性。我们再次面临冲突的需求。由于浊音的基音周期随时间变化，L 应尽量小；另一

方面，要在自相关函数中得到任何周期性的暗示，窗口的长度必须至少为波形的两个周期。事实上，图 6.26c 表明，由于在计算 $R_{\hat{n}}[k]$ 时涉及的是有限长的加窗语音段，当 k 不断增大时，参与计算的信号样本越来越少［注意，式(6.35)中的求和上限是 $L-k-1$］。k 的增加导致相关峰幅值降低。这很容易通过周期性冲激来证明（见习题 6.8），对语音而言也很容易通过例子来演示。图 6.29 给出了不同长度矩形窗的效果。虚线是下式的图形：

$$R[k] = 1 - k/L, \qquad |k| < L, \tag{6.36}$$

这是 L 点矩形窗的自相关函数。显然，虚线从峰值处开始衰减，因为矩形窗口由于周期性，很好地限定了相关峰值幅度的边界。习题 6.8 表明，对于周期性脉冲，峰值会精确地位于一条直线上。对于当前的这个例子，与其他两种情形相比，峰值进一步远离了直线 $L=401$。因为与较短的间隔相比，基音周期和波形在 401 个样本的间隔中，变化更大。

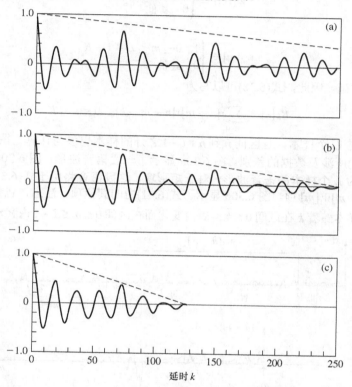

图 6.29　长度分别为(a) $L=401$、(b)$L=251$ 和(c)$L=125$ 的浊音的自相关函数。三种情形下均使用矩形窗

图 6.29c 对应的窗长为 $L=125$ 个样本。由于该例的基音周期约为 72 个样本，窗中甚至没有两个完整的基音周期。这显然是一种应避免的情况，但避免这种情况很难，因为可能会遇到更宽的基音周期。一种简单的方法是使得窗口长度足以容纳最长的基音周期，但对于短基音周期的情况，这样做将导致多个周期的平均，而这是我们不希望出现的。另一种方法是允许窗长自适应于期望的基音周期。此外，下一节将介绍允许使用更短窗口的另一种应用。

6.6　修正短时自相关函数

为解决上述问题，人们提出了一种修正短时自相关函数。修正短时自相关函数定义为

$$\hat{R}_{\hat{n}}[k] = \sum_{m=-\infty}^{\infty} x[m]w_1[\hat{n}-m]x[m+k]w_2[\hat{n}-m-k]; \tag{6.37}$$

也就是说，对于选定段和移位段，允许使用不同的窗长。这种表达式可写为

$$\hat{R}_{\hat{n}}[k] = \sum_{m=-\infty}^{\infty} x[\hat{n}+m]\hat{w}_1[m]x[\hat{n}+m+k]\hat{w}_2[m+k], \quad (6.38)$$

式中，

$$\hat{w}_1[m] = w_1[-m], \quad (6.39a)$$

和

$$\hat{w}_2[m] = w_2[-m]. \quad (6.39b)$$

为消除式(6.35)中变量上限带来的衰减，可选择窗 $\hat{w}_2[m]$，使之包含窗 $\hat{w}_1$ 的非零区间之外的样本。也就是说，我们定义两个矩形窗

$$\hat{w}_1[m] = \begin{cases} 1 & 0 \le m \le L-1 \\ 0 & \text{其他} \end{cases} \quad (6.40a)$$

和

$$\hat{w}_2[m] = \begin{cases} 1 & 0 \le m \le L-1+K \\ 0 & \text{其他} \end{cases} \quad (6.40b)$$

式中，K 是最大时延。因此，式(6.38)可以写为

$$\hat{R}_{\hat{n}}[k] = \sum_{m=0}^{L-1} x[\hat{n}+m]x[\hat{n}+m+k], \quad 0 \le k \le K; \quad (6.41)$$

即求和针对的总是 L 个样本，且区间 $\hat{n}$ 到 $\hat{n}+L-1$ 之外的样本也参与计算。图 6.30 给出了计算式(6.35)和式(6.41)所涉及数据的差别。图 6.30a 显示了一段语音波形，图 6.30b 显示了由矩形窗口选取的一段长为 L 个样本的语音波形。对于矩形窗，这段语音将用于式(6.35)中的各项，并用于式(6.41)的 $x[\hat{n}+m]\hat{w}_1[m]$ 项。图 6.30c 显示了式(6.41)中的其他项。注意，包含了 K 个额外的样本。这些额外的样本随着 k 在区间 $0 \le k \le K$ 内变化而在区间 $0 \le m \le L-1$ 内移动。

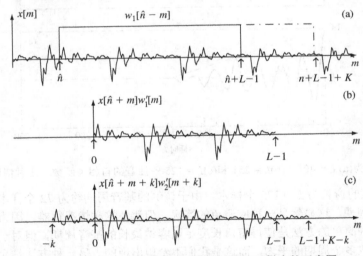

图 6.30　计算修正短时自相关函数时所涉及样本的示意图

式(6.41)称为修正短时自相关函数。严格来说，它是两段不同有限长语音 $x[\hat{n}+m]\hat{w}_1[m]$ 和 $x[\hat{n}+m]\hat{w}_2[m]$ 的互相关函数。因此，$\hat{R}_{\hat{n}}[k]$ 具有互相关函数的特性，不再是自相关函数。例如，$\hat{R}_{\hat{n}}[-k] \ne \hat{R}_{\hat{n}}[k]$。然而，$\hat{R}_{\hat{n}}[k]$ 会在周期信号的周期的倍数处显示峰值，如果信号是完美的周期信号，那么它在较大 k 值处的幅度不会出现衰减。图 6.31 显示了对应于图 6.27 所示例子的修正自相关函数。对于窗长 $L = 401$，波形变化的影响在图 6.27 中对衰减起着支配作用，两幅图形看起来类似。图 6.32

显示了窗长的影响。比较图 6.32 和图 6.29 可以看出，对较小的 L 值，差别更加明显。图 6.32 中的峰值比 $k = 0$ 时的峰值小，因为在区间 $\hat{n}$ 到 $\hat{n}+N-1+K$ 内它不完全是周期性的，计算式(6.31)时对此已有涉及。习题 6.8 表明，对于一个理想的周期脉冲串，所有峰值的幅度均相同。

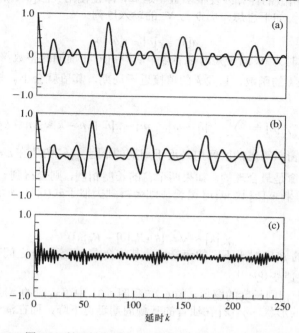

图 6.31　图 6.27 所示长度为 $L = 401$ 的语音片段的修正自相关函数

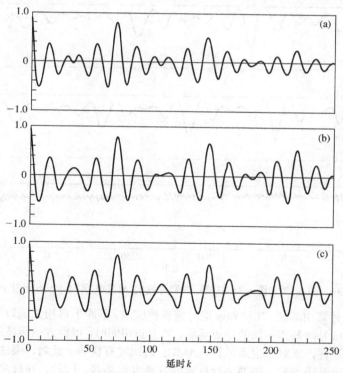

图 6.32　(a)$L = 401$、(b)$L = 251$ 和(c)$L = 125$ 的浊音的修正自相关函数。这些例子对应于图 6.29

6.7　短时平均幅度差分函数

如前所述，自相关函数的计算涉及很多数学运算，即使使用文献[37,189]中的简化方法。消除乘法运算的一种技术基于如下思想：周期为 N_p 的输入序列

$$d[n] = x[n] - x[n-k] \qquad (6.42)$$

在 $k = 0, \pm N_p, \pm 2N_p, \ldots$ 时为 0。对于短时浊音段，期望 $d[n]$ 在周期的整数倍处取最小值是合理的。$d[n]$ 的短时平均幅度是 k 的函数，只要 k 的值接近于周期，其值就会小。短时平均幅度差分函数（AMDF）[331]定义为

$$\gamma_{\hat{n}}[k] = \sum_{m=-\infty}^{\infty} |x[\hat{n}+m]w_1[m] - x[\hat{n}+m-k]w_2[m-k]|. \qquad (6.43)$$

很明显，若 $x[\hat{n}]$ 在窗口跨越的区间内是近于周期的，则 $\gamma_{\hat{n}}[k]$ 的值在 $k = N_p, 2N_p, \ldots$ 时会迅速变小。注意，选择矩形窗是最合理的。如果两个窗的长度相同，则会得到一个类似于式(6.35)所示自相关函数的函数。如果 $w_2[n]$ 比 $w_1[n]$ 更长，则会得到类似于式(6.41)所示修正自相关函数的情形。可以证明[331]

$$\gamma_{\hat{n}}[k] \approx \sqrt{2}\beta[k](\hat{R}_{\hat{n}}[0] - \hat{R}_{\hat{n}}[k])^{1/2}. \qquad (6.44)$$

据称，式(6.44)中的 $\beta[k]$ 对于不同的语音段，其值会在 0.6 到 1.0 之间变化，但对于某个特殊的语音段，它不随 k 快速变化[331]。

图 6.33 显示了对于相同长度的窗口，图 6.27 和图 6.31 中语音段的 AMDF 函数。AMDF 函数确实有如式(6.44)所示的形状，$\gamma_{\hat{n}}[k]$ 在浊音的基频周期迅速下降，而在清音的基频周期没有可以比较的下降。

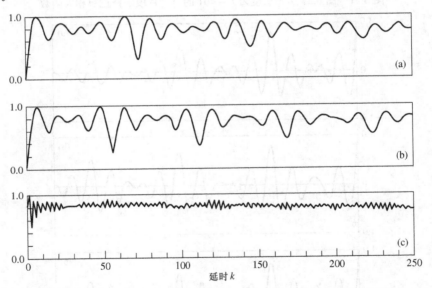

图 6.33　图 6.27 和图 6.31 中相同语音片段的 AMDF 函数（已归一化到 1）

AMDF 函数的计算由减法、加法和取绝对值操作完成，不同于自相关函数的加法和乘法操作。采用其中乘法和加法时间基本相同的浮点运算，当窗长相同时，每种方法所需的时间都比较接近。但对于特定目的的硬件，或对于定点运算，AMDF 就比较有优势。此时，乘法通常需要更多的时间；此外，为容纳延时积的和，需要进行标定或双精度累加器。因此，在许多实时语音处理系统中已使用了 AMDF 函数。

6.8 小结

本章讨论了几种语音表示，这些表示主要基于直接在时域中执行的处理，即在进行任何分析前直接对波形样本执行的处理。详细探讨了这些技术，因为这些技术广泛用于语音处理中，且了解这些技术的基本性质对有效使用它们非常重要。

首先介绍了短时分析的原理，因为语音波形的时变性质可通过分析几段性质相对平稳的较短波形进行跟踪。后面几章中将时常应用短时分析原理。事实上，在许多情形下，短时分析原理非常有效，我们几乎不需要注意分析是逐帧进行的这一事实。

作为短时分析技术的说明，我们研究了短时能量、平均幅度、过零率和自相关函数的公式。尽管这些公式都很简单，但它们都是语音信号广泛使用的"表示"，具有突出语音信号的通用时变特征的优点。后面几章将基于这些表示，且在多数语音处理系统中使用的基本分析技术包含了这些表示。

习题

6.1 矩形窗定义为

$$w_R[n] = \begin{cases} 1 & 0 \le n \le L-1 \\ 0 & \text{其他} \end{cases}$$

汉明窗定义为

$$w_H[n] = \begin{cases} 0.54 - 0.46 \cos\left[2\pi n/(L-1)\right] & 0 \le n \le L-1 \\ 0 & \text{其他} \end{cases}$$

(a) 证明矩形窗的傅里叶变换是

$$W_R(e^{j\omega}) = \frac{\sin(\omega L/2)}{\sin(\omega/2)} e^{-j\omega(L-1)/2}.$$

(b) 画出 $W_R(e^{j\omega})$ 与 ω 的关系曲线（绘图时忽略线性相位因子 $e^{-j\omega(L-1)/2}$）。

(c) 用 $w_R[n]$ 表示 $w_H[n]$，并用 $W_R(e^{j\omega})$ 表示 $W_H(e^{j\omega})$。

(d) 画出 $W_H(e^{j\omega})$ 中各项的曲线（对每项忽略线性相位因子 $e^{-j\omega(L-1)/2}$）。所绘曲线应能说明对于更高频率的抑制，汉明窗是如何处理频率分辨率的？

6.2 序列 $x[n]$ 的短时能量定义为

$$E_{\hat{n}} = \sum_{m=-\infty}^{\infty} (x[m]w[\hat{n}-m])^2.$$

对于特殊选择

$$w[m] = \begin{cases} a^m & m \ge 0 \\ 0 & m < 0, \end{cases}$$

有可能找到 $E_{\hat{n}}$ 的递推公式：

(a) 求使用 $E_{\hat{n}-1}$ 和输入 $x[n]$ 来表示 $E_{\hat{n}}$ 的差分方程。

(b) 画出该公式的数字网络框图。

(c) 什么性质会使得

$$\tilde{w}[m] = w^2[m]$$

可能找到一种递推实现吗？

6.3 使用卷积的交换性质，短时能量可表达为

$$E_{\hat{n}} = \sum_{m=-L}^{L} \tilde{w}[m] x^2[\hat{n}-m],$$

其中 $\tilde{w}[n] = \tilde{w}[-n]$ 是一个对称的非因果窗。假设我们希望在输入的每个样本处计算 $E_{\hat{n}}$。

(a) 令 $\tilde{w}[m]$ 为

$$\tilde{w}[m] = \begin{cases} a^{|m|} & |m| \le L \\ 0 & \text{其他} \end{cases}$$

找出 $E_{\hat{n}}$ 的一个递推关系（即差分方程）。（如定义所示，$\tilde{w}[m]$ 是非因果的，因此须插入合适的延时。）

(b) 使用递推关系与直接计算 $E_{\hat{n}}$ 相比，节省了多少次乘法运算？

(c) 画出 $E_{\hat{n}}$ 的递推公式的数字网络框图。

6.4 假设短时幅度以输入采样率每隔 L 个样本计算。一种可能是使用有限长窗口，如下所示：

$$M_{\hat{n}} = \sum_{m=\hat{n}-L+1}^{\hat{n}} |x[m]| w[\hat{n} - m].$$

此时，$M_{\hat{n}}$ 对每 L 个样本只计算一次。另一种方法是使用指数窗得到一个递推公式，如

$$M_{\hat{n}} = a M_{\hat{n}-1} + |x[\hat{n}]|.$$

此时，$M_{\hat{n}}$ 对每个样本都须计算一次，即使我们只需要每 L 个样本的 $M_{\hat{n}}$ 值。

(a) 对于有限长窗口，为每 L 个样本计算一次 $M_{\hat{n}}$ 需要多少次乘法和加法？

(b) 使用 $M_{\hat{n}}$ 的递归定义，重复步骤(a)。

(c) 在什么情况下有限长窗口会更有效？

6.5 短时过零率在式(6.22)至式(6.24)中定义为

$$Z_{\hat{n}} = \frac{1}{2L} \sum_{m=\hat{n}-L+1}^{\hat{n}} |\mathrm{sgn}(x[m]) - \mathrm{sgn}(x[m-1])|.$$

证明 $Z_{\hat{n}}$ 可表示为

$$Z_{\hat{n}} = Z_{\hat{n}-1} + \frac{1}{2L} \{ |\mathrm{sgn}(x[\hat{n}]) - \mathrm{sgn}(x[\hat{n}-1])|$$
$$- |\mathrm{sgn}(x[\hat{n}-L]) - \mathrm{sgn}(x[\hat{n}-L-1])| \}.$$

6.6 如式(6.29)所示，短时自相关函数定义为

$$R_{\hat{n}}[k] = \sum_{m=-\infty}^{\infty} x[m] w[\hat{n} - m] x[m+k] w[\hat{n} - k - m].$$

本题涉及的是短时自相关函数递归计算的一些进展，它们最先由 Barnwell[24] 提出。

(a) 证明

$$R_{\hat{n}}[k] = R_{\hat{n}}[-k];$$

即证明 $R_{\hat{n}}[k]$ 是 k 的偶函数。

(b) 证明 $R_{\hat{n}}[k]$ 可以表示为

$$R_{\hat{n}}[k] = \sum_{m=-\infty}^{\infty} x[m] x[m-k] \tilde{w}_k[\hat{n} - m],$$

其中，

$$\tilde{w}_k[n] = w[n] w[n+k].$$

(c) 假设

$$w[n] = \begin{cases} a^n & n \ge 0 \\ 0 & n < 0. \end{cases}$$

求第 k 个延时的脉冲响应 $\tilde{w}_k[n]$。

(d) 求(c)中 $\tilde{w}_k[n]$ 的 z 变换，并由该变换求 $R_{\hat{n}}[k]$ 的递归公式。对于(c)中的窗函数，画出 $R_{\hat{n}}[k]$ 关于 $\hat{n}$ 的函数的数字网络框图。

(e) 当窗函数如下所示时，重复(c)和(d)：

$$w[n] = \begin{cases} na^n & n \ge 0 \\ 0 & n < 0. \end{cases}$$

6.7 下面哪些函数不是有效的自相关函数？对于所有无效的自相关函数，解释原因。

(a) $R_x(\tau) = 2e^{-\tau^2}, \quad -\infty < \tau < \infty$

(b) $R_x(\tau) = |\tau|e^{-|\tau|}, \quad -\infty < \tau < \infty$

(c) $R_x(\tau) = \left(\dfrac{\sin(\pi\tau)}{\pi\tau}\right)^2, \quad -\infty < \tau < \infty$

(d) $R_x(\tau) = 2\dfrac{\tau^2+4}{\tau^2+6}, \quad -\infty < \tau < \infty$

(e) $R_x(\tau) = [0.2\cos(3\pi\tau)]^3, \quad -\infty < \tau < \infty$

6.8 考虑周期冲激串

$$x[m] = \sum_{r=-\infty}^{\infty} \delta[m - rN_p].$$

(a) 使用式(6.35)和长为 L 的矩形窗 $w'[m]$，长度满足

$$QN_p < L-1 < (Q+1)N_p,$$

其中 Q 是一个整数，求并画出 $R_{\hat{n}}[k]$，$0 \le k \le L-1$ 的图形。

(b) 如果改为相同长度的汉明窗，(a)的结果如何变化？

(c) 对相同的 L 值给定式(6.41)，求并画出修正短时自相关函数 $\hat{R}_{\hat{n}}[k]$。

6.9 一个平稳随机信号或周期信号的长时自相关函数定义为

$$\phi[k] = \lim_{L \to \infty} \frac{1}{2L+1} \sum_{m=-L}^{L} x[m]x[m+k].$$

短时自相关函数定义为

$$R_{\hat{n}}[k] = \sum_{m=0}^{L-|k|-1} x[\hat{n}+m]w'[m]x[\hat{n}+m+k]w'[m+k]$$

修正短时自相关函数定义为

$$\hat{R}_{\hat{n}}[k] = \sum_{m=0}^{L-1} x[\hat{n}+m]x[\hat{n}+m+k].$$

判断如下叙述是否正确。

(a) 若 $x[n] = x[n+N_p], -\infty < n < \infty$，则

   (i) $\phi[k] = \phi[k+N_p], \quad -\infty < k < \infty$

   (ii) $R_{\hat{n}}[k] = R_{\hat{n}}[k+N_p], \quad -(L-1) \le k \le L-1$

   (iii) $\hat{R}_{\hat{n}}[k] = \hat{R}_{\hat{n}}[k+N_p], \quad -(L-1) \le k \le L-1$

(b) 若 $x[n] = x[n+N_p], -\infty < n < \infty$，则

   (i) $\phi[-k] = \phi[k], \quad -\infty < k < \infty$

   (ii) $R_{\hat{n}}[-k] = R_{\hat{n}}[k], \quad -(L-1) \le k \le L-1$

   (iii) $\hat{R}_{\hat{n}}[-k] = \hat{R}_{\hat{n}}[k], \quad -(L-1) \le k \le L-1$

(c) 若 $x[n] = x[n+N_p], -\infty < n < \infty$，则

   (i) $\phi[k] \le \phi[0], \quad -\infty < k < \infty$

   (ii) $R_{\hat{n}}[k] \le R_{\hat{n}}[0], \quad -(L-1) \le k \le L-1$

   (iii) $\hat{R}_{\hat{n}}[k] \le \hat{R}_{\hat{n}}[0], \quad -(L-1) \le k \le L-1$

(d) 若 $x[n] = x[n+N_p], -\infty < n < \infty$，则

   (i) $\phi[0]$ 是信号中的功率

   (ii) $R_{\hat{n}}[0]$ 是短时能量

   (iii) $\hat{R}_{\hat{n}}[0]$ 是短时能量

6.10 (a) 模拟信号 $x_1(t) = A\cos(200\pi t)$ 以采样率 $F_s = 10000$Hz 采样得到离散信号 $x_1[n]$。画出 DTFT 即 $|X_1(e^{j\omega})|$ 与 ω 或 f 的关系曲线。

(b) 模拟信号 $x_2(t) = B\cos(202\pi t)$ 以采样率率 $F_s = 10000$Hz 采样得到离散信号 $x_2[n]$，画出 DTFT 即

$\left|X_2(e^{j\omega})\right|$ 与 ω 或 f 的关系曲线。

(c) 离散信号 $x_1[n]$ 和 $x_2[n]$ 是否为周期信号？如果是，周期为多少个样本？

6.11 考虑

$$x[n] = \cos\left(\frac{2\pi}{N_p}n\right), \quad -\infty < n < \infty.$$

(a) 求 [式(6.27)给出的] $x[n]$ 的长时自相关函数 $\phi[k]$。提示：首先证明无限大极限上的平均等于周期信号一个周期上的平均。

(b) 画出 $\phi[k]$ 关于 k 的函数。

(c) 求并画出如下信号的长时自相关函数：

$$y[n] = \begin{cases} 1 & \text{if} \quad x[n] \geq 0, \\ 0 & \text{if} \quad x[n] < 0. \end{cases}$$

6.12 模拟周期信号

$$x(t) = 1 + \cos(2\pi(93.75)t)$$

以采样率 $F_s = 1000$ 个样本/秒采样，假设离散信号为

$$x[n] = 1 + \cos(2\pi(93.75)n/1000) = 1 + \cos(0.1875\pi n).$$

(a) 使用长度 $L = 64$ 的矩形窗，计算 $x[n]$ 在 $\hat{n} = 0$ 时的修正自相关函数。求 $x[n]$ 的修正自相关函数 $\hat{R}_0[k]$，并画出其在区间 $0 \leq k \leq L$ 上的图形。

(b) 找出区间 $0 \leq k \leq L$ 内最大修正自相关函数的非零延时位置。

6.13 (a) 以采样率 $F_s = 10000$Hz 采样的离散时间信号 $x_1[n]$ 定义为

$$x_1[n] = \begin{cases} 1 & -12 \leq n \leq 12 \\ 0 & \text{其他} \end{cases}$$

求 $x_1[n]$ 的 DTFT 即 $X_1(e^{j\omega})$。画出其对数幅度谱 $20\log_{10}\left|X_1(e^{j\omega})\right|$ 与 $f = \omega/2\pi$ 的关系曲线，f 的取值范围为 0 到 0.5。

(b) 模拟信号 $x_1(t) = A\cos(2\pi 200t)$ 经压缩后，得到信号 $x_2(t) = \text{comp}(x_1(t))$，压缩函数 comp 定义为

$$\text{comp}(x) = \begin{cases} 1 & x \geq 0 \\ 0 & x < 0 \end{cases}$$

模拟信号 $x_2(t)$ 以采样率 $F_s = 10000$Hz 采样，得到离散信号 $x_2[n]$。画出对数幅度谱 $20\log_{10}\left|X_2(e^{j\omega})\right|$ 与 $f = \omega/2\pi$ 的关系曲线，f 的取值范围为 0 到 0.5。

(c) 对应于 $X_2(e^{j\omega})$ 的谱线能给出什么特殊频谱性质？

6.14 信号 $x[n]$ 的短时 AMDF 定义为 [见式(6.43)]

$$\gamma_{\hat{n}}[k] = \frac{1}{L}\sum_{m=0}^{L-1}|x[\hat{n}+m] - x[\hat{n}+m-k]|.$$

(a) 使用不等式[331]

$$\frac{1}{L}\sum_{m=0}^{L-1}|x[m]| \leq \left[\frac{1}{L}\sum_{m=0}^{L-1}|x[m]|^2\right]^{1/2},$$

证明

$$\gamma_{\hat{n}}[k] \leq \left[2(\hat{R}_{\hat{n}}[0] - \hat{R}_{\hat{n}}[k])\right]^{1/2}.$$

这个结果可导出式(6.44)。

(b) 画出 $\gamma_{\hat{n}}[k]$ 和量 $[2(\hat{R}_{\hat{n}}[0] - \hat{R}_{\hat{n}}[k])]^{1/2}$ 的曲线，其中 $0 \leq k \leq 200$，信号为

$$x[n] = \cos(\omega_0 n),$$

其中 $L = 200$，$\omega_0 = 200\pi/10000$。

6.15 考虑将信号

$$x[n] = A\cos\left(\frac{2\pi}{N_p}n\right)$$

作为一个三级中心削波器的输入函数，产生输出

$$y[n] = \begin{cases} 1 & x[n] > C_L \\ 0 & |x[n]| \leq C_L \\ -1 & x[n] < -C_L. \end{cases}$$

(a) 画出 $y[n]$ 关于 n 的函数，分别考虑 $C_L = 0.5A$、$C_L = 0.75A$ 和 $C_L = A$。

(b) 画出(a)中各 C_L 对应的 $y[n]$ 的自相关函数。

(c) 讨论 C_L 趋近于 A 时的影响，假设 A 随着时间如下变化：

$$0 < A[n] \leq A_{\max}.$$

讨论当 C_L 靠近 $A_{\max}$ 时的情形。

6.16 （MATLAB 练习）写一个 MATLAB 程序，画出（并比较）下面 5 个不同 L 点窗口的时间和频率响应。

1. 矩形窗：

$$w[n] = \begin{cases} 1 & 0 \leq n \leq L-1 \\ 0 & 其他 \end{cases}$$

2. 三角窗：

$$w[n] = \begin{cases} 2n/(L-1) & 0 \leq n \leq (L-1)/2 \\ 2 - 2n/(L-1) & (L+1)/2 \leq n \leq L-1 \\ 0 & 其他 \end{cases}$$

3. 汉宁窗：

$$w[n] = \begin{cases} 0.5 - 0.5\cos\left(\frac{2\pi n}{L-1}\right) & 0 \leq n \leq L-1 \\ 0 & 其他 \end{cases}$$

4. 汉明窗

$$w[n] = \begin{cases} 0.54 - 0.46\cos\left(\frac{2\pi n}{L-1}\right) & 0 \leq n \leq L-1 \\ 0 & 其他 \end{cases}$$

5. 布莱克曼窗

$$w[n] = \begin{cases} 0.42 - 0.5\cos\left(\frac{2\pi n}{L-1}\right) + 0.08\cos\left(\frac{4\pi n}{L-1}\right) & 0 \leq n \leq L-1 \\ 0 & 其他 \end{cases}$$

L 作为输入，且它为奇整数。设计这五个窗并画出它们的时间响应。在另外一个单独的窗口中，画出这五个窗口的对数幅度响应。比较这五个窗口的有效带度和峰值旁瓣的起伏（提示：为比较这五个窗口的有效带宽，可在 $0\sim 5F_s/L$ 的窄带范围内重画对数幅度谱）。

6.17 （MATLAB 练习）写一个 MATLAB 程序来分析一个语音文件，同时在一个图形窗口中画出如下曲线：1．整个语音波形；2．短时能量 $E_{\hat{n}}$；3．短时幅度 $M_{\hat{n}}$；4．短时过零率 $Z_{\hat{n}}$。

使用文件 s5.wav 和 should.wav 中的语音文件测试你的程序。选择合适的窗长（L）、窗移（R）和窗口类型（汉明窗、矩形窗）进行分析。解释你选择这些参数的原因（不要忘记使用每个语音文件的采样率对频率进行归一化）。

6.18 （MATLAB 练习）写一个 MATLAB 程序，分析窗长对短时能量、幅度和过零率等的影响。使用语音文件 test_16k.wav 和帧长 $L = 51$、101、201、401 个样本的汉明或矩形窗，计算其短时能量、幅度和过零率。画出生成的短时估计值。当窗长变长或变短时，你能看到什么影响？

6.19 （MATLAB 练习）写一个 MATLAB 程序为语音波形创建 AGC 机制。使用形式为 $H(z) = (1-\alpha)z^{-1}/(1-\alpha z^{-1})$ 的 IIR 滤波器或形式为 $h[n] = 1/M, 0 \leq n \leq M-1$ 的 FIR 滤波器，画出语音波形的浊音过渡，在波形图上

标记出 AGC 追踪函数 σ_x，并在另一个窗口中画出增益均衡语音幅度，进而演示 AGC 控制的有效性。考虑哪些 α 或 M 对音节速率控制和瞬时速率控制是有效的。

6.20 （MATLAB 练习）写一个 MATLAB 程序，计算一段语音的两种短时自相关：1. 短时自相关函数；2. 修正短时自相关函数。

在这个练习中，你可以指定帧的长度 L 和自相关的最大点数 K。比较几个浊音区域的短时自相关函数的估计值和修正短时自相关函数的估计值。哪个短时自相关估计值在基音周期检测算法中更加有效？

为基音检测试着估计一个选取自相关峰值（在浊音区域）的合适阈值，在逐帧处理语音文件的基础上，通过检测自相关函数的峰值并判断它是在阈值之上（浊音）还是在阈值之下（清音或背景声），绘出语音文件的基音等值线。哪个在基音检测中效果最好，是短时自相关函数还是修正短时自相关函数？

6.21 （MATLAB 练习）写一个 MATLAB 程序，计算一个语音文件的 AMDF；运用 AMDF 在逐帧的基础上，实现一种基音检测算法。画出语音的基音等值线。

第7章 频域表示

7.1 引言

在许多科学和工程领域，使用正弦曲线或复指数的和来表示信号或其他函数的方法方便地解决了很多问题，且与其他方法相比，这种方法能使我们对物理现象有更深的认识。这些方法中常用的是傅里叶变换，它在信号处理中非常重要有两个原因：第一，对于线性系统而言，它能很方便地给出多个正弦信号或复指数信号响应的叠加处理；第二，傅里叶变换能够显示信号的某些特征，这些特征在原始信号中经常是模糊的，至少是不明显的。

一般来说，傅里叶表示的概念在语音通信研究和技术领域起着重要作用。要了解这一点，回忆产生稳态语音（元音或摩擦音）样本的离散时间模型是有帮助的，如图 7.1 所示，该模型由一个线性系统组成，系统函数 $V(z)$ 被一个信号源激励，信号源可以是周期变化的（浊音的 $A_V p[n] * g[n]$），也可以是随机变化的（清音的 $A_N u[n]$）。传输函数 $R(z)$ 表示声音通过嘴唇向外发出。一般来说，这样一个模型输出的频谱是声道系统的频率响应、激励源的频谱和声音辐射模型频谱的积。对于像持续元音这样的浊音来说，离散时间傅里叶变换为

$$X(e^{j\omega}) = A_V P(e^{j\omega})G(e^{j\omega})V(e^{j\omega})R(e^{j\omega}), \tag{7.1}$$

而对于持续的清音，假设带有单位功率的白噪声激励，输出的功率谱为

$$\Phi_{xx}(e^{j\omega}) = A_N^2 |V(e^{j\omega})|^2 |R(e^{j\omega})|^2. \tag{7.2}$$

因此可以看出，输出信号的傅里叶频谱可反映激励、声道和辐射频率响应的性质。尽管元音和摩擦音能够持续几秒钟而没有明显变化，但实际语音是随着时间不断变化的。因此，标准的傅里叶表示适用于周期的、短暂的或稳定的随机信号，而不能直接用于表示语音信号。我们有足够的证据证明短时分析原理是语音信号处理的有效方法。

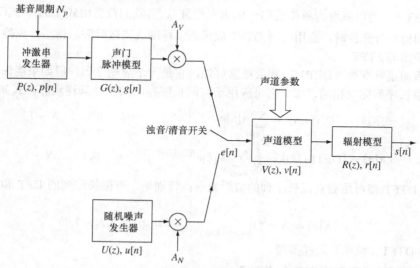

图 7.1 显示浊音和清音激励信源的通用语音产生离散时间模型

我们知道，诸如能量、过零率和相关等时间属性是缓慢变化的，因此可以假定这些属性在 10～40ms 的区间内是稳定的。我们将会证明，语音信号的频谱特征也可假设为随时间变化相对缓慢。

为研究语音信号的频谱特征，我们将定义一种时变傅里叶变换，通常称为短时傅里叶变换（STFT）。因此，STFT 的应用可称为短时傅里叶分析（STFA）。我们还将证明 STFT 在某种程度上是可逆的，即根据某些约束条件，可以恢复出原始采样信号，这种处理就是短时傅里叶合成（STFS）。事实上，STFA/STFS 为语音波形提供了一种新的表示，它是多种语音信号处理的基础，包括编码和各种信号增强算法。图 7.2 描述了可被"边信息"控制的过程，其中的边信息是通过其他方式从语音信号中提取的。

本章的剩余部分将给出基于常规离散时间傅里叶分析的 STFA/STFS，还将给出 STFA/STFS 是怎样作为一系列线性带通滤波器来使用的。这将会给时间相关傅里叶分析带来理论和实际的意义。对于离散傅里叶变换，我们将考虑基于快速算法（FFT 算法）的计算技术。事实上，短时傅里叶表示的基本概念几乎是本书所有内容的基础。

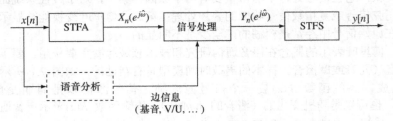

图 7.2　基于 STFA 和 STFS 方法的语音频域处理模型

7.2　离散时间傅里叶分析

第 2 章讨论了离散时间信号 $x[n]$ 的离散时间傅里叶变换（DTFT），其中信号及其 DTFT 通过两个式子关联：

$$X(e^{j\omega}) = \text{DTFT}\{x[n]\} = \sum_{n=-\infty}^{\infty} x[n]e^{-j\omega n}, \tag{7.3a}$$

$$x[n] = \text{IDTFT}\{X(e^{j\omega})\} = \frac{1}{2\pi}\int_{-\pi}^{\pi} X(e^{j\omega})e^{j\omega n}d\omega, \tag{7.3b}$$

式中，ω 是 $X(e^{j\omega})$ 的以弧度为单位的归一化频率变量[①]。当我们希望由式(7.3a)和式(7.3b)清晰地描述离散时间傅里叶变换时，会用缩写 DTFT 或术语"标准（离散时间）傅里叶变换"来区分它和将在下面给出的 STFT。

回顾离散傅里叶变换（DFT）的相关概念可知，它是一个周期序列，但如果能保证一个周期与期望的有限长序列完全相同，那么它可应用于有限长序列。DFT 及其逆运算公式如下：

$$X[k] = \text{DFT}\{x[n]\} = \sum_{n=0}^{N-1} x[n]e^{-j(2\pi k/N)n}, \qquad k = 0,1,\ldots,N-1, \tag{7.4a}$$

$$x[n] = \text{IDFT}\{X[k]\} = \frac{1}{N}\sum_{k=0}^{N-1} X[k]e^{j(2\pi k/N)n}, \qquad n = 0,1,\ldots,N-1. \tag{7.4b}$$

DFT 和 DTFT 都可用做有限长序列的数学表示；特别地，有限长序列的 DFT 和 DTFT 的关系如下：

$$X[k] = X(e^{j\omega})\Big|_{\omega=(2\pi k/N)} \qquad k = 0,1,\ldots,N-1,$$

即 DFT 可由 DTFT（频率）采样得到。

例 7.1　周期冲激序列的 DFT 和 DTFT

下面是关于周期冲激序列的一个特别有用的结果：

---

① 回忆可知，ω 与模拟角频率 Ω 可通过式 $\omega = \Omega T = \Omega / F_s$ 换算，其中 $F_s = 1/T$ 是采样频率。

$$p[n] = \sum_{r=-\infty}^{\infty} \delta[n - rN], \tag{7.5}$$

我们在周期性浊音中经常使用该模型表达式。我们还将看到，$p[n]$ 在理解 STFS 处理过程时起着重要作用。根据式(7.4a)，可得 $p[n]$ 的 DFT 是 $p[k] = 1$，$k = 0, 1, ..., N-1$。因此 $p[n]$ 也可写为

$$p[n] = \frac{1}{N} \sum_{k=0}^{N-1} e^{j(2\pi k/N)n}. \tag{7.6}$$

如果式(7.6)只在区间 $0 \leq n \leq N-1$ 上取值，则可得 $\delta[n]$。但是，如果超出这个区间取值，那么式(7.6)会按照式(7.5)明确描述的那样以 N 为周期重复计算。这可通过由 $n + N$ 代替式(7.6)中的 n 看到。DTFT 也可用做 $p[n]$ 的周期解释的频域表达式，注意复指数信号 $e^{j\omega_0 n}$ 的 DTFT 为 $2\pi\delta(\omega - \omega_0)$，$0 \leq \omega < 2\pi$，其中 $\delta()$ 表示连续变化的冲激（或 Dirac delta 函数）。将这一结果用于式(7.6)，可得一个周期内与 ω 相关的 DTFT，即

$$P(e^{j\omega}) = \sum_{k=0}^{N-1} \left(\frac{2\pi}{N}\right) \delta(\omega - (2\pi k/N)), \qquad 0 \leq \omega < 2\pi. \tag{7.7}$$

将式(7.7)代入式(7.3b)所示的逆 DTFT 表达式，并在区间 $0 \sim 2\pi$ 内计算积分值，可得式(7.6)，这也就证明了(7.7)中的 $P(e^{j\omega})$ 是式(7.5)中周期冲激序列的 DTFT。

我们可能认为语音信号会一次连续不断地持续几小时，其实它们本质上是有限长的。即使是最健谈的人也必须要偶尔停下来呼吸。因此，对语音样本的单词或句子序列使用常规离散时间傅里叶分析是完全可能的。利用式(7.4a)可计算长度小于等于 N 的任何样本序列的 DFT。这样 DFT 的频率 $\omega_k = 2\pi k / N$ 就符合模拟角频率 $\Omega_k = 2\pi k F_s / N$ 或模拟圆频率 $F_k = kF_s / N$。图 7.3 给出了 48000 个样本语音信号的计算结果（以 16000 个样本/秒的采样率采样的 3 秒语音信号）。为提升计算效率，在式(7.4a)中使用了零值填充，使 $N = 65536$。

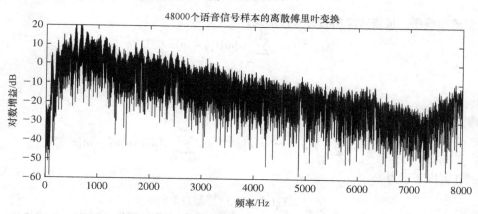

图 7.3　48000 个语音样本的 DFT 对数幅度图。语音段是 "She had your dark suit in greasy wash water all year"，采样率是 $F_s = 16000$ 个样本点/秒（频率轴以模拟频率 $F_k = kF_s/N$ 标注）

我们能从一个长序列语音样本的 DFT 运算中了解到什么呢？从图 7.3 可以看出 DFT 在样本间剧烈振荡，但还会发现一些显而易见的总体特征[1]。观察可知，最大频谱级发生在 1000Hz 以下，随着频率增加呈现大体下降的趋势。这是因为浊音具有最高的幅度，且在浊音模型中声门的脉冲

---

[1] 计算一个长序列随机样本的 DFT 时，也会出现这种随机的变化现象。这里，$|X[k]|^2$ 是功率谱密度估计，它称为周期图。统计频谱分析技术，例如对相应自相关函数加窗或对短周期求平均，通常可获取平稳频谱估计[270]。这些技术也可计算语音信号的平滑长时平均频谱。

形状有滤波效果，能够抑制高频成分。在 0 到 3kHz 之间以间隔 110Hz 分布着有规律的突起。这表示这名说话者的平均基音频率。因为在 $F_s/2 = 8000\text{Hz}$ 附近呈上升趋势，我们怀疑，语音信号在采样前未得到充分的低通滤波。除了这些定性的内容，在整句语音信号的长时傅里叶频谱中并没有更多发现。不同的语音段或不同的说话者可能生成与图 7.3 类似的总体特征。我们需要一种对语音信号随时间变化的特征更加敏感的方法，这就是 STFT。

7.3 短时傅里叶分析

我们将时间相关傅里叶变换或短时傅里叶变换（STFT）定义为

$$X_{\hat{n}}(e^{j\hat{\omega}}) = \sum_{m=-\infty}^{\infty} w[\hat{n}-m]x[m]e^{-j\hat{\omega}m}, \tag{7.8}$$

式中，$w[\hat{n}-m]$ 是一个实窗序列，它的目的是，确定特殊时间序号 $\hat{n}$ 内输入信号的重点信息。时间相关傅里叶变换是具有两个变量的复函数：时间序号变量 $\hat{n}$ 是离散的，频率变量 $\hat{\omega}$ 是连续的，而且是以 2π 为周期的[①]。图 7.4 给出了变量 $\hat{n}$ 和 $\hat{\omega}$ 的取值范围，图中 $\hat{n}$ 的取值范围是 $0 \leq \hat{n} \leq 8$（$\hat{n}$ 对所有离散数值都适用，但在图中只显示了很小一部分），$\hat{\omega}$ 的取值范围是 $0 \leq \hat{\omega} < 2\pi$（因为 $\hat{\omega}$ 以 2π 为周期），也可以令 $-\pi < \hat{\omega} \leq \pi$。

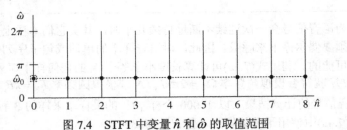

图 7.4   STFT 中变量 $\hat{n}$ 和 $\hat{\omega}$ 的取值范围

改变求和顺序，可得式(7.8)的另一种形式：

$$X_{\hat{n}}(e^{j\hat{\omega}}) = \sum_{m=-\infty}^{\infty} w[m]x[\hat{n}-m]e^{-j\hat{\omega}(\hat{n}-m)}$$

$$= e^{-j\hat{\omega}\hat{n}} \sum_{m=-\infty}^{\infty} x[\hat{n}-m]w[m]e^{j\hat{\omega}m}. \tag{7.9}$$

如果定义

$$\tilde{X}_{\hat{n}}(e^{j\hat{\omega}}) = \sum_{m=-\infty}^{\infty} x[\hat{n}-m]w[m]e^{j\hat{\omega}m} = \sum_{m=-\infty}^{\infty} x[\hat{n}+m]w[-m]e^{-j\hat{\omega}m}, \tag{7.10}$$

则 $X_{\hat{n}}(e^{j\hat{\omega}})$ 可以表示为

$$X_{\hat{n}}(e^{j\hat{\omega}}) = e^{-j\hat{\omega}\hat{n}}\tilde{X}_{\hat{n}}(e^{j\hat{\omega}}). \tag{7.11}$$

可以用两种不同的方式来解释 STFT 公式。第一种方式是，假设 $\hat{n}$ 不变，从式(7.8)可以看到 $X_{\hat{n}}(e^{j\hat{\omega}})$ 只是序列 $w[\hat{n}-m]x[m]$ 的 DTFT 变换，其中 $-\infty < m < \infty$。因此，对于固定的 $\hat{n}$，$X_{\hat{n}}(e^{j\hat{\omega}})$ 具有与标准 DTFT 相同的性质。图 7.4 中的垂线表示对于不同的 $\hat{n}$，$\hat{\omega}$ 在区间 $0 \leq \hat{\omega} < 2\pi$ 内的取值。第二种方式是，$\hat{\omega}$ 不变，如图 7.4 中的 $\hat{\omega}_0$，把 $X_{\hat{n}}(e^{j\hat{\omega}})$ 视为时间 $\hat{n}$ 的函数。这与图 7.4 中水平虚线与垂线相交的点一致 [因为 $\hat{n}$ 是离散的，所以 $X_{\hat{n}}(e^{j\hat{\omega}})$ 不在点之间定义]。这样就可发现，式(7.8)、式(7.9)、式(7.10)都是离散时间卷积的形式。这种解释使我们认为时间相关傅里叶变换是

[①] 我们用 $\hat{\omega}$ 作为 STFT 的频率变量，来区分式(7.3a)所示标准 DTFT 的频率变量 ω。同样，我们使用 $\hat{n}$ 作为 STFT 的时间序号，来区分通常所用的时间序号 n。

一种线性滤波器。正如我们将要看到的，这两种解释带来了不同的视角，因此有必要从这两个角度详细了解时间相关傅里叶变换。

7.3.1　DTFT 解释

把 $X_{\hat{n}}(e^{j\hat{\omega}})$ 视为 $\hat{n}$ 不变的序列 $w[\hat{n}-m]x[m]$ 的 DTFT 变换，其中 $-\infty < m < \infty$。时间相关傅里叶变换是时间 $\hat{n}$ 的函数，$\hat{n}$ 取所有整数值，以便和序列 $x[m]$ 一起遍历窗口 $w[\hat{n}-m]$。图 7.5 显示了对于几个不同的 $\hat{n}$ 值，$x[m]$ 和 $w[\hat{n}-m]$ 关于 m 的函数。

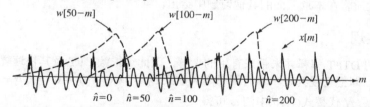

图 7.5　对于几个不同的 $\hat{n}$ 值，$x[m]$ 和 $w[\hat{n}-m]$ 的图形（注意，虽然信号和窗口只在整数值 m 和 $\hat{n}-m$ 上有定义，但为了方便，图中显示为连续函数）

STFT 表示存在的条件与 DTFT 的相同，即序列必须是绝对可加的。对于 STFT，序列 $x[m]w[\hat{n}-m]$ 对所有 $\hat{n}$ 值必须是绝对可加的[270]。一般而言，如果 $w[\hat{n}-m]$ 是有限长的，而且对于所有的 m 值有 $|x[m]| < \infty$，那么这个条件对所有 $\hat{n}$ 都成立。

就像离散时间信号的标准傅里叶变换一样，STFT 以 2π 为周期。在式(7.8)中代入 $\hat{\omega} + 2\pi$ 很容易得到这一结论。正如前面所讨论的那样，STFT 可根据 $\hat{\omega} = \Omega T$ 以模拟频率来表示，其中 T 是用于得到序列 $x[m]$ 的采样周期，Ω 是模拟角频率。根据替换 $\hat{\omega} = 2\pi f$ 或 $\omega = 2\pi FT$，也可分别以归一化圆频率 f 或常用的模拟圆频率 F（以 Hz 为单位）来表示 STFT。本章和本书后面的内容中，会在公式和图中用到多种不同的频率变量。为防止混淆，熟悉不同频率变量之间的关系非常重要。

对于给定的 $\hat{n}$ 值，$X_{\hat{n}}(e^{j\hat{\omega}})$ 与普通的 DTFT 具有相同的特征，这样就能简单地证明输入序列 $x[m]$ 可从时变傅里叶变换中准确恢复。因为对于固定 $\hat{n}$ 值的 $X_{\hat{n}}(e^{j\hat{\omega}})$ 是 $w[\hat{n}-m]x[m]$ 的 DTFT 变换，根据式(7.3b)可得

$$w[\hat{n}-m]x[m] = \frac{1}{2\pi}\int_{-\pi}^{\pi} X_{\hat{n}}(e^{j\hat{\omega}})e^{j\hat{\omega}m}d\hat{\omega}. \tag{7.12}$$

也就是说，我们根据 $X_{\hat{n}}(e^{j\hat{\omega}})$ 的逆 DTFT 运算恢复得到序列 $w[\hat{n}-m]x[m]$ 的值。注意，因为整个被积函数是以 2π 为周期的，因此式(7.12)的积分限可被任何时间长度为 2π（如 $0\sim2\pi$）的积分限代替。如果 $w[0] \neq 0$，对于 $m = \hat{n}$，计算式(7.12)可得

$$x[\hat{n}] = \frac{1}{2\pi w[0]}\int_{-\pi}^{\pi} X_{\hat{n}}(e^{j\hat{\omega}})e^{j\hat{\omega}m}d\hat{\omega}. \tag{7.13}$$

因此，对于不是很严格的要求 $w[0] \neq 0$，如果知道一个周期内对于所有 $\hat{\omega}$ 值的每个 $\hat{n}$ 对应的 $X_{\hat{n}}(e^{j\hat{\omega}})$ 值，那么就可以由 $X_{\hat{n}}(e^{j\hat{\omega}})$ 精确地恢复 $x[\hat{n}]$。这是一个重要的理论结果，我们将会看到，它对窗强加了一个简单的额外限制，这具有重要的现实意义。我们可以从式(7.12)得到另一个有趣的发现，即理论上，我们恢复的不仅仅是一个单独的 $x[\hat{n}]$ 值，而是整个 $x[m]$ 的取值。只要窗是正数值并且是非零的，序列 $x[m]$ 就可通过下式得以恢复：

$$x[m] = \frac{1}{2\pi w[\hat{n}-m]}\int_{-\pi}^{\pi} X_{\hat{n}}(e^{j\hat{\omega}})e^{j\hat{\omega}m}d\hat{\omega}, \tag{7.14}$$

这里 m 的取值符合条件 $w[\hat{n}-m] \neq 0$。要得到对于所有 m 值的 $x[m]$ 值，只需保证选择 $\hat{n}$ 值时，至少一个移位窗口 $w[\hat{n}-m]$ 范围的每个 m 值都包含在内。这表明短时变换的逆运算是可能的。但这不是计算上的可行方法。STFT 的逆运算将在本章的后续部分讨论。

一般来说，STFT 即 $X_{\hat{n}}(e^{j\hat{\omega}})$ 是 $\hat{n}$ 和 $\hat{\omega}$ 的复函数。因此，它可以用实部和虚部来表示[①]：

$$X_{\hat{n}}(e^{j\hat{\omega}}) = a_{\hat{n}}(\hat{\omega}) - jb_{\hat{n}}(\hat{\omega}). \tag{7.15}$$

当 $x[m]$ 和 $w[\hat{n}-m]$ 都是实数时，可以看到 $a_n(\hat{\omega})$ 和 $b_n(\hat{\omega})$ 满足某些属于 DTFT 性质的对称关系和周期性关系（见习题 7.1）。另一种 $X_{\hat{n}}(e^{j\hat{\omega}})$ 表示是以幅度和相位形式，即

$$X_{\hat{n}}(e^{j\hat{\omega}}) = |X_{\hat{n}}(e^{j\hat{\omega}})|e^{j\theta_{\hat{n}}(\hat{\omega})}. \tag{7.16}$$

$|X_{\hat{n}}(e^{j\hat{\omega}})|$ 和 $\theta_{\hat{n}}(\hat{\omega})$ 可轻易地与 $a_{\hat{n}}(\hat{\omega})$ 和 $b_{\hat{n}}(\hat{\omega})$ 关系起来，反之亦然（见习题 7.2）。$a_{\hat{n}}(\hat{\omega})$、$b_{\hat{n}}(\hat{\omega})$ 和 $X_{\hat{n}}(e^{j\hat{\omega}})$ 的其他性质将在本章后面的其他习题中给出。

7.3.2 DFT 实现

由于 STFT 的 DTFT 解释并未带来有用的见解，因此须依赖 DFT 及其快速算法（FFT）来实现 STFT 的计算，即把它视为在一个有限频率离散集 $\omega_k = 2\pi k / N$ $(k=0,1,\cdots,N-1)$ 计算的傅里叶变换序列。以 $2\pi k / N$ 代替式(7.10)中的 ω 可得

$$\tilde{X}_{\hat{n}}(e^{j(2\pi k/N)}) = \sum_{m=0}^{L-1} x[\hat{n}+m]w[-m]e^{-j(2\pi k/N)m} \tag{7.17}$$
$$= \tilde{X}_{\hat{n}}[k], \qquad k=0,1,\ldots,N-1,$$

式中，选择 L 点非因果窗，它在 $0 \le m \le L-1$ 且 $L \le N$ 时有 $w[-m] \ne 0$。根据式(7.11)，时间为 $\hat{n}$、频率为 $\omega_k = 2\pi k / N$ 的 STFT 为

$$X_{\hat{n}}(e^{j(2\pi k/N)}) = e^{-j(2\pi k/N)\hat{n}}\tilde{X}_{\hat{n}}[k], \qquad k=0,1,\ldots,N-1. \tag{7.18}$$

式(7.17)应该视为加窗序列 $\tilde{x}_{\hat{n}}[m] = x[\hat{n}+m]w[-m]$ 在 $0 \le m \le L-1$ 范围内的 DFT 变换，因此，如果 N 是 2 或某个更大数的幂，那么 $\tilde{X}_{\hat{n}}[k]$ 可通过 FFT 算法计算得到[270]。为计算 $\tilde{X}[k]$，我们重复如下步骤：

1. 选择以 $\hat{n}$ 为起点的一组 L 个样本（对于因果窗，取样本 $\hat{n}$ 和 $\hat{n}$ 之前的 $L-1$ 个样本）。
2. 与窗 $w[-m]$ 相乘得到 $\tilde{x}_{\hat{n}}[m] = x[\hat{n}+m]w[-m]$ $(m=0,1,...,L-1)$。
3. 用快速（FFT）算法计算 $\tilde{X}_{\hat{n}}[k]$，即 $\tilde{x}_{\hat{n}}[m]$ 的 N 点 DFT。
4. 要计算 $X_{\hat{n}}(e^{j(2\pi k/N)})$ 的幅度和相位，可用式(7.18)。否则，要注意 $|X_{\hat{n}}(e^{j(2\pi k/N)})| = |\tilde{X}_{\hat{n}}(e^{j(2\pi k/N)})| = |\tilde{X}_{\hat{n}}[k]|$。

一般来说，$\tilde{X}_{\hat{n}}[k]$ 不是对每个 $\hat{n}$ 都进行计算，而是通过计算 $\tilde{X}_{rR}[k]$ 来对 STFT 在时域和频域采样，其中 R 是 $R \ge 1$ 的整数。

7.3.3 加窗对分辨率的影响

到目前为止，窗函数 $w[\hat{n}-m]$ 除了可以完成序列 $x[m]$ 的选择外，我们还未考虑它的其他作用。窗序列的形状对时间相关傅里叶变换的性质有重要影响，当前人们认为它可方便地解释窗序列 $w[\hat{n}-m]$ 的作用。如果把 $X_{\hat{n}}(e^{j\hat{\omega}})$ 视为序列 $w[\hat{n}-m]x[m]$ 的标准 DTFT，且假设以下两个 DTFT 存在：

$$X(e^{j\omega}) = \sum_{m=-\infty}^{\infty} x[m]e^{-j\omega m} \tag{7.19}$$

$$W(e^{j\omega}) = \sum_{m=-\infty}^{\infty} w[m]e^{-j\omega m} \tag{7.20}$$

那么 $w[\hat{n}-m]x[m]$ 的 DTFT（对于给定的 $\hat{n}$ 值）就是 $w[\hat{n}-m]$ 和 $x[m]$ 变换的卷积[270]。因为，对于

---

① 注意，$a_{\hat{n}}(\hat{\omega})$ 是 $X_{\hat{n}}(e^{j\hat{\omega}})$ 的实部，$b_{\hat{n}}(\hat{\omega})$ 是 $X_{\hat{n}}(e^{j\hat{\omega}})$ 的虚部取负。使用负号是为了方便以后的讨论。

给定的 $\hat{n}$ 值，$w[\hat{n}-m]$ 的 DTFT 是 $W(e^{-j\omega})e^{-j\omega\hat{n}}$，

$$X_{\hat{n}}(e^{j\hat{\omega}}) = \frac{1}{2\pi}\int_{-\pi}^{\pi} W(e^{-j\omega})e^{-j\omega\hat{n}}X(e^{j(\hat{\omega}-\omega)})d\omega. \tag{7.21}$$

式(7.21)表明，序列 $x[m]$ $(-\infty < m < \infty)$ 的傅里叶变换是与移位窗序列的傅里叶变换的卷积。对于一整段语音信号的标准傅里叶变换，我们并没有兴趣，即使这样的傅里叶变换存在。但是，如果我们首先想到加窗的目的是为了加强样本 $\hat{n}$ 附近有限长度语音的波形，同时降低剩余的波形，那么式(7.21)就是有用的。事实上，典型的窗序列在 $\hat{n}$ 附近的有限间隔内，对于 m 而言都是满足 $w[\hat{n}-m]=0$ 的。若只关心最终结果，则完全可以认为窗内 $x[m]$ 的性质会持续到窗外。例如，如果一个元音或浊音的加窗语音信号嵌入到了一个连续变化的语音波形中，则可认为加窗序列 $x[m]w[\hat{n}-m]$ 来自于窗内一个周期的持续浊音。同样，如果窗内的语音信号是清音，则可假设相同的清音性质在窗外同样存在。一个等同的观点是，信号在窗外的值为零。这对于分析短暂的声音如爆破音是合适的。

因此，若假设 $X_{\hat{n}}(e^{j\hat{\omega}})$ 代表的是一个特殊信号的 STFT（在时间 $\hat{n}$ 处），那么式(7.21)就是有意义的，无论该信号在窗外是连续的还是为零。

根据这一观点，窗函数的傅里叶变换 $W(e^{j\omega})$ 的性质就变得很重要。根据式(7.21)可以明显地看出，为了得到 $X_{\hat{n}}(e^{j\hat{\omega}})$ 中 $X(e^{j\omega})$ 的准确性质，函数 $W(e^{j\omega})$ 应该为 $X(e^{j\omega})$ 的连续变化冲激响应，即 $W(e^{j\omega})$ 应该高度集中于 $\omega=0$ 附近。第 6 章讨论了矩形窗和汉明窗的特征，我们知道 $W(e^{j\omega})$ 的主瓣宽度与窗函数的长度成反比，而旁瓣的大小则主要依赖于窗函数的形状，本质上与窗函数的长度无关[270]。对于长度为 $L=2M+1$ 的矩形窗，主瓣处于 $\omega=-2\pi/L$ 的零点到 $\omega=+2\pi/L$ 的零点之间，长度约为 $\Delta\omega=2\pi/M$（归一化角频率单位）或 F_s/M（模拟圆频率单位）。（阻带的）旁瓣峰值只比（通带的）主瓣峰值低 14dB。图 7.6 所示长度为 $L=2M+1$ 的汉明窗定义如下：

$$w_H[n] = \begin{cases} 0.54 + 0.46\cos(\pi n/M) & -M \le n \le M \\ 0 & \text{otherwise.} \end{cases} \tag{7.22}$$

图 7.6a 给出了该汉明窗的图形，图 7.6b 是其 DTFT。如图 7.6b 所示，主瓣的频带带宽约为 $\Delta\omega=4\pi/M \approx 8\pi/L$（归一化角频率单位）或 $2F_s/M \approx 4F_s/L$（模拟圆频率单位）。旁瓣的峰值（线性标度图中看不见）比（通带的）主瓣峰值电平低 40 dB 或更多[①]。

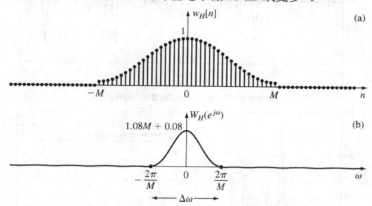

图 7.6 (a) $L=2M+1$ 点汉明窗和(b)其相应的 DTFT

窗函数的长度和形状会影响 STFT 的频率分辨率。我们可以证明这个观点。假设浊音在窗函数长度内的语音段用下式表示：

---

① 为简单起见，这里给出 $L=2M+1$ 即奇整数的情形。因为窗函数可以是偶函数（$w_H[n]=w_H[-n]$），所以其 DTFT 变换 $W(e^{j\omega})$ 是偶实数。一般来说，L 可以是偶数也可以是奇数，但偶数长度的窗函数可能并不是 n 的偶函数。

$$x[n] = h[n] * \sum_{k=-\infty}^{\infty} \delta[n - kN_p] = \sum_{k=-\infty}^{\infty} h[n - kN_p],$$

式中，$h[n] = A_V g[n] * v[n] * r[n]$ 表示图 7.1 中语音增益、声门脉冲、声道和辐射的综合影响，N_p 是样本的基音周期。根据式(7.7)，可得 $x[n]$ 的 DTFT 为

$$X(e^{j\omega}) = \sum_{k=-\infty}^{\infty} \omega_0 H(e^{jk\omega_0}) \delta(\omega - k\omega_0),$$

式中，$\omega_0 = 2\pi / N_p$ 是基频，其单位是归一化弧度。也就是说，周期为 N_p 个样本的周期序列的 DTFT 是由一系列被基频 ω_0 隔开的冲激函数构成的，其中每个冲激的大小与谐波频率 $k\omega_0$ 处的 $H(e^{j\omega})$ 值成比例。以它代替式(7.21)中的 $X(e^{j\omega})$ 并与各冲激函数进行卷积可得

$$X_{\hat{n}}(e^{j\hat{\omega}}) = \frac{1}{N_p} \sum_{k=-\infty}^{\infty} H(e^{jk\omega_0}) \left[e^{-j(\hat{\omega}-k\omega_0)\hat{n}} W(e^{-j(\hat{\omega}-k\omega_0)}) \right], \tag{7.23}$$

该式表明浊音周期模型的 STFT 是一系列窗 $w[\hat{n} - m]$ 的 DTFT 变换的和，它由复数 $H(e^{jk\omega_0}) / N_p$ 缩放，并以基频 ω_0 的倍数移位。图 7.7 是浊音短时频谱分析的例子。图 7.7a 显示了长度为 $L = 251$ 的汉明窗（窄带频率分辨率）、长度为 $L = 81$ 的汉明窗（宽带频率分辨率）和长度为 $L = 251$ 的语音波形。图 7.7b 是相应的 STFT（幅度）。采样频率为 $F_s = 8000\text{Hz}$ 的语音信号来自于声音高亢的男性说话者。从图 7.7a 可以看出，此时的基音周期约为 54 个样本，这就说明基频为 $F_0 = 8000/54 \approx 148\text{Hz}$。这里，251 个样本占用的时间为 31.25ms，稍大于 4 个基音周期，而 81 个样本占用的时间为 10ms，仅稍大于 1 个基音周期。图 7.7b 中的频率分辨率反映了这一点。较长窗函数的主瓣宽度约为 $\Delta F = 2 \times 8000 / 125 = 128\text{ Hz}$。对于较长的窗函数，由于 $\Delta F < F_0 (\Delta\omega < \omega_0)$，所以式(7.23)中移位的窗函数的 DTFT 的各个分量未明显重叠，可以分辨出以每个基频倍数为中心的 $W(e^{-j2\pi FT}) e^{-j2\pi F\hat{n}T}$ 的各个分量。当窗函数的长度为几个基音周期时，STFT 分析称为窄带分析。注意，窄带频谱在频段 0～1500Hz 中约有 10 个等长的峰值，这表明基频约为 150Hz。

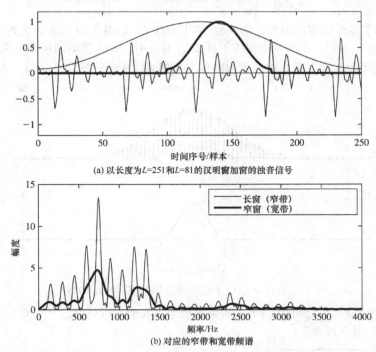

(a) 以长度为 $L=251$ 和 $L=81$ 的汉明窗加窗的浊音信号

(b) 对应的窄带和宽带频谱

图 7.7　以长度为 $L = 251$ 和 $L = 81$ 个样本的汉明窗进行窄带（长窗）频谱分析和
宽带（窄窗）频谱分析的加窗语音波形

当窗函数的长度约为一个基音周期时，STFT 分析称为宽带分析；即频率分辨率未能解析基频的各个谐波。图 7.7b 所示长度为 $L=81$ 的窗函数就属于宽带分析。这样的分析及时解析出了各个基音周期，但由于 $W(e^{-j2\pi FT})e^{-j2\pi F\hat{n}T}$ 的偏移分量的宽度为 $\Delta F = 2(8000)/40 = 400\text{Hz}$，它们的基音谐波重叠在一起且变得模糊，因此得到了平滑的粗线[①]。因为窗函数的长度与一个基音周期大体相等，所以频谱未表现出任何周期性特征是完全合理的。

图 7.8 至图 7.10 给出了窗函数形状和长度的影响。所有这些图形中，信号的采样率都为 16000 个样本/秒。在每幅图中，STFT 的对数幅度在基带 0～8000Hz 范围内显示[②]。图 7.8 给出的是一段浊音信号分别加长度为 $L=501$（31.25ms）和 $L=151$（9.375ms）的汉明窗后的结果，信号的基音周期约为 140 个样本（8.75ms，采样率 16kHz），相应的基频约为 114Hz。语音信号的这些特征在 STFT 中得到了明显反映。在窄带频谱的情况下（窗长为 501 个样本），窗函数 DTFT 的主瓣宽度为 $\Delta F = 2(16000)/250 = 128\text{Hz}$，它稍大于谐波宽度，但谐波结构很明显。每个起伏都是由窗函数 DTFT 的变换决定的，而且起伏的极值点约以 114Hz 为间隔。如预期的那样，宽带频谱未显示任何基音谐波结构。但是，能明显地看出几个与这段浊音信号的共振峰频率相对应的突起的峰值。宽带频谱的前四个峰值分别约在 600Hz、1750Hz、2430Hz 和 3070Hz 处。这些值与表 3.4 给出的元音/AE/的理论值非常接近。还要注意，由于声门脉冲频谱的低通特性，频谱在高频处趋于衰减。

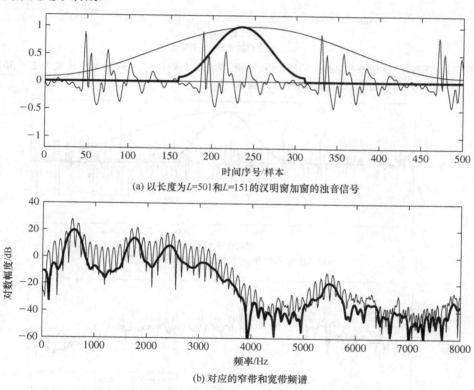

(a) 以长度为 L=501和L=151的汉明窗加窗的浊音信号

(b) 对应的窄带和宽带频谱

图 7.8　/HH AE D/中浊音/AE/的频谱分析：(a)时域波形（采样率为 16kHz）和长度为
$L=501$ 与 $L=151$ 的汉明窗；(b)对应的频谱

---

① 注意，图 7.7(b)中 $W(e^{-j2\pi FT})e^{-j2\pi F\hat{n}T}$ 的移位和缩放分量 $|X_{\hat{n}}(e^{j2\pi FT})|$ 应通过复数加法结合在一起。复数加法导致了谐波间的削弱和加强。

② 因为想表明窗函数傅里叶变换的形状对浊音信号 STFT 的影响，所以图 7.7 中给出了 STFT 的幅度。但一般来说，我们更倾向于画出 STFT 的对数幅度，因为对数形式不论频谱大小都能显示出详细变化。

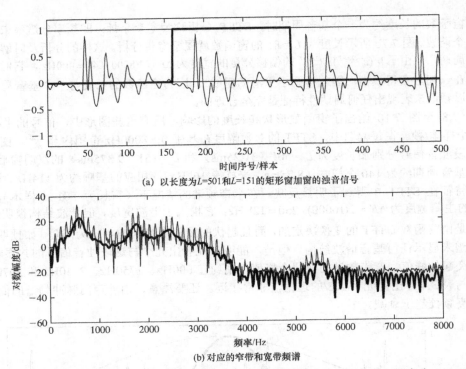

(a) 以长度为L=501和L=151的矩形窗加窗的浊音信号

(b) 对应的窄带和宽带频谱

图 7.9　/HH AE D/中浊音/AE/的频谱分析：(a)时域波形（采样率为 16kHz）和长度为 $L = 501$ 与 $L = 151$ 的矩形窗；(b)对应的频谱

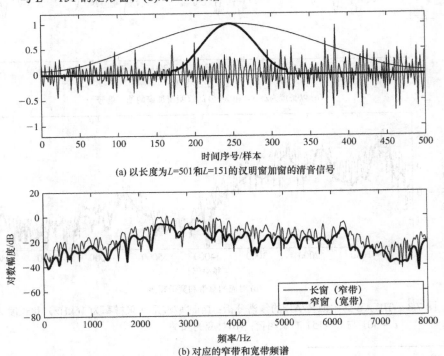

(a) 以长度为L=501和L=151的汉明窗加窗的清音信号

(b) 对应的窄带和宽带频谱

图 7.10　/SH IY/中清音/SH/的频谱分析：(a)时域波形（采样率为 16kHz）和长度为 $L = 501$ 与 $L = 151$ 的汉明窗（为画图方便，与图 7.8 中的浊音语音段相比，这里的语音信号 已乘以 10）；(b)对应的频谱

图 7.9 给出了同样一段元音/AE/的结果，但此时矩形窗口的长度是 $L = 501$ 和 $L = 151$。比较图 7.8（汉明窗）和图 7.9（矩形窗）的频谱可以看出，基音谐波、共振峰结构和总体频谱形状基本相似。当然，也可看到频谱的不同，最明显的不同是图 7.9 中基音谐波急剧上升，因为矩形窗的主瓣要比同样长度汉明窗的窄（矩形窗的主瓣宽度是同样长度汉明窗的一半）。频谱的另外一个不同之处是，矩形窗相对较大的旁瓣在基音谐波之间产生了参差不齐的频谱或噪声频谱，因为处于相邻谐波位置的窗函数变换的旁瓣在谐波中间位置相互作用（有时加强，有时削弱），因此产生了谐波之间的随机变化。这种不期望的相邻谐波间的"泄漏"会抵消较窄矩形窗的主瓣的效果。因此，这种窗函数很少用于语音频谱分析。

图 7.10 给出了一段清音（摩擦音/SH/）经长度分别为 $L = 501$ 和 $L = 151$ 的汉明窗加窗后的效果，窗函数的参数与图 7.8 中的一样。比较图 7.8 和图 7.10 可看出，窄带（长窗）频谱的周期性结构只存在于浊音信号中。（两种窗长）参差不齐的频谱是随机信号如清音的典型周期图分析[270]。较短（宽带）的窗会产生更平稳的频谱，同时在 2500Hz 附近保持较宽峰的整体形状。

图 7.8 至图 7.10 中的例子表明了时长和窗函数形状与 STFT 之间的关系，即频率分辨率与窗长成反比，并取决于窗口的形状。回忆可知，加窗的目的是限制要分析语音的时长，以使波形特征不会出现明显的改变，因此需要进行折中处理。例如，在图 7.8 中，可以看到浊音信号每个周期的波形都与其他周期的波形稍有不同，这说明共振峰频率在 31.25ms 的时间段内有轻微变化，在基音周期内也出现了类似的细微变化。为追踪共振峰频率的时间变化，需要在更短的时间段内进行分析。10ms 的窗函数用在 50ms 语音的开始和最后，将会得到截然不同的 STFT。因此，好的时间分辨率需要用短窗，而好的频率分辨率需要用长窗。本书后面的内容会讨论这两种类型的窗函数。

语音信号加窗段的常规 DTFT 的短时傅里叶变换的解释，使我们认识到了时间相关傅里叶变换表示的性质和窗函数的作用。7.3.5 节中对于线性滤波的描述，将会提升我们对此的认识。

7.3.4 关于短时自相关函数

$X_{\hat{n}}(e^{j\hat{\omega}})$ 的一个重要性质是其与第 6 章中定义的短时自相关函数（STACF）的关系。已知 $X_{\hat{n}}(e^{j\hat{\omega}})$ 是每个 $\hat{n}$ 值的 $w[\hat{n}-m]x[m]$ 的 DTFT 变换，则

$$S_{\hat{n}}(e^{j\hat{\omega}}) = |X_{\hat{n}}(e^{j\hat{\omega}})|^2 = X_{\hat{n}}(e^{j\hat{\omega}}) \cdot X_{\hat{n}}^{\star}(e^{j\hat{\omega}}), \tag{7.24}$$

是

$$R_{\hat{n}}[l] = \sum_{m=-\infty}^{\infty} w[\hat{n}-m]x[m]w[\hat{n}-l-m]x[m+l], \tag{7.25}$$

的傅里叶变换，这就是第 6 章讨论的 STACF。因此，式（7.24）和式（7.25）就把短时频谱与 STACF 关联起来了。图 7.11 给出了浊音(a, b, c)和清音(d, e, f)加窗后的 STACF 变换 $R_{\hat{n}}[l]$ 及相应的 STFT 变换 $X_{\hat{n}}(e^{j\hat{\omega}})$。窗加权函数是长 $L = 641$ 个样本（即采样率 16kHz 时的 40ms）的汉明窗，频率值的数量是 $N = 2048$。这样选择 N 和 L 可以避免计算 $X_{\hat{n}}(e^{j2\pi k/N})$ 的逆 DFT 运算得到 $R_{\hat{n}}[l]$ 时出现时间混叠。注意，浊音 STFT 中的基音纹波，对应于 $l/F_s \approx 9$ 和 18ms 时 STACF 中的峰值。还要注意，清音 STACF 在长延迟时几乎没有相关性。

7.3.5 线性滤波解释

现在探讨 STFT 的线性滤波解释。我们由重复式(7.8)开始，即

$$X_n(e^{j\hat{\omega}}) = \sum_{m=-\infty}^{\infty} w[n-m]\left(x[m]e^{-j\hat{\omega}m}\right). \tag{7.26}$$

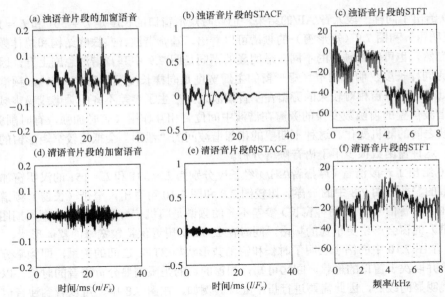

图 7.11　短时自相关函数和频谱：(a)加窗语音；(b)STACF；(c)浊音段的 STFT；(d)加窗语
音；(e)STACF；(f)清音段的 STFT

注意，在式(7.26)中，我们已去掉了 n 上方的符号，这样做的目的是不过于关注特定时间 $\hat{n}$ 的 STFT 表示 $X_{\hat{n}}(e^{j\hat{\omega}})$。当我们想要强调 DTFT 的解释时，此时窗口通常要移动多个样本，这是很有用的。但现在在我们假设 $\hat{\omega}$ 不变，且认为 $X_n(e^{j\hat{\omega}})$ 是复数的一维时间序列。式(7.26)的这种表示方法只是想要传达这样一种思想，即给定 $\hat{\omega}$ 的 DTFT 可视为时间序号 n 的函数，n 的取值范围与信号 $x[n]$ 的相同，从而方便我们对 STFA 这种线性滤波操作的讨论。

从式(7.26)可以看出，对每个给定的 $\hat{\omega}$ 值，$X_n(e^{j\hat{\omega}})$ 是复序列，这些值是由序列 $w[n]$ 与序列 $x[n]e^{-j\hat{\omega}n}$ 进行卷积运算得到的。因此，对某个特殊的 $\hat{\omega}$ 值，$X_n(e^{j\hat{\omega}})$ 可视为图 7.12a 所示系统的输出，其中 $w[n]$ 是线性移不变系统的冲激响应。注意，如图 7.12a 所示，即使 $x[n]$ 是实数，这个线性系统的输入和输出也是复数。如果令

$$X_n(e^{j\hat{\omega}}) = a_n(\hat{\omega}) - jb_n(\hat{\omega}), \tag{7.27}$$

则得到 $a_n(\hat{\omega})$ 和 $b_n(\hat{\omega})$ 的操作如图 7.12b 所示，这里它们都是实数序列。

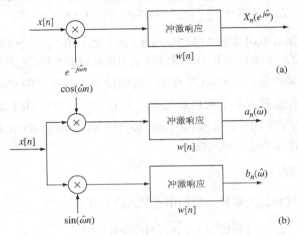

图 7.12　短时频谱分析的线性滤波解释：(a)复数操作；(b)只有实数操作

为了解图 7.12a 所示系统如何在频率 $\hat{\omega}$ 处形成 STFT，再次假设 $x[n]$ 的标准 DTFT 变换存在并表示为 $X(e^{j\omega})$ 是有帮助的（回忆可知我们现在正把 $\hat{\omega}$ 视为 STFT 的一个特殊弧频值）。然后，作为调制处理的结果，线性滤波器输入的 DTFT 是 $X(e^{j(\omega+\hat{\omega})})$。因此，$x[n]$ 在频率 $\hat{\omega}$ 处的 DTFT 移位到零频率。滤波器输出的 DTFT 是 $X(e^{j(\omega+\hat{\omega})})W(e^{j\omega})$，所以如果该滤波器是窄带低通滤波器，那么滤波器的输出将只与 $X(e^{j\hat{\omega}})$ 有关，即 $X_n(e^{j\hat{\omega}}) \approx X(e^{j\hat{\omega}})$。因此，如前面解释的那样，$W(e^{j\omega})$ 在零频率附近一个很窄的频带内应该是非零的，且在该频带外应该尽可能小。由前一节的观点可知，这完全是我们所要达到的相同要求。图 7.13a 表明汉明加窗的 $W(e^{j\omega})$ 具有所需要的低通特性。注意，如果令式(7.21)中的 $\omega = -\omega$，可得

$$X_n(e^{j\hat{\omega}}) = \frac{1}{2\pi} \int_{-\pi}^{\pi} W(e^{j\omega})X(e^{j(\omega+\hat{\omega})})e^{j\omega n}d\omega, \tag{7.28}$$

这恰好是 $X(e^{j(\omega+\hat{\omega})})W(e^{j\omega})$ 的逆 DTFT 运算。现在，不把式(7.28)视为频域内的卷积（使傅里叶变换变得平滑），而把式(7.28)视为频移输入信号（$x[n]e^{-j\hat{\omega}n}$）的线性滤波。

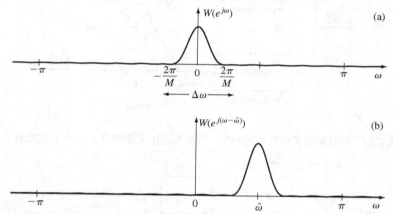

图 7.13　基于汉明窗的 STFA 的滤波器：(a)低通滤波频率响应；(b)分析频率 $\hat{\omega}$ 处的带通滤波频率响应

把 $X_n(e^{j\hat{\omega}})$ 视为线性滤波的另一种解释源自式(7.9)，即

$$X_n(e^{j\hat{\omega}}) = e^{-j\hat{\omega}n}\left(\sum_{m=-\infty}^{\infty} x[n-m](w[m]e^{j\hat{\omega}m})\right). \tag{7.29}$$

如图 7.14a 所示，$X_n(e^{j\hat{\omega}})$ 也可视为使用复数带通滤波器的输出调制 $e^{-j\hat{\omega}n}$ 的结果，其中带通滤波器的冲激响应是 $w[n]e^{j\hat{\omega}n}$，频率响应是 $W(e^{j(\omega-\hat{\omega})})$。如果 DTFT $W(e^{j\omega})$ 是如图 7.13a 所示的低通函数，则图 7.14a 所示滤波器就是通带中心频率为 $\hat{\omega}$ 的带通滤波器，如图 7.13b 所示。图 7.14b 显示了仅有实数量的图 7.14a 所示的系统。比较图 7.12b 和图 7.14b 可以看出，若知道了 $a_n(\hat{\omega})$ 和 $b_n(\hat{\omega})$，那么图 7.12b 很容易得到。但是，如果仅知道 $|X_n(e^{j\hat{\omega}})|$，那么带通滤波器的实现也会很简单。为了解这一点，由式(7.11)和式(7.15)可得

$$|X_n(e^{j\hat{\omega}})| = [a_n^2(\hat{\omega}) + b_n^2(\hat{\omega})]^{1/2} \tag{7.30a}$$
$$= |\tilde{X}_n(e^{j\hat{\omega}})| = [\tilde{a}_n^2(\hat{\omega}) + \tilde{b}_n^2(\hat{\omega})]^{1/2}. \tag{7.30b}$$

图 7.15a 描述了式(7.30a)，图 7.15b 描述了式(7.30b)。一般而言，图 7.15b 所示系统更易于实现。

根据特定频率 $\hat{\omega}$ 处的 $X_n(e^{j\hat{\omega}})$ 是图 7.12 或图 7.14 所示系统的输出这一观点，我们可通过关于线性系统的知识，帮助理解短时傅里叶表示的性质。例如，离散时间线性移不变系统的冲激响应可以是有限长的（FIR），也可以是无限长的（IIR）。类似地，我们可以定义 STFA 的两类窗函

数[1]。此外，线性移不变系统可以是因果的，也可以是非因果的，具体取决于其冲激响应在 $n < 0$ 时是否为零。同样，我们还可把窗函数分为因果的和非因果的。因果窗函数定义为

$$w[n] = 0, \quad n < 0, \tag{7.31a}$$

或

$$w[n-m] = 0, \quad n < m. \tag{7.31b}$$

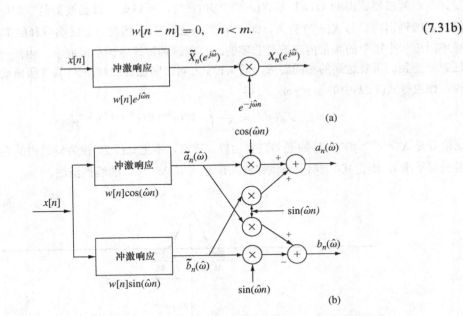

图 7.14　短时频谱是线性滤波的另一种解释：(a)复数操作；(b)只有实数操作

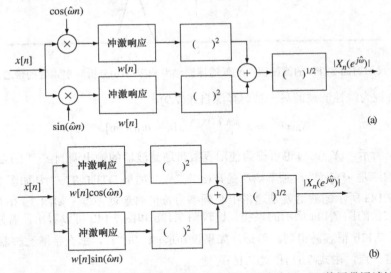

图 7.15　获得短时频谱幅度的两种实现：(a)使用低通滤波器；(b)使用带通滤波器

汉明窗和矩形窗是有限长窗函数的两个例子。通过合适地选择起始位置，它们可分为因果窗函数和非因果窗函数[2]。正如我们看到的那样，这样的窗函数适用于图 7.12 和图 7.14 所示的实现，也适用于基于 DFT 的实现。无限长窗函数也很有用，尤其是当 $X_n(e^{j\hat{\omega}})$ 使用如图 7.12 和图 7.14

---

① 若一个 IIR 冲激响应在时间上是集中的，则它可视为一个分析窗。

② 非因果计算需要在实时系统中进行缓冲。

所示的线性滤波计算时。这时，可通过前几次得到的值来给出 $X_n(e^{j\hat\omega})$ 的递归表达式（见习题 7.7）。

7.3.6　时域和频域中 $X_n(e^{j\hat\omega})$ 的采样率

　　STFT 是一维实数语音信号 $x[n]$ 的复二维表示，即 $X_n(e^{j\hat\omega})$ 是离散时间序号 n 和连续归一化弧度 STFT 分析频率 $\hat\omega$ 的函数。这样，$X_n(e^{j\hat\omega})$ 就像是一个（复）二维图像，其中的一维是离散的，另一维是连续的。图 7.16a 显示了 $X_n(e^{j\hat\omega})$ 在二维空间上的取值。在 STFA 系统的数字实现中，一个基本考虑是 $X_n(e^{j\hat\omega})$ 在时间和频率上进行采样的速率，以提供 $X_n(e^{j\hat\omega})$ 的无混叠表示，进而准确恢复 $x[n]$。图 7.16b 显示了 $X_n(e^{j\hat\omega})$ 以 R 个样本间隔、频率 $\omega_k = (2\pi k / N)$ 进行时间和频率采样的离散支撑区域，即

$$X_{rR}(e^{j(2\pi k/N)}) = X_r[k] = \sum_{m=-\infty}^{\infty} x[m]w[rR-m]e^{-j(2\pi k/N)m}, \tag{7.32}$$

式中 $k = 0, 1, \ldots, N-1$，r 是整数[①]。式(7.32)中的无穷大仅意味着求和是对满足 $w = [rR-m] \neq 0$ 的所有 m 值进行的。例如，对于长为 L 点的因果汉明窗函数，m 的取值应是有限的，即从 $m = rR - L + 1$ 到 $m = rR$。应合理地选择 R 和 N，以便语音信号可由采样的 STFT 重建。该问题很琐碎，要得到正确的时间和频率采样率，需要仔细考虑参与 $X_n(e^{j\hat\omega})$ 计算的因素。如我们将要看到的那样，在为 $X_n(e^{j\hat\omega})$ 选择正确的采样率的讨论中，一个复杂的因素是，实际采样率要小于理论上的最小采样率，以避免时间或频率上的混叠，且由混叠（欠采样）的短时变换能正确地恢复 $x[n]$。如果我们只对频谱估计、基音和共振峰分析及数字语音频谱图感兴趣，或者只对系统比特率最小的语音和音频编码感兴趣，那么欠采样表示确实非常有用。如果我们感兴趣的是得到信号的 STFT，对信号做一些修改（如线性或非线性滤波），然后重新合成修改后的信号，那么一般来说，在一个或两个取值范围内有必要最小化混叠。

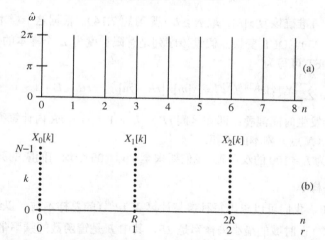

图 7.16　STFT 变量 $\hat\omega$ 和 n 的取值范围：(a)无采样的情况；(b)基于低通窗函数 $w[n]$ 的频域和时域采样的情况

时域中 $X_n(e^{j\hat\omega})$ 的采样率

　　前节中的线性滤波解释给出了在时域中求 $X_n(e^{j\hat\omega})$ 的采样率所需的必要知识。业已证明，对

---

① 注意 $\omega_k = 2\pi k/N$，$k = 0, 1, \ldots, N-1$ 包括整个取值范围 $0 \le \omega < 2\pi$。

于给定的 $\hat{\omega}$ 值，$X_n(e^{j\hat{\omega}})$ 是冲激响应为 $w[n]$ 的线性滤波器的输出。同时，我们已证明，对于普遍使用的窗函数，DTFT $X(e^{j\omega})$ 具有（非理想）低通滤波频谱响应的性质。假设分析窗函数的有效带宽为 B Hz[1]。因此，（作为 $\hat{\omega}$ 值固定时 n 的函数的）序列 $X_n(e^{j\hat{\omega}})$ 的带宽，就由窗函数的 DTFT 决定，进而根据采样定理，为了避免混叠，必须以至少 $2B$ 个样本/秒的采样率对 $X_n(e^{j\hat{\omega}})$ 采样。作为一个例子，我们考虑式(7.22)定义的长度为 $L = 2M + 1$ 点的汉明窗。$W(e^{j\omega})$ 的近似滤波器带宽以模拟频率表示为[2]

$$B = \frac{2F_s}{L} \quad \text{(Hz)}, \tag{7.33}$$

式中，F_s 是信号 $x[n]$ 的采样率，$X_n(e^{j\hat{\omega}})$ 所需的时域采样率是 $F_s/R = 2B \geq 4F_s/L$ 个样本/秒，或 $R \leq L/4$，其中 R 是一个整数。换言之，对于汉明窗，为避免 $X_n(e^{j\hat{\omega}})$ 在频率 $\hat{\omega}$ 处的采样序列发生混叠，分析窗函数各位置之间的间隔必须小于等于窗长的 25%，即窗函数必须至少重叠 75%。这样，当 $L = 100$，$F_s = 10000$Hz 时，得到 $B = 200$Hz，以便以输入的采样率每隔 $R = 100/4 = 25$ 个样本，每秒计算 400 次 $X_n(e^{j\hat{\omega}})$。

$X_n(e^{j\hat{\omega}})$ 在 STFT 频率 $\hat{\omega}$ 处的采样率

因为 $X_{rR}(e^{j\hat{\omega}})$ 关于 $\hat{\omega}$ 是以 2π 为周期的，因此仅需要在 2π 长度内进行采样[3]。为求出由 $X_{rR}(e^{j\hat{\omega}})$ 准确恢复信号 $x[n]$ 的有限频率集合 $\hat{\omega}_k = (2\pi k / N), k = 0,1,\ldots,N-1$，我们使用 $X_{rR}(e^{j\hat{\omega}})$ 的 DTFT 变换。如果窗函数是时间有限的，那么如果将 $X_{rR}(e^{j\hat{\omega}})$ 视为一个 DTFT，则其逆变换是时间有限的。此时，采样定理要求我们至少以两倍于其"时间宽度"的采样率对 $X_{rR}(e^{j\hat{\omega}})$ 进行频域采样。因为 $X_{rR}(e^{j\hat{\omega}})$ 的逆 DTFT 是信号 $x[m]w[rR-m]$，而且这个信号有 L 个样本（仍然根据有限窗），那么根据采样定理，$X_{rR}(e^{j\hat{\omega}})$ 必须以如下一组频率（频率 $\hat{\omega}$）进行采样：

$$\hat{\omega}_k = \frac{2\pi k}{N}, \quad k = 0,1,\ldots,N-1, \tag{7.34}$$

式中，为了从 $X_{rR}(e^{j\hat{\omega}})$ 准确恢复 $x[n]$，取 $N \geq L$（见习题 7.14）。根据这个样本集，式(7.32)可视为序列 $x[m]w[rR-m]$ 的 N 点 DFT 变换，假设该序列是有限长度为 L 个样本的信号。因此，对于 L 点因果窗函数，逆 DFT 可写为

$$\frac{1}{N}\sum_{k=0}^{N-1} X_r[k]e^{j(2\pi k/N)m} = x[m]w[rR - m], \qquad rR - L + 1 \leq m \leq rR, \tag{7.35}$$

式中 $N \geq L$，否则会发生时间混叠；即在区间 $rR - L + 1 \leq m \leq rR$ 内计算得到的逆 DFT 是序列 $x[m]w[rR-m]$ 的移位（N 点）副本的求和。

因此，对于长度为 $L = 100$ 的汉明窗，我们要求至少以 100 个均匀间隔的频率来计算 $X_{rR}(e^{j\hat{\omega}})$。

$X_n(e^{j\hat{\omega}})$ 的总采样率

从以上讨论可知，我们可以求出每秒参与计算 $X_n(e^{j\hat{\omega}})$ 的总样本数，以给出原始信号 $x[n]$ 的无混叠表示。$X_n(e^{j\hat{\omega}})$ 在时域的最小采样率是 $2B$，其中 B 是窗函数的频率带宽，而 $X_n(e^{j\hat{\omega}})$ 在频域的最小样本数是 L，其中 L 是窗函数的时间宽度。因此，$X_n(e^{j\hat{\omega}})$ 的总采样率（SR）是

$$SR = 2B \cdot L, \quad \text{样本数/秒} \tag{7.36}$$

---

[1] 这里存在混淆频率变量的可能性。回忆可知，当将 $X_n(e^{j\hat{\omega}})$ 视为时间函数时，STFT 分析频率 $\hat{\omega}$ 是固定的。这就是我们保留 ω 来表示与 $X_n(e^{j\hat{\omega}})$ 的时间变量相关联的频率变量的原因。

[2] 一般来说，滤波器的"带宽"指的是频率响应正支撑区域的宽度，即"通带"。

[3] 我们通常使用区间 $0 < \hat{\omega} < 2\pi$，因为频率 $\omega_k = 2\pi k/k$，$k = 0,1,\ldots,N-1$ 使用 FFT 算法计算更为简便。

对于大多数实际的窗函数，B 可以表示为 (F_s/L) 的倍数，其中 F_s 是 $x[n]$ 的采样频率，即

$$B = C_b \frac{F_s}{L} \quad \text{(Hz)},\tag{7.37}$$

式中，C_b 是比例系数。因此，式(7.36)可以写为

$$SR = 2C_b F_s, \quad \text{样本数/秒}\tag{7.38}$$

因此，SR 与 F_s 的比值是

$$\frac{SR}{F_s} = 2C_b.\tag{7.39}$$

式中，$2C_b$ 表明的是与用于得到序列 $x[n]$ 的采样率相比，短时分析的过采样率。

例如，如果 $w[n]$ 是一个汉明窗，那么 $2C_b = 4$，但如果 $w[n]$ 是一个矩形窗 [而且带宽 B 定义为 $W(e^{j\omega})$ 的第一个零点的频率]，那么 $2C_b = 2$。注意，矩形窗的 DTFT 不是一个很好的低通滤波器。它的旁瓣在 $\omega = 0$ 处的值只下降了 14dB，而汉明窗的旁瓣更低。因此，我们有理由相信，为了防止混叠，$x[n]$ 的短时频谱表示要以大约 4 倍于波形所需的样本数采样。但为得到这一扩展的采样率，我们要有一种非常灵活的信号表示才能进行时域和频域的较大修改（见 7.11 节）。

$X_n(e^{j\hat{\omega}})$ 的采样小结

本节讨论了在时域和频域保证 $X_n(e^{j\hat{\omega}})$ 不混叠所需要的采样率。尽管在两个域中避免混叠的采样率是最小采样率，但也有 $X_n(e^{j\hat{\omega}})$ 在任何一个域中欠采样的特殊情形，此时可无混叠错误地准确恢复 $x[n]$。这种情况对系统的实现有很重要的现实意义，在这些系统如分析/合成系统、频谱显示等中，表示的最小存储空间（比特率）非常重要。我们将会在本章后面讨论如何设计和实现这种系统。但在讨论由 STFT 重建信号前，了解在计算机中如何以图形方式显示 STFT 是有用的。

7.4　频谱显示

如第 3 章中讨论的那样，在数字语音信号处理技术产生之前的很长一段时间，语音的时间相关傅里叶表示的概念就已经很流行。声谱仪会在电敏记录纸上生成称为声谱图的灰度图像。声谱图基于变频带通滤波器输出的时变平均能量。通过灵巧的机械/电气设计，纸上某点的灰度值表示声音在相应时频组合处的短时能量[196]。因此，声谱图是按模拟方式计算得到的 STFT 的图像。图 7.17 的上图显示了语音 "Every salt breeze comes from the sea" 的宽带（窄窗）声谱图。该例显示了宽带时间相关频谱的许多特征。首先，我们注意到，在某个特定的时间，图 7.8 和图 7.10 中的频谱是随着频率（纵轴方向）变化的，这种变化由平滑的粗线表示，即频谱由一些对应于共振频率的宽峰组成。声谱图中水平方向的宽条显示了共振峰频率随时间变化的方式。宽带声谱图的另一个有趣特征是出现在浊音中的垂直条纹。出现这些条纹的原因是，分析带通滤波器的冲激响应（即频谱分析窗函数）持续时间约为一个基音周期。图 7.8 中的短窗指出了这一点，这个短窗位于峰值的偏右位置。继续右移窗口会使短窗的中心位于基音周期的低幅度部分。因此，当冲激响应的峰值位于各个基音周期的最大值时，滤波器输出的能量会达到最大。在其他时间，输出能量明显降低。这就解释了图 7.17a 中垂直方向上间隔很小的时变黑白区域形成的原因。对于图 7.10 中的非周期清音，不再出现规律性的垂直条纹，且频谱图样更加参差不齐（随机）。

图 7.17 的下图显示了同一语音的窄带声谱图。此时，滤波器的带宽窄到足以分离出浊音区域的各个谐波。因此，尽管共振峰频率仍很明显，位于特定时间处的一个剖面让人想起了如图 7.8 和图 7.10 所示的长窗函数的频谱。浊音区域不再出现条纹图样，因为窄带冲激响应跨越了几个基音周期。但在频域清楚地显示出了基频及其谐波。由于清音区域在频域内无周期性，因此很容易区分。

宽带和窄带声谱图给出了关于语音段特征的大量信息。事实上，当显示时间相关傅里叶变换表示的设备出现时，人们就会希望这种显示能够提供一种与聋哑人交流的新"语言"。尽管这种希望并未实现，但后续研究导致了 *Visible Speech*[288]一书的出版，该书仍是语音的短时频谱和时间特性的信息来源。自这部著作诞生以来，许多语音研究人对声谱图做了很多测量，以确定像共振峰频率和基频这样的语音参数。

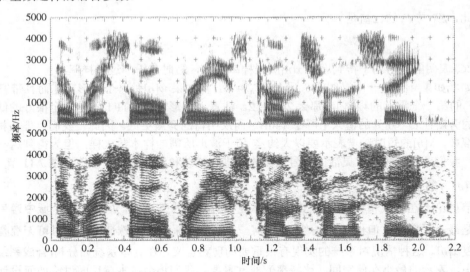

图 7.17　由模拟声频仪绘制的语音"Every salt breeze comes from the sea"的宽带和窄带声谱图

　　声谱仪这一发明的另一个成果是，说话者的身份可通过详细分析一段语音的声谱图或"声纹"来识别。尽管人们对基于声谱图的语音识别技术的可靠性仍存在争议[40]，但这些技术已在法庭广泛接受 [50,140,147,293,324]。

　　在很长一段时间内，模拟声谱仪都是语音研究的基本分析工具。但由于使用现代计算机技术可更有效地创建和显示声谱图，因此这样的仪器基本上已消失。本章前几节已给出了设计和实现时间相关傅里叶表示的方法，这些方法明显要强于模拟设备方法。例如，利用 7.3 节中的技术可得 $\left|X_{rR}(e^{j\omega_k})\right|$，其中 $\omega_k = 2\pi k/N$，这是语音信号的二维表示，它在时间（r）和频率（k）上是离散的。数字声谱图可由显示摄影图像的数字表示相同的技术显示。一般来说，显示中并不需要所有的信息。经常只显示 $20\log_{10}\left|X_{rR}(e^{j\omega_k})\right|$，因为 $\left|X_{rR}(e^{j\omega_k})\right|$ 是偶函数，且关于 k 以 N 为周期，所以只需显示 $0 \leq k \leq N/2$ 范围内的值，对应于模拟频率范围 $0 \leq F \leq F_s/2$。

　　实践证明声谱图作为一种基本的语音分析工具用途广泛，因此对于语音研究机构来说，生成的数字声谱图与原来的模拟声谱图相比，无疑更为方便和有用。在计算初期，电视显示器或 CRT 显示器通常可用于输出采样后的图像，而 $|X_{rR}(e^{j\omega_k})|$ 无疑就是这样的一种采样图像。很多研究人员调查了这样的输出，发现粗略地复制模拟声谱图的外观是可能的。事实上，由于电敏记录纸的灰度范围仅为 12dB[196]，如果目的只是复制声谱图的外观，那么显示中可对 $|X_{rR}(e^{j\omega_k})|$ 的值非常粗略地量化。但多数数字图像显示系统有一个更大的动态范围，因此与模拟系统相比，可以描述更多的频谱信息。

　　数字声谱图的另一个优点是，频谱可方便地以复杂的方式来增强显示的用途。一个例子是利用高频强调技术来抵消语音频谱的自然衰减（这同样适用于模拟声谱图）。引入高频强调的一种简便方法是，计算输入信号的一阶差分的频谱（见习题 7.19）。另一种更为灵活的方法是在显示前直接对频谱整形，即按需要扩展或压缩其频率和时间[268]。20 世纪 70 年代，输出图像的硬拷贝仍很昂贵。这直接导致了打印设备的复写技术的发展[365]。

今天，即使一台笔记本电脑和一台相片打印机打印出的声谱图，其质量与原始声谱仪生成的最好声谱图相比，也要强得多。像 Wave Surfer[413]和 Praat Speech Analysis[294]这样的卓越波形处理软件包提供了大量工具来绘制波形、声谱图、基音轮廓、共振峰轮廓等。MATLAB 中包含了创建和绘制频谱图的软件，并提供大量的工具箱，如 Colea[211]和 Voicebox[407]，这些工具箱可提供许多信号处理和图像功能，包括创建高质量声谱图的功能。本节将给出使用标准 MATLAB 软件工具创建声谱图的几个例子。

在 MATLAB 中，声谱图实际上是一个二维函数的图像：

$$B[k,r] = 20\log_{10} |X_r[k]|. \tag{7.40}$$

这样的数据阵列可存储为一个矩阵，矩阵的列号 r 对应于沿图像 x 轴的时间标度范围 $t_r = 0, RT, 2RT, ..., (N_R - 1)T$，行号 k 对应于沿 y 轴的频域标度范围 $F_k = kF_s / N$，$k = 0,1,...,N/2$。在式(7.40)中，基本的短时频谱计算如下：

$$X_r[k] = X_{rR}(e^{j\frac{2\pi}{N}k}) = \sum_{m=rR}^{rR+L-1} x[m]w[rR-m]e^{-j\frac{2\pi}{N}km}, \tag{7.41}$$

式中，L 是语音帧长（单位为样本数），N 是在时间序号 rR 处计算频谱切片的 FFT 的长度［见式(7.41)］，$w[m]$ 是用于短时频谱计算的 L 点（非因果）窗函数，N_R 是帧数，R 为帧移（单位为样本数）。通常，$B[k,r]$ 会被裁剪到某个期望的动态范围，以调整所显示的细节（因为绘图纸和绘图技术的限制，原始声谱图仅保留较小的动态范围）。

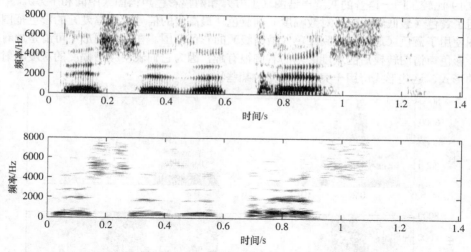

图7.18 语音"This is a test"的宽带频谱（上）和窄带频谱（下）

为分析输出的质量，图 7.18 给出了语音"This is a test"的宽带谱图（上）和窄带谱图（下）。它们是用 MATLAB 中的函数调用 spectrogram(x, L, L-R, N, Fs, 'yaxis')计算得到的[①]。相关的语音参数和声谱图计算如下：

- 语音参数
  —采样率（F_s）：16kHz
  —语音时长：1.406s
  —发音者性别：男性
  —语音内容："This is a test"

---

① MATLAB 根据连续窗口的重叠来指定帧移。这样，对于一个长为 96 个样本的窗口，10 个样本的帧移意味着有 86 个样本重叠。

- 宽带声谱图参数
  - —分析窗（$w[n]$）：汉明窗（默认）
  - —分析窗长（L）：6ms（96 个样本，16kHz 采样率）
  - —分析窗移（R）：10 个样本
  - —分析窗重叠（$L-R$）：86 个样本
  - —分析区数量（N_R）：2250
  - —FFT 长度（N）：512
  - —频谱对数幅度动态范围：40dB
- 窄带声谱图参数
  - —分析窗（$w[n]$）：汉明窗（默认）
  - —分析窗长（L）：60ms（960 个样本，16kHz 采样率）
  - —分析窗移（R）：96 个样本
  - —分析窗重叠（$L-R$）：864 个样本
  - —分析区数量（N_R）：235
  - —FFT 长度（N）：1024
  - —频谱对数幅度动态范围：40dB

下面的几个例子说明了数字声谱图的多种用途，并显示了改变分析参数的影响。

图 7.19 比较了同一语音的灰度声谱图（上方）和两幅彩色声谱图（中间和下方）。中间的声频图使用了黄色（最低级的信号对数幅度）到蓝色（最高级的信号对数幅度）的彩色范围，下方的声谱图使用了蓝色（最低级）到红色（最高级）的彩色范围。在这些图形中可清楚地看到色彩的影响。彩色声谱图转换后的灰度版本的右侧很有趣，因为它们表明频谱幅度的灰度映射可以采用不同的形式，这些形式可用于突出声谱图的某些特征。

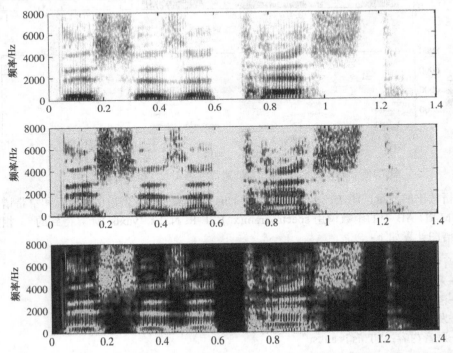

图 7.19　语音 "This is a test" 的灰度宽带声谱图（上方）和彩色宽带声谱图（中间和下方）对比

图 7.20 对比了语音"This is a test"的四幅声谱图,除参数 L 外,其余参数均与图 7.18 中所用参数相同。四幅声谱图自上至下分别有 $L=48$, $L=96$, $L=144$ 和 $L=480$,给出了不同窗长对声谱图的影响。可以看到,随着分析窗长变长(即从顶部图形的 3ms 到底部图形的 30ms),频率分辨力越来越强,具体表现在每个共振峰频率附近的频谱带宽度减小。前三幅声谱图可以归类为宽带声谱图。各个基音周期的时间分辨率在前三幅声谱图中都很清晰。第四幅声谱图是一个窄带声谱图,语音区域的每个谐波分量都可看到。注意,第四幅声谱图中,各个基音周期的时间分辨率消失了。

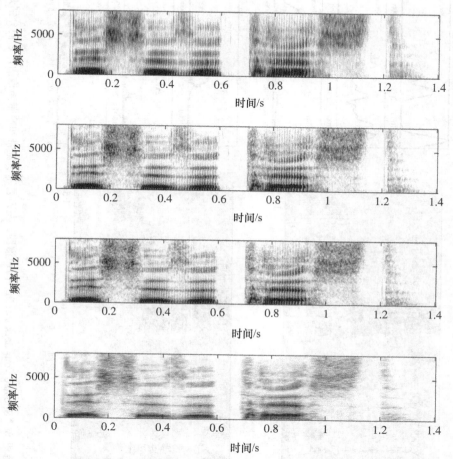

图 7.20   语音"This is a test"的声谱图比较。除了参数 L,其余参数均与图 7.18 中所用参数相同。从
          上至下,所用分析窗长分别为 $L=48$(3ms), $L=96$(6ms), $L=144$(9ms)和 $L=480$(30ms)

作为最后一组例子,图 7.21 和图 7.22 比较了(彩色)宽带声谱图和窄带声谱图[使用发音期间位于三个时间槽的谱片,分别对应于男性说话者(见图 7.21)和女性说话者(见图 7.22)的/IY/、/AE/和/S/]。两幅声频图的语音内容都是"She had your dark suit in",采样率为 16kHz。同时,两幅声谱图均将语音中的音素标记在相近的位置。不论是通过窄带声谱图,还是通过宽带声谱图,都可将男性说话者的音调计算为 125Hz 左右,将女性说话者的音调计算为 300Hz 左右。由于女性说话者声音的窄带谱片的总谱形状中缺少细节,因此可以看出高基音频率的影响。

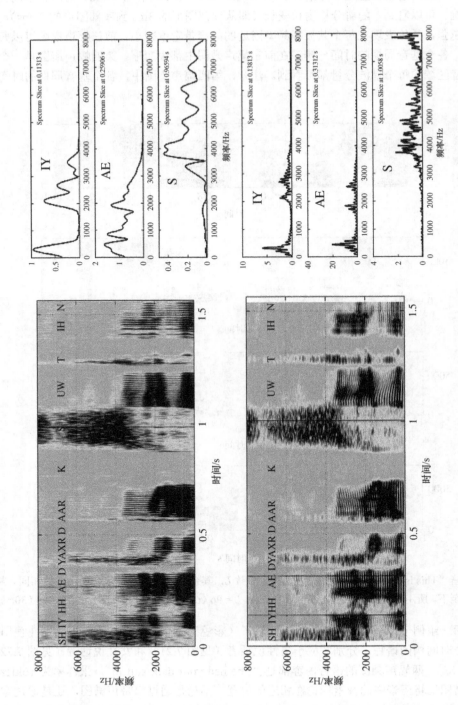

图 7.21 女性说话者语音 "She had your dark suit in" 的声谱图。左列显示了宽带和窄带声谱图，它们分别是使用 $L = 80$（5ms），$L = 800$（50ms）的分析窗，帧移分别为 $R = 5$ 和 $R = 10$ 做 1024 点 FFT 变换得到的，右列显示了声谱图中由粗线表示的三个时间槽处的宽带和窄带谱片，分别对应于声音/IY/、/AE/和/S/

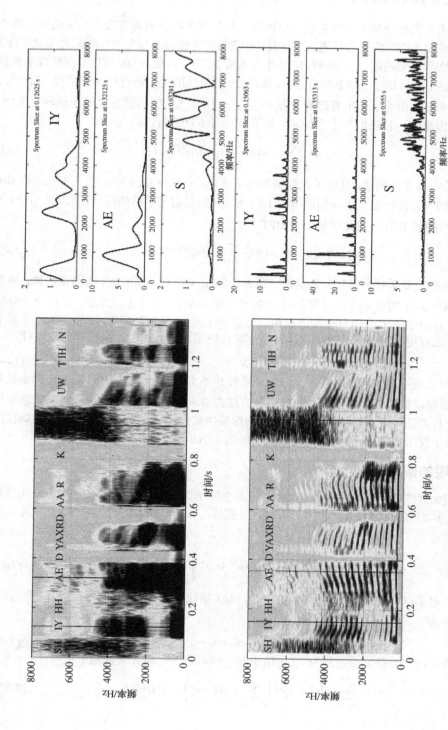

图 7.22　男性说话者的语音 "She had your dark suit in" 的声谱图。左列显示了使用 $L = 80$（5ms）的分析窗，帧移分别为 $R = 5$ 和 $R = 10$ 做 1024 点 FFT 变换得到的宽带和窄带声谱图，右侧显示了声谱图中用粗线表示的三个时间槽处的宽带和窄带谱片，它们分别对应于 /IY/、/AE/和/S/

7.5 合成的重叠相加法

前节中的几个例子充分说明了 STFT 在突出语音信号的基本特征方面有很大的灵活性。现在我们研究信号是否可由 STFT 恢复的问题。当我们基于 STFT 处理语音信号时，通常需要从 STFT 来重建语音信号。这个反变换过程称为短时傅里叶合成或 STFT。回忆可知，STFT 在时域上离散而在频域上连续。7.3.1 节讨论了 STFT 的可逆性，即在 2π 弧度范围内的所有频率处都有 $X_n(e^{j\hat{\omega}})$，则可恢复加窗的波形段。但为了使用有限的计算实现这一目的，STFT 必须在时域和频域上采样。例如，若窗函数是因果的，且长度为 L 个样本，则采样后的 STFT 为

$$X_{rR}(e^{j\omega_k}) = \sum_{m=rR-L+1}^{rR} w[rR-m]x[m]e^{-j\omega_k m}, \tag{7.42}$$

式中，R 为 STFT 的时域采样周期，且为了在频域均匀采样，$\omega_k = 2\pi k / N$，$k = 0, 1, ..., N-1$。从 $x[n]$ 的短时谱重建 $x[n]$ 的一种方法是基于该短时谱的 DFT 解释。如我们已了解的那样，因为 $X_{rR}(e^{j\omega_k})$ 可视为序列 $x[m]w[rR-m]$ 的 DFT，因此可使用逆 DFT 得到

$$y_r[m] = x[m]w[rR-m] = \frac{1}{N}\sum_{k=0}^{N-1} X_{rR}(e^{j\omega_k})e^{j\omega_k m}. \tag{7.43}$$

如果 $N \geq L$，即以 $\hat{\omega}$ 为变量采样没有时间混叠时，那么计算 $X_n(e^{j\omega_k})$ 的逆 DFT 并除以窗函数，可重建移动窗函数 $w[rR-m]$ 中的 $x[m]$（假设对所有 m 值它严格非零）。通过这种方法，可对每个分析窗（窗长 L）重建 $x[m]$ 中的 L 个信号值。之后窗函数移动 L 个样本并重复此过程。基于 7.3.6 节的讨论，可知这个过程用到了 $X_n(e^{j\omega_k})$ 的"时域欠采样"。使用这个过程时，我们有约束条件

$$R \leq L \leq N \tag{7.44}$$

选择 $R = L = N$ 的好处是不会扩展净采样率。但这种处理并不实用，因为 $X_{rR}(e^{j\omega_k})$ 的任何微小变化都会因逆 DFT 除以窗函数而放大。因此，尽管这种方法在 $R = L = N$ 时理论上可以精确重建原信号，但还没有将这种方法（或其变体）用于重建原始信号的实际例子。本节介绍一种更为鲁棒的合成方法，它类似于使用 DFT 的周期卷积的重叠相加法（OLA）[270]。

7.5.1 精确重建的条件

假设短时变换如式(7.42)所示的那样，在时域以 R 个样本为周期采样，而在频域以 N 为周期采样；也就是说，我们有 $Y_r(e^{j\omega_k}) = X_{rR}(e^{j\omega_k})$，其中 r 为整数，$\omega_k = 2\pi k / N, 0 \leq k \leq N-1$。OLA 方法基于合成公式

$$y[n] = \sum_{r=-\infty}^{\infty}\left(\frac{1}{N}\sum_{k=0}^{N-1} Y_r(e^{j\omega_k})e^{j\omega_k m}\right)\Bigg|_{m=n}. \tag{7.45}$$

即对于一个如式(7.42)所示的长度为 L 的因果窗函数，为了重建信号，需要为每个 r 值计算 $Y_r(e^{j\omega_k})$ 的逆变换，给出序列

$$y_r[m] = x[m]w[rR-m], \quad rR-L+1 \leq m \leq rR. \tag{7.46}$$

这样，对所有在时间 n 处重叠的序列 $y_r[m]$ 值求和，即可得到时间 n 处的信号值

$$y[n] = \sum_{r=-\infty}^{\infty} y_r[n] = x[n]\left(\sum_{r=-\infty}^{\infty} w[rR-n]\right) = x[n]\tilde{w}[n], \tag{7.47a}$$

其中 $\tilde{w}[n]$ 定义为

$$\tilde{w}[n] = \sum_{r=-\infty}^{\infty} w[rR-n]. \tag{7.47b}$$

即重建的信号等于 $x[n]$ 乘以一个周期时变加权序列 $\tilde{w}[n]$。因此，精确重建 $x[n]$ 的条件为

$$\tilde{w}[n] = \sum_{r=-\infty}^{\infty} w[rR-n] = C,$$

(7.48)

式中，常数 C 常称为重建增益。

图 7.23 显示了由式(7.45)定义的求和过程，其中语音信号有五个重叠部分，每部分使用一个长为 $L = 400$ 个样本的汉明窗，帧移为 $R = 100$。式(7.47a)所示的求和过程在图中通过底部的语音波形体现，该语音波形通过重叠相加法恢复。由于 $L = 400$，$R = 100$，因此每个合成时间 n 处均有四部分重叠。

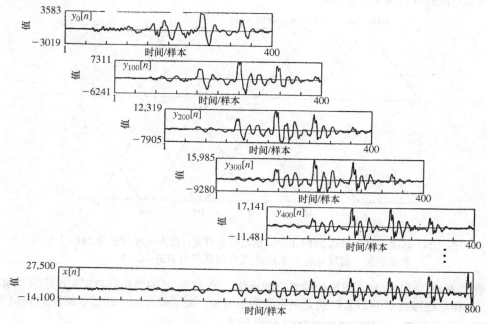

图 7.23　语音 STFS 的 OLA 方法示意图

注意，式(7.47b)中的序列 $\tilde{w}[n]$ 是一个由时间混叠（时间反射）窗序列组成的周期序列（周期为 R）。作为一个简单的例子，考虑一个长度为 L 的矩形窗 $w_{\text{rect}}[n]$。若 $R = L$，由窗函数截取的部分会无混叠地逐块拼接。此时，由于滑动窗可无混叠且无间隙地拼接，式(7.48)的条件满足 $C = 1$（简单地画一幅草图就可确认这一点）。若矩形窗长 L 为偶数，且 $R = L/2$，则容易验证式(7.48)满足条件 $C = 2$。事实上，对于矩形窗，若 $L = 2^\nu$ 且 ν 为一个合适的较大整数，那么当 $L \leq N$ 且 $R = L, L/2, L/4, \ldots, 1$ 时，对应的重建增益可以是 $C = 1, 2, \ldots, L$，信号 $x[n]$ 就可通过式(7.47a)的 OLA 方法由 $Y_r[k]$ 完美重建。虽然这表明 OLA 方法对矩形窗和间隔为 R 的窗可以完美地重建信号，但矩形窗的频域选择性很差，因此很少用于短时傅里叶变换分析/合成。像巴特利特窗、汉宁窗、汉明窗和凯泽窗这样的锥形窗更为通用。幸运的是，由于这些窗函数有很好的频谱分离特性，由 STFT 也可进行完整或近似完美的重建。

巴特利特窗和汉宁窗在一些情况下可以完美重建信号。两种窗函数分别定义如下[①]。

巴特利特（三角）窗

$$w_{\text{Bart}}[n] = \begin{cases} 1 - |n|/M, & -M \leq n \leq M \\ 0, & \text{其他} \end{cases}$$

(7.49)

---

① 为方便起见，它们被定义为奇数长度对称窗。延迟 M 个样本可得到因果窗函数。也可定义偶数长度的因果窗。式(7.22)定义的对称汉明窗、汉明窗及其 DTFT 变换结果见图 7.6。

汉宁窗

$$w_{\text{Hann}}[n] = \begin{cases} 0.5 + 0.5\cos(2\pi n/M), & -M \le n \le M \\ 0, & \text{其他} \end{cases} \tag{7.50}$$

按照定义，窗长 $L = 2M+1$，窗两端的样本值为 $0^{①}$。如果巴特利特窗的 M 为偶数且 $R = M$，那么通过一个简单的时域例子即可得到对所有 n，式(7.48)满足条件 $C = 1$。图 7.24a 显示了 $R = M$ 时长度为 $2M+1$（两端样本为零）的重叠巴特利特窗。可以清楚看到，这些滑动窗的求和，得到重建增益为常量 $C = 1$。图 7.24b 显示了同样条件下的汉宁窗。虽然图中可能不明显，但这些滑动窗之和确实对所有 n 均为常数 $C = 1$。

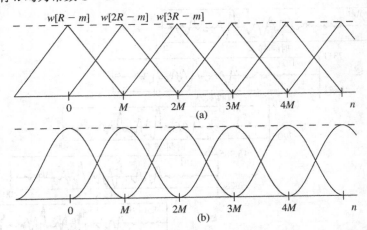

图 7.24　(a)$R = M$ 时移动 $2M+1$ 个点的巴特利特窗；(b)$R = M$ 时移动 $2M+1$ 个点的汉宁窗。虚线是由式(7.48)定义的周期序列 $\tilde{w}[n] = C = 1$

尽管在 $R = M$ 时图 7.24 给出的结果直观可信，但 $M = 2^{v}$ 的巴特利特窗和汉宁窗在 $R = M$, $M/2, \ldots, 1$ 和重建增益 $C = M/R$ 时的完美重建则不明显。要了解原因，回忆包络序列 $\tilde{w}[n]$ 具有固有周期 R 是有帮助的，因此它可由逆 DFT 给出如下：

$$\tilde{w}[n] = \sum_{r=-\infty}^{\infty} w[rR - n] = \frac{1}{R}\sum_{k=0}^{R-1} W^{*}(e^{j(2\pi k/R)})e^{j(2\pi k/R)n}, \tag{7.51}$$

式中，$W^{*}(e^{j(2\pi k/R)})$ 是以频率 $(2\pi k/R)$, $k = 0,1,\ldots,R-1$ 采样的时间反射窗 $w[-n]$ 的 DTFT。由式(7.51)可推出完美重建的一个条件

$$|W^{*}(e^{j(2\pi k/R)})| = |W(e^{j(2\pi k/R)})| = 0, \qquad k = 1,2,\ldots,R-1, \tag{7.52a}$$

且如果式(7.52a)成立，那么由式(7.51)可以推出重建增益是

$$C = \frac{W(e^{j0})}{R}. \tag{7.52b}$$

利用式(7.52a)和式(7.52b)，可验证我们对由式(7.49)定义的巴特利特窗的直觉观察，DTFT 为

$$W_{\text{Bart}}(e^{j\omega}) = \left(\frac{1}{M}\right)\left(\frac{\sin(\omega M/2)}{\sin(\omega/2)}\right)^{2} \tag{7.53}$$

由式(7.53)可以推出巴特利特窗的傅里叶变换在频率 $2\pi k/M$($k = 1,2,\ldots,M-1$)处为零。因此，如果选择 R 使得 $2\pi k/R = 2\pi k/M$ 或 $R = M$，那么式(7.52a)的条件就得以满足。将 $\omega = 0$ 代入式(7.53)可得 $W_{\text{Bart}}(e^{j0}) = M$，从而可推出 $R = M$ 时 $C = M/R = 1$ 的完美重建结果。由于 $M = R$，有

---

① 在这种定义下，巴特利特窗和汉宁窗的实际非零样本数为 $2M-1$，但包含零可简化数学运算。

$2\pi k / R = 2\pi k / M(k = 1, 2, ..., M-1)$，因此所有频率为 $2\pi k / R$ 的点与频率为 $2\pi k / K$ 的点一一对应，为 $|W_{\text{Bart}}(e^{j\omega})|$ 的零点。如果 M 可被 2 整除，可以利用 $R = M/2$，那么频率为 $2\pi k / R$ 的点同样会与 $|W_{\text{Bart}}(e^{j\omega})|$ 的另一列零点相对应，此时 $C = M/R = 2$。如果 M 是 2 的幂，R 会随着 C 的增加而减小。

DTFT $W_{\text{Hann}}(e^{j\omega})$ 在 π / M 的整数倍（$k = 2, 3, ..., 2M-2$）处有均匀间隔的零点，因此这些零点的一个子集应在 $2\pi k / M$ （$k = 1, 2, ..., M-1$）处。这可由下面的等式得出：

$$w_{\text{Hann}}[n] = (0.5 + 0.5\cos(\pi n/M))w_r[n], \tag{7.54}$$

式中，$w_r[n]$ 是一个可保证对于 $|n| > M$，$w_{\text{Hann}}[n] = 0$ 成立的矩形窗。借助式(7.54)，可用 $W_r(e^{j\omega})$ 表示 $W_{\text{Hann}}(e^{j\omega})$，而 $W_r(e^{jw})$ 可以闭合形式表示。有了这样的结论，就可证明 $W_{\text{Hann}}(e^{j(\pi k/M)}) = 0$（$k = 2, 3, ..., 2M-2$）。上述 $W_{\text{Hann}}(e^{j\omega})$ 的期望关系推导起来并不简单，我们把它当做习题给出（见习题 7.16）。因此，使用式(7.50)或式(7.54)定义的汉宁窗，也可进行精确的重建。从图 7.25 中可明显看出 $W_{\text{Bart}}(e^{j\omega})$ 和 $W_{\text{Hann}}(e^{j\omega})$ 都有等间隔的零点。

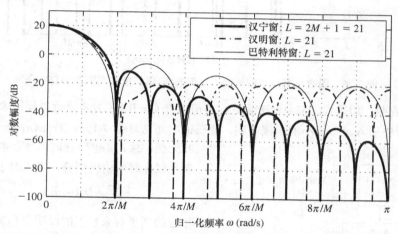

图 7.25 长为 $L = 2M + 1 = 21$ ($M = 10$)的巴特利特窗、汉宁窗、汉明窗的离散时间傅里叶变换

图 7.25 同时给出了一个奇数长度的对称汉明窗的 DTFT，它与汉宁窗密切相关，但已经过优化而使得旁瓣电平最小。由于其旁瓣电平很小，所以汉明窗更受欢迎，但使用对称的汉明窗理论上不可能实现完美重建。把系数由 0.5 和 0.5 调整到 0.54 和 0.46 后，减小了旁瓣电平的最大值，$W_{\text{Hamm}}(e^{j\omega})$ 的零点明显偏离了汉宁窗口的等距零点，因此不再能找到合适的 R 使得频率 $2\pi k / R$ 精确地落在 $W_{\text{Hamm}}(e^{j\omega})$ 的零点上。然而，如图 7.25 所示，相对于 $\omega = 0$ 处，在大于 $2\pi k / M$ 的频率处，最大旁瓣电平下降了约 40dB。因此，如果选择 $R = M/2$（或甚至 $R = M$），那么式(7.52a)的条件可以在频率 $2\pi k / R$ 处近似满足。图 7.26 对比了偶数长度（$L = 20$）和奇数长度（$L = 21$）的汉明窗的 DTFT 变换（分别对应实线和虚线）。两种窗都由下式定义为因果窗：

$$w_{\text{Hamm}}[n] = \begin{cases} 0.54 - 0.46\cos(2\pi n/(L-1)) & 0 \le n \le L-1 \\ 0 & \text{其他} \end{cases} \tag{7.55}$$

注意，尽管偶数长度汉明窗的零点趋近于 $2\pi / M$ 的间隔，但奇数长度和偶数长度的汉明窗按照其常规定义，都不满足精确重建所要求的零点间隔 $2\pi / R$ 这一条件。这意味着式(7.48)中的 $\tilde{w}[n]$ 会随着 n 的变化而周期性变化。对于汉明窗，偶数长度 L 更受欢迎，这样我们可将时间采样周期 R 选为分别对应于 50% 和 75% 重叠的 $L/2$ 或 $L/4$。当然，这对于奇数长度的汉明窗是不可能的。然而，当奇数长度汉明窗采样从 $L = 2M + 1$ 缩减为 $L = 2M$ 时，仅把奇数长度汉明窗公式(7.55)的最后一个采样清零，就会产生一个有趣的结果：结果窗不再是对称的，更重要的是，相应 DTFT 的

零点移到了期望的 $2\pi/M$ 的整数倍处。这在图 7.26 中有所显示，其中粗实线显示了 21 点汉明窗截断到 20 点修正汉明窗后的结果。观察到修正汉明窗的旁瓣电平仍然要比 $\omega=0$ 处的低 40dB 左右，同时零点精确地落在 $2\pi/M$ 的整数倍处。因此，修正的奇数到偶数长度汉明窗，可在 OLA 合成中实现精确的重建（取 $R=L/2$ 或 $R=L/4$ 等）。

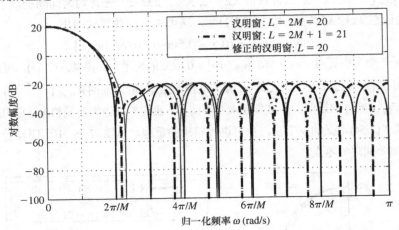

图 7.26 偶数长度、奇数长度、修正的奇–偶长度汉明窗的 DTFT 变换

式(7.51)表明，如果式(7.52a)无法满足，$\tilde{w}[n]$ 会在 $C=W(e^{j0})/R$ 附近以周期 R 振荡，从而在重建后的信号中引入一个较小的振幅调制。业已证明（见习题 7.15），若 $w[n]$ 有一个带限的傅里叶变换，且 $X_n(e^{j\omega_k})$ 在时域被正确采样，即 R 小到足以在时域出现混叠，那么对于任意的 n 有

$$\sum_{r=-\infty}^{\infty} w[rR-n] \approx \frac{W(e^{j0})}{R}, \qquad (7.56)$$

相应的例子有未修正的汉明窗和凯泽窗，两者在 R 选择合适的情况下，都可以实现非常精确的重建。因此，式(7.47a)变为

$$y[n] \approx x[n]\frac{W(e^{j0})}{R}, \qquad (7.57)$$

上式表明式(7.45)的合成规则，通过增加波形的重叠部分，可近乎精确地重建 $x[n]$（乘数恒定）。对于未修正的汉明窗，标称重建增益常量是 $C=1.08(M+1)/R$，窗的标称带限是 $2\pi/M$，因此按 $2\pi/R=4\pi/M$（即 $R=M/2$）对 STFT 进行采样基本上可以避免混叠，因为是在时域进行采样且 $W_{\text{Hamm}}(e^{j(2\pi k/R)})$ 接近于 0。因此，我们通常在 L 为奇数时取 $R=(L-1)/4$，在 L 为偶数时取 $R=L/4$，换句话说，窗口的重叠通常为 75%。

图 7.27 和图 7.28 详细给出了 OLA 方法是怎样应用于 $w[n]$ 的，其中 $w[n]$ 是 $R=L/4$ 的 L 点汉明窗。图 7.27 给出了该方法的流程图，假设信号 $x[n]$ 在 $n<0$ 时为 0。由于汉明窗每 4 秒重叠 1 秒，为了得到

图 7.27 短时处理 OLA 算法流程图

（流程图内容）

$n=L/4$
$r=1$

形成窗函数，$w[n]$ ← L

形成
$w[rR-n]\,x[n]$

充零给出 N 点序列

N 点 FFT

修正为短时频谱

N 点逆 FFT

$y[m]=y[m]+y_r[m]$,
$m=n-N+1,\ldots,n-1,n$

初始化
$y[m]=0$, all m

$n=n+L/4$
$r=r+1$

正确的初始化条件,图 7.28 显示分析的第一部分从 $n = L/4$ 开始。该窗(假定是因果的且在 $0 \leq n \leq L-1$ 时非零)用于给出信号 $y_r[m] = w[rR-m]x[m]$,该信号在 $rR-L+1 \leq m \leq rR$ 时非零。这个 L 点序列填充了足够的 0,以统计短时频谱的任何修正的影响(见 7.11 节的讨论),并将 N 增大到快速计算的合适大小。然后用一个 N 点的结果序列的 FFT 得出 $Y_r(e^{j\omega_k})$。

我们用式(7.45)来重建 n 时刻的信号。图 7.28 给出了 n 值满足 $0 \leq n \leq R-1$ 时式(7.45)所蕴含的操作。注意,对于每个满足 $0 \leq n \leq R-1$ 的 n,$y[n]$ 由四项的和组成,即

$$y[n] = x[n]w[R-n] + x[n]w[2R-n] + x[n]w[3R-n] + x[n]w[4R-n]. \tag{7.58}$$

对于 $R \leq n \leq 2R-1$ 的下一块样本,式中的 $x[n]w[R-n]$ 项将替换为 $x[n]w[5R-n]$,以此类推。

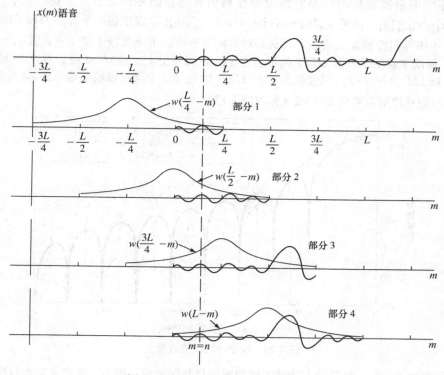

图 7.28 L 点汉明窗 $w[n]$ 的重建步骤

7.5.2 合成窗的应用

如图 7.27 所示,OLA 合成方法经常用于在合成前修正 STFT。在这种应用中,在逐渐变细的合成窗边缘,信号 $y_r[m]$ 包含错误和伪影。例如,若 $N > L$,窗外的信号值也许并不为 0,若 $N = L$,则这些值可能会发生时间混叠,或卷绕到窗口区域。为降低这种影响,可在重叠和添加重建部分之前使用合成窗 $w_s[n]$。明确地讲,式(7.47a)和式(7.47b)被替换为

$$y[n] = \sum_{r=-\infty}^{\infty} w_s[rR-n]y_r[n] = x[n]\left(\sum_{r=-\infty}^{\infty} w_s[rR-n]w[rR-n]\right) = x[n]\tilde{w}[n], \tag{7.59a}$$

式中,$\tilde{w}[n]$ 现在定义为

$$\tilde{w}[n] = \sum_{r=-\infty}^{\infty} w_s[rR-n]w[rR-n] = \sum_{r=-\infty}^{\infty} w_{\text{eff}}[rR-n]. \tag{7.59b}$$

现在,积 $w_{\text{eff}}[n] = w_s[n]w[n]$ 必须满足精确的重建方程。这使得窗的选择明显复杂。选择的窗函数

$w[n]$和采样间隔 R 应能提供期望的频谱选择性，并避免在 STFT 的时域发生混叠。但不能任意选择仅满足式(7.59b)的 $w_s[n]$，因为我们还希望能降低 STFT 带来的边缘效应。比如，在语音编码中，窗口有时会重建为在由余弦函数[42]组成的逐渐变小的边缘之间的平坦区域。

分析/合成窗对的构建与现在的讨论关系不大。然而，注意到分析窗和合成窗都是汉宁窗时所发生的事情是有益的。由于使用式(7.50)给出的 $w_{\text{Hann}}[n]$ 可进行完美重建，且正确地选择 R，我们可将分析窗和合成窗均选为 $w[n]=w_s[n]=\sqrt{w_{\text{Hann}}[n]}$，以便 $w_{\text{eff}}[n]=w[n]w_s[n]=w_{\text{Hann}}[n]$。图 7.29 用细虚线显示了 $\sqrt{w_{\text{Hann}}[n]}$ 的 DTFT 的对数幅度。观察到主波瓣宽度比导出它的汉宁窗窄，但平方根窗的旁瓣比导出它的汉宁窗大。因此，即使组合后的分析窗和合成窗是汉宁窗，其对数幅度 DTFT 如图中的粗实线所示，平方根窗的性质仍有明显的差距。另一方面，我们可以选择 $w[n]=w_s[n]=w_{\text{Hann}}[n]$，以便 $w_{\text{eff}}[n]=w[n]w_s[n]=(w_{\text{Hann}}[n])^2$。汉宁窗的平方的 DTFT 的对数幅度如图 7.29 中中等粗度的虚线所示。观察到对数幅度响应的下降要慢于汉宁窗，且第一个零点在 $3\pi/M$ 处。而汉宁窗的平方的 DTFT 的零点在 $\pi k/M$，$k=3,4,...,2M-3$ 处。假设 M 是偶数，选择 $2\pi/R=4\pi/M$ $(R=M/2)$，以便长为 $L=2M+1$ 的连续汉宁窗可以精确地重建。此时可以证明，若 $R=M/2$，则重建增益常量 $C=3/2$（见习题 7.17）。

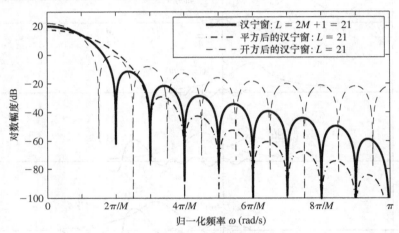

图 7.29　汉宁合成窗的效果图

由前面的讨论可知，如果使用连续的汉明窗来代替汉宁窗，则不可能实现完美重建，但如果采用 75%重叠的窗（$R=M/2$），那么连续汉明窗将产生一个整体分析/合成，重建函数 $\tilde{w}[n]$ 几乎没有变化。

7.6　合成的滤波器组求和方法

像前节中提到的那样，为快速有效地计算短时傅里叶分析和合成，必须在时域和频域对 STFT 采样。本节介绍频域采样。我们的目的是说明如果正确地选择了窗和 N，那么精确重建的条件 $N\geq L$ 可以放宽。本节将假定时域的采样率等于输入信号的采样率，即前一节的表示法 $R=1$。7.7 节将介绍 $R\neq1$ 时的时域采样。

频率采样的 STFT 是

$$X_n(e^{j\omega_k})=\sum_{m=-\infty}^{\infty}w[n-m]\left(x[m]e^{-j\omega_km}\right),\tag{7.60a}$$

对于频率的均匀采样，$\omega_k=2\pi k/N$，$k=0,1,...,N-1$。这些都是标准的 DFT 频率，所以 DFT 在

我们的讨论中非常重要，即使我们专注于线性滤波[1]。特别地，我们先要引入的 STFS 公式是

$$y[n] = \frac{1}{N} \sum_{k=0}^{N-1} X_n(e^{j\omega_k}) e^{j\omega_k n}, \tag{7.60b}$$

如前节中指出的那样，上式是 $X_n(e^{j\omega_k})$ 在时间 n 处的 DFT 逆变换。本节将从线性滤波的角度介绍 STFS 的处理。在解释线性滤波的过程中衍生出的合成方法，称为短时合成的滤波器组求和方法（FBS）。在详细介绍该方法前，观察到 $N \geq L$（L 是窗长）时，逆 DFT 在窗内的 $n - m$ 范围内产生了 $w[n-m]x[m]$ 项。因此，令 $m = n$，可以推出

$$w[0]x[n] = \frac{1}{N} \sum_{k=0}^{N-1} X_n(e^{j\omega_k}) e^{j\omega_k n}. \tag{7.61}$$

即式(7.60b)可通过一个常数乘数精确地重建 $x[n]$，若 $w[0] > 0$，则可通除以 $w[0]$ 来得到 $x[n]$。因此，如果知道任意 n 的 $X_n(e^{j\omega_k})$，那么式(7.60b)就是期望的合成公式，而 $w[0]$ 就是合成输出的比例因子。

7.3.5 节已证明，如果 $\hat{\omega}$ 固定在频率 ω_k 处，那么 $X_n(e^{j\omega_k})$ 就是中心频率为 ω_k 的信号的低通表示。当 $X_n(e^{j\omega_k})$ 表示为式(7.60a)所示的形式时，它可解释为频率下移 ω_k 的低通滤波。改变求和变量，我们便得到另外一种形式

$$X_n(e^{j\omega_k}) = e^{-j\omega_k n} \sum_{m=-\infty}^{\infty} x[n - m] \left(w[m] e^{j\omega_k m} \right). \tag{7.62}$$

定义

$$h_k[n] = w[n] e^{j\omega_k n}, \tag{7.63}$$

式(7.62)变为

$$X_n(e^{j\omega_k}) = e^{-j\omega_k n} \left(\sum_{m=-\infty}^{\infty} x[n - m] h_k[m] \right). \tag{7.64}$$

由于窗函数 $w[n]$ 具有低通滤波器的性质，故式(7.64)可解释为图 7.14 所示的冲激响应为 $h_k[n]$ 的带通滤波器，后跟通过复指数 $e^{-j\omega_k n}$ 调制的频率下移。图 7.13 给出了低通和带通滤波器频率响应如何与分析频率 $\hat{\omega}$ 的汉明窗情形相关联的一个例子。

现在，信号

$$y_k[n] = X_n(e^{j\omega_k}) e^{j\omega_k n} \tag{7.65}$$

是式(7.60b)所示形式的简单求和。由式(7.64)和式(7.65)可得

$$y_k[n] = \sum_{m=-\infty}^{\infty} x[n - m] h_k[m]. \tag{7.66}$$

即 $y_k[n]$ 是式(7.63)定义的冲激响应为 $h_k[n]$ 的带通滤波器的输出。图 7.30a 描述了式(7.64)和式(7.65)的操作。由于式(7.60a)和式(7.64)是等价的，任何形式的 $X_n(e^{j\omega_k})$ 都可以应用到式(7.65)中，而且对于上述两种情况，将 $x[n]$ 关联到 $y_k[n]$ 的整个系统是一个冲激响应为 $h_k[n]$ 的带通滤波器系统。图 7.30a 描述了这一点，其中图 7.30a 描述了式(7.64)和式(7.65)之间的关系，图 7.30b 描述了式(7.60a)和式(7.65)之间的关系。图 7.30c 显示了两种情形下的等效带通滤波器。

图 7.30 中对上述结果的总结，可帮助我们理解式(7.60b)是如何由输入信号的时间相关傅里叶变换重建输入信号的。只需

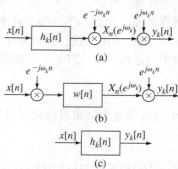

图 7.30 利用线性滤波实现单通道信号合成的方法

---

[1] 也可采用非均匀采样，即频率 ω_k 不等距。但这要求 STFT 定义为 $X_n(e^{j\omega_k}) = \sum_{m=-\infty}^{\infty} x[m] w_k[n-m] e^{-j\omega_k m}$，它为每个分析频率假定了一个不同的分析窗 $w_k[n]$。采用这一定义时，我们会牺牲 DFT 解释，而线性滤波解释更容易理解。

提供 N 个如式(7.65)所示的带通通道并将它们相加，便可得到输出，即

$$y[n] = \frac{1}{N} \sum_{k=0}^{N-1} y_k[n],$$

它与式(7.60b)相同。相对于 STFS，这称为 FBS 方法。

我们已经知道在某个频率 $\hat{\omega} = \omega_k$ 处，上述先分析再合成的过程可表示为一个带通滤波器，该滤波器的中心在分析频率 ω_k 处。现在考虑 N 个频率组 $\{\omega_k = 2\pi k / N\}, k = 0,1,...,N-1$，并假设对每个频率，$N$ 个时间序列 $X_n(e^{j\omega_k})$ 都是已知的。这可通过图 7.30a 或图 7.30b 所示的一组分析/合

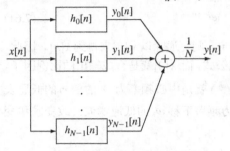

图 7.31　将 $y_k[n]$ 和 $y[n]$ 关联到 $x[n]$ 的等效线性系统

成通道实现，这组通道的输出求和会影响式(7.60b)的实现。式(7.63)所示的 N 个带通滤波器的频率响应为

$$H_k(e^{j\omega}) = W(e^{j(\omega-\omega_k)}), \tag{7.67}$$

就如图 7.13b 对汉明窗的说明那样。若考虑整个带通滤波器组，每个滤波器有着相同的输入，并像图 7.31 中那样将它们的输出相加，则将 $y[n]$ 关联到 $x[n]$ 的合成频率响应为

$$\tilde{H}(e^{j\omega}) = \frac{1}{N} \sum_{k=0}^{N-1} H_k(e^{j\omega}) = \frac{1}{N} \sum_{k=0}^{N-1} W(e^{j(\omega-\omega_k)}). \tag{7.68}$$

若 $W(e^{j\omega_k})$ 在频域内正确采样（即如果 $N \geq L$，其中 L 是窗函数的时间长度），那么可以证明

$$\frac{1}{N} \sum_{k=0}^{N-1} W(e^{j(\omega-\omega_k)}) = w[0], \text{ 对所有 } \omega. \tag{7.69}$$

为推导式(7.69)，回忆可知 $W(e^{j\omega_k})$ 是窗函数 $w[n]$ 的 DFT。因此，$W(e^{j\omega_k})$ 的逆 DFT 为

$$\frac{1}{N} \sum_{k=0}^{N-1} W(e^{j\omega_k}) e^{j\omega_k n} = \sum_{r=-\infty}^{\infty} w[n+rN]; \tag{7.70}$$

即 $W(e^{j\omega_k})$ 对应于 $w[n]$ 的时间混叠表示（见习题 7.14）。若 $w[n]$ 的长度为 L 且 $N \geq L$，则

$$w[n] = 0, \quad n < 0, n \geq L, \tag{7.71}$$

且频域对 $W(e^{j\omega_k})$ 的采样并没有造成时域上的重叠。因此，我们将 $n = 0$ 代入式(7.70)，便得到

$$\frac{1}{N} \sum_{k=0}^{N-1} W(e^{j\omega_k}) = w[0]. \tag{7.72}$$

注意，$W(e^{j(\omega-\omega_k)})$ 是在 $\omega-\omega_k$ 而非 ω_k 处对 $W(e^{j\omega})$ 均匀采样得到的，进而得到式(7.69)。根据采样定理，N 点均匀间隔的样本足以满足要求。因此，式(7.69)可由式(7.72)和采样定理推出。

注意，FBS 方法与 OLA 方法是对偶的，即一个取决于频域中的采样关系，另一个取决于时域中的采样样系。FBS 方法要求频域采样用到的窗函数满足如下关系：

$$\frac{1}{N} \sum_{k=0}^{N-1} W(e^{j(\omega-\omega_k)}) = w[0], \text{ 对所有 } \omega, \tag{7.73a}$$

而 OLA 方法则要求时域采样用到的窗函数满足如下关系：

$$\sum_{r=-\infty}^{\infty} w[rR-n] = W(e^{j0})/R, \text{ 对所有 } n. \tag{7.73b}$$

式(7.73a)和式(7.73b)的对偶关系非常明显。

从式(7.68)和式(7.69)可以看出合成系统的冲激响应为

$$\tilde{h}[n] = \frac{1}{N} \sum_{k=0}^{N-1} h_k[n] = w[0]\delta[n], \tag{7.74}$$

因此，在 $N \geq L$ 的相同假设下，如式(7.61)一样的合成输出为 $y[n] = w[0]x[n]$。

我们已经利用滤波器组的概念证明了从 DFT 角度观察到的结论。当窗函数 $w[n]$ 的窗长 L 有限时，以输入信号的采样率对相关傅里叶变换在时域上采样，或者在频域范围 $[0, 2\pi]$ 内以 $N \geq L$ 的等间隔频率进行采样，可以精确地重建信号序列 $x[n]$。然而，上述条件并不是必需的。甚至当 $N < L$ 时，我们仍然有很多实现精确重建的方法。

举个例子，如果窗函数是无限长序列

$$w[n] = \frac{\sin(\pi n / N)}{(\pi n / N)}, \quad -\infty < n < \infty \tag{7.75}$$

它对应于一个截止频率为 π / N 的理想低通滤波器的冲激响应，则合成频率响应会是常数（$\tilde{H}(e^{j\omega}) = 1$），而与 ω 无关，因为导致的带通滤波器 $H_k(e^{j\omega}) = W(e^{j(\omega - \omega_k)}), k = 0, 1, ..., N-1$ 精确覆盖了频带 $[0, 2\pi]$。这种情形如图 7.32 所示，它显示了 6 个带宽均为 $2\pi / N$ 的理想带通滤波器的合成响应。尽管窗函数是无限长的，但它仍然能够精确地重建序列 $x[n]$。

为进一步分析该问题，并理解 $N \geq L$ 的有限长窗函数非必需的原因，可将合成公式定义为

$$y[n] = \frac{1}{N} \sum_{k=0}^{N-1} P[k] X_n(e^{j\omega_k n}) e^{j\frac{2\pi}{N} kn}, \tag{7.76}$$

式中，我们对 N 个滤波器组通道中的每个通道，都引入一个复增益系数 $P[k]$。这些复增益系数如图 7.33 所示，同时图 7.33 也显示了由式(7.60b)和式(7.62)描述的分析和合成操作[①]。滤波器 $h_k[n]$ 等价于先分析后合成的带通滤波器。系数 $P[k]$ 可用于调整各个通道的幅度和相位。这明显增加了设计和实现 STFA/STFS 系统的灵活性。现在滤波器组的整个合成冲激响应变为

$$\tilde{h}[n] = \frac{1}{N} \sum_{k=0}^{N-1} P[k] w[n] e^{j\omega_k n} = w[n] \left(\frac{1}{N} \sum_{k=0}^{N-1} P[k] e^{j\omega_k n} \right). \tag{7.77}$$

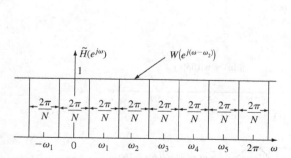

图 7.32　$N = 6$ 的等间隔理想滤波器的合成频率响应

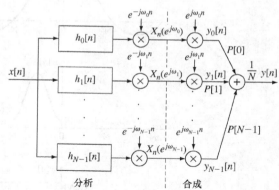

图 7.33　短时谱分析的分析和合成操作

我们定义

$$p[n] = \frac{1}{N} \sum_{k=0}^{N-1} P[k] e^{j\omega_k n}, \tag{7.78}$$

是一组系数 $P[k], k = 0, 1, ..., N-1$ 的逆 DFT。因此 $\tilde{h}[n]$ 可写为

$$\tilde{h}[n] = w[n] p[n]. \tag{7.79}$$

序列 $p[n]$ 是周期序列，当计算出的周期 N 位于基本区间 $0 \leq n \leq N-1$ 之外时，基本区间之外窗函数 $w[n]$ 的性质会影响滤波器组的整个冲激响应。特别地，如果对于所有 k 都有 $P[k] = 1$，如例 7.1 中所示，那么 $p[n]$ 就是周期冲激串，即

---

① 这里采用了图 7.30(a)所示的分析形式，但同样可采用图 7.30(b)所示的分析形式。

$$p[n] = \sum_{r=-\infty}^{\infty} \delta[n - rN]. \tag{7.80}$$

因此，$\tilde{h}[n]$ 为

$$\tilde{h}[n] = w[n]p[n] = \sum_{r=-\infty}^{\infty} w[rN]\delta[n - rN]; \tag{7.81}$$

即合成冲激响应就是以 N 个样本的间隔采样的窗函数序列，如图 7.34 所示。图 7.34a 显示了序列 $p[n]$，图 7.34b 显示了由式(7.75)给出的 $w[n]$，即截止频率为 π / N 的理想低通滤波器的冲激响应。由式(7.75)，可以证明窗函数 $w[n]$ 在除 $n = 0$ 之外的 N 的整数倍处均有 $w[n] = 0$。比较图 7.34a 和图 7.34b 可以看出 $\tilde{h}[n] = p[n]w[n]$ 在除 $n = 0$ 之外的任何点处均为 0。因此合成冲激响应为

$$\tilde{h}[n] = \delta[n], \tag{7.82}$$

它与我们前面关于频域的讨论一致。

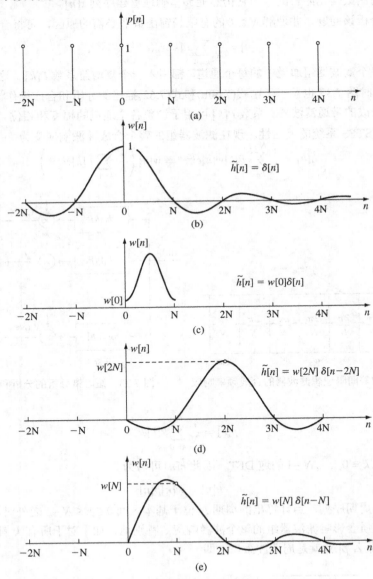

图 7.34 复合滤波器组的典型 $p[n]$ 和 $w[n]$ 序列

尽管我们无法实现理想的低通滤波器,但序列 $w[n]$ 和 $p[n]$ 之间相互作用来产生合成响应的细节,还是告诉我们可通过选取适当的 $w[n]$ 和 N,由采样的短时变换精确地重建信号。首先,注意到如果 $w[n]$ 是 $L \le N$ 的因果函数,那么合成的冲激响应就如式(7.74)所示,从而验证了前面的讨论,如图 7.34c 所示。另外,若长度大于 N 的因果窗函数具有如下性质,那么它是可用的:

$$w[n] = 0 \qquad n = rN \begin{cases} r \ne r_0 \\ r = 0, \pm 1, \pm 2, \dots \end{cases} \tag{7.83a}$$

使得

$$\tilde{h}[n] = p[n]w[n] = w[r_0 N]\delta[n - r_0 N]. \tag{7.83b}$$

图 7.34d 给出了一个有限长窗函数的例子,其中 $r_0 = 2$。实际上,窗函数 $w[n]$ 既不是时限的也不是频限的时,才可能精确地由 $X_n(e^{j\omega_k})$ 重建 $x[n]$ 的一个延时副本。要求是对 $w[n]$ 和 N,式(7.83a)均成立。若窗函数有均匀分布的零点,则对窗函数的长度没有限制。实际上,图 7.34e 给出了一个具有合适性质的无限长窗函数。

式(7.83b)表明,图 7.33 所示的分析/合成系统的合成冲激响应具有对应于延时 $r_0 N$ 个样本的平坦的幅度响应和线性相位,即

$$\tilde{H}(e^{j\omega}) = \frac{1}{N} \sum_{k=0}^{N-1} P[k]W(e^{j(\omega - \omega_k)}) = w[r_0 N]e^{-j\omega r_0 N}, \tag{7.84}$$

反过来表明分析/合成系统的输出为

$$y[n] = w[r_0 N]x[n - r_0 N]. \tag{7.85}$$

因此,除了比例系数 $w[r_0 N]$ 和 $r_0 N$ 个样本的延迟外,时间相关傅里叶分析和合成系统的输出就是输入序列的精确副本。

我们已经证明,利用小于采样定理要求数量的频率通道和一个因果窗函数(可使用因果带通或低通滤波器实现),通过 FBS 方法可精确地重建输入信号。因此,一个重要的现实问题就是如何设计出数字滤波器来实现图 7.34 所示的功能。该问题的详细探讨见文献[345]和[347]。

7.7 时间抽取滤波器组

我们已经讨论过,由于典型窗函数具有低通滤波器的特性,在时域和频域可对 STFT 采样,同时对 OLA 方法的讨论也表明,如果 $L \le N$,那么窗函数可以滑动 $R < L$ 个样本。从滤波器组的角度来看,$X_n(e^{j\omega_k})$ 的采样率(可视为 ω_k 固定时 n 的函数)仅需要是窗函数傅里叶变换带宽的两倍。因此,假设第 k 个通道每 R 个样本计算一次。临时假设 $X_n(e^{j\omega_k})$ 以输入信号的采样率计算[footnote-1],我们可修改图 7.30a 和图 7.30b 来反映这样一个事实,即在图 7.35a 和图 7.35c 所示系统的输出端接一个下采样器,就可以采样率 F_s / R 对 $X_n(e^{j\omega_k})$ 采样。由 $\downarrow R$ 表示的这个下采样器,以 $x[n]$ 的采样率,每隔 R 个样本就简单地抛弃(或不计算)$R-1$ 个样本。图 7.35c 表明,下采样器与窗函数的低通滤波器一起构成了一个抽取器[270]。

由前面的讨论可知,图 7.35a 和图 7.35c 所示系统都能以有效采样率 F_s / R 产生输出 $X_{rR}(e^{j\omega_k})$。为使用 FBS 方法合成输出信号,有必要将 $X_{rR}(e^{j\omega_k})$ 插值回原始采样率。图 7.35b 表明经典的离散时间插值器由两部分组成:一部分是上采样器,它以低采样率在每两个样本间插入 $R-1$ 个零点;另一部分是一个低通滤波器,它通过线性滤波来填充这些零点。上采样器 $\uparrow R$ 后接一个低通滤波器的这种组合便构成了一个插值器[270]。插值器的输出可由 $f[n]$ 与上采样后的 STFT 卷积得到,即

---

① 实际中通常仅计算 STFT 的下采样。

$$Y_n(e^{j\omega_k}) = f[n] * \sum_{r=-\infty}^{\infty} X_{rR}(e^{j\omega_k})\delta[n-rR]$$

$$\tag{7.86}$$

$$= \sum_{r=-\infty}^{\infty} X_{rR}(e^{j\omega_k})f[n-rR].$$

图 7.35d 给出了另一种等价形式，这种形式主要依赖于以下事实：插值后的信号是上移了 ω_k 的最终频率。因此可以先上采样 R，然后将结果频率上移，最后使用带通滤波器 $g_k[n] = f[n]e^{j\omega_k n}$ 对频率上移后的结果滤波，带通滤波器的频率响应为 $F(e^{j(\omega-\omega_k)})$。关于抽取和插值的详细内容，请参阅第 2 章。

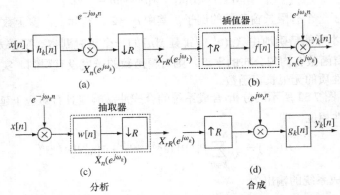

图 7.35 滤波器组各通道中抽取和插值的实现：(a)带通滤波器、频率下移、下采样分析；(b)上采样器、低通插值滤波器、频率上移合成；(c)频率下移、低通滤波器、下采样分析；(d)上采样、频率上移、带通滤波器合成

7.7.1 通用 FBS 抽取系统

图 7.36 显示了一个 STFA/STFS 系统的基本 FBS 实现，系统有 N 个带通通道，每个通道使用一个已调制到带通频率组 $\omega_k = 2\pi k / N$，$k = 0,1,...,N-1$ 的普通低通滤波器（脉冲响应为 $w[n]$）。通道的输出都已下采样 R，使得下采样后的 STFT 的总采样率为 NF_s / R。图 7.36 还显示了修正的可能性，如编码应用中的量化。图 7.36 的右半部分给出了合成操作，包括插值后进行频率上移（通过调制器组），以将各通道信号放回到它们的原始频率位置。

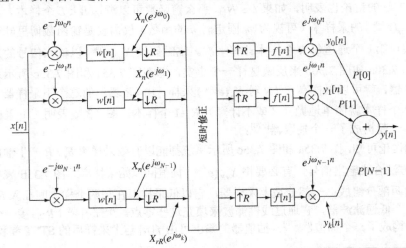

图 7.36 使用因子 R 通道抽取、通道修正、通道插值的 STFT 分析/合成系统的整体实现

我们已在 7.6 节中看到,如果不做修正,那么利用如图 7.33 所示的连续系统(未修正)可由 STFT 精确重建原始信号。出现的问题是,是否可选择 R、$w[n]$、$f[n]$、N 和复增普因子 $P[k]$,以便图 7.36 所示系统也能精确地重建输入信号。为回答这一问题,我们必须在时域或频域中推导图 7.36 所示信号处理的数学表达式,假定在分析器和合成器之间的接口处,无短时修正发生[①]。

在时域中,令 STFT 通道信号为分析器的输出,即

$$X_{rR}[k] = X_{rR}(e^{j\omega_k}) = \sum_{m \in \mathcal{W}_{rR}} w[rR - m]x[m]e^{-j\omega_k m}, \tag{7.87}$$

其中 $\mathcal{W}_{rR}$ 表示区域 $w[rR - m]$ 内的样本集。则合成器的合成输出可表示为

$$
\begin{aligned}
y[n] &= \frac{1}{N}\sum_{k=0}^{N-1} P[k]Y_n(e^{j\omega_k})e^{j\omega_k n} \\
&= \frac{1}{N}\sum_{k=0}^{N-1} P[k]\left[\sum_{r=-\infty}^{\infty} X_{rR}[k]f[n-rR]\right]e^{j\omega_k n},
\end{aligned}
\tag{7.88}
$$

把式(7.87)代入式(7.88)并做一些处理后,得到

$$y[n] = \sum_{m \in \mathcal{W}_{rR}} x[m]\left[\sum_{r=-\infty}^{\infty} w[rR-m]f[n-rR]\right]\frac{1}{N}\sum_{k=0}^{N-1} P[k]e^{\omega_k(n-m)}. \tag{7.89}$$

在这种情形下,当 $P[k] = 1, k = 0, 1, \ldots, N-1$ 时,有

$$\frac{1}{N}\sum_{k=0}^{N-1} e^{j\omega_k(n-m)} = \sum_{q=-\infty}^{\infty} \delta[n-m-qN], \tag{7.90}$$

由此推得

$$y[n] = \sum_{q=-\infty}^{\infty} x[n-qN]\left[\sum_{r=-\infty}^{\infty} w[rR-n+qN]f[n-rR]\right]. \tag{7.91}$$

注意,该表达式并非卷积形式。一般来说,分析/合成滤波器组的输入/输出关系是时变的,因为非理想滤波器会导致混叠失真。完美重建的条件(即对于所有 n, $y[n] = x[n]$ 成立)是

$$\sum_{r=-\infty}^{\infty} w[rR-n+qN]f[n-rR] = \begin{cases} 1 & q = 0 \\ 0 & q \neq 0. \end{cases} \tag{7.92}$$

式(7.29)解释起来比较困难,同时也不会给抽取的滤波器组的设计带来多大帮助。相反,频域分析可给出一个表示,该表示可拆分成完美重建的一组条件,以及消除因滤波器组中非理想滤波器引起的任何混叠的一组条件。

假设输入信号有常规的 DTFT $X(e^{j\omega})$,则可得到图 7.36 中整个滤波器组的输入和输出的傅里叶变换间的关系。定义带通滤波器 $h_k[n] = w[n]e^{j\omega_k n}$ 和 $g_k[n] = f[n]e^{j\omega_k n}$,对应的频率响应为 $H_k(e^{j\omega}) = W(e^{j(\omega-\omega_k)})$ 和 $G_k(e^{j\omega}) = F(e^{j(\omega-\omega_k)})$,则这种关系为

$$
\begin{aligned}
Y(e^{j\omega}) &= \frac{1}{N}\sum_{k=0}^{N-1} P[k]G_k(e^{j\omega}) \\
&\quad \times \left[\frac{1}{R}\sum_{l=0}^{R-1} H_k(e^{j(\omega-2\pi l/R)})X(e^{j(\omega-2\pi l/R)})\right] \\
&= X(e^{j\omega})\left(\frac{1}{RN}\sum_{k=0}^{N-1} P[k]G_k(e^{j\omega})H_k(e^{j\omega})\right) \\
&\quad + \sum_{l=1}^{R-1} X(e^{j(\omega-2\pi l/R)})
\end{aligned}
\tag{7.93a}
$$

[①] 参阅 7.11 节中关于 STFT 的修正带来的影响。

$$\times \left(\frac{1}{RN} \sum_{k=0}^{N-1} P[k]G_k(e^{j\omega})H_k(e^{j(\omega-2\pi l/R)}) \right) \tag{7.93b}$$

$$= \tilde{H}(e^{j\omega}) \cdot X(e^{j\omega}) + \text{aliasing terms.} \tag{7.93c}$$

如式(7.93c)给出的那样，$Y(e^{j\omega})$ 是频率响应为 $\tilde{H}(e^{j\omega})$ 的一个线性时不变（LTI）系统和输入信号频谱的积，再加上输入的 DTFT 的 $R-1$ 个频移副本项。基于式(7.93a)至式(7.93c)的这一解释，我们发现完美重建即 $Y(e^{j\omega}) = X(e^{j\omega})$ 的条件是

$$\tilde{H}(e^{j\omega}) = \frac{1}{RN} \sum_{k=0}^{N-1} P[k]G_k(e^{j\omega})H_k(e^{j\omega}) = 1; \tag{7.94a}$$

即等效线性滤波器 $\tilde{H}(e^{j\omega})$ 对所有频率必须有平坦的增益和零相位[①]，同时

$$\frac{1}{RN} \sum_{k=0}^{N-1} P[k]G_k(e^{j\omega})H_k(e^{j(\omega-2\pi l/R)}) = 0, \quad l = 1, 2, \ldots, R; \tag{7.94b}$$

即对每个频移项要"完全消除混叠"。

图 7.37 给出了式(7.93a)至式(7.93c)的框图表示。下面的框图表示下采样后 $X(e^{j\omega})$ 的频移副本导致的全部混叠失真。上面的框图给出了 LTI 等效分析/合成滤波器组的表示，及由式(7.94a)给出的合适的分析和插值滤波器。注意，在每个通道中，组合 $H_k(e^{j\omega})G_k(e^{j\omega})$ 以与图 7.33 中 $H_k(e^{j\omega}) = W(e^{j(\omega-\omega_k)})$ 相同的方式起作用。带通滤波器的冲激响应为 $h_k[n] = w[n]e^{j\omega_k n}$ 和 $g_k[n] = f[n]e^{j\omega_k n}$，它们的组合效应由冲激响应 $(w[n] * f[n])e^{j\omega_k n}$ 描述。这样，在分析/合成系统中引入抽取/插值时，其行为就像有效的分析窗是 $w_e[n] = w[n] * f[n]$ 那样。因此，若假设这些滤波器和系数 $P[k]$ 都满足式(7.94b)，以便在图 7.37 消除混淆失真路径，那么整个分析/合成系统就可由整个频率响应描述，即

$$\tilde{H}(e^{j\omega}) = \frac{1}{RN} \sum_{k=0}^{N-1} P[k]W_e(e^{j(\omega-\omega_k)}), \tag{7.95a}$$

式中，$W_e(e^{j\omega}) = W(e^{j\omega})F(e^{j\omega})$，对应的整个冲激响应为

$$\tilde{h}[n] = w_e[n]p[n], \tag{7.95b}$$

式中，$w_e[n] = w[n] * f[n]$ 且

$$p[n] = \frac{1}{RN} \sum_{k=0}^{N-1} P[k]e^{j\omega_k n}. \tag{7.95c}$$

由于式(7.95a)至式(7.95c)的线性性质，因此在分析/合成窗的定义或系数的定义中，可方便地加入增益因子 $P[k]$。

要设计一个抽取的分析/合成滤波器组系统，需要确定如下事项：

1. 通道数 N 和抽取/插值率 R。它们通常由期望的频率分辨率固定。
2. 窗函数 $w[n]$ 和插值滤波器冲激响应 $f[n]$。它们是低通滤波器。它们通常应具有良好的频率选择性，以便通带通道响应不会叠加到该通道两边的多个频带中。
3. 复增益因子 $P[k], k = 0, 1, \ldots, N-1$。这些常量对于实现平坦的总体响应和消除混叠非常重要。

在抽取的分析/合成滤波器组系统中，式(7.94a)和式(7.94b)是设计滤波器 $w[n]$ 和 $f[n]$ 的基础。这两个限制条件之外的第三个限制条件是，这些滤波器是"良好的"低通滤波器，就像由期望的应用定义的那样。遗憾的是，这些限制条件并非无关的。文献[345, 347]讨论了使用满足预先给出的规范的组合滤波器 $w[n] * f[n]$ 实现平坦响应的一些技术。在满足式(7.94b)的同时也带来了一些问题，因为它涉及带通滤波器响应的移位组合。一种典型的方法是，假定频率响应的叠加只出现

---

① 在因果滤波器的实际应用中，输入信号和输出信号间允许适当的时间延迟。

在相邻的通道间。根据这一假设，可选择常量 $P[k]$ 使叠加区域中的混叠项消失。7.8 节将介绍这是如何实现的，同时介绍如何使用式(7.94a)和式(7.94b)来设计双通道滤波器组。

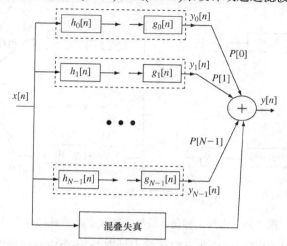

图 7.37　完全等效于图 7.36 的连续（未修正）分析/合成滤波器组

7.7.2　最大抽取滤波器组

到目前为止，我们假定抽取率 R 和频率数 N 是不同的，且前面关于 OLA 方法的讨论要求条件 $R < L \leq N$ 成立。但 7.6 节中的讨论表明 $N < L$。本节将证明在 $R = N$ 和 $N < L$ 时也能得到精确的重建。条件 $R = N$ 称为最大抽取，因为 $R = N$ 是 N 通道分析/合成滤波器组可用的最大抽取因子，且仍可实现精确重建。使用这一条件，就保存了每秒的样本数，因为下采样会使 N 个通道中的每个的采样率下降为 F_s / N。[①]

为导出最大抽取滤波器组，在图 7.35a 的分析部分令 $R = N$，结果如图 7.38a 所示，并在图 7.35d 的合成部分令 $R = N$，结果如图 7.38b 所示。这就给出了图 7.38c 中的等效分析形式和图 7.38d 中的等效合成形式。对于任意整数 r，在两种情况下由于 $e^{\pm j(2\pi/N)rN} = 1$，因此很容易就可得到这些等式。可以看出，除了带通通道信号的标称带宽从 $\pm\pi/N$ 扩展到 $\pm\pi$ 外，N 下采样完成了通常由 $e^{-j(2\pi/N)kn} = 1$ 调制才能完成的频率下移。类似地，上采样操作在 $\omega_k = (2\pi/N)k$ 的倍频处创建了频谱的压缩副本，因此影响了被 $e^{j(2\pi/N)kn}$ 调制生成的频移，如图 7.38b 所示。在图 7.36 中的合适位置使用图 7.38 所示的等效分析和合成系统，可得到图 7.39 所示的框图。

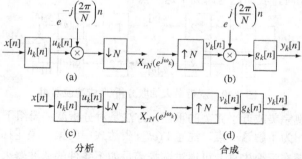

图 7.38　最大抽取分析和合成：(a) N 下采样分析；(b) N 插值合成；
(c)与(a)等效的分析系统；(d)与(b)等效的合成系统

[①] 尽管所讨论滤波器组的通道信号是复数，但通道 ω_k 和 $2\pi - \omega_k$ 间的复共轭对称使得有一半的样本冗余。

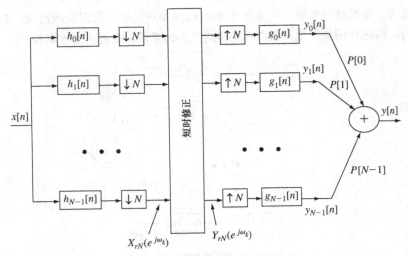

图 7.39　去掉了调制器的最大抽取分析/合成滤波器组

尽管去掉图 7.36 中的调制器可明显简化最大抽取分析/合成滤波器组，但仍需证明这可导致有用的分析/合成系统。为在滤波器组的输出位置实现精确重建，式(7.94a)和式(7.94b)仍需成立。下一切将介绍如何实现这一点的几个例子。

7.8　双通道滤波器组

双通道（$N=2$）最大抽取分析/合成滤波器组系统如图 7.40 所示。第 12 章将讨论此类系统在子带语音和音频编码中的应用。该系统的参数是 $R=N=2$ 和 $\omega_k=\pi k, k=0,1$。对图 7.40 所示的系统应用频域分析公式(7.93b)，可得

$$Y(e^{j\omega}) = \frac{1}{2}\left[G_0(e^{j\omega})H_0(e^{j\omega}) + G_1(e^{j\omega})H_1(e^{j\omega}) \right]X(e^{j\omega}) \tag{7.96a}$$

$$+ \frac{1}{2}\left[G_0(e^{j\omega})H_0(e^{j(\omega-\pi)}) + G_1(e^{j\omega})H_1(e^{j(\omega-\pi)}) \right]X(e^{j(\omega-\pi)}). \tag{7.96b}$$

注意，在输出中未包含常用的乘数 $1/N$，且在图 7.40 中也未显式地给出增益因子 $P[0]$ 和 $P[1]$。在这种特殊情形下，可方便地假设 $P[0]$ 集成到了 $G_0(e^{j\omega})$ 的定义中，而 $P[1]$ 集成到了 $G_1(e^{j\omega})$ 的定义中。在代入式(7.93b)时，我们已考虑到了这一点。

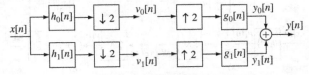

图 7.40　双带最大抽取分析/合成滤波器组

使用该系统可实现完美或近乎完美的重建，方法是对分析滤波器组下采样操作导致的混叠使用叠加非理想滤波器。为了解这一点，注意 $Y(e^{j\omega})$ 表达式中的第二项 [标有式(7.96b)的线条，表示下采样操作导致的潜在混叠失真] 可通过选择满足如下条件的滤波器来消除：

$$G_0(e^{j\omega})H_0(e^{j(\omega-\pi)}) + G_1(e^{j\omega})H_1(e^{j(\omega-\pi)}) = 0. \tag{7.97a}$$

这是 7.7 节中讨论的混叠消除条件。完美重建的另一个条件是

$$\frac{1}{2}\left[G_0(e^{j\omega})H_0(e^{j\omega}) + G_1(e^{j\omega})H_1(e^{j\omega}) \right] = 1, \tag{7.97b}$$

我们称之为平坦增益条件。要完成这种双通道滤波器组系统的设计，我们需要选择两组滤波器，并指定假设已集成到图 7.40 所示 $G_0(e^{j\omega})$ 和 $G_1(e^{j\omega})$ 中的增益因子 $P[0]$ 和 $P[1]$。在图 7.40 所示的分析/合成系统中，原理上可使用 FIR 或 IIR 滤波器，以提供近乎完美的重建。在接下来讨论的正交镜像滤波器解决方案中，所有滤波都基于分析低通滤波器，因此这种滤波器的设计是找到一个可接受的低通滤波器近似 $H_0(e^{j\omega})$ 和在可接受近似误差范围内的式(7.97b)。

7.8.1　正交镜像滤波器组

Croisier 等人[74]提出了一种设计双带滤波器组的方法，并由 Galand and Esteban[100,122]应用到了子带编码中。他们的工作导致了本节讨论的内容。

如果按如下方式选择滤波器，那么可满足式(7.97a)中的混叠消除条件①：

$$h_1[n] = e^{j\pi n}h_0[n] \Longleftrightarrow H_1(e^{j\omega}) = H_0(e^{j(\omega-\pi)}), \tag{7.98a}$$

$$g_0[n] = 2h_0[n] \Longleftrightarrow G_0(e^{j\omega}) = 2H_0(e^{j\omega}), \tag{7.98b}$$

$$g_1[n] = -2h_1[n] \Longleftrightarrow G_1(e^{j\omega}) = -2H_0(e^{j(\omega-\pi)}). \tag{7.98c}$$

注意，所有滤波器均基于冲激响应为 $h_0[n]$ 的单个低通滤波器。设计该滤波器时，应使用 $\pi/2$ 弧度的标称截止频率，并使用一个较窄的过渡使得阻带具有足够的衰减来隔离两个频带。滤波器 $h_1[n] = e^{j\pi n}h_0[n]$ 是覆盖直到 π 弧度的剩余频率的补充高通滤波器。由于式(7.98a)关于 $\omega = \pi/2$ 对称，因此滤波器 $h_0[n]$ 和 $h_1[n]$ 称为正交镜像滤波器（QMF）。最后，注意到 $G_0(e^{j\omega})$ 包含了一个因子 2，这等价于使增益常量 $P[0] = 2$ 作用在低通通道上。类似地，$G_1(e^{j\omega})$ 中的因子-2 等价于使增益因子 $P[1] = -2$ 作用到高通通道上。因子 2 的作用是，补偿式(7.93b)中因 2 下采样导致的因子 $1/R = 1/2$。

将式(7.98a)至式(7.98c)代入式(7.97a)中，可得

$$2H_0(e^{j\omega})H_0(e^{j(\omega-\pi)}) - 2H_0(e^{j(\omega-\pi)})H_0(e^{j(\omega-2\pi)}) = 0,$$

因为 $H_0(e^{j(\omega-2\pi)}) = H_0(e^{j\omega})$。这就证明了任意选择 $H_0(e^{j\omega})$ 取消了混叠项。

现在将式(7.98a)至式(7.98c)代入(7.96a)中，可得关系

$$Y(e^{j\omega}) = \left[(H_0(e^{j\omega}))^2 - (H_0(e^{j(\omega-\pi)}))^2\right]X(e^{j\omega}) = \tilde{H}(e^{j\omega})X(e^{j\omega}), \tag{7.99}$$

由上式可知，完美重建要求

$$\tilde{H}(e^{j\omega}) = [H_0(e^{j\omega})]^2 - [H_0(e^{j(\omega-\pi)})]^2 = e^{-j\omega M}, \tag{7.100}$$

它预计了因果滤波器的时延所带来的分析/合成系统的时延，其中因果滤波器包括分析和合成滤波器组。

假设基本的低通滤波器是长为 L 的 FIR 系统，它满足 $h_0[n] = h_0[(L-1)-n], 0 \le n \le L-1$。这种滤波器有一个延迟了 $(L-1)/2$ 个样本的通用线性相位，且其频率响应为

$$H_0(e^{j\omega}) = A_0(e^{j\omega})e^{-j\omega(L-1)/2}, \tag{7.101}$$

式中，$A_0(e^{j\omega})$ 是 ω 的实函数[270]。将式(7.101)代入式(7.100)，可得

$$\tilde{H}(e^{j\omega}) = \left[(A_0(e^{j\omega}))^2 - e^{j\pi(L-1)}(A_0(e^{j(\omega-\pi)}))^2\right]e^{-j\omega(L-1)} \tag{7.102}$$

它是 QFM 系统的重建频率响应。由于 $A_0(e^{j\omega})$ 是 ω 的实偶函数，可以证明若 $L-1$ 是偶整数，则在 $\omega = \pi/2$ 处 $|\tilde{H}(e^{j\omega})| = 0$，因此不可能满足式(7.100)。然而，若 $L-1$ 是奇数（冲激响应长度 L 为偶数），则

$$\tilde{H}(e^{j\omega}) = \left[(A_0(e^{j\omega}))^2 + (A_0(e^{j(\omega-\pi)}))^2\right]e^{-j\omega(L-1)}, \tag{7.103}$$

且整个分析/合成系统的作用就像是一个阶为 $2(L-1)$、延时为 $L-1$ 个样本的线性相位 FIR 系统。尽管滤波器的这种选择可保证线性相位，但仍存在一个问题，即确保

---

① 符号 $\Leftrightarrow$ 表示 DTFT 的对应性。

$$\left[(A_0(e^{j\omega}))^2 + (A_0(e^{j(\omega-\pi)}))^2 \right] = 1, \tag{7.104}$$

由于式(7.104)的左侧是非负的，因此可能有解。可以证明[399]，一般而言，精确（即使有时延）满足式(7.97b)的计算上可实现的滤波器［特别是式(7.104)］的冲激响应为 $h_0[n] = c_0\delta[n-2n_0] + c_1\delta[n-2n_1-1]$，其中 n_0 和 n_1 是任意选择的整数。在语音和音频编码应用中，这种系统无法提供尖锐的频率选择性，但为说明这种系统可实现精确的重建，可考虑一个简单的两点移动平均低通滤波器

$$h_0[n] = \frac{1}{2}(\delta[n] + \delta[n-1]), \tag{7.105a}$$

其频率响应为

$$H_0(e^{j\omega}) = \cos(\omega/2)e^{-j\omega/2}. \tag{7.105b}$$

对于该滤波器，$Y(e^{j\omega}) = e^{-j\omega}X(e^{j\omega})$，这可将式(7.105b)代入式(7.99)中来验证。回忆可知，式(7.98a)至式(7.98c)指定的滤波器之间的关系，隐式地满足混叠消除条件。

因此，带有线性相位 FIR 滤波器的 QMF 框架可精确地消除混叠失真，并提供整体线性相位（纯时间延时），但对于能将频谱分隔成期望的两部分的高阶滤波器来说，近可近似估计平坦的幅度响应。Johnston[175] 提出了一种设计基本低通滤波器的算法，它可使式(7.104)与 1 的偏差最小，同时提供期望级别的阻带衰减。在语音子带编码中，必须确保量化误差在其创建的通带内。除了给出迭代设计算法外，Johnston[175] 还给出了长度 $((L-1)+1)$ 从 8 至 64 的滤波器的冲激响应系数表。当然，高阶滤波器能提供更大的频率选择性，但回忆可知消除混叠失真并不要求高阶滤波器，而是通过 QMF 系统中的固有结构来保证。

对于 Johnston[175] 的 16 点冲激响应，图 7.41 给出了滤波器和一个 QMF 滤波器组系统的整个频率响应的例子。图 7.41a 给出了低通滤波器 $h_0[n]$ 的冲激响应（$L=16$），图 7.41b 给出了低通和高通分析滤波器的频率响应幅值。注意，这两个滤波器关于频率 $\omega = \pi/2$ 镜像对称。图 7.41c 给出了整个综合分析/合成系统的频率响应幅值。单位增益的近似中，误差小于 0.5%。由于施加了约束条件，整个系统的相位是线性的，对应于 $L-1 = 15$ 个样本的延时。

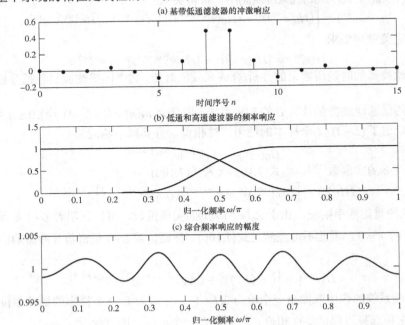

图 7.41 (a) QMF 系统的 16 点冲激响应 $h_0[n]$；(b) $|H_0(e^{j\omega})|$ 和 $|H_1(e^{j\omega})|$ 关于 ω/π 的函数；(c) 整个综合频率响应 $H(e^{j\omega})$

7.8.2 QMF 滤波器组的多相结构

多相技术[270]是一种多速率信号处理技术，这种技术使用抽取、插值和滤波来得到数字信号处理系统的有效实现。对图 7.40 所示系统应用多相技术时，结果如图 7.42 所示。图 7.42 中的多相滤波器源自 QMF 滤波器，推导关系如下：

$$e_{00}[n] = h_0[2n] \qquad\qquad 0 \le n \le L/2 - 1, \tag{7.106a}$$

$$e_{01}[n] = h_0[2n+1] \qquad 0 \le n \le L/2 - 1. \tag{7.106b}$$

从两个系统的输入 $x[n]$ 产生相同的输出 $y[n]$ 这个意义上说，图 7.40 与图 7.42 是等效的。

多相形式的重要性在于，它仅需 1/4 的计算即可实现图 7.40 中的系统。如果 $h_0[n]$ 长为 L 个样本，那么图 7.40 所示系统（其中的滤波器以输入信号的采样率运行）会要求以每秒 $4LF_s$ 次乘法来生成输出样本。然而，由于图 7.42 中的冲激响应长度为 $L/2$，且滤波器对下采样后的输入进行操作，因此计算相同的输出序列仅需要每秒 $4(L/2)F_s/2 = LF_s$ 次乘法。

多相技术可用于多个通道的滤波器组中。多相方法的详细探讨，可参阅参考文献[71,399,402]。

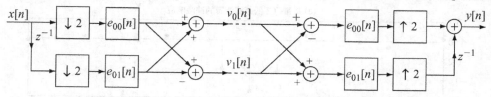

图 7.42　图 7.40 中双通道分析和合成滤波器组的多相表示

7.8.3 共轭正交滤波器

正交镜像滤波器能完全消除混叠失真，并能提供精确的线性相位，但对于长度大于 $L = 2$ 的滤波器，它们只能近似完美地估计平坦的整个幅度响应。Smith and Barnwell[367, 368] 和 Mintzer[244] 已证明，使用计算机上可实现的高通 FIR 滤波器，可进行精确的重建。关键在于将高通分析滤波器定义为

$$h_1[n] = (-1)^n h_0[(L-1) - n] \Leftrightarrow H_1(e^{j\omega}) = -H_0(e^{-j(\omega-\pi)})e^{-j\omega(L-1)}, \tag{7.107a}$$

式中，L 是冲激响应 $h_0[n]$ 的长度，$\Leftrightarrow$ 表示一个序列与其离散傅里叶变换的对应性。如 QMF 滤波器那样，$L-1$ 须是奇整数。为满足式(7.97a)的混叠消除条件，相应的合成滤波器须为

$$g_0[n] = 2h_0[(L-1) - n] \Leftrightarrow G_0(e^{j\omega}) = 2H_1(e^{j(\omega-\pi)}), \tag{7.107b}$$

$$g_1[n] = 2(-1)^{n+1}h_0[n] \Leftrightarrow G_1(e^{j\omega}) = -2H_0(e^{j(\omega-\pi)}), \tag{7.107c}$$

再次，增益因子 $P[0] = -P[1] = 2$ 集成到了合成滤波器的定义中。Smith and Barnwell 将这些滤波器命名为共轭正交滤波器，但现在更通用的名称为 Smith–Barnwell 滤波器[368]。将式(7.107a)、式(7.107b)、式(7.107c)代入式(7.97b)的整个频率响应中，可得

$$\tilde{H}(e^{j\omega}) = [C_0(e^{j\omega}) + C_0(e^{j(\omega-\pi)})]e^{-j\omega(L-1)}, \tag{7.108a}$$

式中，

$$c_0[n] = h_0[n] * h_0[-n] \Leftrightarrow C_0(e^{j\omega}) = H_0(e^{j\omega})H_0(e^{-j\omega}). \tag{7.108b}$$

序列 $c_0[n]$（称为积滤波器[367, 368]）完全就是低通分析滤波器 $h_0[n]$ 的确定性自相关。因此，对应的 DTFT $C_0(e^{j\omega}) \ge 0$ 是实的和非负的。说明精确重建可由 L 点因果冲激响应得到的关键是，使用

Parks-McClellan 滤波器设计算法[270]可得到长为 $2L-1$ 个样本的冲激响应 $c_0[n]$ 和实频率响应 $C_0(e^{j\omega})$，满足条件 $C_0(e^{j\omega}) + C_0(e^{j(\omega-\pi)}) = 1$。剩下的就是通过因子 $C_0(z) = H_0(z)H_0(z^{-1})$ 得到 $2L-1$ 个零点。这些零点是单位圆上的四组复共轭倒数或双零点，或实零点倒数[270]。选择 $L-1$ 个零点形成 $H_0(z)$，慎重选择复共轭对（或单个实零点）确保 $h_0[n]$ 是实数。基本的低通滤波器 $h_0[n]$ 是通过乘以因子 $H_0(z)$ 得到的。$h_0[n]$ 的解并不唯一。形成 $H_0(z)$ 多项式的一种方法是仅用单位圆内或单位圆上的零点，从而得到 $H_0(z)$ 的最小相位解。另一种建议的方法是从单位圆内部或外部选择通带零点，并从单位圆上的每个双零点对中选择一个复数对。这种方法给出了近似的线性相位[367, 368]。

图 7.43 显示了一个长为 $L = 16$ 的例子（据 Smith and Barnwell[368]）。注意，与图 7.41 中的 QMF 例子相比，此时的整个综合频率响应具有绝对平坦的幅度。

我们忽略了 CQF 滤波器的设计细节，但可从文献[244, 367, 368]中找到。要点是，CQF 滤波器给出了一个构造性证明，即使用因果 FIR 滤波器可在双通道滤波器组中进行完美的重建。在介绍两个通道的滤波器组的下一节中，这很重要。

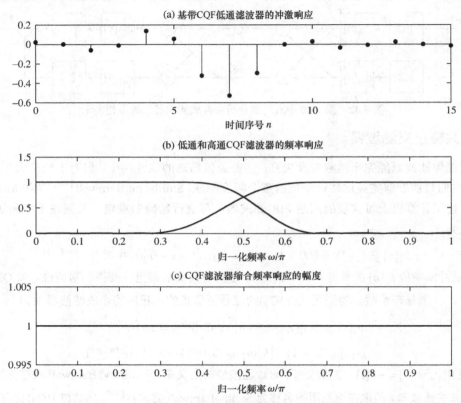

图 7.43 (a)CQF 系统的 16 点冲激响应 $h_0[n]$；(b)$H_0(e^{j\omega})$ 和 $H_1(e^{j\omega})$ 是 ω/π 的函数；(c)整个综合频率响应 $H(e^{j\omega})$

7.8.4 树形结构滤波器组

QMF 和 CQF 双通道分析/合成系统将语音频谱分成两个重叠的频带。各通道在频带的边缘处稍有重叠，但这种重叠在合成的输出中会精确地消除。各个通道滤波器可像期望的那样锐利，且阻带衰减可像期望的那样尽可能地高，方法是增加低通和相应高通 FIR 滤波器的阶数。此外，可以迭代基本的双通道分解，以便创建更为细致的分析。例如，低通和高通通道的输出可被其他双通道滤波器组进一步折分。这就形成了树形结构滤波器组。尽管基于频带连续拆分为两个相等部分的这一原理，但该方法在实现非均匀频谱分解时，有非常大的灵活性。

图 7.44 给出了一个简单的例子，其中显示了分解的三个阶段[①]。考虑使用采样率 F_s 采样得到的信号 $x[n]$。第一阶段将从 $0\sim F_s/2$ 的频带拆分为两个相等的频带，每个频带的标称宽度均为 $F_s/4$，然后进行按 2 抽取操作，并以采样率 $F_s/2$ 有效地采样。在第二阶段，每个频带进一步分为一个低通频带和一个高通频带，按 2 抽取后，就得到了 4 个通道，每个通道的有效采样率均为 $F_s/4$。最后，第一阶段低通输出的低通部分进一步拆分成两个信号 $x_1[n]$ 和 $x_2[n]$，每个信号的有效采样率均为 $F_s/8$。这样，$x_1[n]$ 即为输入信号 $x[n]$ 的频谱之低通部分的低通部分。类似地，信号 $x_3[n]$ 是 $x[n]$ 的频谱之低通部分的高通部分。这样，通过选择要进一步拆分的已拆分频谱的哪个部分，就可非均匀地拆分该频谱。在图 7.44 所示例子中，频谱被拆分为 5 个频带。最低的两个频带的标称带度为 $F_s/16$，其他三个频带的标称宽度为 $F_s/8$。这些带宽之和等于总的基本带宽 $F_s/2$。

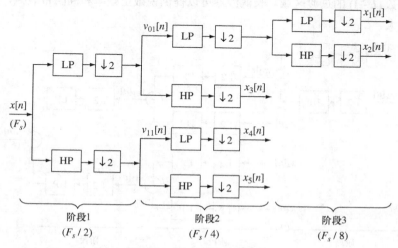

图 7.44   树形结构滤波器组

根据图 7.45 所示的光谱类型图，可帮助我们形象地分析图 7.44 中的树形结构。图 7.45 中，频率轴显示了拆分后的各个频带，时间轴则根据每个频带的通道信号的采样率拆分。这样，宽度为 $F_s/16$ 的两个低频带就被 $F_s/8$ 个样本/秒的采样率采样，因此这两个频带内的时间标度是 $8/F_s = 8T$，其中 T 是与 $x[n]$ 相关的采样周期。类似地，上方的三个频带的宽度为 $F_s/8$，因此它们以采样率 $F_s/4$ 采样，且这些通道的样本的时间间隔为 $4T$。这样，时间-频率平面就被规则的小块图案"平铺"，每个规则图案的时间长度与其频率宽度成反比。

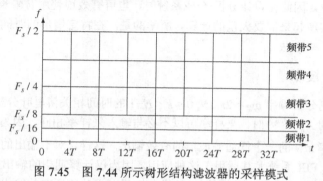

图 7.45   图 7.44 所示树形结构滤波器的采样模式

[①] 树的每级中的双通道分析，可使用图 7.42 所示的多相形式实现。

这种频谱的非均匀分解与离散小波变换基本相同[49]。事实上，图 7.44 的输出向量为
$$\{x_1[n], x_2[n], x_3[n], x_4[n], x_5[n]\}$$
它包含 $x[n]$ 的离散二元小波变换的一种特殊情形。也就是说，根据可使用 CQF 滤波器实现完美重建这一事实，这完全就是一个可逆变换。对应于图 7.44 的合成系统有一个如图 7.46 所示的镜像结构。例如，信号 $x_1[n]$ 和 $x_2[n]$ 会被上采样，然后被合适的低通和高通滤波器滤波，最后加到一起来重建信号 $v_{02}[n]$（使用 CQF 时完全如此）。然后使用 $v_{02}[n]$ 和 $x_3[n]$ 来恢复 $v_{01}[n]$。类似地，$x_4[n]$ 和 $x_5[n]$ 可用来重建 $v_{11}[n]$，，它与重建的 $v_{01}[n]$ 一起，就可重建 $x[n]$。注意，与其他三个信号相比，信号 $x_1[n]$ 和 $x_2[n]$ 多一个延时阶段。在重建信号前，需要将该延时加到其他三个信号中。如果使用的是 CFQ 滤波器，那么重建将是精确的，因为每个阶段都可实现精确的重建。

总之，使用 CQF 滤波器可以设计出能完美重建信号的均匀或不均匀间隔的滤波器组，而使用 QMF 滤波器可设计出几乎能完美重建信号的滤波器组。各个滤波器都有通带、阻带，以及取决于 FIR 滤波器阶数 $(L-1)$ 的过渡区域。长滤波器可以提供锐截止频率和高阻带衰减，代价是整个系统的延时会增大。

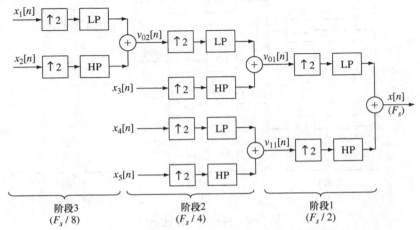

图 7.46　图 7.44 所示树形结构滤波器组的树形结构合成框图

7.9　使用 FFT 实现 FBS 方法

前一节已证明，使用因果滤波器可设计一个滤波器组，该滤波器组的合成输出等于输入，只是会有延时和大小变化。FIR 滤波器非常适合于这一目的。由于时间相关傅里叶分析和合成等效于这样一个滤波器组，因此在设计分析/合成系统时，也可有效地使用有限长分析窗函数。FIR 系统的最大缺点是，实现起来需要大量的计算。所幸的是，在特定情形的时间相关傅里叶分析中，存在降低计算量的一些方法。

7.9.1　FFT 分析技术

考虑具有等间隔分析频率 $\omega_k = 2\pi k/N,\ 0 \le k \le N-1$ 的时间相关傅里叶分析/合成系统。7.3.6 节已经证明，计算序列 $X_n(e^{j\omega_k})$ 时，采样率可以不必与输入采样率相同，因为每个序列 $X_n(e^{j\omega_k})$ 是具有归一化截止频率 π/N 的一个低通滤波器的有效输出。这样，对于输出的每 N 个连续样本，就可只计算输出一次。FIR 系统尤其适用于这种应用，因为仅计算期望的输出样本而不计算 $N-1$ 个样本是可行的。使用 IIR 系统，实现所固有的递归性质要求计算所有的输出值。

使用 FFT 技术[346]可有效地提高计算效率。为理解这一点，我们将时间相关傅里叶变换表示为

$$X_n(e^{j\frac{2\pi}{N}k}) = \sum_{m=-\infty}^{\infty} x[m]w[n-m]e^{-j\frac{2\pi}{N}km}, \quad 0 \le k \le N-1. \tag{7.109}$$

如果 $w[m]$ 是有限长的，那么式(7.109)可写成 DFT 的形式，因此可利用 FFT 算法计算 $X_n(e^{j2\pi k/N})$，$0 \le k \le N-1$。替换变量求和，式(7.109)可化为

$$X_n(e^{j\frac{2\pi}{N}k}) = e^{-j\frac{2\pi}{N}kn} \sum_{m=-\infty}^{\infty} x_n[m]e^{-j\frac{2\pi}{N}km}, \tag{7.110}$$

式中，$k = 0, 1, ..., N-1$，并且

$$x_n[m] = x[n+m]w[-m] \tag{7.111}$$

是在时间 n 处的信号加窗段。序列 $X_n[m]$ 仅在 $w[-m]$ 范围内非零，即序列 $x_n[m]$ 是通过将序列 $x[m]w[n-m]$ 的原点重新定义到样本 n 处得到的，因此我们关注的重点就是计算 $X_n(e^{j2\pi k/N})$ 的时间邻域中的序列。接着，代入 $m = q + Nr, 0 \le q \le N-1, \ -\infty < r < \infty$，将式(7.110)表示为双重求和

$$X_n(e^{j\frac{2\pi}{N}k}) = e^{-j\frac{2\pi}{N}kn} \sum_{r=-\infty}^{\infty} \left[\sum_{q=0}^{N-1} x_n[q+Nr] \right] e^{-j\frac{2\pi}{N}k(Nr+q)}. \tag{7.112}$$

由于 $e^{-j2\pi kr} = 1$，因此交换求和的顺序得

$$X_n(e^{j\frac{2\pi}{N}k}) = e^{-j\frac{2\pi}{N}kn} \sum_{q=0}^{N-1} \left[\sum_{r=-\infty}^{\infty} x_n[q+Nr] \right] e^{-j\frac{2\pi}{N}kq}. \tag{7.113}$$

现在，如果 $u_n[q]$ 被定义为有限长序列，

$$u_n[q] = \sum_{r=-\infty}^{\infty} x_n[q+Nr], \quad 0 \le q \le N-1, \tag{7.114}$$

那么有

$$X_n(e^{j\frac{2\pi}{N}k}) = e^{-j\frac{2\pi}{N}kn} \sum_{q=0}^{N-1} u_n[q]e^{-j\frac{2\pi}{N}kq}, \quad k = 0, 1, \ldots, N-1. \tag{7.115}$$

当 $L < N$ 时，式(7.114)中仅有 $r = 0$ 的项非零。但当 $L > N$ 时，这对应于时间混叠加窗序列 $x_n[m]$，且如果 $N < L < \infty$，那么会有一些项非零。由式(7.115)可知 $X_n(e^{j2\pi k/N})$ 是 $e^{-j\frac{2\pi}{N}kn}$ 与序列 $u_n[q]$ 的 N 点 DFT 变换的积。即 $X_n(e^{j2\pi k/N})$ 是序列 $u_n[q]$ 经过 n 模 N 循环移位[270]后的 N 点 DFT 变换：

$$X_n(e^{j\frac{2\pi}{N}k}) = \sum_{m=0}^{N-1} u_n[((m-n))_N]e^{-j\frac{2\pi}{N}km}, \tag{7.116}$$

式中，符号 $(( ))_N$ 表示双括号内的整数将模 N。这样，我们就成功地将 $X_n(e^{j2\pi k/N})$ 写成源自加窗输入序列的有限长序列的 N 点 DFT。总之，在范围 $0 \le k \le N-1$ 内计算 $X_n(e^{j2\pi k/N})$ 的步骤如下：

1. 对于特定时间 n，将 $x[m+n]$ 乘以翻转的窗序列 $w[-m]$，得到式(7.111)所示的序列 $x_n[m]$。图 7.47 给出了 $x[m+n]$ 和 $w[-m]$ 的三个特例。

2. 将结果序列 $x_n[m]$ 拆分成长为 N 个样本的几段，并根据式(7.114)将这些段加到一起，形成有限长序列 $u_n[q], 0 \le q \le N-1$。

3. 使 $u_n[q]$ 循环移位 n 模 N，得到 $u_n[((m-n))_N]$，$0 \le m \le N-1$。

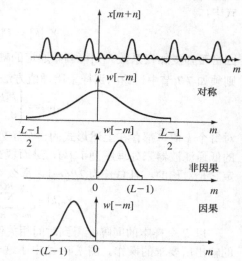

图 7.47 序列 $x[m+n]$ 和 $w[-m]$ 的图形

4. 计算 $u_n[((m-n))_N]$ 的 N 点 DFT，得到 $X_n(e^{j2\pi k/N})$，$0 \le k \le N-1$。

在 $X_n(e^{j2\pi k/N})$ 期望的每个 n 值处，重复该过程。但如 7.7 节中说明的那样，n 的增量可大于一个样本，因此通常需要对 $n = 0, \pm R, \pm 2R, \ldots$ 即以输入信号的 R 个样本为间隔，计算 $X_n(e^{j2\pi k/N})$。回忆可知这是合理的，因为 $X_n(e^{j2\pi k/N})$ 是截止频率为 π/N 弧度的低通滤波器的输出。因此，只要 $R \le N$，$X_n(e^{j2\pi k/N})$ 的"样本"就能重建输入信号。

注意，这种方法会对 k 的所有值给出 $X_n(e^{j2\pi k/N})$。通常，由于 $X_n(e^{j2\pi k/N})$ 是共轭对称的，因此最多只需计算一半左右的通道。有时，低频通道和高频通道无法实现。因此，FFT 方法是否比直接实现更为有效就存在疑问。为进行比较，假定我们只需 $1 \le k \le M$ 范围内的 $X_n(e^{j2\pi k/N})$。进一步假定窗长为 L。为得到完整的 $X_n(e^{j2\pi k/N})$ 值，使用图 7.33 所示方法需要 $4LM$ 次实数乘法和 $2LM$ 次实数加法。假设有一种相当简单的复数 FFT 算法，其中 N 是 2 的幂[①]，那么可以证明这种 FFT 算法将要求 $L + 2N \log_2 N$ 次实数乘法和 $L + 2N \log_2 N$ 将实数加法，才能得到 N 个 $X_n(e^{j2\pi k/N})$ 值。如果取该数量的实数乘法作为比较的基础，那么可以证明该 FFT 算法的乘法次数更少，除非

$$M \le \frac{N \log_2 N}{2L}. \tag{7.117}$$

例如，若 $N = 128 = 2^7$，则可看到该 FFT 算法比直接算法更有效，除非 $M \le 3.5$，即少于 4 个通道的情况。因此，在要求有较好频率分辨率的任何应用中，FFT 方法必须是最有效的（注意，$L > N$ 时，比较结果对 FFT 算法更有利）。

7.9.2　FFT 合成技术

前面关于分析技术的讨论表明，使用 FFT 算法可计算出 N 个等间隔的 $X_n(e^{j\frac{2\pi}{N}k})$ 值，其计算量要小于直接实现方法计算 M 个通道时的计算量。重新为合成安排所需的计算量，可节省由每 R 个 $x[n]$ 的样本得到的 $X_n(e^{j\frac{2\pi}{N}k})$ 来重建 $x[n]$ 的计算量，其中 $R \le N$[290]。

由式(7.76)和 $\omega_k = 2\pi k/N$，合成系统的输出为

$$y[n] = \frac{1}{N} \sum_{k=0}^{N-1} Y_n[k] e^{j\frac{2\pi}{N}kn}, \tag{7.118}$$

式中，

$$Y_n[k] = P[k] X_n(e^{j\frac{2\pi}{N}k}), \quad 0 \le k \le N-1. \tag{7.119}$$

回忆可知复加权系数 $P[k]$ 可调整通道的幅度和相位。如果仅能在 R 的整数倍处才能得到 $X_n(e^{j\frac{2\pi}{N}k})$，则须如 7.7 节中讨论的那样采用插值方法来填充中间值。为此，可定义序列

$$V_n[k] = \begin{cases} P[k] X_n(e^{j\frac{2\pi}{N}k}) & n = 0, \pm R, \pm 2R, \ldots \\ 0 & \text{otherwise}. \end{cases} \tag{7.120}$$

对每个 k 值，都存在上述形式的一个序列。现在，对每个 k 值，使用归一化截止频率为 π/N 弧度的低通滤波器来处理序列 $V_n[k]$，进而填充中间值。若用 $f[n]$ 表示该滤波器的单位样本响应，并假定它是对称的，且总长为 $2RQ-1$，那么对于每个 k 值，$0 \le k \le N-1$，有

$$Y_n[k] = \sum_{m=n-RQ+1}^{n+RQ-1} f[n-m] V_m[k], \quad -\infty < n < \infty. \tag{7.121}$$

以 R 个样本的间隔能得到时间相关傅里叶变换时，式(7.121)与式(7.118)描述了计算合成阶段的输出所要求的操作。图 7.48 给出了这个过程，其中 $V_m[k]$ 是 m 和 k 的函数。此外，我们用 n 表示合成输出 $y[n]$ 的时间序号。记住，m 是时间序号，k 是频率序号。实心圆点表示 $V_m[k]$ 非零，即

---

① 未使用 $u_n((m-n))_N$ 是实数这一事实。使用这一事实还可将计算量降低一半。

在这些点处 $X_m(e^{j\frac{2\pi}{N}k})$ 是可知的。空心圆点表示 $V_m[k]$ 为零，我们希望在这些点处内插 $Y_n[k]$ 的值。插值滤波器（$Q=2$）的冲激响应在特定时间 n 给出。每个通道信号通过与插值滤波器的冲激响应进行卷积来插值。例如，计算 $Y_3[1]$ 的样本包含在一个方框中。一般来说，指示哪些样本将参与计算 $Y_n[k]$ 的方框会沿着图 7.48 中的第 k 行滑动，方框的中心位于 n 处。注意，每个插入的值取决于 $2Q$ 个已知的 $X_n(e^{j\frac{2\pi}{N}k})$ 值。若假设对于合成有 M 个通道可用，那么容易证明，计算输出序列 $y[n]$ 的每个值，要求有 $2(Q+1)M$ 次实数乘法和 $2QM$ 次实数加法。

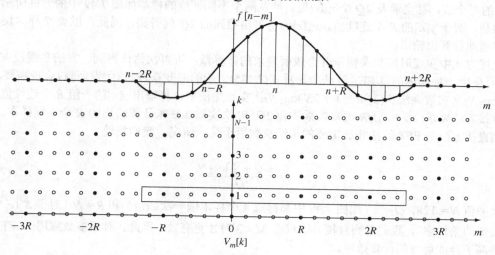

图 7.48　参与 $Y_n[k]$ 计算的样本

$Y_n[k]$ 的插值可在式(7.118)中用来计算输出的每个样本。但 FFT 也可用来提升合成运算的效率。为了解如何更有效地计算输出，把式(7.121)代入式(7.118)，得到

$$y[n] = \frac{1}{N}\sum_{k=0}^{N-1}\sum_{m=n-RQ+1}^{n+RQ-1} f[n-m]V_m[k]e^{j\frac{2\pi}{N}kn}. \tag{7.122}$$

交换求和顺序得

$$y[n] = \sum_{m=n-RQ+1}^{n+RQ-1} f[n-m]v_m[n], \tag{7.123}$$

式中，

$$v_m[r] = \frac{1}{N}\sum_{k=0}^{N-1}V_m[k]e^{j\frac{2\pi}{N}kr} \qquad 0 \le r \le N-1. \tag{7.124}$$

利用式(7.120)，可以看到

$$v_m[r] = \begin{cases} \dfrac{1}{N}\sum_{k=0}^{N-1}P[k]X_m(e^{j\frac{2\pi}{N}k})e^{j\frac{2\pi}{N}kr}, & m = 0, \pm R, \pm 2R, \dots \\ 0 & \text{其他} \end{cases} \tag{7.125}$$

我们看到，不采用对时间相关傅里叶变换插值然后计算式(7.118)的这种方法，我们可在每次已知 $X_n(e^{j\frac{2\pi}{N}k})$ 的值（$m = 0, \pm R, \dots$）时计算 $v_m[r]$，然后再如式(7.123)那样对 $v_m[r]$ 插值。

可以证明 $v_m[r]$ 是一个逆 DFT，从而 $v_m[r]$ 是一个关于 r 的以 N 为周期的周期函数。因此在式(7.123)中，$v_m[n]$ 项中的序号 n 必须模 N。插值过程如图 7.49 所示。二维网点中的黑点表示 $v_m[r]$ 非零。图 7.49 中的剩余点可按对 $Y_n[k]$ 插值的同样方法进行插值。由式(7.123)和 $v_m[r]$ 的周期性可以看出，$y[n]$ 等于图 7.49 中沿"锯齿"图案的经过插值后的序列的值。

在以这种方式进行合成时，使用 FFT 算法计算式(7.125)的逆 DFT，可为每个已知 $X_m(e^{j\frac{2\pi}{N}k})$ 的 m 值计算 N 点序列 $v_m[r]$，$0 \le r \le N{-}1$。注意，在计算逆 DFT 之前，将一个通道的值设置为零，可忽略该通道。同样，如果希望通过选择 $P[k]=e^{-j\frac{2\pi}{N}kn_0}$ 来实现线性相移，那么很容易证明该效应是简单地循环移位序列 $v_m[r]$。因此，直接对 $X_m(e^{j\frac{2\pi}{N}k})$ 执行逆 DFT，然后将结果循环移位 n_0 个样本，就可避免乘以因子 $e^{-j\frac{2\pi}{N}kn_0}$。得到序列 $v_m[r]$ 后，就可像在式(7.123)中那样通过对 $v_m[r]$ 插值得到输出。对 $y[n]$ 的每个值，都会涉及 $2Q$ 个 $v_m[r]$ 值。涉及两个不同 n 值的样本如图 7.49 中的方框所示。应明确的是，对于 $y[n]$ 的 R 个连续值，$v_m[r]$ 的值可由相同的 $2Q$ 列得到。因此，以 R 个样本块的形式可方便地计算出输出。

上述方式中实现时间相关傅里叶合成所要求的计算量，可再次估计得到，方法是假设 N 是 2 的幂，且使用一种简单的复 FFT 算法来计算式(7.125)所示的逆变换。对该假设而言，合成需要($2QR + 2N\log_2 N$)次实数乘法和($2QR - 1 + 2N\log_2 N$)次实数加法来计算输出 $y[n]$ 的一组 R 个连续值。合成的直接方法要求($2Q + 1$)MR 次实数乘法和 $2QMR$ 次实数加法来计算输出的 R 个连续样本。如果考虑到直接方法与 FFT 算法相比需要的乘法次数更少这一情况，我们发现

$$M < \frac{Q + \frac{N}{R}\log_2 N}{Q+1}. \tag{7.126}$$

对于典型值 $N=128$，$Q=2$（如图 7.49 中那样每 4 个样本做一次插值）和 $R=N$（对于 $X_n(e^{j\frac{2\pi}{N}k})$ 而言是最低的采样率），我们看到直接方法仅在 $M<3$ 时才更有效。因此，对于多数应用，FFT 算法明显提高了合成运算的计算效率。

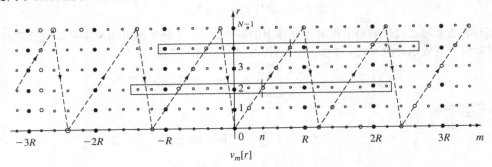

图 7.49　$v_m[r]$ 的插值处理（据 Portnoff[290]。© [1976] IEEE）

7.10　OLA 再论

我们刚刚给出了 FFT 算法是如何实现 STFA/STFS 的 FBS 方法的分析和合成滤波器组。我们讨论的技术只要保证 $R \le N$，那么任意选择 N、L 和 R 都是可行的，包括最大抽取 $R=N$ 的情形。不管如何选择这些参数，选择窗函数 $w[n]$ 和插值滤波器 $f[n]$ 时，都要使它们的 DTFT 满足式(7.94a)和式(7.94b)才能实现近乎完美的重建。

尽管我们的讨论仅限于更有效地实现滤波器组分析和合成方面，但所建议的方法也描述了分析和合成的 OLA 方法。为了解这一点，回忆可知在 OLA 方法中 $N \ge L$，即 N 的选择要避免时间混叠。这意味在在分析阶段 $u_n[q]=x_n[q]$，$0 \le q \le N{-}1$，也就是式(7.114)中不要求重叠的 $x_n[q]$ 片段。此外，回顾 OLA 算法可知，选择 $w[n]$ 和 R 时，要满足条件

$$\sum_{r=-\infty}^{\infty} w[rR-n] = \frac{W(e^{j0})}{R}, \quad \text{for all } n, \tag{7.127}$$

对于汉明窗,该条件在 $R = N/4$ 时成立。因此,对于 $n = 0, \pm R, \pm 2R, \ldots$, $X_n(e^{j\frac{2\pi}{N}K})$ 是 $x_{rR}[((m-rN/4))_N]$ 的 DFT;即在计算 DFT 之前,加窗序列 $x_{rR}[m]$ 循环移位了 $rN/4$。

图 7.50 中示例了这一点,图中假设该窗是非因果的,从而 $w[-m]$ 在区间 $0 \le m \le L-1$ 内和 $N = L$ 时非零(注意,为了方便构建此图,$N = L = 8$)。窗函数 $w[-m]$ 显示在该图的顶部,它由长度为 $N/4$ 的 a、b、c、d 四部分组成。窗函数的下方显示了 $N/4$ 个样本块中的输入信号从 $r = 0$ 开始编号。实心圆点表示循环移位段 $x_{rR}[((m-rN/4))_N]$。注意实心圆点由每 $N/4$ 个样本为一组组成,并使用信号段号和应用到它的窗段号标注。这样,$5a$ 就意味着信号段 5 乘以窗段 a。当窗口关于信号移动 $N/4$ 个样本时,每个输入段乘以每个窗段。循环移位 $N/4$ 会使得这 4 个加窗段的时间顺序与图中的相同垂直级别相反。

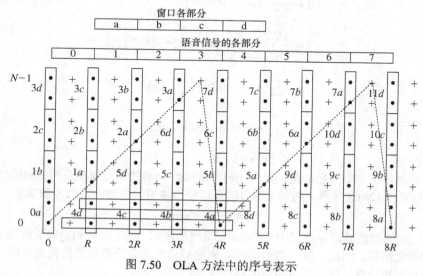

图 7.50　OLA 方法中的序号表示

$X_{rR}(e^{j(2\pi k/N)})$ 是这些序列的相应 DFT,可将它们想象为在每个分析时间 $rN/4$ 替换循环移位后的序列。为达到由 $X_{rR}(e^{j(2\pi k/N)})$ 实现合成的目的,使用逆 FFT 算法重建了循环移位后的加窗段,因此复原的图形如图所示。为插入信号样本,我们为 $f[n]$ 使用一个长度为 N 个样本的矩形窗。这可由位于样本 $4R$ 和 $4R + 1$ 处的方框表示,它表明 4 个经过加窗和循环移位的样本会参与到每个样本 $y[n]$ 的重建中。这完全等同于我们关于重叠即时移窗口的解释。注意,采用这种解释时,参与重建的样本要沿通过加窗信号值矩阵的锯齿路径选择。

由上述讨论可知,OLA 方法和 FBS 方法基本上是实现 STFA/STFS 的不同方法。事实上,当合成窗函数 $f[n]$ 是矩形窗函数而 $w[n]$ 是满足式(7.127)、$N = L$ 且 $R = N/4$ 的窗函数时,OLA 方法等同于 FBS 方法。

7.11　修正的 STFT

到目前为止,我们已讨论了 STFT 表示的许多细节,尤其是从两种观点研究了 STFA 和 STFS,即我们称之的 OLA 方法和 FBS 方法。当短时频谱在时域和频域中正确采样后,这两种方法都能精确地重建原始信号(在某个比例范围内)。但在 STFT 的许多应用中,在重建语音信号前,对短时频谱做固定的或时变的修正是有用的[3,6]。本节将介绍短时频谱的固定和时变修正对合成结果的影响。

7.11.1　乘性修正

我们已经观察到

$$Y_n(e^{j\omega_k}) = P[k]X_n(e^{j\omega_k}), \qquad k = 0, 1, \ldots, N - 1, \tag{7.128}$$

这种固定的乘性修正对于获得分析/合成系统的平坦频率响应是有帮助的，对于从合成后的输入中忽略某些通道也是有帮助的（对于忽略的通道令 $P[k]$ 为零）。本节考虑更为普通的修正的影响。

FBS 方法

假定 $P[k]$ 的逆 DFT 存在，并知道这个序列为

$$p[n] = \frac{1}{N}\sum_{k=0}^{N-1} P[k]e^{j\omega_k n}, \tag{7.129}$$

式中，N 是分析频率数。由 FBS 方法得到的重建信号 $y[n]$ 是将式(7.128)代入式(7.76)中得到的：

$$
\begin{aligned}
y[n] &= \frac{1}{N}\sum_{k=0}^{N-1} X_n(e^{j\omega_k})P[k]e^{j\omega_k n} \\
&= \frac{1}{N}\sum_{k=0}^{N-1}\left[\sum_{m=-\infty}^{\infty} w[n-m]x[m]e^{-j\omega_k m}\right]P[k]e^{j\omega_k n} \\
&= \sum_{m=-\infty}^{\infty} w[n-m]x[m]\frac{1}{N}\sum_{k=0}^{N-1} P[k]e^{j\omega_k(n-m)} \\
&= \sum_{m=-\infty}^{\infty} w[n-m]x[m]p[n-m] \\
&= x[n] * (w[n]p[n]).
\end{aligned}
\tag{7.130}
$$

由此，固定频谱修正 $P[k]$ 的影响是，信号 $x[n]$ 和窗函数 $w[n]$ 的积与周期系列 $p[n]$ 进行卷积运算。对 STFT 进行式(7.128)这种形式的修正的目的是，使用结果线性滤波器的冲激响应

$$h_p[n] = w[n]p[n], \tag{7.131}$$

影响对信号 $x[n]$ 的线性滤波操作。回忆可知 $p[n]$ 是周期序列，因此如果 $w[n]$ 的长度大于 N，则 $h_p[n]$ 中将是一种重复结构。因此，对于 FBS 方法，固定频谱修正会受窗函数的强烈影响，且仅在 $p[n]$ 高度集中或使用矩形窗口时，才像期望的那样有

$$h_p[n] \approx p[n], \quad 0 \le n \le N - 1, \tag{7.132}$$

对于时变修正，令

$$Y_n(e^{j\omega_k}) = X_n(e^{j\omega_k})P_n[k], \tag{7.133}$$

并根据修正将时变冲激响应 $p_n[m]$ 定义为

$$p_n[m] = \frac{1}{N}\sum_{k=0}^{N-1} P_n[k]e^{j\omega_k m}. \tag{7.134}$$

在进行下一步之前，我们根据修正先求出 $y[n]$ 为

$$
\begin{aligned}
y[n] &= \frac{1}{N}\sum_{k=0}^{N-1} X_n(e^{j\omega_k})P_n[k]e^{j\omega_k n} \\
&= \frac{1}{N}\sum_{k=0}^{N-1} e^{-j\omega_k n}\sum_{m=-\infty}^{\infty} x[n-m]w[m]e^{j\omega_k m}P_n[k]e^{j\omega_k n} \\
&= \sum_{m=-\infty}^{\infty} x[n-m]w[m]\frac{1}{N}\sum_{k=0}^{N-1} P_n[k]e^{j\omega_k m} \\
&= \sum_{m=-\infty}^{\infty} x[n-m]w[m]p_n[m] \\
&= \sum_{m=-\infty}^{\infty} x[n-m]\left(p_n[m]w[m]\right).
\end{aligned}
\tag{7.135}
$$

式(7.135)再次表明，对于 FBS 算法，频谱修正的时间响应 $p_n[m]$ 在与 $x[n]$ 卷积前，被窗函数加权。此时，由于修正是时变的，式(7.135)不是一个卷积，而是时变叠加和。

OLA 方法

现在考虑使用 OLA 合成方法时修正的影响。对修正使用式(7.128)这种表示，可根据固定修正使用式(7.45)求解重建的信号，给出

$$
\begin{aligned}
y[n] &= \sum_{r=-\infty}^{\infty} \frac{1}{N} \sum_{k=0}^{N-1} P[k] X_{rR}(e^{j\omega_k}) e^{j\omega_k n} \\
&= \frac{1}{N} \sum_{r=-\infty}^{\infty} \sum_{k=0}^{N-1} \sum_{l=-\infty}^{\infty} x[l] w[rR-l] e^{-j\omega_k l} P[k] e^{j\omega_k n} \\
&= \sum_{l=-\infty}^{\infty} x[l] \left[\frac{1}{N} \sum_{k=0}^{N-1} P[k] e^{j\omega_k(n-l)} \right] \left[\sum_{r=-\infty}^{\infty} w[rR-l] \right] \\
&= \left(\frac{W(e^{j0})}{R} \right) \sum_{l=-\infty}^{\infty} x[l] p[n-l],
\end{aligned}
\tag{7.136}
$$

或

$$
y[n] = \left(\frac{W(e^{j0})}{R} \right) (x[n] * p[n]).
\tag{7.137}
$$

式(7.137)表明，$y[n]$ 是原始信号与频谱修正的时间响应的卷积，即使用这种方法时，得不到对 $p[n]$ 的窗函数修正[①]（读者应认识到对分析必须进行合适的修正，就像图 7.27 中所示的那样，即要用足够数量的零来填充信号，以便在使用 FFT 实现分析和合成运算时防止混叠出现）。

对于时变修正情形，可得

$$
y[n] = \sum_{r=-\infty}^{\infty} \left[\frac{1}{N} \sum_{k=0}^{N-1} P_r[k] X_{rR}(e^{j\omega_k}) e^{j\omega_k n} \right],
\tag{7.138}
$$

上式可化为

$$
y[n] = \sum_{l=-\infty}^{\infty} x[l] \sum_{r=-\infty}^{\infty} w[rR-l] \left[\frac{1}{N} \sum_{k=0}^{N-1} P_r[k] e^{j\omega_k(n-l)} \right].
\tag{7.139}
$$

利用式(7.134)，得

$$
y[n] = \sum_{l=-\infty}^{\infty} x[l] \sum_{r=-\infty}^{\infty} w[rR-l] p_r[n-l].
\tag{7.140}
$$

若令 $g = n - l$ 或 $l = n-q$，则式(7.140)变为

$$
y[n] = \sum_{q=-\infty}^{\infty} x[n-q] \sum_{r=-\infty}^{\infty} p_r[q] w[rR-n+q].
\tag{7.141}
$$

若定义

$$
\hat{p}[n-q, q] = \hat{p}[m, q] = \sum_{r=-\infty}^{\infty} p_r[q] w[rR-m],
\tag{7.142}
$$

则式(7.140)变为

$$
y[n] = \sum_{q=-\infty}^{\infty} x[n-q] \hat{p}[n-q, q].
\tag{7.143}
$$

式(7.142)的解释是，对于第 q 个值，$\hat{p}[m,q]$ 是 $p_r[q]$ 和 $w[r]$ 的卷积。这样，时变修正导致的每个时间响应系数，就被窗函数平滑（即低通滤波），如图 7.51 所示。图中显示了为 $n = 0, 1, ..., R-1$ 定义的冲激响应为 $p_n[n]$ 的时变修正，被窗函数 $w[n]$ 平滑后应用到了信号 $x[n]$ 上。因此，对于 OLA

---

① 因为实现式(7.136)的方式，即通过计算 N 个样本块形式的输出，式(7.136)中的 $p[n]$ 不是周期的，但最多仅 N 样本长。

方法，任何修正都受窗函数的带宽限制，但修正的作用是对输入信号的真正卷积。这与 FBS 方法形成了直接对比，在 FBS 方法中，修正受窗函数的时间限制，且可即时变化。

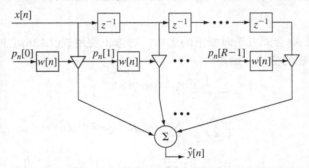

图 7.51　使用 OLA 方法时，时变修正的实现。时变冲激响应 $p_n[n]$, $n = 0, 1, ..., R-1$
的每个系数在应用到信号 $x[n]$前，被窗函数 $w[n]$平滑

7.11.2　加性修正

我们已讨论了非随机乘性修正对短时频谱的影响。但了解加性信号无关（随机）修正对短时频谱的影响也很重要，因为使用有限精度（即舍入噪声）进行分析时，或为声码器量化短时频谱时，我们期望进行此类修正。

我们将短时频谱的这种加性修正建模为

$$\hat{X}_n(e^{j\omega_k}) = X_n(e^{j\omega_k}) + E_n(e^{j\omega_k}), \tag{7.144}$$

式中，我们将对应于 $E_n(e^{j\omega_k})$ 的噪声序列定义为

$$e[n] = \frac{1}{N}\sum_{k=0}^{N-1} E_n(e^{j\omega_k})e^{j\omega_k n}. \tag{7.145}$$

（在 $e[n]$为随机噪声时，需要为 $e[n]$和 $E(e^{j\omega_k})$ 建议一个统计模型。后文给出的结果并不依赖于这一统计模型。）

对于 FBS 方法，式(7.144)的加性修正的影响是

$$y[n] = \frac{1}{N}\sum_{k=0}^{N-1} \left[X_n(e^{j\omega_k}) + E_n(e^{j\omega_k}) \right] e^{j\omega_k n}, \tag{7.146}$$

它可线性表示为

$$y[n] = x[n] + \frac{1}{N}\sum_{k=0}^{N-1} E_n(e^{j\omega_k})e^{j\omega_k n} \tag{7.147}$$

或

$$y[n] = x[n] + e[n]. \tag{7.148}$$

因此，加性频谱修正会使得重建的信号中出现一个加性分量。注意，分析窗函数对合成中的加性项无直接影响。

对于 OLA 方法，式(7.144)的加性修正的影响为

$$y[n] = \sum_{r=-\infty}^{\infty} \frac{1}{N}\sum_{k=0}^{N-1} \left[X_{rR}(e^{j\omega_k}) + E_{rR}(e^{j\omega_k}) \right] e^{j\omega_k n}, \tag{7.149}$$

它可化为

$$y[n] = x[n] + \sum_{r=-\infty}^{\infty} \left[\frac{1}{N}\sum_{k=0}^{N-1} E_{rR}(e^{j\omega_k})e^{j\omega_k n} \right] \tag{7.150}$$

$$= x[n] + \sum_{r=-\infty}^{\infty} e_r[n].$$

因此，对于加性修正，与 FBS 方法相比，OLA 方法会使得最终的合成中包含有一个更大的加性（噪声）信号，因为各分析帧之间存在重叠。对于具有 20% 重叠的汉明窗，OLA 方法所致合成中的加性项是 OLA 方法所致合成中的加性项的 4 倍。因此，OLA 方法与 FBS 方法相比，对噪声更为敏感，因此对于声音编码应用等而言作用不大。

7.11.3 时间标度修正：相位声码器

针对分析/合成系统，另一种基于短时频谱的方法是相位声码器。相位声码器由 Flanagan and Golden[109]提出并深入研究，最初它是一种压缩语音的方式。本节中的结果都基于这些学者的研究成果。这里，我们主要介绍相位声码器的基本分析/合成框架，以及相位声码器对语音时间标度修正的应用。

为理解该系统是如何工作的，我们考虑单个通道的响应。为此，我们完全根据图 7.52 所示的真实操作流程来表示一个连续的滤波器组通道。回忆可知，我们通常选择 $\omega_{N-k} = 2\pi - \omega_k$ 和 $P[k] = |P[k]|e^{j\phi_k} = P^*[N-k]$，可以看到虚部已消掉，只留下了实部，容易证明它等于

$$\mathrm{Re}[P[k]y_k[n]] = |P[k]||X_n(e^{j\omega_k})|\cos[\omega_k n + \theta_n(\omega_k) + \phi_k], \tag{7.151}$$

式中，$\theta_n(\omega_k) = \angle X_n(e^{j\omega_k})$。对很多这样的信号求和后，会产生合成输出。这样的信号可以解释为离散余弦波，其幅度和相位均由时间相关傅里叶变换通道信号调制。量 $|P[k]|$ 通常为 1 或 0，具体取决于是否包含该通道。包含常量相位参数 ϕ_k 的目的是最大化合成响应的平坦性。

引入瞬时频率的概念有可能解释式(7.151)。为此，考虑一个模拟时间相关傅里叶变换

$$X_c(t, \Omega_k) = |X_c(t, \Omega_k)|e^{j\theta_c(t, \Omega_k)} \tag{7.152a}$$
$$= a_c(t, \Omega_k) - jb_c(t, \Omega_k), \tag{7.152b}$$

式中，

$$|X_c(t, \Omega_k)| = \left[a_c^2(t, \Omega_k) + b_c^2(t, \Omega_k)\right]^{1/2} \tag{7.153a}$$
$$\theta_c(t, \Omega_k) = -\arctan\left[\frac{b_c(t, \Omega_k)}{a_c(t, \Omega_k)}\right]. \tag{7.153b}$$

这个时间相关的连续时间傅里叶变换定义为

$$X_c(t, \Omega_k) = \int_{-\infty}^{\infty} x_c(\tau)w_c(t-\tau)e^{-j\Omega_k\tau}\,d\tau, \tag{7.154}$$

式中，$x_c(\tau)$ 是语音信号的连续时间波形，$w_c(\tau)$ 是连续时间分析窗或一个模拟低通滤波器的冲激响应。量

$$\dot{\theta}_c(t, \Omega_k) = \frac{d\theta_c(t, \Omega_k)}{dt} \tag{7.155}$$

称为相位导数，它是第 k 个通道关于其中心频率 Ω_k 的瞬时频率导数。相位导数可用 $a_c(t, \Omega_k)$ 和 $b_c(t, \Omega_k)$ 表示为

$$\dot{\theta}_c(t, \Omega_k) = \frac{b_c(t, \Omega_k)\dot{a}_c(t, \Omega_k) - a_c(t, \Omega_k)\dot{b}_c(t, \Omega_k)}{a_c^2(t, \Omega_k) + b_c^2(t, \Omega_k)} \tag{7.156}$$

式中，变量上方的点表示对 t 的导数。在进行离散时间信号处理时，假设 $x_c(t)$ 和 $X_c(t, \Omega_k)$ 是带限的，$X_n(e^{j\omega_k})$ 是模拟时间相关傅里叶变换的采样值，即

$$X_n(e^{j\omega_k}) = X_c(nT, \omega_k/T) \tag{7.157}$$

类似地，$X_n(e^{j\omega_k})$ 的"相位导数"也可定义为 $\dot{\theta}_c(t, \Omega_k)$ 的采样值，即

$$\dot{\theta}_n(\omega_k) = \frac{b_n(\omega_k)\dot{a}_n(\omega_k) - a_n(\omega_k)\dot{b}_n(\omega_k)}{a_n^2(\omega_k) + b_n^2(\omega_k)} \tag{7.158}$$

式中，此时假定 $\dot{a}_n(\omega_k)$ 和 $\dot{b}_n(\omega_k)$ 是通过对相应带限模拟导数信号采样得到的序列。这两个导数信号同样可通过对序列 $a_n(\omega_k)$ 和 $b_n(\omega_k)$ 进行数字滤波来得到（见习题 7.23）。

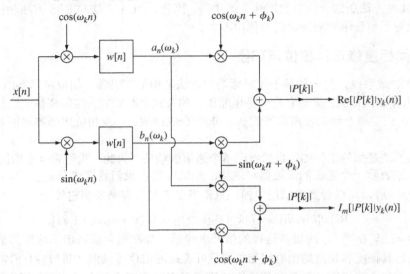

图 7.52　单通道相位声码器的实现

为了解相位导数信号重要的原因，我们可以考虑通道中心频率相对密集的情况。特别地，考虑基音为常数且第 k 个通道的通带中仅有基波的一个谐波时。此时会发现 $|X_n(e^{j\omega_k})|$ 反映了频率 ω_k 附近声道的幅度相应。相位导数是一个常量，它等于中心频率谐波分量的导数。如果声道响应和基音变化缓慢，就像正常语音那样，那么幅度和相位导数都会缓慢变化。事实上，对幅度和相位导数信号进行采样时，与对时间相关傅里叶变换的实部和虚部进行采样时相比，混叠的影响并不严重[109]。

应注意的是，对于合成，$\theta_c(t,\Omega_k)$ 是由 $\dot{\theta}_c(t,\Omega_k)$ 经过积分得到的，即

$$\theta_c(t,\Omega_k) = \int_{t_0}^{t} \dot{\theta}_c(\tau,\Omega_k)d\tau + \theta_c(t_0,\Omega_k). \tag{7.159}$$

该式表明，$\theta_c(t,\Omega_k)$ 经采样后的版本 $\theta_n(\omega_k)$ 应比 $\dot{\theta}_n(\omega_k)$ 更平滑和更低通。因此，可以认为 $\theta_n(\omega_k)$ 能以一种比 $\dot{\theta}_n(\omega_k)$ 更低的采样率来采样。然而，这忽略了 $\theta_n(\omega_k)$ 无界这一事实，因此在语音编码应用中并不适合于量化（考虑常数基音的情形可验证这一点）。有界的相位可通过计算主值的方式得到，即把 $\theta_n(\omega_k)$ 的值限制到范围 $0\sim2\pi$ 或 $-\pi\sim\pi$。遗憾的是，主值相位是不连续的[即 $\theta_c(t,\Omega_k)$ 的主值是 t 的非连续函数]，因此它不是低通信号。相位的主值不连续并不意味着相位不能量化，因为量化的要求是，能以合适的采样率来重建 $X_n(e^{j\omega_k})$ 的相应实部和虚部。因此，$\theta_n(\omega_k)$ 的采样率必须与 $a_n(\omega_k)$ 和 $b_n(\omega_k)$ 所要求的采样率一样高。

尽管相位导数看起来具有平滑的优点，但是在分析/合成系统中相位导数也有自身的缺点。这一点可从式(7.159)中看出，该式表明，在由 $\dot{\theta}_n(\omega_k)$ 重建 $\theta_n(\omega_k)$ 时，必须设定一个"初始条件"。通常，这样的初始条件是未知的，而随意假设零初始相位，会在固定的相位角 ϕ_k 中引入误差，进而导致分析/合成系统的合成响应明显偏离理想的平坦幅度和线性相位，使得合成语音听上去带有明显的混响。

图 7.53 描述了基于幅度和相位导数的一个相位声码器分析仪。图 7.53 显示了频率范围 $0<\omega_k<\pi$ 内分析部分的一个通道。其他通道完全具有相同的形式，但在抽取和量化的细节方面

不同。图 7.54 描述了将 $a_n(\omega_k)$ 和 $b_n(\omega_k)$ 变换成 $|X_n(e^{j\omega_k})|$ 和 $\dot{\theta}_n(\omega_k)$ 的具体操作流程。图 7.55 给出了一种通过幅度和相位导数信号进行合成的方法。这种方法在合成后面，包含有至实部和虚部的转换，如图 7.52 所示。图 7.56 给出了将幅度和相位导数信号转换成实部和虚部所需的操作流程。可以看到，相位导数信号必须积分才能产生相位信号。然后，相角的余弦和正弦乘以幅度函数来产生实部和虚部。图 7.57 中给出了另一种可以避免转换过程的合成方法，在这种情况下，会使用生成的幅度和相位序列（用于幅度和相位正弦调制）来对幅度和相位导数信号插值。因此，从幅度和相位导数至实部和虚部的转换，就可被一个相位调制器代替。如果这种数字相位调制器的实现并不复杂，那么图 7.57 所示的合成方案就要比图 7.55 和图 7.56 描述的方案简单得多。

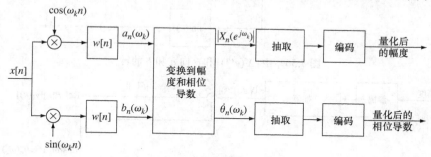

图 7.53　单通道相位声码器分解仪

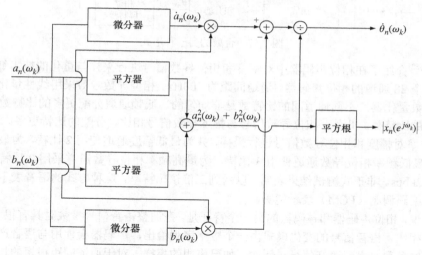

图 7.54　由 a 和 b 向 $\dot{\theta}$ 和 $|X(e^{j\omega})|$ 的转换

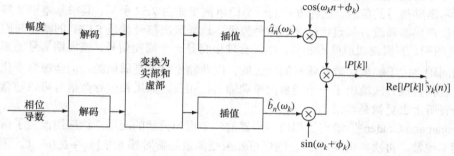

图 7.55　单通道相位声码器的合成器实现流程

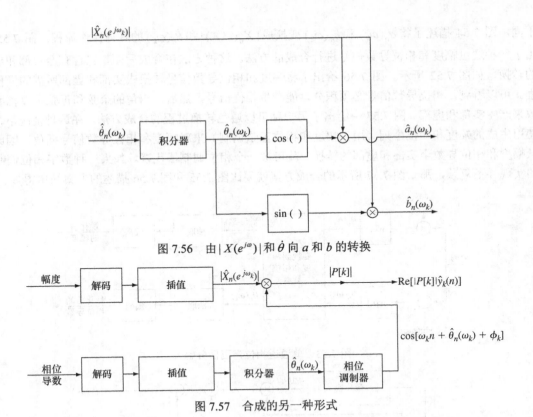

图 7.56   由 $|X(e^{j\omega})|$ 和 $\dot{\theta}$ 向 a 和 b 的转换

图 7.57   合成的另一种形式

Carlson[52]介绍了在相位声码器中对幅度和相位导数信号进行采样与量化的技术细节。该文献中实现了一个 28 通道的相位声码器，通道间距为 100Hz。相位导数参数采用线性量化器，而幅度参数采用对数量化器。不同通道间的比特数是非均匀的，低频通道分配更多的比特数，而高频通道分配更少的比特数。此外，相位导数信号与幅度导数信号相比，分配的比特更多。通过仅以 60 次/秒的采样率对幅度和相位导数信号进行采样，并为最低幅度通道使用 2 比特，为最高通道使用 1 比特，为最低频率相位导数通道使用 3 比特，为最高频率相位导数通道采用 2 比特，总比特率可以达到 7.2kbps。非正式测试结果表明，以两到三倍该比特率，这种方式的语音表示在质量上可与对数脉冲编码调制（PCM）表示媲美。

一般来说，相位声码器和声码器的另一个特征是，在调整语音信号参数时具有很大的灵活性。与波形表示相比，语音信号的变化模式由一个数字序列给出，声码器会使用与语音产生的基本参数紧密相关的参数来表示语音信号。例如，如已声明的那样，对于通道间距很短的相位声码器而言，一个合理的假设是，复通道信号的幅度导数信号主要表示声道传输函数的信息，而相位导数信号则表示激励信号的信息。这种方式的一个简单例子如图 7.57 所示，其中基本语音参数可使用建议的相位声码器修改。假设相位导数信号为零，这样输出信号就是 STFT 的幅度与固定频率为 ω_k 的余弦的积。若假设通道间距相等，则复合输出将是一个周期信号，该周期信号的基本频率等于通道的间距。由于幅度函数是随时间变化的，因此输出将不是周期的，但会缓慢变化。如期望的那样，这种合成方法给出了一个明显的单调输出。相反，如果相位导数信号可以随意改变，那么输出语音听上去更像是耳语。

Flanagan and Golden[109]给出了相位声码器的一个更为灵活的应用，该应用改变了语音信号的时间和频率维数。再次参考图 7.57，回忆可知余弦函数的瞬时频率是 $[\omega_k + \dot{\theta}_n(\omega_k)]$。因此，频分信号可通过简单地让信号 ω_k 和 $\dot{\theta}_n(\omega_k)$ 除以常数 q 的方式得到。若每个通道都按照这一方式进行合成，将会得到频率压缩信号，频率压缩因子为 q。结果信号的频率标度可通过以某个速度记录并以 q 倍该速度重放来恢复。此外，还可使用一个数模转换器，其采样率是输入信号采样率的 q 倍时钟频率。不管是哪种情形，时间标度的压缩都会抵消合成过程中引入的频率标度压缩，得到频率维数不变而时间标度压缩的信号。类似的操作可用于扩展时间标度。此时，中心频率 ω_k 和相角同时乘以因子 q，通过以较低的速率重放输出信号，就可恢复展开的频率标度。此时，结果是频率维数不变而时间展开的信号。图 7.58（据 Flanagan and Golden[109]）给出了 $q = 2$ 时，使用上述过程得到的时间扩展和时间压缩语音信号的声谱图。

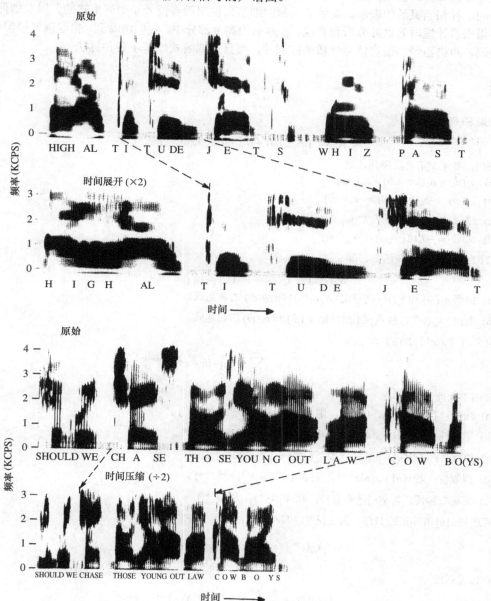

图 7.58　使用相位声码器进行(a)时间扩展和(b)时间压缩的例子（引自 Flanagan and Golden [109]。经阿尔卡特–朗讯美国公司允许重印）

7.12 小结

STFT 既是语音处理的基本概念，也是表示语音信号的数学和计算工具。本章定义了短时傅里叶变换，解释了这一概念是如何与第 5 章中讨论的线性源/系统模型良好匹配的。STFT 既可认为是语音波形加窗段的 DTFT，也可认为是带通滤波器输出的集合。这两种解释都对 STFT 的性质有重要影响。考虑了为获得 STFT 的可计算版本所需要的采样率问题，发现正确选择分析窗、频率采样增量和窗口叠加，是可以由 STFT 完全重建原始的语音信号的。这就使得 STFT 成为语音信号的一种相当灵活的表示。提供了大量的细节来说明语音信号是如何重建的，以及如何使用滤波器组来设计短时傅里叶分析和合成。在本书的剩余部分中，我们将看到，提取语音模型参数、数字编码、声谱显示和语音信号性质的控制等，都显式或隐式地基于各种算法。

习题

7.1 如果 STFT 为

$$X_{\hat{n}}(e^{j\hat{\omega}}) = a_{\hat{n}}(\hat{\omega}) - jb_{\hat{n}}(\hat{\omega}) = |X_{\hat{n}}(e^{j\hat{\omega}})|e^{j\theta_{\hat{n}}(\hat{\omega})},$$

证明，如果 $x[n]$ 是实序列，则
- (a) $a_{\hat{n}}(\hat{\omega}) = a_{\hat{n}}(2\pi - \hat{\omega}) = a_{\hat{n}}(-\hat{\omega})$
- (b) $b_{\hat{n}}(\hat{\omega}) = -b_{\hat{n}}(2\pi - \hat{\omega}) = -b_{\hat{n}}(-\hat{\omega})$
- (c) $|X_{\hat{n}}(e^{j\hat{\omega}})| = |X_{\hat{n}}(e^{j(2\pi - \hat{\omega})})| = |X_{\hat{n}}(e^{-j\hat{\omega}})|$
- (d) $\theta_{\hat{n}}(\hat{\omega}) = -\theta_{\hat{n}}(2\pi - \hat{\omega}) = -\theta_{\hat{n}}(-\hat{\omega})$

7.2 STFT 是 $\hat{n}$ 和 $\hat{\omega}$ 的复函数，即

$$X_{\hat{n}}(e^{j\hat{\omega}}) = a_{\hat{n}}(\hat{\omega}) - jb_{\hat{n}}(\hat{\omega}) = |X_{\hat{n}}(e^{j\hat{\omega}})|e^{j\theta_{\hat{n}}(\hat{\omega})}.$$

- (a) 根据 $a_{\hat{n}}(\hat{\omega})$ 和 $b_{\hat{n}}(\hat{\omega})$ 推导出 $|X_{\hat{n}}(e^{j\hat{\omega}})|$ 和 $\theta_{\hat{n}}(\hat{\omega})$ 的表达式。
- (b) 根据 $|X_{\hat{n}}(e^{j\hat{\omega}})|$ 和 $\theta_{\hat{n}}(\hat{\omega})$ 推导出 $a_{\hat{n}}(\hat{\omega})$ 和 $b_{\hat{n}}(\hat{\omega})$ 的表达式。

7.3 定义信号 $x[n]$ 的 STFT 为

$$X_{\hat{n}}(e^{j\hat{\omega}}) = \sum_{m=-\infty}^{\infty} x[m]w[\hat{n}-m]e^{-j\hat{\omega}m},$$

证明下列性质：
- (a) 线性：若 $v[n] = x[n] + y[n]$，则 $V_{\hat{n}}(e^{j\hat{\omega}}) = X_{\hat{n}}(e^{j\hat{\omega}}) + Y_{\hat{n}}(e^{j\hat{\omega}})$。
- (b) 平移性：若 $v[n] = x[n - n_0]$，则 $V_{\hat{n}}(e^{j\hat{\omega}}) = X_{\hat{n}-n_0}(e^{j\hat{\omega}})e^{-j\hat{\omega}n_0}$。
- (c) 伸缩性：若 $v[n] = \alpha x[n]$，则 $V_{\hat{n}}(e^{j\hat{\omega}}) = \alpha X_{\hat{n}}(e^{\hat{\omega}})$。
- (d) 调制性：若 $v[n] = x[n]e^{j\omega_0 n}$，则 $X_{\hat{n}}(e^{j\hat{\omega}}) = X_{\hat{n}}^*(e^{j(\hat{\omega}-\omega_0)})$。
- (e) 共轭对称性：若 $x[n]$ 是实信号，则 $X_{\hat{n}}(e^{j\hat{\omega}}) = X_{\hat{n}}^*(e^{-j\hat{\omega}})$。

7.4 若序列 $x[n]$ 和 $w[n]$ 的 DTFT 为 $X(e^{j\omega})$ 和 $W(e^{j\omega})$，证明 STFT

$$X_{\hat{n}}(e^{j\hat{\omega}}) = \sum_{m=-\infty}^{\infty} x[m]w[\hat{n}-m]e^{-j\hat{\omega}m},$$

可以表示成

$$X_{\hat{n}}(e^{j\hat{\omega}}) = \frac{1}{2\pi}\int_{-\pi}^{\pi} W(e^{j\theta})e^{j\theta\hat{n}}X(e^{j(\hat{\omega}+\theta)})d\theta;$$

即 $X_{\hat{n}}(e^{j\hat{\omega}})$ 是 $X(e^{j\omega})$ 在频率 $\hat{\omega}$ 处的平滑谱估计。

7.5 若根据 STFT 定义一个信号的短时功率谱密度为

$$S_{\hat{n}}(e^{j\hat{\omega}}) = |X_{\hat{n}}(e^{j\hat{\omega}})|^2,$$

并定义该信号的短时自相关为

$$R_{\hat{n}}[k] = \sum_{m=-\infty}^{\infty} w[\hat{n}-m]x[m]w[\hat{n}-k-m]x[m+k],$$

证明，如果

$$X_{\hat{n}}(e^{j\hat{\omega}}) = \sum_{m=-\infty}^{\infty} x[m]w[\hat{n}-m]e^{-j\hat{\omega}m},$$

那么 $R_{\hat{n}}[k]$ 和 $S_{\hat{n}}(e^{j\hat{\omega}})$ 是 DTFT 对，即证明 $S_{\hat{n}}(e^{j\hat{\omega}})$ 是 $R_{\hat{n}}[k]$ 的傅里叶变换，反之亦然。

7.6 一段语音信号以 10000 个样本/秒的速率采样（采样率 $F_s = 10000$）。利用长度为 L 个样本的汉明窗计算该段语音的 STFT。STFT 以周期 R、$N = 1024$ 个频率采样。

(a) 可以证明汉明窗的主瓣具有对称性，主瓣宽度为 $8\pi/L$。要使主瓣宽度与 200Hz 模拟频率相对应，应如何选择 L？

(b) 如果每 10ms 计算一次 STFT，应如何选择 R？

(c) 样本点在频率维度上的间隔（单位 Hz）是多少？

7.7 假设在 STFA 中使用的窗序列 $w[n]$ 是因果序列，其有理 z 变换为

$$W(z) = \frac{\displaystyle\sum_{r=0}^{N_z} b_r z^{-r}}{1 - \displaystyle\sum_{k=1}^{N_p} a_k z^{-k}}.$$

(a) 为使其适合这种应用，$W(z)$ [或其等价形式 $W(e^{j\omega})$] 应具有哪些性质？

(b) 根据信号 $x[n]$ 和 $X_n(e^{j\hat{\omega}})$ 的先验值，构建 $X_n(e^{j\hat{\omega}})$ 的递推公式。

(c) 考虑情形

$$W(z) = \frac{1}{1 - az^{-1}}.$$

要以采样率 10kHz 得到约 100Hz 的频率分辨率，应如何选择 a？

(d) 题(c)要求的 a 值在递归实现窄带时间相关傅里叶分析时会有问题，简要这些问题的成因。

7.8 STFT 定义为

$$X_n(e^{j\hat{\omega}}) = \sum_{m=-\infty}^{\infty} w[n-m]x[m]e^{-j\hat{\omega}m}.$$

假设采用如下形式的窗函数计算 STFT：

$$w[n] = n\beta^n u[n].$$

(a) 输入序列 $x[m]$ 的什么样本参与计算 $X_{50}(e^{j\hat{\omega}})$ 和 $X_{100}(e^{j\hat{\omega}})$？

(b) 假设频率 $\hat{\omega}$ 固定，根据输入序列和 $X_n(e^{j\hat{\omega}})$ 的过去值，给出 $X_n(e^{j\hat{\omega}})$ 的递归公式（差分方程）。

(c) 画出 $\beta = 0.9$ 时，$|W(e^{j\omega})|$ 随 ω 的变化曲线。

7.9 证明

$$\frac{1}{N}\sum_{k=0}^{N-1} e^{j(2\pi k/N)n} = \sum_{r=-\infty}^{\infty} \delta[n-rN]$$

$$= \begin{cases} N & n = rN, r = 0, \pm 1, \ldots \\ 0 & \text{其他} \end{cases}$$

证明该结果时，利用恒等式

$$\sum_{k=0}^{N-1} \alpha^k = \frac{1-\alpha^N}{1-\alpha}.$$

7.10 离散时间信号 $x[n]$ 定义为

$$x[n] = 7\delta[n] + 6\delta[n-1] + 6\delta[n-2] + 7\delta[n-3]$$
$$+3\delta[n-4] + \delta[n-5]$$

$x[n]$的 DTFT $X(e^{j\omega})$围绕单位圆以 N 点采样，即以如下一组频率采样：

$$\omega_k = \frac{2\pi}{N}k, \quad k = 0, 1, \dots, N-1,$$

得到序列

$$\bar{X}[k] = X(e^{j\omega})\big|_{\omega = 2\pi k/N}$$

求 $\tilde{X}[k]$ 的逆变换得到序列 $\bar{x}[n]$。分别求出和画出 $N = 40, 10, 5, 3$ 时的序列 $\bar{x}[n]$。

7.11 离散时间序列

$$x[n] = r^n u[n], \quad |r| < 1$$

(a) 求序列 $x[n]$ 的 DTFT $X(e^{j\omega})$。

(b) $X(e^{j\omega})$ 在 $\omega = 0$ 和 $\omega = 2\pi$ 之间等间距采集 N 点，得到 DFT：

$$\tilde{X}[k] = X(e^{j\omega})\big|_{\omega = 2\pi k/N}, \quad k = 0, 1, \dots, N-1$$

给出 $\tilde{X}[k]$ 的逆傅里叶变换即 $\bar{x}[n]$ 的显式表达式。

(c) 在 $N = 5$，$r = 0.9$ 时，画出 $n = 0, 1, \dots, 2N-1$ 时 $\bar{x}[n]$ 的图形。

7.12 一段持续元音的语音波形的采样率 $F_s = 8000$ 个样本/秒。该语音段乘以汉明窗后，计算出的对数幅度傅里叶变换如图 P7.12 所示。

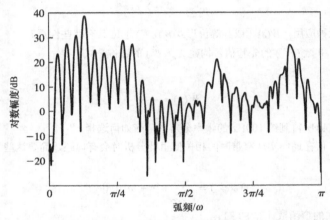

图 P7.12　持续元音语音波形的对数幅度谱

(a) 标出所有共振频率的位置，并给出它们的估计值（Hz）。

(b) 标出基频 F_0 的位置和其估计值（Hz）。如何才能可靠地估计出该值？

(c) 估计该分析中使用的汉明窗的最小长度，并给出理由。

7.13 图 P7.13a 给出了一个语音产生模型，它适用于采样后的语音滤波。在回答该题中的问题时，应假定正被分析的语音信号是该模型的输出。该模型的不同部分在图 P7.13a 中标为(a)～(h)。图 P7.13b 给出了由不同语音信号在不同时间及不同窗函数长度时，计算出的 5 个短时傅里叶变换（对数幅度谱）。这 5 个 STFT 标为 A～E，如频谱图的左侧所示。假设语音的采样率为 $F_s = 8000$ 个样本/秒。记住，再次假定正被分析的语音信号是图 P7.13a 所示模型的输出。

(a) 图 P7.13b 中，哪个（哪些）频谱对应于浊音帧？给出理由。

(b) 图 P7.13b 中，哪个（哪些）频谱对应于清音帧？给出理由。

(c) 图 P7.13b 中，哪个（哪些）频谱的计算窗长最长？给出理由。

(d) 图 P7.13b 中，哪个（哪些）频谱的计算窗长最短？给出理由。

(e) 图 P7.13b 中，哪个频谱最有可能对应于女声？给出理由。

(f) 估计图 P7.13b 所示频谱 A 中的信号基频（Hz），解释可靠估计出该基频的方法。

(g) 估计图 P7.13b 所示频谱 B 中的信号的前三个共振频率（Hz）。

(h) 图 P7.13(a)中的哪部分模型决定了共振频率？

(i) 图 P7.13(a)中的哪部分模型决定了图 P7.13b 所示 A 频谱中的主要局部峰值的间距？

(j) 图 P7.13(a)中，改变哪个或哪些模块，能使图 P7.13b 中的对数幅度谱下降 20dB？什么变化可完成这种频移？

(k) 如果去掉(h)模块，图 P7.13b 中的曲线会受到什么影响？在仅已知 $p_L[n]$ 的前提下，如何有效地实现这一效果，即如何从 $p_L[n]$ 得到 $u_L[n]$？

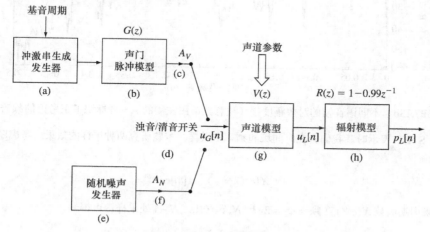

图 P7.13a　语音产生的离散时间系统模型

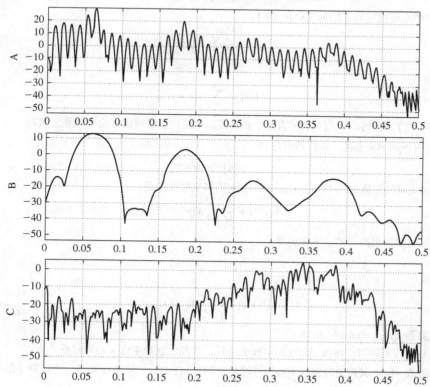

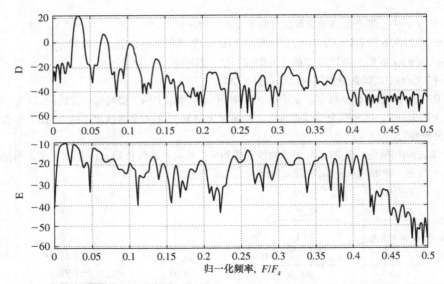

图 P7.13b 不同语音帧的对数幅度谱（注意频谱图左侧的 A～E 标识了正考虑的频谱）

7.14 在实现 STFT 表示时，我们会在时间域和频率中采样。本题研究两种采样的效果。考虑序列 $x[n]$，其 DFT 为

$$X(e^{j\omega}) = \sum_{m=-\infty}^{\infty} x[m]e^{-j\omega m}.$$

(a) 如果周期函数 $X(e^{j\omega})$ 在频率 $\omega_k = 2\pi k / N, k = 0,1,...,N-1$ 处采样，可得

$$\tilde{X}[k] = \sum_{m=-\infty}^{\infty} x[m]e^{-j\frac{2\pi}{N}km}.$$

这些样本可视为如下序列 $\tilde{x}[n]$ 的 DFT：

$$\tilde{x}[n] = \frac{1}{N} \sum_{k=0}^{N-1} \tilde{X}[k]e^{j\frac{2\pi}{N}kn}.$$

证明

$$\tilde{x}[n] = \sum_{r=-\infty}^{\infty} x[n+rN].$$

(b) 对 $X(e^{j\omega})$ 采样时，序列 $x[n]$ 应满足什么条件，才能保证时域信号没有混叠失真？

(c) 考虑对序列 $x[n]$ 采样，即构造新序列

$$y[n] = x[nM]$$

它由 $x[n]$ 的每第 M 个样本组成。证明 $y[n]$ 的傅里叶变换是

$$Y(e^{j\omega}) = \frac{1}{M} \sum_{k=0}^{M-1} X(e^{j(\omega-2\pi k)/M}).$$

在证明该结果时，可从下式出发：

$$v[n] = x[n]p[n],$$

其中，

$$p[n] = \sum_{r=-\infty}^{\infty} \delta[n+rM].$$

注意到 $y[n] = v[nM] = x[nM]$。

(d) 对 $X(e^{j\omega})$ 采样时，序列 $x[n]$ 应满足什么条件，才能保证频率信号没有混叠失真？

7.15 考虑窗函数 $w[n]$，其傅里叶变换 $W(e^{j\Omega T})$ 被带限到 $0 \le \Omega \le \Omega_c$。证明若 R 是一个足够小的非零整数，则

与 n 无关。

$$\sum_{r=-\infty}^{\infty} w[rR-n] = \frac{W(e^{j0})}{R},$$

(a) 令 $\hat{w}[r] = w[rR-n]$。给出 $\hat{W}(e^{j\Omega T'})$ 关于 R 和 $W(e^{j\Omega T})$ 的表达式，其中 T 是 $w[n]$ 的采样率，$T' = RT$ 是 $\hat{w}[r]$ 的采样率（提示：回顾关于信号抽取 R 到 1 因子的习题，或参阅习题 7.14c）。

(b) 假设 $W(e^{j\Omega T}) = 0, |\Omega| > \Omega_c$，推导 R（R 是 Ω_c 的函数）的最大值的表达式，使得

$$\hat{W}(e^{j0}) = \frac{W(e^{j0})}{R}.$$

(c) 回顾可知 $\sum_{r=-\infty}^{\infty} \hat{w}[r]e^{-j\Omega T'r} = \hat{W}(e^{j\Omega T'})$。证明：如果 (b) 的条件满足，则该题最初给出的关系有效。

7.16 OLA 分析/合成中经常使用的 $2M+1$ 点对称汉宁窗函数，在式 (7.54) 中定义为

$$w_{\text{Hann}}[n] = [0.5 + 0.5\cos(\pi n/M)]w_r[n] \tag{P7.1}$$

其中 $w_r[n]$ 是一个矩形窗，它表示需求 $w_{\text{Hann}}[n] = 0, |n| > M$。由于 $n = \pm M$ 时 $[0.5 + 0.5\cos(\pi n/M)] = 0$，于是有四种不同的矩形窗能够保证 $w_{\text{Hann}}[n]$ 的期望时间限制。其中我们用起来最方便的是

$$w_{r1}[n] = \begin{cases} 1 & -M \leq n \leq M-1 \\ 0 & \text{otherwise.} \end{cases}$$

(a) 证明 $w_{r1}[n]$ 的 DTFT 为

$$W_{r1}(e^{j\omega}) = \left(\frac{1-e^{-j\omega 2M}}{1-e^{-j\omega}}\right)e^{j\omega M}.$$

(b) 证明如果式 (P7.1) 中有 $w_r[n] = w_{r1}[n]$，则

$$W_{\text{Hann}}(e^{j\omega}) = 0.5W_{r1}(e^{j\omega}) + 0.25W_{r1}(e^{j(\omega-\pi/M)}) + 0.25W_{r1}(e^{j(\omega+\pi/M)}),$$

利用 (a) 的结论得到 $W_{\text{Hann}}(e^{j\omega})$ 仅关于 ω 和 M 的表达式。

(c) 利用 (a) 和 (b) 的结论证明 $W_{\text{Hann}}(e^{j2\pi k/M}) = 0$，$k = 1, 2, ..., M-1$。因此，如果 $R = M$ 或 $R = M/2$（$M/2$ 是整数），则可以完美重建。

(d) 利用 (a) 和 (b) 的结论证明 $W_{\text{Hann}}(e^{j0}) = M$，且使用汉宁窗的重建增益为 $C = M/R$。

(e) 使用式 (P7.1) 时有三种矩形窗可以给出同样的 $w_{\text{Hann}}[n]$（这意味着还有其他三种方式能够用 ω 和 M 来表示 $W_{\text{Hann}}(e^{j\omega})$）。将这三种矩形窗表示为 $w_{r2}[n]$，$w_{r3}[n]$ 和 $w_{r4}[n]$。求三种矩形窗的表达式及其 DTFT 的表达式。

(f) 利用 (a)、(b) 和 (e) 的结论，编写一个 MATLAB 程序，针对四种矩形窗在 $M = 10$ 的情况下计算并画出 $W_{\text{Hann}}(e^{j\omega})$。在同一坐标轴上画出所有 4 幅图形，并证明它们是相同的，且 $W_{\text{Hann}}(e^{j\omega})$ 在频率 $\pi k/M$，$k = 2, 3, ..., 2M-2$ 处为零，因此在频率 $2\pi k/M$，$k = 1, 2, ..., M-1$ 处也为零。

7.17 OLA 分析/合成使用由式 (7.54) 定义的汉宁窗作为分析窗和合成窗时，有效窗是 $w_{\text{eff}}[n] = (w_{\text{Hann}}[n])^2$。

(a) 应用式 (7.54)，证明

$$w_{\text{eff}}[n] = [0.375 + \cos(\pi n/M) + 0.125\cos(2\pi n/M)]w_r[n].$$

(b) 利用 (a) 的结果，给出 $W_{\text{eff}}(e^{j\omega})$ 关于 $W_r(e^{j\omega})$ 的表达式。

(c) 利用习题 7.16 中的 $w_r[n] = w_{r1}[n]$ 和 $W_r(e^{j\omega}) = W_{r1}(e^{j\omega})$，证明 $W_{\text{eff}}(e^{j4\pi k/M}) = 0, k = 1, 2, ..., (M-2)/2$ 且 $W_{\text{eff}}(e^{j0}) = 3M/4$。这将证明：在 $R = M/2$ 和相应的重建增益 $C = (3M/4)/(M/2) = 3/2$ 时，对 OLA 分析/合成使用连续汉宁窗可进行完美重建。

7.18 (a) 证明图 P7.18 所示系统的冲激响应为

$$h_k[n] = h[n]\cos(\omega_k n).$$

(b) 求图 P7.18 所示系统的频率响应的表达式。

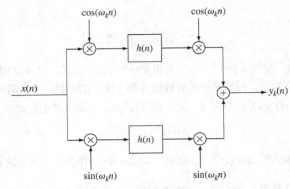

图 P7.18　系统实现流程

7.19 使用一阶差分通常可以强调频谱的高频区域。本题研究这种运算对 STFT 的影响。

(a) 令 $y[n] = x[n] - x[n-1]$，证明

$$Y_n(e^{j\hat{\omega}}) = X_n(e^{j\hat{\omega}}) - e^{-j\hat{\omega}}X_{n-1}(e^{j\hat{\omega}}).$$

(b) 在什么条件下可以做如下近似?

$$Y_n(e^{j\hat{\omega}}) \approx (1 - e^{-j\hat{\omega}})X_n(e^{j\hat{\omega}}).$$

通常，$x[n]$ 经线性滤波后可得到

$$y[n] = \sum_{k=0}^{N-1} h[k]x[n-k].$$

(c) 证明 $Y_n(e^{j\hat{\omega}})$ 与 $X_n(e^{j\hat{\omega}})$ 的关系为

$$Y_n(e^{j\hat{\omega}}) = X_n(e^{j\hat{\omega}}) * h_{\hat{\omega}}[n].$$

请根据 $h[n]$ 确定 $h_{\hat{\omega}}[n]$。

(d) 下式何时成立?

$$Y_n(e^{j\hat{\omega}}) = H(e^{j\hat{\omega}})X_n(e^{j\hat{\omega}})$$

7.20 由 N 个滤波器组成的滤波器组具有如下指标:

1. 频带中心频率为 ω_k;
2. 各个通带在 $w = \pi$ 处对称，即 $\omega_k = 2\pi - \omega_{N-k}$，$P_k = P_{N-k}^*$，$w_k[n] = w_{N-k}[n]$;
3. 存在 $\omega_k = 0$ 的通带。

对于 N 为偶数和奇数两种情况:

(a) 画出 N 个滤波通带的位置。

(b) 根据 $w_k[n]$，ω_k，P_k 和 N，推导出滤波器组的合成冲激响应的表达式。

7.21 在 7.6 节中讨论了短时分析和合成的 FBS 方法。图 7.33 所示系统的整个合成冲激响应为

$$\tilde{h}[n] = w[n]p[n] = \sum_{r=-\infty}^{\infty} w[rN]\delta[n-rN].$$

假设窗函数 $w[n]$ 可使得合成冲激响应为

$$\tilde{h}[n] = \alpha_1\delta[n] + \alpha_2\delta[n-N] + \alpha_3\delta[n-2N].$$

例如，当该窗函数对应于一个 IIR 系统的冲激响应时，就是这一结果。目标是仅有一个而非三个冲激响应。从语音处理的角度来说，这些额外的冲激表示由 N 个样本分隔的回声。

(a) 根据给出的例子，证明系统函数 $H(e^{j\omega})$ 满足

$$|H(e^{j\omega})|^2 = (\alpha_2 + (\alpha_1 + \alpha_3)\cos(\omega N))^2 + (\alpha_1 - \alpha_3)^2\sin^2(\omega N).$$

(b) 证明该系统的相位响应可写为

$$\theta(\omega) = -\omega N + \arctan\left[\frac{(\alpha_1 - \alpha_3)\sin(\omega N)}{\alpha_2 + (\alpha_1 + \alpha_3)\cos(\omega N)}\right].$$

(c) 为求出幅度的最大值和最小值位置，要将 $|H(e^{j\omega})|^2$ 对 ω 微分，且结果设置为 0。证明对于 $|\alpha_1 + \alpha_3| <<| \alpha_2|$，最大值和最小值的位置是

$$\omega = \pm\frac{k\pi}{N}, \quad k = 0, 1, 2, \ldots.$$

(d) 利用(c)中的结果，证明峰峰幅度纹波（单位 dB）可表示为

$$R_A = 20\log_{10}\left[\frac{|\alpha_2 + \alpha_1 + \alpha_3|}{|\alpha_2 - \alpha_1 - \alpha_3|}\right].$$

(e) 对于以下情况计算 R_A：

    (i) $\alpha_1 = 0.1$，$\alpha_2 = 1.0$，$\alpha_3 = 0.2$

    (ii) $\alpha_1 = 0.15$，$\alpha_2 = 1.0$，$\alpha_3 = 0.15$

    (iii) $\alpha_1 = 0.1$，$\alpha_2 = 1.0$，$\alpha_3 = 0.1$

(f) 使 $\theta(\omega)$ 对 ω 微分，可以证明 θ 出现最大值和最小值时的各个 ω 值满足

$$\cos(\omega N) = -\left[\frac{\alpha_1 + \alpha_3}{\alpha_2}\right].$$

证明峰峰相位纹波由下式给出：

$$R_p = 2\arctan\left[\frac{\alpha_1 - \alpha_3}{(\alpha_2^2 - (\alpha_1 + \alpha_3)^2)^{1/2}}\right].$$

(g) 求出(e)中的 R_p，讨论 α_1 和 α_3 对 R_A 和 R_p 的影响。

7.22 考虑表示浊语音的一个周期序列

$$\tilde{x}[n] = \sum_{r=-\infty}^{\infty} h_v[n + rN_p]$$

(a) 证明傅里叶级数 $\tilde{x}[n]$ 可以表示为

$$\tilde{x}[n] = \frac{1}{N_p}\sum_{k=0}^{N_p-1}\tilde{X}[k]e^{j\frac{2\pi}{N_p}kn},$$

其中傅里叶系数 $\tilde{X}[k]$ 是浊语音冲激响应的傅里叶变换的样本，即

$$\tilde{X}[k] = H_v(e^{j\frac{2\pi}{N_p}k}).$$

（见习题 7.14。）

(b) 证明 $\tilde{x}[n]$ 的 STFT 为

$$\tilde{X}_n(e^{j\hat{\omega}}) = \frac{1}{N_p}\sum_{k=0}^{N_p-1}H_v(e^{j\frac{2\pi}{N_p}k})W_n(e^{j(\hat{\omega}-2\pi k/N_p)}),$$

其中 $W_n(e^{j\hat{\omega}})$ 是 $w[n-m]$ 的傅里叶变换。

(c) 对于给定的频率 $\hat{\omega}$，$\tilde{X}_n(e^{j\hat{\omega}})$ 有多少个不同的值？

(d) 对于矩形窗

$$w[n] = \begin{cases} 1 & 0 \le n \le N_p - 1 \\ 0 & \text{其他} \end{cases}$$

求函数 $W_n(e^{j\hat{\omega}})$。

(e) 对于窗长为 N_p 的矩形窗，n 取什么值时，下式为真？

$$\tilde{X}_n(e^{j\frac{2\pi}{N_p}k}) = H_v(e^{j\frac{2\pi}{N_p}k}).$$

7.23 考虑信号 $x[n] = \cos(\omega_0 n)$ 的分析和合成，第 k 个通道的分析网络如图 P7.23a 所示。

(a) 对于给定的输入信号，求 $a_n(\hat{\omega}_k)$ 和 $b_n(\hat{\omega}_k)$。

(b) 假设 $w[n]$ 是一个窄带低通滤波器，请化简 $a_n(\hat{\omega}_k)$ 和 $b_n(\hat{\omega}_k)$ 的表达式，假设 $(\omega_0 - \hat{\omega}_k)$ 落在该滤波器的通带内，且对于此类频率有 $W(e^{j\omega}) \approx 1$。

(c) 合并信号 $a_n(\hat{\omega}_k)$ 和 $b_n(\hat{\omega}_k)$ 可给出幅度 $M_n(\hat{\omega}_k)$ 和相位导数 $\dot{\phi}_n(\hat{\omega}_k)$。求该例中的 $M_n(\hat{\omega}_k)$ 和 $\dot{\phi}_n(\hat{\omega}_k)$。

(d) 证明图 P7.23b 所示的合成网络中，输出信号基本等于输入信号。

(e) 相位导数 $\dot{\phi}_n(\hat{\omega}_k)$ 可使用下式计算：

$$\dot{\phi}_n(\hat{\omega}_k) = \frac{b_n(\hat{\omega}_k)\dot{a}_n(\hat{\omega}_k) - a_n(\hat{\omega}_k)\dot{b}_n(\hat{\omega}_k)}{[a_n(\hat{\omega}_k)]^2 + [b_n(\hat{\omega}_k)]^2}.$$

求该例子中的 $\dot{\phi}_n(\hat{\omega}_k)$，并与(c)的结果相比较。

(f) 假设(e)中的导数使用简单的一阶差分计算，即

$$\dot{a}_n(\hat{\omega}_k) \approx \frac{1}{T}\left[a_n(\hat{\omega}_k) - a_{n-1}(\hat{\omega}_k)\right],$$

其中 T 是时域采样周期。求 $\dot{\phi}_n(\hat{\omega}_k)$ 并与(c)的结果比较。什么条件下它们近似相同？

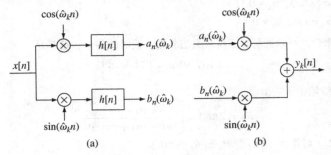

图 P7.23　信号分析和合成网络

7.24 （MATLAB 练习）编写一段 MATLAB 程序，执行单帧语音波形的短时频谱分析。程序需要接受如下输入：

1. 语音文件名。

2. 帧分析语音矩阵内的起始样本。

3. 帧长（单位 ms）。

请根据正分析数字语音的采样率，将以毫秒为单位的输入帧长转换为以样本数为单位的帧长。使用合适长度的汉明窗，对选定的语音帧进行加窗处理，并画出如下信号的图形：

1. 整个语音文件的语音波形图。

2. 在期望的起始样本处开始的加窗语音帧。

3. 选定语音帧的 STFT 的幅度。

4. 选定语音帧的 STFT 的对数幅度（单位 dB）。

使用如下输入测试代码：

- 语音文件：s5.wav 和 vowel_iy_100hz.wav

- 起始样本：7000（对于文件 s5.wav）和 1000（对于文件 vowel_iy_100hz.wav）

- 帧长：两个例子均为 40ms

7.25 （MATLAB 练习）编写一段 MATLAB 程序，使用多个窗长，执行（并比较）一段语音的多个短时分析。程序需要接受如下输入：

1. 待比较的短时分析的数量。

2. 语音文件名。

3. 短时谱分析的语音数组内的起始样本。

4. 每个分析的帧长（ms）。

对于每个谱分析，须根据正被分析的经采样的语音信号的采样率，将以毫秒为单位的输入帧长转换为以样本为单位的帧长。请使用汉明窗和矩形窗进行短时分析，以便对两种窗函数的结果进行对比。程

序的输出为使用汉明窗时的多个谱分析图形，以及使用矩形窗时多个谱分析的一幅单独图形。每幅图形都应包含如下四幅子图形：

1. 待分析文件的语音波形。
2. 待分析的语音段的波形，在波形上方叠加该窗口。
3. 短时变换的幅度，对不同的分析使用不同的颜色。
4. 短时变换的对数幅度（dB），对不同的分析使用不同的颜色。

使用如下输入测试代码：

- 语音文件：s5.wav
- 分析个数：4
- 分析的帧长：5ms, 10ms, 20ms, 40ms
- 分析的起始样本：7000

7.26 （MATLAB 练习）编写一段 MATLAB 程序，为某个指定的语音文件创建数字声谱（包括窄带和宽带声谱）。对于该练习，可以使用 MATLAB 的子程序 spectrogram，也可自己编写代码创建要求的短时谱序列，进而画出声谱图。

程序应接受如下参数来创建大范围的声谱图形：

- 语音文件名
- 从原始语音采样率降低到一个较低采样率的选项，如从 16kHz 降到 8kHz
- 宽带声谱图的窗长（ms）
- 窄带声谱图的窗长（ms）
- 宽带声谱图计算的 FFT 长度
- 窄带声谱图计算的 FFT 长度
- 绘制短时谱的对数幅度或线性幅度的选项
- 声谱图的动态范围
- 以彩色或灰度显示声谱图的选项

程序应在一页内同时画出窄带和宽带声谱图。

使用如下输入测试代码：

- 语音文件：s5.wav
- 重采样选项：0（不改变采样率）
- 宽带声谱图的窗长：5ms
- 窄带声谱图的窗长：50ms
- 宽带声谱图的 FFT 长度：1024
- 窄带声谱图的 FFT 长度：1024
- 使用对数幅度或线性幅度的选项：使用对数幅度
- 声谱图的动态范围：60dB
- 颜色选项：灰度图和彩色图（两幅单独的图形）

程序工作正常后，可以不同的采样率进行实验，并改变分析参数来了解它们对结果声谱图的影响。

7.27 （MATLAB 练习）编写一段 MATLAB 程序，在同一页中画出多个声谱图（用于对比，如比较语音段的合成语音和自然语音）。

对于每幅待画出的声谱图，程序应能接受一组参数来指定声谱图的属性，包括重采样到某个指定低采样率的选项、窗长（ms）、FFT 长度、动态范围、灰度/彩色选项。使用子图选项在同一页中画出所有声谱图。

使用如下选项测试程序：

- 待比较的声谱图个数：2
- 语音文件 1：we were away a year ago_suzanne.wav
- 语音文件 2：we were away a year ago_lrr.wav
- 窗长 1：5ms（宽带声谱图）
- 窗长 2：5ms（宽带声谱图）
- 动态范围：60dB
- 颜色选项：灰度图

7.28 （MATLAB 练习）编写一段 MATLAB 程序，画出重叠窗和相加窗的和，以验证窗口采样属性，即

$$\sum_{r=-\infty}^{\infty} w[rR-n] = \frac{W(e^{j0})}{R}.$$

计算 L 点汉明窗，通过对该窗口进行平移、重叠和相加，创建一个重叠-相加数组。如果 L 是奇数，使用 $R=(L-1)/4$，如果 L 是偶数，使用 $R=L/4$。对 50～100 个重叠-相加段求和，画出最后的窗口和。你将会看到，经过 $3L/4$ 个样本周期（根据最初建立的和）后，OLA 窗的和几乎恒定，并保持到最后。在这个过程中，由于序列末端重叠-相加窗的数量不足，可能会出现衰减。

(a) 取 $L=400$。使用不同的 R 值（窗移）进行实验，包括：$L=100$（重叠 75%）、50（重叠 87.5%）和 25（重叠 93.3%）。

(b) 采用同样的 R 值，取 $L=401$，重复(a)。

(c) 删除最后一个样本来修正 401 点汉明窗，重复上述操作。

7.29 （MATLAB 练习）编写一段 MATLAB 程序，利用加权同步重叠相加法（WSOLA）以任意因子 α，$0.4 \le \alpha \le 2.5$ 对文件加速或减速。WSOLA 方法的工作流程如下。一个标准的 OLA 系统使窗重叠 75%，将结果相加，得到完美的合成结果。当我们要对一个波形文件加速（$\alpha>1$）或减速（$\alpha<1$）时，由于加速或减速因子 α 的存在，使得重叠相加窗函数的相位调整（时间同步）不再准确，因此无法完美地进行重叠窗求和操作。因此，我们采取一种重叠段相位调整的最优化方法，按如下方式进行。从语音第一帧开始，定义"理想"重叠段（距离当前帧四分之一窗长的距离）和"实际"帧，也就是本应该用作加速或减速（由 α 乘以正常窗移区分开）但却包含相位误差的语音帧。通过简单地在"实际"帧的起始端和结束端进行一小段固定段长的扩展，可以在"理想"帧和"实际"帧（扩展区域）之间建立联系，并且可以找到最大相关位置，从中提取出重叠-相加帧并叠加到当前语音上。一旦得到了 OLA 最优匹配帧，就可以将自最优当前帧开始，移动距离为四分之一窗长的帧定义为下一个"理想"帧，将移动距离为 α 乘以四分之一窗长的语音帧重定义为下一个"实际"帧，这一过程迭代进行，直到语音结束。对于任意 α 值，经过加速或减速的信号听上去很自然，没有失真。

程序应该读入以下参数：

- 语音文件名
- α，语音加速或减速因子
- N，窗长（ms）
- L，窗移（ms）
- wtype，窗函数类型（矩形窗、汉明窗、三角窗）
- Δmax，最大匹配帧偏移（ms）

使用下列输入参数测试代码：

- 文件名：s5.wav
- a：1（程序例行检查），2.2，0.75
- N：40ms
- L：10ms
- wtype：1（汉明窗）
- Δmax：5ms

倾听加速或减速后的语音文件，利用大量的语音（或音乐）文件和不同的加速减速因子进行实验。

7.30 （MATLAB 练习）编写一段 MATLAB 程序，计算并画出滤波器组修正函数：

$$p[n] = \sum_{k=1}^{M} e^{j\frac{2\pi}{N}kn} + \sum_{k=N-M}^{N-1} e^{j\frac{2\pi}{N}kn}$$

$$= \frac{\sin\left(\frac{\pi}{N}(2M+1)n\right)}{\sin\left(\frac{\pi}{N}n\right)} - 1$$

$N = 15$（滤波器组中通道数），$M = 2$（保留的通道）。在 $-15 \leq n \leq 30$ 范围内，使用 stem 和 plot 函数分别画出响应 $p[n]$，以便观察到实际响应（离散图）和修正响应包络（常规线图）。

7.31 （MATLAB 练习）编写一段 MATLAB 程序，使用六阶贝塞尔低通滤波器原型，计算并画出带有 $M = 30$ 个主动通道的一个 $N = 100$ 通道滤波器组的冲激响应和幅度响应。这样做的目的是显示增强的滤波器组综合响应，方法是关于低通滤波器原形 $w[n]$ 延迟修正函数 $p[n]$，以便在综合滤波器组响应中得到简化的对数幅度纹波和简单的相位纹波。

首先利用如下 MATLAB 语句设计最大平坦（贝塞尔）低通原型滤波器：

```
fs = 10000; % sampling frequency
fc = 52; % lowpass cutoff frequency
norder = 6; % numerator order
dorder = 6; %   denominator order
fcn = fc*2/fs; % normalized lowpass cutoff frequency
[b,a] = maxflat(norder,dorder,fcn);
% b is the numerator polynomial
% a is the denominator polynomial
```

画出低通原型滤波器的冲激响应（$w[n]$）和频率（对数幅度和相位）响应。

然后使用如下公式计算修正响应 $p[n]$：

$$p[n] = \frac{\sin\left[\frac{\pi}{N}(2M+1)n\right]}{\sin\left[\frac{\pi}{N}n\right]} - 1$$

并画出范围 $-100 \leq n \leq 200$ 内的响应，即超过三个周期的周期响应。

接着，构造 $w[n]$ 和 $p[n]$ 的积（假设没有额外的延迟）并画出时间响应（$w[n]*p[n]$，以及图形上 $w[n]$ 的包络）和对数幅度响应。综合滤波器组的对数幅度响应中有多少纹波？

最后，构造 $w[n]$ 和 $p[n-n_0]$ 的积，并选取使得合成滤波器组的对数幅度响应的纹波数最少的值 n_0。再次画出时间响应（$w[n]*p[n]$，以及图形上 $w[n]$ 的包络）和对数幅度响应。该滤波器组的最优值 n_0 是多少？综合滤波器组的对数幅度响应的纹波有多少？

7.32 （MATLAB 练习）编写一段 MATLAB 程序，以 9600Hz 采样率，设计并实现由 15 个均匀间距滤波器组成的滤波器组，频率范围为 200~3200Hz。使用加窗方法设计滤波器组中的每个滤波器，使得通带外衰减为 60dB，使用凯泽窗修正理想滤波器响应，从而得到可靠的 FIR 滤波器。

首先，利用 MATLAB 代码设计凯泽窗：

```
fs = 9600; % sampling frequency inHz
nl = 175; % length of Kaizer window in samples
alpha = 5.65326;
```

```
% design value for bandwidth and ripple
w1 = Kaizer(n1,alpha);
% w1 is the resulting Kaizer window
```

然后，设计一组理想滤波器，将每个滤波器的响应乘以凯泽窗，并对滤波器组中的 15 通道求和。假设 15 个滤波器的中心频率分别为 300Hz, 500Hz, 700Hz, ..., 3100Hz，每个（理想）滤波器的带宽为 200Hz，即第一个理想滤波器的通带范围为 200～400Hz，第二个滤波器的通带范围为 400～600Hz，以此类推（我们看到理想滤波器在 200～3200Hz 范围内的理想平坦响应上没有任何重叠与相叠）。

画出滤波器组中 15 个滤波器的幅度响应，以及幅度响应的突变，给出通带内纹波的细节。

7.33 （MATLAB 练习）编写一段 MATLAB 程序，以 9600Hz 采样率，设计并实现由 4 个非均匀间隔的滤波器组成的滤波器组，频率范围为 200～3200Hz。使用加窗方法设计滤波器组中的每个滤波器，使得通带外衰减为 60dB，使用凯泽窗修正理想滤波器响应，从而得到可靠的 FIR 滤波器。

首先，利用 MATLAB 代码设计凯泽窗：

```
fs = 9600; % sampling frequency in Hz
n1 = 301; % length of Kaizer window in samples
alpha = 5.65326;
% design value for bandwidth and ripple
w1 = Kaizer(n1,alpha);
% w1 is the resulting Kaizer window
```

然后，设计一组理想滤波器，使每个滤波器响应乘以凯泽窗，对滤波器组中的 4 通道求和。假设 4 个滤波器的中心频率分别为 300Hz、600Hz、1200Hz 和 2400Hz，（理想）滤波器带宽为 200Hz、400Hz、800Hz、1600Hz，即第一个理想滤波器的通带范围为 200～400Hz，第二个滤波器的通带范围为 400～800Hz，以此类推（理想滤波器在 200～3200Hz 范围内的理想平坦响应上没有任何重叠与相加）。

画出滤波器组中 4 个滤波器的幅度响应，以及幅度响应的突变，给出通带内纹波的细节。

第 8 章 倒谱和同态语音处理

8.1 简介

1963 年，Borgert, Heraly and Tukey[39]发表了一篇题为"时序回波的倒频分析"的论文。在这篇论文中，作者观察到一个信号与一个回波（延迟并缩放的副本）之和的对数傅里叶频谱，由信号的对数频谱加一个和回波相关的周期成分构成。他们提出对对数频谱做进一步的傅里叶分析，可以突出对数频谱中的周期成分，进而可得一个新的量来指示回波的存在。特别地，他们做了以下观测：

通常，我们发现自己对频率的操作习惯性地是依照对时间的操作方法进行的，反之亦然。

为了使时域和频域互换这一新的观察角度更加规范，Bogert 等人将熟悉的工程术语的字母顺序调换，提出了一些新的术语。例如，为了强调对数频谱的方法是一种波形的傅里叶分析，定义了信号的倒谱术语作为一个信号的对数功率谱的功率谱，引入了术语倒频来描述倒谱中相互独立的变量。Bogert 等人[39]提出了其他一些术语来强调时域和频域在互换上的相似之处。部分术语在表 8.1 中给出。本章将讨论少数经过时间检验而保存下来的术语。

表 8.1　Bogert 等人提出的术语[39]（新术语用斜体表示）

概念	含义	概念	含义
频谱	自相关函数的傅里叶变换	倒滤波	对对数频谱的线性操作
倒谱	对数频谱的傅里叶逆变换	频率	频谱的自变量
分析	确定一个信号的频谱	倒频	倒谱的自变量
倒分析	确定一个信号的倒谱	谐振频率	基频的整数倍
滤波	对时间信号的线性操作	谐振倒频率	基倒频的整数倍

Bogert 等人对倒谱的定义基于一种对模拟信号频谱更广泛的解释。事实上，仿真是基于离散傅里叶变换来近似模拟信号频谱的离散时间谱估计。倒谱概念的有效应用需要数字化的处理，所以有必要给出离散时间信号理论的倒谱的确切定义[271, 342]。对于离散时间信号，一个能涵盖原始含义的必要特征的定义是，一个信号的倒谱是将该信号的离散傅里叶变换的对数幅度做离散傅里叶逆变换（IDTFT）。即一个信号 $x[n]$ 的倒谱 $c[n]$ 定义为

$$c[n] = \frac{1}{2\pi} \int_{-\pi}^{\pi} \log |X(e^{j\omega})| e^{j\omega n} d\omega, \tag{8.1a}$$

式中，信号的 DTFT 定义为

$$X(e^{j\omega}) = \sum_{n=-\infty}^{\infty} x[n] e^{-j\omega n}. \tag{8.1b}$$

式(8.1a)是我们本章将用到的倒谱定义。注意 $c[n]$ 是一个 IDTFT，即它可视为一个关于离散序号 n 的函数。如果输入序列是通过对模拟信号采样获得的，即 $x[n] = x_a(nT)$，那么就很自然地将时间与倒谱中的序号 n 关联起来。因此，在类似的名称上继续使用调换字母的方式，Bogert 等人引入了术语倒频来表示倒谱中的自变量[39]。这个新术语经常用于描述倒谱的基本性质。例如，我们将会证明低倒频对应于对数幅度谱缓慢变化（频域上）的成分，而高倒频对应于对数幅度谱快速变化的成分。倒频 N_p 的倍数点处的孤立峰值在倒谱中对应于对数幅度谱中的周期成分，周期为 $2\pi/N_p$，归一化角频率为 ω 或模拟频率为 F_s/N_p。这个峰值是真实存在的，当回波出现在一个信号

中时，使得 Bogert 等人去考虑用倒谱作为检测回波的基础。

在语音处理中，倒谱最初的一个应用由 Noll[252]提出。他发现由于浊音和带回波的信号具有同样的重复性时域结构，因此倒谱可用于检测（估计）基音周期和浊音。本章后面会列出倒谱在语音处理中许多其他方面的应用。我们将从概括倒谱概念开始对倒谱性质进行讨论。复倒谱定义为

$$\hat{x}[n] = \frac{1}{2\pi} \int_{-\pi}^{\pi} \log\{X(e^{j\omega})\}e^{j\omega n}d\omega, \tag{8.2}$$

式中，$\log\{X(e^{j\omega})\}$ 是复对数，对应于式(8.1a)中的对数幅度，并用 $\hat{x}[n]$ 来表示信号 $x[n]$ 的复倒谱。我们将会看到，这一推广将倒谱概念与一类系统关联起来，区分了由多个卷积结果得到的信号成分，同时由于卷积是语音产生离散时间模型的核心，因而广泛适用于语音处理问题。

8.2 卷积同态系统

在倒谱概念出现的同一时期，Oppenheim[266]提出了一个新的基于线性向量空间数学算法的系统理论。该理论的本质是，某些信号组合运算（特别是卷积和相乘）满足线性向量空间理论中的相加假设。基于这一观察，Oppenheim 证明了这类非线性系统可根据广义叠加原理来定义，并称这种系统为同态系统。我们现在的讨论重点是其输入和输出均由卷积构成的同态系统。

如表示常规线性系统那样，叠加原理为

$$y[n] = \mathcal{L}\{x[n]\} = \mathcal{L}\{x_1[n] + x_2[n]\}$$
$$= \mathcal{L}\{x_1[n]\} + \mathcal{L}\{x_2[n]\} \tag{8.3a}$$
$$= y_1[n] + y_2[n]$$

和

$$\mathcal{L}\{ax[n]\} = a\mathcal{L}\{x[n]\} = ay[n], \tag{8.3b}$$

式中，$\mathcal{L}\{\}$ 是代表系统的线性算子。式(8.3a)给出的叠加原理表明，若一个输入信号是基本信号的加性（线性）组合，则输出是相应输出的加性组合，如图 8.1 所示，其中输入端和输出端的+号强调输入端的加性组合在输出端产生相应的加性组合。类似地，式(8.3b)表明，缩放后的输入相应地产生缩放的输出。

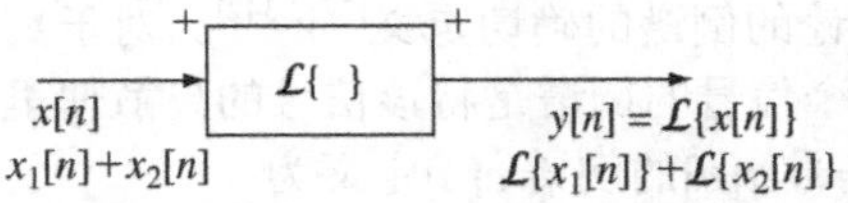

图 8.1　服从加性叠加原理的系统表示，这种系统称为常规线性系统

如第 2 章所述，叠加原理的结果是，若系统是线性时不变的[①]，则输入可表示为卷积和

$$y[n] = \sum_{k=-\infty}^{\infty} x[k]h[n-k] = x[n] * h[n], \tag{8.4}$$

式中，$h[n]$ 是系统的冲激响应，即 $h[n]$ 是输入为 $\delta[n]$ 时的输出。*号表示离散时间卷积运算，即输入序列 $x[n]$，$-\infty < n < \infty$ 至输出序列 $y[n]$，$-\infty < n < \infty$ 的变换。

类似于式(8.3a)和式(8.3b)描述的常规线性系统的叠加原理，我们可以定义一类系统，这类系统服从使用卷积代替加法的一般叠加原理[②]。换言之，类似于式(8.3a)，输入 $x[n] = x_1[n] * x_2[n]$ 的输出 $y[n]$ 为

---

① 回忆可知，若一个系统的输入 $x[n]$ 产生输出 $y[n]$，且若输入 $x[n-n_0]$ 产生输出 $y[n-n_0]$，则该系统是时不变的。
② 很容易就可证明卷积有着和加法相似的代数性质（交换律和结合律）[271,272]。

$$
\begin{aligned}
y[n] &= \mathcal{H}\{x[n]\} = \mathcal{H}\{x_1[n] * x_2[n]\} \\
&= \mathcal{H}\{x_1[n]\} * \mathcal{H}\{x_2[n]\} \\
&= y_1[n] * y_2[n],
\end{aligned}
\tag{8.5}
$$

式中，$\mathcal{H}\{\cdot\}$是代表系统的算子。也可给出一个类似于式(8.3b)的公式，以表示广义标量乘法[342]；但我们所讨论的应用并不需要广义标量乘法。具有式(8.5)所示性质的系统称为*卷积同态系统*。该术语源自这样一个事实，即这样的变换可证明是线性向量空间中的同态变换[266]。这种系统如图 8.2 所示，其中卷积运算使用符号*明显地标注在了系统的输入端和输出端。

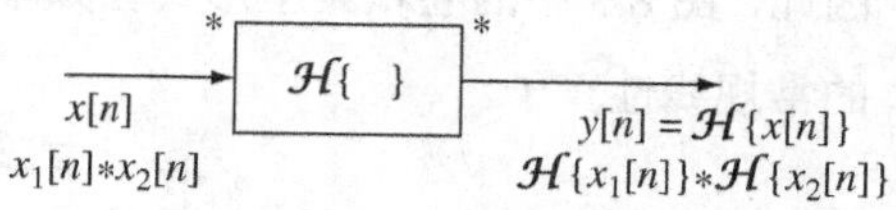

图 8.2　卷积同态系统的表示

同态滤波器就是同态系统，只是该同态系统具有如下性质：一个成分（期望的成分）基本上无改变地通过该系统，而另一个成分（不需要的成分）则被删除。例如，在式(8.5)中，若 $x_2[n]$是不需要的成分，则可要求对应于 $x_2[n]$的输出是一个单位样本，即 $y_2[n]=\delta[n]$，而对应于 $x_1[n]$的输出将非常接近于 $x_1[n]$，以便同态滤波器的输出为 $y[n]=x_1[n]*\delta[n]=x_1[n]$。这完全类似于使用常规线性系统将期望的信号从期望信号与噪声的加性组合中分离（过滤）出来。此时，期望的结果是，噪声导致的输出为零。因此，序列 $\delta[n]$对于卷积的作用与零信号对于加性组合的作用相同。同态滤波器之所以重要，是因为语音处理目标是区分出卷积激励和语音模型的声道成分。

同态系统理论的重点是，任何同态系统都可视为图 8.3 所示卷积情况下的三个同态系统的级联[266]。第一个系统的输入是卷积组合，并变换为相应输出的加性组合。第二个系统是一个常规线性系统，它服从式(8.3a)给出的叠加原理。第三个系统是第一个系统的逆，即它将加性组合的信号变换回卷积组合的信号。同态系统的这种典型形式的重要性在于，设计这样的系统可简化图 8.3 所示中央线性系统的设计问题。系统$\mathcal{D}_*\{\cdot\}$称为*卷积特征系统*，它在图 8.3 所示的典型形式中是固定的。同样，其逆系统［称为*卷积逆特征系统*，用$\mathcal{D}_*^{-1}\{\cdot\}$表示］也是一个固定的系统。卷积特征系统同样满足一般的叠加原理，其输入运算为卷积，输出运算是普通的加法。这种特征系统的性质定义为

$$
\begin{aligned}
\hat{x}[n] &= \mathcal{D}_*\{x[n]\} = \mathcal{D}_*\{x_1[n] * x_2[n]\} \\
&= \mathcal{D}_*\{x_1[n]\} + \mathcal{D}_*\{x_2[n]\} \\
&= \hat{x}_1[n] + \hat{x}_2[n].
\end{aligned}
\tag{8.6}
$$

同样，逆特征系统$\mathcal{D}_*^{-1}$定义为具有如下性质的系统：

$$
\begin{aligned}
y[n] &= \mathcal{D}_*^{-1}\{\hat{y}[n]\} = \mathcal{D}_*^{-1}\{\hat{y}_1[n] + \hat{y}_2[n]\} \\
&= D_*^{-1}\{\hat{y}_1[n]\} * D_*^{-1}\{\hat{y}_2[n]\} \\
&= y_1[n] * y_2[n].
\end{aligned}
\tag{8.7}
$$

图 8.3　同态去卷积系统的典型形式

8.2.1　DTFT 表示

回忆可知 $x[n]=x_1[n]*x_2[n]$ 的 DTFT 为

$$
X(e^{j\omega}) = X_1(e^{j\omega}) \cdot X_2(e^{j\omega});
\tag{8.8}
$$

即离散傅里叶变换运算会将卷积运算变为乘法运算，它也满足交换律和结合律，因此可推得卷积典型形式的另一种表示。所以在频率域，乘法特征系统应将乘法映射为加法。在熟悉实正数的情形下，可进行这种映射的是对数运算。尽管广义对数在处理像 DTFT 这样的复函数时较复杂，但进行适当的数学推导，可以写出

$$
\begin{aligned}
\hat{X}(e^{j\omega}) = \log\{X(e^{j\omega})\} &= \log\{X_1(e^{j\omega}) \cdot X_2(e^{j\omega})\} \\
&= \log\{X_1(e^{j\omega})\} + \log\{X_2(e^{j\omega})\} \\
&= \hat{X}_1(e^{j\omega}) + \hat{X}_2(e^{j\omega}).
\end{aligned}
\tag{8.9}
$$

因此，图 8.3 中的卷积典型形式在频率域可表示为图 8.4 中的形式，其中 $\mathcal{L}_\omega\{\cdot\}$ 表示 DTFT 的对数的常规线性算子。

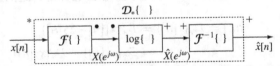

图 8.4　使用 DTFT 表示同态去卷积的典型形式

为将信号表示为一个序列而非图 8.4 所示的频域形式，特征系统可以表示为图 8.5 所示的系统，其中对数函数位于 DTFT 与其逆变换之间，其中的三种运算定义如下：

$$
X(e^{j\omega}) = \sum_{n=-\infty}^{\infty} x[n]e^{j\omega n},
\tag{8.10a}
$$

$$
\hat{X}(e^{j\omega}) = \log\{X(e^{j\omega})\},
\tag{8.10b}
$$

$$
\hat{x}[n] = \frac{1}{2\pi}\int_{-\pi}^{\pi} \hat{X}(e^{j\omega})e^{j\omega n}\,d\omega.
\tag{8.10c}
$$

在这种表示中，卷积特征系统表示为三个同态系统的级联：$\mathcal{F}$ 算子（DTFT）将卷积映射为乘法，复对数将乘法映射为加法，$\mathcal{F}^{-1}$ 算子（IDTFT）将加法映射为加法。类似地，图 8.6 使用 DTFT 算子 $\mathcal{F}$ 与 $\mathcal{F}^{-1}$ 和复指数描述了卷积逆特征系统。

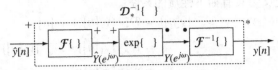

图 8.5　使用 DTFT 算子（记为 $\mathcal{F}\{\cdot\}$ 和 $\mathcal{F}^{-1}\{\cdot\}$）表示同态去卷积的特征系统

图 8.6　使用 DTFT 算子表示同态去卷积的逆特征系统

数学上的困难在于复对数运算的结果不唯一，详见文献[342]。对于我们的目的，足以适当地将复对数定义为

$$
\hat{X}(e^{j\omega}) = \log\{X(e^{j\omega})\} = \log|X(e^{j\omega})| + j\arg\{X(e^{j\omega})\}.
\tag{8.11}
$$

式中，$\hat{X}(e^{j\omega})$ 的实部（即 $\log|X(e^{j\omega})|$）并未带来麻烦。但在定义 $\hat{X}(e^{j\omega})$ 的虚部［即 $\arg\{X(e^{j\omega})\}$，也就是 DTFT $X(e^{j\omega})$ 的相角］时出现了不唯一问题。文献[342]中给出了处理相角不唯一问题的一种方法，即要求在序列 $x[n]$ 为实序列时，相角是 ω 的连续奇函数。该条件保证了

$$
\log\{X_1(e^{j\omega})X_2(e^{j\omega})\} = \log\{X_1(e^{j\omega})\} + \log\{X_2(e^{j\omega})\},
\tag{8.12}
$$

这也是保证将卷积映射为加法的关键性质。

图 8.7 说明了试图正确地定义 DTFT 的相角时所出现的问题。将复数角度作为主值通常是方便的，即该角度满足 $-\pi \le \text{ARG}\{X(e^{j\omega})\} \le \pi$。然而，当主值用于计算关于 ω 函数的相角时，结果通常是不连续函数。复平面上相角在 2π 的整数倍处的定义通常不明确，因此主值相位会有大小为 2π 的不连续。但对复指数（复对数的逆）而言，这并不会导致问题，因为复指数定义为

$$X(e^{j\omega}) = \exp\{\log|X(e^{j\omega})| + j\arg\{X(e^{j\omega})\}\}$$

$$= e^{\log|X(e^{j\omega})|} e^{j\arg\{X(e^{j\omega})\}} \tag{8.13}$$

$$= |X(e^{j\omega})| e^{j\arg\{X(e^{j\omega})\}}.$$

由式(8.13)可以证明，将 2π 的任何整数倍加到相角 $\arg\{X(e^{j\omega})\}$ 上，都不会改变复指数的值。

计算 $X(e^{j\omega})$ 的相角时，主值的计算仅使用 DTFT 在单一频率 ω 处的实部和虚部。例如，从 ω 到 $\omega \pm \varepsilon$，复数值 $X(e^{j\omega})$ 可从 z 平面的第三象限跳到第二象限，使得可定义为比 $-\pi$ 弧度稍负的角度（为了使其连续）被指定为一个比 π 弧度略低的正值（为满足主值要求）。因此，只要相角超过 π 或低于 $-\pi$，主值上就有 2π 的跳变。如图 8.7 所示，当相角随 ω 的增大而逐步变负时，相角在进入和离开带宽范围 $-3\pi < \arg\{X(e^{j\omega})\} \le -\pi$ 的位置处，主值的频率会显示不连续性。在计算主值相位时，相位被称为折叠模 2π，这可通过比较图 8.7 中的上图与下图看出。很明显，主值相位不满足可加性条件，即

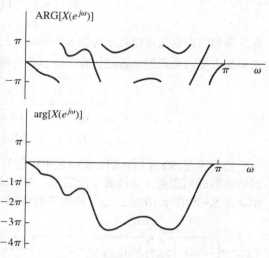

图 8.7　相角函数 ARG 和 arg

$$\text{ARG}\{X(e^{j\omega})\} \ne \text{ARG}\{X_1(e^{j\omega})\} + \text{ARG}\{X_2(e^{j\omega})\}, \tag{8.14a}$$

因为二者之和的频率不连续性不同于每个单独的主值函数的不连续性。然而，如图 8.7 中的下图所示，如果相位计算为连续函数 $\arg\{X(e^{j\omega})\}$，那么由积中的角度相加可推出

$$\arg\{X(e^{j\omega})\} = \arg\{X_1(e^{j\omega})\} + \arg\{X_2(e^{j\omega})\}. \tag{8.14b}$$

假设可计算复对数以便满足式(8.14b)，则输出的傅里叶变换的复对数的逆变换，是卷积特征系统的输出，即

$$\hat{x}[n] = \frac{1}{2\pi} \int_{-\pi}^{\pi} \left(\log|X(e^{j\omega})| + j\arg\{X(e^{j\omega})\} \right) e^{j\omega n} d\omega. \tag{8.15}$$

如果输入信号 $x[n]$ 是实信号，则可证明 $\log|X(e^{j\omega})|$ 是 ω 的偶函数，而 $\arg\{X(e^{j\omega})\}$ 是 ω 的奇函数。这意味着在式(8.15)中，对实序列 $\hat{x}[n]$，复对数的实部和虚部有合适的对称性。此外，这还意味着 $\hat{x}[n]$ 可表示为

$$\hat{x}[n] = c[n] + d[n], \tag{8.16a}$$

式中，$c[n]$ 是 $\log|X(e^{j\omega})|$ 的逆 DTFT，且是 $\hat{x}[n]$ 的偶部，即

$$c[n] = \frac{\hat{x}[n] + \hat{x}[-n]}{2}, \tag{8.16b}$$

而 $d[n]$ 是 $\arg\{X(e^{j\omega})\}$ 的逆 DTFT，且是 $\hat{x}[n]$ 的奇部，即

$$d[n] = \frac{\hat{x}[n] - \hat{x}[-n]}{2}. \tag{8.16c}$$

如已指出的那样，特征系统的输出 $\hat{x}[n]$ 称为复倒谱。这并不是因为 $\hat{x}[n]$ 是复数，而是因为复

对数是其根本。由式(8.16b)可知，倒谱 $c[n]$ 是复倒谱 $\hat{x}[n]$ 的偶部。$\hat{x}[n]$ 的奇部 $d[n]$ 会在后面根据群延迟函数 $-d\arg\{X(e^{j\omega})\}/d\omega$ 来测量距离的讨论中用到。

8.2.2 z 变换表示

若输入是一个卷积 $x[n]=x_1[n]*x_2[n]$，则输入的 z 变换是相应 z 变换的积，由此可得特征系统的另一种数学表示，即

$$X(z) = X_1(z) \cdot X_2(z). \tag{8.17}$$

再次合适地定义复对数，可得

$$\begin{aligned}\hat{X}(z) &= \log\{X(z)\} = \log\{X_1(z) \cdot X_2(z)\} \\ &= \log\{X_1(z)\} + \log\{X_2(z)\},\end{aligned} \tag{8.18}$$

并且卷积同态系统可以表示为图 8.8 所示的 z 变换，其中算子 $\mathcal{L}_z\{\}$ 是 z 变换的一个线性算子。该表示基于复数乘积的对数这一定义，以便它等于各项的对数之和，如式(8.18)所示。

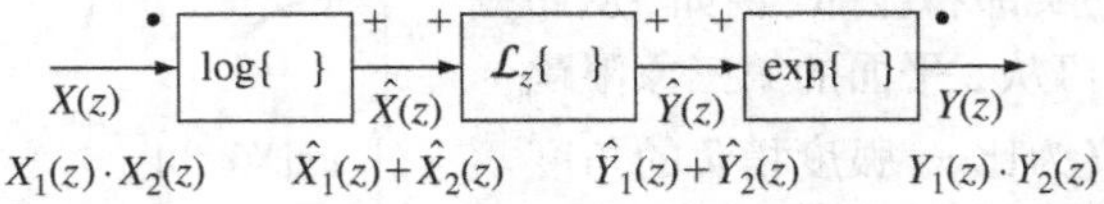

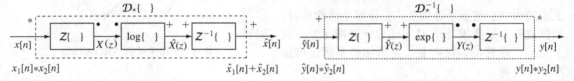

图 8.8 典型卷积同态系统的 z 变换表示

要想不在图 8.8 所示的 z 变换域中将信号表示为序列，则应采用图 8.9 所示的特征系统，其中对数函数的周围是 z 变换算子及其逆。类似地，特征系统的逆如图 8.10 所示。图 8.5 和图 8.6 分别是图 8.9 和图 8.10 在 $z=e^{j\omega}$ 情形下的特例，即 z 变换在 z 平面的单位圆上计算。

图 8.9 同态去卷积特征系统的 z 变换算子表示　　　图 8.10 同态去卷积特征系统的逆表示

当 z 变换多项式是比 DTFT 更易处理的有理函数时，z 变换表示尤其适用于理论分析，这将在 8.2.3 节中介绍。此外，如 8.4.2 节中讨论的那样，如果存在强大的根求解程序，那么 z 变换表示就是计算复倒谱的基本方法。

8.2.3 复倒谱的性质

信号具有有理 z 变换时，可得复倒谱的一般性质。实现目标需要考虑的最一般形式为

$$X(z) = \frac{A\prod_{k=1}^{M_i}(1-a_kz^{-1})\prod_{k=1}^{M_o}(1-b_k^{-1}z^{-1})}{\prod_{k=1}^{N_i}(1-c_kz^{-1})}, \tag{8.19}$$

它可写为

$$X(z) = \frac{z^{-M_o}A\prod_{k=1}^{M_o}(-b_k^{-1})\prod_{k=1}^{M_i}(1-a_kz^{-1})\prod_{k=1}^{M_o}(1-b_kz)}{\prod_{k=1}^{N_i}(1-c_kz^{-1})}, \tag{8.20}$$

式中，a_k、b_k 和 c_k 均小于 1。因此，项 $(1-a_kz^{-1})$ 和项 $(1-c_kz^{-1})$ 对应于单位圆内的零点和极点，

而项 $(1-b_k^{-1}z^{-1})$ 或项 $(1-b_kz)$ 对应于单位圆外的零点①。式(8.20)可因式分解为最小相位信号和最大相位信号的积[270]，即

$$X(z) = X_{\min}(z) \cdot z^{-M_o} X_{\max}(z),\qquad(8.21a)$$

式中，最小相位成分的 z 变换为

$$X_{\min}(z) = \frac{A\prod_{k=1}^{M_i}(1-a_kz^{-1})}{\prod_{k=1}^{N_i}(1-c_kz^{-1})},\qquad(8.21b)$$

其所有极点和零点都在单位圆内；最大相位成分的 z 变换为

$$X_{\max}(z) = \prod_{k=1}^{M_o}(-b_k^{-1})\prod_{k=1}^{M_o}(1-b_kz),\qquad(8.12c)$$

其所有零点都在单位圆外。式(8.21a)中的积表示卷积 $x[n] = x_{\min}[n] * x_{\max}[n-M_o]$，其中最小相位成分是因果的（即 $x_{\min}[n]=0, n<0$），最大相位成分是非因果的（即 $x_{\max}[n]=0, n<0$）。因子 z^{-M_o} 代表将原点移位 M_o 个样本，以使得 $x_{\max}[n]$ 和整个序列 $x[n]$ 是因果的。在计算复倒谱时，通常会忽略该因子，因为它通常是不相关的，或它可由简单地给出 M_o 的值来处理。这等价于假设 $x[n]=x_{\min}[n]*x_{\max}[n]$，从而复倒谱为 $\hat{x}[n]=\hat{x}_{\min}[n]+\hat{x}_{\max}[n]$；即它是输入的最小相位成分的一部分与最大相位成分的一部分之和。

在式(8.18)的假设下，$X(z)$ 的复对数为

$$\hat{X}(z) = \log|A| + \sum_{k=1}^{M_0}\log|b_k^{-1}| + \log[z^{-M_o}] + \sum_{k=1}^{M_i}\log(1-a_kz^{-1})$$
$$+\sum_{k=1}^{M_o}\log(1-b_kz) - \sum_{k=1}^{N_i}\log(1-c_kz^{-1}).\qquad(8.22)$$

注意在式(8.22)中，当我们对式(8.20)中的 $X(z)$ 取复对数时，仅使用了幅度项 $A\prod_{k=1}^{M_o}(-b_k^{-1})$。这是因为如果信号 $x[n]$ 是实信号，那么 A 与单位圆外零点（以复共轭对的形式出现）的乘积将总是实的。如果需要，可以确定该乘积的代数符号，但在复倒谱的计算中通常不使用代数符号。当在单位圆上计算式(8.22)时，可以看到项 $\log[e^{-j\omega M_o}]$ 仅对复对数的虚部有贡献，因为该项仅带有关于时间原点的信息，因而在复倒谱的计算中通常会去掉[342]。因此，我们在讨论复倒谱的性质时，也将忽略该项。根据下面的幂级数，可将每个对数项写为幂级数展开形式：

$$\log(1-Z) = -\sum_{n=1}^{\infty}\frac{Z^n}{n},\qquad |Z|<1,\qquad(8.23)$$

显然，可以证明复倒谱的形式为

$$\hat{x}[n] = \begin{cases} \log|A| + \sum_{k=1}^{M_0}\log|b_k^{-1}| & n=0 \\ \\ \sum_{k=1}^{N_i}\dfrac{c_k^n}{n} - \sum_{k=1}^{M_i}\dfrac{a_k^n}{n} & n>0 \\ \\ \sum_{k=1}^{M_0}\dfrac{b_k^{-n}}{n} & n<0. \end{cases}\qquad(8.24)$$

---

① 为简化讨论，我们不允许零点或极点正好位于 z 平面的单位圆上。这并不是实际上的限制，也不限制我们关于倒谱和复倒谱的结论。此外，我们将注意力集中于稳定的、因果无限长序列，因为其极点均在 z 平面上的单位圆内。

式(8.24)显示了复倒谱的如下重要性质：

1. 一般来说，复倒谱是非零的，且对于正负 n 均是无限的，即使 $x[n]$ 是因果序列，或是有限长偶序列（当 $X(z)$ 只有零点时）。

2. 复倒谱是一个衰减序列，它受限于

$$|\hat{x}[n]| < \beta \frac{\alpha^{|n|}}{|n|}, \quad |n| \to \infty, \tag{8.25}$$

式中，α 是 a_k、b_k 和 c_k 的最大绝对值，β 是一个常量乘数[①]。

3. 复倒谱（和倒谱）的零倒频值取决于增益常量和单位圆外的零点。令 $\hat{x}[0] = 0$（故 $c[0] = 0$）等价于将对数幅度谱归一化为一个增益常量

$$A \prod_{k=1}^{M_o} (-b_k^{-1}) = 1. \tag{8.26}$$

4. 如果 $X(z)$ 在单位圆外没有零点（即所有 $b_k = 0$）[②]，那么

$$\hat{x}[n] = 0, \quad n < 0. \tag{8.27}$$

这样的信号称为最小相位信号[270]。

5. 如果 $X(z)$ 在单位圆内没有零点和极点（即所有 $a_k = 0$ 和所有 $c_k = 0$），那么

$$\hat{x}[n] = 0, \quad n > 0. \tag{8.28}$$

这样的信号称为最大相位信号[270]。

8.2.4 复倒谱分析实例

本节给出简单信号的一些复倒谱实例。这些例子基于式(8.23)的幂级数展开，因为它是式(8.24)所示一般公式的基础。

例 8.1 衰减指数序列

计算最小相位序列 $x_1[n] = a^n u[n]$，$|a| < 1$ 的复倒谱。

解 首先计算 $x_1[n]$ 的 z 变换：

$$X_1(z) = \sum_{n=0}^{\infty} a^n z^{-n} = \frac{1}{1 - az^{-1}}, \quad |z| > |a|. \tag{8.29a}$$

接着求 $\hat{X}_1(z)$：

$$\begin{aligned} \hat{X}_1(z) &= \log[X_1(z)] \\ &= -\log(1 - az^{-1}) \\ &= \sum_{n=1}^{\infty} \left(\frac{a^n}{n}\right) z^{-n}. \end{aligned} \tag{8.29b}$$

式(8.29b)中的复倒谱值 $\hat{x}_1[n]$ 由 z^{-n} 项的系数构成，即

$$\hat{x}_1[n] = \frac{a^n}{n} u[n-1]. \tag{8.29c}$$

例 8.2 单位圆外有一个零点

计算最大相位序列 $x_2[n] = \delta[n] + b\delta[n+1]$，$|b| < 1$ 的复倒谱。

[①] 实际上，我们通常处理有限长信号，这种信号由 z^{-1} 的多项式表示，即式(8.20)中的分子。在许多情形下，这种序列的长度为几百个或几千个样本。对于有限长序列的语音样本，需要指出的一个结果是，z 变换多项式的所有零点都趋向于聚集在单位圆的周围，且随着序列长度的增长，会更接近于单位圆[512]。这表明对于较长的有限长序列，复倒谱的衰减主要是由因子 $1/|n|$ 引起的。

[②] 我们默认假设单位圆外没有极点。

解 此时很容易得到 $x_2[n]$ 的 z 变换为

$$X_2(z) = 1 + bz = bz(1 + b^{-1}z^{-1}). \tag{8.30a}$$

即 $X_2(z)$ 是单位圆外的单个零点。接着求 $\hat{X}_2(z)$：

$$\hat{X}_2(z) = \log[X_2(z)]$$
$$= \log(1 + bz) \tag{8.30b}$$
$$= \sum_{n=1}^{\infty} \frac{(-1)^{n+1}}{n} b^n z^n.$$

同样取出 z^{-n} 的系数得到 $\hat{x}_2[n]$，即

$$\hat{x}_2[n] = \frac{(-1)^{n+1}b^n}{n} u[-n-1]. \tag{8.30c}$$

例 8.3 简单的回波

计算序列 $x_3[n] = \delta[n] + \alpha\delta[n-N_p], |\alpha| < 1$ 的复倒谱。

任何序列 $x_1[n]$ 与该序列的离散卷积，都会得到序列 $x_1[n]$ 缩放 α 倍后的一个回波，即

$$x_1[n] * (\delta[n] + \alpha\delta[n-N_p]) = x_1[n] + \alpha x_1[n-N_p].$$

解 $x_3[n]$ 的 z 变换是

$$X_3(z) = 1 + \alpha z^{-N_p}, \tag{8.31a}$$

假设 $|\alpha| < 1$，则 $x_3[n]$ 的 z 变换是

$$\hat{X}_3(z) = \log[X_3(z)]$$
$$= \log(1 + \alpha z^{-N_p}) \tag{8.31b}$$
$$= \sum_{n=1}^{\infty} \frac{(-1)^{n+1}}{n} \alpha^n z^{-nN_p}.$$

此时，$\hat{X}_3(z)$ 只有 z^{-N_p} 的整数幂，所以

$$\hat{x}_3[n] = \sum_{k=1}^{\infty} (-1)^{k+1} \frac{\alpha^k}{k} \delta[n-kN_p]. \tag{8.31c}$$

因此，式(8.13c)表明 $x_3[n] = \delta[n] + \alpha\delta[n-N_p]$ 的复倒谱是一个冲激串，冲激间隔是 N_p 个样本。假设 $|\alpha| > 1$ 时来求解本例是一个很好的练习。

例 8.3 中序列的一个重要推广是序列

$$p[n] = \sum_{r=0}^{M} \alpha_r \delta[n-rN_p]; \tag{8.32}$$

即间隔为 N_p 个样本的冲激串。式(8.86)的 z 变换为

$$P(z) = \sum_{r=0}^{M} \alpha_r z^{-rN_p}. \tag{8.33}$$

由式(8.33)，显然可知 $P(z)$ 是变量 z^{-N_p} 而非 z^{-1} 的多项式。因此，$P(z)$ 可表示为 $(1 - az^{-N_p})$ 和 $(1 - bz^{N_p})$ 的因子乘积，从而复倒谱 $\hat{p}[n]$ 仅在 N_p 的整倍数处非零。

事实上，均匀间隔冲激串的复倒谱，同样也是均匀间隔的冲激串，并具有相同的间距，对于语音分析而言这是一个非常重要的结果，详细讨论见 8.3 节和 8.5 节。

最后一个实例说明如何利用前面实例的结果来求卷积的复倒谱。

例 8.4 求 $x_4[n] = x_1[n] * x_2[n] * x_3[n]$ 的复倒谱

计算序列 $x_4[n] = x_1[n] * x_2[n] * x_3[n]$（一个由例 8.1、例 8.2 和例 8.3 中序列卷积而成的信号）

的复倒谱。

解 可将序列 $x_4[n]$ 写为

$$x_4[n] = x_1[n] * x_2[n] * x_3[n]$$

$$= (a^n u[n]) * (\delta[n] + b\delta[n+1]) * (\delta[n] + \alpha\delta[n-N_p])$$

$$= (a^n u[n] + ba^{n+1} u[n+1]) \tag{8.34a}$$

$$+ \alpha(a^n u[n-N_p] + ba^{n-N_p+1} u[n-N_p+1]).$$

$x_4[n]$ 的复倒谱是三个序列的复倒谱之和，即

$$\hat{x}_4[n] = \hat{x}_1[n] + \hat{x}_2[n] + \hat{x}_3[n]$$

$$= \frac{a^n}{n} u[n-1] + \frac{(-1)^{n+1} b^n}{n} u[-n-1] \tag{8.34b}$$

$$+ \sum_{k=1}^{\infty} \frac{(-1)^{k+1} \alpha^k}{k} \delta[n-kN_p].$$

图 8.11 给出了输入信号 $x_4[n]$ 的图形和 $a = 0.9, b = 0.8, \alpha = 0.7, N_p = 15$ 时的复倒谱 $\hat{x}_4[n]$。图 8.11a 是输入信号的波形。我们可清楚地观察到对应于 $x_1[n] * x_2[n]$ 的衰减信号，以及缩放 α 倍并延迟 $N_p = 15$ 个样本的信号。图 8.11b 是复倒谱的成分，$\hat{x}[n]$ 在 $n < 0$ 时由 $x_2[n]$ 贡献，在 $n \geq 0$ 时 $\hat{x}[n]$ 由 $x_1[n]$ 和 $x_3[n]$ 的复倒谱构成。特别地，$N_p = 15$ 的整倍数处的冲激是由与 $x_3[n]$ 卷积导致的回波引起的。注意极点 $z = a$ 和零点 $z = -1/b$ 的贡献随着 n 的增加迅速衰减。

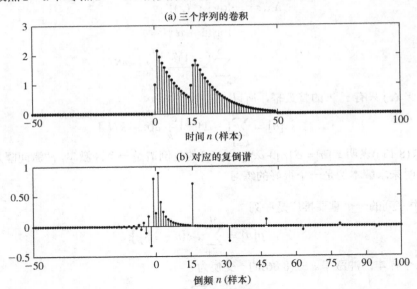

图 8.11　例 8.4 的波形图和复倒谱：(a)例 8.1、例 8.2、例 8.3 中序列的卷积；(b)对应的复倒谱

8.2.5　最小和最大相位信号

式(8.27)所示最小相位序列的一个一般结果是，它们完全可由其 DTFT 的实部表示[270]。因此，由于复倒谱的 DTFT 的实部是 $\log|X(e^{j\omega})|$，所以应能由 DTFT 的对数幅度来表示最小相位信号的复倒谱。记住，傅里叶变换的实部是序列的偶部的 DTFT，由此得出结论，由于 $\log|X(e^{j\omega})|$ 是倒谱的 DTFT，因此倒谱是复倒谱的偶部，即

$$c[n] = \frac{\hat{x}[n] + \hat{x}[-n]}{2}. \tag{8.35}$$

由于 $\hat{x}[n] = 0, n < 0$ ，由式(8.27)和式(8.35)可知

$$
\hat{x}_{\text{mnp}}[n] = \begin{cases} 0 & n < 0 \\ c[n] & n = 0 \\ 2c[n] & n > 0, \end{cases} \tag{8.36}
$$

式中使用下标 mnp 表示最小相位信号，使用下标 mxp 表示最大相位信号。因此，对于最小相位序列，复倒谱可通过计算倒谱后利用式(8.36)得到。

对于最大相位信号，可得到类似的结果。此时对于最大相位信号，由式(8.28)和式(8.35)可得

$$
\hat{x}_{\text{mxp}}[n] = \begin{cases} 0 & n > 0 \\ c[n] & n = 0 \\ 2c[n] & n < 0, \end{cases} \tag{8.37}
$$

同样，最大相位信号的复倒谱可仅通过计算 $\log|X(e^{j\omega})|$ 得到。

8.3 语音模型的同态分析

我们已掌握数字语音处理的基本原则，即语音可表示为其属性随时间缓慢变化的线性时变系统的输出。我们在讨论语音产生的物理过程时，图 8.12 所示模型中体现了这一点。这就使得语音分析的基本原则是，假设语音信号的短时片段可建模为由一个准周期冲激串或一个随机噪声信号激励的线性时不变系统的输出。如我们在前几章中反复提到的那样，语音分析的基本问题是可靠且鲁棒地估计图 8.12 所示模型的参数（即图 8.12 中所示的基音周期控制、声门脉冲形状、浊音和清音激励信号的增益、浊音/清音的转换状态、声道参数和辐射模型），并测量这些模型控制参数随时间的变化。

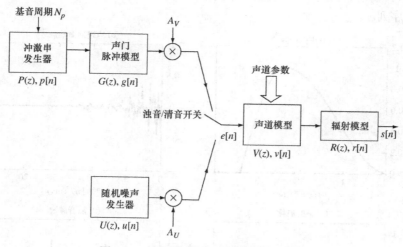

图 8.12 语音产生的一般离散时间模型

由于线性时不变系统的激励和冲激响应是通过卷积合成的，因此语音分析问题也可视为分离卷积中的各个成分的问题，因此同态系统和倒谱就成为语音分析的有用工具。在图 8.12 所示的模型中，对于语音中的浊音部分，唇端的压力信号 $s[n]$ 可表示为卷积

$$
s[n] = p[n] * h_V[n], \tag{8.38a}
$$

式中，$p[n]$ 是准周期浊音激励信号，$h_V[n]$ 表示声道冲激响应 $v[n]$、声门脉冲 $g[n]$、唇端辐射负载响应 $r[n]$ 和浊音增益 A_V 的组合效果。有效的冲激响应 $h_V[n]$ 是 $g[n]$、$v[n]$ 和 $r[n]$ 的卷积，但要乘以浊音部分增益控制 A_V 这个比例因子，即

$$
h_V[n] = A_V \cdot g[n] * v[n] * r[n]. \tag{8.38b}
$$

回忆可知，在无须考虑细微差别时，通常将 $h_V[n]$ 称为浊音的声道冲激响应，即使它仅部分由声道结构确定。

类似地，对于语音的清音部分，我们可将唇端的压力信号表示为

$$s[n] = u[n] * h_U[n],$$ (8.38c)

式中，$u[n]$ 是（单位方差）随机清音激励信号，$h_U[n]$ 是声道响应 $v[n]$ 与辐射负载响应 $r[n]$ 的卷积，此时要乘以比例因子即清音部分的增量控制 A_U，即

$$h_U[n] = A_U \cdot v[n] * r[n].$$ (8.38d)

同理，为方便起见，通常将 $h_U[n]$ 称为清音声道冲激响应，尽管它仅部分由声道结构决定。

8.3.1 浊音模型的同态分析

为解释同态系统和倒谱分析如何应用于语音，我们对基频 $f_0 = 125\text{Hz}$ 或基音周期为 8ms 的一个持续元音/AE/的离散时间模型应用 8.2 节的结果。

对于声门脉冲，我们使用 Rosenberg 提出的模型[326]：

$$g[n] = \begin{cases} 0.5[1 - \cos(\pi(n+1)/N_1)] & 0 \le n \le N_1 - 1 \\ \cos(0.5\pi(n+1-N_1)/N_2) & N_1 \le n \le N_1 + N_2 - 2 \\ 0 & \text{其他} \end{cases}$$ (8.39)

该声门模型如图 8.13a 所示，其中式(8.39)中的 $g[n]$ 取 $N_1 = 25$ 和 $N_2 = 10$ 画出。这个有限长序列的长度为 34 个样本，因此其 z 变换 $G(z)$ 是多项式

$$G(z) = z^{-33} \prod_{k=1}^{33}(-b_k^{-1}) \prod_{k=1}^{33}(1 - b_k z)$$ (8.40)

它有 33 的零点，如图 8.14a 所示。注意，本例中 $G(z)$ 的 33 个根均在单位圆外，即该声门脉冲是一个最大相位序列。

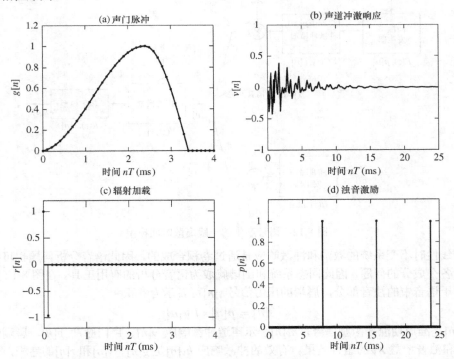

图 8.13 语音模型的时域表示：(a)式(8.39)给出的声门脉冲 $g[n]$；(b)声道冲激响应 $v[n]$；
(c)辐射加载冲激响应 $r[n]$；(d)周期激励 $p[n]$

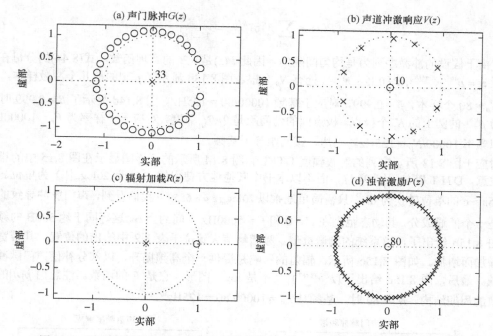

图 8.14　语音模型的极零图：(a)声门脉冲 $G(z)$；(b)声道系统函数 $V(z)$；(c)辐射加载系
统函数 $R(z)$；(d)周期激励的 z 变换 $P(z)$

声道系统由其共振峰频率和带宽给出，$V(z)$ 以二阶量的乘积形式给出：

$$V(z) = \frac{1}{\displaystyle\prod_{k=1}^{5}(1 - 2e^{-2\pi\sigma_k T}\cos(2\pi F_k T)z^{-1} + e^{-4\pi\sigma_k T}z^{-2})}. \tag{8.41}$$

表 8.2 中根据模拟中心频率 F_k 和前五个共振峰的带宽 $2\sigma_k$，给出了/AE/元音的模型。所有频率和带宽均以 Hz 为单位。与式(8.41)相关联的采样率假定为 $F_s = 1/T = 10000\,\text{Hz}$，以便为五个共振峰提供足够的带宽。$v[n]$ 的前 251 个样本和 $V(z)$ 的 10 个极点分别如图 8.13b 和图 8.14b 所示（注意，此时各个信号样本由直线连接）。

表 8.2　/AE/元音模型的共振峰频率和带宽

k	F_k（Hz）	$2\sigma_k$（Hz）	k	F_k（Hz）	$2\sigma_k$（Hz）
1	660	60	4	3500	175
2	1720	100	5	4500	250
3	2410	120			

辐射负载模型是简单的一阶差分系统

$$R(z) = 1 - \gamma z^{-1}. \tag{8.42}$$

对应的冲激响应 $r[n] = \delta[n] - \gamma\delta[n-1]$ 如图 8.13c 所示，图 8.14c 显示了参数值 $\gamma = 0.96$ 时的单个零点。

该模型的最后一个成分是周期激励 $p[n]$。为使 z 变换分析方便，我们将 $p[n]$ 定义为单边准周期冲激串

$$p[n] = \sum_{k=0}^{\infty}\beta^k\delta[n - kN_p], \tag{8.43}$$

其 z 变换为

$$P(z) = \sum_{k=0}^{\infty} \beta^k z^{-kN_p} = \frac{1}{1 - \beta z^{-N_p}}. \tag{8.44}$$

注意，由于假设的冲激序列为是均匀间隔的，因此 $P(z)$ 是 z^{-N_p} 的有理函数。式(8.44)的分母在 z 平面位置 $z_k = \beta^{1/N_p} e^{j2\pi k/N_p}$，$k = 0, 1, \cdots, N_p - 1$ 处有 N_p 个根。图 8.13d 显示了 $p[n]$ 的前几个冲激样本，其间距为 $N_p = 80$ 个样本，$\beta = 0.999$，对应于基频 10000/80 = 125Hz。图 8.14d 显示了 $\beta = 0.999$ 时位于半径为 β^{1/N_p} 的圆上的 N_p 个极点。极点间的角间距是 $2\pi/N_p$ 弧度，对应于采样率为 $F_s = 10000$Hz 时的模拟频率 $10000/N_p = 125$Hz。当然，该间距等于基频。

对应于图 8.13 所示序列的对数幅度 DTFT 和图 8.14 所示的极零图显示在图 8.15 中的相应位置。注意，DTFT 以 $\log_e |\cdot|$ 为单位，而不以本书中其他地方使用的 dB（即 $20\log_{10} |\cdot|$）为单位。要将图 8.15a～c 的单位转换为 dB，只需简单地乘以 $20\log_{10} e = 8.6859$。我们看到，声门脉冲导致的频谱贡献是一个低通成分，其动态范围在 $F = 0$ 和 $F = 5000$Hz 之间约为 6。这等同于约 50dB 的频谱衰减。图 8.15b 给出了声道系统的频谱贡献。频谱峰值大致位于表 8.2 中给出的位置，其带宽随频率的增加而增加。如图 8.15c 所示，辐射的影响是提供一个高频提升，以部分补偿声门脉冲导致的衰减。最后，图 8.15d 给出了 $|P(e^{j2\pi FT})|$（不是 log）图形，它是 F 的函数。注意由 $p[n]$ 的周期性导致的周期结构。$N_p = 80$ 时，基频是 $F_0 = 10000/80 = 125$Hz[①]。

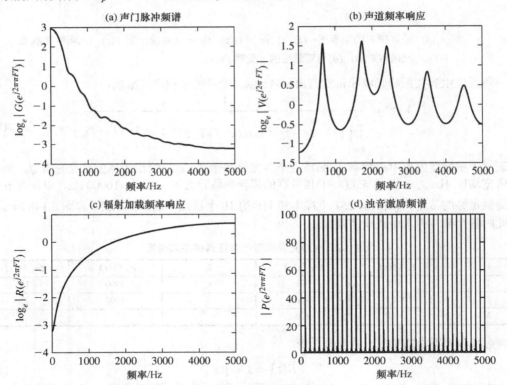

图 8.15　对数幅度 DTFT（对数的底为 e）：(a)声门脉冲 DTFT $\log|G(e^{j\omega})|$；(b)声道频率响应 $\log|V(e^{j\omega})|$；(c)辐射加载频率响应 $\log|R(e^{j\omega})|$；(d)周期激励 DTFT 的幅度 $|P(e^{j\omega})|$

因此，如果语音模型的各个成分通过卷积来组合，就像图 8.12 的上分支所定义的那样，那么结果就是合成语音信号 $s[n]$，如图 8.16a 所示。频域表示如图 8.16b 所示。光滑的粗线是图 8.15a、

[①] 对于图 8.15d 中的图形，为了估计式(8.44)，需要使用 $\beta = 0.999$，即激励不是严格周期的。

b 和 c 部分之和，对应于 $|H_V(e^{j2\pi FT})|$；即对应于冲激响应 $h_V[n] = Ag[n] * v[n] * r[n]$ 的对数幅度频率响应。细线画出的快速变化曲线同样包含了对数幅度激励频谱，即该曲线表示语音模型输出 $s[n]$ 的 DTFT 的对数幅度。

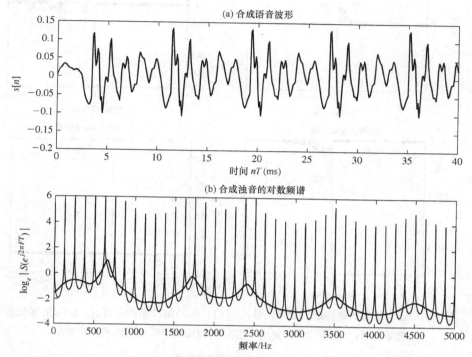

图 8.16 (a)图 8.13～图 8.15 所示系统的语音模型系统的输出；(b)对应的 DTFT

现在考虑模型输出的复倒谱。由于输出是 $s[n] = h_v[n] * p[n] = A_v g[n] * v[n] * r[n] * p[n]$，可得

$$\hat{s}[n] = \hat{h}_V[n] + \hat{p}[n] = \log|A_V|\delta[n] + \hat{g}[n] + \hat{v}[n] + \hat{r}[n] + \hat{p}[n]. \tag{8.45}$$

利用式(8.24)，可以由式(8.40)、式(8.41)、式(8.42)和式(8.44)中的 z 变换表示得到图 8.17 所示的各个复倒谱成分。注意，由于声门脉冲是最大相位，其复倒谱满足 $\hat{g}[n] = 0, n > 0$。声道和辐射系统假定为最小相位，因此 $\hat{v}[n]$ 和 $\hat{r}[n]$ 在 $n < 0$ 时为零。还要注意，使用式(8.23)和式(8.44)的幂级数展开，可得

$$\hat{P}(z) = -\log(1 - \beta z^{-N_p}) = \sum_{k=1}^{\infty} \frac{\beta^k}{k} z^{-kN_p}, \tag{8.46}$$

从而有

$$\hat{p}[n] = \sum_{k=1}^{\infty} \frac{\beta^k}{k} \delta[n - kN_p] \tag{8.47}$$

如图 8.17d 所示，由于输入 $p[n]$，复倒谱中的脉冲间距为 $N_p = 80$ 个样本，对应于基音周期 $1/F_0 = 80/10000 = 8$。注意，在图 8.17 中，离散倒频的单位为 ms，即水平轴显示为 nT。

由式(8.45)，合成语音输出的复倒谱是图 8.17 中所有复倒谱之和。因此，$\hat{s}[n] = \hat{h}_v[n] + \hat{p}[n]$ 如图 8.18a 所示。倒谱即 $\hat{s}[n]$ 的偶部，如图 8.18b 所示。注意，在两种情形下，周期激励导致的脉冲相较于系统冲激响应均很突出。第一个脉冲峰值的位置在倒频 N_p 处，即该激励的周期。这个脉冲不会在清音段的倒谱中出现。这是使用倒谱或复倒谱进行基音检测的基础，即一个强浊音峰值信号的出现和它的倒频可以用来估计基音周期。

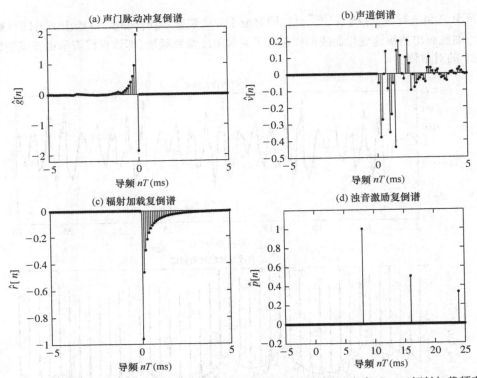

图 8.17　语音模型的复倒谱：(a)声门脉冲 $\hat{g}[n]$；(b)声道冲激响应 $\hat{v}[n]$；(c)辐射加载频率响应 $\hat{r}[n]$；(d)周期激励 $\hat{p}[n]$（注意四幅图形中幅度的比例存在差别）

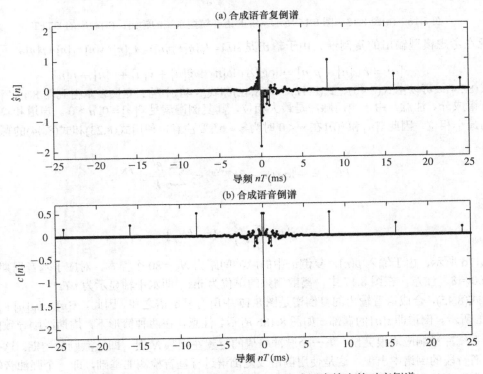

图 8.18　(a)合成语音输出的复倒谱；(b)合成语音输出的对应倒谱

最后，将该例中采用的 z 变换分析和复倒谱的 DTFT 表示相关联是值得的。图 8.19a 和图 8.19b 显示了 DTFT $S(e^{j2\pi FT})$ 的对数幅度和连续相位。当然，它们是 $\hat{S}(e^{j2\pi FT})$ 即复倒谱 $\hat{s}[n]$ 的 DTFT 的实部和虚部。粗线显示了整个系统响应对对数幅度和连续相位的贡献，即 $\hat{H}_v(e^{j2\pi FT}) = \log|H_v(e^{j2\pi FT})| + j\arg\{H_v(e^{j2\pi FT})\}$。细线显示了系统输出的整个对数幅度和连续相位。我们观察到，激励对对数幅度和连续相位引入了一个周期（F）变化，由于系统响应，它叠加在变化更为缓慢的成分上。这个周期成分表明其在倒谱中的自身是 N_p 的整数倍频率处的脉冲，且这一行为推动 Bogert 等人提出了倒谱的原始定义[39]。

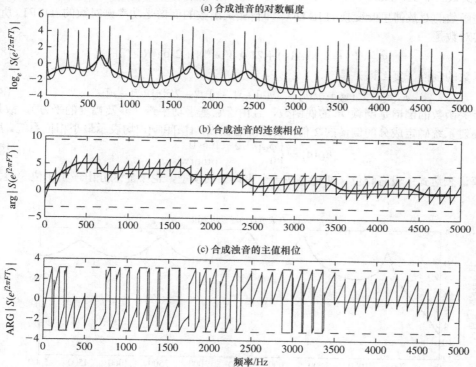

图 8.19　复倒谱的频域表示：(a)对数幅度 $\log|S(e^{j2\pi FT})|$（$\hat{S}(e^{j2\pi FT})$ 实部）；(b)连续相位 $\arg\{S(e^{j2\pi FT})\}$（$\hat{S}(e^{j2\pi FT})$ 的虚部）；(c)主值相位 $\text{ARG}\{S(e^{j2\pi FT})\}$。(a)和(b)中的粗线表示 $\hat{H}_v(e^{j2\pi FT}) = \log|H_v(e^{j2\pi FT})| + j\arg\{H_v(e^{j2\pi FT})\}$

8.3.2　清音模型的同态分析

8.3.1 节展开讨论了浊音产生离散时间模型的一个同态分析实例。由于合成语音输出的每个卷积成分的 z 变换是可以确定的，因此对于假定的模型，该分析是准确的。而对于清音模型，由于不存在可以直接表示随机噪声输入信号的 z 变换，故进行完全类似的分析并不可行。然而，如果应用自相关和功率谱来表示清音模型，那么对于浊音可以获得类似的结果。

对于清音，回忆可知没有声门脉冲激励，故模型输出为 $s[n] = h_u[n] * u[n] = v[n] * r[n] * (A_U u[n])$，其中 $u[n]$ 是一个单位方差白噪声序列。因此，清音的自相关表示为

$$\phi_{ss}[n] = \phi_{vv}[n] * \phi_{rr}[n] * (A_U^2 \delta[n]) = A_U^2 \phi_{vv}[n] * \phi_{rr}[n], \tag{8.48}$$

式中，$\phi_{vv}[n]$ 和 $\phi_{rr}[n]$ 分别是声道和辐射系统的确定性自相关函数，它们通过卷积结合。$\phi_{ss}[n]$ 的 z 变换存在，且为

$$\Phi_{ss}(z) = A_U^2 \Phi_{vv}(z) \Phi_{rr}(z), \tag{8.49}$$

式中，

$$\Phi_{vv}(z) = V(z)V(z^{-1}) \tag{8.50a}$$

$$\Phi_{rr}(z) = R(z)R(z^{-1}) \tag{8.50b}$$

是确定的 z 变换，分别表示声道和辐射的功率谱结构。所以合成清音输出的功率谱为

$$\Phi_{ss}(e^{j\omega}) = A_U^2 |V(e^{j\omega})|^2 |R(e^{j\omega})|^2. \tag{8.51}$$

由式(8.49)或式(8.51)可知，如果将卷积的特征系统变为式(8.48)中的自相关函数的卷积，由于 $\Phi_{ss}(e^{j\omega})$ 是实数且非负，因此不需要使用复倒谱，所以倒谱和复倒谱是等价的。自相关函数的倒谱是自相关函数的对数傅里叶变换的 IDTFT，即自相关函数的倒谱是功率谱对数的 IDTFT。所以，功率谱的实对数是

$$\hat{\Phi}_{ss}(e^{j\omega}) = 2(\log A_U) + 2\log|V(e^{j\omega})| + 2\log|R(e^{j\omega})|, \tag{8.52}$$

故自相关函数的倒谱（复倒谱）是

$$\hat{\phi}_{ss}[n] = 2(\log A_U)\delta[n] + 2(\hat{v}[n] + \hat{v}[-n])/2 + 2(\hat{r}[n] + \hat{r}[-n])/2. \tag{8.53}$$

因此，自相关函数的倒谱是倒频 n 的偶函数，且由于它基于功率谱（涉及幅度的平方），故是基于声道和辐射系统确定成分的倒谱的 2 倍。根据上述假设，$v[n]$ 和 $r[n]$ 均表示最小相位系统，所以

$$\hat{h}_U[n] = \begin{cases} \hat{\phi}_{ss}[n]/2 & n \geq 0 \\ 0 & \text{otherwise.} \end{cases} \tag{8.54}$$

但由于功率谱表达式中没有相位，即使存在一个更详细的模型，也不能区分出最小相位和最大相位成分。

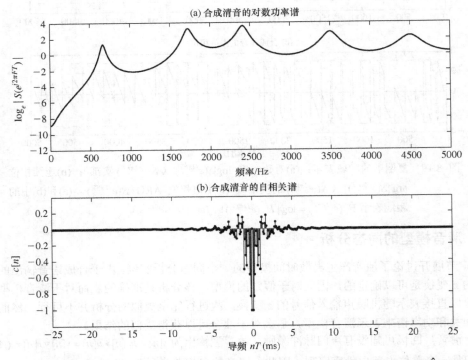

图 8.20　清音的谐波分析：(a)对数幅度 $\log\{\Phi_{ss}(e^{j2\pi FT})\}$；(b)自相关函数的倒谱 $\hat{\phi}_{ss}[n]$

作为一个简单的例子，如果前一节的声道和辐射系统受白噪声输入激励而不是周期声门脉冲输入激励，那么可以忽略基于 $g[n]$ 和 $p[n]$ 的倒谱成分。合成声音像是嘶哑的耳语而非浊元音/AE/[①]。

---

① 清音摩擦音的一个更现实的模型在位置上和极点带宽上均有不同，且可能包含零点。

所以，理论上的对数功率谱由式(8.52)给出，且自相关函数的倒谱由式(8.53)给出。利用相同参数值的声道和辐射系统，可得图 8.20 所示的分析结果。此时，对数谱中没有周期成分，因而在倒谱中没有孤立的峰值。如之前所讨论的那样，这样一个峰值的缺失在期望的基音周期的倒频范围内将作为清音激励的指示。基于倒谱的基因检测算法将在第 10 章中给出。

8.4　计算语音的短时倒谱和复倒谱

前几节给出了语音离散时间模型输出的复倒谱的准确表达式。可给出准确表达式的原因是，合成语音信号是用已知的系统和激励构造的，且可以确定其 z 变换表达式。大多数语音分析技术默认此模型的假设；但实际中最大的不同是，我们是基于给定自然语音信号的短时片段进行分析的。我们简单地假设自然语音信号的短时片段是模型输出的短时片段。由于语音信号随时间连续变化，我们用一个分析序列来跟踪这些变化。这是我们将要为同态语音分析开发的方法，即倒谱和复倒谱的短时版本。

8.4.1　基于离散傅里叶变换的计算

回顾第 7 章，我们将短时傅里叶变换的另一种形式定义为

$$\tilde{X}_{\hat{n}}(e^{j\hat{\omega}}) = \sum_{n=0}^{L-1} w[n]x[\hat{n}+n]e^{-j\hat{\omega}n}, \tag{8.55}$$

式中，$\hat{n}$ 表示分析时间，$\hat{\omega}$ 表示一个短时分析频率[①]。也就是说，在分析时间 $\hat{n}$ 处，短时傅里叶变换是如下有限长序列的 DTFT：

$$x_{\hat{n}}[n] = \begin{cases} w[n]s[\hat{n}+n] & 0 \le n \le L-1 \\ 0 & \text{其他} \end{cases} \tag{8.56}$$

式中，$s[n]$ 表示语音信号，且假设在区间 $0 \le n \le L-1$ 外有 $w[n] = 0$。在上式中，加窗段的时间原点从 $\hat{n}$ 重设为 $w[n]$ 的原点。在第 7 章的基本定义［见式(7.8)］中，窗函数的时间原点移到了分析时间 $\hat{n}$ 处。这一定义便于解释线性滤波和滤波器组，但对于倒谱分析，更好的方法是将窗函数的原点固定在 $n=0$ 处，而将要分析的信号样本移到窗口中，如式(8.56)所示。这就使得我们可以将短时傅里叶变换作为简单的有限长序列 $x_{\hat{n}}[n]$ 的 DTFT 来集中解释。由于每个加窗段都可用同态滤波器技术单独处理，因此可以省略下标 $\hat{n}$ 来化简表达式。此外，由于我们主要解释的是 DTFT，因此无须区分 DTFT 变量 ω 和特定短时分析频率变量 $\hat{\omega}$。

因此，卷积特征系统和逆系统分别如图 8.5 和图 8.6 所示。在我们只关注输入是有限长的加窗序列 $x[n] = w[n]s[\hat{n}+n]$ 的情况下，它是短时同态卷积系统的基础。换言之，短时卷积特征系统定义为

$$X(e^{j\omega}) = \sum_{n=0}^{L-1} x[n]e^{-j\omega n}, \tag{8.57a}$$

$$\hat{X}(e^{j\omega}) = \log\{X(e^{j\omega})\} = \log|X(e^{j\omega})| + j\arg\{X(e^{j\omega})\}, \tag{8.57b}$$

$$\hat{x}[n] = \frac{1}{2\pi}\int_{-\pi}^{\pi}\hat{X}(e^{j\omega})e^{j\omega n}d\omega. \tag{8.57c}$$

式(8.57a)是式(8.56)定义的加窗输入序列的 DTFT，式(8.57b)是输入的 DTFT 的复对数，而式(8.57c)是输入的傅里叶变换的复对数的逆 DTFT。

如我们已经知道的那样，这组方程存在唯一性问题。为了使用式(8.57a)至式(8.57c)明确定义复倒谱，我们必须为傅里叶变换的复对数提供一个唯一的定义。为此，提出实输入序列的复倒谱

---

① 该式已在式(7.10)中定义，现在只是用窗 $w[n]$ 代替了窗 $w[-n]$。

依然是实序列这样一个限制条件。回顾实序列可知，傅里叶变换的实部是一个偶函数，而虚部是一个奇函数。因此，如果复倒谱是一个实序列，那么我们必须将对数幅度函数定义为 ω 的偶函数，而将相位定义为 ω 的奇函数。业已证实，使复对数结果唯一的一个更为充分的条件是，相位是 ω 的连续周期函数，且周期为 $2\pi^{[271,342]}$。计算一个适当的相位函数的算法，通常从主值相位开始，这些主值相位以离散傅里叶变换（DFT）频率采样，这是搜索大小为 2π 的不连续的基础。由于采样，因此须小心定位不连续处出现的频率。如果相位被密集采样，那么通常有效的一种简单方法是搜索尺寸大于某个规定容差的跳变（正或负）[①]。找到主值"卷绕"的频率后，加上或减去 2π 弧度的某个倍数，即可得到"展开相位"[342,392]。8.4.2 节中将讨论另一种计算相位的方法。

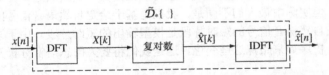

图 8.21　用 DFT 计算复倒谱（卷积特征系统 $\tilde{\mathcal{D}}_*\{\ \}$ 的近似实现）

　　尽管式(8.57a)至式(8.57c)有助于理论分析，但并不适合于计算，因为式(8.57c)需要计算积分。然而，我们可以用 DFT 来逼近式(8.57c)。有限长序列的 DFT 等同于相同序列的 DTFT 的离散形式[270]，即 $X[k] = X(e^{j2\pi k/N})$。此外，使用快速傅里叶变换（FFT）算法可有效地计算 DFT[270]。因此，计算复倒谱的一种建议方法是，将图 8.5 中的所有 DTFT 运算替换为相应的 DFT 运算。特征系统的最终实现如图 8.21 所示，且定义为

$$X[k] = X(e^{j2\pi k/N}) = \sum_{n=0}^{L-1} x[n]e^{-j\frac{2\pi}{N}kn}, \quad 0 \le k \le N-1, \tag{8.58a}$$

$$\hat{X}[k] = \hat{X}(e^{j2\pi k/N}) = \log\{X[k]\}, \quad 0 \le k \le N-1, \tag{8.58b}$$

$$\tilde{x}[n] = \frac{1}{N}\sum_{k=0}^{N-1} \hat{X}[k]e^{j\frac{2\pi}{N}kn}, \quad 0 \le n \le N-1, \tag{8.58c}$$

式中，窗长满足 $L \le N$。式(8.58c)是有限长输入序列的 DFT 的复对数的逆离散傅里叶变换（IDFT）。符号～明确地表明，由图 8.21 中 $\tilde{\mathcal{D}}_*\{\cdot\}$ 表示并由式(8.58a)至式(8.58c)定义的运算，产生一个不严格等于式(8.58a)至式(8.58c)定义的复倒谱的输出序列。这是因为 DFT 计算中使用的复对数是 $\hat{X}(e^{j\omega})$ 的离散形式，所以最终的逆变换是真正复倒谱的倒频混叠形式（参见文献[270,271,342]）。即由式(8.58a)至式(8.58c)计算得到的复倒谱，通过如下倒频-混叠关系与真正的复倒谱关联[270]：

$$\tilde{x}[n] = \sum_{r=-\infty}^{\infty} \hat{x}[n+rN], \quad 0 \le n < N-1. \tag{8.59}$$

图 8.22　利用 DFT 的卷积逆特征系统 $\tilde{\mathcal{D}}_*^{-1}\{\cdot\}$ 的近似实现

　　对于语音的同态滤波，需要卷积逆特征系统。按照上面介绍的方法，简单地将 DTFT 操作用对应的 DFT 计算取代，就可得到图 8.6 中的系统。

　　我们已知复倒谱会涉及复对数的使用，而倒谱按其传统定义仅涉及傅里叶变换的对数幅度，

---

① MATLAB 中的 unwrap( )函数使用默认容差 π，这是合理的，因为非常靠近于单位圆的零点会使得近似于 π 弧度的跳变出现。

即短时倒谱 $c[n]$ 为

$$c[n] = \frac{1}{2\pi}\int_{-\pi}^{\pi}\log|X(e^{j\omega})|e^{j\omega n}d\omega, \qquad -\infty < n < \infty, \tag{8.60}$$

式中，$X(e^{j\omega})$ 是加窗信号 $x[n]$ 的 DTFT。倒谱的一种近似可通过计算有限长输入序列的 DFT 的对数幅度的 IDFT 得到，即

$$\tilde{c}[n] = \frac{1}{N}\sum_{k=0}^{N-1}\log|X[k]|e^{j\frac{2\pi}{N}kn}, \qquad 0 \le n \le N-1. \tag{8.61}$$

同样，通过 DFT 计算的倒谱与通过式(8.60)计算的真正倒谱由一个倒频–混叠公式关联：

$$\tilde{c}[n] = \sum_{r=-\infty}^{\infty}c[n+rN], \qquad 0 \le n \le N-1 \tag{8.62}$$

此外，正如 $c[n]$ 是 $\hat{x}[n]$ 的偶部那样，$\tilde{c}[n]$ 是 $\tilde{\hat{x}}[n]$ 的 N 周期偶部，即

$$\tilde{c}[n] = \frac{\tilde{\hat{x}}[n] + \tilde{\hat{x}}[N-n]}{2}. \tag{8.63}$$

图 8.23 给出了式(8.62)的计算是如何使用 DFT 和 IDFT 实现的。在该图中，式(8.61)中使用 DFT 计算倒谱的操作表示为 $\tilde{C}\{\cdot\}$。

图 8.23　用 DFT 计算倒谱

倒频混叠效应对高倒频成分（如对应于浊音激励的成分）非常重要。我们可用一个简单的例子来说明这一点。考虑一个有限长输入 $x[n] = \delta[n] + \alpha\delta[n-N_p]$，其 DTFT 是

$$X(e^{j\omega}) = 1 + \alpha e^{-j\omega N_p}. \tag{8.64}$$

利用式(8.23)的幂级数展开，复对数可表示为

$$\hat{X}(e^{j\omega}) = \log\{1 + \alpha e^{-j\omega N_p}\} = \sum_{m=1}^{\infty}\left(\frac{(-1)^{m+1}\alpha^m}{m}\right)e^{-j\omega m N_p}, \tag{8.65}$$

从而得到复倒谱为

$$\hat{x}[n] = \sum_{m=1}^{\infty}\left(\frac{(-1)^{m+1}\alpha^m}{m}\right)\delta[n-mN_p]. \tag{8.66}$$

若用 $x[n]$ 的 N 点 DFT 的复对数的 N 点逆 DFT 计算复倒谱来代替准确分析（即 $\hat{X}[k] = \log\{X[k]\} = \log\{X(e^{j2\pi k/N})\}$），则最终的 N 点序列 $\tilde{\hat{x}}[n]$ 由式(8.59)和式(8.66)给出，以代替 $\hat{x}[n]$。

注意，序列 $\hat{x}[n]$ 在 $n = mN_p, 1 \le m < \infty$ 处非零，所以混叠会导致复倒谱的值在序列之外。事实上，对于所有正整数 m，可以证明 $\tilde{\hat{x}}[n]$ 的值在 $((mN_p))_N$ 处非零[1]。图 8.24a 显示了 $N=256$、$N_p=75$ 和 $\alpha=0.8$ 的情形。对于具体值 $N=256$ 和 $N_p=75$，观察到 $3N_p < N < 4N_p$，因此 $\hat{x}[N_p]$、$\hat{x}[2N_p]$ 和 $\hat{x}[3N_p]$ 的位置正确，但 $n \ge 4N_p$ 时 $\hat{x}[n]$ 的值"卷绕"到了基本区间 $0 \le n \le N-1$。由于 $n \to \infty$ 时 $\hat{x}[n] \to 0$，增大 N 会减轻该效应，即允许更多的脉冲位于正确位置，同时保证混叠的样本因 $1/|n|$ 衰减而有更小的幅度。如文献[270, 271, 342, 392]中讨论的那样，复对数的精确计算也要求较大的 N 值（即傅里叶变换有更高的采样率）。然而，使用 FFT 算法会使得 N 取合适的较大值如 $N=1024$ 或 $N=2048$ 是可行的，因此倒频混叠并不是一个重要的问题。

---

① 根据文献[270]中的标记法，$((mN_p))_N$ 表示 mN_p 模 N。

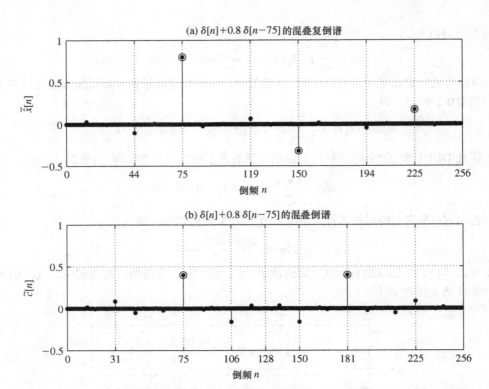

图 8.24　(a)倒频混叠的复倒谱；(b)倒频混叠的倒谱。加圈的点是准确位置的倒谱值

图 8.24b 显示了倒谱的混叠效应，在该例中，这是图 8.24a 的周期偶部。由于倒谱在正负 n 处均非零，因此 DFT 表示的隐式周期使得负倒频样本位于 $((N-n))_N$ 处。因此，在该例中，只有在 $n = N_p = 75$ 和 $n = N - N_p = 256 - 75 = 181$ 处的两个加圈样本位于"正确"的位置（假设 $128 < n < 256$ 范围内的样本为"负倒频"样本）。同时，随着 N 越来越大，我们可减轻混叠效应，因为对于较大的 n，倒谱趋于零。

8.4.2　基于 z 变换的计算

8.3 节的扩展实例建议了一种无须相位展开即可计算有限长序列的复倒谱的方法。在该例中，模型的所有卷积成分的 z 变换都有闭合形式的有理函数表达式。通过对分子和分母多项式进行因式分解，可精确地计算复倒谱。自然语音信号的短时分析基于有限长（加窗）语音波形段，且如果序列 $x[n]$ 是有限长的，那么其 z 变换是 z^{-1} 的多项式：

$$X(z) = \sum_{n=0}^{M} x[n] z^{-n}. \tag{8.67a}$$

这种 z^{-1} 的 M 阶多项式就其根而言可表示为

$$X(z) = x[0] \prod_{m=1}^{M_i} (1 - a_m z^{-1}) \prod_{m=1}^{M_o} (1 - b_m^{-1} z^{-1}), \tag{8.67b}$$

式中，量 a_m 是单位圆内的（复）零点（最小相位部分），而量 b_m^{-1} 是单位圆外的零点（最大相位部分），即 $|a_m| < 1$ 且 $|b_m| < 1$。我们假定没有零点精确位于单位圆上[①]。如果从式(8.67b)右端的每个因子中提取出 $-b_m^{-1} z^{-1}$，则式(8.67b)变为

---

① 计算出来的多项式的根很少正好落在单位圆上，这并不奇怪。但如之前提到的，高阶多项式的大多数根都在单位圆附近。

$$X(z) = Az^{-M_o} \prod_{m=1}^{M_i} (1 - a_m z^{-1}) \prod_{m=1}^{M_o} (1 - b_m z), \tag{8.67c}$$

式中，

$$A = x[0](-1)^{Mo} \prod_{m=1}^{M_o} b_m^{-1}. \tag{8.67d}$$

这种加窗语音帧的表示可使用一个多项式根算法得到，该算法分别求落在单位圆内的零点 a_m 和落在单位圆外的零点 b_m^{-1}，多项式系数为序列 $x[n]$。

复倒谱的计算

给定式(8.67c)和式(8.67d)的 z 变换多项式的数值表示，复倒谱序列的数值可由式(8.24)计算为

$$\hat{x}[n] = \begin{cases} \log|A| & n = 0 \\ -\sum_{m=1}^{M_i} \dfrac{a_m^n}{n} & n > 0 \\ \sum_{m=1}^{M_o} \dfrac{b_m^{-n}}{n} & n < 0. \end{cases} \tag{8.68}$$

若 $A < 0$，则可单独记录这一事实，并记录 M_o 的值和位于单位圆外的根的个数。使用该信息和 $\hat{x}(n)$，我们需要做的就是由原始信号的复倒谱来完全表征原始信号 $x[n]$。加窗语音段的复倒谱计算方法如图 8.25 所示。

当 $M = M_o + M_i + 1$ 较小时，这种计算方法的效果更好，但它并不局限于小的 M 值。Steiglitz and Dickinson [379] 首先提出这种方法并声称在多项式阶数高达 $M = 256$ 时也可成功求根，但是在当时由于可用计算资源所限，实际应用是受限的。近来，Sitton 等人[362]提出了一种系统网格搜索方法，可以用 FFT 变换精确求解 1000000 阶以上多项式的根。因此，较长序列的复倒谱也可以精确地求解。这种方法的优点是不会出现倒频混叠，在复倒谱相位展开的计算中也不会出现相位不连续是否未检测或错误检测的不确定性问题。

图 8.25　通过有限长加窗语音段 z 变换多项式求根法计算复倒谱

各个零点相位求和的相位展开方法

如果式(8.67c)中零点的数值已知，那么复倒谱可在没有时域混叠且不用计算展开相位函数的情况下通过式(8.68)计算得到。然而，如果想要得到的是展开相位的 DFT 采样，那么无须先计算复倒谱，而可以直接通过零点来计算。为了说明这种情况，我们将 DTFT 写成如下的零点数值表示形式：

$$X(e^{j\omega}) = Ae^{-j\omega M_0} \prod_{m=1}^{M_i} (1 - a_m e^{-j\omega}) \prod_{m=1}^{M_o} (1 - b_m e^{j\omega}). \tag{8.69}$$

假设 $A > 0$，$X(e^{j\omega})$ 的相位为

$$\arg[X(e^{j\omega})] = -j\omega M_0 + \sum_{m=1}^{M_i} \text{ARG}\{(1 - a_m e^{-j\omega})\} + \sum_{m=1}^{M_o} \text{ARG}\{(1 - b_m e^{j\omega})\}. \tag{8.70}$$

式(8.70)中的标记法表明，等式右侧各项之和是连续的相位函数 $\arg\{X(e^{j\omega})\}$，而这正是我们在计算复倒谱时所需要的，即使右手端的各项是主值相位。这是因为各个多项式因子的主值相位满足如下关系：

$$-\pi/2 < \text{ARG}\{(1 - ae^{-j\omega})\}] < \pi/2 \text{ if } |a| < 1, \tag{8.71a}$$

$$-\pi/2 < \text{ARG}\{(1 - be^{j\omega})\} < \pi/2 \text{ if } |b| < 1, \tag{8.71b}$$

它们在$-\pi < \omega \leq \pi$时成立。此外，还可证明

$$\text{ARG}\{(1-ae^{-j\omega})\} = 0, \quad \omega = 0 和 \pi \tag{8.72a}$$

$$\text{ARG}\{(1-be^{-j\omega})\} = 0, \quad \omega = 0 和 \pi \tag{8.72b}$$

由于在式(8.70)中$|a_m| < 1$，$m = 1, ..., M_i$，且$|b_m| < 1$，$m = 1, ..., M_o$，因此可以推出公式中所有项的主值计算都是连续的，因而它们的和也是连续的。还要注意，项$-j\omega M_o$可根据需要包含或不包含。通常会省略这一项，因为其 IDTFT 将会主导复倒谱的值。

要计算在频率$2\pi k/N$处的连续相位样本值，只需计算各项的 N 点 DFT，然后计算这些项的主值相位并对主值相位求和。特别地，有限长序列$x[n]$的 DFT 即$X[k]$的连续相位为

$$\arg\{X[k]\} = \sum_{m=1}^{M_i} \text{ARG}\{(1 - a_m e^{-j2\pi k/N})\}$$
$$+ \sum_{m=1}^{M_o} \text{ARG}\{(1 - b_m e^{-j2\pi(N-k)/N})\}, \quad 0 \leq k \leq N-1. \tag{8.73}$$

使用 N 点 FFT 算法计算序列$\delta[n]-a_m\delta[n-1]$的 DFT，可得单位圆内零点（a_m 项）的贡献。在计算 DFT 前，将零点复共轭合并为二阶因子，可大大简化这一计算。

如果使用这种方法计算采样 DFT 的展开相位函数，那么时间混叠倒谱可由下式计算：

$$\tilde{\hat{x}}[n] = \frac{1}{N} \sum_{k=0}^{N-1} (\log |X[k]| + j \arg\{X[k]\}) e^{j2\pi kn/N}, \quad 0 \leq n \leq N-1. \tag{8.74}$$

时间混叠复倒谱的相位展开方法

另一种计算展开相位函数的方法是，首先用式(8.68)对较长时间区间如$-RN \leq n \leq (R-1)N$计算复倒谱$\hat{x}[n]$，然后计算时间混叠复倒谱的近似值：

$$\hat{x}_a[n] = \sum_{r=-R}^{R-1} \hat{x}[n + rN], \quad 0 \leq n \leq N-1. \tag{8.75}$$

通过联合选取 N 和 R 的值，可以计算$\hat{x}_a[n]$的 N 点 DFT，以便得到$\tilde{\hat{x}}[n]$的准确近似值$\hat{x}_a[n]$。完成这一步后，展开相位函数$\arg\{X[k]\}$的准确近似值将是$\mathcal{I}m\{\hat{X}_a[k]\}$。

8.4.3 最小相位和最大相位信号的递归计算

在 8.2.5 节中，我们注意到在最小和最大相位信号的特殊情形下，复倒谱可通过 DTFT 的幅度值计算出来。本节将说明对于这些情况，也可使用一种递归的时域关系。

若复倒谱存在，则序列 $x[n]$ 与其复倒谱$\hat{x}[n]$之间存在一种普遍的非线性差分方程关系。这一关系可通过观察$\hat{X}(z)$的导数推导出来。$\hat{X}(z)$的导数为

$$\frac{d\hat{X}(z)}{dz} = \frac{d}{dz} (\log[X(z)]) = \frac{1}{X(z)} \frac{dX(z)}{dz}. \tag{8.76}$$

根据 z 变换的求导法则[270]，序列$nx[n]$的 z 变换为$-zdX(z)/dz$。由于 z 变换的乘积等同于对应序列的卷积，因此由式(8.76)可推出

$$(nx[n]) = x[n] * (n\hat{x}[n]) = \sum_{k=-\infty}^{\infty} k\hat{x}[k]x[n-k]. \tag{8.77}$$

该差分方程给出了 $x[n]$ 和$\hat{x}[n]$之间的隐含关系，它对存在复倒谱的任意序列 $x[n]$ 都成立。通常情况下，该方程不能用来计算$\hat{x}[n]$，因为要计算方程的右侧，需要使用所有的$\hat{x}[n]$值，但对于最小相位和最大相位序列，式(8.77)可被简化为允许递归计算的一种形式。

特别地，考虑一个最小相位信号$x_{mnp}[n]$及其对应的复倒谱$\hat{x}_{mnp}[n]$。根据定义，它有性质：当$n < 0$时，$x_{mnp}[n] = 0$和$\hat{x}_{mnp}[n] = 0$。如果加入这些条件，则式(8.77)成为

$$nx_{\mathrm{mnp}}[n] = \sum_{k=0}^{n} k\hat{x}_{\mathrm{mnp}}[k]x_{\mathrm{mnp}}[n-k]. \tag{8.78}$$

将 $k = n$ 的项从等式右边的求和中分离出来，可得

$$nx_{\mathrm{mnp}}[n] = n\hat{x}_{\mathrm{mnp}}[n]x_{\mathrm{mnp}}[0] + \sum_{k=0}^{n-1} k\hat{x}_{\mathrm{mnp}}[k]x_{\mathrm{mnp}}[n-k]. \tag{8.79}$$

最后，等式两端同时除以 n，求解式(8.79)中的 $\hat{x}_{\mathrm{mnp}}[n]$，得到期望的结果，即

$$\hat{x}_{\mathrm{mnp}}[n] = \frac{x_{\mathrm{mnp}}[n]}{x_{\mathrm{mnp}}[0]} - \sum_{k=0}^{n-1} \left(\frac{k}{n}\right)\hat{x}_{\mathrm{mnp}}[k]\frac{x_{\mathrm{mnp}}[n-k]}{x_{\mathrm{mnp}}[0]}, \quad n > 0, \tag{8.80}$$

式(8.80)只在 $n > 0$ 时成立，因为 0 不能为分母。当然，根据定义，$n < 0$ 时 $x_{\mathrm{mnp}}[n]$ 和 $\hat{x}_{\mathrm{mnp}}[n]$ 均为 0。

观察到式(8.80)在已知 $\hat{x}_{\mathrm{mnp}}[0]$ 时，可用于计算 $n > 0$ 时的 $\hat{x}_{\mathrm{mnp}}[n]$ 值。要求 $\hat{x}_{\mathrm{mnp}}[0]$，考虑 z 变换

$$\hat{X}_{\mathrm{mnp}}(z) = \sum_{n=0}^{\infty} \hat{x}_{\mathrm{mnp}}[n]z^{-n} = \log\left\{\sum_{n=0}^{\infty} x_{\mathrm{mnp}}[n]z^{-n}\right\}, \tag{8.81}$$

由 z 变换的初值定理，可得

$$\lim_{n \to \infty} \hat{X}_{\mathrm{mnp}}(z) = \hat{x}_{\mathrm{mnp}}[0] = \log\{x_{\mathrm{mnp}}[0]\}. \tag{8.82}$$

因此，式(8.82)和式(8.80)联立，可得最终递归表达式为

$$\hat{x}_{\mathrm{mnp}}[n] = \begin{cases} 0 & n < 0 \\ \log\{x_{\mathrm{mnp}}[0]\} & n = 0 \\ \dfrac{x_{\mathrm{mnp}}[n]}{x_{\mathrm{mnp}}[0]} - \displaystyle\sum_{k=0}^{n-1}\left(\frac{k}{n}\right)\hat{x}_{\mathrm{mnp}}[k]\frac{x_{\mathrm{mnp}}[n-k]}{x_{\mathrm{mnp}}[0]} & n > 0, \end{cases} \tag{8.83}$$

这是一个递归关系，若已知输入是最小相位信号，则该关系可用来实现卷积 $\mathcal{D}_*\{\cdot\}$ 的特征系统。逆特征系统可通过简单地整理式(8.83)来递归实现：

$$x_{\mathrm{mnp}}[n] = \begin{cases} 0 & n < 0 \\ \exp\{\hat{x}_{\mathrm{mnp}}[0]\} & n = 0 \\ \hat{x}_{\mathrm{mnp}}[n]x_{\mathrm{mnp}}[0] + \displaystyle\sum_{k=0}^{n-1}\left(\frac{k}{n}\right)\hat{x}_{\mathrm{mnp}}[k]x_{\mathrm{mnp}}[n-k] & n > 0. \end{cases} \tag{8.84}$$

最大相位序列通过如下性质定义：当 $n > 0$ 时，有 $x_{\mathrm{mxp}}[n] = 0$ 和 $\hat{x}_{\mathrm{mxp}}[n] = 0$。从式(8.77)开始，我们将应用这些约束条件得到最大相位序列的复倒谱的如下递归关系：

$$\hat{x}_{\mathrm{mxp}}[n] = \begin{cases} \dfrac{x_{\mathrm{mxp}}[n]}{x_{\mathrm{mxp}}[0]} - \displaystyle\sum_{k=n+1}^{0}\left(\frac{k}{n}\right)\hat{x}_{\mathrm{mxp}}[k]\frac{x_{\mathrm{mxp}}[n-k]}{x_{\mathrm{mxp}}[0]} & n < 0 \\ \log\{x_{\mathrm{mxp}}[0]\} & n = 0 \\ 0 & n > 0 \end{cases} \tag{8.85}$$

重新整理式(8.85)，可得最大相位信号的逆特征系统的如下递归关系：

$$x_{\mathrm{mxp}}[n] = \begin{cases} \hat{x}_{\mathrm{mxp}}[n]x_{\mathrm{mxp}}[0] + \displaystyle\sum_{k=n+1}^{0}\left(\frac{k}{n}\right)\hat{x}_{\mathrm{mxp}}[k]x_{\mathrm{mxp}}[n-k] & n < 0 \\ \exp\{\hat{x}_{\mathrm{mxp}}[0]\} & n = 0 \\ 0 & n > 0. \end{cases} \tag{8.86}$$

这些递归关系在计算（由第 9 章讨论的线性预测分析方法得到的）语音模型的冲激响应的复倒谱时很有用。

8.5 自然语音的同态滤波

现在可将倒谱和同态滤波的概念应用于自然语音信号。回顾图 8.12 所示的语音产生模型可知，它包含一个缓慢时变的线性系统，该系统由一个准周期脉冲串或随机噪声激励。因此，可以认为短浊音段取自一个被周期脉冲串激励的线性时不变系统的稳态输出。类似地，可以认为短清

音段是线性时不变系统被随机噪声激励的结果。8.3 节中基于模型成分的精确 z 变换表示的分析表明，对于该卷积模型，激励和声道冲激响应成分之间存在一个有趣的倒谱分隔。本节将介绍对自然语音输入采用短时同态分析方法时的类似结果。

8.5.1 语音短时倒谱分析模型

根据文献[269]提出的方法，我们假设在窗长 L 范围内，语音信号 $s[n]$ 满足卷积公式

$$s[n] = e[n] * h[n], \qquad 0 \le n \le L-1, \tag{8.87}$$

式中，$h[n]$ 是从激励点（对于浊音来说在声门处，而对于清音来说在收缩点处）到唇部辐射处的系统冲激响应。在该分析中，对清音而言，冲激响应 $h[n] = h_U[n]$ 对激励增益、声道系统和唇部声音辐射的联合作用建模，而对浊音而言，$h[n] = h_V[n]$ 包含了一个由声门脉冲引起的加性卷积成分[①]。另外，我们假设和窗长相比冲激响应 $h[n]$ 较短，于是加窗后的语音段可以写为

$$x[n] = w[n]s[n] = w[n](e[n] * h[n])$$
$$\approx e_w[n] * h[n], \qquad 0 \le n \le L-1, \tag{8.88}$$

式中，$e_w[n] = w[n]e[n]$，即分析窗导致的衰减会随着缓慢变化的幅度调制加入到激励中。

对于清音，激励 $e[n]$ 是白噪声，且 $h[n] = h_U[n]$。对于浊音，$h[n] = h_V[n]$，而 $e[n]$ 是具有如下形式的单位脉冲串：

$$e[n] = p[n] = \sum_{k=0}^{N_w-1} \delta[n - kN_p], \tag{8.89}$$

式中，N_w 是窗中的激励数，N_p 是离散时间基音周期（以样本数度量）。

对于浊音，加窗后的激励为

$$e_w[n] = w[n]p[n] = \sum_{k=0}^{N_w-1} w_{N_p}[k]\delta[n - kN_p], \tag{8.90}$$

式中，$w_{N_p}[k]$ 是"时间采样"后的加窗序列，定义为

$$w_{N_p}[k] = \begin{cases} w[kN_p] & k = 0, 1, \ldots, N_w - 1 \\ 0 & \text{otherwise.} \end{cases} \tag{8.91}$$

根据式(8.90)，$e_w[n]$ 的 DTFT 为

$$E_w(e^{j\omega}) = \sum_{k=0}^{N_w-1} w_{N_p}[k]e^{-j\omega kN_p} = W_{N_p}(e^{j\omega N_p}), \tag{8.92}$$

而根据式(8.92)可得 $E_w(e^{j\omega})$ 是 ω 的周期函数，周期为 $2\pi/N_p$。于是有

$$\hat{X}(e^{j\omega}) = \log\{H_V(e^{j\omega})\} + \log\{E_w(e^{j\omega})\} \tag{8.93}$$

它有两个成分：$\log\{H_V(e^{j\omega})\}$，它由声道频率响应引起并随 ω 缓慢变化；$\log\{E_w(e^{j\omega})\} = \log\{W_{N_p}(e^{j\omega N_p})\}$，它由激励引起，是周期为 $2\pi/N_p$ 的周期函数[②]。于是加窗语音段 $x[n]$ 的复倒谱

$$\hat{x}[n] = \hat{h}_V[n] + \hat{e}_w[n]. \tag{8.94}$$

对于浊音，由激励引起的倒谱成分为[③]

$$\hat{e}_w[n] = \begin{cases} \hat{w}_{N_p}[n/N_p] & n = 0, \pm N_p, \pm 2N_p, \ldots \\ 0 & \text{otherwise.} \end{cases} \tag{8.95}$$

也就是说，为使 $\log\{E_w(e^{j\omega})\} = \log\{W_{N_p}(e^{j\omega N_p})\}$ 的周期保持为 $2\pi/N_p$，相应的复倒谱（或倒谱）在 N_p 的整数倍频率处有冲激（孤立的样本）存在。

对于清音，加窗后的清音信号的 DTFT 的对数，没有这样的周期性，因此没有倒谱峰出现。

[①] 注意，为便于将激励增益（图 8.12 中的 A_V 或 A_U）并入 $h[n]$，可假设 $e[n]$ 由浊音激励的单位冲激和清音激励的单位方差白噪声组成。

[②] 对于采样率为 F_s 的信号，该周期对应于圆周模拟频率中的 F_s/N_p Hz。

[③] 注意 $\hat{w}_{N_p}[n]$ 对应于 $\log\{W_{N_p}(e^{j\omega})\}$，因此由上采样定理[270]有 $\log\{W_{N_p}(e^{j\omega N_p})\}$ 对应于式(8.95)。

事实上，有限长随机信号段的 DTFT 的幅度平方被称为周期图，它被人们熟知的原因是它显示了随频率变化的随机波动[270]。如我们将要看到的，低频部分主要源于 $\log|H_U(e^{j\omega})|$，而高频部分则表示 $\log|X(e^{j\omega})|$ 的随机波动。

以上分析表明，短时分析所要求的加窗的主要影响，可在激励所致的倒谱贡献中找到，而 $h_V[n]$ 或 $h_U[n]$ 所致的贡献和 8.3 节中理想模型的精确分析非常相像。本节的例子将支持这一论断。

8.5.2 使用多项式根的短时分析实例

8.4.2 节表明，有限长序列的复倒谱可通过对系数为信号样本的多项式进行因式分解得出。在短时倒谱分析中，可对加窗的语音段使用这一方法。例如，图 8.26 显示了一个浊音段（已与一个 401 个样本的汉明窗相乘），其开始是一位低音男性读单词"shade"中的双元音/EY/的发声，即/SH/、/EY/ 和/D/。采样率 $F_s = 8000$Hz，401 个样本所跨时长为 50ms。注意，图 8.26 中的基音周期约为 $N_p = 90$ 个样本，对应于 $8000/90 \approx 89$Hz 的基频。

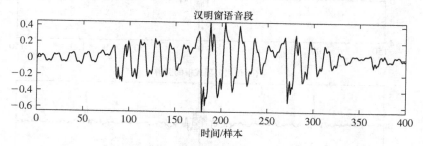

图 8.26　同态滤波例子的加窗时间波形 $x[n]$

为了使用这些样本画出易于理解的图形，加窗后的波形样本必须画为连续函数，但为分析起见，401 个样本将充当一个如式(8.67a)所示的 400 阶多项式的系数，该多项式可写为如式(8.67b)至式(8.67d)中的零点形式。在图 8.26 中画出系数的多项式的零点，如图 8.27 所示。图中仅显示了上半 z 平面的零点，且在 $z = 2.2729$ 处的一个零点因超出了图形范围而未画出①。该图形表明，几乎所有零点都落在单位圆附近。这是系数为随机变量的高阶多项式的普遍性质[152]，语音样本作为多项式系数时也有类似的性质。在该例中，单位圆内和圆外的零点数分别为 $M_i = 220$ 和 $M_o = 180$。在 MATLAB 的双精度浮点精度内，无零点正好位于单位圆上。

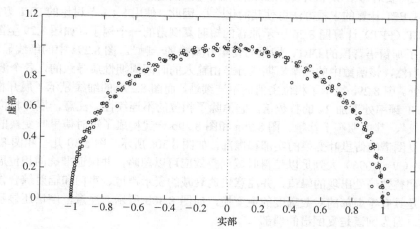

图 8.27　多项式 $X(z)$ 的零点（复共轭零点和 $z = 2.2729$ 处的一个零点未画出）

---

① 因为对应于语音样本的多项式系数为实数，故零点要么为实数，要么为复共轭对。

按照图8.27所示的零点图形，使用式(8.68)计算的复倒谱如图8.28a所示。图8.28b所示的该语音段的倒谱，是通过取图8.28a中序列的偶部得到的。由于加窗语音段的z变换在单位圆内外都有零点，故复倒谱在正负倒频n处都不为零。在低频部分，这与如下事实一致：在$h_V[n]$中声道、声门脉冲和辐射的联合贡献通常是非最小相位的。注意，由式(8.24)可知，复倒谱和倒谱都随着n的增大而迅速衰减，图8.28清晰地显示了这一点。还要注意，式(8.95)曾预测周期激励对复倒谱的贡献将出现在冲激之间间距的整数倍处，即在复倒谱基本周期N_p的整数倍处，应能看到冲激，这可由图8.28所示的图形确认。此外，大小和位置（正或负倒频）取决于窗口的形状和窗口关于语音波形的位置。

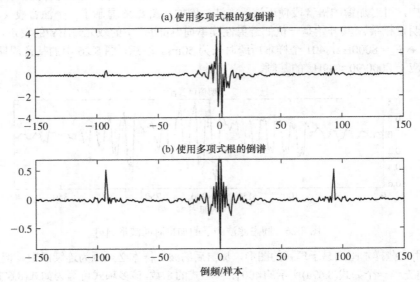

图 8.28　基于多项式根的倒谱分析：(a)复倒谱 $\hat{x}[n]$ ；(b)倒谱 $c[n]$

8.5.3　应用 DFT 的浊音分析

使用 z 变换方法计算短时复倒谱可得到精确的 $\hat{x}[n]$ 值（在计算误差范围内）。这需要求高阶多项式的根，还需要对每个 n 值计算式(8.68)。对于较大的多项式，这种方法需要很大的计算量，尽管基于多项式 FFT 计算的求根方法可使其简化[362]。因此，使用 8.4.1 节讨论的 DFT 方法更为有效。

使用 DFT（FFT）计算图 8.26 所示浊音的短时复倒谱的一个例子，如图 8.29 至图 8.34 所示。图 8.29 显示了加窗语音段的 DFT，即短时傅里叶变换的一帧[①]。图 8.29a 中的细线显示了 DFT 的对数幅度。当然，该函数中的频率周期成分是由输入的时间周期性质导致的，各个波纹分布在基频的整数倍处。图 8.29c 显示了相位主值的不连续性，而图 8.29b 的细线显示了展开相位曲线，通过在每个 DFT 频率处添加 2π 的整数倍，它消除了相位的不连续性。注意，展开相位曲线还显示了周期"波纹"，其周期等于基频。图 8.29a 和图 8.29b 一起构成了短时傅里叶变换的复对数，即它们分别为复倒谱的傅里叶变换的实部和虚部，如图 8.30a 所示。图 8.30 几乎和图 8.28 相同，因为 DFT 长度（$N = 4096$）大到足以使得时域混叠效应可以忽略，并保证准确的相位展开。再次注意在基音周期整数倍处出现的峰值，并注意快速衰减的表示声道、声门和辐射综合作用的低时间成分。倒谱是具有零虚部的对数幅度的逆变换，如图 8.30b 所示。注意，倒谱还显示了与复倒谱相同的性质，因为倒谱是复倒谱的偶部。

---

① 对于本节中的例子，DFT 长度为 $N = 4096$。在该长度下，时间混叠在复倒谱中并不是问题，DFT 的图形是对 DTFT 图形的较好逼近。因此，多数情形下无须区分使用 DTFT 获得的"真正"复倒谱 $\hat{x}[n]$ 和使用 DFT 计算得到的 $\hat{x}[n]$。

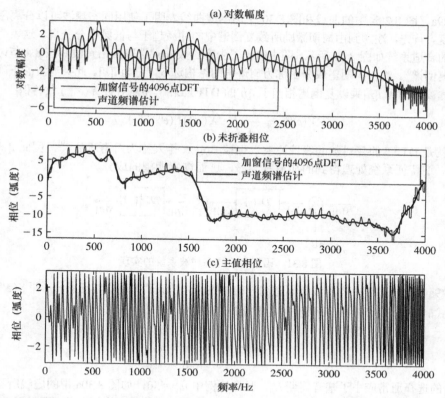

图 8.29 浊音的同态分析：(a)短时傅里叶变换的对数幅度 $\log|X(e^{j\omega})|$（粗线是通过低通滤波得到的 $\log|H_V(e^{j\omega})|$的估计）；(b)展开的相位 $\arg\{X(e^{j\omega})\}$（粗线是通过低通滤波得到的 $\arg\{H_V(e^{j\omega})\}$ 的估计）；(c)短时傅里叶变换的相位主值 $\mathrm{ARG}\{X(e^{j\omega})\}$（图中的所有函数都是模拟频率 F 的函数，即对于 $F_s = 1/T = 8000\mathrm{Hz}$，$\omega = 2\pi FT$）

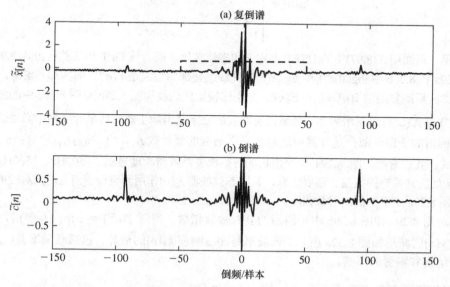

图 8.30 浊音的同态分析：(a)复倒谱 $\tilde{x}[n]$；(b)倒谱 $\tilde{c}[n]$（为与图 8.27 比较，区间 $0 \le n < N/2$ 之前 $\tilde{x}[n]$ 和 $\tilde{c}[n]$ 的样本记录为区间 $N/2 < n \le N-1$ 的负倒频样本

图 8.29a、图 8.29b 中的曲线和图 8.30 中的倒谱曲线表明了使用同态滤波可以分离激励和声道成分的程度。首先，注意到由周期激励所致复倒谱中的冲激趋于与低频成分分离。这表明语音短时同态滤波的合适系统如图 8.31 所示，图中给出了由窗函数 $w[n]$ 选取的语音段和按 8.4 节讨论方法计算得到的复倒谱[1]。输入的期望成分由称为倒谱窗的结构选取，记为 $l[n]$。此类滤波的正确称呼是频不变线性滤波，因为 $l[n]$ 乘以复倒谱相当于 $l[n]$ 的 DTFT $L(e^{j\omega})$ 和复对数 $\hat{X}(e^{j\omega})$ 做卷积：

$$\hat{Y}(e^{j\omega}) = \frac{1}{2\pi}\int_{-\pi}^{\pi}\hat{X}(e^{j\theta})L(e^{j(\omega-\theta)})d\theta. \tag{8.96}$$

这种操作就是 DTFT 的复对数的线性滤波，也被 Bogert 等人称为同态滤波[39]，因此 $l[n]$ 常称为同态滤波器。逆特征系统处理得到的加窗复倒谱，进而恢复期望的成分。

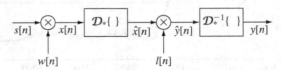

图 8.31　语音短时同态滤波系统的实现

图 8.29a 和 8.29b 中的粗线是同态滤波的结果，它显示了实现逆特征系统（即 $\hat{Y}(e^{j\omega})$）在 $l[n]$ 为如下形式时的处理过程中，所得到的对数幅度和相位：

$$l_{\mathrm{lp}}[n] = \begin{cases} 1 & |n| < n_{\mathrm{co}} \\ 0.5 & |n| = n_{\mathrm{co}} \\ 0 & |n| > n_{\mathrm{co}}, \end{cases} \tag{8.97}$$

式中，n_{co} 的选择通常应小于基音周期 N_p，且在该例中 $n_{\mathrm{co}} = 50$，如图 8.30a 中的虚线所示[2]。

当使用 DFT 实现时，式(8.97)中的同态滤波器必须符合 DFT 样本顺序，即对于 N 点 DFT，负倒频落在区间 $N/2 < n \le N-1$ 内。因此，对于 DFT 实现，低通同态滤波器的形式为

$$\tilde{l}_{\mathrm{lp}}[n] = \begin{cases} 1 & 0 \le n < n_{\mathrm{co}} \\ 0.5 & n = n_{\mathrm{co}} \\ 0 & n_{\mathrm{co}} < n < N-n_{\mathrm{co}} \\ 0.5 & n = N-n_{\mathrm{co}} \\ 1 & N-n_{\mathrm{co}} < n \le N-1. \end{cases} \tag{8.98}$$

为简便起见，后面用式(8.97)中的 DTFT 来定义同态滤波器，因为该 DFT 形式总可由式(8.98)得到。

图 8.29a 和 8.29b 中 $\log|X(e^{j\omega})|$ 和 $\arg\{X(e^{j\omega})\}$ 曲线上叠加的粗线是 $\hat{Y}(e^{j\omega})$ 的实部和虚部，$\hat{Y}(e^{j\omega})$ 对应于同态滤波后的复倒谱 $\hat{y}[n] = l_{1p}[n]\hat{x}[n]$。分别比较这些曲线和图 8.29b 与 8.29c 中的细线，可以看出 $\hat{Y}(e^{j\omega})$ 是 $\hat{X}(e^{j\omega})$ 的平滑版本。低通同态滤波的结果是消除了短时傅里叶变换中激励的影响。即只保留复倒谱的低倒频部分是计算声道系统频率响应的复对数 $\hat{H}_V(e^{j\omega}) = \log|H_V(e^{j\omega})| + j\arg\{H_V(e^{j\omega})\}$ 的一种方式。我们看到，图 8.29a 中平滑后的对数幅度函数清晰地显示了 500Hz、1500Hz、2250Hz 和 3100Hz 处的共振峰的共振。还要注意，若同态滤波器 $l_{\mathrm{lp}}[n]$ 作用到倒谱 $c[n]$ 上，则对应的傅里叶表示将只是图 8.29a 中平滑后的对数幅度。

如果对图 8.29a 和 8.29b 中平滑后的复对数取指数，得到 $Y(e^{j\omega}) = \exp\{\hat{Y}(e^{j\omega})\}$，则对应的时域函数 $y[n]$ 的波形如图 8.32a 所示。该波形是冲激响应 $h_V[n]$ 的估计，包括激励增益、声门脉冲、声道共振结构和辐射的影响。

---

① 对于理论分析，算子 $\mathcal{D}_*\{\cdot\}$ 和 $\mathcal{D}_*^{-1}\{\cdot\}$ 由 DTFT 表示，但是在实际中我们使用由 DFT 实现的算子 $\mathcal{D}_*\{\cdot\}$ 和 $\mathcal{D}_*^{-1}\{\cdot\}$，$N$ 值应大到足以避免在倒谱中出现混叠。

② 式(8.97)中包含一个样本过渡。扩展或忽略该过渡几乎没有影响。

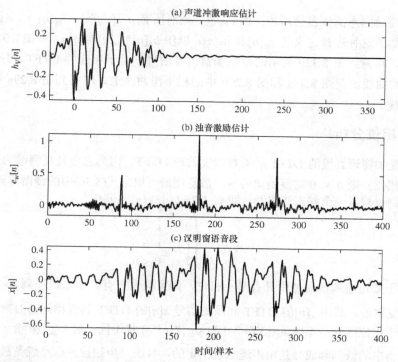

图 8.32　浊音同态滤波：(a)声道冲激响应 $h_V[n]$ 的估计；(b)激励成分 $e_w[n]$ 的估计；(c)原始加窗语音信号

另一方面，$l[n]$ 可选择为通过高通同态滤波器而仅保留高倒频激励成分：

$$l_{\mathrm{hp}}[n] = \begin{cases} 0 & |n| < n_{\mathrm{co}} \\ 0.5 & |n| = n_{\mathrm{co}} \\ 1 & |n| > n_{\mathrm{co}}, \end{cases} \tag{8.99}$$

式中，$n_{\mathrm{co}} < N_p$。如果 $\hat{y}[n] = l_{\mathrm{hp}}[n]\hat{x}[n]$，则图 8.33a 和图 8.33b 分别为 $\log|Y(e^{j\omega})|$ 和 $\arg\{Y(e^{j\omega})\}$ 的曲线。这两个函数分别为 $E_w(e^{j\omega})$ 的对数幅度和相位估计，$E_w(e^{j\omega})$ 是窗加权激励序列 $e_w[n]$ 的 DTFT。注意，图 8.32b 所示输出对应于 $\hat{y}[n] = l_{\mathrm{hp}}[n]\hat{x}[n]$，它模拟了一个冲激串，该冲激串的间距等于基音周期，而幅度保留了用于对输入信号加权的汉明窗的形状。因此，在使用高通同态滤波器时，$y[n]$ 为 $e_w[n]$ 的一个估计。

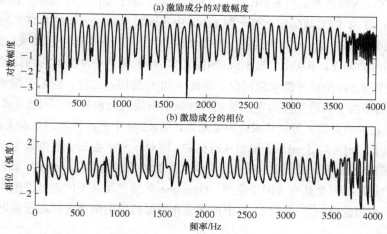

图 8.33　浊音的同态滤波：(a) $E_w(e^{j\omega})$ 对数幅度估计；(b) $E_w(e^{j\omega})$ 的相位估计

若低通和高通同态滤波器使用相同的 n_{co} 值，则对所有 n 有 $l_{lp}[n] + l_{hp}[n] = 1$。因此，低通和高通同态滤波器的这种选择定义了 $e_w[n]$ 和 $h_V[n]$，以便 $h_V[n]*e_w[n] = x[n]$，即图 8.32a 和图 8.32b 中的波形卷积，将得到图 8.32c 所示的原始加窗语音信号。对于相应的 DTFT，分别将图 8.33a 和图 8.33b 中的曲线加到图 8.29a 和图 8.29b 中的粗平滑曲线上，将得到图 8.29a 和图 8.29b 中快速变化的曲线。

8.5.4 最小相位分析

因为倒谱是加窗语音段的 DTFT 的对数幅度的逆 DTFT，因此它也是复倒谱的偶部。若输入信号具有最小相位，则 $n < 0$ 时复倒谱为零，故复倒谱可根据式(8.36)中的倒谱得到，而式(8.36)看起来等效于倒谱乘以一个同态滤波器，即 $\hat{x}_{mnp}[n] = l_{mnp}[n]c[n]$，其中

$$l_{mnp}[n] = \begin{cases} 0 & n < 0 \\ 1 & n = 0 \\ 2 & 0 < n. \end{cases} \tag{8.100a}$$

另一方面，若不知道输入信号是否具有最小相位，则可假设它有。于是，序列 $\hat{y}[n] = l_{mnp}[n]c[n]$ 便是信号 $y[n]$ 的复倒谱，其中 $y[n]$ 的 DTFT 和原始信号 $x[n]$ 的 DTFT 具有相同的对数幅度。如果原始信号并非最小相位信号，那么 $\arg\{X(e^{j\omega})\}$ 和 $\arg\{Y(e^{j\omega})\}$ 将不同，但 $\log|Y(e^{j\omega})| = \log|X(e^{j\omega})|$。

若假设倒谱中的低倒频成分是由声道系统决定的，且进一步假设声道系统是最小相位的，则可以联立式(8.100a)和式(8.97)求解出 $l_{mnp}[n]$，然后得到最小相位声道冲激响应的估计：

$$l_{mnp}[n] = \begin{cases} 0 & n < 0 \\ 1 & n = 0 \\ 2 & 0 < n < n_{co} \\ 1 & n = n_{co} \\ 0 & n_{co} < n, \end{cases} \tag{8.100b}$$

上式强加了一个截止频率，以便从倒谱中去除激励成分，同时强加了最小相位条件[1]。注意，我们再次包含了一个样本过渡，需要时可将其扩展。

对于本节中的浊音例子，式(8.100b)中的低通同态滤波器对图 8.30b 中的倒谱进行同态滤波，截止倒频 $n_{co} = 50$，所得结果是图 8.34b 所示的冲激响应。由上面的讨论可知，图 8.34b 中的声道冲激响应估计的 DTFT 的对数幅度，等于图 8.34a 中声道冲激响应估计的 DTFT 的对数幅度，因为两者都是使用截止倒频 $n_{co} = 50$ 得到的，即图 8.29a 中的平滑对数幅度是图 8.34b 和图 8.32a 中波形的 DTFT 的对数幅度。事实上，图 8.34a 和图 8.34c 中的另两个冲激响应估计的 DTFT 也有相同的对数幅度。图 8.34a 中的冲激响应对应于将式(8.98)中的同态滤波器应用于倒谱（即不使用最小相位条件）。这相当于假设相位为零。得到的冲激响应是时间偶序列，因此是非因果的。对称地截断它并引入足够的延迟，可使其成为因果系列。图 8.34c 中的冲激响应是最大相位冲激响应，它是在倒谱乘以 $l_{mxp}[n] = l_{mnp}[-n]$ 后于输出端得到的，即对 $n > 0$，强加令复倒谱为零的最大相位条件。图 8.34c 中的波形看起来是图 8.34b 中最小相位冲激响应的时间反转形式。如前面那样，截断它并引入足够的延迟，可使其变为因果序列。Oppenheim 曾使用基于同态滤波的声道冲激响应方法研究合成语音的相位影响[267]。第 11 章中将详细介绍如何使用倒谱进行语音编码。

---

[1] 当 $n_{co} \to \infty$ 时式(8.100b)简化为式(8.100a)。

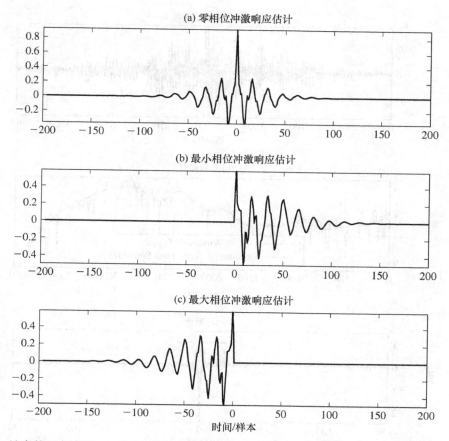

(a) 零相位冲激响应估计

(b) 最小相位冲激响应估计

(c) 最大相位冲激响应估计

时间/样本

图 8.34　浊音的同态滤波：(a)$h_V[n]$的零相位估计；(b)$h_V[n]$的最小相位估计；(c)$h_V[n]$的最大相位估计

8.5.5　应用 DFT 的清音分析

为完成自然语言同态分析的说明，考虑图 8.35 给出的清音示例。图 8.35a 显示了摩擦音/SH/乘以 401 点汉明窗后的波形段。图 8.35b 中快速变化的细线是对应的对数幅度函数 $\log|X(e^{j\omega})|$。图 8.35c 显示了对应的倒谱 $c[n]$。为保持一致，且由于我们通常事先并不知道某个语音段是清音还是浊音，与浊音相同，清音的 $c[n]$ 也计算为 $\log|X(e^{j\omega})|$ 的逆 DTFT。注意该对数幅度函数（对数周期图）的不规则变化。从图 8.35c 可以清楚地看出，和浊音情形不同，清音段的倒谱在高倒频部分未显示任何尖峰。相反，图 8.35b 中高倒频部分表示快速的随机波动。然而，倒谱的低时间部分仍然表示 $\log|H_U(e^{j\omega})|$。通过使用粗线画出平滑曲线，图 8.35b 中说明了这一点，粗线表示平滑后的对数幅度函数，对数幅度函数是对图 8.35c 中的倒谱应用式(8.97)所示低通倒谱窗得到的，此时 $n_{co}=20$。

对于浊音情形，我们可将零相位、最小相位或最大相位冲激响应计算为逆特征系统 $\mathscr{D}_*^{-1}\{\}$ 的输出，而将同态滤波后的倒谱作为输出。图 8.36a 显示了对应于图 8.35b 中平滑对数幅度的零相位冲激响应，此时使用的是式(8.98)中的同态滤波器，$n_{co}=20$ [在图 8.36c 中叠加于倒谱之上]。图 8.36b 显示了对应的最小相位冲激响应，它是使用式(8.100b)中的同态滤波器得到的，$n_{co}=20$。图 8.36 中未显示最大相位冲激响应，最大相位冲激响应是图 8.36b 中冲激响应的简单反转形式。由图可见，清音与浊音的冲激响应 [绘于图 8.32a 和图 8.34 中] 相比，其变化要快得多。这是因为摩擦音的对数频谱在 2700Hz 处有一个很宽的峰，而浊音的频谱主要集中在低频部分。

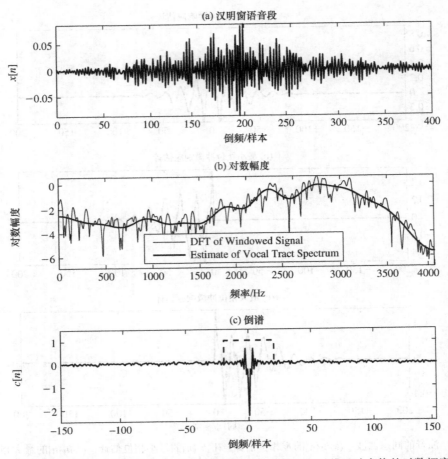

图 8.35 清音的同态滤波：(a)加窗的清音段 $x[n]$；(b)短时傅里叶变换的对数幅度 $\log|X(e^{j\omega})|$（粗线画出的是声道频谱估计 $\log|H_U(e^{j\omega})|$）；(c)对应的倒谱

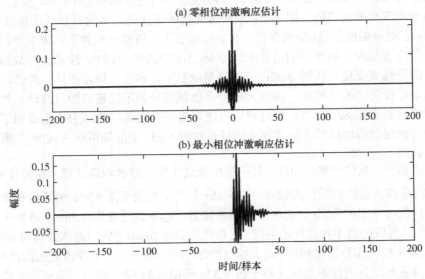

图 8.36 清音的同态分析：(a)声道冲激响应 $h_U[n]$ 的零相位估计；(b)声道冲激响应 $h_U[n]$ 的最小相位估计

8.5.6　短时倒谱分析小结

前面的讨论和例子表明，使用同态滤波方法可获得语音波形的某些基本成分的近似。尽管这些例子表明加窗语音段可分离为近似真实的激励和声道冲激响应成分，但通常并不需要对语音波形进行完全去卷积运算。此外，我们可能只需要估计一些基本参数，如基音周期、共振峰频率等。为了这一目的，倒谱完全足够。因此，在许多语音分析应用中，并不需要计算展开相位。例如，比较图 8.30b 和图 8.35c，可知倒谱提供了一种区分清音和浊音的基本方法。此外，浊音的基音周期也清楚地出现在倒谱中。还应注意，对倒谱应用式(8.98)或式(8.100b)给出同态滤波器，可以获得声道频率响应的平滑对数幅度，而从平滑对数幅度中可清楚地看出共振峰频率。

为说明短时倒谱能有效地突出语音的时变性质，我们考虑图 8.37 中的 2001 点（250ms）语音段。图中显示了两个长为 401 个样本的汉明窗（在 8kHz 采样率条件下为 50ms）。波形每 100 个样本（12.5ms）做一次短时倒谱分析和同态平滑，从而得到每帧的倒谱和平滑对数幅度。图 8.38 给出了这种处理后的 15 个连续帧，其中第一帧的位置在图 8.37 所示波形的起始处。图 8.37 左边的窗口和8.5.5 节的清音实例对应，也和图 8.38 的第一帧对应。图中另一窗口的位置在图 8.37 所示波形起始点后的 1000 个点（12.5ms）处，它和8.5.3 节中详细讨论的浊音实例对应，也和图 8.38 中的第 10 帧对应。

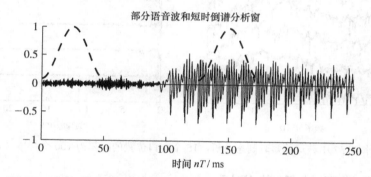

部分语音波和短时倒谱分析窗

图 8.37　语音波形的 2001 个样本，位置为单词/SH EY D/的擦音/SH/到双元音/EY/的过渡。此段语音的短时同态分析见图 8.38

图 8.38 中的一系列图形证实了我们所有关于倒谱性质的结论，也验证了同态滤波对激励和声道系统冲激响应的分离作用。对于给定的窗长（401 个样本）和有效的帧间隔（100 个样本），最初的 5 帧仅包含摩擦音/SH/，这在倒谱、短时傅里叶变换和前 5 帧中每一帧同态滤波后的频谱中能够明显地体现出来。第 6 帧始于 75ms 处而终止于 125ms 处，跨越了从清音到浊音的过渡点，其倒谱中缺乏一个明显的尖峰，因为短时频谱的快速变化随机性较强，周期性较弱。然而，窗中浊音部分的共振峰结构有较大的幅度，其平滑后的对数频谱倾向于有共振峰的形状，这与后面浊音帧的特性类似。第 7～15 帧仅包含双元音/EY/，对应的倒谱随着基音周期呈现明显尖峰。倒谱的尖峰与短时傅里叶变换的精确定义的周期性结构有对应关系。接下来的语音帧仅含有浊音段，倒谱的尖峰随着帧的增加略微向右移动，表明基音频率的轻微下降。第 7～15 帧的平滑对数频谱显示了共振峰频率是怎样随时间变化的。

第 10 章将讨论如何使用短时倒谱来求基音、浊音/清音检测的对数，以及如何估计时变共振峰频率。第 11 章将讨论倒谱在语音编码中的作用。

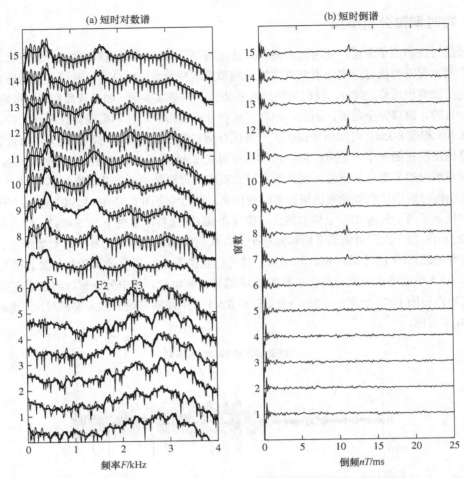

图 8.38　图 8.37 中波形的短时同态分析，15 个窗口位置的间隔为 100 个样本（12.5ms）

8.6　全极点模型的倒谱分析

8.4 节讨论了几种计算短时倒谱和复倒谱的方法。8.5 节解释了如何在自然语音处理中使用这些方法。另一个间接的倒谱分析方法基于语音的全极点模型，它将用到第 9 章中详细讨论的线性预测方法。尽管在正式导出线性预测模型之前就使用它显得有些别扭，但这并不会造成太多困难，因为我们的重点仅在于导出的全极点模型。线性预测分析简单地讲，就是从短时语音信号段直接计算模型的一种方法。

为了当前的目的，我们足以断言短时分析技术可用于估计如下形式的声道系统模型：

$$H(z) = \frac{G}{A(z)} = \frac{G}{1 - \sum_{k=1}^{p} \alpha_k z^{-k}} = \frac{G}{\prod_{k=1}^{p} (1 - z_k z^{-1})}. \tag{8.101}$$

参数 G 和 α_k，$k = 1,2,\ldots, p$ 的最优值可通过解线性方程组得到，方程组的系数由加窗语音段 $x[n]$ 的自相关函数确定。参数 z_k 即为分母多项式 $A(z)$ 的根 [$H(z)$ 的极点]，它可通过多项式求根法求得。对应的冲激响应满足差分方程

$$h[n] = \sum_{k=1}^{p} \alpha_k h[n - k] + G\delta[n]. \tag{8.102}$$

线性预测技术产生的全极点模型有一个重要的特征：模型为最小相位模型，即所有极点满足 $|z_k|<1$。这意味着全极点模型的冲激响应的复倒谱满足性质：对于所有 $n<0$，有 $\hat{h}[n]=0$。复倒谱（进而其偶部即倒谱）可由很多方法确定。一种方法是认识到式(8.101)是式(8.20)在 $M_i=M_o=0$ 和 $N_i=p$ 时的特殊形式。由式(8.24)，可得出最小相位全极点模型的冲激响应的复倒谱为

$$\hat{h}[n]=\begin{cases}0 & n<0\\ \log G & n=0\\ \sum_{k=1}^{p}\dfrac{z_k^n}{n} & n>0.\end{cases}\tag{8.103}$$

这种计算全极点模型的方法框图如图 8.39a 所示。

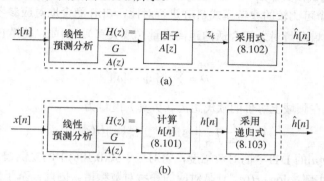

(a)

(b)

图 8.39　声道系统全极点最小相位冲激响应复倒谱的计算：(a)全极点系统函数分母多项式求根；(b)使用式(8.104)递归计算（括号中的数字指文字方程）

第二种方法是利用 8.4.3 节中的递归方程(8.83)。因为 $h[n]$ 为最小相位信号，且从式(8.102)可以推出 $h[0]=G$，于是式(8.83)变为

$$\hat{h}[n]=\begin{cases}0 & n<0\\ \log G & n=0\\ \dfrac{h[n]}{G}-\sum_{k=0}^{n-1}\left(\dfrac{k}{n}\right)\hat{h}[k]\dfrac{h[n-k]}{G} & n>0.\end{cases}\tag{8.104}$$

如图 8.39b 所示，线性预测分析可以提供式(8.102)中差分方程的参数，参数反过来又可以计算全极点模型的任意数量样本的冲激响应。于是式(8.104)可用于计算数量和可用冲激响应样本相同的复倒谱系数样本。若希望从最小相位模型的冲激响应的复倒谱反推出冲激响应，则只须将式(8.104)重新整理为

$$h[n]=\begin{cases}0 & n<0\\ e^{\hat{h}[0]} & n=0\\ h[0]\hat{h}[n]+\sum_{k=0}^{n-1}\left(\dfrac{k}{n}\right)\hat{h}[k]h[n-k] & n>0.\end{cases}\tag{8.105}$$

计算全极点声道模型复倒谱的这种方法需要靠线性预测分析来去除激励的影响。通过使得 p 远小于基音周期 N_p，线性预测模型在某种意义上就完成了低通同态滤波器在同态滤波处理中完成的结果。但要注意的是，用线性预测方法得到的冲激响应将会和 8.5.4 节中用倒谱滤波方法得到的最小相位冲激响应有所不同。

8.7　倒谱距离度量

倒谱在语音信号处理中最广泛的应用大概是其在模式识别问题中的应用，如向量量化（VQ）和自动语音识别（ASR）。在这些应用中，语音信号用一帧一帧的短时倒谱序列表示。在本节后面

的讨论中，我们将使用一些稍微复杂的符号。特别地，我们记第 m 帧信号 $x_m[n]$ 的倒谱为 $c_m^{(x)}[n]$，其中 n 为倒谱的序号倒频。在不需要区分信号或帧的情况下，这些另加的标号可以省略，就如本章此前所做那样。

正如我们所见的那样，倒谱可通过多种方式获得。不论它是怎样计算的，我们都可认为倒谱向量对应于一个增益归一化（$c[0] = 0$）的最小相位声道冲激响应 $h[n]$，其复倒谱表示为

$$\hat{h}[n] = \begin{cases} 2c[n] & 1 \le n \le n_{co} \\ 0 & n < 0. \end{cases} \tag{8.106}$$

（在本讨论中，不论是对清音还是对浊音的语音模型冲激响应，我们都用 $h[n]$ 表示。）在诸如 VQ 或 ASR 的应用中，测试模式 $c[n]$（对 $n = 1,2,\ldots,n_{co}$ 定义的倒谱向量值）隐含地对应一个冲激响应 $h[n]$，我们将它和一个可比较的参考模式 $\bar{c}[n]$ 进行对比，$\bar{c}[n]$ 隐含地对应参考冲激响应 $\bar{h}[n]$。这样的比较需要一个倒谱向量对之间合适的距离度量（或失真）。例如，将欧氏距离应用于倒谱，则得到

$$D = \sum_{n=1}^{n_{co}} |c[n] - \bar{c}[n]|^2. \tag{8.107a}$$

基于帕塞瓦尔定理，在频域上等价的欧氏距离（失真）度量为

$$D = \frac{1}{2\pi} \int_{-\pi}^{\pi} \left| \log|H(e^{j\omega})| - \log|\bar{H}(e^{j\omega})| \right|^2 d\omega, \tag{8.107b}$$

式中，$\log|H(e^{j\omega})|$ 是 $h[n]$ 的 DTFT 的对数幅度，它对应于式(8.106)中的复倒谱，或对应于式(8.106)中 $\hat{h}[n]$ 的 DTFT 的实部。$\log|\bar{H}(e^{j\omega})|$ 是对应的参考对数频谱。因此，基于倒谱的比较和基于平滑后短时对数频谱的比较是直接相关的。

倒谱提供了一种有效且灵活的语音表示方法，它适用于我们将要讨论的模式识别问题。

8.7.1　线性滤波补偿

假定我们只有线性滤波后的语音信号 $y[n] = h_d[n] * x[n]$ 而没有 $x[n]$。如果和失真后的冲激响应 $h_d[n]$ 相比分析窗足够长，则滤波后的语音信号 $y[n]$ 的一帧的短时倒谱近似为

$$c_m^{(y)}[n] = c_m^{(x)}[n] + c^{(h_d)}[n], \tag{8.108}$$

式中，$c^{(h_d)}[n]$ 对于每一帧来说基本相同。于是，如果能够估计 $c^{(h_d)}[n]$①，则能通过做减法从每一帧的 $c_m^{(y)}[n]$ 得到 $c_m^{(x)}[n]$，即 $c_m^{(x)}[n] = c_m^{(y)}[n] - c^{(h_d)}[n]$。这一过程被称为倒谱均值相减。倒谱的这一性质在有一组参考模式 $\bar{c}[n]$ 的情况下极其有用，此时参考模式 $\bar{c}[n]$ 和测试向量从不同的录制条件或通道条件获得。在这些情况下，测试向量可以在计算距离度量、进行模式比较之前，先完成线性滤波影响的补偿。

去除线性失真影响的另一种方法是，知道失真引起的倒谱成分在每一帧都一致。于是可以通过如下所示的一阶差分运算去除：

$$\Delta c_m^{(y)}[n] = c_m^{(y)}[n] - c_{m-1}^{(y)}[n]. \tag{8.109}$$

当 $c_m^{(y)}[n] = c_m^{(x)}[n] + c^{(h_d)}[n]$ 时，其中 $c^{(h_d)}[n]$ 和 m 无关，显然有 $\Delta c_m^{(y)}[n] = \Delta c_m^{(x)}[n]$，即线性失真影响去除了。这一想法很简单，8.7.5 节中提出了一种更为复杂的方法，该方法现已应用于绝大多数场合。

8.7.2　加权倒谱距离度量

对于模式识别，研究发现使用线性预测分析方法获得的倒谱特征向量的统计特性变化很大，这是由很多原因引起的，如短时分析窗位置、谐波峰偏移、噪声[181,391]。加权的倒谱距离度量方

---

① Stockham[381]给出了如何通过对短时傅里叶变换的对数取时间平均来从信号 $y[n]$ 中估计线性失真 $c^{(h_d)}[n]$ 的方法。

法可解决这一问题，其形式为

$$D = \sum_{n=1}^{n_{co}} (l[n])^2 \left| c[n] - \bar{c}[n] \right|^2,$$ (8.110a)

式中，$(l[n])^2$ 是加权序列的平方。式(8.110b)可写为同态滤波后倒谱的欧氏距离

$$D = \sum_{n=1}^{n_{co}} \left| l[n]c[n] - l[n]\bar{c}[n] \right|^2.$$ (8.110b)

Tohkura[391]发现，当对语音和说话者的很多帧求均值后，倒谱值 $c[n]$ 具有零均值，其方差阶数约为 $1/n^2$。这表明形如 $l[n] = n$，$n = 1, 2, \ldots, n_{co}$ 的倒谱权重，可用来补偿倒谱差分的每一项。

Juang 等人[181]发现由线性预测分析引起的变化，可用如下形式的带通同态滤波器来削弱：

$$l[n] = \begin{cases} 1 + 0.5n_{co} \sin(\pi n/n_{co}) & n = 1, 2, \ldots, n_{co} \\ 0 & \text{其他} \end{cases}$$ (8.111)

对加权倒谱距离度量的实验表明，它在自动语音识别中能够带来稳定的性能提升。

8.7.3　群时延频谱

Itakura and Umezaki[164]重新解释了上节介绍的加权倒谱距离度量，引入了 DTFT 变换的基本性质：

$$n\hat{h}[n] \Longleftrightarrow j\frac{d\hat{H}(e^{j\omega})}{d\omega},$$ (8.112)

式中，$\Longleftrightarrow$ 表示序列和其 DTFT 间的变换关系。若使用如下的复倒谱表示形式，则可得一个有趣的结果：

$$\hat{h}[n] = c[n] + d[n],$$ (8.113)

式中，$c[n] = \mathcal{E}v\{\hat{h}[n]\}$ 是复倒谱的偶部，$d[n] = \mathcal{O}dd\{\hat{h}[n]\}$ 是复倒谱的奇部。回顾复倒谱的 DTFT，根据定义，$\hat{H}(e^{j\omega}) = \log|H(e^{j\omega})| + j\arg\{H(e^{j\omega})\}$，可以证明如下 DTFT 关系成立：

$$nc[n] \Longleftrightarrow j\frac{d\log|H(e^{j\omega})|}{d\omega}$$ (8.114a)

和

$$nd[n] \Longleftrightarrow -\frac{d\arg\{H(e^{j\omega})\}}{d\omega}.$$ (8.114b)

式(8.114b)中右侧的 DTFT 是 $H(e^{j\omega})$ 的群时延函数[270]，即

$$grd\{H(e^{j\omega})\} = -\frac{d\arg\{H(e^{j\omega})\}}{d\omega}.$$ (8.115)

若假设 $h[n]$ 是从 8.6 节中讨论的全极点模型得到的，则复倒谱满足：当 $n < 0$ 时，有 $\hat{h}[n] = 0$。这意味着 $n > 0$ 时，有 $\hat{h}[n] = 2c[n] = 2d[n]$。若定义 $l[n] = n$，则同态滤波后的倒谱距离为

$$D = \sum_{m=-\infty}^{\infty} \left| l[m]c[m] - l[m]\bar{c}[m] \right| = \sum_{m=-\infty}^{\infty} \left| l[m]d[m] - l[m]\bar{d}[m] \right|$$ (8.116a)

它等价于

$$D = \frac{1}{2\pi} \int_{-\pi}^{\pi} \left| \frac{d\log|H(e^{j\omega})|}{d\omega} - \frac{d\log|\bar{H}(e^{j\omega})|}{d\omega} \right| d\omega,$$ (8.116b)

或

$$D = \frac{1}{2\pi} \int_{-\pi}^{\pi} \left| grd\{H(e^{j\omega})\} - grd\{\bar{H}(e^{j\omega})\} \right| d\omega,$$ (8.116c)

式中，$H(e^{j\omega})$ 由式(8.101)得到，其时 $z = e^{j\omega}$。式(8.116b)由 Tohkura[391]给出。

与对所有 n 有 $l[n] = n$ 或式(8.111)中的同态滤波器不同，Itakura 提出了同态滤波器

$$l[n] = n^s e^{-n^2/2\tau^2}.$$ (8.117)

这个同态滤波器有很强的灵活性。例如，若 $s = 0$，则得到简单的低倒频同态滤波，若 $s = 1$ 且 τ 很大时，对于较小的 n 可得 $l[n] = n$，这能带来较强的倒频削尖作用。式(8.117)的同态滤波效果如图 8.40 所示，图 8.40a 所示的是一段浊音的短时傅里叶变换图，选用 $p = 12$ 的线性预测分析谱，图 8.40b 所示的是同态滤波后的群时延频谱，选取 $s = 1$，τ 的范围从 5 变化到 30。从图中观察到当 τ 增加时，共振峰逐渐突出。如果使用更大的 s 值，则会观察到明显增强的共振结构。

当 Itakura and Umezaki[164]在自动语音识别系统中测试群时延频谱距离度量时，他们发现对于纯净的测试语音，当 $\tau \approx 5$ 时不同的 s 值对于识别率的影响很小，尽管取较大的 τ 值时系统性能随 s 增加而下降。这是由于对于较大的 s，群时延频谱有非常尖锐的峰值，因此对于很小的共振峰位置区别更加敏感。然而，在加性白噪声和线性滤波失真的条件下，$\tau = 5$ 时识别率随着参数 s 的增加明显提高。

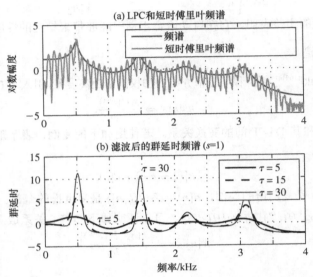

图 8.40　(a)短时傅里叶变换和线性预测编码（LPC）频谱；(b)同态滤波后的群时延频谱

8.7.4　mel 频率倒谱系数

如我们看到的，在频率域，加权倒谱距离度量有一个与对数倒谱距离直接等效的解释。这在基于内耳频率分析（回顾第 4 章的讨论）的人类声音感知模型中非常有意义。考虑到这一点，Davis and Mermelstein[82]提出了一种广泛应用的新倒谱描述方法，称为 mel 频率倒谱系数（mfcc）。

mel 频率倒谱系数的基本思想是，基于滤波器组的频率分析，滤波器组的带宽间隔约为临界子带的间隔。对于 4kHz 的带宽，大约使用 20 个滤波器。在大多数应用中，首先使用一个短时傅里叶分析，得到第 m 帧的 DFT 变换 $X_m[k]$，之后将 DFT 变换值按照临界子带分组，使用如图 8.41 所示的三角窗函数加权。注意，图 8.41 中的带宽在中心频率为 1kHz 之下时为常数，之后呈指数增长，直到 4kHz 时为采样频率的一半，得到 $R = 24$ 个"滤波器"。第 m 帧的 mel 频率对 $r = 1, 2, \ldots, R$ 定义为

$$\text{MF}_m[r] = \frac{1}{A_r} \sum_{k=L_r}^{U_r} |V_r[k]X_m[k]|^2, \ r = 1, 2, \ldots, R \tag{8.118a}$$

式中，$V_r[k]$ 是第 r 个滤波器的加权函数，r 在 DFT 的序号范围内变化，从 L_r 到 U_r，并且

$$A_r = \sum_{k=L_r}^{U_r} |V_r[k]|^2 \tag{8.118b}$$

是第 r 个 mel 滤波器的归一化因子。这个归一化操作如图 8.41 所示。通过归一化操作使得输入的

平坦傅里叶变换频谱能够产生平坦的 mel 频谱。对于每一帧 m，计算滤波器输出的对数幅度的离散余弦变换，从而构成函数 $\text{mfcc}_m[n]$，其形式为

$$\text{mfcc}_m[n] = \frac{1}{R} \sum_{r=1}^{R} \log\left(\text{MF}_m[r]\right) \cos\left[\frac{2\pi}{R}\left(r + \frac{1}{2}\right)n\right].$$

(8.119)

通常，$\text{mfcc}_m[n]$ 需要对 $n = 1, 2, \ldots, N_{\text{mfcc}}$ 进行评价，其中 N_{mfcc} 比 mel 滤波器个数少，例如 $N_{\text{mfcc}} = 13$ 而 $R = 24$。图 8.42 显示了对一帧语音进行 mfcc 分析的结果，并同短时频谱、LPC 频谱和同态平滑频谱进行了比较[①]。图中的大圆点是 $\log(\text{MF}_m[r])$ 的值，它们之间插入的线条是通过对原始 DFT 频率进行插值重建的频谱。注意这些频谱在细节上彼此不同，但它们在共振峰处都有尖峰。显然，在较高频率处，由于滤波器组的作用，重建的 mel 频谱更加平滑。

　　mfcc 参数在大多数语音和声学模式识别问题中都作为基本特征向量。因此，更有效地计算 $\text{mfcc}[n]$ 的新方法是很有必要的。一个耐人寻味的建议是，使用浮栅电子技术实现滤波器组并且使用微瓦的功率计算 DCT 变换[369]。

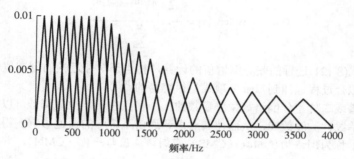

图 8.41　mel 频率倒谱 DFT 加权函数的计算

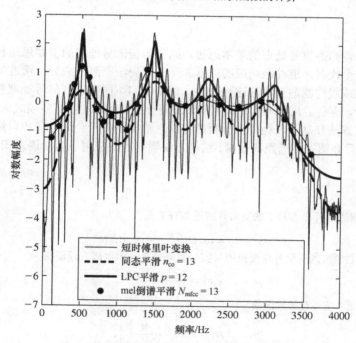

图 8.42　频谱平滑方法和 mel 频率分析的比较

[①] 语音信号通过与 $\delta[n] - 0.97\delta[n-1]$ 卷积进行预加重，以使得共振峰水平相同，之后进行分析。

8.7.5 动态倒谱特征

mfcc 集合提供了具有感知意义的、平滑的语音频谱随时间的估计，并且有效地应用在很多语音处理系统中[308]。因为语音本质上是动态信号，随时间有规律地变化，故我们希望寻找一种能够包含其动态属性的语音表达式。因此，Furui[119]提出了短时倒谱时间导数（一阶和二阶导数）估计的方法。Furui 把得到的参数集称为差分倒谱（为了估计一阶导数）和二阶差分倒谱（为了估计二阶导数）。从概念上讲，计算差分倒谱系数最简单的方法是倒谱向量的一阶差分，形如

$$\Delta\mathrm{mfcc}_m[n] = \mathrm{mfcc}_m[n] - \mathrm{mfcc}_{m-1}[n]. \tag{8.120}$$

这种简单的一阶差分是对 mel 倒谱系数的不准确估计，在实际中并不常用。而通常一阶导数的实现方法是使用最小二乘法对局部斜率（当前时间采样附近的区域）进行逼近，从而得到如下形式的一阶导数的局部平滑估计：

$$\Delta\mathrm{mfcc}_m[n] = \frac{\sum_{k=-M}^{M} k(\mathrm{mfcc}_{m+k}[n])}{\sum_{k=-M}^{M} k^2}. \tag{8.121}$$

容易证明，利用式(8.121)进行的差分倒谱值的计算，相当于对邻近帧的倒谱值使用斜率为 1 的直线进行拟合（将拟合过程延伸到二阶多项式是很容易的[308]）。

使用差分倒谱或二阶差分倒谱等微分参数的一个优点在于，微分算子可以去除 8.7.1 节讨论的对参数值的简单线性滤波效应，从而使其对语音通信系统中的通道影响变得不敏感。这种简单的倒谱归一化技术称为倒谱均值相减（CMS）或倒谱均值归一化（CMN），并已广泛用于语音识别系统中[151]。

8.8 小结

本章介绍了语音同态信号处理的基本思想。同态语音信号处理的主要思想是，将语音段分离或去卷积，得到一个代表声道冲激响应的成分和一个代表激励源的成分。通过加窗信号倒谱的对数谱进行同态滤波或线性滤波来实现这种分离。讨论了实现同态语音信号处理系统的计算代价。对于加窗语音信号，给出了几种可行的计算倒谱或复倒谱的技术，包括多项式求根法、DFT 变换、最小相位系统递归算法和基于线性预测分析的方法。给出了关于合成语音和自然语音进行同态分析的详细实例。最后介绍了倒谱距离度量，这种方法现已广泛应用于自动语音识别和向量量化中。

习题

8.1 序列 $x[n]$ 的复倒谱 $\hat{x}[n]$ 是 DTFT 的复对数的逆 DTFT 变换，即

$$\hat{X}(e^{j\omega}) = \log|X(e^{j\omega})| + j\arg[X(e^{j\omega})].$$

证明定义为对数幅度的傅里叶逆变换的（实）倒谱是 $\hat{x}[n]$ 的偶部，即证明

$$c[n] = \frac{\hat{x}[n] + \hat{x}[-n]}{2}.$$

8.2 一个线性时不变系统具有传输函数

$$H(z) = 8\left[\frac{1 - 4z^{-1}}{1 - \frac{1}{6}z^{-1}}\right].$$

(a) 对于所有 n，计算复倒谱系数 $\hat{h}[n]$。

(b) 画出 $-10 \leq n \leq 10$ 时，$\hat{h}[n]$ 随 n 的变化情况。

(c) 对于所有 n，计算（实）倒谱系数 $c[n]$。

8.3 考虑具有如下形式声道传输函数的全极点模型：

$$V(z) = \frac{1}{\prod\limits_{k=1}^{q}(1 - c_k z^{-1})(1 - c_k^* z^{-1})},$$

式中，

$$c_k = r_k e^{j\theta_k}.$$

证明对应的倒谱为

$$\hat{v}[n] = 2\sum_{k=1}^{q}\frac{(r_k)^n}{n}\cos(\theta_k n).$$

8.4 考虑声道、声门和辐射系统的一个联合全极点模型，形式为

$$H(z) = \frac{G}{1 - \sum\limits_{k=1}^{p}\alpha_k z^{-k}}.$$

假定 $H(z)$ 的所有极点都在单位圆内。使用式(8.85)推导复倒谱 $\hat{h}[n]$ 和系数 $\{\alpha_k\}$ 的递归关系。（提示：复倒谱 $1/H(z)$ 和 $\hat{h}[n]$ 是什么关系？）

8.5 考虑一个有限长最小相位序列 $x[n]$，其复倒谱为 $\hat{x}[n]$，序列

$$y[n] = \alpha^n x[n]$$

的复倒谱为 $\hat{y}[n]$。

(a) 如果 $0 < \alpha < 1$，$\hat{y}[n]$ 和 $\hat{x}[n]$ 的关系是什么？

(b) 如何选择 α 使得 $y[n]$ 不再是最小相位信号？

(c) 如何选择 α 使得 $y[n]$ 是最大相位信号？

8.6 证明如果 $x[n]$ 是最小相位的，则 $x[-n]$ 是最大相位的。

8.7 考虑序列 $x[n]$，其复倒谱为 $\hat{x}[n]$，$\hat{x}[n]$ 的 z 变换为

$$\hat{X}(z) = \log[X(z)] = \sum_{m=-\infty}^{\infty}\hat{x}[m]z^{-m},$$

式中 $X(z)$ 是 $x[n]$ 的 z 变换。z 变换 $\hat{X}(z)$ 是单位圆上的 N 点均匀采样，从而得到

$$\tilde{\hat{X}}[k] = \hat{X}(e^{j\frac{2\pi}{N}k}), \quad 0 \le k \le N-1.$$

使用 IDFT，我们计算

$$\tilde{x}[n] = \frac{1}{N}\sum_{k=0}^{N-1}\tilde{\hat{X}}[k]e^{j\frac{2\pi}{N}kn}, \quad 0 \le n \le N-1,$$

它是复倒谱的近似。

(a) 用真实复倒谱 $\hat{x}[n]$ 表示 $\tilde{\hat{X}}[k]$。

(b) 将(a)中得到的表达式替换为 $\tilde{x}[n]$ 的 IDFT 表达形式，证明

$$\hat{x}_p[n] = \sum_{r=-\infty}^{\infty}\hat{x}[n+rN].$$

8.8 考虑序列

$$x[n] = \delta[n] + \alpha\delta[n - N_p], \quad |\alpha| < 1.$$

(a) 计算 $x[n]$ 的复倒谱，画出结果草图。

(b) 画出 $x[n]$ 的倒谱 $c[n]$ 的草图。

(c) 假定根据式(8.58c)计算出近似结果 $\tilde{x}[n]$，在 $N_p = N/6$ 的条件下描述 $0 \le n \le N-1$ 时的 $\tilde{x}[n]$。如果 N 不能被 N_p 整除情况又如何？

(d) 重复(c)，关于倒谱的计算，用式(8.61)重新计算 $0 \leq n \leq N-1$ 时倒谱的估计值 $\hat{c}[n]$。

(e) 如果使用倒谱估计值 $\hat{c}[n]$ 中最大的冲激来检测 N_p，N 至少为多大才可以避免混乱？

8.9 信号 $x[n]$ 的倒谱为 $c^{(x)}[n]$，其 DTFT 为

$$C^{(x)}(e^{j\omega}) = \log |X(e^{j\omega})|.$$

同态滤波通过下式完成：

$$c^{(y)}[n] = l[n]c^{(x)}[n].$$

(a) 写出 $C^{(y)}(e^{j\omega})$ 和 $\log|X(e^{j\omega})|$、$L(e^{j\omega})$ 的关系表达式，其中 $L(e^{j\omega})$ 是 $l[n]$ 的 DTFT。

(b) 为了平滑 $\log|X(e^{j\omega})|$，应该使用怎样的倒谱窗 $l[n]$？

(c) 比较三角倒谱窗和汉明倒谱窗的区别。

(d) 窗长的选取有何需要注意的问题？

8.10 在 8.5.1 节中说明了短时傅里叶分析中窗的选取会影响到浊音的倒谱分析。为说明这一点，选用一个起始于一个音调脉冲的窗口。本题探讨窗口位置选择的影响。像 8.5.1 节那样，假定语音信号为

$$s[n] = h[n] * p[n] = h[n] * \sum_{k=-\infty}^{\infty} \delta[n - kN_p].$$

现在假定 $s[n]$ 被一个平移过的窗 $w[n-n_0]$ 所乘，和 8.5.1 节中一样我们假设 $s[n]w[n-n_0]$ 可被写为

$$x[n] = w[n - n_0]s[n] = h[n] * (w[n - n_0]p[n]) = h[n] * p_w[n],$$

式中，$p_w[n] = w[n-n_0]p[n]$。这样做是为了将窗的影响并入激励序列中。

进而，在本题中，假定使用的窗为奇数点汉明窗，长度为 $L = 2N_p+1$，其定义为

$$w[n] = \begin{cases} 0.54 - 0.46\cos\left[2\pi n/(2N_p)\right] & 0 \leq n \leq 2N_p \\ 0 & \text{其他} \end{cases}$$

(a) 在 $n_0 = 0, N_p/4, N_p/2, 3N_p/4$ 情况下计算加窗后的序列 $p_w[n] = w[n-n_0]p[n]$，画出它们的草图。

(b) 在(a)的每种情况下，计算 z 变换 $P_w(z)$，说明每种情况下都有共同的形式：

$$P_w(z) = z^{-N_p}(\alpha_0 z^{N_p} + \alpha_1 + \alpha_2 z^{-N_p}).$$

(c) 在每种情况下，计算复倒谱 $\hat{p}_w[n]$（提示：使用 $\log[P_w(z)]$ 的幂级数展开，可在分析中忽略 $\log[z^{-N_p}]$ 项）。哪种情况下为最小相位信号？哪种情况下为最大相位信号？

(d) 现在考虑 n_0 从 0 变化到 N_p 时发生的情形。

    (i) n_0 取何值时 $p_w[n]$ 为最小相位信号？

    (ii) n_0 取何值时 $p_w[n]$ 为最大相位信号？

    (iii) n_0 取何值时第一个倒谱峰最大？

    (iv) n_0 取何值时第一个倒谱峰最小？

(e) 通常，窗长选择为 3～4 个基音周期而不是 2 个。选择较长的窗对结果有何影响？怎样才能得到相类似的结果？当窗长小于 2 个基音周期时会怎么样？

8.11 （MATLAB 练习）写一个 MATLAB 程序计算信号

$$x_1[n] = a^n u[n], \quad |a| < 1,$$

的倒谱，使用三种方法，分别为：

1. 使用分析方法计算 $x_1[n]$ 的倒谱。

2. 由于 $x_1[n]$ 为最小相位信号，递归计算 $\hat{x}_1[n]$。

3. 使用合适长度的 FFT 计算 $\hat{x}_1[n]$。

你的代码应该接受 a 的适当值（典型范围是 0.5～0.99），FFT 的长度应该最小化混叠效应。在一幅图中画出得到的三个复倒谱，画出方法1、方法2的差异（应该基本为零）和方法1、方法3的差异。

8.12 （MATLAB 练习）写一个 MATLAB 程序计算有限长信号

$$x_2[n] = \delta[0] + 0.85\,\delta[n - 100], \quad 0 \leq n \leq 99.$$

的复倒谱和实倒谱。使用本章中讨论的计算复倒谱和实倒谱的方法，即使用合适长度的 FFT 和相位展开方法计算复倒谱，使用对数幅度计算实倒谱（你可以把你的结果和用 MATLAB 工具箱函数 rcep 与 ccep 计算得到的结果做比较），在同一幅图上画出信号、复倒谱和实倒谱。

8.13 （MATLAB 练习）写一个 MATLAB 程序计算有限长信号

$$x_3[n] = \sin\left[\frac{2\pi n}{100}\right] \quad 0 \le n \le 99$$

的复倒谱和实倒谱。使用本章中讨论的计算复倒谱和实倒谱的方法，即使用合适长度的 FFT 和相位展开方法计算复倒谱，使用对数幅度计算实倒谱（你可以把你的结果和用 MATLAB 工具箱函数 rcep 与 ccep 计算得到的结果做比较），在同一幅图上画出信号、复倒谱和实倒谱。

8.14 （MATLAB 练习）写一个 MATLAB 程序计算如下信号的复倒谱和实倒谱：

1. 一段浊音信号。

2. 一段清音信号。

对于每种语音信号，画出信号、对数幅度频谱、实倒谱和经过适当低倒频滤波后的对数幅度频谱。使用文件 test_16k.wav 来测试你的程序。使用文件中始于第 13000 个样本、持续 400 个样本的浊音段和始于第 3400 个样本、持续 400 个样本的清音段。在计算语音文件倒谱前使用汉明窗。

8.15 （MATLAB 练习）写一个 MATLAB 程序计算一个语音文件的实倒谱，分别使用高倒频滤波器和低倒频滤波器对倒谱进行同态滤波，说明获得声道响应（低倒频滤波器）或源激励（高倒频滤波器）的不同方法。使用语音文件 test_16k.wav，浊音帧始于第 13000 个样本（持续 40ms），清音帧始于第 1000 个样本（持续 40ms）。使用汉明窗分离要处理的语音帧。对于浊音和清音段，画出如下量：

1. 汉明窗加权后的语音段（基于语音信号的采样率，确保你的 40ms 窗长反映正确的样本数）。

2. 倒谱平滑后的信号的对数幅度谱（在低倒频滤波的条件下）。

3. 语音信号的实倒谱。

4. 同态滤波后的对数幅度谱（分别经过低倒频滤波和高倒频滤波操作）。

画出浊音、清音段的曲线和低倒频滤波器、高倒频滤波器的曲线。你的程序需要接受以下参数：

- 待处理的语音文件
- 待处理的起始语音帧样本数
- 语音帧的持续时间（ms），在程序中需要根据采样率将其转换为样本数
- 倒谱计算中的 FFT 点数
- 同态滤波器的截止点（低倒频滤波器的高截止点或高倒频滤波器的低截止点）
- 同态滤波器的类型（低倒频或高倒频）

8.16 （MATLAB 练习）写一个 MATLAB 程序验证语音文件复倒谱计算中的相位展开。在尝试做相位展开前，须小心地对任何线性相位成分进行补偿。选择一段浊音信号计算它的 DFT，并将其分解为对数幅度成分和相位成分（这是未展开的相位）。使用 MATLAB 工具箱中的相位展开命令进行相位展开。计算复倒谱，使用低倒频滤波器或高倒频滤波器对倒谱进行同态滤波，之后把同态滤波后的信号变换回频域，最终变换回时域。在一幅图上画出如下量：

1. 原始对数幅度谱和经过倒谱平滑的（低倒频滤波器情况）对数幅度谱。

2. 原始（未展开）的相位，展开后的相位和倒谱平滑后的相位。

3. 使用长序列 FFT 计算的复倒谱。

4. 得到的声道冲激响应的估计（使用低倒频滤波器获得）或激励信号（使用高倒频滤波器获得）。

使用语音文件 test_16k.wav，选择始于第 13000 个样本、长度为 40ms 的语音段来测试你的程序。使用 4096 个样本的 FFT，选择同态滤波器的截止点为 50 个样本。画出低倒频滤波器和高倒频滤波器同态滤波的结果。

8.17 （MATLAB 练习）写一个 MATLAB 程序说明计算语音信号实倒谱时的混叠幅度。你的程序需要使用 8192 点（标准）FFT 计算语音帧的实倒谱，之后分别使用 4096、2048、1024 和 512 点 FFT 对同样的语音帧重复计算，比较得到的倒谱，画出使用 8192 点 FFT 计算的实倒谱和每个更短长度 FFT 计算得到的实倒谱的区别。本题说明了使用合理长度的语音帧和合理长度的 FFT 的语音信号处理中的混叠程度。使用语音文件 test_16k.wav 来说明混叠效应。在本题中，选择第 13000 个样本处持续时间为 40ms 的语音帧。在窗口上方画出使用 8192 点 FFT 变换得到的倒谱，在窗口下方画出使用较短长度 FFT 计算得到的倒谱。

8.18 （MATLAB 练习）写一个 MATLAB 程序证明低倒频滤波器的截止倒频率在对数幅度谱平滑中的作用。使用语音文件的浊音段，计算实倒谱，使用截止倒频率分别为 20、40、60、80 和 100 的低倒频滤波器，说明低倒频滤波器在对数幅度谱平滑中的影响。使用文件 test_16k.wav，选择始于第 13000 个样本、长度为 40ms 的浊音帧计算实倒谱。使用低倒频滤波器，计算平滑过的对数幅度谱，把结果绘制于未经过平滑的对数频谱曲线之上。对低截止倒频率分别为 40、60、80 和 100 的同态滤波器重复以上过程。

第9章 语音信号的线性预测分析

9.1 引言

语音信号的线性预测分析是最有效的语音分析技术之一。这种方法已成为估计语音产生的离散时间模型参数（如基音、共振峰、短时谱、声道面积函数）的一种主要技术，并被广泛用于表示低比特率传输或存储的语音信号，以及自动语音识别和说话者识别。这种方法的重要性在于，它能够提供精确的语音参数的估计，且相对容易计算。本章介绍语音线性预测分析的基本概念，并讨论在实际语音应用中采用线性预测分析所涉及的一些问题。

线性预测的基本原理与第 5 章中讨论过的基本语音合成模型密切相关。第 5 章已经证明采样的语音信号可以被建模为一个线性时变系统的输出（差分方程），该系统的输入激励信号为准周期脉冲（在浊音期间）或随机噪声（在清音期间）。语音模型的差分方程间接表明一个语音采样可用过去 p 个采样的线性组合来逼近。通过局部最小化实际语音采样和线性预测采样之间差值的平方和，能够确定出唯一的一组预测器系数。让语音模型的差分方程系数等于该预测系数时，我们就得到了一种稳健、可靠、准确地估计参数的方法，其估计的参数表征了语音产生模型中线性时变系统的特性。在语音处理领域，线性预测首先用在语音编码中，术语线性预测编码（或 LPC）很快得到广泛采用。随着线性预测分析方法在语音处理中的应用越来越广泛，术语 LPC 被保留下来，现在经常把它作为通用线性预测分析技术的统称。无论在何处使用线性预测编码或 LPC 这个术语，都意指它有更一般的意义，而不仅限于"编码"。

线性预测技术和方法在工程文献中已用了很长时间[38, 417]。线性预测理论的最早应用之一是 Robinson 的工作，他在地震信号处理中使用了线性预测[322,323]。线性预测的概念曾经以系统估计和系统辨识的名称应用于控制领域和信息论中。由于预测器系数在语音产生的源/系统模型中被认为起到了描述系统全极点模型特征的作用，因此系统辨识这个术语特别适合于描述各种语音的应用。

就应用于语音处理而言，线性预测分析这一术语指的是在模型化语音信号问题中本质上等价的各种公式[12, 161, 218, 232]。这些公式之间的差异通常在于观察语音建模问题的原则或视角不同。这些差异主要与用来获取预测器系数的计算的细节有关。因此，就应用于语音处理而言，各种线性预测分析的公式（通常是等价的)有：

1. 协方差法[12]。
2. 自相关公式[217, 229, 232]。
3. 格型法[48, 219]。
4. 逆滤波器公式[232]。
5. 谱估计公式[48]。
6. 最大似然公式[161, 162]。
7. 内积公式[232]。

本章将详细介绍上面列出的前三种基本分析方法的相似点和不同点，因为所有其他公式本质上都等效于这三种中的某一种。

线性预测的重要性在于用其给出的语音基本模型的精确性。因此本章将以很大篇幅来讨论如何用线性预测方法对各种语音参数进行可靠估计，并深入讨论几个主要依赖于线性预测分析的语音应用典型实例，第 10～14 章将展示已成功应用 LPC 方法解决的广泛问题。

9.2 线性预测分析的基本原理

贯穿本书，我们反复提到第 5 章中提出的语音生成的基本离散时间模型。图 9.1 给出了这个模型的一种特殊形式，它非常适于线性预测分析的讨论。在该模型中，通过一个时变数字滤波器来表示组合的谱效应。该数字滤波器的稳态系统函数可用一个全极点有理函数来表示：

$$H(z) = \frac{S(z)}{GU(z)} = \frac{S(z)}{E(z)} = \frac{1}{1 - \sum_{k=1}^{p} a_k z^{-k}}. \tag{9.1}$$

该数字滤波器传输函数 $H(z)$ 不仅包含了声道共振作用，也包含了唇部辐射谱作用，在浊音情况下还包含了声门脉冲形状的谱效应，但我们通常将 $H(z)$ 称为声道系统函数。对于浊音，这个系统受一个准周期脉冲串激励［因为声门脉冲形状已包含在 $H(z)$ 中］，对于清音，系统受随机噪声序列激励。因此，该模型的参数如下：

- 激励参数
  – 浊音/清音分类
  – 浊音的基音周期
  – 增益参数 G
- 声道系统参数
  – 全极点数字滤波器的系数 $\{a_k, k = 1,2,\ldots,p\}$

当然，这些参数都是随时间缓慢变化的。

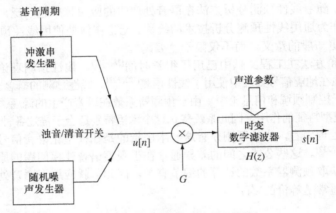

图 9.1 简化的语音产生模型框图

基音周期和浊音/清音分类可以使用第 10 章中讨论的许多方法中的一种来进行估计。如第 5 章所讨论的那样，这种简化的全极点模型对于非鼻音的浊音是一种合乎自然的表示。而对于鼻音和摩擦音，细致的声学理论表明在声道传输函数中同时包含有极点和零点。然而，我们即将看到，如果数字滤波器的阶数 p 足够大，全极点模型可以足够好地表示几乎所有的语音，包括鼻音和摩擦音。这个模型的主要优点在于，可以用线性预测分析的方法对增益参数 G 和滤波器系数 $\{a_k\}$ 进行直接且高效的计算。进一步，第 10 章将讨论的一种基音检测方法也基于使用线性预测器作为逆滤波器提取的误差信号 $e[n]$。该误差信号描述了激励信号 $u[n]$ 的特征。

对于图 9.1 所示系统，模型输出的语音采样 $s[n]$ 和激励信号 $u[n]$ 间的关系可用如下简单的差分方程来表示：

$$s[n] = \sum_{k=1}^{p} a_k s[n-k] + Gu[n]. \tag{9.2}$$

我们把预测系数为 $\{a_k, k = 1, 2, ..., p\}$ 的一个 p 阶线性预测器定义为一个系统，其输入信号是 $s[n]$，输出信号是 $\tilde{s}[n]$，其定义为

$$\tilde{s}[n] = \sum_{k=1}^{p} \alpha_k s[n-k]. \tag{9.3}$$

这个 p 阶线性预测器的系统函数是 z 变换的多项式

$$P(z) = \sum_{k=1}^{p} \alpha_k z^{-k} = \frac{\tilde{S}(z)}{S(z)}. \tag{9.4}$$

$P(z)$ 通常称为预测器多项式。预测误差 $e[n]$ 定义为 $s[n]$ 与 $\tilde{s}[n]$ 之差，即

$$e[n] = s[n] - \tilde{s}[n] = s[n] - \sum_{k=1}^{p} \alpha_k s[n-k]. \tag{9.5}$$

由式(9.5)，必然得出预测误差序列是一个输入信号为 $s[n]$ 且具有如下系统函数的系统的输出：

$$A(z) = \frac{E(z)}{S(z)} = 1 - P(z) = 1 - \sum_{k=1}^{p} \alpha_k z^{-k}. \tag{9.6}$$

z 变换 $A(z)$ 是 z^{-1} 的多项式。它通常称为预测误差多项式或 LPC 多项式。

如果语音信号严格服从式(9.2)所示的模型，以至于模型输出 $s[n]$ 就等于实际采样的语音信号，那么比较式(9.2)和式(9.5)，表明假如对所有的 k 都满足 $\{a_k\} = \{\alpha_k\}$，那么 $e[n] = Gu[n]$。这样，可以得出预测误差滤波器 $A[z]$ 是式(9.1)声道系统 $H(z)$ 的一个逆滤波器，即

$$A(z) = \frac{G \cdot U(z)}{S(z)} = \frac{1}{H(z)}. \tag{9.7}$$

图 9.2 给出了信号 $s[n]$、$e[n]$ 和 $\tilde{s}[n]$ 之间的关系。如图 9.2a 所示，误差信号 $e[n]$ 是输入信号为 $s[n]$ 时逆滤波器 $A(z)$ 的输出。若假设 $e[n]$ 是声道的激励信号，则对浊音语音它是一个准周期的脉冲串，对清音语音是随机噪声。同样如图 9.2a 所示，用全极点滤波器 $H(z)$ 来处理误差信号后就可得到原始语音信号 $s[n]$。图 9.2b 给出了由 $e[n]$ 重建 $s[n]$ 的反馈处理环路，即反馈的预测信号 $\tilde{s}[n]$ 与误差信号 $e[n]$ 进行相加。因此，我们知道 $H(z)$ 是一个 p 阶全极点形式的有理函数，其表达式为

$$H(z) = \frac{1}{A(z)} = \frac{1}{1 - P(z)} = \frac{1}{1 - \sum_{k=1}^{p} \alpha_k z^{-k}}, \tag{9.8}$$

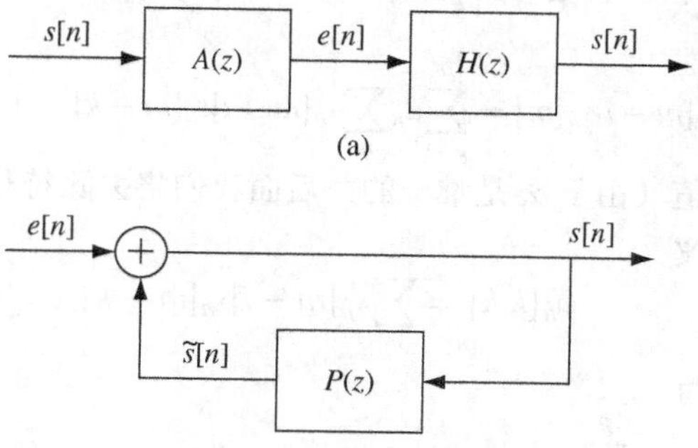

(a)

(b)

图 9.2　逆滤波和语音信号重建的信号处理运算：(a)对信号 $s[n]$ 逆滤波给出误差信号 $e[n]$，对误差信号 $e[n]$ 直接滤波重建出原始语音信号 $s[n]$；(b)系统 $H(z)$ 的实现过程，其中给出了预测信号 $\tilde{s}[n]$

且在式(9.6)中 $A(z)$ 也是一个 p 阶多项式①。传输函数为 $H(z)$ 的系统通常称为声道模型系统或 LPC 模型系统。

---

① 如同我们前面讨论语音模型时所强调的那样，由于系统的时变性，我们使用 z 变换来表示语音模型严格上讲不是有效的。因此，z 变换式和图 9.2 仅在短时帧上被假设是有效的，同时模型参数每帧进行更新。

9.2.1 线性预测分析方程的基本公式

线性预测分析的基本问题是，直接由语音信号来确定一组滤波器系数 $\{\alpha_k, k = 1, 2, ..., p\}$，进而利用式(9.8)得到一个良好的语音信号时变频谱性质的估计。由于语音信号的时变性，预测器系数必须通过一个短时分析程序进行估计，该分析程序在一小段语音波形上通过最小化均方预测误差来找出一组预测器系数。然后，所得参数就被假设是图 9.1 中语音生成模型的系统函数 $H(z)$ 的参数。

我们也许不能立即了解这种方法将会产生什么样的有用结果，但可以用几种方法来证明它。首先要记住，若 $\{\alpha_k = a_k, k = 1, 2, ..., p\}$，则 $e[n] = Gu[n]$。对于浊音，这意味着 $e[n]$ 由一串脉冲组成；即在大部门时间里 $e[n]$ 很小。对于清音，逆滤波器使输出的短时谱平坦化，从而生成了白噪声。因此，寻找满足预测误差最小的 α_k 似乎与这个观察是一致的。这一途径的第二个依据在于以下事实：若一个信号由式(9.2)产生，其系数是非时变的，其输入激励信号是一个单脉冲或一个平稳的白噪声，则可以证明，通过均方预测误差（在整个时间段上取平均）最小化所求得的预测器系数与式(9.2)的系数相等。根据最小均方预测误差来估计模型参数的第三个理由是，该方法引入了一组线性方程，该线性方程组能够通过高效求解得到预测器参数。也许对语音的线性预测分析的最终判断最重要的一点就是简单和实用。线性预测分析模型非常精确和完美。

短时总均方预测误差定义为

$$\mathcal{E}_{\hat{n}} = \sum_m e_{\hat{n}}^2[m] = \sum_m (s_{\hat{n}}[m] - \tilde{s}_{\hat{n}}[m])^2 \tag{9.9a}$$

$$= \sum_m \left(s_{\hat{n}}[m] - \sum_{k=1}^p \alpha_k s_{\hat{n}}[m-k] \right)^2, \tag{9.9b}$$

式中，$s_{\hat{n}}[m]$ 是在样本 $\hat{n}$ 附近选择的一个语音段，即

$$s_{\hat{n}}[m] = s[m + \hat{n}], \tag{9.10}$$

m 的取值在 $\hat{n}$ 附近的有限区间内。式(9.9a)和式(9.9b)中求和范围暂且不定，但由于我们希望开发一种短时分析技术，所以求和的时间区间总是有限的。还应注意，为了获得一个平均的（或误差平方的均值）平方误差，和式应该除以语音段的长度。然而，这个常数与我们要得到的线性方程组是不相干的，因而可以略去。只要令 $\partial \mathcal{E}_{\hat{n}} / \partial \alpha_i = 0$，$i = 1, 2, ..., p$，就能求得使式(9.9b)中 $\mathcal{E}_{\hat{n}}$ 最小的各个 α_k 值，由此可得方程

$$\sum_m s_{\hat{n}}[m-i]s_{\hat{n}}[m] = \sum_{k=1}^p \hat{\alpha}_k \sum_m s_{\hat{n}}[m-i]s_{\hat{n}}[m-k], \quad 1 \le i \le p, \tag{9.11}$$

式中，$\hat{\alpha}_k$ 是使 $\mathcal{E}_{\hat{n}}$ 最小的 α_k 值（由于 $\hat{\alpha}_k$ 是唯一的，后面我们将去除符号 $\hat{\ }$，而仅用符号 α_k 来表示使 $\mathcal{E}_{\hat{n}}$ 最小的系数值）。若定义

$$\varphi_{\hat{n}}[i, k] = \sum_m s_{\hat{n}}[m-i]s_{\hat{n}}[m-k], \tag{9.12}$$

则式(9.11)可更加简洁地写为

$$\sum_{k=1}^p \alpha_k \varphi_{\hat{n}}[i, k] = \varphi_{\hat{n}}[i, 0], \quad i = 1, 2, ..., p. \tag{9.13}$$

这组含有 p 个未知数的 p 个方程可以用一种高效方法求解，得到在语音段 $s_{\hat{n}}[m]^2$ 上使总均方预测误差最小的预测系数 $\{\alpha_k\}$[①]。利用式(9.9b)和式(9.11)，最小均方预测误差可表示为

$$\mathcal{E}_{\hat{n}} = \sum_m s_{\hat{n}}^2[m] - \sum_{k=1}^p \alpha_k \sum_m s_{\hat{n}}[m]s_{\hat{n}}[m-k], \tag{9.14}$$

---

① 显然 α_k 是 $\hat{n}$ 的函数（$\hat{n}$ 是被估值的时标），而要清晰地表明这种时间上的依赖关系很麻烦，通常上无必要。在不引起混淆的情况下，去掉 $\mathcal{E}_{\hat{n}}$、$s_{\hat{n}}[m]$ 和 $\varphi_{\hat{n}}[i,k]$ 中的下标 $\hat{n}$ 也是有利的。

利用式(9.12)，可以将$\varepsilon_{\hat{n}}$表示为

$$\varepsilon_{\hat{n}} = \varphi_{\hat{n}}[0,0] - \sum_{k=1}^{p} \alpha_k \varphi_{\hat{n}}[0,k], \tag{9.15}$$

式中，$\{\alpha_k, k = 1, 2, ..., p\}$是一组满足式(9.13)的预测器系数。因此，最小误差的总量由一个固定成分$\varphi_{\hat{n}}[0,0]$［该成分等于语音段$s_{\hat{n}}[m]$上样本平方（能量）的总和］和一个依赖于预测器系数的成分组成。

为求解最佳预测器系数，首先须算出$\varphi_{\hat{n}}[i,k]$（$1 \le i \le p$，$0 \le k \le p$）。一旦算出这些数值，我们仅需求解式(9.13)就可得到α_k。因此，从原理上看，线性预测分析是非常直截了当的。但$\varphi_{\hat{n}}[i,k]$的计算细节及随后的方程求解都比较复杂，需要进一步讨论。

迄今为止，我们还未明确表明式(9.9a)、式(9.9b)及式(9.11)中的求和范围；但要强调的是，式(9.11)中的求和范围与式(9.9a)或式(9.9b)中求均方预测误差时所假设的范围是相同的。如前所述，如果我们希望开发一种短时分析程序，那么求和范围必须在围绕分析时间$\hat{n}$附近的一个有限时间区间内。求解该问题有两种基本的方法，我们下面会看到线性预测分析考虑求和范围的两种方法，以及语音波形段$s_{\hat{n}}[m]$的定义。

9.2.2　自相关法

求式(9.9a)、式(9.9b)及式(9.11)中求和范围的一种方法是，假设波形段$s_{\hat{n}}[m]$在区间$0 \le m \le L-1$外等于零[217,222,232]。这能方便地表示为

$$s_{\hat{n}}[m] = s[m + \hat{n}]w[m], \qquad 0 \le m \le L-1, \tag{9.16}$$

式中，$w[m]$是一个有限长的窗函数（如汉明窗或矩形窗），它在区间$0 \le m \le L-1$外等于零。图 9.3a 显示了信号$s[n]$，它是序号n的函数，并显示了开始点位于$n = \hat{n}$的汉明窗$w[n-\hat{n}]$。用$m=n-\hat{n}$代替分析时间$\hat{n}$可重新定义语音段的起点，并给出图 9.3b 所示的加窗语音段$s_{\hat{n}}[m] = s[m+\hat{n}]w[m]$[①]，它是$m$的函数。图 9.3c 是一个 15 阶最佳线性预测器的输出。考虑式(9.5)和式(9.9a)或式(9.9b)，就会了解式(9.16)的假设对$\varepsilon_{\hat{n}}$的求和范围的影响。图 9.3c 表明，若$s_{\hat{n}}[m]$只在$0 \le m \le L-1$范围内不为零，那么对于一个p阶预测器，相应的预测误差$e_{\hat{n}}[m]$只在$0 \le m \le L-1+p$范围内不为零。因而对此情况，$\varepsilon_{\hat{n}}$可恰当地表示为

$$\varepsilon_{\hat{n}} = \sum_{m=0}^{L-1+p} e_{\hat{n}}^2[m] = \sum_{m=-\infty}^{\infty} e_{\hat{n}}^2[m], \tag{9.17}$$

其中式(9.17)仅依赖于如下事实：由于定义$s_{\hat{n}}[m]$和$e_{\hat{n}}[m]$的方式，我们能简单地指出求和就是把从$-\infty$到$+\infty$中的全部非零值进行相加[217]。

从式(9.5)和图 9.3c 可以看到，预测误差在区间的开始处（特别是$0 \le m \le p-1$）很可能相对比较大，因为使用了一个有限长窗函数对信号进行加窗，因此预测器必须用前面任意设置为零的样本来预测（非零）信号样本。在图 9.3c 中，前 15 个（$p = 15$）样本比较突出。与此类似，在区间的结束处（特别是$L \le m \le L-1+p$）误差可能相对比较大，因为预测器必须用窗内非零的样本来预测窗外的p个零值样本。在图 9.3c 中这些样本比较突出。正是由于这一原因，在式(9.16)中通常要用一个能使语音段$s_{\hat{n}}[m]$在帧的开始和结束部分都逐渐趋于零的窗函数$w[m]$，如汉明窗，来减轻在区间端点上对误差序列的影响。

---

① 加窗语音段的时间原点被重新定义为窗的开始点。也可将分析时间$\hat{n}$定义为移动窗的中心点，而不是窗的开始点。这会导致加窗段的不同时间序号。

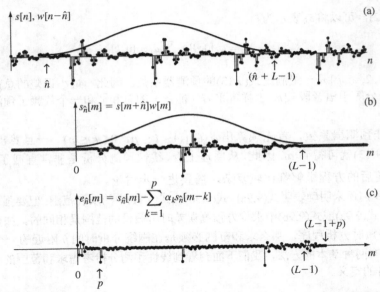

図 9.3 自相関法的短時分析説明：(a)語音信号 $s[n]$ 和時間開始点為 $n = \hat{n}$ 的漢明窗；(b)加窗語音段 $s_{\hat{n}}[m]$；(c)用 $p = 15$ 階最佳預測器得到的預測誤差信号段 $e_{\hat{n}}[m]$，$0 \leq m \leq L-1+p$

　　這一観察也可解釈用自相関法求出的最佳預測器的一个基本性質。更具体地講，假設 $s_{\hat{n}}[0] \neq 0$，則緊接着有 $e_{\hat{n}}[0] = s_{\hat{n}}[0] \neq 0$。与此類似，若 $s_{\hat{n}}[L-1] \neq 0$，則緊接着有 $e_{\hat{n}}[L-1+p] = -\alpha_p s_{\hat{n}}[L-1] \neq 0$。因此，我們可以得出結論：無論怎様選擇 p，都有 $\varepsilon_{\hat{n}} > 0$；即对于自相関法，総的平方預測誤差総是厳格為正的，它不能為零。在后面的討論中，這一性質極其重要。

　　在式(9.12)中，式 $\varphi_{\hat{n}}[i,k]$ 的取值範囲与式(9.17)中的取值範囲相同。但由于在区間 $0 \leq m \leq L-1$ 外 $s_{\hat{n}}[m]$ 的值為零，因此可以簡単地証明

$$\varphi_{\hat{n}}[i,k] = \sum_{m=0}^{L-1+p} s_{\hat{n}}[m-i]s_{\hat{n}}[m-k] \quad \begin{cases} 1 \leq i \leq p \\ 0 \leq k \leq p, \end{cases} \tag{9.18a}$$

可表示為

$$\varphi_{\hat{n}}[i,k] = \sum_{m=0}^{L-1-(i-k)} s_{\hat{n}}[m]s_{\hat{n}}[m+(i-k)] \quad \begin{cases} 1 \leq i \leq p \\ 0 \leq k \leq p. \end{cases} \tag{9.18b}$$

　　進一歩可以看到，在此情況下，$\varphi_{\hat{n}}[i,k]$ 等于式(6.35)的短時自相関函数在$[i-k]$点的値，即

$$\varphi_{\hat{n}}[i,k] = R_{\hat{n}}[i-k] \quad \begin{cases} 1 \leq i \leq p \\ 0 \leq k \leq p, \end{cases} \tag{9.19}$$

式中，

$$R_{\hat{n}}[k] = \sum_{m=0}^{L-1-k} s_{\hat{n}}[m]s_{\hat{n}}[m+k]. \tag{9.20}$$

正是由于這个自相関性質，才有了術語自相関法。6.5 節将介紹計算 $R_{\hat{n}}[k]$ 的細節，這里不再贅述。由于 $R_{\hat{n}}[k]$ 是一个偶函数，因此对于式(9.13)，可得 $\varphi[i,k]$ 為

$$\varphi_{\hat{n}}[i,k] = R_{\hat{n}}[|i-k|] \quad \begin{cases} 1 \leq i \leq p \\ 0 \leq k \leq p. \end{cases} \tag{9.21}$$

故式(9.13)可表示為

$$\sum_{k=1}^{p} \alpha_k R_{\hat{n}}[|i-k|] = R_{\hat{n}}[i], \quad 1 \leq i \leq p. \tag{9.22a}$$

類似地，式(9.15)中的最小均方誤差公式変為

$$\mathcal{E}_{\hat{n}} = R_{\hat{n}}[0] - \sum_{k=1}^{p} \alpha_k R_{\hat{n}}[k]. \tag{9.22b}$$

由式(9.22a)给定的方程组可用矩阵表示为

$$\begin{bmatrix} R_{\hat{n}}[0] & R_{\hat{n}}[1] & R_{\hat{n}}[2] & \dots R_{\hat{n}}[p-1] \\ R_{\hat{n}}[1] & R_{\hat{n}}[0] & R_{\hat{n}}[1] & \dots R_{\hat{n}}[p-2] \\ R_{\hat{n}}[2] & R_{\hat{n}}[1] & R_{\hat{n}}[0] & \dots R_{\hat{n}}[p-3] \\ \dots & \dots & \dots & \dots \\ \dots & \dots & \dots & \dots \\ R_{\hat{n}}[p-1] & R_{\hat{n}}[p-2] & R_{\hat{n}}[p-3] & \dots R_{\hat{n}}[0] \end{bmatrix} \begin{bmatrix} \alpha_1 \\ \alpha_2 \\ \alpha_3 \\ \dots \\ \dots \\ \alpha_p \end{bmatrix} = \begin{bmatrix} R_{\hat{n}}[1] \\ R_{\hat{n}}[2] \\ R_{\hat{n}}[3] \\ \dots \\ \dots \\ R_{\hat{n}}[p] \end{bmatrix}. \tag{9.23}$$

式中，$p\times p$ 阶的自相关值矩阵是一个托普利兹矩阵，即它是对称的，而且任意一条对角线上的所有元素相等。9.5 节将利用这一特殊性质得到求解式(9.23)所示方程组的一种高效算法。

9.2.3　协方差法

定义语音段 $s_{\hat{n}}[m]$ 及求和范围的第二种基本方法是，先固定计算均方误差的区间，然后再考虑它对计算 $\varphi_{\hat{n}}[i,k]$ 的影响[12]。也就是说，我们定义 $\mathcal{E}_{\hat{n}}$ 为

$$\mathcal{E}_{\hat{n}} = \sum_{m=0}^{L-1} e_{\hat{n}}^2[m] = \sum_{m=0}^{L-1} \left(s_{\hat{n}}[m] - \sum_{k=1}^{p} \alpha_k s_{\hat{n}}[m-k] \right)^2, \tag{9.24}$$

这里还假设预测误差 $e_{\hat{n}}[m]$ 在式(9.24)所规定的采样区间 $0\le m\le L-1$ 内进行计算。这意味着为了计算 $e_{\hat{n}}[m]$ 而不产生边缘效应，分析必须基于 $s_{\hat{n}}[m]$，$-p\le m\le L-1$。因此，$\varphi_{\hat{n}}[i,k]$ 成为

$$\varphi_{\hat{n}}[i,k] = \phi_{\hat{n}}[i,k] = \sum_{m=0}^{L-1} s_{\hat{n}}[m-i] s_{\hat{n}}[m-k] \quad \begin{cases} 1 \le i \le p \\ 0 \le k \le p, \end{cases} \tag{9.25}$$

式中 $s_{\hat{n}}[m]=s[m+\hat{n}]$，$-p\le m\le L-1$。此时，若改变求和范围，则可将 $\phi_{\hat{n}}[i,k]$ 表示为

$$\phi_{\hat{n}}[i,k] = \sum_{m=-i}^{L-i-1} s_{\hat{n}}[m] s_{\hat{n}}[m+i-k] \quad \begin{cases} 1 \le i \le p \\ 0 \le k \le p, \end{cases} \tag{9.26a}$$

或

$$\phi_{\hat{n}}[i,k] = \sum_{m=-k}^{L-k-1} s_{\hat{n}}[m] s_{\hat{n}}[m+k-i] \quad \begin{cases} 1 \le i \le p \\ 0 \le k \le p. \end{cases} \tag{9.26b}$$

尽管上述公式与式(9.18b)类似，但要注意求和范围是不同的。式(9.26a)和式(9.26b)需要有区间 $0\le m\le L-1$ 外的 $s_{\hat{n}}[m]$ 值。实际上，为了计算所有要求的 i 和 k 值下的 $\phi_{\hat{n}}[i,k]$，我们须使用区间 $-p\le m\le L-1$ 内的 $s_{\hat{n}}[m]$ 值。若要与式(9.24)中计算 $\mathcal{E}_{\hat{n}}$ 的求和范围一致，那么我们别无选择，只能提供这些必要的数值。图 9.4 显示了与计算 $\phi_{\hat{n}}[i,k]$ 有关的信号范围。图 9.4a 显示了语音波形 $s[n]$ 和时间窗长度为 $p+L$ 的矩形窗，其时间序号为 n，时间开始点为 $\hat{n}-p$。图 9.4b 是使用变量替换 $m=n-\hat{n}$ 重新定位语音段开始点后，通过加窗选出的语音段。注意，此时窗函数从 $m=-p$ 扩展到 $m=L-1$。p 阶预测误差滤波器需要有效地使用区间 $-p\le m\le -1$ 上的 p 个语音样本来计算区间 $0\le m\le L-1$ 内的预测误差 $e_{\hat{n}}[m]$：

$$e_{\hat{n}}[m] = s_{\hat{n}}[m] - \sum_{k=1}^{p} \alpha_k s_{\hat{n}}[m-k] \tag{9.27}$$

该预测误差信号如图 9.4c 所示。注意，预测误差并不显示区间开始处和结束处的过渡行为，这与图 9.3c 所示自相关方法中的预测误差并不相同。此时，由于在整个区间 $0\le m\le L-1$ 内，可得到有效计算 $e_{\hat{n}}[m]$ 所需的信号值，因此像在自相关法中那样让语音段两端的信号逐渐减小到零就没有意义。这样，为预测器提供语音段开始点之前的 p 个语音样本和之后的 $L-1$ 个样本，完成避免了自相关法中出现的总平方预测误差不可能为零的端效应。原理上，若语音信号精确地匹配该模型，则用协方差法确定的线性预测器可准确地预测语音信号 [不包括图 9.4c 中给出的激励脉冲]。

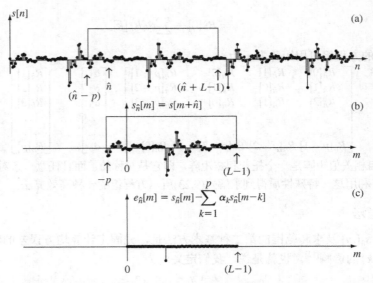

图 9.4　协方差法短时分析说明：(a)语音信号 $s[n]$ 和取值范围为 $\hat{n}-p \leq n \leq \hat{n}+L-1$ 的矩形窗；
(b)加窗语音段 $s_{\hat{n}}[m]$，其取值范围是 $-p \leq m \leq L-1$；(c)用 $p=15$ 的最佳预测器滤波器
滤波后的预测误差信号 $e_{\hat{n}}[m]$，其取值范围是 $0 \leq m \leq L-1$

　　显然，在协方差法中出现的互相关函数非常类似于第 6 章中修正的自相关函数。如 6.5 节所指出的那样，这个函数并不是真正的自相关函数，而是两个非常相似却并不相同的有限长语音波形段之间的互相关函数。虽然看起来式(9.26a)、式(9.26b)和式(9.18b)之间仅有计算细节上的微小差异，而如下方程组却有着极为不同的性质，它强烈影响着求解方法及所得到的最佳预测器的性质：

$$\sum_{k=1}^{p} \alpha_k \phi_{\hat{n}}[i, k] = \phi_{\hat{n}}[i, 0], \quad i = 1, 2, \ldots, p, \tag{9.28a}$$

这组方程可用用矩阵形式表示为

$$\begin{bmatrix} \phi_{\hat{n}}[1,1] & \phi_{\hat{n}}[1,2] & \phi_{\hat{n}}[1,3] & \ldots & \phi_{\hat{n}}[1,p] \\ \phi_{\hat{n}}[2,1] & \phi_{\hat{n}}[2,2] & \phi_{\hat{n}}[2,3] & \ldots & \phi_{\hat{n}}[2,p] \\ \phi_{\hat{n}}[3,1] & \phi_{\hat{n}}[3,2] & \phi_{\hat{n}}[3,3] & \ldots & \phi_{\hat{n}}[3,p] \\ \ldots & \ldots & \ldots & \ldots & \ldots \\ \ldots & \ldots & \ldots & \ldots & \ldots \\ \phi_{\hat{n}}[p,1] & \phi_{\hat{n}}[p,2] & \phi_{\hat{n}}[p,3] & \ldots & \phi_{\hat{n}}[p,p] \end{bmatrix} \begin{bmatrix} \alpha_1 \\ \alpha_2 \\ \alpha_3 \\ \ldots \\ \ldots \\ \alpha_p \end{bmatrix} = \begin{bmatrix} \phi_{\hat{n}}[1,0] \\ \phi_{\hat{n}}[2,0] \\ \phi_{\hat{n}}[3,0] \\ \ldots \\ \ldots \\ \phi_{\hat{n}}[p,0] \end{bmatrix}. \tag{9.28b}$$

此时，因为 $\phi_{\hat{n}}[i,k] = \phi_{\hat{n}}[k,i]$［见式(9.26a)和式(9.26b)］，这个似相关值的 $p \times p$ 阶矩阵是对称且正定的，但不是托普利兹矩阵。事实上，各对角线上的元素是通过下列方程关联的：

$$\phi_{\hat{n}}[i+1, k+1] = \phi_{\hat{n}}[i, k] + s_{\hat{n}}[-i-1]s_{\hat{n}}[-k-1]$$
$$-s_{\hat{n}}[L-1-i]s_{\hat{n}}[L-1-k]. \tag{9.29}$$

　　从前面对式(9.15)的讨论可知，满足式(9.28a)的最佳系数的总平方预测误差是

$$\mathcal{E}_{\hat{n}} = \phi_{\hat{n}}[0, 0] - \sum_{k=1}^{p} \alpha_k \phi_{\hat{n}}[0, k]. \tag{9.30}$$

　　基于这种计算 $\phi_{\hat{n}}[i,k]$ 方法的分析法称为协方差法，因为数值 $\{\phi_{\hat{n}}[i,k]\}$ 的矩阵具有协方差矩阵的性质[222]①。

9.2.4　小结

　　业已证明，对于被分析语音段使用不同的定义，可得两种不同的分析方程。对于自相关法，信

---

① 虽然该术语已为人们广泛采用，但在使用中仍然有些混淆，因为"协方差"通常指一个信号先减去平均值后进行的相关。

号先用一个 L 点窗进行加窗，然后通过短时自相关求得 $\varphi_{\hat{n}}[i,k]$。所得相关矩阵是一个正定的托普利兹矩阵，由此引出了一类预测系数的求解方法。对于协方差方法，假设信号在区间 $-p \le m \le L-1$ 内是已知的。在此区间外的信号不需要也不必加以考虑，因为在计算中仅需要区间内的这些数值。进而得到的相关矩阵是对称且正定的，但不是托普利兹的。结果是两种计算相关的方法导致了分析方程组的不同解法，而且也使两组预测器系数具有某些不同性质。

以下几节中将比较这两种方法以及将在 9.5.3 节中讨论的格型 LPC 分析方法的有关计算细节与计算结果。首先介绍如何用预测误差表达式来确定图 9.1 中的增益 G。

9.3　模型增益的计算

让信号中的能量与线性预测模型输出信号的能量相匹配，进而确定语音生成模型的增益 G 是合理的。对 LPC 系统的激励信号做适当考虑，会发现这样做是确符合实际情况的[216, 217]。

比较描述语音模型的公式(9.2)和定义预测误差的公式(9.5)，可把加于激励信号的增益常数 G 和预测误差关联起来[①]。假设被分析的语音信号就是模型的输出，则激励信号 $Gu[n]$ 可表示为

$$Gu[n] = s[n] - \sum_{k=1}^{p} a_k s[n-k],\tag{9.31a}$$

而预测误差信号 $e[n]$ 定义为

$$e[n] = s[n] - \sum_{k=1}^{p} \alpha_k s[n-k].\tag{9.31b}$$

基于假设 $\alpha_k = a_k$，即语音信号求得的预测器系数和模型的系数相等，则模型输出精确地等于 $s[n]$，由此可得

$$e[n] = Gu[n].\tag{9.32}$$

即模型的输入信号正比于误差信号，其比例常数等于增益常数 G。9.6 节中将详细讨论预测误差信号的性质。

由于式(9.32)只是近似的（即理想和实际线性预测参数相同的扩展有效），通常不可能用一种可靠的方法直接由误差信号本身解出 G。一种更合理的替代假设是，假设误差信号的总能量等于激励输入的总能量，即假设自相关分析方法，

$$G^2 \sum_{m=0}^{L-1+p} u^2[m] = \sum_{m=0}^{L-1+p} e^2[m] = \mathcal{E}_{\hat{n}}.\tag{9.33}$$

此时，我们须对 $u[n]$ 做某些假设，这样才能把 G 和 α_k 及相关系数关联起来。对激励有两种情况值得关注。对于浊音，假设 $u[n] = \delta[n]$ 是合理的，即激励信号是在 $n = 0$ 点的单位采样[②]。为使这一假设成立，对于浊音，需要将实际激励中的辐射负载的影响和声门脉冲形状的影响与声道传输函数结合在一起进行考虑，这样就使得这三种效应都可通过时变线性预测器来建模。这就要求预测器阶数 p 足够大，以便对声道和声门脉冲及辐射这三种效应都能起作用（但对浊音来说这些作用小于基音周期）。9.6 节将讨论预测器阶数的选择。对于清音，假设 $u[n]$ 是一个具有零均值和单位方差的白噪声是合理的。

根据这些假设，我们现在就能用式(9.33)来确定增益常数 G。对于浊音，我们有输入 $G\delta[n]$。对于这个特定的输入，我们将其输出结果表示为 $\tilde{h}[n]$，因为它实际上是将增益 G 结合到系统函数后，所对应系统函数

[①] 注意，尽管我们未清晰地表示，但增益也是分析时间 $\hat{n}$ 的函数。

[②] 注意，为使这一假设成立，要求分析间隔大致与一个基音周期的长度相等。事实上，假设激励是一个周期脉冲串是更有建设性的类似论据。

$$\tilde{H}(z) = \frac{G}{A(z)} = \frac{G}{1 - \sum_{k=1}^{p} \alpha_k z^{-k}}, \tag{9.34}$$

的冲激响应，即对于 $\tilde{H}(z)$，合适的输入是 $u[n] = e[n]/G$。从式(9.34)可得差分方程

$$\tilde{h}[n] = \sum_{k=1}^{p} \alpha_k \tilde{h}[n-k] + G\delta[n]. \tag{9.35}$$

可以直接证明（见习题 9.1）信号 $\tilde{h}[n]$ 的确定性自相关函数定义为

$$\tilde{R}[m] = \sum_{n=0}^{\infty} \tilde{h}[n]\tilde{h}[m+n] = \tilde{R}[-m], \qquad 0 \le m < \infty, \tag{9.36}$$

它满足关系

$$\tilde{R}[m] = \sum_{k=1}^{p} \alpha_k \tilde{R}[|m-k|], \qquad 1 \le m < \infty, \tag{9.37a}$$

和

$$\tilde{R}[0] = \sum_{k=1}^{p} \alpha_k \tilde{R}[k] + G^2. \tag{9.37b}$$

注意，对于 $m = 1, 2, \ldots, p$，式(9.37a)和式(9.22a)具有完全相同的形式，且假设两式中的系数 α_k 也都相同。由此可得[216]

$$\tilde{R}[m] = cR_{\hat{n}}[m], \qquad 0 \le m \le p, \tag{9.38}$$

式中，c 是一个待定常数。由于信号的总能量 $R[0]$ 与冲激响应的总能量 $\tilde{R}[0]$ 必须相等，且式(9.38)在 $m = 0$ 时也须成立，故有 $c = 1$。因此，可以由式(9.22b)和式(9.37b)得到

$$G^2 = \tilde{R}_{\hat{n}}[0] - \sum_{k=1}^{p} \alpha_k \tilde{R}_{\hat{n}}[k] = R_{\hat{n}}[0] - \sum_{k=1}^{p} \alpha_k R_{\hat{n}}[k] = \mathcal{E}_{\hat{n}}. \tag{9.39}$$

有趣的是，若把式(9.38)与冲激响应的能量等于信号能量的要求结合在一起，则要求模型冲激响应的自相关函数的前 $p+1$ 个系数等于语音信号自相关函数的前 $p+1$ 个系数。该条件称为线性预测分析自相关法的自相关匹配性质[217, 218]。

对于清音，相关定义为概率平均（虽然实际上我们使用短时平均）。假设输入是具有零均值和单位方差的白噪声，即

$$E\{u[n]u[n-m]\} = \delta[m], \tag{9.40}$$

式中，$E\{\}$ 表示概率平均。若用随机输入 $Gu[n]$ 来激励式(9.34)所示系统，并将其输出表示为 $\tilde{g}[n]$，则

$$\tilde{g}[n] = \sum_{k=1}^{p} \alpha_k \tilde{g}[n-k] + Gu[n]. \tag{9.41}$$

由于输出信号的自相关函数是线性系统冲激响应的非周期自相关函数与白噪声输入的自相关函数的卷积，由此可得

$$E\{\tilde{g}[n]\tilde{g}[n-m]\} = \tilde{R}[m] * \delta[m] = \tilde{R}[m], \tag{9.42}$$

式中，$\tilde{R}[m]$ 由式(9.36)给出。因此，输出 $\tilde{g}[n]$ 的自相关可表示为

$$\tilde{R}[m] = E\{\tilde{g}[n]\tilde{g}[n-m]\}$$
$$= \sum_{k=1}^{p} \alpha_k E\{\tilde{g}[n-k]\tilde{g}[n-m]\} + E\{Gu[n]\tilde{g}[n-m]\}. \tag{9.43}$$

由于对 $m > 0$，有 $E\{u[n]\tilde{g}[n-m]\} = 0$，即 $u[n]$ 与 n 之前的任何输出信号无关，则由式(9.43)可得

$$\tilde{R}[m] = \sum_{k=1}^{p} \alpha_k \tilde{R}[m-k], \qquad m \ne 0, \tag{9.44}$$

式中，$\tilde{R}[m]$ 表示概率平均自相关函数。对于 $m = 0$，式(9.43)变为

$$\tilde{R}[0] = \sum_{k=1}^{p} \alpha_k \tilde{R}[k] + GE\{u[n]\tilde{g}[n]\}. \tag{9.45}$$

由于能够证明 $E\{u[n]\tilde{g}[n]\} = G$，因此式(9.46)可化简为

$$\tilde{R}[0] = \sum_{k=1}^{p} \alpha_k \tilde{R}[k] + G^2. \tag{9.46}$$

如前述的非周期情况那样，若断言模型输出的平均功率等于语音信号的平均功率，即 $\tilde{R}[0] = R_{\hat{n}}[0]$，则可认为

$$\tilde{R}[m] = R_{\hat{n}}[m], \qquad 0 \le m \le p, \tag{9.47}$$

和

$$G^2 = R_{\hat{n}}[0] - \sum_{k=1}^{p} \alpha_k R_{\hat{n}}[k] = \mathcal{E}_{\hat{n}}, \tag{9.48}$$

该式与用冲激激励近似浊音情形下得到的式(9.39)相同。

当线性预测分析应用于语音处理时，我们只计算有限长语音段的相关函数，而不在该分析中计算假设的相关函数。尽管如此，我们仍常用式(9.39)和式(9.48)来计算增益常数 G，即其值为总平方预测误差的平方根。

9.4 线性预测分析的频域解释

迄今为止，我们讨论的线性预测方法主要限于差分方程和相关函数，即所用的是时域表示式。但如本章开始就指出的那样，线性预测器的系数可以认为是一个系统函数的分母多项式的系数。该系统函数建模为声道响应、声门波形及辐射的组合效应。适当选择阶数 p，线性预测分析能够把这些组合效应与激励效应分离。因此，给定一组预测系数，只要使 $z = e^{j\omega}$ 或 $z = e^{j2\pi FT} = e^{j2\pi F/F_s}$（若希望使用模拟频率 F，则采样周期为 T，或采样频率为 $F_s = 1/T$），并代入系统函数 $\tilde{H}(z) = G/A(z)$ 进行计算，就能求得语音生成模型的频率响应，获得语音产生器模型的频率响应：

$$\tilde{H}(e^{j\omega}) = \frac{G}{1 - \sum_{k=1}^{p} \alpha_k e^{-j\omega k}} = \frac{G}{A(e^{j\omega})}, \tag{9.49}$$

由于在分子中包含激励增益 G，我们得到的频谱表示与加窗语音采样的短时傅里叶变换的频谱在幅度上具有相同的量级，但由于消除激励的影响，频谱中有更清晰的谱结构。如果画出 $\tilde{H}(e^{j\omega})$ 随频率变化的图形①，那么可以预料在共振峰频率上会看到峰值，这与前面几章讨论的谱表示法相同。因此，线性预测分析可视为一种短时频谱估计方法，该方法可去除激励的精细结构。这种技术也广泛用于语音处理之外的其他领域的谱分析[382]。本节将给出均方预测误差的频域解释，并对线性预测技术与其他估计语音的频域表示方法进行比较。

9.4.1 线性预测短时频谱分析

在用自相关方法得到的线性预测公式中，我们已将初分析语音段定义为

$$s_{\hat{n}}[m] = s[\hat{n} + m]w[m], \tag{9.50}$$

式中，$w[m]$ 是一个在区间 $0 \le m \le L-1$ 内取值不为零的窗。也就是说，我们发现在进行短时线性预测分析时，把分析时间原点重新定义为分析窗的开始点，而不是像式(7.8)中定义在 $\hat{n}$ 处，会更加方便。该加窗语音段的离散时间傅里叶变换为

$$S_{\hat{n}}(e^{j\omega}) = \sum_{m=-\infty}^{\infty} s[\hat{n} + m]w[m]e^{-j\omega m}, \tag{9.51}$$

---

① 见习题 9.2 中关于如何用 FFT 估计 $\tilde{H}(e^{j\omega})$ 的方法。

式中，无穷上下限仅表明求和满足窗口的整个支撑区域。式(9.51)也能作为式(7.10)给出的短时傅里叶变换的另一种替代形式。这种替代的表示形式不同于短时傅里叶变换的基本定义式(7.8)，多乘了一个因子 $e^{j\omega\hat{n}}$，它对应于傅里叶分析窗位置时间原点的平移，而不是像式(7.8)在时间点 $\hat{n}$ 上。由于该因子不会影响频谱的幅度，所以用式(9.51)得出的 $|S_{\hat{n}}(e^{j\omega})|$ 与第 7 章中式(7.8)定义的短时傅里叶变换的幅度谱完全一致。如 7.3.4 节所示，$|S_{\hat{n}}(e^{j\omega})|^2$ 和短时自相关函数有对应关系，我们也知道，短时自相关函数是线性预测分析的基础。因此，短时傅里叶变换和 $\tilde{H}(e^{j\omega})$ 是通过短时自相关函数关联的。图 9.5 中说明了这种关系，其中图 9.5a 为加窗的浊音段，图 9.5b 为对应的自相关函数，图 9.5c 为 $20\log_{10}|S_{\hat{n}}(e^{j\omega})|$ 和 $20\log_{10}|\tilde{H}(e^{j\omega})|$（单位为 dB）[1]。在图 9.5c 中，短时傅里叶变换频谱呈现的等间隔波峰都在基音频率（约 110Hz）的倍数处，它对应于自相关函数中的一个峰值点，约在 9ms 处（16kHz 采样率下的第 144 个样本），它也是图 9.5a 中信号的基音周期。图 9.5b 中的粗线画出了用于求解阶数为 $p = 22$（对应于 1.375ms）的线性预测器的自相关值，该值对应于图中垂直虚线的左侧。

由于围绕在基音波峰周围的自相关函数的数值并不包含在用于进行线性预测分析的 p 个数值内，周期的激励效应被自动地消除。原理上这与采用短时傅里叶变换的对数幅度的同态滤波相同。在线性预测分析中，有限时间上的平滑，通过以一个相对很少的相关值为基础的线性预测分析，间接地对幅度的平方起作用。可以观察到线性预测频谱具有短时傅里叶变换的基本形状，但它更加平滑。因为使用 $p = 22$，在基频范围 $0 \le \omega \le \pi$ 内，我们已将 $\tilde{H}(e^{j\omega})$ 中共振峰的最大数量限制为 11。在 $\tilde{H}(e^{j\omega})$ 中，大多数突出的峰对应于语音信号的共振峰谐振，而 $|S_{\hat{n}}(e^{j\omega})|$ 有一个更一般的总体形状，它是由声道、声门脉冲形状和辐射决定的，但在 $20\log_{10}|S_{\hat{n}}(e^{j\omega})|$ 中，突出的局部最大值都在基音频率的倍数处。

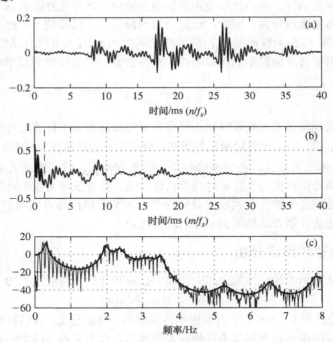

图 9.5　(a)用汉明窗加窗的浊音段；(b)对应的短时自相关函数［其中用于线性预测分析的相关值（$p = 22$）位于垂直虚线的左侧］；(c)对应的短时傅里叶变换对数幅度谱和短时线性预测对数幅度谱，采用相同的比例尺（其中 $F_s = 16$kHz）

---

① 让 $\omega = 2\pi F/F_s$，可画出与图 9.5 和图 9.6 相似的 $20\log_{10}|S_{\hat{n}}(e^{j\omega})|$ 和 $20\log_{10}|\tilde{H}(e^{j\omega})|$ 的图形，它们是模拟频率 F 的函数。

图 9.6 给出了与图 9.5 相似的对应于清音的一个例子。如前所述，图 9.6a 是一个加汉明窗的波形，图 9.6b 是对应的自相关函数，图 9.6c 是短时傅里叶变换的对数幅度谱，以及使用图 9.6b 中垂直虚线左侧的 $p = 22$ 个值求得的短时线性预测频谱的对数幅度谱。自相关函数在预期的基音周期范围内并没有表现出很强的峰点。此时，短时对数幅度频谱中的细化结构是由周期图估值的随机变化导致的[270]。如前所述，$p = 22$ 阶线性预测对数幅度谱平滑地跟随着短时傅里叶变换对数幅度的大致形状，但由于线性预测频谱仅基于 $p = 22$ 个相关值，因此消除了 $20\log_{10}|S_{\hat{n}}(e^{j\omega})|$ 中的随机波动。

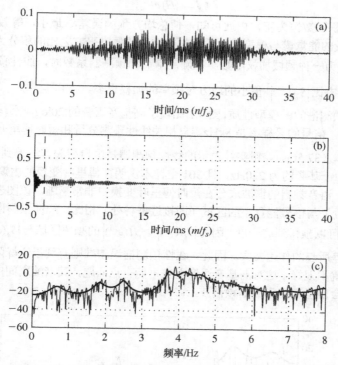

图 9.6 (a)用汉明窗加窗的清音段；(b)对应的短时自相关函数［其中用于线性预测分析的相关值（$p = 22$）位于垂直虚线的左侧］；(c)对应的短时傅里叶变换对数幅度谱和短时线性预测对数幅度谱，采用相同的比例尺（其中 $F_s = 16\text{kHz}$）

9.4.2 均方预测误差的频域解释

9.4.1 节中关于线性预测频谱的解释是检验预测误差性质的基础，根据我们已做的假设，预测误差被认为是由线性预测器导出的声道系统的激励。回顾自相关方法可知，均方预测误差在时域中可表示为

$$\mathcal{E}_{\hat{n}} = \sum_{m=0}^{L+p-1} e_{\hat{n}}^2[m], \tag{9.52a}$$

或在频域中（用帕塞瓦尔定理）表示为

$$\mathcal{E}_{\hat{n}} = \frac{1}{2\pi}\int_{-\pi}^{\pi}|E_{\hat{n}}(e^{j\omega})|^2 d\omega = \frac{1}{2\pi}\int_{-\pi}^{\pi}|S_{\hat{n}}(e^{j\omega})|^2|A(e^{j\omega})|^2 d\omega = G^2, \tag{9.52b}$$

式中，$S_{\hat{n}}(e^{j\omega})$ 是加窗语音段 $s_{\hat{n}}[m]$ 的 DTFT，而 $A(e^{j\omega})$ 是对应的预测误差频率响应[1]

---

[1] 为了表明对分析时间的依赖性，我们应写为 $A_{\hat{n}}(e^{j\omega})$ 和 $\tilde{H}_{\hat{n}}(z)$，但为了简化符号表示，我们继续去年下标 $\hat{n}$。

$$A(e^{j\omega}) = 1 - \sum_{k=1}^{p} \alpha_k e^{-j\omega k}. \tag{9.53}$$

利用结合有增益的线性预测频谱

$$\tilde{H}(e^{j\omega}) = \frac{G}{A(e^{j\omega})}, \tag{9.54}$$

式(9.52b)可表示为

$$\mathcal{E}_{\hat{n}} = \frac{G^2}{2\pi} \int_{-\pi}^{\pi} \frac{|S_{\hat{n}}(e^{j\omega})|^2}{|\tilde{H}(e^{j\omega})|^2} d\omega = G^2. \tag{9.55}$$

由于式(9.55)中的被积函数恒为正，由此可知，使总均方预测误差$\mathcal{E}_{\hat{n}}$最小，等效于寻找增益和预测器系数，以使语音段的能量谱与模型线性系统频率响应的幅度平方之比的积分为1。因此，这意味$|S_{\hat{n}}(e^{j\omega})|^2$着可被解释为一种频域加权函数。在确定增益和预测器系数时，线性预测优化过程隐含着在$|S_{\hat{n}}(e^{j\omega})|^2$值大的地方比$|S_{\hat{n}}(e^{j\omega})|^2$值小的地方对频率的加权更多。

为了说明线性预测谱的谱模型性质，图9.7比较了高基音语音的$20\log_{10}|\tilde{H}(e^{j\omega})|$和短时傅里叶幅度谱$20\log_{10}|S_{\hat{n}}(e^{j\omega})|$。信号的采样率是8kHz，自相关线性预测分析和短时傅里叶分析中的汉明窗长度为$L = 301$个样本（37.5ms）。粗实线表示的线性预测谱是由自相关方法得到的一个12阶预测器（$p = 12$）的频谱。由于基频约为220Hz，且301个样本汉明窗傅里叶变换的主瓣带宽约为100Hz量级，因此在此图中，语音频谱的谐波成分在短时傅里叶变换中非常清晰。该图表明，信号能量大的区域（即接近谱峰处）与信号能量小的区域（即接近谱谷处）相比，线性预测谱和信号谱匹配得更好。观察式(9.55)就可以预料到这一点，因为$|S_{\hat{n}}(e^{j\omega})|^2 > |\tilde{H}(e^{j\omega})|$的频率区域与$|S_{\hat{n}}(e^{j\omega})| < |\tilde{H}(e^{j\omega})|$的频率区域相比，对总误差所起的作用要大。因此，线性预测谱误差准则有利于谱峰附近的良好匹配，而在谱谷附近匹配得就不太好。这对高基音语音而言可能有点问题，其谐波之间的间隔更宽，因为线性预测的谱峰可能会偏至宽间隔的基频谐波上。

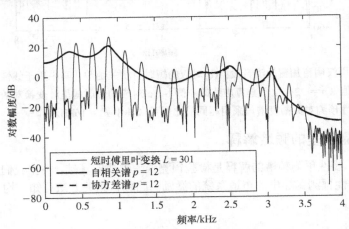

图9.7　用自相关法和协方差法计算得到的12阶线性预测的对数幅度谱，与用$L = 301$
个样本的汉明窗加窗后的语音段的短时傅里叶变换的对数幅度谱

本节到目前的讨论中，我们一直假设用自相关方法来计算预测器参数。这是必需的，因为仅在这种情况下，短时自相关函数的傅里叶变换才等于信号短时傅里叶变换幅度谱的平方。然而，线性预测器系数和总平方预测误差也可使用协方差法计算，它们是由式(9.54)中$\tilde{H}(e^{j\omega})$定义的短时线性预测谱的基础。这样做时，与短时傅里叶变换的关系就变得不那么直接，因为为

了计算区间 $0 \le m \le L-1$ 内的预测误差，协方差法通过提供该区间之前的 p 个所需信号样本来避免加窗，因此，协方差法中使用的相关函数和我们前面定义的短时傅里叶变换之间没有直接关系。如果使用协方差法来计算式(9.54)的线性预测谱，在分析区间对协方差法和自相关法都跨几个基音周期的情况下，协方差法得到的分母多项式和它的根将非常类似于用自相关法得到的多项式和它的根。但在这种情况下，如果简单地让 $G = \sqrt{\mathcal{E}_{\hat{n}}}$，并对自相关法用式(9.22b)求出 $\mathcal{E}_{\hat{n}}$，对协方差法用式(9.30)求出 $\mathcal{E}_{\hat{n}}$，则增益常数会很大的差别。因为自相关法中窗口两端逐渐趋于零的情况并不会出现在协方差法中。此外，这两种方法通常使用不同的段长。

对于第一次近似，协方差线性预测谱与使用一个矩形窗（矩形窗中的采样不会渐近于零）的短时傅里叶变换谱是可比的。因此，若要对使用这两种方法估计参数的线性预测谱进行比较，则应使协方差谱乘以因子

$$U = \frac{1}{L_c} \sum_{n=0}^{L_a-1} (w[n])^2, \tag{9.56}$$

这可补偿自相关法长度 L_a、协方差法长度 L_c 及自相关法中窗函数 $w[n]$ 所致增益的不同。在谱分析中，这种归一化很常见，且常用来消除窗的偏移[270,382]。图 9.7 中的虚线是用协方差法进行参数估计得到的线性预测谱。对于这种较大的窗长，两种线性预测谱之间的差别并不明显。

协方差法的显著优点之一是，由于相关函数的计算方式，它可使用很短的语音信号段。事实上，协方差法常用于基音同步分析，此时仅使用一个周期的"声门闭合"区。这种类型的分析不能使用自相关法，因为自相关法需要让波形段的边界部分渐近于零。图 9.8 中说明了这一点，图中显示的是短时傅里叶变换（$L = 51$）的对数幅度响应，以及使用值为 $p = 12$ 的自相关法和协方差法求出的对数幅度响应。

短时傅里叶变换对数幅度响应用细实线表示，它是对应于一个短时间窗的典型宽带谱。图 9.8 中的虚线是协方差对幅度谱，对应的窗长是 51 个样本，且分析的阶数是 $p = 12$。注意，该谱的图形保持了图 9.7 中线性预测谱的形状，且在约 3.2kHz 处有一个特别尖锐的共振点，而用粗实线表示的自相关对数幅度谱看起来更像宽带短时傅里叶变换谱。因此，协方差法具有更理想的性质，它能够从非常短的语音信号段中提取出精确模型。但要注意，用协方差法求取的声道模型的极点不能保证都在单位圆内，即求得的系统可能是不稳定的。因此，即使自相关法要使用稍长一些的窗口，但对于需要用声道模型来合成语音的应用，也常使用自相关法；然而，在诸如通过逆滤波恢复声门脉冲的应用中，并不需要用一个递归的差分方程来实现该模型，因而常使用协方差法。

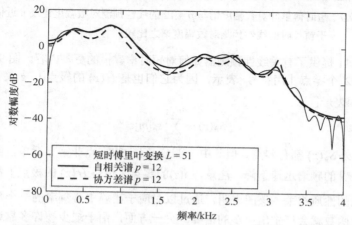

图 9.8　使用自相关法和协方差法计算得到的 12 阶线性预测对数幅度谱，以及使用一个 $L = 51$ 样本汉明窗加窗后语音段的短时傅里叶变换对数幅度谱

9.4.3 模型阶数 p 的作用

9.3 节已证明，语音段 $s_{\hat{n}}[m]$ 的自相关函数 $R_{\hat{n}}[m]$ 和系统函数 $\tilde{H}(z)$ 对应的冲激响应 $\tilde{h}[m]$ 的自相关函数 $R_n[m]$ 的前 $p+1$ 个值都是相等的。这样，当 $p \to \infty$ 时，这两个自相关函数在所有值上都相等，因此

$$\lim_{p \to \infty} |\tilde{H}(e^{j\omega})|^2 = |S_{\hat{n}}(e^{j\omega})|^2. \tag{9.57}$$

这意味着如果 p 足够大，那么全极点模型的频率响应 $\tilde{H}(e^{j\omega})$ 能以任意小的误差逼近信号的短时傅里叶变换频率响应。图 9.9 中说明了这一点，图中显示了窗长为 $L=101$ 的浊音段的短时对数幅度谱。虚线为 $p=12$ 的（自相关法）线性预测对数幅度谱，这是 8kHz 采用率下对 p 的一种典型选择。注意与图 9.7 一样，谱峰与短时谱的大致形状相匹配。粗实线为阶数 $p=100$ 的预测器的线性预测对数幅度谱。注意，该对数幅度谱与短时谱在短时傅里叶谱的谱峰（基音）处对齐得非常好，但即使一个预测器的阶数等于语音段的长度，在 $|S_{\hat{n}}(e^{j\omega})|^2$ 比较小的频率处，两个频谱的匹配仍不完美。这与我们前面关于式(9.55)中对 $|S_{\hat{n}}(e^{j\omega})|^2$ 加权作用的论断是一致的。若进一步增加预测器的阶数，线性预测谱将如式(9.57)预测的那样会逼近 $|S_{\hat{n}}(e^{j\omega})|^2$，但需要非常大的 p 才能在 $|S_{\hat{n}}(e^{j\omega})|^2$ 靠近零值的频率处实现良好的匹配。

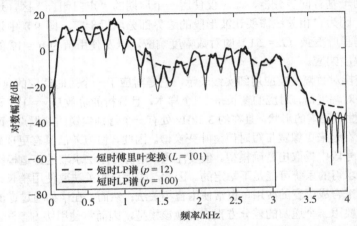

图 9.9 短时傅里叶对数幅度谱与 $p=12$ 的线性预测对数幅度谱及 p 近似等于窗长时的线性预测对数幅度谱之比较

图 9.10 和图 9.11 提供了有关线性预测器如何对短时谱建模的更多内容。图 9.10 中给出了 z 变换多项式 $A(z)$ 的 12 个零点［用符号×表示，因为它们也是 $\tilde{H}(z)$ 的极点］。z 变换多项式 $S_{\hat{n}}(z)$ 的 100 个零点用符号○表示：

$$S_{\hat{n}}(z) = \sum_{m=0}^{L-1} s_{\hat{n}}[m] z^{-m}$$

注意，在单位圆内外 $S_{\hat{n}}(z)$ 都有零点，但其中一部分 $S_{\hat{n}}(z)$ 的零点非常靠近单位圆。正是这些零点使得图 9.9 中 $|S_{\hat{n}}(e^{j\omega})|$ 的频谱迅速下降。注意，$A(z)$ 的零点［也是 $\tilde{H}(z)$ 的极点］都在单位圆内，因为它们受自相关法的性质约束。该图表明，通过以对应于谱峰中心频率的一个角度让极点靠近单位圆，全极点系统函数就会产生出更多的谱峰。另一方面，由于缺少被许多靠近单位圆排列的零点所包围的单位圆上的零点，语音段的全零点多项式也会产生更多的谱峰。

图 9.11 通过比较 $S_{\hat{n}}(z)$ 的零点和 $p=100$ 的 $\tilde{H}(z)$ 的零点，提供了更多的信息。要特别注意 $A(z)$

的零点是如何倾向于避开 $S_{\hat{n}}(z)$ 的零点的。有趣的是，即使式(9.57)表明 $p\to\infty$ 时$|\tilde{H}(e^{j\omega})|^2\to$ $\left|S_{\hat{n}}(e^{j\omega})\right|^2$，但并不表明必然（或一般情况下）有 $\tilde{H}(e^{j\omega})=S_{\hat{n}}(e^{j\omega})$，即模型的频率响应不必是信号的傅里叶变换。从图 9.11 来看这很明显，它表明 $S_{\hat{n}}(z)$ 不必是最小相位的，而 $\tilde{H}(z)$ 必须是最小相位的，因为它是极点都在单位圆内的全极点滤波器的传输函数。

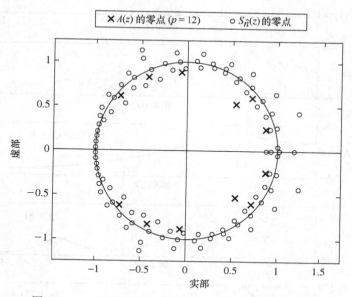

图 9.10　$s_{\hat{n}}(z)$ 的零点位置和 $p=12$ 时 $A(z)$ 的零点位置

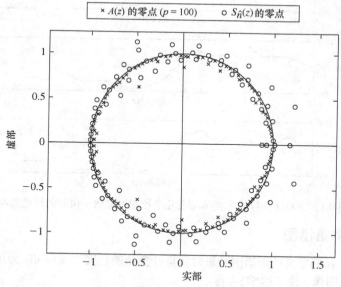

图 9.11　$s_{\hat{n}}(z)$ 的零点位置和 $p=100$ 时 $A(z)$ 的零点位置

　　上面的讨论表明，线性预测分析的阶数 p 能够有效地控制所生成谱的平滑度。图 9.12 对此进行了说明，图中显示了输入语音段、该语音段傅里叶变换的对数幅度及不同阶数的线性预测对数幅度谱。随着 p 的增大，会保留更多的谱细节。由于我们的目标是获得一个仅有声门脉冲、声道和辐射频谱效应的表达式，因此应该像前面所讨论的那样选择 p，以便保留共振峰共振和基本的谱形状，同时使 p 小到足以去掉主要和激励有关的频谱特征。

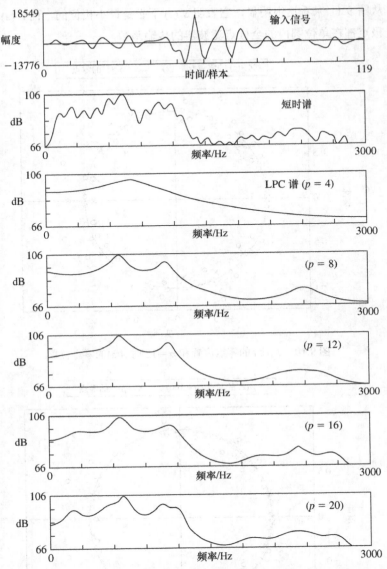

图 9.12 6kHz 采样的元音/AA/在几个预测器阶数 p 值时的线性预测谱

9.4.4 线性预测语谱图

在第 7 章中，我们定义的语谱图是短时傅里叶变换的幅度（或以 dB 为单位的对数幅度）的灰度图像或伪彩色图像。由式(9.51)可得

$$|S_r[k]| = \left| \sum_{m=0}^{L-1} s[rR+m]w[m]e^{-j(2\pi/N)km} \right|, \tag{9.58}$$

式中，短时傅里叶变换在一组时间 $t_{r} = rRT$ 和一组频率 $F_k = kF_s/N$ 处进行计算，其中 R 是相邻的短时傅里叶变换之间的时间偏移量（以样本为单位），T 是采样周期，$F_s = 1/T$ 是采样频率，N 是用于计算每个 STFT 估值的离散傅里叶变换的点数。作为一个例子，图 9.13a 显示了语音发音"Oak is strong but also gives shade"的宽带灰度语谱图（$20\log_{10}|[S_r[k]|$是t_r和F_k的函数）。窗是$L=81$的汉明窗。为了生成无块状效应的语谱图，采样参数是$R=3$和$N=1000$。图像在40dB动态范围内显示了$20\log_{10}|[S_r[k]|$的值。

类似地，我们可以定义线性预测（LP）语谱图为下式的一幅图像：

$$|\tilde{H}_r[k]| = \left| \frac{G_r}{A_r(e^{j(2\pi/N)k})} \right|, \tag{9.59}$$

式中，G_r和$A_r(e^{j(2\pi/N)k})$分别是增益和分析时间rR处的预测误差滤波器多项式。与图9.13a有着相同语音发音的LP语谱图（$20\log_{10}|\tilde{H}_r[k]|$是$t_r$和$F_k$的函数，$R=3$和$N=1000$）如图9.13b所示，其中汉明窗长度同样为$L=81$。生成的图像非常类似于宽带傅里叶语谱图，因为一个低阶分析（如$p=12$）在每个分析时间上都产生一个平滑频谱，而分析时间窗相对于信号的宽带短时傅里叶分析是可比的。但要注意的是，LP语谱图的谱峰（暗色区域）比傅里叶语谱图的谱峰窄很多。

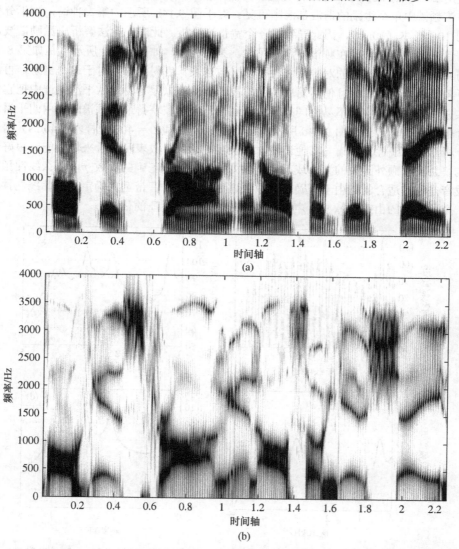

图9.13　语音发音 "Oak is strong but also gives shade" 的语谱图：(a)宽带傅里叶语谱图，汉明窗长为 $L=81$；(b)对应的线性预测语谱图

宽带 LP 语谱图使用相对较小的 p 值，且原理上它也能基于长段或短段的语音波形。但为了提供与宽带傅里叶语谱图相同的时间分辨率，分析窗应是较短的。如我们曾经看到的那样，在这种情况下协方差法可能是首选。如果使用长时间窗，那么为了得到一个与窄带傅里叶语谱图可比的 LP 语谱图，则需要采用更大的 p 值（如图 9.9 所示）来捕获基音的结构。

9.4.5　与其他谱分析方法的对比

第 7 章和第 8 章中讨论过获取语音短时谱的方法。将这些方法与用线性预测分析获取谱的方法进行比较是有益的。

作为一个例子，图 9.14 显示了一段合成元音/IY/的 4 种对数谱。前两个谱是用第 7 章讨论过的短时谱方法得到的。对于第一种谱，一段 400 个样本（40ms）的语音首先进行加窗，然后进行变换（使用 2000 点的 FFT），得到相对较窄的谱分析，如图 9.14a 所示。由于有相对较长的窗持续期，在该频谱中单个激励的谐波都清晰可见。对于图 9.14b 所示的第二种谱，由于分析持续时间减少到 100 样本（10ms），因此导致了一个宽带谱分析。此时，无法解析出激励谐波，但能看到整个谱包络。共振峰频率在频谱中清晰可见。第三种谱，如图 9.14c 所示，是如第 8 章中详细描述的用 400 个样本语音段的对数谱线性平滑（逆滤波）后得到的。对于这个例子，再次很好地解析出了各个共振峰频率，且使用简单的峰值检测器就可以很容易地从平滑频谱中把它们测量出来。但共振峰的频带宽度却不易由同态平滑谱测得，因为在获得最终频谱时使用的平滑过程会导致共振峰带宽变宽。最后，图 9.14d 所示的频谱是 $p = 12$ 和 $L = 400$ 个样本（40ms）语音段的线性预测分析结果。线性预测谱与其他谱的对比表明，这种参数表示法看来似乎能够很好地表示共振峰结构，且没有额外无关的波峰或起伏。因为如果使用了正确的阶数 p，那么线性预测模型对于元音发音是非常适合的。由于正确的阶数可通过已知的语音带宽来确定，因此线性预测方法可以产生一个非常好的由声门脉冲、声道和辐射所生成频谱性质的估计。

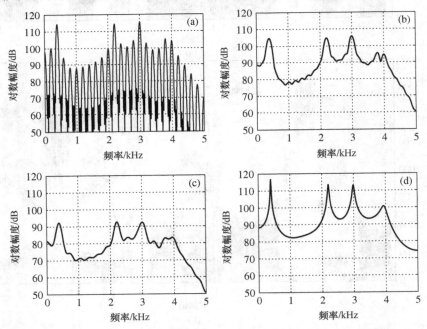

图 9.14　合成元音/IY/的谱：(a)使用 40ms 窗的窄带谱；(b)使用 10ms 窗的宽带谱；
(c)倒谱平滑的谱；(d)使用 $p = 12$ 阶 LPC 分析的 40ms 语音段的 LPC 谱

图 9.15 比较了同态平滑和线性预测两种方法得到的自然语音浊音段的对数谱。尽管在两幅图中共振峰频率都清晰可见，但 LPC 谱与同态谱相比，额外无关的局部最大值更少。因为 LPC 分析假设 $p = 12$，因此最多只会出现 6 个共振峰。对于同态谱则没有此种限制存在。如上面提到的那样，LPC 分析的谱峰比由短时对数谱的平滑生成的同态分析谱峰要窄很多。

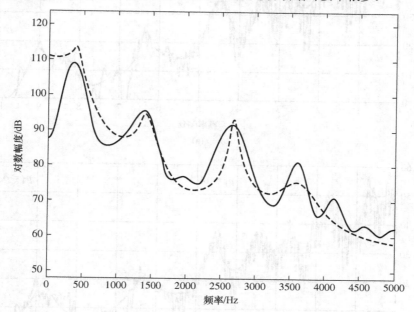

图 9.15　用倒谱平滑（实线）和线性预测分析（虚线）所得的语音频谱比较

9.4.6　选择性线性预测

在所选的频率带上而非均匀地在整个频率范围内计算线性预测谱是可行的。Makhoul 称之为选择性线性预测[216]。这种方法在仅对一部分谱感兴趣时是很有用的。例如，在许多语音识别的应用中，为了恰当地表示摩擦音的谱，要求采样率为 20kHz，但其在较低频率中的频谱细节并不需要。对于浊音，关键的细节通常在 0 到约 4kHz 或 5kHz 的区域内。对于清音，从 4kHz 到 5kHz 一直向上到 8kHz 或 10kHz 的区域，重要性通常更大。使用选择性线性预测，从 0 到 5kHz 的信号谱能用一个阶数为 p_1 的预测器建模；而 5～10kHz 的区域能用另一个阶数为 p_2 的预测器建模。

Makhoul 提出的方法从短时傅里叶变换 $S_{\hat{n}}(e^{j\omega})$ 的计算开始［实际上是在离散频率 $2\pi k/N$ 上进行 DFT 计算］。为了仅建模 $\omega = \omega_A$ 到 $\omega = \omega_B$ 的频率范围，所要做的全部工作是对频率坐标进行简单的线性映射，将 $\omega = \omega_A$ 映射到 $\omega' = 0$，将 $\omega = \omega_B$ 映射到 $\omega' = \pi$（即模拟条件下采样频率的一半）。预测器参数通过求解自相关法方程来计算，其中自相关系数由下式得到：

$$R'[m] = \frac{1}{2\pi}\int_{-\pi}^{\pi}|S_n(e^{j\omega'})|^2 e^{j\omega'm}d\omega'. \tag{9.60}$$

图 9.16（据 Makhoul[216]）说明了选择性线性预测方法。图 9.16a 给出了 $p = 28$ 的 LP 谱。图 9.16b 所示为用一个 14 极点模型（$p_1 = 14$）来表示的从 0 到 5kHz 的区域，而从 5kHz 到 10kHz 的区域用一个 5 极点预测器（$p_2 = 5$）单独建模。可以看到，在 5kHz 处模型谱表现出不连续，因为在任何频率上都没有要让它们一致的约束条件。但在几乎没有牺牲任何频谱表示质量的情况下，预测器参数的总数从 28 个减少到了 19 个。

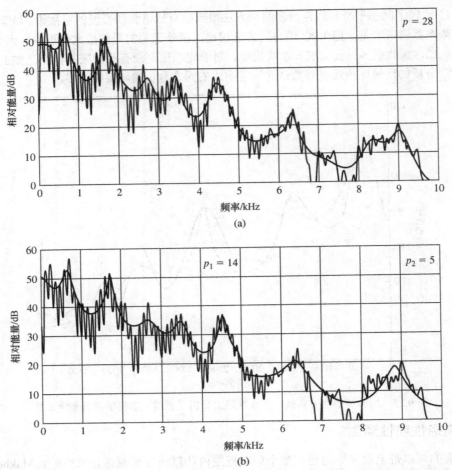

图 9.16 选择性线性预测的应用：(a)28 极点 LP 谱；(b)选择性线性预测，其中用 14 个极点来匹配从 0 到 5kHz 的区域，用 5 个极点来匹配从 5kHz 到 10kHz 的区域（引自 Makhoul[216]。© [1975] IEEE）

9.5 LPC 方程组的解

有效实现线性预测分析系统要求用一种高效的方法来求解含有 p 个未知预测器系数的 p 个线性方程。由于线性方程系数的特殊性质，可能有比任意结构矩阵求逆方法更为高效的求解方法。本节详细讨论求解线性预测器系数的三种方法，然后比较这些求解方法的计算需求。

9.5.1 Cholesky 分解

对于协方差法[12]，待解方程组具有如下形式：

$$\sum_{k=1}^{p}\alpha_k\phi_{\hat{n}}[i,k]=\phi_{\hat{n}}[i,0], \qquad i=1,2,\ldots,p. \tag{9.61}$$

这些方程可用矩阵表示为

$$\mathbf{\Phi}\boldsymbol{\alpha}=\boldsymbol{\psi}, \tag{9.62}$$

式中，$\mathbf{\Phi}$ 是正定对称矩阵，其第(i,j)项元素为 $\phi_{\hat{n}}[i,j]$，$\boldsymbol{\alpha}$ 和 $\boldsymbol{\psi}$ 是列向量，其元素分别是 α_i 和 $\phi_{\hat{n}}[i,0]$。为说明矩阵的结构，考虑 $p=4$ 的情况，此时矩阵为

$$\begin{bmatrix} \phi_{11} & \phi_{21} & \phi_{31} & \phi_{41} \\ \phi_{21} & \phi_{22} & \phi_{32} & \phi_{42} \\ \phi_{31} & \phi_{32} & \phi_{33} & \phi_{43} \\ \phi_{41} & \phi_{42} & \phi_{43} & \phi_{44} \end{bmatrix} \begin{bmatrix} \alpha_1 \\ \alpha_2 \\ \alpha_3 \\ \alpha_4 \end{bmatrix} = \begin{bmatrix} \psi_1 \\ \psi_2 \\ \psi_3 \\ \psi_4 \end{bmatrix},$$

式中，为简化表示，Φ 的元素用 $\phi_{\hat{n}}[i,j] = \phi_{ij}$ 表示，ψ 的元素用 $\phi_{\hat{n}}[i,0] = \psi_i$ 表示。

由于矩阵 Φ 是对称的正定矩阵，式(9.61)给出的方程组可高效求解。求解方法称为 Cholesky 分解法（有时也称为方根法）[12, 295]。对于此方法，矩阵 Φ 可表示为

$$\Phi = VDV^T, \tag{9.63}$$

式中，V 是一个下三角矩阵（其主对角元素全为 1），而 D 是一个对角矩阵。上标 T 表示矩阵转置[①]。为说明 $p = 4$ 的情况，式(9.63)取以下形式：

$$\begin{bmatrix} \phi_{11} & \phi_{21} & \phi_{31} & \phi_{41} \\ \phi_{21} & \phi_{22} & \phi_{32} & \phi_{42} \\ \phi_{31} & \phi_{32} & \phi_{33} & \phi_{43} \\ \phi_{41} & \phi_{42} & \phi_{43} & \phi_{44} \end{bmatrix} = \begin{bmatrix} 1 & 0 & 0 & 0 \\ V_{21} & 1 & 0 & 0 \\ V_{31} & V_{32} & 1 & 0 \\ V_{41} & V_{42} & V_{43} & 1 \end{bmatrix} \begin{bmatrix} d_1 & 0 & 0 & 0 \\ 0 & d_2 & 0 & 0 \\ 0 & 0 & d_3 & 0 \\ 0 & 0 & 0 & d_4 \end{bmatrix} \begin{bmatrix} 1 & V_{21} & V_{31} & V_{41} \\ 0 & 1 & V_{32} & V_{42} \\ 0 & 0 & 1 & V_{43} \\ 0 & 0 & 0 & 1 \end{bmatrix}.$$

用矩阵中的元素来表达式(9.63)所执行的矩阵乘法，可证明 Φ 的对角线元素 ϕ_{ij} 与 D 和 V 中的元素有关，即

$$\phi_{ii} = \sum_{k=1}^{i} V_{ik} d_k V_{ik}, \qquad 1 \le i \le p, \tag{9.64}$$

（其中 $V_{ii} = 1$），而非对角元素是

$$\phi_{ij} = \sum_{k=1}^{j} V_{ik} d_k V_{jk}, \qquad 2 \le i \le p \text{ and } 1 \le j \le i-1. \tag{9.65}$$

由式(9.64)和 V 的对角线元素为 $V_{ii} = 1$ 这一事实，对于 $1 \le i \le p$，有

$$d_1 = \phi_{11}. \tag{9.66}$$

进一步，由式(9.65)且 $j = 1$，Φ 的第一列元素满足

$$\phi_{i1} = V_{i1} d_1 V_{11} = V_{i1} d_1, \qquad 2 \le i \le p,$$

因此

$$V_{i1} = \phi_{i1}/d_1, \qquad 2 \le i \le p. \tag{9.67}$$

利用式(9.65)中 $V_{jj} = 1$ 这一事实，可将 D 的对角线元素写为

$$d_i = \phi_{ii} - \sum_{k=1}^{i-1} V_{ik}^2 d_k, \qquad 2 \le i \le p, \tag{9.68}$$

且对于 V 的余下非对角元素有

$$V_{ij} = \left(\phi_{ij} - \sum_{k=1}^{j-1} V_{ik} d_k V_{jk}\right)/d_j, \quad 2 \le j \le i-1. \tag{9.69}$$

确定矩阵 V 和 D 后，用两步法对列向量 α 进行求解就相对简单。由式(9.62)和式(9.63)可得

$$VDV^T \alpha = \psi, \tag{9.70}$$

它可写为

$$VY = \psi. \tag{9.71}$$

对于 $p = 4$ 的例子，有

$$\begin{bmatrix} 1 & 0 & 0 & 0 \\ V_{21} & 1 & 0 & 0 \\ V_{31} & V_{32} & 1 & 0 \\ V_{41} & V_{42} & V_{43} & 1 \end{bmatrix} \begin{bmatrix} Y_1 \\ Y_2 \\ Y_3 \\ Y_4 \end{bmatrix} = \begin{bmatrix} \psi_1 \\ \psi_2 \\ \psi_3 \\ \psi_4 \end{bmatrix}.$$

[①] 一种替代表示是 VV^T，在我们公式中，D 中对角线元素的平方根被并入 V 的对角元素[295]。

从这个例子很容易看到，元素 Y_i 可使用简单的递归法计算，其初始条件为

$$Y_1 = \psi_1, \tag{9.72}$$

而递归过程为

$$Y_i = \psi_i - \sum_{j=1}^{i-1} V_{ij} Y_j, \qquad 2 \le i \le p. \tag{9.73}$$

按照定义，由于

$$D V^T \alpha = Y, \tag{9.74}$$

因此有

$$V^T \alpha = D^{-1} Y. \tag{9.75}$$

很容易求得对角阵 D 的逆为对角阵中各元素的值为倒数值 $1/d_i$。再次使用 $p = 4$ 的情况作为例子，这些矩阵可表示为

$$\begin{bmatrix} 1 & V_{21} & V_{31} & V_{41} \\ 0 & 1 & V_{32} & V_{42} \\ 0 & 0 & 1 & V_{43} \\ 0 & 0 & 0 & 1 \end{bmatrix} \begin{bmatrix} \alpha_1 \\ \alpha_2 \\ \alpha_3 \\ \alpha_4 \end{bmatrix} = \begin{bmatrix} 1/d_1 & 0 & 0 & 0 \\ 0 & 1/d_2 & 0 & 0 \\ 0 & 0 & 1/d_3 & 0 \\ 0 & 0 & 0 & 1/d_4 \end{bmatrix} \begin{bmatrix} Y_1 \\ Y_2 \\ Y_3 \\ Y_4 \end{bmatrix} = \begin{bmatrix} Y_1/d_1 \\ Y_2/d_2 \\ Y_3/d_3 \\ Y_4/d_4 \end{bmatrix}.$$

最后，由于利用式(9.73)和式(9.72)已解出 Y，因此式(9.75)可用递归方法求解 α，且初始条件为

$$\alpha_p = Y_p/d_p, \tag{9.76}$$

然后，使用递归关系

$$\alpha_i = Y_i/d_i - \sum_{j=i+1}^{p} V_{ij} \alpha_j, \quad p-1 \ge i \ge 1. \tag{9.77}$$

注意，式(9.77)中的序号 i 是从 $i = p-1$ 向后步进到 $i = 1$。

当用适当的阶数进行计算时，式(9.66)～式(9.69)、式(9.72)、式(9.73)、式(9.77)和式(9.76)是求解预测系数的 Cholesky 分解方法的基础。图 9.17 给出了结合这些方程完整算法的伪代码。

采用 Cholesky 分解程序可使协方差法的最小误差有一种非常简单的表示，即它可以用列向量 Y 和矩阵 D 来表示。回想协方差法，其预测误差 $\mathcal{E}_{\hat{n}}$ 具有形式

$$\mathcal{E}_{\hat{n}} = \phi_{\hat{n}}[0,0] - \sum_{k=1}^{p} \alpha_k \phi_{\hat{n}}[0,k], \tag{9.78}$$

或以矩阵形式表示为

$$\mathcal{E}_{\hat{n}} = \phi_{\hat{n}}[0,0] - \alpha^T \psi. \tag{9.79}$$

由式(9.75)，我们可用表达式 $Y^T D^{-1} V^{-1}$ 来代替 α^T，给出

$$\mathcal{E}_{\hat{n}} = \phi_{\hat{n}}[0,0] - Y^T D^{-1} V^{-1} \psi. \tag{9.80}$$

利用式(9.71)可得

$$\mathcal{E}_{\hat{n}} = \phi_{\hat{n}}[0,0] - Y^T D^{-1} Y, \tag{9.81}$$

或

$$\mathcal{E}_{\hat{n}} = \phi_{\hat{n}}[0,0] - \sum_{k=1}^{p} Y_k^2/d_k. \tag{9.82}$$

因此均方预测误差 $\mathcal{E}_{\hat{n}}$ 可直接由列向量 Y 和矩阵 D 求出。此外，能够用式(9.82)给出最大不超过求解矩阵方程所用 p 值的对应于任意一个 p 值的 $\mathcal{E}_{\hat{n}}$。因此可得均方预测误差如何随在解方程所用预测系数的个数而变化的概念。

Cholesky 矩阵求逆算法

```
%%        求V的第一列
d_1 = φ_11                                        (9.66)
for i = 2, 3, ..., p
    V_i1 = φ_i1 / d_1                             (9.67)
end
%%        求D和V的剩余列
for j = 2, 3, ..., p − 1
    d_j = φ_jj − Σ_{k=1}^{j−1} V_jk^2 d_k         (9.68)
    for i = j + 1, ..., p
        V_ij = (φ_ij − Σ_{k=1}^{j−1} V_ik d_k V_jk) / d_j   (9.69)
    end
end
d_p = φ_pp − Σ_{k=1}^{p−1} V_pk^2 d_k             (9.68)
%%        求Y = DV^T α
Y_1 = ψ_1                                         (9.72)
for i = 2, 3, ..., p
    Y_i = ψ_i − Σ_{j=1}^{i−1} V_ij Y_j            (9.73)
end
%%        从Y求α
α_p = Y_p / d_p                                   (9.76)
for i = p − 1, p − 2, ..., 1
    α_i = Y_i / d_i − Σ_{j=i+1}^{p} V_ij α_j      (9.77)
end
```

图 9.17　Cholesky 矩阵求逆算法的伪代码

9.5.2　Levinson-Durbin 算法

对于自相关法[217,232]，用于求解预测系数的方程组具有如下形式：

$$\sum_{k=1}^{p}\alpha_k R[|i-k|]=R[i],\qquad 1\le i\le p,\tag{9.83}$$

为简化符号表示，这里再次去掉下标 $\hat{n}$ 。应当理解式(9.83)必须在每个分析时间 $\hat{n}$ 都进行一次方程求解，这些方程能以矩阵形式表示为

$$\boldsymbol{R\alpha}=\boldsymbol{r},\tag{9.84}$$

式中，$\boldsymbol{R}$ 是正定对称的托普利兹矩阵，且第(i,j)个元素为 $R[|i-j|]$，$\boldsymbol{\alpha}$ 和 $\boldsymbol{r}$ 分别是元素为 α_i 和 $r[i]=R[i]$ 的列向量。利用矩阵的托普利兹性质，已经设计了几种求解该系统方程组的递归程序。最熟悉和最知名的方法是 Levinson 和 Robinson 算法[232]及 Levinson-Durbin 递归算法[217]，下面将推导后一算法。

从式(9.83)可以看到，最佳预测器系数满足如下方程组：

$$R[i]-\sum_{k=1}^{p}\alpha_k R[|i-k|]=0,\qquad i=1,2,\ldots,p.\tag{9.85a}$$

此外，根据式(9.22b)，对于一个 p 阶最佳预测器，其最小均方预测误差为

$$R[0]-\sum_{k=1}^{p}\alpha_k R[k]=\mathcal{E}^{(p)}.\tag{9.85b}$$

由于式(9.85b)中包含了式(9.85a)中相同的相关值，因此可把它们合在一起写成一组新的 $p+1$ 个方程，方程组满足 p 个未知预测器系数和对应的未知均方预测误差 $\varepsilon^{(p)}$。这些方程式具有如下形式：

$$
\begin{bmatrix}
R[0] & R[1] & R[2] & \cdots & R[p] \\
R[1] & R[0] & R[1] & \cdots & R[p-1] \\
R[2] & R[1] & R[0] & \cdots & R[p-2] \\
\vdots & \vdots & \vdots & \cdots & \vdots \\
R[p] & R[p-1] & R[p-2] & \cdots & R[0]
\end{bmatrix}
\begin{bmatrix}
1 \\
-\alpha_1^{(p)} \\
-\alpha_2^{(p)} \\
\vdots \\
-\alpha_p^{(p)}
\end{bmatrix}
=
\begin{bmatrix}
\mathcal{E}^{(p)} \\
0 \\
0 \\
\vdots \\
0
\end{bmatrix},
\tag{9.86}
$$

式中，可以看到构造出的 $(p+1)\times(p+1)$ 阶矩阵也是托普利兹矩阵。该方程组可以用 Levinson-Durbin 算法递归求解。该算法通过在每次迭代中顺序地结合一个新的相关值来实现，并且根据新的相关值和已获得的预测器就能解出下一个高一阶的预测器。

对任意阶数 i，式(9.86)中的方程组都可以矩阵形式表示为

$$
\boldsymbol{R}^{(i)}\boldsymbol{\alpha}^{(i)} = \boldsymbol{e}^{(i)}.
\tag{9.87}
$$

我们希望说明第 i 阶的解是如何由第 $i-1$ 阶的解导出的。换言之，给定 $\boldsymbol{\alpha}^{(i-1)}$，即 $\boldsymbol{R}^{(i-1)}\boldsymbol{\alpha}^{(i-1)} = \boldsymbol{e}^{(i-1)}$ 的解，我们希望导出 $\boldsymbol{R}^{(i)}\boldsymbol{\alpha}^{(i)} = \boldsymbol{e}^{(i)}$ 的解。

首先将方程 $\boldsymbol{R}^{(i-1)}\boldsymbol{\alpha}^{(i-1)} = \boldsymbol{e}^{i-1}$ 以扩展形式写为

$$
\begin{bmatrix}
R[0] & R[1] & R[2] & \cdots & R[i-1] \\
R[1] & R[0] & R[1] & \cdots & R[i-2] \\
R[2] & R[1] & R[0] & \cdots & R[i-3] \\
\vdots & \vdots & \vdots & \cdots & \vdots \\
R[i-1] & R[i-2] & R[i-3] & \cdots & R[0]
\end{bmatrix}
\begin{bmatrix}
1 \\
-\alpha_1^{(i-1)} \\
-\alpha_2^{(i-1)} \\
\vdots \\
-\alpha_{i-1}^{(i-1)}
\end{bmatrix}
=
\begin{bmatrix}
\mathcal{E}^{(i-1)} \\
0 \\
0 \\
\vdots \\
0
\end{bmatrix}.
\tag{9.88}
$$

接着将一个 0 附加到向量 $\boldsymbol{\alpha}^{(i-1)}$ 中，并与矩阵 $\boldsymbol{R}^{(i)}$ 相乘，得到新的一组 $i+1$ 个方程：

$$
\begin{bmatrix}
R[0] & R[1] & R[2] & \cdots & R[i] \\
R[1] & R[0] & R[1] & \cdots & R[i-1] \\
R[2] & R[1] & R[0] & \cdots & R[i-2] \\
\vdots & \vdots & \vdots & \cdots & \vdots \\
R[i-1] & R[i-2] & R[i-3] & \cdots & R[1] \\
R[i] & R[i-1] & R[i-2] & \cdots & R[0]
\end{bmatrix}
\begin{bmatrix}
1 \\
-\alpha_1^{(i-1)} \\
-\alpha_2^{(i-1)} \\
\vdots \\
-\alpha_{i-1}^{(i-1)} \\
0
\end{bmatrix}
=
\begin{bmatrix}
\mathcal{E}^{(i-1)} \\
0 \\
0 \\
\vdots \\
0 \\
\gamma^{(i-1)}
\end{bmatrix},
\tag{9.89}
$$

为使式(9.89)成立，须有

$$
\gamma^{(i-1)} = R[i] - \sum_{j=1}^{i-1}\alpha_j^{(i-1)}R[i-j].
\tag{9.90}
$$

这是在式(9.90)中引入了一个新的自相关值 $R[i]$。然而，式(9.89)还不具有理想的形式 $\boldsymbol{R}^{(i)}\boldsymbol{\alpha}^{(i)} = \boldsymbol{e}^{(i)}$。推导中的关键一步是，认识到由于托普利兹矩阵 $\boldsymbol{R}^{(i)}$ 的特殊对称性，方程组可以以相反顺序写出（第一个方程写在最后，最后一个方程写在最前，以此类推），即

$$
\begin{bmatrix}
R[0] & R[1] & R[2] & \cdots & R[i] \\
R[1] & R[0] & R[1] & \cdots & R[i-1] \\
R[2] & R[1] & R[0] & \cdots & R[i-2] \\
\vdots & \vdots & \vdots & \cdots & \vdots \\
R[i-1] & R[i-2] & R[i-3] & \cdots & R[1] \\
R[i] & R[i-1] & R[i-2] & \cdots & R[0]
\end{bmatrix}
\begin{bmatrix}
0 \\
-\alpha_{i-1}^{(i-1)} \\
-\alpha_{i-2}^{(i-1)} \\
\vdots \\
-\alpha_1^{(i-1)} \\
1
\end{bmatrix}
=
\begin{bmatrix}
\gamma^{(i-1)} \\
0 \\
0 \\
\vdots \\
0 \\
\mathcal{E}^{(i-1)}
\end{bmatrix}.
\tag{9.91}
$$

根据下式，现在将式(9.89)与式(9.91)合并：

$$
\boldsymbol{R}^{(i)} \cdot
\left[
\begin{bmatrix}
1 \\
-\alpha_1^{(i-1)} \\
-\alpha_2^{(i-1)} \\
\vdots \\
-\alpha_{i-1}^{(i-1)} \\
0
\end{bmatrix}
- k_i
\begin{bmatrix}
0 \\
-\alpha_{i-1}^{(i-1)} \\
-\alpha_{i-2}^{(i-1)} \\
\vdots \\
-\alpha_1^{(i-1)} \\
1
\end{bmatrix}
\right]
=
\begin{bmatrix}
\mathcal{E}^{(i-1)} \\
0 \\
0 \\
\vdots \\
0 \\
\gamma^{(i-1)}
\end{bmatrix}
- k_i
\begin{bmatrix}
\gamma^{(i-1)} \\
0 \\
0 \\
\vdots \\
0 \\
\mathcal{E}^{(i-1)}
\end{bmatrix}.
\tag{9.92}
$$

则式(9.92)现在逼近了理想表示形式 $\boldsymbol{R}^{(i)}\boldsymbol{\alpha}^{(i)} = \boldsymbol{e}^{(i)}$。余下的工作就是选择 $\gamma^{(i-1)}$ 以使方程右边的向量只有一个非零元素。这就要求新参数 k_i 必须选择为

$$k_i = \frac{\gamma^{(i-1)}}{\mathcal{E}^{(i-1)}} = \frac{R[i] - \sum_{j=1}^{i-1} \alpha_j^{(i-1)} R[i-j]}{\mathcal{E}^{(i-1)}}, \tag{9.93}$$

这可确保把方程右侧向量的最后一个元素消掉，并使第一个元素为

$$\mathcal{E}^{(i)} = \mathcal{E}^{(i-1)} - k_i \gamma^{(i-1)} = \mathcal{E}^{(i-1)}(1 - k_i^2). \tag{9.94}$$

出于将在 9.5.3 节中讨论的原因，在 Levinson-Durbin 递归算法中出现的参数 k_i 称为 PARCOR 系数（部分相关系数）。它们在线性预测分析中将起非常重要的作用。

选定 $\gamma^{(i-1)}$ 后，第 i 阶预测系数向量为

$$\begin{bmatrix} 1 \\ -\alpha_1^{(i)} \\ -\alpha_2^{(i)} \\ \vdots \\ -\alpha_{i-1}^{(i)} \\ -\alpha_i^{(i)} \end{bmatrix} = \begin{bmatrix} 1 \\ -\alpha_1^{(i-1)} \\ -\alpha_2^{(i-1)} \\ \vdots \\ -\alpha_{i-1}^{(i-1)} \\ 0 \end{bmatrix} - k_i \begin{bmatrix} 0 \\ -\alpha_{i-1}^{(i-1)} \\ -\alpha_{i-2}^{(i-1)} \\ \vdots \\ -\alpha_1^{(i-1)} \\ 1 \end{bmatrix}. \tag{9.95}$$

由式(9.95)，可写出用于更新系数的方程组：

$$\alpha_j^{(i)} = \alpha_j^{(i-1)} - k_i \alpha_{i-j}^{(i-1)}, \qquad j = 1, 2, \ldots, i-1, \tag{9.96a}$$

和

$$\alpha_i^{(i)} = k_i. \tag{9.96b}$$

因此，对于某个特定阶数 p，最佳预测系数为

$$\alpha_j = \alpha_j^{(p)}, \qquad j = 1, 2, \ldots, p. \tag{9.97}$$

式(9.93)、式(9.96b)、式(9.96a)、式(9.94)和式(9.97)是 Levinson-Durbin 算法的关键方程。它们是递归算法的基础，并以伪代码形式表示在图 9.18 中。其中给出了为了求得达到 p 阶的所有线性预测器，这些方程组如何利用逐阶递归方式来计算最佳预测系数，以及相应的均方预测误差和部分相关系数 k_i。

Levinson–Durbin 算法

$$\mathcal{E}^{(0)} = R[0] \tag{9.98}$$

for $i = 1, 2, \ldots, p$

$$k_i = \left(R[i] - \sum_{j=1}^{i-1} \alpha_j^{(i-1)} R[i-j] \right) / \mathcal{E}^{(i-1)} \tag{9.93}$$

$$\alpha_i^{(i)} = k_i \tag{9.96b}$$

if $i > 1$ then for $j = 1, 2, \ldots, i-1$

$$\alpha_j^{(i)} = \alpha_j^{(i-1)} - k_i \alpha_{i-j}^{(i-1)} \tag{9.96a}$$

end

$$\mathcal{E}^{(i)} = (1 - k_i^2)\mathcal{E}^{(i-1)} \tag{9.94}$$

end

$$\alpha_j = \alpha_j^{(p)} \quad j = 1, 2, \ldots, p \tag{9.97}$$

图 9.18 Levinson-Durbin 算法的伪代码

注意，在求解 p 阶预测器的预测系数的过程中，也可求得所有 $i < p$ 阶预测器的预测系数；即

$\alpha_j^{(i)}$ 是第 i 阶预测器的 j 个预测系数。此外，式(9.94)中的 $\mathcal{E}^{(i)}$是以 $\mathcal{E}^{(i-1)}$为基础的第 i 阶预测器的预测误差。在 $i = 0$ 的情况下，其对应于完全没有任何预测，这时总的均方预测误差为

$$\mathcal{E}^{(0)} = R[0]. \tag{9.98}$$

在计算的每个阶段，一个 i 阶预测器的总预测误差能量可作为最佳预测器系数解的一部分来计算。

利用式(9.85b)，阶数为 i 的预测器的 $\mathcal{E}^{(i)}$可以表示为

$$\mathcal{E}^{(i)} = R[0] - \sum_{k=1}^{i} \alpha_k^{(i)} R[k], \tag{9.99a}$$

或者应用式(9.94)和式(9.98)，从 $i = 1$ 开始递归可得

$$\mathcal{E}^{(i)} = R[0] \prod_{m=1}^{i} (1 - k_m^2). \tag{9.99b}$$

此外，若用一组归一化的自相关系数 $r[k] = R[k]/R[0]$来代替原始的自相关系数 $R[i]$，则矩阵方程的解不变。但此时的误差 $\mathcal{E}^{(i)}$应被解释为归一化误差。如果称这种归一化误差为 $\mathcal{V}^{(i)}$，则由式(9.99a)可得

$$\mathcal{V}^{(i)} = \frac{\mathcal{E}^{(i)}}{R[0]} = 1 - \sum_{k=1}^{i} \alpha_k^{(i)} r[k], \tag{9.100}$$

根据上式可得

$$0 < \mathcal{V}^{(i)} \le 1, \qquad i \ge 0. \tag{9.101}$$

同样，根据式(9.99b)，$\mathcal{V}^{(p)}$可写为

$$\mathcal{V}^{(p)} = \prod_{i=1}^{p} (1 - k_i^2), \tag{9.102}$$

由上式可以得出 PARCOR 系数 k_i 在如下范围内：

$$-1 < k_i < 1, \tag{9.103}$$

因为对于自相关方法，业已证明在任何 p 值下都满足 $\mathcal{V}^{(p)} = \mathcal{E}^{(p)}/R[0] > 0$。我们可用式(9.102)由 PARCOR 系数确定作为预测器阶数函数的归一化误差的减少量，或等价地说，可以由一系列归一化误差确定出一组 PARCOR 系数。

根据不同的线性预测实现方法，k_i 参数被赋予不同的名称，包括反射系数和 PARCOR（部分相关）系数。下节在讨论线性预测分析的格型实现时，我们将会知道 k_i 被称为 PARCOR 系数的原因。

有关参数 k_i 的不等式(9.103)是重要的，因为可以证明[145,232]它就是多项式 $A(z)$ 的全部根都在单位圆内的充分必要条件，因此它可以保证系统 $H(z)$ 的稳定性。这一结果的证明将在本章的稍后部分给出。此外，还可证明在协方差法中这种稳定性保证是不可能得到的。

9.5.3 格型公式及其解

如我们了解的那样，无论是协方差法还是自相关法，都由两步组成：

1. 计算一个相关值的矩阵。
2. 求解一组线性方程。

这些方法已广泛用于语音处理并获得了巨大成功。然而，另一类称为格型法[219]的线性分析方法也在发展，其中上述两个步骤在一定意义上被合并为单一的递归算法，并直接用采样语音信号来求线性预测参数。为了解这些方法之间的联系，我们从 Durbin 算法的求解过程开始。首先，回忆可知在该程序的第 i 级，系数集{ $\alpha_j^{(i)}$，$j = 1, 2, ..., i$}是第 i 阶最佳线性预测器的系数。使用这些系数，我们可将

$$A^{(i)}(z) = 1 - \sum_{k=1}^{i} \alpha_k^{(i)} z^{-k} \tag{9.104}$$

定义为第 i 阶逆滤波器（或预测误差滤波器）的系统函数。若滤波器的输入是信号段 $s_{\hat{n}}[m]=s[\hat{n}+m]w[m]$，则输出为预测误差 $e_{\hat{n}}^{(i)}[m]=e^{(i)}[\hat{n}+m]$。这里为简化符号表示，再次去掉了下标 $\hat{n}$，

$$e^{(i)}[m] = s[m] - \sum_{k=1}^{i} \alpha_k^{(i)} s[m-k], \tag{9.105}$$

由于在上式中去掉了分析时间的标志，因此后面用 $s[m]$ 表示加窗语音段 $s_{\hat{n}}[m]=s[\hat{n}+m]w[m]$。从而序列 $e^{(i)}[m]$ 称为前向预测误差，因为它是用前面的 i 个采样来预测 $s[m]$ 所产生的误差的。依据 z 变换，式(9.105)可以变成

$$E^{(i)}(z) = A^{(i)}(z)S(z) = \left(1 - \sum_{k=1}^{i} \alpha_k^{(i)} z^{-k}\right) S(z). \tag{9.106}$$

将式(9.96a)和式(9.96b)代入式(9.104)，可得一个根据 $A^{(i-1)}(z)$ 来计算 $A^{(i)}(z)$ 的递归公式，即

$$A^{(i)}(z) = A^{(i-1)}(z) - k_i z^{-i} A^{(i-1)}(z^{-1}). \tag{9.107}$$

（见习题 9.10）。将式(9.107)代入式(9.106)得

$$E^{(i)}(z) = A^{(i-1)}(z)S(z) - k_i z^{-i} A^{(i-1)}(z^{-1})S(z). \tag{9.108}$$

式(9.108)中右边第一项显然是第 $i-1$ 阶预测器的预测误差的 z 变换。第二项也可给出一个类似的解释（即作为一种类型的预测误差），如果我们定义后向预测误差 $b^{(i)}[m]$ 的 z 变换为

$$B^{(i)}(z) = z^{-i} A^{(i)}(z^{-1})S(z). \tag{9.109}$$

很容易证明 $B^{(i)}(z)$ 的逆 z 变换为

$$b^{(i)}[m] = s[m-i] - \sum_{k=1}^{i} \alpha_k^{(i)} s[m+k-i], \tag{9.110}$$

我们可将上式解释为用 i 个后续样本 $\{s[m-i+k],\ k=1, 2, ..., i\}$ 来预测 $s[m-i]$。在这一意义上，$b^{(i)}[m]$ 是后向预测误差序列。图 9.19 表明，用于计算前向和后向预测误差的样本是相同的样本。现在回到式(9.108)，可以看出我们可根据 $E^{(i-1)}(z)$ 和 $B^{(i-1)}(z)$ 来表示 $E^{(i)}(z)$：

$$E^{(i)}(z) = E^{(i-1)}(z) - k_i z^{-1} B^{(i-1)}(z). \tag{9.111}$$

因此，预测误差序列 $e^{(i)}[m]$ 可表示为

$$e^{(i)}[m] = e^{(i-1)}[m] - k_i b^{(i-1)}[m-1]. \tag{9.112}$$

同样，将式(9.109)代入式(9.107)，可得

$$B^{(i)}(z) = z^{-i} A^{(i-1)}(z^{-1})S(z) - k_i A^{(i-1)}(z)S(z), \tag{9.113}$$

或

$$B^{(i)}(z) = z^{-1} B^{(i-1)}(z) - k_i E^{(i-1)}(z). \tag{9.114}$$

因此，第 i 级后向预测误差是

$$b^{(i)}[m] = b^{(i-1)}[m-1] - k_i e^{(i-1)}[m]. \tag{9.115}$$

现在，依据第 $i-1$ 阶预测器的相应预测误差，式(9.112)和式(9.115)定义了第 i 阶预测器的前向与后向预测误差序列。零阶预测器等效于完全不用预测器，因此可将零阶前向与后向预测误差定义为

$$e^{(0)}[m] = b^{(0)}[m] = s[m], \qquad 0 \le m \le L-1. \tag{9.116}$$

若已知 k_1（通过 Levinson-Durbin 计算），则可用式(9.112)和式(9.115)由 $s[m],\ 0 \le m \le L$ 计算 $e^{(1)}[m]$ 和 $b^{(1)}[m]$。给定 $e^{(1)}[m]$ 和 $b^{(1)}[m]$，可用式(9.112)和式(9.115)计算 $e^{(2)}[m]$ 和 $b^{(2)}[m]$，$0 \le m \le L$①。整个过程如图 9.20 所示。这种结构称为格型网络。显然，若将格型结构扩展到 p 节，则最末一节上

---

① 对于后续迭代，每次迭代误差序列的长度增加 1，线性预测分析的阶数也增加 1。

部分支的输出 $e^{(p)}[n]$ 就是图 9.20 中的前向预测误差 $e[n]$。因此，图 9.20 就是传输函数为 $A(z)$ 的预测误差滤波器的一种数字网络格型滤波器实现形式。但作为待定系数 k_i 的是格型滤波器实现中的系数而非预测器系数。

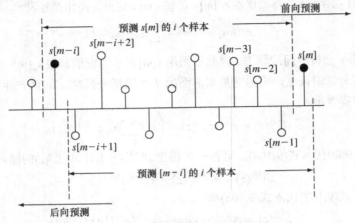

图 9.19 用第 i 阶预测器做前向和后向预测的说明

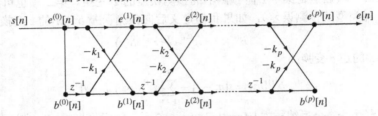

图 9.20 预测误差滤波器 $A(z)$ 的格型网格实现的信号流图

总之，图 9.20 所示的差分方程是

$$e^{(0)}[n] = b^{(0)}[n] = s[n], \qquad\qquad 0 \le n \le L-1, \qquad\qquad (9.117a)$$

$$e^{(i)}[n] = e^{(i-1)}[n] - k_i b^{(i-1)}[n-1], \quad 1 \le i \le p, \qquad\qquad (9.117b)$$
$$0 \le n \le L-1+i,$$

$$b^{(i)}[n] = b^{(i-1)}[n-1] - k_i e^{(i-1)}[n], \quad 1 \le i \le p, \qquad\qquad (9.117c)$$
$$0 \le n \le L-1+i,$$

$$e[n] = e^{(p)}[n], \qquad\qquad 0 \le n \le L-1+p. \qquad\qquad (9.117d)$$

在计算 n 时刻的输出时，先计算式(9.117b)，再计算式(9.117c)，进而更新延时后向预测误差的值。以上过程对每个 i 都要进行，直到 p 为止。然后式(9.117d)给出输出结果。对于 $n+1, n+2, ...$，图 9.20 中描述的循环将一直重复下去。

全极点格型结构

由于 $H(z) = 1/A(z)$，因此语音生成离散时间模型的全极点系统函数 $H(z)$ 格型结构的实现可由 FIR 预测误差格型结构导出。也就是说，$H(z)$ 是 FIR 系统函数 $A(z)$ 的逆滤波器，反之亦然。为推导出全极点格型结构，假设给定 $e[n]$，且我们希望计算输入 $s[n]$。这可通过在图 9.20 中从右向左反向计算完成。具体地说，如果根据 $e^{(i)}[n]$ 和 $b^{(i-1)}[n]$ 来求解式(9.117b)得到 $e^{(i-1)}[n]$，而保持式(9.117c)不变，则可得到一对方程：

$$e^{(i-1)}[n] = e^{(i)}[n] + k_i b^{(i-1)}[n-1], \qquad i = 1, 2, \ldots, p, \qquad\qquad (9.118a)$$

$$b^{(i)}[n] = b^{(i-1)}[n-1] - k_i e^{(i-1)}[n], \quad i = 1, 2, \ldots, p, \qquad\qquad (9.118b)$$

其流图表示如图 9.21 所示。注意，此时图顶的信号流是从 i 到 $i-1$，图底则是从 $i-1$ 到 i。在每节上采用适当的 k_i 顺序连接图 9.21 的 p 级，使输入为 $e^{(p)}[n]$，输出为 $e^{(0)}[n]$，整个流图如图 9.22 所示。最后，图 9.22 中最后一级输出的条件 $s[n] = e^{(0)}[n] = b^{(0)}[n]$ 导致了一个反馈连接，产生了反向传播的序列 $b^{(i)}[n]$。当然，该反馈对于 IIR 系统是必需的。

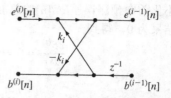

图 9.21　图 9.20 逆向格型系统的一级计算

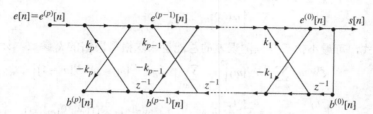

图 9.22　全极点格型滤波器 $H(z) = 1/A(z)$ 的信号流图表示

图 9.22 表示的差分方程组是

$$e^{(p)}[n] = e[n], \qquad\qquad 0 \le n \le L-1+p, \tag{9.119a}$$

$$e^{(i-1)}[n] = e^{(i)}[n] + k_i b^{(i-1)}[n-1], \qquad i = p, p-1, \ldots, 1,$$
$$0 \le n \le L-1+i-1, \tag{9.119b}$$

$$b^{(i)}[n] = b^{(i-1)}[n-1] - k_i e^{(i-1)}[n], \qquad i = p, p-1, \ldots, 1,$$
$$0 \le n \le L-1+i, \tag{9.119c}$$

$$s[n] = e^{(0)}[n] = b^{(0)}[n], \qquad\qquad 0 \le n \le L-1. \tag{9.119d}$$

由于图 9.22 中和对应方程组中存在固有的反馈，因此须预先对与延时有关的所有节点变量指定初始条件。通常，对初始条件我们指定 $b^{(i)}[-1] = 0$。然后，若先计算式(9.119b)，那么对于式(9.119c)的计算，可得 $n \ge 0$ 的 $e^{(i-1)}[n]$，且可得到前一迭代中的 $b^{(i-1)}[n-1]$ 值。也就是说，在某个特定时刻 n，先计算式(9.119a)。然后，根据 $e^{(p)}[n]$ 和先前时刻 $n-1$ 迭代获得的 $b^{(i-1)}[n-1]$，通过式(9.119b)让 $i = p$ 来计算 $e^{(p-1)}[n]$。接着，使用刚刚计算得到的 $e^{(p-1)}[n]$ 和前一迭代得到的 $b^{(p-1)}[n-1]$，通过式(9.119c)来计算 $b^{(p)}[n]$。然后，这种相同的序列对 $i = p-1, p-2, \ldots$ 一直计算下去，直到 $s[n] = e^{(0)}[n]$。

k_i 参数的直接计算

由于图 9.20 所示格型结构所具有的性质，Itakura[161,162] 曾经证明，无须使用 Levinson-Durbin 算法计算预测器系数就能计算出整组系数 $\{k_i, i = 1, 2, \ldots, p\}$。这并不奇怪，因为格型滤波器结构是 Levinson-Durbin 算法的一种具体体现。有好几种方法可以计算 k_i 参数，例如，通过前向预测误差的最小化，通过后向预测误差的最小化，或通过这两种最小化的某种组合。我们首先通过最小化前向预测误差来确定 k_i 参数。

在使用格型滤波器结构计算 k 参数时，像在自相关方法中一样，假设信号 $s[n]$ 只在区间 $0 \le n \le L-1$ 内是非零的。基于该假设，同时假设选定的 $k_1, k_2, \ldots, k_{i-1}$ 使得前向预测误差 $e^{(1)}[n], e^{(2)}[n], \ldots, e^{(i-1)}[n]$ 的总能量最小，则第 i 阶前向预测误差的总能量可以计算为

$$\mathcal{E}^{(i)} = \sum_{m=0}^{L-1+i} \left[e^{(i)}[m] \right]^2 \tag{9.120}$$

$$= \sum_{m=0}^{L-1+i} \left[e^{(i-1)}[m] - k_i b^{(i-1)}[m-1] \right]^2. \tag{9.121}$$

最小化前向预测误差 $e^{(i)}[n]$ 的总能量,可求得参数 k_i 的值,方法是将式(9.121)对参数 k_i 求导并令其结果为 0,得到

$$\frac{\partial \mathcal{E}^{(i)}}{\partial k_i} = 0 = -2 \sum_{m=0}^{L-1+i} \left[e^{(i-1)}[m] - k_i b^{(i-1)}[m-1] \right] b^{(i-1)}[m-1],$$

$$k_i = \frac{\displaystyle\sum_{m=0}^{L-1+i} \left[e^{(i-1)}[m] \cdot b^{(i-1)}[m-1] \right]}{\displaystyle\sum_{m=0}^{L-1+i} \left[b^{(i-1)}[m-1] \right]^2}. \tag{9.122}$$

采用类似方式,可最小化后向预测误差的总能量来求格型网络的 k_i 参数,计算如下:

$$\tilde{\mathcal{E}}^{(i)} = \sum_{m=0}^{L-1+i} \left[b^{(i)}[m] \right]^2 = \sum_{m=0}^{L-1+i} \left[-\tilde{k}_i e^{(i-1)}[m] + b^{(i-1)}[m-1] \right]^2,$$

$$\frac{\partial \tilde{\mathcal{E}}^{(i)}}{\partial \tilde{k}_i} = 0 = -2 \sum_{m=0}^{L-1+i} \left[-\tilde{k}_i e^{(i-1)}[m] + b^{(i-1)}[m-1] \right] e^{(i-1)}[m], \tag{9.123}$$

$$\tilde{k}_i = \frac{\displaystyle\sum_{m=0}^{L-1+i} \left[e^{(i-1)}[m] \cdot b^{(i-1)}[m-1] \right]}{\displaystyle\sum_{m=0}^{L-1+i} \left[e^{(i-1)}[m-1] \right]^2},$$

式中,$\tilde{k}_i$ 是最小化后向预测误差总能量的系数。相对来说,可以直接证明总前向和后向误差能量相等,即

$$\sum_{m=0}^{L-1+i} \left[e^{(i-1)}[m] \right]^2 = \sum_{m=0}^{L-1+i} \left[b^{(i-1)}[m-1] \right]^2. \tag{9.124}$$

由于式(9.122)和式(9.123)的分子相同,故 $k_i = \tilde{k}_i$ 一定成立。因此,可用式(9.122)或式(9.123)两者中的任何一个来计算 k_i 参数。联立式(9.122)和式(9.123),可用一种更对称的归一化互相关表达式来表示 k_i,即以几何平均的方式给出 k_i:

$$k_i = \frac{\displaystyle\sum_{m=0}^{L-1+i} e^{(i-1)}[m] \cdot b^{(i-1)}[m-1]}{\left\{ \displaystyle\sum_{m=0}^{L-1+i} \left[e^{(i-1)}[m] \right]^2 \sum_{m=0}^{L-1+i} \left[b^{(i-1)}[m-1] \right]^2 \right\}^{\frac{1}{2}}}. \tag{9.125}$$

这就是 Makhoul[129] 和 Itakura[161,162] 最早给出的 PARCOR 系数方程。事实上,正是该表达式使得我们把 PARCOR 系数称为部分相关系数,因为它表明格型结构从输入开始逐级系统地去除部分相关性。

Burg 方法

Burg[48] 提出了计算 k_i 参数的另一种方法,他建议像在协方差法中那样,在一个固定区间上最小化格型滤波器的前向和后向预测误差之和。这导出了下面的方程:

$$\hat{\mathcal{E}}^{(i)} = \sum_{m=0}^{L-1} \left[\left(e^{(i)}[m] \right)^2 + \left(b^{(i)}[m] \right)^2 \right]$$

$$= \sum_{m=0}^{L-1} \left(e^{(i-1)}[m] - \hat{k}_i b^{(i-1)}[m-1] \right)^2 \tag{9.126}$$

$$+ \sum_{m=0}^{L-1} \left(-\hat{k}_i e^{(i-1)}[m] + b^{(i-1)}[m-1] \right)^2,$$

对 $\hat{k}_i$ 求微分并令结果为 0,使上式的误差能量最小,可得如下方程:

$$\frac{\partial \hat{\mathcal{E}}^{(i)}}{\partial \hat{k}_i} = 0 = -2 \sum_{m=0}^{L-1} \left(e^{(i-1)}[m] - \hat{k}_i b^{(i-1)}[m-1] \right) b^{(i-1)}[m-1]$$

$$-2 \sum_{m=0}^{L-1} \left(-\hat{k}_i e^{(i-1)}[m] + b^{(i-1)}[m-1] \right) e^{(i-1)}[m]. \tag{9.127}$$

对式(9.127)求解 $\hat{k}_i$ 得

$$\hat{k}_i = \frac{2 \sum_{m=0}^{L-1} \left(e^{(i-1)}[m] \cdot b^{(i-1)}[m-1] \right)}{\sum_{m=0}^{L-1} \left(e^{(i-1)}[m] \right)^2 + \sum_{m=0}^{L-1} \left(b^{(i-1)}[m-1] \right)^2}. \tag{9.128}$$

考虑关系

$$\sum_{m=0}^{L-1} \left(e^{(i-1)}[m] - b^{(i-1)}[m-1] \right)^2 \geq 0,$$

可以直接证明由式(9.128)得到的 $\hat{k}_i$ 参数满足不等式

$$-1 < \hat{k}_i < 1. \tag{9.129}$$

k_i 参数的各种表示式都具有归一化的互相关函数形式,即在一定意义上 k_i 参数是对前向和后向预测误差序列的相关程度的一种度量。基于这一原因,k_i 参数被称为部分相关系数或 PARCOR 系数[161,162]。将式(9.105)和式(9.110)代入式(9.125),可相对直接地证明式(9.125)等于式(9.93)。

在 Durbin 算法中,如果用式(9.125)代替式(9.93),那么预测器系数可像以前一样递归地计算。因此,PARCOR 分析将导致对矩阵求逆的另一种替代选择,并给出类似自相关法的结果,即一组 PARCOR 系数正好等同于最小化均方前向预测误差的一组预测器系数。更重要的是,这种方法导致了一类基于图 9.20 格型结构的全新处理程序[219]。

为总结我们关于 LPC 分析的格型法的知识,图 9.23 中用伪代码的形式给出了求预测器系数和 k_i 参数(使用图 9.20 的全零点格型法)所涉及的步骤。伪代码中包含了预测器系数和均方误差 $\mathcal{E}^{(i)}$ 的计算。

PARCOR 格型算法

$$\mathcal{E}^{(0)} = R[0] = \sum_{n=0}^{L-1} (s[n])^2 \tag{1}$$

$$e^{(0)}[n] = b^{(0)}[n] = s[n], \quad 0 \leq n \leq L-1 \tag{2}$$

for $i = 1, 2, \ldots, p$

使用式 (9.125) 计算 k_i $\qquad(3)$

计算 $e^{(i)}[n]$, $\quad 0 \leq n \leq L-1+i$,使用式 (9.117b) $\qquad$ (4a)
计算 $b^{(i)}[n]$, $\quad 0 \leq n \leq L-1+i$,使用式 (9.117c) $\qquad$ (4b)

$\alpha_i^{(i)} = k_i \qquad(5)$
计算预测系数
 if $i > 1$ then for $j = 1, 2, \ldots, i-1$
  $\alpha_j^{(i)} = \alpha_j^{(i-1)} - k_i \alpha_{i-j}^{(i-1)} \qquad(6)$
 end
计算均方能量
  $\mathcal{E}^{(i)} = (1 - k_i^2) \mathcal{E}^{(i-1)} \qquad(7)$
end
$\alpha_j = \alpha_j^{(p)} \quad j = 1, 2, \ldots, p \qquad(8)$
$e[n] = e^{(p)}[n], \quad 0 \leq n \leq L-1+p \qquad(9)$

图 9.23 计算 k 参数和对应预测系数的 PARCOR 格型算法的伪代码

图 9.24 给出了使用 Burg 定义 k_i 参数的格型算法。注意 Burg 算法类似于协方差法，即要在算法中计算所需的全部 p 个预测误差序列，须提供区间 $0 \leq n \leq L-1$ 之前的 p 个样本。

Burg 格型算法

$$\mathcal{E}^{(0)} = R[0] = \sum_{n=0}^{L-1} (s[n])^2 \tag{1}$$

$$e^{(0)}[n] = b^{(0)}[n] = s[n], \quad -p \leq n \leq L-1 \tag{2}$$

for $i = 1, 2, \ldots, p$

    使用式 (9.128) 计算 $\hat{k}_i$ (3)

    计算 $e^{(i)}[n]$, $-p+i \leq n \leq L-1$，使用 (9.117b) (4a)
    计算 $b^{(i)}[n]$, $-p+i \leq n \leq L-1$，使用 (9.117c) (4b)

$$\alpha_i^{(i)} = \hat{k}_i \tag{5}$$

计算预测器系数
    if $i > 1$ then for $j = 1, 2, \ldots, i-1$

$$\alpha_j^{(i)} = \alpha_j^{(i-1)} - \hat{k}_i \alpha_{i-j}^{(i-1)} \tag{6}$$

    end

计算均方能量

$$\mathcal{E}^{(i)} = (1 - \hat{k}_i^2) \mathcal{E}^{(i-1)} \tag{7}$$

end

$$\alpha_j = \alpha_j^{(p)} \quad j = 1, 2, \ldots, p \tag{8}$$

$$e[n] = e^{(p)}[n], \quad 0 \leq n \leq L-1 \tag{9}$$

图 9.24　计算 $\hat{k}$ 参数和对应预测系数的 Burg 格型算法的伪代码

格型法与前面讨论的协方差法和自相关法在实现上存在明显的差别。一个主要差别是，在格型法中可以从语音样本直接得到预测器系数，而无须自相关函数的中间计算。同时，这种方法能保证产生稳定的滤波器，且并不要求使用窗函数。由于这些原因，格型公式已经成为一种实现线性预测分析的重要方法。

9.5.4　计算需求比较

我们已讨论了线性预测分析方程组的协方差、自相关、格型公式在理论上的差别。本节讨论一些实际实现分析方程时所涉及的问题，包括计算考虑、解的数值和物理稳定性，以及如何选择极点的个数和分析段的长度问题。先讨论由语音波形得到预测器系数时所涉及的计算考虑。

预测器系数计算中的两个主要问题是存储容量和计算量（依据乘法的次数）。表 9.1（据 Portnoff 等[292]和 Makhoul[219]）列出了协方差法、自相关法、格型法所需的计算量。在存储容量方面，对于协方差法，基本的存储要求是 L_1 个语音数据存储位置和数量级为 $p^2/2$ 的相关矩阵存储位置，其中 L_1 是分析窗内的样本数。对于自相关方法，需要 L_2 个存储位置来存储数据和窗函数，需要数量级为 p 的位置来存储自相关矩阵。对于格型法，需要 $3L_3$ 个位置来存储数据及前向后向预测误差。这里假设协方差法的点数为 L_1、自相关法的点数 L_2、格型法的点数为 L_3 是为了强调这些点数无须相同。因此，按存储容量考虑（假设 L_1、L_2 和 L_3 可比），协方差法和自相关法所需的存储量比格型法的要少。

表 9.1 LPC 求解方法的计算量

	协方差法（Cholesky 分解）	自相关法（Durbin 法）	格型法（Burg 法）
存储			
数据	L_1	L_2	$3L_3$
矩阵	$\sim p^2/2$	$\sim p$	—
窗	0	L_2	—
计算（乘法次数）			
加窗	0	L_2	—
相关	$\sim L_1 p$	$\sim L_2 p$	—
矩阵求解	$\sim p^3$	$\sim p^2$	$5L_3 p$

按照相乘次数，这三种方法所需的计算量如表 9.1 的底部所示。对于协方差法，相关矩阵的计算约需要 $L_1 p$ 次乘法，而矩阵方程的解（使用 Cholesky 分解程序）需要数量正比于 p^3 次的乘法（Portnoff 等人给出的准确数字是 $(p^3 + 9p^2 + 2p)/6$ 次乘法，p 次除法，p 次求平方根[292]）。对于自相关法，自相关矩阵的计算约需要 $L_2 p$ 次乘法，而矩阵方程的解需要约 p^2 次乘法。因此，如果 L_1 和 L_2 近似相等且 $L_1 \gg p$，$L_2 \gg p$，则自相关法所需计算量要略少于协方差法。然而，对大多数语音问题，计算相关函数需要的乘法次数要远超解矩阵方程所需的乘法次数，这两种方法所需的计算时间十分接近。对于格型法，计算一组部分相关系数，共需要 $5L_3 p$ 次乘法[①]。因此，对于解 LPC 方程组，格型法是计算效率最低的一种方法。但在考虑应用该方法时，须记住格型法的其他优点。

9.6 预测误差信号

预测误差序列是线性预测分析的基础，其定义为

$$e[n] = s[n] - \sum_{k=1}^{p} \alpha_k s[n-k], \tag{9.130}$$

当用 Levinson-Durbin 算法计算预测参数时，预测误差序列是隐式的，并未被清晰地计算。在格型法中，实际上会算出直到 p 的所有阶的预测误差序列。在任何情况下，总能用式(9.130)来计算 $e[n]$。当产生实际语音信号的系统很好地建模为一个 p 阶时变线性预测器时，$e[n]$ 就能相当好地近似激励源，即 $e[n] = Gu[n]$。基于这一理由，可以预期在每个基音的起始处预测误差较大（对于浊音）。因此，可通过检测 $e[n]$ 出现大幅度样本的位置来确定基音周期，找出一对超过某个阈值的 $e[n]$ 样本值，把它们之间的时间差定义为基音周期。另一种计算基音周期的方法是对 $e[n]$ 做自相关分析，并在恰当的基音周期范围内检测最大峰值。还可用另一种方法来解释误差信号对于基音检测有价值的原因，即我们看到误差信号的谱接近于平坦，因此共振峰的影响在误差信号中已被去除。

图 9.25 至图 9.28 给出了一些线性预测分析结果的例子。在每幅图中，顶部图形显示的是被分析的语音段，第二个图形是所得的预测误差，第三个图形是原始语音信号的 DFT 的对数幅度，同时叠加了 $\tilde{H}(e^{j\omega T})$ 的对数幅度。图 9.25 和图 9.26 是一名男性说话者持续时长为 40ms 的浊语音，所用的分析法分别为协方差法和自相关法。可以看到在每个基音周期的开始处，误差信号有一个尖锐的峰值，而误差谱则相当平坦，且频谱中的谐波使误差谱展现了梳状效应。注意在图 9.26 中，自相关法语音段的开始处和结束处都有相当大的预测误差，当然这是因为我们试图用窗外零值采样来预测前 p 个信号样本，用加窗语音帧结束处的非零样本值来预测最后 p 个零值信号样本。汉明窗逐渐弱化的效应对于减少这种误差并不完全有效。

---

① Makhoul 讨论过一种求部分相关系数的改进格型法，其效率与普通协方差法相近[219]。

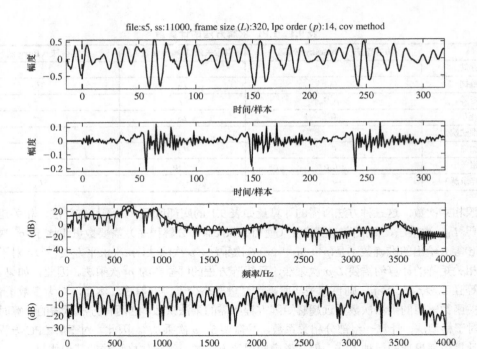

file:s5, ss:11000, frame size (L):320, lpc order (p):14, cov method

图 9.25　对男性说话者语音使用线性预测协方差法的各个典型信号和频谱。顶部图形显示了被分析的语音帧；第二个图形是由 $p = 14$ 阶线性预测分析生成的预测误差；第三个图形是信号的对数幅度谱，其上叠加了线性预测器模型的对数幅度谱；最后一个图形是误差信号的对数幅度谱

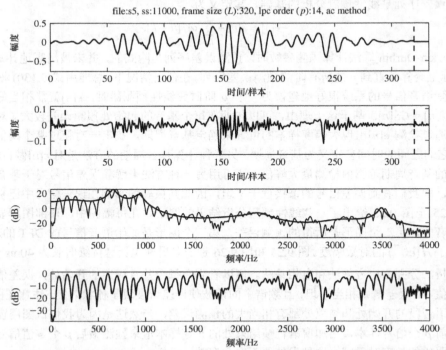

file:s5, ss:11000, frame size (L):320, lpc order (p):14, ac method

图 9.26　对男性说话者语音使用线性预测自相关法的各个典型信号及频谱。顶部图形是正分析的语音帧；第二个图形是由 $p = 14$ 阶线性预测分析生成的预测误差；第三个图形是信号的对数幅度谱，其上叠加了线性预测器模型的对数幅度谱；最后一个图形是误差信号的对数幅度谱

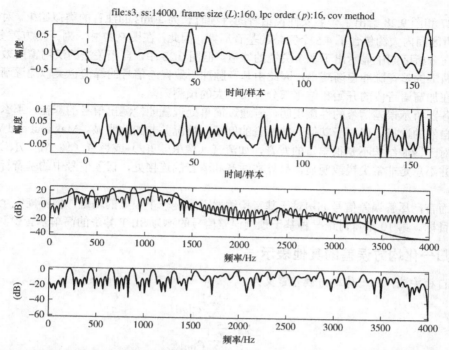

图 9.27　对女性说话者语音使用线性预测协方差法的各个典型信号及频谱。顶部图形是正分析的语音帧；第二个图形是由 $p = 16$ 阶线性预测分析生成的预测误差；第三个图形是信号的对数幅度谱，其上叠加了线性预测器模型的对数幅度谱；最后一个图形是误差信号的对数幅度谱

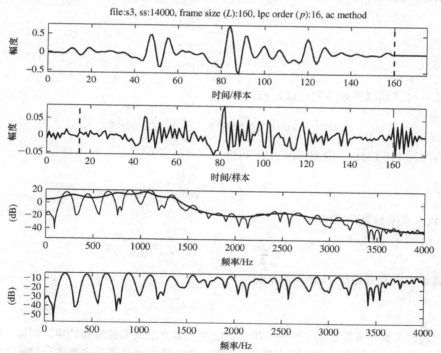

图 9.28　对女性说话者语音使用线性预测自相关法的各个典型信号及频谱。顶部图形是正分析的语音帧；第二个图形是由 $p = 16$ 阶线性预测分析生成的预测误差；第三个图形是信号的对数幅度谱，其上叠加了线性预测器模型的对数幅度谱；最后一个图形是误差信号的对数幅度谱

图 9.27 和图 9.28 给出了一名女性说话者的持续时长为 20ms 的浊音的类似结果。对于该说话者，在分析区间内大约包含了 4.5 个完整的基音周期。因此，在图 9.27 中，对于协方差分析方法，误差信号在分析区间中显示出了多个尖锐的峰值。但图 9.28 中，自相关法的汉明窗的效应使靠近分析区间两端的基音脉冲逐渐减小，因此由基音脉冲所致误差信号的峰值也类似地逐渐减小。再次注意，在加窗语音段的开始和结尾部分有相当大的预测误差。

以上各图所示误差信号的性质表明，若通过简单处理就能检测出信号的基音，那么预测误差就是一种自然的选择。但对于其他一些浊音的例子，情况并非如此明显。Makhoul and Wolf[222]曾经指出，对于谐波结构不是很丰富的发音，如流音（像/R/、/L/）或鼻音（像 /M/、/N/），误差信号的峰值并不总是非常尖锐或明显，另外在浊音和清音的连接处，误差信号中的基音标记通常会完全消失。

总体而言，尽管误差信号 $e[n]$ 对于基音检测器而言是一个很好的基础，但不能完全依赖它来实现这一目标。第 10 章将讨论一种基于预测误差信号的称为 SIFT 算法的简单基音检测方案。

9.6.1 归一化均方误差的其他表示法

对于自相关法，归一化均方误差定义为

$$
\mathcal{V}_{\hat{n}} = \frac{\sum\limits_{m=0}^{L+p-1} e_{\hat{n}}^2[m]}{\sum\limits_{m=0}^{L-1} s_{\hat{n}}^2[m]}, \tag{9.131a}
$$

式中，$e_{\hat{n}}[m]$ 是对应于语音段 $s_{\hat{n}}[m]$ 在时间 $\hat{n}$ 处的预测误差滤波器的输出。对于协方差方法，相应的定义是

$$
\mathcal{V}_{\hat{n}} = \frac{\sum\limits_{m=0}^{L-1} e_{\hat{n}}^2[m]}{\sum\limits_{m=0}^{L-1} s_{\hat{n}}^2[m]}. \tag{9.131b}
$$

通过定义 $\alpha_0 = -1$，预测误差序列可以表示为

$$
e_{\hat{n}}[m] = s_{\hat{n}}[m] - \sum_{k=1}^{p} \alpha_k s_{\hat{n}}[m-k] = -\sum_{k=0}^{p} \alpha_k s_{\hat{n}}[m-k]. \tag{9.132}
$$

将式(9.132)代入式(9.131a)，根据式(9.12)，可得

$$
\mathcal{V}_{\hat{n}} = \sum_{i=0}^{p} \sum_{j=0}^{p} \alpha_i \frac{\phi_{\hat{n}}[i,j]}{\phi_{\hat{n}}[0,0]} \alpha_j, \tag{9.133a}
$$

将式(9.13)代入式(9.133a)，得到

$$
\mathcal{V}_{\hat{n}} = -\sum_{i=0}^{p} \alpha_i \frac{\phi_{\hat{n}}[i,0]}{\phi_{\hat{n}}[0,0]} = 1 - \sum_{i=1}^{p} \alpha_i \frac{\phi_{\hat{n}}[i,0]}{\phi_{\hat{n}}[0,0]}. \tag{9.133b}
$$

其另一种表示形式 $\mathcal{V}_{\hat{n}}$ 是通过 Durbin 算法得到的，即

$$
\mathcal{V}_{\hat{n}} = \prod_{i=1}^{p} (1 - k_i^2). \tag{9.134}
$$

上面的表达式并不都是都等价的，而受一种给定线性预测方法细节的解释约束。例如，基于 Durbin 算法的式(9.134)只对自相关法和格型法有效。同样，由于格型法并不显式要求计算相关函数，因此式(9.133a)和式(9.133b)不能直接用于格型法。表 9.2 中总结了归一化均方误差的各个表达式，并给出了了每种表达式的有效范围（注意，为了简化起见，表中省略了下标 $\hat{n}$）。

表 9.2　归一化误差表示式

	协方差法	自相关法	格型法
$\nu=\dfrac{\sum\limits_{m=0}^{L+p-1} e^2[m]}{\sum\limits_{m=0}^{L-1} s^2[m]}$	有效	有效	有效
$\nu=\sum\limits_{i=0}^{p}\sum\limits_{j=0}^{p}\alpha_i\dfrac{\phi[i,j]}{\phi[0,0]}\alpha_j$	有效	有效*	无效
$\nu=-\sum\limits_{i=0}^{p}\alpha_i\dfrac{\phi[i,0]}{\phi[0,0]}$	有效	有效*	无效
$\nu=\prod\limits_{i=0}^{p}(1-k_i^2)$	无效	有效	有效

*在这些情况下 $\phi[i,j]=R[|i-j|]$。

9.6.2　LPC 参数值的实验评估

为了对实际实现系统的线性预测参数 p 和 L 的选择提供指导和帮助，Chandra and Lin[53]进行了一系列研究，在研究中，对于一个 p 阶预测器，他们在如下条件下画出了归一化均方预测误差与相关参数的变化曲线：

1．协方差法和自相关法。
2．合成元音和自然语音。
3．基音同步和基音异步分析。

其中归一化误差 ν 的定义见表 9.2。图 9.29 至图 9.34 给出了 Chandra and Lin[53]在上述条件下得到的结果。

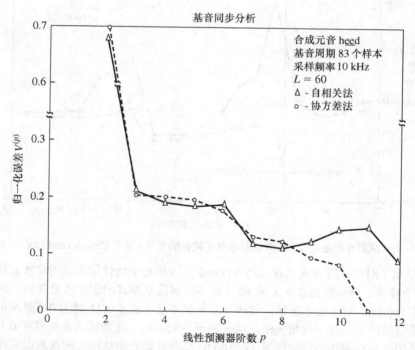

图 9.29　对于一个合成元音的浊音段，基音同步分析时预测误差相对于预测器
阶数 p 的变化（引自 Chandra and Lin[53]。© [1974] IEEE）

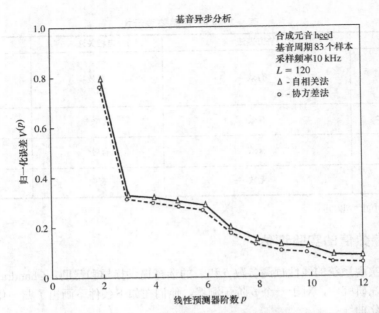

图 9.30　对于一个合成元音的浊音段,基音异步分析时预测误差相对于预测器阶数 p 的变化 (引自 Chandra and Lin[53]。© [1974] IEEE)

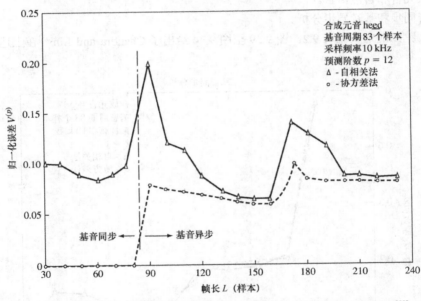

图 9.31　对于一个合成语音的浊音段,预测误差相对于帧长的变化 (引自 Chandra and Lin[53]。© [1974]IEEE)

　　图 9.29 显示了对于一段合成元音 (/IY/in/heed/), V 相对于线性预测器的阶数 p 的变化,其基音周期是 83 个样本。分析段的长度 L 为 60 个样本,每段从基音的起始点处开始,即这些结果是针对基音同步分析的。对于协方差法,预测误差单调降低,在 $p = 11$ 时为 0,而这正是用来产生合成语音的系统的阶数。对于自相关法,当 p 大于 7 时,归一化预测误差保持在 0.1 左右。导致这一特性的原因是自相关法的窗长较短 ($L = 60$),每段开始处和结尾处的预测误差在总均方误差中占有支配地位,且该误差绝对不可能到 0。当然,协方差法的情况并不是这样,这时可以使用平均时间区间之外的语音样本来进行预测。

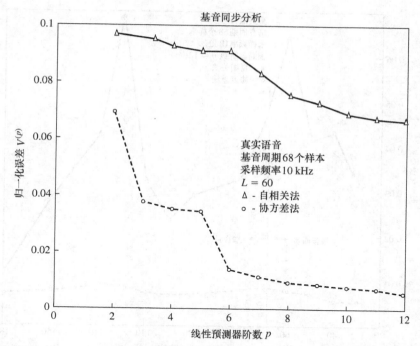

图 9.32　对于一个自然语音的浊音段，基音同步分析时预测误差相对于预测器阶数 p 的变化（引自 Chandra and Lin[53]。© [1974] IEEE）

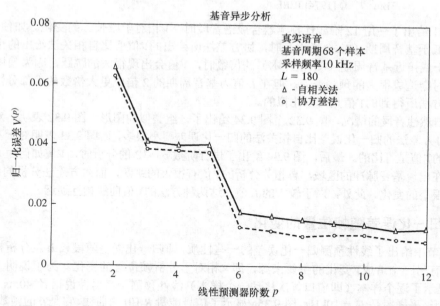

图 9.33　对于一个自然语音的浊音段，基音异步分析时预测误差相对于预测器阶数 p 变化（引自 Chandra and Lin[53]。© [1974]IEEE）

　　图 9.30 给出了基音异步分析情况下 ν 相对于线性预测器阶数的变化，其语音段与图 9.29 所用语音段相同。但这时分析段的长度是 $L = 120$ 个样本。这种情况下，对于不同的 p 值，协方差法和自相关法所得到的 ν 值接近相等。此外，ν 的值单调下降到 $p = 11$ 附近的约 0.1。因此，对于异步线性预测分析情况，这两种方法所得的结果是相似的，至少对这个合成元音的例子是这样。

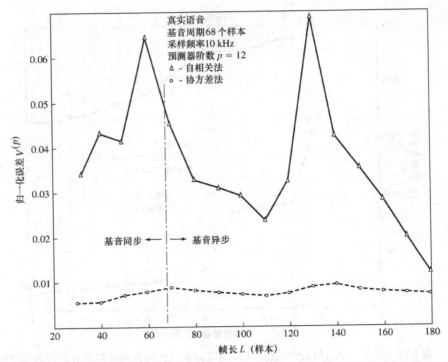

图 9.34 对于一个自然语音的浊音段，预测误差相对于帧长的变化（引自 Chandra and Lin[53]。© [1974] IEEE）

图 9.31 给出了使用 12 阶线性预测器合成语音段时，v 相对于段长 L 的变化。如预计的那样，当 L 的值低于基音周期（83 个样本）时，协方差法所给出的 v 值要比自相关法给出的小很多。当 L 的值等于或接近基音周期（83 个样本）的倍数时，v 值会出现很大的跳跃，因为使用基音脉冲激励系统时会造成很大的预测误差。但在 L 值为基音周期的 2 倍或更大倍数的大部分情况下，这两种分析方法所得到的 v 值是可以比拟的。

对于自然浊音段的情况，图 9.32 至图 9.34 给出了一组类似的图形。图 9.32 表明，对于基音同步分析，协方差法的归一化误差比自相关法的归一化误差要小很多，而图 9.33 表明对于基音异步分析，两者的 v 值是可比的。最后，图 9.34 给出了进行阶数 $p = 12$ 的分析时，v 值如何随 L 变化。可以看到，在出现基音脉冲的区域，自相关分析的 v 值有很大的跳跃，而协方差法分析的 v 值在这些点处只有很小的变化。此外，对于较大的 L 值，这两种方法的 v 值曲线相互逼近。

9.6.3 归一化误差随帧位置的变化

9.6.2 节中给出了线性预测归一化误差的一些性质，即归一化误差随段长 L 及分析极点数 p 的变化。还有另一个造成 v 变化的主要来源，即 v 相对于分析帧位置的变化。为了说明这种变化，图 9.35 显示了逐个样本（即窗口每次移动一个样本）线性预测一名男性说话者 40ms 元音/IY/的结果的图形。采样率是 $F_s = 10\text{kHz}$。图 9.35a 显示了信号能量 $R_{\hat{n}}[0]$ 的曲线，它是 $\hat{n}$ 的函数（以 10kHz 的速率计算）；图 9.35b 显示了协方差法 14 阶（$p = 14$）分析一个 20ms（$L = 200$）帧长的归一化均方误差($V_{\hat{n}}$)（仍以 10kHz 的速率计算）；图 9.35c 显示了使用汉明窗的自相关法所得的归一化均方误差；图 9.35d 显示了使用加矩形窗的自相关法所得的归一化均方误差。该说话者的平均基音周期是 84 个样本（8.4ms），因此每 20ms 的帧内包含了 2.5 个基音周期。对于协方差法，归一化误差相对于分析帧位置显示出相当大的变化（即误差不是时间平滑函数）。导致这一效果的原因主要是在每个基音的开始处，误差信号 $e[n]$ 都有一个很大的峰值，这一点已在前面讨论过。因此，在该例中，当分析帧所处位置包含有三个误差峰值时，较之分析区间内只包含两个误差峰值的情况，其归一化误差要大得多。这说明每当分析帧内包含一个新的误差峰值时，归一化误差在一定程度上会表现出相当大的离散跳变。在归一化误差的每个不连续跳变之后，跟着出现的是一个归一化误差逐渐减小和平滑的阶段。在不连续跳变之间，归一化误差的具体行为取决于信号和分析方法的细节。

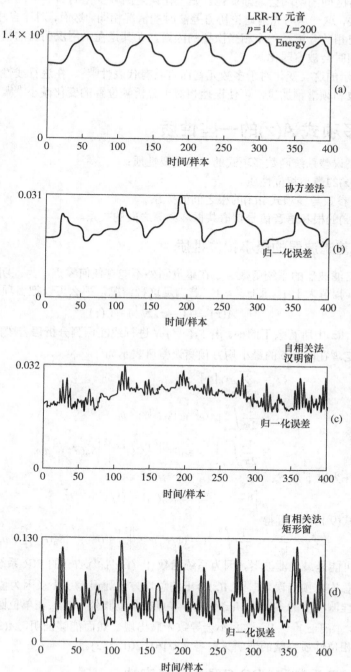

图 9.35 对于三种线性预测系统，200 个语音样本的预测误差序列（引自 Rabiner et al[302]。© [1977] IEEE）

图 9.35c 和图 9.35d 显示了分别用汉明窗和矩形窗自相关法分析得到的线性预测归一化误差，它们的特性多少有些不同。如图所示，归一化均方误差呈现出大量实质性的高频变化，以及少量的低频和基音同步变化。高频变化主要是由前 p 个采样信号的预测误差造成的，这部分信号是不可能线性预测的。对于使用汉明窗进行的分析，误差变化幅度比用矩形窗分析的情形要小得多，因为汉明窗在分析区间的两端会逐渐弱化。归一化误差高频变化的另一个因素与分析帧相对于基音脉冲的位置有关，这一点与先前讨论协方差法时的情况相同。然而，对比自相关法和协方差法，该误差成分对于自相关分析是一个相当次要的因素，尤其是在采用汉明窗的情况下，因为新的基音脉冲进入分析帧时会被窗弱化。

图 9.35 中所示的这类变化对于多数元音而言具有代表性[302]。在进行线性预测分析之前，对信号进行全通滤波和频谱预加重，可使误差相对于分析帧位置的变化减小[302]。

9.7 LPC 多项式 $A(z)$ 的一些性质

本节介绍预测误差系统函数多项式的一些重要性质：

- 多项式 $A(z)$ 的最小相位性质。
- PARCOR 参数与多项式 $A(z)$ 的根之间的关系。
- 多项式 $A(z)$ 的根和语音信号频谱共振峰频率之间的关系。

9.7.1 预测误差滤波器的最小相位性质

最佳预测误差滤波器的系统函数 $A(z)$ 在单位圆外不能有任何零点。为证明这一命题，假设 z_o 是 $A(z)$ 的根，且其幅值大于 1，即 $|z_o|^2 > 1$。若满足这种情况，那么可以把多项式 $A(z)$ 表示为

$$A(z) = (1 - z_o z^{-1}) \cdot A'(z), \tag{9.135}$$

式中，$A'(z)$ 含有 $A(z)$ 中所有余下的根。若 $S_{\hat{n}}(e^{j\omega})$ 是进行线性预测分析语音段的离散傅里叶变换，则采用帕塞瓦尔定理在时刻 $\hat{n}$ 的最小均方预测误差可表示为

$$
\begin{aligned}
\mathcal{E}_{\hat{n}} &= \sum_{m=-\infty}^{\infty} e_{\hat{n}}[m]^2 \\
&= \frac{1}{2\pi} \int_{-\pi}^{\pi} |A(e^{j\omega})|^2 |S_{\hat{n}}(e^{j\omega})|^2 d\omega \\
&= \frac{1}{2\pi} \int_{-\pi}^{\pi} \left| 1 - z_o e^{-j\omega} \right|^2 \left| A'(e^{j\omega}) \right|^2 \left| S_{\hat{n}}(e^{j\omega}) \right|^2 d\omega.
\end{aligned}
\tag{9.136}
$$

将项 $|1 - z_o e^{-j\omega}|^2$ 展开为以下形式：

$$\left| 1 - z_o e^{-j\omega} \right|^2 = |z_o^2| \cdot |1 - (1/z_o^*)e^{-j\omega}|^2. \tag{9.137}$$

将这个结果代入式(9.136)，可得

$$\tilde{\mathcal{E}}_{\hat{n}} = \frac{\mathcal{E}_{\hat{n}}}{|z_o^2|} = \frac{1}{2\pi} \int_{-\pi}^{\pi} \left| 1 - (1/z_o^*)e^{-j\omega} \right|^2 \left| A'(e^{j\omega}) \right|^2 \left| S_{\hat{n}}(e^{j\omega}) \right|^2 d\omega, \tag{9.138}$$

从而表明 $A(z)$ 不可能是最佳滤波器，因为系统函数 $(1 - (1/z_o^*)z^{-1})A'(z)$ 的 FIR 系统与 $A(z)$ 有相同的阶数，且其给出的总均方预测误差 $\tilde{\mathcal{E}}_{\hat{n}}$ 比 $A(z)$ 给出的总均方预测误差还小（因为假设 $|z_o|^2$ 大于 1）。

这证明了最佳滤波器的多项式 $A(z)$ 不能有零点在单位圆外。若 z_o 在单位圆上，由于 $z_o = 1/z_o^*$，式(9.138)仍成立，由于 $|z_o|^2 = 1$，这并不会导致矛盾出现。然而能够证明，$A(z)$ 的零点必须严格在单位圆内。最小相位性质完整的证明见参考文献[61, 201, 232]。

9.7.2 PARCOR 系数和 LPC 多项式的稳定性

若任何一个 PARCOR 系数 k_i 的绝对值大于等于 1，则意味着第 i 阶 LPC 多项式有一个根 $z_j^{(i)}$，

其模的幅值大于 1。为了证明这一点，回忆可知 Levinson-Durbin 递归规定对于第 i 阶最佳线性预测器，其总均方预测误差满足

$$\mathcal{E}^{(i)} = (1 - k_i^2) \cdot \mathcal{E}^{(i-1)} = \prod_{j=1}^{i} (1 - k_j^2) \cdot \mathcal{E}^{(0)} > 0. \tag{9.139}$$

因为 $\mathcal{E}^{(i)}$ 必须总是严格为正的，因此有 $|k_i| < 1$，即任何一个 PARCOR 系数的绝对值必须严格小于 1。

在 Durbin 递归算法的推导中，我们已证明［式(9.107)］对于第 i 级处理，最佳预测误差多项式 $A^{(i)}(z)$ 能用第 i-1 级的最佳预测误差多项式来表示：

$$A^{(i)}(z) = A^{(i-1)}(z) - k_i z^{-i} A^{(i-1)}(z^{-1}) = \prod_{j=1}^{i} (1 - z_j^{(i)} z^{-1}). \tag{9.140}$$

由式(9.140)可知 $-k_i$ 是 $A^{(i)}(z)$ 中最高阶项(z^{-i})的系数，即 $\alpha_i^{(i)} = k_i$。因此有

$$|k_i| = |\alpha_i^{(i)}| = \prod_{j=1}^{i} |z_j^{(i)}|. \tag{9.141}$$

若 $|k_i| \geq 1$，则多项式 $A^{(i)}(z)$ 至少有一个根必须在单位圆外，假设其他根都在单位圆内。若所有根都在单位圆上，或一个在单位圆外而另一个在单位圆内，那么可能会出现 $|k_i| = 1$ 的情况。但由式(9.139)可知 $|k_i| < 1$。因此，若 $|z_j^{(i)}| < 1$，$j = 1, 2, ..., i$，则可知条件 $|k_i| < 1$ 必然满足。由于上面的证明对所有 $A^{(i)}(z)$，$i = 1, 2, ..., p$ 都有效，因此 $A^{(p)}(z)$ 没有根在单位圆外的一个必要条件是

$$|k_i| < 1, \quad i = 1, 2, \ldots, p. \tag{9.142}$$

式(9.142)中的条件也是保证 $A^{(p)}(z)$ 的所有根都严格在单位圆内的充分条件，尽管证明要麻烦一些 [229]。

因此，式(9.142)是 $A(z)$ 为最小相位系统函数的充分必要条件，也是全极点模型系统 $\tilde{H}(z) = G / A(z)$ 为稳定系统的充分必要条件。

9.7.3 最佳 LP 模型根的位置

预测误差多项式 $A(z)$ 的根可用多种方法来解释，包括一些对应于被分析声音声道的共振峰频率的根。关键的问题是如何把预测误差多项式的根与 LP 频谱的性质对准，以便可以使一些根对应共振峰，而其他根对应辐射模型或声门激励脉冲形状效应，或对应如传输效应等其他因素。

作为一个例子，图 9.36 显示了 LP 模型传输函数的极-零点位置的图形，

$$\tilde{H}(z) = \frac{G}{A(z)} = \frac{G}{1 - \sum_{i=1}^{p} \alpha_i z^{-i}}$$

$$= \frac{G}{\prod_{i=1}^{p} (1 - z_i z^{-1})} = \frac{G z^p}{\prod_{i=1}^{p} (z - z_i)},$$

式中，$\tilde{H}(z)$ 的极点用符号×表示，第 p 阶零点用○加数字 12 表示（即 $p = 12$ 的系统）。

在图 9.36 中，最可能对应于共振峰的极点是靠近单位圆的那些极点，因为当 $\tilde{H}(z)$ 在单位圆上进行求值时，这些极点会产生像共振一样的峰值。图 9.37 说明了这种情况，它显示了图 9.36 中极-零点的对数幅频响应。图 9.37 中的每个明显峰值都对应于靠近单位圆上的一对极点。

表 9.3 举例说明了共振峰根和非共振峰根（极点）的分类，给出了根的幅值和相角（单位为度数 θ 和赫兹 Hz，$F = \theta \cdot F_s / 360$），以及对应于共振峰的极点的估值。这些极点以频率递增的顺序进行标记（在 z 平面上角度递增）。在表 9.3 中，根频率与共振峰的分配仅基于（复）根与单位圆的接近程度，幅值大于 0.9 的根都分配给共振峰频率，余下的根（幅值小于 0.9）假设分配给声门脉冲和组合声道模型（或者只是由于基本语音模型的不精确性，该模型不能用简单的全极点模型来解释）的辐射成分所致的总频谱形状。对应于每个极点的相角的频率在图 9.37 的频率轴上用符号*表示。

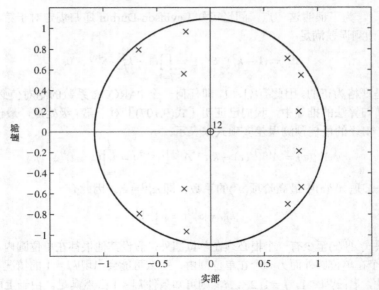

图 9.36　$p = 12$ 时 LP 声道模型系统函数 $\tilde{H}(z)$ 的极点和零点在 z 平面上的位置

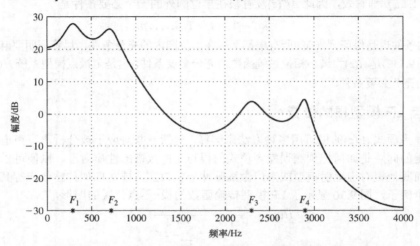

图 9.37　对应于图 9.36 中极点和零点的频率响应 $\tilde{H}(e^{j\omega})$ 的图形

表 9.3　z 平面上极点的位置，标识可能对应于共振峰的极点

根的幅值	θ 根相角（度）	F 根相角（Hz）	共振峰
0.9308	10.36	288	F_1
0.9308	−10.36	−288	F_1
0.9317	−25.88	719	F_2
0.9317	−25.88	−719	F_2
0.7837	35.13	976	
0.7837	−35.13	−976	
0.9109	82.58	2294	F_3
0.9109	−82.58	−2294	F_3
0.5579	91.44	2540	
0.5579	−91.44	−2540	
0.9571	104.29	2897	F_4
0.9571	−104.29	−2897	F_4

将 $\tilde{H}(z)$ 的极点分配给对应的每个共振峰时，应基于两个准则：复极点与单位圆接近的程度；极点位置在某个时间区间上的连续性，因为在给定时间处一个有效的共振峰在当前帧附近的一段时间范围内都很明显。图 9.38 举例说明了这种共振峰频率的概念显示在一段时间的频谱剖面中。该图是一个宽带语谱图，其说话内容与图 9.13 的宽带语谱图相同，且在语谱图图形上叠加了估计的共振峰。此时，该图显示了幅值大于 0.9 的全部极点的位置 [$A(z)$ 根的相角]。可以清楚地看到共振峰在整个浊音区域内的连续性。也可看到有较多出现在清音区域（此处无基音谐波）或者甚至出现在浊音区域内的孤立极点的例子。成功的共振峰跟踪算法的目标是，保留存在于一个合理时间范围内，并对应于声道的共振（即共振峰）的极点的位置，同时消除那些不能维持一段合理时间区间的孤立点，或者在清音区域上出现的点。

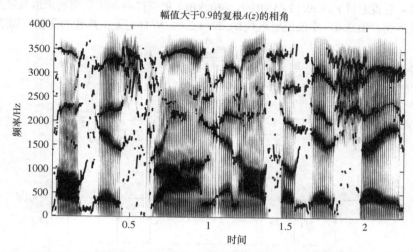

图 9.38　显示幅值大于阈值 0.9 的全部复根的位置的宽带语谱图。可以清楚地看到根位置的强连续区域，其对应于语音的共振峰轨迹。还可以看到一些孤立的根位置区域

　　去除一些多余"共振峰"的一种方法是，提高极点幅值的阈值。图 9.39 显示了类似于图 9.38 的图形，但此时绘制该根的幅值阈值设置为 0.95 而非 0.90。在这种情况下，我们看到的图形中，所有极点位置都很好地对应于谱中的共振峰轨迹。但在共振峰轨迹中常常会出现一些缺口，这些缺口处的共振峰在一段时间内并无定义，而实际上信号在该时间区域内显然是浊音，而且应有一

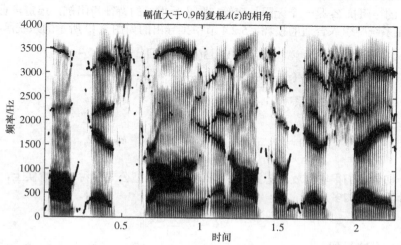

图 9.39　显示幅值大于阈值 0.95 的全部复根的位置的宽带语谱图

个明确的共振峰轨迹。因此，使用低阈值（得到太多的虚假共振峰位置）来使某个根对应共振峰和使用高阈值（漏掉太多有效的共振峰位置，因为根的幅值在一段时间内低于阈值值）来使某个根对应共振峰之间就存在矛盾。我们需要的是一种能够结合更多知识的语音模型算法，如时间连续共振峰移动、期望的共振峰频率范围等。第 10 章将详细探讨这些内容。

9.8　线性预测分析与无损声管模型的关系

第 5 章讨论过语音产生模型是由 N 段无损声管连在一起构成的（除最后一段声管外，每段声管的长度都是 $\Delta x = \ell / N$），如图 9.40 所示，其中 ℓ 是声道模型的总长度。为让该模型对应于一个离散的时间系统，必须假设通过 $F_s = cN/(2\ell)$ 使输入（和输出）的采样率与所期望的声道长度及段数关联起来，其中 c 是声速。图 9.40b 中的反射系数 $\{r_k, k = 1, 2, \ldots, N-1\}$ 与无损声管的面积有如下关系：

$$r_k = \frac{A_{k+1} - A_k}{A_{k+1} + A_k}. \tag{9.143}$$

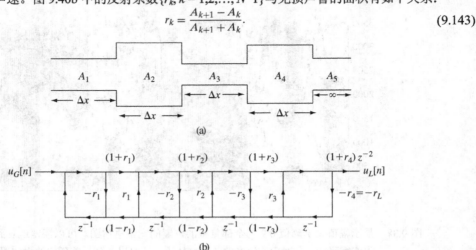

图 9.40　(a)无损声管模型，末端连接了一个无限长声管；(b)对应的信号流图，声门阻抗无限大

在 5.2.4 节推导这样一个系统的传输函数时，要求声门处的反射系数 $r_G = 1$，即假设声门阻抗 r_G 无限大。第 N 段的反射系数定义为

$$r_N = r_L = \frac{\rho c / A_N - Z_L}{\rho c / A_N + Z_L}. \tag{9.144}$$

模拟唇端辐射的声阻抗 Z_L 是一个无限长声管（防止反射）的特征声阻抗，选定声管面积为 $A_{N+1} = \rho c / Z_L$ 是为了在系统中引入合适的损耗。5.2.4 节中推导出的如图 9.40 所示的系统函数为

$$V(z) = \frac{U_L(z)}{U_G(z)} = \frac{0.5(1 + r_G)\displaystyle\prod_{k=1}^{N}(1 + r_k)z^{-N/2}}{D(z)}, \tag{9.145}$$

式中，$D(z)$ 满足多项式递归关系

$$D_0(z) = 1, \tag{9.146a}$$

$$D_k(z) = D_{k-1}(z) + r_k z^{-k} D_{k-1}(z^{-1}), \quad k = 1, 2, \ldots, N, \tag{9.146b}$$

$$D(z) = D_N(z). \tag{9.146c}$$

所有这一切让我们很容易就联想到 9.5.3 节中关于格型公式的讨论。事实上，该处已经证明由线性预测分析所得的多项式

$$A(z) = 1 - \sum_{k=1}^{p} \alpha_k z^{-k} \tag{9.147}$$

可通过以下递归公式得到：

$$A^{(0)}(z) = 1, \tag{9.148a}$$

$$A^{(i)}(z) = A^{(i-1)}(z) - k_i z^{-i} A^{(i-1)}(z^{-1}), \quad i = 1, 2, \ldots, p, \tag{9.148b}$$

$$A(z) = A^{(p)}(z), \tag{9.148c}$$

式中，参数$\{k_i\}$称为 PARCOR（部分相关）系数。比较式(9.146a)至式(9.146c)和式(9.148a)至式(9.148c)，可知由线性预测分析得到的系统函数

$$\tilde{H}(z) = \frac{G}{A(z)} \tag{9.149}$$

和由 p 节声管所组成的无损声管模型的系统函数具有相同的形式。如果使 $N = p$ 且使

$$r_i = -k_i, \quad i = 1, 2, \ldots, p, \tag{9.150}$$

将两者关联，那么尽管 $V(z)$ 和 $\tilde{H}(z)$ 的分子有许多不同，但它们的分母显然是相同的，即

$$D(z) = A(z). \tag{9.151}$$

因此，除增益外，图 9.40 所示无损声管模型等效于图 9.22 所示全极点格型模型。使用式(9.143)和式(9.150)，可得

$$-1 < -k_i = r_i = \left(\frac{A_{i+1} - A_i}{A_{i+1} + A_i} \right) = \left(\frac{\frac{A_{i+1}}{A_i} - 1}{\frac{A_{i+1}}{A_i} + 1} \right) < 1, \tag{9.152}$$

并且很容易证明等效声管模型的面积和 PARCOR 系数的关系是

$$A_{i+1} = \left[\frac{1 - k_i}{1 + k_i} \right] A_i > 0 \quad 或 \quad \frac{A_{i+1}}{A_i} = \left[\frac{1 - k_i}{1 + k_i} \right] > 0. \tag{9.153}$$

注意，每个 PARCOR 系数（或反射系数）都提供一个相邻两节声管的面积比。因此，不能绝对地求出等效声管模型的面积，且任何简单的归一化都会产生具有相同传输函数的一个声管模型。

如果不直接使用式(9.153)所示的面积比来量化参数，那么业已证明的形如

$$g_i = \log \left(\frac{A_{i+1}}{A_i} \right) = \log \left(\frac{1 - k_i}{1 + k_i} \right) \tag{9.154}$$

的对数面积比是一种更鲁棒的表示，因为在均匀量化下，对数面积比系数会使得频谱敏感性最小。本章稍后及第 11 章讨论语音编码器的量化方法时，介绍频谱的敏感性问题。

尽管无损声管模型是将离散时间信号与语音产生物理学关联起来的一种简便方法，但比较离散时间模型的输出与采样的语音信号可得到非常好的一致性。必须承认由式(9.153)所得的"面积函数"并不能说是人的声道的面积函数。该面积可被任意归一化，而人的声道是连续可变且非无损的。然而，Wakita[410]已经证明，如果在 LPC 分析前使用预加重去除声门脉冲和辐射所致效应（这些效应相对而言不随时间变化，主要影响频谱平铺），那么所得的面积函数通常非常类似于可发出人类语音的空间采样的声道结构。

基于上述讨论，Wakita[410]给出了从语音波形估计声管面积（用 p 节声管来近似声道）的简单方法，其步骤如下：

1. 以采样率 $F_s = 1/T = cp/(2\ell)$ 对语音信号采样，给出输入信号 $s[n]$，其中 p 是模型阶数，c 是声速。
2. 使用形式为 $x[n] = s[n] - s[n-1]$ 的一阶预加重系统，去除声门脉冲源和辐射负载的效应。
3. 在较短的时间区间上计算 PARCOR 系数，为每个分析帧给出一组参数 $\{k_i, i = 1, 2, \ldots, p\}$。
4. 假设 $A_1 = 1$（任意），用下面的公式计算 A_2 到 A_p：

$$A_{i+1} = \left(\frac{1 - k_i}{1 + k_i} \right) A_i, \quad i = 1, 2, \ldots, p - 1. \tag{9.155}$$

使用 Wakita 程序从语音波形中估计声道面积的结果如图 9.41 和图 9.42 所示。图 9.41 给出了无意义音节/IY B AA/波形中的 4 个片段，以及所得到的声道面积估计。起始的语音帧出现在发/IY/音期间［图中用(a)表示］，得到的结果是高前元音的典型声道形状（图中底部所示）。图 9.41(b)和图 9.41(c)所示语音帧出现在发/B/音期间，得到的声道形状估计在声道唇部端基本上是闭合的，即人们对于发/B/音所期望的典型形状。最后，图 9.41(d)所示语音帧出现在发/AA/音期间，估计得到的声道形状同样是典型的高中元音的声道形状。

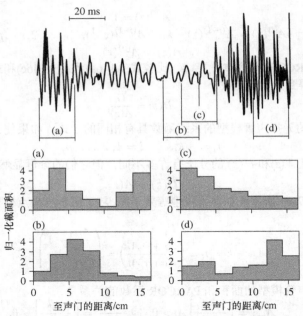

图 9.41　使用 Wakita 程序由语音波形估计声道面积的简单例子。无意义音节/IY B AA /的 4 个片段
　　　　用于进行声道形状的估值，在/TY/之间的声音用(a)表示，在/B/之间的声音用(b)和(c)表示，
　　　　在/AA/之间的声音用(d)表示（引自 Wakita[401]。© [1973] IEEE）

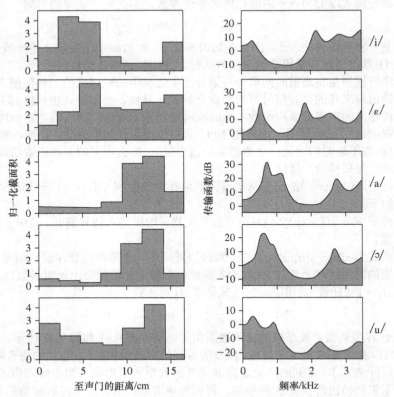

图 9.42　使用 Wakita 程序估计 5 个元音的声道面积。图中所示是估计的 5 个元音的声
　　　　道面积函数（图左）和得到的 LP 谱（图右）（引自 Wakita[410]。© [1973] IEEE）

图 9.42 显示了由 5 个稳定状态元音波形得到的一组 5 个声道形状的估计。图中所示是由 LP 分析拟合出的 5 个元音的对数幅度谱（图右），以及估计的 5 个元音的声管面积函数（图左）。可以看到频谱形状和声道形状都与这些元音的发音一致，这也证明了该程序的有效性，至少对于准稳态声音是有效的。

9.9 LP 参数的替代表示

虽然预测系数集 $\{a_k, 1 \le k \le p\}$ 常被认为是线性预测分析的基本参数，但可直接把这组系数变换为其他的许多参数集，以便得到对线性预测分析应用更加方便的替代表示。本节讨论如何从 LP 系数直接得到其他有用的参数集[217, 232]。

人们已提出大量等效的 LP 参数集，并用于编码、合成、识别、确认、增强等各种语音系统中。表 9.4 列出了 8 种最常使用的参数集，本节讨论一些最常用参数集如何相互转换。

表 9.4　LP 参数集

LP 参数集	表示
LP 系数和增益	$\{a_k, 1 \le k \le p\}, G$
PARCOR 系数	$\{k_i, 1 \le i \le p\}$
对数面积比系数	$\{g_i, 1 \le i \le p\}$
预测多项式的根	$\{z_k, 1 \le k \le p\}$
$\hat{H}(z)$ 的冲激响应	$\{h[n], -\infty \le n \le \infty\}$
LP 倒谱	$\{\hat{h}[n], -\infty \le n \le \infty\}$
冲激响应的自相关函数	$\{\tilde{R}[i], -\infty \le i \le \infty\}$
预测多项式的自相关函数	$\{R_a[i], -p \le i \le p\}$
线谱对参数	$P(z), Q(z)$

我们希望能以一种简单和明确的方式将任何 LP 参数集转换为另一种参数集。对于大多数变换，这种转换是存在的，本节将描述其中的几个转换。但有些参数集的转换不可逆（例如，不能将预测系数的自相关系数转换为预测系数，因为逆变换是不唯一或定义明确的），出现这种情况时我们将说明这一点。

9.9.1　预测误差多项式的根

也许预测器参数的最简单替代表示是如下预测误差系统函数多项式的一组根：

$$A(z) = 1 - \sum_{k=1}^{p} \alpha_k z^{-k} = \prod_{k=1}^{p}(1 - z_k z^{-1}), \tag{9.156}$$

业已证明这组根具有估计共振峰频率的潜力。根 $\{z_k, k = 1,2,...p\}$ 是 $A(z)$ 的一种独特表示，使用各种求根算法如 MATLAB 函数 roots() 可求出它。要把 z 平面的根转换到 s 平面（模拟复频率），只需让

$$z_k = e^{s_k T}, \tag{9.157}$$

就可以实现，其中 $s_k = \sigma_k + j\Omega_k$ 是 s 平面的根，它对应于 z 平面的 z_k。若 $z_k = z_{kr} + jz_{ki}$，则有

$$\Omega_k = 2\pi F_k = \frac{1}{T}\arctan\left[\frac{z_{ki}}{z_{kr}}\right], \tag{9.158}$$

式中，$T = 1/F_s$ 是采样周期，且

$$\sigma_k = \frac{1}{2T}\log(z_{kr}^2 + z_{ki}^2) = \frac{1}{T}\log|z_k|. \tag{9.159}$$

如 9.7.3 节建议的那样，式(9.158)和式(9.159)可用于共振峰分析，第 10 章将会对其详细探讨。

9.9.2 全极点系统 $\tilde{H}(z)$ 的冲激响应

全极点系统

$$\tilde{H}(z) = \frac{G}{1 - \sum_{k=1}^{p} \alpha_k z^{-k}} \qquad (9.160)$$

的冲激响应 $\tilde{h}[n]$ 可由 LP 系数递归求得：

$$\tilde{h}[n] = \sum_{k=1}^{p} \alpha_k \tilde{h}[n-k] + G\delta[n], \quad 0 \le n, \qquad (9.161)$$

其中假设初始条件为 $\tilde{h}[n]=0$，$n < 0$。要计算有限的一组 $\tilde{h}[n]$ 值，这个假设是很有用的。冲激响应的闭合形式表示可通过部分分式展开 $\tilde{H}(z)$ 得到：

$$\tilde{H}(z) = \sum_{k=1}^{p} \frac{A_k}{1 - z_k z^{-1}}, \qquad (9.162)$$

由上式可得

$$\tilde{h}[n] = \sum_{k=1}^{p} A_k (z_k)^n u[n]. \qquad (9.163)$$

部分分式展开式系数 A_k 的数值可用 MATLAB 中的函数 residuez() 计算得到。

9.9.3 冲激响应的自相关

如 9.3 节讨论的那样，容易证明（见习题 9.1）若全极点滤波器冲激响应的自相关函数定义为

$$\tilde{R}[i] = \sum_{n=0}^{\infty} \tilde{h}[n]\tilde{h}[n-i] = \tilde{R}[-i] \qquad (9.164)$$

它满足关系

$$\tilde{R}[i] = \sum_{k=1}^{p} \alpha_k \tilde{R}[|i-k|], \quad 1 \le i \qquad (9.165)$$

和

$$\tilde{R}[0] = \sum_{k=1}^{p} \alpha_k \tilde{R}[k] + G^2. \qquad (9.166)$$

式(9.165)和式(9.166)可用于由预测系数求出 $\tilde{R}[i]$，反之亦然。

9.9.4 倒谱

LP 系数的另一种替代表示是 LP 模型系统的冲激响应的倒谱。若模型系统的传输函数是 $\tilde{H}(z)$，其冲激响应为 $\tilde{h}[n]$，复倒谱为 $\hat{\tilde{h}}[n]$，则可证明使用第 8 章推导的递归关系，对于最小相位信号，$\hat{\tilde{h}}[n]$ 可由下面的递归公式得到：

$$\hat{\tilde{h}}[n] = \alpha_n + \sum_{k=1}^{n-1} \left[\frac{k}{n}\right] \hat{\tilde{h}}[k]\, \alpha_{n-k}, \quad 1 \le n. \qquad (9.167)$$

类似地，使用下面的关系式可由冲激响应的倒谱推出预测器系数：

$$\alpha_n = \hat{\tilde{h}}[n] - \sum_{k=1}^{n-1} \left[\frac{k}{n}\right] \hat{\tilde{h}}[k] \cdot \alpha_{n-k}, \quad 1 \le p. \qquad (9.168)$$

冲激响应的倒谱也能由 $\tilde{H}(z)$ 的极点得到。使用第 8 章导出的方程，可以证明

$$\hat{\tilde{h}}[n] = \begin{cases} 0 & n < 0 \\ \log(G) & n = 0 \\ \sum_{k=1}^{p} \dfrac{z_k^n}{n} & n \ge 1. \end{cases} \qquad (9.169)$$

9.9.5 预测器多项式的自相关系数

对应于预测器多项式或逆滤波器，

$$A(z) = 1 - \sum_{k=1}^{p} \alpha_k z^{-k} \tag{9.170}$$

的逆滤波器冲激响应是

$$a[n] = \delta[n] - \sum_{k=1}^{p} \alpha_k \delta[n-k].$$

逆滤波器冲激响应的自相关函数是

$$R_a[i] = \sum_{k=0}^{p-i} a[k]a[k+i], \quad 0 \le i \le p. \tag{9.171}$$

9.9.6 PARCOR 系数

对于自相关法，若 PARCOR 参数 $k_i, i = 1, 2, ..., p$ 存在，那么使用图 9.43 所示的递归关系，由 PARCOR 系数可得到预测系数。若已知 k_i 值，那么用适当的 k_i 值来代替式(9.93)标出的计算步骤，图 9.43 所示的算法就可由图 9.18 所示的 Levinson-Durbin 算法得到。

PARCOR－预测器算法

$$
\begin{array}{ll}
\text{Given } k_1, k_2, \ldots, k_p & \\
\text{for } i = 1, 2, \ldots, p & \\
\quad \alpha_i^{(i)} = k_i & \text{式 (9.96b)} \\
\quad \text{if } i > 1 \text{ then for } j = 1, 2, \ldots, i-1 & \\
\quad\quad \alpha_j^{(i)} = \alpha_j^{(i-1)} - k_i \alpha_{i-j}^{(i-1)} & \text{式 (9.96a)} \\
\quad \text{end} & \\
\text{end} & \\
\alpha_j = \alpha_j^{(p)} \quad j = 1, 2, \ldots, p & \text{式 (9.97)}
\end{array}
$$

图 9.43   将 PAECOR（k 参数）转换为预测器系数的算法

类似地，若已知预测参数 $\alpha_j, j = 1, 2, ..., p$，则使用图 9.44 给出的后向递归公式可得这组 PARCOR 系数。

预测器 PARCOR 算法

$$
\begin{array}{ll}
a_j^{(p)} = a_j \quad j = 1, 2, \ldots, p & \\
k_p = a_p^{(p)} & \text{(P.1)} \\
\text{for } i = p, p-1, \ldots, 2 & \\
\quad \text{for } j = 1, 2, \ldots, i-1 & \\
\quad\quad a_j^{(i-1)} = \dfrac{a_j^{(i)} + k_i a_{i-j}^{(i)}}{1 - k_i^2} & \text{(P.2)} \\
\quad \text{end} & \\
\quad k_{i-1} = a_{i-1}^{(i-1)} & \text{(P.3)} \\
\text{end} & \\
\end{array}
$$

图 9.44   预测器系数转换为 PARCOR 系数的算法

9.9.7 对数面积比系数

可由 PARCOR 系数导出的一组重要等效参数是对数面积比，其定义为

$$g_i = \log\left[\frac{A_{i+1}}{A_i}\right] = \log\left[\frac{1-k_i}{1+k_i}\right], \quad 1 \le i \le p. \tag{9.172}$$

这些参数等于无损声管中相邻两段声管的面积比的对数，根据 9.8 节的讨论，无损声管等效于一个声道，其传输函数与相应的线性预测模型的传输函数相同。g_i 参数对于量化特别有用[217,232,404]，因为 g_i 有相对平坦的谱灵敏度。

通过如下逆变换，k_i 参数可直接由 g_i 求得：

$$k_i = \frac{1 - e^{g_i}}{1 + e^{g_i}}, \quad 1 \le i \le p. \tag{9.173}$$

在像语音编码这样的应用中，LP 参数必须量化。量化后的参数对应于一个不同的（次最佳的）预测器，进而对应于一个不同的模型系统。因此，我们希望参数集能够在不显著改变 LP 解向量性质的情况下进行量化。保持频率响应 $\tilde{H}(e^{j\omega})$ 的表达精度非常重要。遗憾的是，大多数 LP 参数集对于量化非常灵敏，且不具有低频谱灵敏度。频谱灵敏度符号表示基于模型频率响应幅度的平方，形式为

$$|H(e^{j\omega})|^2 = \frac{1}{|A(e^{j\omega})|^2} = P(\omega, g_i), \tag{9.174}$$

式中，g_i 是影响 P 的一个参数，频谱灵敏度在形式上定义为

$$\frac{\partial S}{\partial g_i} = \lim_{\Delta g_i \to 0} \left| \frac{1}{\Delta g_i} \left[\frac{1}{2\pi} \int_{-\pi}^{\pi} \left| \log \frac{P(\omega, g_i)}{P(\omega, g_i + \Delta g_i)} \right| d\omega \right] \right|, \tag{9.175}$$

该式能度量参数 g_i 中的误差灵敏度。

图 9.45 显示了直接使用 PARCOR 系数即 $g_i = k_i$ 作为基本的 LP 参数表示时，频谱的灵敏度。图中的每条曲线对应于一个特定的 PARCOR 系数 k_i。如图 9.45 所示，PARCOR 系数在 $k_i \approx 0$ 的附近具有很低的频谱灵敏度，但在 $|k_i|$ 接近于 1 时，频谱的灵敏度会有明显增大。当该系数被严重量化时（如第 11 章讨论的那样用于 LP 声码器），会使该系数集变得毫无用处。

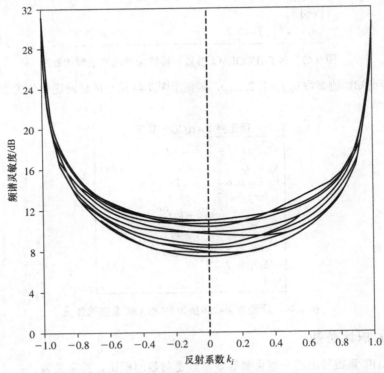

图 9.45　k_i 参数的频谱灵敏度图形。$k_i = 0$ 附近的灵敏度较低，$|k_i| \approx 1$ 附近的频谱灵敏度较高（引自 Viswanathan and Makhoul[404]。© [1975] IEEE）

另一方面，图 9.46 表明，对数面积比参数集即式(9.172)中的 g_i，在很大的动态范围内都具有较低的频谱灵敏度，因此它们可用来在声码器和其他为存储或传输目的必须量化 LP 参数集的系统中量化 LP 参数。Viswanathan and Marhoul[404]详细研究了对数面积比变换的频谱灵敏度。

k_i 参数在语音编码中广泛使用的另一种变换为

$$g_i = \arcsin(k_i), \qquad i = 1, 2, \ldots, p. \tag{9.176}$$

该变换的表现与对数面积比变换非常接近，具有人们高度期望的性质$-\pi/2 < g_i < \pi/2$（因为$-1 < k_i < 1$）。注意，当 k_i 的幅值接近 1 时，对数面积比将变得相当大[11]。

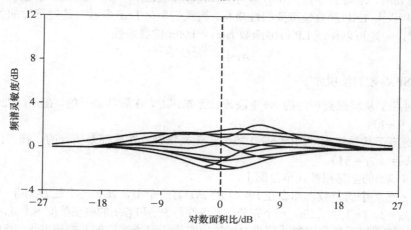

图 9.46 对数面积比参数 g_i 的频谱灵敏度图形。几乎在 g_i 的整个范围内，频谱的灵敏度都很低，因此该参数非常适合用在 LP 声码器中（据 Viswanathan and Makhoul[404]。© [1975] IEEE）

9.9.8 线性谱对参数

LP 参数的另一个替代参数集称为线性谱对参数（LSP），它最初由 Itakura[160]提出，并被 Sugamura and Itakura[385]、Soong and Juang[373]、Crosmer and Barnwell[75]深入研究。

LSP 表示基于 p 阶全零点预测误差滤波器 $A(z)$ 的一个扩展，$A(z)$ 的所有根（z_k, $k = 1, 2, \ldots, p$）都在单位圆内（$|z_k| < 1$），并具有以下形式：

$$A(z) = 1 - \alpha_1 z^{-1} - \alpha_2 z^{-2} - \ldots - \alpha_p z^{-p}. \tag{9.177}$$

我们先构造一个反多项式 $\tilde{A}(z)$ 为

$$\tilde{A}(z) = z^{-(p+1)} A(z^{-1}) = -\alpha_p z^{-1} - \ldots - \alpha_2 z^{-p+1} - \alpha_1 z^{-p} + z^{-(p+1)}, \tag{9.178}$$

式中，$\tilde{A}(z)$ 的根（$\tilde{z}_k$, $k = 1, 2, \ldots, p$）是 $A(z)$ 的根的倒数，即 $\tilde{z}_k = 1/z_k$, $k = 1, 2, \ldots, p$。从而可以构造出一个全通有理函数 $F(z)$，其形式为

$$F(z) = \frac{\tilde{A}(z)}{A(z)} = \frac{z^{-(p+1)} A(z^{-1})}{A(z)}, \tag{9.179}$$

该函数对所有 ω 有 $|F(e^{j\omega})| = 1$。最后，我们再构造一组两个展开的 $p+1$ 阶多项式：

$$P(z) = A(z) + \tilde{A}(z) = A(z) + z^{-(p+1)} A(z^{-1}), \tag{9.180}$$

$$Q(z) = A(z) - \tilde{A}(z) = A(z) - z^{-(p+1)} A(z^{-1}). \tag{9.181}$$

多项式 $P(z)$ 和 $Q(z)$ 称为线性谱对（LSP），它们对应于近似声道面积函数的 $p+1$ 段无损声管的声道模型。第 $p + 1$ 阶反射等效地发生在声门处，且从式(9.180)和式(9.181)可以看出，对于 $P(z)$ 声门反射系数是 $k_G = +1$（对应于一个开声门），对于 $Q(z)$ 声门反射系数是 $k_G = -1$（对应于一个闭声门）。

$P(z)$ 和 $Q(z)$ 的所有根都出现在 z 平面的单位圆上。认识多项式 $P(z)$ 的零点出现在 $A(z) = -\tilde{A}(z)$ 或 $F(z) = -1$ 时，我们将证明这一点。由于对所有 ω 有 $|F(e^{j\omega})| = 1$，我们看到 $P(z)$ 的零点出现在

$F(e^{j\omega})$的相位满足如下关系时：

$$\arg\{F(e^{j\omega_k})\} = \left(k + \frac{1}{2}\right) \cdot 2\pi, \quad k = 0, 1, \ldots, p-1. \tag{9.182}$$

类似地，对于多项式 $Q(z)$，当 $A(z) = \tilde{A}(z)$ 或当 $F(z) = +1$ 时，我们看到多项式 $Q(z)$ 有零点。由于在单位圆上 $|F(e^{j\omega})| = 1$，$Q(z)$ 的零点出现在 $F(e^{j\omega})$ 的相位满足如下关系时：

$$\arg\{F(e^{j\omega_k})\} = k \cdot 2\pi, \quad k = 0, 1, \ldots, p-1. \tag{9.183}$$

基于式(9.182)至式(9.183)，我们发现 $P(z)$ 和 $Q(z)$ 的所有零点都落在单位圆上，且相互交替[373]。当以频率升序排列时，求得的零点集 $\{\omega_k\}$ 称为线性谱频率（LSF）集，这组 LP 参数被广泛应用于低比特率语音编码[75]。LSF 参数最重要的性质是，当我们量化 LSF 参数并通过下面的关系式转换回多项式 $A(z)$ 时，一定可以保证 LP 传输函数 $H(z) = 1/A(z)$ 的稳定性：

$$A(z) = \frac{P(z) + Q(z)}{2}. \tag{9.184}$$

总之，LSP 参数的性质如下：

- $P(z)$ 对应于从唇部到声门的 $p+1$ 段等长无损声管，在唇部是开的，在声门处也是开的（$k_G = k_{p+1} = +1$）。
- $Q(z)$ 对应于从唇部到声门的 $p+1$ 段等长无损声管，在唇部是闭合的，在声门处也是闭合的（$k_G = k_{p+1} = -1$）。
- $P(z)$ 和 $Q(z)$ 的全部根都在单位圆上。
- 如果 p 是一个偶整数，那么在 $z = +1$ 处 $P(z)$ 有一个根，在 $z = -1$ 处 $Q(z)$ 有一个根。
- 对于 $|k_i| < 1$，$i = 1, 2, \ldots, p$，一个充分必要条件是 $P(z)$ 和 $Q(z)$ 的根在单位圆上成对并交替出现。
- 当 $A(z)$ 的根接近单位圆时［即当 $A(z)$ 的根对应于声道响应的共振峰时］，LSF 频率会靠得更近。

为了说明 LSP 参数的性质，图 9.47 在 z 平面上显示了一个 $p = 12$ 阶多项式 $A(z)$ 的根（用符号×表示）、$P(z)$ 的根（用符号*表示）和 $Q(z)$ 的根（用符号○表示）的位置分布图形。该图说明了 $P(z)$ 和 $Q(z)$ 的根的交替性质，以及 $A(z)$ 的根靠近 $P(z)$ 和 $Q(z)$ 的根的程度。

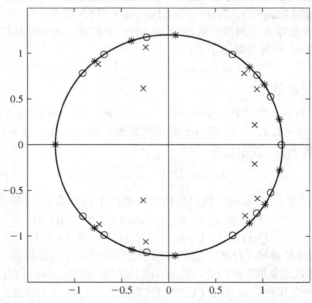

图 9.47 多项式 $A(z)$、$P(z)$、$Q(z)$ 的根在 z 平面上的位置图，$A(z)$ 的根用符号×表示，$P(z)$ 根用符号*表示，$Q(z)$ 的根用符号○表示

9.10 小结

本章主要研究了用于语音分析的线性预测技术，重点介绍了可以深入了解语音生成过程建模的公式。此外，还讨论了实现这些系统所涉及的问题，尽可能指出了这些基本方法之间的相似点和不同点。在语音分析、合成和识别的工具中，线性预测技术占有重要的地位，详见本书剩余各章的内容。

习题

9.1 考虑差分方程

$$\tilde{h}[n] = \sum_{k=1}^{p} \alpha_k \tilde{h}[n-k] + G\delta[n].$$

$\tilde{h}[n]$ 的自相关函数定义为

$$\tilde{R}[m] = \sum_{n=0}^{\infty} \tilde{h}[n]\tilde{h}[n+m].$$

(a) 证明 $\tilde{R}[m] = \tilde{R}[-m]$。

(b) 将差分方程代入表示式 $\tilde{R}[-m]$，证明

$$\tilde{R}[m] = \sum_{k=1}^{p} \alpha_k \tilde{R}[|m-k|], \quad m = 1, 2, \ldots, p.$$

9.2 系统函数 $\tilde{H}(z)$ 在单位圆的 N 个等间隔点上计算的值为

$$\tilde{H}(e^{j\frac{2\pi}{N}k}) = \frac{G}{1 - \sum_{n=1}^{p} \alpha_n e^{-j\frac{2\pi}{N}kn}}, \quad 0 \le k \le N-1.$$

使用 FFT 算法写出一段程序来计算 $\tilde{H}(e^{j\frac{2\pi}{N}k})$。

9.3 清音信号段可用形如下式的一个平稳随机过程来建模：

$$x[n] = \epsilon[n] - \beta\epsilon[n-1],$$

其中 $\epsilon[n]$ 是一个零均值、单位方差的平稳白噪声过程，且 $|\beta| < 1$。

(a) $x[n]$ 的均值和方差是多少？

(b) 什么样的系统能用于从 $x[n]$ 中恢复出 $\epsilon[n]$？即什么是 $x[n]$ 的白化滤波器？

(c) $x[n]$ 延迟一个样本的归一化自相关函数是什么？即 $r_x[1] = \frac{R_x[1]}{R_x[0]}$ 是什么？

9.4 在协方差法中，式(9.29)可用于减少求得协方差矩阵的计算量。

(a) 在协方差法中使用定义 $\phi_n[i, k]$ 证明式(9.29)，即证明

$$\phi_n[i+1, k+1] = \phi_n[i, k] + s_n[-i-1]s_n[-k-1]$$
$$- s_n[L-1-i]s_n[L-1-k].$$

现在假设对于 $i = 0,1,...,p$，$\phi_n[i,0]$ 已通过计算得到。

(b) 证明主对角线上的元素 $\phi_n[i, i]$ 可由 $\phi_n[0, 0]$ 开始进行递归计算得到，即求 $\phi_n[i, i]$ 的递归计算公式。

(c) 证明在对角线下的元素也可由 $\phi_n[i, 0]$ 开始通过递归计算得到。

(d) 对角线以上的元素如何求得？

9.5 语音信号 $s[n]$ 采用下面的预测器进行预测：

$$\tilde{s}[n] = \sum_{k=k_0}^{k_1} \alpha_k s[n-k], \quad 1 \le k_0 < k_1 \le p,$$

其中 p 通常是语音线性预测分析的阶数。求使均方预测误差最小的最佳预测器。

9.6 一个语音信号用 $F_s = 8\text{kHz}$ 的采样率进行采样，从元音声音中选出 300 个样本的一段语音，并与一个汉

明窗相乘。针对该语音，使用自相关法，计算范围 i 从 1 阶到 11 阶的一组线性预测误差滤波器

$$A^{(i)}(z) = 1 - \sum_{k=1}^{i} \alpha_k^{(i)} z^{-k},$$

表 P9.6a 中给出了这组滤波器的系数，其中隐含了它们是通过 Levinson-Durbin 递归形式得到的。通过查表，请回答下列问题。

(a) 求第 4 阶预测误差滤波器的 z 变换 $A^{(4)}(z)$，绘制并标出该系统的直接型实现流图。

(b) 求第 4 阶预测误差格型滤波器的 k 参数集 $\{k_1, k_2, k_3, k_4\}$，绘制并标出该系统的格型实现流图。

(c) 利用表 P9.6a 中的数据在数值上验证

$$A^{(4)}(z) = A^{(3)}(z) - k_4 z^{-1} A^{(3)}(z^{-1})$$

(d) 第 2 阶预测器的最小均方预测误差是 $E^{(2)} = 0.5803$，第 4 阶预测器的最小均方预测误差 $E^{(4)}$ 是多少？加窗信号 $s[n]$ 的总能量 $R[0]$ 是多少？自相关函数 $R[1]$ 的值是多少？

(e) 这些不同阶预测器的最小均方预测误差形成一个序列 $\{E^{(0)}, E^{(1)}, ..., E^{(11)}\}$，从 $i = 0$ 到 $i = 1$ 该序列迅速下降，接着对于随后的几阶，该序列下降缓慢，然后又有一个急剧的下降。问阶数 i 为多少时，你认为这种情况会发生？

(f) 第 11 阶全极点模型的系统函数为

$$\tilde{H}(z) = \frac{G}{A^{(11)}(z)} = \frac{G}{1 - \sum_{k=1}^{11} \alpha_k^{(11)} z^{-k}} = \frac{G}{\prod_{i=1}^{11}(1 - z_i z^{-1})}.$$

表 P9.6b 给出了第 11 阶预测误差滤波器 $A^{(11)}(z)$ 的 5 个根，用一句话简要表明 $A^{(11)}(z)$ 的其他 6 个零点都位于什么地方，要尽可能精确。如果你不能精确地确定极点位置，解释极点最可能出现在 z 平面的什么地方。

(g) 使用表 P9.6a 和本习题(c)子题中的信息，求第 11 阶全极点模型的增益参数 G。

(h) 估计该段语音的前三个共振峰频率，在这前三个共振峰中，哪个共振峰的带宽为最小？如何确定？

(i) 仔细画出和标出全极点模型滤波器在模拟频率范围 $0 \le F \le 4000$Hz 的频率响应图形。

表 P9.6a   一组线性预测器的预测系数

i	$\alpha_1^{(i)}$	$\alpha_2^{(i)}$	$\alpha_3^{(i)}$	$\alpha_4^{(i)}$	$\alpha_5^{(i)}$	$\alpha_6^{(i)}$	$\alpha_7^{(i)}$	$\alpha_8^{(i)}$	$\alpha_9^{(i)}$	$\alpha_{10}^{(i)}$	$\alpha_{11}^{(i)}$
1	0.8328										
2	0.7459	0.1044									
3	0.7273	-0.0289	0.1786								
4	0.8047	-0.0414	0.4940	-0.4337							
5	0.7623	0.0069	0.4899	-0.3550	-0.0978						
6	0.6889	-0.2595	0.8576	-0.3498	0.4743	-0.7505					
7	0.6839	-0.2563	0.8553	-0.3440	0.4726	-0.7459	-0.0067				
8	0.6834	-0.3095	0.8890	-0.3685	0.5336	-0.7642	0.0421	-0.0713			
9	0.7234	-0.3331	1.3173	-0.6676	0.7402	-1.2624	0.2155	-0.4544	0.5605		
10	0.6493	-0.2730	1.2888	-0.5007	0.6423	-1.1741	0.0413	-0.4103	0.4648	0.1323	
11	0.6444	-0.2902	1.3040	-0.5022	0.6859	-1.1980	0.0599	-0.4582	0.4749	0.1081	0.0371

表 9.6b   第 11 阶预测误差滤波器的根的位置

i	$|z_i|$	$\angle z_i$(rad)	i	$|z_i|$	$\angle z_i$(rad)
1	0.2567	2.0677	4	0.8647	2.0036
2	0.9681	1.4402	5	0.9590	2.4162
3	0.9850	0.2750			

9.7 一个采样的语音信号使用预测器

$$\tilde{s}[n] = \beta s[n - n_0], \quad 2 \le n_0 \le p,$$

进行预测，其中 p 是该语音的预测器阶数。采用自相关法和协方差法最小化均方预测误差求取最佳的 β 和 $\varepsilon_{\hat{n}}$ 值，即依据信号的相关函数来计算最佳的 β 和 $\varepsilon_{\hat{n}}$ 值。

9.8 一个 LTI 系统的系统函数为

$$H(z) = \frac{1}{1 - \beta z^{-1}}, \quad |\beta| < 1.$$

该系统用输入为 $x[n] = \delta[n]$ 的信号进行激励，给出的输出为 $y[n] = h[n] = \beta^n u[n]$。

(a) 在时间 $\hat{n}$ 处选取一段输出信号，并用长度为 N 个样本的矩形窗进行加窗，给出该段信号为

$$s_{\hat{n}}[m] = \begin{cases} \beta^{\hat{n}+m} & 0 \leq m \leq L-1 \\ 0 & \text{otherwise.} \end{cases}$$

(i) 求自相关函数 $R_{\hat{n}}[k]$ 的一种闭合形式的表示，其中 $-\infty < k < \infty$ 且假设 $\hat{n} \geq 0$。

(ii) 求使下面的均方预测误差最小的预测系数：

$$\mathcal{E}_{\hat{n}}^{\text{auto}} = \sum_{m=-\infty}^{\infty} (s_{\hat{n}}[m] - \alpha_1 s_{\hat{n}}[m-1])^2.$$

(iii) 证明随着 $L \to \infty$，有 $\alpha_1 \to \beta$。

(iv) 使用下面的公式计算最佳预测误差：

$$\mathcal{E}_{\hat{n}}^{\text{auto}} = R_{\hat{n}}[0] - \alpha_1 R_{\hat{n}}[1]$$

并证明当 $L \to \infty$ 时，$E_{\hat{n}}^{\text{auto}}$ 并不会趋于 0。

(b) 现在假设 $\hat{n} \geq 1$ 且在时刻 $\hat{n}$ 选取一段输出信号，如

$$s_{\hat{n}}[n] = \beta^{m+\hat{n}}, \quad -1 \leq m \leq L-1.$$

(i) 按照线性预测协方差法的要求计算函数 $\phi_{\hat{n}}[i,k]$，其中 $i = 1$，$k = 0,1$。

(ii) 计算使下面的均方预测误差最小的线性预测系数：

$$\mathcal{E}_{\hat{n}}^{\text{cov}} = \sum_{m=0}^{L-1} (s_{\hat{n}}[m] - \alpha_1 s_{\hat{n}}[m-1])^2.$$

(iii) 在这种情况下 α_1 是如何依赖于 L 的？

(iv) 现在使用下面的公式计算最佳预测误差：

$$\mathcal{E}_{\hat{n}}^{\text{cov}} = \phi_{\hat{n}}[0,0] - \alpha_1 \phi_{\hat{n}}[0,1].$$

在这种情况下 $E_{\hat{n}}^{\text{cov}}$ 是如何依赖于 L 的？

9.9 基于某种特定的假设，线性预测可视为一种估计线性系统的最佳方法。图 P9.9 给出了线性预测系统估计的另一种方法。

假设我们能够观测到 $x[n]$ 和 $y[n]$ 两者，$\epsilon[n]$ 是一个高斯白噪声，其均值为 0、方差为 σ_ϵ^2，$\epsilon[n]$ 与 $x[n]$ 统计独立，想要得到线性系统的冲激响应的一个估计，以便能最小化均方误差

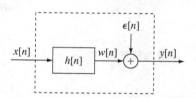

图 P9.9 带有加性白噪声的线性时不变系统的输出

$$\mathcal{E} = E[(y[n] - \hat{h}[n] * x[n])^2]$$

其中 $E[\ ]$ 表示期望值，$\hat{h}[n]$，$0 \leq n \leq M-1$ 是 $h[n]$ 的估值。

(a) 依据 $x[n]$ 的自相关函数及 $y[n]$ 和 $x[n]$ 之间的互相关函数，求出 $\hat{h}[n]$ 的一组线性方程。

(b) 如何实现由(a)部分导出方程组的一个解？它们与本章讨论过的线性预测方法有什么联系？

(c) 推导最小均方误差 $\mathcal{E}$ 的一个表示式。

9.10 在推导格型公式中，第 i 阶预测误差滤波器定义为

$$A^{(i)}(z) = 1 - \sum_{k=1}^{i} \alpha_k^{(i)} z^{-k}.$$

预测器系数满足

$$\alpha_j^{(i)} = \alpha_j^{(i-1)} - k_i \alpha_{i-j}^{(i-1)}, \quad 1 \le j \le i-1,$$

$$\alpha_i^{(i)} = k_i.$$

将 $\alpha_j^{(i)}$, $1 \le j \le i$ 的表示式代入 $A^{(i)}(z)$ 的表示式中，证明可得

$$A^{(i)}(z) = A^{(i-1)}(z) - k_i z^{-i} A^{(i-1)}(z^{-1}).$$

9.11 在 Burg（格型）法中，得到的 k 参数为

$$\hat{k}_i = \frac{2\sum_{m=0}^{L-1} e^{(i-1)}[m] b^{(i-1)}[m-1]}{\sum_{m=0}^{L-1} (e^{(i-1)}[m])^2 + \sum_{m=0}^{L-1} (b^{(i-1)}[m-1])^2}.$$

证明 $|\hat{k}_i| < 1$，$i = 1, 2, ..., p$。（提示：考虑分母和分子之间的代数差，使用差来证明分母的幅值总是大于分子的幅值。务必考虑分子和分母符号的所有可能性。）

9.12 给定一段语音 $s[n]$，它具有理想的周期性，周期为 N_p 个样本。$s[n]$ 能用离散的傅里叶级数表示为

$$s[n] = \sum_{k=1}^{M} \left[\beta_k e^{j\frac{2\pi}{N_p}kn} + \beta_k^* e^{-j\frac{2\pi}{N_p}kn} \right],$$

其中 M 是呈现基频 $(2\pi/N_p)$ 谐波的倍数。为使信号的频谱平坦化（辅助以进行基音检测），我们想要得到一个下面形式的信号 $y[n]$：

$$y[n] = \sum_{k=1}^{M} \left[e^{j\frac{2\pi}{N_p}kn} + e^{-j\frac{2\pi}{N_p}kn} \right].$$

此问题是有关使用一个线性预测和同态处理相结合的技术使信号的频谱平坦化的程序。

(a) 证明谱平坦化后的信号 $y[n]$ 可以表示为

$$y[n] = \frac{\sin\left[\frac{\pi}{N_p}(2M+1)n\right]}{\sin\left[\frac{\pi}{N_p}n\right]} - 1.$$

画出该序列，其中 $N_p = 15$，$M = 2$。

(b) 现在假设对信号 $s[n]$ 进行线性预测分析，使用长度上含有若干基音周期的一个窗，线性预测分析中的 p 值为 $p = 2M$。由此分析得到的系统函数为

$$H(z) = \frac{1}{1 - \sum_{k=1}^{p} \alpha_k z^{-k}} = \frac{1}{A(z)}$$

其分母能够表示为

$$A(z) = \prod_{k=1}^{p} (1 - z_k z^{-1}).$$

(c) $A(z)$ 的 $p = 2M$ 个零点与 $s[n]$ 中呈现的频率有什么关系？

冲激响应 $h[n]$ 的倒谱 $\hat{h}[n]$ 定义为一个序列，其 z 变换为

$$\hat{H}(z) = \log H(z) = -\log A(z).$$

[注意利用式(9.167)，$\hat{h}[n]$ 能够由 α_k 计算求得] 证明 $\hat{h}[n]$ 和 $A(z)$ 的零点有如下关系：

$$\hat{h}[n] = \sum_{k=1}^{p} \frac{z_k^n}{n}, \quad n > 0.$$

(d) 利用(a)和(b)的结果，证明

$$y[n] = n\,\hat{h}[n]$$

是进行基音检测所要的一个谱平坦信号。

9.13 得到一段语音短时谱的"标准"方法如图 P9.13a 所示。得到 $\log|X(e^{j\omega})|$ 的一种更复杂且计算量更大的方法如图 P9.13b 所示。

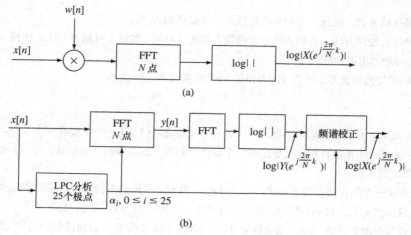

图 P9.13　求取一段语音短时谱的方法

(a) 讨论这种求取 $\log|X(e^{j\frac{2\pi}{N}k})|$ 的新方法，并解释其中的谱修正模块应该是什么样的。

(b) 该新方法可能有什么优点？考虑使用窗函数，$x[n]$ 的频谱中存在的零点等。

9.14 一个因果 LTI 系统的系统函数为

$$H(z) = \frac{1 - 4z^{-1}}{1 - 0.25z^{-1} - 0.75z^{-2} - 0.875z^{-3}}.$$

(a) 使用 Levinson-Durbin 递归判定该系统是否稳定。

(b) 该系统是最小相位系统吗？

9.15 考虑一个 3 阶最佳线性预测多项式

$$A(z) = 1 + 0.5z^{-1} + 0.25z^{-2} + 0.5z^{-3}.$$

(a) 求取与最佳线性预测多项式有关的 PARCOR 系数。

(b) 该线性预测多项式稳定吗？

9.16 一帧长度为 L 个样本的语音信号具有能量

$$R_{\hat{n}}[0] = \mathcal{E}_{\hat{n}}^{(0)} = \sum_{m=0}^{L-1} s_{\hat{n}}^2[m] = 2000.$$

使用自相关法分析该语音帧，已计算出前三个 PARCOR 系数的值为 $k_1 = -0.5$，$k_2 = 0.5$，$k_3 = 0.2$。求线性预测余数的能量 $\mathcal{E}_{\hat{n}}^{(3)} = \sum_{m=0}^{L+2} e_{\hat{n}}^2[m]$，该余数是通过 3 阶最佳预测逆滤波器 $A^{(3)}(z)$ 对 $s_{\hat{n}}[m]$ 进行逆滤波得到的。

9.17 在一段语音信号上进行基于自相关分析的线性预测。求得的均方误差为

$\mathcal{E}^{(0)} = 10$，对于 0 阶分析；　　　　$\mathcal{E}^{(1)} = 5.1$，对于 1 阶分析

$\mathcal{E}^{(2)} = 4.284$，对于 2 阶分析；　　　$\mathcal{E}^{(3)} = 4.11264$，对于 3 阶分析

求该帧语音的 3 阶全极点模型。（提示：答案不唯一，所以你必须对有关符号做一些假设，符合这组均方误差的任何一组假设都是可以接受的。）

9.18 对于浊音语音，最佳的基音预测器试图使语音信号和延迟一个基音周期后的语音信号之间的均方误差最小，即

$$\mathcal{E}(\beta, N_p) = \sum_{m} (s[m] - \beta s[m - N_p])^2,$$

其中 β 是预测系数，N_p 是候选的基音周期。

(a) 固定 N_p 不变最小化 $\mathcal{E}(\beta, N_p)$，求取计算最优 β 值的公式。

(b) 使用最优的 β 值，陈述一个简单的程序来寻找最优的 N_p 值。

(c) 把这种基音检测方法与自相关的基音检测方法进行对比（即什么时候该方法工作得很好，什么时候该方法可能会出现问题）。

9.19 考虑由 p 阶最佳预测误差滤波器 $A(z)$ 导出的 LSF 多项式 $P(z)$ 和 $Q(z)$：

$$P(z) = A(z) + z^{-(p+1)}A(z^{-1}),$$
$$Q(z) = A(z) - z^{-(p+1)}A(z^{-1}).$$

(a) 证明：如果 p 是偶数，则 $P(z)$ 在 $z = -1$ 处有一个零点，$Q(z)$ 在 $z = +1$ 处有一个零点。

(b) 证明：如果 $A(z)$ 是由自相关法导出的一个最佳预测误差滤波器的系统函数，则 $P(z)$ 和 $Q(z)$ 的零点必须在单位圆上。

9.20 我们假设对于一个退化的 p 阶多项式，即 $A(z) = 1$，有一个平坦的语音频谱，证明得到的 LSF 是等间隔地分布在区间 $[0,\pi]$ 上，且 $P(z)$ 和 $Q(z)$ 的根相互交替，其间隔为 $\Delta\omega = \pi/(p+1)$。

9.21 求二阶线性预测逆滤波器 $A(z)$，当采样率 $F_s = 8000$ 个样本/秒时，该滤波器的两个 LSF 频率分别是 666.67Hz 和 2000Hz（注意：在解题中可能要使用关系式 $\cos(\pi/6) = \sqrt{3}/2$）。

9.22 基于线性预测分析进行基音周期检测的一种方法是，利用预测误差信号 $e[n]$ 的自相关函数。回想 $e[n]$ 可以写为

$$e[n] = x[n] - \sum_{i=1}^{p}\alpha_i x[n-i]$$

且如果我们定义 $a_0 = -1$，那么

$$e[n] = -\sum_{i=0}^{p}\alpha_i x[n-i],$$

其中加窗的信号 $x[n] = s[n]w[n]$ 在 $0 \le n \le L-1$ 时非 0，其余处都为 0（注意：为了简化符号我们已经忽略帧的下标 $\hat{n}$）。

(a) 证明 $e[n]$ 的自相关函数 $R_e[m]$ 可以写为

$$R_e[m] = \sum_{l=-\infty}^{\infty} R_\alpha[l] R_x[m-l],$$

其中 $R_a[l]$ 是预测系数序列的自相关函数，且 $R_x[l]$ 是 $x[n]$ 的自相关函数。

(b) 一个采样率为 10kHz 的语音信号，其 m 值在 3～15ms 之间，计算 $R_e[m]$ 所需的计算量是多少（即乘法和加法的次数）？

9.23 考虑两个（加窗）语音序列 $x[n]$ 和 $\hat{x}[n]$，二者都定义在区间 $0 \le n \le L-1$ 上（在此区间之外序列 $x[n]$ 和 $\hat{x}[n]$ 的定义都为 0），我们对每帧进行 LPC 分析（用自相关法）。这样我们得到自相关序列 $R[k]$ 和 $\hat{R}[k]$，其定义为

$$R[k] = \sum_{n=0}^{L-1-k} x[n]x[n+k], \quad 0 \le k \le p,$$

$$\hat{R}[k] = \sum_{n=0}^{L-1-k} \hat{x}[n]\hat{x}[n+k], \quad 0 \le k \le p.$$

我们由自相关序列解出预测参数 $\alpha = (\alpha_0, \alpha_1, ..., \alpha_p)$ 和 $\hat{\alpha} = (\hat{\alpha}_0, \hat{\alpha}_1, ..., \hat{\alpha}_p)$（$\alpha_0 = \hat{\alpha}_0 = -1$）。

(a) 证明定义为

$$\mathcal{E}^{(p)} = \sum_{n=0}^{L-1+p} e^2[n] = \sum_{n=0}^{L-1+p} \left[-\sum_{i=0}^{p}\alpha_i x[n-i] \right]^2$$

的预测（残余）误差可以写成

$$E^{(p)} = \alpha R_\alpha \alpha^T,$$

其中 $\boldsymbol{R}_\alpha$ 是一个 $(p+1)$ 乘以 $(p+1)$ 的矩阵，求 $\boldsymbol{R}_\alpha$。

(b) 考虑让输入序列 $\hat{x}[n]$ 通过系数为 α 的预测误差系统，给出误差信号 $f[n]$，其定义为

$$f[n] = -\sum_{i=0}^{p} \alpha_i \hat{x}[n-i].$$

证明：定义为

$$\mathcal{F}^{(p)} = \sum_{n=0}^{L-1+p} (f[n])^2$$

的均方误差 $\mathcal{F}^{(p)}$ 可以写为

$$\mathcal{F}^{(p)} = \alpha \boldsymbol{R}_{\hat{\alpha}} \alpha^T,$$

其中 $\boldsymbol{R}_{\hat{\alpha}}$ 是一个 $(p+1)$ 乘 $(p+1)$ 的矩阵，求 $\boldsymbol{R}_{\hat{\alpha}}$。

(c) 如果我们构造一个比值

$$D = \frac{\mathcal{F}^{(p)}}{\mathcal{E}^{(p)}},$$

有关此比值 D 的范围，能说些什么？

9.24 一种提出的线性预测系数分别是 α 和 $\hat{\alpha}$，其扩展相关系数矩阵分别是 $\boldsymbol{R}_\alpha$ 和 $\boldsymbol{R}_{\hat{\alpha}}$ 两帧语音之间的相似性测度（见习题 9.23）是

$$D(\boldsymbol{\alpha}, \hat{\boldsymbol{\alpha}}) = \frac{\alpha \boldsymbol{R}_{\hat{\alpha}} \alpha^T}{\hat{\alpha} \boldsymbol{R}_{\hat{\alpha}} \hat{\alpha}^T}.$$

(a) 证明距离函数 $D(\boldsymbol{\alpha}, \hat{\boldsymbol{\alpha}})$ 能够以高效计算的形式写为

$$D(\boldsymbol{\alpha}, \hat{\boldsymbol{\alpha}}) = \left[\frac{\left(b[0]\hat{R}[0] + 2\sum_{i=1}^{p} b[i]\hat{R}[i] \right)}{\hat{\alpha} \boldsymbol{R}_{\hat{\alpha}} \hat{\alpha}^T} \right],$$

其中 $b[i]$ 是数组 $\boldsymbol{\alpha}$ 的相关函数，即

$$b[i] = \sum_{j=0}^{p-i} \alpha_j \alpha_{j+i}, \quad 0 \le i \le p.$$

(b) 假设几个量（即向量、矩阵和标量）$\alpha, \hat{\alpha}, \boldsymbol{R}, \hat{\boldsymbol{R}}, (\hat{\alpha}, \boldsymbol{R}_{\hat{\alpha}} \hat{\alpha}^T), \boldsymbol{R}_{\hat{\alpha}}, \boldsymbol{b}$ 是预先计算好的，即在需要计算距离时它们立刻就可得到。利用本题中给出的两个 D 的表示式，对比计算 $D(\boldsymbol{\alpha}, \hat{\boldsymbol{\alpha}})$ 各自所需的计算量。

9.25 （MATLAB 练习）编写一段 MATLAB 程序计算一帧语音的线性预测系数，采且本章讨论过的三种 LPC 分析方法，即自相关法、协方差法和格型法。初始时，你应当使用在本书网页上提供的 MATLAB 程序 durbin.m、cholesky.m 和 lattice.m 来求取最佳 LPC 解。在所有 LPC 分析方法都能正确地工作后，针对这三种求解方法的每一种，编写自己的程序，并将结果与本书网页上所提供程序的结果进行对比。为测试你的程序，可以采用一帧稳定的元音和一帧摩擦音。因此对于每个测试样例，你应当输入下列内容：

- 语音文件名：对于浊音测试帧为 ah.wav，对于清音测试帧为 test_16k.wav。
- 帧开始的样本：对于浊音和清音测试帧都是 3000。
- 帧长（按样本算）：对于浊音帧（采样率 10kHz）是 300，对于清音帧（采样率 16kHz）是 480。
- 窗类型：对所有帧采用汉明窗。
- LPC 分析的阶数：对于全部浊音帧和清音帧都是 12。

对于每个分析帧，画出（画在一幅图上）加窗语音帧的短时傅里叶变换的对数幅度谱和三种 LPC 分析方法的 LPC 对数幅度谱（别忘记对于协方差法和格型法，为了计算相关系数和误差信号，你需要在每帧的起始样本前多保留 $p=12$ 个样本）。

9.26 （MATLAB 练习）编写一段 MATLAB 程序将 LPC 系数（对于一个 p 阶系统）转换成 PARCOR 系数或者将 PARCOR 系数转换成 LPC 系数。对于转换 LPC 系数到 PARCOR 系数的程序，使用的测试调用序列为

```
p = 4;
a = [0.2 0.2 0.2 0.1];
kp = lpccoef_parcor(p,a);
```

你的输出结果应该是 kp = [0.4 0.2857 0.2222 0.1]。 对于转换 PARCOR 系数到 LPC 系数的程序，使用的测试调用序列为

```
p = 4;
kp = [0.9 -0.5 -0.3 0.1];
a = parcor_lpccoef(p,kp);
```

你的输出结果应该是 a = [1.23 -0.0855 -0.42 0.1]。

9.27 （MATLAB 练习）编写一段 MATLAB 程序证明一系列的 p 值，即 LPC 系统的阶数，对格型分析法的频谱匹配性质（在 LPC 对数幅度谱上）的作用。你编写的程序应当能选取出一帧语音，并针对一系列 p 值，即 $p, p+20, p+40, p+60, p+80$，利用格型法进行 LPC 分析。你的程序应当能够画出原始语音帧的对数幅度谱（单位为 dB），以及 5 个 p 值中每个所对应的 LPC 对数幅度谱。使用语音文件 test_16k.wav 来测试你的程序，浊音帧起始处的样本为 6000，帧长为 640 个样本，LPC 阶数为 16，使用汉明窗。随着 p 的增加，谱的匹配度会发生什么变化？

9.28 （MATLAB 练习）编写一段 MATLAB 程序证明一系列的 L 值，即 LPC 的帧长（以样本为单位），对格型分析法的频谱匹配性质（在 LPC 对数幅度谱上）的作用。你编写的程序应当能选取一帧语音，并针对一系列 L 值，即 $160, 320, 480, 640, 800$，利用格型法进行 LPC 分析。这一组值选定的采样率为 $F_s = 16000Hz$。如果我们使用一个采样率为 $F_s = 10000Hz$ 的语音文件，并保持一组相同的帧持续时间，将要做什么样的改变？你的程序应当能够画出原始语音帧的对数幅度谱（单位为 dB），以及 5 个 L 值中每个所对应的 LPC 对数幅度谱。使用语音文件 test_16k.wav 来测试你的程序，浊音帧开始处的样本为 6000，帧长为 640 个样本，LPC 阶数为 16，使用汉明窗。随着 L 的减小，谱的匹配度会发生什么变化？

9.29 （MATLAB 练习）编写一段 MATLAB 程序来计算并画出预测误差系统函数多项式 $A(z)$ 根的位置，还要转换多项式 $A(z)$ 到 LSF 多项式 $P(z)$ 和 $Q(z)$，其定义为

$$P(z) = A(z) + z^{-p+1}A(z^{-1}),$$
$$Q(z) = A(z) - z^{-p+1}A(z^{-1}),$$

在同一幅图上也画出 $P(z)$ 和 $Q(z)$ 的根。使用语音文件 test_16k.wav 从第 6000 个样本开始的浊音语音段，帧长为 640 个样本（在 $F_s = 16kHz$ 下为 40ms），阶数 $p = 16$。比较 LPC 多项式 $A(z)$ 和 LSP 多项式的根的位置。这些根是否出现在你所期望的位置上？为了成功地完成本题，你将需要转换 LPC 多项式到 LSP 多项式，你应当利用本书网页上提供的 MATLAB 函数 atolsp，其调用次序为 [P,PF,Q,QF] = atolsp(A,fs)，其中输入和输出参数的定义为

```
A = 预测误差滤波器系数（列向量）
fs = 采样频率
P = lsp 多项式（列向量）
PF = P 的线谱频率（列向量）
Q = lsp 多项式（列向量）
PQ = Q 的线谱频率（列向量）
```

为了求解和画出在 z 平面上每个多项式的根，你也需要使用 MATLAB 程序

```
zroots(numerator, denominator)
```

9.30 （MATLAB 练习）编写一段 MATLAB 程序，取一个语音文件，并计算传统的语谱图或 LPC 语谱图（用灰度或色度），并叠加上 LPC 多项式的根，其根的幅度要大于一定的阈值（即画出候选的共振峰频率）。利用下列一组语音文件和参数来计算语谱图和 LPC 根，并测试你编写的程序。

测试组#1

- 语音文件：s5.wav
- 帧长（样本数）：400（50ms, $F_S = 8kHz$）

- 帧移（样本数）：40（5ms, $F_S = 8\text{kHz}$）
- LPC 阶数：12
- 要被画的 LPC 根的最小半径：0.8
- 画出短时傅里叶变换的语谱图和 LPC 语谱图

测试组#2

- 语音文件：we were away a year ago_lrr.wav
- 帧长（样本数）：800（50ms, $F_s = 16\text{kHz}$）
- 帧移（样本数）：80（5ms, $F_S = 16\text{kHz}$）
- LPC 阶数：16
- 要被画的 LPC 根的最小半径：0.8
- 画出短时傅里叶变换的语谱图和 LPC 语谱图

9.31 （MATLAB 练习）编写一段 MATLAB 函数，利用式(9.143)对应的前 $N-1$ 个反射系数和一个特定的反射系数 r_N 作为第 N 段的反射系数，将由一组级联的无损声管（在第 N 段声管的输出有一个特定的反射系数）构成的一组 $p = N$ 的面积函数转换为一组反射系数 r_k，$k = 1, 2, ..., N$。同时要利用递归关系式(9.146a)至式(9.146c)，将一组反射系数转换成 LPC 多项式。从面积转换到反射系数，然后再转换到 LPC 多项式要调用的函数为

```
[r,D,G] = AtoV(A,rN)
%   A  = 面积的数组（大小为 N）
%   rN = 唇部的反射系数
%   r  = 一组 N 个反射系数
%   D  = LPC 多项式分母系数的数组
%   G  = LPC 传输函数的分子
```

为了测试你的函数，你应当编写一个能将 LPC 多项式系数（其第一级无损声管模型有一个任意的面积）转换到一组反射系数的反函数，然后再转换到无损声管的面积，其调用函数为

```
[r,A] = VtoA(D,A1)
%   D  = LPC 多项式分母系数数组
%   A1 = 第一级无损声管的任意面积
%   r  = 一组 N 个反射系数
%   A  = 面积的数组（大小为 N）
```

用下面一组 10 个无损声管面积（对应到一个元音/iy/的声道形状）来测试你的函数：

```
aIY = [2.6, 8, 10.5, 10.5, 8, 5, 0.65, 0.65, 1.3, 3.2],
```

且有第 N 级的反射系数 $r_N = 0.71$。

9.32 （MATLAB 练习）编写一段 MATLAB 程序来合成一个元音，其中给定 N 段级联的声管的一组无损声道模型的面积，其第 N 段声管末端的反射系数为 r_N，假设采样频率 $F_s = 10\text{kHz}$，其基音周期为 100 个样本。使用习题 9.31 中的 MATLAB 函数 AtoV，将这组面积转换为一组反射系数，然后再将其转换到能最好匹配给定面积函数的 LPC 多项式。进一步使用 MATLAB 的滤波器函数，将 LPC 传输函数转换成 LPC 多项式的冲激响应。为了创造出这个合成的元音，首先生成一个具有 10 个左右基音周期的激励源，然后将该激励源分别与声门脉冲及 LPC 冲激响应进行卷积，最后再与辐射负载传输函数进行卷积生成元音的输出信号。对于声门源（波形状），你应考虑采用 Rosenberg 冲激（见第 5 章中的讨论）或者用简单的指数冲激 $g[n] = d^n$，其中 $a = 0.91$，对于辐射负载，可以采用传输函数 $R(z) = 1 - 0.98z^{-1}$。画出最后的元音信号的对数幅度响应（dB），听听合成的元音信号是否合理。

你可以用下面的元音/IY/和/AA/的面积函数数据来测试你的 MATLAB 程序。

/iy/元音面积函数：aIY = [2.6, 8, 10.5, 10.5, 8, 5, 0.65, 0.65, 1.3, 3.2], rN = 0.71

/aa/元音面积函数：aAA = [1.6, 2.6, 0.65, 1.6, 2.6, 4, 6,.5, 8, 7, 5], rN = 0.71

9.33 （MATLAB 练习）编写一段 MATLAB 程序，利用 LPC 分析方法来分析一段语音文件，提取误差信号，然后利用提取的误差信号进行一个原始语音文件的准确重建。使用 s5.wav 文件作为输入，其中 LPC 帧长为 320 个样本（F_s = 8kHz 下为 40ms），LPC 帧移为 80 个样本（F_s = 8kHz 下为 10ms），LPC 阶数为 $p = 12$。在同一页上，画出下列几个量：

- 原语音信号 $s[n]$
- 误差信号 $e[n]$
- 由激励信号重新合成的语音信号 $\hat{s}[n]$

听所有三个语音文件，并确认语音信号被完美重建，且对一个典型语音文件要听出误差信号的特征。

9.34 （MATLAB 练习）编写一段 MATLAB 程序，对一帧语音进行 LPC 分析，并在同一页上显示出下列量：

- 特定帧的原始语音信号
- 特定帧的 LPC 误差信号
- 特定帧的短时傅里叶变换对数幅度谱（dB）及 LPC 谱
- 误差信号对数幅度谱

为了测试你的代码，使用文件 test_16k.wav 并有下面的帧参数：

- 起始处样本：6000
- 帧长：640 个样本
- LPC 阶数：12

9.35 （MATLAB 练习）编写一段 MATLAB 程序，对语音进行 LPC 分析，并画出平均归一化均方误差随 LPC 阶数的变化曲线，LPC 阶数的范围从 1 到 16。在若干不同的语音文件上测试你的代码，看看对不同的语音文件，有多大变化存在。

9.36 （MATLAB 练习）编写一段 MATLAB 程序，利用图 P9.36 的 LPC 模型来分析并合成出一句话。

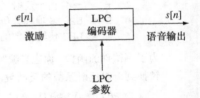

图 P9.36　LPC 语音合成模型

为了合成出这句话，你必须先分析语音，并以一个适当的更新速率获取 LPC 参数。你还必须以与 LPC 参数更新相同的速率产生出适当的激励信号。为了使这个习题更容易一些，你先从语音文件 s5.wav 开始，你要利用激励分析文件 pp5.mat，其包含了以每 10ms（即 100 帧/秒）为一个间隔的语音基音周期的估值（以及清-浊音判决）。由于语音信号的采样频率是 8kHz，帧长是 80 个样本。当基音周期估值为零时，表明这一帧语音被分类为清音（或静音/背景信号），当这一帧语音是浊音时，其非零的值就是基音周期的估值（8kHz 采样率下的样本数）。利用由 pp5.mat 中数据生成的激励信号，以及你通过传统 LPC 分析方法周期地对整个语音测量出的预测器数据，进行的任务是要合成出语句 s5.wav 的一个合成版本，该合成语句要尽可能地多地保持原始语音的自然度和可懂度。你要将该合成语音保存在一个文件中，其文件名为 s5_synthetic.wav。

该习题的挑战之一是，必须考虑如何适当地生成图 P9.36 中的激励信号，以便能提供一个接近于由 LPC 分析得到真实的语音激励信号 $e[n]$，对于浊音语音这一激励信号是周期的，并有适当的周期；对清音/静音/背景语音，这一激励信号是类似噪声的，并且要有正确的增益。你必须仔细考虑如何生成激励信号，因此基音脉冲间隔是由基音周期局部估计值来确定的。

在构成这一 LPC 声码器的过程中，应当考虑以下问题，及这些问题又是如何影响你合成的语音质量的。

1. 注意在一个给定帧出现的事情与其前面一帧所发生的事情不是无关的。例如，当基音周期发生改变时，你需要知道在前一帧中最后一个基音周期脉冲出现在什么位置，以便确定在当前帧中下一个脉冲的位置。

2. 你的每帧可以仅修改声道滤波器一次，或者你可以在帧与帧之间对声道滤波器进行插值，或修改声道滤波器更频繁一些（如在每个新的基音周期上）。你能用什么样的参数来插值，并且仍能保持获取的合成器是稳定的？

3. 你可以不考虑量化声道滤波器和增益参数，但如果你很满意所合成出语音句子的质量，就应当考虑对声道滤波器和增益参数进行量化。

4. 仔细听你合成出的语音，看看你是否能够分离出其中的主要失真源。

5. 实现一个"调试"模式，能够显示出"真实激励信号"，即对于任意帧语音或任意一组多帧的语音，能够显示其残余的 LPC 分析误差 $e[n]$ 和你生成的合成激励信号，以及得到的合成语音信号和原始语音信号。使用这种调试模式，看看你是否能在 LPC 声码器中对你估计的关键失真源进行精细改善。

6. 基于语音自相关分析或 LPC 余数信号的自相关分析，尝试实现一个基音检测器，并使用其输出结果代替本题提供的基音文件。在由这两个基音轮廓线激励合成的语音中，你察觉到有何主要差别？

7. 如何利用短时分析与合成的叠接相加法来简化你的合成程序，使合成过程对帧的相位同步和对准错误有更少的敏感性？

   也可以考虑用语音文件 s1.wav、s2.wav、s3.wav、s4.wav、s6.wav，连同附加提供的基音周期轮廓线文件 pp1.mat、pp2.mat、pp3.mat、pp4.mat、pp6.mat 一起来测试你的 LPC 声码器代码。

第 10 章　语音参数的估计算法

10.1　引言

本书前几章建立了关于语音信号及其如何用离散时间信号处理概念来表示的知识框架。第 3～5 章中介绍了语音处理的声学、听感知和语言学基础，给出了语音和语言的语言学描述与声音、单词和句子的声学实现之间的关系，解释了人类语音生成系统是如何发出一系列声音的（伴随着如强调、语速、情感等韵律方面的语音），以及人类的听感知系统是如何识别声音并将语言中的意思附加到人类语音上的。第 6～9 章讨论了 4 种语音信号的表示形式，即时域、频域、同态域和基于模型的表示，且为了理解声音和语言的基本性质是如何从语音信号中估计（或测量）出来的，还说明了这些表示形式的含义。与信号的任何一种表示一样，这 4 种表示形式中的每种都被证明包含有某种理想性质，这些性质能够生成一些算法来测量基本的语音特性，并估计语音的参数。

本书后续章节将介绍第 3～9 章给出的知识框架如何用于解决语音通信问题。本章对第 11～14 章中介绍的语音和音频编码系统、语音合成系统及语音识别系统的讨论起到过渡作用。本章将介绍如何利用有关语音信号的知识，以及如何有效地利用 4 种短时语音表示的每种性质，来设计和实现测量与估计表示在图 10.1 所示模型中的语音信号的基本性质。讨论的算法用来说明语音处理算法通常是如何与语音信号、数字信号处理理论、统计学、启发学的基本知识相结合的。尽管讨论并不详尽，但部分甚至大部分算法都可在大多数数字语音处理系统中找到。

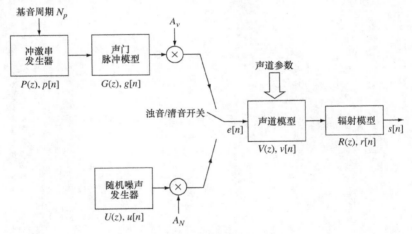

图 10.1　语音产生基本参数模型

首先简要讨论一类非线性平滑技术，它可用于纠正短时分析所致的"异常点"，而短时分析方法是所有语音信号处理算法的基础。接着讨论一种从背景信号中分离出语音的算法，即在一个给定的录音区间，确定语音说话何时开始和结束。这个简单的算法基于时域测量。描述的下一个算法基于由语音信号估计出的 5 种不同参数性质的统计特征，来估计一个短时分析帧是否能够很好地分类为浊音、清音或背景信号（静音）。描述的第三类算法常称为基音检测器。作为时间的函数，它们的功能是估计图 10.1 所示模型中所有浊音区语音信号的基音周期 N_p（或等效于基音频率）。在语音处理中，基音检测一直是非常活跃且不可避免的领域，人们对基音检测提出了许多算法并进行了广泛研究[144]，这些算法必然要利用 4 种语音表示中的一种。本章简单介绍 5

种不同的基音检测方法，并讨论它们的一些特性（如抗噪能力、对算法假设的敏感性）。最后讨论两种估计语音共振峰频率［即图 10.1 中系统 $V(z)$ 的共振频率］的方法。作为时间的函数，其中的一种方法基于语音的同态表示，另一种方法基于语音的线性预测模型。

总之，本章的目标是说明各种语音的短时表示可作为语音参数测量或估计算法的基础，并在某种意义上给出某些表示形式对某些测量比其他表示形式来得更好的原因。我们试图证明许多算法的步骤基于我们对语音产生和感知的理解，表明此时理论与实践的联系。

10.2 中值平滑和语音处理

本章讨论的算法均基于语音信号的短时表示。如第 6 章指出的那样，短时分析通常基于一个固定长度的窗函数，通常而言，我们不可能为语音的所有帧或所有说话者找到一个完美的窗长。较短的窗能对语音信号中的变化提供及时的响应，但不能提供合适的平均或频谱分辨率。对于较长的窗，语音信号的属性会在整个窗内发生明显变化。在许多情况下，对于任何长度的窗，某些帧上同时含有浊音和清音的可能性非常大。由这些帧估计出的参数相对于其前后帧的估值，经常会呈现为"异常点"。发生此类"错误"是因为窗内的信号并不能完美地匹配浊音模型或清音模型，但参数的估计通常假设该模型对正在分析的语音段是已知的。处理这类异常现象的一种方法是，使用局部平滑运算，这种运算会使得偏离的值回到与该参数相邻近的值。本节将说明中值滤波器是处理此类问题的有用工具。

在许多信号处理的应用中，线性滤波器（或平滑器）用于消除信号中的类似噪声成分。然而，对一些语音信号处理应用来说，由于被平滑的数据类型不同，因此线性平滑器并不完全适用。一个例子是基音周期曲线（图 10.1 是基音周期序列 N_p，它是时间的函数），它可由 10.5 节中描述的任一种基音检测算法估计得到。图 10.2 是一个原始基音周期曲线的例子，它表示一个速率为 100 帧/秒的基音周期估计。对于浊音，基音周期通常假设为整数个样本。图 10.1 所示模型中常使用该参数来说明浊音和清音的区别。让 $N_p = 0$ 来表示清音，可实现这一目标。由图 10.2 可以看出，基音周期曲线在约 100 帧处有一个基音周期断点，而在帧 150～160 处及在帧 180 处有一个不确定的基音周期区域。孤立的清音帧很可能是由太弱的浊音产生的错误。除了基音周期曲线上这些断点和无规律点外，基音周期估值表现为一条平滑的曲线，因为基音周期是一个不能突变的物理量，因此这在我们的意料之中。这样，偏离曲线的基音周期估值可能是由弱浊音产生的错误，例如它出现在浊音结束和开始的区域，或出现在较弱的爆破音期间。这些错误呈现为断点，因此须使它们回到使用剩余基音周期数据组成的曲线上。普通线性低通滤波器不但不能使错误的基音周期估值回到曲线上，而且会对错误点周围及浊音和清音之间过渡的基音周期曲线造成严重失真。对于这种情况，需要某些类型的非线性平滑算法，此类算法可保持信号的不连续性，还可滤除较大的孤立错误。尽管并不存在具有这些特性的理想非线性平滑算法，但组合使用滑动中值和线性平滑的一种（最早由 Tukey 提出的[396]）非线性平滑算法器可被证明具有近似理想的特性[312]。

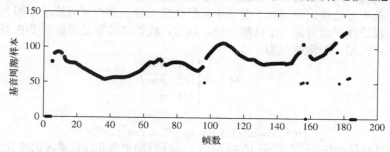

图 10.2 基音周期曲线例子，其中存在明显的基音周期断点，而要在语音处理
系统中处理它，就需要对其进行平滑

线性滤波器的基本思想是根据信号的无重叠频率成分来分离信号。对于非线性平滑器，根据信号是平滑的还是粗糙的（类噪声）来分离它们更为可取。因此，信号 $x[n]$ 可认为具有下列形式：

$$x[n] = S\{x[n]\} + R\{x[n]\}, \tag{10.1}$$

式中，$S\{x[n]\}$ 是信号 $x[n]$ 的平滑部分，$R\{x[n]\}$ 是信号 $x[n]$ 的粗糙部分。能够分离 $S\{x[n]\}$ 和 $R\{x[n]\}$ 的一个非线性滤波器是 $x[n]$ 的滑动中值。因果滑动中值平滑器的输出 $M_L\{x[n]\}$ 是 L 个信号值 $x[n]$, $x[n-1]$, …, $x[n-L+1]$ 的中值。通常我们以如下更为直观的形式将中值平滑表示为

$$y[n] = M_L\{x[n]\} = \mathrm{med}_{m=0}^{L-1} x[n-m], \tag{10.2}$$

它表明一个 L 点滑动中值滤波器就像一个 L 点有限冲激响应（FIR）线性滤波器，此时输出由 L 个样本的移动区域内的输入样本确定。但中值滤波器并不计算移动区间 $n-L+1 \le m \le n$ 内的样本加权和，而只对该区间内的样本排序并输出中值。长度为 L 的滑动中值具有如下期望的特性（用于平滑参数估计）：

1. 若信号在 $L/2$ 个样本内没有其他断点，则中值滤波器不会模糊信号中的断点。
2. 中值滤波器会大致体现信号中的低阶多项式趋势。特别地，L 点中值滤波器可把 $(L-1)/2$ 个点拉回到局部平滑的曲线上。
3. 要强调的是，像其他非线性处理算法一样，中值滤波器不满足叠加原理的可加性，即

$$M_L\{x_1[n] + x_2[n]\} \neq M_L\{x_1[n]\} + M_L\{x_2[n]\}, \tag{10.3}$$

但它们满足齐次性，即

$$M_L\{\alpha x[n]\} = \alpha M_L\{x[n]\}. \tag{10.4}$$

4. L 点中值滤波器的延时是 $(L-1)/2$ 个样本（L 通常是奇整数，以便输出值可关联到按序列出的 L 个样本的中间）。
5. 最后，中值滤波器是移不变的。

为了说明中值滤波器是如何对几种类型的输入（包括有和无明显的断点）起作用的，图 10.3 给出了被 5 点中值滤波器平滑后的 4 个序列的图形。整个图形由 4 部分组成，而每部分则由序列的 3 幅子图构成，即原始信号 $x[n]$、$L=5$ 中值滤波的输出 $M_5\{x[n]\}$，以及输入信号和中值滤波输出的差值信号 $d[n]$（注意 3 幅子图的比例不同）。图 10.3a 中的第一个序列没有跳跃点或断点。对于该序列，我们看到中值平滑仅对信号提供了程度非常小的平滑（见差值信号图）。图 10.3b 中的第二个序列有一个断点（可能由估计参数时的过失误差造成），此时中值平滑器很好地平滑了断点，且未明显改变其他信号值。图 10.3c 中的第三个序列有两个断点，其中一个断点的值要高于局部变化趋势，而另一个断点的值要低于局部变化趋势。这时，两个断点被平滑到了周围点的曲线上，且输入序列的所有其他点没有变化。最后，图 10.3d 中的第四个序列是一个其值不连续地变化到了一个新范围的序列。这时，中值平滑器能跟随这样一种跳跃，且未明显改变任何序列点的值。线性平滑器虽然也能平滑断点，并像处理阶跃序列那样处理这种断点，但会在两个值间的过渡区域内导致较大的误差。

尽管滑动中值通常可以保留信号中的明显断点，但不能充分地平滑信号中不期望的类噪声成分。一种较好的折中方法是，使用基于滑动中值和线性平滑组合的平滑算法。因为滑动中值提供了一些平滑，所以线性平滑可是一个低阶系统。通常，线性滤波器是对称的 FIR 滤波器，因此可精确地补偿延迟。例如，冲激响应为

$$h[n] = \begin{cases} 1/4 & n=0 \\ 1/2 & n=1 \\ 1/4 & n=2 \end{cases} \tag{10.5}$$

频率响应为

$$H(e^{j\omega}) = 0.5(1 + \cos\omega)e^{-j\omega} = \cos^2(\omega/2)e^{-j\omega} \tag{10.6}$$

的滤波器通常可以胜任此任务[396]①。图 10.4a 给出了基于滑动中值和线性滤波的组合平滑器的框图。

---

① Tukey[396]称这种滤波器为汉宁滤波器，因为其频率响应幅度是 ω 的函数，且具有汉宁窗的形式。

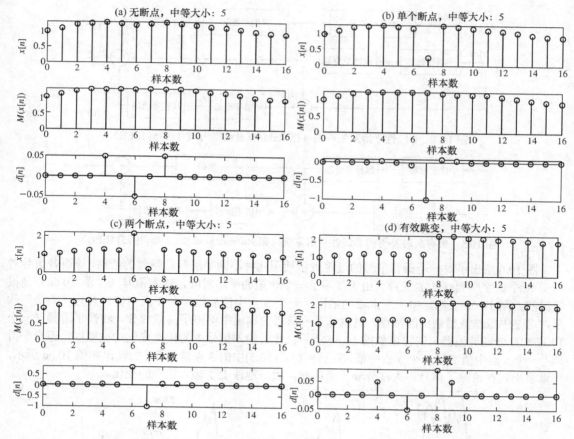

图 10.3 $L = 5$ 点中值平滑器对 4 个序列的影响：(a)无明显断点的序列；(b)有一个断点的序列；
(c)有一个高断点和一个低断点的序列；(d)有跳跃值的序列

线性平滑器输出端的信号 $y[n]$ 是对信号 $S\{x[n]\}$ 的近似，即 $x[n]$ 的平滑部分。由于这一近似并不理想，因此在该平滑算法中引入了一个第二道非线性平滑，如图 10.4b 所示。由于

$$y[n] \approx S\{x[n]\}, \tag{10.7}$$

则有

$$z[n] = x[n] - y[n] \approx R\{x[n]\}. \tag{10.8}$$

$z[n]$ 的第二道非线性平滑产生一个校正信号，该信号与 $y[n]$ 相加给出 $w[n]$，而 $w[n]$ 是 $S\{x[n]\}$ 的改进近似值。信号 $w[n]$ 满足关系

$$w[n] = S\{x[n]\} + S\{R\{x[n]\}\}. \tag{10.9}$$

若 $z[n] = R\{x[n]\}$，即非线性平滑器是理想的，则 $S\{R\{x[n]\}\}$ 完全等于零，此时不需要校正项。

要在一个可实现系统中实现图 10.4 所示的非线性平滑器，需要考虑平滑器的每个通路上的延时。每个中值平滑器有$(L-1)/2$ 个样本的延时，而每个线性平滑器有一个对应于所用冲激响应的延时。例如，一个 5 点中值滤波器有 2 个样本的延时，式(10.5)中的 3 点线性滤波器有 1 个样本的延时。图 10.5 给出了图 10.4b 所示平滑器的可实现方案框图。

与图 10.5 所示非线性平滑器实现有关的最后一个问题是，如何在待平滑信号的起点和终点定义信号的滑动中值。在像语音识别这样的应用中，这一点非常重要，因此此时要分析单词长度的语音段。虽然存在许多方法，但合理的解决办法是在假设信号保持不变时，来回地外推信号。

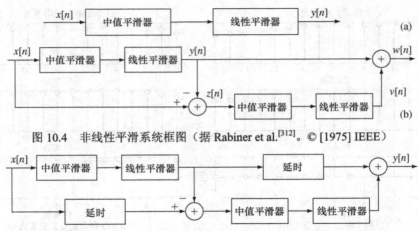

图 10.4　非线性平滑系统框图（据 Rabiner et al.[312]。© [1975] IEEE）

图 10.5　带有延时补偿的非线性平滑系统（据 Rabiner et al.[312]。© [1975] IEEE）

图 10.6 给出了对一个语音信号的过零表示使用几种不同平滑器后得到的结果，该语音信号对应于 3 个数字序列/777/的发音。由于使用了一个较短的平均时间，输入信号（见图 10.6a）是很粗糙的。图 10.6d 表明，中值平滑器的输出（一个 5 点中值后接一个 3 点中值）具有"类块"效果，这是中值滤波器输出的特点。这意味着平滑后的输出中保留了高频成分。线性平滑器（一个 19 点 FIR 低通滤波器）的输出如图 10.6b 所示，此时输入信号中的快速变化均被模糊。组合平滑器［一个 5 点中值后接一个 3 点中值，其后再接式(10.5)中的 3 点滤波器］的输出如图 10.6c 所示，可以看出它在消除了信号中大部分噪声的同时，很好地跟上了输入信号的变化。

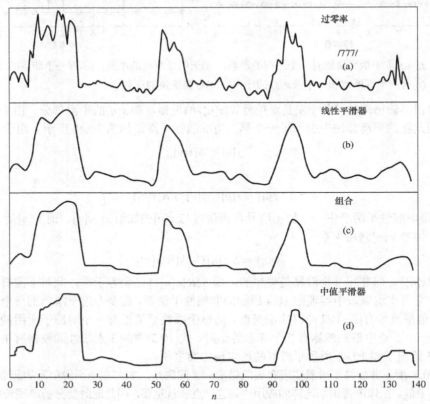

图 10.6　对过零表示应用非线性平滑的例子（据 Rabiner et al.[312]。© [1975] IEEE）

图 10.7a 给出了对具有明显误差的估计基音周期曲线使用一个简单的中值平滑器的例子。如图 10.7b 所示，这个简单的中值平滑器消除了总测量误差，并适当地平滑了基音周期曲线，同时总体上保持了浊音/清音的瞬变。

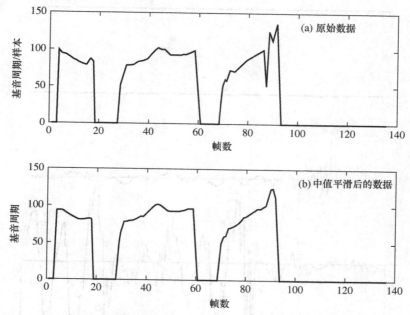

图 10.7　基音曲线的非线性平滑示例：(a)上图为原始的基音周期曲线；(b)下图为中值平滑后的基音周期曲线

10.3　语音背景/静音的鉴别

在具有背景噪声（或其他声音信号）的语音信号中定位语音的起点和终点，在许多语音处理领域非常重要。尤其是在自动语音识别中，为避免试图将背景声音分类为输入的语音，必须定位语音的时间区间。定位语音信号起点和终点的方案也可用来减少大量的计算，方法是仅处理对应于语音的部分输入信号。除了在极高信噪比的声学环境下，如在无回音或隔音室中进行高保真录音，从背景噪声精确地鉴别出语音很困难。对于这种高信噪比的环境，最低电平语声（如弱摩擦音）的能量超过了背景信号的能量，因此使用一个适当的能量阈值可满足简单的短时能量测量需要。图 10.8 给出在这类环境下记录的一段语音波形的例子，这是一段在噪声非常低的环境下记录的信号。显然，语音信号的起点是波形电平超过背景信号电平基线的点。这时，语音开始的瞬间很容易区分和测量。但对于多数应用来说，这种理想的录音条件并不实际。

在某种意义上，问题是确定一帧给定的语音是否能用图 10.1 的模型来生成。本节中将要讨论的算法是一个启发式开发方法的例子，它结合了简单测量和图 10.1 所示模型表示的语音信号的基本知识。该算法基于两种简单的时域测量——短时对数能量，它提供了相对信号能量的测量；短时过零率，它提供了信号中频谱能量集中度的粗糙测量。语音信号的这些表示已分别在 6.3 节和 6.4 节中讨论过。几个简单的例子说明了在真实（噪声）背景环境下，定位话音起点和终点时遇到的一些困难。图 10.8 给出了一个例子（单词/eight/起点的信号波形），其中低电平背景信号很容易与语音电平区分开来。此时，背景信号和语音信号之间波形幅度的明显改变，就是定位发音起点的基本线索。这种幅度变化清楚地呈现在一个短时对数能量表示中。图 10.9 给出了另一个例子的波形（单词/six/的起点），即使随意查看波形，也很容易定位该语音的起点。此时，单词/six/的首字母/S/的频率内容完全不同于背景信号的频率内容，这一点可通过波形过零率中的急剧增大看出。此时，发音起点的语音幅度与背景噪声信号的幅度是可比的，因此短时对数能量本身不一定能清楚地指明语音的起点。

Tape - Eight

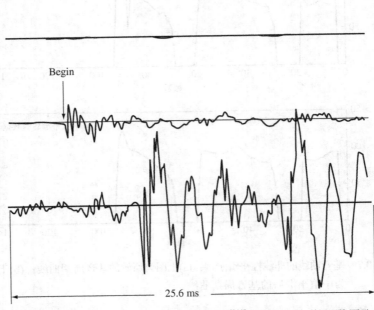

Begin

25.6 ms

图 10.8　/eight/发音起点的波形（据 Rabiner and Sambur[311]，阿尔卡特-朗讯美国公司允许翻印）

Mike – Six

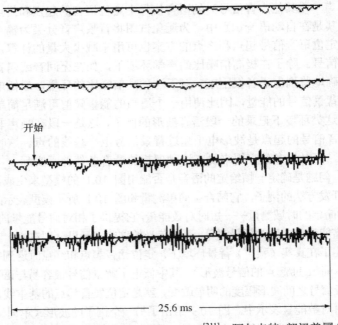

开始

25.6 ms

图 10.9　发音/six/起点的波形（据 Rabiner and Sambur[311]，阿尔卡特-朗讯美国公司允许翻印）

图 10.10 给出了非常难以精确定位语音信号起点的一种情形的波形。该图显示了发音/four/起点的波形。由于/four/以弱（低能量）高频摩擦音/F/开始，因此很难精确地识别起点①。尽管图中标为 B 的点是一个很好的候选语音信号起点，但 A 点是实际上的起点（基于倾听和查看语谱图）。

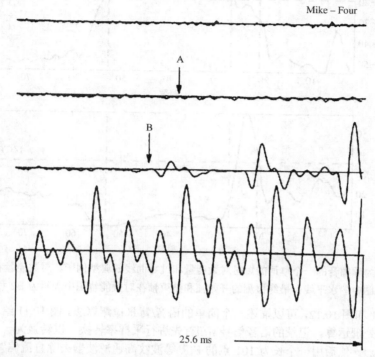

图 10.10　发音/four/起点的波形（据 Rabiner and Sambur[311]，阿尔卡特-朗讯美国公司允许翻印）

总之，对于下面的任意一种条件，精确定位发音的起点和终点都很困难：

1．语音的起点和终点是弱摩擦音（/F/、/TH/、/H/）。
2．语音的起点和终点是弱爆破音（/P/、/T/、/K/）。
3．语音的终点是鼻音（鼻音常被清音化且具有减低的电平）。
4．语音区间的末尾是浊擦音（被清音化）。
5．发音的结尾处出现拖长的元音。

尽管上述情形会造成困难，但短时对数能量和短时过零率测量一起，可成为精确定位语音信号起点和终点的可靠算法的基础②。对于本节将要讨论的算法，假设说话者在规定的录音区间发出单个语声（单词、短语、句子）而没有停顿，且为了后续处理，采样并存储了整个录音区间。语音端点检测算法的目的是，可靠地找到口语的起点（B）和终点（E），以便后续处理和模式匹配可以忽略周围的背景噪声。

图 10.11　语音端点检测算法的信号处理运算框图

---

① 当采样率低于 10kHz 时该问题会加剧，它要求低通滤波器的截止频率在发音/F/的最大频谱的频率之下。
② 在语音检测算法中，我们能很容易地使用短时幅度而非短时能量。Rabiner and Sambur[311]在孤立词语音识别系统的上下文中，给出了使用短时幅度和短时过零检测语音端点算法的一个例子。

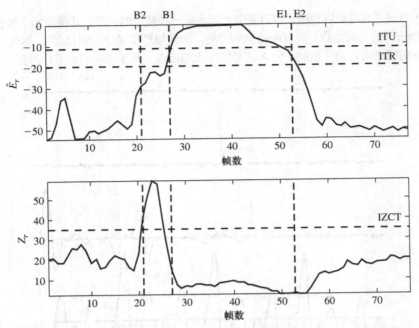

图 10.12　起点为摩擦音的一个单词的短时对数能量和过零曲线的典型例子。对数能量和过零阈值定义为图中的水平线；最终检测的开始帧和结束帧在对数能量图中表示为 B2 和 E2

参考图 10.11 和图 10.12，可以描述一个简单的语音/背景检测算法。图 10.11 给出了语音端点检测算法中的信号处理运算。记录的语音信号 $s[n]$ 首先进行采样率转换，以转换为一个标准的采样率（本算法为 10kHz），然后用一个长为 101 点的 FIR 等波纹高通滤波器去除直流偏置和杂音[①]。接着使用 40ms 的帧长（采样率 $F_s = 10000$Hz，$L = 400$ 个样本）进行短时能量和过零分析，帧移为 10ms（$F_s = 10000$Hz，$R = 100$ 个样本），它对应于一个 100 帧/秒的基本帧率。对记录信号的每帧 r，都计算两个短时参数，即对数能量（$\log E_r$）和过零率（Z_r）。短时参数计算如下：

$$E_r = \sum_{m=0}^{L-1} (s[(rR+m) \cdot w[m]])^2, \quad r = 0, 1, 2, \ldots$$

$$\hat{E}_r = 10 \log_{10} E_r - \max_r (10 \log_{10} E_r),$$

$$Z_r = \frac{R}{2L} \sum_{m=0}^{L-1} |\mathrm{sgn}(s[rR+m] - s[(rR+m-1)])|,$$

式中 $L = 400$，$R = 100$，$w[m]$ 是一个 L 点汉明窗，可以看到短时对数能量参数 $\hat{E}_r$ 被归一化到峰值 0dB，而 Z_r 是每 10ms 间隔的过零数。

假设记录信号的首个 100ms（10 帧）中未包含语音。因为当提示记录的时间区间开始后，要求说话者在指定的时间区间内开始说话，而说话者的反应时间较慢，因此对大多数应用来说这种假设是合理的。对开始的 100ms 时间区间计算短时对数能量和过零率的均值和标准差，可给出背景信号的一个大致统计特性。对数能量的均值和标准差表示为 eavg 和 esig，过零率的均值和标准差表示为 zcavg 和 zcsig。利用这些测量值，过零率的阈值 IZCT 可按下式计算：

$$\mathrm{IZCT} = \max(\mathrm{IF}, \mathrm{zcavg} + 3 \cdot \mathrm{zcsig}).$$

[①] 由于许多常用的数据库使用非标准采样率，如 TI（德州仪器）数字数据库的采样率 F_s 是 20000Hz，因此信号处理中包含了采样率转换的步骤。

式中，常量 IF（其标称值设为 35）是一个检测清音帧的全局阈值（基于对清音过零率的长时间统计）。若前 100ms 记录的背景信号表现出较高的过零活动性（由 zcavg 和 zcsig 的值估计得到），那么阈值 IZCT 也会提高。

同样，对于对数能量的测量，我们定义了一对阈值，即高（保守的）阈值 ITU 与一个相对不那么保守的低阈值 ITR，来判决语音的存在。此外，ITU 和 ITR 也要通过对语音和背景的对数能量电平的长时间统计来确定。ITU 和 ITR 同样也能根据前 100ms 记录信号的对数能量的变化规律，按照下式进行修正：

$$ITU = 常数，范围是 -10 \sim -20\,dB,$$

$$ITR = \max(ITU - 10, eavg + 3 \cdot esig).$$

从上述定义可以看出，对数能量的阈值基于对语音和非语音声音的长时间统计（即 ITU 的数值和 ITR 的标称值），以及针对前 100ms 记录的实际背景信号的对数能量细节。

对于 $\hat{E}_l$，基于该阈值，初始搜索是要找到对数能量峰值周围的一个对数能量曲线的集中区域。我们使用下面的搜索过程进行搜索：

1. 搜索对数能量集中区域（从第一帧向前搜索），找到其对数能量超过低阈值 ITR 的一个帧；接着检查该检测到的帧的相邻区域，确保与该帧相邻的帧的对数能量在低于低阈值 ITR 前，都要超过高阈值 ITU。若上面的搜索失败，则重置初始搜索帧为前面检测到的帧，再从这一帧向前重新进行搜索。最后找到一个稳定的初始帧，该帧被定义为我们对说话开始帧的初始估计[1]。我们称这个开始帧的初始估计为 B1（图 10.12 中的适当区域说明了搜索过程中每一步结果的典型例子）。

2. 重复步骤 1 的搜索，这次从说话的最后一帧起向后搜索。把向后搜索导致的结束帧的估计表示为 E1。

3. 从 B1 开始向后搜索到帧 B1-25；对短时过零率超过阈值 IZCT 的帧数进行计数，如果计数的帧数大于等于 4，则开始帧将被修正为过零率超过该阈值的第一帧（最低序号）。我们称这个修订后的开始帧估计为 B2。

4. 从帧 E1 向前搜索到帧 E1+25，并对短时过零率超过阈值 IZCT 的帧进行计数；如果计数的帧数超过 4，则把短时过零率超该过阈值的序号最高的帧表示为新的结束帧 E2。

5. 作为最后的检查，围绕区间[B2, E2]进行局部区域搜索，查看是否存在对数能量超过阈值 ITR 的帧；通常不会发生这种情况，但一旦出现这种情形，就要修正开始帧或结束帧的位置，使之与这个扩展区域相匹配。

上面的搜索算法是启发性的，但在为过零和对数能量分别给出较好的阈值 IF 和 ITU 估计时，工作得非常好。来自前 100ms 录音的细微校正，可很好地调整阈值，且在可进行背景信号分布的频率估计的自适应系统中非常有用。

为了说明这个简单语音检测算法的性能，图 10.13 给出了三个孤立的数字发音的短时对数能量和过零图。图 10.13a 显示了单词/one/的结果。我们看到，起点和终点用对数能量阈值就可唯一确定，因为过零率的电平太低而不能以任何方式修正结果。对于图 10.13b 中数字/six/（/S/ /IH/ /K/ /S/）的例子，在单词/six/的开始和结束处，由于都有很强的摩擦音/S/，我们看到基于起点和终点的过零电平，起点和终点都被修正。还要注意，初始发音/S/的对数能量非常大，以至于初始发音/S/的大部分持续时间已被包含在对开始帧的对数能量的判决中，而由于在/six/中，对/K/这个音存在停顿空白区域，因此末尾发音的/S/就不是这种情况。最后，图 10.13c 中的例子显示了这样一种

---

[1] 由于峰值对数能量 0dB 出现在话音内的某一帧，且该帧满足搜索约束条件，因此用这种方式一定可以找到一个有效的开始帧。

情况，由于单词/eight/中/T/这个音释放的摩擦有很高的过零率，因此终点被修正。这种端点算法的优势之一是，能跨越停顿区域查找停顿辅音之后的语音。

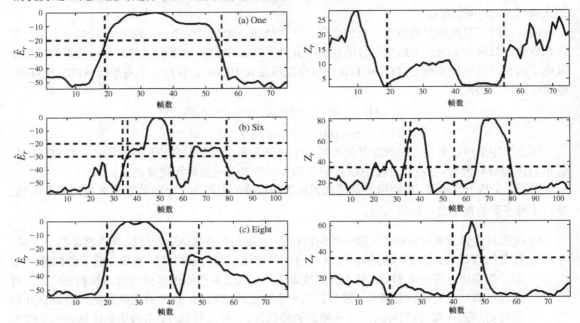

图 10.13　本节中描述的语音检测算法性能的典型例子：(a)数字/one/的短时对数能量和过零曲线，以及检测到的开始帧和结束帧；(b)数字/six/的类似结果；(c)数字/eight/的类似结果

过零和对数能量的这种应用，举例说明了这些简单表示结合启发性方法时的用途。由于实现所需的计算量很小，因此这些表示非常有吸引力。

10.4　浊音/清音/静音检测的一种贝叶斯方法

前一节介绍了一种区分背景音和语音的启发式算法。在需要从较长录音信号中隔离出单词或语句长度段以便进一步处理的应用中，这种算法可用于确定话音的开始处和结束处。在某些应用中，如语音编码，感兴趣的是逐帧进行类似的区分。再次参考图 10.1 中的模型，问题是判定该模型是否适用于一个信号的给定帧，如果适用，则要确定 V/U 开关的位置。本节介绍一个简单的统计算法，该算法可将信号的各个帧分类为浊音、清音或静音（背景信号）。介绍时将说明统计方法可替代启发式方法的原因，并给出设计这种算法的一种系统方法。待讨论算法基于 5 个参数组 $\mathbf{X} = [x_1, x_2, x_3, x_4, x_5]$ 的一个多元高斯分布函数，这些参数可通过短时分析方法提取：

1. x_1，信号的短时对数能量。
2. x_2，信号每 10ms 间隔（在 10kHz 采样率下为 100 个样本）的短时过零率。
3. x_3，单个样本延时下的短时自相关系数。
4. x_4，p 阶线性预测器的第一个预测系数。
5. x_5，p 阶线性预测器预测误差的归一化能量。

$\mathbf{X}$ 称为特征向量，用于逐帧判决浊音-清音-静音（Voiced-Unvoiced-Silence, VUS）。

选择上述 5 个参数的原因是，它们能在较大范围的语音录音环境下区分浊音、清音和背景声音[13]。在 $L = 400$ 个样本（对于 10kHz 的采样率为 40ms 信号）的连续块上进行这 5 个特征的测量，相邻块有 $R = 100$ 个样本的间隔（即 10ms 的帧移）。使用一个低频截止频率为 200Hz 的高通滤波器消除低频杂声、直流偏置等录音过程中可能引入的噪声成分。在下面的定义中，我们重点关注有 400 个样本的一帧，该帧的序号为 $\tilde{x}[m] = x[m+\hat{n}]\cdot w[m]$，$m=0, 1, 2, \ldots, L-1$，其中 $w[m]$ 是一个 L 点汉明窗。注意在下面的定义中，为了简化符号表示，我们去掉了帧序号或分析时间 $\hat{n}$。对于每帧，5 个参数的定义如下。

1. 短时对数能量 $\hat{E}$ 定义为

$$\hat{E} = 10\log_{10}\left(\epsilon + \frac{1}{L}\sum_{m=0}^{L-1}\tilde{x}^2[m]\right),$$

式中，$L = 400$ 是每帧中的样本数，$\epsilon = 10^{-5}$ 是一个很小的值，当加权语音样本均为零时用于防止计算 0 的对数，即 $\tilde{x}[m] = 0$，$m=0, 1, \ldots, L-1$。

2. 短时过零计数 Z，定义为每 10ms 间隔的过零次数。

3. 单位样本延时处的归一化短时自相关系数 C_1，定义为

$$C_1 = \frac{\displaystyle\sum_{m=1}^{L-1}\tilde{x}[m]\tilde{x}[m-1]}{\sqrt{\left(\displaystyle\sum_{m=0}^{L-1}\tilde{x}^2[m]\right)\left(\displaystyle\sum_{m=1}^{L-1}\tilde{x}^2[m-1]\right)}}$$

4. 用协方差法得到的一个 $p = 12$ 阶线性预测器的第一个预测系数 α_1。

5. 归一化对数预测误差 $\hat{V}^{(p)}$，定义为

$$\hat{V}^{(p)} = 10\log_{10}\left(\epsilon + R[0] - \sum_{k=1}^{p}\alpha_k R[k]\right) - 10\log_{10}R[0],$$

式中，

$$R[k] = \frac{1}{L}\sum_{m=0}^{L-1-k}\tilde{x}[m]\tilde{x}[m+k], \qquad k=1, 2, \ldots, p$$

是语音样本的自相关值，α_k 是 p 阶自相关线性预测分析的预测器系数。

用于估计上面这组特征的概率分布的训练集，由 20 句话组成，这 20 句话是在安静的背景噪声下记录的。通过倾听和观察波形图，人工确定和标注了浊音、清音与背景信号区域，且对于这三个决策类中的每个，都保存单独的训练数据集。共有 760 帧被人工分类为浊音，220 帧被分类为清音，524 帧被分类为背景信号。使用这一人工分段的训练材料集，对浊音、清音和静音的各个帧的 5 个测量参数，都估计了一维统计分布（直方图）。为比较特征的直方图（即一维统计分布）和这些直方图的高斯拟合，还计算了分布的均值和方差。图 10.14 显示了每个分析特征的图形。

查看图 10.14 中的图形，我们发现短时对数能量测量很好地从清音或静音帧中分离出了浊音帧，这与我们在第 6 章中对短时对数能量重要性的理解一致。类似地，我们发现短时过零特征参数从静音和浊音帧中分离出了大部分清音帧。有趣的是，信号的第一个自相关系数显示了浊音帧和静音帧与清音帧分布之间的分离性，一阶预测系数似乎能很好地从浊音和清音帧中分离出静音。最后，我们发现归一化后的对数预测误差区从清音帧和静音帧中区分出了浊音帧。

总体上我们发现，没有哪个测量值或哪组测量值能完美地分离浊音帧、清音帧和静音帧。但给定几个特征和对应分布的估计时，统计方法允许我们以一种系统的方法进行判决，这种方法可使错误概率最小。

作为该方法的一个例子，我们考虑基于简单贝叶斯框架的一个系统[91,390]，它有三个决策类，表示为 ω_i，$i = 1, 2, 3$：

1. 类 1，ω_1，表示静音类（在图上用数值 1 表示）。

2. 类 2，ω_2，表示清音类（在图上用数值 2 表示）。

3. 类 3，ω_3，表示浊音类（在图上用数值 3 表示）。

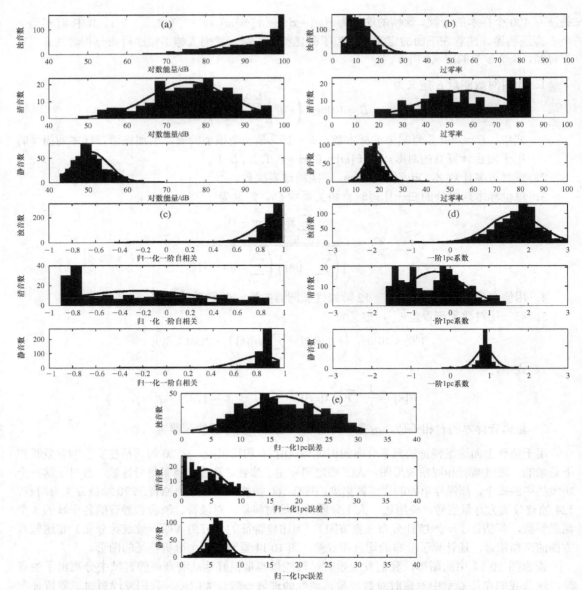

图 10.14　用于 VUS 估计的 5 个语音参数的测量直方图，以及对数据的简单高斯拟合：(a)对数
　　　　能量参数的图形；(b)过零率的图形；(c)归一化后的第一个自相关系数的图形；(d)一阶
　　　　预测系数的图形；(e)归一化后的均方预测误差图形

这三个类根据对 5 维特征向量 **X** 的拟合，建模为高斯概率密度。对于每个类 ω_i，特征向量 **X** 的均值矩阵为 $\mathbf{m}_i$、对角协方差矩阵为 $\mathbf{W}_i$：

$$\mathbf{m}_i = E[\mathbf{X}], \quad 对类 \omega_i 中的所有 \mathbf{X}, \tag{10.10}$$

$$\mathbf{W}_i = E[(\mathbf{X} - \mathbf{m}_i)(\mathbf{X} - \mathbf{m}_i)^T], \quad 对类 \omega_i 中的所有 \mathbf{X}, \tag{10.11}$$

对于一个给定的帧，进行 VUS 检测的统计方法是在给定测量向量 **X** 时，选择类 i 的（后验）概率最大的类。使用贝叶斯理论[91,390]，可将后验概率密度函数表示为

$$p(\omega_i|\mathbf{X}) = \frac{p(\mathbf{X}|\omega_i) \cdot P(\omega_i)}{p(\mathbf{X})}, \tag{10.12}$$

式中，$P(\omega_i)$ 是类 i 的一个先验概率，$p(\mathbf{X}|\omega_i)$ 是给定 ω_i 时 **X** 的条件概率，且

$$p(\mathbf{X}) = \sum_{i=1}^{3} p(\mathbf{X}|\omega_i) \cdot P(\omega_i) \tag{10.13}$$

是 $\mathbf{X}$ 的总概率密度。假设每个这样的类的特征向量 $\mathbf{X}$ 的高斯分布为

$$p(\mathbf{X}|\omega_i) = \frac{1}{(2\pi)^{5/2}|\mathbf{W}_i|^{1/2}} e^{-\frac{1}{2}(\mathbf{X}-\mathbf{m}_i)\mathbf{W}_i^{-1}(\mathbf{X}-\mathbf{m}_i)^T}, \tag{10.14}$$

式中，$|\mathbf{W}_i|$ 是 $\mathbf{W}_i$ 的行列式[①]。

贝叶斯决策准则会最大化类 ω_i 的后验概率，如式(10.12)所示，它等同于最大化单调判别函数

$$g_i(\mathbf{X}) = \log p(\omega_i|\mathbf{X}), \qquad i = 1, 2, 3.$$

将式(10.12)代入，可得最大化的表达式为

$$g_i(\mathbf{X}) = \log p(\mathbf{X}|\omega_i) + \log P(\omega_i) - \log p(\mathbf{X}). \tag{10.15}$$

由于项 $\ln p(\mathbf{X})$ 与类 ω_i 无关，因此可将其忽略。将式(10.14)中的高斯分布代入式(10.15)得

$$g_i(\mathbf{X}) = -\frac{1}{2}(\mathbf{X}-\mathbf{m}_i)\mathbf{W}_i^{-1}(\mathbf{X}-\mathbf{m}_i)^T + \log P(\omega) + c_i, \tag{10.16}$$

式中，

$$c_i = -\frac{5}{2}\ln(2\pi) - \frac{1}{2}\log|\mathbf{W}_i|.$$

式(10.16)中的项 c_i 和一个先验类概率项 $\log P(\omega_i)$（该项难以估计）可视为类 i 的一个"偏差"，因为对分类精度影响很小而通常可以忽略。忽略这些项后，使符号反向（同时忽略因子 $1/2$）可将最大化问题转换为最小化问题，给出最终形式的决策准则：

判为类 ω_i，当且仅当

$$d_i(\mathbf{X}) = (\mathbf{X}-\mathbf{m}_i)\mathbf{W}_i^{-1}(\mathbf{X}-\mathbf{m}_i)^T \leq d_j(\mathbf{X}) \ \forall \ j \neq i. \tag{10.17}$$

除了式(10.17)中的简单贝叶斯判决准则外，还基于相对决策分数创建了一个测度，进而提供类判决依赖程度的置信度。置信度定义为

$$P_i = \frac{d_j d_k}{d_1 d_2 + d_1 d_3 + d_2 d_3}, \qquad i = 1, 2, 3, \text{和} j, k \neq i, j \neq k. \tag{10.18}$$

量 P_i 满足 $0 \leq P_i < 1$。当 d_i 相对于其他两个距离很小时，其他距离将较大，且 P_i 将接近于 1。当所有距离相同时，置信分数接近于 $1/3$，这等同于没有来自特征向量 $\mathbf{X}$ 的可靠分类信息时的猜测。

使用相对较少的训练数据，Atal and Rabiner[13]证明了上述 VUS 分类决策对训练集（即与用于训练分类器完全相同的数据）和新语句与新说话者的独立测试集，都表现出了优异的性能。Atal and Rabiner[13]得到了 VUS 估计算法的性能精度，如表 10.1 所示。训练集和测试集的性能是可比的，表明该分类算法在进行这三类的判决中相当稳健。

表 10.1　训练集和测试集 VUS 估计算法的精度（据 **Atal and Rabiner**[13]。©[1976] IEEE）

类	训练集	数量	测试集	数量
1（S）	85.5%	76	96.8%	94
2（U）	98.2%	57	85.4%	82
3（V）	99%	313	98.9%	375

当然，把各帧分类到这三类时总会出现错误，但对分类时间序列使用 10.2 节中讨论的非线性平滑算法（即一个中值平滑器），可校正许多此类错误，因此在周围的帧均分类正确的情形下，可发现并校正各个帧错误。

图 10.15 显示了 VUS 分类器如何处理如下 5 个句子的图形：

1. 一个有 10 个元音的合成语音，每个元音由背景信号的一个噪声段分开，如图 10.15a 所示。

[①] 大体上来说，协方差矩阵 $\mathbf{W}_i$ 将反映变量 $\mathbf{X}$ 中的互相关。但在参考文献[13]报道的结果中，协方差矩阵被假设为对角阵；即特征间的相互性被忽略。

2．全浊音句子"We were away a year ago"，如图 10.15b 所示。

3．交替出现浊音、清音和静音区域的句子"This is a test"，如图 10.15c 所示。

4．交替出现浊音、清音和静音区域的句子"Oak is strong and often gives shade"，如图 10.15d 所示。

5．交替出现浊音、清音和静音区域的句子"Should we chase those young outlaw cowboys"，如图 10.15e 所示。

图 10.15 的每幅图形中以实线显示了最终的 VUS 曲线（使用代码 V = 3, U = 2, S = 1），并显示了置信分数曲线（置信分数放大了 3 倍，以使其落在区间[0, -3]内）。对于图 10.15a 中的合成元音序列，VUS 曲线基本上没有错误，浊音区和静音区交替出现。放大后的置信分数在浊音区域几乎都是 3.0；置信分数在背景区域较低，因为在元音之间插入了特定的背景噪声。对于图 10.15b 中全为浊音的句子，VUS 算法再次完美地把它分段为一个简短的静音区域（第一帧）和正确分类为浊音的剩余帧。该句子放大后的置信分数在大部分浊音区域再次非常靠近值 3.0，但有时在浊音区域的某些帧上会低一些（在 160 帧附近，单词 ago 的/G/发音期间，这种表现尤其明显）。对于图 10.15c 和图 10.15e 中的句子，VUS 分类算法在 V、U 和 S 区域正确分类了大部分帧，如每幅图形中的稳定区域所示。在这三个例子中，出现了几次单帧或双帧错误，这些小断点并未导致大错误。此外，分类决策的放大后的置信分数最接近最大的可能值（在图中为 3），只对几个分类决策其值低于高置信区域；使用中值平滑算法可校正大部分这种错误。

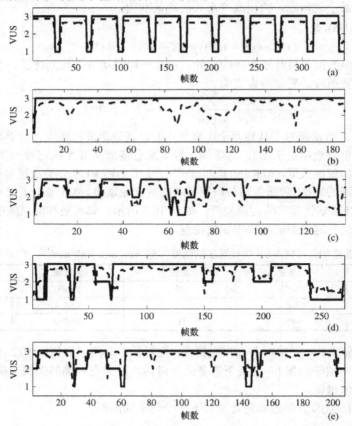

图 10.15　五个句子 VUS 分类和置信分数（放大了 3 倍）图：(a)合成元音序列；(b)全浊音
　　　　　句子；(c)～(e)带有浊音、清音和静音混合区域的句子。实线表示决策，虚线表示
　　　　　对应的置信分数（图中已放大 3 倍）

分类器中所用 5 个特征的有效性的完整分析如下：

- 对于浊音帧和清音帧的区分，最有效的单个参数是第一个自相关系数，次有效的参数是对数归一化预测误差能量。
- 对于清音帧和静音帧的区分，最有效的单个参数是短时对数能量，而次有效的参数是短时过零数。
- 对于浊音帧和静音帧的区分，最有效的单个参数是短时对数能量，次有效的参数是对数归一化预测误差。

关键结果是，单个参数（或一对参数）无法得到像该任务所选的 5 参数组那样的效果。

刚刚描述的算法内容是语音处理中最简单的模式识别问题，但它说明了统计方法的作用，在许多困难的语音识别问题中，使用统计方法会有很好的效果。第 14 章将讨论更复杂的统计技术。基本的贝叶斯框架能以多种方式应用。在 VUS 问题中，我们可从语音信号中选取不同的特征来进行计算。我们的选择可能会受降低计算量这一需求影响，也可能会寻求使 VSU 状态更清晰地分离的其他参数。对于大范围的说话者和信号获取与传输情形，更广泛的训练集会改进性能。另外一种改进是，设计一种方案来自适应不同说话者和/或录音情形的算法。

10.5 基音周期估计（基音检测）

有必要对浊音进行基音检测时，基音周期估计或基音检测问题可视为 VUS 分类问题的一种扩展，因此我们可从浊音状态检测开始。如果已确定一帧语音是浊音，然后要确定图 10.1 中的激励模型，则需要一种算法来求与浊音帧有关的基音周期 N_p。这样，对每一帧，基音检测器必须在浊音和非浊音帧（即清音或静音/背景帧）间进行决策，如果是浊音，则估计基音周期 N_p。浊音/非浊音决策经常用 N_p 来编码，方法是对于非浊音帧，令 $N_p = 0$。或者，更完整的分析系统可返回标示 V、U 或 S，以及浊音帧的 N_p 估计。

基音周期估计（或基频估计）是语音处理中最重要的问题之一。基音检测器是声码器[105]、说话者识别和验证系统[7, 328]及残疾人辅助系统[207]的基本组成。由于其重要性，人们提出并广泛研究了基音周期估计问题的许多解决方法[90, 303]。可以肯定地说，所有提出的方案都有其局限性，且对于大范围的说话者、应用和运行环境，目前还没有一种基音检测方案能给出完美的基音周期估计。

基音检测器（或基音周期估计方法）的目的是，可靠且精确地估计浊音段语音波形的（时变）基音周期。使得基音周期估计变得困难的是，浊音并非像图 10.1 中假设的那样是一个真正的周期信号，相反，它是周期会随时间（缓慢）变化的准周期信号。此外，由于声道的形状会（随着时间）慢慢变化，语音波形也会因不同周期而改变形状，因此准确地识别基音周期会变得更加困难。最后，由于声门激励建立或分解，且波形几乎没有可使基音周期能被准确识别或估计的性质，因此在浊音的开始和结束期间，基音周期通常是不明确的。

10.5.1 理想的基音周期估计

对于可靠的基音周期检测，"理想的"输入波形要么是完美的周期脉冲串（见图 10.16），要么是如图 10.17 所示在基音频率（基音周期的倒数）处的一个纯正弦波。完整的周期脉冲串有一个同样是完美周期的平坦（对数）幅度谱，如图 10.16 的下图所示，这就使得基音检测在时域和频域都很简单。图 10.17 的正弦信号有一个周期，该周期在时域中很容易测量，其频谱由基频处的单个谐波组成，如图 10.17 的下图所示，因此这又使得基音估计在时域或频域非常简单。

通常，语音既不像"理想的"脉冲串的时域图形，也不像纯正弦波形的时域图形，即频谱既不像图 10.16 中那样是平坦的，也不像图 10.17 中那样是脉冲的。这一点可由图 10.18（针对一段合成的元音）和图 10.19（从真实语音中截取的一段稳定元音）来说明。在这些情况下，一种估计基音周期的方法是，使语音频谱变平来近似一个周期脉冲串的频谱形状，进而给出理想周期脉冲串的一个近似。另一种估计基音周期的方法是，对波形进行滤波，去除基频外的所有谐波，由此生成一个近似纯正弦波的信号。遗憾的是，如果无法准确地知道基频（毕竟这是基音检测的目标），那么就很难滤掉除基频外的所有其他谐波，因此这些方案通常会失败。

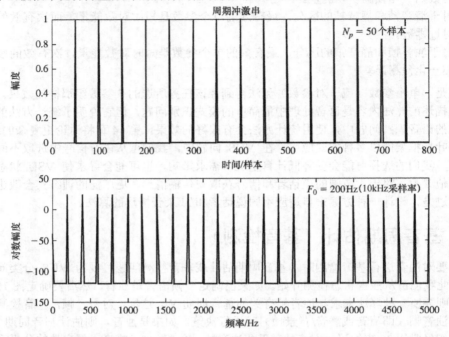

图 10.16　语音基音检测器的"理想"输入信号：（上图）周期 $N_p = 50$ 个样本的周期脉冲串；（下图）频率间隔为 $F_0 = F_s/N_p = 200\text{Hz}$（10kHz 的采样率）的周期脉冲串的对数幅度谱

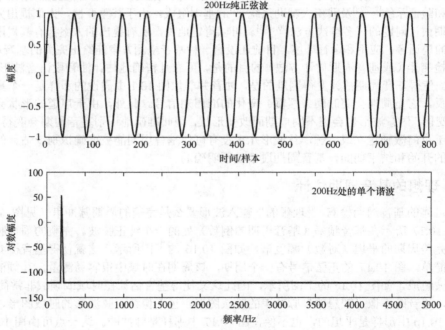

图 10.17　语音基音检测器的"理想"输入信号：（上图）周期为 50 个样本的纯正弦信号；（下图）由频率 200Hz 处的单个脉冲构成的对数幅度谱

图 10.18 中的示例波形是一个具有常数 100Hz 基频（或 10kHz 采样率下 100 个样本的的基音周期）的理想合成元音。波形的"完美"周期性可以在上图看到；下图给出了对数幅度谱的完美（非平坦）谐波结构，对数幅度谱的下（上）包络中清晰地显示了声道频谱形状。在这种情况下，对于该合成元音，几种基音周期估计方法中的任何一种看起来都能从时域图或对数幅频域图中很好地估计出基音周期或基频。最后，图 10.19 中显示了一个"真实"元音（非专业歌手持续音高）的波形和对数幅度谱。上图（波形）显示了信号在不同周期的差别（因此称为准周期），下图显示了在基音周期的"谐波"处，缺少有规律间隔的、定义良好的谱峰。从时域图或频域图估计基音周期（或基频）很困难，即使是对于一个简单的例子。

下面几小节将基于第 6～9 章中讨论的 4 种语音特性，即时域测量、频域测量、倒谱域测量和线性预测测量，给出一系列基音检测算法。如后面清楚说明的那样，多数方法都依赖于语音信号的变换，目的在于把信号变成如图 10.16 中那样有着丰富谐波的信号，或变成如图 10.17 中那样只有一个或两个谐波的信号。首先讨论一种简单的时域并行处理方法。

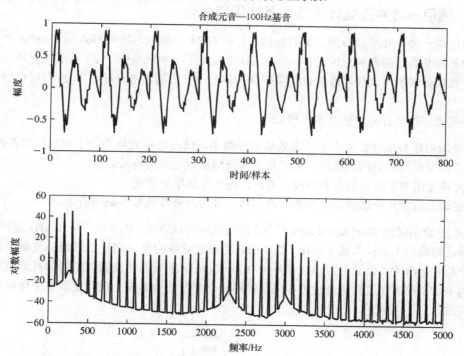

图 10.18 基音周期为 100 个样本、基音频率为 100Hz（假设采样率为 10kHz）的理想合成元音的波形和对数幅度谱：（上图）完美周期合成元音的波形；（下图）完美周期合成元音的对数幅度谱

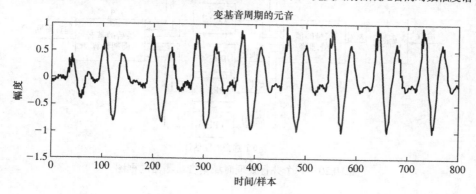

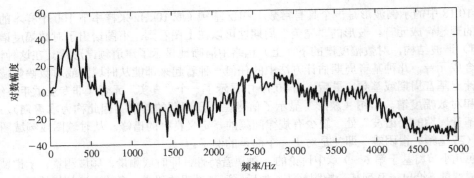

图 10.19 具有时变基音周期和时变元音声道形状的一个"真实"元音的波形和对数幅度谱：（上图）周期和波形随时间变化的元音波形；（下图）缺少明显谐波结构的对数幅度谱

10.5.2 使用一种并行处理方法的基音周期估计

本节讨论一种特殊基音检测方案的变体，它由 Gold[126]提出，后被 Gold and Rabiner[129]改进。讨论这种特殊基音检测器的原因是：（1）已成功地应用于各种应用中；（2）基于纯时域处理概念；（3）能在通用计算机上实现，或能以数字硬件构建；（4）说明了语音处理中使用并行处理的基本原理。

这种基音周期估计方案的基本原理如下：

1. 处理后语音信号要能产生一定数量的冲激串，该冲激串近似为一个理想的周期冲激串，并保留原始信号的周期性，丢弃与基音检测过程无关的特征。
2. 允许使用非常简单的基音检测器来估计每个冲激串的周期。
3. 逻辑上组合几个这种简单的基音检测器，可得到语音波形周期的估计。

图 10.20 给出了由 Gold and Rabiner[129]提出的这种特殊方案。语音波形以 10kHz 采样率采样，因此周期能精确到 1 个样本或 $T = 10^{-4}$ 秒。语音用截止频率约为 900Hz 的低通滤波器进行滤波，产生一个相对平滑的（低通）波形。通带为 100～900Hz 的带通滤波器用来去除直流偏置和某些应用中的 60Hz 噪声（这种滤波也可在采样前用一个模拟滤波器来完成，或者在采样后用数字滤波器来完成）。

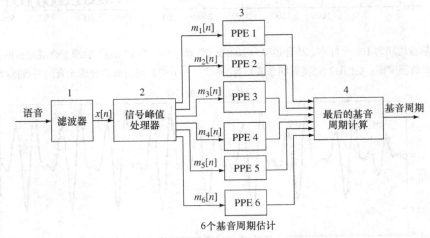

图 10.20　一个并行处理时域基音检测器的框图

低通或带通滤波后，找到"峰和谷"（局部最大值或正峰，以及局部最小值或负峰，见图 10.21），并按照它们的位置和幅度，从滤波后的信号中导出几个冲激串（图 10.20 中有 6 个）。每个冲激串由出现在正峰或负峰（谷）位置的正冲激组成。Gold and Rabiner[129]定义的 6 种情况如下：

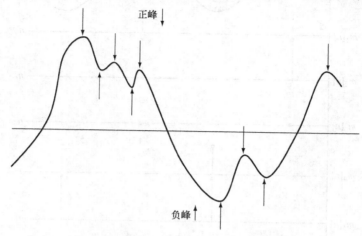

图 10.21　滤波后波形中的正峰和负峰位置

1. $m_1[n]$：在每个正峰位置，出现一个幅值等于峰值的冲激（若峰值为负，则冲激的幅度置零）。
2. $m_2[n]$：在每个正峰位置，出现一个幅值等于正峰幅度与前一个负峰幅度之差的冲激（若正峰幅度为负，则冲激的幅度置零）。
3. $m_3[n]$：在每个正峰位置，出现一个幅值等于正峰幅度与前一个正峰幅度之差的冲激（若差值为负，则冲激的幅度置零）。
4. $m_4[n]$：在每个负峰位置，出现一个幅值等于负峰幅度之负值的冲激（若最终幅值为负，则冲激的幅度置零）。
5. $m_5[n]$：在每个负峰位置，出现一个幅值等于谷点幅度负值与前一个峰的幅值之和的冲激（若最终幅值为负，则冲激的幅度置零）。
6. $m_6[n]$：在每个负峰位置，出现一个幅值等于谷点幅度负值与前一个局部负峰幅度之差的冲激（若该差为负，则冲激的幅度置零）。

图 10.22 和图 10.23 给出了两个示例波形——一个纯正弦波，以及一个弱基频加上一个强二次谐波的波形，并显示了按上述方式定义的冲激串。显然，冲激串的基音周期与原始输入信号的相同，但图 10.23 中的 $m_5[n]$ 近似为周期的，周期为半个基频周期。生成这些冲激串的目的是，在短时的基础上使得周期估计更为简单。图 10.24 描述了简单基音周期估计器的操作。每个冲激串由一个时变非线性系统（在文献[126]中称为峰值检测指数窗扫描电路）处理。在输入中检测到具有适当幅度的一个冲激后，输出重置为该冲激的幅度，并保持一段空白时间 $\tau[n]$ 秒——在此期间不能检测其他冲激。在空白时间末端，输出开始呈指数衰减。当一个冲激超过指数衰减的输出电平时，又重复这一过程。衰减的速率和空白时间间隔取决于最新的基音周期估计[129]。每个脉冲的宽度就是基音周期的一个估值。通过测量脉冲跨越当前采样区间的长度，可定期（如 100 次/秒）估计基音周期。

将该技术应用于 6 个冲激串中的每一个，可得基音周期的 6 个估值。对于每个基音检测器，这 6 个估值与两个最新的估值组合在一起。然后比较这些估值，（在一定范围内）出现次数最多的估值就宣布为那时的基音周期。该程序对浊音能产生出很好的周期估值。对于清音，各个估值存在明显的不一致。检测到这种不一致时，语音就分类为清音。以 100 次/秒的周期重复该过程，产生基音周期的一个估计和浊音/清音分类。

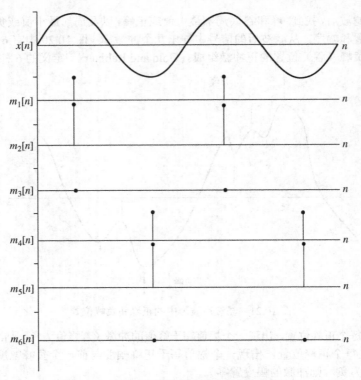

图 10.22　输入及由峰和谷生成的对应冲激串

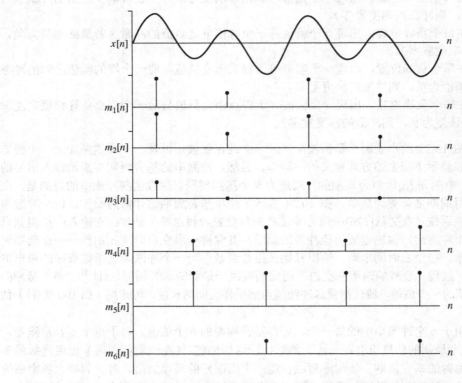

图 10.23　输入（弱基频和二次谐波）及由峰和谷生成的对应冲激串

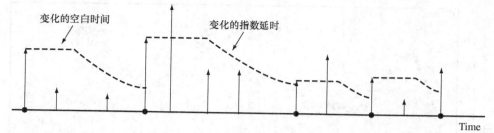

图 10.24　时域基音检测器中每个基音周期估计器的基本操作（据 Gold and Rabiner[129]）

时域并行处理基音检测算法概括如下：

1．对语音滤波以保留 100～900Hz 的区域（适合于所有范围的基音，消除无关的信号谐波）。
2．找出波形中的所有正峰和负峰。
3．在每个正峰上：

- 确定峰幅度脉冲（仅针对正脉冲）。
- 确定峰谷幅度脉冲（仅针对正脉冲）。
- 确定前一个峰的峰幅度脉冲（仅针对正冲激）。

4．在每个负峰上：

- 确定峰幅度脉冲（仅针对负脉冲）。
- 确定峰谷幅度脉冲（仅针对负脉冲）。
- 确定前一个峰的峰幅度脉冲（仅针对负脉冲）。

5．用一个指数（峰值检测）窗对脉冲滤波，消除那些太短而不可能是基音脉冲估计的假正负脉冲。
6．根据 6 个基本基音周期检测器的每个检测器中剩下的主要脉冲之间的时间，确定基音周期估值。
7．对 6 个基音周期检测器中的每个检测器，通过组合 3 个最近的估值，投票选出最佳基音周期。
8．使用一些典型的非线性（如中值）平滑器清除错误。

　　图 10.25 说明了该基音检测方案的性能，图中显示了对一个合成语音样本的输出。使用合成语音的优点是，可准确地知道真正的基音周期（因为它们是人工生成的），因此可得到算法的精度。合成语音的缺点是，它是根据一个简单的模型生成的，因此不能给出自然语音的任何不同寻常的性质。在任何情形下，合成语音测试已经证明在大部分时间内，该方法能在两个或更少样本范围内跟踪基音周期。此外，可以观察到在浊音的开始阶段（即浊音的前 10～30ms），语音经常被分类为清音，原因是进行可靠的判决前，判决算法需要大约三个基音周期——因此该方法中内置有约两个基音周期的延时。在更宽泛的条件下研究基音检测算法对自然语音的效果，发现这种方法与文献[303]中提出的其他基音估计方法相比毫不逊色。

　　总之，这种特殊方法的细节并不像其基本原理那么重要（详见文献[129]）。首先，注意到语音信号处理后得到了一组仅保留有周期性（或无周期性）基本特征的冲激串。由于信号结构中的这种简化，非常简单的基音估计器就足以产生好的基音周期估值。最后，组合多个估值可增大估值的整体可靠性。因此，在估计清音信号的期望特征中，通过增加逻辑复杂度，实现了信号处理的简化。与信号处理相比，由于逻辑运算以更低的速度（如 100 次/秒）执行，因此可使整体速度提升。Barnwell 等人[25]在设计基音检测器时使用了一种类似的方法，其中组合了 4 个简单的过零基音检测器的输出来得到可靠的基音估计。

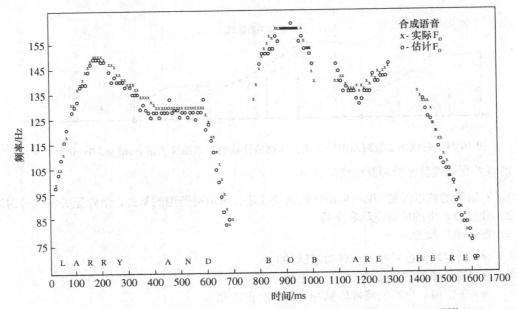

图 10.25　合成发音的实际基音周期和估计基音周期对比（据 Gold and Rabiner[129] © [1969]
　　　　　 Acoustical Society of America）

10.5.3　自相关、周期性和中心削波

如 6.5 节所示，短时自相关函数在式(6.34)中定义为

$$R_{\hat{n}}[k] = \sum_{m=0}^{L-1-|k|} (x[\hat{n}+m]w[m])(x[\hat{n}+m+k]w[k+m]),$$

(10.19)

式中，$w[m]$ 表示定义在 $0 \le m \le L-1$ 上的一个窗函数。这种短时表示将输入的周期性反映为一种对信号时间原点不敏感的方便形式。因此，短时自相关常用于确定作为时间函数的基音周期。本节讨论采用这种方法将短时自样关用做基音检测器时，所出现的几个问题。

在某种意义上，自相关表示的主要限制之一是，它保留了太多的语音信号信息［在第 9 章我们已看到低时间自相关值（$R[k]$，$0 \le k \le p$）足以精确地估计声道传输函数］。例如，在图 6.29 中，我们看到自相关函数有很多峰值。多数峰值要归因于声道响应的阻尼振荡，它们负责每个语音波形周期的形状。在图 6.29a 和图 6.29b 中，基音周期处的峰有最大幅度；而在图 6.29c 中，在 $k = 15$ 附近的峰实际上比 $k = 72$ 附近的峰大。之所以发生这种情况，是因为窗长比基音周期要短，但如后面我们将了解的那样，快速变化的共振峰频率也会导致这种混淆情形。显然，当声道响应所致自相关峰大于声道激励周期性所致自相关峰的情况下，在自相关函数中选取最大峰并指定最大峰的位置作为基音周期指示器的简单程序将会失败。

为了避免这个问题，可再次处理语音信号，使其周期性更为明显，同时抑制信号中的其他令人分心的特征。采用 10.5.2 节中的方法，允许使用一个非常简单的基音检测器。对信号执行这种类型操作的技术有时称为频谱平整，因为它们的目的是消除声道传输函数的影响，从而使每个谐波有相同的幅度，就像图 10.16 中描述的一个周期冲激串的情形那样。人们提出了很多频谱平整技术，但当前最为适用的技术称为中心削波[370]。

在 Sondhi[370]提出的方案中，中心削波的语音信号是通过非线性变换

$$y[n] = C[x[n]],$$

(10.20)

得到的，式中 $C[\ ]$ 如图 10.26 所示。图 10.27 中说明了中心削波的工作原理。用来计算自相关函数的语音段显示在图上方。对于该语音段，找到了其最大幅度 $A_{\max}$[①]，而削波电平 C_L 被设定为 $A_{\max}$ 的某个固定百分比（Sondhi[370]中为 30%。）。图 10.26 表明，对于大于 C_L 的样本，中心削波器的输出等于输入减去削波电平。对于低于削波电平的样本，输出为零。图 10.27 中下方的图形显示了上方输入的输出。对比 10.5.2 节的方案，此时峰值被转换为冲激，而在当前情形下，这些峰值被转换为由每个超过削波电平的峰值所组成的短脉冲。

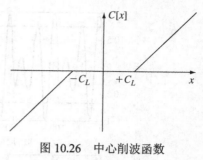

图 10.26　中心削波函数

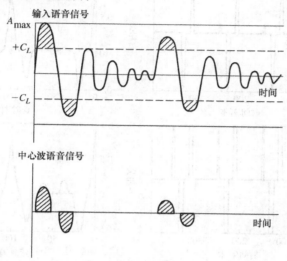

图 10.27　中心削波影响语音波形的一个例子（据 Sondhi[370]。© [1968] IEEE）

　　图 10.28 说明了中心削波操作对自相关函数计算的影响。图 10.28a 给出了浊音的 400 个样本段（40ms，F_s = 10kHz）。注意，在该段的自相关函数中，于基音周期处有一个很强的峰值，如图右侧所示。很明显，很多峰值要归因于声道的阻尼振荡。图 10.28b 给出了相应的中心削波后的信号，削波电平被设置为图 10.28a 中的虚线（此时削波电平被置为语音帧中最大信号电平值的 70%）。我们看到，削波后剩下的波形是以原始基音周期隔开的几个脉冲。所得自相关函数几乎没有会引起混淆的无关峰值。

　　我们很快就会回到图 10.28c，但先考察一下中心削波的作用。显然，对于高削波电平，很少有峰值能超过削波电平，因而只有很少的脉冲会出现在输出端，自相关函数中将出现的无关峰值也很少。图 10.29 说明了这种情况，它给出了削波电平逐步减小时，对应于图 10.28 所示语音段的自相关函数。显然，当削波电平减小时，更多的峰值会通过削波器，因而自相关函数会变得更为复杂[注意零削波电平对应于图 10.28a]。该例的含义是，对于最高的削波电平，可得到最清楚的周期性表示。然而，削波电平不应设得太高，因为在整个语音段的持续时间内（如在浊音的开始处或结束处），信号的幅度可能有很大的变化。如果削波电平设在整个语音段最大幅度的某个高百分比处，那么可能有很多波形将低于削波电平而丢失。对于该原因，Sondhi 最早的建议是将削波电平设在最大幅度的 30% 处。允许使用更大百分比（60%～80%）的程序，首先会找到语音段前三分之一和后三分之一的峰值幅度，然后将削波电平设在这两个最大值电平中较小的一个固定百分比上。

---

① 一种更复杂的方法是，将削波阈值设定为在分析帧的前三分之一和后三分之一得到的较小最大值的某个固定百分比，从而考虑某个给定帧期间语音的增强和衰减。

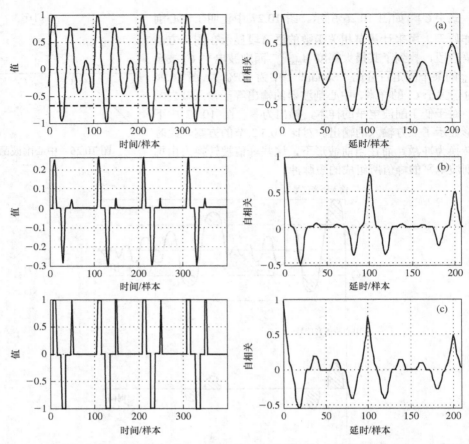

图 10.28　波形和自相关函数的例子：(a)未削波（虚线表示 70% 的削波电平）；(b)中心削波，阈值为 70%；(c)三电平中心削波（所有相关函数都被归一化为 1.0）

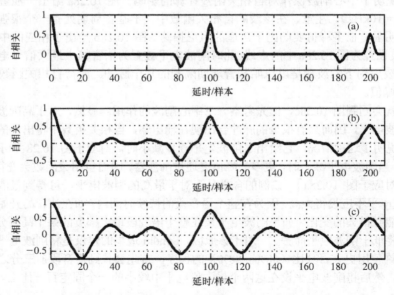

图 10.29　使用 $L = 401$ 的中心削波语音的自相关函数：(a)C_L 设为最大值的 90%；(b) C_L 设为最大值的 60%；(c) C_L 设为最大值的 30%（语音段与图 10.28 中的相同）

自相关函数中的无关峰问题可在计算自相关函数前由中心削波来减轻。然而，使用自相关表示的另一个困难（即保留中心削波）是需要大量的计算。中心削波函数的一个简单改进可大大简化自相关函数的计算，且基本上不会降低基音检测的效能[90]。

这一改进如图 10.30 所示。如图所示，削波器的输出在 $x[n] > C_L$ 时为+1，而在 $x[n] < -C_L$ 时为-1，在其他情况下为零。该函数被称为三电平削波器。图 10.28c 给出了图 10.28a 中输入语音段的三电平削波器的输出。注意，尽管这一操作趋向于强调刚好超过削波电平的峰的重要性，但该自相关函数与图 10.28b 所示中心削波器的自相关函数非常相似。也就是说，消除了大多数无关峰，而保留了清楚的周期性。

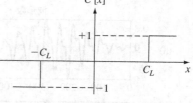

图 10.30　三电平中心削波函数

三电平中心削波信号的自相关函数的计算非常简单。如果将三电平中心削波器的输出表示为 $y[n]$，那么自相关函数

$$R_{\hat{n}}[k] = \sum_{m=0}^{L-1-k} y[\hat{n}+m]y[\hat{n}+m+k] \tag{10.21}$$

中的乘积项 $y[\hat{n}+m]y[\hat{n}+m+k]$ 仅有三个不同的值：

$$y[\hat{n}+m]y[\hat{n}+m+k] = \begin{cases} 0 & \text{if} \quad y[\hat{n}+m]=0 \quad \text{or} \quad y[\hat{n}+m+k]=0 \\ +1 & \text{if} \quad y[\hat{n}+m]=y[\hat{n}+m+k] \\ -1 & \text{if} \quad y[\hat{n}+m] \neq y[\hat{n}+m+k]. \end{cases}$$

因此，在使用硬件实现时，对于每个 k 值，所要求的只是某些简单的组合逻辑和一个可逆计数器来累加自相关值。

尽管自相关函数能以简单且有效的方式来表示波形的周期性，但应用于准周期浊音段时，并不是一种十分有效的测度。图 10.31 中阐明了这一点。该图形的普通格式在左侧显示了一个波形段，而在右侧显示了一个对应的相关函数。图 10.31a 给出了有 480 个样本（30ms）的汉明加窗的男性说话者的语音段。图 10.31b 给出了相应的自相关函数 $R[k]$，$k = 0, 1, ..., 200$。注意，这些峰值线性下降。$k = 89$ 处的粗垂线标记了区间 $48 \le k \le 200$ 内的最大峰值，它对应于基音周期范围 3～12.5ms，或对应于基频范围 80～333Hz。值 89 是图 10.31a 中语音段的正确基音周期。但要注意的是，迟延 $k = 45$ 处的峰要高于 $k = 89$ 处的峰。如果稍微降低该迟延范围，那么该峰位置会选为周期。事实上，自相关函数的峰大体位于 45 的倍数处。从图 10.32 中可明显看出原因所在，该图给出了分别对应于图 10.31a 和图 10.31b 的短时傅里叶变换（STFT）。

观察可知，这段语音基本上仅有三个很强的频率成分，分别在频率 180Hz、360Hz 和 720Hz 处。从一个周期信号模型的观点来看，该信号有一个很弱的基频，但有强得多的二次和四次谐波，而三次谐波基本消失。这使得信号似乎有一个 360Hz 而非 180Hz 的基频。在自相关函数中，180Hz 的基频所对应的周期为 16000/180≈89 个样本，但在 360Hz 和 720Hz 处的两个强成分的确暗示基频周期为 16000/360≈45 个样本。这样，自相关函数在 45 的倍数处而非仅 89 的倍数处就会有峰。丢失的第三个谐波使得这一条件更加恶化。

图 10.31c 和图 10.31d 给出了波形和改进的自相关函数。这时，注意矩形窗和为了计算迟延达到 200 个样本的改进自相关，需要右边额外的 200 个样本。还要注意，改进的自相关函数中的峰值并不随 k 的增加而下降，并且此时的最大峰出现在 $k = 178$ 处，它是真实基音周期的 2 倍。出现这种情况，是因为语音信号在整个窗口间隔上并不是完全周期的。对于改进的自相关函数，这种情况并不常见。图 10.31(e)和(f)给出了中心削波的波形和改进的自相关函数。削波阈值设置为分析帧的前三分一和后三分之一内较小的那个峰的幅度的 60%。区间 $56 \le k \le 200$ 内的最大峰再次出现在 $k = 178$ 处。最后，

图 10.31g 和图 10.31h 给出了经三电平中心削波的波形和改进的自相关函数，削波阈值设为分析区间内峰值幅度的 60%。此时，在预设的延迟区间内，最大峰值出现在 $k=89$ 处。

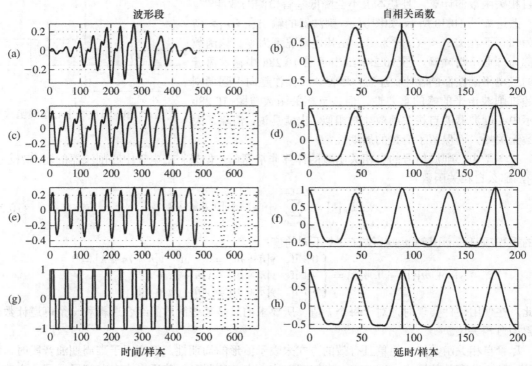

图 10.31　自相关函数中的倍增误差说明：(a)～(b)加汉明窗的自相关函数；(c)～(d)改进的自相关函数；
(e)～(f)带中心削波的改进的自相关函数；(g)～(h)带三电平中心削波的改进的自相关函数

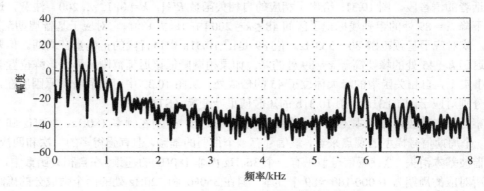

图 10.32　图 10.31a 中语音的短时傅里叶变换

　　另一个例子如图 10.33 所示。此时，图 10.33a 中波形的基音周期是 161 个样本；但图 10.33b 中自相关函数在区间 $48 \leq k \leq 200$ 内的最大峰出现在 $k=81$ 处。原因同样可从图 10.34 中找到，该图给出了对应于图 10.33a 和图 10.33b 的 STFT。此时，真正的基频约为 100Hz，如图 10.34 中区间 0～1000Hz 内的 10 峰所示。这对应于采样率为 $F_s=16000$（16000/161 = 99.4Hz）时的 161 样本的周期。在该例中，$k=81$ 个样本处的峰稍高于 $k=161$ 个样本处的峰。而图 10.34 中的 STFT 给出了一个更丰富的谐波结构，它的第二个和第四个谐波是最强的。

上面的例子表明，中心削波和自相关测量的各种组合通常能准确给出基音周期的线索，但不能完全依靠它们来估计基音周期。因此，基于自相关的完整基音周期检测算法，通常要涉及检测倍频或半频的各种逻辑测试，并使用非线性滤波来消除总误差导致的外围估计。下一节中将讨论一个实例。

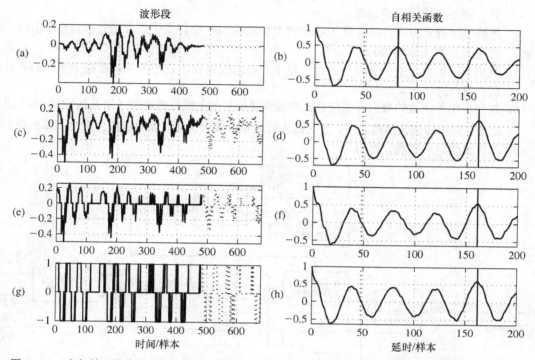

图 10.33　自相关函数中倍增误差的说明：(a)～(b)加汉明窗的自相关函数；(c)～(d)改进的自相关函数；(e)～(f)中心削波的自相关函数；(g)～(h)三电平中心削波的改进的自相关函数

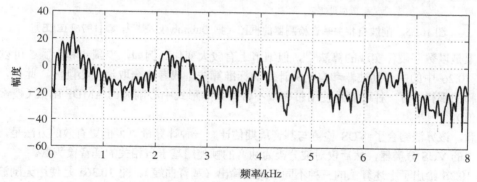

图 10.34　对应图 10.33a 中语音的短时傅里叶变换

10.5.4　一种基于自相关的基音估计器

　　下面考虑使用数字硬件[90]实现的一个基音估计算法的细节，来结束我们关于在基音周期估计中使用自相关的讨论。因此，该算法的基础是三电平中心削波自相关。但对于我们此处的目的而言，重点将是不针对任何硬件或软件实现的算法的细节。该系统在图 10.35 中说明，并总结如下：

1. 语音信号使用一个 900Hz 低通模拟滤波器滤波，并以 10kHz 的采样率采样。

2．以 10ms 间隔选取长度为 30ms（300 个样本）的语音段，从而各语音段叠加了 20ms。

3．用一个 100 个样本的矩形窗计算式(6.17)，即短时平均幅度。每帧中的峰值信号与一个阈值比较，该阈值是通过测量 50ms 背景噪声的峰值信号电平来确定的。如果峰值信号电平在阈值之上，则表明该段是语音而非噪声，算法进行下一步处理；否则该段被分类为静音，而不再做进一步处理。

4．削波电平确定为语音段最前 100 个样本和最后 100 个样本中最大绝对值的最小值的一个固定百分数（如 68%）。

5．利用该削波电平对语音信号进行三电平中心削波处理，且相关函数在整个预期的基音周期范围内进行计算。

6．找到自相关函数的最大峰值位置，并将该峰值与一个固定的阈值（如 $R_s[0]$ 的 30%）进行比较。如果峰值在阈值之下，那么该语音段被分类为清音，如果在阈值之上，那么最大峰的位置就定义为基音周期。

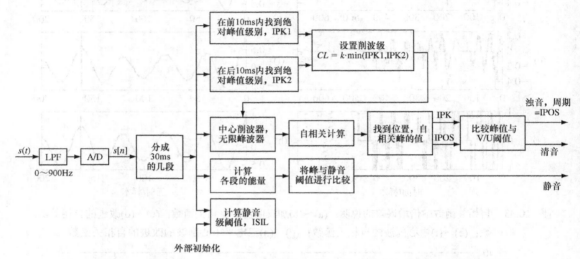

图 10.35　削波自相关基音检测器的框图（据 Dubnowski 等[90]。© [1976] IEEE）

这基本上是以数字硬件实现的算法[90]，但细节上有较大变化。例如，步骤 4 和步骤 5 可以改变为使用图 10.26 中的中心削波器和自相关计算的标准算法，或者完全取消中心削波。此外，如第 6 章所解释的那样，另一种可能是使用带有或不带有某些形式中心削波的 AMDF 函数（搜索下降点而非峰值）。

注意，该算法结合了 VUS 检测与基音周期估计。一种计算量更大但更有效的方法是，先使用 10.4 节中的 VUS 分类器，然后仅对被分类为浊音的帧使用基于自相关的基音检测器。

图 10.36 给出了上述算法的三种不同形式的输出（基音曲线）。图 10.36a 是使用无削波的语音信号的自相关得到的基音曲线。注意，散点明显是由短延时处的峰值大于基音周期处的峰值这一事实所致的误差。还要注意，基音周期平均在 100 和 150 个样本之间，所以自相关函数固有的下降导致了基音周期处峰值的明显衰减。因此，自相关函数中声道响应所致的峰可能会大于周期性所致的峰。图 10.36b 和图 10.36c 分别是中心削波和三电平中心削波与自相关函数一起使用时的情形。很明显，削波处理后消除了大多数错误，除此之外两个结果间并无很大的差别。在两条基音曲线中还留有少数明显的错误。这些错误可用 10.2 节中讨论的非线性平滑方法有效地去除。在图 10.36d 给出的例子中，所有的孤立错误已通过非线性平滑去除。

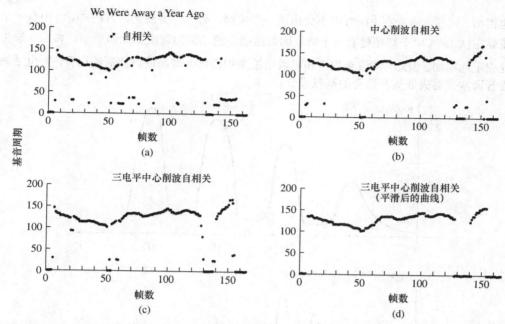

图 10.36　自相关基音检测器的输出：(a)无削波；(b)中心削波（见图 10.26）；(c)三电平中心削波（见图 10.30）；(d)图(c)的非线性平滑输出（据 Rabiner[300]。© [1977] IEEE）

10.5.5　频域中的基音检测

我们已在第 7 章及图 10.32 和图 10.34 的例子中看到，在窄带短时傅里叶表示中，浊音的激励在基音频率整数倍处会出现尖锐的峰值。这一事实已成为大量基于 STFT 的基音检测方案的基础。本节简要讨论基音检测器的一个例子，该例说明了为基音检测使用短时频谱的基本概念，以及数字处理方法所提供的灵活性。该例还表明在使用时基傅里叶表示来确定激励参数时存在许多可能性（习题 10.3 给出了另一个例子）。

频域基音检测的一种方法涉及计算谐波乘积频谱[352]，它定义为

$$P_{\hat{n}}(e^{j\omega}) = \prod_{r=1}^{K} |X_{\hat{n}}(e^{j\omega r})|^2. \tag{10.22}$$

取对数后得到对数谐波乘积频谱：

$$\hat{P}_{\hat{n}}(e^{j\omega}) = 2\sum_{r=1}^{K} \log |X_{\hat{n}}(e^{j\omega r})|. \tag{10.23}$$

函数 $\hat{P}_{\hat{n}}(e^{j\omega})$ 看起来是 $\log|X_{\hat{n}}(e^{j\omega})|$ 的 K 个压缩频率副本之和。使用式(10.23)的目的是，对于浊音，用整数因子来压缩频率标度将会使得基频的各个谐波与基频一致（例如，对于因子为 2 的频率标度压缩，二次谐波将会与基频一致；对于因子为 3 的压缩，三次谐波将会与基频一致；等等）。在各个谐波之间的频率处，某些压缩频率的谐波也会一致，但仅在基频处才会总是加强。

图 10.37 示意性地画出了压缩频率标度的过程，上图给出了未压缩（$r=1$）的对数幅度谱，中图给出了压缩因子为 2（$r=2$）的对数幅度谱，下图给出了压缩因子为 3（$r=3$）的对数幅度谱。就像在该图中看到的那样，对于连续函数 $|X_{\hat{n}}(e^{j2\pi F\hat{T}r})|$，$F_0$ 处的峰值随着 r 的增大会变得更加尖锐；因此，式(10.23)的和在 F_0 处将有一个尖锐的峰，而在其他频率处可能有一些较小的峰。生成的谐波乘积谱和对数谐波乘积谱已被发现尤其能抵抗无关的加性噪声，因为在视为频率的函数时，噪声对 $X_{\hat{n}}(e^{j\omega})$ 的贡献不具有相干结构。因此，在式(10.23)中，$X_{\hat{n}}(e^{j\omega r})$ 中的噪声成分也就趋向于非

相干地相加。同理，清音在 $\hat{P}_{\hat{n}}(e^{j\omega})$ 中不会出现一个尖峰。另一个要点是，为在 $\hat{P}_{\hat{n}}(e^{j\omega})$ 中有一个峰，并不需要在 $|X_n(e^{j\omega})|$ 中于基频处有一个峰。因为压缩后的基频的谐波如上面所示，将在（缺失的）基频处相干地相加。因此，谐波乘积谱和对数谐波乘积谱可处理高通滤波后的语音，如电话语音，电话语音通常会丢失低基音语音的基频成分。

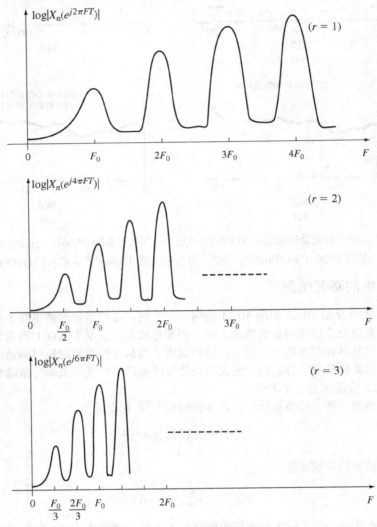

图 10.37   对数谐波乘积谱中各项的表示

图 10.38 以"瀑布图"的形式给出了使用谐波乘积谱和对数谐波乘积谱进行基音检测的一个例子。来自一名女性说话者的输入语音用 10kHz 的采样率采样，且每 10ms 信号与一个 40ms 的汉明窗（400 个样本）相乘。然后再用一个 $N = 4000$ 点 FFT 算法来计算 $X_{\hat{n}}(e^{j2\pi r/N})$ 的值。图 10.38a 和图 10.38b 分别给出了式(10.22)和式(10.23)中 $K = 5$ 时的对数谐波乘积谱和谐波乘积谱。对于女性说话者，180~240Hz 范围内的基音频率峰，在图 10.38b 的谐波乘积谱图形中很明显。在对数谐波乘积谱中，峰似乎差异较小。这要归因于对数运算，因此它压缩了幅度尺度。显然，从图中可以看出，使用谐波乘积谱作为输入，可设计一个相当简单的基音估计算法。Noll 研究了这种算法，并证明所生成的算法具有优秀的抗噪能力[253]。

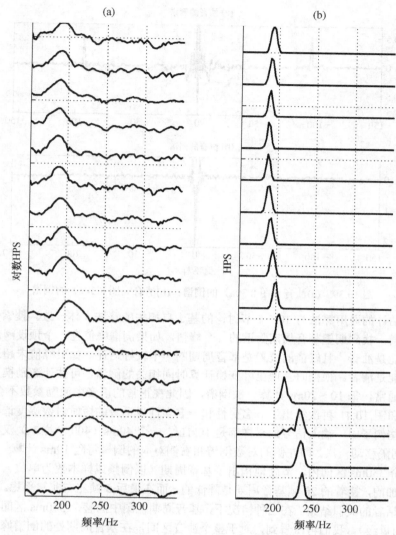

图 10.38　一名女性说话者的对数谐波乘积谱和谐波乘积谱：(a)对数谐波乘积谱序列；
(b)相应的谐波乘积谱序列

10.5.6　用于基音检测的同态系统

第 8 章证明了浊音的倒谱在等于基音周期的一个倒频处，会显示一个脉冲峰值。图 10.39 使用第 8 章的倒谱例子说明了这种情况。图 10.39a 给出了一个浊音段的倒谱（也见图 8.30a），而图 10.39b 给出了一个清音段的倒谱（也见图 8.35c）。这些图形指出，倒谱可作为基音估计算法即基于自相关函数的算法的基础。我们观察到，对于浊音，倒谱中在输入语音段的基本周期处有一个峰值。对于清音，倒谱中未出现这种峰值。倒谱的这些性质可用做确定一个语音段是浊音还是清音的基础，并用来估计浊音的基本周期。

倒谱定义结合了中心削波后的自相关函数的几个特征。对数运算平滑了信号的频谱，且如第 8 章所示，低倒频倒谱值按因子 $1/|n|$ 减小，因此使得声道和倒谱的高倒频激励成分之间的干扰更小。对于浊音，倒谱峰值出现在基音周期的倍数 rNp 处，但这些位置的峰值也按因子 $1/|r|$ 减小。出于这些原因，与使用中心削波的自相关函数相比，倒谱是一种更为可靠的周期指示器。

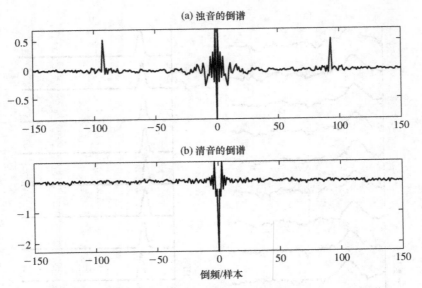

图 10.39　(a)浊音（图 8.30a）的倒谱；(b)清音（图 8.30c）的倒谱

　　倒谱基音估计的通用算法与 10.5.4 节讨论的基于自相关的算法大体一致。搜索使用 8.4 节的方法计算的倒谱，找到期望基音周期附近的一个峰值。如果倒谱峰值在一个预设阈值之上，则输入语音段很可能是浊音，且峰值的位置是基音周期的一个较好估计。如果峰值未超过阈值，则输入语音段很可能是清音。根据时基傅里叶变换计算时间相关的倒谱，可估计激励模型和基音周期的时间变化。通常，每 10~20ms 计算一次倒谱，因此在正常的语音中激励参数不会快速变化。

　　图 10.40 和图 10.41 再次给出了一名男性和一名女性说话者的短时对数幅度谱与短时倒谱的瀑布图。在这些例子中，输入信号的采样率是 10kHz。一个 40ms（400 个样本）汉明窗加权的语音帧以 10ms 间隔移动一次，即左侧的对数倒谱和右侧对应的倒谱每隔 10ms 计算一次。显然，在图 10.40 的整个 350ms 区间内，清晰地指出了基音周期（以倒频或样本数为单位）。前 10 帧左右基音周期是增加的，接着的 20 帧基音周期是降低的，而在最后 5 帧左右非常平稳。图 10.41 给出了一名女性说话者的类似结果。在这种情况下，基音周期在图中的整个 350ms 区间上的改变很小（几个百分点的量级）。我们再次看到，对于整个浊音区间，在基音周期处的倒谱峰是占主导地位的信号电平。很明显，倒谱具有形成高精度基音检测算法的基础的潜力。

　　这两个例子尽管在显示基音信息方面令人印象深刻，但会让我们认为用一种相当简单的算法就能高质量地估计出基音和浊音。如语音分析算法中的常见情形那样，在设计倒谱基音检测算法时，须考虑许多特殊情况并进行折中；但也存在许多已成功使用的基于倒谱的算法。Noll[252]给出了这样一种算法的流程图。与其在此为读者给出任何一个程序的细节，不如提醒读者在使用倒谱进行基音检测时会遇到的一些困难。

　　首先，在 3~20ms 倒谱范围内出现一个强峰，是输入语音段为浊音的一个非常强大的标志。但缺少一个峰值或存在一个低电平峰值则不是输入语音段为清音的强大标志。也就是说，对于浊音，倒谱峰的强度甚至倒谱峰存在与否取决于很多因素，包括对输入信号所加的窗长和输入信号的共振峰结构。容易证明（见习题 10.3）"基音峰"的最大高度是 1，这仅在绝对相同的基音周期情形下才成立。当然，在自然语音下这完全不可能，即使采用包含整数个周期的矩形窗时也是如此。矩形窗很少使用，因为它得到的谱估计质量较差，且在使用汉明窗的情形下，窗长和窗与语音信号的相对位置都会对倒谱峰的高度有相当大的影响。作为一个极端的例子，假设窗长比两个基音周期的长度短。显然，在这种情况下，指望在频谱或倒谱中有很强的周期性指示是不合理的。

因此，如果考虑到数据窗的逐渐衰减效应，通常应该设定窗的长度，使得至少有两个清晰的周期能保留在加窗的语音段中。对于基音较低的男性语音，要求窗的长度为 40ms 量级。对于基频较高的声音，窗的长度可以成比例地缩短。当然，保持窗长尽可能短是理想的，以便使分析间隔内的语音参数变化最小。窗长越长，从开始到结束的变化越大，且作为分析基础的模型偏差也就越大。一种保持窗长既不太短也不太长的方法是，基于前几个（或可能的平均）基音估计来自适应地调整窗长[300, 344]。

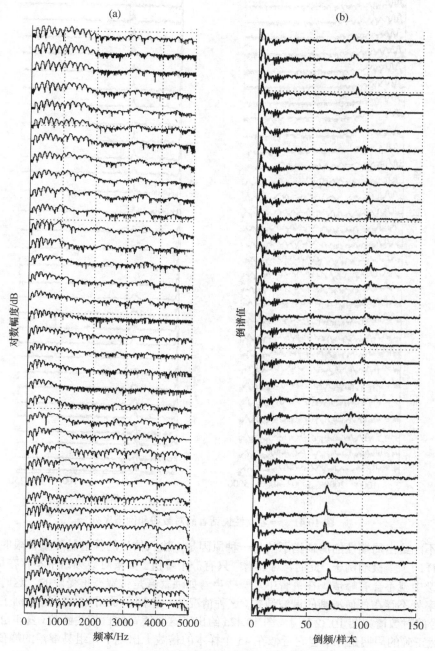

图 10.40　一名男性说话者的对数谱与倒谱序列

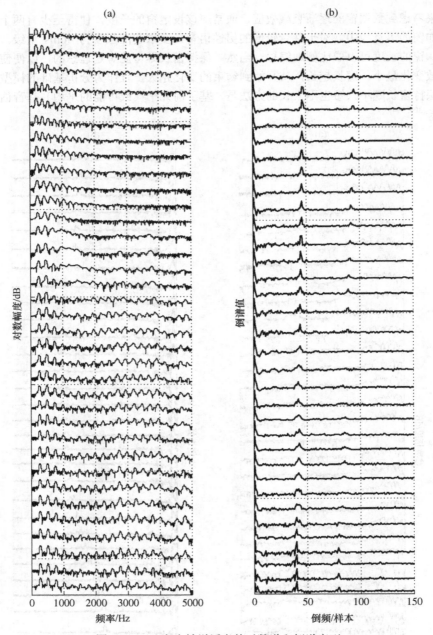

(a)　　　　　　　　　　　　　　　(b)

对数幅度/dB

倒谱值

0　1000　2000　3000　4000　5000
频率/Hz

0　　50　　100　　150
倒频/样本

图 10.41　一名女性说话者的对数谱和倒谱序列

　　倒谱不能给出周期性的清晰指示的另一种原因是，输入信号的频谱是严重带限的。纯正弦信号就是这样的一个极端例子。此时，对数谱中只有一个峰值。如果对数频谱中不存在周期性振荡，那么在倒谱中就不会有峰值。在语音中，一些声音如浊塞音是带宽严重受限的，这时在高于几百赫兹的频率处不存在任何清晰的谐波结构。这种情况的一个例子是图 10.31a 所示例子中给出的信号，该信号的对数谱如图 10.32 所示。图 10.42a 给出了这段语音的自相关函数（复印自图 10.31b）。注意，虽然正确的周期是 89，但它近似在 45 个样本的倍数上出现了一组易混淆的峰值。图 10.42b 给出了相应的倒谱。在这种情况下，尽管在倒频 89 处的倒谱峰很弱，但它在 48 到 200 的区间内仍然很突出（回忆可知，在使用中心削波和改进的自相关函数时，峰值会出现在迟延 178 处而非正确值 89 处）。在许多这种类型的情形下，这个峰值并不弱，幸而除了最短的基音周期外，在所有基音峰值出现的区域内，其他倒谱成分都已消失殆尽。因此，可以用一个相当低的阈值来搜索基音峰值（如 0.1）。作为另一个例子，图 10.42c 和图 10.42d 分别给出了图 10.33a 中波形段的自相关函数（复印自图 10.33b）和倒谱。此时，虽然正确的基音周期是 160，但自相关函数的峰值在迟延为 80 处最高。注意，在图 10.42d 中，虽然在 80 附近有一个更小的峰值，但最大的倒谱峰在正确的值处。

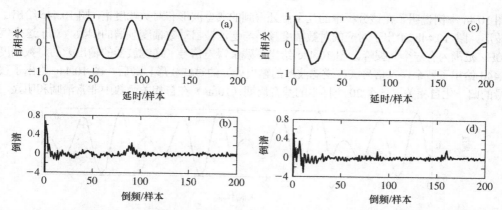

图 10.42　两帧语音的自相关函数与倒谱的对比：(a)图 10.31a 中波形的自相关；(b)图 10.31a 中波形的倒谱；(c)图 10.33a 中波形的自相关；(d)图 10.33a 中波形的倒谱

使用合适的窗长，倒谱峰的位置和幅度一起就可为大多数语音帧提供可靠的基音和浊音估计。在倒谱不能清晰地显示基音和浊音的情形下，增加其他信息，如过零率和能量，并强制基音和浊音估值平滑地变化，都可以改善可靠性[344]。特殊情况所要求的额外逻辑，在软件实现时需要大量的代码，但倒谱基音检测方案的这一部分只占很少的计算量，因此是非常值得的。

10.5.7　使用线性预测参数的基音检测

9.6 节表明，当输入语音信号是清音时，线性预测残余信号 $e[n]$ 基本上是白噪声，而当输入语音信号是浊音时，则会显示出周期性质。如图 9.25 至图 9.28 所说明的那样，选择适当的预测器阶数 p，浊音的输出通常看起来非常像语音生成模型的理想准周期冲激串。因此，可在进行自相关分析之前使用线性预测逆滤波来平滑频谱。这是 Markel[227]提出的一种基音估计算法的基础，他称这种算法为简单逆滤波跟踪法（Simple Imverse Filtering Tracking，SIFT）。Maksym[223]也提出了一种类似的方法。

图 10.43 给出了 SIFT 算法的框图。输入信号 $s[n]$ 经过截止频率约为 900Hz 的低通滤波器滤波后，其采样率（标称值是 10kHz）按 5 抽取为 2kHz（即在低通滤波器输出中，每 5 个本中去掉 4 个样本）。抽取后的输出 $x[n]$ 用自相关法进行分析，滤波器的阶数为 $p = 4$。一个 4 阶滤波器足以建模 0～1kHz 频率范围的信号频谱，因为在此范围内通常仅有 1～2 个共振峰。然后，信号 $x[n]$ 经过逆滤波得到 $y[n]$，此信号具有一个近似平坦的谱[①]。因此，线性预测分析的目的是使输入信号的频谱平坦化，这类似于本章先前讨论过的削波方法。计算逆滤波信号的短时自相关，在适当的范围内选定最大的峰值，并将其作为基音周期。但由于进行了下采样，其时间分辨率仅接近 $5T$ 秒，为了获得基音周期值的更高分辨率，可对最大值所在区间内的自相关函数进行内插。当自相关峰值（适当地归一化）下限到一个由经验确定的指定阈值时，该语音确定为清音。

---

① 输出 $y[n]$ 就是 4 阶预测器的预测误差。

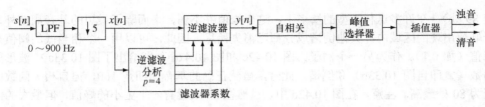

图 10.43　基音检测 SIFT 算法的框图

图 10.44 举例说明了在该分析中的几个点处得到的典型波形和对数幅度谱。图 10.44a 给出了一帧输入波形。图 10.44b 给出了对应的对数幅度频谱与逆滤波器对数幅度频谱的倒数。对于这个例子，在 250Hz 范围内有一个共振峰。图 10.44c 给出了残余误差信号（逆滤波器的输出）的对数幅度谱，图 10.44d 给出了残余误差信号（在逆滤波器的输出处）的时域波形。最后，图 10.44e 给出了残余误差信号的归一化自相关。一个 20 个样本的基音周期（10ms）在自相关函数中非常清晰和明显。

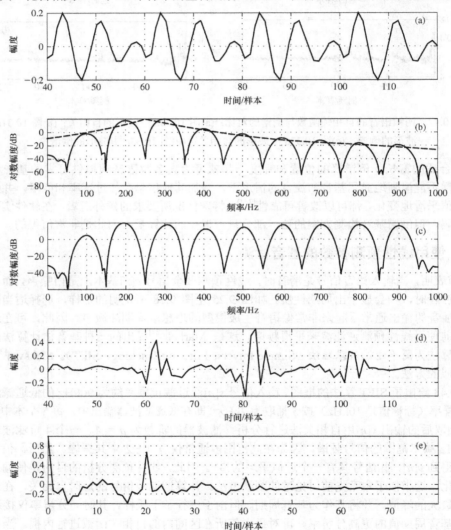

图 10.44　SIFT 算法的典型信号：(a)一帧下采样信号；(b)原始信号的对数幅度谱（实线）和 $p = 4$ LPC 频谱拟合（虚线）；(c)残余误差信号的对数幅度谱；(d)残余误差信号；(e)残余误差信号的自相关，其表明周期峰值在 20 个与 40 个样本处（注意本图所有部分的采样率均为 2000Hz）

SIFT 算法使用线性预测分析为方便基音检测，提供了一个谱平坦的信号。当谱平坦后，该方法执行得非常好。但对于基音说话者（如儿童），谱平坦通常并不成功，因为在 0～999Hz 的频带范围内缺少多个基音谐波（电话线的输入尤其如此）。对于这类说话者和传输条件，其他的基音检测方法也许更适用。

10.6　共振峰估计

到目前至此，我们的注意力一直是图 10.1 中语音生成离散时间模型的左半部分，即有关语音检测、清音/浊音检测、浊音的基音周期估计等算法。语音生成模型的右半部分表示声道传输函数及唇端的声音辐射。当然，开发能直接从采样的自然语音信号中估计出声道模型参数的算法是很意义的。我们已经证明，同态滤波技术（第 8 章）可用于估计声道系统的冲激响应，并且线性预测分析（第 9 章）是估计一个全极点声道滤波器模型参数的有效工具。如我们将在第 11 章、第 13 章和第 14 章中所见的那样，这些方法所得出的声道系统表示在语音编码、语音识别和语音合成中非常有用。当然，在某些情形下，得到一个依据共振峰频率表示的声道系统是有用的，因为共振峰频率与声道面积函数通常被认为是声道系统的最基本的特征。图 10.45 给出了一个稍有调整的语音生成基本模型。可以看出，该模型的目的在于简化，它对清音和浊音采用高度受限的单独信道，对浊音仅涉及三个共振峰频率，对清音则仅涉及一个零点和极点频率。下一节将介绍估计图 10.45 中时变参数的算法细节。

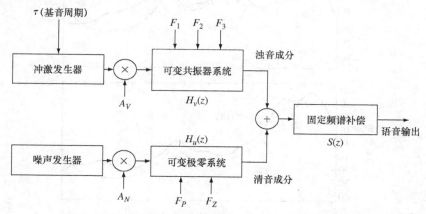

图 10.45　基于共振峰频率参数的离散时间语音生成模型

10.6.1　共振峰估计的同态系统

由 8.5 节的例子我们已了解到，假设倒谱的低时（低倒频）部分主要对应于声道、声门脉冲和辐射系统，而高时（高倒频）部分主要归因于激励是合理的。如 10.5.6 节讨论的那样，通过仅搜索各个峰值的高时部分，倒谱的这一性质被用于基音检测和浊音估计中。8.5 节的例子也建议了利用倒谱来估计声道响应参数的方法。特别地，回顾可知对倒谱加窗可得图 8.33a 和图 8.33d 所示的"平滑"对数幅度函数。这些平滑的对数谱显示了特定输入语音段的共振结构，即谱中各峰值的位置近似对应于共振峰频率。这表明共振峰可通过定位倒谱平滑对数谱中的各个峰值的位置而估计出来。

图 10.45 所示模型用一组参数表示了浊音，这组参数包括基音周期（N_p）、浊音激励幅度（A_V）和最低的三个共振峰频率（F_1、F_2 和 F_3）；类似地，清音可由清音激励幅度（A_N）、一个复零点（F_Z）和一个复极点（F_P）组成的一组参数来表示。对于语音的高频性质，考虑了额外的固定补偿，并

确保适当的频谱均衡。浊音声道传输函数的稳态形式为

$$H_V(z) = \prod_{k=1}^{4} \frac{1 - 2e^{-\alpha_k T}\cos(2\pi F_k T) + e^{-2\alpha_k T}}{1 - 2e^{-\alpha_k T}\cos(2\pi F_k T)z^{-1} + e^{-2\alpha_k T}z^{-2}}. \tag{10.24}$$

该式描述了在零频率处增益为1的几个数字共振器的级联，以便语音幅度仅取决于幅度控制 A_V。假设前三个共振峰频率 F_1、F_2 和 F_3 随时间变化，由于更高共振峰通常并不随时间明显变化，因此第四个共振点固定在 $F_4 = 4000\text{Hz}$ 处，假设采样率为 $F_S = 10\text{kHz}$。共振峰带宽 $\{\alpha_k, k = 1, 2, 3, 4\}$ 也固定在语音的均值处。与声道系统级联的是一个额外的固定频谱补偿系统，其系统函数为

$$R(z) = \frac{(1 - e^{-aT})(1 + e^{-bT})}{(1 - e^{-aT}z^{-1})(1 + e^{-bT}z^{-1})}, \tag{10.25}$$

该式用来近似声门脉冲和辐射的贡献，其中选择 a 和 b 来提供良好的整体谱匹配。有代表性的值为 $a = 400\pi$ 和 $b = 5000\pi$。对于某位说话者，由该说话者的一个长时平均谱，可得到更为精确的值。

图 10.46 表明，在倒谱平滑谱和式(10.24)所示模型的频率响应之间，可得到较好的匹配。在这些例子中，式(10.24)中的频率 F_1、F_2、F_3 可估计为倒谱平滑谱中前三个峰的频率位置。

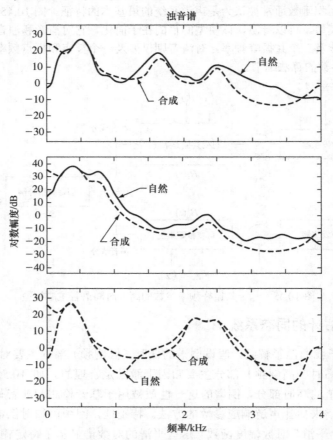

图 10.46 浊音倒谱平滑的对数谱和语音模型谱间的比较

对于清音，声道贡献可由一个简单的系统来仿真，该系统由单个复极点（F_P）和单个复零点（F_Z）组成，且具有稳态传输函数

$$H_U(z) = \frac{(1 - 2e^{-\beta T}\cos(2\pi F_P T) + e^{-2\beta T})(1 - 2e^{-\beta T}\cos(2\pi F_Z T)z^{-1} + e^{-2\beta T}z^{-2})}{(1 - 2e^{-\beta T}\cos(2\pi F_P T)z^{-1} + e^{-2\beta T}z^{-2})(1 - 2e^{-\beta T}\cos(2\pi F_Z T) + e^{-2\beta T})}, \tag{10.26}$$

式中，F_P选择为平滑对数谱中 1000Hz 之上的最大峰的频率位置。F_Z根据下面的经验公式确定：

$$F_Z = (0.0065F_P + 4.5 - \Delta)(0.014F_P + 28) \tag{10.27a}$$

式中，

$$\Delta = 20\log_{10}\left|H(e^{j2\pi F_P T})\right| - 20\log_{10}|H(e^{j0})| \tag{10.27b}$$

它保持了高频和低频之间的近似相对幅度关系[108]。图 10.47 表明，这个相当简单的模型能保持清音频谱的基本谱特征，图中比较了倒谱平滑对数谱和式(10.26)至式(10.27b)所定义的模型。在这种情况下，F_P选择为倒谱平滑谱中最大峰的频率位置。

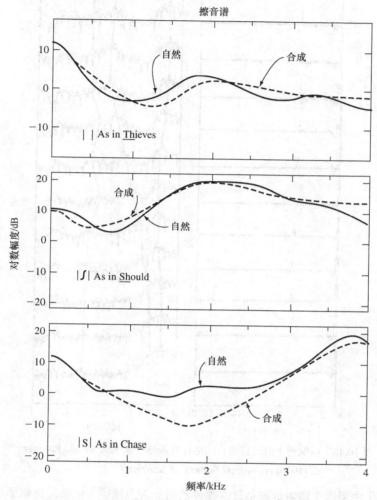

图 10.47　清音的倒谱平滑对数谱和语音模型谱之比较

　　当然，所有指出的参数都会随时间变化。估计这些参数的一种方法是基于每 10～20ms 计算一次倒谱平滑的对数幅度函数[108,344]。然后定位对数谱峰的位置，并根据倒谱峰的电平进行一个浊音判决。如果语音段是浊音，基音周期可在合适的基音值范围内通过定位倒谱峰的位置来估计，前三个共振峰频率则利用基于语音生成模型的逻辑从一组倒谱峰的位置中估计出来[108,344]。对于清音，将对数谱最高峰值的位置设定为极点，而零点的位置应使低频和高频之间的相对幅度保持不变[108]。

　　图 10.48 给出了对浊音估计基频和共振峰频率的一个实例。左图是在 20ms 间隔内计算的一系列倒谱。右图画出了对数幅度谱和叠加于其上的倒谱平滑对数谱。线段连接了由文献[344]所述算法

选取的作为前三个共振峰频的各个峰值。图 10.48 表明两个共振峰频率偶尔会靠得非常近，以至于不能再区分这两个峰。这些情况可被检测出来，且对位于各个合并峰的频率区域附近的单位圆内的曲线计算加窗语音段的 z 变换，可以提高分辨率。使用称为线性调频 z 变换（CZT）的谱分析算法，可方便地实现这种计算[315]。

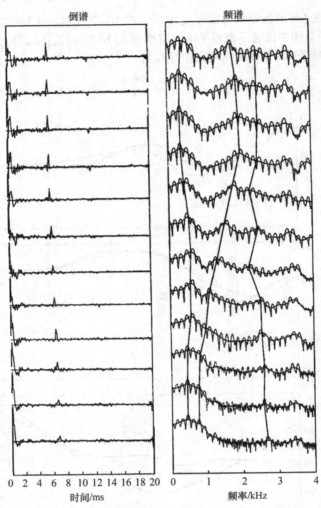

倒谱　　　　　频谱

时间/ms　　　频率/kHz

图 10.48　由倒谱平滑对数谱自动估计共振峰（据 Schafer and Rabiner [344]。
© [1970] Acoustical Society of America）

　　Olive 提出了由倒谱平滑对数谱估计共振峰的另一种方法[262]，他使用类似于合成–分析法的一个迭代程序来找到一组极点，以便通过最小均方差使传输函数与平滑后的对数谱匹配。

　　共振峰频率轨迹的估计在许多应用中极其有用，包括语言学和语音学研究、说话者确认和语音合成研究等。例如，采用上述方法估计的共振峰和基音数据可合成语音，方法是使用估计的参数简单地控制图 10.45 所示的模型。使用该模型合成语音的一个例子如图 10.49 所示。上图所示是由自然语音估计的参数，该语音的语谱图如图 10.49b 所示。图 10.49c 是用图 10.49a 中的参数控制图 10.45 所示模型产生的合成语音的语谱图。显然，合成语音中保留了原始信号的基本特征。事实上，尽管该模型十分粗糙，但合成语音仍然是可懂的，并保留了原说话者的许多识别特征。事实上，由该程序估计的基频和共振峰频率形成了说话者确认研究中的基础[327]。

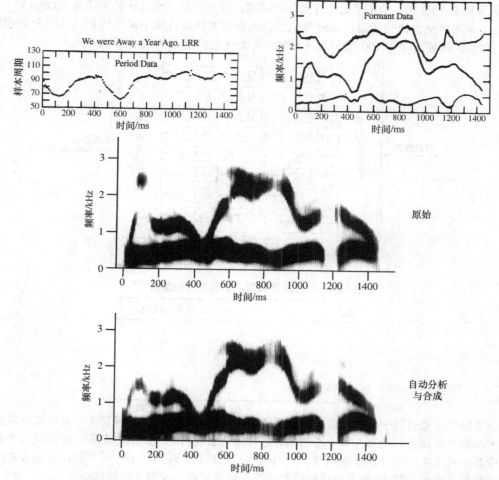

图 10.49　"We were away a year ago" 的自动分析和合成：(a)计算机画出的基音周期和共振峰频率；(b)原始语音的宽带语谱图；(c)由(a)中数据生成的合成语音的宽带语谱图（据 Schafer and Rabiner[344]）

　　我们一直在讨论的这种表示的一个重要性质是，信息率可非常低。如第 11 章中详细讨论的那样，语音波形样本的另一种表示可基于图 10.45 所示的模型，条件是估计该模型参数的算法存在且是时间的函数。然后，使用这些估计值来控制模型，就能合成出一个重建波形的样本。这样一个完整的系统称为分析/合成系统，或称为声码器。基于图 10.45 所示模型的一个完整的共振峰分析-合成系统（或共振峰声码器）如图 10.50 所示。模型参数以 100 次/秒的速率进行估计，并通过低通滤波去除噪声。然后将采样率降低到滤波器截止频率的两倍，并对参数进行量化。对于合成，每个参数被插值回 100 样本/秒的速率，并提供给图 10.45 所示的合成器。

　　进行听感知研究可确定图 10.50 中共振峰声码器的合适采样率和量化参数[329]。首先把分析和合成部分直接连接起来，以产生合成的参考信号。然后，参数经低通滤波来确定最低带宽，即使得经滤波和未经滤波的合成语音在听感知上无明显差异的最小带宽。业已发现，带宽最低能够降至约 16Hz 而没有明显的质量变化。滤波后的参数能以约 33Hz 的采样率采样（3 比 1 抽取）。然后进行实验来确定所需的信息率。共振峰和基频参数用一个线性量化器量化（调整到每个参数的取值范围），幅度参数用一个对数量化器量化①。表 10.2 小结了听感知测试的结果。使用 33 个样

---

① 线性和对数量化的详细介绍见 11.4 节和 11.4.2 节。

本/秒的采样率，表 10.2 给出了每个参数的比特数，业已发现，当总比特率约为 600bps 时，对于该实验中采用的全部浊音话语，未经量化的合成语音的质量并未下降（注意，为充分表示浊音/清音的过渡，需要一个以 100 次/秒速率传输的额外 1 比特清音/浊音参数）。

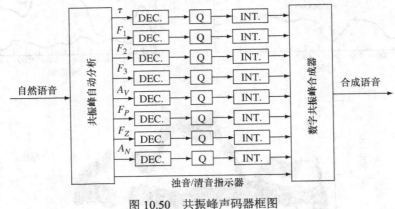

图 10.50　共振峰声码器框图

表 10.2　共振峰声码器的听感知评价结果[329]

参数	所需比特/样本
τ	6
F_1	3
F_2	4
F_3	4
$\log[A_V]$	2

　　该实验的结果有助于我们为语音压缩系统建立一个较低的目标。尽管实验表明高质量的语音信号表示能够实现我们在第 3 章中最初估计的接近几百比特/秒的速率，但在大范围说话者和语音声音中都稳健地实现这种性能很困难。人们研究了几种共振峰声码器[148, 236, 359]，但随着数字传输或存储容量的发展，第 11 章中将讨论的其他语音量化方法已变得非常稳固。

10.6.2　使用线性预测参数的共振峰分析

　　使用线性预测分析估计语音浊音段的共振峰时，语音线性预测分析既有若干优点也有某些缺点。用预测参数估计共振峰有两种方法。最直接的方法是对预测多项式进行因式分解，并确定哪些根对应于共振峰，哪些根对应于频谱形状中的极点[226,228]。估计共振峰的另一种方法是先求得频谱，然后用类似于 10.6.1 节讨论的一种峰值提取方法来确定共振峰。

　　共振峰分析的线性预测方法所固有的一个优点是，共振峰中心频率和带宽可通过因式分解预测多项式精确地确定（见 9.7.3 节）。由于预测器的阶数 p 是预先选定的，因此所能得到的复共轭极点对的数量最多为 $p/2$。这样，对于只有较少极点可供选择的线性预测方法，在判断哪个极点归属于哪个共振峰时所固有的标注问题上，与倒谱平滑获得谱的方法相比较就不那么复杂。最后，在线性预测分析中，额外的极点一般容易排除掉，因为它们的带宽比典型语音的共振峰所期望的带宽通常要大很多。图 10.51 给出了一个例子，它表明极点位置的确能很好地表示共振峰频率[12]。图 10.51 的上图给出了 "This is a test" 的窄带语谱图，该语谱图上叠加了用一个 $p = 16$ 阶线性预测分析估计的共振峰频率。下图显示了它们本身的根。显然，这些根在语音的浊音区域中非常好地保留了共振峰结构，因而形成了一种高质量共振峰估计算法的基础。9.7.3 节的图 9.38 给出了表明预测多项式的根和共振峰关系的另一个例子。

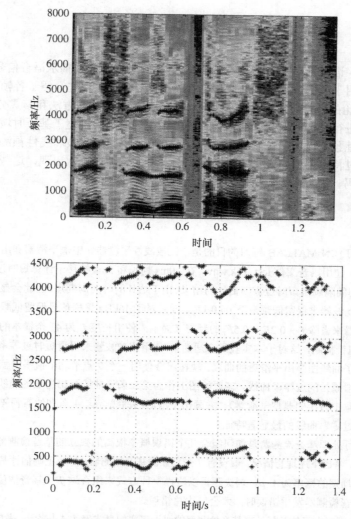

图 10.51　(a)原始语音发音"This is a test"的语谱图，图上叠加了用 $p = 16$
阶预测误差滤波器根的估计的共振峰；(b)多项式的根

在共振峰轨迹跟踪中，利用线性预测分析固有的缺点在于用一个全极点模型来对语音频谱建模。对于如鼻音和鼻化元音这样的声音，虽然这种分析依据其谱的匹配能力来说是适用的，但当物理模型对极点和零点两者都要求时，预测多项式的根的物理意义是不明确的。不清楚体现在短时频谱中的物理模型的零点是如何影响全极点线性预测模型的极点位置的。这种分析的另一个难点是，即使根的带宽容易确定，但一般还是不清楚它与实际共振峰带宽间的关系，因为所测量的根的带宽已经证明对帧的持续长度、帧位置及分析方法都很敏感。

基于这些优点和缺点，人们提出了使用峰值挑选法由线性预测导出的谱估计共振峰的几种方法，以及使用因子分解法由预测多项式估计共振峰的几种方法。选定候选共振峰后，用于标定这些候选共振峰的技术，即把一个候选共振峰分配给某个特定共振峰的技术，就类似于任何其他分析方法中使用的技术。这些技术包括对共振峰连续性的依赖性，使相近共振峰合并可能性最小的预加重，以及使用偏离单位圆的曲线来计算线性预测谱，进而锐化谱峰。Markel[226, 228]、Atal and Hanauer[12]、Makhoul and Wolf[222]和 McCandless[237]都对各种共振峰频率和带宽的估计方法进行了讨论。

10.9　小结

本章讨论了数字语音处理中采用 DSP 技术的一些例子，目的是揭示语音信号基于 DSP 概念的基本表示是如何用于创建各种算法来估计语音模型的参数的。首先介绍了各帧语音样本的简单 UVS 分类问题。讨论的各种算法结合了语音信号属性知识的启发式方法和模式分析的统计方法。接着考虑了对浊音进行基音周期估计的困难和普遍存在的问题，描述了基于时域、频域、倒谱域以及语音信号的线性预测表示的算法。最后讨论了如何使用同态滤波和线性预测分析来估计共振峰频率。本章中通过特例阐述的许多原理会在本书余下的章节中再次出现，这些章节考虑了更广泛的语音和音频编码、语音合成和语音识别领域。

习题

10.1 （MATLAB 练习）本 MATLAB 练习的目的是，比较线性平滑器、中值平滑器和组合平滑器对短时过零估计的效果。使用语音文件 test_16k.wav，在 10ms 帧长和 5ms 帧移下计算短时过零率（每 10ms 语音）。以 10ms 的间隔画出短时过零率估计的结果（由于估计的时间周期短，因此会显示很多高频变化）。设计一个低通滤波器来保留低频带至 $f = 0.1F_s$，或者对于 16kHz 采样信号保留低频带至 1.6kHz。设计一个低通滤波器来去除 $f = 0.2F_s \sim 0.5F_s$ 的频带（提示：使用长度 L 为 41 个样本的滤波器时，会得到约为 40dB 的阻带抑制，这对于本实验是合适的）。使用该滤波器来平滑短时过零率曲线，并在原始过零率图上作为子曲线图画出平滑后的曲线。现在组合使用一个 7 点滑动中值平滑器和一个 5 点滑动中值平滑器来平滑原始的过零率曲线。在原始图上作为第三条子曲线画出生成的曲线。最后使用一个组合平滑器（本章中讨论的典型平滑器），并画出平滑后的曲线。这 4 条曲线有何差别？哪条曲线最好地保留了原始过零率曲线的最显著特征？

10.2 为说明一个并行处理基音检测器是如何组合几个错误概率很高的独立的基音检测器的，并给出一个高度可靠的结果，考虑下述理想情况，假设有 7 个独立的基音检测器，每个正确估计基音周期的概率为 p，错误估计基音周期的概率为 $1-p$。判决逻辑以这样一种方式来组合这 7 个基音估值，即仅在 4 个或更多个独立的基音检测器发生错误时，才会发生总错误。

    (a) 推导出一个用 p 表示的并行处理基音检测器的错误概率的显式表达式 [提示：考虑把每个基音检测器的结果视为一个贝努利实验，其发生错误的概率为 $1-p$，不发生错误的概率为 p]。

    (b) 画出总错误概率与 p 的函数关系曲线。

    (c) 对于什么样的 p 值，总错误概率小于 0.05？

10.3 一种基音检测器由一个数字带通滤波器构成，其下截止频率为

$$F_k = 2^{k-1}F_1, \quad k = 1, 2, \ldots, M,$$

上截止频率为

$$F_{k+1} = 2^k F_1, \quad k = 1, 2, \ldots, M.$$

截止频率的这种选择为滤波器组提供了这样一个性质，如果输入是基频为 F_0 的周期信号，且

$$F_k < F_0 < F_{k+1},$$

那么频带 1 到 $k-1$ 的滤波器输出只会有很少的能量，频带 k 的输出将会包含基本频率，频带 $k+1$ 到 M 将包含一个或多个谐波。因此，在每个滤波器的输出后接一个能够检测纯音的检测器，就能得到一个较好的基音标记。

    (a) 求 F_1 和 M，以便该方法可对 50～800Hz 的基音频率起作用。

    (b) 画出 M 个带通滤波器中的每个滤波器的频率响应。

(c) 你能给出几种简单的方法来在每个滤波器的输出处实现所需要的音调检测器吗？

(d) 使用非理想带通滤波器实现这种方法时，你预计会遇到什么类型的问题？

(e) 若输入语音被带限为 300~3000Hz，如电话线输入，会发生什么？在此情况下你能提出改进吗？

10.4 （MATLAB 练习：基于规则的孤立词语音检测器）使用基于帧的对数能量和过零率测量的简单规则，编写一个 MATLAB 程序，在相对安静和温和的声学背景中检测（孤立）出一个口语单词。用于本练习的语音文件，可从本书提供的 zip 文件 tidigits_isolated_unendpointed.zip 中找到。该 zip 文件中包含了相对安静声学背景下的 11 个数字（即 0~9 和 oh）波形文件，每个数字有两组波形，文件命名的格式为{1-9, O, Z}{A, B}.wav。这样，文件 3B.wav 包含有第二组语音数字/3/，而文件 ZA.wav 包含第一组语音数码/zero/，等等。

本练习的目标是实现一个简单的基于规则的语音端点检测器，该检测器每 10ms 间隔逐帧测量对数能量（dB 标度）和过零率，以检测该语音信号的区域，并将它从背景信号中分离出来。

编程时该算法采用的步骤如下：

1. 读取一个语音文件。

2. 把输入信号的采样率从 F_s = 20000 个样本/秒转换为 F_s = 8000 个样本/秒。

3. 设计一个 FIR 带通滤波器，去除 DC、60Hz 杂音和高频噪声（采样率 F_s = 8000Hz），使用 MATLAB 的滤波器设计函数 firpm。滤波器的设计特性应包括一个对应于 $0 \leq |F| \leq 100$Hz 的阻带，一个对应于 $100 \leq |F| \leq 200$Hz 的过渡带，以及一个对应于 $200 \leq |F| \leq 4000$Hz 的通带。使用得到的 FIR 滤波器对语音文件进行滤波。

4. 定义帧分析参数，即
   - NS = 单位为 ms 的帧长，L = NS*8 是 8000Hz 采样率下的帧长，即每帧的样本数。
   - MS = 单位 ms 的帧移，R = MS*8 是 8000Hz 采样率下的帧移，即帧移的样本数。

5. 对整个文件的所有帧，即每 R 个样本，计算对数能量和过零率（每 10ms 间隔）。

6. 计算文件前 10 帧的对数能量和过零率的均值与标准差（假设是纯背景信号）；eavg 和 esig 称为对数能量参数的均值和标准差，zcavg 和 zcsig 称为过零率参数的均值和标准差。

7. 定义端点检测器参数：
   - IF = 35，过零率的绝对阈值
   - IZCT = max(IF, zcavg + 3*zcsig)，基于背景信号统计的可变过零率阈值
   - IMX = max(eng)，对数能量参数的绝对峰值
   - ITU = IMX−20，对数能量参数的高阈值
   - ITL = max(eavg + 3*esig, ITU−10)，对数能量参数的低阈值

8. 搜索信号区间，找到对数能量的峰值（通常假设在语音信号的中心其附近），然后搜索对数能量曲线，找到主要能量集中区，集中区峰值两侧的对数能量低于电平 ITU。接着，找到对数能量低于 ITL 的点，它定义了该口语单词的扩展主能量曲线。然后，基于超过阈值 IZCT 的过零率参数，展开该词的区域，使得区域中至少 4 个连续帧靠近当前估计的单词边界。一旦跨越最小持续时间阈值，就将该词的边界调整为包含过零率超过阈值的整个区域。

为了说明语音端点检测器的用法，进行如下实验：

1. 在同一页上的两个图形上分别画出对数能量和过零率曲线，给出仅基于对数能量的端点检测器判决（图中使用虚线），以及基于对数能量和过零率的端点检测器判决（图中使用点线）（你可能想要在两幅图中用虚线显示各个阈值的位置）。图 P10.4 给出了单词/six/发音的典型图形，其中虚线表示对数能量的边界点，点线表示过零率的边界点，虚线表示对数能量和过零率的阈值。

2. 倾听检测的语音区域，确定是否丢失了部分语音信号，或语音边界内是否包含了多余的背景信号。

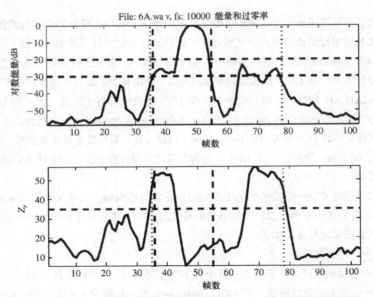

File: 6A.wa v, fs: 10000 能量和过零率

图 P10.4 单词/six/发音的端点检测器区域，显示了对数能量和过零率曲线

10.5 （MATLAB 练习：贝叶斯孤立词语音分类器）使用一个贝叶斯统计框架，编写一段 MATLAB 程序把每帧信号分类为非语音帧（类别 1）或语音帧（类别 2）。每帧分类的特征向量包括对数能量和过零率（每 10ms 时间间隔）的短时测度，特征向量的两个成分使用简单的高斯拟合来建模，且这两个成分之间不相关。

本练习所用语音文件与习题 10.4 的相同，可从本书提供的 zip 文件 tidigits_isolated_unendpointed.zip 中找到。

该 zip 文件中包含有相对安静声学背景下的 11 个数字（即 0~9 和 oh）的波形文件，每个数字都有两组波形，文件命名格式为{1-9, O, Z} {A, B}.wav。这样，文件 3B.wav 包含第二组语音数字/3/，而文件 ZA.wav 包含第一组语音数字/zero/，等等。贝叶斯分析的两种可能输出结果是语音和非语音。标注的训练数据可在本书配套资源中找到，它包含在文件 nonspeech.mat 和 speech.mat 中。这些 mat 文件包含了两个参数的数组（对数能量和过零率/10ms 时间间隔），对于非语音类为数组 logen 和数组 zcn，对于语音类为数组 loges 和数组 zcs。

首先要做的是训练贝叶斯分类器，即确定类 1（非语音）和类 2（语音）帧的特征向量的高斯分布表示的均值和标准差。来自训练集的类 1 和类 2 标记的特征向量的位置如图 P10.5a 所示，其中类 1 标记的特征向量显示为圆圈，类 2 标记的特征向量显示为加号。类 1 标记的分布很紧凑，而类 2 标记的分布很分散。

为测试贝叶斯分类器，可根据类 1 和类 2 数据的高斯分布，通过距离测度，使用孤立数字文件，并对每帧参数组 **X** 打分：

$$d_j = d(\mathbf{X}, N(\boldsymbol{\mu}_j, \sigma_j)) = \sum_{k=1}^{2} (\mathbf{X}(k) - \boldsymbol{\mu}_j(k))^2 / \sigma_j(k)^2, \quad j = 1, 2,$$

式中 j 为类号（对非语音 $j = 1$，对语音 $j = 2$），μ_j 和 σ_j 为两个类的均值和标准差。具有最小距离得分的类为选定的类。我们可以对每类得分附加一个置信度，形成置信度

$$c_1 = \frac{\left(\frac{1}{d_1}\right)}{\left(\frac{1}{d_1} + \frac{1}{d_2}\right)} = \frac{d_2}{d_1 + d_2}, \quad c_2 = \frac{\left(\frac{1}{d_2}\right)}{\left(\frac{1}{d_1} + \frac{1}{d_2}\right)} = \frac{d_1}{d_1 + d_2},$$

其中置信分数 0.5 代表在分类判决中完全缺乏自信，而置信分数接近 1 则代表在分类判决中充满自信。

图 P10.5b 中的上图给出了对孤立数字文件 6A.wav 进行贝叶斯分类的结果。图中显示了每帧的分类分数，置信分数和置信阈值为 0.75 的一条点画线，以及对数能量曲线（中图）和过零率曲线（下图）。这里我们看到数字/6/的浊音区间被正确分类为类 2（语音），并且大部分背景（连同数字/6/中的停顿间隙）

被分类为类 1（背景）。但由于在单词/6/开始之前有一个虚假的点击声，因此有个较短的区域被（错误地）分类为语音。

对几个孤立的数字文件测试你的分类算法，看看会出现什么错误，以及这些错误是如何与计算出的置信分数相关的。

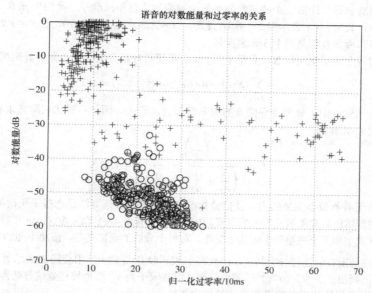

图 P10.5a　非语音（o）和语音（+）训练数据的对数能量与过零率关系图

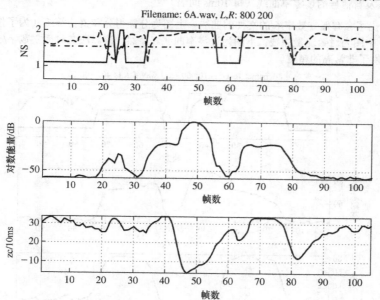

图 P10.5b　单词/six/发音的贝叶斯分类区域，图中显示了分类判决（1 表示非语音，2 表示语音）和置信分数（上图中的水平点画线表示 75%的置信等级）、对数能量曲线（中图）和过零率曲线（下图）

10.6 （MATLAB 练习：贝叶斯 VUS 分类器）编写一段 MATLAB 程序，使用 10.4 节中讨论的贝叶斯统计框架，把每帧信号分类为静音/背景（类 1）、清音（类 2）或浊音（类 3）。帧分类的特征向量 **X** 由 10.4 节中定义的 5 个短时测量参数组成。

一组训练文件 training_files_VUS.zip（其中包含了来自三类中每一类的经手工选择的特征向量的样例）可从本书的配套资源中找到。这些训练文件被标注为 silence.mat、unvoiced.mat 和 voiced.mat，每个 .mat 文件包含有该类的训练向量集。

假设训练数据是高斯分布的，且特征向量的 5 个成分都彼此无关。因此，对于三类声音中的每一类，我们需要由训练数据估计出 5 个特征参数中每个参数的均值和标准差。我们用 μ_j 和 σ_j 表示第 j 个类的均值和标准差，其中 $j = 1$ 表示类 1（静音/背景），$j = 2$ 表示类 2（清音），且 $j = 3$ 表示类 3（浊音），同时每个均值和标准差都是一个 5 元素向量。

对于待分析的每个测试集向量 $\mathbf{X}$，为每个类 j 使用最简贝叶斯分类规则，即计算距离测度：

$$d_j = \sum_{k=1}^{5} (\mathbf{X}(k) - \mu_j(k))^2 / (\sigma_j(k))^2, \quad j = 1, 2, 3$$

式中，我们认识到，由于处理特征向量的成分时都彼此无关，因此可对加权距离求和。此外，以分类分数将置信度 C_j 计算为

$$C_j = \frac{\left(\dfrac{1}{d_j}\right)}{\left(\dfrac{1}{d_1} + \dfrac{1}{d_2} + \dfrac{1}{d_3}\right)}, \quad j = 1, 2, 3.$$

可以证明，对于有着最小距离的类，置信分数越高，就越确信该算法已选择了正确的类。

该练习所用的测试语音文件可从本书配套资源中的 zip 文件 testing_files_VUS.zip 中找到。该 zip 文件包含了含有孤立数字和两个完整句子的几个文件。对每个分析的测试文件，按照下面的要求作图：

1. 对测试文件的所有帧进行分类判决，用代码 1 表示静音/背景类，用代码 2 表示清音类，用代码 3 表示浊音类；画出（虚线）所有帧的置信分数（缩放因子为 3，以便峰值置信分数为 3）。
2. 画出测试发音信号的对数能量曲线（单位为 dB）。
3. 画出测试发音信号的过零率曲线（每 10ms 间隔）。

图 P10.6 给出了含有孤立数字 /6/ 的文件的曲线。上图为分类得分和置信等级（为了作图方便，虚线放大了 3 倍）；中图为对数能量曲线；下图为过零率曲线。显然，该算法在对孤立数字 /6/ 进行三电平分类判决时，提供了非常高的精度。

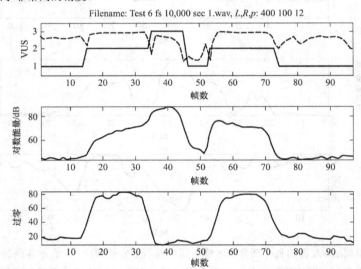

图 P10.6　单词 /six/ 发音的贝叶斯分类区域，图中显示分类判决（1 表示静音，2 表示清音，3 表示浊音）和置信分数（上图中的虚线）、对数能量曲线（中图）和过零率曲线（下图）

10.7（MATLAB 练习：基于自相关的基音检测器）使用改进的自相关函数，编写一个基于自相关的基音检测器程序。对比使用原始语音得到的结果与由带通滤波后的语音文件得到的结果。

实现基音检测器的步骤如下：

1. 指定说话者是男性还是女性（该程序利用说话者的性别来设置基音周期曲线的范围）。

2. 读取语音文件（包括确定语音采样率 fs）。

3. 对于该练习题，将采样率转换为标准值 fsout = 10000Hz。

4. 设计和实现一个带通滤波器，以消除直流成分、60Hz 杂音和高频（1000Hz 以上）信号，使用的设计参数如下：

   - 阻带 0∼80Hz
   - 过渡带 80∼150Hz
   - 通带 150∼900Hz
   - 过渡带 900∼970Hz
   - 阻带 970∼5000Hz
   - 滤波器长度为 $n = 301$ 个样本

5. 保存全带语音和带通滤波语音文件，以便进行处理和比较。

6. 播放原始语音和带通滤波后的语音文件，确保滤波处理正常。

7. 将信号分为长度为 L = 400 个样本（对应于 40ms 语音区间）的多个帧，帧移 R = 100 个样本（对应于 10ms 移动区间）。

8. 逐帧计算下面指定的两帧信号之间的改进相关：

$$s_1[n] = [s[n], s[n+1], \ldots, s[n+L-1]],$$
$$s_2[n] = [s[n], s[n+1], \ldots, s[n+L+\text{pdhigh}-1]],$$

式中 n 为当前帧的起始样本，pdhigh 为最长的预计基音周期（基于说话者的性别），它指定为

$$\text{pdhigh} = \begin{cases} \text{fsout}/75, & \text{男性} \\ \text{fsout}/150, & \text{女性} \end{cases}$$

（提示：使用 MATLAB 函数 xcorr 来计算 $s_1[n]$ 和 $s_2[n]$ 之间的改进相关，因为它比其他实现都要快）。

9. 从 pdlow 到 pdhigh 搜索，找到改进自相关函数的最大值（为当前帧推定的基音周期估值），以及在最大值处的改进自相关函数的值（置信分数），使用的范围估值为

$$\text{pdlow} = \begin{cases} \text{fsout}/200, & \text{男性} \\ \text{fsout}/300, & \text{女性} \end{cases}$$

对原始文件和带通滤波后的语音文件都进行全部操作。

10. 将置信分数（在最大值处的改进自相关函数的值）转换为对数置信分数，在对数置信分数最大值的 0.75 处设置一个阈值，并对其对数置信分数在该阈值之下的所有帧的基音周期设为 0。

11. 画出原始语音文件和带通滤波后的语音文件的基音周期与对数置信分数的关系曲线；如何比较这些曲线？

12. 使用一个 5 点中值平滑器平滑基音周期分数和置信分数。

13. 画出中值平滑后的基音周期分数和中值平滑后的置信分数。

14. 在文件 out_autoc.mat 中保存计算出的基音周期和置信分数。

哪种处理的效果更好？是使用全带原始语音文件还是使用带通滤波后的语音文件？在生成的基音周期曲线上，你观察到的差别有多大？

10.8 （MATLAB 练习：基于对数谐波乘积谱的基音检测器）根据 10.5.5 节讨论的对数谐波乘积谱方法，编写一个基音检测器程序。在时刻 n 的一个信号的对数谐波乘积谱定义为

$$\hat{P}_{\hat{n}}(e^{j\omega}) = 2\sum_{k=1}^{K} \log_{10} |X_{\hat{n}}(e^{j\omega k})|,$$

式中，K 是 $\log 10 |X_{\hat{n}}(e^{j\omega})|$ 压缩频率副本的个数，K 个压缩频率副本加在一起得到 $\hat{P}_{\hat{n}}(e^{j\omega})$。

遵循的步骤如下：

1. 读入语音文件名和说话者的性别；载入语音文件并确定语音文件的采样率 fs；将信号的采样率转换为标准采样率 fsout = 10000Hz。

2. 使用形式为 $H(z) = 1 - z^{-1}$ 的一个简单 FIR 滤波器来均衡语音信号谱。

3. 播放原始文件和频谱均衡后的文件，验证滤波工作的正确性。

4. 定义计算 STFT 和对数谐波乘积谱的信号处理参数，即

   - nfft = 4000，用于计算 STFT 的 FFT 长度。
   - L = 400，10000Hz 采样率下的帧长（样本数）。
   - R = 100，10000Hz 采样率下的帧移（样本数）。
   - K = 10，相加生成对数谐波乘积谱的压缩频率 STFT 的副本数。
   - coffset = 275，判决一帧为非浊音时所需 $\hat{P}_{\hat{n}}(e^{j\omega})$ 峰值的偏移量（在整句话上）。

5. 在整个信号区间上执行基于帧的 STFT 分析；使用 N 个样本帧，填充 nfft-N 个零；使用长为 N 个样本的汉明窗，并（对每一帧）计算

$$\hat{P}_{\hat{n}}(e^{j\omega}), \quad 2\pi f_L \le \omega \le 2\pi f_H,$$

$$f_L = \begin{cases} 75 & \text{，男性} \\ 150 & \text{，女性} \end{cases}$$

$$f_H = \begin{cases} 200 & \text{，男性} \\ 300 & \text{，女性} \end{cases}$$

6. 找到峰值位置（推定的基音频率）和峰值幅度（称为置信分数），并将这两个值保存在数组中（每帧一个值）；将基于帧的基音频率数组转换为一个基于帧的基音周期数组（这如何进行？）。

7. 使用基于置信分数最大值减去置信偏移值所得的置信阈值，将所有置信分数低于置信阈值的所有帧的基音周期设为零。

8. 使用一个 5 点中值平滑器对基音周期数组和置信分数数组进行平滑。

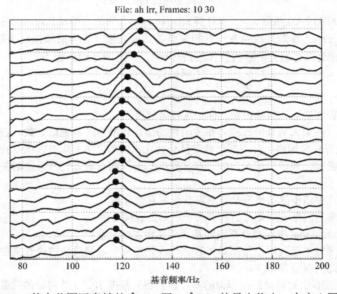

File: ah lrr, Frames: 10 30

图 P10.8　某个范围语音帧的 $\hat{P}_{\hat{n}}(e^{j\omega})$ 图。$\hat{P}_{\hat{n}}(e^{j\omega})$ 的最大值由一个实心圆标出

9. 画出中值平滑后的基音周期曲线；在同一幅图上，显示中值平滑后的置信分数曲线。

创建出一种调试模式功能，以便指定任何一个区域的帧，并让 MATLAB 程序画出函数 $\hat{P}_{\hat{n}}(e^{j\omega})$ 的瀑布式图形，是有帮助的，其中最大值（对调试集中的每一帧）的位置表示为一个较大的实心圆（或任何期望的符号）。图 P10.8 给出了这样一个来自一名男性说话者的 20 帧浊音的瀑布图形。

10.9 （MATLAB 练习：基于倒谱的基音检测器）基于语音信号（实）倒谱编写一个基音检测器的程序。实倒谱定义为信号对数幅度谱的逆 FFT，而基音周期（对于浊音部分）是适合说话者性别的基音周期范围内倒谱峰的位置。本题提出了一个标准基音检测器的变体，其中主倒谱峰和次要倒谱峰（和它们的峰值幅度）都是基音周期判决的基础。

实现基于倒谱的基音检测器的步骤类似于上题（习题 10.8）采用的步骤，但以下情况除外：

- 为最小化混叠效应，用于测量频谱和倒谱的信号处理参数将 FFT 长度定义为 nfft = 4000。
- 将关于主倒谱峰（在指定的基音周期区域内）与次倒谱峰之比的一个阈值指定为 pthrl = 4，该阈值用于定义基音周期估计的一个"确定（高置信）"区域。
- 将搜索倒谱中基音峰的基音周期范围指定为 nlow ≤ n ≤ nhigh，其中基音周期范围的最低值和最高值（和倒谱搜索范围）（对于男性和女性）为

$$\text{nlow} = \begin{cases} 40，男性 \\ 28，女性 \end{cases} \qquad \text{nhigh} = \begin{cases} 167，男性 \\ 67，女性 \end{cases}$$

（在指定范围内）查找主倒谱峰和次倒谱峰的过程如下：

1. 在指定范围内找到倒谱的最大值（p1），并记录最大值出现处的倒频（pd1）。

2. 把前一步找到的最大位置周围的 ±4 倒频范围的倒谱置为零，消除次倒谱最大值基本上与主最大值相同的可能性。

3. 找到处理后倒谱的次最大值，记录其倒频（pd2）和数值（p2）。

图 P10.9a 给出了倒谱峰检测过程的结果。该图以瀑布图的形式显示了一系列倒谱帧，其中主倒谱峰用一个深色的实心圆表示，次倒谱峰用一个浅色的实心圆表示。在该图的部分区域，可明显看到基音周期在多个帧上的连续性。

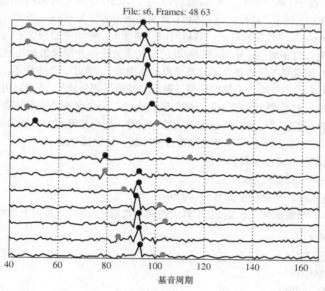

File: s6, Frames: 48 63

图 P10.9a 瀑布式倒谱序列图逐帧显示了倒谱，其中深色实心圆点表示主倒谱，浅色实心圆点表示次峰

处理的下一步是定义"可靠"的浊音区域。这些区域被标识为其主倒谱峰最大值与次倒谱峰最大值之比超过预设阈值 pthrl = 4.0 的那些帧。每个这样的可靠浊音区域，都要通过搜索相邻区域（即可靠区域之前和之后的帧）进行扩展，并检测其主或次基音周期在边界帧处的基音周期 ±10% 内的相邻帧。只要推定的两个基音周期估值（即主和次）都超过 10% 的误差阈值，则终止对其他相邻帧的局部搜索。搜索下一个可靠的浊音帧区域，并按上面介绍的类似方式展开它。继续该过程，直到全部可靠区域都包含有符合搜索准则的相邻基音估值。

信号处理的最后一步是使用一个 5 点中值平滑器对基音周期曲线进行中值平滑。

图 P10.9b 给出了文件 s6.wav 中波形的基音周期曲线和置信分数（倒谱峰电平），可以看出高倒谱值的大部分区域提供了可靠的基音周期估计。

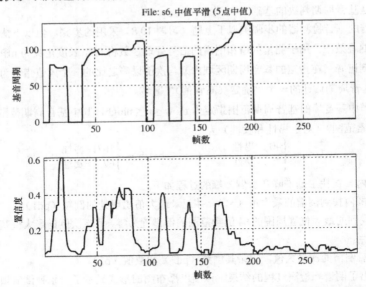

图 P10.9b 文件 s6.wav 中发音的各个基音峰值处，基音周期估计图和倒谱幅度图

10.10 （MATLAB 练习：基于 LPC SIFT 的基音检测器）基于 10.5.7 节讨论的 SIFT 方法编写一个基音检测器，其实现框图如图 10.43 所示。基音检测的 SIFT 算法将语音滤波为 900Hz 带宽，下采样至 2kHz 采样率，执行一个低阶（$p = 4$）线性预测分析，然后对语音逆滤波，给出谱平坦误差信号的一个估计，处理过程中保持基音不变。对平坦误差信号进行标准的自相关分析，并用峰值挑选器选取最大峰（在合适的基音周期范围内）和次峰（同样在合适的基音周期范围内）。通过一个插值器，将自相关的采样率增大到 10kHz，由此可大大提升峰值位置的精度（潜在的基音周期估计），然后利用高采样率自相关函数重新估计主峰和次峰。最后利用与归一化自相关峰值有关的一个阈值来确定基音周期估计中的高置信度区域，并基于基音周期在"可靠"区域边界处的一致性，采用基音周期的插值处理来前后扩展"可靠"区域。用一个值为 $L = 5$ 的中值平滑器去除基音周期估计中的孤立波动。

LPC SIFT 基音检测器的详细步骤如下：

1．读入语音文件和说话者性别。

2．对语音信号重采样，使采样率为 fs = 10000Hz。

3．设计一个 FIR 带通滤波器（原始 SIFT 算法的简单改进），使其具有如下指标：

- 阻带 0～60Hz
- 过渡带 60～120Hz
- 通带 120～900Hz
- 过渡带 900～960Hz
- 阻带 960～5000Hz
- 滤波器的长度为 401 点。

4．对语音滤波并进行 200 个样本的延迟补偿。

5．按因子 5 对语音进行抽取，给出一个新采样率 2000Hz。

6．使用 $L = 80$ 个样本的帧（2kHz 采样率下为 40ms）及 $R = 20$ 个样本的帧移（2kHz 采样率下为 10ms），进行基于帧的语音分析；使用一个 N 点汉明窗加权每一帧，并对每帧进行 $p = 4$ 的 LPC 分析。

7．对每帧语音进行逆滤波（使用导出的 LPC 逆滤波器）给出 LPC 误差信号。

8. 对误差信号进行自相关计算，使用 MATLAB 函数 xcorr 生成自相关函数 $R_n[k]$。

9. 搜寻区域 pdmin $\leq k \leq$ pdmax，找到（归一化）自相关峰的最大值和位置，重复该搜索（适当地清掉第一个峰）找到第二大的自相关峰及其位置，其中 pdmin 和 pdmax 定义为适合说话者性别的最小和最大基音周期，即

$$\text{pdmin} = \begin{cases} 40, & \text{男性} \\ 28, & \text{女性} \end{cases}$$

$$\text{pdmax} = \begin{cases} 167, & \text{男性} \\ 67, & \text{女性} \end{cases}$$

10. 按因子 5 对自相关函数插值（使采用率为 10kHz），仔细确定主和次自相关峰的位置。

11. 基于各帧确定高度可靠的基音周期估计区域，该区域中主自相关峰与次自相关峰之比超过预设阈值 3.0。

12. 基于边界外的基音周期估计与边界处的基音周期估值相近的程度，在前后两个方向扩展这些高度可靠的区域。如果一帧基音周期匹配在边界值的 ±10% 内，则选择一个新的边界值并继续搜索；当主峰和次峰位置（基音周期估值）两者都偏离局部边界帧基音周期的 10% 以上时，则结束对单个高度可靠区域的搜索/扩展处理。重复扩展处理，基于与边界帧的局部匹配，直到搜索/扩展完所有的高度可靠区域。

13. 使用一个持续 5 帧的中值平滑器，对生成的基音周期曲线进行非线性平滑。

作为一个例子，图 P10.10 显示了发音 s5.wav 的 20 帧归一化后的自相关函数的瀑布图，并显示了主自相关峰（深色实心圆）和次自相关峰（浅色实心圆）的位置（和数值）。可以看到主峰比次峰强很多，且主峰在各帧上形成了一条平滑的基音周期曲线。

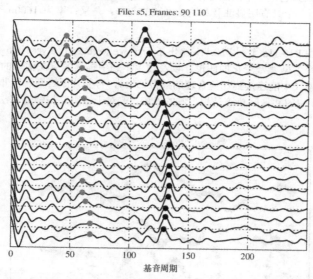

File: s5, Frames: 90 110

基音周期

图 P10.10 发音 s5.wav 的 20 帧区域上，LPC 误差信号的归一化自相关图形

10.11 （MATLAB 练习：基于线性预测的共振峰估计器）基于线性预测多项式 $A(z)$ 的根的求解方法，编写一个检测和估计（浊音）语音的共振峰的算法。实现基于线性预测的一个共振峰估计器的详细步骤如下：

1. 读入要处理的语音文件（并确定语音信号的采样率 fs）。

2. 读入用于基于帧的 LPC 分析的语音处理参数，即
   - L：帧长（单位为样本数或 ms），对于 16000/10000/8000 个样本/秒的采样率，通常使用 40ms 的帧，每帧有 640/400/320 个样本。
   - R：帧移（单位为样本数或 ms），对于 16000/10000/8000 个样本/秒的采样率，通常采用 10ms 的帧移，每帧有 160/100/80 个样本的偏移。

- p: LPC 分析阶数；对于 16000/10000/8000 个样本/秒的采样率下，通常采用的分析阶数为 16/12/10。
- rthresh：在共振峰估计算法中，将包含的任何复根的幅度阈值。

3. 使用自相关法进行 LPC 分析。

4. 求 p 阶 LPC 多项式的根。滤除所有实根和幅值低于指定阈值 rthresh 的全部复根；去除其（等效）频率 $f = \angle$(度数)$*F_S/180$ 大于 4500Hz 的所有根（不可能高于此频率的位置找到有效共振峰）。

5. 对生成的根进行排序，并按帧号索引，把根存储于数组中。

6. 确定持续 5 帧或 5 帧以上的帧序列（具有相同推定共振峰个数的帧序列），记录每个帧序列的长度和开始帧。

7. 通过后向（从每个帧序列的开始帧向前一个帧序列的结束帧）和前向（从每个帧序列的结束帧向后一个帧序列的开始帧）扩展每个帧序列，并使用一个简单的欧氏距离测度来对齐在一个给定帧上推定的共振峰与前一帧或后一帧的共振峰，创建第二组对齐的共振峰轨迹，其中有些轨迹会消失（没有合理的连续路径），有些轨迹则会新生（没有合理的初始路径）。因此，推定共振峰数小于后一帧的共振峰数的每个帧，在对齐共振峰后，将有一个或多个空槽（反之亦然）。

8. 画出得到的共振峰轨迹，并将这些结果与由求根程序得到的原始推定共振峰数据进行比较。

上述的共振峰估计程序并不能处理所有的输入（思考女性说话者、儿童、快速话音或发音中快速改变声音等情况）。但在得到任意句子的可靠共振峰轨迹前，本练习可起到解决许多问题的入门作用。

对以下三个句子测试你得到的共振峰估计算法：

1. ah_lrr.wav，一名男性说话者说出的一个简单的稳定元音（因此，共振峰在发音过程中改变不多）；采样率为 10000 个样本/秒。

2. we were away a year ago_lrr.wav，一个具有相当平滑的共振峰轨迹的句子，共振峰轨迹贯穿于整句的大部分（因为它是一个全浊音句子），是采样率为 16000 个样本/秒的一名男性说话者的发音。

3. test_16k.wav，一个具有明显浊音和清音区域的句子，是采样率为 16000 个样本/秒的一名男性说话者的发音。

作为一个例子，图 P10.11a 至图 P10.11b 给出了句子 we were away a year ago_lrr.wav 的复根角度（适当地转换到了频率）随帧数变化的图形，以及使用本题中描述的算法估计的共振峰。很容易看出，有些共振峰很分散（不能连接到任何合理的共振峰轨），有些共振峰则靠得非常近。对于这个全浊音语句，图 P10.11b 中的共振峰轨迹是相当好的轨迹，但对于通用共振峰追踪法而言，这并不是要面对的代表性问题。

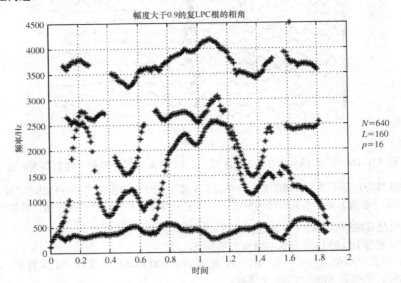

图 P10.11a　复根角度（缩放至频率）与语音分析帧的关系图，显示了发音 we were away a year ago_lrr.wav 的推定共振峰

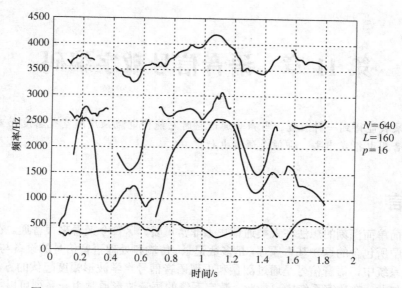

图 P10.11b　发音 we were away a year ago_lrr.wav 的估计共振峰图

第 11 章 语音信号数字编码

华生，如果我能得到一种装置，当声音通过它时它能使电流强度随空气密度而变化，那么我就能把任何声音用电报发出去，即便是语音也行。

——贝尔[47]

11.1 引言

贝尔这一简单而深刻的想法在人类通信史上非常重要，尽管今天看来很普通。在贝尔的伟大发明——电话中所包含的这一基本原理，是多数记录、传输和处理语音信号的设备与系统的基础，在这些设备和系统中，语音信号是通过测量和再现语音信号声学波形幅度起伏的方法来表示的。在模拟系统中如此，在数字系统中也如此。数字系统的语音波形通常由一系列可以描述幅值变化模式的数字（如语音样本集）来表示。

基本的语音波形数字化方法如图 11.1 所示，图中显示了模数（A/D）和数模（D/A）转换操作。模拟语音波形 $x_a(t)$ 是将声信号通过麦克风转变为电信号而获得的，是一个以连续时间为变量的连续函数，通过时域周期性采样（周期为 T）产生样本序列 $x[n]=x_a(nT)$。这些真实有效的样本将会是一些连续的值，但在图 11.1 中可以看出，要获得数字形式的表示，须对样本值进行量化来得到一个有限集。因此 A/D 转换器的输出 $\hat{x}[n]$ 在时间和幅值上均是离散的，这些离散幅值可能有与声压或电压相关的固有幅度，将其编码为无维度的数字码字 $c[n]$[①]。同理，D/A 转换器（见图 11.1 的下半部分）将接收到的码字 $c'[n]$ 转化为数字样本 $\hat{x}'[n]$，并最终通过一个低通重建滤波器转化为原始信号的近似值 $\hat{x}'_a(t)$，代表接收的码字可能与发射的码字不同。我们用 ' 来表示接收端的码字可能与发射端码字不同。

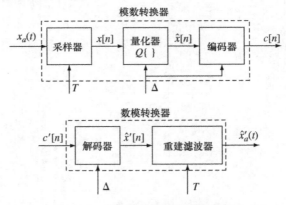

图 11.1 描述数字波形的通用框图

图 11.1 是 A/D 转换或采样和量化处理方法的一种方便的概念化表示。若将量化模块进一步扩展，则可清楚地发现该图也表示了称为波形编码器的一类完整的语音编码器，用于保留语音信号波形的细节。然而，在全部波形编码方案中，采样和量化作为两个基本特征，并非总能够严格进行界

---

① A/D 转换中的码字通常是二进制补码，以便直接用于数字计算。此外，本章中用符号 ^ 表示量化，而在前文章节中用 ^ 表示信号的复倒谱。总之，^ 的含义可根据上下文关系明确。

定和区分，接下来本章会继续讨论这一问题。在多数波形编码系统中，序列 $\hat{x}[n]$ 的采样率与输入序列 $x[n]$ 的采样率相同。在 A/D 转换中，量化后的样本作为样本 $x[n]$ 的近似。在其他系统中，量化表示必须通过附加处理转变为量化后的波形样本。在波形编码系统中，数字信息率 I_w 为

$$I_w = B \cdot F_s,$$

式中，B 代表每个样本的比特数，$F_s = 1/T$ 为每秒的样本数。通过采样和量化来表示语音波形即为通常所说的 PCM 脉冲编码调制。PCM 的基本原理由 Oliver, Pierce and Shannon[265]于 1948 年提出。

在第二类数字语音编码系统（也称为分析/合成系统、基于模型的系统、混合编码器或声码器系统）中，不需要保存详细的波形属性，而是尝试对用来数字化表示一个给定语音信号的生成模型进行参数估计。这类编码器的目的并不是保存波形，而是保存能够恢复语音信号的可懂度和感知质量的信息。图 11.2 中的框图用来说明这类语音分析/合成系统的处理过程。以模拟信号（连续时间）作为初始输入 $x_a(t)$，语音信号首先通过一个高精度（通常至少 16 比特/样本）的 A/D 转换器，转换为数字格式，产生时间和幅度都离散的信号 $\hat{x}[n]$。假设采样得到的信号为一个合成模型的输出，第 6~9 章中详细介绍了通过分析一种或多种语音表示来确定合成模型的参数，使得合成模型的输出信号在感知上近似于原始信号。使用产生的参数进行编码，进而用于传输或存储。分析和编码处理后的结果为数据参数向量 $\mathbf{c}[n]$，计算它时所用的采样率通常要低于原始采样和量化语音信号 $\hat{x}[n]$ 的采样率。若分析器的帧率为 F_{fr}，则这种基于模型的编码器的全部信息率 I_m 为

$$I_m = B_c \cdot F_{fr},$$

式中，B_c 表示参数向量 $\mathbf{c}[n]$ 的全部比特数。已编码信号的信道输出记为 $\mathbf{c}'[n]$。在合成器中，对通道信号进行解码，并用合成模型将量化的近似表示 $\hat{y}[n]$ 重建为原始信号，再将其通过 D/A 转换器转换回模拟格式，给出处理后的信号 $y_a(t)$。这类分析/合成系统的一个基本的目标是，将语音信号用更少的比特/秒来表示（$I_m < I_w$），且重建的信号感知质量与原始输入信号接近或相同。

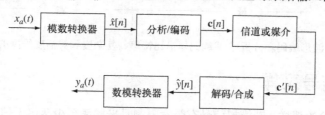

图 11.2　常规分析/合成系统语音编码器的通用框图表示

图 11.2 所示的分析/合成系统可用本书中提到的语音表示法来实现，其范围包括：

1. 短时傅里叶变换（STFT）（包括滤波器组求和与叠加实现）。
2. 用倒谱基音检测（或任何其他基音检测）方法获得的激励函数进行倒谱平滑谱分析。
3. 通过波形编码和分析/合成编码方法获得的误差序列编码，利用从中获得的激励函数，进行线性预测平滑谱分析（接下来本章会讨论这些方法）。

一种比较两类语音编码器的有用方法如图 11.3 所示，该图通过对波形编码和分析/合成编码结果，由三个指标即比特率、计算复杂度和灵活度，来对编码器的输出语音可操作性、放慢或加速语音、改变基音或强度、调整频谱等能力等进行比较。从图 11.3 可以看出波形编码器通常有如下特性：

- 需要高的比特率，从最低 16kbps 到最高 1Mbps 的很宽的编码速率范围。
- 复杂度从低（事实上并不对每个样本都进行计算）到中等。
- 事实上几乎没有灵活调整语音信号特性的能力。

相比之下，分析/合成编码器有如下特性：

- 可以低至 600bps、高至 10kbps 或更高的比特率实现。因此，这类编码器自然常用于低速率传输系统中，特别是手机和 VoIP 系统。
- 复杂度高于大部分波形编码器。但与现代信号处理芯片上的计算能力相比，其计算量仍然较小，因此在很多应用中并不考虑该问题。这些编码器通常以帧为基本运算单位，所以需要缓冲。这种处理会在实时系统中引入很大的延时。
- 灵活度高，可以调整被处理信号的时域或频域尺度，使其可在加速语音系统（如为盲人设计的阅读机）、语音增强系统（如对深海潜水员在氧氦混合器中的录音进行频谱校正）中使用，以及作为语音合成的基础。

本章将详细讨论波形编码器和基于模型的编码器。首先讨论对语音信号进行采样的处理方法，然后讨论一些量化语音信号样本的方法。本章的剩余部分集中讨论基于模型的编码器。第三类语音编码器的原理基于对语音信号的量化处理和短时傅里叶变换，因此称为频域语音编码器。由于这种编码器与处理音频（歌唱和乐器声音）的编码器有很多共同的特征，因此将在第 12 章中讨论。

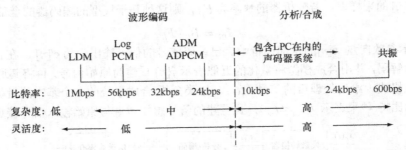

图 11.3　波形编码和分析/合成编码器沿比特率、复杂度和灵活度维度的特征表示

11.2　语音信号采样

如第 2 章中讨论的那样，若模拟信号有带宽限制且采样率至少两倍于信号谱的奈奎斯特（最高）率，则模拟信号的非量化样本表示是唯一的。我们关心的是采样后的语音信号，因此需要考虑语音信号的频谱特性。回顾第 3 章的内容，根据产生元音和摩擦音的稳定状态模型，尽管浊音在高频下的短时谱会快速下降，但语音信号并没有固定的带宽限制。图 11.4 显示了一些典型信号的短时谱。从图 11.4a 可以看出，在元音信号等浊音的谱中，高频部分的谱峰比低频峰高 40dB。另一方面，对于图 11.4b 所示的清音信号，其频谱峰值由于抗混叠滤波器的作用在 8kHz 附近迅速下降。因此，要精确表示所有语音信号，采样率须大于 20kHz。但在许多应用中，没有必要用到这样高的采样率。例如，要估计元音的前三个共振峰频率，采样只需要考虑 3.5kHz 以下的频谱部分。因此，若采样前语音通过一个锐截止模拟滤波器滤波，则其奈奎斯特率为 4kHz 时可选用 8kHz 作为采样率。另一个例子是，考虑在电话线上传输的语音。图 11.5 给出了电话传输通道的典型频率响应曲线。从图 11.5 可以清楚地看出电话传输对语音信号有带宽限制作用，事实上，通常将 4kHz 或更低频率作为电话语音的奈奎斯特率。

在讨论采样时有一个很重要但经常被忽视的问题，即语音信号在进行 A/D 转换之前，可能被宽带随机噪声干扰。此时，语音与噪声的混合信号应被一个在语音信号期望的最高频率上尖锐地截断的模拟低通滤波器滤波，使得高频噪声无法在基带上与语音混叠。

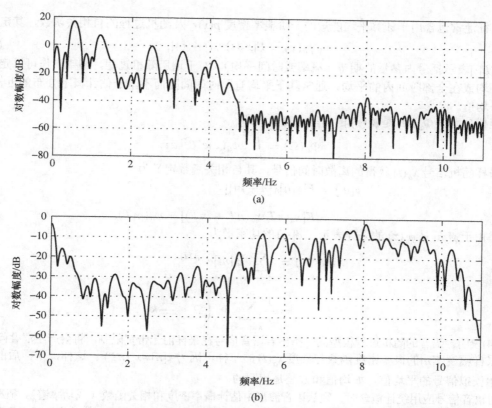

图 11.4 一个 $F_s = 22050$Hz 的语言信号采样的宽带短时傅里叶变换：(a)元音信号；(b)磨擦音信号

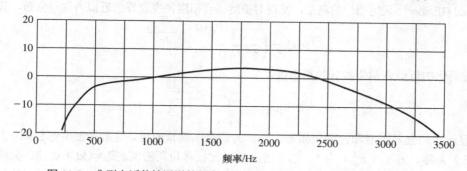

图 11.5 典型电话传输通道的频率响应（摘自 BTL，*Transmission Systems for Communication*，第 73 页，经阿尔卡特-朗讯美国公司允许翻印）

11.3 语音统计模型

在讨论数字波形表示时，为了方便，通常假设语音波形可用一个遍历的随机过程表示。尽管这一假设过于简化，但仍可从统计的观点得出有用的结果，进而验证这个模型的有效性。

11.3.1 自相关函数和功率谱

若假设模拟语音信号 $x_a(t)$ 是一个时间连续的随机过程的样本函数,则来自周期采样的样本序列 $x[n] = x_a(nT)$ 也可视为离散时间随机过程的样本序列；也就是说，每个样本 $x[n]$ 可视为一个与采样时间 n 相关且服从一组概率密度函数的随机变量的实现。在通信系统分析中，对模拟信号的

充分表征通常包含用于计算平均能量的一阶概率密度 $p(x)$，及随机过程的自相关函数，其定义为

$$\phi_a(\tau) = E[x_a(t)x_a(t+\tau)],\tag{11.1}$$

式中，$E[\cdot]$ 表示括号内参量的期望（概率或时间平均），对于遍历随机过程，期望操作可以定义为概率平均或在全部时间内的平均，通常基于平均有限时间间隔而不基于估计概率分布的近似[①]来估计平均值。

模拟功率谱 $\Phi_a(\Omega)$ 是 $\phi_a(\tau)$ 的傅里叶变换，即

$$\Phi_a(\Omega) = \int_{-\infty}^{\infty} \phi_a(\tau)e^{-j\Omega\tau}\,d\tau.\tag{11.2}$$

通过采样随机信号 $x_a(t)$ 获得的离散时间信号，其自相关函数定义为

$$\phi[m] = E[x[n]x[n+m]]$$
$$= E[x_a(nT)x_a(nT+mT)] = \phi_a(mT).\tag{11.3}$$

因此，由于 $\phi[m]$ 是 $\phi_a(\tau)$ 的采样表示，$\phi[m]$ 的功率谱为

$$\Phi(e^{j\Omega T}) = \sum_{m=-\infty}^{\infty} \phi[m]e^{-j\Omega Tm}$$
$$= \frac{1}{T}\sum_{k=-\infty}^{\infty} \Phi_a\left(\Omega + \frac{2\pi}{T}k\right).\tag{11.4}$$

式(11.4)表明，语音的随机过程模型同时指出若语音信号在采样前无带宽限制，将会产生混叠问题。

采样幅度 $x[n]$ 的概率密度函数与幅度 $x_a(t)$ 的一样，因为 $x[n]=x_a(nT)$。这样，采样后的信号与原始模拟信号的平均值，如均值和方差是相同的。

对语音信号应用统计概念时，须从语音波形中估计概率密度和相关函数（或功率谱）。概率密度估计是通过确定大量样本幅度的直方图（即长时间隔）来实现的。Davenport[79]对此做了大量测量，且 Paez and Glisson[275]采用相似的测量，发现对被测语音幅度密度较好的近似为伽马分布，其形式为

$$p(x) = \left(\frac{\sqrt{3}}{8\pi\sigma_x|x|}\right)^{1/2} e^{-\frac{\sqrt{3}|x|}{2\sigma_x}}.\tag{11.5}$$

一个稍微简化的近似表示为拉普拉斯密度，

$$p(x) = \frac{1}{\sqrt{2}\sigma_x} e^{-\frac{\sqrt{2}|x|}{\sigma_x}}.\tag{11.6}$$

图 11.6 显示了用伽马密度和拉普拉斯密度表示的语音的测量密度，这两种密度都被归一化，以使均值（$\bar{x}$）为零、方差（σ_x^2）为 1。伽马密度明显比拉普拉斯密度的近似效果更佳，但两者都非常接近真实的测量语音密度。图 11.6 表明语音的概率密度函数在 0 值附近非常集中，暗示小语音幅值与大语音幅值相比更为可靠（本章后续内容中将介绍如何应用语音密度函数的形式）。

语音信号的自相关函数和功率谱可通过标准的时间序列分析技术来估计，例如在文献[270]中进行了讨论。遍历随机过程的自相关函数估计可通过一个长（但有限）的信号段估计时间平均自相关函数来获得。例如，短时自相关函数［第 6 章中的式(6.35)］的定义可以稍微修正来给出长时间平均自相关函数的估计如下：

$$\hat{\phi}[m] = \frac{1}{L}\sum_{n=0}^{L-1-m} x[n]\,x[n+m], \quad 0 \le |m| \le L-1,\tag{11.7}$$

式中，L 为大的整数[305]。一个 8kHz 采样率信号估计的例子如图 11.7 所示[254]。上面的曲线表示低通滤波后的语音信号采样的归一化自相关 $\hat{\rho}[m]=\hat{\phi}[m]/\hat{\phi}[0]$，下面的曲线为带通滤波后的信号采

---

① 通过概率均值计算相关函数需要在时间 τ 范围内被 τ 分离的二阶（联合）分布的知识。

样。每条曲线周围的阴影部分表示不同说话者引起的估计变化。邻近采样之间的相关度很高（$\hat{\rho}[1] > 0.9$），且在更大的采样间隔时明显下降。同时可以明显看出低通滤波后的语音比带通滤波后的语音更加相关这一事实。

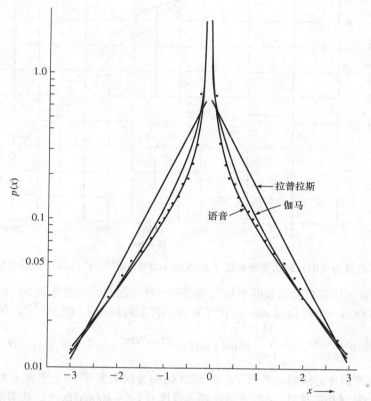

图 11.6 语音直方图数值（点）和理论上的伽马和拉普拉斯概率密度（据 Paez and Glisson[275]。© [1972] IEEE）

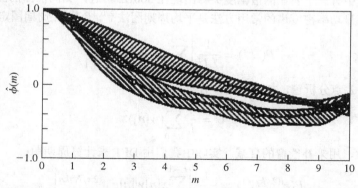

图 11.7 语音信号的自相关函数；上面的曲线是低通滤波后的语音，下面的曲线为带通滤波后的语音（据 Noll[254]）

功率谱可以通过很多方法估计。在数字计算用于语音研究之前，功率谱是通过测量一组带通滤波器的输出平均值来获得的[95]。图 11.8 给出了约 1 分钟连续语音的功率平均。这一较早的结果说明平均功率谱在 250～500Hz 附近出现峰值，超过这个频率的谱以 8～10dB/倍频的速度下降。

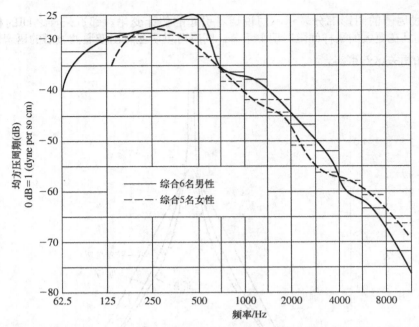

图 11.8　连续语音的长时功率谱密度（据 Dunn and White[95]。© [1940] 美国声学学会）

　　用于估计采样后语音信号的长时平均功率谱的一种方法是，首先根据式(11.7)估计语音相关函数 $\hat{\phi}[m]$，然后应用一个对称窗 $w[m]$，计算其 N 点离散时间傅里叶变换[270]，即

$$\hat{\Phi}(e^{j(2\pi k/N)}) = \sum_{m=-M}^{M} w[m]\,\hat{\phi}[m]\,e^{-j(2\pi k/N)m}, \qquad k = 0, 1, \ldots, N-1. \tag{11.8}$$

图 11.9 是这种语谱估计方法的一个例子，采用的 $w[m]$ 为汉明窗[256]。上图表示 8kHz 采样语音信号前 20 个延时的长时相关估计。下图表示在频率范围 $0 \le F \le 4000\text{kHz}$ 内的功率谱估计的结果（线性幅度尺度），这里功率谱估计用式(11.8)计算，并画成 $F_k = kF_s / N$ 的函数。可再次发现图 11.9 所示的功率谱估计中有一个明显的谱幅度尖峰出现在 500Hz 附近，如同前面的图 11.8 所示。

　　另一个估计信号功率密度谱的常用方法是平均周期图法[270, 305, 416]。周期图定义为

$$P(e^{j\omega}) = \frac{1}{LU} \left| \sum_{n=0}^{L-1} x[n]w[n]e^{-j\omega n} \right|^2, \tag{11.9}$$

式中，$w[n]$ 是一个 L 点分析窗，如汉明窗，且

$$U = \frac{1}{L}\sum_{n=0}^{L-1}(w[n])^2 \tag{11.10}$$

为一个归一化常数，用来补偿窗的衰减。实际中我们用 DFT 来计算周期图：

$$P(e^{j(2\pi k/N)}) = \frac{1}{LU} \left| \sum_{n=0}^{L-1} x[n]w[n]e^{-j(2\pi/N)kn} \right|^2, \tag{11.11}$$

式中，N 为 DFT 的大小，$k = 0, 1, \ldots, N-1$。

　　假设 L 非常大，我们可以获得语音的一个长时谱特征表示结果。但这里有一个反例。图 11.10 所示的周期图是根据式(11.11)计算的，其中 $L = 88200$（以 22050 个样本/秒的采样率获得的 4 秒信号），且 $N = 131072$。语音信号的长时段周期图暗示出一些我们在图 11.8 和图 11.9 中看到的情况，谱尖峰出现在 500Hz，在低频谱尖峰和 10kHz 的谱之间呈现 40dB 左右的谱衰减。然而，周

期图在频率上随意变化也很明显，实际上表现出对语音信号通用长时谱形状建模是没有意义的。增加语音段的长度 L 只会导致更大的变化[270]。

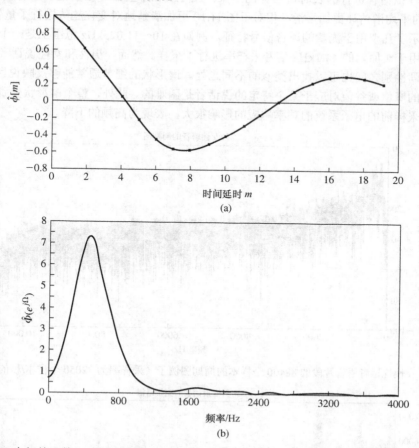

图 11.9　(a)自相关函数；(b)语音的功率密度估计（据 Noll[256]，经阿尔卡特-朗讯美国公司授权）

利用周期图进行谱估计的关键在于，要注意在整个长语音信号时段的间隔上计算的平均短时周期图会降低可变性[416]。这种长时平均功率谱估计存在一种与短时傅里叶变换相关的有趣解释，在式(7.41)中以采样形式给出，这里重复一下，对于 L 点的窗有

$$X_r[k] = X_{rR}(e^{j(2\pi k/N)}) = \sum_{m=rR}^{rR+L-1} x[m]w[rR-m]e^{-j(2\pi k/N)m}, \tag{11.12}$$

式中，$k = 0, 1, ..., N-1$。回顾可知，语谱图是一个简单的二维函数 $B[k,r]=10\log_{10}|X_r[k]|^2$ 的图形表示。这说明，除了默认的常数 $1/(LU)$，语谱图仅是一个周期图序列的对数。图 11.11 给出了男性和女性说话者的宽带语谱图（$L = 100$ 等同于 4.54ms 的语音，采样率 F_s 为 22050Hz）。假设我们有一个长语音序列，其长度为 N_s 个样本，其平均周期图由下式获得：

$$\tilde{\Phi}(e^{j(2\pi/N)k}) = \frac{1}{KLU}\sum_{r=0}^{K-1}|X_{rR}(e^{j(2\pi k/N)})|^2, \quad k = 0, 1, \ldots, N-1, \tag{11.13}$$

式中，K 是长度为 N_s 的序列中包含的加窗段的数目。Welch[416]指出在独立的周期图估计和谱估计方差整体减少之间，独立性的最佳平衡点发生在 $R = L/2$。R 的值用于形成图 11.11，其中，尽管90%或更多的交叠用于对图进行更有效的观察，可以看到 50%的交叠产生一个语谱图，这有力地显示出语音的时变谱特性。从式(11.13)看出平均周期图可以仅通过在每个频率（$2\pi k/N$）的时间平均获得一固定值；也就是说，在这幅图的水平线上，例如在 4000Hz 线上，图 11.12 显示了对图 11.11 中男性和女性说话者进行的长时谱估计的结果。图 11.10 为全部 4 秒女性说话者发音的 DFT。图 11.12 中的平均谱估计更加平滑，相对于图 11.10 更加清楚地对变化趋势进行了量化。图 11.12 中的曲线显示了几个用于测量的语音信号特征。例如在 10～11.025kHz 范围上是一个数字滤波器的过渡带，用于对原始的 44.1kHz 信号采样率进行下采样。然而，男性和女性说话者的谱形状非常不同，相同性别之间也可以找出类似的不同之处。谱形状的细节通常能够反映说话者的特征，但是将特定的峰值或谷值对应于某个特定的说话者是困难的。此外，整个谱形状受到麦克风、滤波器及其他采样前的电子系统的频率响应的影响很大，表现为高频的下降。

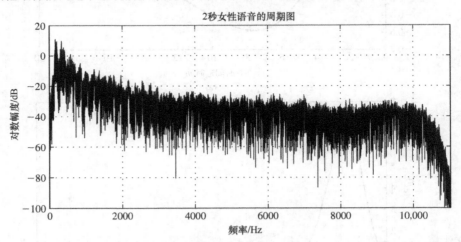

图 11.10 女性说话者语音片段的 88400 个样本的周期图例子（采样率为 22050 个样本/秒的 4 秒语音）

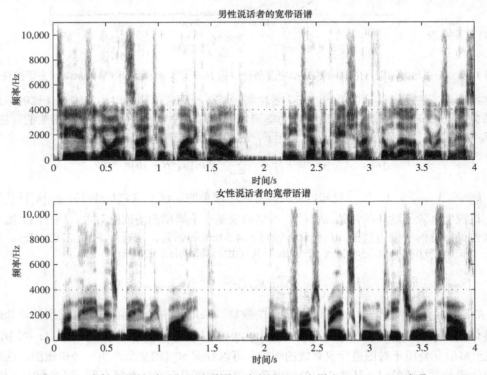

图 11.11 女性和男性说话者的语谱图，窗长为 100 个样本（4.54ms），交叠 50%

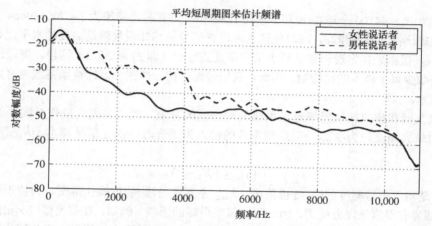

图 11.12 对整个 4 秒时长通过平均周期图获得的功率谱密度的例子（画为图 11.11 的语谱图），给出了一名男性和一名女性说话者的长时平均对数大小的范围

11.4 瞬时量化

正如指出的那样，基于由采样定理来理解采样的效果，将采样和量化过程分开考虑十分方便。现在我们转而考虑一个语音信号样本的量化。假设一个语音波形已被低通滤波并以合适的速率采样，给出一个序列，其样本值表示为 $x[n]$。

另外，假设采样值具有无限精度，即实数。在本章的多数讨论中，将样本序列视为离散时间随机过程序列是很方便的。为了在一个数字通信信道上传输样本序列，或者将其存储在数字存储器上，或者将它们作为数字信号处理算法的输入，采样值必须量化为幅度的有限集，以便用一个无维度的符号（二进制数）的有限集来表示。这个量化和编码的处理过程如图 11.13 所示。正如将采样和量化分成两个不同的步骤在概念上有用那样，把样本 $x[n]$ 通过一个符号 $c[n]$ 的有限集表示的过程分成两个阶段也是有用的：量化阶段产生一个量化后的幅值序列 $\hat{x}[n]=Q[x[n]]$，编码阶段用一个码字 $c[n]$ 表示每个量化后的值。这一过程如图 11.13a 所示（图 11.13a 中的量 Δ 代表量化器的量化步长）。类似地，方便定义解码器将码字 $c'[n]$ 序

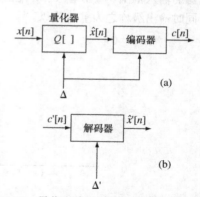

图 11.13 量化和编码过程：(a)编码；(b)解码

列转换会一个量化样本序列 $\hat{x}'[n]$，如图 11.13b 所示[①]。若码字 $c'[n]$ 与码字 $c[n]$ 相同，即没有引起误差（如通过一个传输信道），则解码器的输出与量化后的样本相同，即 $\hat{x}'[n]=\hat{x}[n]$。当 $c'[n]\neq c[n]$ 时，编码和量化处理已经引起信息的损失，其结果是 $\hat{x}'[n]\neq\hat{x}[n]$。

在多数情况下，用二进制数字表示量化后的样本很方便。B 比特的二进制码字可以表示 2^B 个不同的量化等级。因此，传输或者存储数字波形表示需要的信息容量 I 为

$$I_w = B \cdot F_s = \text{Bit rate in bps},\tag{11.14}$$

式中，F_s 为采样率（即样本数/秒），B 为每个采样的比特数。这样，对于在电话数字编码中十分常见的采样率 $F_s = 8000$ 个样本/秒和 $B = 8$ 比特/样本，$I = 64000$bps。另一方面，标准的数字音频

---

① 有时解码操作称为"重量化"，因为量化序列是从码字序列恢复的。

波形编码值为 $F_s = 44100$ 个样本/秒和 $B = 16$ 比特/样本，其总比特率为 $I = 705600bps$[①]。

通常希望比特率越低越好，同时保证重现语音信号的感知质量满足需要的水平。对于给定的语音带宽 F_N，根据采样定理得到的最小采样率是固定的（即 $F_s = 2F_N$）。这样，降低比特率的唯一方法就是减少每个样本的比特数。因此，我们转而讨论一些在一定比特率范围内有效地进行信号量化的技术。

诸如放大器和模数转换器等电子系统的动态范围有限，在此范围内操作是线性的。将这种系统允许的最大幅度记为 $X_{\max}$。当这些系统的输入为语音时，保证信号样本 $x[n]$ 满足如下约束很重要：

$$|x[n]| \leq 2X_p \leq X_{\max}, \tag{11.15}$$

式中，$2X_p$ 是输入信号幅度的峰–峰值范围，$X_{\max}$ 是系统的峰–峰值操作范围。为便于分析，假设 X_p 和 $X_{\max}$ 都为有限值是较方便的，因而可以忽略限幅的影响。例如，在假设幅度 $x[n]$ 的概率密度函数为特定的形式，如有限范围的伽马或拉普拉斯分布时，我们会这样做。作为理论模型和实际之间的折中，假设语音信号值的峰–峰值范围 $2X_p$ 与信号的标准偏差 σ_x 成正比较为方便。例如，若假设了拉普拉斯概率密度，则很容易证明（见习题 11.2）只有 0.35% 的语音样本落在以下范围之外：

$$-4\sigma_x \leq x[n] \leq 4\sigma_x, \tag{11.16}$$

并且低于 0.002% 的语音样本落在范围 $\pm 8\sigma_x$ 之外。

信号样本幅值通过将全部幅值范围划分为一个幅值范围的有限集，同时将全部样本中相同的（量化）幅值分配在一个给定范围内。这一量化操作如图 11.14 所示，其中量化器为 8 级（3 比特），量化器的输入范围、输出等级、分配的 3 比特码字集如表 11.1 所示。输入范围的边界称为决策等级，同时输出级称之为重建等级。

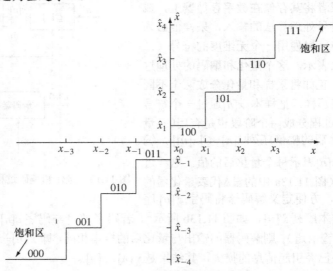

图 11.14　一个 3 比特量化器的输入/输出特征

例如，从表 11.1 中看出对于所有位于决策级别 x_1 和 x_2 之间的 $x[n]$ 值，量化器的输出按照重建等级 $\hat{x}[n] = Q[x[n]] = \hat{x}_2$ 设置。编码器的两个饱和区域如图 11.14 所示。在这些饱和区域中，量化等级的高低范围必须描述超过期望最大值 $X_{\max}$ 的信号，因而将第四个正区域的最大值设为无穷，

---

① 由于提供立体声需采用一个双声道（左–右）的音频特征，数字音频的总比特率通常为 1411200bps。

第四个负区域的最小值设为负无穷。对于这些情况，潜在的量化误差本质上是无界的（至少在理论上如此），并且必须注意这些饱和区域对量化器整体性能的潜在影响。

图 11.14 和表 11.1 中 8 个量化等级的每个等级都用一个 3 比特的二进制码字标注，作为这些幅度等级的表示符号。例如，在图 11.14 中，一个幅值在 x_1 和 x_2 之间的采样的编码输出为二进制数值 101。图 11.14 中详细的标注方案是任意的。任何对这 8 个因子的可能标注方案都是可以的，但一般来讲选择特定方案通常需要有较好的理由。

表 11.1 一个 $B = 3$ 比特的量化方法的量化范围、输出级别和所选码字

输入范围	输出级别	码字
$0 = x_0 < x[n] \le x_1$	$\hat{x}_1$	100
$x_1 < x[n] \le x_2$	$\hat{x}_2$	101
$x_2 < x[n] \le x_3$	$\hat{x}_3$	110
$x_3 < x[n] < \infty$	$\hat{x}_4$	111
$x_{-1} < x[n] \le x_0 = 0$	$\hat{x}_{-1}$	011
$x_{-2} < x[n] \le x_{-1}$	$\hat{x}_{-2}$	010
$x_{-3} < x[n] \le x_{-2}$	$\hat{x}_{-3}$	001
$-\infty < x[n] \le x_{-3}$	$\hat{x}_{-4}$	000

11.4.1 均匀量化噪声分析

量化范围和等级的选择有多种方法，具体取决于数字表示的应用。当数字表示通过一个数字信号处理系统进行处理时，量化等级和范围通常是均匀分布的。为了用图 11.14 所示的例子定义均匀量化器，设

$$x_i - x_{i-1} = \Delta \tag{11.17}$$

且

$$\hat{x}_i - \hat{x}_{i-1} = \Delta, \tag{11.18}$$

式中，Δ 是量化步长。两个常用均匀量化器的特性如图 11.15 所示，共有 8 个量化等级。图 11.15a 显示了原点位于阶梯状函数上升段的中部的情况。这类量化器称为上升中点类型。图 11.15b 显示了量化器的水平中点类型，它的原点位于阶梯状函数平坦部分的中部。当等级数为 2 的幂时，此时对二进制编码方案是很方便的，图 11.15a 所示的上升中点量化器有相同数量的正负等级，且位于以原点为中心的对称位置上。反之，图 11.15b 所示的水平中点量化器的负等级比正等级多一个；然而，这时有一个等级为零。而在上升中点量化器中没有零级。按照图 11.14 所示方式的码字分配如图 11.15 所示。此时，码字分配用于提供直接的数字含义。例如，在图 11.15a 中，若将二进制码字解释为有符号的数值，使最左侧的比特为符号位，则量化样本与码字有如下关系：

$$\hat{x}[n] = \frac{\Delta}{2} \text{sign}(c[n]) + \Delta c[n], \tag{11.19}$$

式中，若 $c[n]$ 的第一个比特为 0，则 $\text{sign}(c[n])$ 等于 +1，若 $c[n]$ 的第一个比特为 1，则等于 -1。类似地，图 11.15b 中的二进制码字可认为是一个 3 比特的二进制补码表示，其中量化样本与码字有如下关系：

$$\hat{x}[n] = \Delta \, c[n]. \tag{11.20}$$

采用一种基于二进制补码的（在大多数计算机和 DSP 芯片上实现）信号处理算法处理样本序列时，后一种分配码字量化等级的方法最为常用，因为码字可作为样本值的直接数字表示。

均匀量化器（如图 11.15 所示）只有两个参数，即等级数和量化步长 Δ。等级数通常为 2^B 形式，以便最大程度地发挥 B 比特二进制码字的作用。同时，Δ 和 B 必须涵盖输入样本的范围。若

假设量化器的峰-峰值范围是 $2X_{max}$，（假设 $x[n]$ 具有对称的概率密度函数）则应令

$$2X_{max} = \Delta\, 2^B. \tag{11.21}$$

为便于讨论量化的影响，将量化后的样本 $\hat{x}[n]$ 表示为

$$\hat{x}[n] = x[n] + e[n], \tag{11.22}$$

式中，$x[n]$ 是未量化的样本，$e[n]$ 为量化误差。在此定义下，我们可很自然地将 $e[n]$ 视为加性噪声。从图 11.15a 和图 11.15b 中可以看出，若 Δ 和 B 像式(11.21)中一样，则

$$-\frac{\Delta}{2} \le e[n] < \frac{\Delta}{2}. \tag{11.23}$$

例如，若选择 $x[n]$ 的峰-峰值范围为 $8\sigma_x$，且假设符合拉普拉斯概率密度函数（已在 11.3 中节讨论），则只有 0.35% 的样本会落在量化器的范围之外。削波采样将导致超过 $\pm\Delta/2$ 的量化误差；但它们的数量很小，通常假设量级为 $8\sigma_x$，且在理论计算时忽略这些少见的误差[169]。

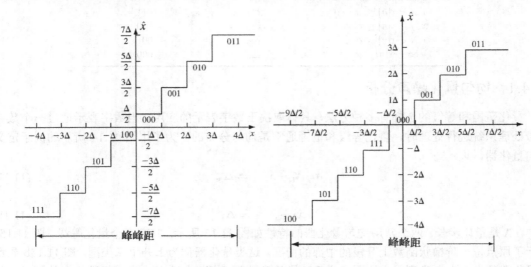

图 11.15　两种常用的均匀量化器特征：(a)上升中点；(b)水平中点

　　一个简单信号的量化实验结果如图 11.16 所示。图 11.16a 显示了未量化的（用 64 比特浮点数计算）采样信号 $x[n] = \sin(0.1n)+0.3\cos(0.3n)$①。图 11.16b 给出了一个采用 3 比特量化器的数字波形；图 11.16c 给出了 3 比特量化的误差 $e[n]=\hat{x}[n]-x[n]$，当 $x[n]$ 和 $\hat{x}[n]$ 已知时，可精确计算量化误差。最后，图 11.16d 给出了一个 8 比特量化器的量化误差。量化器的峰-峰值范围在这两种情况下都设为 ±1。图 11.16a 中的虚线为 3 比特量化器的决策等级，即 $\pm\Delta/2$、$\pm3\Delta/2$、$\pm5\Delta/2$ 和 $-7\Delta/2$，如图 11.15b 所示。图 11.16b 的采样值是 3 比特量化器的重建等级，即 0、$\pm\Delta$、$\pm2\Delta$、$\pm3\Delta$ 和 -4Δ。图 11.15c 和图 11.15d 中的虚线分别表示 3 比特和 8 比特量化器的范围 $-\Delta/2\le e[n]<\Delta/2$，即 $\pm\Delta/2=\pm1/8$ 和 $\pm\Delta/2=\pm1/256$。注意，在 3 比特量化器中，图 11.15c 的误差信号显示出较长的间隔，其中误差看起来像是未量化信号的负值。此外，在与正峰值相关的区域中，信号被截断，误差超出边界 $\Delta/2$。换句话说，误差 $e[n]$ 和信号 $x[n]$ 在这些区域明显相关。另一方面，8 比特量化误差在边界 $\pm\Delta/2$ 之间随机变化，且看起来没有与 $x[n]$ 明显的相关。但事实上 $x[n]$ 和 $e[n]$ 的确并非无关的，因为量化是个确定性的操作，可以看出若假设量化误差模型不相关，则能够产生精确且有用的结果。

---

① 由于该特殊情况会产生周期性误差信号，因而频率选择需保证 $x[n]$ 不是周期的。

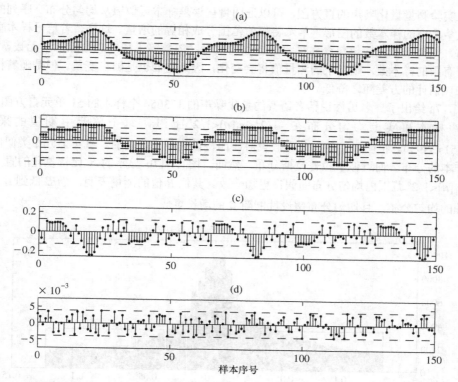

图 11.16　采用 3 比特和 8 比特量化器量化信号 $x[n] = \sin(0.1n) + 0.3\cos(0.3n)$ 的结果波形图：(a) 未量化的信号 $x[n]$；(b) 3 比特量化结果 $\hat{x}[n]$；(c) 3 比特量化的量化误差 $e[n] = \hat{x}[n] - x[n]$；(d) 8 比特量化误差 [注意，(c) 和 (d) 中的垂直尺度与 (a) 和 (b) 中的不同]

在实际语音处理应用中，$x[n]$ 和 $e[n]$ 是未知的，但量化后的值 $\hat{x}[n]$ 是已知的。但对量化影响的定量化描述可通过对量化误差进行随机信号分析获得。若量化器的比特数相当高且没有削波现象，量化误差序列虽然完全由信号幅值决定，但与随机信号特性类似，也有如下属性[33, 138, 419, 420]：

1. 噪声样本显示出①与信号样本不相关的特性，即
$$E[x[n]\,e[n+m]] = 0, \text{对所有} m. \tag{11.24}$$

2. 在某些假设下，特别是在平滑的输入概率密度函数和高码率量化器下，噪声样本之间互不相关，即 $e[n]$ 类似于一个白噪声序列，其自相关如下：
$$\phi_e[m] = E[e[n]\,e[n+m]] = \sigma_e^2\delta[n] = \begin{cases} \sigma_e^2, & m = 0 \\ 0 & \text{其他} \end{cases} \tag{11.25}$$

3. 噪声样本的幅值均匀分布在范围 $-\Delta/2 \le e[n] < \Delta/2$ 内，得到零噪声均值（$\bar{e} = 0$），且平均噪声功率为 $\sigma_e^2 = \Delta^2/12$。

这些简化的假设允许进行线性分析，信号量化不过于粗糙时，可产生精确的结果。在这些条件下可以看出，若量化器的输出等级是优化过的，则量化器误差与量化器输出不相关（但并非通常所说的量化器输入）。这些结论在均匀分布无记忆输入的简单情况下可以很容易地证明，同时 Bennett[33] 指出了在比特率很高时如何将该结论扩展到输入为平滑概率密度的情况。

---

① "显示出" 的意思是测量得到的相关性很小。Bennett[33,138] 指出仅当误差小且在适合的条件下相关性才小，相关性与误差方差的负值相等。条件 "不相关" 经常暗指无关性，但在这一情形下，误差是输入的确定性函数，因此与输入不是相互无关的。

通过实验测量量化噪声的直方图，可以证明量化误差样本近似服从均匀分布。序列的直方图是在一组单元内的样本数的图形，单元将幅值范围分成相等的增量。这样，若信号样本真的来自均匀分布，则每个单元应该包含与样本数近似的数量；该数等于样本总数除以单元数量[①]。若直方图基于有限的样本数，则真正的测量值将会变化，因为它们也是随机变量。但是随着样本数目迅速增加，估计的方差随之降低。

图 11.17a 给出了一名男性说话者语音的量化噪声的 173056 个样本的 51 单元直方图，细线框表示噪声样本事实上均匀分布在 $-1/2^3 \le e_3[n] < 1/2^3$ 上时，每个单元中期望的采样数量（$173056/51 \approx 3393$）。很明显，均匀分布假设对 3 比特量化是不正确的。事实上分布类似但不等同于语音样本的分布，而近似于拉普拉斯分布。然而，图 11.17b 显示的 8 比特量化的直方图与在 $-1/2^8 \le e_8[n] < 1/2^8$ 范围内均匀分布的假设更加一致。其他 B 值的测量表明，当 B 低到 $B = 6$ 时可获得合理的均匀分布，且均匀分布假设性能随 B 的增长更佳。

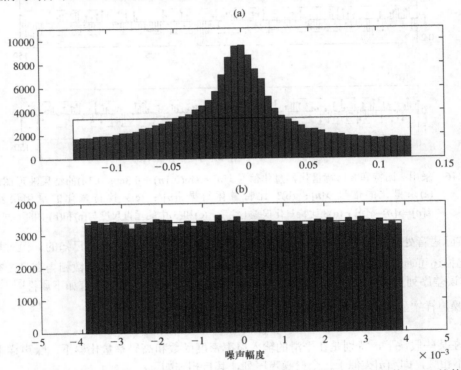

图 11.17 均匀量化器的 173056 个样本量化噪声的 51 单元直方图：(a)3 比特；(b)8 比特

对量化噪声近似分析的其他主要假设是自相关满足式(11.25)，从而功率谱为

$$\Phi_e(e^{j\omega}) = \sigma_e^2, \text{ 对所有 } \omega, \tag{11.26}$$

式中，σ_e^2 是白噪声的平均功率[②]。若假设峰-峰值量化器范围为 $2X_{\max}$，则对于一个 B 比特的量化器有

$$\Delta = \frac{2X_{\max}}{2^B}. \tag{11.27}$$

若假设噪声服从均匀幅值分布［即在范围 $-\Delta/2 \le e < \Delta/2$ 内有 $p(e)=1/\Delta$］，则可得（见习题 11.1）

---

① 若分布不均匀，则一个单元中的样本数量与该单元区间上的概率密度的面积成正比。

② 注意 $\frac{1}{2\pi} \int_{-\pi}^{\pi} \sigma_e^2 d\omega = \sigma_e^2$。

$$\sigma_e^2 = \frac{\Delta^2}{12} = \frac{X_{\max}^2}{(3)2^{2B}}. \tag{11.28}$$

为了确认量化噪声序列类似于白噪声特性的假设，我们要用到 11.3 节中提到的功率谱估计技术。图 11.18 显示了一名男性说话者语音的长时功率谱（与图 11.12 相同）。该语音信号以 16 比特的精度进行原始量化，采样率 $F_s = 22050\text{Hz}$。进一步对该信号用不同的量化器量化，且通过量化后信号和原始信号之间的差计算量化误差。图中还显示了测量的量化噪声序列的功率谱估计。可以看出测量的 10 比特量化噪声的功率谱相当平坦。类似地，8 比特和 6 比特量化噪声的谱也很平坦，只在极低频处有一个小的变化。另一方面，3 比特量化噪声趋近于语谱的形状。当 $X_{\max} = 1$ 时使用式(11.28)，则由白噪声模型预测的噪声谱（**dB**）应为

$$10\log_{10}\sigma_e^2 = -6B - 4.77, \quad \text{for all } \omega. \tag{11.29}$$

图 11.18 中的虚线表示 $B = 10, 8, 6, 3$ 时函数的值与相应的测量功率谱。除了 3 比特的情况外，模型拟合得非常好。还要注意，根据式(11.29)的预测，对于所有的 ω，$B = 10, 8, 6$ 的测量噪声谱的差异近 12dB。

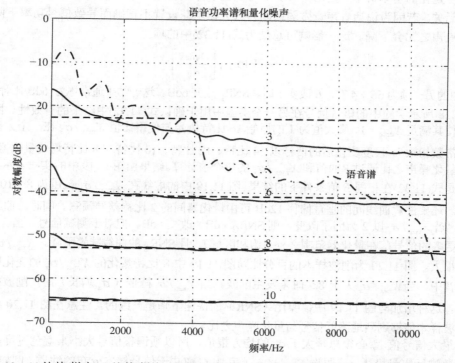

图 11.18　10 比特/样本、8 比特/样本、6 比特/样本和 3 比特/样本的均匀量化器的量化噪声功率谱（实线）及量化后的语音信号功率谱（虚点线）。虚线是白噪声的理论功率谱，具有与 10 比特、8 比特、6 比特和 3 比特量化噪声相同的平均功率

对量化噪声的平坦谱模型建立信心后，可将噪声的方差与信号的方差和量化器参数联系起来。为此，可方便地计算信号与量化噪声之比，定义为[①]

$$\text{SNR}_Q = \frac{\sigma_x^2}{\sigma_e^2} = \frac{E[x^2[n]]}{E[e^2[n]]} \approx \left(\frac{\sum_n x^2[n]}{\sum_n e^2[n]}\right), \tag{11.30}$$

---

① 需要说明的是，我们假设 $x[n]$ 是零均值的。若非如此，$x[n]$ 的均值应根据预先计算的信噪比从信号中获取。

式中，σ_x^2 和 σ_e^2 分别是信号和量化噪声的平均功率（量 σ_x 和 σ_e 为输入信号和量化噪声的均方根值）。将式(11.28)代入式(11.30)得

$$\text{SNR}_Q = \frac{\sigma_x^2}{\sigma_e^2} = \frac{(3)2^{2B}}{\left(\dfrac{X_{\max}}{\sigma_x}\right)^2},\tag{11.31}$$

或者，将信号与量化噪声之比用单位 dB 表示有

$$\text{SNR}_Q(\text{dB}) = 10\log_{10}\left[\frac{\sigma_x^2}{\sigma_e^2}\right]\tag{11.32}$$

$$= 6B + 4.77 - 20\log_{10}\left[\frac{X_{\max}}{\sigma_x}\right].$$

在固定的量化器中，$X_{\max}$ 是量化器的固定参数；但在多数语音处理应用中，用 σ_x 表示的信号等级随着说话者和信号获取条件的变化而剧烈变化。式(11.32)提供了一种方便的表达式，用于表示任何信号量化的基本折中。量化噪声功率与步长平方成正比，与 2^B 成反比。噪声的大小因而与输入信号无关。若因为说话者声音微弱或因为放大器增益设置不正确而导致信号功率下降，则信号与量化噪声之比会下降。这一影响可总结为式(11.32)中的项

$$-20\log_{10}\left[\frac{X_{\max}}{\sigma_x}\right]$$

式(11.32)中的另一项为 $6B + 4.77$，B 改变 1 时，SNR_Q 改变 6dB。这一结果通常称为 6dB/比特规则。

图 11.18 所示实验中的语音信号在另一个实验中用于确认式(11.32)中结果的有效性。固定量化器的尺度使其满足 $X_{\max} = 1$，最大值为 1 的原始 16 比特信号与使得比值 $X_{\max}/\sigma_x$ 在一个大范围内变化的尺度常数相乘[①]。尺度变化后的信号以 14 比特、12 比特、10 比特和 8 比特均匀量化器来量化，而信号与量化噪声之比通过 B 的值和 $X_{\max}/\sigma_x$ 的每个值计算。结果由图 11.19 中的实线表示。图 11.19 中的虚线是式(11.32)在相同 B 值条件下的结果。图 11.19 中的虚线在 $X_{\max}/\sigma_x$ 范围为 8～100 时拟合得非常好。还要注意曲线间的垂直偏移 12dB 可由量化器间的 2 比特差异预测。同时，曲线表明当 B 固定时，若 $X_{\max}/\sigma_x$ 以 2 为因子改变，则 SNR_Q（dB）改变 6dB。但对于测试信号，当 $X_{\max}/\sigma_x$ 低于 8 时，更多的信号落在量化器范围之外（饱和区域），且 SNR_Q 的曲线陡峭下降。$X_{\max}/\sigma_x$ 较小时模型偏差很大。图 11.20 为削波样本的百分比随图 11.19 中 8 比特量化的 $X_{\max}/\sigma_x$ 的变化图。注意在测试语音中，当 $X_{\max}/\sigma_x$ 大于 8.5 时未发生削波。当 $X_{\max}/\sigma_x$ 降低（σ_x 增长）时，削波样本的百分比增加。这种增加与图 11.19 中信噪比（SNR）的快速下降是一致的。注意在图 11.20 中只有一小部分削波样本能够剧烈地降低信号与量化噪声之比。

由于最大信号值 X_p 必须总是大于 σ_x 的均方根值，所以须调整信号大小来避免过度削波。为对这种调整进行定量描述，需假设 $X_{\max} = C\sigma_x$，其中 C 取决于信号样本分布的性质。例如，若 $x[n]$ 来自正弦波采样，则有 $\sigma_x = X_p/\sqrt{2}$，那么若 $C = \sqrt{2}$，则 $X_{\max} = X_p$，并且未发生削波。因此，对于准正弦信号，图 11.19 的曲线随着 $X_{\max}/\sigma_x$ 的下降而持续地线性增长，直到 $X_{\max}/\sigma_x = \sqrt{2}$，其中 $X_p = X_{\max}$；即信号峰值与未削波信号的最大幅值相等。由于波形的幅值分布和语音样本的分布很不相同，而更集中于低幅值处，就如图 11.19 的测量结果所示，这表明削波现象在 $X_{\max}/\sigma_x = C = 8$ 或更大值处开始出现。由于削波产生了很大的误差，少量削波样本就能明显降低信号与量化噪声之比。另一方面，若样本不经常发生削波，则感知上的效果可能非常微弱。

---

① σ_x 是从变尺度信号 $\delta x = \left(\dfrac{1}{N}\sum\limits_{n=0}^{N-1}(x[n])^2\right)^{1/2}$ 中测量得到的，其中 $N = 173056$ 个样本。

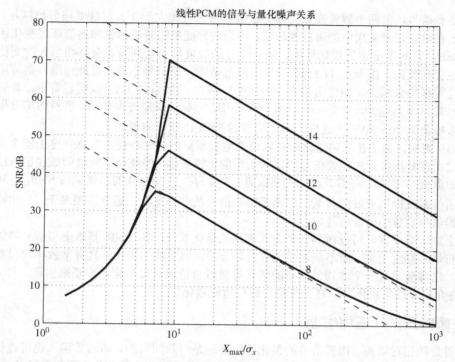

线性PCM的信号与量化噪声关系

图 11.19　实线表示 B = 14 比特/样本、12 比特/样本、10 比特/样本和 8 比特/样本的均匀量化器的 SNR_Q 随 $X_{\max}/\sigma_x$ 变化的函数关系。虚线是式(11.32)的图形。$X_{\max}/\sigma_x < 9$ 时，量化器饱和很明显

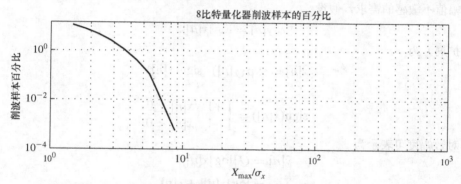

图 11.20　语音信号 8 比特量化后，削波样本的百分比随 $X_{\max}/\sigma_x$ 的变化

　　在设置信号与量化器的 $X_{\max}$ 的相对大小时，必须在 σ_x 的增长（为缓解削波导致的降低）和由此引起的 SNR 增长之间取得平衡。通常选择 $X_{\max} = 4\sigma_x$ [169]，这样式(11.32)就变成

$$\mathrm{SNR}_Q(\mathrm{dB}) = 6B - 7.2, \tag{11.33}$$

它再次表明码字的每个比特为信噪比贡献了 6dB，对一个 16 比特量化器，在该假设下得到 $\mathrm{SNR}_Q \approx 89\mathrm{dB}$。

　　式(11.32)和式(11.33)给出的 SNR_Q 表达式在下述假设下成立：

1. 输入信号以复杂方式波动，所以采用噪声序列的统计模型是有效的。
2. 量化步长足够小，可以消除噪声波形中任何与信号相关的模式。
3. 设置量化器的范围与信号的峰-峰值范围匹配，所以采样很少被削波，但利用了全部范围。注意，图 11.19 和图 11.20 表明 $X_{\max}/\sigma_x = 4$ 不能保证削波不会发生在生成这些图形所用的测试语音信号上。

对于语音信号，前两个假设在量化器等级数非常大（如大于 2^6）时能够很好地满足。然而，第三个假设在语音信号应用中的可行性较低，因为信号能量随着说话者和通信环境变化而产生的变化达 40dB，且对于给定的说话环境，语音信号的幅值从浊音到清音会有相当大的变化，甚至在浊音内也存在变化。由于式(11.33)假设给定幅值范围，若信号不能满足此范围，则可用于表示信号的量化等级也会减少，即使用了更少的比特。例如，由式(11.32)可以明显看出，若输入的变化实际上只是范围 $\pm X_{max}$ 的一半，则 SNR 降低 6dB。同样，以短时为基础，清音的均方根值低于浊音的均方根值达 20～30dB。这样，短时清音的 SNR 比浊音的更低。

图 11.19 表明，为了在均匀量化后可以逼真地表示原始信号，使其在感知度上能令人接受，必须使用比上述分析提到的假设信号固定时所需的比特更多（即统计不随时间或说话者或不同通信信道等而改变）。例如，尽管式(11.33)建议 $B = 7$ 可为 $X_{max}/\sigma_x = 4$ 的值提供约 $SNR_Q = 36dB$，以便能够为通信系统提供更好的质量，但由于语音信号的非稳定性，通常需要多于 11 比特的均匀量化器来提供高质量的语音信号表示。

基于上述所有原因，可以得到一个令人满意的量化系统，其 SNR 基本上与信号等级无关。也就是说与信号幅度无关，而不是误差具有常数方差，至于均匀量化，具有常数相对误差是很令人满意的。这需要通过一个非均匀分布的量化等级或自适应调整量化器步长来实现。11.4.2 节和 11.4.3 节将介绍非均匀量化器，11.5 节将介绍自适应量化。

11.4.2 瞬时压扩（压缩/扩展）

要获得常数相对误差，语音信号的量化等级必须是对数间隔的，即对数输入也可进行均匀量化。图 11.21 显示了这种对数量化表示，表明输入幅度在量化和编码之前先用对数函数进行压缩，解码后则通过指数函数进行扩展。压缩后扩展的组合方式称为压扩。为了说明这种处理方式满足了对信号幅值不敏感的需求，假设

$$y[n] = \log|x[n]|. \tag{11.34}$$

逆变换（扩展）为

$$x[n] = \exp(y[n]) \cdot \text{sign}(x[n]), \tag{11.35}$$

式中，

$$\text{sign}(x[n]) = \begin{cases} +1 & x[n] \ge 0 \\ -1 & x[n] < 0. \end{cases}$$

量化后的对数幅度可表示为

$$\begin{aligned} \hat{y}[n] &= Q[\log|x[n]|] \\ &= \log|x[n]| + \epsilon[n], \end{aligned} \tag{11.36}$$

这里再次假设结果误差样本 $-\Delta/2 \le \epsilon[n] < \Delta/2$ 是白噪声，它与信号样本 $\log|x[n]|$ 无关。量化后的对数幅度的逆为

$$\begin{aligned} \hat{x}[n] &= \exp(\hat{y}[n])\text{sign}(x[n]) \\ &= |x[n]|\,\text{sign}(x[n])\exp(\epsilon[n]) \\ &= x[n]\exp(\epsilon[n]). \end{aligned} \tag{11.37}$$

若 $\epsilon[n]$ 很小，则可把式(11.37)中的 $\hat{x}[n]$ 近似为

$$\hat{x}[n] \approx x[n](1 + \epsilon[n]) = x[n] + \epsilon[n]\,x[n] = x[n] + f[n], \tag{11.38}$$

式中 $f[n] = x[n]\epsilon[n]$。注意 $x[n]$ 和 $f[n]$ 显然不相关。事实上这是我们预期的结果；噪声幅值被信号幅值缩放。然而，既然 $\log|x[n]|$ 和 $\epsilon[n]$ 被假设为不相关的，则 $x[n]$ 和 $\epsilon[n]$ 也可以被假设为不相关的，所以

$$\sigma_f^2 = \sigma_x^2 \cdot \sigma_\epsilon^2, \tag{11.39}$$

因此有

$$\text{SNR}_Q = \frac{\sigma_x^2}{\sigma_f^2} = \frac{1}{\sigma_\epsilon^2}. \tag{11.40}$$

于是，得到的 SNR 就和信号的方差 σ_x^2 无关，而只与对数压缩信号的量化器步长相关。导出式(11.40)的分析隐含地假设了量化时未导致削波的最小值和最大值限制。若假设为固定步长，量化器的动态范围是前述的 $\pm X_{\max}$，且无削波产生，则 σ_ϵ^2 由式(11.28)给出，我们可以写出信号-量化噪声之比的 dB 形式：

$$\text{SNR}_Q(\text{dB}) = 6B + 4.77 - 20\log_{10}[X_{\max}], \tag{11.41}$$

这再次表明它与输入信号的大小无关。

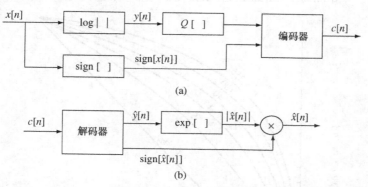

图 11.21 对数量化器框图：(a)编码器；(b)解码器

这种形式的对数压缩和均匀量化并不实用，因为 $|x[n]| \to 0$ 时 $\log|x[n]| \to -\infty$，即对数压缩器的动态范围（最大值和最小值之间的范围）为无穷大，于是需要无穷多的量化等级。然而，无论以上的分析有多么不实用，它都表明可得到一个对于对数压缩性质的估计，使得当 $|x[n]| \to 0$ 时并不发散。一个更加实用的用来进行伪对数压缩的压缩器/扩展器系统如图 11.22 所示，这种系统曾被 Smith[366]仔细研究，称为 μ 律压缩器。μ 律压缩函数定义为

$$y[n] = F[x[n]]$$

$$= X_{\max}\left(\frac{\log\left[1 + \mu\dfrac{|x[n]|}{X_{\max}}\right]}{\log[1+\mu]}\right) \cdot \text{sign}[x[n]]. \tag{11.42}$$

图 11.23 给出了不同 μ 值的 μ 律函数族。显然，使用式(11.42)的函数避免了小输入幅值问题，因为当 $|x[n]| = 0$ 时 $y[n] = 0$。注意 $\mu = 0$ 对应于没有压缩，即

$$y[n] = x[n], \qquad \text{when } \mu = 0, \tag{11.43}$$

因此当 $\mu=0$ 时量化等级保持均匀间隔。然而，对于大的 μ 值和大的 $|x[n]|$，我们有

$$|y[n]| \approx X_{\max}\frac{\log\left[\mu\dfrac{|x[n]|}{X_{\max}}\right]}{\log(\mu)} \text{对于较大的 } \mu. \tag{11.44}$$

即对于大的 μ 值，μ 律压缩其实是对应于一个大幅值范围的对数压缩。因此，除了对应很低的幅值，μ 律压缩曲线给出了对数函数的一个非常好的近似，从而给出压缩/量化/扩展后的固定相对误差。图 11.24 给出了 $\mu = 40$ 且量化等级为 8 时的等效量化等级集合（量化特性关于原点反对称，通常假设为上升中点量化器）。

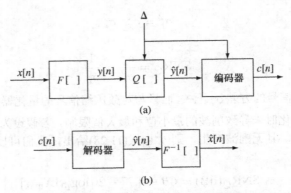
(a)

(b)

图 11.22　压缩器/扩展器系统框图：(a)压缩系统；(b)扩展系统

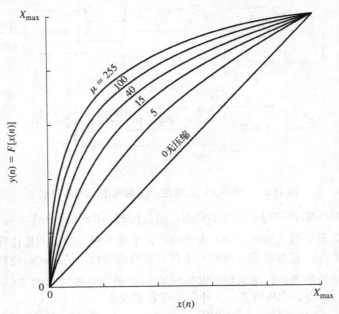

图 11.23　μ 律压缩特性的输入-输出关系（据 Smith[366]。阿尔卡特-朗讯美国公司允许翻印）

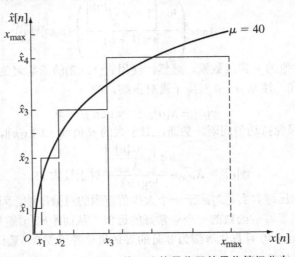

图 11.24　$\mu = 40$ 时 μ 律 3 比特量化器的量化等级分布

μ 律压缩器作用在语音波形上的效果如图 11.25 所示。图 11.25a 显示了语音波形的 3000 个样本，图 11.25b 显示了 μ 律压缩信号的对应波形（$\mu=255$）。容易看出 μ 律压缩的信号和原始语音相比，更有效地利用了 ±1 之间的整个动态范围。图 11.25c 给出了量化误差 $f[n]=x[n] \in [n]$，其中压缩器输出使用了 8 比特量化器。注意，因为量化误差是在幂扩展之前引入的，误差的大小跟踪信号的大小，于是提供了期望的常数相对量化误差噪声。

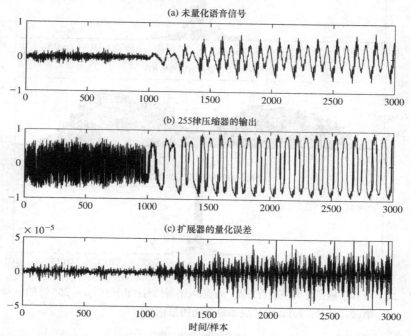

(a) 未量化语音信号

(b) 255律压缩器的输出

(c) 扩展器的量化误差

图 11.25　μ 律展开：(a)原始语音信号；(b)255 律压缩信号；(c)压缩信号经扩展后的 8 比特量化误差

图 11.26 显示了语音幅度直方图和 μ 律压缩的语音幅度直方图，其中 $\mu=255$。图 11.26a 中的原始语音直方图和拉普拉斯密度类似；然而，μ 律压缩后的语音直方图平坦了许多，小幅值相对较少。图 11.26c 中扩展后的 8 比特量化误差（即 $f[n]$ 的误差）直方图表明，其分布和输入语音信号的分布非常类似，当然这也就是压缩/量化/扩展操作的目的。

采用与分析均匀量化情形中的同类假设，Smith[366]导出了计算 μ 律量化器信号–量化噪声之比的如下公式：

$$\mathrm{SNR}_Q(\mathrm{dB}) = 6B + 4.77 - 20\log_{10}\left[\log\left(1+\mu\right)\right]$$
$$-10\log_{10}\left[1+\left(\frac{X_{\max}}{\mu\sigma_x}\right)^2 + \sqrt{2}\left(\frac{X_{\max}}{\mu\sigma_x}\right)\right]. \tag{11.45}$$

与式(11.32)相比，该式表明 $\mathrm{SNR}_Q(\mathrm{dB})$ 极大地减小了对量 $X_{\max}/\sigma_x$ 的严重依赖，但其缺点是不能像式(11.41)所示的理想对数扩展那样达到常数的 $\mathrm{SNR}_Q(\mathrm{dB})$。我们看到，当式(11.41)中的 $X_{\max}=1$ 时，理想对数扩展（忽略削波）给出 $\mathrm{SNR}_Q(\mathrm{dB}) = 6B + 4.77$，这和式(11.45)的前两项相同。例如，使用 8 比特量化时，理想对数量化能够预期给出 $\mathrm{SNR}_Q(\mathrm{dB}) = 52.77$。然而，式(11.45)的第三项给出了 $20\log10[\log(256)]=-14.88\mathrm{dB}$ 的损失。所以当 $B=8$ 时，式(11.45)的前三项一共是 37.89dB。换言之，255 律压缩和纯对数缩相比牺牲了至少 14.88dB。式(11.45)的最后一项由于被 μ 除，所以对 $X_{\max}/\sigma_x$ 的变化很不敏感。例如，当 $X_{\max}/\sigma_x = \mu$ 时，式(11.45)中的 SNR_Q 只损失了 5.33dB。因而，我们可以期待 255 律扩展的 8 比特量化在 $X_{\max}/\sigma_x$ 约等于 10 时可以保持 $\mathrm{SNR}_Q(\mathrm{dB})$约等于 38dB，当 $X_{\max}/\sigma_x$ 增长到 255 时损失 5dB。

图 11.19 中用来做测量的同一语音信号也被用来验证式(11.45)的有效性。图 11.27 和图 11.28 显示了式(11.45)的曲线（点画线）和 μ 分别等于 100 和 255 时 $\text{SNR}_Q(\text{dB})$ 的实验测量结果。

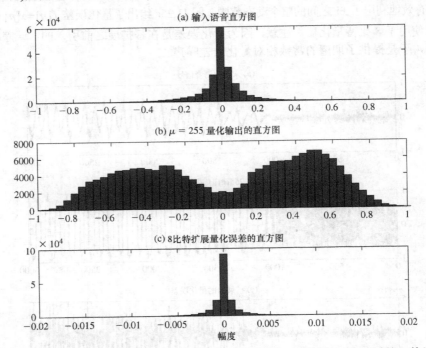

图 11.26 μ 律扩展量化的幅值直方图：(a)输入语音信号；(b)使用 $\mu = 255$ 时的 μ 律压
缩语音信号；(c) μ 律扩展器输出端的量化噪声

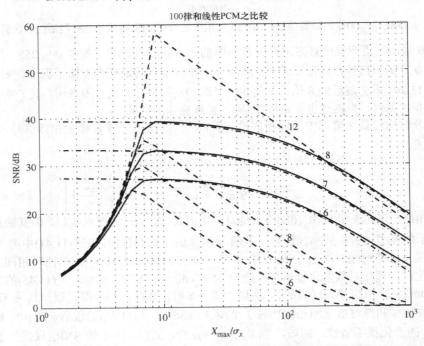

图 11.27 $B = 6, 7, 8$ 比特时 100 律扩展条件下及 $B = 6, 7, 8$ 和 12 比特时均匀量化器的 $\text{SNR}_Q(\text{dB})$ 测量值和
$X_{\max}/\sigma_x$ 的函数关系图（前者为实线，后者为虚线）。点画线显示了由式(11.45)计算的值

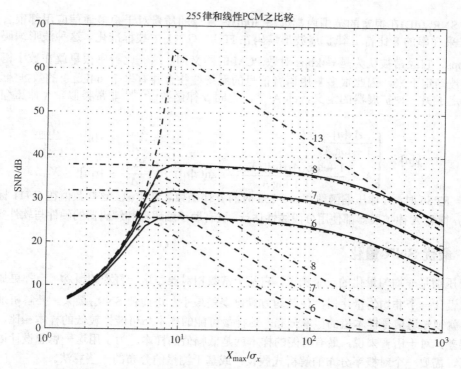

图 11.28 B = 6, 7, 8 比特时 255 律扩展条件下及 B = 6, 7, 8, 13 比特时的均匀量化器 SNR_Q(dB)和 $X_{\max}/\sigma_x$ 的函数关系图（前者为实线，后者为虚线）。点画线显示了由式(11.45)计算的值

这两种情况都有几个重要性质。式(11.45)的理论结果和测量值在很大范围内能够完美拟合，且根据式(11.45)的预测，这些曲线的纵向距离为 6dB，因为不同的曲线 B 相差 1，且 μ 律量化的曲线在很大范围内都非常平坦。如所指出的那样，SNR_Q(dB)相差约 5dB，直到 $X_{\max}/\sigma_x = \mu$，由图 11.27 可以看出，在 μ =100 时，SNR_Q(dB)在如下最大范围内依然保持在 2dB 内：

$$8 < \frac{X_{\max}}{\sigma_x} < 35, \tag{11.46}$$

从图 11.28 可以看出，当 μ = 255 时，SNR_Q(dB)在满足如下条件时在 2dB 内：

$$8 < \frac{X_{\max}}{\sigma_x} < 85. \tag{11.47}$$

但式(11.45)表明项 $20\log_{10}(\log(1+\mu))$ 会使得最大的 SNR_Q(dB)减小，而 SNR_Q(dB)会随着 μ 的增大而增大。当 μ = 100 和 μ = 255 时，两者差距约 1.6dB。更大的 μ 值会导致更平坦的曲线，同时将进一步降低可得到的最大 SNR_Q(dB)。但这种损失同增大的动态范围相比，代价很小。

对于均匀量化的情况，式(11.45)的理论结果同语音上的测量信号在 $X_{\max}/\sigma_x$ >8 时能够完美拟合。在该值以下会有削波发生，理论模型不再适用。注意陡峭的下降出现在和均匀量化几乎一样的数值上，如图 11.19 所示。

图 11.27 和图 11.28 中的虚线是使用均匀量化作用于相同输入信号时，测量的 SNR_Q(dB)与 $X_{\max}/\sigma_x$ 的关系函数。对于 μ = 100 和 μ = 255，虚线在可用的操作范围 $X_{\max}/\sigma_x$ >8 内都落到了相应的实线下方。在每个例子中，还有一条额外的均匀量化曲线。如图 11.27 显示，为了在 $8 < X_{\max}/\sigma_x < 200$ 范围内达到 8 比特 100 律量化器的效果，至少需要 12 比特均匀量化器。类似地，图 11.28 表明，为在 $8 < X_{\max}/\sigma_x < 400$ 范围内达到 8 比特 255 律量化器的性能，需要至少 13 比特的均匀量化器。因此，使用 μ 律扩展，我们只用了 8 比特/样本就达到了 13 比特均匀量化的动态范围。

既然 $\text{SNR}_Q(\text{dB})$ 在很宽的范围内都远超 30dB，复原的质量对于很多通信应用都很合适。因此，8kHz 采样率的 8 比特 μ 律扩展波形编码在 ITU-T G.711 中被标准化。这种波形编码的比特率是 64kbps，它经常被认为是 64kbps 对数 PCM 的同义词。这一比特率很早就在数字语音编码的历史中被确定下来，因此很多复用语音信号的系统往往合并有多个 64kbps 的数据流。G.711 标准也制定了另一种扩展器的定义，即 A 律，它同 μ 律函数[172, 401]非常类似。A 律压缩函数定义如下：

$$y[n] = \begin{cases} \dfrac{Ax[n]}{1 + \log A} & -\dfrac{X_{\max}}{A} \le x[n] \le \dfrac{X_{\max}}{A} \\[3mm] X_{\max}\dfrac{1 + \log(A|x[n]|/X_{\max})}{1 + \log A}\,\text{sign}(x[n]) & \dfrac{X_{\max}}{A} \le |x[n]| \le X_{\max}. \end{cases} \tag{11.48}$$

当 $A = 87.56$ 时，A 律压缩函数和 $\mu = 255$ 时的 μ 律函数非常类似。这些数值在 G.711 标准中指定，其中 μ 律和 A 律扩展器都使用分段线性估计，这有助于编码器和解码器的硬件与软件实现[401]。

11.4.3　最优 SNR 量化

μ 律压缩是非均匀量化的一个例子，它基于常数相对误差这一直观的概念。一种更加严格的方法是，设计一个非均匀量化器，使其均方量化误差最小，进而使 SNR_Q 最大。要解析地实现这一效果，就须知道信号样本值的概率分布，这样最可能的样本与可能性较低的样本相比，会引入更小的误差，对于语音来说，最有可能的样本就是低幅值的样本。为了用这一思想设计语音非均匀量化器，需要一个对概率分布的解析式假设，或基于测量的分布的一些算法。

最优量化的基础由 Lloyd[210]和 Max[235]建立。因此，带有判决和重建级别从而最大化信号量化噪声的量化器称为 Lloyd-Max 量化器。Paez and Glisson[275]给出了假设概率分布为拉普拉斯分布和伽马分布时设计最优量化器的算法，这些算法是测量出的语音分布的有用近似。Lloyd[210]给出了基于采样后的语音信号来设计最优非均匀量化器的算法[①]。在相同比特数的条件下，最优非均匀量化器可以比 μ 律量化器的 SNR 提高 6dB 之多。然而，对于重建结果的感知质量却几乎没有提高。

量化噪声的方差为

$$\sigma_e^2 = E[e^2[n]] = E[(\hat{x}[n] - x[n])^2], \tag{11.49}$$

式中，$\hat{x}[n] = Q[x[n]]$。推广图 11.14 中的例子，我们发现在假设 M 是偶数时，大体上有 M 个量化级别，记为 $\{\hat{x}_{-M/2}, \hat{x}_{-M/2+1}, \ldots, \hat{x}_{-1}, \hat{x}_1, \ldots, \hat{x}_{M/2}\}$。对应于间隔 x_{j-1} 到 x_j 的量化（重建）级别记为 $\hat{x}_j$。对于一个对称的、零均值幅度的分布，定义一个中心边界点 $x_0 = 0$ 是合理的，若密度函数对于大幅度值非零，如拉普拉斯分布或伽马分布，则外部范围的极限设为 $\pm\infty$，即 $x_{\pm M/2} = \pm\infty$。在这一假设下，我们得到

$$\sigma_e^2 = \int_{-\infty}^{\infty} e^2\, p_e(e)\, de. \tag{11.50}$$

图 11.29 显示了语音的典型概率密度函数的一个小区域的图形，还显示了一些典型的判决边界 x_k 以及非均匀量化器的重建等级 $\hat{x}_k$。该图表明，由于

$$e = \hat{x} - x, \tag{11.51}$$

对于一个量化为给定重建等级 $\hat{x}_k$ 的样本，它对平均误差方差的贡献仅与落在区间 $x_{k-1} \le x < x_k$ 内的样本有关。

[①] Lloyd 的成果最初发表在贝尔实验室的技术说明中，其中一部分材料曾于 1957 年 9 月在新泽西亚特兰大市举行的数理统计协会会议上展示。后来这项前瞻性成果于 1982 年 3 月发表在开放文献中[210]。

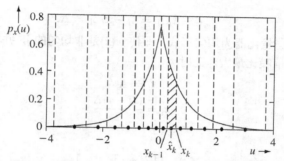

图 11.29　最大 SNR 量化示意图，其中 x_i 为决策等级，$\hat{x}_i$ 为重建等级（据 Vary and Martin[401]）

因此，只要知道该区间的 $p_x(x)$，就可计算这些样本对总平均误差协方差的贡献。因此我们对式(11.50)中的变量进行变换，得到

$$p_e(e) = p_e(\hat{x} - x) = p_{x|\hat{x}}(x|\hat{x}) \triangleq p_x(x), \tag{11.52}$$

从而有

$$\sigma_e^2 = \sum_{i=-\frac{M}{2}+1}^{\frac{M}{2}} \int_{x_{i-1}}^{x_i} (\hat{x}_i - x)^2 \, p_x(x) \, dx. \tag{11.53}$$

（注意，该噪声方差包括由削波或过载产生的误差。）若 $p_x(x) = p_x(-x)$，则优化量化器的特点将是反对称的，从而有 $\hat{x}_i = -\hat{x}_{-i}$ 和 $x_i = -x_{-i}$。因此，量化噪声方差（噪声能量）是

$$\sigma_e^2 = 2\sum_{i=1}^{\frac{M}{2}} \int_{x_{i-1}}^{x_i} (\hat{x}_i - x)^2 \, p_x(x) \, dx. \tag{11.54}$$

为了选择使 σ_e^2 最小（SNR 最大）的一组参数 $\{x_i\}$ 和 $\{\hat{x}_i\}$，我们可求 σ_e^2 对每个参数的导数，并使导数等于零，得到[235]

$$\int_{x_{i-1}}^{x_i} (\hat{x}_i - x)p_x(x)dx = 0, \qquad i = 1, 2, \ldots, \frac{M}{2}, \tag{11.55a}$$

$$x_i = \frac{1}{2}(\hat{x}_i + \hat{x}_{i+1}), \quad i = 1, 2, \ldots, \frac{M}{2} - 1. \tag{11.55b}$$

同时，我们假设

$$x_0 = 0, \tag{11.56a}$$

$$x_{\pm\frac{M}{2}} = \pm\infty. \tag{11.56b}$$

式(11.55b)表明，最优边界点位于重建等级 $M/2$ 的中间位置。求解式(11.55a)得 $\hat{x}_i$ 为

$$\hat{x}_i = \frac{\int_{x_{i-1}}^{x_i} xp_x(x)dx}{\int_{x_{i-1}}^{x_i} p_x(x)dx}, \tag{11.57}$$

上式表明，重建电平的最优位置 $\hat{x}_i$ 是区间 x_{i-1} 到 x_i 上概率密度函数的质心位置。这两组公式必须对 $M-1$ 个未知参数同时求解。由于这些公式一般是非线性的，因此仅在一些特殊情况下才能得到闭合解。否则必须使用迭代方法进行求解。Max[235]给出了迭代步骤。Paez and Glisson[275]使用这种方法求解了在拉普拉斯和伽马概率密度函数情况下的最优边界点。

一般情况下，式(11.55a)至式(11.55b)的解在量化等级上是非均匀分布的。只有在特殊情况下，均匀幅度密度的最优解才为均匀形式，即

$$\hat{x}_i - \hat{x}_{i-1} = x_i - x_{i-1} = \Delta. \tag{11.58}$$

然而，我们可以约束这些量化器为均匀形式［即使 $p_x(x)$ 是非均匀的］，并求解步长 Δ 的值，使得量化误差方差最小，同时信噪比最大。此时

$$x_i = \Delta \cdot i, \tag{11.59}$$

$$\hat{x}_i = \frac{(2i-1)\Delta}{2}, \tag{11.60}$$

且 Δ 满足下面的等式：

$$\sum_{i=1}^{\frac{M}{2}-1} (2i-1) \int_{(i-1)\Delta}^{i\Delta} \left[\left[\frac{2i-1}{2} \right] \Delta - x \right] p(x)dx$$
$$+ (M-1) \int_{\left[\frac{M}{2}-1\right]\Delta}^{\infty} \left[\left[\frac{M-1}{2} \right] \Delta - x \right] p(x)dx = 0. \tag{11.61}$$

若 $p(x)$ 已知或已假设（如拉普拉斯分布），则积分运算可以表示成单个方程，该方程可在计算机上使用迭代方法通过改变 Δ 值来得到最优解。图 11.30 显示的是均匀量化器在伽马和拉普拉斯密度[275]及高斯密度[235]时的最优步长。和期望的一样，从图中明显可以看出步长随等级数量的增长大致呈指数下降的趋势。对于不同的密度函数形状，具体的曲线也有所区别。

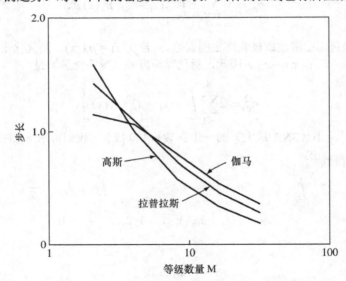

图 11.30　拉普拉斯、伽马和具有单位方差的高斯密度函数的均匀量化器的
最优步长（据文献[235]。© [1960] IEEE）

表 11.2 和表 11.3 显示了拉普拉斯分布和伽马密度的最优量化参数[275]（注意这些数字是在假设单位协方差的情况下推导出来的。若输入的协方差是 σ_x^2，则表中的数字还需乘以 σ_x）。图 11.31 显示了拉普拉斯密度的 3 比特量化器。从图中可以看出，当概率密度下降时，量化等级进一步分离。这和直觉是一致的，最大量化误差位于最少频率出现的样本位置。比较图 11.24 和图 11.31 可以看出 μ 率量化器和最优非均匀量化器的一些相似之处。因此，最优非均匀量化器预计拥有增大的动态范围。事实上，文献[275]的讨论中证明了这一点。

尽管最优量化器在与信号的方差和幅度分布匹配时，可使均方误差最小，但语音通信过程中的非平稳特性会使其无法得到比较满意的结果。最简单的情况发生在传输系统中没有人说话的时候，即所谓的空闲信道条件下。此时，量化器的输入非常小（假设噪声很低），因此量化器的输

出会在最低幅度的量化等级间跳来跳去。对于一个如图 11.15a 所示的对称量化器来说，若最低量化器的等级大于背景噪声的幅度，则量化器的输出噪声将大于输入噪声。因此，当量化等级数较少时，最小均方误差类型的最优量化器不适用。表 11.4[275]给出了几个均匀和非均匀最优量化器的最小量化等级与 $\mu=100$ 的 μ 律量化器的比较结果。从表中可以看出，μ 律量化器与任何最优量化器相比，产生的空闲信道噪声最小。μ 值越大，最小量化等级越小（$\mu=255$ 时最小量化等级为 0.031）。因此，μ 律量化器更为实用，即使与最优设计相比，所提供的 SNR_Q 也更小。

表 11.2　具有拉普拉斯密度（$m_x=0, \sigma_x^2=1$）的最优量化器（引自 Paez and Glisson[275]。[1972] IEEE）

N	2		4		8		16		32	
i	x_i	$\hat{x}_i$	x_i	$\hat{x}_i$	x_i	$\hat{x}_i$	x_i	$\hat{x}_i$	x_i	$\hat{x}_i$
1	∞	0.707	1.102	0.395	0.504	0.222	0.266	0.126	0.147	0.072
2			∞	1.810	1.181	0.785	0.566	0.407	0.302	0.222
3					2.285	1.576	0.910	0.726	0.467	0.382
4					∞	2.994	1.317	1.095	0.642	0.551
5							1.821	1.540	0.829	0.732
6							2.499	2.103	1.031	0.926
7							3.605	2.895	1.250	1.136
8							∞	4.316	1.490	1.365
9									1.756	1.616
10									2.055	1.896
11									2.398	2.214
12									2.804	2.583
13									3.305	3.025
14									3.978	3.586
15									5.069	4.371
16									∞	5.768
MSE	0.5		0.1765		0.0548		0.0154		0.00414	
SNR dB	3.01		7.53		12.61		18.12		23.83	

表 11.3　具有伽马密度（$m_x=0$，$\sigma_x^2=1$）的最优量化器（据 Paez and Glisson[275]。© [1972] IEEE）

N	2		4		8		16		32	
i	x_i	$\hat{x}_i$	x_i	$\hat{x}_i$	x_i	$\hat{x}_i$	x_i	$\hat{x}_i$	x_i	$\hat{x}_i$
1	∞	0.577	1.205	0.302	0.504	0.149	0.229	0.072	0.101	0.033
2			∞	2.108	1.401	0.859	0.588	0.386	0.252	0.169
3					2.872	1.944	1.045	0.791	0.429	0.334
4					∞	3.799	1.623	1.300	0.630	0.523
5							2.372	1.945	0.857	0.737
6							3.407	3.798	1.111	0.976
7							5.050	4.015	1.397	1.245
8							∞	6.085	1.720	1.548
9									2.089	1.892
10									2.517	2.287
11									3.022	2.747
12									3.633	3.296
13									4.404	3.970
14									5.444	4.838
15									7.046	6.050
16									∞	8.043
MSE	0.6680		0.2326		0.0712		0.0196		0.0052	
SNR dB	1.77		6.33		11.47		17.07		22.83	

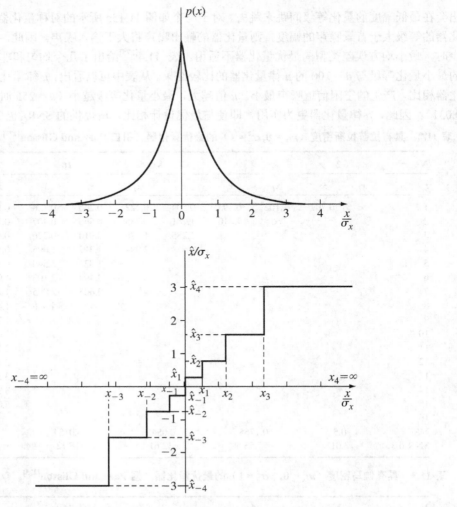

图 11.31 密度函数、拉普拉斯密度函数量化器特性和 3 比特量化器

表 11.4　3 比特量化器的 SNR（据 Noll[255]）

非均匀量化器	SNR$_Q$ (dB)	最小级别 ($\sigma_x=1$)
μ 律 ($X_{max} = 8\sigma_x, \mu = 100$)	9.5	0.062
高斯	14.6	0.245
拉普拉斯	12.6	0.222
伽马	11.5	0.149
语言	12.1	0.124

均匀量化器	SNR$_Q$ (dB)	最小级别 ($\sigma_x=1$)
高斯	14.3	0.293
拉普拉斯	11.4	0.366
伽马	11.5	0.398
语言	8.4	0.398

11.5　自适应量化

由前面几节可以看出，在量化语音信号时，我们经常面临两难的选择。一方面，我们希望选择足够大的量化步长来涵盖信号的最大峰-峰范围；另一方面，我们又希望量化步长足够小，以便最小化量化噪声。原因在于语音信号的非平稳特性和语音通信过程的复合特性。不同的说话者、通信环境和同一段发音中清音与浊音的不同，都会导致语音的幅度变化范围很宽。尽管一种方法是使用非均匀量化器来调节这些幅度的波动，但另一种替代方法是根据输入信号的等级来自适应量化器的属性。本节讨论自适应量化的一些基本原理，下一节将结合线性预测举几个自适应量化方案的例子。当自适应量化直接用于输入系统的样本时，其通常称为自适应 PCM 或 APCM。

自适应量化的基本思想是，改变步长 Δ（或通常所说的量化等级和范围），使其与输入信号的时变方差（短时能量）匹配。图 11.32a 给出了描述性框图。如图 11.32b 所示，另一种观点是，在时变增益之前考虑一个趋于使信号方差为常量的固定量化器特性。在第一种情形下，步长随输入方差的增大/下降而增大/下降。对于非均匀量化器，这意味着量化等级和范围会线性缩放。在第二种情形下，这种操作不需要修正均匀量化器和非均匀量化器，增益随输入方差的变化而反比变化，以便使量化器的输入变化相对恒定。两种情形下都需要得到输入信号的时变幅度性质的估计。

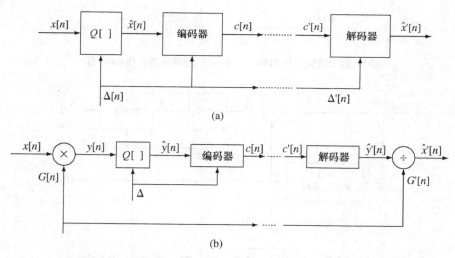

图 11.32　自适应量化框图表示：(a)可变步长表示；(b)可变增益表示

在讨论语音信号的时变性质时，首先须考虑的是变化发生的时间尺度。对于幅度变化的情况，我们把相邻样本之间的变化或几个样本之间的快速变化称为瞬时变化。幅度性质的一般趋势是，相对较长时间区间内保持基本不变，如清音区间或浊音区间的峰值幅度。这种缓慢变化的趋势称为音节变化，意味着它们出现的频率和说话时音节的频率类似。在讨论自适应量化方法时，可根据它们是缓慢变化还是快速变化，即是音节的还是瞬时的，来方便地对它们进行分类。

通常考虑两种自适应量化器。在一类方案中，输入的幅度或方差根据输入本身来估计。这种方法称为前馈自适应量化器。在另一类自适应量化器中，步长根据量化器的输出 $\hat{x}[n]$ 进行自适应，或等效地根据输出码字 $c[n]$ 来自适应。这种量化器称为反馈自适应量化器。一般来说，这两种量化器的自适应时间都可以是音节的或瞬时的。

11.5.1 前馈自适应

图 11.33 给出了前馈量化器的一般表示。为讨论方便，假设量化器是均匀的，以便仅变化一个步长参数就足够了。这一讨论可直接推广到非均匀量化器。图 11.33a 中用来量化样本的步长 $\Delta[n]$ 须在图 11.33b 中的接收端可用。因此，码字 $c[n]$ 和步长 $\Delta[n]$ 一起表示了样本 $x[n]$。若 $c'[n]=c[n]$ 且 $\Delta'[n]=\Delta[n]$，则 $\hat{x}'[n]=\hat{x}[n]$；然而，若 $c'[n]\neq c[n]$ 或者 $\Delta'[n]\neq\Delta[n]$，例如，若传输过程中有错误，则 $\hat{x}'[n]\neq\hat{x}[n]$。错误的影响取决于自适应方法的细节。图 11.34 给出了一般的前馈自适应量化器，它用时变增益来表示。此时，码字 $c[n]$ 和增益 $G[n]$ 一起表示了被量化的样本。

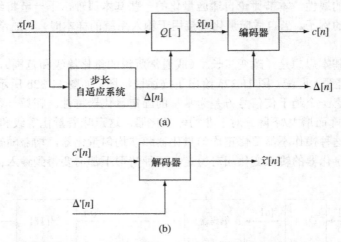

图 11.33　前馈量化器的一般表示：(a)编码器；(b)解码器

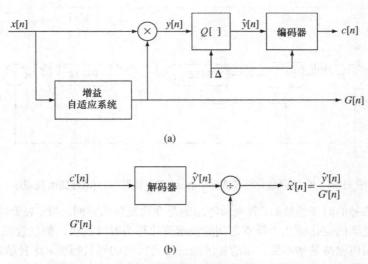

图 11.34　带有时变增益的普通前馈自适应量化器：(a)编码器；(b)解码器

考虑一些例子可使我们更好地了解前馈方法的工作原理。大多数此类系统试图得到时变方差的估计。然后，使步长或量化级别与标准差成正比，或使作用于输入的增益与标准差成反比。

一种通用的方法是假设方差和短时能量成正比，短时能量定义为输入为 $x^2[n]$ 的低通滤波器的输出，即

$$\sigma^2[n] = \frac{\sum_{m=-\infty}^{\infty} x^2[m] h[n-m]}{\sum_{m=0}^{\infty} h[m]}, \tag{11.62}$$

式中，$h[n]$是低通滤波器的冲激响应，分母项是一个归一化因子，它使得$\sigma^2[n]$项在信号$x[n]$为零均值的情况下成为信号方差的估计。对于平稳输入信号，容易看出期望值$\sigma^2[n]$和方差σ_x^2成比例（见习题11.10）。

一个简单的例子是

$$h[n] = \begin{cases} \alpha^{n-1} & n \geq 1 \\ 0 & \text{其他} \end{cases} \tag{11.63}$$

归一化因子是

$$\sum_{m=0}^{\infty} h[m] = \sum_{m=1}^{\infty} \alpha^{m-1} = \sum_{m=0}^{\infty} \alpha^m = \frac{1}{1-\alpha}. \tag{11.64}$$

将其代入式(11.62)得

$$\sigma^2[n] = \sum_{m=-\infty}^{n-1} (1-\alpha) \cdot x^2[m] \alpha^{n-m-1}. \tag{11.65}$$

可以证明式(11.65)中的$\sigma^2[n]$也满足差分方程

$$\sigma^2[n] = \alpha \sigma^2[n-1] + (1-\alpha) \cdot x^2[n-1]. \tag{11.66}$$

（为了稳定，需要$0 < \alpha < 1$。）图11.33a中的步长因而需要满足形式

$$\Delta[n] = \Delta_0 \sigma[n], \tag{11.67}$$

或者图11.34a中的时变增益需要满足形式①

$$G[n] = \frac{G_0}{\sigma[n]}, \tag{11.68}$$

参数α的选择控制着影响方差估计的有效区间。图11.35 显示了一个用在差分 PCM 系统中的自适应量化的例子[26]。图11.35a 显示了α = 0.99 时叠加在波形上的标准差估计。图11.35b 显示了乘积$y[n] = x[n]G[n]$。对于α的选择，$x[n]$的幅度下降明显未被时变增益所补偿。图11.36 显示了α = 0.9 时的同样波形。此时，系统对输入幅度的变化能够更快地进行响应。因此，即使在$x[n]$的幅度非常陡峭地下降时，$y[n] = G[n]x[n]$的方差仍能保持相对不变。在第一种情形下，当$\alpha = 0.99$时，时间常数（将加权序列衰减到e^{-1}所需的时间）约为 100 个样本（或 8kHz 采样率情况下的 12.5ms）。在第二种情形下，当$\alpha = 0.9$时，时间常数仅为 9 个样本，或 8kHz 采样率情况下的 1ms。于是，可以很合理地把$\alpha = 0.99$的系统分类为音节系统，而把$\alpha = 0.9$的系统分类为瞬时系统。

如图11.35a 和图11.36a 所示的那样，标准差$\sigma[n]$和及其倒数$G[n]$的估计和原始语音信号相比是缓慢变化的函数。增益（或步长）控制信号的速率须根据低通滤波器的带宽进行采样。对于图11.35 和图11.36 中所示的情况，对于 8kHz 采样的语音信号，滤波器的增益衰减 3dB 的频率约

---

① 常量 Δ_0 和 G_0 会影响滤波器的增益。

为 13Hz 和 135Hz。图 11.34 或图 11.33 中使用的增益函数（或步长）必须在传输之前进行采样和量化。考虑增益的最低可能采样率非常重要，因为语音信号的整个数字表示的信息率是量化器码字输出的信息率和增益函数的信息率之和。

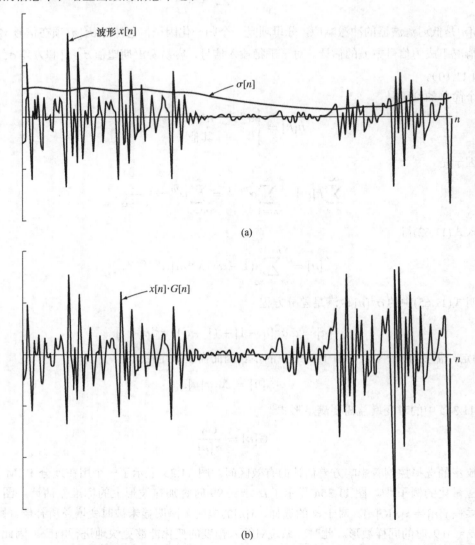

(a)

(b)

图 11.35 用式(11.66)进行方差估计的例子：(a) $\alpha = 0.99$ 时的波形 $x[n]$ 和标准差估计 $\sigma[n]$；(b)时变
增益和波形的积（据 Barnwell 等人[26]）

为允许量化，且由于物理实现的限制，经常会限制增益方差或步长的范围。也就是说，我们将 $G[n]$ 和 $\Delta[n]$ 的范围定义为

$$G_{min} \leq G[n] \leq G_{max} \qquad (11.69)$$

或

$$\Delta_{min} \leq \Delta[n] \leq \Delta_{max}. \qquad (11.70)$$

确定系统动态范围的是这些范围之比。于是，为了在 40dB 范围内获得相对稳定的 SNR，要求 $G_{max}/G_{min} = 100$ 或 $\Delta_{max}/\Delta_{min} = 100$。

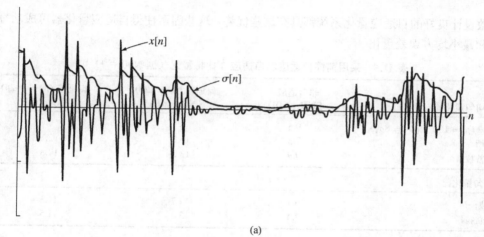

(a)

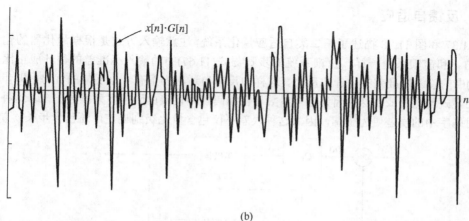

(b)

图 11.36　使用式(11.66)估计方差：(a) $\alpha = 0.9$ 时的 $x[n]$ 和 $\sigma[n]$；(b)$x[n] \cdot G[n]$

Noll[255][①]对比研究了一个可由自适应量化实现的 SNR_Q 改进例子。他考虑了一个前馈方案，其中方差估计为

$$\sigma^2[n] = \frac{1}{M} \sum_{m=n}^{n+M-1} x^2[m].$$ (11.71)

增益或步长每隔 M 个样本估计一次。在这种情况下，系统需要一个大小为 M 个样本的缓冲区，以便可以根据待量化样本而非前一个例子中的历史样本来求量化器增益或步长。

表 11.5 比较了输入为已知方差的语音信号的几个 3 比特量化器[②]。第一列列出了不同的量化器种类，例如高斯量化器是一个最优量化器，它假设具有高斯分布，且方差等于语音信号的方差。第二列给出了无自适应时的 SNR。第三列和第四列分别给出了 $M = 128$ 和 $M = 1024$ 时，根据式(11.71)估计的方差得到的自适应步长信噪比。从中可以看出自适应量化器在语音信号处理中可获得 5.6dB 的 SNR_Q 提升。对于其他语音发音来说，可得到类似的结果，但数值上会稍有变化。因此，自适应量化器要优于固定非均匀量化器。表 11.5 中数值未体现出来的另一个优势是，适当地选择 $\Delta_{\max}$ 和 $\Delta_{\min}$ 可在改进 SNR_Q 的同时，保持较低的理想信道噪声和较宽的动态范围。一般来

---

① Crosier[73]也研究了这种技术。他使用术语"块扩展"来描述每隔 M 个样本评估增益（或步长）的过程。

② 表中的结果适用于实际语音信号的量化。

说，多数设计良好的自适应量化系统都具有这些优势。这些因素使得自适应量化器可成功替代瞬时压扩和最小均方误差量化。

表 11.5 采用前馈自适应的自适应 3 比特量化（据 Noll [255]）

非均匀量化器	非自适应 SNR_Q (dB)	自适应 ($M = 128$) SNR_Q (dB)	自适应 ($M = 1024$) SNR_Q (dB)
μ 律 ($\mu = 100$, $X_{\max} = 8\sigma_x$)	9.5	–	–
高斯	7.3	15.0	12.1
拉普拉斯	9.9	13.3	12.8
均匀量化器			
高斯	6.7	14.7	11.3
拉普拉斯	7.4	13.4	11.5

11.5.2　反馈自适应

图 11.37 和图 11.38 描述了第二类自适应量化系统，注意输入方差是根据量化器的输出或码字估计的。和前馈系统一样，反馈系统的步长与式(11.67)中的输入标准差的估计成正比，增益与(11.68)中的输入标准差的估计成反比。这样的反馈自适应方案有一个明显的优势，即步长或增益不需要显式地保留或传送，因为这些参数可在编码器端直接由码字序列推导出来。这种系统的缺陷是对码字中的误差更为敏感，因为这种误差不仅包含量化级别误差，还包含步长误差。

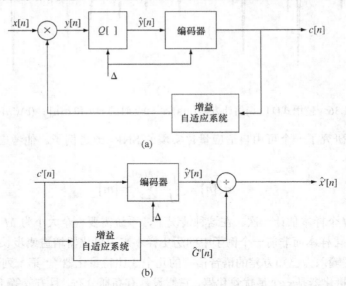

图 11.37　时变增益的通用反馈自适应：(a)编码器；(b)解码器

根据量化的输出来计算信号方差的一种简单方法是，直接对量化器输出应用式(11.62)给出的信号方差估计，即

$$\sigma^2[n] = \frac{\sum_{m=-\infty}^{\infty} \hat{x}^2[n]\, h[n-m]}{\sum_{m=0}^{\infty} h[m]}. \tag{11.72}$$

但此时不能使用缓冲来实现非因果滤波器。也就是说，方差估计必须仅基于 $\hat{x}[n]$ 的历史值，因为

$\hat{x}[n]$ 的当前值只有在量化之后才能得到，而量化须在方差估计之后进行。例如，我们可用下面的滤波器，其冲激响应如式(11.65)所示，即

$$h[n] = \begin{cases} \alpha^{n-1} & n \geq 1 \\ 0 & \text{其他} \end{cases} \qquad (11.73)$$

另一种选择是使用具有如下冲激响应的滤波器：

$$h[n] = \begin{cases} 1 & 1 \leq n \leq M \\ 0 & \text{其他} \end{cases} \qquad (11.74)$$

从而有

$$\sigma^2[n] = \frac{1}{M} \sum_{m=n-M}^{n-1} \hat{x}^2[m]. \qquad (11.75)$$

Noll[255]研究过这种基于式(11.75)的反馈自适应系统，他发现通过适当调整式(11.67)或式(11.68)中的常数 Δ_0 或 G_0，在窗长仅有两个样本的情况下，3 比特量化器能获得 12dB 的信噪比。较大的 M 值对改善结果效果不明显。

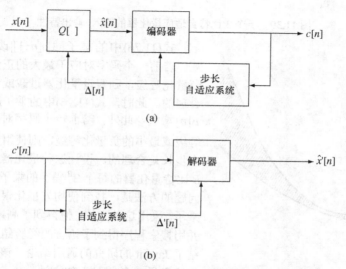

(a)

(b)

图 11.38　步长的通用反馈自适应：(a)编码器；(b)解码器

基于图 11.38，Jayant[168]深入研究了另一种稍微不同的方法。在这种方法中，均匀量化器的步长根据如下公式在每个样本处是自适应的：

$$\Delta[n] = P\Delta[n-1], \qquad (11.76)$$

式中，步长乘子 P 仅是前一码字|$c[n-1]$|的幅度的函数。图 11.39 描述了使用这种量化方案设计的 3 比特均匀量化器。根据图 11.39 选择的码字，若令最高有效位是符号位，而该字的剩余部分为幅度，则有

$$\hat{x}[n] = \frac{\Delta[n]\operatorname{sign}(c[n])}{2} + \Delta[n]\, c[n], \qquad (11.77)$$

式中，$\Delta[n]$ 满足式(11.76)。注意，由于 $\Delta[n]$ 取决于前一个步长和前一个码字，所以码字序列足以表示该信号。考虑到实际情况，还须强加如下限制：

$$\Delta_{\min} \leq \Delta[n] \leq \Delta_{\max}. \qquad (11.78)$$

如前所述，比值 $\Delta_{\max}/\Delta_{\min}$ 控制量化器的动态范围。

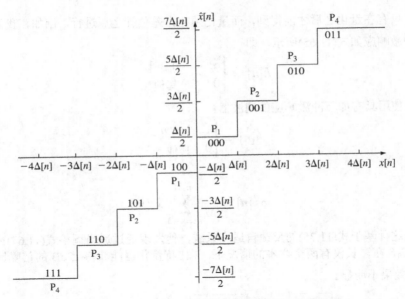

图 11.39　一个 3 比特自适应量化器的输入-输出特性

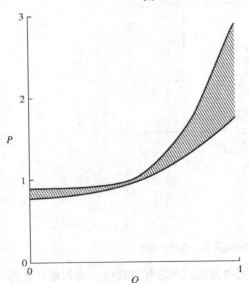

图 11.40　$B > 2$ 时语音量化中的最优乘子函数的总体形状（据 Jayant[168]。阿尔卡特-朗讯美国公司允许翻印）

式(11.76)中的乘子随 $|c[n-1]|$ 改变的方式非常直观。若前一个码字对应于最大的正量化等级或最大的负量化等级，则假设量化器过载或量化器步长太小是合理的。此时，式(11.76)中的乘子应大于 1，以便使 $\Delta[n]$ 增大。此外，若前一个码字对应于最小的正量化等级或最小的负量化等级，则使用小于 1 的乘子来减小步长是合理的。设计这种量化器时，要选择对应于 B 比特量化器的每个 2^B 码字的乘子。Jayant[168]解决该问题的方法是，找到使均方量化误差最小的一组步长乘子。采用这种方法，他得到了高斯信号的理论结果，并用搜索程序得到了语音的经验结果。图 11.40 中总结了 Jayant 的研究的通用结论，该图给出了步长乘子取决于量 Q 的一种近似方法：

$$Q = \frac{1 + 2|c[n-1]|}{2^B - 1}. \tag{11.79}$$

图 11.40 中的阴影区域表示当输入统计特性变化或 B 变化时，期望的乘子的变化。特定的乘子值应遵循图 11.40 所示的一般趋势，但特定值并不是非常严格的。但非常重要的是，这些乘子更可能使得步长增大。

表 11.6 给出了 Jayant[168]在 $B = 2, 3, 4$ 和 5 时得到的一组乘子。

表 11.7 中给出了使用这种自适应量化模式得到的信噪比提升。表 11.6 中乘子使用了比值 $\Delta_{\max}/\Delta_{\min} = 100$。表 11.7 表明，与 μ 律量化相比，信噪比提升了 4～7dB，而与非自适应最优量化器相比，信噪比也有 2～4dB 的提升。在另一项研究中，Noll[256]说明了 3 比特 μ 律和自适应量化器的信噪比分别为 9.4dB 和 14.1dB。该实验中的乘子是 {0.8, 0.8, 1.3, 1.9}，而表 11.6 中给出的 Jayant 所用的乘子为 {0.85, 1, 1, 1.5}。不同的乘子可以生成近似的结果这一事实，支持了前面的观点，即乘子的值并不是非常关键的。

表 11.6　自适应量化方法的步长乘子（据 Jayant[168]。

经阿尔卡特-朗讯美国公司允许翻印）

	编码器类型	
B	PCM	DPCM
2	0.6, 2.2	0.8, 1.6
3	0.85, 1, 1, 1.5	0.9, 0.9, 1.25, 1.75
4	0.8, 0.8, 0.8, 0.8	0.9, 0.9, 0.9, 0.9,
	1.2, 1.6, 2.0, 2.4	1.2, 1.6, 2.0, 2.4
5	0.85, 0.85, 0.85, 0.85	0.9, 0.9, 0.9, 0.9,
	0.85, 0.85, 0.85, 0.85,	0.95, 0.95, 0.95, 0.95,
	1.2, 1.4, 1.6, 1.8,	1.2, 1.5, 1.8, 2.1,
	2.0, 2.2, 2.4, 2.6	2.4, 2.7, 3.0, 3.3

表 11.7　反馈自适应量化采用优化步长乘子时，SNR 的提升
（据 Jayant [168]。阿尔卡特-朗讯美国公司允许翻印）

B	μ 律（$\mu = 100$） 量化的对数 PCM	均匀量化的 自适应 PCM
2	3dB	9dB
3	8dB	15dB
4	15dB	19dB

11.5.3　自适应量化的总体评价

　　如本节讨论所建议的那样，自适应量化方案有多种。多数合理的方案所产生的信噪比会超过 μ 律量化的信噪比，且使用合适的比值 $\Delta_{max}/\Delta_{min}$，自适应量化器的动态范围完全可以和 μ 律量化器的动态范围相比。此外，选择较小的 Δ_{min} 可使信道空闲噪声非常小。因此，自适应量化有许多优秀的特性。但仅通过优化量化器自适应来节省比特率并不明智，因为这种技术只是简单地利用了我们关于语音信号幅度分布的先验知识。因此，11.7 节中将介绍差分量化技术中的样本-样本相关问题。

11.6　语音模型参数的量化

　　到目前为止，本章的讨论主要集中于语音波形样本的量化。这是获得语音数字表示的最简方法，但这种方法既不是最灵活的，数据率也不是最有效的。在本章剩余部分我们将看到，提高数字编码方案灵活性和有效性的关键是，利用第 5 章建立的语音生成离散时间模型的知识和第 6~9 章提出的估计模型参数的分析工具。图 11.41 描述了语音模型的通用表示，表明产生激励信号的一种方法是在清音状态（类噪声）和浊音（准周期）状态之间进行切换。生成的激励信号是一个线性时变系统的输入，该系统对声道的回声特性和其他因素如声门脉冲形状与辐射影响等建模。该图的关键是激励和声道系统可由一组参数来表征，而这些参数可根据线性预测分析

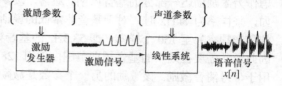

图 11.41　语音生成的通用源/系统模型

和同态滤波由语音信号估计得到。假设这些参数被估计为时间的函数，以便可以跟踪语音信号的变化特性，然后使用这些估计的参数来控制该模型，就可合成近似于原始语音信号的输出信号。这种近似的质量和数据率取决于许多因素，包括：

- 模型表示语音信号的能力。
- 存在有效的计算算法来估计模型的参数。

- 采用基本的分析算法来估计参数的精度。
- 量化参数的能力，以便以较低的数据率数字表示高质量地再现语音信号。

语音编码中以两种完全不同的方法来使用离散时间语音模型。第一类编码器称为闭环编码器，因为语音模型用于反馈回路中，如图 11.42a 所示，而在回路中合成的语音输出基本与输入信号相同，得到的差值则用于确定声道模型的激励。这类编码器的例子包括差分 PCM（既自适应又固定）和分析–合成编码器，如码激励线性预测（CELP）。本章稍后将讨论这些系统。第二类编码器称为开环编码器，如后面讨论的那样，该模型的参数直接从语音信号估计，没有关于合成语音表示质量的反馈。这些系统通常称为声音编码器或声码器。在以上两种类型的语音编码器中，都需要估计模型的参数，并量化这些参数来得到语音的数字表示，以便有效地进行存储和传输。本节稍后将讨论量化这些语音模型参数的技术，假设我们已用前几章中的技术精确地得到了这些参数。

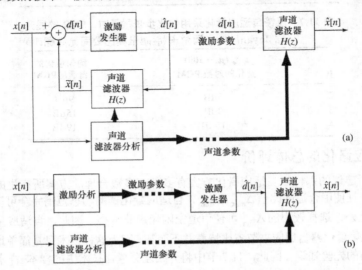

图 11.42　在编码时使用语音模型：(a)闭环编码器；(b)开环编码器

11.6.1　语音模型的标量量化

量化语音模型的一种方法是像 11.4 节讨论的那样，用固定数量的比特将模型的每个参数分别表示为一个数字。要这样做，则需要求出参数的统计量，如均值、方差、最小值、最大值和分布。然后，为该参数设计一个合适的量化器。每个参数分配不同的比特。作为一个简单的例子，我们考虑作为激励描述一部分的基音周期。通常，该参数是以输入信号的采样率的几个样本来确定的。例如，采样率为 8kHz 时，对于基音非常低的说话者而言，基音周期的范围是 20 个样本（即 400Hz 的基音频率）至 150 个样本（即 53.3Hz 的基音频率）。由于需要准确地表示该区间内的所有周期，因此通常需要在期望的基音周期范围内使用 128 个值（7 比特）来均匀量化该基音周期。通常 0 值用于信号清音激励。该激励的另一个参数是激励幅度。这个参数可使用一个非均匀量化器如 μ 律来量化。通常可为幅度分配 4～5 比特。对于 100 帧/秒的分析帧率来说，基音周期的总数据率是 700bps，若 5 比特用于幅度，则激励信息会额外增加 500bps。

语音模型中的声道系统一般由线性预测方法进行估计，因此这部分模型的基本表示是一组 p 个预测器系数。如第 9 章中讨论的那样，预测器可用多种等效方法来表示，而几乎所有方法都使用预测器系数本身来进行量化。但有时也会用到像对数面积系数、倒谱系数和线谱频率（LSF）这样的表示，PARCOR 系数（反射系数）也常用来作为量化的基础。PARCOR 系数可被非均匀量化器量化，或被一个反正弦或双曲正切函数变换，以得到平滑的统计分布，然后用一个固定的均匀

量化器进行量化。根据其准确表示语谱的重要性[404]，为每个系数分配一定数量的比特数。图 11.43 显示了该线性预测声道模型的量化效果，其中 $p = 20$。在该例中，假设每个 PARCOR 系数的范围都是 $-1 < k_i < 1$，其中 $i = 1, 2, \ldots, p$。事实上，高阶系数有更为严格的范围[404]，且与低阶 PARCOR 系数相比，用于表示的比特数更少。图 11.43 中的每个 PARCOR 系数被一个反正弦（arcsin）函数变换到范围 $-\pi/2 < \arcsin(k_i) < \pi/2$，然后使用一个 4 比特量化器和一个 3 比特量化器量化。图 11.43 显示了采用未量化系数的声道滤波器的频率响应 $20\log_{10}\left|H(e^{j2\pi F/F_s})\right|$（实线），以及使用 4 比特（虚线）和 3 比特（虚点线）量化的 20 阶 PARCOR 系数得到的频率响应。对于 4 比特量化，仅有很小的共振峰偏移，而 3 比特量化会有明显的频率和等级偏移。更有效的量化方法是对每个系数使用不同数量的比特。例如，11.10.3 节将详细探讨的由 Atal[9] 报道的语音编码系统中，使用了一个 20 阶的预测器，并用一个反正弦函数对变换后的 PARCOR 系数进行了量化。每个系数的比特数的范围是从 5（对于最低阶的两个 PARCOR 系数）到 1（对于 6 个最高阶 PARCOR 系数），总共 40 比特/帧[9]。若这些参数的更新频率为 100 次/秒，则声道预测器信息总共需要 4000bps。为节约比特率，同时适度地保证再现的质量，对于 2000bps 的总比特率贡献，可使预测器以 50 次/秒的频率更新[9]。节约比特的另一种方法是使用低阶模型，但如第 5 章中指出的那样，要准确地表示共振峰结构，8000kHz 的采样率至少要求 $p = 10$。

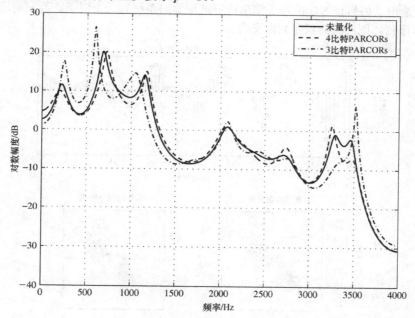

图 11.43　PARCOR 系数的量化效果示例

　　尽管上面重点讨论了 PARCOR 系数的量化，但对于每帧的总比特数，声道滤波器的其他表示也会产生类似的结果。若组合激励和模型声道部分的估计，则可得到约 5000bps 总比特率。这明显提升了数据率。是否值得提升语音再现的质量，将取决于如何将该语音模型集成到特定的编码器中。

11.6.2　向量量化

　　向量量化（Vector Quantization，VQ[137]）技术对声道模型参数编码特别有效。VQ 的基本原理如图 11.44 所示。VQ 可应用于一组参数自然组合为一个向量的环境①，因此很适合编码几组参数，如预测器系数、PARCOR 系数、倒谱值、对数面积比，及常用于表示声道系统函数的线谱频率。

---

① 各个语音样本或各个模型参数的单独量化称为标量量化。

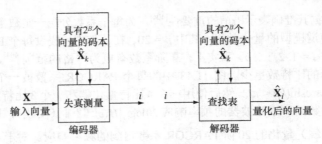

图 11.44 向量量化

VQ 的基本思想很简单，即与使用前面讨论的简单量化器来对各个标量单独编码相比，将标量块编码为一个向量更为有效。此外，根据某些类型的均方失真测度可以设计出一个最优 VQ 程序，从而得到非常有效的 VQ 方法。如图 11.44 所示，在 VQ 中，待量化的向量 **X** 将与码本中的所有向量进行比较。根据预定的失真测度，与 **X** 最接近的向量 $\hat{\mathbf{X}}_i$ 的序号 i 将在遍历搜索后返回。若解码器知道码本，那么序号 i 可用来表示量化后的向量，从而找到对应的量化向量 $\hat{\mathbf{X}}_i$。若码本有 2^B 个取值，则序号 i 可由一个 B 比特数字表示。

图 11.45 给出了如何将 VQ 应用于简单语音波形编码系统的一个例子。若 $x[n]$ 是一段语音信号的标量样本序列，则可将向量序列定义为

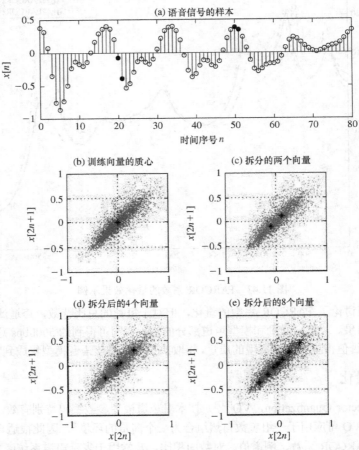

图 11.45 语音样本对的 VQ 示例：(a)成对显示的语音样本；(b)~(e)73728 对样本灰度图；由这些测试样本得到了 1、2、4 和 8 个模式向量（码本）

$$\mathbf{X}[n] = [x[2n], x[2n+1]];$$

即我们使用成对的样本，如图 11.45a 给出波形中 $n = 20$ 和 $n = 50$ 处的实点所示。下方的图形给出了 73728 个向量（对应于序列中的不同时间）的二维灰度图，以及这些向量（训练集向量）聚类为 1 个（图 b）、2 个（图 c）、4 个（图 d）、8 个（图 e）向量的结果（由于很多点聚到了一起，因此只有边缘的点凸显出来）。我们知道语音有相当大的样本-样本相关性，围绕 45 度直线组合这些向量可证实这一点。如在图 11.45e 中看到的那样，若黑色的*符号所表示的 8 个向量在表示语音向量的完整集合时能提供能接受的精度，则每个灰点可由与之最近的向量（*）的 3 比特序号来表示。结果是，向量量化后的语音波形，其平均数据率为 3 比特/2 个样本或 1.5 比特/样本。尽管该例说明了 VQ 的基本原理且很容易理解，但由向量化后的语音样本对来精确表示语音波形需要大量的向量，因此并不是语音编码的有效方法。下面的例子可更好地说明 VQ 是如何用于语音模型的参数编码中的。

图 11.46（据 Quatieri[297]）给出了一个简单的例子，该例说明对于声道系统参数，向量量化器与标题量化器相比的潜在优势。在这个人为的例子中，假设人类声道只能取 4 种可能的形状，且每种形状由两个共振峰来表征。图 11.46 的左边给出了这四种声道形状对应的频谱，且每个频谱被分析为一组四个反射系数，得到如下形式的向量：

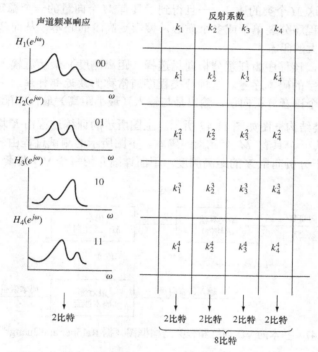

图 11.46　在仅有 4 个可能的向量（2 比特码）但向量（8 比特码）有 256 种标量组合的情形下，VQ 码本与标量量化的比较

$$\mathbf{X} = [k_1, k_2, k_3, k_4].$$

仅有 4 个可能的分析向量对应于 4 种声道形状，因此，若用具有 4 个频谱形状的码本来编码频谱，则用一个 2 比特码就可任意选择 4 个频谱向量中的一个。相反，若为 $\mathbf{X}$ 的 4 个分量中的每个使用一个标量量化器，即 k_1, k_2, k_3, k_4，则每个反射系数需要一个 2 比特标量量化器（因为每个反射系数都只有 4 个可能的值），或 $\mathbf{X}$ 的 4 个标量共需要 8 比特。因此，在这种特殊情形下，使用一个向量量化器的效率会是使用一组标量量化器的 4 倍。当然，这样的结果完全取决于 4 个反射系数之间人为设置的强相关性。若反射系数彼此之间完全不相关，则使用向量量化器将不会带来任何

好处。但所幸的是，对于大部分语音分析/合成系统而言，语音分析向量 **X** 的各分量之间总是存在一定的相关性，因此有必要使用向量量化器。

11.6.3　VQ 实现的要素

要构建一个 VQ 码本并实现 VQ 分析过程[①]，需要具备如下要素：

1. 一个较大的分析向量训练集 $\chi = \{\mathbf{X}_1, \mathbf{X}_2, ..., \mathbf{X}_L\}$。该训练集提供了 **X** 的概率密度函数的隐式估计，因此码本设计过程可以选择最优码字位置，以便对任何一组分析向量（测试集）编码时，使总失真最小。设 VQ 码本的大小为 $M = 2^B$（即一个 B 比特码本），则需要 $L \gg M$ 以便鲁棒地找到一组最好的 M 码本向量。实际中，L 必须满足 $10M \leq L \leq 100M$，才能可靠和鲁棒地训练一个 VQ 码本[182]。

2. 分析向量对间距离的一个测度，它一方面用来对训练集向量进行聚类，另一方面用来将任意向量（测试集）关联或分类到唯一的码本项。两个分析向量 $\mathbf{X}_i$ 与 $\mathbf{X}_j$ 之间的距离为
$$d(\mathbf{X}_i, \mathbf{X}_j) = d_{ij}.$$

3. 一个质心计算程序和一个质心分裂程序。将 L 个训练集向量划分为 M 类后，可选择这 M 个码本向量作为这 M 个类的质心。一旦得到了具有 M 个向量的一个稳定的码本，就可基于某个质心分裂程序分裂单个或多个质心，搜索更高阶的码本，从而基于最优设计的较小码本来得到较大的码本。

4. 一个分类程序，该程序为任意分析向量选择（距离测度）最接近输入向量的码本向量，并给出最终码字的码本序号。这种分类程序通常称为最近邻标注，它本质上是一个量化器，输入是一个语音分析向量，输出是与输入（最小距离）最佳匹配的码本向量的序号。

基本的 VQ 训练和分类结构框图如图 11.47 所示。上图所示的训练过程由 K 均值聚类算法组成，它将训练向量集映射为一个具有 M 个元素的码本。下图所示的测试过程由一个码本的最近邻搜索组成，它基于适合于分析向量 X 的距离测度。下面详细介绍每个 VQ 要素。

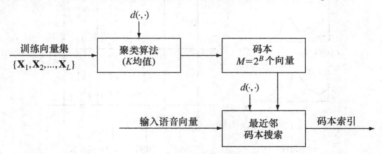

图 11.47　基本的 VQ 训练和分类结构框图（据 Rabiner and Juang[308]）

VQ 训练集

要正确地训练 VQ 码本，$L \geq 10M$ 个向量的训练集应涵盖如下范围：

- 说话者，包括年龄、口音、性别、说话速度、说话音量和其他相关变量。
- 说话环境，例如安静的室内环境、汽车环境及嘈杂的工作场所等。
- 传感器和传输系统，包括各种麦克风、手持电话、扩音器等。
- 语音，包括录音、对话语音、电话查询语音等。

训练集的范围越窄，使用固定大小码本来表示分析向量的量化误差就越小。但这种窄范围的训练

[①] 本节的大部分内容直接取自 Rabiner and Juang[308]，仅有少量修改。

集不能很好地推广至更大范围的应用，因此训练集覆盖的范围要尽量宽泛。

距离测度

适合于分析向量 $\mathbf{X}$ 的距离测度主要取决于该分析向量的分量。因此，若 $\mathbf{X}_i = [x_i^1, x_i^2, ..., x_i^R]$ 是一个对数谱向量，则一种可能的距离测度是 L_p 对数谱差分，即

$$d(\mathbf{X}_i, \mathbf{X}_j) = \left[\sum_{k=1}^{R} |x_i^k - x_j^k|^p \right]^{1/p}$$

式中，$p = 1$ 时是一个对数幅度谱差分，$p = 2$ 时是一个均方对数谱差分，$p = \infty$ 时是一个对数谱峰值差分。类似地，若 $\mathbf{X}_i = [x_i^1, x_i^2, ..., x_i^R]$ 是一个倒谱向量，则距离测度将是一个倒谱距离：

$$d(\mathbf{X}_i, \mathbf{X}_j) = \left[\sum_{k=1}^{R} (x_i^k - x_j^k)^2 \right]^{1/2}.$$

许多距离测度已用于各种语音分析向量，具体示例见文献[308]。

训练向量聚类

将一组 L 个训练向量最优地聚类为一组 M 个码字的码本的方法基于广义 Lloyd 算法（也称为 K 均值聚类算法）[210]，它包含以下几个步骤：

1. **初始化**：任意选取 M 个向量（最初是从 L 个训练向量中选取的）作为码本中的初始码字。
2. **最近邻搜索**：对于每个训练向量，从当前码本中找到与其（距离测度）最近的码字，并将该训练向量赋予对应的单元（与最近码字相关联的单元）。
3. **质心更新**：将每个单元中的码字更新为赋予当前迭代中该单元的所有训练向量的质心（下节将讨论质心的计算）。
4. **迭代**：重复步骤 2 和 3，直至两次连续迭代所对应质心间的平均距离小于一个预设的阈值。

图 11.48 显示了设计一个 VQ 码本的结果，图中的二维空间已划分为几个不同的区域，每个区域用一个质心向量来表示（在每个单元中用 x 表示）。每个单元的形状（即单元边界）与距离测度和训练集中向量的统计特性密切相关。

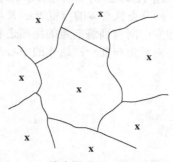

图 11.48　二维向量空间分为多个 VQ 单元，每个单元由一个质心向量($\mathbf{x}$)表示（据 Rabiner and Juang[308]）

质心计算

一组给定向量的质心计算方法对于成功设计 VQ 码本至关重要。假设有一组 V 个向量 $\chi^c = \{\mathbf{X}_1^c, \mathbf{X}_2^c, ..., \mathbf{X}_V^c\}$，它们都赋给了聚类 c。集合 χ^c 的质心定义为向量 $\bar{\mathbf{Y}}$，它使得平均失真最小，即

$$\bar{\mathbf{Y}} \triangleq \min_{\mathbf{Y}} \frac{1}{V} \sum_{i=1}^{V} d(\mathbf{X}_i^c, \mathbf{Y}). \qquad (11.80)$$

式(11.80)的解与距离测度的选择密切相关。当 $\mathbf{X}_i^c$ 和 $\mathbf{Y}$ 在 K 维空间中以 L_2 范数（欧氏距离）测量时，质心为该向量集合的均值，即

$$\bar{\mathbf{Y}} = \frac{1}{V} \sum_{i=1}^{V} \mathbf{X}_i^c. \qquad (11.81)$$

使用 L_1 距离测度时，质心是赋予给定单元的训练向量集的中值向量。

向量分类过程

任意一个测试向量集（即未用于训练码本的向量）的分类过程，都需要搜索整个码本，以便找到最佳（最小距离）匹配的码字。这就是如何用码本来对语音模型参数向量进行量化的方法。因此，若用 $\hat{\mathbf{X}}_i, 1 \le i \le M$ 来表示一个含有 M 个向量的码本的码本向量，并用 $\mathbf{X}$ 表示待分类（量化）

的向量，则最佳码本项的序号 i^* 为

$$i^* = \arg\min_{1 \le i \le M} d(\mathbf{X}, \hat{\mathbf{X}}_i).$$ (11.82)

二分码本设计

尽管可用迭代法设计 VQ 码本，但分阶段设计一个 M 向量的码本效果更好。这种二分过程如下：首先设计一个 1 向量码本，然后对码字使用一种分裂方法来搜索一个 2 向量码本，使用 K 均值聚类算法求解这个最优 2 向量码本，重复这种分裂过程直到得到期望的 M 向量码本。这一过程（假设 M 是 2 的整数次幂）称为二分算法，可以用下列过程实现：

1. 设计一个 1 向量码本；码本中的唯一向量是整个训练向量集的质心（所以这一步的计算量很小）。
2. 根据如下规则，分裂每个当前的码本祥量 $\mathbf{Y}_m$，使码本的大小加倍：
$$\mathbf{Y}_m^+ = \mathbf{Y}_m(1 + \epsilon),$$
$$\mathbf{Y}_m^- = \mathbf{Y}_m(1 - \epsilon),$$
式中，m 从 1 变化到码本的当前大小，ϵ 是一个分裂参数（典型值为 $0.01 \le \epsilon \le 0.05$）。
3. 使用 K 均值聚类算法得到分裂码本（即两倍于原来大小的码本）的最佳中心。
4. 重复步聚 2 和 3 直至得到一个大小为 M 的码本。

作为语音样本向量量化对的一个简单例子，图 11.45b~e 给出了二分码本设计的前 4 次迭代结果。

注意，二分算法经过简单修正即可得到单分分裂算法，其中在每步迭代中只分裂单个 VQ 码字（通常是训练集向量到该单元有最大平均距离的那个码字），这样码本每次就只增加一个单元。这种算法通常用于小码本设计，或用于码本大小不为 2 的整数次幂的情形。

图 11.49 给出了二分 VQ 码本生成方法的流程图。图中标有分类向量的方框是最近邻搜索程序，标有查找质心的方框表示 K 均值算法的质心更新程序。标有计算 D（失真）的方框计算最近邻搜索中所有训练向量的距离之和，以判断程序是否收敛（即 D' 等于前一次迭代的 D，或当前质心向量集与前一次迭代的中心向量集完全相同）。

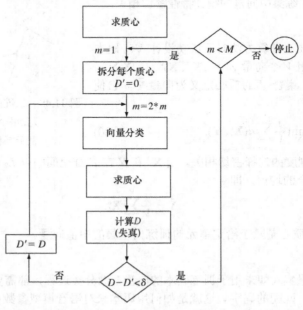

图 11.49　二分码本生成算法的流程图（据 Rabiner and Juang[308]）

图 11.50 显示了一个 $M = 64$ 码本的码本向量的频谱形状。理想情况下，我们希望各种不同的频谱形状对应某种语言的不同声音集合，即第 3 章中所定义的一组音素。由于各音素以不同的概率出现，我们同时希望最常见的音素有多个频谱形状与之对应。对 $M = 64$ 的码本的分析可知，对于第一个要求，这组形状反映了一组对应元音和辅音的频谱形状（特别是占主导作用的元音和辅音），同时还有少量频谱形状对应于背景噪声信号（通常背景噪声在任意合理的训练集中会明显地出现多次）。

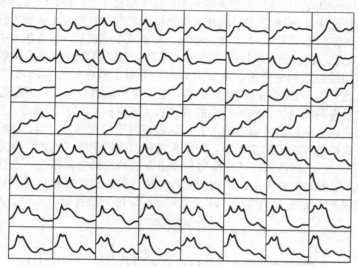

图 11.50　一个 $M = 64$ 的码本的码本向量的频谱形状

为了说明码本大小（即码本向量数）对平均训练集失真的影响，图 11.51 显示了对浊音和清音进行实验时，测得的失真值（分别以 dB 和似然比表示）与码本大小的关系曲线与码本大小（单位为比特/帧，即 B）。该图表明，对于浊音和清音，当码本大小从 1 比特（2 个向量）变化到约 7 比特（128 个向量）时，失真明显减小。在该范围之外，失真的减少量很小。

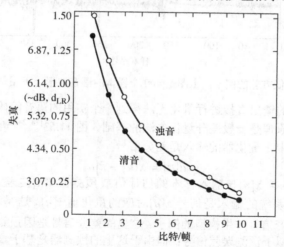

图 11.51　浊音帧和清音帧的码本失真与码本大小（单位为比特/帧）的关系（据 Juang 等人[182]）

VQ 技术已广泛用于对语音模型参数进行编码。我们的讨论强调了使用 VQ 来对语音模型的参数进行编辑，这是数字语音编码系统的一部分。在自动语音识别系统中，VQ 也广泛用于选择各个特征。第 14 章中将讨论这种应用，详细内容可参阅文献[308]。本章的剩余部分将给出如何将语音模型构建到语音编码系统中的几个例子。在多数此类应用中，VQ 都是表示模型参数的一种有效途径。

11.7 差分量化的一般理论

图 11.9a 表明，相邻语音样本之间存在相关性，即使采样率低至 8kHz，相距几个采样间隔的样本之间也会存在明显的相关性。这种强相关性表明，在平均意义上，相邻信号样本之间的变化不是很大。这一点由图 11.45 可以明显看出。因此，相邻样本之差的方差应比信号本身的方差小。这一点可很容易地加以证明（见习题 11.13）。更一般地，第 9 章中已表明，语音信号中相关性是线性预测分析的基础。事实上，我们是从最优线性预测器与语音产生的离散时间线性系统模型之间的密切关系这一角度引出线性预测分析的。从前面的讨论可知，最优线性预测器的输出比输入本身具有更小的方差。这一点可通过图 11.52 来说明，上图是一段语音信号，下图是该段语音信号经第 9 章的技术处理后得到的线性预测误差滤波器 $A(z)$（其中 p = 12）的输出。注意，图 11.52 中预测误差序列的幅度约为原始信号幅度的 1/2.5，这表明对于给定的比特数，对预测误差进行编码的步长比对原波形直接进行编码的步长小。若将未量化的预测误差（残差）作为线性预测误差滤波的逆滤波器 $H(z) = 1/A(z)$ 的输入，其输出将与原语音信号波形非常相近。也就是说，选择一个合适的预测阶数 p，用 $H(z)$ 代表声道，预测残差就与声道系统的激励相对应。然而，若对预测误差进行量化，量化误差也会被 $H(z)$ 进行滤波，通常这种情况无法得到令人满意的重建语音信号。

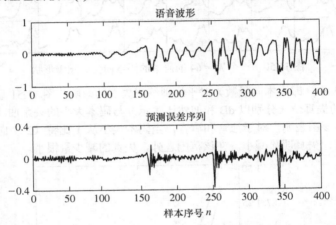

图 11.52　线性预测降低方差的例子。上图是 400 个样本的语音波形，下图是最终的预测误差序列

尽管对线性预测器的输出直接进行量化无法得到一个实用的语音编码方法，但通过线性预测以减少信号方差的基本原理是一般差分量化方法的基础。图 11.53[78, 241]给出了一般差分量化编码的原理图。在这种系统中，量化器的输入是差分信号

$$d[n] = x[n] - \tilde{x}[n], \tag{11.83}$$

上式是未量化的输入样本 $x[n]$ 与输入样本的估计值或预测值 $\tilde{x}[n]$ 之差。预测信号是一个预测系统 P 的输出，该预测系统的输入是信号 $x[n]$ 对应的量化值 $\hat{x}[n]$。这是利用 11.6 节中图 11.42a 所定义的闭环编码器语音信号产生模型的例子。这里的差分信号是因预测器无法准确预测输入信号而产生的，所以它类似于预测误差信号；但由于这里的预测器是基于量化信号 $\hat{x}[n]$ 而不是输入信号 $x[n]$ 的，所以它与第 9 章或图 11.52 所讨论的预测误差信号又不完全相同。我们暂时先不考虑估计值 $\tilde{x}[n]$ 是如何产生的，只须知道这里量化的是差分信号而不是输入信号。量化器可以有多种选择，可以是固定的或自适应的，可以是均匀量化器或非无均匀量化器，但无论哪种情况下，它的参数必须与 $d[n]$ 的方差相匹配。量化差分信号可以表示为

$$\hat{d}[n] = d[n] + e[n],$$ (11.84)

式中，$e[n]$ 是最终量化误差。根据图 11.53a，将量化差分信号与预测值 $\tilde{x}[n]$ 相加可以得到输入的量化信号，即

$$\hat{x}[n] = \tilde{x}[n] + \hat{d}[n].$$ (11.85)

将式(11.83)和式(11.84)代入式(11.85)得

$$\hat{x}[n] = x[n] + e[n].$$ (11.86)

即与系统 P 的性质无关，信号 $\tilde{x}[n]$ 与输入之间的差仅取决于差分信号的量化误差。因此，即使输入并未被量化器直接量化，我们也将 $\hat{x}[n]$ 称为量化输入。若量化器工作良好，$d[n]$ 的方差将会比 $x[n]$ 的方差来得小，所以在相同的量化阶数下，相比于直接对原信号进行量化，对差分信号进行量化可以使得量化误差更小。

注意，这里为传输或存储编码的是量化后的差分信号，而不是量化后的输入信号。图 11.53a 中隐式地给出了由编码后的码字重建量化输入 $\hat{x}[n]$ 的系统，该系统更详细地显示在图 11.53b 中，它包括重建量化差分信号的解码器，利用与图 11.53a 中相同的预测器可以由量化差分信号重建量化后的输入信号。显然，若 $c'[n]$ 与 $c[n]$ 完全相同，则 $\hat{x}'[n] = \hat{x}[n]$，而 $\hat{x}[n]$ 与 $x[n]$ 仅相差由量化值 $d[n]$ 所产生的量化误差。

若将 $x[n]$ 视为随机信号，则可用下式求图 11.53 所示系统中信号与量化噪声之间的信噪比：

$$\mathrm{SNR} = \frac{E[x^2[n]]}{E[e^2[n]]} = \frac{\sigma_x^2}{\sigma_e^2},$$ (11.87)

它可以写为

$$\mathrm{SNR} = \frac{\sigma_x^2}{\sigma_d^2} \cdot \frac{\sigma_d^2}{\sigma_e^2} = G_P \cdot \mathrm{SNR}_Q,$$ (11.88)

式中，SNR_Q 是量化器的信号–量化噪声比，即

$$\mathrm{SNR}_Q = \frac{\sigma_d^2}{\sigma_e^2},$$ (11.89)

而

$$G_P = \frac{\sigma_x^2}{\sigma_d^2}$$ (11.90)

定义为由差分所引入的预测增益。

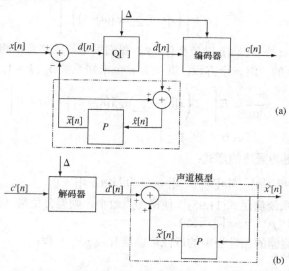

图 11.53 一般的差分量化方案：(a)编码器；(b)解码器

SNR_Q 的值取决于具体的量化器,给定 $d[n]$ 的特性,它可使用前几节给出的技术最大化。G_P 的值若大于 1,表示差分所带来的 SNR 的增益。显然,我们的目标是通过适当地选择预测系统 P 以最大化 G_P。对于给定的输入信号,σ_x^2 是一个固定值,所以可通过最小化式(11.90)的分母来最大化 G_P,即最小化差分信号的方差。

更进一步地,我们需要说明预测器 P 的性质。由前面对语音信号产生模型的讨论,一种方法是采用第 9 章中详细研究的线性预测器。也就是说,$\tilde{x}[n]$ 是历史量化值的线性组合,即

$$\tilde{x}[n] = \sum_{k=1}^{p} \alpha_k \hat{x}[n-k]. \tag{11.91}$$

因此预测值是一个有限冲激响应滤波器的输出,其系统函数为

$$P(z) = \sum_{k=1}^{p} \alpha_k z^{-k} = 1 - A(z), \tag{11.92}$$

其输入是重建(量化)信号 $\hat{x}[n]$。我们同样注意到重建信号对应的系统函数为

$$H(z) = \frac{1}{1 - \sum_{k=1}^{p} \alpha_k z^{-k}} = \frac{1}{A(z)}, \tag{11.93}$$

其输入是量化差分信号 $\hat{d}[n]$。在第 9 章,我们将这一系统函数与声管的传输函数相关联。从这一角度看,预测系统代表了量化过程中通过预测器所得到的语谱信息。序列 $\hat{d}[n]$ 大致与语音信号产生模型的激励序列相对应。因此,图 11.53 所示的差分量化系统有一个潜在的离散时间语音信号产生模型。我们将会看到,对语音编码系统的这种理解,将会广泛应用于简单的基于长时相关性的固定预测器,以及复杂的跟踪语音信号时变相关性和频谱特征的自适应预测器。

尽管可以直接应用第 9 章的结果,但下面我们会重新推导最优线性预测器,因为我们需要最小化图 11.53 中差分信号的方差,而不是像第 9 章中那样最小化预测误差。我们将会看到,对量化误差的反馈将会导致很大的不同,将来在差分量化系统中应用线性预测时,需要始终注意这一点。差分信号的方差可以表示为[1]

$$\begin{aligned} \sigma_d^2 &= E[d^2[n]] = E[(x[n] - \tilde{x}[n])^2] \\ &= E\left[\left(x[n] - \sum_{k=1}^{p} \alpha_k \hat{x}[n-k] \right)^2 \right]. \end{aligned} \tag{11.94}$$

为了选择一组预测系数 $\{\alpha_k\}$,$1 \le k \le p$ 以最小化 σ_d^2,我们采用与第 9 章中相同的方法,对 σ_d^2 求导并令导数为 0,得到如下的一组 p 个方程,其中有 p 个未知系数 α_k,$k = 1, 2, ..., p$:

$$\begin{aligned} \frac{\partial \sigma_d^2}{\partial \alpha_i} &= E\left[-2 \left(x[n] - \sum_{k=1}^{p} \alpha_k \hat{x}[n-k] \right) \cdot \hat{x}[n-i] \right] \\ &= 0, \qquad 1 \le i \le p. \end{aligned} \tag{11.95}$$

式(11.95)可以写成如下更为紧凑的形式:

$$E[(x[n] - \tilde{x}[n]) \hat{x}[n-i]] = E[d[n] \hat{x}[n-i]] = 0, \quad 1 \le i \le p, \tag{11.96}$$

由上式可看到,若预测系统满足式(11.95)以使得 σ_d^2 最小,则差分信号(预测误差)将与预测器输入的历史值 $\hat{x}[n-i]$,$1 \le i \le p$ 无关(即正交)。

假设式(11.96)中预测器的加性噪声的近似可以展开成 p 个方程:

---

[1] 注意我们正使用期望值来表示平均。在实际应用中,为了估计语音信号的预测系数,$E[\ ]$ 将会用有限时间范围的均值来代替。

$$E[x[n-i]x[n]] + E[e[n-i]x[n]] = \sum_{k=1}^{p} \alpha_k E[x[n-i]x[n-k]]$$

$$+ \sum_{k=1}^{p} \alpha_k E[e[n-i]x[n-k]]$$

$$+ \sum_{k=1}^{p} \alpha_k E[x[n-i]e[n-k]] \qquad (11.97)$$

$$+ \sum_{k=1}^{p} \alpha_k E[e[n-i]e[n-k]],$$

式中，$1 \le i \le p$。现在，若量化器足够好，可假设 $e[n]$ 与 $x[n]$ 无关，且 $e[n]$ 是一个平稳白噪声信号，即

$$E[x[n-i]e[n-k]] = 0, \quad \text{for all } i \text{ and } k, \qquad (11.98)$$

和

$$E[e[n-i]e[n-k]] = \sigma_e^2 \, \delta[i-k]. \qquad (11.99)$$

根据以上假设，式(11.97)可以简化为

$$\phi[i] = \sum_{k=1}^{p} \alpha_k \left(\phi[i-k] + \sigma_e^2 \delta[i-k] \right), \quad 1 \le i \le p, \qquad (11.100)$$

式中，$\phi[i]$ 是 $x[n]$ 的自相关函数。将上述等式的两边同除以 σ_x^2，并定义归一化自相关函数为

$$\rho[i] = \frac{\phi[i]}{\sigma_x^2}, \qquad (11.101)$$

则可将式(11.100)用以下矩阵形式表示：

$$\boldsymbol{\rho} = \boldsymbol{C} \boldsymbol{\alpha}, \qquad (11.102a)$$

式中，

$$\boldsymbol{\rho} = \begin{bmatrix} \rho[1] \\ \rho[2] \\ \cdot \\ \cdot \\ \cdot \\ \rho[p] \end{bmatrix} \qquad (11.102b)$$

和

$$\boldsymbol{C} = \begin{bmatrix} (1 + \dfrac{1}{\text{SNR}}) & \rho[1] & \cdots & \rho[p-1] \\ \rho[1] & (1 + \dfrac{1}{\text{SNR}}) & \cdots & \rho[p-2] \\ \cdot & \cdot & \cdot & \cdot \\ \cdot & \cdot & \cdot & \cdot \\ \rho[p-1] & \rho[p-2] & \cdots & (1 + \dfrac{1}{\text{SNR}}) \end{bmatrix}, \qquad (11.102c)$$

式中 $\text{SNR} = \sigma_x^2 / \sigma_e^2$，并且

$$\boldsymbol{\alpha} = \begin{bmatrix} \alpha_1 \\ \alpha_2 \\ \cdot \\ \cdot \\ \cdot \\ \alpha_p \end{bmatrix}. \qquad (11.102d)$$

因此，最佳预测系数向量可以通过求解一组矩阵方程［式(11.102a)］得到，即

$$\boldsymbol{\alpha} = \boldsymbol{C}^{-1} \boldsymbol{\rho}. \qquad (11.103)$$

矩阵 C^1 可用各种数值方法计算得到，包括利用 C 是一个托普利兹矩阵的性质（详见第 9 章）。但式(11.102a)在大部分情况下无法求解，因为 C 的对角线元素取决于 SNR $= \sigma_x^2 / \sigma_e^2$［见式(11.102c)］；但 SNR 取决于线性预测系数，而后者又取决于由式(11.102a)所确定的 SNR。一种可行的解法是忽略式(11.102c)中的 $1/$SNR 项，此时问题简化为基于 $x[n]$ 最小化均方预测误差，可以直接得到问题的解。但这种假设是不必要的，因为对于 $p = 1$ 的情形，可直接求解式(11.03)得到

$$\alpha_1 = \frac{\rho[1]}{1 + \frac{1}{\text{SNR}}}, \tag{11.104}$$

由上式可以看出 $\alpha_1 < \rho[1]$。

除了显式求解预测系数的困难之外，可以通过 α_i 得到最佳 G_P 的表达式。我们将式(11.94)改写得到 σ_d^2 为

$$\begin{aligned} \sigma_d^2 &= E[(x[n] - \tilde{x}[n])(x[n] - \tilde{x}[n])] \\ &= E[(x[n] - \tilde{x}[n])x[n]] - E[(x[n] - \tilde{x}[n])\tilde{x}[n]]. \end{aligned} \tag{11.105}$$

根据式(11.96)，可以看到对于最佳预测系数，上式的第二项等于 0，即预测值与预测误差也不相关（见习题 11.15）。因此，可以得到

$$\begin{aligned} \sigma_d^2 &= E[(x[n] - \tilde{x}[n])x[n]] \\ &= E[x^2[n]] - E\left[\sum_{k=1}^{p} \alpha_k (x[n-k] + e[n-k])x[n]\right]. \end{aligned} \tag{11.106}$$

根据不相关信号与噪声的假设，可得

$$\sigma_d^2 = \sigma_x^2 - \sum_{k=1}^{p} \alpha_k \phi[k] = \sigma_x^2 \left[1 - \sum_{k=1}^{p} \alpha_k \rho[k]\right]. \tag{11.107}$$

因此，由式(11.90)有

$$(G_P)_{\text{opt}} = \frac{1}{1 - \sum_{k=1}^{p} \alpha_k \rho[k]}, \tag{11.108}$$

式中，α_k 是满足式(11.102a)的最佳系数。

对于 $p = 1$ 的情形，我们可以研究使用次优值 α_1 对于 $G_P = \sigma_x^2 / \sigma_d^2$ 的影响。由式(11.108)可得

$$(G_P)_{\text{opt}} = \frac{1}{1 - \alpha_1 \rho[1]}. \tag{11.109}$$

若将 α_1 取为任意值，通过重复式(11.107)的推导可得

$$\sigma_d^2 = \sigma_x^2 [1 - 2\alpha_1 \rho[1] + \alpha_1^2] + \alpha_1^2 \cdot \sigma_e^2. \tag{11.110}$$

求解 σ_x^2 / σ_d^2 得

$$(G_P)_{\text{arb}} = \frac{1}{1 - 2\alpha_1 \rho[1] + \alpha_1^2 \left[1 + \frac{1}{\text{SNR}}\right]}. \tag{11.111}$$

式中，$\alpha_1^2/$SNR 代表由于误差信号 $e[n]$ 的反馈所带来的 $d[n]$ 方差的增加。可以看到（见习题 11.16），对于任意的 α_1 取值（包括最优值），式(11.111)可重写为

$$(G_P)_{\text{arb}} = \frac{1 - \frac{\alpha_1^2}{\text{SNR}_Q}}{1 - 2\alpha_1 \rho[1] + \alpha_1^2}, \tag{11.112}$$

因此，若 $\alpha_1 = \rho[1]$［由式(11.104)，这是一个次优值］有

$$(G_P)_{\text{subopt}} = \frac{1 - \frac{\rho^2[1]}{\text{SNR}_Q}}{1 - \rho^2[1]} = \left[\frac{1}{1 - \rho^2[1]}\right]\left[1 - \frac{\rho^2[1]}{\text{SNR}_Q}\right]. \tag{11.113}$$

因此，由于误差信号的反馈，不使用量化器的预测增益 $1/(1-\rho^2[1])$，会由于式(11.113)的第二项作

用而减少。

为了得到最优增益，可将式(11.112)对α_1求导得

$$\frac{d(G_P)}{d\alpha_1} = 0,\tag{11.114}$$

求解上式可以直接得到α_1的最佳值[①]。

为了显示采用预测量化得到的性能提高，假设可以忽略式(11.102c)中的1/SNR项。对于一阶预测器，式(11.104)变为$\alpha_1 = \rho[1]$，此时预测增益为

$$(G_P)\text{opt} = \frac{1}{1 - \rho^2[1]},\tag{11.115}$$

由上式可以看到，只要$\rho[1] \neq 0$，就可从预测中得到一定的增益。我们已经看到（见图 11.7）8kHz频率采样的信号经过低通和带通滤波器后的典型相关函数[254]。图中阴影区域表示$\rho[n]$在 4 名说话者之间的方差，中间曲线是 4 名说话者的平均。从这些曲线中看到，可以合理地假设低通滤波后的语音信号，经过奈奎斯特率采样后有

$$\rho[1] > 0.8,\tag{11.116}$$

这表明

$$(G_P)\text{opt} > 2.77 \text{（或4.43dB）}.\tag{11.117}$$

Noll[254]使用图 11.7 所示数据计算了一段同时经过低通和带通滤波的 55 秒语音数据的$(G_P)\text{opt}$，它是p的函数。结果显示在图 11.54[②]中。阴影区域表示 4 个说话者之间的方差，中间曲线表示 4 个说话者的平均。由图中可以清楚地看到，即便使用最简单的预测器，SNR 也可得到约 6dB 的提升。这与增加量化器的比特数所带的效果是等价的。注意，无论如何增益也无法超过 12dB，这等价于增加量化器的字长至 2 比特（将量化阶增加到原来的 4 倍）所达到的效果。从另一个角度看，差分量化可以在保持 SNR 不变的同时，降低量化阶数，代价只是增加了量化系统的复杂度。

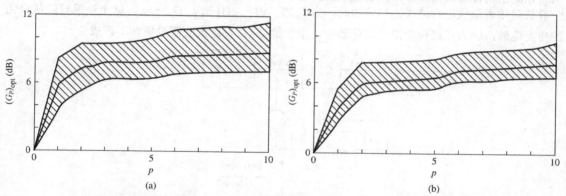

图 11.54　最优 SNR 增益$(G_P)\text{opt}$与预测器系数个数的关系：(a)低通滤波后的语音；
(b)带通滤波后的语音（据 Noll[256]，阿尔卡特-朗讯美国公司允许翻印）

应用差分量化的基本原则可以从图 11.7 和图 11.54 中看出。首先，相对于直接量化，差分量化可以提高量化性能。其次，性能提高的幅度取决于信号相关性的大小。第三，固定的预测器无法适用于所有的说话者和所有的语音。这些事实导致了基于图 11.53 基本框架的各种算法变体。这些算法结合了各种固定和自适应量化器以及预测器，以达到提高量化性能或降低比特数的目的。我们将会讨论其中几个有代表性的例子。

---

① 感谢 Perter Noll 教授对这一分析的有用评论。
② 采样率同样是 8kHz，因此nT是 125μs 的倍数。

11.8 Δ调制

差分量化的最简单应用是Δ调制（简称 DM）[349~375]。在这类系统中，选择采样频率为输入信号奈奎斯特率的很多倍，使得相邻的样本相关性很强。由 11.3 节的讨论可知，样本序列的自相关函数是原模拟信号的自相关函数的采样，即

$$\phi[m] = \phi_a(mT). \tag{11.118}$$

由自相关函数的性质，当$T \to 0$时，自相关函数增大。事实上，除了严格不相关信号外，有

$$\phi[1] \to \sigma_x^2 \ as \ T \to 0. \tag{11.119}$$

这种强相关性意味着当 T 趋近于 0 时，可以更好地由历史样本来估计当前样本，预测误差的方差将会更小。因此，由于差分编码的高性能，一般的差分编码器就可以得到可接受的性能。事实上，Δ调制系统采用一个简单的 1 比特（2 阶）量化器。由此，Δ调制系统的比特率与采样率相等，即

$$I_{DM} = F_s.$$

11.8.1 线性Δ调制

图 11.55 给出了最简单的Δ调制系统。这里，量化器只有两阶，量化步长是固定的。正量化阶用 $c[n] = 0$ 表示，负量化阶用 $c[n] = 1$ 表示。因此，$\hat{d}[n]$ 为

$$\hat{d}[n] = \begin{cases} \Delta, & 或 \ c[n] = 0 \\ -\Delta, & 或 \ c[n] = 1. \end{cases} \tag{11.120}$$

图 11.55 包含一个简单的一阶固定预测器，其预测增益约为

$$G_P = \frac{1}{1 - \rho^2[1]}. \tag{11.121}$$

从将预测系统视为语音信号产生模型中的声道系统的角度理解，这个一阶预测器只能对语谱中的一般长时频谱形状进行建模。尽管如此，当 F_s 增大时，$\rho[1] \to 1$，$G_P \to \infty$。这个结果只能从量化的角度理解，因为在这种粗糙的量化器中，用于推导 G_P 表达式的假设条件不再成立。

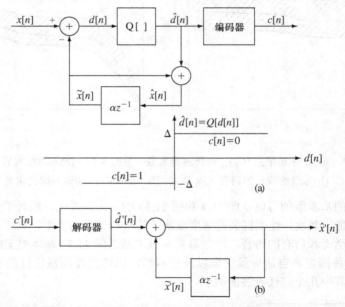

图 11.55　线性Δ调制系统框图：(a)编码器；(b)解码器。未显示去除量化引入的高频噪声的低通滤波器

图 11.56a 给出了量化误差的影响，图中 $x_a(t)$ 表示一个周期内的模拟波形，$x[n]$、$\tilde{x}[n]$ 和 $\hat{x}[n]$ 表示量化结果，假设 α（反馈乘子）为 1.0。由图可见，一般情况下，$\hat{x}[n]$ 满足差分方程

$$\hat{x}[n] = \alpha\hat{x}[n-1] + \hat{d}[n]. \tag{11.122}$$

当 $\alpha \approx 1$ 时，上述方程等价于积分的离散形式，它表示（小）幅度 Δ 的正累积或负累积。我们同样注意到，量化器的输入是

$$d[n] = x[n] - \hat{x}[n-1] = x[n] - x[n-1] - e[n-1]. \tag{11.123}$$

因此，除去 $\hat{x}[n-1]$ 中的量化误差，$d[n]$ 是 $x[n]$ 的一阶后向差分，它可以视为输入的导数及上述离散积分的逆过程的一种近似。若考虑波形的最大斜率，为使得序列 $\{\hat{x}[n]\}$ 在 $x_a(t)$ 的最大斜率处与 $\{x[n]\}$ 增加得一样快，需要

$$\frac{\Delta}{T} \geq \max\left|\frac{dx_a(t)}{dt}\right|. \tag{11.124}$$

否则，重建信号将会滞后，如图 11.56a 左侧所示。这种条件称为斜率过载，结果的量化误差称为斜率过载失真（噪声）。注意，由于 $\hat{x}[n]$ 的最大斜率由步长固定，$\hat{x}[n]$ 趋于沿一条直线增加和减少。正是由于这一原因，固定（非自适应）Δ 调制通常称为线性 Δ 调制（简称 LDM），尽管从系统的角度显然它是非线性的。

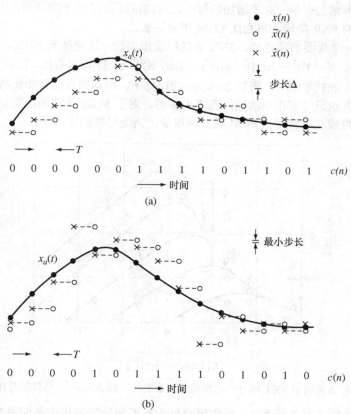

图 11.56 Δ 调制说明：(a)固定步长；(b)自适应步长

步长 Δ 同时还决定了斜率很小情况下的误差峰值。例如，当输入为 0（信道空闲时），量化器的输出将会是 0 和 1 相间的序列，此时重建信号 $\hat{x}[n]$ 将会在 0（或某个常数）附近来回变化，变化的峰-峰值为 Δ。我们称这种量化误差为粒子噪声，如图 11.56a 的右侧所示。

这里，我们关心动态范围和差分信号（或模拟信号的导数）的幅度，我们需要步长尽量大以得到大的动态范围，同时要求步长尽量小以精确表示幅度小的信号。一种同时考虑斜率过载噪声和粒子噪声的折中是，选择合适的步长以使量化的均方误差最小。

图 11.57 中，Abate[1]给出了 Δ 调制的详细分析。图中显示了 SNR 随归一化步长变化的函数曲线，归一化步长定义为 $\Delta / (E[(x[n] - x[n-1])^2])^{1/2}$，各曲线以过采样序号 $F_0 = F_s/(2F_N)$ 作为参数，其中 F_s 是 Δ 调制的采样率，F_N 是信号的奈奎斯特率。注意，比特率为

$$\text{Bit rate} = F_s \cdot (1 \text{ bit}) = F_s = F_0 \cdot (2F_N). \tag{11.125}$$

因此，过采样序号表示对于一个多比特量化器，当采样频率为奈奎斯特率时，平均每个样本的比特数。图中曲线针对的是频谱平整、带宽有限的高斯白噪声。对于语音信号，其 SNR 将会更高一些，因此语音信号具有更强的相关性。然而，曲线的形状是一样的。由图 11.57 可见，对于给定的 F_0 值，其 SNR 曲线有一个峰值，高于峰值部分其 Δ 对应于粒子噪声，低于峰值部分其 Δ 对应于斜率过载。对于最佳步长，即给定 F_0 下的 SNR 曲线的峰值位置，Abate[1]给出了如下的经验公式：

$$\Delta_{\text{opt}} = \{E(x[n] - x[n-1])^2\}^{1/2} \log(2F_0), \tag{11.126}$$

由图 11.57 同时可以看出，当 F_0 值增加一倍时，最佳 SNR 增加约 8dB。由于 F_0 增加一倍等价于 F_s 增加一倍，所以将比特率增加一倍可以使 SNR 增加 8dB。然而在 PCM 中，通过增加每个样本的比特数来使比特率增加一倍，对于增加的每个比特均可以获得 6dB 的增益。因此，对于 PCM，增加比特率所带来的 SNR 的增大将会比 LDM 更为显著。

图 11.57 的另一个重要的特点是，SNR 曲线峰值很尖锐，这意味着 SNR 对输入量化等级很敏感［注意，$E[(x[n]-x[n-1])^2]=2\sigma_x^2(1-\rho[1])$ ］。因此，由图 11.57 可以看出，在奈奎斯特率为 3kHz 情况下，为了得到 35dB 的 SNR，需要 200kbps 的比特率。但即使在这样的比特率下，若步长固定，这种信噪比质量也只能在很窄的输入范围内获得。对于 8kHz 采样的语音信号，为了达到收费质量，即与 7 比特或 8 比特对数 PCM 类似的质量，需要更高的比特率。

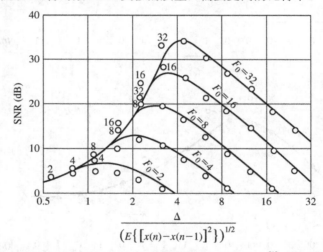

图 11.57　Δ 调制中 SNR 与归一化步长的关系曲线（据 Abate[1]。© [1967] IEEE）

LDM 的最大的优点是其简单性。系统用简单的模拟和数字集成电路即可实现，由于只需要 1 比特编码，所以发送端和接收端的码流不需要同步。LDM 系统的性能限制主要是由于对差分信号量化过于粗糙造成的。由前面关于差分信号自适应量化的讨论可知，自适应量化器可以显著提高 Δ 调制的性能。其中，我们最感兴趣的是既可以提高性能，但又不增加系统复杂度的简单自适应量化方法。

11.8.2　自适应Δ调制

　　LDM 系统需要高的过采样率以使得量化间隔减小，从而降低量化误差。另一种降低量化误差的方法是根据信号的斜率来调整量化间隔。大部分自适应Δ调制（ADM）系统是反馈型的，它根据输出码字来调整一个两级量化器。图 11.58 中给出了这种系统的一般形式。这种方法保持了不需要同步比特流的优点，因为在没有错误的情况下，步长信息可以从传输端和接收端的码字流中得到。

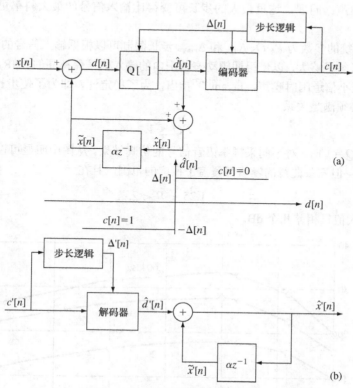

图 11.58　自适应步长Δ调制：(a)编码器；(b)解码器

　　本节我们将通过讨论两种具体的自适应算法来阐述如何在Δ调制中使用自适应量化器。其他的相关算法可以在文献[348, 375]中找到。

　　要讨论的第一个系统由 N. S. Jayant[167]提出。Jayant 的 ADM 算法是基于 11.5.2 节讨论的量化方法的一种修正，其中步长满足

$$\Delta[n] = M\Delta[n-1], \tag{11.127a}$$
$$\Delta_{\min} \leq \Delta[n] \leq \Delta_{\max}. \tag{11.127b}$$

此时，乘子是当前时刻和前一时刻的码字 $c[n]$ 和 $c[n-1]$。由于 $c[n]$ 仅取决于 $d[n]$ 的符号，即

$$d[n] = x[n] - \alpha\hat{x}[n-1]. \tag{11.128}$$

因此，$d[n]$ 的符号可在实际量化值 $\hat{d}[n]$ 确定之前求出，尽管 $\hat{d}[n]$ 的实际值必须要等到由式(11.127a)确定 $\Delta[n]$ 之后才能得到。由下面的公式可以确定式(11.127a)中的步长乘子：

$$M = P > 1, 若 c[n] = c[n-1],$$
$$M = Q < 1, 若 c[n] \neq c[n-1]. \tag{11.129}$$

这种自适应策略是由 LDM 中的比特特点引入的。例如，在图 11.56a 中，斜率过载周期由连续的

0 或 1 序列可知，而粒子噪声周期可以由交替的…010101…序列可知。图 11.56b 显示了图 11.56a 中的波形是如何用式(11.127a)和式(11.129)中的自适应Δ调制器进行量化的。为简单起见，系统的参数设置为 $P = 2$，$Q = 1/2$，$\alpha = 1$，图中显示了最小的步长。可以看到，在斜率为正的最大处同样产了连续的 0，但此时步长以指数形式增长，以跟上波形中斜率的增加。图中右边部分产生粒子噪声处也产生了交替的 0 和 1 序列，但此时步长很快减小到最小值 Δ_{min}，且只要斜率很小就一直保持这一值。由于步长可以变得比线性Δ调制获得最好性能时的步长更小，这种方法可大大减小粒子噪声。同理，这里最大的步长可变得比输入信号的最大斜率更大，从而减小斜率过载噪声。

这种 ADM 系统的参数为 P、Q、Δ_{min} 和 Δ_{max}。步长限制可以根据输入信号的动态范围来选择。其比值 $\Delta_{max}/\Delta_{min}$ 必须足够大，以使得期望动态范围内的输入信号保持高的 SNR。实际中，最小步长要尽量小，以减小信道闲时噪声。Jayant[167]指出，为了稳定性，即为了使步长适合于输入信号的等级，P 和 Q 必须满足关系

$$PQ \leq 1. \tag{11.130}$$

图 11.59 给出了 $PQ = 1$ 时，对不同采样率语音信号的仿真结果。从图中明显可以看出最大的 SNR 在 $P = 1.5$ 时取得；但三条曲线的峰值都覆盖了很广的范围，且在

$$1.25 < P < 2. \tag{11.131}$$

时，SNR 与其最大值只相差几个 dB。

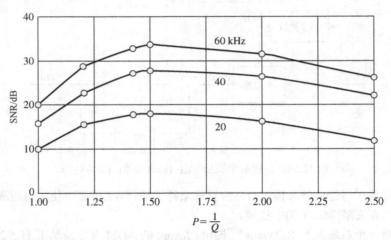

图 11.59　自适应Δ调制器的 SNR 与 P 的关系曲线（据 Jayant[167]。阿尔卡特-朗讯美国公司允许翻印）

图 11.60 中重画了图 11.59 中的结果，以比较 ADM（$P = 1.5$）和 LDM（$P = 1$）及 log-PCM 的性能。注意，$P = 1/Q$ 时，条件 $P = 1 = 1/Q$ 表明没有任何自适应，即 LDM 系统。图 11.60 给出了这种情况下的 SNR 及 $P = 1.5$ 时的 SNR 随比特率的变化曲线。图中还给出了 $\mu = 100$(log-PCM)的最大 SNR 随比特率 [由式(11.45)计算得到] 变化的曲线，这里假设采样率为奈奎斯特率（$F_s = 2F_N = 6.6$kHz）。

由图 11.60 可以看出，在 20kbps 时，ADM 比 LDM 好 8dB；而在 60kbps 时，SNR 增加量达到 14dB。对于 LDM，可以看到当采样率增加 2 倍时，SNR 增加 6dB；而对于 ADM，相应的 SNR 增量为 10dB。比较 ADM 和 log-PCM 可以看出，在采样率低于 40kbps 时，ADM 比 log-PCM 要好。对于更高的采样率，log-PCM 具有更高的 SNR。例如，图中表明对于 7 比特的 log-PCM，其比特率为 7×6.6 = 46.2kbps，要达到与之相当的编码质量，ADM 系统的采样率必须达到约 56kbps。

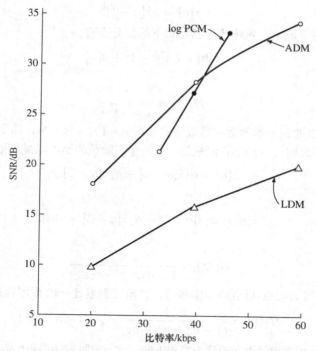

图 11.60　6.6kHz 采样率下三种编码方案的 SNR 与比特率关系曲线

　　ADM 系统量化质量的提高仅需要稍微增加 LDM 的复杂度。由于步长的自适应只依赖于输出比特流，ADM 保持了Δ调制系统的基本简单性，即不需要对码字进行分帧。因此，对于许多实际应用，相对于 log-PCM，人们不惜花费更高的信息率来进行 ADM 量化。

　　另一种Δ调制的自适应量化方法称为连续变斜率Δ调制（CVSD，该系统最先由 Greefkes[139]提出）。该方法也基于图 11.58，其步长为

$$\Delta[n] = \beta\Delta[n-1] + D_2,\ 若\, c[n] = c[n-1] = c[n-2] \tag{11.132a}$$
$$= \beta\Delta[n-1] + D_1\ 其他 \tag{11.132b}$$

式中，$1 < \beta < 1$ 且 $D_2 \gg D_1 \gg 0$。这种情况下，最小和最大步长是 $\Delta[n]$ 的递归函数（见习题 11.18）。

　　其基本原理是，在比特流中检测斜率过载，然后由此增加步长。此时，三个连续的 1 或 0 就导致步长增加 D_2。在没有观测到上述比特流特性的情况下，步长逐渐衰减（因为 $\beta < 1$）直至达到 $\Delta_{\min} = D_1/(1-\beta)$。因此在斜率过载时步长增加，否则步长减小。同样，$\Delta_{\min}$ 与 $\Delta_{\max}$ 根据信号的动态范围及信道闲时粒子噪声的大小要求来选择。由于 β 控制了自适应的速率，这种基本的自适应方案可以略做调整以按一定节拍或即时自适应。若 β 接近于 1，$\Delta[n]$ 的增加和衰减速度会较慢，否则如果 β 比 1 小很多，自适应的速度会很快。

　　这种系统已经应用于需要对信道错误不敏感、语音质量要求比商业通信信道低的情况中。此时，调整系统参数以提供按一定节拍进行自适应。预测器系数 α 设置为比 1 小很多的值，因此由信道错误所引起的影响可以被快速消除。当然，这种对错误不敏感所付出的代价是在没有错误时，语音质量会下降。这种情况下 ADM 系统的主要优势在于，它提供了足够的灵活性以达到系统质量和稳健性要求的折中。

11.8.3　Δ调制中的高阶预测器

　　为简单起见，大部分 LDM 和 ADM 系统使用如下形式的一阶固定预测器：

$$\tilde{x}[n] = \alpha \hat{x}[n-1], \qquad (11.133)$$

如图 11.58 所示。这种情况下，重建信号满足如下的差分方程：

$$\hat{x}[n] = \alpha \hat{x}[n-1] + \hat{d}[n], \qquad (11.134)$$

其系统函数为

$$H_1(z) = \frac{1}{1 - \alpha z^{-1}}. \qquad (11.135)$$

这里就是我们前面假设的积分器的数字等效形式（若 $\alpha = 1$）。$\alpha < 1$ 时，通常称为泄漏积分器。

图 11.54 中的结果表明[①]，对于 Δ 调制系统，用一个二阶预测器可以得到更高的 SNR，即

$$\tilde{x}[n] = \alpha_1 \hat{x}[n-1] + \alpha_2 \hat{x}[n-2]. \qquad (11.136)$$

在这种情况下，

$$\hat{x}[n] = \alpha_1 \hat{x}[n-1] + \alpha_2 \hat{x}[n-2] + \hat{d}[n], \qquad (11.137)$$

其对应的特征函数为

$$H_2(z) = \frac{1}{1 - \alpha_1 z^{-1} - \alpha_2 z^{-2}}. \qquad (11.138)$$

由经验可知[76]，当 $H_2(z)$ 的极点均为实数时，二阶预测器比一阶预测器的性能更好，即

$$H_2(z) = \frac{1}{(1 - az^{-1})(1 - bz^{-1})}, \quad 0 < a, b < 1. \qquad (11.139)$$

上式通常称为双积分。根据说话者和说话内容的不同，它与一阶预测器相比，性能提高达 4dB[76]。

遗憾的是，由于自适应量化算法与预测算法存在交互，在 ADM 系统中使用高阶预测器不只是将一阶预测器替换为二阶预测器的问题。例如，预测器阶数的不同将会造成信道闲时的比特流特征也不同。对于一个二阶预测器，信道闲时的比特流可能是…010101…或…00110011…，它取决于 α_1、α_2 的选择及输入变为 0 之后的系统历史状态。对于信道闲时状态，要将其步长设置为最小值，自适应算法要检查多于码流中两个以上的连续比特。

使用高阶预测器来设计 ADM 系统的方法未得到广泛研究。预测器和量化器复杂度的增加是否合理，取决于到底能获得多少性能提升。11.5 节中讨论的多比特量化器可以简化一些设计，但是它需要对比特流进行分帧。下面讨论使用多比特量化的差分量化。

11.8.4　LDM 到 PCM 的转换

为了高质量地表示语音信号，线性 Δ 调制器使用很高的采样率和一个简单的 1 比特量化器。这种系统使用简单的模拟和数字电路的组合就可以实现。例如，图 11.61 给出了一个 LDM 系统的早期集成电路实现。它用一个模拟比较电路来产生差分信号，用一个触发器来感知差分信号的极性，用一个积分器来重建（预测）信号，并将之与输入信号进行比较。积分器的增益控制有效的步长，触发器的时钟完成时域上的采样。这种模拟与数字电路的简单组合完成了一个 Δ 调制器的全部功能。触发器的输出是一个脉冲串，它代表输入信号的 1 比特二进制码字。以集成电路的形式实现这种电路可达到非常高的采样率 $F_s' \gg 2F_N$，因此可以较低的代价来达到高 SNR 的数字编码[22]。这种简单性的代价是，达到高质量的重建语音信号需要非常高的数据传输速度（$I_{DM} = F_s'$）。

但上述比特率可以降低，方法是使用数字信号处理技术将 LDM 码（1 和 0）转化为另一种更为高效的表示，如 PCM 或 ADPCM，新的表示可以在更低的采样率上进行。其中一种最重要的转换就是从 LDM 到均匀 PCM，均匀 PCM 是对模拟波形的样本进行进一步数学处理所必需的。

---

① 为更具体，我们必须知道滞后小于 125μs 的语音自相关函数的精确值（对应于 Δ 调制系统的更高采样率）才能计算高阶预测增益。

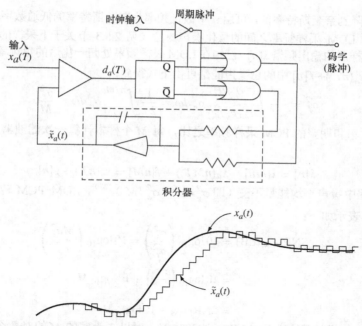

图 11.61　线性Δ调制器的电路实现（据 Baldwin and Tewksbury[22]）。© [1974] IEEE）

图 11.62 给出了一种将 LDM 转换为 PCM 表示的系统。首先，通过一个 LDM 数字解码器在 LDM 采样率 $F'_s=1/T'=M/T$ 下，由 LDM 比特流重建信号的 PCM 表示 $\hat{s}[n]$。然后经过低通滤波将信号采样率降至奈奎斯特率 $F_s = 1/T = 2F_N$。第一步通过 11.8.1 节讨论的方法将 0 和 1 比特转化为 $\pm\Delta$ 的增量，然后经过对正负增量进行数字累加（与模拟实现中的积分相对应）得到以 LDM 采样率 $F'_s=1/T'$ 量化的（PCM）样本 $\hat{s}[n]=x_a(nT')+e[n]$。因此，LDM-PCM 的转化器本质上是累加器或翻转计数器，对其输出在离散时间上进行滤波和采样。如图 11.62 所显示的，一个 LDM 系统加上一个 LDM-PCM 转化器就有效地构成了一个模拟到 PCM（A/D）的转换器，其实现是完全数字化的。

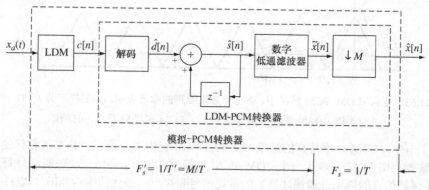

图 11.62　使用一个 LDM 系统和一个 LDM-PCM 转换器的模拟-PCM 转换器

若 LDM 的采样率高到足以避免斜率过载且粒子噪声很小，量化误差将会更小，且重建误差 $e[n]$可用一个功率为 $\sigma_e^2\sim\Delta^2$ 的白噪声进行建模。如图 11.63a 所示，$\hat{s}[n]=x_a(nT')+e[n]$ 的谱同时包含带宽$|F|\leq F_N$的语谱和在整个带宽 $|F|\leq F'_s/2$ 上漫延的量化噪声，其中 $F'_s=2MF_N$ 是 LDM 采样频率。也就是说，以奈奎斯特率的 M 倍频率进行过采样，会使得总噪声能量 σ_e^2 在更宽的频率范围内扩散。

因此，在将采样率降到奈奎斯特率前，可用一个截止频率为奈奎斯特率的低通数字滤波器将从奈奎斯特率到二分之一 LDM 采样频率之间的量化噪声滤除（见 2.5.3 节关于下采样的讨论）[133]①。图 11.63b 给出了下采样后的输出频谱 $\hat{x}[n]$。已知在 LDM 采样频率处归一化后的角频率为 $\omega = 2\pi F / F'_s$，滤波器输出 $\tilde{x}[n] = x_a(nT') + f[n]$ 中的总噪声能量可由下式得到：

$$\sigma_f^2 = \frac{1}{2\pi} \int_{-(2\pi F_N/F'_s)}^{(2\pi F_N/F'_s)} \sigma_e^2 d\omega = \frac{1}{2\pi} \int_{-\pi/M}^{\pi/M} \sigma_e^2 d\omega = \frac{\sigma_e^2}{M}.$$

M 是 LDM 采样频率和期望的 PCM 采样频率之比，每 M 个样本计算一次滤波器的输出。下采样后的输出信号为

$$\hat{x}[n] = \tilde{x}[Mn] = x_a(nMT') + f[nM] = x_a(nT) + g[n].$$

由于在下采样过程中噪声平均能量不变（即 $\sigma_g^2 = \sigma_f^2 = \sigma_e^2/M$）[270]，LDM-PCM 转换器输出的信号量化噪声比用 dB 表示如下：

$$\begin{aligned}
\text{SNR}_{\text{PCM}}(\text{dB}) &= 10\log_{10}\left(\frac{\sigma_x^2}{\sigma_f^2}\right) = 10\log_{10}\left(\frac{M\sigma_x^2}{\sigma_e^2}\right) \\
&= 10\log_{10}\left(\frac{\sigma_x^2}{\sigma_e^2}\right) + 10\log_{10} M \\
&= \text{SNR}_{\text{LDM}} + 10\log_{10} M.
\end{aligned} \tag{11.140}$$

即 LDM 系统的 SNR 增加了 $10\log_{10} M$ dB。这意味着，对以 2 为底的 M 的对数个因子中的每个，滤波和下采样都会对 LDM-PCM 系统的 SNR 有 3dB（等效于 0.5 比特）的增加。例如，若过采样率为 $M = 256$，滤波和下采样就会对 SNR_{PCM} 产生 24dB（5 比特）的增加。

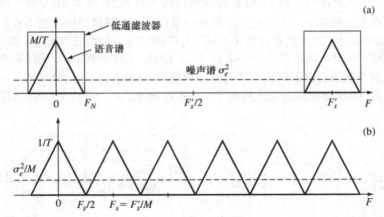

图 11.63　模拟-LDM-PCM 转换中，语音和量化噪声的频谱表示：(a)采样率为 F'_s 时 $\hat{s}[n]$ 的频谱；(b)经滤波和 M 下采样后，PCM 采样率下 $\hat{x}[n]$ 的频谱

在 11.8.1 节中，LDM 数字仿真的结果如图 11.57（M 记为 F_0）所示。仿真通常伴随 LDM 解码器的低通滤波器，图 11.57 反映了一个 LDM-PCM 变换器的性能。图 11.57 表明，M 每重复一次，LDM 系统（包括仿真的模拟低通滤波器）的量化信号噪声率的最优值增约 8dB。式(11.140)表明，增加的部分归因于带外量化噪声的消除，剩下的部分必然归因于由过采样导致的相关性增强。

很明显，大 M 值会产生高的 SNR_{PCM} 值。但如 11.8.1 节中指出的那样，当 LDM 的步长与信号方差紧密匹配时可得到最优的 SNR 值，且 LDM 系统的性能对输入信号电平非常敏感。这就是为什么即使 ADM 系统会增加复杂度但还是被广泛使用的原因。

---

① 在数字编码中单独使用 LDM 时，低通滤波器通常需要结合模拟滤波器一起使用。

11.8.5 Δ-Σ 模数转换

使用过采样来减少量化噪声并不仅限于 LDM-PCM 转换。一般地，LDM 系统及其离散时间解码器，可被解码器能由数值计算来实现的采样器/量化器取代。例如，若使用一个通用的多比特量化器来对样本进行过采样和量化，则可得到与使用以奈奎斯特率为截止频率对量化信号进行低通滤波并以 M 进行下采样的方法同样的 SNR 改进值 $10\log_{10} M$ dB。这种 SNR 的改进可以通过反馈噪声波形来增强，这种方法使用在 Δ-Σ 转换系统中[350]。图 11.64 是一个 Δ-Σ 转换的离散时间实现框图①。像在 LDM 系统中那样，输入端的比较器和以累加器系统实现的积分器都可以通过集成元件实现。然而，为了我们的目的，使用离散等效的实现方法会使分析更为简单。假设在图 11.64 中所有信号的 z 变换都存在①，进一步假设 $\hat{S}(z)=\tilde{S}(z)+E(z)$，$E(z)$ 表示由量化器 Q 引入的量化噪声。现在考虑基于图 11.64 中框图的代数推导：

$$
\begin{aligned}
\hat{S}(z) &= \tilde{S}(z) + E(z) \\
&= z^{-1}\tilde{S}(z) + X'(z) - z^{-1}\hat{S}(z) + E(z) \\
&= X'(z) + E(z) - z^{-1}(\hat{S}(z) - \tilde{S}(z)) \\
&= X'(z) + (1 - z^{-1})E(z),
\end{aligned}
\tag{11.141}
$$

由此可得

$$
\hat{s}[n] = x'[n] + (e[n] - e[n-1]) = x'[n] + f[n]. \tag{11.142}
$$

因此，信号 $\hat{s}[n]$ 等于所需的输入信号 $x'[n]=x_a(nT')$ 与量化器引入的量化噪声的一阶差分之和。若量化器噪声具有噪声功率为 σ_e^2 的平坦频谱，容易证明频率整形的量化噪声的功率谱为

$$
\Phi_f(e^{j2\pi F/F_s'}) = \sigma_e^2[2\sin(\pi F/F_s')]^2. \tag{11.143}
$$

图 11.65 给出了 $\Phi_f(e^{j2\pi F/F_s'})$ 与模拟频率 F 的关系曲线及白量化噪声的功率谱，低通滤波器的采样率下降因子为 M。注意到噪声反馈极大地放大了量化噪声的高频部分，但是噪声在语音频段 $|F| \leq F_N$ 的低频部分也出现了很大的衰减。所以，低通滤波器输出的噪声功率远小于过采样 LDM 情况下输出的 σ_e^2/M。特别地，由于噪声整形，低通滤波器的输出形式是 $\tilde{x}[n]=x_a(nT)+f[n]$，平均噪声功率为

$$
\sigma_f^2 = \frac{1}{2\pi}\int_{-(2\pi F_N/F_s')}^{(2\pi F_N/F_s')} \sigma_e^2[2\sin(\omega/2)]^2 d\omega = \frac{1}{2\pi}\int_{-\pi/M}^{\pi/M} \sigma_e^2[2\sin(\omega/2)]^2 d\omega. \tag{11.144}
$$

若 M 很大，可用小角度近似 $2\sin(\omega/2) \approx \omega$，这在 $|\omega| \leq \pi/M$ 的积分区间内是准确的。故式(11.144)变成

$$
\sigma_f^2 = \frac{1}{2\pi}\int_{-\pi/M}^{\pi/M} \sigma_e^2 \omega^2 d\omega = \frac{\pi^2}{3M^3}\sigma_e^2. \tag{11.145}
$$

按照因子 M 降低采样率后，输出具有以下形式：

$$
\hat{x}[n] = x_a(nMT') + f[nM] = x_a(nT) + g[n],
$$

这意味着 Δ-Σ 转换器的信号与量化噪声之比具有以下形式：

$$
\text{SNR}_{\Delta\Sigma} = \text{SNR}_Q(\text{dB}) - 5.17 + 30\log_{10} M, \tag{11.146}
$$

式中，$\text{SNR}_Q(\text{dB})$ 为图 11.64 中量化器的信号与量化噪声 Q 之比，它由式(11.146)得出。通过噪声整形，过采样率 M 每增加一倍，$\text{SNR}_{\Delta-\Sigma}$ 增加 9dB，相当于 1.5 比特。例如 Δ-Σ 系统中常见的 $M=256$，$\text{SNR}_{\Delta-\Sigma}$ 的 $30\log_{10} M$ 项增加 72dB。因此，可以采用 1 比特量化器，总信噪比 SNR 主要由噪

---

① 这里是为了方便计算而提出的假设，与我们的随机信号模型和量化噪声有所不同。但 z 变换分析中的代数结构对任何信号都是有效的，我们可以从中得到有用的信息。

声整形和低通滤波提供。通过将量化器替换为一阶 Δ-Σ 系统，基本的一阶噪声整形系统可以进行迭代，这样就可以得到二阶 Δ-Σ 转换器[270, 350]。本例中滤波前输出噪声谱的形式为

$$\Phi_f(e^{j2\pi F/F_s'}) = \sigma_e^2[2\sin(\pi F/F_s')]^4,$$

它在进行相同的小角度近似后，低通滤波器输出的平均噪声功率变为

$$\sigma_f^2 = \frac{\pi^4}{5M^5}\sigma_e^2, \tag{11.147}$$

利用这个结果，二阶 Δ-Σ 转换器的低采样率输出信噪比 SNR 具有以下形式：

$$\text{SNR}_{\Delta\Sigma} = \text{SNR}_Q(\text{dB}) - 12.9 + 50\log_{10} M. \tag{11.148}$$

这表明 M 每增加一倍，信号与量化噪声之比增加 15dB。利用这种思路可以实现更高阶的 Δ-Σ 转换器，进而得到更大的 SNR 提升[350]。

  Δ-Σ A/D 转换器的概念利用非常简单的模拟电路连接到复杂但廉价的数字信号处理电路，使制造高精度的 A/D 转换器成为可能。低成本的 A/D 和 D/A 转换及廉价的数字计算使数字语音处理在多种应用中经济可行。

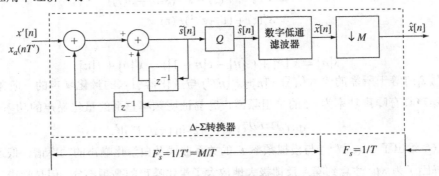

图 11.64 Δ-Σ 模数转换器的离散时间表示

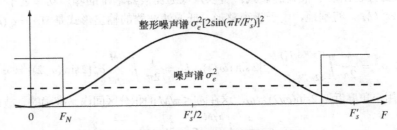

图 11.65 Δ-Σ 转换中的噪声整形示例

11.9 差分脉冲编码调制

  图 11.53 所示的任何系统都可称为差分脉冲编码调制（DPCM）系统。例如前面章节中讨论的 Δ 调制器也可称为 1 比特 DPCM 系统。但差分脉冲编码调制通常专用于量化器超过二电平的差分量化系统。

  如图 11.54 所示，具有固定预测器的 DPCM 系统与直接量化（PCM）相比，可将信噪比提高 4~11dB。信噪比在从无预测到一阶预测器之间变化时得到最大的改善，增加预测器的阶数到 4 或 5 产生的信噪比额外增益较小，此后额外增益非常小。如 11.7 节所述，这种信噪比增益意味着 DPCM 系统可以比直接在语音波形上使用相同的量化器时所需的比特数少 1 比特实现特定的信噪比。所以 11.4 节和 11.5 节的结论可用于对差分结构使用的特定量化器可能达到的性能进

行合理估算。例如，对于具有相同固定量化器的差分 PCM 系统，其 SNR 比相同阶数的量化器直接作用于输入约提高 6dB。差分方案的运行方式和直接 PCM 方案非常相似。例如码字每增加 1 比特，SNR 增加 6dB；SNR 与信号电平表现出相同的相关性。类似地，μ 律量化器的 SNR 应用在差分结构中时约提高 6dB，同时保持其对输入信号电平的不敏感特性。

图 11.54 给出了多种不同扬声器和带宽的预测增益。不同的语音内容之间可以观测到类似的巨大差异。所有这些影响都是语音通信的特点。单一系列的预测器系数不可能用于优化不同的语音材料或多种扬声器。

扬声器和语音材料特性的不同，以及语音通信过程中内部信号电平的不同，使自适应预测和自适应量化对于在多种扬声器和语音环境中获得最佳性能非常必要。这种系统称为自适应差分 PCM（ADPCM）系统。我们首先讨论利用固定预测的自适应进行量化，然后讨论利用自适应预测。

11.9.1 自适应量化 DPCM

11.5 节讨论的自适应量化可以直接应用到 DPCM 上。如 11.5 节所述，有两种基本方法控制自适应量化器，即前馈自适应和反馈自适应。

图 11.66 给出了前馈型自适应量化器应用于 ADPCM 系统的方式[256]。在这类系统中，量化器的步长通常与量化器输入的方差（本例中为 $d[n]$）成比例。但由于差分信号 $d[n]$ 与输入直接相关（但小于输入），所以根据输入 $x[n]$ 控制步长是合理的，如图 11.66 所示。这使步长的块自适应成为可能，若 $\Delta[n]$ 根据 $d[n]$ 自适应，这是不可能的，因为计算 $d[n]$ 需要 $\hat{d}[n]$。所以码字 $c[n]$ 和量化的 $\Delta[n]$ 组成了 $x[n]$ 的表达式。通常 $\Delta[n]$ 的采样率远低于 $x[n]$ 和 $c[n]$ 的采样率 F_s。总比特率形式为

$$I = BF_s + B_\Delta F_\Delta,$$

式中，B 是量化器的比特数，F_Δ 和 B_Δ 分别表示步长数据的采样率和每次采样的比特数。

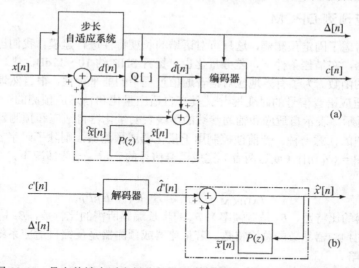

图 11.66 具有前馈自适应量化的 ADPCM 系统：(a)编码器；(b)解码器

11.5.1 节提供了几种调整步长的算法。11.5.1 节的讨论表明，这种自适应步骤可将 μ 律非自适应 PCM 的 SNR 提高约 5dB。这种改善与从固定预测差分结构得到的 6dB 相加，意味着前馈自适应量化 ADPCM 应该达到的 SNR 比相同阶数的固定量化器高 10～11dB。

图 11.67 给出了反馈型自适应量化器在 ADPCM 系统中的应用方法[77]。例如，若用式(11.76)至式(11.78)描述的自适应方法，我们又可期望对相同比特数的固定 μ 律量化器提升 4～6dB。因

此，前馈和反馈自适应量化器都可期望对相同阶数的固定量化器实现约 10～12dB 的改善。

在两种情况下，量化器自适应具有改善的动态范围和 SNR。反馈控制的主要优势为步长信息从码字序列中获得，不需要发送或存储额外的步长信息。所以 B 比特反馈自适应量化器 DPCM 系统的比特率仅为 $I = BF_s$。但是这使重建输出的质量对传输误差更加敏感。对于前馈控制，码字和步长共同构成信号的表达式。虽然这增加了表达式的复杂性，但它可能传输具有误差保护的步长，从而极大地提升了高误码率传输的输出质量[170, 257]。

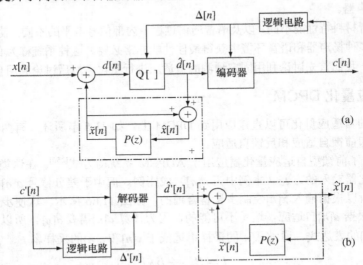

图 11.67　具有反馈自适应量化的 ADPCM 系统：(a)编码器；(b)解码器

11.9.2　自适应预测 DPCM

至今我们仅考虑了固定预测器，这只可对语谱的长期特性进行建模。我们已经看到，即使采用高阶固定预测器，在最佳条件下，差分量化也可提升 SNR 约 10～12dB。进一步的提升量是扬声器和语音内容的函数。为了有效地应对语音通信过程中的非平稳性，很自然地要考虑调整预测器和量化器，以适应语音信号的时变性[15]。具有自适应量化和自适应预测的一般自适应 DPCM 系统如图 11.68 所示。表示自适应和辅助参数的虚线表明量化器自适应和预测器自适应算法可以是前馈和反馈型中的任意一种。若前馈控制用于量化器或预测器，则除了码字 $c[n]$，还需要 $\Delta[n]$ 或预测器系数 $a[n] = \{\alpha_k[n]\}$（或这两者）完成语音信号的表示。一般情况下，ADPCM 系统的比特率表达式为

$$I_{\text{ADPCM}} = BF_S + B_\Delta F_\Delta + B_P F_P,$$

式中，B 是量化器的比特数，B_Δ 是对帧率为 F_Δ 的步长编码所需的比特数，B_P 是分配给帧率为 F_P（通常 $F_P = F_\Delta$）的预测器系数的总比特数。若量化器或预测器是反馈自适应系统，对应的项可以从式(11.149)中省略。

假设预测器系数与时间相关，那么预测值表示为

$$\tilde{x}[n] = \sum_{k=1}^{p} \alpha_k[\hat{n}] \, \hat{x}[n - k], \tag{11.150}$$

式中，$\hat{n}$ 为帧时间。在调整预测器系数 $a[\hat{n}]$ 的集合时，通常假设语音信号的特性在短时间内（帧）保持不变。所以选择预测器系数用于短时间内最小化均方预测误差。本例中，ADPCM 系统为语音生成加入模型的想法具有最大意义。对于前馈控制，预测器自适应基于输入信号单元 $x[n]$ 的测量，而不是量化后的信号 $\hat{x}[n]$。也就是说，特定量化单元的预测器系数是利用第 9 章的技术根据

非量化信号预计的。然后这些系数应用于图 11.68 中量化特定的采样单元。根据 11.7 节中分析的量化噪声反馈，这与忽略 1/SNR 项时等价。利用得到式(11.100)和式(11.102a)所用类型的运算，并忽略量化误差的影响，我们在第 9 章中证明符合方程的最优预测器系数如下：

$$R_{\hat{n}}[i] = \sum_{k=1}^{p} \alpha_k[\hat{n}]\, R_{\hat{n}}[i-k], \quad i = 1, 2, \ldots, p, \tag{11.151}$$

式中，$R_{\hat{n}}[i]$ 是时刻 $\hat{n}$ 的瞬时自相关函数〔式(6.29)〕，并按照以下表达式计算：

$$R_{\hat{n}}[i] = \sum_{m=-\infty}^{\infty} x[m]w[\hat{n}-m]x[i+m]w[\hat{n}-m-i], \quad 0 \le i \le p, \tag{11.152}$$

式中，$w[\hat{n}-m]$ 是采样时刻 $\hat{n}$ 置于输入序列的窗函数，可以采用矩形窗或数据缓慢衰减的窗函数（如长为 L 的汉明窗）。语音信号通常利用传输函数形式为$(1-\beta z^{-1})$的线性滤波器进行高频预加重。这种预加重可使预测器系数的计算有规律。这在数值动态范围有限的固定点实现中特别重要。β 的典型值为 0.4，与低频的频谱水平相比，在 $\omega = \pi$ 处相应提高频谱约 7dB。在我们的讨论中，假设 $x[n]$ 为这种滤波器的输出。若预加重用于 ADPCM 编码之前，则在 ADPCM 解码后应该利用逆滤波器 $1/(1-\beta z^{-1})$ 去加重。

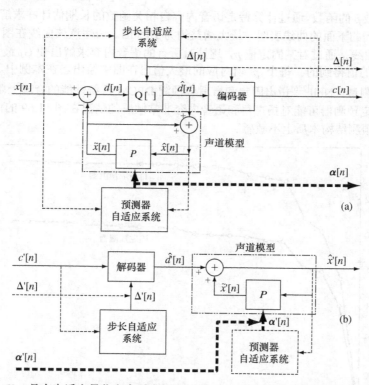

图 11.68　具有自适应量化和自适应预测的 ADPCM 系统：(a)编码器；(b)解码器

自适应预测器也可根据量化信号 $\hat{x}[n]$ 之前的采样进行计算。采用这种方法时，没有必要发送预测器系数，因为在不存在发送误差的情况下，它们可以根据接收器重建信号的历史样本计算出来。所以，式(11.151)中的 $R_{\hat{n}}[i]$ 可以替换为

$$R_{\hat{n}}[i] = \sum_{m=-\infty}^{\infty} \hat{x}[m]w[\hat{n}-m]\hat{x}[m+i]w[\hat{n}-m-i], \quad 0 \le i \le p. \tag{11.153}$$

在本例中窗函数必须是因果的，即在 $n < 0$ 时，$w[n] = 0$；也就是说，预测器系数的估算必须根据

历史量化值，而不根据得出预测器系数之后才能获得的将来值。Barnwell[24]利用对历史样本进行指数衰减窗加重的无限冲激响应（IIR）系统，证明了递归计算自相关函数的方法。如自适应量化器控制的例中所示，反馈模式具有只需发送量化器码字的优势。然而自适应预测器的反馈控制未得到广泛应用，因为对误差的固有敏感性以及基于有噪输入的控制具有较差的性能。Stroh[383]为调整预测器系数研究了斜率方案，考虑了一种有趣的反馈控制方法。

由于语音参数变化非常缓慢，不经常调整预估参数 $\alpha[\hat{n}]$ 是合理的。例如，可以每 10～20 ms 进行新的估算，两次估算之间其值保持不变，即帧率约为 F_P = 50～100Hz。窗函数持续时间可以等于两次估算之间的时间，或者它可在连续的语音段重叠时稍微大一些。如式(11.152)定义的那样，式(11.151)所需的相关估算需要在计算 $R_{\hat{n}}[i]$ 之前缓存 $x[n]$ 的 L 个样本。符合式(11.151)的系数 $\alpha[\hat{n}]$ 用于图 11.68a 所示的结构中，从采样时刻 $\hat{n}$ 开始对 L 个样本间隙之间的输入进行量化。所以为了根据量化器码字重建输入，我们也需要预估系数（可能需要量化器的步长），如图 11.68b 所示。

为了定量表示自适应预估的效果，Noll[256]对固定和自适应预测器检验了预估增益 G_P 和预测器阶数之间的相关性。图 11.69[①]表明固定和自适应预测的增益量

$$10\log_{10}[G_P] = 10\log_{10}\left[\frac{E[x^2[n]]}{E[d^2[n]]}\right] \tag{11.154}$$

都是预估计器阶数 p 的函数。通过计算特定语音内容自相关函数的长期估计并求解符合式(11.102a)的预估系数集得到的下面的曲线表明，最大增益约为 10.5dB。请注意该曲线在图 11.54 所示的范围内。最上面的曲线是通过对某固定值 p，逐帧对所有的语音内容求解出使 G_P 最大时的窗长度 L 和预估系数 $\alpha[\hat{n}]$ 的值得到的。每个 p 值对应的最大值已在图中绘出。在本例中，最大增益约为 14dB。根据这些测量，Noll[256]指出固定和自适应预测 DPCM 系统性能的合理上限分别为 10.5dB 和 14dB。最佳固定预测器可能对扬声器和语音内容非常敏感的情况在图 11.69 的曲线中表现并不明显，但自适应预测结构本质上不敏感。

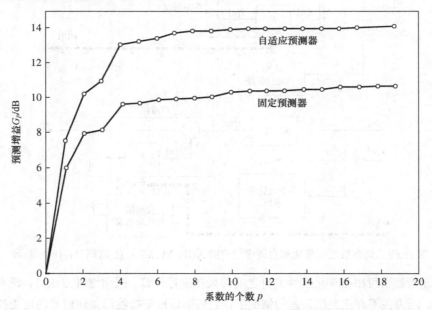

图 11.69　一位女性说话者的预测增益与预测器系数数量的关系曲线（带宽为 0～3200Hz）（据 Noll[256]。阿尔卡特–朗讯美国公司同意翻印）

---

① 图中的结果仅针对单一发声器。此外，我们研究的系统中不包含误差反馈。

11.9.3 ADPCM 系统的对比

ADPCM 系统通常称为波形编码器，因为重建的量化信号可以按照 $\hat{x}[n]=x[n]+e[n]$ 进行建模。与数字波形编码系统相比，它便于采用信号与量化噪声之比作为标准。然而，语音通信中应用系统的最终标准是感知的。与原始的未量化语音相比，编码后的语音听起来有多好通常是至关重要的。遗憾的是，这种感知标准通常很难量化，并且没有可以参考的统一结果。因此，本节简要总结各种语音编码系统的客观 SNR 测量结果，然后总结一些看起来特别具有启发性的感知结果。

Noll [256]对数字波形编码方案进行了非常有用的对比研究。他考虑了以下系统：

1. 在 $\mu = 100$ log-PCM 时，$X_{max} = 8\sigma_x$（PCM）。
2. 具有前馈控制（PCM-AQF）的自适应 PCM（最优高斯量化器）。
3. 具有一阶固定预测的差分 PCM 和具有反馈控制（DPCM1-AQB）的自适应高斯量化器。
4. 具有一阶自适应预测器和前馈控制量化器与预测器（窗长为 32）的自适应高斯量化器的自适应 DPCM（ADPCM1-AQF）。
5. 具有 4 阶自适应预测器和自适应拉普拉斯量化器的自适应 DPCM，均采用前馈控制（窗长为 128）（ADPCM4-AQF）。
6. 具有 12 阶自适应预测器和自适应伽马量化器的自适应 DPCM，均采用前馈控制（窗长为 256）（ADPCM12-AQF）。

所有这些系统中的采样率均为 8kHz，量化器字长 B 的范围为 2~5 比特/样本。所以码字序列 $c[n]$ 的比特率范围为 16~40kbps。所有系统的信号与量化噪声之比都在图 11.70 中绘出。请注意系统大致按照从左到右复杂度增加的顺序排列，SNR 遵循同样的规律。此外，仅对 PCM 和 DPCM1-AQB 系统列出了完整的码字序列。所有其他的编码器需要为量化器步长和预测系数增加比特位（未列出）。图 11.70 中的曲线显示了许多有趣的特征。首先，注意最低的曲线对应采用 2 比特量化器，从一条曲线向上到下一条曲线对应量化器字长增加 1 比特。所以从一条曲线移动到另一条大约增加 6dB。请注意随着固定预测和自适应量化的增加，SNR 也急剧增加，并且调整简单的一阶预测器几乎不产生增益（对比 DPCM1-AQB 和 ADPCM1-AQF），但很明显较高阶的自适应预测也具有很大的提升。

对于电话传输，通常认为可接受的语音质量是利用 7~8 比特/样本的 μ 律量化器得到的。根据式(11.45)，可以看到 7 比特 $\mu = 100$ PCM 的 SNR 约为 33dB。根据图 11.70，可以利用具有自适应量化和自适应预测的 5 比特量化器得到相同的品质。实际上，大量事实表明 ADPCM 编码语音的感知品质优于 SNR 值的对比。在对具有固定预测和反馈控制自适应量化器的 ADPCM 系统研究中，Cummiskey 等人[77]发现，相对于 SNR 较高的 log-PCM 编码语音，听众更喜欢 ADPCM 编码的语音。偏爱测试结果在表 11.8 中列出，其中 PCM 系统是 Noll 研究中的系统 1，ADPCM 系统是 Noll 研究中的系统 3。表 11.8 表明相对于 6 比特 log-PCM，听众更偏爱 4 比特 ADPCM。前面介绍过具有固定预测和自适应量化的 ADPCM 的 SNR 提升预计为 10~12dB，即大约 2 比特。这些系统具有可比性并不令人意外，但实际上相对于 6 比特 log-PCM，听众更偏爱 4 比特 ADPCM，即使 4 比特 ADPCM 的 SNR 低一些。

在他们的自适应预测研究中，Atal and Schroeder [15]发现具有 1 比特自适应量化器和复杂的自适应预测器的 ADPCM 系统，产生了品质稍差于 6 比特 log-PCM 的编码语音。该系统的预计比特率约为 10kbps，与 40kbps 相比要求 6 比特 log-PCM 的采样率为 6.67kHz。特别在本例中，主观品质比 SNR 的期望更重要。

很难对这种现象进行准确的解释，但我们推测这是由例如自适应量化器的更理想信道性能以及量化噪声和信号之间更大的相关性等因素共同引起的[256]，这是合理的。

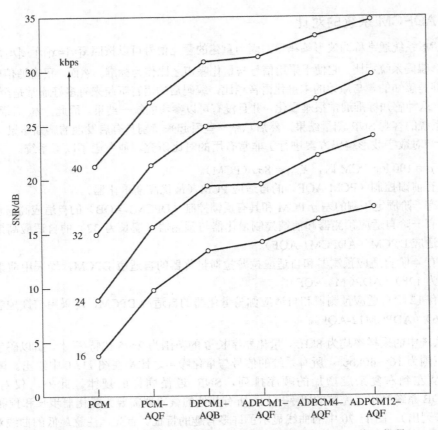

图 11.70 2 比特/样本（16kbps）至 5 比特/样本（40kbps）量化的 SNR 值。代码：AQF 表示前向反馈自适应量化器，AQB 表示后向反馈自适应量化器，ADPCMr 表示第 r 阶预测器的 ADPCM 系统（据 Noll[256]。经阿尔卡特–朗讯美国公司允许翻印）

表 11.8　ADPCM 和 log-PCM 的主观和客观性能比较（据 Cummiskey, Jayant, and Flanagan [77]，经阿尔卡特-朗讯美国公司允许翻印）

客观评价 (SNR)	主观评价偏好
7比特log-PCM	7比特log-PCM (高偏好)
6比特log-PCM	4比特ADPCM
4比特ADPCM	6比特log-PCM
5比特log-PCM	3比特ADPCM
3比特ADPCM	5比特log-PCM
4比特log-PCM	4比特log-PCM (低偏好)

11.10　ADPCM 编码器的改善

　　基本的 ADPCM 系统包含基本的线性预测语音模型，因此 ADPCM 编码也称为线性预测编码，或简称为 LPC。它也可以称为自适应预测编码（APC）。11.9 节中证明了为语音生成量化器周围的反馈路径加入线性预测模型大大提高了量化精度。我们已经看到自适应量化器和预测器具有许多可能的组合。在过去的几十年内，由于 Atal and Schroeder[15]的经典论文，在基本系统上提出了许多改进方法。本节讨论几种改进方法。

11.10.1　ADPCM 编码的基音预测

迄今为止我们的示例隐含假设线性预测器按照选定的模型阶数 p 配置，以便在量化信号表示中加入声道滤波器的表示（即共振峰信息）。通过此观点，预测编码器中的差分信号与预测误差信号相似（但不相同），保留了语音产生模型中激励信号的特征。这意味着量化差分信号在准周期状态和随机噪声状态之间来回转换。这样，如图 11.52 所示，在语音间隔内的差分信号可以去掉更多的冗余。实际上，若实现了完美的预测，差分信号将几乎完全不相关（白噪声）。我们可以从图 11.69 中看到预测阶数超过 4 或 5 时造成的预测增益增加较少。然而对于 $F_s = 8\text{kHz}$，即使相对较高的阶如 $p = 20$，也仅对应于 2.5ms 的预测间隔，比典型的基音周期小得多。Atal and Schroeder[15, 16]根据基音提出了一种利用长期相关的方法，分两级利用预测器，如图 11.71 所示[1]。第一级包括由如下 z 变换系统函数定义的基音预测器：

$$P_1(z) = \beta z^{-M}, \tag{11.155}$$

式中，M 是当前帧（按样本计）的基音周期，β 是允许按周期变化的一个增益常数。采样率为 $F_s = 8000$ 个样本/秒时，对于 100Hz 的基音频率，$M = 80$ 个样本。对于无声帧（背景噪声）或清音，选定的 M 和 β 值基本不相关（注意 $\beta = 0$ 时基音预测器不起作用）。

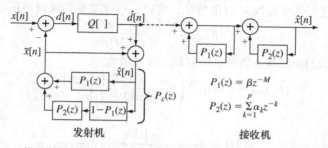

图 11.71　使用差分量化方法的两级预测器，第一级 P_1 是一个基音预测器，第二级 P_2 是一个调谐到声道响应的预测器[15, 16]

图 11.71 中的第二级预测器是线性预测器，形式为

$$P_2(z) = \sum_{k=1}^{p} \alpha_k z^{-k}. \tag{11.156}$$

由于 p 选定为仅捕获语音共振峰的共振结构，我们称这种预测器为声道预测器。在图 11.71 右侧的解码系统中，这两种预测器的逆向系统级联。总的系统函数形式为

$$H_c(z) = \left(\frac{1}{1 - P_1(z)}\right)\left(\frac{1}{1 - P_2(z)}\right) = \frac{1}{1 - P_c(z)}. \tag{11.157}$$

总（两级）预测误差滤波器的传输函数为

$$1 - P_c(z) = [1 - P_1(z)][1 - P_2(z)] = 1 - [1 - P_1(z)]P_2(z) - P_1(z). \tag{11.158}$$

所以，组合声道/基音预测器的系统函数为

$$P_c(z) = [1 - P_1(z)]P_2(z) + P_1(z). \tag{11.159}$$

如图 11.71 所示，这种组合预测器利用两个预测器 $[1-P_1(z)]P_2(z)$ 和 $P_1(z)$ 的并联组合实现。预测信号 $\tilde{x}[n]$ 的相应时域表达式是 $\hat{x}[n]$ 的函数：

$$\tilde{x}[n] = \beta\hat{x}[n - M] + \sum_{k=1}^{p}\alpha_k(\hat{x}[n-k] - \beta\hat{x}[n-k-M]), \tag{11.160}$$

式中，预测器参数 β、M 和 $\{\alpha_k\}$ 在预测帧率 $F_P < F_s$ 时都是自适应的。如前所述，我们通过分析 $x[n]$

---

① 注意，在该框图中忽略了必须发送到解码器的参数表示，这样我们就可以只重点关注于信号关系。

而非 $\hat{x}[n]$ 来确定所有预测参数，因为 $\hat{x}[n]$ 在确定预测器前不可知。所以定义组合预测误差为

$$d_c[n] = x[n] - \tilde{x}[n]$$

$$= v[n] - \sum_{k=1}^{p} \alpha_k v[n-k], \qquad (11.161)$$

式中，

$$v[n] = x[n] - \beta x[n-M] \qquad (11.162)$$

是基音预测器的预测误差。误差 $d_c[n]$ 最小化时，β、M 和 $\{\alpha_k\}$ 的值不能直接进行联合计算。因此，Atal and Schroeder [15] 考虑了次最佳的解决方案，该方案首先使方差 $v[n]$ 最小化，然后根据之前确定的 β、M 和 $\{\alpha_k\}$ 值来最小化方差 $d_c[n]$。

基音预测器的均方预测误差为

$$E_1 = \left\langle (v[n])^2 \right\rangle = \left\langle (x[n] - \beta x[n-M])^2 \right\rangle, \qquad (11.163)$$

式中，$\langle \rangle$ 表示在有限帧语音样本内的求平均操作。第 9 章中讨论了两种求平均的不同方法，一种引入了自相关法，另一种引入了协方差法。对于基音预测器，协方差类型的平均更优，因为它不包含自相关方法中固有的窗效应。

按照将 E_1 对 β 进行差分而固定 M 的方法，可以证明使基音预测误差最小的系数是

$$(\beta)_{\text{opt}} = \frac{\langle x[n]x[n-M] \rangle}{\langle (x[n-M])^2 \rangle}. \qquad (11.164)$$

将 β 的值代入式(11.163)得到基音的最小均方预测误差值为

$$(E_1)_{\text{opt}} = \left\langle (x[n])^2 \right\rangle \left(1 - \frac{(\langle x[n]x[n-M] \rangle)^2}{\langle (x[n])^2 \rangle \langle (x[n-M])^2 \rangle} \right), \qquad (11.165)$$

当归一化协方差

$$\rho[M] = \frac{\langle x[n]x[n-M] \rangle}{(\langle (x[n])^2 \rangle \langle (x[n-M])^2 \rangle)^{1/2}} \qquad (11.166)$$

最大时，均方预测误差值最小。因此，首先找到使式(11.166)最大的 M，然后根据式(11.164)计算出最优的 $(\beta)_{\text{opt}}$ 值，就可以得到最佳的基音预测器。

式(11.162)给出的基音预测器的主要问题是，假设基音周期为整数个样本。另一种（某种程度上更复杂的）基音预测器的形式为

$$P_1(z) = \beta_{-1}z^{-M+1} + \beta_0 z^{-M} + \beta_1 z^{-M-1} = \sum_{k=-1}^{1} \beta_k z^{-M-k}. \qquad (11.167)$$

基音周期性的这种表示，要求在最近的整数基音周期值附近进行插值来处理非整数基音周期。在较为简单的情形下，M 被定位在式(11.166)中协方差函数峰值的基音周期范围内。对于固定的 M 值，通过求解由基音预测误差方差最小推导出的一系列线性方程，得出 3 个预测系数：

$$v[n] = x[n] - \beta_{-1}x[n-M+1] - \beta_0 x[n-M] - \beta_1 x[n-M-1]$$

最优解包括协方差值 $\langle x[n-M-k]x[n-M-i] \rangle$，其中 $i, k = -1, 0, 1$。这个解提供了一个 $M+1$ 阶预测误差滤波多项式 $1-P_1(z)$。在接收端，因为这是逆系统函数 $H_1(z) = 1/(1-P_1(z))$ 的分母，我们必须小心对待，以保证 $1-P_1(z)$ 的所有根都在单位圆内(如图 11.71 所示)。这不能由协方差法保证，必须采取其他方法来保证稳定性。在式(11.155)所示的简单基音预测情况下，确保 $\beta < 1$，相应逆系统的稳定性是很容易保证的。

已知 M 和 β，可以计算出序列 $v[n]$ 及 $i = 0, 1, \ldots, p$ 时该序列的自相关，进而由式(11.151)得到预测系数 $\{\alpha_k\}$，其中 $R_{\hat{n}}[i]$ 是序列 $v[\hat{n}]$ 的短时自相关[①]。

---

① 一种替代办法是，首先根据 $x[n]$ 计算声道预测系数，然后根据声道预测器的预测误差信号去估算 M 和 β。

图 11.72 说明了图 11.71 所示二级预测系统的潜力，显示了输入信号 $x[n]$、单级最优线性（声道）预测器 $P_2(z)$ 的误差信号（表示为 $\sqrt{10} \cdot d[n]$）和二级预测器的误差信号（表示为 $10 \cdot d[n]$）的曲线。$d[n]$ 的比例因子表明，在这个例子中，声道预测和基音预测的预测增益大约相同。此外，我们看到，由于基音激励，单级声道预测差分信号显示出非常尖锐的脉冲，而二级预测误差保留着基音激励信号的痕迹，但脉冲要少得多。

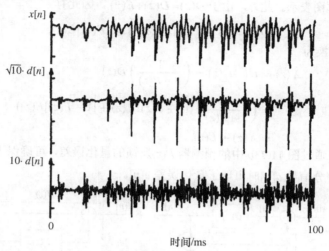

图 11.72   语音信号 $x[n]$、声道预测误差 $\sqrt{10} \cdot d[n]$ 及基音和声道预测误差 $10 \cdot d[n]$）的波形示例[15]。经阿尔卡特–朗讯美国公司同意翻印

要基于图 11.71 所示的处理来表示语音，需要传送或存储量化后的差分信号、量化步长（若使用了前馈控制）和（量化后的）预测器系数。在 Atal and Schroeder 的最初工作中，为差分信号使用了 1 比特量化器，步长每 5ms 自适应一次（在 6.67kHz 的采样速率下为 33 个样本），以最小化量化误差。同样，预测器参数也每 5ms 估计一次。虽然未给出明确的信噪比数据，但在 10kbps 量级的比特率下可高品质地再现语音信号。Jayant[169] 断言，采用合理的量化参数，使用长期和短期预测器时，对 PCM 可得到 20dB 的信噪比增益。

遗憾的是，到现在为止，还没有对自适应预测的性能限制（包括基音参数）的详细研究（如 11.9.3 节详细讨论的 Noll[256] 的研究）。但这种方案体现了数字波形编码系统的极端复杂性。另一方面是 LDM 和其简单的量化处理及 1 比特二分码字的非结构流。量化方案的选择取决于多种因素，包括所需的比特率、品质、编码器复杂度和数字表示的复杂度。

11.10.2   DPCM 系统中的噪声整形

如已了解的那样，ADPCM 编码器/解码器输出端的重建信号为 $\hat{x}[n]=x[n]+e[n]$，其中 $e[n]$ 为量化噪声。由于 $e[n]$ 通常具有平坦的频谱，因此在低强度频谱区域（即共振峰之间的区域）可听到噪声。对于非常好的量化，这不是主要问题，因为噪声谱的电平较低。但对于低比特率系统，在部分频谱内噪声电平通常要比信号电平高得多，因此会造成可以清晰听到的失真。这促使人们发明了差分量化方法，以便对量化噪声整形并匹配语谱，进而充分利用响亮的声音掩盖相邻频率上的较弱声音[16]。

图 11.73a 给出了 ADPCM 编码器/解码器的基本操作框图。为得到图 11.73c 中的噪声整形结构，首先证明图 11.73b 中的结构与图 11.73a 中的完全等价①。为此，假设图 11.73a 中所有信号的 z 变换

---

① 如前所述，我们认为该假设的有用之处是，它不同于语音和量化噪声的随机信号模型，因为它揭示了对任何信号都有效的代数结构。

存在。假设 $\hat{X}(z)=X(z)+E(z)$，它使图 11.73a 中的 $d[n]$ 具有 z 变换

$$D(z) = X(z) - P(z)\hat{X}(z)$$
$$= [1 - P(z)]X(z) - P(z)E(z). \tag{11.168}$$

现在在图 11.73b 中，显式地计算出了 $E(z)=\hat{D}(z)-D(z)$ 并将其通过预测器 $P(z)$ 反馈，因此图 11.73b 确实是式(11.168)的框图表示。此外，由于 $\hat{D}(z)=D(z)+E(z)$，因此有

$$\hat{D}(z) = [1 - P(z)]X(z) + [1 - P(z)]E(z),$$

所以重建信号的 z 变换为

$$\hat{X}(z) = H(z)\hat{D}(z) = \left(\frac{1}{1-P(z)}\right)\hat{D}(z)$$
$$= \left(\frac{1}{1-P(z)}\right)([1-P(z)]X(z) + [1-P(z)]E(z)) \tag{11.169}$$
$$= X(z) + E(z).$$

这样，我们就证明了通过图 11.73b 中的预测器 $P(z)$ 反馈的量化误差，可确保重建信号 $\hat{x}[n]$ 与 $x[n]$ 不同，因为在量化差分信号 $d[n]$ 时出现了量化误差 $e[n]$。

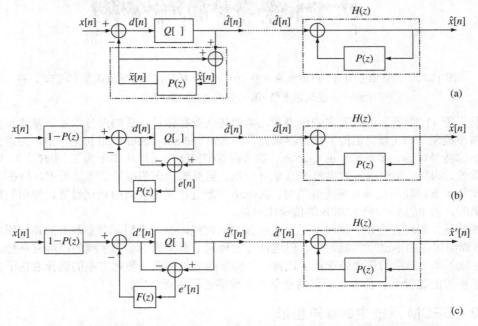

图 11.73　DPCM 编码器和解码器的另一种表示框图，它明确给出了信号和噪声的整形：
(a)ADPCM 编码器/解码器的基本操作框图；(b)部分(a)的基本操作的等效组成；
(c)$P(z)$ 被噪声整形滤波器 $F(z)$ 替代后的框图

式(11.169)对于整形量化噪声的频谱至关重要。若仅用图 11.73c 下方框图中的不同系统函数 $F(z)$ 替换图 11.73b 中的 $P(z)$，则得到重建信号的如下方程：

$$\hat{X}'(z) = H(z)\hat{D}'(z) = \left(\frac{1}{1-P(z)}\right)\hat{D}'(z)$$
$$= \left(\frac{1}{1-P(z)}\right)([1-P(z)]X(z) + [1-F(z)]E'(z)) \tag{11.170}$$
$$= X(z) + \left(\frac{1-F(z)}{1-P(z)}\right)E'(z).$$

因此，我们就已证明，若 $x[n]$ 由图 11.73c 中发送机端的系统编码，则接收机端重建信号的 z 变换为

$$\hat{X}'(z) = X(z) + \hat{E}'(z), \tag{11.171}$$

式中，重建语音信号的量化噪声 $\hat{E}'(z)$ 与量化器引入的量化噪声 $E'(z)$ 之间的关系为

$$\hat{E}'(z) = \left(\frac{1 - F(z)}{1 - P(z)}\right) E'(z) = \Gamma(z) E'(z). \tag{11.172}$$

系统函数

$$\Gamma(z) = \frac{1 - F(z)}{1 - P(z)} \tag{11.173}$$

是 ADPCM 编码器/解码器系统的有效噪声整形滤波器。选择合适的 $F(z)$，噪声谱可以利用多种方式整形。一些示例如下：

1. 若选择 $F(z) = 0$ 并假设噪声的频谱平坦，则噪声和语谱具有相同的形状。在图 11.73c 中令 $F(z) = 0$ 对应于直接量化预测误差序列，所以量化噪声直接在接收机中由 $H(z)$ 整形。这种编码称为开环 ADPCM 和 D*PCM [256]。

2. 若选择 $F(z) = P(z)$，则等效系统是图 11.73a 中的标准 DPCM 系统，其中 $\hat{E}'(z) = E'(z) = E(z)$，其噪声谱平坦且与信号频谱无关。

3. 若选择 $F(z) = P(\gamma^{-1}z) = \sum_{k=1}^{p} \alpha_k \gamma^k z^{-k}$，则整形噪声谱使噪声隐藏在语音信号的频谱峰值之下。

上面的第三种方式最常使用。它将噪声谱整形为一种修正的语谱，抑制了高频部分的噪声，但低频部分的噪声谱稍有增加。$[1-P(z)]$ 的每个零点 $[H(z)$ 和 $\Gamma(z)$ 的极点] 与 $[1-F(z)]$ 的零点成对出现，如图 11.74 所示，其中 $\Gamma(z)$ 的零点的角度与一个极点的角度相同，但极径要除以 2，图中 $\gamma = 1.2$。

若假设量化噪声具有平坦的频谱，且噪声功率为 $\sigma_{e'}^2$，则整形后噪声的功率谱为

$$\Phi_{e'}(e^{j2\pi F/F_s}) = \left|\frac{1 - F(e^{j2\pi F/F_s})}{1 - P(e^{j2\pi F/F_s})}\right|^2 \sigma_{e'}^2. \tag{11.174}$$

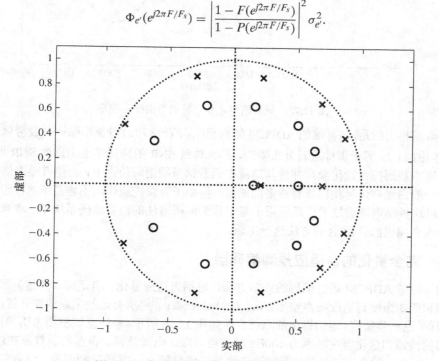

图 11.74　$\gamma = 1.2$ 时噪声整形器的零极点位置

图 11.75 显示了三种情形下 $\Phi_e(e^{j2\pi F/F_s})$（单位为 dB）与 $F(z)$ 的函数关系图，还以点线显示了短时语谱 $\left|G/(1-P(e^{j2\pi F/F_s}))\right|^2$ 的线性预测估计（单位为 dB）。点画线（水平线）显示了 $F(z) = P(z)$ 即等效于标准 DPCM 系统时的情形，此时 $\Phi_e(e^{j2\pi F/F_s}) = \sigma_e^2$。此时，我们观察到在带宽 2700Hz $< F <$ 3200Hz 和 3500Hz $< F <$ 4000Hz 范围内噪声谱电平要比语谱的高。虚线表示 $p(z) = 0$ 时的噪声谱，即在没有噪声反馈时的开环情形。这种情况下，噪声谱的形状与语谱的形状相同，表明噪声谱在高频部分降低，而在低频部分则增大。除非量化器噪声功率 σ_e^2 很低，否则很容易就可感知到放大后的低频噪声。最后，实线表示 $F(z) = P(z/1.37)$ 时的噪声谱。我们观察到，这种选择对其他两种情况进行了折中。与平坦的量化器噪声谱相比，噪声谱的低频部分稍有增加，高频部分则大大降低。我们还观察到噪声整形滤波器的频率响应具有一个有趣的特性，即 $20\log_{10}\left|\Gamma(e^{j2\pi F/F_s})\right|$ 的平均值为零[16]。

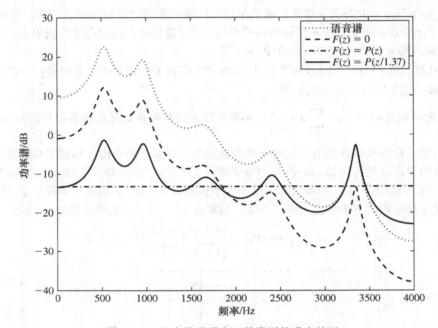

图例：
语音谱 ......
$F(z) = 0$ - - -
$F(z) = P(z)$ -·-·-
$F(z) = P(z/1.37)$ ——

图 11.75　语音信号谱和三种类型的噪声整形

需要着重指出的是，与标准的 ADPCM 结构相比，$F(z) \neq P(z)$ 时整形噪声总会降低 SNR[16, 172]。但是，若如图 11.75 所示那样重新分布噪声，那么传统 SNR 的降低多于由感觉 SNR 增加的补偿。

利用噪声整形掩盖量化噪声并使其隐藏在语音信号频谱峰值之下，会使得噪声信号与 DPCM 系统中的一般白噪声信号相比具有更多的能量，但由于音调掩蔽作用不容易听到，因此不会令人厌烦。所以这种噪声掩蔽技术广泛应用于基于预测编码方法的语音编码系统中。本章稍后将回到本节关于语音编码的分析/合成方法这一主题。

11.10.3　完全量化的自适应预测编码器

我们讨论了 ADPCM 语音编码的许多方面，包括自适应量化、自适应（声道）预测、自适应基音预测和感知激励自适应噪声整形。Atal and Schroeder[17] 将所有这些主题放在其提出的架构中，Atal[9] 进行了进一步研究。他们提出的系统框图如图 11.76 所示。请注意该框图未明确给出预测器、噪声整形滤波器和量化器在帧率为 100Hz 时的自适应。也就是说，框图的运算是在连续 10ms 的样本块上进行的。输入 $x[n]$ 是预加重的语音信号。预测器 $P_2(z)$ 是短时预测器，它表示声道传输函数。信号 $v[n]$ 是直接由输入得到的短时预测误差：

$$v[n] = x[n] - \sum_{k=1}^{p} \alpha_k x[n-k].$$

若信号是声道滤波器 $H_2(z)=1/(1-P_2(z))$ 的输入，则输出将是原始语音信号。编码器的目标是获得该激励信号的量化表示，根据它可以利用 $H_2(z)$ 重建近似的 $\hat{x}[n]$。基音预测器 $P_1(z)$ 的输出 $\tilde{v}[n]$

$$\tilde{v}[n] = \sum_{k=-1}^{1} \beta_k \hat{v}[n-M-k],$$

和噪声反馈信号 $g[n]$ 都从 $v[n]$ 中减去，以形成量化器的输入差分信号 $d[n]=v[n]-g[n]-\tilde{v}[n]$。两个预测器均每 10ms 更新一次。量化噪声 $e[n]=\hat{d}[n]-d[n]$ 由系统 $F(z) = P_2(z/1.37)$ 滤波，生成 11.10.2 节讨论的噪声反馈信号 $g[n]$[①]。

系统的解码器如图 11.76 右侧所示。为方便起见，量化后的差分信号直接从编码器连接到解码器。实际应用中，量化后的差分信号作为码字序列 $c[n]$ 进行有效编码，它和量化步长信息、预测系数和基音周期估算一起表示 $\hat{d}[n]$。重建的 $\hat{d}[n]$ 是输出为 $\hat{v}[n]$ 的反向基音预测误差滤波器 $H_1(z)=1/(1-P_1(z))$ 的输入。这是声道系统 $H_2(z)=1/(1-P_2(z))$ 的量化输入，其输出为重建的语音信号 $\hat{x}[n]$。

此类 ADPCM 编码器的总比特率为

$$I_{\text{ADPCM}} = BF_s + B_\Delta F_\Delta + B_P F_P, \tag{11.175}$$

式中，B 是输出量化差分信号的比特数，B_Δ 是帧率为 F_Δ 时编码步长所需的比特数，B_P 是帧率为 F_Δ 时分配给预测器系数（长时和短时）的总比特数。步长和预测器信息通常称为边信息，一般需要 3～4kbps 进行高品质编码。本节最后讨论量化边信息的问题。首先重点讨论差分信号的量化，如前所述，它在语音生成模型中具有与激励信号类似的作用。在 ADPCM 框架中出现时，它会构成最大比例的比特率。由于差分信号在输入信号的采样率处有效采样，即使 1 比特的量化器也需要 F_s bps。典型的 ADPCM 编码器有 $F_s = 8000$Hz，所以这对 ADPCM 编码器的比特率低到什么程度具有很大限制。

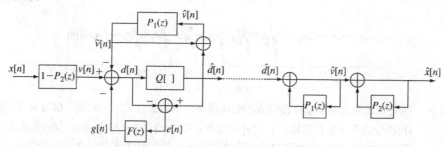

图 11.76　采用基音预测和噪声整形的 ADPCM 编码器/解码器

图 11.77 说明了图 11.76 中二电平（$B = 1$ 比特）自适应量化器的编码器运算。图形底部的比例显示了 $F_\Delta = F_P = 100$Hz 的帧边界。在每帧中，预测器 $P_1(z)$ 和 $P_2(z)$ 是根据输入信号利用本章和第 9 章中讨论的技术估算的。图 11.77a 给出了偏差信号 $v[n]-\tilde{v}[n]$，它可由输入信号计算并用做确定块步长的基础。量化器输入不可能用于该目的，因为在信号被量化前不可能得到该输入（因为噪声反馈）。图 11.77b 给出了差分信号 $d[n]$，它和图 11.77a 不同，因为量化噪声反馈自 $F(z)$ 和基音预测器。图 11.77c 给出了二电平量化器的输出。块与块之间步长不同的影响非常明显。图 11.77d 显示了反向基音预测误差滤波器的输出信号 $\hat{v}[n]$。该信号应可与图 11.77e 对比，后者显示了原始未量化声道预测的误差。编码器的目标是使 $\hat{v}[n]$ 尽可能接近 $v[n]$，使图 11.77f 中重建的预加重语音信号 $\hat{x}[n]$ 尽可能接近（在波形和听感两方面）原始输入信号 $x[n]$。

---

① Atal and Schroeder[17] 建议滤波器 $F(z)$ 限峰输出，以保持稳定性。

该例提醒我们二电平量化的问题（如之前在 Δ 调制中遇到的一样）在于难以准确表示图 11.77b 所示的宽动态范围信号。任何折中都会导致高幅值样本的峰值截取和低幅值样本的过渡间隔。对比图 11.77d 中的 $\hat{v}[n]$ 和图 11.77e 中的 $v[n]$，本例中的影响非常明显。不能准确表示差分信号的幅度范围的结果是，具有二比特量化器的 ADPCM 编码器的重建品质下降非常明显，即使还未对边信息进行量化。

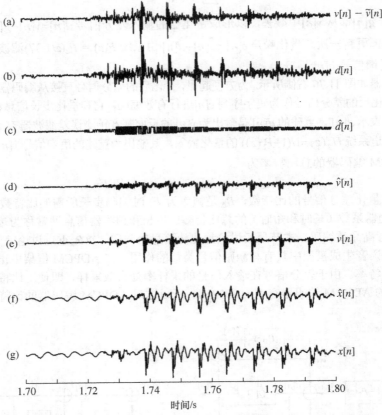

图 11.77   带有自适应二电平量化器的 ADPCM 编码器中的信号波形：(a)偏差信号 $v[n] - \tilde{v}[n]$；
(b)差分信号（量化器输出）$d[n]$ 和噪声反馈；(c)量化器输入 $\hat{d}[n]$；(d)重建的短时预测残差 $\hat{v}[n]$；(e)未量化的原始短时预测残差 $v[n]$；(f)重建的预加重语音信号 $\hat{x}[n]$；
(g)原始的预加重输入语音信号 $x[n]$。(d)和(e)中的信号 $v[n]$ 和 $\hat{v}[n]$ 与语音信号 $x[n]$ 相比，幅度增大了 6dB。(a)至(c)中的信号与 $x[n]$ 相比，幅度增大了 12dB（据 Atal and Schroeder[17]。© [1980] IEEE）

作为该问题的一种解决方案，Atal and Schroeder[17]提出了中心削波多电平量化器，如图 11.78 所示。该量化器由经验观察得到激励，且对于准确表示差分信号的大幅度样本非常重要。图 11.78 用步长、中心削波阈值 θ_0 表示标准化的量化器，后面依次为标准化的多阶量化器。量化的差分信号然后通过重新应用步长获得。中心削波操作会将所有小于阈值 θ_0 的样本置零。将阈值调整为很大的值，可强制使 $d[n]$ 的大部分样本为零。这使得稀疏差分信号编码的平均比特率低于 F_s bps。

图 11.79 显示了与图 11.77 中相同的波形集，但没有文献[17]中详细介绍的多级中心削波量化器。图 11.79a 再次给出了从声道和基音预测器输入得到的信号 $v[n] - \tilde{v}[n]$。该波形与图 11.77a 中的相同。

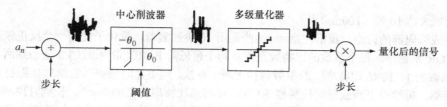

图 11.78　中心削波三级量化器

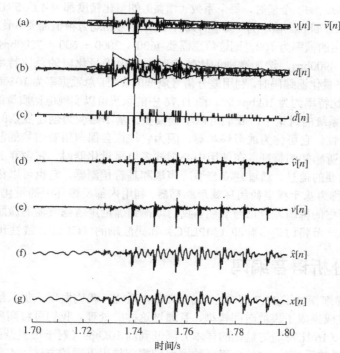

图 11.79　带有自适应多级中心削波量化器的 ADPCM 编码器中的信号波形：(a)偏差信号 $v[n]-\tilde{v}[n]$；
(b)差分信号（量化器输出）$d[n]$ 和噪声反馈；(c)量化器输出 $\hat{d}[n]$；(d)重建的短时预测残差
$\hat{v}[n]$；(e)未量化的原始短时预测残差 $v[n]$；(f)重建的预加重语音信号 $\hat{x}[n]$；(g)原始的预加
重输入语音信号 $x[n]$。(d)和(e)中的信号 $v[n]$ 和 $\hat{v}[n]$ 与语音信号 $x[n]$ 相比，幅度增大了 6dB。
(a)至(c)中的信号与 $x[n]$ 相比，幅度增大了 12dB（据 Atal and Schroeder[17]。© [1980] IEEE）

　　例中的虚线表示截取阈值 θ_0 的初始估计，作用是在量化差分信号中产生规定比例的零值
样本。与前面一样，这不可能根据直到量化器确定后才能得到的差分信号确定。我们发现在
帧处理开始时，设定固定阈值会造成帧与帧之间非零样本数量的巨大差异。文献[17]中介绍的
算法避免了不同样本间中心削波阈值的巨大差异。图 11.79b 通过将虚线叠加到差分信号 $d[n]$
上，给出了中心削波阈值的变化方式。文献[17]中提出的多级量化器具有 15 个零对称电平。
步长通过将帧中峰值的 2 倍除以 14 确定。因为中心削波去掉了多达 90%的低幅值样本，只有
最大的三个正负电平用于量化差分信号。图 11.79c 表明量化差分信号大部分为零样本，非零
样本集中在非量化差分信号值较大的区域。图 11.79d 中的重建信号 $\hat{v}[n]$ 具有比图 11.77d 中二
电平量化器好得多的峰值重建。

　　量化电平使用的概率估计表明图 11.79c 中的信号熵在 0.7 比特/样本的量级上，这意味着激励信
号的平均数据率为 5600bps。但这是长期的平均值。因此，要充分利用零电平出现的概率高于其他电
平这一事实来降低差分信号的比特率，则需要对样本块整体编码。为保证数据率稳定，这种块编码可

使编码时延增大达 10 帧（100ms）[17]。

　　为了完成编码器的讨论，我们注意到 Atal[9] 采用 16 阶预测器，量化了使用一个反正弦函数转换后的 PARCOR 系数集。每个系数的比特数范围从两个最低阶 PARCOR 系数的 5 减小到两个最高阶 PARCOR 系数的 1，共 46 比特/帧。若参数每秒更新 100 次，则短延时预测器的信息共需要 4600bps。为节省比特率，每秒可更新低延时预测器 50 次，使得总比特率为 2300bps[9]。长延时预测器的延时参数为 M，需要 7 比特以包含基音周期范围 $20 \leq M \leq 147$，输入的期望采样率为 8kHz。系统中长延时预测器使用 $M-1$、M、$M+1$ 个延时，每个系数（增益）的量化精度都为 4 或 5 比特。总共 20 比特/帧，总比特率增加了 2000bps。帧率为 100 帧/秒时，差分信号的均方根值需要 6 比特，总共 600bps。因此，若所有参数采用的帧率为 100，则边信息需要 4600 + 2000 + 600 = 7200bps，或 PARCOR 每50ms 更新一次时的 4900bps。增加激励的比特率时，二电平量化器的总比特率为 12900bps 或15200bps。采用多电平量化器编码时，利用差分信号熵低的优势，总数据率为 10500bps 或 12800bps。该研究的结论是，在比特率约为 10kbps 时，图 11.76 中的系统可以实现电话质量的重建。

　　从图 11.76 所示系统的讨论中，我们可以学到很多。基本结构为创建复杂的自适应预测编码器提供了极大的灵活性。它可称为波形编码器，因为它往往会保留语音信号的波形。然而，它采用噪声整形尝试利用听感知的特征，在使用中心削波多电平量化器时，它舍弃了对保持详细波形很重要而对感知不重要的信息。通过建立自适应声道和基音预测器，它也可以称为基于模型的编码器。实际上它最好称为基于模型的闭环波形编码器，利用内部反馈环中的量化器处理激励信号。简单自适应量化器产生的稀疏差分信号表明，我们可得到确定声道滤波器的激励信号的更有效方法。事实上，本章下一节将讨论多脉冲（MPLPC）和码激励的（CELP）线性预测编码器。

11.11　综合分析语音编码

　　11.7～11.10 节详细探讨了 11.7 节中介绍的 DPCM 系统。我们发现，加入线性预测后，才在真正意义上为语音生成集成了离散时间模型，且通过这样的处理，我们可将高质量电话带宽语音的数据库从 128kbps（16 比特均匀量化的样本）降低到约 10kbps（对于最复杂的 ADPCM 系统，如 11.10.3 节中讨论过的系统）。进一步降低数据率则需要使用不同的方法。本节介绍一种称为综合分析编码（A-b-S）的方法，这种方法最接近（且受启发）于 11.10.3 节中介绍的在预测编码器中量化差分信号的技术。11.10.3 节表明，降低闭环自适应预测编码器的数据率的关键是，强制以较低的数据率表示编码后的差分信号（输入到声道模型），同时在解码合成器的输出端保留很高的质量。

　　图 11.80 给出了一个框图，该框图与自适应差分 PCM 编码器的框图稍有不同，但非常相似。该系统使用一个优化过程（图 11.80 中表示为误差最小化）来替代为声道滤波器产生激励信号的量化器，其中激励信号 $d[n]$ 基于最小均方合成误差值构建，$d[n] = x[n] - \tilde{x}[n]$ 定义为输入信号 $x[n]$和合成信号 $\tilde{x}[n]$ 之差。仔细设计优化过程后，激励信号 $d[n]$ 更加接近于理想激励信号的关键特性，同时保留了一个易于编码的结构。A-b-S 系统的一个关键特性是，如本章之前讨论的那样，加入了一个感知权重滤波器 $w[n]$ 的分析回路，因此可充分利用语音感知中的掩蔽效应。

　　图 11.80a 中描述的操作反复地应用于语音样本块。图 11.80 中闭环分析合成系统每次迭代的基本操作如下：

1. 每次迭代过程的开始（每组闭环迭代只有一次），使用语音信号 $x[n]$ 生成一个最优第 p 阶线性预测声道滤波器，形式如下：

$$H(z) = \frac{1}{1 - P(z)} = \frac{1}{1 - \sum_{i=1}^{p} \alpha_i z^{-i}}. \tag{11.176}$$

2. 基于语音信号的一个初始估计 $\tilde{x}[n]$（其本身基于对误差信号的初始估计）的差分信号 $d[n] = x[n] - \tilde{x}[n]$，被如下形式的一个语音自适应滤波器加感知加权：

$$W(z) = \frac{1 - P(z)}{1 - P(\gamma z)}. \tag{11.177}$$

加权滤波器的频域响应（γ 的函数）如图 11.81 所示，我们看到随着 γ 接近 1，该加权基本上是平坦的且与语谱无关（即没有感知加权），而随着 γ 接近 0，加权变成了声道滤波器的逆频域响应。

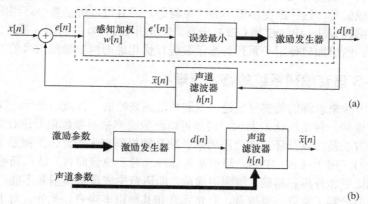

(a)

(b)

图 11.80　A-b-S 编码：(a)加入感知加权滤波器的闭环语音编码器；(b)对应的解码器（合成器）

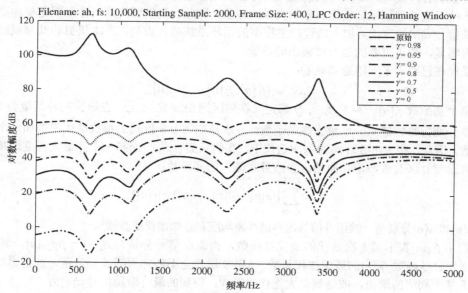

图 11.81　一帧语音信号的声道模型频率响应对数幅度，以及对应于参数 $\gamma = 0.98, 0.95,$ 0.9, 0.8, 0.7, 0.5, 0 的 6 个加权滤波器响应（据 Kondoz[197]）

3. 误差最小化框和激励发生器反复地创建一系列误差信号，并使用本节中将讨论的几种技术之一来增强与加权误差信号的匹配，譬如对每帧使用变幅度多脉冲（多脉冲 LPC 或 MPLPC），或从高斯白噪声向量码本（CELP）中选取一个激励向量并且适当地缩放该激励向量。

4. 得到的激励信号 $d[n]$（每次环路迭代后得到的实际预测错误信号的增强估计）用于激励声道模型系统。重复该处理，直到结果误差信号满足停止闭环迭代的某个准则。

注意，式(11.177)中的感知加权滤波器通常会修改为

$$W(z) = \frac{1 - P(\gamma_1 z)}{1 - P(\gamma_2 z)}, \quad 0 \le \gamma_1 \le \gamma_2 \le 1, \tag{11.178}$$

以便使得感知加权对声道滤波器的具体频域响应不那么敏感。此外，声道滤波器前经常会加一个本章之前讨论过的（长时）基音预测滤波器（本节稍后将介绍如何在闭环系统中使用基音预测滤波器）。最后，我们很容易看到感知加权滤波器能够从当前位置（差分信号被计算之后的位置）移到闭环外的位置（以便每帧仅处理语音信号一次）。但感知加权滤波器必须结合声道滤波器才能正确地加权合成信号。这种改变不但不会产生问题，而且可以降低整个环路的计算量。

下面从两种编码方法 MPLPC 和 CELP 出发，来分析图 11.80 中的闭环系统。首先讨论 A-b-S 系统的基本原理，给出如何使用一系列类基函数进行优化进而构建激励信号的方法。

11.11.1 A-b-S 语音编码系统的基本原理

使用 A-b-S 方法来求解的关键问题是，找到声道滤波器的一种激励表示，以便产生高质量的合成输出，同时维护一种结构化的表示，进而可以低数据率来对激励信号进行编码。11.12 节将要讨论的另一种方法是，以开环方式使用周期脉冲和随机噪声来构建一个激励信号。A-b-S 系统产生的激励信号与（用于 LPC 中的）简单基音脉冲（对于浊音而言）或高斯噪声（对于清音或背景声而言）相比更加鲁棒和精确。原因很简单，即语音生成理想模型并不能产生将要生成的高质量语音。该模型分解了鼻音、摩擦音、鼻化元音和其他很多声音。此外，对于浊音，理想的纯基音脉冲激励会产生一种令人讨厌的效果，即浊音的频谱不仅是基音频率倍数处的一系列谐波，还包含一些不能被理想语音模型表示的类噪声分量。因此，我们要找到一种能更完整和更鲁棒地表示激励信号 $d[n]$ 的方式。加入语音产生模型的闭环系统的优点是，声道模型和激励模型之间的界限不再明显，真正重要的是合成输出的质量。

假设现在已经有了一组基函数 Q：

$$\mathcal{F}_\gamma = \{f_1[n], f_2[n], \dots, f_Q[n]\}, \tag{11.179}$$

式中，每个基函数 $f_i[n]$，$i = 1, 2, \dots, Q$ 都定义在帧区间 $0 \le n \le L-1$ 上，在该区间外其值为 0。我们的目标是分期为每帧建立一个最优激励函数，方法是在 A-b-S 处理的每次迭代中增加一个新的加权基函数。因此，在 A-b-S 环路的每次迭代中，我们从集合 $\mathcal{F}_\gamma$ 中选择一个能最大程度地减小感知加权均方误差 ε（合成波形和原始语音信号之差）的基函数：

$$\mathcal{E} = \sum_{n=0}^{L-1} [(x[n] - d[n] * h[n]) * w[n]]^2, \tag{11.180}$$

式中，$h[n]$ 和 $w[n]$ 分别是一帧语音信号的声道冲激响应和感知加权滤波器[1]。

我们用 $f_{\gamma_k}[n]$ 表示第 k 次迭代的最优基函数，得激励信号分量为 $d_k[n] = \beta_k f_{\gamma_k}[n]$，其中 β_k 是第 k 次迭代时基函数 $f_{\gamma_k}[n]$ 的最优加权系数。A-b-S 迭代会不断加大缩放基分量，直到感知的加权误差小于某个期望的阈值，或达到最大迭代次数 N，得到的最终激励信号 $d[n]$ 为

$$d[n] = \sum_{k=1}^{N} \beta_k f_{\gamma_k}[n]. \tag{11.181}$$

使用基于图 11.82a 所示信号处理的一种迭代方法，可求解每次迭代时式(11.181)的最优激励信号[2]。为简单起见，假设 $d[n]$ 直到当前帧已知（即直到 $n = 0$），我们将第 0 次激励信号的估计 $d_0[n]$ 初始化为

---

[1] 注意我们未明确给出帧的序号。
[2] 与图 11.80 相同的图 11.82a 是描述 A-b-S 系统的传统方法。图 11.80 用于突出 A-b-S 系统与其他我们研究过的差分编码器间的紧密关系。

$$d_0[n] = \begin{cases} d[n] & n < 0 \\ 0 & 0 \le n \le L-1. \end{cases} \tag{11.182}$$

语音信号的初始估计为

$$y_0[n] = \tilde{x}_0[n] = d_0[n] * h[n], \tag{11.183}$$

式中，$h[n]$ 是对声道冲激响应的估计。由于 $0 \le n \le L-1$ 时帧中的 $d[n] = 0$，$y_0[n]$ 包含前面几帧的衰减振荡，因此必须计算和存储这些衰减振荡，以便对当前帧进行编码。我们通过形成感知加权差分信号来完成初始（第 0 次）迭代：

$$e'_0[n] = (x[n] - y_0[n]) * w[n] \tag{11.184a}$$

$$= x'[n] - y'_0[n] = x'[n] - d_0[n] * h'[n], \tag{11.184b}$$

式中，

$$x'[n] = x[n] * w[n], \tag{11.185a}$$

$$h'[n] = h[n] * w[n], \tag{11.185b}$$

分别是感知加权输入信号和感知加权冲激响应。注意在该讨论中，我们将用符号'来表示感知加权。图 11.82a 可以重绘为图 11.82b，表明式(11.185a)和式(11.185b)的操作可对每帧执行一次，然后在每次迭代中搜索 $d[n]$，因此可以节省大量运算。

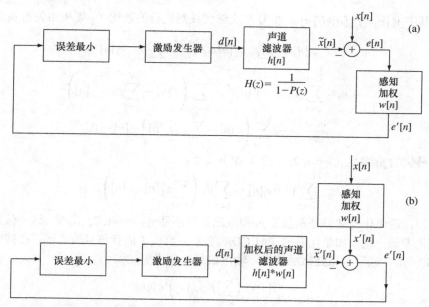

图 11.82　(a)重绘图 11.80 以匹配传统表示的闭环编码器；(b)以感知加权输入和冲激响应表示的 A-b-S 结构

现在开始 A-b-S 环路的第 k 次迭代，其中 $k = 1, 2, \ldots, N$。在每次迭代中，选择一个 $f_{\gamma_k}[n]$ 基集，并求出相关的幅值 β_k，以便在表示 $x[n]$ 时误差最小。因此有

$$d_k[n] = \beta_k \cdot f_{\gamma_k}[n], \quad k = 1, 2, \ldots, N. \tag{11.186}$$

要求出使误差最小时的 β_k，可假设选择一个基序列 $f_{\gamma_k}[n]$，新感知加权误差为

$$e'_k[n] = e'_{k-1}[n] - \beta_k f_{\gamma_k}[n] * h'[n] \tag{11.187a}$$

$$= e'_{k-1}[n] - \beta_k y'_k[n], \tag{11.187b}$$

式中，暂时假设 γ_k 已知。现在将第 k 次迭代的总均方残余误差定义为

$$\mathcal{E}_k = \sum_{n=0}^{L-1}(e'_k[n])^2 = \sum_{n=0}^{L-1}(e'_{k-1}[n] - \beta_k y'_k[n])^2, \tag{11.188}$$

即第 k 次迭代的误差是从帧中前几个误差序列中减去对输出的新贡献的结果。由于假设 γ_k 已知，因此 $\mathcal{E}_k$ 对 β_k 取偏导，可得到最优的 β_k：

$$\frac{\partial \mathcal{E}_k}{\partial \beta_k} = -2\sum_{n=0}^{L-1}(e'_{k-1}[n] - \beta_k y'_k[n]) \cdot y'_k[n] = 0. \tag{11.189}$$

解得 β_k 为

$$\beta_k^{\text{opt}} = \frac{\displaystyle\sum_{n=0}^{L-1} e'_{k-1}[n] \cdot y'_k[n]}{\displaystyle\sum_{n=0}^{L-1}(y'_k[n])^2}. \tag{11.190}$$

将式(11.190)代入式(11.188)，整理后得最小均方误差为

$$\mathcal{E}_k^{\text{opt}} = \sum_{n=0}^{L-1}(e'_{k-1}[n])^2 - (\beta_k^{\text{opt}})^2 \sum_{n=0}^{L-1}(y'_k[n])^2. \tag{11.191}$$

剩下的工作是为每个 k 找到最优函数 $f_{\gamma k}[n]$，方法是遍历所有可能的 $f_{\gamma k}$ 并挑选出使 $\displaystyle\sum_{n=0}^{L-1}(y'_k[n])^2$ 最大的那个，其中 $y'_k[n] = f_{\gamma k}[n] * h'[n]$。在为 N 次迭代找到完整的最优 $f_{\gamma k}$ 集和相关的 β_k 后，得到

$$\tilde{x}'[n] = \sum_{k=1}^{N} \beta_k f_{\gamma k}[n] * h'[n] = \sum_{k=1}^{N} \beta_k \cdot y'_k[n] \tag{11.192a}$$

$$\mathcal{E}_N = \sum_{n=0}^{L-1}(x'[n] - \tilde{x}'[n])^2 = \sum_{n=0}^{L-1}\left(x'[n] - \sum_{k=1}^{N} \beta_k \cdot y'_k[n]\right)^2 \tag{11.192b}$$

$$\frac{\partial \mathcal{E}_N}{\partial \beta_j} = -2\sum_{n=0}^{L-1}\left(x'[n] - \sum_{k=1}^{N} \beta_k y'_k[n]\right) y'_j[n] = 0, \tag{11.192c}$$

式中，重新最优的 β_k 满足（$k = 1, 2, \dots, N$）如下关系：

$$\sum_{n=0}^{L-1} x'[n]y'_j[n] = \sum_{k=1}^{N} \beta_k \left(\sum_{n=0}^{L-1} y'_k[n] \cdot y'_j[n]\right). \tag{11.193}$$

对于每帧，最优化的结果是系数集 β_k 和激励函数序号 γ_k，$k = 1, 2, \dots, N$。这一信息和声道滤波器的参数化表示一起（如量化后的 PARCOR 系数）组成了语音信号的表示。在接收端，激励序列 $f_{\gamma k}[n]$ 表和 β_k 一起用于重建激励信号，输出信号由下式重建：

$$\tilde{x}[n] = \left(\sum_{k=1}^{N} \beta_k f_{\gamma k}[n]\right) * h[n]. \tag{11.194}$$

我们现在已经有了实现闭环 A-b-S 语音编码系统的所有公式。剩下的事情是指定类基函数集。这些函数有很多可能。我们将详细讨论两种这样的基函数，即用于 MPLPC 和 CELP 的基函数集。

由 Atal and Remde[14]提出的 MPLPC 编码类基函数为

$$f_\gamma[n] = \delta[n - \gamma] \quad 0 \le \gamma \le (Q-1 = L-1); \tag{11.195}$$

即该类基函数由语音信号帧内（范围 $0 \le n \le L-1$）的延时冲激组成。因此，对于 MPLPC 求解，激励信号由一系列（具有不同幅度 β_k 的）冲激表示。

由 Schroeder and Atal[353]提出的第二组类基函数基于高斯白噪声向量码本，其形式为

$$f_\gamma[n] = \text{自高斯噪声向量} \quad 1 \le \gamma \le Q = 2^M, \tag{11.196}$$

式中，每个高斯白噪声向量都定义在整个语音帧上（$0 \le n \le L-1$），且在一个 M 比特码本中有 2^M

个这样的向量，其中 M 的值通常为 10（即码本中有 1024 个高斯噪声向量）。本节稍后我们将看到，这样的随机噪声码本与基音预测器联合使用时，可在信号的浊音区域最有效地形成规则的（基间）脉冲。

由 Rose and Barnwell[325] 提出的第三级类基数集是前述激励序列的移位形式，即

$$f_\gamma[n] = d[n - \gamma] \quad \Gamma_1 \le \gamma \le \Gamma_2. \tag{11.197}$$

下面几节将详细介绍线性预测编码器的多脉冲激励和码激发激励。关于自激 LP 编码器的详细内容，感兴趣的读者可参阅文献[325]。

11.11.2　多脉冲 LPC

多脉冲编码器使用图 11.82b 所示的系统，其中基本的激励部分由式(11.195)给出。在每次迭代中，误差最小化模块使式(11.188)中的表达式最小，其中 $n = 0$ 代表当前帧的开始。对于简单的冲激函数，有

$$\mathcal{E} = \sum_{n=0}^{L-1}(x'[n] - \sum_{k=1}^{N}\beta_k h'[n - \gamma_k])^2, \tag{11.198}$$

即在当前的语音帧（$0 \le n \le L\text{-}1$），语音信号与基于激励信号 $d[n]$ 的 N 冲激表示的预测语音信号间的均方误差。

图 11.83 说明了确定最佳脉冲位置的过程。一个脉冲放在当前语音帧的每个位置，然后由声道滤波器（在图中标为线性滤波器）处理。这很容易实现，因为和移位后的冲激卷积只是简单地移位该冲激响应。根据在给定位置使用脉冲得到的残差，可计算出残差能量，并用声道滤波器（使用单个脉冲激励时）的输出能量将其归一化，得到的峰值位置即选为最佳脉冲位置。最佳加权系数 β_k 可通过计算式(11.190)得到。重复这一过程，找到最佳单脉冲解（位置和幅度），从语音波形中减去该脉冲的影响，并重复该过程找到后续的最佳脉冲位置和幅度。继续这一迭代过程，直到得到期望的最小误差，或在给定帧中使用了最大数量的冲激 N。业已发现，每 10ms 语音约 8 个冲激即可给出感知上近似于原始语音信号的合成语音信号。对于 10kHz 的采样率，未编码的激励信号每 10ms 包含约 100 个样本。因此，MPLPC 可将待编码参数的数量降低一个量级（从每 10ms 约 100 个波形样本降低到到 8 个冲激）。取决于量化方法，我们可预期多脉冲处理与直接作用于语音波形的简单波形编码方法相比，效果提升约 10 倍。

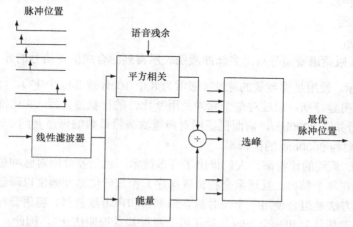

图 11.83　在多脉冲分析中确定最佳脉冲位置的框图（据 Atal and Remde[14]。©[1982] IEEE）

图 11.84 解释了多脉冲分析过程的结果，图中显示了 A-b-S 环路前 4 次迭代的信号波形。原始语音信号（分析帧上方）显示在图的顶部，迭代次数 $k = 0, 1, 2, 3, 4$。语音波形下方显示的是每

次迭代的激励信号，随后是使用当前的码激励生成的合成语音，最后是原始语音信号和合成信号之差。初始时（迭代 $k = 0$ 处），激励信号为 0，合成语音信号是根据前一帧的激励展开的输出。由于声道滤波器的冲激响应与单个语音帧相比通常要长，因此须将其展开到以跟随该语音帧，并负责计算最优激励类基函数。初始误差信号是当前帧中语音信号和前一帧输出拖尾的差。

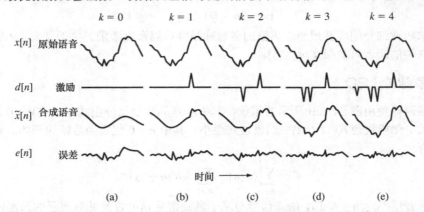

图 11.84　多脉冲分析过程示例。上图显示了整个分析帧的原始语音波形；接下来的图形显示了 A-b-S 环路的前 4 次迭代的激励信号；再后的图形显示了使用 k 个脉冲产生的合成语音信号；下图显示了前 4 次迭代后的误差信号（据 Atal and Remde[14]。© [1982] IEEE）

在第一次迭代（$k = 1$），多脉冲激励分析（如图 11.83 所示并在前一节解释）找到最佳的单个脉冲的位置和幅度，如图 11.84 中的 $k = 1$ 列所示，得到的合成语音信号和误差信号都会随这个初始激励信号冲激改变。对 $k = 2, 3, 4$ 重复该过程，确定最佳脉冲的位置和幅度，从而合成语音在感知质量上就更加接近于原始语音信号，误差函数的能量变得越来越小。

在搜索的最后，MPLPC 方法重新优化通过搜索得到的所有脉冲的幅度，保持脉冲位置固定不变。重新优化很简单，即对最后的解直接应用式(11.193)。尽管这只是一个子优化过程（该方法可在每次迭代中重新优化所有的脉冲幅度），但与优化的过程相比，计算复杂度大为降低。

图 11.85 给出了对两段语音应用 MPLPC 编码方法的效果示例。对于每段语音，该图显示了：

- 原始语音信号。
- 合成语音信号。
- 多脉冲信号。
- 误差信号（原始语音信号与由多脉冲激励表示得到的合成语音信号的差）。

如图 11.85 所示，使用足够数量的脉冲（通常为 8 个/10ms 或 800 个/秒），合成语音与原始语音信号基本上没有明显差别。通过对每个脉冲使用 9 比特的标量量化器（9 比特中包含有位置和幅度），码激励信号共需 7200bps。前面已证明对声道滤波器系数编码需要约 2400bps，因此完整的 MPLPC 系统需要约 9600bps 的比特率。

为降低 MPLPC 系统的比特率，人们提出了许多技术，包括差分地对脉冲位置进行编码（因为这些位置仅出现在单个帧内，且通常会按位置排序）和归一化脉冲幅度以降低幅度参数的动态范围。另一种简化方法是组合使用一个长时基音预测器和声道滤波器，将语音相关分解为一个短时分量（用于提供谱估计）和一个长时分量（用于提供基音周期估计）。因此，在 A-b-S 处理环路中，我们首先要用基音预测滤波器去掉长时相关，然后用声道滤波器去掉短时相关。这样做的缺点是，从多脉冲分析中去掉基音脉冲，需要编码的大脉冲数就减少了，因此可以较低的比特率对语音编码，如 8000bps 量级的比特率（原始 MPLPC 系统的比特率为 9600bps）。

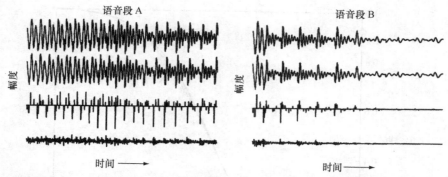

图 11.85　两段语音的 MPLPC 例子。对于每段，都给出了原始语音（上图）、合成语音信号、
　　　　　激励信号的脉冲集和误差信号（据 Atal and Remde[14]。© [1982] IEEE）

图 11.86 显示了 MPLPC 编码的 A-b-S 系统，它使用一个长时基音预测器：

$$\hat{B}(z) = 1 - bz^{-M}, \tag{11.199}$$

式中，M 为基音周期（由一个开环处理基音检测器估计），并使用一个短时声道预测器：

$$\hat{A}(z) = 1 - \sum_{k=1}^{p} \alpha_k z^{-k}, \tag{11.200}$$

式中，p 是线性预测分析阶数，$\{\alpha_k\}$ 是由开环分析确定的预测系数集。图 11.86 中明确标出了闭环
残差发生器。业已证明，图 11.86 所示系统可以 8000～9600bps 的比特率产生高质量的语音[14]。

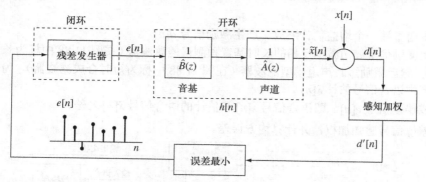

图 11.86　MPLPC A-b-S 处理框图（据 Atal and Remde[14]。© [1982] IEEE）

11.11.3　码激励线性预测（CELP）

　　上面已说明，线性预测分析导出的声道模型的激励信号 $d[n]$，可由一系列变幅度和变位置
脉冲来近似，通过合适的优化后，可使该近似与语音信号的感知加权误差最小。与用多脉冲不
同的是[10]，CELP 编码的基本思想是在对每帧进行长时（基音周期）和短时（声道）预测后，
由 VQ 码本中（幅度经过了合适的归一化）中选取的一个最佳码字（序列）来表示残差。典型
的码本包含长为 40 个样本的 2^M 个码字（对于 M 比特码本）（对应于 8kHz 采样率下的每个 5ms
分析帧）。VQ 码本可由两种方法获得，一种是确定性的，即源自残差向量的一个合适训练集，
另一种是随机性的，即由具有单位方差的高斯随机数产生。确定性码本由于信道失配条件而有
一些鲁棒性问题，因此通常应避免在 CELP 编码器中使用。随机性码本的激发机制是，长时基
音预测器输出引起的残差的累积幅度分布大致等于具有相同均值和方差的高斯分布，如图 11.87
表示。典型的 CELP VQ 随机码本是 $M = 10$ 比特码本，即共有 1024 个高斯随机码字，每个码字
长 40 个样本。

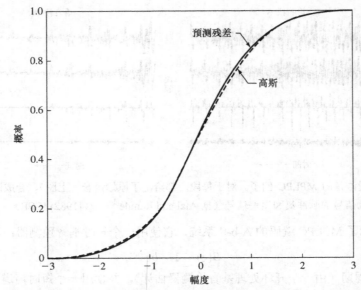

图 11.87　基音预测后的预测残差的累积幅度分布和具有相同均值及方差的
对应高斯分布函数（据 Atal and Remde[14]。© [1982] IEEE）

　　图 11.88 和图 11.89 分别给出了一个通用 CELP 编码器和解码器的框图。像在 MPLPC 中那样，迭代过程首先减去当前块之前的激励信号引起的输出拖尾。对于每个激励 VQ 码本向量，进行如下操作：

- 码本向量被一个增益估计缩放，产生激励信号 $d[n]$。
- 使用激励信号 $d[n]$ 激励反相的长时基音预测误差滤波器（在图 11.88 中标为长时合成滤波器），然后激励短时声道模型滤波器（在图 11.88 中标为短时合成滤波器），为当前码本向量产生语音信号估计 $\tilde{x}[n]$。
- 生成误差信号 $e[n]$，即语音信号 $x[n]$ 和估计的语音信号 $\tilde{x}[n]$ 之差。
- 对差值信号感知加权，并计算均方误差。

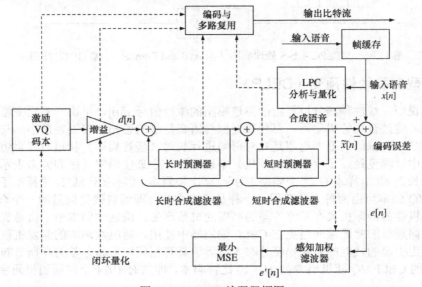

图 11.88　CELP 编码器框图

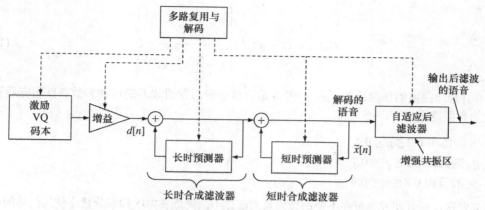

图 11.89　通用 CELP 解码器框图

对 2^M 个码本向量中的每个向量重复上述处理步骤，选择产生最小加权均方误差的码本向量作为正被分析的 5ms 帧的最佳激励表示。图 11.90 中示例了搜索最佳码字的过程，其中线性滤波器指的是基音预测器和短时声道滤波器组合，平方相关和能量模块分别计算语音残差和 CELP VQ 码本中每个码字之间的归一化相关和能量匹配。图中的除法计算最佳系数 β。峰值选择模块选择与语音残差最大归一化平方相关的码字。

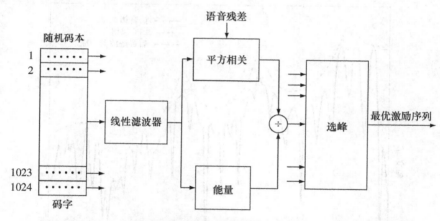

图 11.90　确定与当前 5ms 帧的语音残差最佳随机匹配码字的搜索过程

图 11.89 所示 CELP 解码器的信号处理操作包含如下步骤（对于每个 5ms 语音帧）：

1. 从一个匹配的激励 VQ 码本（编码器和解码器中都有）中为当前帧选择合适的码字。
2. 该码字序列乘以该帧的增益，产生激励信号 $e[n]$。
3. 使激励信号 $e[n]$ 通过长时合成滤波器（基音预测器）和短时声道滤波器，得到重建的语音信号 $\tilde{x}[n]$。
4. 使重建语音信号通过一个自适应后置滤波器，增强语音信号的共振峰区域，进而提升 CELP 系统中合成语音的总体质量。

自适应后置滤波器的使用最初由 Chen and Gersho[56, 57]提出，他们发现在低比特率（4000～8000bps）情形下，平均量化噪声功率相对较高，因此难以在所有频率处充分地将噪声抑制到掩蔽阈值下，导致编码后的信号与高 SNR 下听觉掩蔽实验预测的相比，听起来更像噪声。为此，Chen and Gersho[56, 57]提出了一种自适应后置滤波器：

$$H_p(z) = (1 - \mu z^{-1}) \frac{\left[1 - \sum_{k=1}^{p} \gamma_1^k \alpha_k z^{-k} \right]}{\left[1 - \sum_{k=1}^{p} \gamma_2^k \alpha_k z^{-k} \right]}, \tag{11.201}$$

式中，$\{\alpha_k\}$ 是当前帧的预测系数，μ、γ_1 和 γ_2 是该自适应后置滤波器的可调参数。自适应后置滤波器参数的典型范围如下：

- μ 的范围 $0.2 \leq \mu \leq 0.4$
- γ_1 的范围 $0.5 \leq \gamma_1 \leq 0.7$
- γ_2 的范围 $0.8 \leq \gamma_2 \leq 0.9$

研究发现，后置滤波器可在不使语音失真的前提下，降低谷中的频率分量［使用简单的高通滤波器，通过$(1-\mu z^{-1})$项，可提供频谱倾斜，进而最小化自适应后置滤波器引起的失真］。图 11.91 显示了一个典型的语音信号 STFT 频谱、声道系统函数的频率响应及后置滤波器的频率响应曲线[197]。可以看出，频谱倾斜使得后置滤波器频率响应趋于平坦（与信号的衰落频谱和声道滤波器响应相比），在共振峰处有一些小峰，在谷值处有一些小凹陷。设计良好的自适应后置滤波器可以有效抑制 CELP 编码的背景噪声，并使得语音与无自适应滤波器时听起来更自然，尤其是在低比特率时。基于自适应后置滤波器的这种效果，几乎所有 CELP 编码器都使用这种方法来提升合成语音的质量。

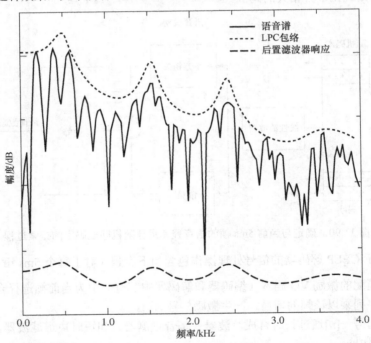

图 11.91　使用自适应后置滤波器的一段语音的典型频谱，包括 STFT 频谱、声道
系统函数的频率响应及自适应后置滤波器的频率响应（据 Kondoz[197]）

在给出语音 CELP 编码的一些典型结果前，我们先探讨 VQ 码本及它们是如何存储和搜索的。最初的 CELP 系统为每个码字使用带有随机向量的一个高斯码本（均值为 0，方差为 1）。但该码本并不实用，因为需要较大的内存来存储这些随机向量，且处理每个向量来得到每帧语音的最佳拟合需要大量的计算。一种更为实用的解决方案是，由高斯随机数的一个一维数组来存储码本，此时相邻码字间的多数样本是相同的。这种交叠码本通常使用一个或两个样本的移位，可大大简

化存储和计算某个语音帧的最优码本向量的复杂性。图 11.92 给出了一个高度交叠的码本中的两个码字向量的例子，这两个码字基本相同，只是有两个样本的移位（图 11.92 底部图形中的最初两个码字样本）。

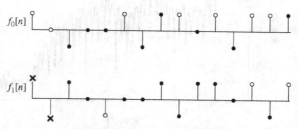

图 11.92　彼此移位两个样本的随机码字向量示例

　　进一步减少使用随机码本的计算量，码字样本的幅度经常被中心削波为一个 3 电平码字（±1 和 0）。有趣的是，客观听力测试证明，使用中心削波的码本作为激励向量源，通常可以提升语音质量。最后要了解的是，CELP 码字可视为激励信号使用码本进行量化的一种特殊 MPLPC。

　　我们还未明确地描述选择码本项来优化与激励信号的匹配的搜索过程。为明显降低搜索码本向量的计算量，人们提出了两种方法。第一种方法使用奇异值分解法将卷积操作变换为计算一组乘法。第二种方法使用 DFT 方法将卷积运算转换为计算量明显降低的乘积运算。因此可以说人们为使码本优化为一种实用和有用的编码技术，已开发了许多非常有效的方法[182]。

　　图 11.93 和图 11.94 给出了一个 CELP 编码系统的典型波形和频谱。图 11.93a 是 100ms 的原始语音波形，图 11.93b 是 CELP 的输出合成信号，图 11.93c 是放大 5 倍后的短时预测残差，图 11.93d 是放大 5 倍后的重建短时预测残差，图 11.93e 是放大 15 倍后的长时基音预测残差，图 11.93f 是放大 15 倍后的 10 比特随机码本量化的预测残差。我们首先可以看出合成语音输出与原始语音接近的程度，它显示了 CELP 编码方法的性能。其次可以看出（经过基音预测后的）预测残差和（使用 10 比特码本）编码后的残差看起来非常不同，但明显具有相同的统计特性，因此对于匹配语谱的感知相关性质非常有效。

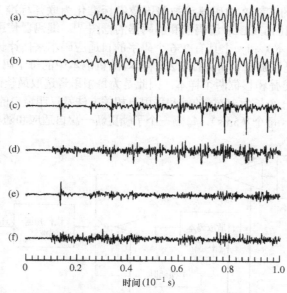

图 11.93　CELP 编码器的典型波形：(a)原始语音；(b)合成语音输出；(c)LPC 预测残差；
(d)重建的 LPC 残差；(e)基音预测后的预测残差；(f)10 比特随机码本的编码残差［(c)和(d)为显示目的已放大 5 倍；(e)和(f)放大了 15 倍］（据 Atal[10]）

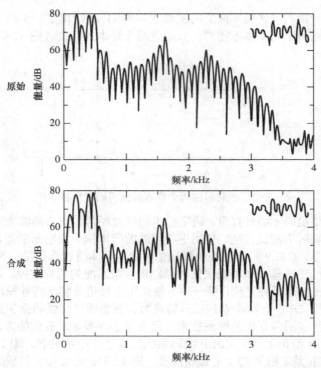

图 11.94　CELP 编码器中一小段语音的原始语谱和合成语谱（据 Atal[10]）

图 11.94 中的频谱比较表明，在共振峰附近的频谱非常匹配，但在谷值附近有较大的频谱差异。对这些频谱差异使用感知加权将高度掩蔽这些不同的区域，而不会使得到的合成语音的保真度下降。

11.11.4　比特率为 4800bps 的 CELP 编码器

比特率为 4800bps 的 CELP 编码器已被美国政府标准化为联邦标准 FS-1016。图 11.95 和图 11.96 分别给出了 FS-1016 CELP 编码器和解码器的框图[51]。编码器使用了一个具有 512 个码字的随机码本（9 比特码本）和一个具有 256 个码字的自适应码本来估计长时相关（基音周期）。自适应码本简单来说就是激励信号 $d[n]$ 的前 256 样本。随机码本中的每个码字用三值样本(-1, 0, 1)稀疏地存储，各个码字交叠和移位两个样本，因此是为每帧语音选取最佳码字的一种快速卷积方案。线性预测分析器使用一个长为 30ms 的帧和采用自相关方法及汉明窗口的一个 $p=10$ 的预测器。30ms 的帧分为 4 个子帧（每个 7.5ms），每隔一个子帧更新一次自适应和随机码字，但线性预测分析每隔整个帧才执行一次。

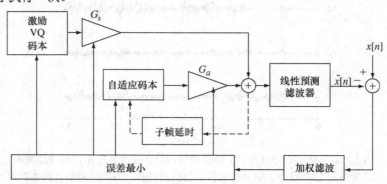

图 11.95　FS-1016 语音编码器（据 Campbell 等人[51]）

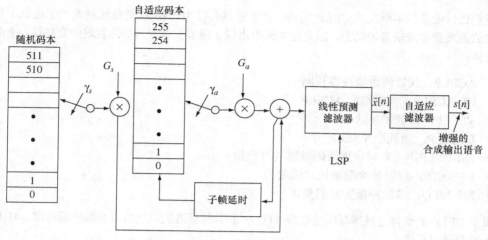

图 11.96 FS-1016 语音解码器（据 Campbell 等人[51]）

图 11.95 所示编码系统可产生如下特征参数：

1. 每个 30ms 帧的线性预测频谱参数 [编码为 10 个线谱对（LSP）参数集]。
2. 每个 7.5ms 子帧的自适应码本向量的码字序号 γ_a 和增益 G_a。
3. 每个 7.5ms 子帧的随机性码本向量的码字序号 γ_s 和增益 G_s。

为将这些参数编码为总共 4800bps 的比特率，表 11.9 显示了分配给这三组特征的比特。基于分配给每个 30ms 帧的比特，从表中我们看到为 10 个 LSP 特征分配了 34 比特，为自适应码本码字（基音延时）和与基音延时相关的增益分配了 48 比特（在 4 个子帧上不均匀），为随机码本码字和增益分配了 56 比特（每个子帧 14 比特），为编码器的记账功能分配了 6 比特（同步、待用和汉明窗校验）。为每个 30ms 帧总共分配了 144 比特，即编码器的比特率为 4800bps。

表 11.9 FS-1016 4800 bps CELP 编码器的比特分配

参数	子帧				帧
	1	2	3	4	
LSP1					3
LSP2					4
LSP3					4
LSP4					4
LSP5					4
LSP6					3
LSP7					3
LSP8					3
LSP9					3
LSP10					3
基音延时 γ_a	8	6	8	6	28
基音增益 G_a	5	5	5	5	20
码字索引 γ_s	9	9	9	9	36
码字增益 G_s	5	5	5	5	20
未来扩展					1
汉明校验					4
同步					1
合计					144

我们已讨论了基本形式的 CELP 编码。由于它具有以 16kbps 或更低比特率产生近似于自然语音信号的高质量合成语音的能力，因此在文献中出现了很多变体，为保证叙述的完整性，下面列出一些变体：

- ACELP：代数码激励线性预测
- CS-ACELP：共轭结构 ACELP
- VSELP：向量和激励 LPC
- EVSELP：增强型 VSELP
- PSI-CELP：基音同步更新码激励线性预测
- RPE-LTP：规则脉冲激励长时预测
- MP-MLQ：多脉冲最大似然量化

很多 CELP 的变体已被国际电信联盟（ITU）和其他标准组织纳为语音编码器标准，11.13.1 节将给出部分这样的变体。

11.11.5 低延时 CELP（LD-CELP）编码

与任何编码器相关的延时是指处理、传输输入语音样本的时间和接收端解码的时间，以及传输延时。主要的编码延时包含：

1. 编码器端的缓存延时，即帧分析窗的长度（大部分线性预测编码器的缓存延时为 20～40ms）。
2. 编码器端的处理延时，即计算所有编码器参数并为通过信道传输它们而进行编码的时间。
3. 解码器端的缓存延时，即为一帧语音样本收集所有参数的时间。
4. 解码器端的处理延时，即使用语音合成模型计算一帧输出的时间。

对于多数 CELP 编码器，前三个延时差不多，每个延时的典型值都为 20～40ms，总延时为 60～120ms。第四个延时较小，通常为 10～20ms。因此，CELP 编码器（不考虑实际语音通信系统中的传输延时、信号交织或前向纠错保护方法）的延时为 70～130ms。

对于许多应用，传统 CELP 编码的延时很大。主要原因是要使用前向自适应方法来估计短时和长时预测器（即声道滤波器和基音预测滤波器）。通常，使用后向自适应方法来估计短时和长时预测参数会导致语音质量低下。但 Chen[55]发现在 16kbps 和 8kbps 的比特率下，后向自适应 CELP 编码器可以像传统前向自适应 CELP 编码器一样得到高质量的语音信号。图 11.97 给出了 16kbps 比特率时一个低延时 CELP 编码器的框图。

下面是低延时后向自适应 CELP 编码的主要性质：

- 在传统的 CELP 编码器中，预测器参数、增益和码本激励都传输到接收器；而在 LD-CELP 编码器中，仅传输激励序列。两个传统预测器（长时基音预测器和短时声道滤波器）合并为一个高阶（50 阶）预测器，其系数对先前量化的语音信号执行线性预测分析来更新。
- 激励增益使用嵌入在先前量化的激励中的增益信息来更新。
- 在 16kbps 的比特率下，LD-CELP 激励信号由 8kHz 采样率下的 2 比特/样本表示。使用 5 个样本的码长，每个激励向量用 10 比特码本进行编码（实际上，在乘积表示中会使用一个 3 比特增益码本和一个 7 比特形状码本）。
- 使用一个闭环最优过程来存储形状码本，此时使用的加权误差准则与在 CELP 编码器中选取最佳码字时的相同。

因此，得到的 LD-CELP 系统可以实现低于 2ms 的延时，且产生的语音质量可超过 32kbps ADPCM 的质量。该结构是 ITU G.728 LD-CELP 标准的基础。

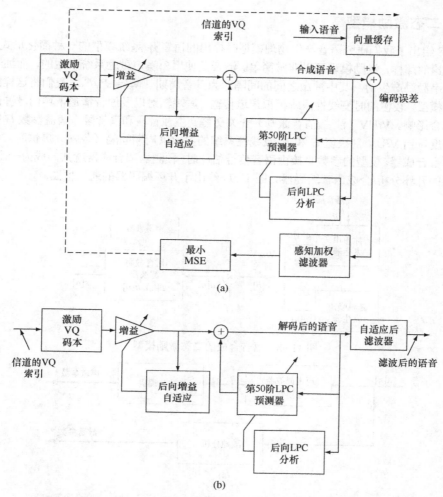

(a)

(b)

图 11.97　以 16kbps 比特率运行的 LD-CELP 编码器和解码器框图（据 Chen[55]。© [1990] IEEE）

11.11.6　A-b-S 语音编码小结

　　本节表明，使用 A-b-S 闭环分析方法来表示 LPC 中的激励信号，可得到高质量的合成语音信号且激励信号可以有效地编码。尽管文献中提出并研究了许多 A-b-S 技术，但这里只给出了 MPLPC 和 CELP 两种方法，这两种方法已被广泛研究，并能有效地以 2400bps～16kbps 的比特率来表示语音信号。

11.12　开环语音编码器

　　到目前为止，本章研究了集成到语音离散时间模型中的闭环系统。对于多数系统，我们均假设模型的声道部分是在逐帧的基础上使用短时线性预测分析估计的。我们已了解到，将声道模型放在一个反馈环中，不管是通过自适应量化还是通过优化，都可得到声道滤波器的激励信号，该激励信号与基于语音产生物理模型得到的激励信号有许多的共性。我们还了解到，这些闭环方法会产生难以编码的激励信号，且其传输需要较高的数据率。本节将介绍一种最古老的语音编码方法，即直接和独立估计激励信号和声道滤波器的方法。这类开环系统一直称为声码器（声音编码器），因为其源自 Homer Dudley[92]。本将将讨论几种开环数字声码器系统。

11.12.1 二态激励模型

图 11.98 给出了我们研究语音产生物理模型时提出的语音源/系统模型的一种简化形式。就像在前几章中讨论的那样，激励模型可以非常简单。清音是使用白噪声激励系统产生的，而浊音则是使用周期冲激串激励产生的，其中冲激之间的间隔即为基音周期，$N_p = P_0/F_S$。我们将这样的系统称为二态激励模型。较慢的时变线性系统模拟声道传输、唇端辐射以及浊音情形下声门脉冲的低通频率整形的综合影响。V/UV（浊音/清音激励）开关交替产生浊音段和清音段，增益参数 G 控制滤波器输出的幅度。当 V/UV 判决值 G 和 N_p 及线性系统的参数以周期间隔（各帧）提供时，该模型就成为一个语音合成器。模型的参数直接由语音信号估计时，预测器和合成器就共同成为一个声码器，即我们偏爱的开环分析/合成语音编码器。图 11.99 给出了开环编码器的通用框图。

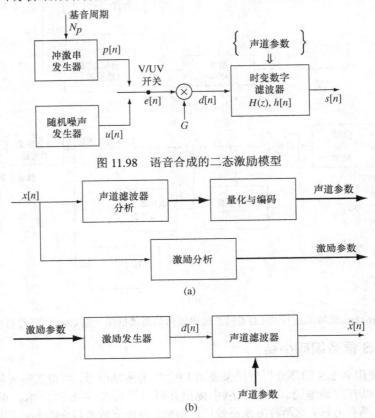

图 11.98　语音合成的二态激励模型

图 11.99　开环编码器的通用框图：(a)分析/编码阶段；(b)合成/解码阶段

基音、增益和 V/UV 检测

浊音的基本频率可从男低音的 100Hz 到女高音的 250Hz 以上。基本频率随时间的变化很慢，差不多与声道运动的速率一致。我们通常以 50～100 次/秒的帧率来估计基音周期 N_p。要这样做，需要分析几段较短的语音来检测周期性（信令浊音）或非周期性（信令清音或背景信号）。

在前几章中，尤其是在第 10 章中，我们讨论了几种进行基音检测的方法。一种最简单且最有效的方法是直接对时域波形进行操作，找到波形中对应的峰和谷，并测量峰和谷间的时间[129]。短时自相关函数也可用于该目的，因为它可以在基音周期处为浊音显示一个峰，而对清音则不显示这样一个峰。在短时自相关的基音检测应用中，通常需要对语音进行预处理，如中心削波这样的频谱平整操作[300]或逆滤波[227]。这种预处理可增强基音周期处的峰，同时抑制共振峰共振引起的局部相关。

另一种基音检测的方法基于倒谱。如第 8 章和第 10 章所述，在预期的基音周期范围内，较强的一个峰值代表浊音信号，该峰值的位置即为基音周期。类似地，在预期的范围内没有峰值则表示清音或背景信号[252]。

增益参数 G 也是通过分析各短段语音找到的。选择该参数时，应使合成输出的短时能量与输入语音信号的短时能量匹配。为达到这一目的，可用延时为 0 的自相关函数值 $\phi_{\hat{n}}[0]$ 或倒谱值 $c_{\hat{n}}[0]$ 来求出输入信号段的能量。

对于数字编码应用，必须量化基音周期（N_p）、V/UV 和增益（G）。典型值是基音周期为 7 比特（$N_p = 0$ 代表 UV），增益 G 为 5 比特。对于 50 帧/秒的帧率，共有 600bps，它要低于 ADPCM 或 CELP 这样的闭环编码器中用于编码激励信号的比特率。由于声道滤波器可以像在 ADPCM 或 CELP 中那样编码，因此在开环系统中可以得到低得多的总比特率，但这会使合成语音输出的质量明显下降。

声道系统估计

图 11.98 所示合成器中的声道系统有很多形式。所用的主要方法一直是第 8 章和第 9 章中分别讨论的同态滤波和线性预测分析。

同态滤波可用于从短时倒谱分析导出的倒谱序列中提取出一个冲激响应序列。因此，一次倒谱计算可同时得到基音估计和声道冲激响应。第 8 章讨论了一个基于同态滤波的分析/合成系统。在最初的同态声码器中，通过量化每个倒谱（标量量化），对冲激响应进行了数字编码[267]。在合成器端由量化的倒谱重建的冲激响应，与由量化后的基音、浊音和增益信息创建的激励信号卷积，即 $s[n] = Ge[n]*h[n]$[①]。在 A-b-S 框架下的最近同态分析应用中[62]，倒谱值使用 VQ 编码，而激励信号由 11.11 节描述的 A-b-S 产生。在另一种数字编码方法中，同态滤波用来去掉短时频谱中的激励影响，进而由平滑后的频谱估计出三个共振峰频率（见第 10 章中的讨论）。共振峰频率可用于控制由几个二阶 IIR 数字滤波器级联而成的合成器的共振频率[344]。这种语音编码器称为共振声码器。

线性预测分析也可用于估计具有二态激励的开环编码器的声道系统[12]。下节将详细讨论 LPC 声码器。

11.12.2　LPC 声码器

当线性预测分析在图 11.99a 所示的系统中用于估计开环声码器中的声道滤波器时，该系统称为线性预测编码器（LPC）或 LPC 声码器。对每帧语音进行线性预测分析（使用第 9 章中给出的任何一种方法），然后对得到的 LPC 参数（或一些等同的变量如 LSF 或对数面积比）进行量化和编码。同时使用某种基音检测器确定语音激励参数。解码器的处理过程由一个从激励信号参数产生激励信号 $d[n] = Ge[n]$ 的发生器组成，并用它来激励声道模型，声道模型源自图 11.99 所示编码器中估计得到的声道参数编码集。

在最简单的 LPC 声码器系统中，分析执行的帧率约为 100 帧/秒，使用的线性预测阶数是 $p = 12$，每帧得到一组 15 个参数[即 12 个预测系数（或一个等效的参数集，如对数面积比或 LSF 值）、1 个基音周期，1 个语音判决和 1 个增益]。如图 11.99 所示，为通过信道进行传输，必须对这 15 个变量进行量化和编码。理想情况下，我们会为待编码的每个参数估计概率密度函数，然后为该参数使用合适的标量量化器。通常，我们为 LPC 编码器使用一种简单的编码方案，该方案按如下方式为 15 个参数分配比特：

---

① 在帧边界处必须小心。例如，在一个新基音冲激出现时，冲激响应可能会改变，得到的输出可叠加到下一帧上。

- V/UV 开关位置：1 比特/帧，100bps。
- 基音周期：6 比特/帧，均匀量化，600bps。
- 增益：5 比特/帧，非均匀量化，500bps。
- 线性预测参数（即 6 个复极点中的每个极点的带宽和中心频率）：5 比特/参数，非均匀量化，12 个参数，6000bps。

这将得到一个总共 7200bps 的 LPC 声码器表示。使用这种量化方案，与使用未量化参数合成的信号相比，解码后的信号质量基本没有损失。这种简单的 LPC 声码器实现的总比特率即 7200bps，要低于本章前面描述的波形编码方案的比特率。但是，LPC 声码器的合成语音质量会受限于这样一种需求，即激励信号要么由各个基音脉冲组成，要么由随机噪声组成。这就是人们更喜欢采用 A-b-S 声码器的原因，即使其数据率较高。将 LPC 声码器的总比特率降到前节中的 7200bps 以下的方法有很多，这些方法不会严重降低整体的语音质量，也不会降低使用非量化参数即可达到的可读性。本节将介绍这样的几种方法。

降低 LPC 声码器比特率而不严重降低编码信号质量的方法包括：

1. 对基音周期和增益信号进行对数编码。
2. 在一系列说话者中实现准确的 V/UV 推测和基音周期估计的困难性。
3. 使用一组 PARCOR 系数 $\{k_i\}$，$i = 1, 2, ..., p$ 求出对数面积比 $\{g_i\}$，$i = 1, 2, ..., p$，然后使用频谱敏感性较低、编码比特/系数更少的一个均匀量化器对这些面积比编码。
4. 使用 VQ 码本来表示 LPC 分析特征向量，即用一个 10 比特序号来表示有 1024 个向量的码本。现有的 LPC 声码器已为该目的使用了基于 PARCOR 参数的码本。

基于这些编码改进，使用比特率为 4800bps 的 LPC 声码器得到的信号质量，基本上与使用比特率为 7200bps 的 LPC 声码器得到的信号质量相同。此外，将帧率从 100 帧/秒降到 50 帧/秒，LPC 声码器的比特率降到 2400bps，但和 4800bps 声码器的合成语音质量几乎相同。作为一种极端情形，使用一个 10 比特 PARCOR 向量码本和 44.4 帧/秒的分析速率，为基音周期、浊音/清音判决和增益仅分配 8 比特/帧，并在帧间使用一个 2 比特同步码，可构建总共 800bps 比特率的 LPC 声码器。同样，这个 800bps 的 LPC 声码器的质量和 2400bps 的 LPC 声码器的质量几乎相同[422]。

美国政府创建了一个名为 LPC-10 的 LPC 声码器标准（或通常表示为更新标准 LPC-10e），它以 2400bps 的比特率运行，技术参数如下：

- 44.44 帧/秒的分析帧速率。
- 使用 $p = 10$ 的协方差线性预测分析。
- AMDF（平均幅度差函数）基音检测器，见第 6 章。
- PARCOR 量化系数：
  —PARCOR 特征的 5 比特标量编码，$k_1 \sim k_4$；
  —PARCOR 特征的 4 比特标量编码，$k_5 \sim k_8$；
  —PARCOR 特征的 3 比特标量编码，k_9；
  —PARCOR 特征的 2 比特标量编码，k_{10}。
- 基音周期的 7 比特标量编码。
- 幅度的 5 比特标量编码。
- 单帧同步比特。

尽管人们做了许多实验来提升 LPC 声码器的质量，但下列固有的问题限制了解码器合成的输出的质量：

1. 基本的源/滤波器语音产生模型存在缺陷，对鼻音、清辅音及传输函数中带零点的声音（如鼻化元音）而言更是如此。
2. 激励源要么是准周期基音脉冲串，要么是随机噪声，有点理想化。
3. 使用一维标量量化方法无法说明参数的相关性（当然，使用向量量化器可以解决该问题，但在设计与说话者、发音、传感器和说话环境无关的一个通用码本时仍存在问题）。

总之，开环 LPC 表示可为某些通信应用提供高质量的语音，数据率可降到约 2400bps，且与使用未量化的模型参数得到的语音质量相比，几乎没有损失[422]。

11.12.3 残差激励 LPC

11.7 节中的图 11.52 说明了在数字语音编码中使用源/系统模型的原因。该图给出了使用一个预测误差滤波器来对语音信号进行逆滤波的例子，其中预测误差（或残差）非常小。语音信号可通过将残差经过声道系统 $H(z) = 1/A(z)$ 来重建。到目前为止，所讨论的方法都不直接以开环方式对预测误差信号编码。ADPCM 和 A-b-S 系统通过反馈处理获得合成滤波器的激励信号。二态模型通过直接分析和测量输入语音信号来构建激励信号。试图直接对残差信号编码的系统称为**残差激励线性预测（RELP）编码器**。

直接对残差进行编码时，会遇到如 ADPCM 或 CELP 中一样的问题：预测残差的采样率和输入信号的采样率相同，而且精确编码要求每个样本有几个比特。图 11.100 给出了一个 RELP 编码器的框图[398]。在这个与浊音激励声码器（VEV）[354, 405]非常相似的系统中，降低残差信号比特率的方法是，将其带宽降低到 800Hz 左右，降低采样率，并使用自适应量化来对样本编码。文献[398]中使用了 ADM，但在采样率因抽取而低到 1600Hz 时也可使用 APCM。800Hz 的频带宽到足以包含最高音调清音的几个谐波。

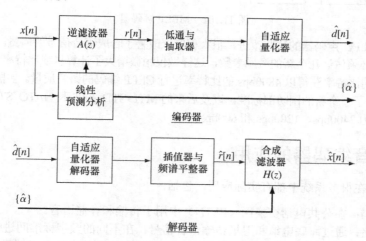

图 11.100　RELP 编码器和解码器

减少的带宽残差在被非线性频谱平整操作用做激励信号前，需要复原到全带宽，进而复原浊音的更多高阶谐波。还要根据经验加入白噪声。在文献[398]的实现中，输入信号的采样率是 6.8kHz，总比特率是 9600kbps，其中 6800bps 用于残差信号。与带有二态激励模型的 LPC 声码器相比，以该比特率达到的质量明显要差一些。该系统的主要优点是不需要硬 V/UV 判决，也不需要基音检测。尽管该系统未被广泛使用，但其基本原理可在随后的开环编码器中找到，开环编码器在比特率为 2400bps 时可产生更好的语音质量。

11.12.4　混合激励系统

尽管二态激励允许比特率很低，但我们仍希望合成语音输出有较高的质量。此类系统的输出通常描述为嗡嗡声，且在很多情形下，估计基音周期和浊音判决时的误差会导致语音听起来不自然。二态模型的这种缺点引发了人们对不需要在 V 和 UV 之间进行硬判决的混合激励模型的兴趣。Makhoul 等人[221]首先提出了这样一个模型，后来 McCree and Barnwell[240]对其进行了改进。

图 11.101 描述了由 McCree and Barnwell[240]提出的混合线性预测编码器（MELP）的基本特征。这种结构是仔细实验得到的结果，它逐个考虑了二态激励编码器中的失真来源，如嗡嗡声和音调失真。主要特征是冲激串激励和噪声激励取代了开关。在加入这些激励前，它们都要通过一个多频带整形滤波器。5 个频带中每个频带的增益都要在两个滤波器之间整合，以便 $e[n]$ 的频谱是平坦的。混合激励有助于对短时频谱效应建模，如浊音期间某些频带的清音化。在某些情形下，需要调用一个不稳定参数ΔP 来更好地对浊音过渡建模。MELP 系统的其他重要特征被归并到了增强滤波器模块中，它表示用于增强共振峰区域的自适应频谱增强滤波器①和一个频谱平坦的脉冲色散滤波器，后者的作用是降低因线性预测声道系统的最小相位特性引起的峰度。

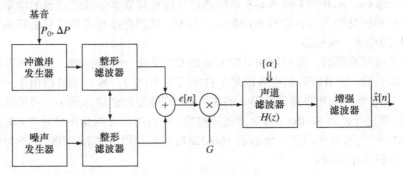

图 11.101　MELP 解码器

对二态激励 LPC 声码器的这些改进，很大程度上改善了合成语音信号的质量。在分析时间并为传输而编码时，必须估计几个新的激励参数，这样做仅稍微增大了计算量或比特率[240]。MELP 编码器可以 2400bps 的比特率获得以 4800bps 的比特率进行 CELP 编码的语音质量。实际上，其优越的性能在 1996 年催生了一个新的国防部标准，以及后来的 MTL-STD-3005 和 NATO STANAG 4591，它们的比特率分别为 2400bps、1200bps 和 600bps。

11.13　语音编码器的应用

语音编码器在很多系统中都有实际应用，包括：

- 网络编码：在公共电话交换网（PSTN）中用于传输和存储语音。
- 国际网络：通过海底电缆和卫星传输语音信号；在不同的数字标准间进行语音编码变换。
- 无线通信：在全球第二代和第三代数字无线网络中用做基本的语音编码器。
- 隐私和安全电话：对语音编码，以在短期（几天）内保持隐私（防止窃听），或为长期（几年内）安全应用进行加密。
- IP 网络：将语音信号打包后和其他数据如图像、视频、文本、二进制文件等一起集成到 VoIP 数字网络中。
- 存储：为语音邮件、应答器、通知器和其他需要长期保留语音材料。

---

① 这样的后置滤波器也常用于本章前面讨论的 CELP 编码器中。

11.13.1 语音编码器的标准化

图 11.102 给出了上述应用中使用的编码器的几种特性。该图表明几种语音编码算法已成为网络应用、移动无线电台、语音邮件或安全语音中的标准。对于每种编码方法，图 11.102 给出了设计标准、编码器的比特率、应用类别和平均意见得分（MOS）质量尺度下编码输出合成的质量。

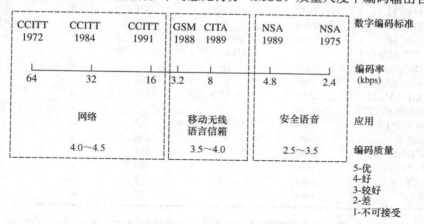

图 11.102 语音编码器特性说明

公共电话网络（图 11.102 中标为网络）中使用的最高质量的语音编码器包括：

- 一个 μ 律 PCM 瞬时编码器，它是根据 1972 年制定的 CCITT G.711 标准（CCITT 是一个国际标准组织，现称为国际电信联盟即 ITU）设计的，比特率为 64kbps 或 56kbps（8kHz 采样率，每个样本 8 比特或 7 比特），MOS 分数约为 4.3，实现复杂度为 0.01MIPS（百万条指令每秒）。
- 一个 ADPCM 自适应编码器，它是根据 CCITT 1984 年制定的 G.721 和 G.726/G.727 标准设计的，比特率范围为 16～40kbps，MOS 分数约为 4.1，复杂度为 2MIPS。
- 一个 LD-CELP 预测编码器，它是根据 1991 年的 G.728 CCITT 标准设计的，其比特率为 16kbps，MOS 分数和复杂度分别为 4.1 和 30MIPS。

针对移动无线电台和语音邮件应用，图 11.102 给出了两种编码器：

- 在 GSM（群组专用移动通信）系统中使用了一个全速率蜂窝网编码器，它是基于标准脉冲激励和长时预测编码器，根据 1988 年由 ETSI（欧洲电信标准机构）制定的标准 GSM 6.10 设计的，比特率为 13.2kbps，MOS 分数约为 3.9，复杂度为 6MIPS。
- 在北美 TDMA（时分多址接入）标准中使用了一个全速率蜂窝网编码器，它是基于 VSELP 并根据 1989 年的蜂窝标准 IS54 设计的，比特率为 8kbps，MOS 分数约为 3.5，复杂度为 14MIPS。

在安全语音领域有两种美国政府标准编码器：

- 美国政府加密系统中使用了一个低比特率安全编码器，它是根据 1989 年的标准 FS-1016（联邦标准）设计的，比特率为 4.8kbps，MOS 分数为 3.2，复杂度约为 16MIPS。
- 美国政府加密系统中使用了一个低比特率安全编码器，它是根据 1975 年的 LPC-10(e)标准（即 FS-1015 标准）设计的，比特率为 2.4kbps，MOS 分数为 2.3，复杂度约为 7 MIPS。

图 11.102 中给出的编码器只是许多已被人们提出并研究的编码器中的一小部分，许多这样的编码器已用在许多应用中。表 11.10 小结了过去 35 年已被标准化的语音编码器的特性。

表 11.10　部分语音编码器的特性

编码标准	年	比特率 (kbps)	MOS	MIPS	帧长 (ms)
线性 PCM	1948	128	4.5	0	0.125
G.711 μ律 PCM	1972	64, 56	4.3	0.01	0.125
G.721 ADPCM	1984	32	4.1	2	0.125
G.722 ADPCM	1984	48/56/64	4.1	5	0.125
G.726/G.727 ADPCM	1990	16/24/32/40	4.1	2	0.625
G.728 LD-CELP	1992	16	4.0	30	0.625
G.729 CS-ACELP	1996	8	4.0	20	10
G.723.1 MPC-MLQ	1995	6.3/5.3	4.0/3.7	11	10
GSM FR RPLPC/LTP	1987	13	3.7	6	22.5
GSM HR VSELP	1994	5.6	3.5	14	22.5
IS-54 VSELP	1989	8	3.6	14	22.5
IS-96 QCELP	1993	1.2/2.4/4.8/9.6	3.5	15	22.5
FS-1015 LPC10(e)	1984	2.4	2.3	7	22.5
FS-1016 CELP	1991	4.8	3.0	16	30/7.5
NSA MELP	1996	2.4	3.2	40	22.5

这些标准通常会在相同的标准号下演进。通常，这些演进都是扩大编码器的带宽。例如，G.722 子带 ADPCM 编码器中加入了一个变换编码器（G.722.1）和一个自适应多速率编码器 AMR-WB（G.722.2）。

11.13.2　语音编码器的质量评价

SNR 测度通常足以衡量波形编码器的性能，尽管它对语音质量的感知效果并不敏感。但是，它不适用于基于模型的编码器，因为这种编码器对语音块操作，而不逐个样本地对波形进行操作。因此，即使原始语音和编码语音听起来很接近，但它们波形间的差别仍可能非常大。有鉴于此，人们开发了几种衡量（用户感知的）语音质量和鲁棒性的主观评价指标，这些指标对于波形编码和语音编码的分析/合成都适用。之前我们已经指出，存在两种类型的语音编码器：

- 逐样本来近似语音波形的波形编码器，包括 PCM、DPCM 和 ADPCM 编码器。这些波形编码器通过减小量化误差（即采用更高的比特率编码），使生成的重建信号逼近原始信号。
- 基于模型（或参数）的开/闭环编码器，包括 LPC、MPLPC 和 CELP 编码器。这些基于帧或块的编码器生成的重建信号并不能通过减小量化误差（即采用更高的比特率）来逼近原始信号。相反，这些编码器的重建信号质量只能逼近由模型约束的最高质量，而这与该模型表示任意语音信号的不精确性有关。

图 11.103 说明了随着比特率增加，波形编码器和基于模型或参数的编码器生成的重建信号质量间的差别。可以看出，比特率增加时，基于波形的编码器能够持续提高重建信号的质量；但基于模型的编码器提高重建信号质量的能力明显低于波形编码器，且当比特率增加到一定程度后，重建信号的质量不再增加。

对于波形编码器，我们建立了有效的 SNR 测度，计算在信号持续时间内，未编码的信号方差 σ_x^2 与量化误差方差 σ_e^2 的比值（单位为 dB），即

$$\text{SNR} = 10\log_{10}\frac{\sigma_x^2}{\sigma_e^2} = 10\log_{10}\left(\frac{\sum\limits_{n=0}^{N-1}(s[n])^2}{\sum\limits_{n=0}^{N-1}(s[n]-\hat{s}[n])^2}\right), \tag{11.202}$$

式中，$s[n]$ 是未量化的信号波形，$\hat{s}[n]$ 是量化后的信号波形，N 是波形的样本数。式(11.201)称为全局 SNR，它的一个变体是所谓的分段 SNR，定义如下：

$$\text{SNR}_{\text{SEG}} = \frac{1}{K}\sum_{k=1}^{K}\text{SNR}_k, \tag{11.203}$$

式中，SNR_k 是用式(11.202)在持续 10～20ms 的连续帧（或重叠帧）内计算得到的，K 是语音的总帧数。分段 SNR 对于语音非常有效，因为在浊音区、清音区和背景音区的波形方差 σ_x^2 差别很大，利用式(11.203)求得的平均值比从式(11.202)求得的结果能更好地估计波形的 SNR。

对于基于模型的编码器，以上计算 SNR 的方法几乎没有用处，因为重建波形从各个样本来看和原始波形并不匹配。因此，计算对应的 SNR 对于这类编码器没有意义。

所以对于基于模型的编码器，我们需要一种完全不同的衡量语音质量的方法。已被提出并被广泛接受的一种方法称为 MOS，它是一种主观评价测试。测试将语音的主观质量分为 5 等，不同分数的含义如下：

- 5分：优秀，易懂语音质量
- 4分：良好，过得去的语音质量
- 3分：一般，通信语音质量
- 2分：较差，合成语音质量
- 1分：恶劣，不能接受的语音质量

MOS 测试需要一组经过大量训练的试听者，且需要锚定（特别是对高质量的一端）被评估的语音材料，使试听者能够明确被测试和评估的语音质量范围。只要测试做得仔细恰当，得到的 MOS 分数是可重复的，并且提供了一个对主观语音质量的度量。

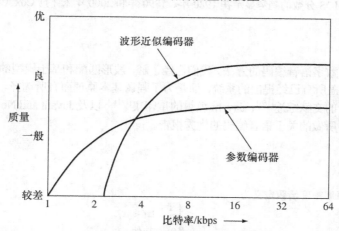

图 11.103　波形编码器和参数编码器在比特率增大时，语音质量的典型行为

图 11.104 显示了在电话宽带编码使用的波形编码器以及基于模型的编码器，工作于 64kpbs 到 2.4kbps 比特率范围内时的 MOS 分数。可以看出，最高的 MOS 分数为 4.0～4.2（稍好于评价表中的良好）。因为图中被评估的所有编码器都是电话带宽的编码器，众所周知，电话带宽语音（带宽为 3.2kHz）的听感知质量低于带宽为 7 kHz 的宽带语音。我们还看到，在比特率从 64kbps 到约 6kbps 的范围内，存在个别编码器可以获得相当好的 MOS 分数（约 4.0 分）。我们可以在这个比特率范围内设计高质量的语音编码器。当比特率从 6kbps 降至 2.4kbps 时，语音质量急剧下降（从良好到一般）。在此范围内，MELP 编码器的语音质量最好。该图也反映了随着时间变化，构建的高质量语音编码器的进步速度。1980 年，我们只能通过 G.711（μ 律 PCM）编码器在 64kbps 下获得良好的语音质量（MOS 分数大于 4 或更高）。到 1990 年，采用 G.726 和 G.727 ADPCM 编码器在 32kbps，或采用 G.728 LD-CELP

编码器在 16kbps，就能获得良好的语音质量。最后，到 2000 年，包括在 8kbps 下的 G.729 和在 6kbps 下的 G.723.1 都能获得良好的语音。当比特率低于 6kbps 时，现在仍不清楚是否能够在如此低的比特率下设计出高质量语音编码器，这显然是一个挑战。

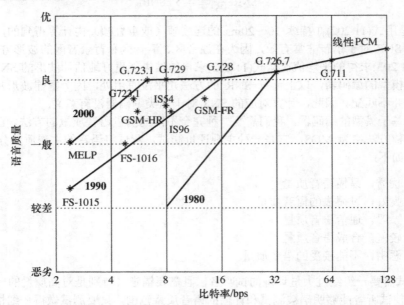

图 11.104　以 128kbps 到 2.4kpbs 比特率运行的各种语音编码器的主观质量（MOS）分数。
MOS 分数的趋势显示在 1980 年、1990 年和 2000 年末［据 Cox（私人信件）］

11.14　小结

本章详细讨论了数字语音编码的方法。我们已经了解，波形匹配和基于模型的多种方法都是可行的。我们并未试图涵盖所有已经提出的系统，而是为了强调基本原理而有所选择。关于该主题的更多资料，请参阅 Jayant 的文献综述[169]、Jayant 编辑的重印集[171]，以及 Jayant and Noll[172]、Kondoz[197]、Quatieri[297]和 Atal[10]所做的关于语音编码的优秀报告。

习题

11.1　已知均匀分布概率密度函数定义为

$$p(x) = \begin{cases} \dfrac{1}{\Delta} & |x| < \Delta/2 \\ 0 & \text{其他} \end{cases}$$

求其均值和均匀分布的方差。

11.2　拉普拉斯概率密度函数为

$$p(x) = \frac{1}{\sqrt{2}\sigma_x} e^{-\sqrt{2}|x|/\sigma_x}.$$

求 $|x| > 4\sigma_x$ 的概率。

11.3　一线性移不变系统的输入 $x[n]$ 为平稳零均值白噪声过程。证明其输出的自相关函数为

$$\phi[m] = \sigma_x^2 \sum_{k=-\infty}^{\infty} h[k]\, h[k+m],$$

式中，$\sigma_x{}^2$ 是输入方差，$h[n]$ 是线性系统的冲激响应。

11.4　两个麦克风接收到语音信号 $s[n]$，并受到两个独立的高斯噪声源 $e_1[n]$ 和 $e_2[n]$ 的干扰。给定输入信号为

$$x_1[n] = s[n] + e_1[n],$$
$$x_2[n] = s[n] + e_2[n].$$

噪声源的均值和方差如下：

$$E(e_1[n]) = 0,$$
$$E(e_2[n]) = 0,$$
$$E(e_1[n]^2) = \sigma_{e_1}^2,$$
$$E(e_2[n]^2) = \sigma_{e_2}^2.$$

两个输入信号线性合成为信号 $r[n]$：

$$r[n] = ax_1[n] + (1-a)x_2[n],$$
$$= s[n] + ae_1[n] + (1-a)e_2[n],$$
$$= s[n] + e_3[n].$$

求使 $e_3[n]$ 方差最小时的 a。求 $e_3[n]$ 的最小方差并将该值与 $e_1[n]$、$e_2[n]$ 的方差进行比较。

11.5 为减小对模拟信号采样时的量化噪声，一种被提出的过采样语音系统如图 P11.5 所示。

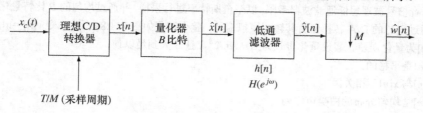

图 P11.5   过采样语音系统框图

假设图 P11.5 中的信号满足以下条件：

1. $x_c(t)$ 是带限信号，当 $|\Omega| \geq \pi/T$ 时，$X_c(j\Omega) = 0$。理想的 A/D 转换器对 $x_c(t)$ 过采样得 $x[n] = x_c(nT/M)$。
2. 量化器对输出舍入至精度为 B 比特。
3. M 是大于 1 的整数。
4. 滤波器响应为

$$H(e^{j\omega}) = \begin{cases} 1 & |\omega| \leq \pi/M \\ 0 & \pi/M < |\omega| \leq \pi. \end{cases}$$

系统中的信号可以表示为

$$\hat{x}[n] = x[n] + e[n],$$
$$\hat{y}[n] = x[n] * h[n] + e[n] * h[n] = y[n] + f[n],$$
$$\hat{w}[n] = \hat{y}[nM] = w[n] + g[n],$$

式中，$f[n]$ 和 $g[n]$ 分别是 $\hat{y}[n]$ 和 $\hat{w}[n]$ 的量化噪声分量。

(a) 求 $w[n]$ 用 $x_c(t)$ 表示的表达式。

(b) 求系统中各个点的噪声功率表达式，即 σ_e^2、σ_f^2 和 σ_g^2。

(c) 求使噪声功率 σ_f^2 比噪声功率 σ_e^2 好 1 比特时的 M 值。

11.6 设计一个高质量的数字音频系统，指标如下：峰值信号从 100 到 1 的范围内 SNR 为 60dB，有用信号带宽必须大于 8kHz。

(a) 画出 A/D 和 D/A 转换器的基本部件的框图。

(b) A/D 和 D/A 转换器中需要多少比特？

(c) 在选择采样率时主要需要考虑什么？A/D 转换器之前和 D/A 转换器之后应该使用什么类型的模拟滤波器？估计在实际系统中可行的最低采样率。

(d) 若只让语音达到电话质量，指标和前几题的答案会如何变化？

11.7 图 P11.7 所示的系统对语音信号采样并将其转换成数字格式。

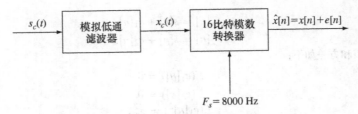

$s_c(t)$
模拟低通
滤波器
$x_c(t)$
16比特模数
转换器
$\hat{x}[n]=x[n]+e[n]$
F_s= 8000 Hz

图 P11.7　语音采样系统框图

对于输入信号 $s_c(t)$，输出端的信号-量化噪声比为

$$\text{SNR} = 10\log_{10}\left(\frac{\sigma_x^2}{\sigma_e^2}\right) = 89\text{dB}.$$

(a) 若采样率从 $F_s = 8000$ 变为 $F_s = 16000$，图 P11.7 中其他条件不变，求系统的 SNR。

(b) 当输入信号改变到使图 P11.7 中的模拟低通滤波器输入为 $0.1s_c(t)$时，求 SNR。

(a) 若 A/D 转换器从 16 位变为 12 位，其他条件不变时，求 SNR。

11.8 一个语音信号被理想低通滤波器带限，以奈奎斯特率进行采样，并通过均匀的 B 比特量化器进行量化，最后通过理想的 D/A 转换器将其转回模拟信号，整个过程如图 P11.8a 所示。令 $y[n] = x[n] + e_1[n]$，其中 $e_1[n]$为量化误差。假设量化步长为 $\Delta = 8\sigma_x/2^B$，且 B 大到足以使：

1．$e_1[n]$是平稳的。

2．$e_1[n]$与 $x[n]$不相关。

3．$e_1[n]$是均匀分布的白噪声序列。

在这些条件下，信号-量化噪声比为

$$\text{SNR}_1 = \frac{\sigma_x^2}{\sigma_{e_1}^2} = \frac{12}{64}\cdot 2^{2B}.$$

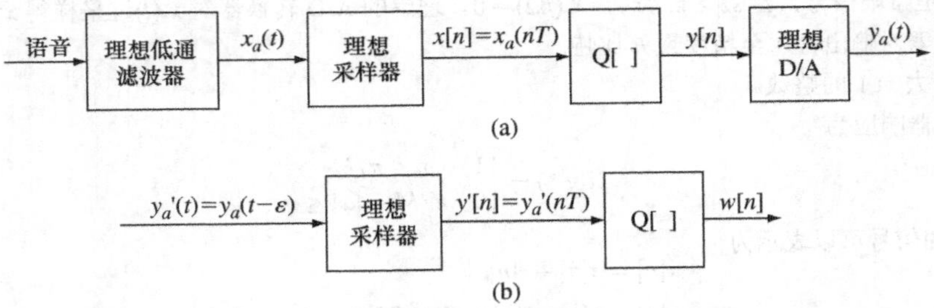

语音
理想低通
滤波器
$x_a(t)$
理想
采样器
$x[n]=x_a(nT)$
Q[ ]
$y[n]$
理想
D/A
$y_a(t)$
(a)
$y_a'(t)=y_a(t-\varepsilon)$
理想
采样器
$y'[n]=y_a'(nT)$
Q[ ]
$w[n]$
(b)

图 P11.8　信号处理系统框图

现假设模拟信号 $y_a(t)$以奈奎斯特率进行采样，并经过同样的 B 比特量化器量化，如图 P11.8b 所示（假设 $0 < \varepsilon < T$，即这两个采样系统在时间上并不完全同步）。设 $w[n] = y'[n] + e_2[n]$，其中 $e_2[n]$和 $e_1[n]$属性相同。

(a) 证明整个系统的 SNR 满足

$$\text{SNR}_2 = \frac{\text{SNR}_1}{2}.$$

(b) 经过 N 次上述的 A/D 和 D/A 转换后，(a)中的结果会如何变化？

11.9 虽然一般认为量化误差与信号 $x[n]$无关，不过很明显这个假设对于量化数较少时不成立。

(a) 证明 $e[n] = \hat{x}[n] - x[n]$与 $x[n]$在统计上相关（$\hat{x}[n]$ 是量化后的信号）。提示：将 $\hat{x}[n]$ 表示为

$$\hat{x}[n] = \left[\frac{x[n]}{\Delta}\right]\cdot\Delta + \frac{\Delta}{2},$$

式中，[·]表示向下取整，即取小于等于括号中的数的最大整数。同时 $x[n]$表示为

$$x[n] = \left[\frac{x[n]}{\Delta}\right]\cdot\Delta + x_f[n] = x_i[n] + x_f[n],$$

式中，$x_I[n]$ 是 $x[n]$ 的整数部分，$x_f[n]$ 是 $x[n]$ 的小数部分。$e[n]$ 可表示为 $x[n]$ 的函数。证明它们不是统计无关的。

(b) 在什么条件下 $e[n]$ 与 $x[n]$ 大致可视为统计无关？

(c) 图 P11.9 显示了一种可以在量化数较少时，也能使 $e[n]$ 和 $x[n]$ 统计无关的方法。在这种情况下，$z[n]$ 是伪随机、均匀分布的白噪声序列，其概率密度函数为

$$p(z) = \frac{1}{\Delta} \quad -\frac{\Delta}{2} \le z \le \frac{\Delta}{2}.$$

证明在这种情况下，对于所有 B 值，量化误差 $e[n] = x[n] - \hat{y}[n]$ 与 $x[n]$ 都满足统计无关（注意，输入信号的噪声序列 $z[n]$ 称为抖动噪声）。提示：考虑 $y[n]$ 取值时 $e[n]$ 的取值范围。

(d) 证明 B 比特量化器输出量化误差的方差比没有抖动情况下的量化误差的方差大，即证明

$$\sigma_{e_1}^2 > \sigma_e^2,$$

式中，$e_1[n] = x[n] - \hat{y}[n]$ 和 $e[n] = x[n] - \hat{x}[n]$.

(e) 证明：仅通过从量化器的输出中减去抖动误差 $z[n]$，量化误差的方差 $e_2[n] = x[n] - (\hat{y}[n] - z[n])$ 与没有抖动情况下的方差是一样的，即 $\sigma_{e_2}^2 = \sigma_e^2$。

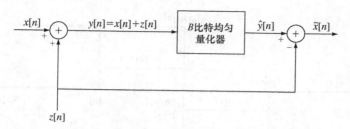

图 P11.9　一种使得 $e[n]$ 与 $x[n]$ 统计无关的系统

11.10 估计信号方差的常用方法是假设其与信号的短时能量成正比，信号方差定义如下：

$$\sigma^2[n] = \frac{\displaystyle\sum_{m=-\infty}^{\infty} x^2[m] w[n-m]}{\displaystyle\sum_{m=0}^{\infty} w[m]},$$

式中，$w[n]$ 是短时分析窗。

(a) 证明：若 $x[n]$ 是平稳序列，其均值为零，方差为 σ_x^2，则 $E[\sigma^2[n]]$ 与 σ_x^2 成正比。

(b) 当

$$w[n] = \begin{cases} \alpha^n & n \ge 0 \quad (|\alpha| < 1) \\ 0 & n < 0 \end{cases}, \quad E[x^2[m] x^2[l]] = \begin{cases} B & m = l \\ 0 & m \ne l, \end{cases}$$

时，求方差 $\sigma^2[n]$ 关于 B 和 α 的函数。

(c) 当 α 从 0 变化到 1 时，试说明(b)中的方差 $\sigma^2[n]$ 将如何变化。

11.11 考虑图 P11.11(a)中的自适应量化系统。2 比特量化器的特征和编码方法如图 P11.11b 所示。假设步长按照下面的规则改变：

$$\Delta[n] = M \Delta[n-1],$$

式中，M 是前一个码字 $c[n-1]$ 的函数，并且

$$\Delta_{\min} \le \Delta[n] \le \Delta_{\max}.$$

进一步假设

$$M = \begin{cases} P, & \text{if } c[n-1] = 01 \text{ 或 } 11 \\ 1/P, & \text{if } c[n-1] = 00 \text{ 或 } 10. \end{cases}$$

(a) 画出步长自适应系统的框图。

(b) 若

$$x[n] = \begin{cases} 0 & n < 5 \\ 20 & 5 \le n \le 13 \\ 0 & 13 < n. \end{cases}$$

假设 $\Delta_{min} = 2$，$\Delta_{max} = 30$，$P = 2$。制表列出 $0 \le n \le 25$ 时 $x[n]$、$\Delta[n]$、$c[n]$ 和 $\hat{x}[n]$ 的值（假设 $n = 0$ 时，$\Delta[n] = \Delta_{min} = 2$ 且 $c[n] = 00$）。

(c) 在同一坐标下，画出 $x[n]$ 和 $\hat{x}[n]$ 的样本值。

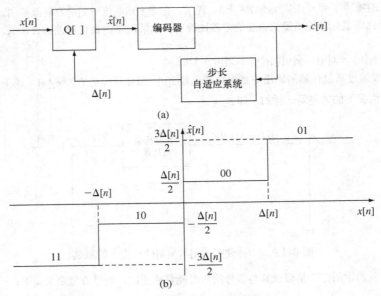

图 P11.11　自适应量化系统框图

11.12 考虑习题 11.11 中的 2 比特自适应量化系统。在本题中，步长的自适应算法如下：

$$\Delta[n] = \begin{cases} \beta\Delta[n-1] + D & \sum_{k=1}^{M} LSB[c[n-k]] \ge 2 \\ \beta\Delta[n-1] & \text{其他} \end{cases}$$

式中，$LSB[c[n-k]]$ 指码字 $c[n-k]$ 的最低有效位，M 是码字位数。

(a) 画出该步长自适应系统的框图。

(b) 在本题中，最大步长由自适应算法决定。试用 β 和 D 表示 Δ_{max}（提示：考虑本题中第一个方程的阶跃响应）。

(c) 再次假设

$$x[n] = \begin{cases} 0 & n < 5 \\ 20 & 5 \le n \le 13 \\ 0 & 13 < n. \end{cases}$$

并假设 $M = 2$，$\beta = 0.8$，$D = 6$。制表列出 $0 \le n \le 25$ 时，$x[n]$、$\Delta[n]$、$c[n]$ 和 $\hat{x}[n]$ 的值（假设 $n = 0$ 时，$\Delta[n] = 0$ 且 $c[n] = 00$）。在同一坐标下，画出 $x[n]$ 和 $\hat{x}[n]$ 的样本值。

(d) 求步长自适应系统的时间常数为 10ms 时，β 的值。

11.13 考虑一阶线性预测器

$$\tilde{x}[n] = \alpha x[n-1],$$

式中，$x[n]$是零均值平稳信号。

(a) 证明：预测误差

$$d[n] = x[n] - \tilde{x}[n]$$

的方差为

$$\sigma_d^2 = \sigma_x^2 \left(1 + \alpha^2 - 2\alpha\phi[1]/\sigma_x^2\right).$$

(b) 证明：当

$$\alpha = \phi[1]/\sigma_x^2 = \rho[1].$$

时，σ_d^2最小。

(c) 证明：最小预测误差的方差为

$$\sigma_d^2 = \sigma_x^2 \left(1 - \rho^2[1]\right).$$

(d) 在什么条件下，$\sigma_d^2 < \sigma_x^2$成立？

11.14 给定序列$x[n]$的长时自相关为$\phi[m]$，证明：只要$x[n]$和$x[n-n_0]$间存在相关，差值信号

$$d[n] = x[n] - x[n - n_0]$$

的方差就要比原始信号$x[n]$的方差小。

(a) $\phi[n_0]$满足什么条件时有

$$\sigma_d^2 \le \sigma_x^2.$$

(b) 若$d[n]$可表示为

$$d[n] = x[n] - \alpha x[n - n_0],$$

式中，

$$\alpha = \frac{\phi[n_0]}{\phi[0]},$$

求当$\phi[n_0]$满足什么条件时，

$$\sigma_d^2 \le \sigma_x^2.$$

11.15 利用式(11.91)和式(11.96)，证明：对于最优预测器系数正式成立：

$$E[(x[n] - \tilde{x}[n])\,\tilde{x}[n]] = E[d[n]\tilde{x}[n]] = 0;$$

即最优预测误差与预测信号不相关。

11.16 考虑差值信号

$$d[n] = x[n] - \alpha_1 \hat{x}[n-1],$$

式中，$\hat{x}[n]$是差分编码器的量化信号。

(a) 证明

$$\sigma_d^2 = \sigma_x^2 \left[1 - 2\alpha_1\rho[1] + \alpha_1^2\right] + \alpha_1^2\sigma_e^2.$$

(b) 利用(a)中的结果，证明

$$G_P = \frac{\sigma_x^2}{\sigma_d^2} = \frac{1 - \dfrac{\alpha_1^2}{\mathrm{SNR}_Q}}{1 - 2\alpha_1\rho[1] + \alpha_1^2},$$

式中，

$$\mathrm{SNR}_Q = \frac{\sigma_d^2}{\sigma_e^2}.$$

11.17 考虑图 P11.17 上半部分的差分量化系统。假设

$$\hat{d}[n] = d[n] + e[n],$$

$$P(z) = \sum_{k=1}^{p} \alpha_k z^{-k}.$$

(a) 证明 $\hat{s}[n] = s[n] + e[n]$，即重建语音信号的量化误差和差值信号的量化误差相同。

(b) 利用(a)中的结果，求 $d[n]$ 仅用 $s[n]$ 和 $e[n]$ 表示的表达式。

现考虑图 P11.17 中下半部分的差分量化系统，假设

$$F(z) = \sum_{k=1}^{p} \beta_k z^{-k}.$$

(c) 求 $d'[n]$ 仅用 $s[n]$ 和 $e'[n]$ 表示的表达式。

(d) 如何选择 $F(z)$，使得 $d'[n] = d[n]$，且 $\hat{d}'[n] = \hat{d}[n]$，$e'[n] = e[n]$，$\hat{s}'[n] = \hat{s}[n]$？

(e) 若 $F(z)$ 不按(d)选取，证明 $\hat{s}'[n]$ 满足差分方程

$$\hat{s}'[n] = s[n] + \sum_{k=1}^{p} \alpha_k \hat{e}'[n-k] + e'[n] - \sum_{k=1}^{p} \beta_k e'[n-k],$$

式中，$\hat{e}'[n] = \hat{s}'[n] - s[n]$ 是重建信号中的噪声。

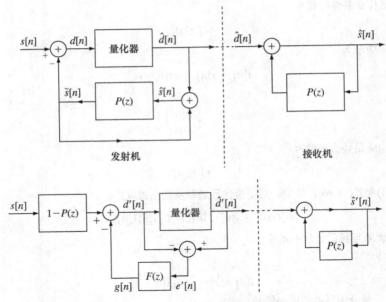

图 P11.17　两个差分量化器的框图

(f) 证明

$$\frac{\hat{E}'(z)}{E'(z)} = \frac{1 - F(z)}{1 - P(z)},$$

式中，$\hat{E}'(z)$ 和 $E'(z)$ 分别是输出噪声和量化噪声的 z 变换。

(g) 我们之前提到量化噪声的功率谱是平坦的，(f)中的结果表明，可以合理地选择 $F(z)$ 来对输出噪声成形。可以证明不可能降低整体的输出噪声功率，但将噪声功率在频谱上进行重新分配是可能的。根据已学的语音和语音感知的知识，试决定如何选择 $F(z)$。

11.18 在 CVSD 自适应 Δ 调制器中，步长自适应算法为

$$\Delta[n] = \begin{cases} \beta\Delta[n-1] + D_2 & c[n] = c[n-1] = c[n-2] \\ \beta\Delta[n-1] + D_1 & \text{其他} \end{cases}$$

式中，$0 < \beta < 1$，$0 < D_1 \ll D_2$。

(a) 若步长滤波器的输入在斜率过载的延长周期内是常数 D_2，可求得最大步长。用 D_2 和 β 表示 $\Delta_{\max}$。

(b) 若模式 $c[n] = c[n-1] = c[n-2]$ 在信道空闲时的延长周期中不出现，用 D_1 和 β 表示 $\Delta_{\min}$。

11.19 考虑图 P11.19a 中的自适应 Δ 调制器。图 P11.19b 是 1 比特量化器。步长按照如下规则自适应调整：

$$\Delta[n] = M\Delta[n-1],$$

式中，

$$\Delta_{\min} \le \Delta[n] \le \Delta_{\max}$$

且步长的倍增系数满足

$$M = \begin{cases} P & c[n] = c[n-1] \\ 1/P & c[n] \neq c[n-1]. \end{cases}$$

(a) 画出步长逻辑的框图。

(b) 假设

$$x[n] = \begin{cases} 0 & n < 5 \\ 20 & 5 \le n \le 13 \\ 0 & 13 < n. \end{cases}$$

假设 $\Delta_{\min} = 1$，$\Delta_{\max} = 15$，$\alpha = 1$，$P = 2$。制表列出 $0 \le n \le 25$ 时，$x[n]$、$\tilde{x}[n]$、$d[n]$、$\Delta[n]$、$\hat{d}[n]$ 和 $\hat{x}[n]$ 的值。假设 $n = 0$ 时，$x[0] = 0$，$\tilde{x}[n] = 1$，$d[0] = -1$，$\Delta(0) = \Delta_{\min} = 1$，$\hat{d}[0] = -1$，画出 $0 \le n \le 25$ 时，$x[n]$ 和 $\hat{x}[n]$ 的值。

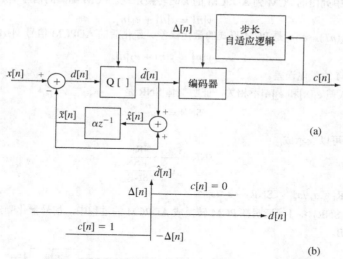

图 P11.19　自适应 Δ 调制器框图

11.20 考虑图 P11.20a 和图 P11.20b 中的两个编码器。每个编码器都使用一个 2 比特的量化器，该量化器的输入/输出特性如图 P11.20c 所示。考虑信道空闲的情况，即此时 $x[n]$ 是一个低电平噪声。为了简化，假设 $x[n]$ 的形式如下：

$$x[n] = 0.1 \cos(\pi n/4).$$

(a) 当 $0 \le n \le 20$ 时，分别画出两个编码器的 $\hat{x}[n]$ 序列。

(b) 在实际通信系统中，哪个编码器的空闲信道噪声更加讨厌？为什么？

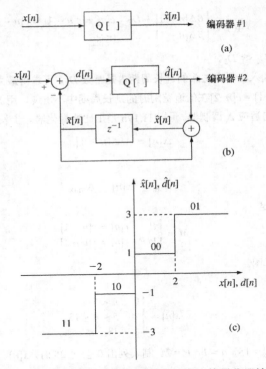

(a)

(b)

(c)

图 P11.20　两个语音编码器的框图及其使用的 2 比特量化器输入/输出特性

11.21 考虑图 P11.21 中列出的 PCM 到 ADPCM 的编码转换系统。PCM 编码的信号 $y[n]$ 可表示为

$$y[n] = x[n] + e_1[n],$$

式中，$x[n] = x_a(nT)$，$e_1[n]$ 是 PCM 形式的量化误差。量化后的 ADPCM 信号 $\hat{y}[n]$ 可以表示为

$$\hat{y}[n] = y[n] + e_2[n],$$

$e_2[n]$ 是 ADPCM 的量化误差。

(a) 假设量化误差 $e_1[n]$ 和 $e_2[n]$ 不相关，证明整体 SNR 是

$$\text{SNR} = \frac{\sigma_x^2}{\sigma_{e_1}^2 + \sigma_{e_2}^2}.$$

(b) 证明 SNR 可以表示成

$$\text{SNR} = \frac{\text{SNR}_1}{1 + \dfrac{1 + \text{SNR}_1}{\text{SNR}_2}},$$

式中，$\text{SNR}_1 = \sigma_x^2/\sigma_{e_1}^2$，$\text{SNR}_2 = \sigma_y^2/\sigma_{e_2}^2$。

(c) 若 $\text{SNR}_1 = \text{SNR}_2 \gg 1$，证明在 PCM 转换成 ADPCM 的过程中，信号量化噪声比（单位为 dB）只损失了 3dB。

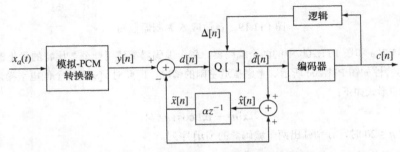

图 P11.21　PCM 到 ADPCM 的编码转换器

11.22 在本章中我们已经说明，对于对数瞬时压扩器，量化后的语音样本可以近似表示为

$$\hat{x}[n] \approx x[n] + f[n],$$

式中，

$$f[n] = x[n] \cdot \epsilon[n],$$

$\epsilon[n]$ 是对数编码的语音样本量化后引入的量化噪声。

(a) 假设 $x[n]$ 和 $\epsilon[n]$ 是独立零均值过程，方差分别为 σ_x^2 和 σ_ϵ^2。证明

$$\bar{f} = E(f[n]) = 0.$$

(b) 证明

$$\overline{\sigma_f^2} = E(f^2) = \sigma_x^2 \cdot \sigma_\epsilon^2.$$

11.23 在本书中我们讨论了一些声码器系统，它们是：

1. 信道声码器；
2. 串行共振峰声码器
3. 并行共振峰声码器；
4. 同态声码器
5. 相位声码器；
6. LPC 声码器

你会怎样对这些声码器的输出质量进行排序？详述排序的原因。讨论应从模型依赖性、语音分析时的信息损失、基音追踪的必要性等方面着手。

11.24 （MATLAB 练习）本习题的目标是验证 11.3 节中讨论的语音统计模型的一些性质。本题将使用 3 个串接的语音文件，其内容如下：

1. out_s1_s6.wav：由 6 个独立的语音文件（起始和终止部分的静音已被移除）串接而成，分别是 s1.wav、s2.wav、s3.wav、s4.wav、s5.wav 和 s6.wav。
2. out_male.wav：由 4 个独立的男声语音文件（起始和终止部分的静音已被移除）串接而成，分别是 s2.wav、s4.wav、s5.wav 和 s6.wav。
3. out_female.wav：由 2 个独立的女声语音文件（起始和终止部分的静音已被移除）串接而成，分别是 s1.wav 和 s3.wav。

(a) 将最大的语音文件作为统计语音样本源，求语音信号的均值、方差以及最小值、最大值。创建幅度直方图（使用 MATLAB 中的 hist 程序），直方图采用 25 个单元。同时换用其他数量的单元再实验几次。

(b) 使用本书配套资源中的 m 文件 pspect.m 和长串接文件 out_s1_s6.wav 中的语音信号，计算语音的长时平均功率谱估计。用一系列不同窗长（如 32/64/128/256/512）做实验，找出不同窗长对功率谱平滑的影响。在同一幅图中分别画出上面对应的 5 个窗长的功率谱（单位为 dB，使用合适的频率轴）。

(c) 修改 MATLAB 函数 pspect()，输出自相关函数和对应的时间轴。应对 Nfft 和 Nwin 加上哪些条件，使得计算得到的自相关无时间混叠？在同一幅图中画出(b)中得到的 5 个功率谱的自相关函数。

(d) 以 32 个样本为窗长，对男音文件（out_male.wav）和女音文件（out_female.wav）重复(b)的步骤。在同一幅图中画出这两个语音的功率谱（单位仍是 dB），并对两者进行比较。

11.25 （MATLAB 练习）本题的目的是实验语音信号的均匀量化过程。用（本书配套资源）的 MATLAB 函数

$$X=fxquant(s,bits,rmode,lmode)$$

其中，

- s 是输入语音信号（待量化）。
- bits 是量化器的总比特数（包括符号位）。
- rmode 表示量化模式，当 rmode 为 'round' 时表示舍入到最近值；'trunc' 表示 2 的补码截断；'magn' 表示幅度截断。

- lmode 表示上溢/下溢时的处理，其中'sat'表示一种饱和限幅，'overf1'表示 2 的补码上溢，'triangle'表示三角限幅，'none'表示不限幅。
- x 是（量化后的）输出语音信号。

(a) 建立一个从-1 到 1 线性增加的输入向量，增量为 0.001，即 xin = -1:0.001:1，利用 MATLAB 函数 fxquant 画出 bits=4，rmode='round'，lmode='sat'时非线性量化器的特征。当 rmode='trunc'时重复上面的计算并画图。当使用截断而非舍入时，$e[n]$值的范围是多少？

(b) 使用函数 fxquant() 对文件 s5.wav 中 1300～18800 间的样本进行量化（该文件在此范围外的样本值为 0），参数为

$$\text{rmode}='round', \quad \text{lmode}='sat'.$$

用不同比特数的量化器做实验，分别取 10 位、8 位和 4 位。对于每个量化器，计算量化误差序列，并使用函数 striplot() 画出这些误差序列的前 8000 个点，每行 2000 个样点。这些误差随量化器比特数不同而变化，它们之间的重要区别是什么？画出这些不同比特率下的量化噪声样本的直方图。这些直方图和白噪声模型匹配（即幅度均匀分布）吗？

(c) 对于(b)中的各个量化器，使用函数 pspect() 计算量化噪声序列的功率谱。将这些谱和原始（未量化的）语音样本的功率谱画在一幅图中。这些噪声谱满足白噪声假设吗？10 比特和 8 比特量化器的噪声谱之间的近似差值是多少（以 dB 为单位）？

11.26 信号 $s[n]$的短时 SNR 定义如下：

$$\text{SNR}[n] = 10\log_{10}\left[\frac{\sum_{m=0}^{L-1}(s[m+n])^2}{\sum_{m=0}^{L-1}(s[m+n]-\hat{s}[m+n])^2}\right],$$

式中，$\hat{s}[n]$ 是 $s[n]$的量化后的样本序列。图 P11.26 显示了对语音文件 this_8k.wav 以 F_s = 8000 样本/秒的采样率采样后的序列 $s[n]$的前 4000 个样本。

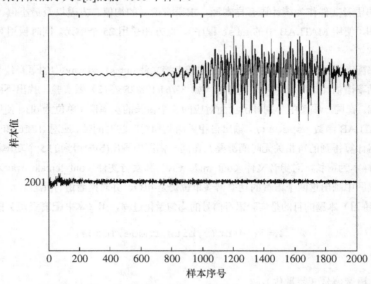

图 P11.26　语音文件 test_8k.wav 的前 4000 个样本

利用习题 11.25 中的函数 fxquant()，使用 8 比特均匀量化器对 $s[n]$进行量化，语音信号的峰值需要设置使得 $X_{\max} = 4\sigma_s$，其中 σ_s 是语音信号的长时平均均方根均值。因为函数 fxquant() 假设 $X_{\max} = 1$，

所以需要对输入样本进行适当的缩放。

(a) 假设 $L = 100$，利用 MATLAB 画出 $0 \le n \le 3999$ 时的 SNR[n]。

(b) 假设 $L = 600$，利用 MATLAB 画出 $0 \le n \le 3999$ 时的 SNR[n]。

(c) 采用 μ 律量化器而不是均匀量化器时，上述曲线会如何变化？

11.27 （MATLAB 练习）本题的目的是实验语音的 μ 律压缩过程。使用 MATLAB 函数 y = mulaw(x, mu)，
其中：

- x 是输入信号
- mu 是压缩参数
- y 是 μ 律压缩后的信号

完成如下任务：

(a) 构造一个线性增加的输入向量（-1:0.001:1），利用该序列和上面提到的函数 mulaw()，在同一幅
图中画出 $\mu = 1, 20, 50, 100, 255, 500$ 时的 μ 律特性（注意，$\mu = 255$ 是应用在座机电话中的标准值）。

(b) 使用文件 s5.wav 中从 1300～18800 样本的语音片段，取 $\mu = 255$，画出 μ 律压缩器的输出波形 $y[n]$。
观察低幅度的样本在幅度上是如何增加的。画出输出样本的直方图，并和均匀量化的白噪声直方
图比较。

(c) 一个完整的 μ 律量化方法的框图如图 P11.27 所示，为实现这个系统，需要编写一个 m 文件，完成
μ 律压缩器的逆过程。该 m 文件应该包含下面的调用序列和参数：

```
function x = mulawinv(y, mu)
% function for inverse mulaw for Xmax = 1
% x = mulawinv(y, mu)
% y = input column vector
% mu = mulaw compression parameter
% x = expanded output vector
```

μ 律量化器

图 P11.27　μ 律量化表示

利用 mulaw() 中使用的技术来设置样本的符号。在无量化的情况下直接将该系统应用到 mulaw()
的输出上，测试此逆系统的正确性，即使用

$$v = mulawinv(mulaw(2,255),255);$$

在这个例子中，v 和 x 应完全相同。

(d) MATLAB 语句

$$yh = fxquant(mulaw(x,255),6,'round','sat');$$

实现了一个 6 比特的 μ 律量化器，用 6 比特均匀量化器对 μ 律压缩后的样本进行编码，当编码后
的样本在信号处理计算中使用，或是当连续时间信号需要重建时，μ 律量化器均匀编码后的样本需
要进行扩展。因此，量化误差也同样会被扩展。为计算量化误差，需要将逆系统的输出和原始输
入进行比较，即量化误差 e = mulaw(yh,255)-x。分别使用 10、8 和 4 比特的均匀量化器，计算
并在同一幅图中画出量化误差序列的前 8000 个样本、量化误差幅度的直方图以及得到的量化误差
的功率谱。

11.28 （MATLAB 练习）本题的目的是从 SNR 的角度比较均匀量化器和 μ 律量化器。

波形（持续 L 个样本）SNR 的一个常用定义是

$$SNR = 10\log\left(\frac{\sum\limits_{n=0}^{L-1}(x[n])^2}{\sum\limits_{n=0}^{L-1}(\hat{x}[n]-x[n])^2}\right).$$

注意，取平均所需要的 $1/L$，已经通过分子和分母相互抵消了。

本章中已经证明，一个均匀的 B 比特量化器的 SNR 为

$$SNR = 6B + 4.77 - 20\log_{10}\left(\frac{X_{\max}}{\sigma_x}\right),$$

式中，$X_{\max}$ 是量化器的限幅电平（本题中取 1），σ_x 是输入信号幅度的均方根值。我们知道，量化器的字长每增加 1 比特，SNR 增加 6dB；进一步，我们还知道当信号幅度降低为原来的一半时，SNR 减小 6dB。

(a) 对于量化信号和未量化信号，分别编写计算 SNR 的 m 文件。该 m 文件应该包含下面的调用序列和参数：

```
function  [s_n_r, e] = snr(xh, x)。
%  function for computing SNR
%  [s_n_r, e] = snr(xh, x)
%  xh = quantized signal
%  x = unquantized signal
%  e = quantization error signal (optional)
%  s_n_r = snr indB
```

使用你写的 SNR 函数分别计算 8 比特和 9 比特均匀量化的 SNR，两者的差值和预期相同吗？

(b) 语音量化时需要考虑的一个重要方面是信号电平会随说话者及传输/录制条件变化。编写程序绘制均匀量化和 μ 律量化时测量得到的 SNR 随 $1/\sigma_x$ 变化的曲线。

通过对输入语音信号 s5.wav 乘以不同的因子 [2^(0:-1:-12)] 来改变信号电平，计算这 13 种情况下的 SNR。在半对数坐标下绘制得到的 SNR。当均匀量化器取 10、9、8、7、6 比特以及 μ 取 100、255、500 时重复上面的计算。

你得到的结果应该能显示在输入信号幅度从 64 变化到 1 时，μ 律量化器的 SNR 保持常数。为了在相同的范围内获得与 6 比特 μ 律量化器相同的 SNR，均匀量化器至少需要多少比特？

11.29（MATLAB 练习）本题的目的是演示使用 IIR 滤波器或 FIR 滤波器时的自适应量化过程。正如本章中所讨论的，量化器存在两种自适应方式，即增益自适应与步长自适应。这两种自适应方式都需要估计信号的标准差 $\sigma[n]$。假设信号均值为 0（因此需要在计算方差前减去信号的直流分量），信号方差 $\sigma^2[n]$ 可以采用 IIR 滤波器的形式计算：

$$H(z) = \frac{(1-\alpha)z^{-1}}{(1-\alpha z^{-1})}$$

即

$$\sigma^2[n] = \alpha\sigma^2[n-1] + (1-\alpha)\cdot x^2[n-1],$$

或者，也可用长度为 M 点的矩形窗 FIR 滤波器计算：

$$\sigma^2[n] = \frac{1}{M}\sum_{m=n-M+1}^{n}x^2[m].$$

采用 IIR 滤波器，α 取 0.9 和 0.09，计算语音文件 s5.wav 中语音信号的标准差 $\sigma[n]$，并按如下要求绘图：

1. 通过两次绘制，在图的上半部分画出语音样本 $x[n]$ 和叠加的标准差样本 $\sigma[n]$，$2700 \leq n \leq 6700$。

2. 在该图的下半部分绘制增益均衡后的语音样本 $x[n]/\sigma[n]$，其中 $2700 \leq n < 6700$。

(a) 比较这两条曲线（即 α 分别取 0.9 和 0.99 时），着重从适应语音电平改变的速率和均衡语音信号局部动态范围的能力两方面考虑。

(b) 采用 $M = 10$ 和 $M = 100$ 的（矩形窗）FIR 滤波器，重复上面的实验，绘制相同的曲线。比较使用

FIR 窗和 IIR 滤波器所得到的结果。

11.30 （MATLAB 练习）本题的目的是实现一个由 Jayant[168]提出的使用自适应步长系数（见表 11.6）的 ADPCM 语音编码器。编码器和解码器框图如图 P11.30 所示。

使用下面的参数实现该编码器：

- 4 比特编码器，系数为[0.9 0.9 0.9 0.9 1.2 1.6 2.0 2.4]
- 预测器值，$\alpha = 0.6$
- 步长范围，deltamin=16，deltamax=1600，即在步长上分成 100 份

为编码器和解码器分别编写子函数，分别处理语音输入文件 s1.wav、s2.wav、s3.wav、s4.wav、s5.wav 和 s6.wav。通过从原始语音中减去解码语音得到的误差信号，使用常用的 SNR 计算公式获得每个文件的 SNR。用分贝（对数单位）表示这些 SNR。听一听解码后的语音文件，描述以 32kbps 码率编码得到的语音质量（采样率为 8000 个样本/秒，每个样本 4 比特）。

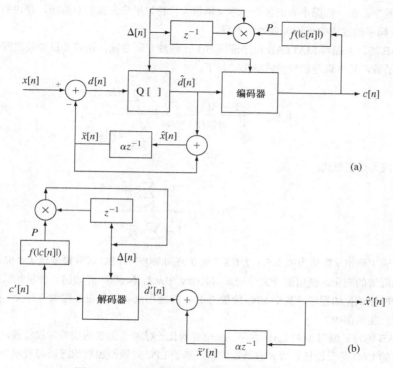

图 P11.30　ADPCM 编码器(a)和解码器(b)框图

11.31 （MATLAB 练习）该 MATLAB 练习的目标是使用本章讨论的设计算法设计一组 11 VQ 码本，每个 VQ 表示 11 位英语数字（0～9，加上 oh）。你需要设计从 4 个码向量（即一个 2 比特码本）到 64 个码向量（即一个 6 比特码本）的一系列码本。待编码的特征向量是一组包含 12 个系数的倒谱，从 113 个不同说话者说出的数字声音文件中提取得到（男女说话者均来自于德州仪器公司的数字数据库[204]）。每个原始的特征向量文件含有 10000 个左右的 12 阶倒谱系数，因此有足够多的向量来训练多至 64 个码向量的码本。

包含原始倒频谱向量的文件被标记为 cc_tidig_endpt_[1-9ZO].mat，这些文件可以从本书配套资源中获得，并可通过 MATLAB 命令 load 'cc_tidig_endpt_1'（和数字 1 相关联的文件）得到对应于数字 1 的原始倒谱系数特征向量的数组 c(#vectors, 12)。一旦加载了这些倒谱特征向量，你就应执行 VQ 的设计过程。对所有的 11 个数字（1～9，加上 oh 和 0）都应重复这个过程。

正如本章所述，VQ 的设计过程由以下步骤组成：

步骤 1　求整个集合的质心作为倒谱系数的平均向量。这是有效的 1 元码本。

步骤 2　构造 2 倍于当前大小的码本。为了实现这一目标，需要为每个存在的码字构造两个码字来分割当前的码字集。可以通过将存在的码字集以因子 $1+\epsilon$ 和 $1-\epsilon$ 缩放来实现。其中，ε 是码本设计参数（初始值取 $\epsilon=0.001$，一旦确保你的程序运行正确就可以对这个分割因子进行实验）。

步骤 3　通过计算每个特征向量和码字的欧氏距离，将训练集中的每个倒谱特征向量和新的码字集进行匹配。将特征向量分配到具有最小距离（失真）的码字。

步骤 4　计算分配给同一码字的所有向量的新质心，重复该过程（步骤 3 和 4）直到整个失真（以所有特征向量与其对应码字的归一化欧氏距离度量）的变化非常小，此时可以认为这个过程已经收敛。

对大小为 2、4、8、16、32、64 的码本重复步骤 2~4，所得每个码本的相应结果保存在文件 vq_cc_tidig_endpt_vqsize_digits.mat 中，其中 vqsize 分别对应 4、8、16、32、64 的 5 个码本大小，digit 为[1-9ZO]。对于每个数字，在一幅图中画出各个码本（单位为比特）平均失真的对数图，并说明当码本大小从 1 变化到 64 码字的过程中平均失真如何下降。

11.32　（MATLAB 练习）编写 MATLAB 程序证明对于一帧浊音语音帧，误差加权滤波器特性 $W(e^{j\omega})$ 是加权系数 γ 的函数，其中误差加权滤波器形式如下：

$$W(z)=\frac{1-A(z)}{1-A(z/\gamma)}=\frac{1-\sum_{k=1}^{p}\alpha_k z^{-k}}{1-\sum_{k=1}^{p}\alpha_k \gamma^k z^{-k}},$$

其频率响应为如下形式：

$$W(e^{j\omega})=\frac{1-\sum_{k=1}^{p}\alpha_k e^{-j\omega k}}{1-\sum_{k=1}^{p}\alpha_k \gamma^k e^{-j\omega k}}.$$

在同一张表中画出 γ 取值为[0, 0.5, 0.7, 0.8, 0.9, 0.95, 0.98]时，LPC 对数幅度谱（单位为 dB）随误差加权对数幅度谱的变化。使用语音文件 test_16k.wav 中从样本 6000 开始的、分析帧长度为 640 个样本点的浊音帧测试你的程序。其中 LPC 阶数为 16，并使用汉明窗加窗。你如何评价 γ 在 0 到 0.98 之间变化时所产生的影响？

11.33　（MATLAB 练习）编写 MATLAB 程序，画出并对比一帧浊音语音的误差加权特性，以及结合了误差加权特性的 LPC 关于加权系数 β 的函数关系。基于 LPC 的误差加权滤波器可表示为

$$W(e^{j\omega})=\frac{G(1-\sum_{k=1}^{p}\alpha_k e^{-j\omega k})}{1-\sum_{k=1}^{p}\alpha_k \beta^k e^{-j\omega k}}$$

LPC 逆滤波器和误差加权的联合频率响应为

$$W_C(e^{j\omega})=\frac{G}{1-\sum_{k=1}^{p}\alpha_k \beta^k e^{-j\omega k}}.$$

对一帧浊音语音，使用 $\beta=0.2:0.1:1$，画出原始语音帧的对数幅度谱以及加权滤波器对数幅度谱（对整个范围的 β 值）和联合对数幅度谱（仍对整个范围的 β 值）。请使用语音文件 test_16k.wav 中从样本 6000 开始的、分析帧长度为 640 个样本点的浊音帧。其中 LPC 结束为 16，并使用汉明窗加窗。

第 12 章 语音和音频的频域编码

12.1 引言

频域编码基于本书第 7 章所述的短时傅里叶分析和合成的原理。离散短时傅里叶变换公式为

$$X_n(e^{j\omega_k}) = \sum_{m=-\infty}^{\infty} w_k[n-m]x[m]e^{-j\omega_k m}, \quad k = 0,1,\ldots,M-1, \tag{12.1a}$$

式中，$X_n(e^{j\omega_k}) = |X_n(e^{j\omega_k})| e^{j\theta_n(\omega_k)}$，$w_k[n]$ 代表第 k 个频点的短时分析窗[①]。如第 7 章中所述，式(12.1a)有如下两种等价的解释：(1)冲激响应为 $w_k[n]$ 的低通滤波器作用于频域上，并以 ω_k 为偏移；(2)冲激响应为 $w_k[n]e^{j\omega_k n}$ 的带通滤波器作用于频域上，并以 ω_k 为偏移。无论哪种解释，第 k 个频点值 $X_n(e^{j\omega_k})$ 可表示为时间点取值为 n 的函数，且表示在频点 ω_k 附近频谱的低通信号值。短时傅里叶逆变换（合成变换）定义如下：

$$\hat{x}[n] = \sum_{k=0}^{M-1} P[k]\hat{X}_n(e^{j\omega_k})e^{j\omega_k n}, \tag{12.1b}$$

式中，$P[k] = |P[k]| e^{j\phi_k}$ 是一复数域的比例因子。通过这个因子，可以近乎完美地恢复原信号，即当 $\hat{X}_n(e^{j\omega}) = X_n(e^{j\omega})$ 时，可使 $\hat{x}[n] = x[n]$。

图 12.1 给出了短时傅里叶分析/合成用于语音编码的一般描述。原理很简单，当 ω_k 为一定值时，$X_n(e^{j\omega_k})$ 为一低通信号，因此可在时域用比输入信号更低的采样率进行采样。基于 $X_n(e^{j\omega_k})$ 量化后的时域采样值 $\hat{X}_n(e^{j\omega_k})$，可根据式(12.1b)所示的短时傅里叶合成公式插值恢复出采样率为输入采样率的时域估计值 $\hat{x}[n]$。

图 12.1 STFT 的数字编码流程

图 12.2 详细给出了多数频域编码系统结构的一般性描述。图 12.2 的最左边是一组 M 个带通滤波器。如第 7 章所述，若采用合适的带通滤波器组，其输出的通道信号，与根据式(12.1a)描述的时变傅里叶变换 $X_n(e^{j\omega})$ 中的各频域值 $\omega_k, k = 0,1,\ldots,M-1$ 完全相同。其他形式的滤波器组可以实现其他的频谱变换。一般来说，带通滤波器输出的集合是下一阶段的输入。下一阶段完成频移、下采样、分析、量化和编码功能。该阶段的输出在图中标记为数据。这样标记也表明带通滤波器的输出可以使用图 12.2 所示最右端的一组合成滤波器进行重建得到估计值 $\hat{x}[n]$ 进行多种方式的处理。

本章阐述如何通过建立滤波器组和对通道信号进行选择，将图 12.2 中所示框图表示成很多种类的频域编码器。讨论从通道声码器开始，因为它是所有语音编码器的始祖。因此尽管现在已很少用它，但仍然值得特别提一下。之后的讨论将更多地集中在传输编码和子带编码的最新进展方面，因为它们是使用现代语音和音频编码最重要的例子。

[①] 注意，书中作者常采用符号记法 $\hat{n}$ 来表示计算短时分析时一个具体时间点的取值，而采用符号 n 和 m 来表示一个可变离散时间点的取值。

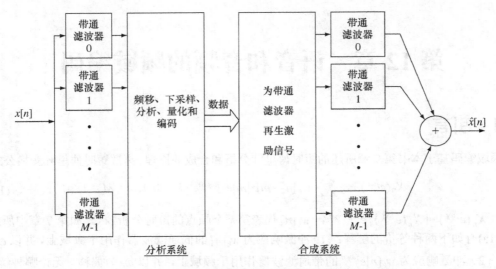

图 12.2　语音及音频信号的频域编码框图

12.2　历史回顾

最古老的语音编码系统是通道声码器，它由 Homer Dudley[92]在 20 世纪 30 年代发明。在它发明时，所有通信信号处理系统均由模拟滤波器、模拟调制器及其他模拟系统组件如整流器、包络检波器等组成。Dudley 发明通道声码器的目的是，压缩语音信号的模拟带宽，使得多个语音信号可同时在 3.2kHz 的电话带宽上传输。他将系统命名为声码器，而这一术语也成为了所有语音信号压缩系统的统称并一直沿用至今。Dubley 证明在保持语音信号可理解的基础上减小带宽是可行的，但声码器输出语音的质量将有损失。尽管如此，Dudley 的通道声码器已成为语音通信科学和工程史上一个至关重要的里程碑。随着 20 世纪 60 年代语音通信系统的数字信号处理工具逐渐成为研究的热点，Dudley 的基础理论[105, 130, 131, 351]也在第一个数字语音压缩系统中应用，并且它们仍然占据着现代语音科学技术中的核心地位。

12.2.1　通道声码器

通道声码器是试图将语音合成模型的特性与语音合成模型的分析和合成集成在一起的频域编码器。从目前的研究来看，它是本章所讨论的通道编码器与第 11 章所述的基于模型的编码器的混合。为简化分析，我们引入许多近似来实现时间相关傅里叶分析和合成。当年 Dudley 为了能在模拟硬件上实现，这些近似不得不采用。在那之后，同样由于有限的计算能力，早期的数字通道声码器也不得不采用这些近似。随后，由于数字信号处理技术初期研究的不完善，很多关于数字滤波器和离散时间傅里叶变换的理论还未被研究，这些近似也一直在沿用。

从现代研究角度出发，可得出数字通道声码器与图 12.2 所示框架的一致性。因为 $x[n]$ 和 $\hat{x}[n]$ 均为实数，所以逆变换公式(12.1b)可重写为

$$\hat{x}[n] = \mathcal{R}e\left\{\sum_{k=0}^{M-1} P[k]\hat{X}_n(e^{j\omega_k})e^{j\omega_k n}\right\}$$

(12.2a)

$$= \sum_{k=0}^{M-1} \hat{x}_k[n],$$

式中，

$$\hat{x}_k[n] = |P[k]| \cdot |\hat{X}_n(e^{j\omega_k})| \cos(\omega_k n + \theta_n(\omega_k) + \phi_k). \tag{12.2b}$$

和

$$\hat{X}_n(e^{j\omega_k}) = |\hat{X}_n(e^{j\omega_k})| e^{j\theta_n(\omega_k)} \tag{12.2c}$$

从式(12.2b)可以看出，短时傅里叶分析/合成中的每个通道都可视为频率为 ω_k、幅度为 $|P[k]| \cdot |\hat{X}_n(e^{j\omega_k})|$、相位为 $\theta_n(\omega_k) + \phi_k$ 的余弦信号。而且如图 12.2 所示，基本的短时傅里叶分析可由一组带通滤波器实现。为得到 $X_n(e^{j\omega_k})$，第 k 阶滤波器的输出需要在频域中下变频到基带，然后通过采样得到低采样率的低通信号，其带宽由带通滤波器的带宽决定。

在原始的通道声码器中，对带通滤波器和频谱搬移的结合近似如图 12.3 所示系统描述。通过对中心频率 ω_k 为带通滤波器的输出进行检波可以得到 $|X_n(e^{j\omega_k})|$ 的近似值。通道声码器的第 k 个通道采用冲激响应为 $w_k[n]\cos(\omega_k n)$ 的带通滤波器，其中 $w_k[n]$ 为相应低通滤波器的冲激响应。一个全波整流器和低通滤波器跟在带通滤波器的后面，用于平滑和限制输出的幅度。全波整流器和低通滤波器作为包络检波器的近似（AM 解调器），而这个近似用于近似 STFT 下变频后的基频信号。图 12.3 所示的处理流程是通道声码器中每个频带的基本分析组件。分析器包含一组通道，每个通道的分析频率均匀或非均匀地分布在感兴趣的语音带宽上。如图 12.4 所示，该图假定是由数字实现的，而 Dudley 的早期实现则使用模拟组件。

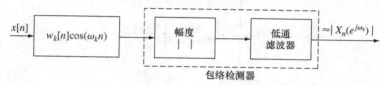

图 12.3　短时谱近似方法的框图

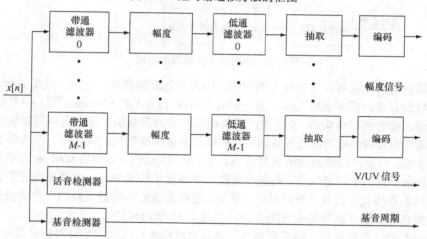

图 12.4　数字通道声码器分析的框图

当然，语音信号不能只由幅度谱表示。若式(12.2b)中没有短时相位 $\theta_n(\omega_k) + \varphi_k$，则合成语音只包含幅度调制的正弦信号，其频率等于带通滤波器的中心频率。若滤波器采用等幅调制，合成的语音则听起来像固定（单调）基频的连续语音一样，当然这不是我们希望得到的结果。

为了避免估计每个通道的时变相位，通道声码器具有一个附加的分析组件来决定激励的模式，即是浊音还是清音。如果是浊音，则激励作为语音信号的基频（与基音周期相等）。这些音调和发音参数大约每 10ms 估计一次，从而跟踪语音信号时变激励的性质。如图 12.4 所示，激励信号的信息与幅度通道信号共同构成了最终语音信号的表示。在数字实现中，这些参数为了进行传输和存储均进行了量化和采样。

通道声码器中的合成器如图 12.5 所示。通道声码器合成的基本原则可简单地表述如下：通道信号控制着每个通道幅度相对整个输出幅度的贡献，而激励信号控制着给定信道通带内的精细谱结构。清浊音信号可简单地通过合适的激励信号合成器，即随机白噪声信号用于合成清音信号，而周期激励信号用于合成浊音信号，这个周期激励信号的基频由音调周期信号来控制。这样由每个频带合成的合成信号谱中，每个频带的幅度在短时间隔内可近似视为一个常数。事实上，每个频带均保留的带通滤波器频率选择特征用于合成那个频带。如果激励信号是浊音，那么输出由具有周期特征的那些谱结构的频带组成，如果是清音，则谱结构一般很平坦地跨越每个频带。

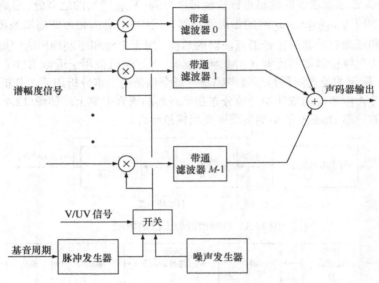

图 12.5　声码器中合成器的框图

最终合成的语音通常听起来有较大的回响，因为对邻近带叠在一起这一现象完全缺乏控制，这样一来将导致合成的频率响应无效。这一影响可从图 12.6（据 Flanagan[105]）中显示出来。图中比较语音输入信号的谱结构和 15 通道声码器相应输出的谱结构。注意到声码器输出频谱中的块状显示。这是由粗糙的通道间隔导致的。共振峰信息被高度量化，而且在一些情形下共振峰频率有较大的变化。数字通道声码器的典型范围是 1200～2400bps，其中约 600bps 用于基频和清浊音信息，而其余信息用于通道信号。通道声码器可以减低比特率的一个主要原因在于，采用基频和清浊音信息的直接表示代替了短时相位。然而，这也是通道声码器系统的一个缺点和不足，因为精确地检测基音和浊音信息是非常困难的（参见第 10 章的讨论）。

通道声码器的一个特征是，由于它集成了语音合成模型，因此它允许对语音信号进行修改。这是因为激励和声道信息分别进行表示。因此显而易见，例如，基频的变化与声道信息（通道信号）无关。再如，如果脉冲激励器总是产生相同的基频信号，即未利用基频信息，则产生的是单音语音信号。如果未使用脉冲激励器，而只有来自随机白噪声的激励，则输出的语音听起来像低声耳语的语音。通过独立带通滤波器的中心频率和基音周期的尺度，通道声码器还可以非常简单地实现时间尺度和频率尺度独立变化。

虽然通道声码器可以灵活地在 1200～2400bps 的比特率范围内对语音进行编码，但系统固有的缺点却无法通过增加参数的量化比特来进行弥补。除了在清浊音 V'(/UV) 检测以及基频检测上的困难外，通道声码器合成器使用一组带通滤波器的平滑输出某种意义上只能得到一个粗糙的谱包络。虽然这种局限性可通过采用更多的带通滤波器通道进行克服（必然伴随着比特数的增加），但研究结果显示有更好的方法来决定谱包络及其对激励信号的作用，以及更好的办法来决定激励信号（参看第 11 章中基于模型的编码）。然而，这并不意味着基于频域的编码无法成功地应用于语音和音频编码中。事实上，正如我们所述，基于频域的编码很好地适用于在编码过程中集成声学掩蔽的信息。但要充分利用感知效应，要在通道声码器中应用更复杂的数字信号处理技术。

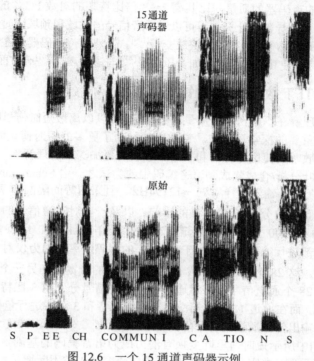

图 12.6　一个 15 通道声码器示例

12.2.2　相位声码器

通道声码器给出了基于语音信号短时频谱分析的声码器原理。但如前所述，丢弃相位信息而采用根据源/系统模型中提取的信息来取代，具有无法通过增加滤波器复杂度或将更精确的基频或清浊音检测等措施克服的局限性。20 世纪 60 年代末及 70 年代，随着数字滤波器设计和数字信号处理技术的发展，显然丢弃相位信息是不必要也不希望的做法。

第一个使用 STFT 相位的、具有深远意义的尝试由 Flanagan and Golden[109]完成，作者将其系统命名为相位声码器。他们的研究基于他们定义的模拟系统的数字仿真。从这个角度出发，他们很自然地将研究的系统基于相位的时间导数而非相位本身，这样做主要有以下两个原因：第一，由于介于 $[-\pi, \pi)$ 或 $[0, 2\pi)$ 的主相位值可能不连续，因此在传输过程中需要非常宽的模拟带宽。第二，如果将相位展开成一个时间连续的函数，那么它将是无界的，因此不适合进行传输。这使得他们对每个通道的短时相位信息的时域导数的采样进行计算[109]。若采用一个等价的带宽受限的连续时间信号，则可用来定义相位求导信号 $\hat{\theta}_n(\omega_k)$，用于近似在通道频率 ω_k 附近的瞬时频率变化。采用这种办法，模拟语音信号在质量不严重受损的情况下可使带宽压缩 2 倍[109]。通过仿真验证，求导后的相位是有界的，所以可在数字编码系统中进行量化。虽然他们没有完全实现和评价基于相位求导数字语音声码器，但是他们证明了可以实现 10000bps 比特率以下量化的幅度和相位求导后信号[109]恢复具有可接受的语音质量的声码器。

对于幅度和相位求导信号的采样与量化技术的详细研究由 Carlson[52]完成。在他的相位声码器中采用了 28 通道，每个通道的宽度为 100Hz。相位导数参数采用均匀量化，而幅度参数采用对数量化。比特数在每个通道上是非均匀，在低通道上分配较多的比特数，而在高通道上分配较少的比特数。而且，相位导数参数可以比幅度谱参数分配较多的比特数。若每秒 60 次对幅度和相位求导信号进行采样，分配 2 比特到低频幅度信号，1 比特到高频幅度信号，3 比特到低频相位求导通道，2 比特到高频相位求导通道，则可以得到 7200bps 比特率的声码器。非正式的测试结果表明，上述实现的声码器的质量与比其高 2～3 倍比特率的对数 PCM 的性能相近[52]。

如第 7 章所述，相位导数的计算使得可以对语音信号的时域和频域同时进行操作，例如语音信号可在不影响基频和共振峰的情况下加快或变慢[109]。虽然相位声码器未在编码领域广泛使用，但相位声码器的这一特点使其在其他领域如音乐合成[247]与语音声控[297]等方面受到了极大的关注。

12.2.3 早期的 STFT 数字编码工作

相位声码器对于理解在不损伤语音质量的前提下，可以以离散短时傅里叶变换为基础获得低比特率，是一个非常重要的探索和突破。它的成功推动了更多的短时傅里叶分析/合成方面的研究，同时也使得对离散时间傅里叶分析和多速率系统有更加深入的理解。

早期将短时傅里叶分析/合成集成到语音编码中的尝试之一由 Schafer and Rabiner[346]完成。他们计算了复数域的 STFT，输入采样率 $F_s = 12194$Hz，且采用等间隔的频率点 $\omega_k = 2\pi/128$。探索了通道采样率对无量化的分析/合成质量的影响，以及一些对通道信号的量化方法。例如，其中一种方法是采用每秒 500 个样本对通道信号进行采样，且用 1 比特自适应差分调制来对 $X_n(e^{j\omega_k})$ 的实部和虚部进行编码。这对应于 28kbps 的编码速率，因为仅对 65 个通道中的 28 个通道进行了编码传输。这 28 个通道覆盖从 100～2700Hz 的带宽。在另一个实验中，同样以每秒 100 个样本计算得到 28 个通道信号，并对通道 1～10 的信号分别用 3 比特和 4 比特对对数幅度谱及相位角进行量化，而在通道 11～28 相应地采用 2 比特和 3 比特进行量化[①]。最终的比特率为 16kbps，在解码端的输出信号质量稍有下降。

虽然如文献[346]中所示短时傅里叶变换有潜力成为语音编码的基础，但初始结果并不令人满意。然而，由于以下两点事实，使得频域编码领域研究的兴趣不断增长。第一，事实上不进行量化可以实现完美重建；第二，频域编码是一种理想的方法，可将听觉的掩蔽效应结合到语音编码中，这个方向正在同时被其他研究领域关注。虽然信号处理的进展及感知模型的结合可使得语音编码在合适的比特率范围内有较高的质量，但基于生成模型的编码器在高信噪比条件下可在更低的比特率上提供可比拟的语音质量。正如我们所看到的那样，频域编码器在对各种声音（不仅仅是语音）都要求高质量的音频编码系统中占有主导地位。

12.3 子带编码

图 12.7 展示了具有 M 个通道的子带编码器的一般性框图，其中每个通道包含一个带通滤波器、一个下采样器、一个量化器、一个编码器、一个解码器和一个带通插值器。带通滤波器完成输入信号的带通滤波。通常整个频带大约是整个输入采样信号的基带，即 $0 \sim F_s/2$，输入信号采样频率的一半。每个带通滤波器的带宽通常是相同的，虽然对于听觉来说非均匀的带宽更合理。因为通道信号是窄带的，因此可以用比输入信号采样率更低的码率来采样。在采用带宽为整个输入语音信号频带的等带宽的带通滤波器时，意味着频谱下变频后整个带宽通道信号的采样率为 F_s/M [②]

---

① 在数字编码系统中，不考虑主相位值的不连续性。因为在语音信号重建的过程中，主相位值和幅度值足以用于重建 STFT 的实部和虚部。

② 显而易见，对通过带通滤波器后的信号进行下采样等价于调制到直流后对低通信号进行下采样（参见习题 12.1）。

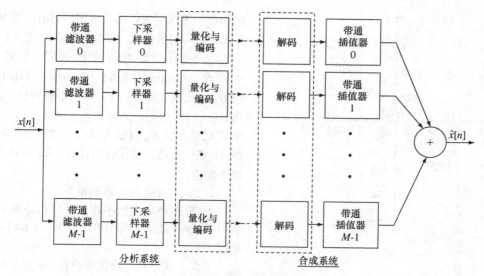

图 12.7　子带编码器框图

在子带编码器中，采用先前在第 11 章所采用的量化技术对通道信号进行单独或联合量化。对量化后的信号进行编码以用于数字传输或存储。

为了重建编码后的语音信号 $\hat{x}[n]$，对量化后的通道信号进行了解码，并且作为输入信号送到一组带通插值器中。每个这样的带通插值器包含一个上采样器（采用一致的抽取因子），之后接与分析带通滤波器一致的带通滤波器。这个带通插值操作生成具有原始采样率的通道信号，并将通道信号恢复到适当的通带上。如果滤波器设计得合适，分析系统中的下采样器的输出信号可以直接接到相应的带通插值器的输入（不进行量化编码及解码），那么可认为生成的信号 $\hat{x}[n]$ 与 $x[n]$ 完全一致[71]。这种完美重建的滤波器系统是大范围语音和音频编码器的基础，称为子带编码。

当滤波器组的输出被量化、编码和解码后，输出 $\hat{x}[n]$ 则不再完全等价于输入，但通过合理地设计量化器，可以认为输入和输出信号在听觉上没有太大差别。这类编码器的设计目标也就是在保持这种高质量的听觉效果的同时，尽可能地降低总比特率①。

对比本章的通道声码器和第 11 章讨论的线性预测（LPC）声码器，LPC 声码器将语音生成模型集成到量化的过程中，而通道声码器中的滤波器组结构则对将语音信号的听感知特点集成到编码器中更方便。如第 4 章中所述，实际上，底膜可对耳鼓所得到的声音进行频率分析。基膜上的点之间的耦合作用产生第 4 章中提到的人耳的掩蔽效应。到目前为止，这种掩蔽效应在一些编码系统中有所利用，但只是一些简单的应用。在 12.6 节，我们将看到子带编码如何将掩蔽效应的模型集成到量化过程中。

我们首先讨论基于理想频率选择滤波器的 2 子带系统的子带编码器。虽然这是最简单的子带编码器，没有什么实际的使用价值，但它能说明子带编码的基本原理，而且可直接推广到 M 个通道的情形下。

12.3.1　理想的 2 子带编码器

为解释子带编码的原理，我们直接量化图 12.8 所示的采样后语音信号 $x[n]$，并对图 12.9 所示采用 2 子带的子带编码器进行比较。回想图 12.8a 中所示的非线性量化操作，可知图 12.8b 中所示

---

① 总比特率是指所有通道中每个通道下采样后的比特数乘以分配到该通道的比特数后的总和。

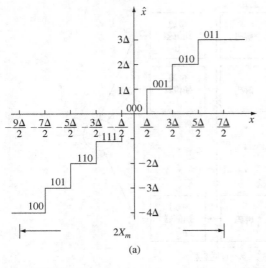

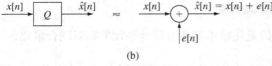

(b)

图 12.8 量化器的加性噪声近似

的加性噪声模型也可以近似得到 $\hat{x}[n]$，其中对于 B 比特的均匀量化器，量化间隔 $\Delta = 2X_m / 2^B$，式中 $2X_m$ 是量化器无削波时的峰-峰值。如第 11 章中所示，X_m 是量化器的一个指标，正比于输入信号的均方根，即 $X_m = C\sigma_x$。对于语音信号而言，当 $C = 4$ 时可使得样本被削波的概率几乎为零。当 B 足够大且 X_m 能包含 $x[n]$ 的动态范围时，如第 11 章中所述，量化噪声 $e[n] = \hat{x}[n] - x[n]$ 具有如下特点：

　　1．噪声与输入信号不相关。

　　2．噪声样本之间不相关（即白噪声）。

　　3．噪声样本均匀分布在 $-\Delta/2 \le e[n] < \Delta/2$ 范围内。

　　根据上述假设，量化噪声在 $-\pi$ 到 π 的范围内具有平坦的谱，而且总平均噪声功率为 $\sigma_e^2 = \Delta^2/12 = 2^{-2B} X_m^2/3$。因此对于直接量化，量化器的信噪比为

$$\mathrm{SNR}_Q = \frac{\sigma_x^2}{\sigma_e^2} = \frac{3 \cdot 2^{2B}}{C^2}. \tag{12.3}$$

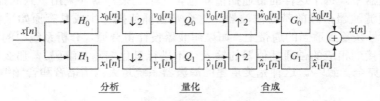

图 12.9　2 子带编码器直接量化的框图

　　现在考虑图 12.9 中所示的具有 2 子带的子带编码器。假设滤波器为图 12.10 所示的理想滤波器，那么输入信号的谱可以切分为两个等带宽无交叠的子带。图 12.10 中的理想滤波器是离散时间滤波器，所以频率标注为 $-\pi < \omega < \pi$，频率响应是以 2π 为周期的。输入滤波器 $H_0(e^{j\omega})$ 和 $H_1(e^{j\omega})$ 具有单位增益，而输出滤波器因为需要 1:2 内插，所以需要 2 倍的单位增益，即 $G_0(e^{j\omega}) = 2H_0(e^{j\omega})$ 和 $G_1(e^{j\omega}) = 2H_1(e^{j\omega})$。

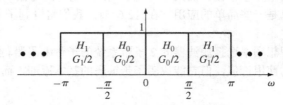

图 12.10　理想 2 子带编码滤波器框图

　　在没有量化的情况下（即 $\hat{v}_0[n] = v_0[n]$ 且 $\hat{v}_1[n] = v_1[n]$），这种背对背的分析/合成系统可以实现信号的完美重建，即 $\hat{x}[n] = x[n]$。为证明这一结论，假设 $x[n]$ 的离散时间傅里叶变换（DTFT）为 $X(e^{j\omega})$，然后可以跟踪输入信号通过图 12.9 中系统的过程，相应的公式为

$$X_i(e^{j\omega}) = H_i(e^{j\omega})X(e^{j\omega}), \qquad\qquad i = 0, 1, \tag{12.4a}$$

$$V_i(e^{j\omega}) = \frac{1}{2}X_i(e^{j\omega/2}) + \frac{1}{2}X_i(e^{j(\omega-2\pi)/2}), \qquad i = 0, 1, \tag{12.4b}$$

$$\hat{V}_i(e^{j\omega}) = V_i(e^{j\omega}), \qquad i = 0, 1, \quad \text{未量化} \tag{12.4c}$$

$$\hat{W}_i(e^{j\omega}) = \hat{V}_i(e^{j\omega 2}) = V_i(e^{j\omega 2}), \qquad i = 0, 1, \tag{12.4d}$$

$$\hat{X}_i(e^{j\omega}) = G_i(e^{j\omega})\hat{W}_i(e^{j\omega}), \qquad i = 0, 1, \tag{12.4e}$$

$$\hat{X}(e^{j\omega}) = \hat{X}_0(e^{j\omega}) + \hat{X}_1(e^{j\omega}). \tag{12.4f}$$

为跟踪输入信号通过图 12.9 中系统的处理过程，从式(12.4f)开始替代前面的公式，直到 $\hat{X}(e^{j\omega})$ 用 $X(e^{j\omega})$ 表示，最终的公式如下所示：

$$\begin{aligned}
\hat{X}(e^{j\omega}) &= \frac{1}{2}\Big[G_0(e^{j\omega})H_0(e^{j\omega}) + G_1(e^{j\omega})H_1(e^{j\omega})\Big]X(e^{j\omega}) \\
&\quad + \frac{1}{2}\Big[G_0(e^{j\omega})H_0(e^{j(\omega-\pi)}) + G_1(e^{j\omega})H_1(e^{j(\omega-\pi)})\Big]X(e^{j(\omega-\pi)}) \\
&= H(e^{j\omega})X(e^{j\omega}) + \tilde{H}(e^{j\omega})X(e^{j(\omega-\pi)}).
\end{aligned} \tag{12.5}$$

式(12.5)中，$X(e^{j\omega})$ 的系数为

$$H(e^{j\omega}) = \frac{1}{2}\Big[G_0(e^{j\omega})H_0(e^{j\omega}) + G_1(e^{j\omega})H_1(e^{j\omega})\Big], \tag{12.6a}$$

$X(e^{j(\omega-\pi)})$ 的系数为

$$\tilde{H}(e^{j\omega}) = \frac{1}{2}\Big[G_0(e^{j\omega})H_0(e^{j(\omega-\pi)}) + G_1(e^{j\omega})H_1(e^{j(\omega-\pi)})\Big]. \tag{12.6b}$$

利用这些等式，若要得到 $\hat{X}(e^{j\omega}) = X(e^{j\omega})$，则需要

$$\tilde{H}(e^{j\omega}) = \frac{1}{2}\Big[G_0(e^{j\omega})H_0(e^{j\omega}) + G_1(e^{j\omega})H_1(e^{j\omega})\Big] = 1, \tag{12.7a}$$

和

$$\Big[G_0(e^{j\omega})H_0(e^{j(\omega-\pi)}) + G_1(e^{j\omega})H_1(e^{j(\omega-\pi)})\Big] = 0. \tag{12.7b}$$

式(12.7a)和式(12.7b)一起成立是实现输入信号完美重建的必要条件。在图 12.10 中，很容易看出对于理想滤波器这些条件是满足的。

为确定 2 通道子带编码器的 SNR，我们假设一个总信号功率为 σ_x^2 的随机输入信号[①]。图 12.11 给出了这样一个信号的 2 子带编码过程的示例[②]。为解释清楚，图 12.11a 中给出了一个类似语音信号的功率谱。通道滤波器的频率响应如图 12.11a 中的虚线所示。图 12.11b 和图 12.11c 中显示了经过低通和高通滤波器后的信号频谱。在本例中，低通和高通信号的功率是明显不同的，这是一个关键点。因为滤波器是理想的，因此两个通道信号可以认为是彼此独立的，因此信号的总功率应该为两通道信号功率之和，即 $\sigma_x^2 = \sigma_{x_0}^2 + \sigma_{x_1}^2$。为了之后的方便，我们定义两通道功率的分布分别为 $\sigma_{x_0}^2 = \alpha\sigma_x^2$ 和 $\sigma_{x_1}^2 = (1-\alpha)\sigma_x^2$，其中 $0 \le \alpha \le 1$。抽取通道信号 $v_i[n] = x_i[2n]$ 的自相关函数为

$$\phi_{v_i}[k] = E\{v_i[n]v_i[k+n]\} = E\{x_i[2n]x_i[2k+2n]\} = \phi_{x_i}[2k], \tag{12.8}$$

这意味着 $\sigma_{v_i}^2 = \sigma_{x_i}^2$，$i = 0, 1$。而且抽取通道信号的功率谱为

$$S_{v_i}(e^{j\omega}) = \frac{1}{2}S_{x_i}(e^{j\omega/2}) + \frac{1}{2}S_{x_i}(e^{j(\omega-2\pi)/2}), \quad i = 0, 1. \tag{12.9}$$

对于图 12.11a 中的示例，$S_{v_0}(e^{j\omega})$ 和 $S_{v_1}(e^{j\omega})$ 分别如图 12.11d 和图 12.11e 所示。

---

① 虽然式(12.7a)和式(12.7b)是由假设 $x[n]$ 为确定性信号时推出的，但它们同样适用于随机信号。

② 注意在图中归一化的频率范围为 $-\pi \le \omega < \pi$，但在图 12.11d 和图 12.11e 中的采样率为 $F_s/2$，而其他图中的采样率为 F_s。

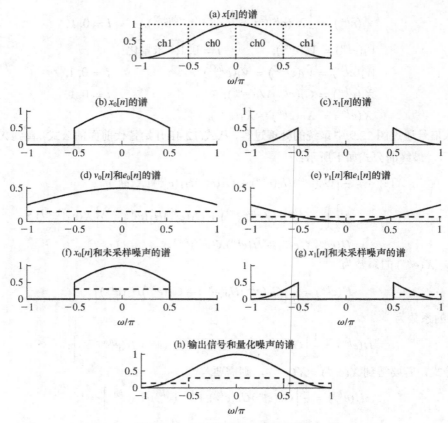

图 12.11　2 子带编码器的频谱解释

我们可以用加性噪声估计信号 $e_0[n]$ 和 $e_1[n]$ 来替换量化器 Q_0 和 Q_1，从而分析子带编码器的性能[172,399]。这些噪声信号线性扩散到它们的相应频带上，并叠加到输出信号。子带编码的一个非常重要的特征是，在某种程度上说，子带滤波器是理想滤波器的理想近似，相应通道上量化噪声只对重建输出信号中的相应频带有影响。假设两个量化器分别为 B_0 和 B_1 比特，两个量化后的通道信号 $\hat{v}_0[n]$ 和 $\hat{v}_1[n]$ 的采样率为 $F_s/2$，因为两个通道都是基 2 抽取的。因此，子带表示的总比特率为

$$I_{SBC} = B_0 \frac{F_s}{2} + B_1 \frac{F_s}{2} = \left(\frac{B_0 + B_1}{2} \right) F_s. \tag{12.10}$$

图 12.8b 表明，采样后的信号 $x[n]$ 直接量化后的比特率为 $I_Q = BF_s$。一个有用的比较是当比特率一样时，即使得 $B = (B_0 + B_1)/2$，然后对比性能与两个通道上比特数分配的依赖关系。当然，一个方便的衡量性能的指标是解码器输出信号的 SNR。

现在设量化器根据 $X_{m_i} = C_i \sigma_{x_i}, i = 0,1$ 进行调整，则量化器输出端噪声的功率为 $\sigma_{e_i}^2 = 2^{-2B_i} C_i^2 \sigma_{x_i}^2 / 3$。两个噪声的谱如图 12.11d 和图 12.11e 中的虚线所示。滤波器后的上采样能精确地还原输入信号下采样的影响，在输出信号 $\hat{x}[n]$ 中生成一个加性成分 $x[n]$。噪声源信号 $e_0[n]$ 和 $e_1[n]$ 在插值器的输出端生成相应的噪声信号 $f_0[n]$ 和 $f_2[n]$。通道信号独立地传播到输出端，因此有 $\sigma_{\hat{x}}^2 = \sigma_x^2 + \sigma_f^2$，其中 $\sigma_x^2 = \sigma_{x_0}^2 + \sigma_{x_1}^2$，$\sigma_f^2 = \sigma_{e_0}^2 + \sigma_{e_1}^2$。因此，子带编码器合成端的输出信号的 SNR 为

$$\mathrm{SNR}_{SBC} = \frac{\sigma_x^2}{\sigma_{e_{SBC}}^2} = \frac{\sigma_x^2}{\sigma_{e_0}^2 + \sigma_{e_1}^2}. \tag{12.11}$$

SNR_{SBC} 简单改写后有

$$\text{SNR}_{SBC} = \left(\frac{\sigma_e^2}{\sigma_{e_0}^2 + \sigma_{e_1}^2} \right) \cdot \left(\frac{\sigma_x^2}{\sigma_e^2} \right) = G_{SBC} \cdot \text{SNR}_Q, \tag{12.12}$$

式中，G_{SBC} 具有明显的定义，称为子带编码增益。假设对于所有的量化器有相同的比例因子 $C = C_i$，以适当的表达式替换量化噪声功率 σ_e^2、$\sigma_{e_0}^2$ 和 $\sigma_{e_1}^2$，同时回顾之前已经假设 $\sigma_{x_0}^2 = \alpha \sigma_x^2$ 和 $\sigma_{x_1}^2 = (1-\alpha)\sigma_x^2$，可得

$$G_{SBC} = \frac{2^{-2B} C^2 \sigma_x^2}{2^{-2B_0} C^2 \sigma_{x_0}^2 + 2^{-2B_1} C^2 \sigma_{x_1}^2} = \frac{2^{-(B_0 + B_1)}}{\alpha 2^{-2B_0} + (1-\alpha) 2^{-2B_1}}, \tag{12.13}$$

其中我们仍然与直接量化 $2B = B_0 + B_1$ 进行比较。图 12.12 中给出了 $B_0 + B_1 = 8$ 时式(12.13)的图形和一些 α 取值。图中可看出一些重要的点，如当 $\alpha = 0.5$ 时 $\sigma_{x_0}^2 = \sigma_{x_1}^2 = 0.5\sigma_x^2$ [1]。如图 12.12 中的实线所示，这种情况下且 $B_0 = B_1$ 时增益为 1（0dB），取得最大子带增益。由此可见，若功率谱是平坦的（或者信号功率均匀分配），则子带编码相比直接量化编码 $x[n]$ 没有 SNR 上的提高。而另一个极端情况是 $\alpha = 1$ 的情形（图 12.12 中的虚线所示）。这种情况下，在高频带没有功率分配，并且通过将所有 8 比特全部用于量化采样率为 $F_s / 2$ 的低频带，与采样率 F_s、$B = 8/2 = 4$ 的直接量化相比，可得到 $4 \times 6 = 24\text{dB}$ 的增益。显然这是输入信号过采样时的一种简单情况。让我们更感兴趣的是 $\alpha = 0.9$ 或 $\alpha = 0.99$ 时的情况，此时大部分但非全部功率在低频带。这些情况如图 12.12 中的点线和点画线所示。在这些情况下，G_{SBC} 的最大值均大于 1，而且最大值取在 $B_0 > B_1$ 时。这一现象即比特分布不平均的现象，可由式(12.13)明显地解释。当分子为定值 $[(B_0 + B_1)$ 为一定值]时，如果 $\alpha > (1-\alpha)$，那么要想减小分母的大小以增大 G_{SBC} 则需要 $B_0 > B_1$。而且我们还可以看到，当 B_0 和 B_1 选择得使两个子带的量化噪声功率一样时，自带增益取得最大值[172]，即由于两个子带具有相同的因子使得两个子带具有相同的噪声级 $C_0 = C_1 = C$，这意味着在高频带信噪比较低。这与 SNR 在每个频带上相同时的选择 $B_0 = B_1 = B$ 相反。

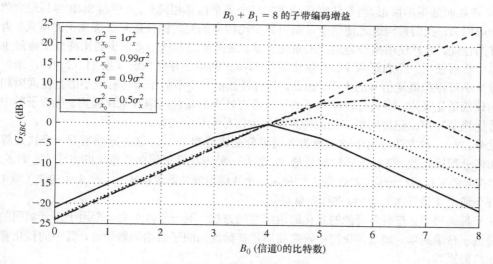

图 12.12 2 子带编码器的编码增益

我们已经看到，类似语音的信号其功率谱不是平坦的，信号相对量化噪声的信噪比可通过将信号分为不相连的子带，然后分别进行量化来提高。虽然我们的实验基于理想滤波器，但仍可以表明语音的子带编码可以获得明显的增益。在实际编码器中要想获得这种增益，需要考虑如下两个方面：

---

① 当 $x[n]$ 的功率谱非常平坦时，这种情况可能发生。但所有这些假设均基于总功率被均等的分配到高低两个频带上，如果功率谱不平坦，子带的划分同时会改变相应的功率分布。

（1）用于分析和合成的实际滤波器组的设计。

（2）能获得最大质量的量化算法的设计。

第 7 章中已经讨论过如何设计滤波器组。特别地，7.8 节详细讨论了如何设计两通道的滤波器组，并显示了如何将两通道滤波器组用于树状结构中来生成多通道的均匀或非均匀带宽的滤波器组。以第 7 章为背景，接下来讨论通道信号的量化问题。

12.3.2　子带编码的量化器

在子带编码器中，通道信号在送入合成滤波器组之前进行量化。这会向通道信号中引入误差（量化噪声），并通过合成阶段的插入滤波器传播到输出中。在 12.3.1 节中给出的采用理想滤波器的子带编码的示例中，认为量化噪声被完全限制在其生成的通道内。在实际应用中，如果滤波器阻带有较高的衰减，且重叠带较小，那么这种假设是可行的。虽然合理地设计滤波器组可以消除额外的信号成分，但对量化噪声来说是不起作用的，因为它们是在抽取之后引入的。因此，需要设计合理的高陡降滤波器组以最小化在滤波器重叠部分的噪声信号的泄漏。

如 12.3.1 节中所述的最简形式，子带编码器独立地对各通道信号分别进行量化。如果采用一个如 12.3.1 节中所述的固定量化器，输入信号如同语音信号一样，在高频频谱部分减弱，那么在每个频带采用不同的量化器可以提高 SNR。12.3.1 节的结论可以推广到由 M 个等带宽滤波器组成的滤波器组中。而 M 个通道的滤波器组如 7.8 节中所描述的那样，由 2 通道的滤波器组通过树状结构生成。这样，每个通道信号可以以 F_s/M 的速率进行采样，因此总比特率是所有通带信号的比特率之和。如果每个通道分配相同的比特数，那么每个通道可以得到同样的增益。另一方面，正如之前的两通道编码器示例，通过分布相应的比特数使得功率得到平均时，子带编码的增益 G_{SBC} 可以达到最大。而且可以被证明，若谱单调衰减，则子带编码的增益随通道数目的增加而增大[172]①。正如两通道的情形，当量化噪声功率在每个子带内都相同时，可使得 SNR 得到最大值[172]。

一般而言，我们希望通过使用子带编码减少比特率的同时保持信号听感知上的质量。为了得到最好的性能，最好使用某种自适应的量化方案。最简单的方法是将最少的比特分配给最少功率的通道。然后使用一个自适应 PCM 量化器如 Jayant 的单字存储系统（见 11.5.2 节），来保证量化误差大小可跟踪通道信号的大小。因此，具有较低信号功率的子带将有较小的量化间隔和与之相当的较低量化噪声，而具有较高功率的子带将有较大的量化间隔和量化噪声。尽管子带中较大的信号能掩蔽噪声，但使用更多的比特来量化大信号无疑会更好。

此外，另一种方法可用于动态地为各通道分配比特数[68,317]。这种方法需要一个决策算法来决定如何分配比特数，使得听感知质量最优。还有一种方法是采用向量量化的方法（见 11.6.2 节）将通道信号的采样进行分块。Cox 等人[68]使用一个 4 通道滤波器组构建了一个 4×4 的块（即 4 个通道，每个通道 4 倍样本），然后进行向量量化。

在子带编码中，有很多可能的量化通道信号的方法。下一节将介绍一个用于语音编码的简单的 5 通道子带编码器。稍后，我们将研究高质量音频编码的子带编码器设计，其中的量化算法基于感知掩蔽原理。

12.3.3　子带语音编码器示例

对语音信号进行子带编码起大概源于 1976 年[72,100]。那时，正交镜像滤波器组（QMF）的理论得到了发展，而且通过该方法可实现对子带信号几乎完美的重建[74]。Daumer[80]的研究对几种数字语音编码算法做了比较，其中包括表 12.1 所示的子带编码（由 R. E. Crochiere 提供）。

---

① 增加通道的数量意味着减少时域分辨率。

表 12.1　16kbps、24kbps、32kbps 采样率下的子带编码设计

子带	抽取因子 8 kHz	带缘 (Hz)	子带采样率 (Hz)	I的(比特/样本) 16	24	32
1	8	0～500	1000	4	5	5
2	8	500～1000	1000	4	5	5
3	4	1000～2000	2000	2	4	4
4	4	2000～3000	2000	2	3	4
5	4	3000～4000	2000	0	0	3

　　采样率 F_s 为 8000 个样本/秒，滤波器组如图 7.44 中的树状结构所示，采样结构如图 7.45 所示。通过最优化目标函数的性能来完成比特分配。通道信号的量化器采用 Cummiskey 等人[7]描述的 ADPCM。ADPCM 编码器具有固定的一阶预测器，对 1～5 通道的预测系数值分别为{-0.71, -0.28, -0.31, 0.26, -0.64}。在每个 ADPCM 系统中都采用了 Jayant 的单字存储自适应量化器。

　　注意到 16kbps 和 24kbps 的编码器未使用第 5 通道（未给第 5 通道分配任何比特），因为这是一种通过牺牲信号带宽来减低总比特率的方法。同时注意到更多的比特数分配到了较低的频带（语音信号的能量大多数集中在低频带通道上）而非较高的频带。图 12.13 显示了输入信号和前 4 个通道的波形。该图对应 32ms 信号段，即输入信号的 256 个样本，通道 1 和 2 的 32 个样本，通道 3 和 4 的 64 个样本。我们观察到，在开始阶段语音是清音，因此能量主要集中在较高的通道上，而在区间的结尾，语音是浊音，因此能量主要集中在低通道上。使用具有自适应量功能的 ADPCM，可以跟踪变化的信号幅度，并充分利用通道信号中保留的相关性特点。

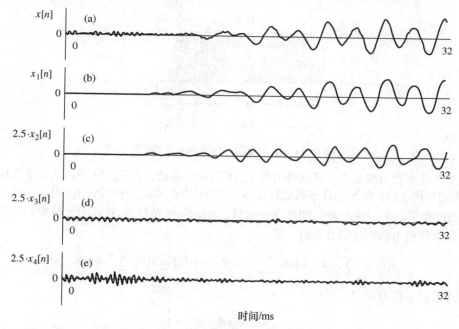

图 12.13　(a)原始波形；(b)～(e)5 子带编码的 5 个通带信号。Jayant[172]显示了这些波形，并将它们提供给了 Cox 的未发表作品

　　在 Daumer 的听感知测试中，16kbps、24kbps、32kbps 子带编码器的 MOS 分数分别为 3.11、3.93 和 4.25。作为参考，64kbps $\mu = 255$ log-PCM 编码的 MOS 分数为 4.44。可见 32kbps 子带编码器可以与 64kbps 的 log-PCM 接近，而 24kbps 的子带声码器也可以提供较好的质量。因此子带

声码器在几乎不损伤听感知质量的情况下，可以能提供较好的质量，但从 24kbps 到 16kbps 质量变差得比较明显。

12.4　自适应变换编码

如 12.3.2 节中提到的，子带编码的增益随通道数的增多而增加（相应的通道宽度变窄）。因此，我们希望采用比之前讨论中更多的通道数来提高增益。考虑一个将输入信号分为 M 个相邻的子带的滤波器组构成的子带编码器，在归一化的频率上每个子带的带宽为 π / M rad/s［对应模拟频域上的 $F_s / 2M$］。若 M 是 2 的幂，则可通过树状结构生成，或通过 12.3 节讨论的 M 通道滤波器组生成。结果是一个采样率为 F_s / M 的 M 通道信号组。因此每 MT 秒，我们将获得一个有 M 个通道值的向量。这组 M 值表示输入信号的 M 个样本。

如果 M 比较大，而且要通过数字滤波法实现滤波，那么计算的代价是非常大的。然而，换一个角度看这个问题，可以提供一种更可行的方案。因为要下采样，因此只需要每 M 个输入样本计算一次输入通道信号。本质上看，与滤波器冲激响应长度对应的语音信号样本长度的分块，被转化成了 M 大小的频域表示，而且分块边界通过下采样有效地以每 M 个点进行移动。在滤波器组分析时，通过与分析滤波器的脉冲响应卷积以及每 MT 秒的抽样实现了线性变换。这对于 FIR 滤波器来说非常容易实现。然而，很多可逆的线性变换也可应用于这种基于逐块的思想[①]。比如，我们可使用离散余弦变换（DCT）来变换从 M 个样本中选取的 L 个样本构成的分块。如果 $L > M$，则块与块之间有交叠。图 12.14 给出了这种情况下的示意图。梯形窗使得块与块间有小部分交叠，但也正因为这种形状使得在交叠部分累加它们的权重，从而可以满足精确重建的 OLA 条件。

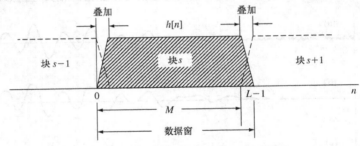

图 12.14　语音编码的块处理示意图[393]

从这个角度来看频域编码，可以得出图 12.15 所示的系统。在该方法中，选择了分段的语音波形，且采用如图 12.14 所示的梯形窗进行加权，得到一个样本的分块形式 $x_{sR}[n] = w[sR-n]x[n]$，其中 s 是块的索引，R 是块与块之间样本的数目，$w[sR-n]$ 是样本 sR 处的分析窗。通过对分块进行叠加和求和后可以重建信号 $\hat{x}[n]$，即

$$\hat{x}[n] = \sum_{s=-\infty}^{\infty} x_{sR}[n] = \sum_{s=-\infty}^{\infty} w[sR-n]x[n] = x[n] \sum_{s=-\infty}^{\infty} w[sR-n]. \tag{12.14}$$

如果合适地选择分析窗使得

$$\sum_{s=-\infty}^{\infty} w[sR-n] = 1, \tag{12.15}$$

则可使得 $\hat{x}[n] = x[n]$。图 12.14 中的梯形窗显而易见满足式(12.15)的条件。

在变换编码中，块 $x_{sR}[n]$ 可用可逆的线性变换如 DFT、DCT 或 Karhunen-Loeve 来表示（其中

[①] 一般来说，通过合理定义的变换可以实现下采样的滤波器组的说法是正确的。而且通过定义合适的滤波器组能实现变换分析也是正确的。变换分析一般用于降低计算复杂度，比如三角度量核函数的情形。

DFT 指的是短时傅里叶变换）。变换定义为 $X_{sR}[k] = \mathcal{T}\{x_{sR}[n]\}$，其中 k 是变换值的序号。因为变换是可逆的，所以我们能传输它并通过逆变换 $x_{sR}[n] = \mathcal{T}^{-1}\{X_{sR}[k]\}$ 重建同一个信号块，然后通过叠加并用式(12.14)求和重建出原始信号。

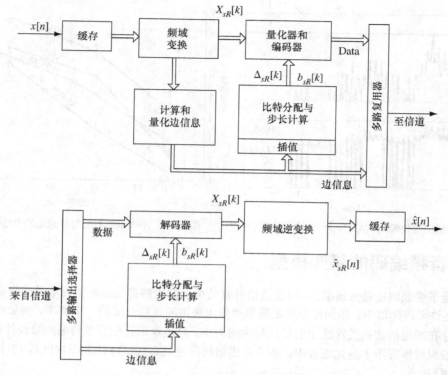

图 12.15　自适应变换编码器和解码器示意图[393]

现在若变换信号被量化，则在重建原始块时会有一些错误，即 $\hat{x}_{sR}[n] = \mathcal{T}^{-1}\{\hat{X}_{sR}[k]\}$。使用式(12.14)重建出的信号将不同于 $x[n]$。

变换编码的关键是有效地量化 $X_{sR}[k]$，使得重建后的信号 $\hat{x}[n]$ 与原始信号 $x[n]$ 的差尽可能小。对变换后的信号进行编码的算法细节详见 Zelinsky and Noll[425]、Tribolet and Crochiere[393] 和 Jayant and Noll[172]。基本方法如图 12.15 所示，图中 $b_{sR}[k]$ 是通道 k 的量化器的比特数，$\Delta_{sR}[k]$ 是（帧 s 处）通道 k 的对应步长，作为各个自适应量化器的控制参数。这些量化器参数根据谱形状信息中的边信息计算，而边信息被量化后的变换值编码和传输。这种边信息类似于自适应 PCM 编码器中的增益。因为得到比特分配和量化间隔可以在接收端完成，因此边信息足以使得 $b_{sR}[k]$ 和 $\Delta_{sR}[k]$ 在接收端恢复。图 12.16 给出了一帧语音的示例[393]。上图显示了 DCT 变换（快速变化的曲线）和一个平滑的谱带能量估计。这个能量分布基于边信息进行采样和量化。基于这个信息，每个 DCT 值分配到的比特数如中图所示。注意到很多的 DCT 的值分配到 0 比特，这意味着这些值不进行传输。这反映在下图中，给出了重建后的 DCT 值（点线是用做对比的原始 DCT 值）。

Tribolet and Crochiere[393]比较了 ATC 和子带编码（SBC）及两种形式的 ADPCM。比较结果如图 12.17 所示，图中 ADPCM-F 意味着固定的一阶预测器，ADPCM-V 意味着 8 阶自适应预测器。在 9 分制的标准上用同样的语音信号对不同的编码器性能打分排序，1 分代表性能极差类似于噪声，9 分代表与原始语音信号几乎接近。ATC 编码器（256 点变换）在所有比特率上都优于其他三种编码器，而子带编码在 16kbps 和 24kbps 上要优于 ADPCM，注意，ATC 和 SBC 的曲线几乎平行，这表明使用大量子带的感知增益（由高阶变换指出）。

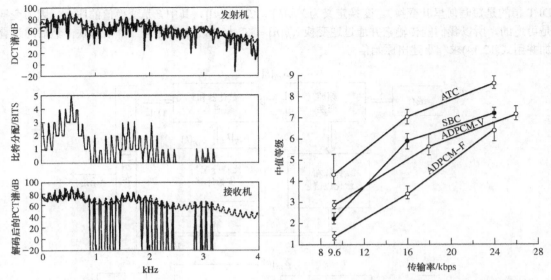

图 12.16　自适应变换编码（ATC）[393]的比特分配示意图　　图 12.17　不同编码器的打分意见的中值[393~395]

12.5　音频编码的感知模型

不管是子带编码还是变换编码，对通道信号有效编码的关键都是将感知掩蔽效应集成到量化算法中。在许多声码器中，感知模型只是简单地作为通道间比特分配的一个参考，例如噪声的反馈用于估计在固定的谱相关算法中的量化噪声的大小。但在宽带音频信号的编码器设计中，听觉掩蔽效应被很好地应用于量化过程中。本节介绍如何应用 ISO/IEC 11172-3（MPEG-1）标准中的掩蔽效应模型[156]。

为了阐述如何在语音及音频编码中应用掩蔽效应，我们将以图 12.18 所示的系统为例。本质上说，该系统是变换编码器的信号处理框架，与 Johnston[176]介绍的系统非常相似。首先计算频率分辨率相对比较高（长时间窗）的 STFT，然后分析 STFT，确定谱中哪些频率要被弱化，哪些频率要被加强。可见，在不引起听觉失真的情况下，通过将要掩蔽的部分设为 0 值，可用来调整短时谱结构。实验结果表明，通过调整短时谱阈值，可实现满足最小听力失真的短时谱量化。这是很多基于频域音频编码器如流行的 MP3、AAC 音频压缩播放器等的基础。

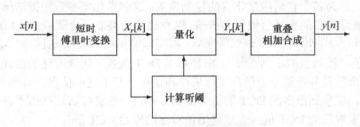

图 12.18　语音和音频编码中的掩蔽效应实验

12.5.1　短时分析和合成

图 12.18 中所示的 STFT 以 R 个样本为间隔的计算式定义为

$$X_r[k] = \sum_{n=rR}^{rR+L-1} x[n]w[rR-n]e^{-j(2\pi k/N)n}, \quad 0 \le k \le N-1, -\infty < r < \infty, \tag{12.16}$$

式中，$w[n]$ 为 L 点非因果汉宁窗系统[①]，一般而言，窗长 L 要小于等于 DFT 的长度 N：

$$w[-n] = \begin{cases} 0.5(1 - \cos(2\pi n/L)) & 0 \le n \le L-1 \\ 0 & \text{其他} \end{cases} \tag{12.17}$$

若采样率为 F_s，则式(12.16)中离散分析频率 $\omega_k = (2\pi k/N)$ 等价于连续时间频率 $\Omega_k = 2\pi kFs/N$。MPEG 标准[156]建议实现心理声学模型时 N 取值为 512 或 1024。利用 FFT 算法可以快速有效地评估式(12.16)中的 N 点 DFT。若 $X_r[k]$ 未被改变，通过 L 点加窗后的分段 $x_r[n] = x[n]w[rR - n]$ 可通过逆 DFT 进行恢复，即

$$x_r[n] = x[n]w[rR - n] = \frac{1}{N}\sum_{k=0}^{N-1} X_r[k]e^{j(2\pi k/N)n}, \quad rR \le n \le rR + N - 1, \tag{12.18}$$

图 12.18 中所示的合成叠加（OLA）法用于由式(12.18)中的加窗段重建信号 $y[n]$：

$$y[n] = \sum_{r=-\infty}^{\infty} x_r[n] = \sum_{r=-\infty}^{\infty} x[n]w[rR - n] = x[n]\sum_{r=-\infty}^{\infty} w[rR - n]. \tag{12.19}$$

若 $X_r[k]$ 不变，那么如 7.5 节中所示，采用汉宁窗，有 $y[n] = x[n]$。很明显，对于窗函数 $w[n]$，OLA 合成可生成所有 n 点的输入信号，只要

$$\tilde{w}[n] = \sum_{r=-\infty}^{\infty} w[rR - n] = 1, \text{对所有} n. \tag{12.20}$$

如 7.5 节所示，保证对于所有 n，$\tilde{w}[n]$ 均为常数的条件为

$$W(e^{j2\pi k/R}) = 0, \quad k = 1, 2, \ldots, R - 1, \tag{12.21}$$

式中，$W(e^{j\omega})$ 是窗函数的 DTFT。如果式(12.21)成立，那么对于所有 n，有 $\tilde{w}[n] = W(e^{j0})/R$。在式(12.17)中定义的 N 点汉宁窗的 DTFT 为

$$W(e^{j\omega}) = \left(\frac{\sin(\omega L/2)}{\sin(\omega/2)} + \frac{\sin((\omega - 2\pi/L)L/2)}{\sin((\omega - 2\pi/L)/2)} \right.$$
$$\left. + \frac{\sin((\omega + 2\pi/L)L/2)}{\sin((\omega + 2\pi/L)/2)} \right) e^{j\omega L/2}, \tag{12.22}$$

从而有

$$W(e^{j\omega}) = \begin{cases} L/2 & \omega = 0 \\ 0 & \omega = \pm 4\pi/L, \pm 6\pi/L, \ldots, \pm \pi. \end{cases} \tag{12.23}$$

因此，若 $R = L/2, L/4, L/8, \ldots$，则对所有 n 有 $\tilde{w}[n] = 0.5L/R$，若 STFT 不变，则有 $y[n] = (0.5L/R)x[n]$。

需要解释的重点是，尽管量化会改变 STFT，但合成信号 $y[n]$ 与原始信号 $y[n]$ 在听感知上非常接近。为说明如何做到这一点，我们须解释在不明显改变所得语音质量的前提下，如何（采用心里声学和感知方面的研究结果）对离散 STFT 进行修正。

12.5.2　临界带理论回顾

现在我们回顾第 4 章（4.3 节）中的一些结论：若听觉系统分析声音时将其分为许多临界带，那么很多听觉现象都可得到解释。图 12.19 给出了临界带与频率间的关系[428]。图中的点是覆盖从 0 到 15500Hz 间频率的临界带的中心频率，同时覆盖了音频采样率 $F_s = 44100\,Hz$ 的大部分基带。这些频率是很多测试的平均测量值。图中的实线对应的公式为它是对实验数据的较好近似[428]。500Hz 以下，临界带宽约为 100Hz。500Hz 以上时它们要宽一些。从范围为 0～100Hz、中

[①] 尽管这是一个 L 点的窗，但其实只有 $L-1$ 个非零样本，因为 $w[0] = 0$。事实上，$w[n]$ 可视为一个从 1 开始的 $L-1$ 点对称窗，或一个 $L+1$ 点对称窗，其中 $w[0] = w[-L] = 0$。窗函数的对称性便于进行延时补偿。非因果的定义使得式(12.16)容易与有限长序列（序号通常从 0 到 $L-1$）的 DFT 关联。

心为 50Hz 的第一个临界带开始，所有临界带宽之和可覆盖感兴趣的听觉带。如图 12.19 所示，一组 24 个连续的理想临界带宽的滤波器可覆盖范围 0～15500Hz。图 12.19 和式(12.24)定义了临界带的度量单位即 Bark。1 Bark 等于一个临界带宽，而每个临界带宽以 1/2 Bark 间隔为中心。表 4.2 给出了临界带频率值与 Bark 的对应关系。

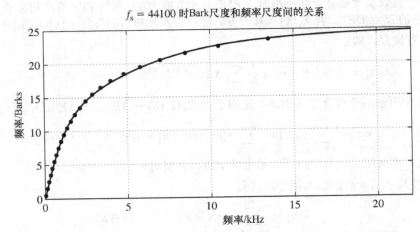

f_s = 44100 时Bark尺度和频率尺度间的关系

图 12.19　临界带（单位为 Barks）和频率（单位为 kHz）间的关系图[428]

$$Z(f) = 13 \arctan(0.76f) + 3.5 \left(\arctan(f/7.5)\right)^2, \tag{12.24}$$

　　作为将 STFT 和心理声学联系起来的第一步，我们注意到图 12.19 和式(12.24)给出了频率轴与临界带轴的一种非线性映射。这种映射可应用到式(12.16)所示 STFT 的离散频率变量上来计算对应的 Bark 值，即

$$Z[k] = 13 \arctan(0.76kF_s/N) + 3.5 \left(\arctan((kF_s/N)/7.5)\right)^2, \quad 0 \le k \le N-1. \tag{12.25}$$

图 12.20 给出了一帧喇叭声的 STFT 的例子。上图画出了第 r 帧的 $P[k] = C + 20\log_{10}|X_r[k]|$ 以循环频率点 $f_k = kF_s/N, N = 512$ 为自变量的函数图。如 12.5.4 节中将要讨论的那样，常数 C 用于将短时傅里叶谱校正到一个预定的声压级（SPL）。下图给出了对应的 $P[k] = C + 20\log_{10}|X_r[k]|$ 以 $Z[k]$ 为自变量的函数图。注意高频部分的压缩，这意味着较低的临界带比较高的临界带具有较少的 DFT 样本，因此较高的临界带更宽一些。

12.5.3　听阈

　　如第 4 章 4.4 节所述，听阈由如下过程确定：向试听者提供变幅纯音并要求试听者指出何时能听到声音。反复调整级别，可使给定频率的音调收敛到可被听到的最小声压级（SPL）。回忆可知 SPL 定义为 $\mathrm{SPL} = 20\log_{10}(p/p_0)$，其中 p 是均方根声压，$p_0 = 20 \times 10^{-6}$ 帕斯卡，在最敏感的听力范围（2～5kHz）内的听阈处，它近似为均方根声压。人类听力最重要的一个特点是，听阈会随频率而变化。测试听阈对频率的依赖关系需要仔细的校准和非常低的噪声环境。平均听阈随频率的变化 $T_q(f)$，对于听力很敏锐的人来说可表示为[389]

$$T_q(f) = 3.64(f/1000)^{-0.8} - 6.5e^{-0.6(f/1000-3.3)^2} + 10^{-3}(f/1000)^4 \quad \text{(dB SPL)}. \tag{12.26}$$

　　听阈与频率的关系曲线如图 12.20 上图中的虚线所示，而听阈与临界带频率的关系曲线如图 12.20 下图中的虚线所示。注意阈值在最灵敏范围（2～5kHz）内的值要略低于 0dB。

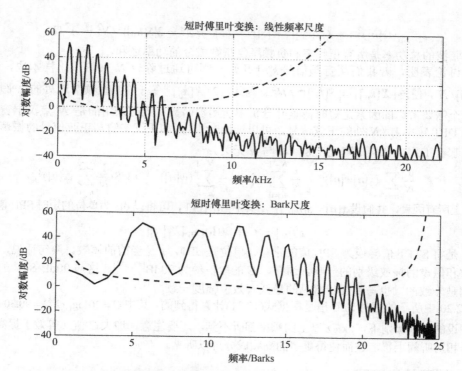

图 12.20　STFT 与普通周期频率关系图（上图）及 STFT 与 Bark 频率关系图（下图）。虚线显示了听阈与频率的关系

12.5.4　STFT 的声压校正

　　为了将听阈应用至数字音频编码中，有必要根据 SPL 来校正数字音频信号，即需要将 STFT 转换为 SPL 谱。如果不做一些假设，则无法这样做，因为 STFT 的样本值本身没有单位。简单地改变播放系统的增益，信号样本集就能产生强度可变的声音。因此，通常要创建一个任意的参考点，方法是假设幅度为 ±1 量化级别的一个 4kHz 采样音调播放后可创建一个刚好能听到的 SPL，即 0dB SPL[374]①。

　　根据 SPL 来校正短时谱的第一步是，回忆可知连续时间正弦函数 $s(t) = A\cos(2\pi f_0 t)$ 的平均功率为 $A^2/2$。因此，采样后的正弦信号 $s[n] = \tilde{A}\cos(2\pi f_0 n/F_s)$ 的平均功率应为 $\tilde{A}^2/2$②。进一步假设样本 $s[n]$ 被量化到 $B = 16$ 比特。如果我们认为这些 B 比特数是分数，则最大的 $\tilde{A}$ 值为 1，而最小值为 $1/32768$。我们可以找到 $\tilde{A}$ 与相应模拟信号幅度 A 之间的一个转换因子。基于 N 个样本的平均功率的估计定义为

$$\text{ave. pwr} = <(s[n])^2> = \frac{1}{N}\sum_{n=0}^{N-1}(s[n])^2 = \frac{1}{N^2}\sum_{k=0}^{N-1}|S[k]|^2, \tag{12.27}$$

上式中的第二项由 DFT 的帕塞瓦尔定理得到[270]。若 $f_0/F_s = k_0/N$，其中 k_0 为一整数（即 k_0/N 恰好为一个 DFT 频率），则 $s[n]$ 的 DFT 是

$$S[k] = \begin{cases} \tilde{A}N/2 & k = k_0, N - k_0 \\ 0 & 0 \le k \le N-1 \text{ 中的其他 } k \end{cases} \tag{12.28}$$

由上式可得

---

① 另一个能给出相近结果的假设是，在 SPL = 6×16 = 96dB 时产生一个满量程 16 比特量化的正弦信号[42, 156]。

② 一般情况下，若平均是对几个周期的正弦波进行的，则基于 N 个样本的平方值的均值的估计接近于 $\tilde{A}^2/2$。

$$< (s[n])^2 > = (|S[k_0]|^2 + |S[N - k_0]|^2)/N^2 = 2|S[k_0]|^2/N^2 = \tilde{A}^2/2. \qquad (12.29)$$

注意，正弦波的总功率是所有正频率和负频率复指数成分的功率之和。

上述讨论表明，若我们从音频信号 $s[n]$ 开始，则可通过除以 N 来归一化样本块，即给出 $x[n] = s[n]/N$，使得 $|X[k_0]|^2 = |S[k_0]|^2/N^2$。因此，$2|X[k_0]|^2$ 等于在离散频率 k_0 处的总平均功率。

另一个需要考虑的因素是短时傅里叶分析中所用窗函数（此时采用的是 N 点汉宁窗）的影响。对于 DFT 频率 k_0/N 处的正弦信号，可以证明[42, 156]，如果汉宁窗与正弦信号的振荡相比变化缓慢，那么平均功率将下降到 3/8（即与 N 无关）：

$$\frac{1}{N} \sum_{n=0}^{N-1} (x[n]w[n])^2 \approx \frac{1}{N} \sum_{n=0}^{N-1} (x[n])^2 \frac{1}{N} \sum_{n=0}^{N-1} (w[n])^2 = (3/8)\frac{1}{N} \sum_{n=0}^{N-1} (x[n])^2. \qquad (12.30)$$

考虑到以上所有因素，并假设 $x[n] = s[n]/N$，其中 $|s[n]| \leq 1$，可将以 dB 为单位的短时 SPL 谱改写为

$$P_r[k] = C + 20\log_{10} |X_r[k]|, \qquad (12.31)$$

式中，C 是将 STFT 值转换为 SPL 值的常量（单位是 dB），r 是当前的帧数。换句话说，C 包含了窗函数和假设的播放级别的影响。通常，C 的取值约为 90dB[42, 374]。这与 90dB SPL 的满量程播放级别是一致的，也与勉强听得见的最低有效位幅度一致。

图 12.20 中所示的短时 SPL 谱是根据式(12.31)计算得到的，其中 $C = 20\log_{10}(2^{15}) = 90.309$dB[374]。在这种假设的播放级别下，6kHz 以上的频率都听不到。还要注意，增大 C 值（等效于提高增益）将使频谱相对听阈上移，进而使得更多的高频成分可以听见。

12.5.5 掩蔽效应回顾

某些信号可掩蔽其他信号[428]，这种现象称为掩蔽效应，4.4 节对其已有简单论述。图 12.21 给出了一种音调对另一种音调的掩蔽效应。虚线表示听阈，实线表示 1kHz 掩蔽音调频率附近的听阈提升，且曲线上标出了 SPL（L_M）。例如，标为 $L_M = 90$dB 的曲线表示 90dB SPL 的 1kHz 掩蔽音的听阈提升，同时发声的 2kHz 音调须有大于 50dB 的 SPL 才能分辨。也就是说，掩蔽效应会在掩蔽音的频率上下扩展，且阈值移动的幅度（它是掩蔽音调的频率的函数）由扩展函数表示。如图 12.21 中的曲线所示，扩展函数在掩蔽音频率之下急剧下降（扩展较小），而在掩蔽音频率之上下降缓慢（扩展较大）。此外，在掩蔽频率之下，随着掩蔽音的 SPL 的增大，扩展函数变得越来越尖锐，而在掩蔽频率之上的情形正好相反。

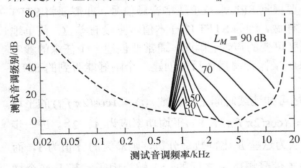

图 12.21 被不同级别的 1kHz 音调掩蔽的测试音调的级别，它是测试调的频率的函数[428]

在另一类掩蔽效应实验中发现，音调可被噪声掩蔽。图 12.22 给出了这种现象的一个例子。在该实验中，掩蔽音是以 1kHz 为中心的临界带宽的噪声①。噪声掩蔽信号的 SPL（L_{CB}）如图中曲线所示，它给出了 1kHz 左右频率处掩蔽音的阈值移动。注意，图中的曲线形状与图 12.21 中的相似，但在音调掩蔽音调情形下峰值掩蔽效应更小，即噪声与音调相比是一种更有效的掩蔽音。

掩蔽在音频编码中的应用方式如下：从音频信号的短时谱估计掩蔽效应，并根据每个谱成分处的掩蔽程度来分布量化比特级别。MPEG 音频标准中使用的方法是，识别短时谱中具有明显掩蔽效应的信号成分，然后由图 12.21 和图 12.22 中所示的掩蔽曲线近似，得到每个成分的掩蔽效

---

① 以 1kHz 为中心的临界带宽是 920~1080Hz。该临界带位于第 9 个 Bark 标度处。

应的近似。再后，合并各个掩蔽效应，得到窗口所跨时间间隔内应用的听阈。在 MPEG 标准编码器中，该阈值用于指导信号滤波器组的量化。

由 ISO/IEC 11172-3（MPEG-1）标准[156] 提供的心理声学模型 1，依据的就是基于图 12.21 和图 12.22 所示的扩展函数的近似。这些近似特别适用于临界带尺度。但要注意的是，我们希望得到一个是普通周期频率的函数的掩蔽函数，以便可在频率集 $f_k = kF_s / N$ 处应用到 DTFT。通常我们用序事情 k 来代表这些频率。对应的 Bark 频率可由式(12.24)即 $Z[k] = Z(kF_s / N)$ 得

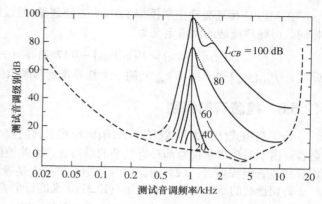

图 12.22　临界带宽（中心频率为 1kHz）掩蔽下的临界测试音调的 SPL 随频率的函数曲线[428]

到。现在设 $P_{TM}[k_{tm}] = P_r[k_{tm}]$ 是 STFT 成分的帧 r 中的离散频率 k_{tm} 处的功率（SPL 的单位是 dB），也称音调掩蔽音（TM）。那么 MPEG 心理声学模型 1 规定，位于 k_{tm} 的掩蔽音引起的掩蔽频点 k 处的掩蔽贡献为

$$T_{TM}[k, k_{tm}] = P_{TM}[k_{tm}] - 0.275Z[k_{tm}] + S[k, k_{tm}] - 6.025 \quad \text{(dB SPL)}, \tag{12.32}$$

式中，从离散掩蔽音频率 k_{tm} 到周围的掩蔽频率 k 的掩蔽效应扩散由如下等式近似：

$$S[k, k_{tm}] = \begin{cases} 17\Delta Z[k, k_{tm}] - 0.4P_{TM}[k_{tm}] + 11 & -3 \leq \Delta Z[k, k_{tm}] < -1 \\ (0.4P_{TM}[k_{tm}] + 6)\Delta Z[k, k_{tm}] & -1 \leq \Delta Z[k, k_{tm}] < 0 \\ -17\Delta Z[k, k_{tm}] & 0 \leq \Delta Z[k, k_{tm}] < 1 \\ (0.15P_{TM}[k_{tm}] - 17)\Delta Z[k, k_{tm}] & \\ -0.15P_{TM}[k_{tm}] & 1 \leq \Delta Z[k, k_{tm}] < 8, \end{cases} \tag{12.33}$$

式中，$\Delta Z[k, k_{tm}] = Z[k] - Z[k_{tm}]$ 是 Bark 频域相对掩蔽音 Bark 频率的原点偏移。对于 $Z[k_{tm}] = 10$（等价于 1175Hz）处的掩蔽音，式(12.33)和式(12.32)的例子如图 12.23 所示。虽然图 12.21 和图 12.23 是以不同频率标度绘出的，但可清楚地看出式(12.33)是扩展效应的一种合理近似。

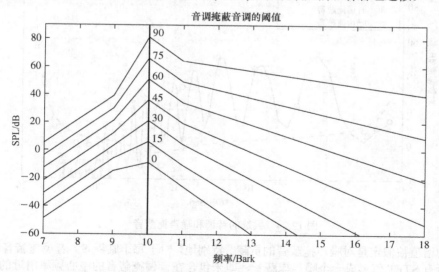

图 12.23　使用 MPEG 生理声学模型 1 计算的阈值[156, 374]

在 MPEG 标准心理声学模型 1 中,为方便起见,假设噪声掩蔽音(NM)的扩展函数与式(12.33)相同。但噪声掩蔽的阈值定义为

$$T_{NM}[k, k_{nm}] = P_{NM}[k_{nm}] - 0.175Z[k_{nm}] + S[k, k_{nm}] - 2.025 \quad \text{(dB SPL)}. \tag{12.34}$$

此时,$P_{NM}[k_{nm}]$ 表示频率 k_{nm} 处的一个临界带宽频率组的整个噪声功率。

12.5.6 掩蔽音的识别

为了利用式(12.32)和式(12.34)来确定掩蔽引起的整个阈值偏移,需要识别 STFT 中的所有掩蔽音。由于多数声学信号都具有复杂的谱特性,因此该处理是启发式的并基于两点假设:(1)窄谱峰代表音调掩蔽音;(2)给定临界带中未被认定是音调掩蔽音的,都认为是噪声掩蔽音。

音调掩蔽的标识如下:测试由式(12.31)定义的每个 $P_r[k]$ 值,$0 < k < N/2$,看其是否满足条件

$$\left\{ \begin{array}{l} P_r[k] > P_r[k \pm 1], \\ P_r[k] > P_r[k \pm \Delta_k] + 7 \text{ dB,} \end{array} \right\} \tag{12.35}$$

式中,Δ_k 在 k 的两侧定义了一组序号,它们满足

$$\begin{array}{lll} \Delta_k = 2 & \text{for } 2 < k < 63 & (170 < f < 5500 \text{ Hz}), \\ \Delta_k = 2, 3 & \text{for } 63 \le k < 127 & (5500 < f < 11{,}025 \text{ Hz}), \\ \Delta_k = 4, 5, 6 & \text{for } 127 \le k \le 256 & (11{,}025 < f < 22{,}050 \text{ Hz}). \end{array} \tag{12.36}$$

即测试 $P_r[k]$ 是否是窄谱峰中的最大值。式(12.36)中变化的频率对应于采样率 $F_s = 44100$Hz 的 DFT 范围。在这组准则下,可将更高临界带中的峰值展宽。如果将一个特殊的序号 k_{tm} 选为一个音调掩蔽音的位置,那么根据

$$P_{TM}[k_{tm}] = 10 \log_{10} \left(10^{0.1P_r[k_{tm}-1]} + 10^{0.1P_r[k_{tm}]} + 10^{0.1P_r[k_{tm}+1]} \right). \tag{12.37}$$

可得到与该掩蔽音相关联的新 SPL。也就是说,三个相邻频率的功率合并形成了一个以 k_{tm} 为中心的音调掩蔽音。图 12.24 中的符号"×"表示的是对图 12.20 的音频帧使用这一算法为该音调掩蔽音选取的频率和 SPL。

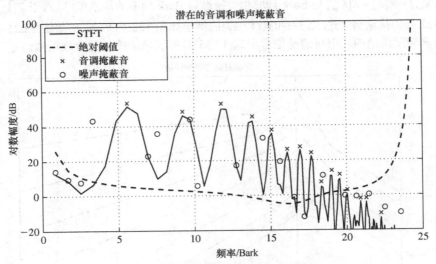

图 12.24　候选的音调和噪声掩蔽音

剩下的谱值被假定是对噪声掩蔽音的贡献。特别地,对于每个临界带,音调掩蔽音的定义中未涉及的所有 STFT 值形成一个噪声掩蔽音,即未包含在音调掩蔽音的中心频率附近的间隔 Δ_{k_m} 中的所有频率。我们使用 K_b 来表示临界带 b 中的噪声频率集。临界带中的所有噪声掩蔽成分的

功率相加，得出该临界带中与噪声相关的 SPL，即

$$P_{NM}[\bar{k}_{nm}] = 10 \log_{10} \left(\sum_{k \in K_b} 10^{0.1P[k]} \right),$$

(12.38)

式中，$\bar{k}_{nm}$ 是最接近临界带 b 内 DFT 序号的几何均值的 DFT 序号。图 12.24 中的符号 "∘" 表示上述算法选取的噪声掩蔽声的频率和 SPL。

由图 12.24 可以看到，对 SPL 谱的上述分析给出了大量掩蔽音，其中的一些并不是真正的掩蔽音，因此应去掉。例如，所有低于听阈的音调或噪声掩蔽音都无效。因此，在图 12.24 中，所有高于 20Bark 的音调和噪声掩蔽音均可以去掉，如 1Bark、2Bark、3Bark、17Bark 处的噪声掩蔽音。其次，如果两个掩蔽音靠得很近（在 0.5Bark 内），则只保留较强的掩蔽音，以便不会过高估计掩蔽效果。图 12.25 显示了图 12.24 中原始候选掩蔽音中保留下来的掩蔽音。对比图 12.24 和图 12.25 我们发现，去掉了三个噪声掩蔽音和一个高于阈值的音调掩蔽音，因为它们与最强的掩蔽音过于靠近。

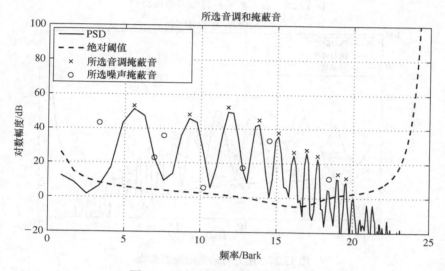

图 12.25　保留的音调和噪声掩蔽音

现在，只要（在 Bark 标度上）给出掩蔽音的位置和 SPL，我们就可用式(12.32)和式(12.33)来计算每个音调掩蔽音对听阈的贡献。类似地，我们可使用式(12.34)和式(12.33)来计算每个噪声掩蔽音对听阈的贡献。最后，将所有的贡献（单位为功率）加到听阈上，即可得到全局听阈，即

$$T_g[k] = 10 \log_{10} \left(10^{0.1T_q[k]} + \sum_{k_{tm}} 10^{0.1T_{TM}[k,\,k_{tm}]} + \sum_{\bar{k}_{nm}} 10^{0.1T_{NM}[k,\,\bar{k}_{nm}]} \right).$$

(12.39)

图 12.26 显示了图 12.25 中的掩蔽音及它们对如下三个成分的整个全局听阈的相应贡献（单位为 dB）：

$$T_q[k] \qquad\qquad \text{（虚线）}$$

$$10 \log_{10} \left(\sum_{k_{tm}} 10^{0.1T_{TM}[k,\,k_{tm}]} \right) \text{（点画线）}$$

$$10 \log_{10} \left(\sum_{\bar{k}_{nm}} 10^{0.1T_{NM}[k,\,\bar{k}_{nm}]} \right) \text{（实线）}$$

将对应于图 12.26 中 dB 值的功率值在式(12.39)中相加，即可得到 $T_g[k]$。图 12.27 中叠加到谱上的灰色实线，即是喇叭声的 SPL 谱的一个例子。

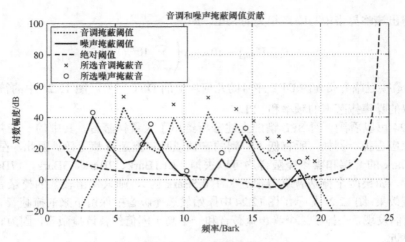

图 12.26　音调和噪声掩蔽阈值的贡献

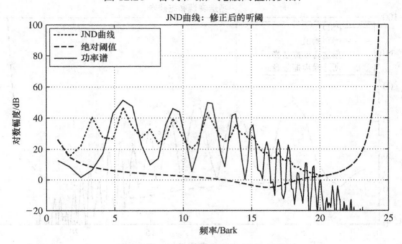

图 12.27　刚好可察觉的差值曲线

12.5.7　STFT 的量化

图 12.27 中的图形表明，只有超过阈值的谱成分才可听见。因此，如果像模型中那样设置播放级别，那么应能将估计的全局阈值以下的所有频率成分都设为零，而不会有感知差异。因此，全局听阈也可称为刚好可察觉的差，或分析帧中音频信号的 JND。此外，只要量化误差不超过全局阈值，那么剩余频谱成分就可被量化。

图 12.28 的上图显示了原始的 STFT（Bark 尺度）和估计的全局阈值（虚线），下图显示了将阈值以下的全部 227 个成分设为 0 并将剩下的谱成分量化到 6 比特后的结果。这生成了一条断续曲线，它由超过该阈值的所有区域构成。另一条曲线是原始 STFT 和量化后频谱的差。注意，频谱误差等于频谱低于阈值位置的原始频谱。在 20Bark 以上的区域这非常明显。该误差是高于阈值的那些成分的 6 比特量化引起的。在有限范围内，量化算法是自适应的。由所有 257 个 STFT 的实部和虚部的最大绝对值，计算出一个总体比例因子。在使用该比例因子归一化后，使用动态范围为 ±1 的 6 比特量化器来量化实部和虚部。我们发现，除了 18～19Bark 附近的谱峰外，几乎所有的量化误差都低于全局阈值。由于在多数主峰下量化误差都低于阈值，因此使用很少的比特就可量化这些区域，而在靠近该阈值的谱区域则需要更多的比特。成熟的变换算法如 Johnston[176] 给出的算法，使用了更为复杂的量化算法。

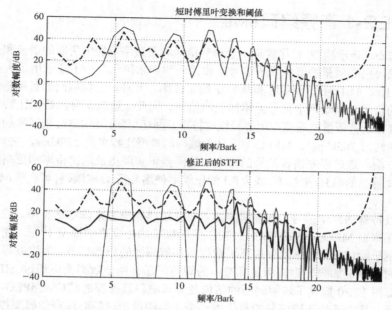

图 12.28　超过阈值的成分的 STFT 被量化为 6 比特，其他成分的 STFT 则量化为 0 比特

　　为演示这个简单修正的效果，我们用长为 $N = 512$ 的 DFT 来计算 STFT，汉宁窗口的移动步长是 $R = N/16$，如果 STFT 未被修改，那么满足精确重建的条件。对于每帧，按上面的说明估计出听阈，并将所有听不到的频率成分设为零。剩余的频谱成分被量化到 6 比特。使用 OLA 方法，由修改后的 STFT 合成一个信号。图 12.29 显示了喇叭声的处理结果，上图是原始信号，中图是合成输出，下图是输入和输出之差。注意在整个 9 秒钟期间，每帧的 257 个 DFT 值中，有 208 个值甚至更多的值被置零。定义为信号功能与误差功率之比的信噪比（SNR）是 21dB。仔细倾听会发现，即使 SNR 只有 21dB，原始信号和改进后的信号之间也没有可感知的差别。

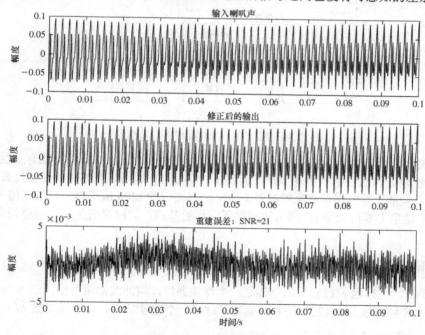

图 12.29　语音信号的 STFT 量化示例

12.6 MPEG-1 音频编码标准

前一节中的心理声学模型 1 尽管适用于语音信号和及数字电影中所需的语音和音乐信号，但其主要目的是编码出高质量的音频娱乐信号，如器乐和声乐信号。为了能适用于大范围的声源，通常要使用 32kHz、44.1kHz、48kHz 和 96kHz 的采样率。此外，音频编码的目标是保持透明性，即保证编码后的信号与原始声学信号无感知上的差别。因此，音频信号的最低比特率通常要远高于提供可接受窄带语音质量的通信应用的最低比特率。回忆可知，44.1kHz 采样率的 16 比特采样，所要求的比特率约为 705kbps[①]。MPEG-1 立体声编码的典型比特率是 128kbps，它对应于约 11 的压缩率。另一方面，通过限制语音信号的带度，编码器可实现更低的比特率和更高的压缩率。例如，使用 8kbps 比特率的 8kHz 采样率，或为 8:1 的压缩率使用分析/合成编码，可实现 64kbps log-PCM 的品质。

由于未假设特殊的声学信号，音频编码器主要依靠感知模型来降低比特率。12.5 节中详细描述的感知模型是来自 MPEG-1 ISO/IEC 11172-3 国际标准的心理声学模型 1[156]，在该标准中，这个模型是作为例子给出的，该标准仅规范了数据流和解码器的精确细节。为这编码端提供了很大的自由度，同时可保证如果数据流满足标准中的规范，那么由该数据流可通过 MPEG 兼容标准重建音频信号。图 12.30 描述了该解码器的结构及为该编码器推荐的结构。MPEG-1 编码器/解码器是子带编码器，其中子带通道信号的量化由一个我们刚讨论过的心理声学模型控制。该标准规定了量化后的带通滤波器输入如何在数据流中表示，但在如何获取和量化子带信号方面保留了很大的灵活性。

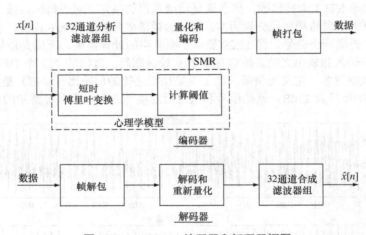

图 12.30　MPEG-1 编码器和解码器框图

本节的剩余部分将讨论 MPEG-1 音频编码标准的一些细节。MPEG-1 标准有三层（I、II 和 III），它们可以较低的比特率产生逐步提升的质量，但编码和解码处理的复杂度会提高。MPEG-1 的层 III（可以最低比特率提供最高的质量）实际上是流行的 MP3 编码器，它广泛用于表示数字形式的音乐。这里主要讨论层 I，因为该层是所有层的基础，同时可清楚地说明感知音频编码的基本原理。

12.6.1 MPEG-1 滤波器组

语音编码[156, 279]标准 MPEG-1 的基础是一个滤波器组，该滤波器组可由一组 $M = 32$ 个带通通道信号合成音频信号。图 12.31 的右图描述了这样一个滤波器组，此时通道数 $M = 4$（为了绘

[①] 对于双通道（立体声）编码，每个通道要求 705kbps 的比特率，高品质 CD 的立体声编辑共需 1.41Mbps 的比特率。

画简便目的）。完整的 MPEG-1 系统图需要扩展到 32 个通道。如图 12.31 所示，编码器结构包含一个分析滤波组，它产生一组（$M=32$）子带信号，使用合成滤波器组可将这些子带信号合成为几乎与原始信号相同的完善信号。完整的编码器/解码器系统也包含量化通道信号来获得数据压缩的方法（图 12.31 中的 Q 模块）。

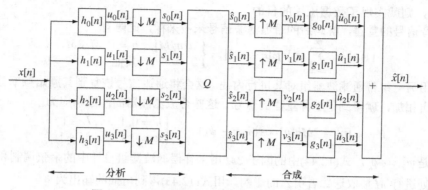

图 12.31　语音信号的分析和合成滤波器组系统

MPEG-1 标准并不像在语音子带信号编码器中那样使用树形结构进行分解。相反，它采用 QMF 双通道滤波器组的一种通用近似，这种双通道滤波器组通常称为伪 QMF（PQMF）滤波器组。在标准[156]中，分析和合成滤波器组由流程图指定，流程图显示了实现的计算算法。MPEG-1 滤波器组的实现要涉及许多复杂的信号处理概念，因此它是滤波器组设计和实现的优秀例子。为巩固第 7 章中详细讨论的内容，我们现在复习一些基本的信号处理函数，这些函数定义了 MPEG-1 分析和合成滤波器组。

MPEG-1 分析滤波器组有 $M=32$ 个带通滤波器，它们的冲激响应为

$$h_k[n] = 2h[n]\cos(\omega_k n - \phi_k) \quad \begin{cases} n = 0, 1, \ldots, L-1 \\ k = 0, 1, \ldots, M-1, \end{cases} \tag{12.40}$$

式中，L 是低通滤波器冲激响应 $h[n]$ 的长度，M 是带通滤波器的数量。带通滤波器的中心频率是

$$\omega_k = \frac{2\pi}{4M}(2k+1), \qquad k = 0, 1, \ldots, M-1, \tag{12.41}$$

余弦项的相移是 $\phi_k = \omega_k M/2$，式(12.40)表明，带通分析滤波器的冲激响应是通过余弦调制一个原型低通滤波器冲激响应得到的。式(12.40)中的乘数因子 2 用于补偿由余弦调制引入的 1/2 增益因子。如后面介绍的那样，当 $h[n]$ 是一个因果 FIR 冲激响应时，非理想带通频率响应在频域必然会有重叠，但经过仔细设计和相位调整，这些重叠对语音编码不会造成任何影响。

描述分析滤波器组系统的公式如下：

$$s_k[n] = \sum_{m=0}^{511} x[n32-m]2h[m]\cos\left[\frac{2\pi}{128}(2k+1)(m-16)\right], \quad k = 0, 1, \ldots, 31, \tag{12.42}$$

式中，我们假设在滤波器组中有一个 $L=512$ 点冲激响应 $h[n]$，且通道数 $M=32$。

带通滤波器的输出由因子 M 进行抽取（即 $s_k[n] = u_k[nM]$）。实际上，这是通过对输入信号的每 M 个样本进行一次滤波输出计算来实现的。因此，对每 M 个样本的输入，系统为每个 M 带通滤波器产生一个样本，以便样本/秒的总数保持不变[①]。抽取操作有两个目的，一是降低采样率，

[①] 注意到在图 12.31 中，n 用来表示所有信号的时间索引。如果 $F_s = 1/T$ 是输入端的采样率，n 定义为采样时间 $t_n = nT$。另一方面，抽样后输出的采样率为 F_s/M，索引 n 表述采样时间 $t_n = nMT$。我们用[n]一致地表示信号样本流数据的时间索引。当一组值构成时间索引 n 时，我们将像这样 $s_k[n], k=0,1,\ldots,M-1$ 用下脚标表示时间索引，在这里，针对每个 M 抽取带通滤波器的输出标记时间 n 的输出采样。

二是为下降的采样率 F_s/M 将每个通道的频谱下移到基带。

在语音编码中，带通滤波器的输出被量化和编码以便进行传输或存储。量化和编码过程在图 12.31 中用符号 Q 代表，信号 $\hat{s}_k[n]$ 表示解码后重新量化的带通通道信号。如我们已了解的那样，对于子带编码器，平均而言，如果表示 32 个带通通道信号与表示 32 个输入信号样本的比特/样本少，则就实现了数据压缩的目的。

对于语音信号的重建，解码后的带通滤波信号未被采样，此时有

$$v_k[n] = \sum_{r=-\infty}^{\infty} \hat{s}_k[r]\delta[n-rM] = \begin{cases} \hat{s}_k[n/M] & n=0, M, 2M, \ldots \\ 0 & \text{其他} \end{cases} \tag{12.43}$$

然后我们使用另一组带通滤波器组对其进行内插。这会将通道信号恢复到其原始频率范围。这些滤波器的输出相加，就得到了整体重建的信号。这些合成滤波器的冲激响应为

$$g_k[n] = 2Mh[n]\cos(\omega_k n - \psi_k) \quad \begin{cases} n=0,1,\ldots,L-1 \\ k=0,1,\ldots,M-1, \end{cases} \tag{12.44}$$

式中，相移是 $\psi_k = -\phi_k$。式(12.44)中的因子 $2M$ 用来补偿滤波器组设计中的余弦调制和分析滤波器组的输入处进行 M 抽取这二者引入的影响。用式(12.43)得到内插的输出为

$$\hat{u}_k[n] = \sum_{r=-\infty}^{\infty} \hat{s}_k[r]g_k[n-rM], \quad k=0,1,\ldots,M-1. \tag{12.45}$$

对于任意时刻 n，合成滤波器组的合成输出都按一个 $M=32$ 的样本块计算。为了解具体过程，令 n_0 表示某个子带样本 $\hat{s}_k[n_0], k=0,1,\ldots,M-1$ 的时间序号。每个样本都允许计算对应的内插输出信号 $\hat{u}_k[n]$ 的 32 个样本，其中 $n=n_0M+m$，$m=0, 1, \ldots, M-1$。特别地，由于合成滤波器是冲激响应长度 $L=512$ 的因果 FIR 系统，因此在任意时刻 n，仅有子带信号的有限（$L/M=16$）过去值对输入的计算有贡献。因此，在 $n_0M \le n < (n_0+1)M$ 时，描述合成滤波器组的 $M=32$ 个样本输出的计算公式为

$$\hat{x}[n_0M+m] =$$
$$\sum_{k=0}^{31}\left(\sum_{r=0}^{15}\hat{s}_k[n_0-r]\left(64h[m+r\cdot32]\right)\cos\left[\frac{2\pi}{128}(2k+1)(m+r\cdot32+16)\right]\right), \tag{12.46}$$
$$m=0,1,\ldots,31.$$

对 32 个样本组重复使用该式计算输出。如式(12.42)所示，该式在数学意义上描述了系统，但对于计算实现而方言存在更有用的其他公式[156]。在某些情形下，可以设计和实现这样的滤波器组分析/合成系统，即在缺少任何量化的通道信号（$\hat{s}_k[n] = s_k[n]$）时，输出 $\hat{x}[n]$ 仍完全等于 $x[n]$。这种分析/合成系统称为完美重建系统。在 MPEG-1 语音标准中，重建条件稍微宽松一些，可给出接近完美重建的系统。在任何情形下，分析/合成系统的设计都需要以下两个条件：

1. 设计的滤波器要保证（接近）完美重建。
2. 实现滤波、抽取、上采样和内插操作。

原型低通滤波器

如第 7 章详细讨论的那样，滤波器组的原型低通冲激响应由分析窗隐式给出。对于 MPEG-1 标准，分析窗由标准文献[156]中的表 C.1 给出。图 12.32a 显示了原型低通滤波器的冲激响应。原型低通滤波器冲激响应的长度 $L=513$，但要注意 $h[0]=h[512]=0$。因此，冲激响应只有 511 个非零样本。然而，如图 12.32 所示，如果样本 $h[0]=0$ 和 $h[512]=0$ 配对（对于长为 $L=513$ 的 FIR 系统来说确实如此），则该冲激响应关于 $n=256$ 偶对称，即 $h[512-n]=h[n]$，$n=0,1,2,\ldots,512$。此外，$h[256]$ 是唯一的样本，即 $h[512-256]=h[256]$。这表示原型低通冲激响应是一个有效长度为 513

的 I 型 FIR 线性相位系统[270]。$h[n]$ 也可视为长度为 511 并带有一个额外延时的 I 型 FIR 滤波器。无论如何看待它们，原型低通滤波器的频率响应都为

$$H(e^{j\omega}) = A(e^{j\omega})e^{-j\omega L/2}, \tag{12.47}$$

式中，$A(e^{j\omega})$ 是一个实数，且是 ω 的偶函数。因此，分析系统有 $(L-1)/2 = 256$ 个样本的时延。

图 12.32b 显示了原型低通滤波器的对数幅频率响应，即 $20\log_{10}|A(e^{j\omega})|$。观察到通带中的增益为 1（0dB），$\omega = \pi/64$ 处的增益为 -3dB。阻带截止频率约为 $\omega_s = \pi/32$，因此过渡带从 $\omega_p = \pi/64$ 扩展到 $\omega_s = \pi/32$。回忆可知式(12.40)中乘子 2 的作用是补偿余弦调制的影响，以便通滤波器在通带中也有单位增益。最后，注意到滤波器在 $\omega_s = \pi/32$ 以上的所有频率值，增益都低于 -90dB。对于最小化带通通道的交互，这至关重要。

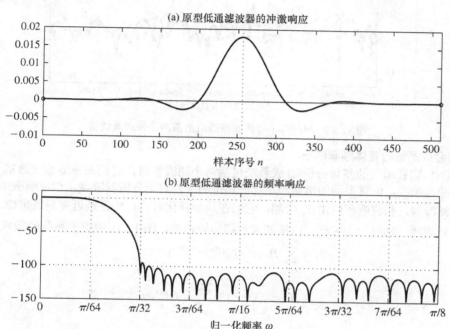

图 12.32　MPEG-1 的窗函数和对应的低通滤波器响应函数

带通分析和合成滤波器

由于带通分析滤波器的冲激响应式(12.40)给出，因此第 k 个通道的频率响应为

$$H_k(e^{j\omega}) = e^{-j\phi_k}H(e^{j(\omega-\omega_k)}) + e^{j\phi_k}H(e^{j(\omega+\omega_k)}), \qquad k = 0, 1, \ldots, M-1, \tag{12.48}$$

式中，通带的中心频率是

$$\omega_k = \frac{2\pi}{128}(2k+1), \qquad k = 0, 1, \ldots, M-1, \tag{12.49}$$

相角为 $\phi_k = \omega_k M/2$。因此，第 k 个通道的频移响应，就由中心在 $\pm\omega_k$ 的原型低通滤波器的频率响应的两个频移副本组成。类似地，由式(12.44)可知合成滤波器的频率响应为

$$G_k(e^{j\omega}) = Me^{-j\psi_k}H(e^{j(\omega-\omega_k)}) + Me^{j\psi_k}H(e^{j(\omega+\omega_k)}). \tag{12.50}$$

图 12.33 给出了范围 $0 \le \omega \le \pi/8$ 内分析滤波器组的前四个通道的对数幅度频率响应。该图表明，给定滤波器的过渡带和邻近滤波器的过渡带存在交叠，但只有非邻近滤波器的阻带（增益低于 -90dB）和给定滤波器的过渡带交叠。

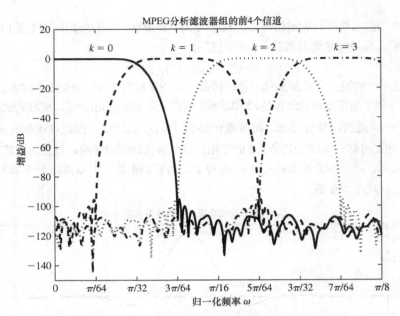

图 12.33　MPEG-1 分析滤波器组的前四个带通滤波器

分析/合成系统的整体频率响应

MPEG-1 语音编码的整体分析/合成系统包括两个滤波器组，它们的带通滤波器基于相同的原型低通冲激响应，但有不同的增益和不同的相位响应。对于分析滤波器，相位响应由 ϕ_k 控制，对于合成滤波器，相位响应则由 ψ_k 控制，它们在缺少量化时，可确保接近完美地重建。

考虑到滤波、抽取、上采样、内插滤波和相加的影响，图 12.31 中整个系统的频域表示为

$$\hat{X}(e^{j\omega}) = \sum_{r=0}^{M-1} \tilde{H}_r(e^{j\omega}) X(e^{j(\omega-2\pi r/M)})$$

$$\tag{12.51}$$

$$= \tilde{H}_0(e^{j\omega}) X(e^{j\omega}) + \sum_{r=1}^{M-1} \tilde{H}_r(e^{j\omega}) X(e^{j(\omega-2\pi r/M)}),$$

式中，

$$\tilde{H}_r(e^{j\omega}) = \frac{1}{M} \sum_{k=0}^{M-1} G_k(e^{j\omega}) H_k(e^{j(\omega-2\pi r/M)}). \tag{12.52}$$

式(12.51)右侧展开式中的两项表明，有两个重要的考虑因素。第一项给出输入 $X(e^{j\omega})$ 对输出的贡献，第二个求和项给出抽取引入的所有混叠项的贡献。为了避免输出中的混叠，带通滤波器的带度不能宽于 $\pi/M = \pi/32$。但如图 12.33 所示，期望带宽 $\pi/32$ 两侧的通道带宽扩展了约 $\pi/64$。图 12.33 同样表明，在通道的交叠区域，邻近滤波器过渡区域的形状是对称的。经过代数变换并使用只有邻近项交互的假设，可以证明混叠项可以完全消除，且从输入到合成输出的整个系统可由如下公式描述：

$$\hat{X}(e^{j\omega}) = e^{-j\omega(L-1)} X(e^{j\omega}). \tag{12.53}$$

即整个系统具有单位增益和 $L-1 = 512$ 个样本的延时。该延时由来自分析滤波器组和合成滤波器组的两处 $L/2 = 256$ 个样本延时组成。

要同时实现接近常量的 $|\tilde{H}_0(e^{j\omega})|$ 和接近零值的每个混叠项 $\tilde{H}_r(e^{j\omega})$，相移因子 ϕ_k 和 ψ_k 至关重要。在 MPEG-1 标准中，分析和合成带通滤波器的相移是 $\phi_k = \omega_k M/2$ 和 $\psi_k = -\phi_k = -\omega_k M/2$。这种形式的相移由 Rothweiler[333, 334] 和 Nussbaumer and Vetterli[260] 给出，但其他形式的相移也可生成近乎完美的重建[234]。

12.6.2　通道信号的量化

在 MPEG-1 的层 I，抽取后的滤波器组输出以 12 个样本为一组进行编码。这等于原始采样率的 $12 \times 32 = 384$ 个样本。如图 12.30 所示，我们采用 12.5 节中讨论过的一个心理声学模型来求每帧 384 个样本的听阈。如前节所述，该过程要以汉宁加窗输入语音信号段的 512 点 DFT 形式来计算 STFT。为了更好地表示编码帧中信号的性能，汉宁窗应位于 384 个样本组的中心，它对应于 12 个抽取的带通滤波器输出样本的块。由于分析滤波器具有 256 个样本的延时，汉宁窗在输入采样率时的偏移应为 $256 + (512-384)/2 = 320$ 个样本，这样就可使心理声学模型的汉宁窗的样本 64～447，与每个带通分析滤波器的输出端的 12 个样本的块对齐。掩蔽音标识为短时谱，编码帧的全局音阈由 12.5 节讨论的过程确定。定义在整个 DFT 频率 $2\pi k / N \quad k = 0, 1, ..., N-1$[①]的阈值用于得到每个 32 带分析滤波器组中的掩蔽阈值。对于采样频率 $F_s = 44100$Hz，分析带的标称宽度为 $\Delta f_{sb} = 22050/32 = 689$Hz。这样，较低的通道就包含有多个临界带。因此，每个带内的最小阈值就被选为该带中的阈值。也就是说，该子带中的掩蔽水平为

$$T_{sb}[k_{sb}] = \min_{k \in K_{k_{sb}}} \{T_g[k]\}, \qquad k_{sb} = 0, 1, ..., M, \tag{12.54a}$$

式中，k 是 DFT 序号，k_{sb} 是子带的序号，而

$$K_{k_{sb}} = \{8k_{sb}, 8k_{sb}+1, ..., 8k_{sb}+7\} \tag{12.54b}$$

表示第 k_{sb} 个子带中包含的一组 DFT 序号。图 12.34 显示了 12.5 节中示例帧的全局阈值 $T_g[k]$ 或 JND 曲线（细实线）。32 带 MPEG-1 滤波器组的全局阈值 $T_{sb}[k_{sb}]$ 显示为粗虚线。注意，只显示了前 26 个通道的阈值。剩下 8 个通道的阈值在绘图范围外。在更高的通道中，听阈决定了阈值，因为在更高的通道中信号基本上没有功率。

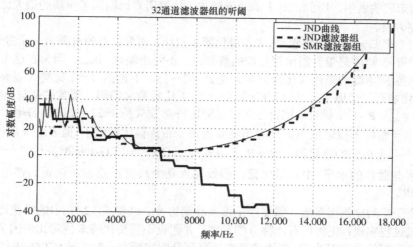

图 12.34　32 通道滤波器的 JND 曲线和信掩比（SMR）

由滤波器组全局阈值 $T_{sb}[k_{sb}]$ 和短时谱 $P[k]$，可计算出信号功率与掩蔽阈值之比。信掩比（SMR）定义为

$$SMR[k_{sb}] = \max_{k \in K_{k_{sb}}} \{P[k]\} - T_{sb}[k_{sb}] \tag{12.55}$$

它是心理声学模型的最终输出[②]。图 12.34 中的粗实线显示了我们一直采用示例的 SMR。注意，$SMR[k_{sb}] > 0$ 意味着带 k_{sb} 中的信号成分未被掩蔽，即它们在听阈之上；而 $SMR[k_{sb}] < 0$ 则表示被掩

---

① 为了节省计算量，全局掩蔽阈值只在 DFT 频谱的一个子集上计算。

② 注意，式(12.55)中所有量的单位都是 dB，因此一个比值对应于一个差值。

蔽，它们可置零（给定 0 比特/样本）而不会有任何感知后果。

SMR 用于保证每个通道中的量化噪声低于掩蔽阈值。按照这一逻辑，噪掩比定义为

$$\text{NMR}[k_{\text{sb}}] = \text{SNR}[k_{\text{sb}}] - \text{SMR}[k_{\text{sb}}], \tag{12.56}$$

图 12.35　一个信号子带内信号，噪声和掩蔽级别之间的关系示意图

式中，$\text{SNR}[k_{\text{sb}}]$ 是子带 k_{sb} 中的信号–量化噪声比。图 12.35 给出了式(12.55)和式(12.56)中所有项之间的关系，表明了这样一种情况，即带 k_{sb} 内的信号未被掩蔽和量化，因此量化噪声电平低于听阈。

将语音信号表示量化到固定的比特率后,固定数量的比特会分配给有 384 个样本的每个帧（12 个子带样本）。例如，若采样率是 F_s =44100Hz，我们希望得到约 128kbps 的比特率，则每个样本的有效比特为 128000/44100 = 2.9025≈3 比特/样本。这意味着有 3×384 = 1152 个比特可用来对有 12 个子带样本的每块进行编码。许多比特会为文件头预留（32 比特），文件头包含了其他一些信息，如同步字、采样率、比特率、立体声模式和层。比特也可为错误检测所用的可选循环冗余编码（16 比特）和可选附加数据预留。剩下的比特根据如下内容来表示 12 个子带样本的块：(1) 每个子带的比特/样本数，(2) 每个子带的比例因子，(3) 量化后的样本。

量化 12 个样本的第一步是，根据需要量化的 12 个样本的最大绝对值来确定整体比例因子。MPEG-1 标准[156]规定的一个表查找过程可用于选择 63 个可能的比例因子之一。12 个样本分别除以这个选取的比例因子，可确保所有归一化后的样本的幅度小于 1。使用 6 比特来表示比例因子，它是标准中指定表的索引。因此，对于单通道模式，传输所有比例因子所需的最大比特数量应为 6×32 = 192 比特/帧。

样本使用一个归一化的对称水平–中点量化器来量化，该量化器的电平由一个符号–幅度码来表示，而这个符号–幅度码带有指出符号位的前导位。不使用编码 100...，因为在这个量化系统中它表示-0。比特/样本数的范围（比特分配）是 $B = 0\sim 15$，不包括 $B = 1$ 比特（因为最小的对称水平–中点量化器有三个电平）。比特分配使用一个 4 比特数来编码，该数的值与比特/样本数相比要小 1，即 $B_{\text{alloc}} = B - 1$①。因此，比特分配信息的比特总数就是 4×32 = 128 比特/帧。值 $B_{\text{alloc}} = 0$ 表明所有 12 个子带样本被假定为 0,此时不需要为该子带传输比例因子。值 $B_{\text{alloc}} = B - 1 = 1, 2, ..., 14$ 对应于具有 $2^B - 1$ 个电平的量化器，$B = B_{\text{alloc}} + 1 = 2, 3, ..., 15$。MPEG-1 标准提供了一个 SNR 表，该表对应于那些对称的水平–中点量化器，假设输入是全尺度正弦波。该表的作用是对给定的 B_{alloc} 估计 SNR。

求出每个子带的比例因子后，需要在子带间分配比特，以使式(12.56)中的噪掩比最小。这可通过一个迭代过程实现：先将所有比特分配置零，并假设不需要比特来传送比例因子。在每次迭代中，将比特分配给具有最高噪–掩比的子带，直到分配完所有比特。式(12.56)中的噪掩比是通过心理声学模型中的信掩比和计划比特分配表中的 SNR 值来计算的。一旦为某个子带分配了比特，就需要为该子带的比例因子预留 4 比特。比特分配算法的细节见 MPEG-1 标准[156]和 Bosi and Goldberg[42]。

最后一步是量化子带样本。在所有 12 个样本被对应分配给该通道的比特数的归一化量化器量化前，这些样本都要除以比例因子。用于语音帧编码的所有比特被压缩成一个数据帧，该数据帧的结构由 MPEG-1 标准[42,156]指定。这些数据帧连接起来就可生成表示语音信号的比特流。

为了解码 MPEG-1 表示，需要使用同步字来标识一帧的开始。然后，对每一帧，根据标准的

---

① 还要注意不允许 $B_{\text{alloc}} = 15$。

规则来解释这些比特，且量化后的子带样本可由编码后的信息来重建。这些量化后的子带信号是式(12.46)所示合成滤波器组的一些有效实现的输入，由合成滤波器组来重建语音信号。MPEG-1标准[156]中给出了一个合成滤波器组实现的例子。

MPEG-1标准规定采样率为32kHz、44.1kHz和48kHz，每通道的比特率范围是32～224kbps，增量为32kbps。该标准支持立体声（2声道）编码。层I编码对192kbps及以上的比特率提供透明的质量（平均意见评分为4.7）[42,258]。MPEG-1层I是最简单的标准化的语音编码器，因此其压缩性能是最差的，但它是数字磁带合（DCC）语音录音中192kbps/通道编码的基础[42]。注意，MPEG-1层I编码器与解码器相比，明显要复杂一些，因为在编码器端需要计算一个感知模型，而在解码器端则不需要。这种不对称在感知语音编码器中很典型，常用于解码操作（播放）要远多于编码操作的应用中。

在12.5节和12.6节中，我们讨论了MPEG-1语音编码标准的层I，说明了如何将感知模型集成到数字语音编码系统中。讨论的目的是如何组合感知模型和复杂的数字信号处理来压缩语音信号的比特率。讨论是为了展示感知模型是怎样集成到复杂数字信号处理过程中，从而压缩语音信号的比特率。实现一个MPEG-1兼容的语音编码器会涉及很多细节，这些细节我们要么未讨论，要么只是简单提及。一个例子是MPEG-1标准可联合编码立体声信号。实现时需要严格遵循标准[156]。但上面的讨论应可让读者更容易解读标准文献，并理解采用的每个步骤。

12.6.3 MPEG-1层II和层III

MPEG-1标准为了降低比特率[42,258,374]并保证高质量，增加了更复杂的层（层II和层III）。层I滤波器组是所有层的基础。因此，与MPEG-1完全兼容的解码器可解码MPEG-1编码的所有层。与层I中量化12个样本块的子带输出不同，层II和层III收集3个子组的12个样本进行额外处理。这意味着在输入采样率下，层II和层III中的帧长为3×384 = 1152个样本。而这会引入额外的延时，从而可在层II中的各组间共享比例因子数据，使比例因子信息所需要的比特数降低50%。级II心理声学模型使用一个1024点DFT，它可为SMR的计算提供精细的频率分辨率。层II也使用一个更复杂的量化器排列，但其基本结果与级I编辑器的相同。这种复杂性在每通道128kbps时可得到透明的质量（MOS评分为4.6）[42,258]。MPEG-1级II编码已用于数据语音广播和数据视频广播中[42]。

MPEG-1层III在每通道的比特数低到64kbps时，也可实现性能的增强。如图12.36所示，这是因此它有许多额外的特征，包括滤波器组输出的精细频率分析、更复杂的比特分配、不均匀的量化和霍夫曼编码。层III还使用了一个更复杂的心理声学模型，该模型包括两个1024点DFT计算。此外，在层III编码中，36个滤波器组的输出样本被修正的DCT（MDCT）进一步变换，其中MDCT具有动态变化的窗函数，且在时域有50%的交叠。这提供了更精细的频率采样（44100/(18×32) = 38.28Hz），它小于整个频率范围上的一个临界带。把频率分析切拆分为一个滤波器组和一个变换分析，使得层III具有混合子带和变换编码的功能。

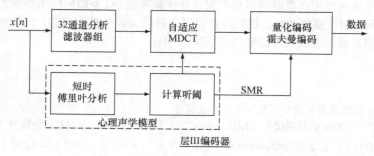

图12.36 MPEG-1层III编码操作

不均匀量化可充分利用如下事实：大变换值可掩蔽量化错误，且霍夫曼编辑可有效地编码量化序号。即使低至 64kbps 比特率也可达到高感知质量（MOS 评分为 3.7），在 128kbps 时联合立体声编码可实现 4 以上的 MOS 评分[258]。MPEG-1 层 III 编码的应用包括通过 ISDN 线和 Internet 进行传输。如前所述，MPEG-1 层 III 是 MP3 格式，它广泛用于通过 Internet 传输语音，并使用廉价播放器播放语音。

12.7 其他语音编码标准

由于 MPEG-1 中感知语音编码的开发及后续的标准化，人们一直在努力提高质量并降低比特率。因此出现了将感知模型集成到算法中来量化频域表示的变体，进而出现了形式为 MPEG-1 编码器/解码器系统的大量标准化的编码器。本节将简单介绍一些这样的标准。这些编码器和其他频域编码器性质的详细讨论，请参阅 Bosi and Goldberg[42]和 Spanias 等人[374]。

MPEG-2 和 MPEG-2 AAC [157,158]

MPEG-2 LSF（低采样频率）语音编码器标准的作用是将 MPEG-1 编码器扩展到更低的采样率。MPEG-2 BC（后向兼容）标准通过反向兼容 MPEG-1，将 MPEG-1 标准扩展表多声道（两个以上）。MPEG-2 AAC（高级语音编码）为实现更高的压缩和高质量的多声道语音信号，放松了对后向兼容的性能要求。

MPEG-4 [159]

MPEG-4 标准包含有 MPEG-1 和 MPEG-2 中的语音编码器，同时提供一个表示其他媒体对象如语音、合成音频和文本-语音的框架。MPEG-4 提供一系列编码器/解码器来处理具有不同比特率、声道配置和网络条件的不同声学信号。它有一个参数编码器，如谐波和各条线路加噪声（HILN）编码器、普通语音编码器如 AAC 和 TWIN-VQ、混合编码器 HVXC 等。甚至在 AAC 内，MPEG-4 也提供额外的编码工具，如感知噪声替代。可伸缩性是其另一个特点，它可为不同的风格条件和不同的用户比特率（可下载率）提供鲁棒性。几乎所有的编码器，如 AAC、TWIN-VQ 和 CELP 都可用于可伸缩结构。近来 MPEG-4 包含了可伸缩无损语音新功能。

Dolby AC-3 [19,81]

AC-3 编码系统是由 Dolby 公司专为多声道娱乐声音编码开发的。该系统和本章提到的其他许多编码器都有很多共同的特点。

12.8 小结

本章介绍了语音和音频编码的基础——频域表示，目的在于如何基于信号的频率分析将语音感知模型集成到编码器中。还简单介绍了子带编码，并给出了其在语音编辑中应用的一些例子。但本章的重点在于如何使用离散时间谱分析来估计掩蔽效应，以及如何应用得到的知识来对语音信号进行子带编码。由于篇幅关系，我们涉及的仅是音频编码的基本内容，但这些讨论可作为详细了解语音编码的基础，深入内容请参阅文献[42,374]。

习题

12.1 本题的目的是将频移带通信号下采样为一个低通带。

(a) 首先考虑一个复杂的带通信号 $x_k[n] = x_0[n]e^{j\omega_k n}$，其中 $\omega_k = 2\pi k / N$（k 为整数），实信号 $x_0[n]$ 有一个低通 DTFT，它令在通带 $|\omega| < \pi / N$ 中才有 $X_0(e^{j\omega}) \neq 0$。求 $X_k(e^{j\omega})$ 和 $X_0(e^{j\omega})$ 之间的关系，并画出 $X_k(e^{j\omega})$ 在 $-\pi \leq \omega < \pi$ 范围内的典型 DTFT。

(b) 考虑下采样后的信号 $v_k[n] = x_k[nN]$。由于 $X_k(e^{j\omega})$ 是理想带限的，证明 $V_k(e^{j\omega}) = \dfrac{1}{N} X_0(e^{j\omega/N})$，$-\pi \le \omega < \pi$。

(c) 考虑一个实带通信号 $x_k[n] = x_0[n]\cos(\omega_k n + \phi_k)$，其中 $\omega_k = 2\pi k / N$（k 为整数），且信号 $x_0[n]$ 有一个低通 DTFT，它仅在 $|\omega| < \pi/N$ 的带内才有 $X_0(e^{j\omega}) \ne 0$。求 $X_k(e^{j\omega})$ 和 $X_0(e^{j\omega})$ 之间的关系，并画出 $X_k(e^{j\omega})$ 在 $-\pi \le \omega < \pi$ 范围内的典型 DTFT。

(d) 考虑低下采样后的信号 $v_k[n] = x_k[nN]$，其中 $x_k[n]$ 的定义见(c)。$V_k(e^{j\omega}) = \dfrac{\cos(\phi_k)}{N} X_0(e^{j\omega/N})$ 描述 $\phi_k = \pi/2$ 时所发生的情形。

(e) 如果 $X_k(e^{j\omega})$ 只是近似带限的，即 $X_k(e^{j\omega})$ 超出了频带 $\omega_k - \pi/N < |\omega| < \omega_k + \pi/N$，问这对上面的结果有何影响？

12.2 MPEG 语音编码[156, 279]标准建立在一个用来把语音信号分解成一组 $N = 32$ 个带通通道的分析/合成滤波器组之上，图 P12.2a 给出了 4 个通道的简单情形（为画图方便）。在 MPEG 标准中，分析和合成滤波器组由流程图规定，它显示了实现时所用的算法。12.6.1 节中讨论过该系统的某些细节。但由于这些算法中包含了滤波器和滤波器组结构的大量性质和特性，因此远不能说明如何指定滤波器组以及算法中的每个步骤对实现的作用。因此，本题的目的是深入探讨 MPEG 音频标准滤波器组的性质。本题将逐步指导学生了解分析步骤来得到标准中的流程图。

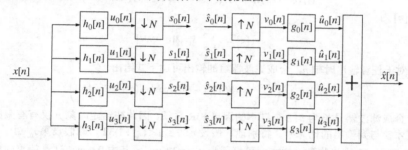

图 P12.2a　语音信号分析和合成的滤波器系统

分析和合成滤波器组

MPEG 分析滤波器组是一组 $N = 32$ 个带通滤波器，它们的冲激响应为

$$h_k[n] = 2h[n]\cos(\omega_k n - \phi_k), \qquad k = 0, 1, \ldots, N-1, \tag{P12.1}$$

式中，$h[n]$ 是一个原型低通滤波器的 512 点冲激响应；该带通滤波器的中心频率是

$$\omega_k = \frac{2\pi}{4N}(2k+1) = \frac{\pi}{64}(2k+1), \qquad k = 0, 1, \ldots, N-1, \tag{P12.2}$$

相移是 $\phi_k = \omega_k N / 2$，式(P12.1)表明，这些带通分析滤波器的冲激响应是通过对一个原型低通滤波器的冲激响应进行余弦调制得到的。式(P12.1)中的乘子 2 用于对余弦调制引起的增益因子 1/2 进行补偿。

(a) 证明带通通道的频率响应是

$$H_k(e^{j\omega}) = e^{-j\phi_k} H(e^{j(\omega-\omega_k)}) + e^{j\phi_k} H(e^{j(\omega+\omega_k)}), \qquad k = 0, 1, \ldots, N-1, \tag{P12.3}$$

式中，通带的中心频率由式(P12.2)给出，$H(e^{j\omega})$ 是 $h[n]$ 的 DTFT。

从图 P12.2a 可还可看出，带通滤波器的输出被因子 N 抽取（即 $s_k[n] = u_k[nN]$）。实际上，这是通过对每 N 个输入信号样本仅计算一次该滤波器实现的。因此，对每 N 个输入样本，该系统都为 N 个带通滤波器中的每个产生一个样本，以便每秒的总样本数保证不变[①]

[①] 注意在图 P12.2a 中，n 用来表示所有信号的时间序号。若 $F_s = 1/T$ 是输入端的采样率，则 n 表示采样时间 $t_n = nT$。另一方面，抽取器输入端的采样率为 F_s/N，序号 n 表述采样时间 $t_n = nNT$。我们仍用[n]或[m]表示信号样本流的时间序号。当一组值与时间序号 n 关联时，我们将使用下标来指出这一点。例如 $s_k[n], k = 0, 1, \ldots, N-1$ 表示 n 时刻每个 N 抽取后的带通滤波器输出的一个样本。

(b) 证明描述分析滤波器组系统的公式为

$$s_k[n] = \sum_{m=0}^{511} x[n32 - m]2h[m] \cos[\omega_k(m - 16)], \qquad k = 0, 1, \ldots, 31. \tag{P12.4}$$

在语音编码中,带通滤波器的输出被量化和编码,以便进行传输或存储。这种编码在图 P12.2a 中由间隙表示,信号 $\hat{s}_k[n]$ 则表示量化后的带通通道信号。平均来说,当用于表示 32 个带通通道信号的比特/样本数少于表示 32 个输入信号样本的比特/样本数时,就实现了压缩。为在本题中研究该滤波器组的重建能力,我们假设 $\hat{s}_k[n] = s_k[n]$。

对于语音信号的重建,解码后的带通滤波器信号被 N 上采样,得到上采样的信号 $v_k[n]$,然后使用第二组带通滤波器对该信号插值。这些滤波器的输出求和就得到整个重建的信号。合成滤波器的冲激响应是

$$g_k[n] = 2Nh[n]\cos(\omega_k n - \psi_k), \quad k = 0, 1 \ldots, N - 1 \tag{P12.5}$$

在 MPEG 标准中,分析滤波器和合成滤波器的相移分别为 $\phi_k = \omega_k N/2$ 和 $\psi_k = -\phi_k = -\omega_k N/2$。这种相位选择由 Rothweiler[333, 334] 和 Nussbaumer and Vetterli[260] 给出,目的是完美地重建输入信号。式(P12.5)中的因子 $2N$ 用于补偿余弦调制和 N 抽取的综合影响。

(c) 证明合成滤波器的频率响应为

$$G_k(e^{j\omega}) = Ne^{-j\psi_k} H(e^{j(\omega-\omega_k)}) + Ne^{j\psi_k} H(e^{j(\omega+\omega_k)}). \tag{P12.6}$$

(d) 若 $v_k[n]$ 为

$$v_k[n] = \sum_{r=-\infty}^{\infty} \hat{s}[r]\delta[n - rN],$$

证明对于任意输出时刻 n,合成滤波器组的输出可由下式给出:

$$\hat{x}[n] = \sum_{k=0}^{31} \left(\sum_{r=-\infty}^{\infty} \hat{s}_k[r](64h[n - r32]) \cos[\omega_k(n - r32 + 16)] \right). \tag{P12.7}$$

(e) 由于合成滤波器是长为 512 个样本的因果 FIR 系统,因此在给定时刻 n 仅有有限的子带信号历史值才参与到输出的计算中。特别地,假设 $r_0 32 \le n < (r_0 + 1)32$,即假设第 r_0 组子带样本 $\hat{s}_k[r_0]$,$k = 0, 1, \ldots, 31$ 刚接收到。样本 n 可表示为 $n = r_0 32 + m$,其中 $0 \le m \le 31$ 是待重建的下一个输出样本块内的序号。证明对于 $0 \le m \le 31$,计算合成滤波器组输出的第 r_0 块块 32 个样本的公式为

$$\hat{x}[m] = \sum_{k=0}^{31} \left(\sum_{r=0}^{15} \hat{s}_k[r_0 - r](64h[m + r32]) \cos[\omega_k(m + r32 + 16)] \right),$$
$$m = 0, 1, \ldots, 31. \tag{P12.8}$$

由 32 个子带通道信号的当前 (r_0) 组和 15 个历史组,重复应用该式计算 $\hat{x}[m]$ 的 32 个样本输出块。

原形低通滤波器

合适选择原形低通滤波器 $h[n]$,根据式(P12.4)和式(P12.8)可设计和实现分析/合成系统。因此,即使不量化通道信号($\hat{s}_k[n] = s_k[n]$),图 P12.2a 中的合成滤波器组也是一个使得 $\hat{x}[n] = x[n-16N]$ 的接近完美的重建系统。

MPEG 语音标准滤波器器的原形冲激响应由标准文档[156]的表 C.1 中的分析窗隐式给出。该数据包含在本书配套资源的 MATLAB 文件 mpeg_window.mat 中。标准中给出的表格式分析窗是使用原型冲激响应 $h[n]$ 得到的,此时该冲激响应要缩放因子 2,并改变 64 个样本的奇数块(从零块开始)的符号。原因稍后说明。图 P12.2ba 给出了 MPEG 分析窗函数 $c[n]$ 的图形,图 P12.2b 给出了实际冲激响应 $h[n]$ 的图形,图 P12.2bc 以 dB 为单位给出了对应的低通频率响应 $|H(e^{j\omega})|$。

(f) 加载 MATLAB 文件 mpeg_window.mat 并验证 $h[0] = 0$ 和 $h[512-n] = h[n]$,$n = 0, 1, \ldots, 512$。我们观察到,$h[n]$ 可视为一个长 513 个样本[270]的 I 型 FIR 滤波器。这对相位响应 $H(e^{j\omega})$ 有什么暗示?低通原型滤波器的时延是多少?长 $L = 513$ 可表示为 $L = 2pN + 1$,其中 $p = 8$。也就是说,暗示的冲激响应长度是带通通道数的 16 倍再加 1,这在有效实现滤波器组时有重要作用。

(g) 用 MATLAB 的 freqz( )函数计算原型低通滤波器的频率响应，并画出图 P12.2c（数值频率轴标注对频率响应图来说足够）。

(h) 验证通带内的增益名义上为 1（0dB），此时 $\omega = \pi/64$ 处的增益为-3dB。验证 $\pi/32 \leq \omega \leq \pi$ 时增益小于-90dB。

观察到阻带的截止频率约为 $\omega_s = \pi/32$，因此过渡带约从 $\omega_p = \pi/64$ 扩展到 $\omega_s = \pi/32$。回忆可知，式(P12.1)中的因子 2 用于补偿余弦调制效应，以便带通滤波器的通带中的增益也为 1。最后，注意到在 $\omega_s = \pi/32$ 之上的所有频率处，滤波器增益低于-90dB。这对最小化带通通道的相互影响至关重要。

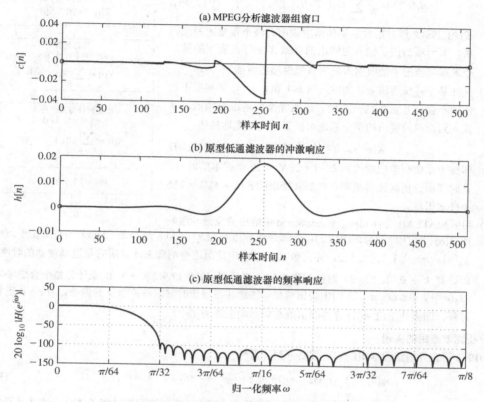

图 12.2b　MPEG 窗函数和对应的低通滤波器响应函数

带通分析滤波器

由于带通分析滤波器的冲激响应已由式(P12.1)给出，因此第 k 个通道的频率响应由(a)部分中的式(P12.3)给出，其中通带的中心频率由式(P12.2)给出。

(i) 用式(P12.1)编写 MATLAB 程序来计算在频率范围 $-\pi/64 \leq \omega \leq \pi/8$ 内 $k = 0, 1, 2, 3$ 时的带通通道的频率响应。在同一坐标中以不同颜色或线型画出 $20\log_{10}|H_k(e^{j\omega})|$ 的所有 4 条曲线，并将所得结果和图 12.33 对比。

我们看到，给定滤波器的过渡带与相邻滤波器的过滤带有重叠。但只有不相邻滤波器的阻带（其增益小于-90dB）与给定滤波器的通带和过渡带重叠。

分析/合成系统的整个频率响应

MPEG 语音编码的整个分析/合成系统包含两个滤波器组，它们的带通滤波器基于相同的原型低通冲激响应，但拥有不同的增益和不同的相位响应。对于分析滤波器，相位由相位因子 ϕ_k 控制，对于合成滤波器，相位则由相位因子 ψ_k 控制。

(j) 考虑滤波、抽取、上采样、插值滤波和求和的综合效应，证明图 P12.2a 中的整个系统的频域表示为

$$\hat{X}(e^{j\omega}) = \sum_{r=0}^{N-1} \tilde{H}_r(e^{j\omega}) X(e^{j(\omega-2\pi r/N)}) \qquad (P12.9a)$$

$$= \tilde{H}_0(e^{j\omega}) X(e^{j\omega}) + \sum_{r=1}^{N-1} \tilde{H}_r(e^{j\omega}) X(e^{j(\omega-2\pi r/N)}),$$

式中，

$$\tilde{H}_r(e^{j\omega}) = \frac{1}{N} \sum_{k=0}^{N-1} G_k(e^{j\omega}) H_k(e^{j(\omega-2\pi r/N)}). \qquad (P12.9b)$$

式(P12.9a)之展开形式右侧的两项表明有两个重要的考虑因素。第一项给出了输入对输出的贡献 $X(e^{j\omega})$，剩下的第二个求和项给出了抽取引入的所有混叠项的贡献。

(k) 关注某个特殊通道 k 和周围通道 $k-1$ 和 $k+1$，并根据不相邻项不会合相互影响这一假设，证明完全取消混叠项后，从输入到合成的输出的整个系统可由下式高精度地描述：

$$\hat{X}(e^{j\omega}) = e^{-j\omega(L-1)} X(e^{j\omega}). \qquad (P12.10)$$

即整个系统有单位增益和 $L-1 = 2pN = 512$ 个样本的时延。该时延由分析滤波器组和合成滤波器组的各 $(L-1)/2 = 256$ 个样本组成。

(l) 利用 MATLAB 文件 mpeg_window.mat 中给出的原形冲激响应 $h[n]$ 和式(P12.1)与式(P12.5)，计算带通冲激响应 $h_k[n]$ 和 $g_k[n]$，$n = 0, 1, 2, \ldots, 512$，并在函数 freqz( ) 中使用这些响应来计算所有带通滤波器的频率响应，即计算 $k = 0, 1, \ldots, 31$ 时的频率响应。然后利用式(P12.9b)和 $r = 0$ 来计算整个合成频率响应 $\tilde{H}_0(e^{j\omega})$，$0 \leqslant \omega \leqslant \pi$。在图中画出结果。测量其与理想的常数单位增益的偏差。对 $r = 4$ 重复以上过程，即由式(P12.9b)计算并画出混叠频率响应项 $\tilde{H}_4(e^{j\omega})$。

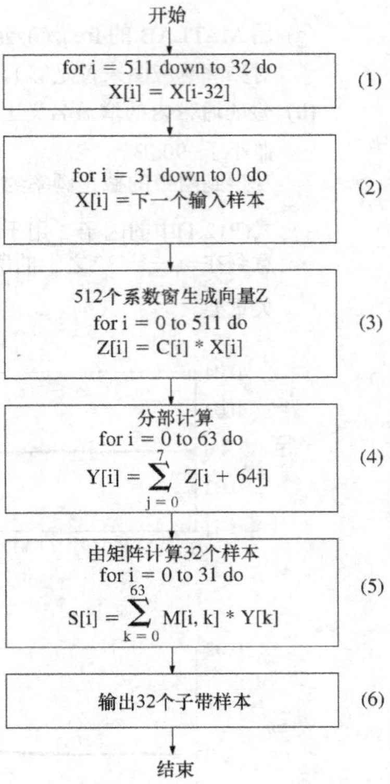

分析滤波器组的实现

MPEG 语音分析滤波器组的实现需要下列计算[①]：

$$s_k[n] = \sum_{m=0}^{511} x[n32-m]2h[m] \cos[\omega_k(m-16)], \qquad k = 0, 1, \ldots, 31, \qquad (P12.11)$$

式中，$\omega_k = 2\pi(2k+1)/128$。在 MPEG 语音标准中，图 C.4 所示流程图说明了该分析滤波器组的实现[156]，该流程图给出了计算每 32 个通带分析滤波器的输出的一个样本。该图重画在图 P12.2c 中。为了解图 P12.2c 是由式(P12.11)定义的一个计算实现，需要重新组织该式的各项。

(m) 证明式(P12.11)可表示为

$$s_k[n] = \sum_{m=0}^{511} w_m[n] \cos[\omega_k(m-16)], \quad k = 0, 1, \ldots, 31, \qquad (P12.12)$$

式中，$w_m[n] = x[n32-m]2h[m]$，$m = 0, 1, \ldots, 511$。

此时，我们用下标 m 来索引与指定时刻的计算相关联的序列 $w_m[n]$。这种形式表明，如果在时刻 n 已计算 $w_m[n]$，$m = 0, 1, 2, \ldots, 511$ 一次并将其保存在长为 512 的数组中，那么 32 个带通滤波器输出中的每个可按如下方式计算：先使用余弦频率 ω_k 调制，然后对积序列 $w_m[n]\cos[\omega_k(m-16)]$ 中的所有项求和，其中 $m = 0, 1, 2, \ldots, 511$，因此对 32 个滤波器可节省 512 次乘法。

(n) 利用余弦序列的周期性和对称性，可以节省更多的计算量。为了解这一点，可通过定义 $m = q +$

开始

for i = 511 down to 32 do X[i] = X[i−32]	(1)
for i = 31 down to 0 do X[i] =下一个输入样本	(2)
512个系数窗生成向量Z for i = 0 to 511 do Z[i] = C[i] * X[i]	(3)
分部计算 for i = 0 to 63 do $Y[i] = \sum_{j=0}^{7} Z[i + 64j]$	(4)
由矩阵计算32个样本 for i = 0 to 31 do $S[i] = \sum_{k=0}^{63} M[i, k] * Y[k]$	(5)
输出32个子带样本	(6)

结束

图 12.2c MPEG 分析滤波器实现流程图

[①] 注意，即使 $h[n]$ 的长度是 513 个样本，式(P12.11)的求和上限仍是 511，因为 $h[512] = h[0] = 0$。

$r64$，其中 q 的范围是 0 到 63，r 的范围是 0 到 7，进一步变换式(P12.12)。验证对于这些 q 值和 r 值，m 的范围是从 0 到 511；并证明进行这种替代和一些重组后，式(P12.12)变成

$$s_k[n] = \sum_{q=0}^{63} \sum_{r=0}^{7} w_{q+r64}[n] \cos \left[\frac{2\pi(2k+1)}{128}(q+r64-16) \right], \qquad k=0,1,\ldots,31, \tag{P12.13}$$

且由于（说明原因）

$$\cos \left[\frac{2\pi(2k+1)}{128}(q+r64-16) \right] = (-1)^r \cos \left[\frac{2\pi(2k+1)}{128}(q-16) \right], \tag{P12.14}$$

式(P12.13)最终可写为

$$s_k[n] = \sum_{q=0}^{63} \left(\sum_{r=0}^{7} w_{q+r64}[n](-1)^r \right) \cos \left[\frac{2\pi(2k+1)}{128}(q-16) \right], \qquad k=0,1,\ldots,31. \tag{P12.15}$$

(o) 为方便进一步简化，可详细考察序列 $w_{q+r64}[n](-1)^r$。将其展开得到

$$\begin{aligned} z_{q+r64}[n] &= w_{q+r64}[n](-1)^r = x[n32-q-64]2h[q+r64](-1)^r \\ &= x[n32-q-r64]c[q+r64], \end{aligned} \tag{P12.16}$$

式中，

$$c[q+r64] = 2h[q+r64](-1)^r \qquad \text{for } q=0,1,\ldots,63 \text{ 和 } r=0,1,\ldots,7. \tag{P12.17}$$

这就是图 P12.2ba 中画出的分析窗。

(p) 最后，按照分析窗的这一定义，即 $c[n]$ 等于原型低通滤波器冲激响应的 2 倍，但 64 个样本的奇数序号组改变符号（见图 P12.32a），证明 MPEG 分析滤波器组的公式变为

$$s_k[n] = \sum_{q=0}^{63} y_q[n] \cos \left[\frac{2\pi(2k+1)}{128}(q-16) \right], \qquad k=0,1,\ldots,31 \tag{P12.18}$$

式中，

$$y_q[n] = \sum_{r=0}^{7} z_{q+r64}[n] \tag{P12.19}$$

和

$$z_m[n] = x[n32-m]c[m], \qquad m=0,1,2,\ldots,511. \tag{P12.20}$$

式(P12.18)、式(P12.19)和式(P12.20)是图 P12.2c 中介绍的算法的基础。该图说明了如何计算 32 个带通滤波器输出的每个输出的一个样本。

(q) 假设输入信号被缓存到一个具有 521 个样本的序列数组 X[ ]中。为了完成分析，我们应将将图 P12.2c 所示流程图与我们推导的公式关联起来。

(1) 该步骤表明输入数组可按如下方式更新：将512-32 = 480 个样本在输入缓冲中下压 32 个样本。舍弃最后（时间最久）的 32 个样本。

(2) 将 32 个新样本读入数组。注意，该输入数组按反序索引，以使最新的样本存储在数组中的 0 位置 0，而最老的样本存储在位置 511。

(3) 输入数组 X[ ]逐样本乘以分析窗口 C[ ]。这能给出什么公式？

(4) 通过对 Z[ ]中偏移 64 个样本的各个 8 样本组求和，得到一个有 64 个样本的样本数组。将这个结果存储到一个有 64 个样本的数组 Y[ ]中。它对应于什么公式？

(5) 通过如下操作对不同的带通通道进行余弦调制。32 个带通滤波器的输出样本可视为一个 32×1 的列向量 S，它是让一个 32×64 的矩阵 M 乘以一个 64×1 列向量 Y 得到的，即

$$S = MY$$

证明矩阵 M 是一个余弦值矩阵，其各元素由下式定义：。

$$M[i,k] = \cos \left[\frac{2\pi}{64}(2i+1)(k-16) \right] \quad \begin{cases} i=0,1,\ldots,31 \\ k=0,1,\ldots,63. \end{cases} \tag{P12.21}$$

该矩阵完成了式(P12.18)的实现。

(6) 32×1 向量 S 中包含了所有 32 个分析带通滤波器中每个滤波器的一个输出样本。回忆可知，如

果输入信号的采样率是 F_s，那么分析滤波器输出的有效采样率为 $F_s/32$。

这样，我们就讨论完了标准[156]中定义的 MPEG 分析滤波器组的推导和实现。

12.3 本题是习题 12.2 的扩展，讨论如何为矩阵运算使用离散傅里叶变换。注意，尽管只标准化了 MPEG 解码器算法，但量化的控制算法非常灵活。尽管可以使用不同的感知模式来推导量化参数，但解码器假定通道信号是由指定的滤波器组得到的。但在如何实现滤波器组时，仍有一些灵活性。多数变体注重的是实现图 P12.2c 中步骤（5）的更有效的方法，方法是使用快速傅里叶变换或快速离散余弦变换算法来实现各余弦项的乘法。

(a) 为了解其实现过程，请证明习题 12.2 中的式(P12.18)可写为

$$s_k[n] = \mathcal{R}e\left\{\sum_{q=0}^{63} y_q[n] e^{-j2\pi(2k+1)(q-16)/128}\right\}, \qquad k = 0, 1, \ldots, 31. \tag{P12.22}$$

(b) 证明式(P12.22)可改写为

$$s_k[n] = \mathcal{R}e\left\{e^{j\pi(2k+1)/4}\left(\sum_{q=0}^{63} (y_q[n] e^{-j\pi q/64}) e^{-j2\pi kq/64}\right)\right\}, \qquad k = 0, 1, \ldots, 31. \tag{P12.23}$$

(c) 计算上式中花括号内的各项，可给出算法

$$Y_k[n] = \sum_{q=0}^{63} (y_q[n] e^{-j\pi q/64}) e^{-j2\pi kq/64}, \qquad k = 0, 1, \ldots, 31. \tag{P12.24}$$

Rothweiler[333, 334]使用这种方法节省了计算量，详见 Nussbaumer and Vetterli[260]，他们建议使用 Rader and Brenner 的 FFT 算法来计算 DFT，这种算法只使用了实数乘法[316]。

改写式(P12.18)可得到实现图 P12.2c 中步骤(5)的其他方法。如 Konstantinides[198,199]中的方法，该方法将式(P12.18)改写成了一个 32 点逆离散余弦变换（IDCT）。如果使用快速算法计算 IDCT，那么与基于 FFT 的方法相比，所需要的计算量更少。

12.4 MPEG 分析滤波器组的冲激响应如下：

$$h_k[n] = 2h[n]\cos\left(\frac{\pi(2k+1)}{64}(n-16)\right), \qquad k = 0, 1, \ldots, 31, \tag{P12.25}$$

图 P12.4 给出了前四个冲激响应，它们是 n 的函数。利用 strips() 函数编写一个 MATLAB 程序，画出所有 32 个冲激响应。

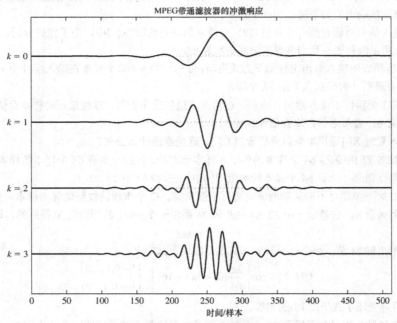

图 P12.4　前四个 MPEG 分析滤波器的冲激响应

12.5 （MATLAB 练习）图 P12.5 显示了一个完整的 2 带子带编码器。图中，所有滤波器均基于低通 QMF 原型滤波器 $h_0[n]$，即 $h_1[n]=(-1)^n h_0[n]$，$g_0[n]=h_0[n]$，$g_1[n]=-h_1[n]$。这些滤波器满足消除混叠的条件，且可证明整个子带编码器的频率响应为

$$H(e^{j\omega}) = \frac{Y(e^{j\omega})}{X(e^{j\omega})} = \frac{1}{2}\left[H_0^2(e^{j\omega}) - H_1^2(e^{j\omega})\right].$$

将 $h_0[n]$ 选择为一个均匀长度的线性相位 FIR 滤波器，其标称截止频率为 $\omega=\pi/2$（或 $f=F_s/4$），可使整体频率响应的幅度是平坦的，线位是线性的[175]。在这些条件下，如果通道信号未进行量化，那么子带编码的输出 $y_0[n]$ 和 $y_1[n]$ 就约等于该编码器的延时输出。如果通道信号被量化，那么可以保持高感知品质，同时可使整个比特率低于直接量化波形 $x[n]$ 所需的比特率。

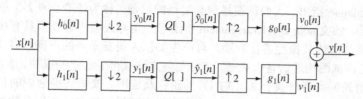

图 P12.5　2 通道 QMF 滤波器组

本书配套资源提供了三个原型 QMF 滤波器，名称分别为 h24D、h48D、h96D，滤波持续时间分别为 24、48 和 96 个样本。滤波器系数可用 MATLAB 命令 `load filters.mat` 载入。

(a) 在同一幅图中画出这三个 QMF 滤波器的时间和频率响应曲线。假设采样率为 8000Hz。请比较这三个滤波器对截止区域的锐度的影响。

(b) 实现图 P12.5 所示的 2 两子带编码器。利用（本书配套资源同样提供的）fxquant() 函数作为每个通道中的固定量化器。由于高频通道与低频通道相比具有更低的幅，因此量化高频通道信号时可使用更少的比特。由此，你可能想要使用一个适应块中各步长的自适应量化器来匹配每个通道中的幅度。

使用下面的输入/输出结构，编写一个 MATLAB 函数来实现 2 带子带编码器：

```
function y=subband(x,h),bits)
% Subband decomposition
% y=subband(x,h0,[bits])
% x=input signal vector
% h0=basic QMF filter
% bits=a vector of 2 entries giving the number of bits
% for each channel (optional, is missing do not quantize)
% y=output signal vector
```

(c) 使用单位冲激响应 $x[n]=\delta[n]$ 来测试你的系统，以便得到整个子带编码器的冲激响应 $h[n]$。然后使用 DFT 来计算整个频率响应 $H(e^{j\omega})$。使用名称分别为 h24D、h48D、h96D 的三个原型 QMF 滤波器，画出整个系统的冲激响应和频率响应（幅度的单位均为 dB，相位单位均为弧度）。测量编码器时延，将将其与正用滤波器长度的理论值进行比较。

(d) 测量这个未量化系统的信噪比。你可以用一个语音信号（如 s5.wav）激励该系统来这样做。使用上面求出的时延对齐输入信号和输出信号。还要保证避免信号不能匹配时的影响。这样做时，请输入信号向量和输出信号向量中间的相同长度的对应信号段。不要指望能得到无限的 SNR，因为该系统并不完美，即它不能精确地重建输入，即使是在不量化的情形下。对于较长的滤波器如 h96D，可以指望 70dB 左右的 SNR。SNR 与滤波器的长度是何关系？子带编码器的输出不能与系统的输入区分吗？（你可通过倾听被该编码器处理后的语音文件来对此进行评估）。

(e) 利用提供的量化器 fxquant()，测量不同比特分布的 SNR。请将你的结果与将信号量化为单个通道（为两个半带信号使用相同的比特率作为总比特率）的结果进行比较。请根据两个 SNR 并倾听输入信号与量化输出信号来进行比较。

第 13 章 文语转换合成方法

13.1 简介

如何构建一台能够像人类一样以自然、智能的方式讲话的机器，是两百多年来很多人感兴趣的研究课题①。Flanagan 指出，人们试图搭建会说话的机器（称为语音合成器）的最早文献记录可追溯到 1779 年[105]。该文献提到，Kratzenstein 构造了一组与人类声管模型具有相似形状的声学共振腔。通过振动簧片对该共振腔进行激励，可产生类似人类发元音的声音。自 Kratzenstein 的时代开始，一系列工作试图构造语音合成器，其中一些方法取得了一定的成功。本章将广泛讨论（部分内容也会深入讨论）文语转换合成（TTS）的研究及应用。文语转换合成的目标是将普通文本信息转换为智能和听起来自然的合成语音，实现人机之间通过语音传递信息的目标[355]。

图 13.1 给出了一个基本的 TTS 系统框图。理想情况下，TTS 系统可以任意文本作为输入，并以相应的合成语音作为输出。在所有 TTS 系统中，有两个必备的过程：文本分析过程，用于确定语音信号的抽象语言描述；信号合成过程，用于生成与输入文本对应的恰当声音，即通过合成器生成期望语音信号的离散采样版本，进而利用 D/A 转换器产生相应的声学信号。

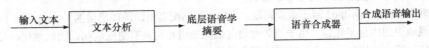

图 13.1 普通 TTS 系统框图

13.2 节将讨论文本分析，目标是突出重要的语音学问题，并粗略地介绍如何通过文本分析过程获得必要的语音学及韵律学相关数据，进而利用这些数据控制语音合成系统。本章的剩余部分主要介绍利用文本分析结果合成语音信号的各类技术。

13.2 文本分析

图 13.1 中的文本分析模块需要由输入文本确定三方面的信息：

1. **文本的发音**：文本分析过程需要确定合成语音的音素集合、合成语音不同位置的重音、语音的语调信息及每个音段的时长。

2. **文本的句法结构**：文本分析过程需要确定停顿位置、适合朗读语料内容的语速，以及最终朗读语句中每个词、每个短语的强调程度。

3. **语义重心和歧义消除**：文本分析需要处理同形异义词（即具有同样的拼写但具有多种发音的单词）。同时，需要通过规则对词源进行分析，进而确定词典中不包含的词（即集外词，如人名、外来词汇或短语）的最佳发音。

图 13.2 提供了文本分析过程的更多细节。在该过程中，输入内容是普通的英文文档，在第一步处理中，进行一些基本的文本处理，包括检测包含输入文本的文档结构（如电子邮件结构或百科全书文章的段落结构），对文本进行正则化处理（进而确定人名和多音词的发音），最后进行语

---

① 本章中的很多资料均基于 AT&T 实验室 Juergen Schroeter 博士及本书作者 L. Rabiner 联合举办的 TTS 方法讲座。本章对相关内容的引用得到了 Schroeter 博士的许可。

言学相关分析，确定文本中词汇及短语的相关语法信息。上述基本文本处理过程的处理结果可通过含有单词发音的在线词典和处理同形异义词的相关规则进一步改进。基本文本处理过程的输出文本被称为标记文本，其中标记是指输入语句的语言学相关特征的符号标记，这些标记由基本文本处理过程确定。下面详细讨论图 13.2 中基本文本处理过程的三个模块。

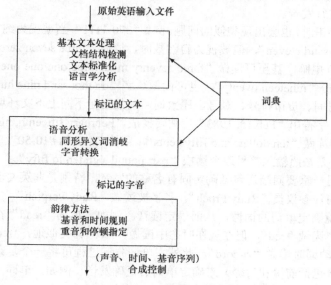

图 13.2　文本分析过程的组成模块

13.2.1　文档结构检测

文档结构检测模块确定输入文本中每个标点符号的位置，并确定这些符号对输入文本中的句子及段落结构的重要性。例如，句子结尾处的符号通常包含句号"."、问号"?"或感叹号"!"。但并非所有情况均如此，例如句子

"This car is 72.5 in. long"

包含两个句号，但两个句号都不代表句子结尾。另外一个说明准确判决文档结构必要性的例子是如下电子邮件消息：

Larry:
Sure. I'll try to do it before Thursday:-)
Ed

这段话中，文本结束的标志是笑脸符（第二行），而句子发音与这个特殊符号无关。最后，对于外来词汇，特别是包含不常见的重音符号及特殊标记符号的词汇，需要采用特殊的处理手段对相应文本进行恰当的处理，从而避免引入奇怪的或无意义的发音。

13.2.2　文本正则化

文本正则化方法需要处理语音合成系统在实际应用中的一系列常见文本问题。其中，最普遍的问题是如何处理缩写及首字母缩写问题。在如下例子中，由于缩写或首字母缩写，造成了发音存在歧义。

例 1："Dr. Smith lives on Smith Dr."
例 2："I live on Bourbon St. in St. Louis"

例 3："She worked for DEC in Maynard, MA"

例 1 中，当"Dr."出现在名字之前时，读做"Doctor"，而出现在名字之后时，则读做"drive"。例 2 中，根据不同的上下文，"St."可读做"street"或"Saint"。在例 3 中，首字母缩写词 DEC 可能读做"deck"（读音缩略），或读做公司的全称——Digital Equipment Corporation，但均不按照"D E C"字母顺序进行发音。

句子中存在数字串时，也会出现类似的问题。例如"370-1111"，当被视为纯数字串时读做"three seventy dash one thousand eleven"，但被视为自然数时，读做"three seven zero one one one one"，如果是一台 IBM 370 电脑，甚至可读做"three seventy model one one one one"。类似地，数字串"1920"可被读做年份"nineteen twenty"，也可读做数字"on thousand nine hundred and twenty"。

最后，日期、时间、货币符号、账号、序数词、基数词在不同上下文环境中均可能产生各自特有的问题。例如，字符串"Feb.15, 1983"应被转换成"February fifteenth, nineteen eighty three"，字符串"$10.50"应读做"ten dollars and fifty cents"，字符串"Part #10-50"应读做"part number ten dash fifty"，而不是按照输入符号逐个读成"part pound sign ten to fifty"。

文本正则化的另一重要问题还包括确定固有名称的发音，特别是非英文名字的发音确定。例如来自明尼苏达的前任参议员"Rudy Prpch"，名字被读做"Rudy Perpich"。文本正则化的另一方面是通过上下文环境确定单词的词性，从而确定读音。例如，单词"read"在不同时态下读音不同，在过去式时态中读做"red"，但在现在时态中读做"reed"。类似地，"record"作为名词时读做"rec-erd"，作为动词时读做"ri-cord"。此外，单词分解过程可将一个复杂单词分解成基本形式（词素）和附缀（包括前缀和后缀）来确定单词的正确发音。例如，单词"indivisibility"可被分解为两个前缀、一个基本型和一个后缀，即 in-di-visible-ity。

文本正则化还需要对另外两方面的问题进行恰当的处理：其一是确定文本中特殊符号的读音（或仅确定其含义），例如符号集合"#$%&~_{}*@"；其二是处理特殊字符串，例如"10:20"，该字符串可当做时间处理（读做"twenty after ten"），或当做数字串处理（读做"ten to twenty"）。

13.2.3 语义分析

图 13.2 中的基本文本处理模块的最后一步是对输入文本进行语言学分析。该步的主要目标是确定文本中的每个单词的如下语言学特性：

- 单词的词性。
- 使用该单词的句子的当前语境。
- 短语（或短语群）在句子中（或段落中）的位置，即最终合成语音中可能出现恰当停顿的位置。
- 使用指代（即使用代词等语言单元指向另一个语言单元。如在句子"Anne asked Edward to pass her the salt"中，使用 her 来指代 Anne）。
- 需要重读的 单词（在句子中起到突出作用）。
- 朗读风格（如愤怒的、感慨万分的、放松的等）。

传统分析器可以作为对文本进行语言学分析的基本工具。但通常情况下，由于大多数语言分析器运行非常慢，因此我们仅做一些简单、粗浅的分析。

13.2.4 语音学分析

最终，TTS 系统中经过基本文本处理过程进行标记的文本需要被转换成经过标记的音素序列。该标记序列不仅用于描述发音信息，同时也描述朗读方式，包括局部信息（重读）和全局信息（朗读风格）。图 13.2 中描述的语音分析模块，就是 TTS 系统中进行上述标注的模块。该模块还需要借助发音词典获取信息。语音学分析模块还包含两个步骤：多音词消歧步骤，以及字形-音素转换步骤。下面讨论这两个步骤。

13.2.5 多音词消歧

多音词消歧模块需要确定文本中出现的具有多个发音的单词的正确发音[424]。考虑多音词消歧的如下例子：

- an *absent* boy 和 do you choose to *absent* yourself?，第一个短语中单词 absent 的重音在第一个音节上，而第二个短语中在第二个音节上。
- an *overnight* bag 和 are you staying *overnight*?，第一个短语中单词 overnight 的重音在第一个音节上，而第二个短语中在第二个音节上。
- he is a *learned* man 和 he *learned* to play piano.，第一个短语中单词 learned 的重音在第二个音节上，而第二个短语中在第一个音节上。

13.2.6 字母-声音转换

语音学分析的第二步，就是字形到音素的转换，这一步需要将文本转换成（经过标记的）语音。虽然存在很多方法进行这种转换，但最直接的方法是依赖标准发音词典，以及处理集外词的一系列字母-发音（LTS）转换规则。

图 13.3 描述了一类简单的通过查询词典确定单词发音的流程。每个单词独立进行查询。首先，完整单词搜索过程确定当前单词是否以其完整的形式出现在词典的词条中。如果出现，则可直接将该词进行转换（将词典中的发音复制过来），并处理下一个词。然而对大多数情形，单词并不以完整形式出现在词典中，我们试图确定单词的附缀成分（包括前缀和后缀），然后将附缀成分从单词中剥离出去（试图确定该单词的词根形式），并将剥离附缀成分后的单词用于词典查询。如果该词根形式恰好出现在词典中，则重新加入单词附缀，并在考虑附缀成分对发音影响的情况下确定单词的读音。如果单词的词根形式仍然未在词典中出现，则需要通过一系列 LTS 转换规则确定该单词的词根形式的最佳读音（可基于单词的词源、单词位置或单词词性），然后再加入附缀成分。针对单词词根形式进行 LTS 转换的一类广泛采用的方法是基于分类与回归树（CART）的分析方法[44]。近年来，LTS 准则也采用有限状态机（FSM）的方法进行了实现[246]。

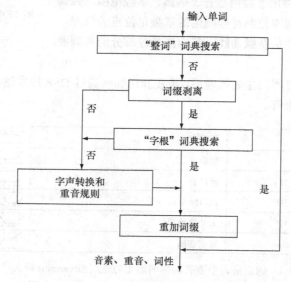

图 13.3　通过查询字典确定合适发音的流程图

13.2.7　韵律分析

图 13.2 介绍的文本分析流程的最后一个步骤是韵律分析。韵律分析可为语音合成器提供完整的合成控制信息，包括发音序列、它们的时长和音高的控制信息。语音发音序列的确定过程主要由前文提到的语音学分析步骤完成。每个声音的时长和音高的确定过程主要由上文讲解的语音分析步骤完成。确定时长和音高的过程主要基于一系列时长和基频规则，以及一系列确定重读的规则和在适当的位置插入停顿的规则，从而使句子的局部速率及整体速率尽可能自然。

13.2.8　韵律指定

语音的韵律由四部分组成：指定停顿位置及时长；音高指定（音高在一定程度上影响语音的节奏和生动性），确定基于发音单元相对长度的朗读语速（确定音素的时长）；确定声音响度（响度与音高一样，是强调内容、感情色彩和朗读风格的相关线索）。

针对图 13.2 中语音学分析步骤得到的经过解析的文本以及音素串，图 13.4 描述了对其音高（或基频 F_0）曲线进行确定的过程。如图 13.4 所示，所有的处理过程都受到句子朗读方式的调控（以某种未指定的方式调控）。处理过程的第一步是把句中韵律曲线的标记符号转换成一系列停顿和韵律短语，从而确定重音、语气、语调，用来描述句子基频曲线的大体形状及状态。如图 13.5 所示，采用 ToBI（语调与中断指示）符号，可对基频曲线局部的大体形状进行描述。该符号集包含了 6 个不同的音高重音语调符号，这些符号拼接起来可描述全局基频曲线[361, 387]。根据朗读文本的内容及具体的基频范围（与发音人和朗读风格相关）、重读或强调内容的位置、发生基频下倾的位置，可确定一系列基频曲线的定位点。最后，通过对定位点进行插值，可确定最终的基频曲线。如图 13.6 所示，其中上图画出了根据重音、语调、基频范围、强调信息、基频下倾信息等韵律控制符号确定的基频定位点的位置。下图画出了经过插值得到的基频曲线，其中清音段部分的基频曲线值设置为零。

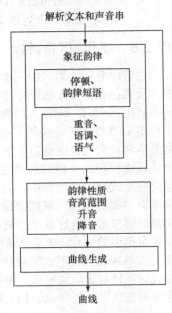

图 13.4　确定语音音高曲线的通用方法的流程图

简要介绍文本分析过程的主要问题后，现在介绍如何通过 DSP 技术进行信号合成，从而将文本信息合成为可感知的语音。

H*	高重音	
L*	低重音	
L*+H	把口音	
L*+!H	把口降重音	
L + H*	上升峰重音	
!H*	降高音调	

图 13.5　确定语音中语音韵律的通用方法（Silverman 等人[361]）

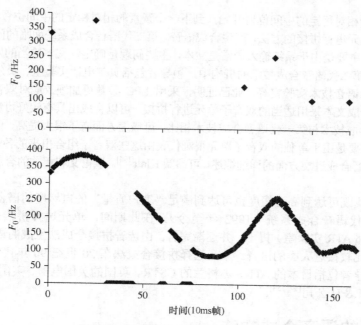

图 13.6　通过定位点生成 F_0 曲线的图示

13.3　语音合成方法的发展

图 13.7 对 1962—1997 年间语音合成技术的相关进展进行了总结。图中展示了在此期间的三代语音合成系统。在第一代系统中（1962—1977 年），基于模拟信号合成器的音素共振峰合成方法是主流技术。在贝尔实验室、瑞典皇家理工学院以及由英国、麻省理工学院、哈斯金斯实验室等联合组成的语音研究机构中，有大量的相关研究项目。该类方法通过采用规则，将句子中的音素与共振峰频率曲线关联起来[①]。早期阶段，这类合成方法的音质具有较低的可懂度和较差的自然度，这使得研究人员不得不研究如何最好地估计合成器中的曲线参数、如何最好地对语谱建模，以使得输出语音具有更好的可懂度。

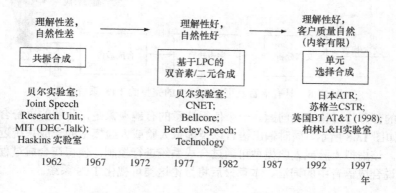

图 13.7　语音合成和 TTS 系统的发展史

第二代语音合成方法（1977—1992 年）紧随线性预测编码（LPC）分析与合成方法的发展。在这一时期，一系列 TTS 系统开始采用子词单元作为基本的建模单元，如双音子单元（所谓双音子单元，

---

① 第一代合成系统使用人工获得的音素串和某些形式的韵律标记作为输入，因此这种系统不是真正的TTS系统，而只是被人源输入控制的合成系统。

就是从一个音素的相对稳定的中间位置开始，到下一个音素的相对稳定的中间位置结束的单元）。通过采用对双音子单元进行拼接的方法，产生合成语音。第二代语音合成系统面临的问题比第一代系统的问题更困难。这主要是由于系统输入通常是文本，主要问题是确定该文本恰当的发音（如本章开始处所讲）。在研究第二代语音合成技术的机构中，领导者包括贝尔电话实验室、贝尔通信、麻省理工学院和伯克利大学语音技术实验室等。业已证明，采用 LPC 参数更加细致地对双音子单元进行建模和表示，并根据合成文本采用适当的双音子单元进行拼接，可以合成出具有较好可懂度的语音。虽然这个阶段的语音合成技术与第一代语音合成技术相比，可懂度方面有了很大提高，但合成语音的自然度仍然较低，这主要是由于单独的双音子单元很难代表由这些双音子组合出来的各种可能的声音。关于 1987 年以前语音合成进展方面的详细综述，可参阅 Klatt[194]。该论文和相关的合成样例可在相关网站获得。

人们继续寻找既可达到高可懂度也可达到满足"客户质量"的自然度的语音合成法。这激励了人们研究第三代语音合成系统（1992 年至今）。在此期间，单元选择拼接合成法首先被 Y. Sagisaka[338]（京都 ATR 实验室）提出，并逐渐完善。由选音拼接合成法生成的语音具有良好的清晰度和自然度，比较接近人类的语音。单元选择拼接合成法在 20 世纪 90 年代和 2000 年迅速传播。此技术的领导者包括日本的 ATR、苏格兰的 CSTR、英国的英国电信、美国的 AT&T 公司实验室和比利时的 L&H 公司[97, 153]。

13.4　早期的语音合成方法

图 13.8 描述了完整的 TTS 系统框图。当输入文本的抽象语言学描述通过图 13.2 介绍的步骤确定后，TTS 系统剩下的主要任务就是合成语音波形，使其具有高清晰度（从而使得语音可以作为人机交互的有效方法），并且尽可能接近真实语音自然度。同时获得高清晰度以及尽可能高的自然度的目标并不容易达到，这主要取决于图 13.8 中语音合成器后端的三个关键问题：

1. 合成单元的选择：包括整词、音素、双音子或音节。
2. 合成参数的选择：包括线性预测特征、共振峰、波形模板、发音器官参数、正弦参数等。
3. 合成方法：包括基于规则的系统，或基于对已存储的语音单元进行拼接的系统。

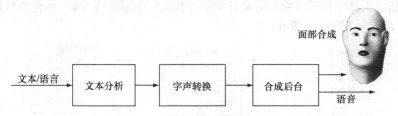

图 13.8　具有语音及可视化输出的完整的 TTS 系统框图

本章剩下的部分将讨论上述问题。一个值得注意的有趣现象是，传统的语音合成系统仅包含语音输出。而如图 13.8 所示，同时输出语音以及虚拟人脸或人脸模型的合成系统近几年越来越引起人们的兴趣。该虚拟人脸或人脸模型可通过合成系统进行控制，使得在合成过程中，人脸模型看起来就像在说合成语音中的词汇。本章最后将讨论这类可视化 TTS 系统。

13.4.1　声码器

一百多年来，尽管语音领域的学者一直在探索如何使机器发出具有高清晰度和高自然度的语音，然而直到 1939 年纽约世界博览会上，一类基于电子技术合成语音的方法才被展示出来。一个被称为 VODER（Voice Operated DEmonstratoR）的装置由 Homer Dudley 和他在贝尔实验室的同事共同发明[93]。VODER 主要基于一类简单的语音产生模型，通过控制 VODER 设备上的手动键盘及一系列脚踏板，重现一定范围内的语音的语谱，如图 13.9 和图 13.10 所示。通过手腕处的控制杆可以选择周期脉冲或噪声作为激励源，通过脚踏板可控制浊音部分的周期脉冲来控制基频。10 个手指可控制 10 个连续的带通滤波器，这 10 个带通滤波器分布于语音频率范围，并且以并联的方式连接起来。另外，系统还有独立的按键用于闭塞辅音，同时系统也提供了控制语音能量的方法。

尽管训练操作员对 VODER 进行操作的训练周期在一年左右，但这些操作员最终还是学会了如何控制 VODER 产生清晰的语音。VODER 产生语音的质量在附录 A 中给出了描述。附录 A 中的资料来源于一个广播节目。该节目中博览会组织者命令操作员用 VODER 产生两个简单的句子。句子内容如下：

组织者：Will you please say for our Eastern listeners "Good evening radio audience."

VODER：Good evening radio audience.

组织者：And now for our Eastern listeners say "Good afternoon radio audience."

VODER：Good afternoon radio audience.

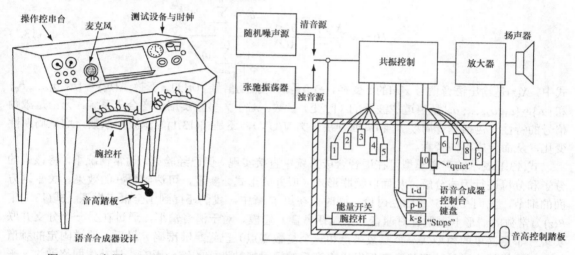

图 13.9 （左图）VODER 的原始草图；（右图）VODER 框图及基于手指、手腕和脚的控制系统（据 Dudley, Riesz, and Watkins[93]。经阿尔卡特–朗讯美国公司允许进行重印）

图 13.10 声码器控制台操作员图例。经阿尔卡特–朗讯美国公司允许进行重印

以下几节将简单介绍一些基于规则的语音合成系统。这些系统基于不同的后端方法，包括终端模拟合成（共振峰、线性预测）和发音器官参数合成。由于我们假设期望合成的语音已被分解

成一系列语音单元，且可通过规则对不同的语音表示进行平滑的连接后合成这些单元，因此我们重点考虑合成器的性质。

13.4.2 终端模拟语音合成

VODER 是终端模拟语音合成的一个早期例子。键盘控制是一个非常合适且很精巧的演示系统，但却不是一个实用的控制系统。然而，基本的语音合成系统是由激励源模型和声道模型组成的连续时间系统。在终端模拟系统中，语言中的每个声音（音素）都被表示为激励源函数和一个理想声道模型。通过变化激励源与声道模型控制参数来生成语音，其中控制参数的速率要与即将产生的语音大体一致。这类合成器的模型基于人类声道产生语音的原理，在其终端产生语音的过程类似于人类发出语音的过程，因此被称为终端模拟合成器[①]。

语音模拟终端合成的基础是语音产生过程的声源/系统模型，这个模型我们在本书中已讨论过很多次，即激励源信号 $e[n]$ 和人类声道模型的传输函数，该传输函数可由如下系统函数表示：

$$H(z) = \frac{X(z)}{E(z)} = \frac{B(z)}{A(z)} = \frac{b_0 + \sum\limits_{k=1}^{q} b_k z^{-k}}{1 - \sum\limits_{k=1}^{p} a_k z^{-k}}, \tag{13.1}$$

式中，$X(z)$ 是输出语音信号 $x[n]$ 的 z 变换，$E(z)$ 是声道激励信号 $e[n]$ 的 z 变换，$\{b_k\} = \{b_0, b_1, \ldots, b_q\}$ 和 $\{a_k\} = \{a_1, a_2, \ldots, a_p\}$ 是声道滤波器的（时变）参数。对于大多数实用语音合成系统，无论是激励信号的特性（包括基音周期 N_p 和清浊判决分类 V/UV），还是式(13.1)的滤波器系数，均呈周期性变化，从而合成不同音素。

式(13.1)表示的声道模型可在语音合成系统中直接实现。但已经验证，通常情况下，将该式的分子和分母进行因式分解，从而以级联形式（或并联形式）实现，可达到更好的效果。关于这方面的细节，我们在第 5 章已经讨论。同时，在第 5 章中，我们还提到了全极点模型［式(13.1)中 $B(z)$ 为常数的情形］更适合对浊音（不包括鼻音）建模。对于清音情形，通过在另一个分支并联实现一个更简单的模型（一个复数极点和一个复数零点）已经足够准确。最后，通过固定的频谱补偿网络模拟声道脉冲形状及嘴唇发出声音后的辐射特性造成的综合影响。该补偿网络通过 z 平面上的两个实极点实现。上述完整的终端模拟语音合成模型由图 13.11 给出[299, 344]。

图 13.11 中的浊音分支（上面的分支）包含了一个脉冲发生器（通过时变的基因周期 N_p 控制）、一个时变的浊音信号增益 A_V，以及由三个时变共振腔（对应前三个共振峰 F_1、F_2、F_3）和一个固定共振腔（F_4）级联而成的全极点离散时间系统。

清音分支（下面的分支）包含了一个白噪声发生器、一个时变信号增益 A_N，以及由时变极点（F_P）和时变零点（F_Z）组成的共振腔/反共振腔系统。

清音成分和浊音成分经过累加后，经过固定的频谱补偿网络处理，最终生成合成语音输出信号。

通过图 13.11 所示的终端模拟合成器合成的声音具有高可变性，但同时具有明显的模型缺陷。原因如下：

- 由于图 13.11 所示的模型中未包含混合激励，导致无法很好地处理摩擦音。
- 由于模型中未包含鼻音零点，导致无法很好地处理鼻音。
- 由于模型中无法在时域精确定位，同时无法控制复杂激励信号，导致无法很好地处理闭塞辅音。

[①] 在终端模拟合成的设计中，术语模拟和终端源于早期的语音合成研究。这会引起混淆，因为现在模拟表示非数字的和连续的事物。终端最初表示模拟（非数字）电路或系统的输出终端。

- 基音脉冲信号形状固定，且与基音周期本身无关。这种不够精确的建模方式导致合成浊音具有蜂鸣感。
- 频谱补偿模型不够精确，且对清音补偿效果不佳。

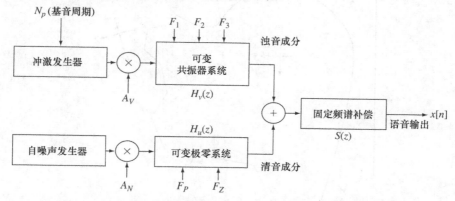

图 13.11 基于一个级联/并联（共振峰）合成模型的语音合成器

Klatt[193]提出的一个更为复杂的模型减轻了图 13.11 所示模型的许多缺陷。但即使采用更复杂的合成模型，计算合成参数也很有挑战性。尽管如此，Klatt 的 Klattalk 系统的质量也很高，1983 年成为数字设备公司的 DECtalk 系统，并进行了商业化推广。尽管本章后面将要介绍的单元选择方法可实现更好的合成质量，但 DECtalk 系统作为遗留系统，至今仍然在运行。

13.4.3　发音器官语音合成方法

尽管最早的电子语音合成采用的是电气模拟声道系统，但人们普遍认为至少在理论上，通过建立发音器官模型，采用发音器官振动器模拟真实发音器官的动作（而不是共振峰参数），可产生更自然的语音。人们在试着建立生成语音的发音器官模型的过程中提出了如下论断：

- 更好地理解发音器官运动过程中的物理限制，可以建立更真实的舌头、下颌、牙齿等器官的运动规律。
- X 射线数据（MRI 数据）可用于研究具体发音过程中独立声音片段对应的发音器官的运动，从而更好地理解语音产生过程的动态特性。
- 声音之间的平滑化发音器官运动参数可用于直接方法，如求解波动方程、确定嘴唇（鼻腔）部位的声压，也可用于间接方法，如将发音器官参数转换成共振峰参数或线性预测参数，用于传统合成器。
- 可以限制发音器官的运动过程，只允许产生自然运动，使语音听起来更加自然。

图 13.12 描述了语音合成中采用的可计算发音器官模型的框架[63]。该模型采用了 8 个独立参数，以及用于描述任意声道模型形状的非独立参数。这些参数如图 13.12 所示，包含如下部分：

- 嘴唇张开—W
- 嘴唇突出长度—L
- 舌头高度和宽度—Y, X
- 软腭闭合—K
- 舌尖高度和长度—B, R
- 颚抬起（非独立参数）
- 软腭打开—N

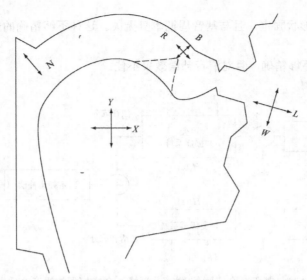

图 13.12　音素合成中采用的可计算发音器官模型示意图（见 Coker[63]。© [1976] IEEE）

　　为了说明图 13.12 中的模型是否适用于人类发音器官数据（由 X 射线测量的数据），图 13.13 画出了声道参数曲线以及发音器官模型拟合曲线的具有代表性的截断部分，其中发音器官模型参数经过了适当调优。该图包含三个元音（/i/, /a/, /u/）和三个辅音（/p/, /t/, /k/）。从图中可以看到，对于元音，X 射线的数据与模型拟合数据整体上的拟合效果非常好。对于辅音，大多数情形下声道长度的拟合一致性比较好，但在各类闭塞辅音闭合前的位置（特别是辅音/k/）具有较大拟合误差。

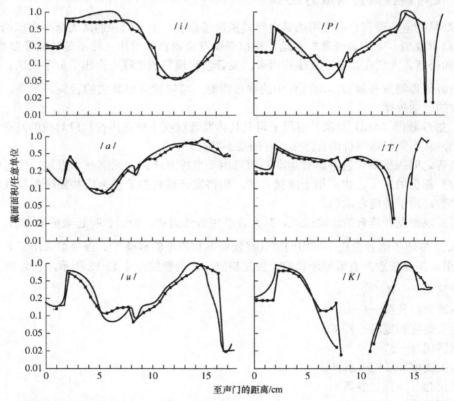

图 13.13　发音模型对 X 射线得到的人类发音数据进行拟合的效果示例（见 Coker[63]。© [1976] IEEE）

本书提供的配套资源中包含了一个基于发音器官方法合成的声音文件，该文件完全以自动的方式对发音器官参数进行闭环优化，其中相关参数借助了神经网络模型和一个发音器官参数码本进行初始化[357]。本书附录 A 对该方法进行了描述。演示文件首先包含句子"The author lived in a yert in the desert"的自然语音，随后包含经过闭环参数优化的发音器官模型参数合成的语音。该句子的合成效果不错，这也说明了只要能设计出一种方法，可以自动地在时域上对发音器官模型的参数进行很好的控制，那么该方法的合成效果还是很具有潜力的。

针对语音发音器官模型，我们已经了解到，为了合成质量可以接受的语音，需要采用具有高准确度的声门和声道模型。另一方面，根据发音的上下文，还需要对发音器官的动态特征进行很好的处理。近年来，人们设计出了高精度的模型，也了解到了对动态特征进行控制的一些合适规则。因此，从理论角度讲，发音器官合成方法引起了人们的很大兴趣。但在实际应用中，还无法达到可接受的合成语音质量。

13.4.4　单词拼接合成

对于给定的文本字符串，要合成出相关的语音，或许最简单的方法就是根据想要得到的语音，逐字地将预先录制好的单词的语音波形拼接起来。该方法最方便的地方在于可以对单词录音进行波形采样和存储，并在合成语句中按照正确的顺序拼接起来。该方法生成的语音通常可被人听懂，但听起来并不自然。这主要是由于该方法并没有考虑连续语音中音素之间的"协同发音"问题，没有根据合成语句对音素时长进行调整，也没有将句子中的基频调整到预期的变化范围。句子中的单词时长通常比单独录制该单词的时长要短很多（通常情况，最多短 50%）。如图 13.14 所示，句子"This shirt is red"首先按照孤立词的方式进行朗读（单词之间具有短暂且明显的停顿），图 13.14 上图给出了相应的宽带语谱图。另一方面，该句子也按照连续朗读的方式进行了录制，如图 13.14 下图所示。由此可见，即使对这样一个简单的句子，连续朗读语音的时长也要比孤立朗读语音方式的时长短一半。另一方面，连续语音中的共振峰轨迹也和被一致压缩的单词录音的共振峰轨迹很不一样。此外，上图中的单词边界很明显，而下半图中的单词边界则融合在了一起。

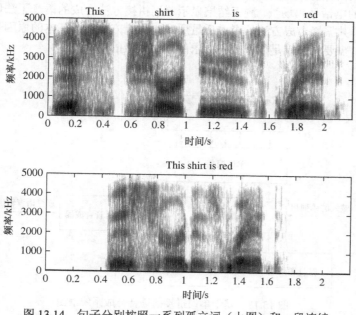

图 13.14　句子分别按照一系列孤立词（上图）和一段连续
语音的方式（下图）发音时，各自的宽带语谱图

一类更先进的单词拼接方法是采用第 11 章讨论的语音编码技术，存储单词录音的参数形式（如共振峰、LPC 参数等）[314]。虽然这可减少存储单词所占用的空间，但采用参数存储的主要原因在于这些参数表示更接近于语音产生模型，从而可以更巧妙地对拼接单词进行调整，缩短时长，并调整基频曲线到预期的动态范围。这要求针对任务词汇（比如从训练集获得的词汇）的所有单词的控制参数进行存储。最后通过一系列特殊的单词拼接规则产生控制信号并用于合成。虽然这样的合成系统可以作为通用语音合成器的一类方法，但在实际中，这类合成方法并不实用①。

整词系统不实用的原因很多，但主要原因在于，除了特定情形外，要使得单词拼接系统变得实用，需要将太多的单词存储到单词目录中。例如，在美国有 170 万个不同的姓，而通用单词拼接合成系统需要对每个姓进行录音和存储。表 13.1 给出了美国最常用的 200000 个人名的累积统计信息，从中可以发现，仅 93%的姓被这些人名覆盖。第二个同样重要的限制是单词长度的语音段不是合适的拼接单元，我们将会看到，像音素、双音子这样更短的单元更适合于语音合成。整词拼接系统的第三个问题在于单词不能保持句子级别的重音、节奏、语调模式，因此不能进行简单拼接，而实际中需要进行额外的处理过程，使其满足外部的时长和基频限制。

表 13.1　美国姓氏的正确名称统计

名称数	累计覆盖率	名称数	累计覆盖率
10	4.9%	50000	83.2%
100	16.3%	100000	88.6%
5000	59.1%	200000	93.0%

图 13.15 给出了单词拼接合成系统的框图[314]。合成器的输入是键盘输入的单词字符串（假设该字符串无歧义），并假定合成器预先存储了构成词汇列表的每个单词的控制参数（共振峰频率）。合成过程通过一系列时长规则确定输入文本中每个单词的时长，同样，基于适用于该文本的相关规则，为该语句指定基频曲线，最终通过传统合成器（后面会讨论）合成相应的语音。通过非正式测听对该类单词拼接合成系统的输出进行评估，对非常简单的场景，如合成"The number is XXX-XXXX"中的电话号码场景，测听结果显示单词拼接方法合成的语音无法取得令人满意的质量。一方面是由于共振峰合成方法的合成质量所致；另一方面，更基本的原因是，为了使单词在拼接点更加匹配，需要录制满足韵律范围要求的指数量级的单词。

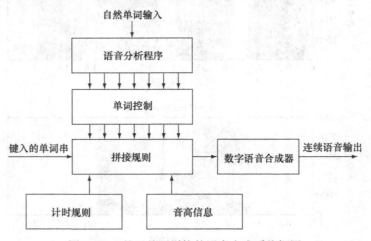

图 13.15　基于单词拼接的语音合成系统框图

---

① 显然，（由存储波形）进行整词拼接合成，对通用语音合成也不实用。

13.5 单元选择方法

原则上讲，如果能够在文本分析系统的输出端及合成器的控制信号之间设计合适的接口，那么单词拼接系统的局限性将不会在模拟终端合成方法或发音器官合成方法中发生。然而，到 20 世纪 80 年代末，语音合成和 TTS 技术的发展遇到了障碍。当时顶级的合成效果具有很高的可懂度，但是听起来非常不自然。与此同时，十多年的相关工作虽然使得可懂度得到了某种程度的提高，但并没有实质性地改变合成自然度。关于 TTS 的各类方法，一个重要的驱动因素是计算速度和存储容量一致地以指数增长。每 18 个月价格就会减半，同时容量翻倍，这条定律直到今日仍未被打破。摩尔定律下的计算效率增长和内存增长使得实现高复杂性的拼接合成系统成为可能。在复杂的拼接合成系统中，每个合成单元的多个不同样本被创建、使用和优化。从而，拼接合成系统通过采用比单词更短的合成单元进行最优单元选择，可以（在某些情形下）得到非常自然的合成语音。因此该方法已成为当前几乎所有 TTS 系统的选择。

基于单元选择的拼接 TTS 系统的主要思想在于，使用比自然语音更短的自然语音段（录音）作为合成段[35, 36, 97, 153, 215]。直观上来看，数据库中经过录制、标记、存储的语音段越多，合成语音的音质也就越好。从本质上讲，如果无限多的片段被记录和保存下来，那么对于所有的合成任务来说，得到的合成语音都将是完全自然的。基于单元选择方法的拼接语音合成系统，随着用于系统训练的数据越来越多，系统的性能也变得越来越好，因此通常被认为是"数据驱动"的方法。

为了设计并搭建一个基于已有录音段的单元选择语音合成系统，需要解决许多问题：

1. 作为合成语音基本构建模块的语音单元。
2. 从自然语音中提取合成单元的方法。
3. 单元标注，用于从大数据库中检索出相应的单元。
4. 信号表示，用于对单元进行存储表示，并重新生成该单元。
5. 信号处理方法，用于在单元拼接点对单元进行谱平滑，以及对基频、时长和幅度的修改。
   下面逐一讨论这些问题。

13.5.1 拼接单元的选择

对于拼接 TTS 系统，拼接单元有许多可行的选择，包括但不限于如下选择：

- 单词：英语中实际上存在无限个单词。
- 音节：英语中约有 10000 个音节。
- 音素：英语中只有约 45 个音素，但非常依赖于上下文。
- 半音节：英语中约有 2500 个半音节。
- 双音素：英语中约有 1500～2500 个双音素。

Macchi[215]给出了如图 13.16 所示的图表，对拼接单元选择问题进行了总结。该图包含如下内容：

- 从单音素（上下文相关的音素）到整个句子的一系列单元。
- 每个单元的平均长度指标。
- 在英语中每种单元的数量的估计。
- 用于修改单元的必要规则的数量。由于单元受前后音段上下文的影响，需要通过规则进行单元修改。
- 基于相应单元进行拼接合成方法的合成语音预期质量的指标。

长度	单位	# 单位 (英语)	# 规则	质量
短	全音素	$60 \sim 80$	多	低
	双音素	$< 40^2 \sim 65^2$		
	三音素	$< 40^3 \sim 65^3$		
	半音节	2000		
	音节	11000		
	VC*V			
	双音节	$< (11000)^2$		
	音词	$100000 \sim 1.5\,\mathrm{M}$		
	短语	∞		
长	句子	∞	少	高

图 13.16　拼接单元在时长、数量、上下文、依赖性和预期合成质量方面的比较（据 Macchi[215]）

可以看到，随着候选单元从最短的单元（单音素）到最长的单元（整词、短语、句子）的变化，上下文的影响迅速下降，合成质量得到提高。但是，在实用中对所有可能出现的整词、短语、句子进行存储，即使是限定领域的应用，也是不现实的。因此，只能考虑更短的单元作为选择。

同样由 Macchi[215]给出的图 13.17，画出了在使用图 13.16 中给出的几种单元类型时针对 200 万人名的覆盖率。图中给出了 50000 个最常用人名的相关结果曲线，由这些给出的点已经足以看出曲线的分布趋势。从该图中可以发现，采用较长单元时，比如单词或双音节，覆盖该人名所需的单元数量几乎随着人名词汇表大小增长而呈线性增长。如果使用音节或三音素这样的单元，所需单元数量的增长趋势在 50000 人名时趋于平稳，需要 5000～10000 个单元对该数据库进行覆盖。当采用双音子或半音节时，曲线很快平稳在 150～1000 个单元，这些单元即可覆盖住 50000 大小的人名数据库。这些曲线在 50000 大小的人名位置的斜率代表了添加一个新人名后，为了达到覆盖，需要录制额外单元的概率。这条曲线的斜率从针对单词单元情形的 1，降至针对双音子或半音节情形的几乎为零的值。因此，针对高质量拼接合成 TTS，我们更倾向于采用类似双音子或音节单元，而不采用单词或多音节作为拼接单元。

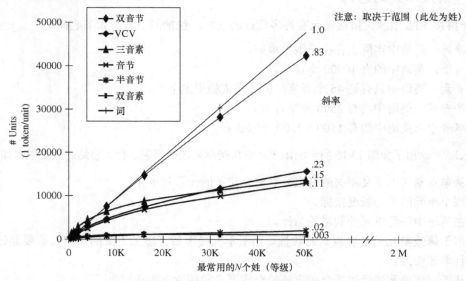

图 13.17　英语中最常用 N 个姓的词汇集上，几种单元类型的覆盖率与 N 的关系（据 Macchi[215]）

13.5.2　自然语音中的单元选择

确定单元的类型后，下一步就是录制数据库。在数据库中要求每个单元的出现次数足够多，同时也要满足不同上下文语境的单元的覆盖范围。更大的数据库可为每个语音单元提供更多的变体，因此一般也可以合成更自然的声音。

经过录制的语音库必须对基本语音单元进行标注，从而用于拼接，同时利用某种基于动态规划的匹配过程（类似大多数语音识别系统中用到的方法，参考第 14 章），将录音数据切分成单元序列。录制的语音通常是"过于清晰"的句子，并且以平淡的风格进行朗读，从而使得选自不同句子的单元更容易进行拼接。数据库的文本材料也应包含每个合成单元的多个音位变体。通常情况下，包含 1000 句（大概 1 小时录音）的数据库足以对适当规模的合成任务提供高质量的合成语音。

我们通过离线数据准备过程建立语音数据库，并用于合成系统。确定每个句子中的每个语音单元的位置（可通过自动切分或手动切分的方式）后，相应的语音将被编码（可采用任何编码方式，如特征编码方案中的倒谱参数或 DPCM 波形编码），同时句子中每个单元的位置（以及相关上下文）都在数据库中进行存储，并在合成新句子时用于检索[35]。

13.5.3　从文本中进行在线单元选择

从子词单元进行在线合成的步骤很直接，但并不简单[36]。通过常用的文本分析得到音素和韵律后，音素序列首先需要转换成数据库中的合适单元序列。例如，短语"I want"应被转换成如下双音子单元序列：

文本输入：I want.

音素：/#/ /AY/ /W/ /AA/ /N/ /T/ /#/

双音：/#AY/ /AY W/ /W AA/ /AA N/ /N T/ /T #/

其中，符号#用来代表静音（在每个句子或短语的开头和结尾）。

在线合成的第二步是选择数据库中最合适的双音子序列。由于每个双音子单元在数据库中出现不止一次，因此需要从中选择最适合的双音子序列。该过程需要采用动态规划步骤得到给定的代价函数最小化的单元序列。其中代价函数通常基于双音子序列在拼接点处的匹配程度。双音子的匹配度通常由谱参数匹配度、基频参数匹配度等相关特征来定义。本章将给出一系列用于选择与给定文本达到最佳匹配的单元序列的代价函数。

完成最佳匹配单元序列的选择后，在线单元拼接语音合成系统的最后一步是，调整序列中的双音子单元，使得双音子拼接点处的频谱、基频、相位更加匹配。其中一类调整拼接点处语音段的方法将在 13.5.6 节中描述。

13.5.4　单元选择问题

单元选择是在给出合成文本对应的目标特征后，自动搜索数据库中与这些特征最匹配的单元序列的过程。该过程如图 13.18 所示，其中给出了合成单词/hello/的声音序列（此处指音素序列）/HH/ /EH/ /L/ /OW/对应的目标特征。该单词的每个音素在语音数据库中均有多个样本，这些样本采自不同的音素上下文环境。因此，正如图 13.18 所示，/HH/和/EH/等单元均有多个不同样本。单元选择模块的目标，就是在每个声音单元的多个样本中选出一个样本，使得选定的单元样本之间的总体感知距离最小化。其中感知距离主要基于声音段之间的谱、基频、相位差异，特别是在音素边界处的差异。通过定义单元代价函数，包括贯穿整个单元的全局代价，以及拼接点处的单元边界局部代价，可以找到单元序列之间累积距离最小的序列，从而可以"相互之间达到最佳拼接效果"。该最佳路径（即输入字符串对应的单元序列的不同版本组合中的最佳路径）可通过动态规划进行 Viterbi 搜索得到[308]。图 13.19 展示了一个具有 3 个单元的动态规划搜索过程。Viterbi 搜索过程计算格中每条可行路径的代价，并确定具有最小代价的路径。其中转移代价（即图中的边）对应拼接单元之间的拼接点处的声学距离代价，节点对应候选单元的基于语言学特征的目标代价。

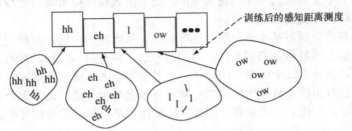

图 13.18　单元选择基本步骤的说明

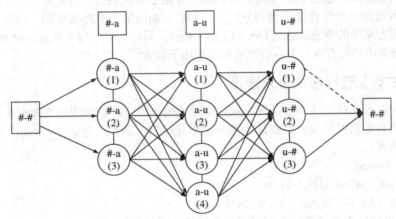

图 13.19　对格结构候选单元进行 Viterbi 搜索的在线单元选择方法

因此，与 Viterbi 搜索相关的代价有两个：一个代价是由单元片段失真度（USD）定义的节点代价，该代价由目标单元的谱特性与候选单元谱特性之间的距离测度定义。另一个代价是单元拼接代价（UCD），该代价由拼接单元之间的频谱（或基频、或相位）不连续性定义。例如，考虑目标单词 "cart"，其目标音素为/K//AH//R//T/，其中音素/AH/的上下文来源于单词 want，而 want 的音素为/W//AH//N//T/，USD 距离定义为/AH/在语境/W//AH//N/和合成语音期望语境/K//AH//R/之间的代价。

图 13.20 展示了针对一句给定文本的拼接合成过程，下图给出了目标文本的单元序列，上图给出了从单元库中选出的单元序列。重点关注目标单元 t_j 和被选择的单元 θ_j 及 θ_j+1。单元 t_j 和 θ_j 之间的匹配度指标是 USD 单元代价（本章后续部分介绍），与被选单元 θ_j 和 θ_{j+1} 相关的指标是 UCD 拼接代价。长度为 N 的任意选择序列 $\Theta = \{\theta_1, \theta_2, ..., \theta_N\}$ 及长度为 N 的目标序列 $T = \{t_1, t_2, ..., t_N\}$ 之间的总代价定义为

$$d(\Theta, T) = \sum_{j=1}^{N} d_u(\theta_j, t_j) + \sum_{j=1}^{N-1} d_t(\theta_j, \theta_{j+1}), \tag{13.2}$$

式中，$d_u(\theta_j, t_j)$ 是与单元 t_j 与 θ_j 之间匹配度相关的 USD 代价，$d_t(\theta_j, \theta_{j+1})$ 是与单元 θ_j 和 θ_{j+1} 拼接过程相关的 UCD 代价。当被选单元 θ_j 和 θ_{j+1} 来自同一段句子的相邻单元时，可以对其进行自然拼接，相应的 UCD 代价应接近于零。另外，需要注意，在拼接单元之间，通常存在一小段重合区域（下一节将讨论重合区域问题）。对应最优拼接单元序列的最优路径可通过标准的 Viterbi 过程进行高效率搜索[116,308]，搜索效率与拼接单元数量、目标单元数量呈线性关系。

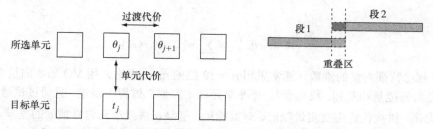

图 13.20　目标单元序列和假定的选择单元序列之间的单元选择代价图示

最优单元序列的 Viterbi 搜索

基于图 13.19 中的格结构，以及图 13.20 中的单元代价及转移代价的概念，可给出如下求解最优单元序列（使总代价最小的序列）的 Viterbi 搜索算法：

- 令 j 表示长度为 J 的单元序列的序号（$1 \le j \le J$）（在图 13.19 的例子中 $J = 3$）。
- 令 i 表示每个位置 j 处的单元的序号，$i = 1, 2, ..., I(j)$，其中 $I(j)$ 是 j 的函数，代表位置 j 处对应的候选单元个数。如图 13.19 所示的简单例子，目标字符串中包含了 $J = 3$ 个单元（/#-a/、/a-u/ 和 /u-#/）。对于 $j = 1$ 的单元位置，有 $I(1) = 3$ 个候选，对于 $j = 2$ 的单元位置，有 $I(2) = 4$ 个候选，对于 $j = 3$ 的单元位置，有 $I(3) = 3$ 个候选。
- 采用图 13.20 中的符号，位置为 j 的单元设定为 θ_j，相应位置的"理想"单元（即目标单元）记为 t_j。
- θ_j 和 t_j 之间的单元代价记为 $d_u(\theta_j, t_j)$，θ_j 和 θ_{j+1} 之间的转移代价记为 $d_t(\theta_j, \theta_{j+1})$。
- 搜索最优单元序列（即总代价最小的序列）的 Viterbi 算法如下：
  - 记 $\delta_j(i)$ 为可到达单元位置 j 且序号为 i 的单元 $\theta_j(i)$ 的最佳（累积距离最小）路径。定义二维数组 $\psi_j(i)$，用于记录通过格的路径。现在我们可以采用如下方法递归求解 $\delta_j(i)$：
  - 初始化（$j = 1$）

$$\delta_1(i) = d_u(\theta_1(i), t_1), \qquad 1 \le i \le I(1),$$
$$\psi_1(i) = 0, \qquad 1 \le i \le I(1).$$

  - 递归

$$\delta_j(k) = \min_{1 \le i \le I(j-1)} [\delta_{j-1}(i) + d_t(\theta_{j-1}(i), \theta_j(k))] + d_u(\theta_j(k), t_j)$$

$$1 \le k \le I(j), \qquad 2 \le j \le J,$$

$$\psi_j(k) = \operatorname*{argmin}_{1 \le i \le I(j-1)} [\delta_{j-1}(i) + d_t(\theta_{j-1}(i), \theta_j(k))]$$

$$1 \le k \le I(j), \qquad 2 \le j \le J.$$

  - 终止

$$D^* = \min_{1 \le k \le I(J)} [\delta_J(k)],$$

$$q_J^* = \operatorname*{argmin}_{1 \le k \le I(J)} [\delta_J(k)].$$

  - 路径回溯

$$q_j^* = \psi_{j+1}(q_{j+1}^*), \quad j = J-1, J-2, \ldots, 1.$$

矩阵 $\psi_j(k)$，$1 \le j \le J, 1 \le k \le I(j)$ 记录了路径信息。通过路径回溯可最终得到最优单元序列 q_j^*，$1 \le j \le J$。

13.5.5　转移代价和单元代价

两个单元之间的拼接代价实际上是频谱（和/或相位、基频）在单元边界处的不连续性代价，定

义为

$$C^c(\theta_j, \theta_{j+1}) = \sum_{k=1}^{p+2} w_k^c C_k^c(\theta_j, \theta_{j+1}), \tag{13.3}$$

式中，p 是频谱特征向量的维数（通常采用 $p = 12$ 维的 mfcc 系数，用 VQ 码本向量表示），另外两个特征是对数能量和基频。权重变量 w_k^c 在单元样本库建立过程中确定，且通过试错方法对这些权重进行优化。拼接代价主要测量频谱、对数能量、基频在拼接单元边界帧处的差异。显而易见，拼接误差的定义可扩展到多个边界帧上。另外，如前面提到的，当拼接单元 θ_j 和 θ_{j+1} 在数据库中相互连续时，相应的拼接代价定义为零（$C^c(\theta_j, \theta_{j+1}) = 0$）。对于这种情形，无论频谱上还是基频上，都不存在不连续性。关于频谱、对数能量、基频在边界位置的不连续性度量有多重选择，其中一个常用的代价函数是如下定义的特征参数的正则化均方误差函数：

$$C_k^c(\theta_j, \theta_{j+1}) = \frac{[f_k^{\theta_j}(m) - f_k^{\theta_{j+1}}(1)]^2}{\sigma_k^2}, \tag{13.4}$$

式中，$f_k^{\theta_j}(l)$ 是拼接单元 θ_j 中第 l 帧的第 k 维特征参数，m 是拼接单元的（正则化）时长，σ_k^2 是第 k 维特征对应的方差。

USD 代价，或称为目标代价，在概念上更难理解，实际上也更难通过实例说明。两个单元 t_j 和 θ_j 之间的 USD 代价具有如下形式：

$$d_u(\theta_j, t_j) = \sum_{i=1}^{q} w_i^t \phi_i \left\{ T_i(f_i^{\theta_j}), T_i(f_i^{t_j}) \right\}, \tag{13.5}$$

式中，q 为与单元 t_j 或单元 θ_j 相关的特征的个数。w_i^t，$i = 1, 2, \ldots, q$ 为经过训练的目标权重集合，$T_i(\cdot)$ 可以是任意连续函数（对应一组特征 f_i，如单元的基频、功率、时长），也可以是整数集合（对应于类别特征 f_i，如单元类别、音素类别、候选单元对应的音节位置等），对于后一种情形，ϕ_i 可通过距离表进行查询。另一方面，局部距离函数也可定义成如下形式的二次表示：

$$\phi_i \left\{ T_i(f_i^{\theta_j}), T_i(f_i^{t_j}) \right\} = \left[T_i(f_i^{\theta_j}) - T_i(f_i^{t_j}) \right]^2. \tag{13.6}$$

权重 w_i^t 的训练过程离线进行。训练语音数据库（有可能是整个录音库）中的每个音素类别中的每个具体音素，每个样例单元可被视为目标单元，同时其他样例作为候选单元。采用该训练集，权重向量可通过线性方程组的最小二乘法进行求解。权重训练的具体细节可参考 Schroeter[356]。

选中与目标文本匹配的最优单元序列后，单元选择系统的最后一步就是平滑/修改拼接单元的边界帧，使得单元边界处的频谱、基频、相位更加匹配。

13.5.6 单元边界平滑和修改

边界平滑与修改的最终目标是，使两个合成单元边界处的波形更加匹配，从而尽可能减小基频、频谱、相位的不连续性，同时在修改中应避免语音波形的严重变形。针对该问题，没有简单明确的方法在波形修改中保持基频、频谱和相位特征。但人们提出并改进了一系列基于时域谐波调整（TDHS）[224] 的方法。这些方法应用于语音波形修改，在修改过程中可以保持基频不变，也可以调整基频。这类方法中，最简单的一种就是基音同步叠加（PSOLA）方法[54, 249]。该方法如图 13.21 所示。针对源语音信号，进行基音分析，并在波形上标注每个单独的周期。为了对当前基音周期进行调整，每个单独的基音周期或被延长（在每个周期的末尾补零），或被缩短（截断每个周期的末尾样点），从而在时域上使调整后的基频与期望的基频更加匹配。图 13.21 给出了通过补零增加时域上信号长度的方法延长基音周期的例子。为使 PSOLA 方法达到良好的效果，需要同时准确估计（时域上的）基音周期，以及基音周期的相位，使得信号可在导致听感变化最小的位置延长或缩短。

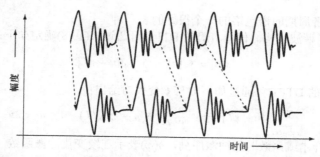

图 13.21　随时间变化逐渐增加基音周期的 PSOLA 处理过程（见 Dutoit[97], pp. 251-270）

关于 PSOLA 方法的一个重要且实用的扩展方法是 TD-PSOLA（时域 PSOLA）方法[213]。该方法不必进行精确基音分析来确定可使得波形修改后听感变化最小的位置点，即可在波形上直接进行基频调整。该方法最基本的贡献在于其认识到了如下事实：对周期长度为 T_0 个样本的周期信号 $s[n]$，通过对加窗信号进行叠接相加，就可得到周期长度为 T 个样本的修正信号 $\tilde{s}[n]$[①]。令 $s_i[n]$ 表示信号 $s[n]$ 的第 i 个周期，即

$$s_i[n] = s[n]w[n - iT_0] = s[n - iT_0]w[n - iT_0].\qquad(13.7a)$$

式(13.7a)中第二个等号右侧的式子是由 $s[n]$ 的周期性得到的。从而，新的周期信号定义为

$$\tilde{s}[n] = \sum_{i=-\infty}^{\infty} s_i[n - i(T - T_0)].\qquad(13.7b)$$

由此我们可以联想到第 7 章中讨论的交叠相加（OLA）合成方法。与该方法相比，区别仅在于合成过程的偏移量与分析过程的偏移量不同。从式(13.7a)可知，分析窗都是基音同步的，且窗移取基音周期 T_0 的倍数（我们的分析过程假定信号 $s[n]$ 是严格的周期信号，在实际应用中，我们将该方法应用于短时分析，因此需要确定基频曲线，且需要对每个独立的基音周期进行相应标注）。将式(13.7a)代入式(13.7b)得

$$\tilde{s}[n] = \sum_{i=-\infty}^{\infty} s[n - i(T - T_0) - iT_0]w[n - i(T - T_0) - iT_0]$$

$$= \sum_{i=-\infty}^{\infty} s[n - iT]w[n - iT] = \sum_{i=-\infty}^{\infty} s_w[n - iT],\qquad(13.8)$$

式中，$s_w[n] = s[n]w[n]$。由式(13.8)可知 $\tilde{s}[n]$ 是周期为 T 的周期信号。如果 $T = T_0$，则基频未被更改，依据式(13.7b)得到的信号为

$$\tilde{s}[n] = \sum_{i=-\infty}^{\infty} s[n]w[n - iT_0] = s[n]\left(\sum_{i=-\infty}^{\infty} w[n - iT_0]\right).\qquad(13.9)$$

因此，当窗函数 $w[n]$ 满足第 7 章中讨论的 OLA 重建条件（如巴特利窗或汉宁窗）时，可精确重建信号 $s[n]$。这是对窗函数 $w[n]$ 的一个重要限制。

除了要求窗函数满足重建条件外，选择合适的窗长也同样重要。使用过短的窗（窗长小于一个基音周期）将导致谱包络过于粗糙，从而在新的基频谐波点处无法得到很好的定义。采用过长的窗（窗长为几个基音周期），会使得原始基频谐波位置处得到很强的线谱，进而导致修改后的基频谐波位置处的估计非常粗糙。当窗长可根据基音周期自适应调整，并保持两个基音周期长度时，在实际应用中可达到最好的效果，并且得到质量较好的经过基频修改的语音。当采用长度为 $2T_0$ 的类似锥形窗如汉宁窗或汉明窗时，若定义 $s_w[n] = s[n]w[n]$，该窗就相当于宽带语谱分析的时域等价形式，宽带分析导致独立的基频谐波无法区分。换言之，该窗对信号进行了频域谱平滑，保留了共振峰，同时削减了谐波结构。因此，当窗长选取恰当时，信号的 DTFT 变换 $S_w(e^{j\omega})$ 将是

---

① 通常会为连续时间中的周期保留符号 T_0 和 T。但为与文献[97]中一致（本书中的几幅图源自该文献），T_0 和 T 均是以样本来表示周期的整数。

输入信号的第 i 个基音周期的谱包络的一个很好的表示。

式(13.8)中引入了谐波结构。信号 $\tilde{s}[n]$ 的 DTFT 可通过式(13.8)确定如下：

$$\tilde{s}[n] = s_w[n] * \sum_{r=-\infty}^{\infty} \delta[n - rT].$$ (13.10)

式中，周期脉冲序列的 DTFT 可通过如下 DTFT 变换对给出：

$$\sum_{r=-\infty}^{\infty} \delta[n - rT] \Longleftrightarrow \frac{2\pi}{T} \sum_{k=0}^{T-1} \delta(\omega - 2\pi k/T) \quad 0 \le \omega < 2\pi,$$ (13.11)

式中，$\delta[n]$ 表示单位样本或离散时间冲激序列，$\delta(\omega)$ 表示连续变化冲激函数（Dirac Delta 函数）。因此，根据式(13.11)有

$$\tilde{S}(e^{j\omega}) = \frac{2\pi}{T} \sum_{k=0}^{T-1} S_w(e^{j2\pi k/T})\delta(\omega - 2\pi k/T) \quad 0 \le \omega < 2\pi.$$ (13.12)

式中，DTFT $\tilde{S}(e^{j\omega})$ 是一个关于变量 ω 的以 2π 为周期的函数。因此，频谱包络 $S_w(e^{j\omega})$ 在 $[0, 2\pi)$ 基带范围内的归一化离散时间频率点 $\omega = (2\pi k / T)$，$k = 0, ..., T-1$ 上被重采样为谐波结构。若式(13.7a)中的窗函数 $w[n]$ 按照上文提到的方式进行选择，那么原始的谐波结构将被平滑为共振峰结构的一个很好的表示，从而式(13.7a)的过程通过一种简单且可高效计算的方式对基频进行调整，使得调整后的谱包络（声道频率响应）尽可能少地改动。式(13.7a)的处理方式就是 TD-PSOLA 过程。

图 13.22 展示了 TD-PSOLA 方法[97]。图中左上角给出了基频为 T_0 个样本的原始语音信号，以及一系列长度为 L 个样本的窗函数，并将信号分割成独立的加窗语音片段。图中左侧中间部分给出了加窗语音段，每段都进行了相应的平移，从而与期望的周期 $T > T_0$ 匹配。图中左下角部分给出了（经过平移的）加窗语音段交叠相加后的信号。图 13.22 中右半部分给出了左半部分语音信号的谱。右上角部分给出了左上角图中的整个语音段的 DTFT。该图不仅显示了谱包络结构，还包含了谐波结构。右下角部分类似给出了左下角部分整个语音段的 DTFT。图中右侧中间部分给出了左图中的一个加窗语音段的 DTFT。实际上，这恰好是左上图中语音信号的谱包络。从图中可以发现，修改后的信号与原始语音信号相比，虽然基频谐波成分并没有得到很清晰的结构，但与原始语音信号具有相同的谱包络，这正是我们期望的。由于基频被调低，使得谐波更密集，从而导致修改后语音信号的谐波成分不清晰。

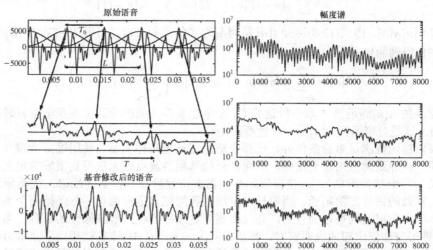

图 13.22 通过 TD-PSOLA 处理过程将语音的基频周期从 T_0 增大到 T。左上图显示了右边对应信号的窄带 STFT，约包含 5 个周期，还给出了几个分析窗。中间的一行显示了自适应的合成窗，和一个典型的自适应窗的宽带 STFT。左下图显示了修改后的新周期为 T 的信号，右边是相应的窄带 STFT（见 Dutois[97]）

TD-PSOLA 是对语音边界帧进行基频修改的一类很好的方法。现在考虑边界问题。有三类问题可能在边界位置发生：

1. 相位不匹配：语音单元 1 的结尾与语音单元 2 的起始位置（基音周期内的）相位未对齐，如图 13.23 所示[97]。从图中可以看到，OLA 窗的中心位置在基音周期内的相对位置并不相同。这个问题基本无法通过算法进行弥补，主要是由于确定声门闭合位置难度比较大，从而导致对基音周期的标注无法达到很好的一致性。

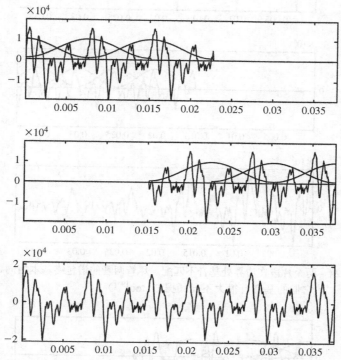

图 13.23　两个片段在边界处相位不匹配。尽管从波形看两者有基本一致的基音周期，但
OLA 窗的中心位置未按照周期内的相对位置进行定位（据 Dutoit[97]）

2. 基频不匹配：语音单元 1 尾端的基音周期与语音单元 2 的起始位置的基音周期差异非常大，如图 13.24 所示[97]。这类问题通常无法通过 TD-PSOLA 方法进行修补，主要是由于边界位置基音周期调整量不大时，才能达到更好的效果。幸运的是，当今 TTS 系统的存储单元数量庞大，通常可以在单元处理过程中避免基音周期不匹配的问题。

3. 谱包络不匹配：语音单元 1 尾端的谱包络与语音单元 2 起始位置的谱包络差异很大，如图 13.25 所示[97]。由于谱包络不匹配是引起拼接 TTS 系统质量下降的主要原因，因此需要尽可能避免该情况发生。一种可行的解决方案是采用如 LPC 或倒谱这样的语音单元表示，从而可以在两个片段之间的边界位置对谱参数进行插值。第二种可行的解决方案是重新合成数据库中的所有单元，使得重新合成的单元适合所有按照常数基频方式进行发音的单词的理想情形。通过对 OLA 窗的位置进行一致定位解决相位不匹配问题，并通过谱插值过程降低谱不匹配程度。Dutoit[97]详尽地描述了这种片段断重新合成的过程。

语音波形修改技术（特别是拼接片段边界位置的修改）在现代 TTS 系统中是必不可少的一个环节，因为单元选择方法不可能覆盖数据库中所有特征的变化情形及其组合。这个问题在基于双音子的拼接系统中尤为突出。在该系统中，要考虑非常多的双音子及其所在的不同上下文环境，因此无法对各种可能的情形进行完全存储。由于 TD-PSOLA 和 LPC 谱插值等信号处理技术已经很成熟且易于使用，对基音周期及谱包络的修改非常有效，因此这些技术在 TTS 系统中被广泛采用。

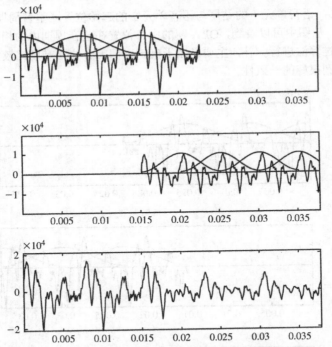

图 13.24　两个片段在边界处基音不匹配。尽管两者的谱包络基本相同，但它们的基音有很大不同（据 Dutoit[97]）

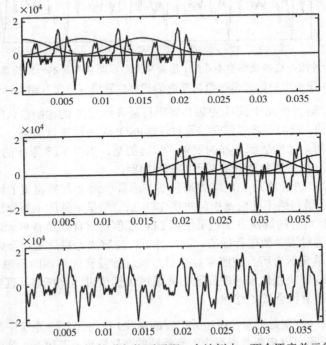

图 13.25　两个语音单元之间的谱包络不匹配。在该例中，两个语音单元的基音周期相同，相位基本上也一样（据 Dutoit[97]）

波形修改的另一个重要应用是音色修改，即通过信号处理方法，改变说话者的身份。音色修改的目标是在保持语音清晰度和（尽可能多的）自然度的同时，改变说话者特征，使修改后的语音达到预期的标准，例如，从男声变换为女声或从女声变换为男声。如 Yang and Stylianou[423]指出的那样，说话者身份的主要特征体现在谱包络的整体形状及语音的共振峰位置等方面。为了使得说话者的声音更像女声，处理过程必须提高基频分布范围，同时减小声道长度。采用基于伪对数面积比（Pseudo Log Area Ratios, PLAR）的 LPC 参数表示，声道长度可通过两个控制参数来延长或缩短，两个参数是前端对数面积比（用于声道前端对数面积比修改）和后端对数面积比（用于声道后端对数面积比修改）。在声道前端原始距离的基础上，通过计算新的 PLAR 参数集合，并对基频曲线进行恰当的修改，说话者的身份可通过对控制参数进行相应调整逐渐变得更加像男声或女声。Yang and Stylianou[423]的研究表明，在一定范围内进行控制，转换后的音色具有理想的质量。

13.5.7　单元选择方法的实验结果

Beutnagel 等人[36]开展的一系列关于单元选择 TTS 系统的研究表明，单元选择方法采用双音子单元（而不是音素单元），而且不进行单元边界的基频、谱、相位调整（假设单元库中具有足够多的单元，使得候选样本足够接近目标样本而不必进行修改），采用类似于 PSOLA 的波形合成方法（而不是简单地对双音子单元进行连接），并在整个数据库上对最优单元序列进行搜索，可以得到更好的效果。这组实验基于一个 90 分钟左右的训练库。

13.6　TTS 的未来需求

只要句子不是太长或太详细，或是不太技术化，现代 TTS 系统都能够合成高清晰度和高自然度的合成语音。多数 TTS 系统的最大问题在于不知道如何朗读出一些内容，而是依靠文本分析技术得到重读、韵律、短语以及语句中所谓的超音段信息。如果 TTS 系统能够学习更多与内容相关的词（或短语）的发音，就可能达到更自然的声音效果。例如，句子"我把书给约翰了"至少具有三个不同的语义解释，每种不同解释都有不同的重音单词。

我把书给约翰了，即不是给玛丽或鲍勃。

我把书给约翰了，即不是照片或苹果。

我把书给约翰了，即我给的而不是别人给的。

TTS 系统未来所需的第二个改进是在单元选择处理方面，以便更准确地计算预测单元参数（即音素名称、时长、基音、频谱特性）和候选录音单元的实际特征之间不匹配程度的目标代价。在单元选择处理中，同样需要更好的与人的感知测度更相关的谱距离测度，从而检索与目标语句相应的最优单元序列。

13.7　可视化 TTS

可视化 TTS（VTTS）指的是对于给定的输入文本，提供可说话的面部表情。其中的语音由标准的 TTS 系统产生，面部可以是虚拟头像（见图 13.26[231]），也可以是经过采样的人脸（见图 13.27[65]）。可视化 TTS 基于这样一个理念：采用更加个性、友好的智能媒介，提供更具趣味性且更加高效的用户体验。实际上，主观测试也证实，与文本或声音相比，用户更倾向于通过可视化智能媒介获取信息，而且可视化智能媒介与文本或声音界面相比，更容易获得用户信赖。一个有意思的现象是，"会说话的面部"带来的一项重要优势在于，用户感觉到的 TTS 模块合成的语音可懂度和自然度都有所提升，尽管该 TTS 模块与单独进行语音输出的 TTS 模块完全相同[274,358]。

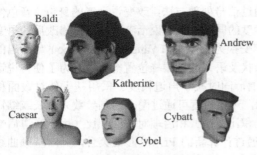

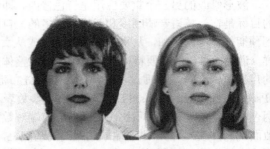

图 13.26　基于三维模型的虚拟图像家族示例（见 Masaro[233]）

图 13.27　基于样本的说话者头像示例（据 Cosatto 等人[65]。© [2003] IEEE）

VTTS 系统的主要应用场景包括：

- 个人助理，高声地读出邮件或查询信息，或管理日历和通信录等。
- 用户服务助手，在帮助系统或信息化桌面中指导用户浏览页面，或协助用户联系到合适的人工助手。
- 新闻广播服务，朗读用户选择的新闻，或提醒用户关注有趣的故事；Ananova 就是这样一个助手[5]。
- 电子商务助手，协助用户网上购物。
- 游戏玩伴，动作或策略游戏，为休闲娱乐提供类似真人的玩伴。

使用虚拟头像（会说话的三维头像）的好处在于其非常灵活，可以任意姿势或任意角度显示。这些头像的脸部都比较卡通化，可以对其进行带帽子、戴眼镜等操作，通常这些头像被大多数人喜欢。另一方面，采用真实说话者样本头像的好处在于其更像真人在讲话，使得用户可以更好地将图像和真人联系起来。真人样本说话头像的缺点是姿势非常受限，在外观变化方面不是很灵活。

13.7.1　VTTS 处理

图 13.28 显示了 VTTS 处理的框图。与音频 TTS 系统类似，该系统的输入是文本，输出是用于渲染三维模型（如阿凡达）或样本模型（如人脸）的控制参数。可视化渲染模型使用四类输入来创建说话人头像：

1. 音频信号：该信号与面部表情和人脸特征变动集成在一起，用于创建说话头像的多模态用户体验。

2. 语音音素和时间信息：通常称为视位或可视音素，用于帮助渲染模块确定输出语音中每个声音的合适嘴唇形状（例如，这种方法可在发出唇塞辅音如/B/或/P/时闭合嘴唇）；文献[274]指出，英语中一共有 14 个静态视位，如表 13.2 所列。

3. 人脸动画参数（FAP）：FAP 作为一组参数集合，用于确定人脸模型和人脸特征运动（通常是语音无关的运动，如眉毛、鼻子、耳朵、扭头、点头、注视方向等，以及类似高兴或惊讶之类的情绪）。

4. 文本：独立的文本分析过程完成后，在产生语音的过程中，也确定了可视化的韵律（与语音互补的面部运动）。这些可视化韵律信息使得经过采样的讲话头像在用户面前变得生动，而这对高质量 VTTS 来说是必不可少的。

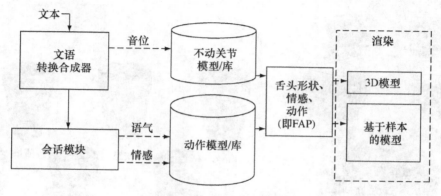

图 13.28　VTTS 处理框图

表 13.3 对 VTTS 系统中的两种渲染模型各自的优点和缺点进行了总结。可见，没有任何一种方法在各种情况下都达到理想性能，两种方法各自针对一系列应用场景具有重要优势。

表 13.2　14 个静态视位表（据 Ostermann 等人[274]）

视位号	音素集	视位号	音素集
1	/p/, /b/, /m/	8	/n/, /l/
2	/f/, /v/	9	/r/
3	/θ/, /δ/	10	/a/
4	/t/, /d/	11	/ɛ/
5	/k/, /g/	12	/I/
6	/tʃ/, /dʒ/, /ʃ/	13	/a/
7	/s/, /z/	14	/ʊ/

表 13.3　两种面部渲染方法的优缺点

	优点	缺点
合成三维模型的参数化形状	在所有视角下保持正确的外观	很难重现详细的面部细节，如看起来绝对自然的皱纹
基于样本的参数化纹理	重现具有真实外观的图片，速度快	部分平面近似限制了视角

图 13.29 给出了用于渲染样本人脸模型的一些步骤。处理步骤基本包括：

- 拼接视频片段，合成说话头像。
- 将记录下来的头像分解为各个子部分（如眉毛、鼻子、眼睛、嘴唇、下巴等），降低存储的样本数量。
- 通过整个头像的背景确定哪些部分需要进行扭曲，以加入不同的可视化效果。
- 羽化技术（在各部分的边界间提供透明的渐变效果），从而提供头像面部的平滑融合效果。
- 使用先进的变形技术，使得每个面部对象（如嘴唇的形状）的跨单元边界可平滑过渡。

图 13.30 列出了图 13.26 中的 Cybatt 头像对应的一系列面部表情。采用图 13.30 中的头像对很大范围内的情绪进行表达，比基于样本的方法进行情绪表达要容易得多，因为面部表情特征可被清晰地表达（夸张）。

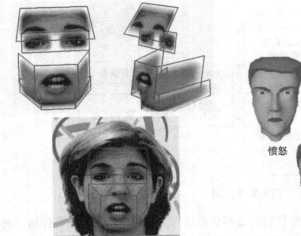

图 13.29　基于样本模型的面部分解示意图　　图 13.30　使用图像的面部表情示例（据 Ostermann 等人[274]）

愤怒　　厌恶　　害怕

高兴　　悲伤　　惊奇

13.8　小结

本章讨论了在给定输入文本的情况下，通过机器合成清晰、自然语音的过程中的一系列问题。为了实现这样一个系统，第一个问题就是定义并实现从输入文本到输出声音符号序列（通常是音素）的转换，并指定相应的时长。根据输入文本，还需要生成基音曲线和声音强度曲线，使得合成语音中存在强调成分。

文语转换的第二个问题是如何实现将文本分析得到的参数集（如音素、韵律参数）转换成清晰的合成语音的过程。虽然我们调研了各种类型的合成方法，但我们发现采用数据驱动的方式，通过设计大数据库并仔细选择合成单元的多个不同样本的方法是最成功的合成方法。该方法针对很多应用任务可以得到具有高清晰度并同时接近自然语音的合成效果。单元选择语音合成法在过去十年一直是基于文本的语音合成领域的主流方法。

最后，作为关于 TTS 讨论的结束，我们对可视化语音合成系统进行了描述。该方法集成了可视化虚拟头像或经过采样的人脸，使得（嘴唇、牙齿、下巴、眉毛、头等的）相应动作与相应的合成语音进行同步。该可视化 TTS 系统被认为是人机交互中最受用户喜爱的方法之一。

习题

13.1（MATLAB 练习）本题对如下两个句子进行单词拼接合成，并与自然朗读的语音进行对比：

1．This shirt is red.

2．Are you a good boy or a bad boy.

各个单词的源文件可在本书提供的配套资源的 MATLAB 目录 chapter_13 下找到，文件名为 word.wav，其中 word 代表句子 1 中 4 个单词中的一个，或句子 2 中 7 个单词中的一个。整个句子的源文件也包含在该目录下，文件名为 sentence_1.wav 和 sentence_2.wav。

(a) 将句子 1 中的 4 个单词拼接起来，并将该句子与自然语音同时播放。单词拼接得到的句子和自然朗读句子的时长之比是多少？

(b) 为句子 2 重复(a)。

(c) 为句子 1 画出宽带语谱图，将自然朗读语音的语谱图放在上图，将拼接语音的语谱图放在下图。

(d) 为句子 2 重复(c)。

13.2（MATLAB 练习）本题使用如下形式的共振峰合成器来合成元音声音：

$$H(z) = \prod_{k=1}^{4} V_k(z),$$

$$V_k(z) = \frac{1 - 2 \cdot e^{-b(k)2\pi/F_s} \cdot \cos\left(2\pi f(k)/F_s\right) + e^{-2b(k)2\pi/F_s}}{1 - 2 \cdot e^{-b(k)2\pi/F_s} \cdot \cos\left(2\pi f(k)/F_s\right) z^{-1} + e^{-2b(k)2\pi/F_s}},$$

其中，$b(k)$ 是共振峰的带宽（单位为 Hz），并假设前四个共振峰带宽分别为 $[50, 80, 100, 150]$Hz，令 $f(k)$ 是共振峰频率。前三个共振峰是与各个元音声音相关联的，可在第 3 章的表 3.4 中查到，假设第四个共振峰对于所有元音都是 4000Hz。

(a) 使用/IY/的前三个共振峰的值，合成 2 秒的元音，要求采样率 $F_s = 10000$Hz，且基音周期 P 恒为 100 个样本。听这个元音的合成声音，合成的元音的基音频率是多少？

(b) 从这个周期波形中选出 400 个样本，并在一幅图上画出这个加窗的波形及其对数幅度谱。可以从对数幅度谱中看到各个基频谐波吗？

(c) 将基音周期改为 200 个样本，重新合成一个 2 秒的元音。听这个元音的合成声音，合成元音的基音频率是多少？

(d) 将基频周期改为 50 个样本，重新合成一个 2 秒的元音。听这个元音的合成声音；合成元音的基音频率是多少？

13.3 （MATLAB 练习）本题使用一个时变基音周期合成元音。现假设基音周期是具有如下形式的关于样本位置的函数：

$$P[n] = \begin{cases} 50 + \left(\dfrac{150}{10,000}\right) \cdot n & 0 \le n \le 10,000 \\ 200 - \left(\dfrac{150}{10,000}\right)(n - 10,000) & 10,001 \le n \le 20,000. \end{cases}$$

(a) 画出 $0 \le n \le 20000$ 范围内 20001 个样本的基音周期曲线。

(b) 为元音/AA/合成 2 秒的语音，使用表 3.4 中/AA/的前三个共振峰，第四个共振峰取固定值 4000Hz，共振峰带宽分别为 $[50,80,100,150]$Hz，采样频率 $F_s = 10000$Hz。在 2 秒的时间内使用上面的基音周期曲线作为基频。听这个元音的合成声音，你能听到变化的基音频率吗？

(c) 使用如下的新基音周期曲线来重新合成元音/AA/：

$$P[n] = \begin{cases} 200 - \left(\dfrac{150}{10,000}\right) \cdot n & 0 \le n \le 10,000 \\ 50 + \left(\dfrac{150}{10,000}\right)(n - 10,000) & 10,001 \le n \le 20,000. \end{cases}$$

听这个新的元音声音。与之前合成的/AA/元音相比，这个基音曲线有什么不同？

第 14 章　自动语音识别和自然语言理解

14.1　引言

50 多年来，语音研究者一直致力于制造出一台可以识别和理解流利口语语音的机器。这一研究的主要动机在于，当人机对话得以实现后，将具有三种潜在的应用：

1. **降低成本**：通过提供完整的人机交互，公司可以节省人工服务专员带来的开销，从而大大降低服务成本。有趣的是，这一过程通常能给人们提供更自然、更方便的信息获取渠道。例如，航空公司已经运用语音识别技术十年之久，利用这一技术来告知旅客航班的到达时间和离港时间。

2. **新的盈利机遇**：通过提供 24 小时客户热线电话服务和客户服务专员，公司可以利用自然语言输入与客户进行远程互动。这类服务的一个例子是美国电话电报公司的“我能帮助你吗”（HMIHY）服务[135, 136]，在 2000 年底开始它为 AT&T 提供自动客户服务。

3. **客户个性化服务和存档**：根据客户资料提供一套个性化服务，公司可以通过提供服务及提供信息系统改善客户体验，提高客户满意度。一个最简单的例子是个性化汽车环境，让汽车通过简单的语音口令识别出驾驶员的身份，然后根据用户预设的偏好自动调整汽车的舒适度。

虽然本章主要讨论的是语音识别和自然语言理解的实现方法，但我们将从介绍图 14.1 中的*语音对话环*的概念开始。语音对话环表示了所有人机通信的实现机制。它描述了从一句（由人发出的）口语语音开始，到获得相应的（来自机器的）口语应答为止之间发生的一系列事件。输入语音首先由*自动语音识别*（ASR）模块进行处理，该模块唯一的作用是将语音输入转化为一串单词拼写，该单词串是这段语音的最优估计（最大似然意义上）。随后，识别出来的词被*口语理解*（SLU）模块分析。该模块试图（结合该机器工作的上下文环境）找出这些词的含义。一旦确定了合适的含义，*对话管理*模块就会根据当前对话的状态和针对当前工作事先定义好的一系列操作流程确定最合适的后续操作。后续操作可以是简单的后续信息查询（尤其是对将要采取的最优操作还存在疑问或不确定时），或是向用户确认将要采取的操作。一旦操作得到确认，*口语生成*（SLG）模块便会选取将要朗读给用户的文本，用于描述将要采取的操作，或请求额外指示以便以最佳方式继续进行后续操作。最后，*文语转换*（TTS）模块将 SLG 模块选择的文本朗读出来，并由用户人为决定是否继续操作，或是否完成所期望的事务。对于每一句语音输入，该语音对话环将会遍历一次，在典型的事务场景中，往往会遍历多次①。ASR 与相应的 SLU 模块准确度越高，*语音对话环*就越像是一个自然用户接口，并且与其进行交互，完成事务也更加容易。在现代语音识别系统和口语语言理解系统中，语音对话环是一个强有力的概念，在当前系统中具有广泛应用。

第 13 章讨论了文语转换，本章重点讨论自动语音识别。它其作为语音对话环的一部分，运用了前面章节讲到的数字信号处理技术。这并不是说语音对话环的其他部分不重要，而是其他部分侧重于文本层的处理，超出了本书的讨论范围。

---

① 如图 14.1 中的中心数据/规则模块所示，不论是在学习阶段还是在实际应用阶段，语音对话环中的所有模块既可是数据驱动的，也可是规则驱动的。

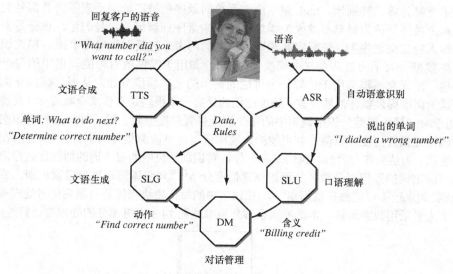

图 14.1　人机自然语言交互中的语音对话环

14.2　自动语音识别简述

自动语音识别（ASR）系统的目标是准确、高效地将一段语音信号转化为由口语字词组成的文本信息，该转换过程独立于录音设备（如传感器或麦克风）、说话者口音、说话者所在的声学环境（如安静的办公室、嘈杂的房间、户外）等因素。ASR 的终极目标是能够像人一样准确可靠地识别语音，但这一目标尚未实现。

现代语音和语言理解系统的基础是图 14.2 所示的语音生成与识别的简单（概念）模型。该模型假设说话者在与其他人或机器交谈的过程中期望表达某个想法。为了表达该想法，说话者必须构思一个合乎语法且意义明确的句子 W，该句子表示为词序列（也可能包含停顿和其他的声学事件，如嗯、啊、呃等）。一旦选好了句子中的词，说话者就会向其发音器官发送合适的控制信号，以发出所期望句子对应的语音，最终得到语音波形 $s[n]$。我们把从说话者产生意图到产生语音波形的过程称为说话者模型，因为它反映了说话者的口音，以及用于表达一个想法或请求的选词习惯。语音识别器的处理过程如图 14.2 右侧所示，它包含一个声学处理器。声学处理器用于分析语音信号，并把它转化为一系列声学特征 X（频谱特征、短时特征），这些特征可以有效地表征语音声音的特性。后面的语言解码过程估计出这句语音最可能（最大似然）的单词序列，从而得到句子的识别结果 $\hat{W}$。

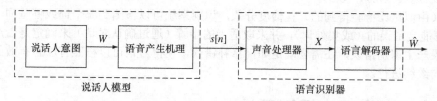

图 14.2　语音产生过程（说话者模型）和语音识别过程的概念模型

14.3　语音识别的整体过程

图 14.3 给出了图 14.2 所示语音识别器的一种可行方案的系统框图。输入的语音信号 $s[n]$ 被特征分析（又称谱分析）模块转换成一个特征向量序列 $X = \{\mathbf{X}_1, \mathbf{X}_2, \ldots, \mathbf{X}_T\}$。特征向量采用第 6~9 章

讲述的技术逐帧计算。特别地，mel 频率倒谱系数向量序列被广泛用于表示语音信号的短时频谱特性。模式分类（又称为解码与搜索）模块将特征向量序列解码为符号表示，该符号表示对应于可能产生输入特征向量序列（依据字典和语言模型的约束）的最大似然词串 $\hat{W}$ 。模式识别系统采用一套声学模型（表示为隐马尔可夫模型，HMM）和用于提供所有可能词串中的每个词的相应发音的词典。N 元文法模型用于计算每个可能的词串的语言模型分数。从而，模式分类模块可以为每个可能的词串提供整体似然分数。处理过程的最后一个模块是置信度分数评估（又称发音确认模块），用于对（最大似然）识别词串中的每个词提供置信度分数。这一计算过程为识别结果中每个词的正确性提供置信度，以便检测可能的识别错误（也可检测集外词事件），从而潜在地提高识别算法的性能。为达到这一目标，我们采用一种针对识别结果中的每个词的似然比进行简单假设检验的方法，确定词的置信度分数，从而根据置信度分数[278]判断该词是否被错误识别，或是集外词（OOV，该类词永远不可能被正确识别①）。图 14.3 中的每个模块都需要一系列信号处理操作，且在某些情况下大量采用数字运算。本章的剩余部分将综述图 14.3 中每部分的处理与计算过程。

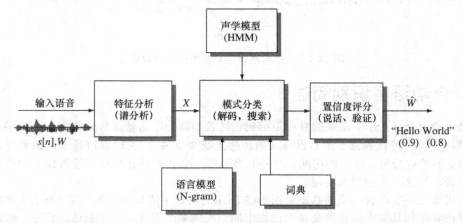

图 14.3 完整的语音识别系统框图，该图组成部分包括信号处理（对信号进行分析，得到
表示语音的特征向量）、模式分类（对输入特征向量和拼接得到的词模型或声音
模型进行最佳匹配）、置信度评分（对输出字符串中的每个词进行置信度估计）

下面给出了一个简单的例子。该例中，一个包含两个词的短语被朗读并输入到识别器，识别结果和置信度分数如下所示。这个例子展示了置信度分数的重要性。

　　语音输入：credit please
　　识别的词串：credit fees
　　置信度分数：（0.9）（0.3）

基于（由似然比检验得到的）置信度分数，识别系统可以检测到哪个词或哪些词（如上例中的 fees）可能是错误的（或集外词），并采取适当的步骤（通过确认对话）来确定是否产生了识别错误，如果产生识别错误，还需要确定如何修补错误，使得对话可以按照有序且有效的方式朝任务目标方向继续进行。

14.4 构建一个语音识别系统

构建与评估一个语音识别系统的 4 个步骤如下：

---

① 虽然简单的功能性词汇（如 and、the、a、of、it 等）的置信度分数通常不会很高，但这并不会影响对整句话的理解。因为正确识别实义词对理解语句的含义是至关重要的。

1. 选择识别任务，包含识别词汇（字典）、表示词汇的基本声音（语音单元）、任务句法或语言模型，以及任务语义（如果存在）。
2. 选择特征集和相关的信号处理方法，用于表示语音信号随着时间推移的相关特性。
3. 训练一组声学和语言模型。
4. 对构建好的语音识别系统的性能进行评估。

以下讨论这 4 个步骤的细节。

14.4.1　识别任务

识别任务随着从对简单的单词或短语识别系统到大词汇量对话人机接口的应用场景的不同而变化。例如，对于识别 11 个孤立数字（0～9，oh）且按照孤立数字朗读方式作为输入的识别任务，我们可采用整词模型作为识别单元（尽管可以采用音素单元，将数字表示为音素串的形式）。在可行的情况下，整词模型对于语音识别来说通常是最稳健的模型。在几乎无限制的声学环境下，训练简单的整词模型是合理的。

使用数字词表，识别任务可以是识别单个数字（如需要在少量的选项中做出选择），或识别一串数字，用于表示电话号码、身份证号或是受限的一串数字密码。因此，即使对于如此简单的识别词表，可能的识别句法却有许多。

14.4.2　识别特征集

在语音识别中没有一个所谓的标准特征集。相反，各种声学特征、发音特征和听觉特征的组合被应用于一系列语音识别系统中。最为流行的特征是 mel 频率倒谱系数及其差分。其他比较流行的特征主要基于语音产生参数的特征，如共振峰频率、基音周期、过零率和能量（通常在选定的频带内）。最为流行的声学-音素特征是那些能够同时描述发音器官的发音方式与位置的特征，该特征通常采用人工神经网络的方法来估计[149]。发音器官特征不仅包括声道面积函数，也包括在产生语音时发音器官的位置信息。语音识别同样也可使用基于听觉模型的特征向量，如第 4 章讨论过的 Seneff 的特征表示[360]或 Lyon 人耳[214]模型，及 Ghitza 的 Ensemble Interval Histogram 方法[124]。

图 14.4 给出了多数现代大词汇量语音识别系统中所用的信号处理流程框图。模拟语音信号在 8000 个样本/秒到 20000 个样本/秒的频率下进行采样量化。通常采用一阶高通预加重网络$(1-\gamma z^{-1})$来补偿语音频谱的高频下倾。预加重后的信号按照每帧 L 个样本进行帧分割，相邻两帧间隔 R 个样本。L 和 R 的典型取值范围对应于帧长 15～40ms，帧移 10ms。在用线性预测方法进行谱分析前，每帧语音都要加汉明窗。进行简单的噪声消除后（可选步骤），代表短时频谱的预测系数 $\alpha'_m[l]$[①]，经过归一化并按照第 8 章讨论的标准分析方法[82]转换为 mel 频率倒谱系数（mfcc）$c_m[l]$。在计算一阶和二阶导数之前通常需要消除倒谱偏置。最终所产生的典型特征向量是经过均衡化的 mel 频率倒谱系数 $c'_m[l]$ 及其一阶、二阶导数 $\Delta c'_m[l]$ 和 $\Delta^2 c'_m[l]$。通常情况下，我们采用 13 个 mfcc 系数、13 个一阶导数系数和 13 个二阶导数倒谱系数。最终，对于每个 10ms 的语音帧，得到 $D = 39$ 个的特征向量。

在选择代表语音信号的声学特征时，一个关键问题是：几乎所有的已知特征均对噪声、背景信号、网络传输和谱失真缺乏稳健性，导致识别系统在训练和测试过程中，声学特征统计特性不匹配。特征缺乏稳健性通常会使严重的性能下降，由此产生了各类信号处理与信息论方法来弥补这一问题。图 14.5 给出了改善稳健性的一系列方法，这些方法涉及三个基本的匹配层次，即信号层（通过语音增强方法）、特征层（采用一些特征归一化方法）和模型层（采用一些模型自适应方法）。

---

① 本章中采用 $\alpha_m[l]$ 表示第 m 帧的第 l 个预测系数。

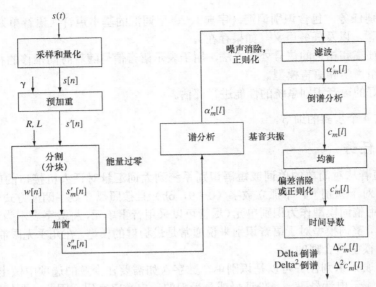

图 14.4 特征向量提取过程框图，特征向量包括 mfcc 系数及其一阶、二阶导数

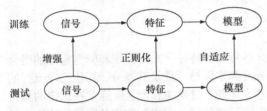

图 14.5 通过信号增强、特征正则化和模型自适应方法提高信号、特征及模型对噪音的鲁棒性

14.4.3 识别训练

语音识别模型训练包含两个方面，即声学模型训练和语言模型训练。声学模型训练要求在尽可能多的上下文环境中录制每个模型单元（整词或音素）的语音，以便统计学习方法可为每个模型状态建立准确的统计分布。声学模型训练依赖于语音段的准确标记，语音段按照模型单元标注脚本切分得到。声学模型训练的第一步是将语音切分成识别模型的单元（通过本章后面将要讲解的 Baum-Welch 或 Viterbi 对齐方法），然后用切分得到的语音段同步地为每个词汇单元模型建立统计模型分布。例如，对于一个简单的孤立数字词表，令 100 个人中的每人将 11 个数字读 10 遍，从而得到训练集，该集合可为识别系统提供准确且高可靠性的整词数字模型。模式识别操作，作为 ASR 系统中的核心部分，正是以这些模型作为基础的。

针对语言模型训练问题，需要一个大规模的文本训练集，且该训练集可反映当前任务用语的句法。通常，这些文本训练集由机器根据识别任务的语法模型生成。在某些情况下，文本训练集使用已有的文本资源，如报刊杂志或电视新闻广播的字幕等。在其他情况下，训练集也可能由数据库建立，如可以由已有的电话簿建立有效的电话号码字符串库。

14.4.4 测试与性能评估

为了改进语音识别系统的性能，必须采用一种可靠且具有统计意义的方法，在一个已标注的独立测试集上对识别系统性能进行评估。通常我们采用词错误率和句子（或任务）错误率作为识别器性能的度量。例如，对于识别有效电话号码的数字识别任务，可以采用 25 名个新的说话者，每人以孤立（或连续）数字串的方式朗读 10 个电话号码，然后评估数字错误率和（受限的）电话号码字符串错误率。

14.5　ASR 中的决策过程

模式分类与判决操作是 ASR 系统的核心。本节简单介绍 ASR 问题的贝叶斯原理。

14.5.1 ASR 问题的贝叶斯原理

ASR 问题通常被视为统计决策问题。具体地说，它可归为一个贝叶斯最大后验概率（MAP）决策过程。给定一个特征向量序列 X，我们（在任务语言中）寻找最大化后验概率 $P(W|X)$ 的词串 $\hat{W}$，即

$$\hat{W} = \arg\max_W P(W|X). \tag{14.1}$$

采用贝叶斯准则，可把式(14.1)重写为

$$\hat{W} = \arg\max_W \frac{P(X|W)P(W)}{P(X)}. \tag{14.2}$$

式(14.2)说明后验概率的计算可以分解为两部分，一部分定义了词序列 W 的先验概率，即 $P(W)$，另一部分定义了词串 W 产生特征向量序列 X 的似然度，即 $P(X|W)$。对于后面的所有计算，我们忽略分母项 $P(X)$，因为它与需要优化的词串 W 无关。$P(X|W)$ 称为声学模型，通常用 $P_A(X|W)$ 表示，以强调它的声学本质。$P(W)$ 称为语言模型，通常表示为 $P_L(W)$，以强调它的语言学本质。与 $P_A(X|W)$ 和 $P_L(W)$ 相关的概率值从一个训练数据集中估计或学习得到。这个训练集须经由知识源标注，通常由人类专家完成这项工作，并且训练集应尽可能大（无论是声学方面还是语言学方面）。式(14.2)的识别解码过程通常可写为如下三个步骤：

$$\hat{W} = \arg\max_W \underbrace{P_A(X|W)}_{\text{步骤 1}} \underbrace{P_L(W)}_{\text{步骤 2}}, \tag{14.3}$$
$$\underbrace{\phantom{\hat{W} = \arg\max_W}}_{\text{步骤 3}}$$

其中，步骤 1 计算句子 W 中对应该语音的声学模型的概率，步骤 2 计算该句子中词语的语言模型分数，步骤 3 搜索任务语言中所有可能的句子，以得到最大似然的识别结果。

为了更明确地说明式(14.3)的三个步骤中每一步的信号处理和计算过程，我们需要对特征向量 X 和词串 W 做进一步说明。我们可以显式地将特征向量 X 表示为一个声学观测序列，与 T 帧语音的每一帧一一对应：

$$X = \{\mathbf{X}_1, \mathbf{X}_2, \ldots, \mathbf{X}_T\} \tag{14.4}$$

式中，语音信号的长度为 T 帧（即 T 乘以单位为毫秒的帧移）。每帧 $\mathbf{X}_t$，$t = 1, 2, \ldots, T$ 是具有如下形式的声学特征向量：

$$\mathbf{X}_t = (x_{t1}, x_{t2}, \ldots, x_{tD}), \tag{14.5}$$

它表征了语音信号在 t 时刻的频谱/短时特征，D 是每帧中声学特征的维数（声学特征采用 13 个 mfcc 系数、13 个一阶导数倒谱系数和 13 个二阶导数倒谱系数时，D 的典型值是 39）。

同样，可以把解码得到的最优词串 W 表示为

$$W = \{W_1, W_2, \ldots, W_M\}, \tag{14.6}$$

式中，假设通过解码得到的词串恰好有 M 个词。

在对解码公式(14.3)的三个步骤的实现与计算方面做更详细的讲解之前，我们首先介绍用于表征识别词汇声音的统计模型，即隐马尔可夫模型。

隐马尔可夫模型

建立（音素和整词）声学模型最为普遍的方法是隐马尔可夫模型（HMM）[103, 206, 301, 307]。图 14.6 给出了一个简单的 $Q = 5$ 状态的 HMM，用于整词建模。HMM 的每个状态都由一个混合密度高斯分布来表征特征向量 $\mathbf{X}_t$ 的统计特性[178, 180]。除了状态内部的统计特征密度，一个 Q 状态 HMM 也被一族显式的状态转移 $A = \{a_{ij}, 1 \le i, j \le Q\}$ 所表征。状态转移给定了每一帧由状态 i 转移到状态 j 的概率，由此定义了特征向量在词的持续时间中的时序。通常情况下，状态的自跳转概率 a_{ii} 非常大（接近于 1.0），状态间跳转概率 a_{12}、a_{23}、a_{34}、a_{45} 非常小（接近于 0）。图 14.6 中的模型被称为从左到右模型，因为它的状态跳转满足如下约束条件：

$$a_{ij} = 0, \quad j \geq i+2, 1 \leq i \leq Q; \tag{14.7}$$

即系统以有序的方式从起始状态开始，到终止状态结束，依次处理每个状态。

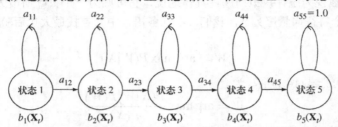

图 14.6　含有 5 个状态的整词 HMM 模型，该模型不包含跳转状态（即 $a_{ij} = 0$ 且 $i+2 \leq j$），状态 i 的概率密度函数记为 $b_i(\mathbf{X}_t)$，$1 \leq i \leq 5$

　　一个 Q 状态的整词（或子词）HMM 模型通常记为 $\lambda(A, B, \pi)$，其中 $A = \{a_{ij}, 1 \leq i, j \leq Q\}$ 为状态转移矩阵，$B = \{b_i(\mathbf{X}_t), 1 \leq i \leq Q\}$ 为状态观测概率密度，$\pi = \{\pi_i, 1 \leq i \leq Q\}$ 为初始状态分布，对于图 14.6 所示的从左到右模型，令 π_1 为 1（并且其他所有的 π_i 为 0）。

　　为了对每个词（或子词单元）训练一个 HMM，我们需要采用一个经过标注的训练集（标注到词或子词单元）来指导称为 Baum-Welch 算法的高效训练过程[29, 30]①。该算法将每个词（或子词）的 HMM 与语音输入对齐，然后基于当前的对齐，为每个模型状态的概率分布估计合理的均值、方差和混合分量增益。Baum-Welch 算法是一个爬山算法，不断迭代，直到得到一个稳定的 HMM 模型与语音特征向量的对齐关系。Baum-Welch 算法的细节已超出了本章的讨论范围，但可以在许多语音识别方法的参考文献中找到[151, 308]。图 14.7 给出了训练过程的核心步骤，利用 Baum-Welch 算法对 HMM 模型的参数进行重估计。在训练开始时，每个识别单元（如音素、词）都被分配一个初始的 HMM 模型。这个初始状态可以随机选择，也可以基于模型参数的先验知识选择。迭代循环是一个简单的更新过程：基于输入语音数据库（训练集）计算前后向模型概率，然后优化模型参数，得到一组更新后的 HMM。每次迭代都会增加模型的对数似然度。整个过程一直持续到新的迭代不再使对数似然度有大的改进为止。

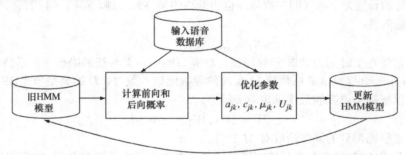

图 14.7　Baum-Welch 训练算法，该算法基于给定的训练语料。其中 a_{jk} 表示由状态 j 跳转到状态 k 的转移概率，而 $\{c_{jk}, \mu_{jk}, U_{jk}\}$ 表示状态 j 中混合高斯模型的第 k 个混合成分对应的参数

　　由图 14.6 中的从左到右整词 HMM，引出图 14.8②所示的子词单元（如音素）HMM。这个简单的三态 HMM 是一个基本的子词单元模型，它有一个初始状态，表示发音起始位置的统计特性，

---

① Baum-Welch 算法更常称为前后向算法。

② 我们发现，用多种方式命名子词单元、词、词串及子词串的 HMM 状态会比较方便。例如，一个 Q 状态词或子词单元 HMM 模型通常记为 $q_1, q_2, ..., q_Q$。此外，还用符号 S_1、S_2、S_3 表示一个三态子词 HMM，或等价地采用 ih1、ih2、ih3 表示特定子词单元/ih/的三态 HMM。当我们把许多词或子词单元连接成一句话的 HMM 时，经常用 $\{S_1(W_1), S_2(W_1), S_3(W_1), S_1(W_2), S_2(W_2), S_3(W_2), ..., S_1(W_M), S_2(W_M), S_3(W_M)\}$ 表示 M 个词 $\{W_1, W_2, ..., W_M\}$ 的 HMM 状态，其中每个 HMM 有 3 个状态。

一个中间状态，表示发音的核心部分，一个终止状态，表示发音结束位置的统计特性。一个词模型可以由适当的子词模型连接而成，如图 14.9 所示，音素/ih/的三态 HMM 和音素/z/的三态 HMM 相连接，得到了词/is/（发音为/ih-z/）的模型。一般情况下，（由子词模型拼接而来的）词模型的构成方式由字典指定；然而，一旦建立了词模型，它就可以像整词模型一样地用于训练，并作为语音识别过程的一部分，用于最大化词串的似然度分数。

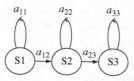

图 14.8　含有三个状态的子词 HMM 模型，
三个状态分别标记为 S_1, S_2, S_3

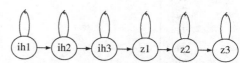

图 14.9　对声学单元/ih/和/z/的三态子词模型进行拼
接得到的单词/is/的词级别 HMM 模型（拼
接单元中，/ih/的三个状态分别记为 ih1, ih2,
ih3，/z/的三个状态记为 z1, z2, z3）

现在，我们已做好相关的准备工作，通过图来说明如何将包含 M 个词的词模型 $W_1, W_2, ..., W_M$，和特征向量序列 $X = \{\mathbf{X}_1, \mathbf{X}_2, ..., \mathbf{X}_T\}$ 进行对齐。所得到的对齐过程如图 14.10 所示，特征向量序列对应于横轴，经过拼接的词模型状态序列对应于纵轴。最优对齐过程确定词模型状态和特征向量之间最优的对齐关系（在最大似然意义上），使得第一个特征向量 $\mathbf{X}_1$ 与第一个词模型的第一个状态对应，最后一帧特征向量 $\mathbf{X}_T$ 与第 M 个词的最后一个状态对应（为简单起见，假设图 14.10 中的每个词模型有 5 个状态。但是，显而易见，只要总的特征帧数 T 超过了总的状态数，使得每个状态至少能够与一帧特征对齐，那么以上对齐过程适用于具有任意状态数的任意词模型）。用于获得特征向量和模型状态之间对齐关系的过程，既可以是基于 Baum-Welch 的统计对齐过程（在该过程中，我们计算每条对齐路径的概率，然后把它们累加起来以决定整个词序列的概率），也可以是用于决定单一最优对齐路径的 Viterbi 对齐过程[116, 406]，该过程使用整条路径的概率分数作为该词序列的概率测度。图 14.10 中所示的对齐过程与具体采用 Baum-Welch 或 Viterbi 过程无关。

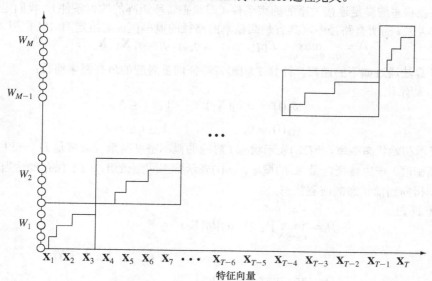

图 14.10　拼接得到的 HMM 词模型 $\{W_1, W_2, ..., W_M\}$ 与输入语音的声学特征向量
之间的对齐关系，该对齐可通过 Baum-Welch 算法或 Viterbi 算法得到

14.5.2 Viterbi 算法

Viterbi 算法提供了一种方便且有效的过程来确定语音特征向量 $X = \{\mathbf{X}_1, \mathbf{X}_2, ..., \mathbf{X}_T\}$ 和整个句子模型的 HMM 状态 $q = \{q_1, q_2, ..., q_N\}$ 之间的最优对齐（最大概率）关系，其中 N 表示模型的总状态数，如图 14.11 所示[①]。

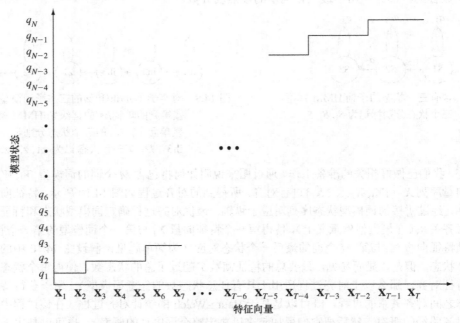

图 14.11　N 态 HMM 句子模型与输入语句声学特征之间的 Viterbi 对齐关系

Viterbi 算法的目标是找到一条将每帧语音特征和一个模型状态对应起来的，具有最高概率的路径，该路径状态应满足连接关系的约束条件（即状态转移矩阵的约束条件）。我们定义 $\delta_t(i)$ 表示第 t 帧抵达状态 i 的所有路径中，具有最高概率的路径的概率值。对给定 HMM 模型 λ，有

$$\delta_t(i) = \max_{q_1, q_2, ..., q_{t-1}} P[q_1, q_2, ..., q_{t-1}, q_t = i, \mathbf{X}_1, \mathbf{X}_2, ..., \mathbf{X}_t | \lambda].$$

Viterbi 算法通过如下的递归，计算 T 帧语音特征向量对应的最高概率路径：

步骤 1 初始化

$$\delta_1(i) = \pi_i b_i(\mathbf{X}_1), \qquad 1 \le i \le N,$$

$$\psi_1(i) = 0, \qquad\qquad 1 \le i \le N,$$

式中，π_i 表示初始状态概率，$b_i(\mathbf{X}_1)$ 表示状态 i 对应的概率密度函数（通常是 $D = 39$ 个特征向量的混合高斯密度）产生特征向量 $\mathbf{X}_1$ 的概率，$\psi_1(i)$ 表示状态回溯数组，用于保存到达当前状态的最优路径中，指向当前状态的前驱状态。

步骤 2 递归

$$\delta_t(j) = \max_{1 \le i \le N} [\delta_{t-1}(i) a_{ij}] b_j(\mathbf{X}_t)$$

$$2 \le t \le T, \qquad 1 \le j \le N,$$

$$\psi_t(j) = \arg \max_{1 \le i \le N} [\delta_{t-1}(i) a_{ij}]$$

$$2 \le t \le T, \qquad 1 \le j \le N.$$

---

① 我们改变了 N 态模型的标记方法。

步骤 3 终止

$$P^* = \max_{1 \le i \le N} [\delta_T(i)],$$

$$q_T^* = \arg \max_{1 \le i \le N} [\delta_T(i)].$$

步骤 4 状态（路径）回溯

$$q_t^* = \psi_{t+1}(q_{t+1}^*), \qquad t = T-1, T-2, \ldots, 1.$$

Viterbi 算法还可以用对数运算重新表示 [即$[\tilde{\pi}_i = \log(\pi_i), \tilde{a}_{ij} = \log(a_{ij}), \tilde{b}_j(\mathbf{X}_i) = \log(b_j(\mathbf{X}_t))]$，从而将所有的乘法运算替换成加法运算[308]，得到对数 Viterbi 实现。这样的实现通常要比标准 Viterbi 算法更快，因为在现代计算机上，加法运算要比乘法运算快得多。

现在，我们将话题回归到 ASR 问题的数据表示上，并更细致地讨论式(14.3)中解码的三个步骤。

14.5.3 步骤 1：声学建模

声学建模步骤（步骤 1）的作用是在给定声学观测向量的前提下，计算一个词序列产生该声学观测的概率，即需要计算由词序列 $W = \{W_1, W_2, \ldots, W_M\}$ 产生声学向量序列 $X = \{\mathbf{X}_1, \mathbf{X}_2, \ldots, \mathbf{X}_T\}$ 的概率，并且在所有可能的词序列上进行计算。这一计算可以表示为

$$P_A(X|W) = P_A(\{\mathbf{X}_1, \mathbf{X}_2, \ldots, \mathbf{X}_T\} | \{W_1, W_2, \ldots, W_M\}). \tag{14.8}$$

如果假设第 t 帧与第 i 个词模型的第 j 个 HMM 状态相对应，记为 w_j^i，并且假设帧与帧之间是无关的，那么可以把式(14.8)表示为如下乘积的形式：

$$P_A(X|W) = \prod_{t=1}^{T} P_A(\mathbf{X}_t | w_j^i), \tag{14.9}$$

式中，将每一帧 X 与词序列中的一个词的状态 w_j^i 相关联。更进一步，当我们知道每一帧来自哪一个词的哪个状态时，可以计算局部概率 $P_A(\mathbf{X}_t | w_j^i)$。

将每一帧语音分配给句中合适的词模型的过程，可通过将待识别语音的特征向量序列和连接后的词序列进行最优对齐的方法实现。图 14.12 描述了这一对齐过程，图中横轴对应于 T 个特征向量（帧），纵轴对应 M 个词的 HMM。这些特征向量（帧）到 M 个词的最优切分由方框序列表示，每一个方框对应于句中的一个词和若干与之最为匹配的特征向量。

假设每个词模型在其持续时间内可进一步分解为能够反映特征向量随时间变化的若干状态。假设每个词由一个 N 态模型表示，这些状态分别用 S_j，$j = 1, 2, \ldots, N$ 表示（图 14.12 中 $N = 3$）。进一步假设每个词的每个状态都有一个概率密度函数，可以表示该状态上所有特征向量的统计特性，并且每个词的每个状态的概率密度函数都已在识别器的训练阶段得到。如果采用混合高斯正态分布来表征每个词的每个状态 j 的统计分布 $b_j(\mathbf{X}_t)$，那么可以将基于状态的概率密度函数表示为

$$b_j(\mathbf{X}_t) = \sum_{k=1}^{K} c_{jk} \mathbb{N}[\mathbf{X}_t, \mu_{jk}, U_{jk}], \tag{14.10}$$

式中，K 表示密度函数中的混合分量个数，c_{jk} 表示第 j 个状态第 k 个混合分量的权重，满足约束条件 $c_{jk} \ge 0$，并且 $\mathbb{N}$ 表示一个高斯密度函数，μ_{jk} 表示第 j 个状态第 k 个混合分量的均值向量，U_{jk} 表示第 j 个状态第 k 个混合分量的协方差矩阵。整个密度函数满足约束条件：

$$\sum_{k=1}^{K} c_{jk} = 1, \quad 1 \le j \le N, \tag{14.11}$$

$$\int_{-\infty}^{\infty} b_j(\mathbf{X}_t) d\mathbf{X}_t = 1, \quad 1 \le j \le N. \tag{14.12}$$

现在回归到计算第 t 帧与句中第 i 个词的第 j 个状态相对应的概率 $P_A(\mathbf{X}_t|w_j^i)$ 上来：

$$P_A(\mathbf{X}_t|w_j^i) = b_j^i(\mathbf{X}_t). \tag{14.13}$$

式(14.13)的计算是不完整的，因为我们忽略了词间状态的连接概率，并且我们也没有讲解对一个给定的词和一组特征向量进行对齐时，应如何确定词内状态 j。我们将在本节的稍后部分对这些问题进行讨论。

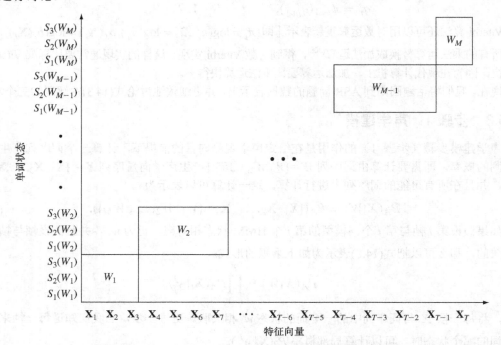

图 14.12　未知句子的特征向量（$\mathbf{X}_1, \mathbf{X}_2, ..., \mathbf{X}_T$）与 M 个词模型拼接得到的状态序列之间的时间对齐关系

最关键的一点是，我们使用词内声学特征向量的 HMM 为一个词序列的声学特征指定概率。我们采用一个独立（且正确标注的）训练集训练系统，并且针对每个词（或者更准确地说，是组成词的每个声学单元）学习最优的声学模型参数。对于式(14.10)中的混合模型，这些参数指的是模型每个状态的混合分量权重、均值向量和协方差矩阵。

尽管我们一直都在讨论整词声学模型，但显而易见，对于任何合理规模的语音识别任务，为词表中每个可能的词都建立一个独立的声学模型是不现实的，为了建立式(14.10)中的模型在统计上可靠的概率密度函数，每个词都须在所有可能的上下文环境中讲出来。即使对于一个大小适中的约 1000 词的词表，建立词模型需要采集的数据量也是非常巨大的。

除建立整词模型外，另一种方法是为英语的约 40 个音素建立音素声学模型，并且将构成词的音素模型（按照字典中的表示依次）进行连接，构成词模型。这种子词音素声学模型在训练阶段和构造词模型使用时，均不存在实际操作上的困难，因此，这种构建词模型的方法在语音识别系统中被广泛采用。目前最顶级的系统都使用上下文相关的音素模型（称为三音子模型）作为识别的基本单元[151, 308]。

14.5.4　步骤 2：语言模型

语言模型在当前语音识别系统执行的任务的上下文环境中，根据一个词序列出现的可能性，为该词序列指定概率。因此，文本串 W = "Call home" 在电话号码识别任务中的概率是 0，因为该文本串在这个任务中毫无意义。为特定的任务建立语言模型的方法有多种：

1. 从特定任务对话的文本标注数据库中统计而来（学习过程）。
2. 任务相关的基于规则的形式语法学习。
3. 手工枚举在目标语言中所有合法的文本串，并为每个文本串分配合适的概率分数。

语言模型或语法使得我们能根据特定的识别任务，计算给定词串 W 的先验概率 $P_L(W)$[173, 174, 330]。最为流行的语言模型构建方式，是通过一个大规模的文本训练集对统计 N 元文法模型进行估计。该训练集可以来自手头的识别任务，也可以来自通用目标的数据库。要建立一个语言模型，假设我们手头有一个大规模的文本训练集（这样的训练集中可能会包含几百万甚至几十亿句文本）。对训练集中的每一句话，我们都有一个文本文件，包含了那句话中的所有词语。如果假设句中一个词的概率仅条件依赖于其前面的 N-1 个词，那么就有了一个 N 元文法语言模型的基础。由此，采用 N 元方法语言模型，我们假设一句话 W 的概率可以写成

$$P_L(W) = P_L(W_1, W_2, \ldots, W_M)$$

$$= \prod_{n=1}^{M} P_L(W_n | W_{n-1}, W_{n-2}, \ldots, W_{n-N+1}), \tag{14.14}$$

其中一个词在句中出现的概率仅依赖于它之前的 N-1 个词，并且我们利用训练集中的词语的 N 元组出现的相对频率来估计这一概率。例如，我们要估计某个词的三元文法概率［即前驱词是 (W_{n-1}, W_{n-2}) 的情形下，出现词 W_n 的概率］，计算方法如下：

$$P(W_n | W_{n-1}, W_{n-2}) = \frac{C(W_{n-2}, W_{n-1}, W_n)}{C(W_{n-2}, W_{n-1})}, \tag{14.15}$$

式中，$C(W_{n-2}, W_{n-1}, W_n)$ 是词三元组即词的三元文法 (W_{n-2}, W_{n-1}, W_n) 在训练集中出现的次数，$C(W_{n-2}, W_{n-1})$ 是词二元组即词的二元文法 (W_{n-2}, W_{n-1}) 在训练集中出现的次数。

尽管以上介绍的 N 元文法模型的训练方法通常工作得很好，但是由于训练集中数据稀疏，所以 N 元文法的统计计数往往是非常不准确的。因此，对于一个包含几千词的词表和一个甚至包含了几百万句话的文本训练集，在所有可能的三元文法中，通常有超过 50% 的三元文法在训练集中仅出现一次甚至完全没有出现。如果严格按照式(14.15)的概率计算准则，那么这种数据稀疏性会使得三元文法概率的估计非常不准确，并且导致大部分句子的概率计算产生严重偏差。因此，当一个词的三元文法在训练集中未出现过的时候，［按式(14.15)的要求］把它的三元文法概率置为 0 是毫无意义的，因为这会把在真实识别环境中出现的包含该三元文法的句子统统变得无效。相反，在实际中我们通常采用一个更具统计意义的过程对所有词的三元文法估计进行平滑。该平滑算法按如下方式对三元文法、二元文法和一元文法词频统计[20]进行插值：

$$\hat{P}(W_n | W_{n-1}, W_{n-2}) = p_3 \frac{C(W_{n-2}, W_{n-1}, W_n)}{C(W_{n-2}, W_{n-1})}$$

$$+ p_2 \frac{C(W_{n-1}, W_n)}{C(W_{n-1})} + p_1 \frac{C(W_n)}{\sum_n C(W_n)}, \tag{14.16a}$$

$$p_3 + p_2 + p_1 = 1, \tag{14.16b}$$

$$\sum_n C(W_n) = 文本训练资料的大小 \tag{14.16c}$$

其中平滑概率 p_3、p_2、p_1 通过交叉验证准则[173, 174]获得。

语言困惑度

给定某个任务的语言模型，一个与之相关的问题是测量语音模型的复杂度，又称为语言困惑

度[335]。语言困惑度是单词的分支因子的几何平均值（某语言中任意给定词的可能后续词的个数的均值）。对于一个含有 M 个词的序列，正如语言模型 $P_L(W)$ 所体现的，语言困惑度可通过如下的熵[66]计算：

$$H(W) = -\frac{1}{M}\log_2 P(W). \tag{14.17}$$

如果采用三元文法语言模型，则可把式(14.17)写成

$$H(W) = -\frac{1}{M}\sum_{n=1}^{M}\log_2 P(W_n|W_{n-1}, W_{n-2}), \tag{14.18}$$

式中，可合理地将前两个词的概率定义为一元和二元文法概率。当 M 趋于无穷时，以上计算的熵趋近于由测度 $P_L(W)$ 所定义的信源的渐近熵。语言困惑度定义为

$$PP(W) = 2^{H(W)} = P(W_1, W_2, \ldots, W_M)^{-1/M}, \quad M \to \infty. \tag{14.19}$$

一些特定语音识别任务的语言困惑度如下所示：

- 对于一个包含 11 个数字的词表（词/zero/到/nine/，加上/oh/），其中每个数字的出现与其他每个数字无关，语言困惑度是 11。
- 对于一个 2000 词的航空旅行信息系统（Airline Travel Information System, ATIS）[277]，基于三元文法模型的语言困惑度是 20。
- 对于一个 5000 词的《华尔街日报》"（朗读商业文章），语言困惑度（采用二元文法模型）是 130[285]。

图 14.13 给出了对 Encarta 百科全书计算得到的一个 500 万词训练集的二元文法困惑度的曲线图。可见，语言分支度随着词表大小的增加缓慢提高，词表大小为 60000 词时，困惑度达到了 400。

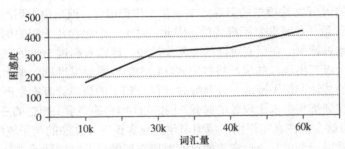

图 14.13　Encarta 百科全书的二元语言模型困惑度（据 Huang, Acero, and Hon [151]）

语言模型覆盖率

在为语音识别设计可用的语言模型时，关键问题是所设计的语法必须能够表示并且包含任务语言中所有合法的句子，同时排除所有非法的句子。基于这样的覆盖率准则，理想的语言模型覆盖率是 100%，理想的过覆盖率为 0%。使用一个二元或三元文法语言模型，语言模型覆盖率问题变成了判决集外词（Out-Of-Vocabulary, OOV）概率的问题[187]，即（对于一个特定的任务）在一个词表固定的训练集中没有出现过的单词在任务中出现的频率。为描述这一概念，图 14.14 给出了 Encarta 百科全书中句子的 OOV 率与词表大小关系的函数曲线，语言模型同样由 500 万词的文本训练得到。可见，当词表包含了 60000 个最常用的词时，OOV 率约为 4%；即在新遇到的文本中，有大约 4%的词是在最初的 500 万词的文本中没有见过的，因此被视为集外词（从定义上来讲，集外词无法被识别系统正确识别）。

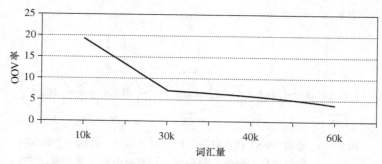

图 14.14　Encarta 百科全书中，不同单词数量下的 OOV 率（据 Huang, Acero, and Hon [151]）

14.6　步骤 3：搜索问题

ASR 的贝叶斯方法的第三步，是在语言模型限定的所有合法词串所构成的空间中进行搜索，并找出一个与所朗读语音存在最大似然关系的词串。这一步的关键问题在于，搜索空间的大小可能如天文数字般巨大（对于大词表和高语言困惑度的语言模型情形），因此采用启发式方法解决该问题会消耗极大的计算资源。幸运的是，我们可以采用有限状态机理论相关方法进行处理。有限状态网络（Finite State Network，FSN）方法经过多年的研究，可将计算复杂度降低几个数量级，因此即使对于非常大的语音识别问题，我们仍能够在可行的时间内精确计算出最大似然解 [246]。

FSN 转换器的基本思想如图 14.15 所示，它展示了词 /data/ 的发音网络。状态图中的每条边对应于该词的发音网络中的一个音素，并且权重是上下文环境中的单词在发音过程中使用该路径的概率。可以看出，对于词 /data/，共有 4 个发音 [同样给出了它们（估计）的发音概率]，即

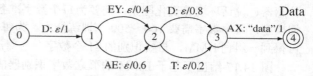

图 14.15　含有 4 个不同发音的单词 /data/ 的发音字典转换器表示（据 Mohri [246]）

1. /D/ /EY/ /D/ /AX/—概率 0.32
2. /D/ /EY/ /T/ /AX/—概率 0.08
1. /D/ /AE/ /D/ /AX/—概率 0.48
1. /D/ /AE/ /T/ /AX/—概率 0.12

处理 4 个发音组合后得到的 FSN 比分别枚举词的 4 个发音更高效，因为所有的边都在 4 个发音间共享，并且对于词 /data/ 来说，整个 FSN 的计算总量接近于分别计算该词的 4 个发音变体的计算量的 1/4。我们可以继续为任务词表（字典）中的每个单词创建高效的 FSN，然后把词 FSN 按照语言模型组成句子级别的 FSN。更进一步，我们将这一过程细化到 HMM 状态和音素等层级，使得整个过程更加高效。最终，我们可以通过加权有限状态转换器（WFST）将一个非常大的模型状态、音素、单词甚至短语网络编译成一个比较小的网络，这种网络将语音和语言的多种表示进行整合，并对整合的网络进行优化，使得用于搜索的状态数最小化（同时也使得重复计算量最小）。这种 WFST 网络优化的一个简单例子如图 14.16 所示 [246]。

采用网络合并（包括网络融合、确定化、最小化和权重前推）和网络优化，WFST 可在统一的数学框架下，将一个巨大的网络高效地编译成可直接用于 Viterbi 解码搜索的最小表示 [116]。采用这样的方法，一个具有 10^{22} 个状态的未优化网络（模型状态、模型音素、模型词和模型短语相互相乘的结果）能够被编译成数学意义下等价且仅有 10^8 个状态的模型，该模型可立即用来搜索最优词序列，且不会导致性能损失和词准确率下降 [246]。

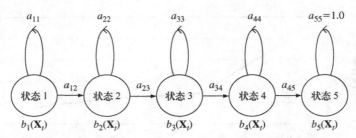

图 14.16　通过 WFST 技术对多个 FSN 进行编译，得到一个单独的
经过优化的网络，使得网络冗余最小化（据 Mohri[246]）

14.7　简单的 ASR 系统：孤立的数字识别

为举例说明本章的概念，考虑一个简单的孤立数字识别系统的实现。其中，词表包含十个数字（从/zero/到/nine/），以及零的另一种形式/oh/，共 11 个识别词。实现数字识别器的第一步是，为数字训练一组声学模型。对于这个简单的词表，我们使用整词模型，因此不需要发音字典或语言模型，因为每次识别实验中只朗读一个数字。要训练数字的整词 HMM，需要一个训练集，对每个待识别数字，都包含足够多的训练样本，以便能够训练出可靠且稳定的声学词 HMM。通常情况下，对于一个针对特定说话者训练的系统（该系统只能识别训练该系统的说话者的语音），每个数字 5 个训练样本就已足够。对于一个说话者无关的识别器，为了完整表征口音、说话者、传感器、说话环境等变化因素，需要为每个数字准备相当多数量的训练样本。通常为训练可靠的词模型，每个数字需要 100～500 个训练样本。为每个数字训练词 HMM 采用 Baum-Welch 方法，可得到一组词 HMM，与要识别的 11 个数字一一对应。

图 14.17 给出了基于 HMM 的孤立数字识别器的框图。图中未显式地画出从背景分离出语音信号的本征函数。完成此功能的算法已在第 10 章介绍。语音信号 $s[n]$ 一旦分离，就被转换成一组 MFCC 特征序列 X。然后，分别对 $V = 11$ 个数字模型（λ^1）到（λ^V）计算概率，得到数字的似然度分数 $P(X|\lambda^1)$ 到 $P(X|\lambda^V)$。每个似然度分数都采用 Viterbi 解码得到，一方面将特征向量 X 和 HMM 模型状态进行最优对齐，另一方面为该最优对齐计算出相应的概率分数（或等价的对数似然度分数）。在图 14.17 的识别系统中，最后一步是选出最大似然度分数，并将具有最大似然度分数的词的序号与识别数字进行关联。

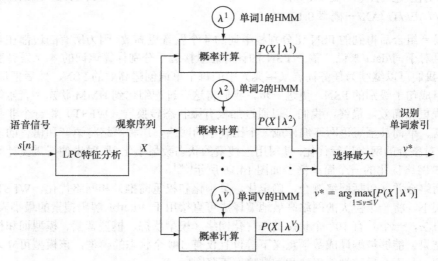

图 14.17　基于 HMM 的孤立数字识别

图 14.18 描述了语音/six/的特征向量帧和数字/six/的 HMM 模型之间的对齐过程。图中有三条曲线。最上面一条曲线是词/six/（/six/的音素标注是/S-IH-K-S/）的输入语音的对数能量曲线，该曲线可视为语音帧序号的函数。第二条曲线给出了每一帧特征的累积（负）对数似然度。由于所有的概率都小于 1，因此累积对数似然度分数永远为负且递减，如图 14.18 所示。最后，最下面的曲线画出了语音输入帧（横轴）和对应/six/的 HMM 模型状态（纵轴）之间的对齐关系。为每个数字采用 5 状态 HMM，可以看到测试序列的第 1 到 b_1-1 帧与模型的状态 1 对齐，测试序列的第 b_1 到 b_2-1 帧与模型的状态 2 对齐，以此类推。最后，可以看出模型的五个状态是如何和输入语音帧对齐的，并且几乎可以分辨出和每个状态相关联的发音。例如，我们看到，第 5 个状态对齐到了/K/和/S/之间的停顿间隙，而状态 1～3 主要与开头的/S/音对齐，最后，状态 4 和元音/IH/以及爆破辅音/K/的开头部分对齐。

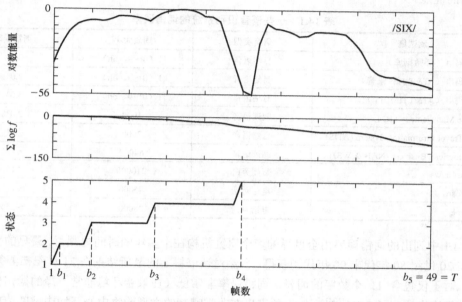

图 14.18　数字/six/的模型及输入语音特征之间的最优对齐关系（输入语音对应/six/的发音）

我们可以画出词表中其他词对应的 HMM 模型在录音/six/上的类似曲线。把测试语音段/six/对应的模型的似然分数和词表中其他词的 HMM 相应似然分数进行比较，若语音/six/的测试特征向量和词/six/的参考 HMM 模型的对数似然分数最小，则识别正确，否则识别错误。

14.8　语音识别器的性能评估

在语音识别（和语言理解）系统的设计过程中，一个关键问题是对系统的性能进行评估。对于上一节中讲到的简单孤立数字识别系统，性能测度仅是系统的词错误率。对于更复杂的系统，例如用于听写的应用程序，在确定系统的整体性能时，有三种类型的错误需要考虑：

1．词插入错误：识别出的词的个数要比实际朗读的多；最常见的插入词是非常短的功能词，如/a/、/and/、/to/、/it/等，并且这些词往往出现在说话停顿或犹豫的时候。

2．词替代错误：将实际朗读的词误识别成其他词；最常见的词替代错误是由发音相似造成的（如/fees/和/please/），但有时也会发生随机的词替代错误。

3. 词删除错误：实际说的词未被识别，且在相应的位置并没有其他的词作为替代；词删除一般发生在说话中的两个词被识别成了一个词（通常具有更长的持续时间），导致同时出现一个词替代错误和一个词删除错误。

令三种类型词错误具有相等的权重（这样做往往不是很合适，因为与内容词相比，功能词的错误一般对理解句子的含义没有太大的影响），大多数语音识别系统的整体词错误率 WER 定义为

$$WER = \frac{NI + NS + ND}{|W|}, \tag{14.20}$$

式中，NI 是插入词的个数，NS 是替代词的个数，ND 是删除词的个数，$|W|$ 是句子 W 中词的个数。基于以上定义的词错误率，表 14.1 列出了一些语音识别和自然语言理解系统（该话题将在本章稍后讨论）的性能。

表 14.1　一些语音识别系统的词错误率

测试集	语音类型	词表大小	词错误率
连接数码串（TI 数据库）	自然语音	11（0~9, oh）	0.3%
连接数码串（AT&T 邮件录音）	自然语音	11（0~9, oh）	2.0%
连接数码串（AT&T HMIHY）	对话语音	11（0~9, oh）	5.0%
Resource Management（RM）	朗读语音	1000	2.0%
Airline Travel Information System (ATIS)	自然语音	2500	2.5%
North American Business (NAB & WSJ)	朗读语音	64000	6.6%
Broadcast news	新闻旁白	210000	~15%
Switchboard	电话对话	45000	~27%
Call-home	电话对话	28000	~35%

表 14.1 中列出的词错误率由全世界的多个研究机构在十多年的时间内测得，最早的数码串识别结果在 20 世纪 80 年代末 90 年代初获得，自然对话语料上的最新结果在 21 世纪初测得[276]。可以看出，对于仅包含 11 个数字的词表，词错误率非常低（在录音环境非常干净的德州仪器连续数码串数据库上达到了 0.3%[204]），但当数字串在非常嘈杂的大型购物中心环境中被朗读出来的时候，词错误率上升到了 2.0%，对于数字串嵌入在对话语音内的情形（AT&T HMIHY 系统），词错误率急剧上升至 5.0%，这表明识别系统对噪声和其他背景干扰缺乏稳健性。表 14.1 同样也给出了一系列 DARPA 评测任务的词错误率：

- Resource Management (RM)：包括海军舰艇数据库相关的命令和信息查询朗读语音，词表大小 1000，词错误率 2.0%。
- Air Travel Information System (ATIS)[412]：用于定制航空旅行安排的自然语音输入，词表大小 2500，词错误率 2.5%。
- North American Business (NAB)：来自一系列商业杂志、报纸的朗读语音，词表大小 64000，词错误率 6.6%。
- Broadcast News：类似于 CNBC 提供的电视新闻广播旁白，词表大小 210000，词错误率约为 15%。
- Switchboard[125]：两个不相识的人的实时电话录音，词表大小 45000，词错误率约为 35%。
- Call Home：两名家人之间的实时电话录音，词表大小 28000，词错误率约为 35%。

整个 DARPA 研究团体在以上的任务中钻研了十多年（1988—2004）。在此阶段，在多种语音识别任务的词错误率改善方面，相关研究进展如图 14.19 所示。可见，对于图中所示的 6 种语音识别任务，不论是哪一种识别任务，词错误率在这些年都持续稳步下降。

图 14.20 比较了在不同的语音识别任务上机器和人的识别性能[209]。由于人的识别性能通常很难测量，所以图中的结果更多地表示一种趋势，而非准确数字。尽管如此，我们仍可清晰地看出，在语音识别上，人的性能要优于机器 10～50 倍。因此，这说明在语音识别任务上，机器若想超过人类，语音识别研究还有很长的路要走。但值得注意的是，在许多情况下，ASR（和语言理解）系统可以提供比人类更好的服务。一个例子是识别以连续数字串形式朗读的 16 位信用卡号码。人作为听者，很难记住如此之长的一串（看似随机的）16 位数字，但是机器却没有任何困难，并且可以利用真实信用卡的限制来提供近乎完美的识别准确率。

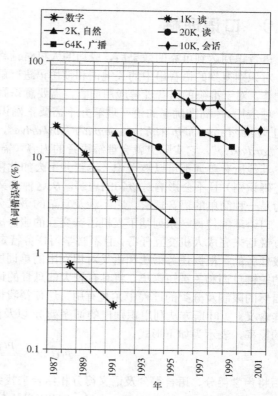

图 14.19　一系列 DARPA 语音识别任务下的字错误率性能表明，对于所有任务，字错误率呈稳定下降的趋势。标题指明了识别任务的类型（比如数值、朗读语音、自然语音、广播语音、会议电话语音）及以千字计算（K）的词典大小（据 Pallett 等人[277]）

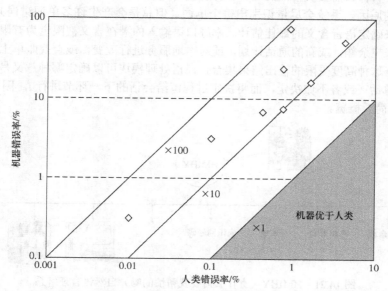

图 14.20　一系列语音识别任务下人与机器语音识别性能对比。从该图可以看出，对于所有任务，当因子在 10 与 50 之间时，人的识别性能优于机器（据 Lippmann[209]）

14.9 口语理解

语音识别达到可靠的效果后，成功的人机对话将主要依赖于图 14.1 中的口语理解（SLU）模块，对识别得到的语音串中的关键词和惯用语进行解释，并将它们转换为语音理解系统所要执行的动作。对于准确的语音理解应用而言，需要意识到，在特定领域的应用中（如表 14.1 给出的任何一项应用），高准确率的语音理解并不需要正确识别句子中的每个单词。因此说话者可能说了一句 "*I need some help with my computer hard drive*"，此时只要识别系统正确地识别出单词 "*help*" 和 "*hard drive*"，它实际上就会理解语音的内容（需要帮助）以及内容的对象（硬盘驱动器）。该句中其他所有单词都可以被误识（尽管并不会如此糟糕，因为其他具有明显上下文意义的单词会被正确识别）且不会影响对该句的理解。从这种意义上讲，关键词（或关键惯用语）检测[418]可被认为是一种简单的语音理解，它不涉及复杂的语义分析。

口语理解使得一系列基于人机语音交互的服务成为可能，在这些服务中，人类可以很自然地通过说话来完成人机交互任务，且不必学习任务特定的字典和任务语法[179]。它是通过以下方法来完成任务的：根据任务语法和语义对识别出的单词序列的语义集合进行约束，并且采用一个预定义的关键单词和关键短语集，将具有较大信息量的词序列映射到该受限语义集。SLU 在对词义进行自然的限制及分类的过程中尤其有用，这使得我们可以采用贝叶斯公式根据词序列确定句子的最佳含义。贝叶斯方法利用识别出的词序列 W 以及潜在的词义 C，确定给定词序列下每个可能词义的概率，表示为如下形式：

$$P(C|W) = \frac{P(W|C)P(C)}{P(W)}, \tag{14.21}$$

然后将声学得分、语言得分及语义得分相结合来找到最佳的概念结构（意义），即

$$C^* = \arg\max_C P(W|C)P(C). \tag{14.22}$$

该方法广泛利用了词序列及其相应含义之间的统计关系。

AT&T 的 HMIHY 客户服务系统是目前为止最成功的（商用）语音理解系统之一。对于该任务，客户拨打 AT&T 的 800 号码，要求对他/她的异地或本地账户提供帮助。系统对客户的提示很简单："AT&T，有什么需要我帮忙的吗？"客户便用完全不受限制的流利语音来应答，说明拨打客户服务热线的原因。系统会尽量识别出每个单词（但总是会产生许多单词错误），然后利用贝叶斯概念架构来确定语音含义的最佳估计。幸好口语输入的潜在含义被限定为有限个结果中的一个，例如询问账户余额，或新的通话计划，或对本地服务进行改变，或查找账单上无法识别的电话号码等。根据这种高度受限的输出结果集合，口语处理模块可以确定哪种意义是最适合的，并合适地转接该通话（或者不做决定，而将决定过程留给会话的下一环节进行）。图 14.21 给出了 HMIHY 系统的简要概览。

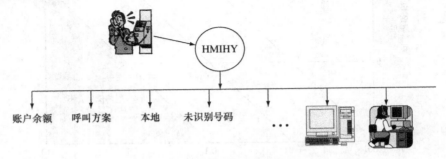

图 14.21　HMIHY（有什么需要我帮忙的吗）自然语言理解系统的概念化表示（据 Gorin, Riccardi, and Wright [136]）

SLU 的主要挑战是超越 HMIHY 系统的简单分类任务（其中的概念意义被限定在固定的通常非常小的选项集中的一个），创建一个真正的概念和语义理解系统。

在创建真正意义的语音理解系统方面的一个早期尝试是 ATIS 任务。该任务通过在一个固定模式的语义结构中嵌入语音识别来模仿人机自然语言交互。该系统所包含的语义概念非常有限，主要是出发城市和到达城市名、票价、机场名、旅行时间等，而且可以直接在一个语义模板中被实例化，而不必为了理解内容而进行大量的文本分析。举例来说，图 14.22 给出了一个典型的语义模板（或网络），其中的相关概念如出发城市，可以很容易地识别出来，并用于对话管理（DM），从而创建用户与系统之间所期望的交互。

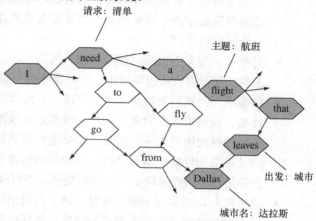

图 14.22　ATIS 中一个嵌入语义概念的词法的例子

14.10　对话管理和口语生成

图 14.1 中 DM 模块的作用是结合当前输入语音对应的语义（由自然语言理解模块来确定）和系统的当前状态（基于用户的交互历史），从而决定在交互过程中下一步应该做什么。一旦做出决定，SLG 模块将把对话管理的动作翻译成文本表示，同时 TTS 模块将文本表示转换成自然语音播报给用户，从而发起另一轮对话，或结束该查询。以这种方式，DM 模块和 SLG 的结合可实施相当复杂的服务，该服务需要系统和人之间进行多次交流，来成功完成一项事务。这样的对话系统同样可以根据应用领域的改变，处理由用户发起的话题。

由于 DM 模块使得人可以完成期望的任务，因此它是成功语音会话最关键的步骤之一。DM 模块按照以下方式来工作：根据口语对话模型确定最合适的口语文本，引导对话朝着一个清晰易懂的目标继续进行。DM 的计算模型包括基于结构的方法（该方法采用一个预定义的状态转移网络来对会话进行建模，该网络由一个初始的目标状态及一组目标状态组成），或基于规划的方法（该方法将对话交流视为一组为了实现目标而实施的方案）。

对话策略的关键工具如下[185]：

- 确认。用来确定被识别及被理解的句子的正确性。确认策略通常只是将输入内容的识别结果以提问的方式重新进行措辞，从而在进一步进行对话之前，对对话中的重要方面进行确认。对于识别出的句子"我需要预订明天早晨飞往洛杉矶的航班"，对其做出回应的一个简单的确认请求可以是："您想要明天早晨什么时候飞往洛杉矶的航班？"，由此可以对所要求的航班的日期和目的地同时进行确认，并且还询问了额外的信息（比如早晨出发的时间）来使得在该会话在下一轮得到更集中的回应。

- 错误恢复。当用户指出系统误识了一个口语请求时，回退对话进程。例如，用户可能说出请求"我需要预订飞往圣路易斯的航班"，而系统可能将其理解为"我需要预订飞往圣地亚哥的航班"，并且做出相应的回应。利用前面提到的单词确认策略，系统能检测到目的城市圣地亚哥的置信度较低，从而通过询问用户"您是想要飞往圣地亚哥的航班，还是其他地方的航班"来试图进行恢复。该用户将重复提到飞往圣路易斯的航班的请求，而且，如果该请求被成功识别，对话将会继续进行，并完成该请求任务。

- 再次提示。当系统期望得到输入但没有收到任何输入时使用该工具。当用户感到困惑并且不知道接下来该说什么时，或者在声音强度太低等情况下，该工具是必需的。一个典型的再次提示命令可能类似于"我没有理解你的上一个请求，请重复一次或者明确表达一个新的请求。"
- 完整化。用来引出用户输入中缺失的信息。一个简单的例子是当用户要求飞往目的城市的航班时没有指明出发城市，此时系统需要额外的信息来完成本次事务处理。
- 约束限制。被用来减少请求的范围，从而可以获得合理的信息量来呈现给用户或者相应行动。当请求包含的意义太广，使得系统很难做出足够智能的决定来恰当地完成本次事务处理时使用该工具。因此，如果用户要求从波士顿飞往纽约的航班时，系统需要额外的（带限制性的）信息来确定目的机场是肯尼迪、拉瓜迪亚还是纽瓦克，从而必须对用户提出一个问题来限定目的机场是该三个可能的机场中的某一个。
- 放宽约束。当获取不到信息时，该工具用来增加请求的范围。该工具用于如下情形：当被识别且被理解的句子没有为请求提供任何额外的限制或明确的信息时，系统需要减少对话的范围，从而消除歧义，使得对话内容回归主题。放宽约束的最终形式就是在每轮对话中问用户一些简单的问题，从而诱导用户给出关于该任务的一条信息，而不是给出太多不一致或不正确的信息。
- 歧义消除。用来消除用户输入的不一致性。在系统已经确认所说内容的识别结果正确，但在当前任务领域下，用户的整体任务请求具有不一致性或没有任何意义时，使用该工具。这时，最好的策略就是直接对问题进行处理，同时问一些问题来尽可能简单快速地消除输入中的不一致性。
- 问候/结束。在每次交互开始和结束的时候被用来保持交际协议。该工具使得计算机交互变得更自然、更舒适。一个简单的问候诸如"早上好，琼斯先生，今天需要我帮忙吗？"提供了一种友好和人性化的方式，使得人类渴望并且乐意使用自动对话系统。
- 混合式驱动。允许用户来管理对话流。当对话进程过于缓慢，或者朝着错误方向发展时，该工具允许用户接管对话进程的控制权。该工具是为用户提供对话控制功能的必不可少的部分。在其他时候，该工具使得系统介入对话，并通过合适的系统响应引导用户。

对话策略中的大多数工具简单易懂，而且使用的条件也相当清晰明了，但混合式驱动工具可能是最有趣的，因为它使得用户可以管理对话并且在整个对话进程中使得对话回归主题。图 14.23 给出了一个简图，列举了简易操作服务场景中混合式驱动工具的两个极端情形。在完全由系统管理对话的一端，系统响应是

图 14.23 操作服务场景中混合式驱动图解

简单的宣告式请求，用以引出信息，举例来说，系统命令"请说出托收人、电话卡、第三方号码。"另一个极端情形是由用户管理对话，在这一端系统响应是不受限制的，并且人可以对系统的命令"我可以帮您吗？"自由地进行回应。

图 14.24 给出了航班预订任务中，基于系统驱动、混合式驱动及用户驱动的一些简单例子。可以看到，系统驱动引发了长时间对话（由于每次询问中获取的信息有限），这种对话设计起来相对容易一些；然而，用户驱动却产生了较短时间的对话（更好的用户体验），但是这种对话的设计更难。大多数实用的自然语言系统是混合式驱动的，这样可以使得系统从一端向另一端转移主控权，这取决于对话的状态，以及如何能够成功地朝最终被理解的目标发展。

- 系统驱动

| System: Please say *just* your departure city.
User: Chicago
System: Please say *just* your arrival city.
User: Newark | 对话长
但易于设计 |

- 混合驱动

| System: Please say your departure city
User: I need to travel from Chicago to Newark tomorrow. |

- 用户驱动

| System: How may I help you?
User: I need to travel from
           Chicago to Newark tomorrow. | 对话短（用户体验更好）
但难以设计 |

图 14.24　混合式驱动对话示例

DM 系统的评价基于完成一项明确任务的速度和准确度，比如预订航班、租车、购买股票或者通过服务获得帮助。

14.11　用户界面

对于语音通信系统而言，用户界面是根据语音会话中每个模块的功能进行定义的。好的用户界面对于成功面向任务的系统来说必不可少，它可以提供如下功能：

- 使得应用软件易于使用，并且对由人机语音通信造成的混淆具有很好的鲁棒性。
- 使得对话在用户或机器面临较大不确定性时，仍然可以继续进行。
- 尽管在语音识别或语音理解性能很差的情况下不能对系统有任何帮助，但它可在语音识别和语音理解性能极好的前提下，使系统能正常运行或者超出预期。

尽管提供自然的面向机器的用户界面技术还有很长的路要走，但对于好的用户界面技术来说，重要的是，语音界面系统的设计者要将任务和技术进行严格的匹配，并对现有技术的可行性进行客观评估。因此，最成功的语音识别系统的错误率仍然不为零，而必须具备一些备选策略，来处理不可避免的错误。一种策略就是错误软化方法，即对所有识别结果的关键方面进行验证，并且对那些置信度分数较低的单词，采用上述对话策略中的任何一种方法进行处理，或者采用多识别结果策略：使用所有识别出（并被理解的）句子的一个或多个备选意义，并由人来对可能的候选进行歧义消除。第二个策略就是采用数据查询（生成一个合适的数据库）来消除歧义（比如对信用卡号码进行查询，得到一个可发布的真正起作用的信用卡的有效集）。

14.12　多模态用户界面

到目前为止，我们主要关注的是面向机器的语音识别和理解界面。然而，对于人机通信而言，采用多模态方法有时不仅是必需的，而且可起到实质性作用。与语音相对应的可行模态包括手势和点击设备（如鼠标、键盘或触摸笔）。选择最合适的用户界面模态（或模态组合，或多个模态），取决于设备、任务、环境及用户的能力和偏好。因此，在试图辨别地图上的目标（如餐馆、地铁站的位置、古迹）时，点击设备（用于指示感兴趣的区域）和语音（用于指明感兴趣的话题）的使用通常是一个好的用户界面，尤其适合平板电脑或 PDA 等小型计算机设备。同样，在小型手持设备上输入类似的 PDA 信息（如预约、提示、日期、时间）时，在数据区域用触摸笔与语音相结合的方式来指明恰当类型的信息，通常是输入此类信息的最自然的方式（尤其是与基于触屏笔的文本输入系统对比，比如掌上设备的涂写板）。微软公司的研究证明了这种解决方案的高效性，并通过 MiPad（多模态交互 Pad）进行了演示。同时他们声明，与仅使用触摸笔和手写板相比，使用多模态界面的英文设备的输入效率可提升一倍。

14.13　小结

本章概述了当前用于语音会话系统中的语音识别系统和自然语言理解系统的主要组成部分；说明了在为识别引擎提供可靠特征的过程中信号处理技术起的作用，同时阐明了在识别引擎将语音输入识别成对应的单词，并为识别单词指定语义的过程中，统计模型所起的作用；介绍了对话管理如何利用当前的口语输入对应的意义，并对之前的口语输入对应的意义的累积效果作出合理的回应（同样，可能采取恰当的行动）；最后描述了对话中的 SLG 和 TTS 部分如何对用户的行动进行反馈，并提供用于完成用户请求所需的进一步信息，从而完成会话。

语音识别和语音理解系统在主流应用和服务上取得了成功，被社会广泛采用。语音识别和自然语音理解的主要应用包括如下几方面：

- **桌面应用**：包括听写、桌面功能的命令和控制，控制文档属性（字体、风格、目标等）。
- **代理技术**：包括简单的任务，如股票查询、交通播报、天气预报、对话接口、语音呼叫、语音接入号码簿、语音接入信息、日历簿、约会事项等。
- **语音门户**：包括系统将网页转换成语音操作站点，使得任何在线问题均可通过 VXML、SALT/SMIL、SOAP 等协议进行语音检索。
- **即时服务**：包括呼叫中心、客服中心（如 How May I Help You）和服务台。在服务台中，呼叫可被分类，并通过自然语言对客户进行恰当的回复。
- **信息通信**：包括汽车特性（舒适性系统、广播、窗、天窗）命令和控制。
- **小设备**：包括通过名字或功能进行手机拨号，通过语音控制 PDA 等。

在系统领域和操作领域，ASR 系统需要较大的改进才可被广泛接受。在系统领域，我们需要对语音识别的准确度、效率、鲁棒性进行较大的改进，才能在各类处理器环境下和各类操作条件下将这些技术广泛应用于各种任务中。在操作领域，我们需要采用更好的方法来检测用户何时对机器说话，并分离语音输入与背景音。我们还需要机器能够处理用户随时发起的语音（所谓的打断环境）。更加准确且可靠的发音拒绝方法也是很必要的，通过该方法，在第一次识别模糊时，我们可以确定一个词是否需要重复。最后，我们需要更好的方法来确定词、短语甚至句子的置信度分数，以保证人机对话保持智能性。当语音识别和语音理解系统能更加稳定地处理噪声、背景干扰和通信系统的传输特性时，我们可在小型设备上实现这种技术，对这些设备进行控制和操作，使得人们获取信息更加容易。

习题

14.1　图 P14.1 是一名男声说话者朗读 11 个独立数字的语谱图（箭头用于分开每个独立数字的谱，注意语谱图的最高频率是 8kHz，表明采样率为 16kHz）。根据你对每个数字（0, 1, 2, 3, 4, 5, 6, 7, 8, 9 和 oh）的频谱特性的了解，判断图 P14.1 中每行的每个谱图与哪个数字相对应。注意，在这 11 个候选数字中，每个数字只出现一次。

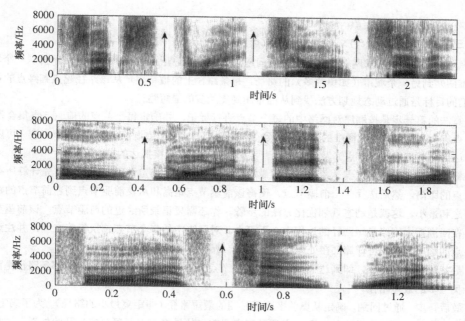

图 P14.1　数字语谱图

14.2 考虑一个两类贝叶斯分类器（第一类用 ω_1 表示，第二类用 ω_2 表示），其类概率密度函数和先验概率具有如下形式：

$$p(x|\omega_1) = N[x, m_1, \sigma_1],$$
$$p(x|\omega_2) = N[x, m_2, \sigma_2],$$
$$P(\omega_1) = \alpha,$$
$$P(\omega_2) = 1 - \alpha,$$

其中 N 为高斯（正态）概率密度函数，均值为 m，标准差为 σ。

(a) 求可以使分类错误率达到最小的阈值 x_0，该阈值用 m_1、m_2、σ_1、σ_2 和 α 表示。

(b) 当 $\alpha = 0.5$，$m_1 = 3$，$m_2 = -3$，$\sigma_1 = \sigma_2 = 2$ 时，求分类错误率。

14.3 考虑和上题类似的问题，同样具有类似形式的两类分类器。定义损失矩阵为

$$L = \begin{bmatrix} 0 & \lambda_{12} \\ \lambda_{21} & 0 \end{bmatrix};$$

判决错误概率 P_e 定义如下：

$$P_e = P(x \in R_2|\omega_1)P(\omega_1) + P(x \in R_1|\omega_2)P(\omega_2),$$

其中 R_1 表示满足 $P(\omega_1/x) > P(\omega_2/x)$ 的区域，R_2 表示满足 $P(\omega_2/x) > P(\omega_1/x)$ 的区域。这里，我们不再对判决错误概率进行极小化，取而代之，我们最小化加权代价风险函数 r，其定义为

$$r = \lambda_{12}P(\omega_1)\int_{R_2} p(x|\omega_1)dx + \lambda_{21}P(\omega_2\int_{R_1} p(x|\omega_2)dx.$$

(a) 用 m_1、m_2、σ_1、σ_2、α、λ_{12}、λ_{21} 来表示可达到最小风险的阈值 $\hat{x}_0$，假设 $\sigma_1 = \sigma_2 = 1$。

(b) 当 $\alpha = 0.5$，$m_1 = 3$，$m_2 = -3$，$\sigma_1 = \sigma_2 = 1$，$\lambda_{12} = 4$，$\lambda_{21} = 1$ 时，求最小风险代价。

14.4 考虑如下定义的倒谱失真测度：

$$d(c_1, c_2) = \sum_{n=-\infty}^{\infty} (c_1[n] - c_2[n])^2,$$

验证其满足距离测度的如下数学性质：

1. 正定性：$c_1 \neq c_2$ 时 $0 < d(c_1, c_2) < \infty$，仅当 $c_1 = c_2$ 时 $d(c_1, c_2) = 0$。

2. 对称性：$d(c_1, c_2) = d(c_2, c_1)$。

3. 三角不等式：$d(c_1, c_2) \le d(c_1, c_3) + d(c_2, c_3)$。

14.5 考虑由动态规划方法求网格中最短路径的问题。为说明其复杂性，考虑图 P14.5 所示的从一个城市（如西雅图）到另一个城市（如奥兰多）的路径，每条路径上的数字表示从该路径起点到终点的代价。我们的目标是通过动态规划方法找到从西雅图到奥兰多的最短路径。

1. 算法的第一步是按顺序对网络中的每个节点进行标记，并确定每个节点的前驱节点集合及后继节点集合。我们首先对图中的节点从 1 到 14 进行标记，并确定每个节点的前驱节点表（可以直接抵达当前节点的所有节点）及后继节点表（从当前节点可直接抵达的节点）。

2. 算法的第二步是确定到达每个节点的最短距离路径。为了确定该路径，我们首先计算所有前驱节点的距离，然后选择一个前驱节点，使得该前驱节点距离和从该前驱节点到当前节点的路径代价之和最小。这就是动态规划优化方法的步骤。你还需要记录所经过的前驱节点，该前驱节点记录在回溯搜索网络最短路径的过程中必不可少。对网络中的每个节点都执行第二步，并注意选择节点的顺序，使其可计算（在处理后继节点前，所有前驱节点都已被处理）。

3. 寻找最短距离路径，即到达节点 14（奥兰多节点）的具有最小距离的路径。哪条路径是西雅图到奥兰多的最短路径？

4. 最后一步，通过回溯，确定从奥兰多到西雅图的最短路径（即距离最小的路径）。为了确定该路径，我们需要利用每个节点的前驱节点记录列表，首先从最终节点（奥兰多）开始处理，并找到可以抵达起始节点（西雅图）的回溯路径，从而确定从西雅图到奥兰多的最短路径。

14.6 （MATLAB 练习）本题的目的是写一段程序，将一段测试模式与参考模式进行动态时间规整（Dynamic Time Warping, DTW）操作。测试模式详见本书配套资源，文件名为 test.mat，它由一系列倒谱向量组成（ntest 个倒谱），每个向量长为 12 个元素。同样，参考模式也可在本书配套资源上找到，文件名为 train.mat，它也由一系列长为 12 个元素的倒谱向量组成（nref 个倒谱）。写一段 MATLAB 代码，使得 test.mat 和 train.mat 的元素进行最佳时间对齐。

为编写 DTW 对齐程序，需要对对齐路径的自由度进行一些假设。我们做如下假设：

1. 参考模式和测试模式的初始帧必须对齐，即参考模式的第一帧要对准测试模式的第一帧。

2. 参考模式和测试模式的最终帧须对齐，即参考模式的第 nref 帧要对准测试模式的第 ntest 帧。

3. 在时间对齐网格图上，x 轴对应测试模式，y 轴对应参考模式。

4. 时间对齐过程由测试模式的序号来控制，即按照测试模式的序号从 1 到 ntest 控制对齐过程。

5. 局部路径限制如图 P14.6 所示。在抵达坐标值为 (i_x, i_y) 的路径中，局部路径是指如图 P14.6 所示的 4 条路径中，累积距离最小的那条路径，该累积距离还要与节点 (i_x, i_y) 的局部距离相加。你需要仔细编写 DTW 算法，确保正确地维护记录表，从而对 4 条路径中达到最小累积距离的路径进行记录。

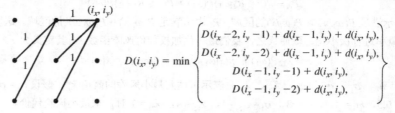

$$D(i_x, i_y) = \min \begin{cases} D(i_x - 2, i_y - 1) + d(i_x - 1, i_y) + d(i_x, i_y), \\ D(i_x - 2, i_y - 2) + d(i_x - 1, i_y) + d(i_x, i_y), \\ D(i_x - 1, i_y - 1) + d(i_x, i_y), \\ D(i_x - 1, i_y - 2) + d(i_x, i_y), \end{cases}$$

图 P14.6 最短路径问题

6. 倒谱向量的局部距离定义为

$$d(c_{\text{ref}}, c_{\text{ctest}}) = \sum_{n=1}^{12} (c_{\text{ref}}[n] - c_{\text{test}}[n])^2.$$

编写 DTW 算法，对参考模式与测试模式进行最佳对齐。请确定网格的最小平均距离，并给出对齐路径、总距离及最优路径上每个节点的局部距离。

一旦成功编写 DTW 算法，并利用该算法得到了参考模式和测试模式的最佳对齐，就可以将测试模式（对应孤立数字的发音）与 11 个数字的参考模式（1～9，oh，0）相比较，并在时间对齐后，确定最佳匹配。在该练习中，11 个参考模式由每个数字的倒谱参数组成。这些参考模式可在本书提供的配套资源中找到，文件名为 template_isodig_[1-11].mat。测试模式文件名为 test.mat，该模式由数字"6"的朗读语音的倒谱参数组成。将测试模式与每个参考模式进行时间对齐，并画出每个时间帧上的最小累积距离，所有曲线都画在同一张图上。哪个数字可达到最小平均距离？最小平均距离是多少？第二小的平均距离由哪个数字达到？第二小的平均距离是多少？

14.7 考虑一个包含 4 状态的各态历经隐马尔可夫模型（HMM），该模型定义在包含 5 个符号的离散集上，其转移矩阵为 A，发射矩阵为 B，初始概率向量为 π：

$$A = \begin{bmatrix} 0.1 & 0.3 & 0.3 & 0.3 \\ 0.7 & 0.1 & 0.1 & 0.1 \\ 0.25 & 0.25 & 0.25 & 0.25 \\ 0.1 & 0.4 & 0.4 & 0.1 \end{bmatrix}, \quad B = \begin{bmatrix} 0.6 & 0.1 & 0.1 & 0.1 & 0.1 \\ 0.1 & 0.6 & 0.1 & 0.1 & 0.1 \\ 0.2 & 0.2 & 0.2 & 0.2 & 0.2 \\ 0 & 0 & 0 & 0.5 & 0.5 \end{bmatrix}, \quad \pi = \begin{bmatrix} 0.25 & 09.25 & 0.25 & 0.25 \end{bmatrix}.$$

(a) 对状态序列 $Q = [1234]$，根据 HMM 模型求解概率值 $p(Q)$。

(b) 对状态序列 $Q = [1234]$ 和观测序列 $Q = [5321]$，根据 HMM 模型求解概率值 $p(Q, O)$。

(c) 通过前后向递归和 Viterbi 递归，确定观测概率 $p(O)$，相应的最优状态序列分别是什么？

(d) 每个模型状态的平均时长是多少？

14.8 （MATLAB 练习）给定一组标记了结束位置的孤立数字训练文件（数字 1～9，oh，0），该文件由一个录音人录制（可通过本书配套资源获取，文件名为 digits_train.zip）。为每个孤立数字构建一个从左至右的 HMM 模型，且要求其满足如下信号处理特性及模型特性：

1. 采样频率为 8000Hz（需将原始采样频率不是 8000Hz 的文件进行转换，转换过程可用 MATLAB 函数 resample）。

2. 在 8000Hz 采样率下，语音帧长为 $N = 320$ 个样本（40ms/帧），帧移 $M = 80$ 个样本（10ms）。

3. 对语音帧加汉明窗。

4. 进行长度为 1024 的 FFT 变换（通过补零的方法，加入 704 个零样本），求对数幅度谱。

5. 将对数幅度谱变换成实倒谱，且保留 $c(1), ..., c(L)$，其中 $L = 12$，忽略 $c(0)$。

6. 将每个孤立数字的 HMM 状态数设置为 5。

7. 将每帧长度 $L = 12$ 的倒谱参数作为观测序列。

8. 采用对角方差高斯分布作为简单的观测密度函数，该密度函数仅含一个高斯成分（需对每个模型的每个状态的均值和方差进行统计）。

9. 在所有计算中忽略状态转移矩阵（即假设状态以 0.5 的概率进行自循环，并以 0.5 的概率进入下一个状态，对终止状态，仅以 1.0 的概率进行自循环，从而转移概率可以忽略）。

接下来可以按照下述步骤求解单个数字的 HMM 模型：

1. 对将所有训练样本进行初始切分（可在 files_lrrdig_isodig_train_endpt.mat 中找到文件列表，相应训练文件可在 digits_train.zip 中找到，两个文件均可在本书配套资源中下载），对每个数字，首先等分成 5 个状态，然后对模型中每个状态的 $L = 12$ 个特征成分进行均值和方差统计。该步骤得到一组关于 11 个孤立数字初始的 HMM 模型。

2. 根据步骤 1 得到的（每个数字的）模型，使用 Viterbi 算法对训练文件进行切分，得到基于 Viterbi 对齐的状态切分，然后重估模型参数（同样，对每个数字的每个模型状态，重估均值和方差）。反复执行这个步骤直到收敛（直到 5 轮循环）

3. 在一组标记了终止位置的独立测试集上（可在 files_lrrdig_isodig_test_endpt.mat 中找到文件列表，相关测试文件可在 digits_test.zip 中找到，两个文件均可在本书配套资源中下载），通过刚刚得到的

HMM 模型（经过 5 轮迭代的模型）进行打分。为了给出测试数字（使用数字/seven/）及相应的 HMM 模型之间的对齐路径，在图中画出如下信息（在一个图中采用四个子图画出）：

- 测试语料的对数能量
- 采用正确模型进行的 Viterbi 对齐路径
- 在 Viterbi 路径上的累积对数概率
- 在 Viterbi 路径上的局部距离

统计正确识别的数字个数及错误识别的数字个数。

附录 A 语音和音频处理演示

要有效理解语音和音频处理系统，就需要倾听已使用本书中的系统处理过的语音和音频句子。为此，我和同事创建了本书的配套资源，资源包含已用各种方法处理过的一组语音和音频例子，还包含每章结尾处习题的源语音文件和源 MATLAB 文件。

本书的配套资源分为第 1 章、第 2 章、第 7 章、第 11 章和第 13 章几个目录，这些目录中包含有使用许多声音程序播放过的.wav 文件[①]。

A.1 第 1 章的演示

A.1.1 窄带和宽带语音和音频编码

在本书的配套资源的目录 chapter1_files 中，包含了具有不同比特率的窄带和宽带语音与音频编码示例，并包含了如下示例[②]：

- 文件名：电话带宽语音 coders.wav：窄带语音编码（3.2kHz 带宽，日常电话线路所用）
- 文件名：宽带语音 coding.wav：宽带语音编码（7.5 kHz 带宽，调幅收音机所用）和音频信号编码（20 kHz 宽带，音乐 CD 所用）

窄带语音编码

窄带语音编码演示包括如下样本（每个样本由听得见的嘟嘟声隔开）：

- 64 kbps 脉冲编码调制（PCM）语音
- 32 kbps 适应差分脉冲脉冲编码调制（ADPCM）编码的语音
- 16 kbps 低延时码励线性预测（LDCELP）编码的语音
- 8 kbps 码励线性预测（CELP）编码的语音
- 4.8 kbps 联邦标准 1016（FS1016）编码的语音
- 2.4 kbps 线性预测编码 10e（LPC10e）编码的语音

在倾听这些编码后的窄带语名时，应先了解语音质量何时开始变化（8kbps 和 16kbps 之间），以及语音质量何时开始恶化（4.8kbps 和 8kbps 之间）。应先基于第 11 章中对上述语音编码器的讨论，基本了解质量变化和恶化的原因。

宽带语音编码

宽带语音编码演示使用一名男性说话人和一名女性说话人，它包含有如下示例（每个例子由听得见的嘟嘟声隔开）：

- 3.2kHz 宽带未编码语音样本（窄带基准信号）
- 7kHz 宽带未编码语音样本（宽带基准信号）
- 7kHz 宽带已编码语音样本，采样率为 64kbps
- 7kHz 宽带已编码语音样本，采样率为 32kbps

[①] 相关目录及文件可登录华信教育资源网（www.hxedu.com.cn）下载。

[②] 顶级目录中是一些.doc 文件，每章一个这样的文件，其内容是与演示相关的文件的信息。

- 7kHz 宽带已编码语音样本，采样率为 16kbps

在倾听宽带语音编码演示中的样本时，应先了解 3.2kHz 宽带语音（窄带信号）和 7kHz 宽带语音（宽带信号）在增强逼真度和自然度方面的差别。尽管（用于无线和有线电话的）窄带语音中保留了足够的理解度，但这种语音信号的固有质量仅保留在宽带语音中。此外，通过倾听以速率 64kbps、32kbps 和 16kbps 编码的宽带样本，质量并没有明显的退化，即使是以 16kbs 速度编码的宽带样本。

音频编码

本章中的第三套演示，示例了使用 MP3 音频编码器编码的 CD 质量音乐。原始的 CD 音乐以 44.1kHz 的采样率录制，立体声，整个比特率为 1.4Mbps，使用 16 比特/样本量化。MP3 编码后的内容以 128kbps 的比特率播放[①]，即与原始 CD 格式的音频内容相比，比特率之比为 11:1。4 个音频和语音文件中的每个，都有 1.4Mbps CD 速率的版本和 128kbps MP3 速率的版本。读者应先听这两个文件，了解这两个文件的差别（较好的方法是随机播放这两个文件，然后确定哪个文件是原始的 CD 版本，哪个是 MP3 编码后的版本）。

音频内容由 4 种语音和音频信号的两个文件以及 MP3 编码的管弦乐片段组成专用的文件名和它们的内容如下：

- 文件名：`vega_CD.wav`：CD 速率的女声
- 文件名：`vega_128kbps`：MPS 速率的女声
- 文件名：`trumpet_CD.wav`：CD 速率的喇叭声
- 文件名：`trumpet_128kbps.wav`：MP3 速度的喇叭声
- 文件名：`baroque_CD.wav`：CD 速度的巴洛克音乐
- 文件名：`baroque_128kbps.wav`：MP3 速率的巴洛克音乐
- 文件名：`guitar_CD.wav`：CD 速率的吉他声
- 文件名：`guitar_128kbps.wav`：MP3 速率的吉他声
- 文件名：`orchestra_128kbps.wav`：MP3 速率的管弦乐

正式倾听测试文件表明，很难区分原始音频文件和以 MP3 速率编码的文件间的差别。第 11 章和第 12 章探讨了各种语音和音频编码系统。

A.2　第 2 章的演示

目录 `chapter2_files` 中包含的内容是数字化语音（和音乐）与采样率及量化比特数的关系演示。该目录中包含的例子如下：

1. **以 4kHz 量化的宽带模拟语音信号的变采样率效果**
- 文件名：`2.1 PCM-effects of sampling frequency.wav`：采样率为 F_s=10kHz、5kHz、2.5kHz 和 1.25kHz 的 5kHz 宽带语音（注意采样率低于 10kHz 时会出现混叠），16 比特/样本量化

2. **以 5kHz 量化的宽带模拟语音信号的变比特数效果，采样率为 Fs = 10kHz**
- 文件名：`2.2 PCM-effects of number of bits.wav`：用于量化的比特数/样本，它从 12 变为 9，再变为 4，然后变为 2，最后变为 13。用于量化以 F_s = 16kHz 采样的 8kHz 宽带模拟音乐信号的变比特数的效果，最初量化为 14 比特/样本。

---

①为让读者听起来舒服，还有以 MP3 速率录制的第 5 个管弦乐。

- • 文件名：2.3 PCM-music quantization.wav：如下音频例子序列
- 12 比特/样本音频，2 比特/样本噪声（白噪声）
- 10 比特/样本音频，4 比特/样本噪声（白噪声）
- 8 比特/样本音频，6 比特/样本噪声（有色噪声）
- 6 比特/样本音频，8 比特/样本噪声（信号相关噪声）

A.7 第 7 章的演示

为更好地欣赏快放和慢放语音和音频，我们在网站上包含了几个音频示例子（据 Quatieri[297] 和哥伦比亚大学 Dan Ellis 教授的网站）。本章中的例子可在目录 chapter7_files 中找到。

第一组例子（据 Quatieri[297]）演示了改变快放和慢放速率时男性说话人的效果，它由如下例子组成：

- 文件名：tea_party_orig.wav：原始速率的说话声（时长 2.65s）
- 文件名：tea_party_speeded_15pct.wav：加速 15% 后的声音（时长 2.24s）
- 文件名：tea_party_speeded_37pct.wav：加速 37.5% 后的声音（时长 1.66s）
- 文件名：tea_party_slowed_15pct.wav：减慢 15% 后的声音（时长 3s）
- 文件名：tea_party_speeded_35pct.wav：减慢 35% 后的声音（时间 3.58s）

第二组例子（据 Quatieri[297]）演示了改变快放和慢放速率时女性说话人的效果，它由如下例子组成：

- 文件名：swim_orig.wav：原始速率的说话声（时长 2.65s）
- 文件名：swim_speeded_15pct.wav：加速 15% 后的声音（时长 2.24s）
- 文件名：swim_speeded_37pct.wav：加速 37.5% 后的声音（时长 1.66s）
- 文件名：swim_slowed_15pct.wav：减慢 15% 后的声音（时长 3s）
- 文件名：swim_speeded_35pct.wav：减慢 35% 后的声音（时长 3.58s）

这两组例子演示了加速和降速不同因子后可以得到的质量。

下一个例子演示了语音从慢速至快速的连续变化效果，这一变化的速率在整个信号时长内保持不变。在整个句子的时长内，质量保持得较高。

语音文件的连续变化率可在如下文件中找到：

文件名：continuous speed change from very slow to very fast.wav

最后一组示例（据哥伦比亚大学的 Dan Ellis 教授）演示了使用相位声码器 2 倍加速和减减音乐片断的效果。快速变化与慢速变化相比，所得音乐质量之比为 4:1。

- 文件名：Maple.wav：原始的音乐片断
- 文件名：FastMaple.wav：2 倍加速后的同一音乐片断
- 文件名：SlowMaple.wav：2 倍降速后的同一音乐片断

A.11 第 11 章的演示

目录 chapter11_files 上包含了许多标准语音编码器的演示。该演示给出了表 11.10 中的 6 个语音编码器的语音编码示例，顺序（比特率降序）如下：

- 文件名：source.wav：原始（未编码）语音文件
- 文件名：g611.wav：G.711 µ律 PCM，采样率为 64kbps

- 文件名：g726.wav：G.726 ADPCM，采样率为 32kbps
- 文件名：g.728.wav：G.728 LD-CELP，采样率为 16kbps
- 文件名：gsm.wav：GSM RPE-LTP，采样率为 13kbps
- 文件名：lpc10e.wav：lpc10e FS1015，采样率为 2.4kbps
- 文件名：melp.wav：NSA MELP，采样率为 2.4kbps

前几个示例中，比特率下降了因子 2，即从 64kbps 下降到了 16kbps；比特率若再下降，则会使语音的质量退化，这表明比特率细微渐变的范围是 2.4～13kbps。

第 1 章列出的窄带和宽带语音编码示例和第 2 章列出的采样示例也与第 11 章中的内容相关。

A.12　第 12 章的演示

第 1 章中列出的音频编码示例也与第 12 章中的内容相关。

A.13　第 13 章的演示

TTS 系统的演示可在目录 chapter13_files 中找到。

A.13.1　单词拼接合成

前两个演示给出了简单单词拼接合成系统的质量。演示中包含了一组 7 个简单的陈术性语句，即发音为图 13.15 所示合成器的各个单词的拼接，也发音为连续的句子。该演示可在目录 chapter13_files\Word Concatenation Synthesis 中找到。

文件内容：

- 文件名：Voice Response--abutted words and rule-based.wav，其包含的句子如下：

1. We were away a year ago.
2. The night is very quiet.
3. You speak with a quiet voice.
4. He and I are not walking.
5. That way is easier.
6. Everyone is trying to rest.
7. Nice people rest when it is night.

倾听这些句子后，会发现单词拼接输出语音断断续续，且难以理解。

A.13.2　声码器

可在目录 chapter13_files\Voder.wav 中找到的文件 Voder.wav 演示了声码器为简单对话合成的质量。

考虑到声码器于 1939 年首次在纽约世界博览会上展出，因此声码器在人的操控下能产生智能语音的确令人惊奇。

A.13.3　语音的发音合成

目录 chapter13_files\articulatory synthesis 下的文件 articulatory_original.wav 曾用做提取发音合成器参数的源文件。导致的发音合成可在如下文件中找到：

- 文件名：`articulatory_synthesis_Sondhi.wav`

导致的合成语音质量相当高，这表明若能正确地控制这些参数，则发音模型的潜力巨大。

A.13.4 串联/级联合成的例子

使用图 13.11 中的串联/级联共振合成模型获得合成语音质量的例子位于目录 `chapter13_files\Serial Synthesis` 中，该目录中包含了 6 组合成示例：

- 文件名：`OVE_I.wav`：OVE-1 Synthesis，来自 KTH，Sweden-Gunnar Fant
- 文件名：`SPASS_MIT.wav`：SPASS Synthesis，来自 MIT，Ray Tomlinson
- 文件名：`synthesis-by-rule_JSRU.wav`：JSRU Synthesis，来自英国电信，John Holmes
- 文件名：`soliloquy from hamlet--to be or not to be.wav`：Hamlet Soliloquy Synthesis，来自贝尔实验室，John Kelly, and Lou Gerstman
- 文件名：`We wish you-IBM.wav`：歌声合成（一首、两首和三首歌的合成），来自 IBM，Rex Dixon
- 文件名：`daisy-daisy sung.wav`：歌声合成（歌曲 Daisy-Daisy），来自贝尔实验室，John Kelly, and Lou Gerstman
- 文件名：`daisy-daisy with computer accompaniment.wav`：使用合成声音及计算机伴唱的歌曲 Daisy-Daisy

上面的多数示例均来自分析/合成系统，即某人说出期望的输出并从口语估计出几个合成参数的系统。多数 TTS 系统的明确目标是，提供一种可以估计合成器参数的口语模型，而不必让人说出正在合成的专门语句。

A.13.5 并联语音合成器的例子

合成语音的质量演示可使用目录 `chapter13_files\Parallel Synthesis` 中的一个并联合成器得到，该演示中包含两个语音示例：

- 文件名：`holmes_73.wav`：英国电信合成的几个句子，UK-John Holmes
- 文件名：parallel synthesis_Strong-original then synthetic.wav：杨百翰大学合成的几个语句——Bill Strong

A.13.6 完整语音合成系统的演示

目录 `chapter13_files\evolution of tts systems` 下的这组合成语音示例是 1959 年至 1987 年间的语音合成器的持续演化的例子。几乎所有的合成系统都是基于规则的，即语音被表示为一系列每个音素都有参数表示的声音（通常为音素），使用一组规则来为合成确定合适的平滑参数，方法是串联或并联共振峰合成器，或基于一组合适 LPC 参数的 LPC 合成器。Olive[263] 发明的双音素合成法就是一种基于双音素谱的 LPC 表示的拼接合成法，它是多数（单元选择）目前已广泛使用的现代拼接语音合成系统的先驱。包含的合成系统如下：

- 文件名：`pattern_playback_1959.wav`：基于规则的串联合成，来自 Haskins Laboratory，1959
- 文件名：`OVE_1962.wav`：基于规则的合成，来自 KTH 实验室，Stockholm, Sweden，1962
- 文件名：`coker_umeda_browman_1973.wav`：基于规则的合成，来自贝尔实验室，1973
- 文件名：`MITTALK_1979.wav`：基于规则的合成，来自 MIT，MI-talk，1979
- 文件名：`speak_n_spell_synthesis.wav`：基于规则的合成，来自 Texas Instruments for Speak-n-Spell toy，1980

- 文件名：`Bell Labs_1985.wav`：使用双音素拼接的基于双音素的合成，来自贝尔实验室，1985
- 文件名：`klatt_talk.wav`：基于规则的合成，来自 MIT，Klatt Talk，1986
- 文件名：`DECTALK_male_1987.wav`：基于规则的合成，来自 DEC，DecTalk，1987；DecTalk 是第一个可行的商用合成系统。DecTalk 是一组包含如下内容的声音：

1. 文件名：`Klatt_huge_harry.wav`
2. 文件名：`Klatt_kit_the_kid.wav`
3. 文件名：`Klatt_whispering_wendy.wav`

仔细倾听来自各实验室的合成语音后，会发现尽管这段时间合成语音的可理解性得到了增强，但语音的自然度却远低于口语，因此研究人员开始考虑自然声音的合成。

A.13.7　语音改变方法

目录 `chapter13_files\voice alterations` 下使用信号处理方法改变波形和语音的例子如下：

1. 使用 HNM[423]和 PSOLA[249]方法执行的韵律介修改；文件序列如下：
- 文件名：`source_original.wav`：用于测试合成器的声音变化性能的原始语句
- 文件名：`source_alteration_HNM.wav`：使用 HNM 方法的韵律改变
- 文件名：`source_alteration_psola.wav`：使用 PSOLA（基音同步叠加相加）法的韵律改变
2. 女声到音声的声音改变，文件序列如下：
- 文件名：`source_original.wav`：用于测试合成器性能以做出声音改变的原始语句
- 文件名：`source_alteration_child.wav`：成年男性声音到童声语音的频谱变化
3. 童声到成年男性声音的声音改变；文件序列如下：
- 文件名：`child_original.wav`：测试合成器性能以改变声音的原始语句
- 文件名：`source_alteration_male.wav`：童声到成年男性语音谱的变化

A.13.8　现代 TTS（单元选择）系统性能

下一组示例演示了现代单元选择 TTS 系统的性能。目录 `chapter13_files\Natural Voices` 下的例子来自 AT&T Natural Voices 产品，它演示了该单元选择语音合成系统的许多性能和语言。前两个例子是使用女性说话人的语音合成的；后两个例子是使用男性说话人的语音合成的；接下来的三个例子是使用女性说话人的西班牙语句合成的；最后三个例子是演示了现代单元选择合成系统中的某些其他问题的段落长度合成例子。专用例子如下：

- 文件名：`Crystal_The_set_of_china.wav`：来自女性说话人的合成语音质量的例子
- 文件名：`Crystal_This_is_a_grand_season.wav`：来自女性说话人的合成语音质量的第二个例子
- 文件名：`Mike_The_last_switch_cannot_be_turned_off.wav`：来自男性说话人的合成语音质量的例子
- 文件名：`Mike_This_is_a_grand_season.wav`：来自男性说话人的合成语音质量的第二个例子
- 文件名：`spanish_fem1.wav`：女性说话人的合成西班牙语音质量的例子
- 文件名：`spanish_fem2.wav`：女性说话人的合成西班牙语音质量的第二个例子
- 文件名：`spanish_fem3.wav`：女性说话人的合成西班牙语音质量的第三个例子
- 文件名：`male_US_English_2007.wav`：男性说话人段落长度合成语音质量的例子

- 文件名：`female_US_English_2007.wav`：女性说话人段落长度合成语音质量的例子
- 文件名：`NV_press-release.wav`：男性说话人段落长度合成语音质量的第二个例子

A.13.9　众所周知段落的合成

本节的内容基于现代单元选择语音合成器产生的合成语音质量，演示预先了解口话内容的影响。两个知名段落与一名三年级学生朗读的简单段落合成。本节的内容在目录 `chapter13_files\TTS Paragraphs` 中。

专用段落如下：

- 文件名：`hamlet_2005.wav`：该例中包含哈姆雷特的知名独白。倾听者可在评估合成语音质量的基础上，评价熟悉源内容的作用。
- 文件名：`gettysburg_address_2005.wav`：广为人知的源内容的第二个例子。
- 文件名：`Bob Story_rich_8_2001.wav`：三年级学生朗读的段落示例子，它演示了判断合成语音质量的简单句子的作用。

A.13.10　外语合成

本节的内容演示如何将单元选择的基本原理应用到任何语言。会话中包含了由德语、朝鲜语、西班牙语和英国英语合成的 4 个例子。本节内容所在目录为

`chapter13_files\TTS_Multiple_Languages`

来自以上四种语言的合成语音示例如下：

- 文件名：`german_f1.wav`：女性德语说话人的例子
- 文件名：`korean_f1.wav`：女性朝鲜语说话人的例子
- 文件名：`spanish_f1.wav`：女性西班牙语说话人的例子
- 文件名：`uk_f1.wav`：女性英国英语说话人的例子

A.13.11　可视 TTS

本节内容给出三个可视化 TTS 的例子，即面部的动态变化（化身或自然面部表情）和伴随面部变化的语音的演示。给出可视化 TTS 的三个例子，两个例子使用化身，一个例子使用自然面部表情。第二个化身的例子使用歌声。

本节内容所在目录是

chapter13_files\Visual TTS

可视化 TTS 的专用例子如下：

- 文件名：jay_messages_avatar.avi：使用化身的可视化 TTS 的简单例子
- 文件名：larry_messages_face.avi：使用自然面部表情的可视化 TTS 的简单例子
- 文件名：au_clair_avatar.avi：使用歌声的可视化 TTS

A.13.12　TTS 名称发音中人名语源的作用

本书中的例子演示正确发音一组外国人名时人名语源的作用。本节内容所在目录是：

chapter13_files\spoken name etymology

使用正确的人名语源规则发音的人名文件是

文件名：Name Etymology_Church.wav

该文件仅给出了英语人名发音规则的几个例子，以便与人名起源语言规则的人名发音相比。人名发音的质量提升非常明显。

附录 B 频域微分方程求解

式(5.28a)和(5.28b)这样的频域微分方程可使用参考文献[191]和[295]中讨论的数值分析方法求解。在声门和嘴唇之间的闭合区间 $0 \leq x \leq l$ 内求解的方程是

$$\frac{dP}{dx} + ZU = 0, \tag{B.1a}$$

$$\frac{dU}{dx} + (Y + Y_w)P = 0, \tag{B.1b}$$

式中，$Z = Z(x, \Omega)$ 由式(5.31a)给出，而 $(Y + Y_w) = [Y(x, \Omega) + Y_w(x, \Omega)]$ 由式(5.31b)和式(5.29c)之和给出。对于每个感兴趣的频率 Ω，求解这些方程时，必须受声门和嘴唇处的如下频率域边界条件约束：

声门：
$$Y_G(\Omega)P(0, \Omega) + U(0, \Omega) = U_G(\Omega), \tag{B.1c}$$

嘴唇：
$$P(l, \Omega) - Z_L(\Omega) \cdot U(l, \Omega) = 0, \tag{B.1d}$$

式中，$U_G(\Omega)$ 是声门体积速度的复数幅度，$Y_G(\Omega)$ 是与声门源并行放置的导纳，而 $Z_L(\Omega)$ 是由式(5.32b)给出的辐射负载阻抗。

为数值求解式(B.1a)至式(B.1d)，需要在 $M + 1$ 个等距点 $k\Delta x, k = 0, 1, ..., M$ 指定名义上的固定声道面积函数 $A_0(x)$，其中空间采样间隔是 $\Delta x = l/M$。图 B.1 中给出了一个例子。实点表示由 Fant[101] 在矢面 X 射线上测量的数据，测量长度为 $l = 17$cm，间距为 0.5cm。这些点通过线性插值连接，给出间隔为 $\Delta x = 0.5/3$cm 的 $A_0(x)$。插值后的面积函数有 $M + 1 = 103$ 个样本。

一种数值求解的简单方法是，对微分方程(B.1a)至(B.1d)应用梯形积分法[191, 289, 295]，式(B.1a)至式(B.1d)等同于式(5.28a)和式(5.28b)。要这样做，需要为空间采样的复数压力和体积速度定义更简单的符号：

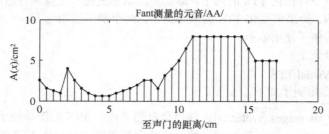

图 B.1 元音/AA/采样后的面积函数[101]

$$P_k = P(k\Delta x, \Omega), \tag{B.2a}$$

$$U_k = U(k\Delta x, \Omega), \tag{B.2b}$$

并为空间采样的复数声学阻抗和长度 Δx 的阻抗定义符号：

$$Z_k = \Delta x \cdot Z(k\Delta x, \Omega), \tag{B.2c}$$

$$\tilde{Y}_k = \Delta x \cdot Y(k\Delta x, \Omega) + \Delta x \cdot Y_w(k\Delta x, \Omega), \tag{B.2d}$$

对式(B.1a)和式(B.1b)应用梯形法可得到如下的 $2M$ 个方程：

$$P_k - P_{k-1} + \frac{1}{2}(Z_k U_k + Z_{k-1} U_{k-1}) = 0, \ k = 1, 2, ..., M, \tag{B.3a}$$

$$U_k - U_{k-1} + \frac{1}{2}(\tilde{Y}_k P_k + \tilde{Y}_{k-1} P_{k-1}) = 0, \ k = 1, 2, ..., M, \tag{B.3b}$$

声门和嘴唇处的边界条件如下：

声门： $$Y_G P_0 + U_0 = U_G, \tag{B.3c}$$

嘴唇： $$P_M - Z_L U_M = 0, \tag{B.3d}$$

式中，$U_G = U_G(\Omega)$。而式(B.3a)至式(B.3d)包含 $2M + 2$ 方程，这些方程中有 $2M + 2$ 变量 P_k 和 U_k，其中 $k = 0, 1, ..., M$。定义 $\tilde{Y}'_{k0} = \tilde{Y}_k / 2$ 和 $Z'_k = Z_k / 2$，则这些方程的矩阵形式为

$$
\begin{bmatrix}
Y_g & 1 & 0 & 0 & 0 & 0 & \cdots & 0 & 0 & 0 & 0 \\
\tilde{Y}'_0 & -1 & \tilde{Y}'_1 & 1 & 0 & 0 & \cdots & 0 & 0 & 0 & 0 \\
-1 & Z'_0 & 1 & Z'_1 & 0 & 0 & \cdots & 0 & 0 & 0 & 0 \\
0 & 0 & \tilde{Y}'_1 & -1 & \tilde{Y}'_2 & 1 & \cdots & 0 & 0 & 0 & 0 \\
0 & 0 & -1 & Z'_1 & 1 & Z'_2 & \cdots & 0 & 0 & 0 & 0 \\
\cdot & & & & & & & & & & \\
\cdot & & & & & & & & & & \\
\cdot & & & & & & & & & & \\
0 & 0 & 0 & 0 & 0 & 0 & \cdots & \tilde{Y}'_{M-1} & -1 & \tilde{Y}'_M & 1 \\
0 & 0 & 0 & 0 & 0 & 0 & \cdots & -1 & Z'_{M-1} & 1 & Z'_M \\
0 & 0 & 0 & 0 & 0 & 0 & \cdots & 0 & 0 & 1 & -Z_L
\end{bmatrix}
\begin{bmatrix}
P_0 \\
U_0 \\
P_1 \\
U_1 \\
P_2 \\
\cdot \\
\cdot \\
\cdot \\
U_{M-1} \\
P_M \\
U_M
\end{bmatrix}
=
\begin{bmatrix}
U_G \\
0 \\
0 \\
0 \\
0 \\
\cdot \\
\cdot \\
\cdot \\
0 \\
0 \\
0
\end{bmatrix}.
\tag{B.4}
$$

在矩阵表示中，这些方程可表示为

$$\mathbf{Qr} = \mathbf{s}, \tag{B.5}$$

式中，矩阵 $\mathbf{Q}$ 和源向量 $\mathbf{s}$、响应向量 $\mathbf{r}$ 在式(B.5)类似于式(B.4)时有明显的定义。这些方程可通过求矩阵 $\mathbf{Q}$ 的逆来求解，即

$$\mathbf{r} = \mathbf{Q}^{-1}\mathbf{s}, \tag{B.6}$$

因此有

$$\mathbf{r}^T = [P_0, U_0, P_1, U_1, ..., P_M, U_M], \tag{B.7}$$

即所有采样点内以及在声道管的边界处的所有压力值和体积速度值。为得到体积速度源和嘴唇处体积速度间在分析频率 Ω 处的频率响应值，只须取比率 U_M / U_G。相应地，声门体积速度源和嘴唇处气压间的频率响应值为 P_M/U_G。为简单声学管中频率响应的计算，通常令 $U_G = 1$。这种方法（对 $\Omega = 2\pi F$ 的所有值仅 $U_G(\Omega) = 1$）被用来计算图 5.7、图 5.8、图 5.11、图 5.12 和图 5.13~图 5.16 中的图形。如果令 $U_G = U_G(\Omega)$，即使用声门输入源的傅里叶变换值，则可求出声学管和声门源的综合效应。在创建图 5.22 时已这样做。

使用 MATLAB 或 Mathematic 中的标准技术，可求矩阵的逆。由于在 Ω 的许多值处计算频率响应函数很有意义，因此需要在每个频率处重新计算矩阵 $\mathbf{Q}$ 及其逆矩阵。因此，观察到 $\mathbf{Q}$ 是一个稀疏矩阵很有用，因为这种矩阵的求逆运算很简单[289, 295]。

参 考 文 献

1. J. E. Abate, Linear and Adaptive Delta Modulation, *Proceedings of the IEEE*, Vol. 55, pp. 298–308, March 1967.
2. R. B. Adler, L. J. Chu, and R. M. Fano, *Electromagnetic Theory*, John Wiley & Sons, Inc., New York, 1963.
3. J. B. Allen, Short-Term Spectral Analysis and Synthesis and Modification by Discrete Fourier Transform, *IEEE Trans. on Acoustics, Speech and Signal Processing*, Vol. ASSP-25, No. 3, pp. 235–238, June 1977.
4. J. Allen, S. Hunnicutt, and D. Klatt, *From Text to Speech*, Cambridge University Press, Cambridge, UK, 1987.
5. Ananova, 2006.
6. J. B. Allen and L. R. Rabiner, A Unified Theory of Short-Time Spectrum Analysis and Synthesis, *Proceedings of the IEEE*, Vol. 65, No. 11, pp. 1558–1564, November 1977.
7. B. S. Atal, Automatic Speaker Recognition Based on Pitch Contours, *J. of Acoustical Society of America*, Vol. 52, pp. 1687–1697, December 1972.
8. B. S. Atal, Towards Determining Articulator Positions from the Speech Signal, *Proc. Speech Comm. Seminar*, Stockholm, Sweden, pp. 1–9, 1974.
9. B. S. Atal, Predictive Coding of Speech at Low Bit Rates, *IEEE Trans. on Communications*, Vol. COM-30, No. 4, pp. 600–614, April 1982.
10. B. S. Atal, *Speech Coding Lecture Notes*, CEI Course, 2006.
11. B. S. Atal, R. V. Cox, and P. Kroon, Spectral Quantization and Interpolation for CELP Coders, *Proc. IEEE Int. Conf. on Acoustics, Speech and Signal Processing*, pp. 69–72, 1989.
12. B. S. Atal and S. L. Hanauer, Speech Analysis and Synthesis by Linear Prediction of the SpeechWave, *J. of Acoustical Society of America*, Vol. 50, No. 2, Part 2, pp. 637–655, August 1971.
13. B. S. Atal and L. R. Rabiner, A Pattern Recognition Approach to Voiced-Unvoiced-Silence Classification with Applications to Speech Recognition, *IEEE Trans. on Acoustics, Speech and Signal Processing*, Vol. ASSP-24, No. 3, pp. 201–212, June 1976.
14. B. S. Atal and J. R. Remde, A New Model of LPC Excitation for Producing Natural-Sounding Speech at Very Low Bit Rates, *Proc. IEEE Int. Conf. on Acoustics, Speech and Signal Processing*, pp. 614–617, 1982.
15. B. S. Atal and M. R. Schroeder, Adaptive Predictive Coding of Speech Signals, *Bell System Technical J.*, Vol. 49, No. 8, pp. 1973–1986, October 1970.
16. B. S. Atal and M. R. Schroeder, Predictive Coding of Speech Signals and Subjective Error Criteria, *IEEE Trans. on Acoustics, Speech and Signal Processing*, Vol. 27, pp. 247–254, 1979.
17. B. S. Atal and M. R. Schroeder, Improved Quantizer for Adaptive Predictive Coding of Speech Signals at Low Bit Rates, *Proc. IEEE Int. Conf. on Acoustics, Speech and Signal Processing*, pp. 535–538, 1980.
18. B. S. Atal, M. R. Schroeder, and V. Stover, Voice-Excited Predictive Coding System for Low Bit-Rate Transmission of Speech, *Proc. Int. Conf. on Communications*, pp. 30–37 to 30–40, 1975.
19. ATSC A/52/10, United States Advanced Television Systems Committee Digital Audio Compression (AC-3) Standard, Doc. A/52/10, December 1995.
20. L. R. Bahl, F. Jelinek, and R. L. Mercer, A Maximum Likelihood Approach to Continuous Speech Recognition, *IEEE Trans. on Pattern Analysis and Machine Intelligence*, Vol. PAMI-5, No. 2, pp. 179–190, 1983.
21. J. M. Baker, A New Time-Domain Analysis of Human Speech and Other Complex Waveforms, *Ph.D. Dissertation*, Carnegie-Mellon Univ., Pittsburgh, PA, 1975.
22. G. L. Baldwin and S. K. Tewksbury, Linear Delta Modulator Integrated Circuit with 17-Mbit/s Sampling Rate, *IEEE Trans. on Communications*, Vol. COM-22, No. 7, pp. 977–985, July 1974.
23. T. P. Barnwell, Objective Measures for Speech Quality Testing, *J. of Acoustical Society of America*, Vol. 6, No. 6, pp. 1658–1663, 1979.
24. T. P. Barnwell, RecursiveWindowing for Generating Autocorrelation Coefficients for LPC Analysis, *IEEE Trans. on Acoustics, Speech and Signal Processing*, Vol. 29, No. 5, pp. 1062–1066, October 1981.

25. T. P. Barnwell, J. E. Brown, A. M. Bush, and C. R. Patisaul, Pitch and Voicing in Speech Digitization, *Res. Rept. No. E-21-620-74-B4-1*, Georgia Inst. of Tech., August 1974.

26. T. P. Barnwell, A. M. Bush, J. B. O'Neal, and R. W. Stroh, Adaptive Differential PCM Speech Transmission, *RADC-TR-74-177*, Rome Air Development Center, July 1974.

27. T. P. Barnwell and K. Nayebi, *Speech Coding, A Computer Laboratory Textbook*, John Wiley & Sons, Inc., 1996.

28. S. L. Bates, A Hardware Realization of a PCM-ADPCM Code Converter, *M.S. Thesis*, MIT, Cambridge MA, January 1976.

29. L. E. Baum, An Inequality and Associated Maximization Technique in Statistical Estimation for Probabilistic Functions of Markov Processes, *Inequalities*, Vol. 3, pp. 1–8, 1972.

30. L. E. Baum, T. Petri, G. Soules, and N. Weiss, A Maximization Technique Occurring in the Statistical Analysis of Probabilistic Functions of Markov Chains, *Annals in Mathematical Statistics*, Vol. 41, pp. 164–171, 1970.

31. G. von Bekesy, *Experiments in Hearing*, McGraw-Hill, New York, 1960.

32. J. Benesty, M. M. Sondhi, and Y. Huang (eds.), *Springer Handbook of Speech Processing and Speech Communication*, Springer, 2008.

33. W. R. Bennett, Spectra of Quantized Signals, *Bell System Technical J.*, Vol. 27, No. 3, pp. 446–472, July 1948.

34. L. L. Beranek, *Acoustics*, McGraw-Hill Book Co., New York, 1968.

35. M. Beutnagel and A. Conkie, Interaction of Units in a Unit Selection Database, *Proc. Eurospeech '99*, pp. 1063–1066, Budapest, Hungary, September 1999.

36. M. Beutnagel, A. Conkie, and A. K. Syrdal, Diphone Synthesis Using Unit Selection, *Third Speech Synthesis Workshop*, pp. 185–190, Jenolan Caves, Australia, November 1998.

37. W. A. Blankenship, Note on Computing Autocorrelation, *IEEE Trans. on Acoustics, Speech and Signal Processing*, Vol. ASSP-22, No. 1, pp. 76–77, February 1974.

38. H. W. Bode and C. E. Shannon, A Simplified Derivation of Linear Least-Square Smoothing and Prediction Theory, *Proceedings of the IRE*, Vol. 38, pp. 417–425, 1950.

39. B. Bogert, M. Healy, and J. Tukey, The Quefrency Alanysis of Time Series for Echoes, *Proc. Symp. on Time Series Analysis*, M. Rosenblatt (ed.), Chapter 15, pp. 209–243, John Wiley & Sons, Inc., New York, 1963.

40. R. H. Bolt, F. S. Cooper, E. E. David, Jr., P. B. Denes, J. M. Pickett, and K. N. Stevens, Speaker Identification by Speech Spectrograms, *Science*, Vol. 166, pp. 338–343, 1969.

41. A. M. Bose and K. N. Stevens, *Introductory Network Theory*, Harper and Row, New York, 1965.

42. M. Bosi and R. E. Goldberg, *Introduction to Digital Audio Coding and Standards*, Kluwer Academic Publishers, 2003.

43. H. A. Bourlard and N. Morgan, *Connectionist Speech Recognition—A Hybrid Approach*, Kluwer Academic Publishers, 1994.

44. L. Breiman, J. H. Friedman, R. A. Olshen, and C. J. Stone, *Classification and Regression Trees*, Wadsworth and Brooks, Pacific Grove, CA, 1984.

45. E. Bresch, Y-C. Kim, K. Nayak, D. Byrd, and S. Narayanan, Seeing Speech: Capturing Vocal Tract Shaping Using Real-Time Magnetic Resonance Imaging, *IEEE Signal Processing Magazine*, Vol. 25, No. 3, pp. 123–132, May 2008.

46. J. W. Brown and R. V. Churchill, *Introduction to Complex Variables and Applications*, 8th ed., McGraw-Hill Book Company, New York, 2008.

47. R. V. Bruce, *Bell*, Little Brown and Co., Boston, MA, p. 144, 1973.

48. J. P. Burg, A New Analysis Technique for Time Series Data, *Proc. NATO Advanced Study Institute on Signal Proc.*, Enschede, Netherlands, 1968.

49. C. S. Burrus, R. A. Gopinath, and H. Guo, *Introduction to Wavelets and Wavelet Transforms*, Prentice-Hall, 1998.

50. S. Cain, L. Smrkovski, and M. Wilson, Voiceprint Identification, Expert Article Library, expertpages.com/news/voiceprint_identification.htm.

51. J. P. Campbell, Jr., T. E. Tremain, and V. C. Welch, The Federal Standard 1016 4800 bps CELP Voice Coder, *Digital Signal Processing*, Academic Press, Vol. 1, No. 3, pp. 145–155, 1991.

52. J. P. Carlson, Digitalized Phase Vocoder, *Proc. IEEE Conf. on Speech Communication and Processing*, Boston,

MA, November 1967.

53. S. Chandra and W. C. Lin, Experimental Comparison Between Stationary and Non-Stationary Formulations of Linear Prediction Applied to Voiced Speech Analysis, *IEEE Trans. on Acoustics, Speech and Signal Processing*, Vol. ASSP-22, pp. 403–415, 1974.

54. F. Charpentier and M. G. Stella, Diphone Synthesis Using an Overlap-Add Technique for Speech Waveform Concatenation, *Proc. IEEE Int. Conf. on Acoustics, Speech and Signal Processing*, pp. 2015–2018, 1986.

55. J. H. Chen, High Quality 16 Kbps Speech Coding with a One-Way Delay Less than 2 msec, *Proc. IEEE Int. Conf. on Acoustics, Speech and Signal Processing*, pp. 453–456, 1990.

56. J. H. Chen and A. Gersho, Real-Time Vector APC Speech Coding at 4800 bps with Adaptive Postfiltering, *Proc. IEEE Int. Conf. on Acoustics, Speech and Signal Processing*, pp. 2185–2188, April 1987.

57. J. H. Chen and A. Gersho, Adaptive Postfiltering for Quality Enhancement of Coded Speech, *IEEE Trans. on Speech and Audio Processing*, Vol. 3, No. 1, pp. 59–71, January 1995.

58. T. Chiba and M. Kajiyama, *The Vowel, Its Nature and Structure*, Phonetic Society of Japan, 1958.

59. D. G. Childers, *Speech Processing and Synthesis Toolboxes*, John Wiley & Sons, Inc., 1999.

60. N. Chomsky and M. Halle, *The Sound Pattern of English*, Harper and Row, Publishers, New York, 1968.

61. W. C. Chu, *Speech Coding Algorithms*, John Wiley & Sons, Inc., 2003.

62. J. H. Chung and R.W. Schafer, Performance Evaluation of Analysis-by-Synthesis Homomorphic Vocoders, *Proc. IEEE Int. Conf. on Acoustics, Speech and Signal Processing*, Vol. 2, pp. 117–120, March 1992.

63. C. H. Coker, A Model of Articulatory Dynamics and Control, *Proceedings of the IEEE*, Vol. 64, pp. 452–459, 1976.

64. J. W. Cooley and J. W. Tukey, An Algorithm for the Machine Computation of Complex Fourier Series, *Mathematics of Computation*, Vol. 19, pp. 297–381, April 1965.

65. E. Cosatto, J. Ostermann, H. P. Graf, and J. H. Schroeter, Lifelike Talking Faces for Interactive Services, *Proceedings of the IEEE*, Vol. 91, No. 9, pp. 1406–1429, September 2003.

66. T. Cover and J. Thomas, *Elements of Information Theory*, JohnWiley & Sons, Inc., 1991.

67. R. V. Cox, Unpublished chart, 2007.

68. R. V. Cox, S. L. Gay, Y. Shoham, S. Quackenbush, N. Seshadri, and N. Jayant, New Directions in Subband Coding, *IEEE J. on Selected Areas in Communications*, Vol. 6, No.2, pp. 391–409, February 1988.

69. R. E. Crochiere and L. R. Rabiner, Optimum FIR Digital Filter Implementation for Decimation, Interpolation and Narrowband Filters, *IEEE Trans. on Acoustics, Speech and Signal Processing*, Vol. ASSP-23, pp. 444–456, October 1975.

70. R. E. Crochiere and L. R. Rabiner, Further Considerations in the Design of Decimators and Interpolators, *IEEE Trans. on Acoustics, Speech and Signal Processing*, Vol. ASSP-24, No. 4, pp. 269–311, August 1976.

71. R. E. Crochiere and L. R. Rabiner, *Multirate Digital Signal Processing*, Prentice-Hall Inc., 1983.

72. R. E. Crochiere, S. A. Webber, and J. L. Flanagan, Digital Coding of Speech in Sub-Bands, *Bell System Technical J.*, Vol. 55, No. 8, pp. 1069–1085, October 1976.

73. A. Croisier, Progress in PCM and Delta Modulation, *Proc. 1974 Zurich Seminar on Digital Communication*, March 1974.

74. A. Croisier, D. Esteban, and C. Galand, Perfect Channel Splitting by Use of Interpolation/Decimation/Tree Decomposition Techniques, *Int. Symp. on Information, Circuits and Systems*, 1976.

75. J. R. Crosmer and T. P. Barnwell,ALow BitRate SegmentVocoder Based on Line Spectrum Pairs, *Proc. IEEE Int. Conf. on Acoustics, Speech and Signal Processing*, Vol. 1, pp. 240–243, 1985.

76. P. Cummiskey, Unpublished work, Bell Laboratories.

77. P. Cummiskey, N. S. Jayant, and J. L. Flanagan, Adaptive Quantization in Differential PCM Coding of Speech, *Bell System Technical J.*, Vol. 52, No. 7, pp. 1105–1118, September 1973.

78. C. C. Cutler, Differential Quantization in Communications, U.S. Patent 2,605,361, July 29, 1952.

79. W. Davenport, An Experimental Study of Speech-Wave ProbabilityDistributions, *J. of Acoustical Society of America*, Vol. 24, pp. 390–399, July 1952.

80. W. R. Daumer, Subjective Evaluation of Several Efficient Speech Coders, *IEEE Trans. on Communications*, Vol. COM-30, No. 4, pp. 655–662, April 1982.

81. G. Davidson, Digital Audio Coding: Dolby AC-3, *The Digital Signal Processing Handbook*, V. Madisetti and D.Williams (eds.), CRC Press, pp. 41.1–41.21, 1998.

82. S. B. Davis and P. Mermelstein, Comparison of Parametric Representations for Monosyllabic Word Recognition, *IEEE Trans. on Acoustics, Speech and Signal Processing*, Vol. ASSP-28, No. 4, pp. 357–366, August 1980.

83. A. G. Deczky, Synthesis of Recursive Digital Filters Using the Minimum *p*-Error Criterion, *IEEE Trans. on Audio and Electroacoustics*, Vol.AU-20, No. 5, pp. 257–263, October 1972.

84. F. E. DeJager, Delta Modulation, AMethod of PCM Transmission Using a 1-Unit Code, *Philips Research Report*, pp. 442–466, December 1952.

85. P. C. Delattre, A. M. Liberman, and F. S. Cooper, Acoustic Loci and Transitional Cues for Consonants, *J. of Acoustical Society of America*, Vol. 27, No. 4, pp. 769–773, July 1955.

86. L. Deng and D. O'Shaughnessy, *Speech Processing, A Dynamic and Optimization-Oriented Approach*, Marcel Dekker Inc., 2003.

87. L. Deng, K. Wang, A. Acero, H-W. Hon, J. Droppo, C. Boulis, Y-Y. Wang, D. Jacoby, M. Mahajan, C. Chelba, X. D. Huang, Distributed Speech Processing in MiPad's Multimodal User Interface, *IEEE Trans. on Speech and Audio Processing*, Vol. 10, No. 8, pp. 605–619, November 2002.

88. P. B. Denes and E. N. Pinson, *The Speech Chain*, 2nd ed.,W. H. Freeman and Co., 1993.

89. J. Deller, Jr., J. G. Proakis, and J. Hansen, *Discrete-Time Processing of Speech Signals*, Macmillan Publishing, 1993,Wiley-IEEE Press, Classic Reissue, 1999.

90. J. J. Dubnowski, R. W. Schafer, and L. R. Rabiner, Real-Time Digital Hardware Pitch Detector, *IEEE Trans. on Acoustics, Speech and Signal Processing*, Vol. ASSP-24, No. 1, pp. 2–8, February 1976.

91. R. O. Duda, P. E. Hart, and D. G. Stork, *Pattern Classification*, JohnWiley & Sons, Inc., 2001.

92. H. Dudley, The Vocoder, *Bell Labs Record*, Vol. 17, pp. 122–126, 1939.

93. H. Dudley, R. R. Riesz, and S. A.Watkins, A Synthetic Speaker, *J. of the Franklin Institute*, Vol. 227, pp. 739–764, 1939.

94. H. K. Dunn, Methods of Measuring Vowel Formant Bandwidths, *J. of Acoustical Society of America*, Vol. 33, pp. 1737–1746, 1961.

95. H. K. Dunn and S. D.White, Statistical Measurements on Conversational Speech, *J. of Acoustical Society of America*, Vol. 11, pp. 278–288, January 1940.

96. S. Dusan, G. J. Gadbois, and J. L. Flanagan, Multimodal Interaction on PDA's Integrating Speech and Pen Inputs, *Eurospeech 2003*, Geneva Switzerland, pp. 2225–2228, 2003.

97. T. Dutoit, *An Introduction to Text-to-Speech Synthesis*, Kluwer Academic Publishers, 1997.

98. T. Dutoit and F.Marques, *Applied Signal Processing: A MATLAB-Based Proof of Concept*, Springer, 2009.

99. L. D. Erman, An Environment and System for Machine Understanding of Connected Speech, *Ph.D. Dissertation*, Carnegie-Mellon Univ., Pittsburgh, PA, 1975.

100. D. Esteban and C. Galand, Application ofQuadrature Mirror Filters to Split Band Voice Coding Schemes, *Proc. IEEE Int. Conf. on Acoustics, Speech and Signal Processing*, pp. 191–195, 1977.

101. G. Fant, *Acoustic Theory of Speech Production*, Mouton, The Hague, 1970.

102. D. W. Farnsworth, High-speed Motion Pictures of the Human Vocal Cords, *Bell Labs Record*, Vol. 18, pp. 203–208, 1940.

103. J. D. Ferguson, Hidden Markov Analysis: An Introduction, *Hidden Markov Models for Speech*, Princeton: Institute for Defense Analyses, 1980.

104. J. L. Flanagan, The Design of 'Terminal Analog' Speech Synthesizers, *Jour. Acoustical. Soc. Amer.*, Vol. 29, pp. 306–310, February 1957.

105. J. L. Flanagan, *Speech Analysis, Synthesis and Perception*, 2nd ed., Springer, 1972.

106. J. L. Flanagan, Computers That Talk and Listen: Man-Machine Communication by Voice, *Proceedings of the IEEE*, Vol. 64, No. 4, pp. 416–422, April 1976.

107. J. L. Flanagan and L. Cherry, Excitation of Vocal-Tract Synthesizer, *J. of Acoustical Society of America*, Vol. 45, No. 3, pp. 764–769, March 1969.

108. J. L. Flanagan, C.H. Coker, L. R. Rabiner, R.W. Schafer, andN. Umeda, Synthetic Voices for Computers, *IEEE Spectrum*, Vol. 7, No. 10, pp. 22–45, October 1970.

109. J. L. Flanagan and R. M. Golden, The Phase Vocoder, *Bell System Technical J.*, Vol. 45, pp. 1493–1509, 1966.

110. J. L. Flanagan, K. Ishizaka, and K. L. Shipley, Synthesis of Speech from a Dynamic Model of the Vocal Cords and Vocal Tract, *Bell System Technical J.*, Vol. 54, No. 3, pp. 485–506, March 1975.

111. J. L. Flanagan and L. L. Landgraf, Self Oscillating Source for Vocal-Tract Synthesizers, *IEEE Trans. on Audio*

and Electroacoustics, Vol. AU-16, pp. 57–64, March 1968.

112. J. L. Flanagan and M. G. Saslow, Pitch Discrimination for Synthetic Vowels, *J. of Acoustical Society of America*, Vol. 30, No. 5, pp. 435–442, 1958.

113. H. Fletcher, *Speech and Hearing in Communication,* D. Van Nostrand Co., New York, 1953. (Reprinted by Robert E. Krieger Pub. Co. Inc., New York, 1972.)

114. H. Fletcher and W. A. Munson, Loudness, Its Definition, Measurement and Calculation, *J. of Acoustical Society of America*, Vol. 5, pp. 82–108, July 1933.

115. H. Fletcher and W. A. Munson, Relation between Loudness and Masking, *J. of Acoustical Society of America*, Vol. 9, No. 5, pp. 1–10, July 1937.

116. G. D. Forney, The Viterbi Algorithm, *Proceedings of the IEEE*, Vol. 61, pp. 268–278, March 1973.

117. O. Fujimura, Analysis of Nasal Consonants, *J. of Acoustical Society of America*, Vol. 34, No. 12, pp. 1865–1875, December 1962.

118. S. Furui, Cepstral Analysis Technique for Automatic Speaker Verification, *IEEE Trans. on Acoustics, Speech and Signal Processing*, Vol. ASSP-29, No. 2, pp. 254–272, April 1981.

119. S. Furui, Speaker Independent Isolated Word Recognizer Using Dynamic Features of Speech Spectra, *IEEE Trans. on Acoustics, Speech and Signal Processing*, Vol. ASSP-34, pp. 52–59, 1986.

120. S. Furui (ed.), *Digital Speech Processing, Synthesis and Recognition*, 2nd ed., Marcel Dekker Inc., New York, 2001.

121. S. Furui and M. M. Sondhi (eds.), *Advances in Speech Signal Processing*, Marcel Dekker Inc., 1991.

122. C. Galand and D. Esteban, 16 Kbps Real-Time QMF Subband Coding Implementation, *Proc. IEEE Int. Conf. on Acoustics, Speech and Signal Processing*, pp. 332–335, April 1980.

123. A. Gersho and R. M. Gray, *Vector Quantization and Signal Compression*, Kluwer Academic Publishers, 1992.

124. O. Ghitza, Auditory Nerve Representation as a Basis for Speech Processing, *Advances in Speech and Signal Processing*, S. Furui and M. M. Sondhi (eds.), Marcel-Dekker, NY, pp. 453–485, 1991.

125. J. J. Godfrey, E. C. Holliman, and J. McDaniel, SWITCHBOARD: Telephone Speech Corpus for Research and Development, *Proc. IEEE Int. Conf. on Acoustics, Speech and Signal Processing*, pp. 517–520, 1992.

126. B. Gold, Computer Program for Pitch Extraction, *J. of Acoustical Society of America*, Vol. 34, No. 7, pp. 916–921, August 1962.

127. B. Gold and N. Morgan, *Speech and Audio Signal Processing*, John Wiley & Sons, Inc., 2000.

128. B. Gold and L. R. Rabiner, Analysis of Digital and Analog Formant Synthesizers, *IEEE Trans. on Audio and Electroacoustics*, Vol. AU-16, pp. 81–94, March 1968.

129. B. Gold and L. R. Rabiner, Parallel Processing Techniques for Estimating Pitch Periods of Speech in the Time Domain, *J. of Acoustical Society of America*, Vol. 46, No. 2, Part 2, pp. 442–448, August 1969.

130. B. Gold and C. M. Rader, Systems for Compressing the Bandwidth of Speech, *IEEE Trans. on Audio and Electroacoustics*, Vol. AU-15, No. 3, pp. 131–135, September 1967.

131.B. Gold and C. M. Rader, The Channel Vocoder, *IEEE Trans. on Audio and Electroacoustics*, Vol. AU-15, No. 4, pp. 148–160, December 1967.

132. R. Goldberg and L. Riek, *A Practical Handbook of Speech Coders*, CRC Press, 2000.

133. D. J. Goodman, The Application of Delta Modulation to Analog-to-PCM Encoding, *Bell System Technical J.*, Vol. 48, No. 2, pp. 321–343, February 1969.

134. D. J. Goodman, Digital Filters for Code Format Conversion, *Electronics Letters*, Vol. 11, February 1975.

135. A. L. Gorin, B. A. Parker, R. M. Sachs, and J. G. Wilpon, How May I Help You?, *Proc. of the Interactive Voice Technology for Telecommunications Applications (IVTTA)*, pp. 57–60, 1996.

136. A. L. Gorin, G. Riccardi, and J. H. Wright, How May I Help You?, *Speech Communication*, Vol. 23, pp. 113–127, 1997.

137. R. M. Gray, Vector Quantization, *IEEE Signal Processing Magazine*, pp. 4–28, April 1984.

138. R. M. Gray, Quantization Noise Spectra, *IEEE Trans. on Information Theory*, Vol. 36, No. 6, pp. 1220–1244, November 1990.

139. J. A. Greefkes, A Digitally Companded Delta Modulation Modem for Speech Transmission, *Proc IEEE Int. Conf. Communications*, pp. 7-33 to 7-48, June 1970.

140. J. S. Gruber and F. Poza, Voicegram Identification Evidence, 54 Am. Jur. Trials, Lawyers Cooperative Publishing, 1995.

141. J. M. Heinz and K. N. Stevens, On the Properties of Voiceless Fricative Consonants, *J. of Acoustical Society of America*, Vol. 33, No. 5, pp. 589–596, May 1961.

142. H. D. Helms, Fast Fourier Transform Method of Computing Difference Equations and Simulating Filters, *IEEE Trans. on Audio and Electroacoustics*, Vol. 15, No. 2, pp. 85–90, 1967.

143. H. Hermansky, Auditory Modeling in Automatic Recognition of Speech, *Proc. First European Conf. on Signal Analysis and Prediction*, pp. 17–21, Prague, Czech Republic, 1997.

144. W. Hess, *PitchDetermination of Speech Sounds:Algorithms andDevices*, Springer, NY, 1983.

145. E. M. Hoffstetter, An Introduction to the Mathematics of Linear Predictive Filtering as Applied to Speech, *Technical Note 1973-36*, MIT Lincoln Labs, July 1973.

146. A. Holbrook and G. Fairbanks, Diphthong Formants and Their Movements, *J. Speech and Hearing Research*, Vol. 5, No. 1, pp. 38–58, March 1962.

147. H. Hollien, *Forensic Voice Identification*, Academic Press, 2001.

148. J. N. Holmes, Parallel Formant Vocoders, *Proc. IEEE Eascon*, September 1978.

149. J. Hou, On the Use of Frame and Segment-Based Methods for the Detection and Classification of Speech Sounds and Features, *Ph.D. Thesis*, Rutgers University, October 2009.

150. House Ear Institute, 2007.

151. X. Huang, A. Acero, and H.-W. Hon, *Spoken Language Processing*, Prentice-Hall Inc., Englewood Cliffs, NJ, 2001.

152. C. P. Hughes and A. Nikeghbali, The Zeros of Random Polynomials Cluster Near the Unit Circle, arXiv:math/0406376v3 [math.CV].

153. A. Hunt andA. Black,Unit Selection in a Concatenative Speech Synthesis System Using a Large Speech Database, *Proc. IEEE Int. Conf. on Acoustics, Speech and Signal Processing*, Atlanta, Vol. 1, pp. 373–376, 1996.

154. 见 hyperphysics 网站.

155. K. Ishizaka and J. L. Flanagan, Synthesis of Voiced Sounds from a Two-Mass Model of the Vocal Cords, *Bell System Technical J.*, Vol. 50, No. 6, pp. 1233–1268, July-August 1972.

156. ISO/IEC JTC1/SC29/WG11 MPEG, IS 11172-3, Information Technology—Coding of Moving Pictures and Associated Audio for Digital Storage Media at Up to About 1.5 Mbits/s – Part 3: Audio, 1992 (MPEG-1).

157. ISO/IEC JTC1/SC29/WG11 MPEG, IS13818-3, Information Technology-Generic Coding of Moving Pictures and Associated Audio, Part 3: Audio, 1994 (MPEG-2).

158. ISO/IEC JTC1/SC29/WG11 MPEG, IS13818-7, Information Technology-Generic Coding of Moving Pictures and Associated Audio, Part 7: Advanced Audio Coding, 1994 (MPEG-2 AAC).

159. ISO/IEC JTC1/SC29/WG11 MPEG, IS14496-3, Coding of Audio-Visual Objects, Part 3: Audio, 1998 (MPEG-4).

160. F. Itakura, Line Spectrum Representation of Linear Prediction Coefficients of Speech Signals, *J. of Acoustical Society of America*, Vol. 57, p. 535, (abstract), 1975.

161. F. I. Itakura and S. Saito, Analysis-Synthesis Telephony Based upon theMaximum Likelihood Method, *Proc. 6th Int. Congress on Acoustics*, pp. C17–20, Tokyo, 1968.

162. F. I. Itakura and S. Saito, A Statistical Method for Estimation of Speech Spectral Density and Formant Frequencies, *Electronics and Communication in Japan*, Vol. 53-A, No, 1, pp. 36–43, 1970.

163. F. Itakura and S. Saito, Digital Filtering Techniques for Speech Analysis and Synthesis, *7th Int. Cong. on Acoustics*, Budapest, Paper 25 C1, 1971.

164. F. Itakura and T. Umezaki, Distance Measure for Speech Recognition Based on the SmoothedGroup Delay Spectrum, *Proc. IEEE Int. Conf. on Acoustics, Speech and Signal Processing*, Vol. 12, pp. 1257–1260, April 1987.

165. ITU-T P.800, Methods for Subjective Determination of Transmission Quality, *Int. Telecommunication Unit*, 1996.

166. R. Jakobson, C. G. M. Fant, and M. Halle, *Preliminaries to Speech Analysis: The Distinctive Features and Their Correlates*, MIT Press, Cambridge, MA, 1963.

167. N. S. Jayant, Adaptive Delta Modulation with a One-Bit Memory, *Bell System Technical J.*, pp. 321–342, March 1970.

168. N. S. Jayant, Adaptive Quantization with a One Word Memory, *Bell System Technical J.*, pp. 1119–1144,

September 1973.

169. N. S. Jayant, Digital Coding of Speech Waveforms: PCM, DPCM, and DM Quantizers, *Proceedings of the IEEE*, Vol. 62, pp. 611–632, May 1974.

170. N. S. Jayant, Step-Size Transmitting Differential Coders for Mobile Telephony, *Bell System Technical J.*, Vol. 54, No. 9, pp. 1557–1582, November 1975.

171. N. S. Jayant (ed.), *Waveform Quantization and Coding*, IEEE Press, 1976.

172. N. S. Jayant and P. Noll, *Digital Coding of Waveforms*, Prentice-Hall Inc., 1984.

173. F. Jelinek, *Statistical Methods for Speech Recognition*, MIT Press, Cambridge, MA, 1998.

174. F. Jelinek, R. L. Mercer, and S. Roucos, Principles of Lexical Language Modeling for Speech Recognition, *Advances in Speech Signal Processing*, S. Furui and M. M. Sondhi (eds.), Marcel Dekker, pp. 651–699, 1991.

175. J. D. Johnston, A Filter Family Designed for Use in Quadrature Mirror Filter Banks, *Proc. IEEE Int. Conf. on Acoustics, Speech and Signal Processing*, pp. 291–294, April 1980.

176. J. D. Johnston, Transform Coding of Audio Signals Using Perceptual Noise Criteria, *IEEE J. on Selected Areas in Communications*, Vol. 6, No. 2, pp. 314–323, February 1988.

177. M. Johnston, S. Bangalore, andG.Vasireddy,MATCH:MultimodalAccess to City Help, *Proc. Automatic Speech Recognition and Understanding Workshop*, Trento, Italy, 2001.

178. B. H. Juang, Maximum Likelihood Estimation for Mixture Multivariate Stochastic Observations of Markov Chains, *AT&T Technology Journal*, Vol. 64, No. 6, pp. 1235–1249, 1985.

179. B. H. Juang and S. Furui, Automatic Recognition and Understanding of Spoken Language—A First Step Towards Natural Human-Machine Communication, *Proceedings of the IEEE*, Vol. 88, No. 8, pp. 1142–1165, 2000.

180. B. H. Juang, S. E. Levinson, and M. M. Sondhi, Maximum Likelihood Estimation for Multivariate Mixture Observations of Markov Chains, *IEEE Trans. on Information Theory*, Vol. 32, No. 2, pp. 307–309, 1986.

181. B. H. Juang, L. R. Rabiner, and J. G. Wilpon, On the Use of Bandpass Liftering in Speech Recognition, *IEEE Trans. on Acoustics, Speech and Signal Processing*, Vol. ASSP-35, No. 7, pp. 947–954, July 1987.

182. B. H. Juang, D. Y. Wong, and A. H. Gray, Jr., Distortion Performance of Vector Quantization for LPC Voice Coding, *IEEE Trans. on Acoustics, Speech and Signal Processing*, Vol. ASSP-30, No. 2, pp. 294–304, April 1982.

183. D. Jurafsky and J. H. Martin, *Speech and Language Processing*, 2nd ed., Prentice-Hall Inc., 2008.

184. J. F. Kaiser, Nonrecursive Digital Filter Design Using the $I0$-Sinh Window Function, *Proc. IEEE Int. Symp. on Circuits and Systems*, San Francisco, pp. 20–23, April 1974.

185. C. Kamm, M. Walker, and L. R. Rabiner, The Role of Speech Processing in Human-Computer Intelligent Communication, *Speech Communication*, Vol. 23, pp. 263–278, 1997.

186. H. Kars and K. Brandenburg (eds.), *Applications of Digital Signal Processing to Audio and Acoustics*, Kluwer Academic Publishers, 1998.

187. T. Kawahar and C. H. Lee, Flexible Speech Understanding Based on Combined Key-Phrase Detection and Verification, *IEEE Trans. on Speech and Audio Processing*, Vol. T-SA 6, No. 6, pp. 558–568, 1998.

188. J. L. Kelly, Jr. and C. Lochbaum, Speech Synthesis, *Proc. Stockholm Speech Communications Seminar*, R.I.T., Stockholm, Sweden, September 1962.

189. W. B. Kendall, A New Algorithm for Computing Autocorrelations, *IEEE Trans. on Computers*, Vol. C-23, No. 1, pp. 90–93, January 1974.

190. N. Y. S. Kiang and E. C. Moxon, Tails of Tuning Curves of Auditory Nerve Fibers, *J. of Acoustical Society of America*, Vol. 55, pp. 620–630, 1974.

191. D. Kincaid and W. Cheney, *Numerical Analysis: Mathematics of Scientific Computing*, 3rd ed., American Mathematical Society, 2002.

192. L. E. Kinsler, A. R. Frey, A. B. Coppens, and J. V. Sanders, *Fundamentals of Acoustics*, 4th ed., John Wiley & Sons, Inc., New York, 2000.

193. D. H. Klatt, Software for a Cascade/Parallel Formant Synthesizer, *J. of Acoustical Society of America*, Vol. 67, pp. 971–995, 1980.

194. D. H. Klatt, Review of Text-to-Speech Conversion for English, *J. of Acoustical Society of America*, Vol. 82, pp. 737–793, September 1987.

195. W. B. Kleijn and K. K. Paliwal, *Speech Coding and Synthesis*, Elsevier, 1995.

196. W. Koenig, H. K. Dunn, and L. Y. Lacy, The Sound Spectrograph, *J. of Acoustical Society of America*, Vol. 18, pp. 19–49, July 1946.

197. A. M. Kondoz, *Digital Speech: Coding for Low Bit Rate Communication Systems*, 2nd ed., John Wiley & Sons, Inc., 2004.

198. K. Konstantinides, Fast Subband Filtering in MPEG Audio Coding, *IEEE Signal Processing Letters*, Vol. 1, No. 2, pp. 26–28, February 1994.

199. K. Konstantinides, Fast Subband Filtering in Digital Signal Coding, U.S. Patent 5,508,949, filed December 29, 1993, issued April 16, 1996.

200. P. Ladefoged, *A Course in Phonetics*, 2nd ed., Harcout, Brace, Jovanovich, 1982.

201. S. W. Lang and J. H. McClellan, A Simple Proof of Stability for All-Pole Linear Prediction Models, *Proceedings of the IEEE*, Vol. 67, No. 5, pp. 860–861, May 1979.

202. C. H. Lee, F. K. Soong, and K. K. Paliwal (eds.), *Automatic Speech and Speaker Recognition*, Kluwer Academic Publishers, 1996.

203. I. Lehiste (ed.), *Readings in Acoustic Phonetics*, MIT Press, Cambridge, MA, 1967.

204. R. G. Leonard, A Database for Speaker-Independent Digit Recognition, *Proc. IEEE Int. Conf. on Acoustics, Speech and Signal Processing*, pp. 42.11.1–42.11.4, 1984.

205. S. E. Levinson, *Mathematical Models for Speech Technology*, John Wiley & Sons, Inc., 2005.

206. S. E. Levinson, L. R. Rabiner, and M. M. Sondhi, An Introduction to the Application of the Theory of Probabilistic Functions of a Markov Process to Automatic Speech Recognition, *Bell System Technical J.*, Vol. 62, No. 4, pp. 1035–1074, 1983.

207. H. Levitt, Speech Processing for the Deaf: An Overview, *IEEE Trans. on Audio and Electroacoustics*, Vol. AU-21, pp. 269–273, June 1973.

208. Y. Linde, A. Buzo, and R. M. Gray, An Algorithm for Vector Quantizer Design, *IEEE Trans. on Communications*, Vol. COM-28, pp. 84–95, January 1980.

209. R. P. Lippmann, Speech Recognition by Machines and Humans, *Speech Communication*, Vol. 22, No. 1, pp. 1–15, 1997.

210. S. P. Lloyd, Least Squares Quantization in PCM, *IEEE Trans. on Information Theory*, Vol. IT-28, pp. 127–135, March, 1982.

211. P. Loizou, *Colea: AMatlab Software Tool for Speech Analysis*.

212. P. Loizou, *Speech Enhancement Theory and Practice*, CRC Press, 2007.

213. K. Lukaszewicz and M. Karjalainen, MicrophonemicMethod of Speech Synthesis, *Proc. IEEE Int. Conf. on Acoustics, Speech and Signal Processing*, Dallas, Vol. 3, pp. 1426–1429, 1987.

214. R. F. Lyon, A Computational Model of Filtering, Detection, and Compression in the Cochlea, *Proc. IEEE Int. Conf. on Acoustics, Speech and Signal Processing*, pp. 1282–1285, 1982.

215. M. Macchi, Synthesis by Conatenation, Where We Are, Where We Want to Go, TalkGiven to National Science Foundation, August 1998.

216. J. Makhoul, Spectral Analysis of Speech by Linear Prediction, *IEEE Trans. on Audio and Electroacoustics*, Vol. AU-21, No. 3, pp. 140–148, June 1973.

217. J. Makhoul, Linear Prediciton: A Tutorial Review, *Proceedings of the IEEE*, Vol. 63, pp. 561–580, 1975.

218. J. Makhoul, Spectral Linear Prediction: Properties and Applications, *IEEE Trans. on Acoustics, Speech and Signal Processing*, Vol. ASSP-23, No. 3, pp. 283–296, June 1975.

219. J. Makhoul, Stable and Efficient Lattice Methods for Linear Prediction, *IEEE Trans. on Acoustics, Speech and Signal Processing*, Vol. ASSP-25, No. 5, pp. 423–428, October 1977.

220. J. Makhoul andM. Berouti, Adaptive Noise Spectral Shaping and Entropy Coding in Predictive Coding of Speech, *IEEE Trans. on Acoustics, Speech and Signal Processing*, Vol. 27, No. 1, pp. 63–73, February 1979.

221. J. Makhoul, V. Viswanathan, R. Schwarz, and A. W. F. Huggins, A Mixed Source Model for Speech Compression and Synthesis, *J. of Acoustical Society of America*, Vol. 64, pp. 1577–1581, December 1978.

222. J. Makhoul and J. Wolf, Linear Prediction and the Spectral Analysis of Speech, *BBN Report No. 2304*, August 1972.

223. J. N. Maksym, Real-Time Pitch Extraction by Adaptive Prediction of the Speech Waveform, *IEEE Trans. on Audio and Electroacoustics*, Vol. AU-21, No. 3, pp. 149–153, June 1973.

224. D. Malah, Time-Domain Algorithms for Harmonic Bandwidth Reduction and Time-Scaling of Pitch Signals, *IEEE Trans. on Acoustics, Speech and Signal Processing*, Vol. 27, No. 2, pp. 121–133, 1979.

225. C. D. Manning and H. Schutze, *Foundations of Statistical Natural Language Processing*, MIT Press, Cambridge, MA, 1999.

226. J. D. Markel, Digital Inverse Filtering—A New Tool for Formant Trajectory Estimation, *IEEE Trans. on Audio and Electroacoustics*, Vol. AU-20, No. 2, pp. 129–137, June 1972.

227. J. D. Markel, The SIFT Algorithm for Fundamental Frequency Estimation, *IEEE Trans. on Audio and Electroacoustics*, Vol. AU-20, No, 5, pp. 367–377, December 1972.

228. J. D. Markel, Application of a Digital Inverse Filter forAutomatic Formant and $F0$ Analysis, *IEEE Trans. on Audio and Electroacoustics*, Vol. AU-21, No. 3, pp. 149–153, June 1973.

229. J. D. Markel and A. H. Gray, Jr., On Autocorrelation Equations as Applied to Speech Analysis, *IEEE Trans. on Audio and Electroacoustics*, Vol. AU-21, pp. 69–79, April 1973.

230. J. D. Markel and A. H. Gray, Jr., A Linear Prediction Vocoder Simulation Based upon the Autocorrelation Method, *IEEE Trans. on Acoustics, Speech and Signal Processing*, Vol. ASSP-22, No. 2, pp. 124–134, April 1974.

231. J. D. Markel and A. H. Gray, Jr., Cepstral Distance and the Frequency Domain, *J. of Acoustical Society of America*, Vol. 58, p. S97, 1975.

232. J. D. Markel and A. H. Gray, Jr., *Linear Prediction of Speech*, Springer, 1976.

233. D. Massaro, *Perceiving Talking Faces: From Speech Perception to a Behavioral Principle*, MIT Press, Cambridge, MA, 1998.

234. J. Masson and Z. Picel, Flexible Design of Computationally Efficient Nearly Perfect QMF Filter Banks, *Proc. IEEE Int. Conf. on Acoustics, Speech and Signal Processing*, pp. 541–544, 1985.

235. J. Max, Quantizing for Minimum Distortion, *IRE Trans. on Information Theory*, Vol. IT-6, pp. 7–12, March 1960.

236. R. McAulay, A Low-Rate Vocoder Based on an Adaptive Subband Formant Analysis, *Proc. IEEE Int. Conf. on Acoustics, Speech and Signal Processing*, pp. 28–31, April 1981.

237. S. McCandless, An Algorithm for Automatic Formant Extraction Using Linear Prediction Spectra, *IEEE Trans. on Acoustics, Speech and Signal Processing*, Vol. ASSP-22, No. 2, pp. 135–141, April 1974.

238. J. H. McClellan, T. W. Parks, and L. R. Rabiner, A Computer Program for Designing Optimum FIR Linear Phase Digital Filters, *IEEE Trans. on Audio and Electroacoustics*, Vol. AU-21, pp. 506–526, December 1973.

239. J. H. McClellan, R.W. Schafer, andM. A. Yoder, *Signal Processing First*, Prentice-Hall Inc., Upper Saddle River, NJ, 2003.

240. A. V. McCree and T. P. Barnwell, III, A Mixed Excitation LPC Vocoder Model for Low Bit Rate Speech Coding, *IEEE Trans. on Speech and Audio Processing*, Vol. 3, No. 4, pp. 242–250, July 1995.

241. R. A. McDonald, Signal-to-Noise and Idle Channel Performance of DPCM Systems—Particular Applications to Voice Signals, *Bell System Technical J.*, Vol. 45, No. 7, pp. 1123–1151, September 1966.

242. G. A. Miller, G. A. Heise, and W. Lichten, The Intelligibility of Speech as a Function on the Context of the Test Material, *J. of Experimental Psychology*, Vol. 41, pp. 329–335, 1951.

243. G. A. Miller and P. E. Nicely, An Analysis of Perceptual Confusions among Some English Consonants, *J. of Acoustical Society of America*, Vol. 27, No. 2, pp. 338–352, 1955.

244. F. Mintzer, Filters for Distortion-Free Two-Band Multirate Filter Banks, *IEEE Trans. on Acoustics, Speech and Signal Processing*, Vol. ASSP-33, pp. 626–630, June 1985.

245. S. K. Mitra, *Digital Signal Processing*, 3rd ed., McGraw-Hill, 2006.

246. M. Mohri, Finite-State Transducers in Language and Speech Processing, *Computational Linguistics*, Vol. 23, No. 2, pp. 269–312, 1997.

247. J. A. Moorer, Signal Processing Aspects of Computer Music, *Proceedings of the IEEE*, Vol. 65, No. 8, pp. 1108–1137, August 1977.

248. P. M. Morse and K. U. Ingard, *Theoretical Acoustics*,McGraw-Hill Book Co., New York, 1968.

249. E. Moulines and F. Charpentier, Pitch Synchronous Waveform Processing Techniques for Text-to-Speech Synthesis Using Diphones, *Speech Communication*, Vol. 9, No. 5–6, pp. 453–467, 1990.

250. S. Narayanan and A. Alwan (eds.), *Text to Speech Synthesis: New Paradigms and Advances*, Prentice-Hall Inc., 2004.

251. S. Narayanan, K. S. Nayak, S. Lee, A. Sethy, and D. Byrd, An Approach to Real-Time Magnetic Resonance Imaging for Speech Production, *J. of Acoustical Society of America*, Vol. 115, No. 5, pp. 1771–1776, 2004.

252. A. M. Noll, Cepstrum Pitch Determination, *J. of Acoustical Society of America*, Vol. 41, No. 2, pp. 293–309, February 1967.

253. A. M. Noll, Pitch Determination of Human Speech by the Harmonic Product Spectrum, the Harmonic Sum Spectrum, and a Maximum Likelihood Estimate, *Proc. Symp. Computer Processing in Communication*, pp. 779–798, April 1969.

254. P. Noll, Non-Adaptive and Adaptive DPCM of Speech Signals, *Polytech. Tijdschr. Ed. Elektrotech/Elektron*, (The Netherlands), No. 19, 1972.

255. P. Noll, Adaptive Quantizing in Speech Coding Systems, *Proc. 1974 Zurich Seminar on Digital Communications*, Zurich, March 1974.

256. P. Noll, A Comparative Study of Various Schemes for Speech Encoding, *Bell System Technical J.*, Vol. 54, No. 9, pp. 1597–1614, November 1975.

257. P. Noll, Effect of Channel Errors on the Signal-to-Noise Performance of Speech Encoding Systems, *Bell System Technical J.*, Vol. 54, No. 9, pp. 1615–1636, November 1975.

258. P. Noll, Wideband Speech and Audio Coding, *IEEE Communications Magazine*, pp. 34–44, November 1993.

259. P. Noll, MPEG Digital Audio Coding, *IEEE Signal Processing Magazine*, pp. 59–81, September 1997.

260. H. J. Nussbaumer and M. Vetterli, Computationally Efficient QMF Filter Banks, *Proc. IEEE Int. Conf. on Acoustics, Speech and Signal Processing*, pp. 11.3.1–11.3.4, 1984.

261. H. Nyquist, Certain Topics in Telegraph Transmission Theory, *Trans. of the AIEE*, Vol. 47, pp. 617–644, February 1928.

262. J. P. Olive, Automatic Formant Tracking in a Newton-Raphson Technique, *J. of Acoustical Society of America*, Vol. 50, pp. 661–670, August 1971.

263. J. P. Olive, Rule Synthesis of Speech from Diadic Units, *Proc. IEEE Int. Conf. on Acoustics, Speech and Signal Processing*, pp. 568–570, 1977.

264. J. Olive, A. Greenwood, and J. Coleman, *Acoustics of American English*, Springer, 1993.

265. B. M. Oliver, J.R. Pierce, and C. E. Shannon, The Philosophy of PCM, *Proceedings of the IRE*, Vol. 36, No. 11, pp. 1324–1331, November 1948.

266. A. V. Oppenheim, Superposition in a Class of Nonlinear Systems, *Tech. Report No. 432*, Research Lab of Electronics, MIT, Cambridge, MA, March 1965.

267. A. V. Oppenheim, A Speech Analysis-Synthesis System Based on Homomorphic Filtering, *J. of Acoustical Society of America*, Vol. 45, pp. 458–465, February 1969.

268. A. V. Oppenheim, Sound Spectrograms Using the Fast Fourier Transform, *IEEE Spectrum*, Vol. 7, pp. 57–62, August 1970.

269. A. V. Oppenheim and R. W. Schafer, Homomorphic Analysis of Speech, *IEEE Trans. on Audio and Electroacoustics*, Vol. AU-16, No. 2, pp. 221–226, June 1968.

270. A. V. Oppenheim and R. W. Schafer, *Discrete-Time Signal Processing*, 3rd ed., Prentice-Hall Inc., Upper Saddle River, NJ, 2010.

271. A. V. Oppenheim, R. W. Schafer, and T. G. Stockham, Jr., Nonlinear Filtering of Multiplied and Convolved Signals, *Proceedings of the IEEE*, Vol. 56, No. 8, pp. 1264–1291, August 1968.

272. A. V. Oppenheim, A. S. Willsky, with S. H. Nawab, *Signals and Systems*, 2nd ed., Prentice-Hall Inc., Upper Saddle River, NJ, 1997.

273. D. O'Shaughnessy, *Speech Communication, Human and Machine*, Addison-Wesley, 1987.

274. J. Ostermann, M. Beutnagel, A. Fischer, and Y. Wang, Integration of Talking Heads and Text-to-Speech Synthesizers for Visual TTS, *Proc. ICSLP-98*, Sydney, Australia, November 1998.

275. M. D. Paez and T. H. Glisson, Minimum Mean Squared-Error Quantization in Speech, *IEEE Trans. on Communications*, Vol. COM-20, pp. 225–230, April 1972.

276. D. S. Pallett, A Look at NIST's Benchmark ASR Tests: Past, Present, and Future, *Proc. ASRU'03*, pp. 483–488, 2003.

277. D. S. Pallett, J. G. Fiscus, W. M. Fisher, J. S. Garofol, B. A. Lund, and M. A. Przybocki, 1993 Benchmark Tests for the ARPA Spoken Language Program, *Proc. 1995 ARPA Human Language Technology Workshop*, pp. 5–36, 1995.

278. D. Pallett and J. Fiscus, 1996 Preliminary Broadcast News Benchmark Tests, *Proc. 1995 ARPA Human Language Technology Workshop*, pp. 5–36, 1997.
279. D. Pan, A Tutorial on MPEG/Audio Compression, *IEEE Multimedia*, pp. 60–74, Summer 1995.
280. P. E. Papamichalis, *Practical Approaches to Speech Coding*, Prentice-Hall Inc., 1984.
281. A. Papoulis, *The Fourier Integral and Its Applications*, McGraw-Hill, pp. 47–49, 1962.
282. T. W. Parks and J. H. McClellan, Chebyshev Approximation for Nonrecursive Digital Filter with Linear Phase, *IEEE Trans. on Circuit Theory*, Vol. CT-19, pp. 189–194, March 1972.
283. D. T. Paris and F. K. Hurd, *Basic Electromagnetic Theory*, McGraw-Hill Book Co., New York, 1969.
284. C. R. Patisaul and J. C. Hammett, Time-Frequency Resolution Experiment in Speech Analysis and Synthesis, *J. of Acoustical Society of America*, Vol. 58, No. 6, pp. 1296–1307, December 1975.
285. D. B. Paul and J. M. Baker, The Design for the Wall Street Journal-Based CSR Corpus, *Proc. of the DARPA SLS Workshop*, 1992.
286. J. S. Perkell, *Physiology of Speech Production: Results and Implications of a Quantitative Cineradiographic Study*, MIT Press, Cambridge, MA, 1969.
287. G. E. Peterson and H. L. Barney, ControlMethods Used in a Study of the Vowels, *J. of Acoustical Society of America*, Vol. 24, No. 2, pp. 175–184, March 1952.
288. R. K. Potter, G. A. Kopp, and H. C. Green Kopp, *Visible Speech*, D. Van Nostrand Co., New York, 1947. (Republished by Dover Publications, Inc., 1966.)
289. M. R. Portnoff, A Quasi-One-Dimensional Digital Simulation for the Time-Varying Vocal Tract, *M.S. Thesis*, Dept. of Elect. Engr., MIT, Cambridge, MA, 1969.
290. M. R. Portnoff, Implementation of the Digital Phase Vocoder Using the Fast Fourier Transform, *IEEE Trans. on Acoustics, Speech and Signal Processing*, Vol. ASSP-24, No. 3, pp. 243–248, June 1976.
291. M. R. Portnoff and R. W. Schafer, Mathematical Considerations in Digital Simulations of the Vocal Tract, *J. of Acoustical Society of America*, Vol. 53, No. 1 (abstract), pp. 294, January 1973.
292. M. R. Portnoff, V.W. Zue, and A. V. Oppenheim, Some Considerations in the Use of Linear Prediction for Speech Analysis, *MIT QPR No. 106*, Research Lab of Electronics, MIT, Cambridge, MA, July 1972.
293. F. Poza, Voiceprint Identification: Its Forensic Application, *Proc. 1974 Carnahan Crime Countermeasures Conference*, April 1974.
294. Praat Speech Analysis Package.
295. W. H. Press, S. A. Teukolsky, W. T. Vetterling, and B. P. Flannery, *Numerical Recipes: The Art of Scientific Computing*, 3rd ed., Cambridge University Press, Cambridge, UK, 2007.
296. S. R. Quackenbush, T. P. Barnwell, III, and M. A. Clements, *Objective Measures of Speech Quality*, Prentice-Hall, New York, 1988.
297. T. F. Quatieri, *Principles of Discrete-Time Speech Processing*, Prentice-Hall Inc., 2002.
298. L. R. Rabiner, Digital Formant Synthesizer for Speech Synthesis Studies, *J. of Acoustical Society of America*, Vol. 43, No. 4, pp. 822–828, April 1968.
299. L. R. Rabiner, A Model for Synthesizing Speech by Rule, *IEEE Trans. on Audio and Electroacoustics*, Vol. AU-17, No. 1, pp. 7–13, March 1969.
300. L. R. Rabiner, On the Use of Autocorrelation Analysis for Pitch Detection, *IEEE Trans. on Acoustics, Speech and Signal Processing*, Vol. ASSP-25, No. 1, pp. 24–33, February 1977.
301. L. R. Rabiner, A Tutorial on Hidden Markov Models and Selected Applications in Speech Recognition, *Proceedings of the IEEE*, Vol. 77, No. 2, pp. 257–286, 1989.
302. L. R. Rabiner, B. S. Atal, and M. R. Sambur, LPC Prediction Error-Analysis of Its Variation with the Position of the Analysis Frame, *IEEE Trans. on Acoustics, Speech and Signal Processing*, Vol. ASSP-25, No. 5, pp. 434–442, October 1977.
303. L. R. Rabiner, M. J. Cheng, A. E. Rosenberg, and C. A. McGonegal, A Comparative Performance Study of Several Pitch Detection Algorithms, *IEEE Trans. on Acoustics, Speech and Signal Processing*, Vol. ASSP-24, No. 5, pp. 399–418, October 1976.
304. L. R. Rabiner and R. E. Crochiere, A Novel Implementation for FIR Digital Filters, *IEEE Trans. on Acoustics, Speech and Signal Processing*, Vol. ASSP-23, pp. 457–464, October 1975.
305. L. R. Rabiner and B. Gold, *Theory and Application of Digital Signal Processing* Prentice-Hall Inc., Englewood Cliffs, NJ, 1975.

306. L. R. Rabiner, B. Gold, and C. A. McGonegal, An Approach to the Approximation Problem for Nonrecursive Digital Filters, *IEEE Trans. on Audio and Electroacoustics*, Vol. 19, No. 3, pp. 200–207, September 1971.

307. L. R. Rabiner and B. H. Juang, An Introduction to HiddenMarkov Models, *IEEE Signal Processing Magazine*, 1985.

308. L. R. Rabiner and B. H. Juang, *Fundamentals of Speech Recognition*, Prentice-Hall Inc., 1993.

309. L. R. Rabiner, J. F. Kaiser, O. Herrmann, and M. T. Dolan, Some Comparisons between FIR and IIR Digital Filters, *Bell System Technical J.*, Vol. 53, No. 2, pp. 305–331, February 1974.

310. L. R. Rabiner, J. H. McClellan, and T. W. Parks, FIR Digital Filter Design TechniquesUsingWeighted ChebyshevApproximation, *Proceedings of the IEEE*, Vol. 63, No. 4, pp. 595–609, April 1975.

311. L. R. Rabiner and M. R. Sambur,AnAlgorithm for Determining the Endpoints of Isolated Utterances, *Bell System Technical J.*, Vol. 54, No. 2, pp. 297–315, February 1975.

312. L. R. Rabiner, M. R. Sambur, and C. E. Schmidt, Applications of a Non-linear Smoothing Algorithm to Speech Processing, *IEEE Trans. on Acoustics, Speech and Signal Processing*, Vol. ASSP-22, No. 1, pp. 552–557, December 1975.

313. L. R. Rabiner and R. W. Schafer, *Digital Processing of Speech Signals*, Prentice-Hall Inc., 1978.

314. L. R. Rabiner, R.W. Schafer, and J. L. Flanagan, Computer Synthesis of Speech by Concatenation of Formant Coded Words, *Bell System Technical J.*, Vol. 50, No. 5, pp. 1541–1558, May-June 1971.

315. L. R. Rabiner, R.W. Schafer, and C.M. Rader, The Chirp *z*-Transform Algorithm and Its Application, *Bell System Technical J.*, Vol. 48, pp. 1249–1292, 1969.

316. C. M. Rader and N. Brenner, A New Principle for Fast Fourier Transformation, *IEEE Trans. Acoustics, Speech and Signal Processing*, Vol. ASSP-24, pp. 264–265, 1976.

317. T. Ramstad, Sub-Band Coder with a Simple Adaptive Bit Allocation Algorithm, *Proc. IEEE Int. Conf. on Acoustics, Speech and Signal Processing*, pp. 203–207, 1982.

318. W. S. Rhode, C.D. Geisler, andD. T.Kennedy,Auditory Nerve Fiber Responses to Wide-Band Noise and Tone Combinations, *J. Neurophysiology*, Vol. 41, pp. 692–704, 1978.

319. R. R. Riesz, Description and Demonstration of an Artificial Larynx, *J. of Acoustical Society of America*, Vol. 1, pp. 273–279, 1930.

320. A.W. Rix, J. G. Beerends, M. P. Hollier, and A. P. Hekstra, Perceptual Evaluation of Speech Quality (PESQ)—A New Method for Speech Quality Assessment of Telephone Networks and Codecs, *Proc. IEEE Int. Conf. on Acoustics, Speech and Signal Processing*, Vol. 2, pp. 749–752, May 2001.

321. D. W. Robinson and R. S. Dadson, A Re-determination of the Equal-Loudness Relations for Pure Tones, *British J. of Applied Physics*, Vol. 7, pp. 166–181, 1956.

322. E. A. Robinson, Predictive Decomposition of Time Series with Applications to Seismic Exploration, *Ph.D. Dissertation*, MIT, Cambridge, MA, 1954.

323. E. A. Robinson, Predictive Decomposition of Seismic Traces, *Geophysics*, Vol. 22, pp. 767–778, 1957.

324. P. Rose, *Forensic Speaker Identification*, Taylor & Francis, 2002.

325. R. Rose and T. Barnwell, The Self-Excited Vocoder-Alternative Approach to Toll Quality at 4800 Bigs/Second, *Proc. IEEE Int. Conf. on Acoustics, Speech and Signal Processing*, pp. 453–456, 1986.

326. A. E. Rosenberg, Effect of Glottal Pulse Shape on the Quality of Natural Vowels, *J. of Acoustical Society of America*, Vol. 49, No. 2, pp. 583–590, February 1971.

327. A. E. Rosenberg, Automatic Speaker Verification: A Review, *Proceedings of the IEEE*, Vol. 64, No. 4, pp. 475–487, April 1976.

328. A. E. Rosenberg and M. R. Sambur, New Techniques for Automatic Speaker Verification, *IEEE Trans. on Acoustics, Speech and Signal Processing*, Vol. ASSP-23, pp. 169–176, April 1975.

329. A. E. Rosenberg, R. W. Schafer, and L. R. Rabiner, Effects of Smoothing and Quantizing the Parameters of Formant-Coded Voiced Speech, *J. of Acoustical Society of America*, Vol. 50, No. 6, pp. 1532–1538, December 1971.

330. R. Rosenfeld, Two Decades of Statistical Language Modeling: Where Do We Go from Here?, *Proceedings of the IEEE*, Vol. 88, No. 8, pp. 1270–1278, 2000.

331. M. J. Ross, H. L. Shaffer, A. Cohen, R. Freudberg, and H. J. Manley, Average Magnitude Difference Function Pitch Extractor, *IEEE Trans. on Acoustics, Speech and Signal Processing*, Vol. ASSP-22, pp. 352–362, October 1974.

332. T. D. Rossing, R. F. Moore, and P. A. Wheeler, *The Science of Sound*, 3rd ed., Addison-Wesley, 2002.

333. J. H. Rothweiler, Polyphase Quadrature Filters—A New Subband Coding Technique, *Proc. IEEE Int. Conf. on Acoustics, Speech and Signal Processing*, pp. 1280–1283, 1983.

334. J. H. Rothweiler, System for Digital Multiband Filtering, U.S. Patent 4,691,292, issued September 1, 1987.

335. S. Roukos, Language Representation, *Survey of the State of the Art in Human Language Technology*, G. B. Varile and A. Zampolli (eds.), Cambridge University Press, Cambridge, UK, 1998.

336. M. B. Sachs, C. C. Blackburn, and E. D. Young, Rate-Place and Temporal-Place Representations of Vowels in the Auditory Nerve and Anteroventral Cochlear Nucleus, *J. of Phonetics*, Vol. 16, pp. 37–53, 1988.

337. M. B. Sachs and E. D. Young, Encoding of Steady State Vowels in the Auditory Nerve: Representation in Terms of Discharge Rates, *J. of Acoustical Society of America*, Vol. 66, pp. 470–479, 1979.

338. Y. Sagisaka, Speech Synthesis by Rule Using an Optimal Selection of Non-Uniform Synthesis Units, *Proc. IEEE Int. Conf. on Acoustics, Speech and Signal Processing*, pp. 679–682, 1988.

339. Y. Sagisaka, N. Campbell, and N. Higuchi, *Computing Prosody*, Springer, 1996.

340. M. R. Sambur, An Efficient Linear Prediction Vocoder, *Bell System Technical J.*, Vol. 54, No. 10, pp. 1693–1723, December 1975.

341. M. R. Sambur and L. R. Rabiner, A Speaker Independent Digit Recognition System, *Bell System Technical J.*, Vol. 54, No. 1, pp. 81–102, January 1975.

342. R.W. Schafer, Echo Removal by Discrete Generalized Linear Filtering, *Technical Report No. 466*, Research Lab of Electronics, MIT, Cambridge, MA, February 1969.

343. R. W. Schafer and J. D. Markel (eds.), *Speech Analysis*, IEEE Press Selected Reprint Series, 1979.

344. R. W. Schafer and L. R. Rabiner, System for Automatic Formant Analysis of Voiced Speech, *J. of Acoustical Society of America*, Vol. 47, No. 2, pp. 634–648, February 1970.

345. R. W. Schafer and L. R. Rabiner, Design of Digital Filter Banks for Speech Analysis, *Bell System Technical J.*, Vol. 50, No. 10, pp. 3097–3115, December 1971.

346. R. W. Schafer and L. R. Rabiner, Design and Simulation of a Speech Analysis-Synthesis System Based on Short-Time Fourier Analysis, *IEEE Trans. on Audio and Electroacoustics*, Vol. AU-21, No. 3, pp. 165–174, June 1973.

347. R. W. Schafer and L. R. Rabiner, A Digital Signal Processing Approach to Interpolation, *Proceedings of the IEEE*, Vol. 61, No. 6, pp. 692–702, June 1973.

348. H. R. Schindler, Delta Modulation, *IEEE Spectrum*, Vol. 7, pp. 69–78, October 1970.

349. J. S. Schouten, F. E. DeJager, and J. A. Greefkes, Delta Modulation, A New Modulation System for Telecommunications, *Philips Tech. Report*, pp. 237–245, March 1952.

350. R. Schreier and G. C. Temes, *Understanding Delta-Sigma Data Converters*, IEEE Press andWiley-Interscience, Piscataway, NJ, 2005.

351. M. R. Schroeder, Vocoders: Analysis and Synthesis of Speech, *Proceedings of the IEEE*, Vol. 54, pp. 720–734, May 1966.

352. M. R. Schroeder, Period Histogram and Product Spectrum: New Methods for Fundamental Frequency Measurement, *J. of Acoustical Society of America*, Vol. 43, No. 4, pp. 829–834, April 1968.

353. M. R. Schroeder and B. S. Atal, Code-Excited Linear Prediction (CELP), *Proc. IEEE Int. Conf. on Acoustics, Speech and Signal Processing*, pp. 937–940, 1985.

354. M. R. Schroeder and E. E. David, A Vocoder for Transmitting 10 kc/s Speech Over a 3.5 kc/s Channel, *Acoustica*, Vol. 10, pp. 35–43, 1960.

355. J. Schroeter, The Fundamentals of Text-to-Speech Synthesis, *VoiceXML Review*, 2001.

356. J. Schroeter, Basic Principles of Speech Synthesis, *Springer Handbook of Speech Processing*, Springer, 2006.

357. J. Schroeter, J. N. Larar, and M. M. Sondhi, Speech Parameter Estimation Using a Vocal Tract/Cord Model, *Proc. IEEE Int. Conf. on Acoustics, Speech and Signal Processing*, pp. 308–311, 1987.

358. J. Schroeter, J. Ostermann, H. P. Graf, M. Beutnagel, E. Cosatto, A. Syrdal, A. Conkie, and Y. Stylianou, Multimodal Speech Synthesis, *Proc. ICSLP-98*, Sydney, Australia, pp. 571–574, November 1998.

359. N. Sedgwick, A Formant Vocoder at 600 Bits Per Second, *IEEE Colloquium on Speech Coding—Techniques and Applications*, pp. 411–416, April 1992.

360. S. Seneff, A Joint Synchrony/Mean-Rate Model of Auditory Speech Processing, *J. of Phonetics*, Vol. 16, pp. 55–76, 1988.

361. K. Silverman, M. Beckman, J. Pitrelli, M. Ostendorf, C. Wightman, P. Price, J. Pierrehumbert, and J. Hirschberg, ToBI: A Standard for Labeling English Prosody, *Proc. ICSLP 1992*, pp. 867–870, Banff, 1992.

362. G.A. Sitton, C. S. Burrus, J. W. Fox, and S. Treitel, Factoring Very-High-Degree Polynomials, *IEEE Signal Processing Magazine*, Vol. 20, No. 6, pp. 27–42, November 2003.

363. M. Slaney, Auditory Toolbox, Ver. 2.0, 1999.

364. C. E. Shannon, AMathematical Theory of Communication, *Bell System Technical J.*, Vol. 27, pp. 623–656, October 1948.

365. H. F. Silverman and N. R. Dixon, A Parametrically Controlled Spectral Analysis System for Speech, *IEEE Trans. on Acoustics, Speech and Signal Processing*, Vol. ASSP-22, No. 5, pp. 362–381, October 1974.

366. B. Smith, Instantaneous Companding of Quantized Signals, *Bell System Technical J.*, Vol. 36, No. 3, pp. 653–709, May 1957.

367. M. J. T. Smith and T. P. Barnwell, III, A Procedure for Designing Exact Reconstruction Filter Banks for Tree Structured Subband Coders, *Proc. IEEE Int. Conf. on Acoustics, Speech and Signal Processing*, pp. 27.1.1–27.1.4, March 1984.

368. M. J. T. Smith and T. P. Barnwell, III, Exact Reconstruction Techniques for Tree Structured Subband Coders, *Proc. IEEE Int. Conf. on Acoustics, Speech and Signal Processing*, Vol. ASSP-34, No. 3, pp. 434–441, June 1986.

369. P. D. Smith, M. Kucic, R. Ellis, P. Hasler, and D. V. Anderson, Mel-Frequency Cepstrum Encoding in Analog Floating-Gate Circuitry, *Proc. Int. Symp. On Circuits and Systems*, Vol. 4, pp. 671–674, May 2002.

370. M. M. Sondhi, New Methods of Pitch Extraction, *IEEE Trans. on Audio and Electroacoustics*, Vol. AU-16, No. 2, pp. 262–266, June 1968.

371. M. M. Sondhi, Determination of Vocal-Tract Shape from Impulse Response at the Lips, *J. of Acoustical Society of America*, Vol. 55, No. 5, pp. 1070–1075, May 1974.

372. M. M. Sondhi and B.Gopinath, Determination ofVocal-Tract Shape from Impulse Response at the Lips, *J. of Acoustical Society of America*, Vol. 49, No. 6, Part 2, pp. 1847–1873, June 1971.

373. F. K. Soong and B. H. Juang, Line Spectrum Pair and Speech Compression, *Proc. IEEE Int. Conf. on Acoustics, Speech and Signal Processing*, Vol. 1, pp. 1.10.1–1.10.4, 1984.

374. A. Spanias, T. Painter, and V. Atti, *Audio Signal Processing and Coding*, John Wiley & Sons, Inc., 2006.

375. R. Steele, *Delta Modulation Systems*, Halsted Press, London, 1975.

376. K. N. Stevens, *Acoustic Phonetics*, MIT Press, Cambridge, MA, 1998.

377. K. N. Stevens, The Perception of Sounds Shaped by Resonant Circuits, *Sc.D. Thesis*, MIT, Cambridge, MA, 1952.

378. S. S. Stevens, J. Volkmann, and E. B. Newman, A Scale for the Measurement of the Psychological Magnitude Pitch, *J. of Acoustical Society of America*. Vol. 8, pp. 1185–1190, 1937.

379. K. Steiglitz and B. Dickinson, Computation of the Complex Cepstrum by Factorization of the z-Transform, *Proc. IEEE Int. Conf. on Acoustics, Speech and Signal Processing*, pp. 723–726, May 1977.

380. T. G. Stockham, Jr., High-Speed Convolution and Correlation, *1966 Spring Joint Computer Conference*, AFIPS Proc., Vol. 28, pp. 229–233, 1966.

381. T. G. Stockham, Jr., T. M. Cannon, and R. B. Ingebretsen, Blind Deconvolution Through Digital Signal Processing, *Proceedings of the IEEE*, Vol. 63, pp. 678–692, April 1975.

382. P. Stoica andR.Moses, *SpectralAnalysis of Signals*, Prentice-Hall Inc., Englewood Cliffs, 1997.

383. R. W. Stroh, Optimum and Adaptive Differential PCM, *Ph.D. Dissertation*, Polytechnic Inst. of Brooklyn, Farmingdale, NY, 1970.

384. H. Strube, Determination of the Instant of Glottal Closure from the SpeechWave, *J. of Acoustical Society of America*, Vol. 56, No. 5, pp. 1625–1629, November 1974.

385. N. Sugamura and F. Itakura, Speech Data Compression by LSPAnalysis-Synthesis Technique, *Transactions of the Institute of Electronics, Information, and Computer Engineers*, Vol. J64-A, pp. 599–606, 1981.

386. Y. Suzuki, V. Mellert, U. Richter, H. Moller, L. Nielsen, R. Hellman, K. Ashihara, K. Ozawa, and H. Takeshima, Precise and Full-Range Determination of Two-Dimensional Equal Loudness Contours, ISO Document, 1993.

387. A. K. Syrdal, J. Hirschberg, J. McGory, and M. Beckman, Automatic ToBI Prediction and Alignment to Speed Manual Labeling of Prosody, *Speech Communication*, Vol. 33, pp. 135–151, January 2001.

388. P. Taylor, *Text-to-Speech Synthesis*, Cambridge University Press, Cambridge, UK, 2009.

389. E. Terhardt, Calculating Virtual Pitch, *Hearing Research*, Vol. 1, pp. 155–182, 1979.

390. S. Theodoridis and K. Koutroumbas, *Pattern Recognition*, 2nd ed., Chapter 2, Elsevier Academic Press, 2003.

391. Y. Tohkura, A Weighted Cepstral Distance Measure for Speech Recognition, *IEEE Trans. on Acoustics, Speech and Signal Processing*, Vol. ASSP-35, No. 10, pp. 1414–1422, October 1987.

392. J. M. Tribolet, A New Phase Unwrapping Algorithm, *IEEE Trans. on Acoustics, Speech and Signal Processing*, Vol. ASSP-25, No. 2, pp. 170–177, April 1977.

393. J. M. Tribolet and R. E Crochiere, Frequency Domain Coding of Speech, *IEEE Trans. on Acoustics, Speech and Signal Processing*, Vol. ASSP-27, No. 5, pp. 512–530, October 1979.

394. J. M. Tribolet, P. Noll, B. J. McDermott, and R. E. Crochiere, A Study of Complexity and Quality of Speech Waveform Coders, *Proc. IEEE Int. Conf. on Acoustics, Speech and Signal Processing*, pp. 1586–1590, April 1978.

395. J. M. Tribolet, P. Noll, B. J. McDermott, and R. E. Crochiere, A Comparison of the Performance of Four Low Bit Rate Speech Waveform Coders, *Bell System Technical J.*, Vol. 58, pp. 699–712, March 1979.

396. J. W. Tukey, Nonlinear (Non Superpossible) Methods for Smoothing Data, *Congress Record*, 1974 EASCON, p. 673, 1974.

397. F. T. Ulaby, "Fundamentals of Applied Electromagnetics," 5th edition, Prentice-Hall, Inc., Upper Saddle River, NJ, 2007.

398. C. K. Un and D T. Magill, The Residual-Excited Linear Prediction Vocoder with Transmission Rate Below 9.6 kbits/s, *IEEE Trans. on Communications*, Vol. COM-23, No. 12, pp. 1466–1474, December 1975.

399. P. P. Vaidyanathan, *Multirate Systems and Filter Banks*, Prentice-Hall Inc., 1993.

400. J. VanSanten, R.W. Sproat, J. P. Olive, and J. Hirschberg (eds.), *Progress in Speech Synthesis*, Springer, 1996.

401. P. Vary and R. Martin, *Digital Speech Transmission, Enhancement, Coding and Error Concealment*, John Wiley & Sons, Inc., 2006.

402. M. Vetterli and J. Kovacevic, *Wavelets and Subband Coding*, Prentice-Hall Inc., 1995.

403. P. J. Vicens, Aspects of Speech Recognition by Computer, *Ph.D. Thesis*, Stanford Univ., AI Memo No. 85, Comp. Sci. Dept., 1969.

404. R. Viswanathan and J. Makhoul, Quantization Properties of Transmission Parameters in Linear Predictive Systems, *IEEE Trans. on Acoustics, Speech and Signal Processing*, Vol. ASSP-23, No. 3, pp. 309–321, June 1975.

405. R. Viswanathan, W. Russell, and J. Makhoul, Voice-Excited LPC Coders for 9.6 kbps Speech Transmission, *Proc. IEEE Int. Conf. on Acoustics, Speech and Signal Processing*, Vol. 4, pp. 558–561, April 1979.

406. A. J. Viterbi, Error Bounds for Convolutional Codes and an Asymptotically Optimal Decoding Algorithm, *IEEE Trans. on Information Theory*, Vol. IT-13, pp. 260–269, April, 1967.

407. 见 Voicebox 网站。

408. W. A. Voiers, W. A. Sharpley, and C. Hehmsoth, Research on Diagnostic Evaluation of Speech Intelligibility, *Air Force Cambridge Research Labs*, MIT, Cambridge, MA, 1975.

409. W. D. Voiers, Diagnostic Acceptability Measure for Speech Communication Systems, *Proc. IEEE Int. Conf. on Acoustics, Speech and Signal Processing*, pp. 204–207, 1977.

410. H. Wakita, Direct Estimation of the Vocal Tract Shape by Inverse Filtering of Acoustic Speech Waveforms, *IEEE Trans. on Audio and Electroacoustics*, Vol. AU-21, No. 5, pp. 417–427, October 1973.

411. H. Wakita, Estimation of Vocal-Tract Shapes From Acoustical Analysis of the Speech Wave: The State of the Art, *IEEE Trans. on Acoustics, Speech and Signal Processing*, Vol. 27, No. 3, pp. 281–285, June 1979.

412. W.Ward, Evaluation of the CMUATIS System, *Proc.DARPASpeech and Natural Language Workshop*, pp. 101–105, February 1991.

413. *WaveSurfer*, Speech, Music and Hearing Dept., KTH University, Stockholm, Sweden, 2005.

414. C. J.Weinstein, A Linear Predictive Vocoder with Voice Excitation, *Proc. Eascon*, September 1975.

415. C. J. Weinstein and A. V. Oppenheim, Predictive Coding in a Homomorphic Vocoder, *IEEE Trans. on Audio and Electroacoustics*, Vol. AU-19, No. 3, pp. 243–248, September 1971.

416. P. D. Welch, The Use of the Fast Fourier Transform for the Estimation of Power Spectra, *IEEE Trans. on Audio and Electroacoustics*, Vol. AU-15, pp. 70–73, June 1970.

417. N. Wiener, *Extrapolation, Interpolation, and Soothing of Stationary Time Series*, MIT Press, Cambridge, MA,

1942; and John Wiley & Sons, Inc., NY, 1949.

418. J.G.Wilpon, L. R. Rabiner, C. H. Lee, and E.Goldman,Automatic Recognition of Keywords in Unconstrained Speech Using Hidden Markov Models, *IEEE Trans. on Acoustics, Speech and Signal Processing*, Vol. 38, No. 11, pp. 1870–1878, 1990.

419. B. Widrow, A Study of Rough Amplitude Quantization by Means of Nyquist Sampling Theory, *IRE Trans. on Circuit Theory*, Vol. 3, No. 4, pp. 266–276, December 1956.

420. B. Widrow and I. Kollár, *Quantization Noise*, Cambridge University Press, Cambridge, UK, 2008.

421. G. Winham and K. Steiglitz, Input Generators for Digital Sound Synthesis, *J. of Acoustical Society of America*, Vol. 47, No. 2, pp. 665–666, February 1970.

422. D. Y. Wong, B. H. Juang, and A. H. Gray, Jr., An 800 Bit/s Vector Quantization LPC Vocoder, *IEEE Trans. on Acoustics, Speech and Signal Processing*, Vol. ASSP-30, pp. 770–780, October 1982.

423. P. F. Yang and Y. Stylianou, Real Time Voice Alteration Based on Linear Prediction, *Proc. ICSLP-98*, Sydney, Australia, November 1998.

424. D. Yarowsky, Homograph Disambiguation in Text-to-Speech Synthesis, Chapter 12 in *Progress in Speech Synthesis*, J. P. Van Santen, R. W. Sproat, J. P. Olive, and J. Hirschberg (eds.), pp. 157–172, Springer, NY, 1996.

425. R. Zelinsky and P. Noll, Adaptive Transform Coding of Speech Signals, *IEEE Trans. on Acoustics, Speech and Signal Processing*, Vol. ASSP-25, pp. 299–309, August 1977.

426. V. Zue, Speech Analysis by Linear Prediction, *MIT QPR No. 105*, Research Lab of Electronics, MIT, Cambridge, MA, April 1972.

427. V. Zue and J. Glass, MIT OCW Course Notes, 2004.

428. E. Zwicker and H. Fastl, *Psychoacoustics*, 2nd ed., Springer, Berlin, Germany, 1999.

术 语 表

B

Backward prediction error　后向预测误差

Bandlimited interpolation formula　带限插值公式

Bandpass lifter　带通逆滤波器

Bayes decision rule　贝叶斯决策准则

Bayesian formulation　贝叶斯规划

Bessel approximation method　贝塞尔近似法

Binary split algorithm　二元分割算法

Black box auditory models　黑盒听觉模型

Bounded phase　有限相位

Broadcast News　广播新闻

Butterworth approximation method　巴特沃斯逼近法

C

Call Home　呼叫中心

Cascade model of vocal tract　声道级联模型

Causal linear shift-invariant system　因果线性移不变系统

Center clipping　中心削波

Cepstral bias removal　倒谱偏移消除

Cepstral computation　倒谱计算

Cepstral mean normalization (CMN)　倒谱均值归一化

Cepstrum window　倒谱窗

Channel signals　通道信号

Channel vocoder　谱带式声码器

Characteristic frequency　特征频率

Characteristic system for convolution　卷积特征系统

Chebyshev approximation method　切比雪夫逼近法

Chirp z-transform (CZT)　调频z变换

Cholesky decomposition　Cholesky分解

Class decision　类决策

Classification and regression tree (CART)　分类与回归树

Closed-loop coders　闭环编码器

Cochlear filters　耳蜗滤波器

Code excited linear prediction (CELP)　码励线性预测

Codebook vector　码本向量

Complex cepstrum　复倒谱

Complex gain factors　复增益因子

Complex logarithm　复对数

Composite frequency response　复合频率响应

Composite impulse response　复合冲激响应

Concatenated lossless tube model　级联无损声管模型

Concatenation units　级联单元

Concatenative TTS system　级联TTS系统

Confidence measure　置信度

Confidence scoring　置信度评估

Confirmation strategies　置信策略

Conjugate quadrature filters　共轭正交滤波器

Conjugate-structure (ACELP)　共轭结构

Continuant sounds　连续音

Continuously variable slope delta modulation(CVSD)　连续可变斜率Δ调制

Continuous-time Fourier transform (CTFT) representation　连续时间傅里叶变换表示

Convolution sum expression　卷积和表示

Covariance linear prediction spectrum　协方差线性预测谱

Cross-correlation function　互相关函数

Cutoff frequency　截止频率

D

DC offset　直流偏置

Decimator　抽取器

Decision levels　决策水平

Deterministic autocorrelation　确定性自相关

Differential quantization　差分量化

Digital channel vocoder　数字信道声码器

Digital filter　数字滤波器

Digital models　数字模型

Digital speech coding systems　数字语音编码系统

Digital waveform coding schemes　数字波形编码方案

Diphones　音素

Diphthongs　双元音

Discrete cosine transform (DCT)　离散余弦变换

Discrete Fourier transform (DFT)　离散傅里叶变换

Discrete wavelet transforms　离散小波变换

Discrete-time Fourier series coefficients　离散时间傅里叶级数系数

Discrete-time Fourier series synthesis　离散时间傅立叶级数合成

Discrete-time Fourier transform (DTFT)　离散时间傅里叶变换

Discrete-time system　离散时间系统

Distance measure　距离测度

Distinctive features　区别性特征

Downsampling operation　下采样操作

Dynamic cepstral features　动态倒谱特征

Dynamic programming　动态规划

Dynamic range　动态范围

E

Ear models　耳模型

Effective window length　有效窗长

Elliptic approximation method　椭圆逼近法

Envelope detector (ED)　包络检波器

Equal loudness　等响度

Equivalent sinusoidal frequency　等效正弦频率

Euclidean distance　欧氏距离

Exact reconstruction　精确重建

Excitation of sound　声音激励

Excitation parameters　激励参数

Excitation signal　激励信号

F

Feature extraction process　特征提取过程

Feature normalization method　特征归一化方法

Feedback adaptive quantizers　反馈自适应量化器

Feed-forward adaptive quantizers　前馈自适应量化器

Finite duration impulse response (FIR) systems　有限冲激响应系统

Finite impulse response (FIR) filters　有限冲激响应滤波器

Finite state automata theory　有限状态自动机理论

Finite state network (FSN) methods　有限状态网络方法

Fixed quantizer　固定量化

Formant estimation　共振峰估计

Formant frequencies　共振频率

Formant vocoder　共振峰声码器

Forward prediction error　前向预测误差

Forward-backward method　前后向迭代法

Frequency response　频率响应

Frequency sampling approximation method　频率采样逼近法

Frequency-domain coders　频率域编码器

Frequency-domain differential equations　频率域微分方程

Frequency-domain processing　频率域处理

Frequency-domain representations　频率域表示

Frequency-invariant linear filtering　频率不变线性滤波

G

Gamma distribution　伽马分布

Gaussian noise vectors　高斯噪声向量

Glides　过渡音

Glottal acoustic impedance　声门阻抗

Glottal excitation　声门激励

Glottal pulse model　声门脉冲模型

Glottal reflection coefficient　声门反射系数

Glottal source impedance　声门源阻抗

Glottis　声门

Granular noise　颗粒噪声

Gray scale image　灰度图像

Group delay spectrum　群延时谱

H

Hair cell synapse model　毛细胞突触模型

Hamming window　汉明窗

Hann filter　汉宁滤波器

Hann window　汉宁窗

Hidden Markov models (HMMs)　隐马尔可夫模型

High frequency emphasis　高频强调

Hilbert transformers　希尔伯特变换

Homograph disambiguation　同形异义消歧

Homomorphic filter　同态滤波

Homomorphic speech processing　同态语音处理

Homomorphic systems　同态系统

I

Ideal pitch period estimation　理想的基音周期估计

Idle channel condition　空闲信道条件

Impulse response of the all-pole system　全极点系统的冲激响应

Infinite impulse response (IIR) systems　无限冲激响应系统

Information rate　信息速率

Inner production formulation　内积公式

Instantaneous companding　瞬时压扩

Instantaneous frequency　瞬时频率

Instantaneous quantization　瞬时量化

Intensity level (IL)　强度级

Interpolation　插值

Interpolation filter　插值滤波器

Interpolator　插值器

Inverse characteristic system for convolution　卷积逆特征系统

Inverse DTFT　离散傅里叶逆变换

Inverse filter formulation　逆滤波器公式

Inverse z-transform　z逆变换

K

Kaiser window　凯泽窗

K-means clustering algorithm　*K*均值聚类算法

L

Language model training　语言模型训练

Language modeling　语言建模

Language perplexity　语言复杂度

Laplace transform system function　拉普拉斯变换系统函数

Laplacian density　拉普拉斯密度

Lattice formulations　格形公式

Lattice methods　格形法

Lattice network　格形网络

Lifter　逆滤波器

Liftered cepstra　逆滤波倒谱

Liftering　逆滤波

Line spectral pair (LSP)　线谱对

Line spectral frequencies (LSF)　线谱频率

Line spectrum representation　线谱表示

Linear delta modulation (LDM)　线性增量调制

Linear difference equation　线性差分方程

Linear phase filters　线性相位滤波器

Linear prediction spectrogram　线性预测频谱

Linear predictive analysis　线性预测分析

Linear predictive coder (LPC)　线性预测编码

Linear predictive coding (LPC) analysis and synthesis methods　线性预测编码分析与综合方法

Linear predictive spectrum　线性预测频谱

Linear shift-invariant systems　线性移不变系统

Linear smoothers　线性平滑

Linguistic analysis　语言分析

Linguistics　语言学

Log area ratios　对数面积比

Log harmonic product spectrum　对数谐波积谱

Log magnitude spectral difference　对数幅度谱差

Logarithmic compression　对数压缩

Lossless tube models of speech signals　语音信号的无损声管模型

boundary conditions　边界条件

Loudness　响度

Loudness level (LL)　响度级

M

Magnetic resonance imaging (MRI) methods　磁共振成像方法

Masking　掩蔽

Maximally decimated filter banks　最大抽取滤波器组

Maximum a posteriori probability (MAP) decision process　最大后验概率决策过程

Maximum likelihood formulation　最大似然公式

Maximum-phase sequence　最大相位序列

Maximum-phase signals　最大相位信号

Mean opinion score (MOS)　平均意见得分

Median smoothing　中值平滑

Minimum mean-squared prediction error　最小均方预测误差

Minimum phase analysis　最小相位分析

Minimum-phase property of the prediction error filter　预测误差滤波器的最小相位特性

Minimum-phase signal　最小相位信号

Minimum-phase system　最小相位系统

Mixed-excitation linear predictive (MELP) coder　混合激励线性预测编码

Model-based closed-loop waveform coder　基于模型的闭环波形编码器

Modified short-time autocorrelation function　修正的短时自相关函数

Mouth cavity　口腔

Multimodel user interfaces　多模态用户界面

Multiplicative modifications　乘积修正

Multistage implementations　多级实现

N

Narrowband analysis　窄带分析

Narrowband spectral slices　窄带频谱切面

Narrowband spectrogram　窄带频谱

Narrowband speech coding　窄带语音编码

Nasal cavity　鼻腔

Nasal consonants　鼻辅音

Nasal coupling　鼻耦合

Nasal tract　鼻道

Nasalized vowels　鼻化元音

Nearest neighbor search　最近邻搜索

Noise-to-mask ratio　噪声掩蔽比

Non-continuant sounds　非连续音

Non-linear smoothing system　非线性平滑系统

Normalized cyclic frequency　归一化循环频率

Normalized frequency　归一化频率

Normalized frequency variable　归一化频率变量

Normalized log prediction error　归一化对数预测误差

Normalized short-time autocorrelation coefficient　归一化短时自相关系数

Nyquist rate　奈奎斯特率

Nyquist sampling rate　奈奎斯特采样率

O

Octave-band filter banks　倍频程滤波器组

On-line synthesis procedure　在线合成过程

Open-loop analysis/synthesis speech coder　开环分析/合成语音编码器

Open-loop coders　开环编码器

Optimal (minimax error) approximation method　理想（最小误差）逼近法

Optimum impulse locations　最优冲激位置

Optimum predictor coefficients　最优预测器系数

Overlap addition method (OLA)　重叠相加法

Oversampled condition　过采样条件

P

Parallel model of vocal tract　声道并联模型

Parallel processing approach　并行处理方法

Parallel speech synthesis　并行语音合成

Parseval's theorem　帕塞瓦尔定理

Partial fraction expansion　部分分式展开

Pattern recognition applications　模式识别应用

Pattern recognition system　模式识别系统

Peak-to-peak quantizer range　峰峰值量化范围

Perception model for audio coding　音频编码感知模型

Perceptual linear prediction (PLP)　感知线性预测

Perceptual weighting filter　感知加权滤波器

Periodic impulse train　周期冲激序列

Periodograms　周期图

Phase derivative　相位导数

Phase mismatch　相位失配

Phase unwrapping　相位展开

Phase vocoder　相位声码器

Pitch synchronous overlap add (PSOLA) method　基音同步叠加法

Place of articulation　发音部位

Pole-zero plots　零极点图

Polynomial roots　多项式的根

Polyphase structure　多相结构

Prediction error　预测误差

Prediction gain　预测增益

Predictor polynomial　预测器多项式

Principal value phase　主值相位

Product filter　乘积滤波器

Prosodic analysis　韵律分析

Pulse code modulation (PCM)　脉冲编码调制

Q

Quadrature mirror filter banks (QMF)　正交镜像滤波器

Quality evaluation　质量评价

Quantization noise power　量化噪声功率

Quantization noise sequence　量化噪声序列

Quantization step size　量化步长

Quasi-periodic pulses　准周期脉冲

Quefrency　倒频

Quefrency aliasing　倒频混叠

R

Radiation impedance　辐射阻抗

Radiation model　辐射模型

Range of human hearing　人类听觉范围

Reconstruction gain　重建增益

Rectangular window　矩形窗口

Reflection coefficient　反射系数

Region of convergence　收敛域

Resonance effects　共振效应

S

Sampling of analog signals　模拟信号的采样

Sampling rate changes　采样率变化

Sampling rate of STFT　短时傅里叶变换采样率

Sampling theorem　采样定理

Saturation regions　饱和区

Scalar quantization　标量量化

Second-order system functions　二阶系统函数

Semivowels　半元音

Serial/cascade speech synthesis　串联/级联语音合成

Short-time analysis　短时分析

Short-time autocorrelation function　短时自相关函数

Short-time average magnitude difference function　短时平均幅度差函数

Short-time cepstral analysis　短时倒谱分析

Short-time energy　短时能量

Short-time Fourier analysis (STFA)　短时傅里叶分析

Short-time Fourier synthesis (STFS)　短时傅里叶合成

Short-time Fourier transform (STFT)　短时傅里叶变换

Short-time linear predictive analysis　短时线性预测分析

Short-time log energy　短时对数能量

Short-time log magnitude spectrum　短时对数幅度谱

Short-time magnitude　短时幅度

Short-time zero-crossing count　短时过零计数

Short-time zero-crossing rate　短时过零率

Side information　边信息

Signal-to-mask ratio (SMR)　信号掩蔽比

Signal-to-quantizing noise ratio　信号量化噪声比

Sliding analysis window　滑动分析窗口

Slope overload distortion　斜率过载失真

Sonograph　声谱仪

Sound intensity　声音强度

北京培生信息中心
北京市东城区北三环东路 36 号
北京环球贸易中心 D 座 1208 室
邮政编码:100013
电话:(8610) 57355171/57355169/57355176
传真:(8610) 58257961

Beijing Pearson Education
Information Centre
Suit 1208, Tower D, Beijing Global Trade Centre,
36 North Third Ring Road East,
Dongcheng District, Beijing, China 100013
TEL: (8610)57355171/57355169/57355176
FAX: (8610)58257961

尊敬的老师:

您好!

　　为了确保您及时有效地申请教辅资源,请您务必完整填写如下教辅申请表,加盖学院公章后将扫描件用电子邮件的形式发送给我们,我们将会在 2-3 个工作日内为您开通属于您个人的唯一账号以供您下载与教材配套的教师资源。

请填写所需教辅的开课信息:

采用教材				□中文版 □英文版 □双语版
作　者		出版社		
版　次		ISBN		
课程时间	始于　　年　月　日	学生人数		
	止于　　年　月　日	学生年级		□专科　　　　□本科 1/2 年级 □研究生　　□本科 3/4 年级

请填写您的个人信息:

学　校	
院系/专业	
姓　名	
职　称	□助教 □讲师 □副教授 □教授
通信地址/邮编	
手　机	
电　话	
传　真	
official email(必填) (eg:XXX@ruc.edu.cn)	email (eg:XXX@163.com)
是否愿意接受我们定期的新书讯息通知:	□是　　　□否

Publishing House of Electronics Industry
电子工业出版社:www.phei.com.cn
　　　　　www.hxedu.com.cn
北京市万寿路 173 信箱高等教育分社(100036)
联系电话:010-88254555
E-mail:Te_service@phei.com.cn

系 / 院主任:_____ (签字)

(系 / 院办公室章)

____年____月____日

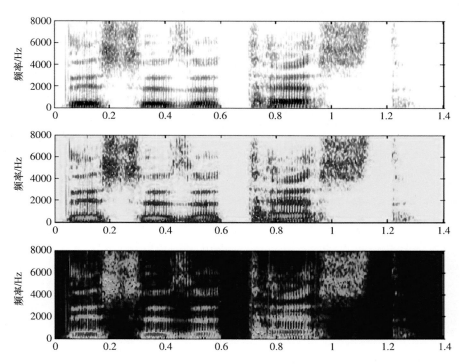

图 7.19 语音"This is a test"的灰度宽带声谱图（上方）和彩色宽带声谱图（中间和下方）对比

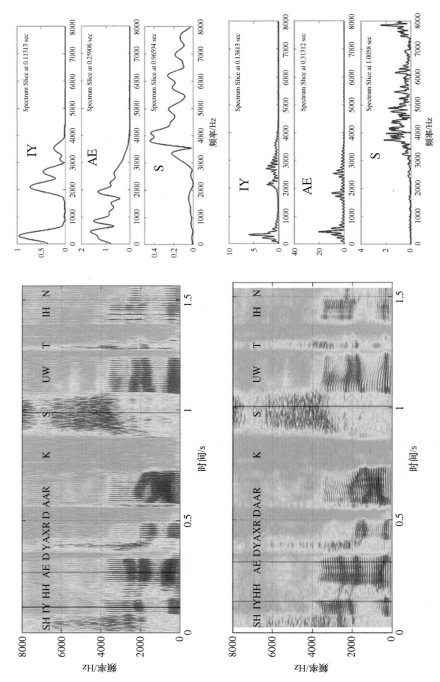

图 7.21 女性说话者语音"She had your dark suit in"的声谱图。左列显示了宽带和窄带声谱图,它们分别是使用 $L = 80$(5ms), $L = 800$(50ms)的分析窗,帧移分别为 $R = 5$ 和 $R = 10$ 做 1024 点 FFT 变换得到的,右列显示了声谱图中由粗线表示的三个同槽处的宽带和窄带谱片,分别对应于声音/IY/、/AE/和/S/

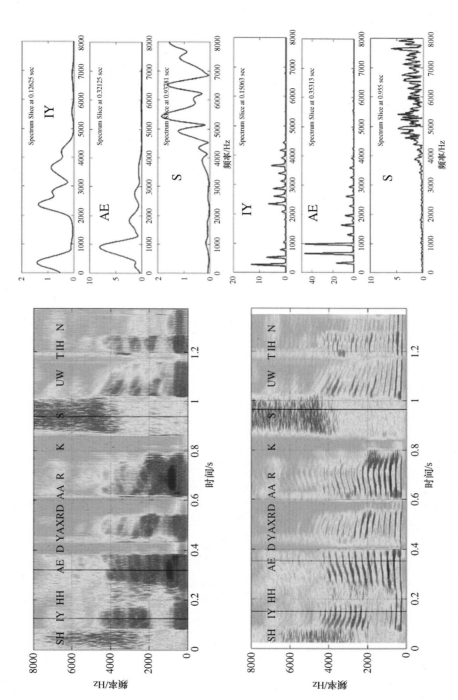

图 7.22 男性说话者的语音 "She had your dark suit in" 的声谱图。左列显示了使用 $L = 80$（5ms）的分析窗，帧移分别为 $R = 5$ 和 $R = 10$ 做 1024 点 FFT 变换得到的宽带和窄带声谱图，右侧显示了声谱图中用粗线表示的三个时间槽处的宽带和窄带谱片，它们分别对应于/IY/、/AE/和/S/